放送批評の50年

NPO法人
放送批評懇談会
50周年記念出版

学文社

放送批評の50年

「放送批評の50年」目次

第2章　1980年代　1980〜1989　論争の時代——313

第4章　2000〜2010年代　2000〜2012　再構築の時代――681

はじめに

放送批評懇談会が設立されて、五〇年を迎える。

一九六三年、在野の批評家やメディア関係者、研究者らが集まって、放送に関する批評活動を通じて放送文化の振興を図るとともに、その発展に寄与することを目指して、放送批評懇談会を立ち上げた。当会では、その設立とともに、優れたラジオ番組、テレビ番組を顕彰する「ギャラクシー賞」を創設。現在、「ギャラクシー賞」は、CM部門、報道活動部門を加え、四部門に成長するとともに、日本において、「放送」を顕彰する代表的な賞とされるまでになっている。

戦後日本社会におけるポピュラー・カルチャーの有力な牽引役となったのが、ラジオ、テレビといった放送メディアであったことは論を待たない。ただし、放送メディアを舞台とした放送文化は、書籍、映画といった先行メディアが創り出す文化空間とは異なり、その芸術性は評価されにくかった。それは、放送というメディアが、その特性から番組を送りっぱなしにするメディアであり、放送とともに消えてしまう存在として登場したことにもよろう。また、民生用の再生装置が広く普及して以降も、著作権等の問題から、昔の放送番組に容易にアクセスできないという事情を抱えていることも影響しているといえよう。

しかし、他方において、放送メディアが広く大衆に受け入れられたこともあって、現代社会を考察するための重要なアプローチとして、放送を位置づけることもできる。放送番組を語ること、放送を論ずることは、現代社会の諸相を問うことなのである。

もちろん放送批評懇談会を創立した先人たちは、早くからそのことに気づいていた。優れた番組を評するのみならず、つまらない番組や放送を取り巻く諸問題を論評することが、いまの時代、共に生きる社会を考えることになる。そういった場として登場したのが、『放送批評』である。

一九六七年、放送批評懇談会は、『放送批評』を創刊した。『放送批評』は、放送に関する批評・論議の発表の場として機能するのみならず、放送と視聴者・市民を結びつける場でもあり、また、放送活動を、ある時はジャーナリスティックに、またある時はアカデミックに検証する場としても機能してきた。その間、一九九七年には、『GALAC』と誌名を変更したが、一貫して「放送」をウォッチし、論評する専門誌として発行を続けてきた。「放送」を見続け、論評し続けることで、放送の持つ文化性を顕在化させ、また、叱咤激励する一方で、その時代を「放送」を通じて検証してきたのである。

本書は、放送批評懇談会の創立五〇周年にあたり、『放送批評』、そして『GALAC』に掲載された論考から、それぞれの時代状況や時代の息吹を象徴するものを選び出し、再掲するものである。『放送批評』、そして『GALAC』を通じて、この五〇年の放送文化とは何だったのかを考えていただければ幸いである。

NPO法人　放送批評懇談会理事長

音　好宏

凡例

本書は、発表当時の原文どおりを原則とし、明らかな誤記・誤植を除き、送り仮名・数字表記・文字表記等も当時のままとした。その他、形式上の整理・統一も必要最小限にとどめている。

第1章
1960～1970年代

1967～1979　胎動の時代

報道、ドキュメンタリー、ドラマ、ラジオ深夜放送など
各ジャンルに表現者としての可能性を
追求する放送人が登場する。
彼らに対峙する形で、放送批評の模索が始まった。

テレビ媒体の理論と実態

理想像による現実の超克

志賀信夫

『放送批評』1967年12月号

とどまることを知らぬ流れのごとく
時間は万物を運び去る。
時間の子たる万物は夜あけに消ゆる夢のごとく
忘却のかなたに移りゆく
—H・G・ウェルズ「追いつめられた心」より—

テレビ媒体について論じようとする前に、このウェルズの言葉を引用したのは、なんとしてもテレビ媒体の正体を明確に提示するのがむずかしかったからである。そこで、コーリン・ウィルソンが「シェイクスピア的なペシミズム」と評した、このウェルズの言葉からはじまった。そして、テレビ媒体ともその内容とも深い関係にある時間がすべてを征服しているのではないかと思っていることを、まっさきに書き記しておきたかったのだ。

媒体と内容の分離

昭和四十二年九月七日、アメリカのＦＣＣ（連邦通信委員会）元委員長ニュートン・Ｎ・ミノー氏が来日し、「放送人の社会的責任」という講演をおこなった。そのとき、ミノーは、ＣＢＳの名解説者エド・マローのつぎの名せりふを引用して、講演を結んだ。そのマローの名せりふとは、「テレビという道具は、教えることができ、啓蒙することができ、視聴者にインスピレーションを与えることもできる。だが、それは、人間がこれらの目的にテレビを用いようと決意してはじめてできることなのである。そうでなければ、箱の中の電気と線に過ぎない」というものである。

ミノーは一九六一年五月九日「テレビは一望の荒野である」と演説して、一躍世界的に有名になったが、日本にきては、テレビの内容がいかにたいせつであるかを、強く訴えたかったのだろう。たしかに、マローのいうように、テレビという道具は箱の中の電気と線にすぎず、媒体そのものよりも放送の中身が本質なのだという考えはなりたつ。

しかしその反面、マクルーハン教授のように、媒体のほうが内容よりも強い強制力や影響力をもっているというひともいる。「マクルーハン教授によると、〃内容は厚いステーキから出るしるのようなものだ〃というのである。つまり、肉といっしょに知らず知らずのうちに飲み込んではしまうが、われわれが注意を払っているのはかさばった肉のほう、つまり媒体だというのである。媒体は人間にとって壁のない牢獄であり、われわれはそのなかをふらつき回るにすぎない」と、コロンビア大学のエリック・バーノー教授は解説している。

こうなると、われわれにテレビとして影響をあたえているものは、いったい内容なのか、それとも媒体なのか、判然としなくなってくる。すくなくとも、いままでは、われわれはつねに媒体よりも媒体が伝えようとしている内容に注意を払ってきた。

例えば、具体的に新聞や雑誌を例にあげれば、それはすぐ理解できる。紙という媒体については、われわれはなんの関心もしめさないが、書かれている内容については、いつも興味をもち、新聞や雑誌の記事を夢中になって読む。

ところが、マクルーハンは「媒体の理解——人間の延長」という著作において、「媒体はメッセージ」であるという理論を発表し、媒体と内容を同じ価値のあるものとして捉えようとした。もちろん、マクルーハンとて、媒体と内容が同じだというのではない。印刷物にしろ、ラジオ、テレビにしろ、媒体そのものが社会に与える衝撃は、媒体の伝達する内容が伝える衝撃と 同じように大きいという意味を 強調しているのだ。

そこで、新しい媒体がでると、社会は変化する。例えば、グーテンベルクの活字の発明がもたらした印刷媒体の発達により、数学における連続性の考えかたから、好戦的な国家思想まで、なにからなにまで産みだされたという。それまで耳による伝達、伝承に頼ってきた各部族が、活字媒体の普及によって国家意識をもつようになったという。

だが、この活字時代の四百年間（一五〇〇年〜一九〇〇年）には、活字媒体を利用してさまざまな内容が書かれ、読まれてきた。そのなかには、国家意識を高めるものもあったろうし、個人主義をとなえたものもあったろうし、まったくさまざまだ。それにしても媒体と内容とを明確に分離して考えるという基本姿勢は、そこになにか危険な陥し穴があるような気がするときもある。

マス・コミュニケーションの媒体と内容の関係は、あたかも芸術における形式と内容の関係に類似しているようにみえやすい。すぐれた芸術性をもった木彫も、それを理解できないひとにとっては、たんなる木片にすぎない。そしてコミュニケーションの媒体は、いままでこの〝木片〟の待遇しか受けてこなかったし、一度でも芸術品として尊敬されたことはなかった。そこで、欧米の学者たちが、媒体の再認識を叫んだのではないだろうか。

しかし、媒体というものが、このように再認識されるようになったのは、媒体そのものが複雑になり、媒体として記録をとどめるものやとどめなくてもいいものなどが多種にわたって生まれてきたからである。電話のように、使用した時間以外になんの記録もとどめないもの、ラジオやテレビのビデオテープのように記録をかんたんに消せるもの、フィルムや紙のようになかば永久に記録をとどめるものなど、いくつかの種類にわけられる。

こうなると、媒体と内容はいちおう分離して考えてもおかしくなくなる。例えば、記録のすこしもないつねにカラの媒体もあるわけだし、内容が記録されて媒体としての価値をはじめて発揮する媒体もあるからだ。だが、本質的には、記録されて残っている媒体でも、記録がすこしも残らない媒体でも、コミュニケートされた瞬間が勝負であるという点においては、まったく同様だといえる。

映画やテレビは観賞し視聴している間が生命なのであり、それは電話においても同様で、通話している間だけが意味があるのである。この点において、芸術とコミュニケーションは大いに異なる。芸術はそのかたちを永久にとどめるが、コミュニケーションは交流がすんだ瞬間に消えていくものであるからだ。

ただ、ここで、どうしても、いっておきたいことは、内容はいつでもつねに同じ意味をもっていないということだ。例えば、テレビ番組みの内容は、時と場所を見るひとが異なれば、まったく違った意味をもつからだ。だから、内容にも絶対性をもたせることは危険であるし、芸術内容のように不変的な価値のあるものなどは、コミュニケーションの内容にはほとんどみあたらない。しかし、ここで断っておくが、芸術もコミュニケーションの一手段だとして、同義に解釈しているひとは、この私の考えには賛成しにくいだろう。

もちろん、コミュニケーションの内容とて媒体に大きく左右される。むしろ媒体によって内容が決定されるといってもいい。だが、芸術作品の内容と形式が不即不離の関係にあるように、媒体と内容をつねに密着して考える必要はないだろう。媒体そのものが複雑な機構をもってくると、内容そのものがぜんぜんはいっていなくても、媒体としての価値を発揮するからだ。

すなわち、内容にたいして、媒体は貸席業を営むことができるからだ。テレビ媒体においては、ステーション活動がそれにあたり、内容をつくるほうはプロダクション活動ということになるだろう。そして、媒体が独立して活動していけば、当然媒体そのものの再検討もおこなわれてくるわけだ。

今後、ファクシミリーやSCA業務やゼログラフィーなどの開発がおこなわれてくると、ますます媒体にたいする認識が高まり、媒体としての在り方が吟味されるようになるだろう。それは、今後の媒体がますます社会性と公共性を内包してくるからであり、媒体を通じると、内容そのものも変質して大きな影響力をもつからである。

テレビ媒体誕生の意義

ハロルド・イニスによると、「新しい媒体は古い権力者を倒し、新しい支配階級をつくるが、しかしその新しい支配階級も、被圧迫階級のなかから起こるさらに新しい媒体によって脅かされることになる」というのである。イニス理論はさらに現実の人類の歴史を、つぎのように説明している。

「石の時代からパピルスの時代に移ることによって、君主は今までよりも広い地域を支配できるようになった。しかし同時に多くの書記が輩出し、彼らは新しい特権階級、つまり官僚になった。また、パピルスの不足から、政府はその生産と販売機構を手中におさめる必要が起こった。それは通信手段の中央集権化を意味した。中世においては、羊皮紙が不足していたため、それを持っている教会だけが知識を独占していた。しかし、紙の出現によってこうした状態は打ち破られ、今度は紙を手中におさめた異教徒が興ることとなった。アラブ民族は宗教的な理由から羊皮紙の使用をきらい、東方から紙を導入した」

なるほど、一つの媒体の出現がいかに社会的に大きな役割をはたしてきたかは、このイニスがあげた実例でもわかる。しかし、映画やテレビのように、媒体として複雑な要素がからみあっているものは、そうかんたんに媒体と内容を分離することはできない。

バーノー教授は「黒人問題が表面化しだしたのは、テレビの出現とほぼ同じ時期だったが、黒人のデモがはじめてブラウン管に映ったときは、それ自体がすでに一つの革命と思えたほどだった」と書き、テレビという新しい媒体の出現により、黒人という新しい階級が被圧迫から立ちあがっている現実を指摘している。たしかに、テレビという媒体が黒人問題に大きな影響をあたえたことは事実である。映像と音声によってわかりやすく説明された文化が黒人たちに流れていったのだ。彼らはそれをすぐうけ入れたことはいうまでもない。

先日「東京新聞」外信部の大前正臣記者は、アメリカの黒人問題を調査してきて、つぎのような記事を書いている。

「ロサンゼルスで会った若い社会学者に質問をぶっつけてみた。すると意外にも〝テレビのせいだ〟との答えがはね返ってきた。彼の説明はこうである。〝黒人には文盲が多い。新聞も雑誌も読まない。そこで自分たちの生活はこういうものだと思いこんでいた。ところがテレビができると、字が読めなくても社会のことがわかる。白人の家庭がどのような生活をしているか、テレビはまざまざと教えてくれた。そこに見られるあまりにも大きな違い――〟

前から映画があったではないか――記者の質問に、社会学者は大きくうなづいて答えた。〝アメリカ人は映画をファンタジーとして見る。黒人もおとぎ話として見ていた。ところが、テレビは現実の姿をそのときに、なまなましく伝える。白人があんな生活をしているんだったら、おれたちだってやる権利があると思いこむようになった。それにテレビは、彼らがいままで知らなかったソ連や中共やキューバの姿も伝えてくれる。ストークリー・カーマイケル（学生非暴力調整委前委員長）のように共産圏へ飛び出して演説をぶつ黒人が出てきたのもそのせい。現実の格差をまざまざと知らされた黒人たちは、この不満を暴動に爆発させる〟

若い社会学者の説明はひどく説得力に富んでいた。そこでケーター大統領特別補佐官に会ったとき、意見をきいた。彼はいま懸案の公共テレビの担当。〝黒人の世帯のテレビ普及率は白人並みなんだよ〟とみせてくれた統計によると、黒人世帯はサラ洗い機や冷凍庫のような耐久消費財の所有率では白人よりぐっと低いのに、テレビでは白人世帯の八七％に迫る八四％、同補佐官は〝テレビが黒人を目覚めさせていることは確かだね〟と語っていた」

すこし長い引用になったが、たいへん興味ある観察といえる。黒人がテレビで白人の生活との格差を知り、権利を主張して立ちあがったという見方は、こうなると間違いない事実かも知れない。大前記者は最後に「なにかが米国の社会を大きく変えつつある。テレビもその一つだろう。いままで閉じこめられていた黒人社会は、テレビ・スクリーンの世界の姿を見て、こうはしておれないと躍起になっているとの感じだった」と結んでいる。

テレビ時代を出現させたのは、真空管の開発などの技術的な研究が進んだためであることはいうまでもないが、第二次世界大戦がテレビの世界的な実用化時代をもたらしたといっても過言ではない。戦争の激化にともない、電子機具についても需要が高まり、それが触媒となって、電子媒体が急速に発達し、今日のような電子時代を生んだ。そのため、軍と産業界の複合体が電子時代を到来させたというひともいる。

それにしても、第二次世界大戦がテレビ時代を生んだというのは、早計だと非難するひとは多いだろう。事実、イギリス、アメリカなどでは、第二次世界大戦が到来したために、テレビ放送を一時中止しているからだ。これは明らかに、戦争がテレビの普及を邪魔していることになるからだ。

だが、現実の一時中止がなく、テレビ放送がそのままつづけられたとしても、第二次世界大戦がなかったならば、やはり世界的なテレビ時代はこんなに早くこなかったような気がする。それは第二次世界大戦は世界中の多くの独立国を生み、殖民地が独立を宣言し、民族解放を叫んだからだ。すなわち、新しい独立国の新しい媒体として、テレビが世界的な普及をみせたと解釈することができる。

例えば、後進国といわれているガーナはいちはやくカラーテレビを実用化した。それは、ガーナでは、テレビが視聴覚教育のためのたいせつなマス・メディアであり、テレビによる同時・大量教育が可能となってくるからだ。このカラー放送の進んだガーナにくらべて、フランスでは薄ぼんやりした色付きテレビに、パリっ子が珍らしそうにむらがっているのである。

この二つの国の具体例をみてもわかるように、テレビ媒体は、むしろ後進国や新しい独立国にとって、より不可欠なメディアなのであって、文化国にとっては、さほど重要な媒体とはいえない。すなわち、独立してからわずかの歴史しかないアメリカや、欧米の文化を採り入れてから短い歴史しかもたない日本などが、とくに際立って普及した現実をみれば、皮肉ながら了解することができる。

アメリカや日本にテレビが普及したのは、それだけの理由ではない。テレビ受像機が普及するだけの国民の一人あたり所得が高くなければならない。電子技術がたかく、国家の経済力がわりあいよく、国民がテレビ受像機を購買する力が必要だ。アメリカにはそれだけ高い国民所得があったから別にひずみも起きなかったろうが、日本では住宅問題などが未解決なまま電化製品がもちこまれ、ことにテレビ受像機は戦後の好況の波にのってブームを起したので、あとでひずみも起きてきた。

だが、アメリカと日本が、これだけテレビをうけ入れたのは、ともに新興国で、知的水準がそう高くないところにも原因がありそうである。いわば、新興成金の軽薄文化として、テレビ文化が日米両国において、異常に発達したようにみえて仕方がない。

テレビの個人的影響と社会的効果

ポール・ラザースフェルドは、「一九四〇年の大統領選挙の過程で、われわれは人々がどのように決心するのか、その決め方に作用するマス・メディアの役割を研究した。おどろいたことには、マス・メディアの効果はあまりにも小さいことがわかったのである。人びとはその政治的決定にあたっては、ほかの人たち——家庭、友人、近隣、職場の同僚——との対面接触フェイス・ツウ・フェイス・コンタクトによって、より多く影響されているらしいという印象が得られた」と前置きし、われわれはつぎの二段階の流れをうけているという。

一つは、マス・メディアからオピニオン・リーダーを通して一般公衆へ、もう一つはマス・メディアから相互にコミュニケートしているオピニオン・リーダーたちのいくつかの中継を経て究極的な大衆へ、この二つの段階だそうだ。

このオピニオン・リーダー自身も個人的に影響をうけていることは間違いなく、彼らもまたマス・メディア自体の影響下にある。それ故、オピニオン・リーダーはマス・メディアの影響の媒介者となるわけであり、一種のパイプラインとしての働きをすることになる。

もちろん、オピニオン・リーダーといわれるひとたちは、他の人びとにくらべて、新聞・雑誌・ラジオ・テレビなどのマス・メディアに多く接触している。そして、彼らはある程度の教養をもった若いひとが多く、親しみやすく社交的なひとが多いという。

このポール・ラザースフェルドの研究調査を、団地の人たちにおけるテレビの影響状況調査に適用すると、たいへん興味ある結果がでるような気がする。テレビ受像機は団地のあらゆる世帯に普及している。いわば、テレビというマス・メディアのダイレクトな影響はすべてのひとが同様に受けている。仮に、団地の自治会の役員がオピニオン・リーダーだとすると、この自治会の役員との話し合いや対話を通じても、広く多くの人たちに影響していく。

しかし、自治会の役員相互でもコミュニケートするわけだし、テレビをみていたひとが偶然オピニオン・リーダーである自治会の役員に話したことがキッカケになって、それが広くひろまっていく場合もある。こう考えてくると、テレビの個人的影響は、きわめて入りくんだルートを通じておこなわれているわけであり、たんなる視聴後の印象だけを採りあげて、その個人的な影響力を云々することはできなくなる。

ことに、テレビにおいては、直接的な影響がまず強い。それは、藤原あきを参議院全国区で第一位にしたほどであり、ふだんからブラウン管で馴れ親しんでいるということが、予想外の効果をあげる場合が多い。しかし、テレビと個人的影響の関係をたんに、ブラウン管と視聴者との直接的関係で結んでしまうことはきわめて危険な見方といえる。

ことに、個人が意思を決定し、行動する場合には、テレビ以外のメディアによる影響も大きいし、対面接触による影響も大きい。さらにオピニオン・リーダーとの話しあいなどもからんでくる。だから、むしろテレビの場合には、個人的影響よりも社会的効果をねらい、その社会的な効果づけから逆に個人的にも影響するというやりかたのほうがうまくいく場合が多い。

しかし、テレビを巧みに社会的に効果あるように使うことは、きわめてむずかしいことである。世界の政治家のなかで、テレビをもっともうまく使っているのは、アラブ連合のナセル大統領だといわれている。大統領のブレーンには、かつてのナチスの参謀がおり、大統領にマス・コミ対策の入れ知慧をしているからなのだというひとがいる。フランスのドゴール大統領も、新聞よりもテレビをうまく使い、テレビ媒体さえ味方ならば、新聞側をぜんぶ敵にまわしても、選挙に勝ってみせると断言した。

このように、テレビの社会的な効果をうまく使うことができれば、社会の一連の価値体系や行動傾向さえ変更することができる。だが、現実には、マスコミの典型的な社会効果は補強的であり、オリジナルな影響力を発揮することがむずかしい。

煙草をのむ人は、のまない人よりも、煙草とガンについての新聞記事を読まないということが明らかになっている。人びとは自分自身の考えに共感をあたえるコミュニケーションを好んで視聴し、自分の考えにあわないコミュニケーションをさける傾向をもっているからだ。

人間は自分の既成の意見、関心に合うように、マス・コミに選択的に接触し、意見や関心にあわないものをさける。さらに、たまたま自分の先有傾向にあわないものに接触したにしても、そのようなものは忘れやすく、また、記憶していたとしても婉曲して理解しているとするならば、マス・コミが人びとの既成の意見をけっして容易に変え得るものではない。

それ故、マス・コミは、既成の先有傾向や選択過程などの衣裳にまとわれ、保証されて接するのであり、これらの要因がマス・メディアの効果を媒介し、この媒介物があるゆえに、マス・コミは通常、補強の役割りを果すわけなのだ。

こうしていろいろな調査をたずねてみると、テレビ媒体などのマス・メディアは、個人的にも決定的な影響がなく、一般の場合にも、人間の行動傾向の主要な決定要因ではないということがわかった。ただ、マス・メディアはこれらの行動傾向を補強するものとして機能しているにすぎないともいえる。

はじめには、マクルーハンの理論などを紹介して、「活字媒体の普及によって国家意識をもつようになった」とか、イニスの理論を紹介して、「新しい媒体は古い権力者を倒す」とか、たいへん威勢のいい媒体論を展開してきたのが、いつの間にか、既成の傾向を補強するにすぎないと、尻つぼみになってしまったのに気がつかれたと思う。では、いったいテレビ媒体はいかなる正体をもっているのであろうか。

媒体の理想像による現実の超克

マクルーハンは「媒体はマッサージ」のなかで、つぎのようなことを書いている。

「テレビ・ラジオはつぎつぎに情報をわれわれに投げかけてくる。一つの情報がはいっても、すぐに新しい情報がそれにとってかわる。こうなると、資料を分類するよりも、一定のパターンを認識するという受けとりかたをとらざるを得なくなる。即時コミュニケーションでは、環境と経験の全要素が活発に互いに作用し合いながら、共存しているので、従来のように、データーを一つ一つ順番に積み重ねていくわけにはいかない。あらゆるものが各時点において、いっしょくたになっているからだ」

また、別のところでは、「現在のように、まったく新しい情勢に直面すると、われわれはもっとも近い過去の事物、その香りに身をよせる傾向がある。われわれはバックミラーを通じて、現在をみるのである。ところが、このバックミラーの社会は、若ものたちの目をふさごうとしている。今日の若ものは、目標を拒否する。彼らは、役割――ヤクワリ――を欲しているのだ。それは全面参加である。彼らは部分的な専門職とか目標とかを欲していない。いまの時点において、社会に参加する役割を望んでいるのだ」

この二つのマクルーハンの言葉を足がかりにして、テレビ媒体をもう一度考え直してみよう。すなわち、前のマクルーハンの言葉は、あまりにも多くの情勢がいっしょくたに流れこんでくるために、一定のパターンを認識するようにならざるを得ないことをのべている。そして、マクルーハンは、そこにこんな漫画を入れている。その漫画とは、女子中学生が教室をでながら友だちに話しかけているところを書いたものであり、コメントとして、「わたし、時事問題をきらっているわけじゃないのよ。ただいきんあんまり事件が多いでしょう」と書いてある。

もともと、マクルーハンは〝媒体は環境を変える〟という持論にたっており、それによって人間の諸感覚の比率を変える。一つの感覚がぐっと伸びると、それが人間の考え方や行動、つまり世界の見方を変える。諸感覚の比率が変わると、人間も変わる。すなわち、テレビのように視聴覚をはじめ全感覚をインボルブする媒体は、いままでの感覚比率を変えていき、人間をも変えるといいたいのだろう。もちろん、一定のパターンとして、テレビからの情報を認識すれば、人間の諸感覚の比率を変える作用をするかどうかについては、あまり言及されていない。感覚と認識とのあいだの関係は、もっとこれからよく考慮されなければならないところだろう。

いずれにしても、視覚偏重だった人間がテレビ時代になって、全感覚を働かすようになったという見方は、いくぶん行きすぎのような気がする。視聴覚を働かしてみるのがテレビであり、テレビ視聴において全感覚を動員しているひとはめずらしいと思う。むしろ、視聴覚的な情報が極端にふえすぎたところに、テレビ時代の特質があり、視聴覚情報を一つ一つ整理して受けとれなくなり、連続した映像、映像の流れというパターンで受けとるようになってきたことは確かである。

もっと、極論すると、映像の流れを視聴者個人が、自分の体験や知識によって、一つのパターンにはめこみ、主観的な要素の強い認識をしているということだ。こうしたとらえかたをされるのは、放送や新聞の場合は、ある程度止むを得ない。かりに、情報理論の立ち場から考えても、ビットという情報の単位で、計算してみても、それはどこまでも数学的ないしは工学的な理論の問題であって、現実には、「今夜のテレビドラマの情報量は何ビットでしたなどといっても、なんら意味もない。すなわち、テレビの情報を客観的に算出したり、客観的に認識したりすることはあまり意味をなさない。

むしろ、自分の個性的な認識のパターンに組み入れて、主観的に認知したほうが、テレビ媒体の将来のために役立つのではないかとさえ思っている。というのは、先述のマクルーハンの第二の言葉のように、そのほうが、自分自身としては全面的に参加できるからであり、若もののようにその時点においてテレビに参加する役割をはたせるからである。

すくなくとも、テレビという「ハップニング・メディア」に対応するには、どうしても社会参加が必要となってくるのである。かつて、私は「テレビ媒体の変貌」という長論文を書いたときに、つぎのようなことを書いている。

「それ故、テレビという媒体は、目的や意図を短時間に合理的にはたすのには、適当ではない。ときに脱線したり、横道にそれたりするからである。偶然になにかが起り、それによってまったく予定を変更せざるを得なくなるからである。それ故、論理的な媒体ではなく、たいへん感覚的な媒体である。きわめて偶然的なものに左右されやすい浮気な媒体だともいえる。

しかも、テレビは《褻衣《ふだんぎ》の媒体》であり、フォーマルなものではなく、カジュアルなものである。ふだん着のままで、いきあたりばったり、そのときの偶発性に左右されて動いている。ハッピーエンドになるか、サドエンドになるかもわからずに、またそんな結末に興味をもたず、ひたすらそのプロセスを楽しみながら、進行中の経過に我が身を侵入させている。

それよりも重要なことは、テレビは社会参加のための媒体なので、ハップニング・メディアだということである。テレビは番組進行中に視聴者をつねに参加させていく。いつどこで、強い参加がおこなわれるかわからないので、偶然なハップニングが起るケースがつねに期待される。カジュアルな人間の行動を追いかけているために、つねに偶発的なハップニングが起るだけでなく、アンガージュマンのためにハップニングが起るというハップニングの二重構造をもっている」

この拙文にもあるように、テレビ媒体は現代の潮流のなかで、日々生きており、その生々流転している姿がなんとしても魅力なのである。しかも、そこにはわれわれが参加でき、その参加によって、また媒体自身が生きかえってくるのである。その意味では、テレビ媒体の一つの理想像は「アンガージュマン」、「パーティシペイト」することであり、人間社会が参加しているテレビ媒体こそがほんものだといえる。

だが、テレビ媒体にいっしょになって参加したら、どうしようもなくなる。私のようにテレビ批評を専門の職業にしていても、このテレビの映像と音声の激流のなかで、きりきり舞いをしているだけである。これにたいしては、マクルーハンはこんな警告を吐いている。

「われわれは電気媒体の渦巻の中に巻き込まれている。どうしたら助かるだろうか。それはエドガー・アラン・ポーの『渦巻』の主人公のように、波にもてあそばれながらも逆落しになる波の速度を冷静に測り、うまく抜け出すことである。いけないのは新しい媒体を古い観念でもってあつかおうとし、新しい媒体に古い仕事をさせようとすることだ。いまは過渡期である」

もっとうまい結びがあれば、あえてまた書き足したいのだが、このマクルーハンの言葉を借りて、この稿を閉じる。ようするに、媒体を論ずることは無意味かもしれないが、媒体の側からも内容へのアプローチができるはずであり、そのためにも媒体論はもっとにぎやかに展開されていい。

解題

『放送批評』創刊号の巻頭論考。普及期のテレビ論はメディア論とマスコミュニケーション論に多くを依拠していた。本論はテレビ批評の視座を求めようとするものだが、やはりM・マクルーハンの『人間拡張の原理』（邦訳、一九六七年）や、アメリカのマスコミ研究『マスコミュニケーション』（邦訳、一九六八年）等を引いて、テレビのライブ特性と参加性へと至る論旨を展開している。当時のテレビ論状況を俯瞰する論考として参照されたい。（上滝徹也）

弛緩のメディア

放送批評——わがこころのキシミ

稲葉　三千男

デュヴィヴィエが死んだ。自動車事故で死んだ。パリにいるぼくの親友から手紙がきて、その一節に「ぼくの青春が終わったことを思い知らされました」とあった。たまたまその日かれが歩いた街路で、かれの通過後三〇分たらずに事故があったのだということだから、かれはいっそう感傷的になったのだろう。

かればかりではない。ぼくたちよりもひと回り年長のはずの堀田善衛氏だったかも、「デュビビエ」では感じがでないと断ったうえで、デュヴィヴィエの死を青春の終りの告知のように感じたと、どこかに書いていた。

ぼくたちの青春にとって、デュヴィヴィエは、また当時のフランス映画あるいは洋画一般は、どんな意味をもっていたか？　レイモン・ラディゲにとっては、戦争は長い休日だったそうだけれども、ぼくたちの場合には違う。戦争は青春を削りとってしまっていた。だから戦争が終わったとき、ぼくたちは短縮された青春の損失を償おうとした。生き急いだ。人生二〇年と思いつめて死に急いだ日々の生活速度をそのままに、イモやスイトンでわずかに飢えをまぎらしながら。

心も飢えていた。渇いていた。第二の〝開国〟状況のなかで、解禁された外来文化に跳びついていった。とはいえ、敵国アメリカへの敵意という戦時教育の名残りは、アメリカ様々へ一転した時代風潮への侮蔑というエリート意識とむすびつ

『放送批評』1968年1月号

いて、ぼくの胸に巣食いつづけた。だから小説にしても、アメリカのものといったら、アメリカ人が嫌うフォークナーくらいしか、ぼくは読もうとしなかった。映画でも、ハリウッドによる日本市場の独占傾向がすさまじいだけに、米画には鼻もひっかけたくない気もちだった。

だから、映画はフランスにかぎる、とぼくは決めていた。そして格別に、目黒のサンマにならなかった功績の担い手として、わがデュヴィヴィエがいるわけだ。

という風に書いてくると、舞文曲筆というにはあらねども、いささか論を単純化しすぎていることは否めない。たとえば、ヘミングウェイ原作の『To Have or Have Not』が原題で、邦訳名は『脱出』となっていた米画をみて、ローレン・バコールが好きになんかなるはずがない、そういう話になってしまった。とはいえ、今はなにも〝ぼくの映画体験史〟を正確にたどろうというのではないのだから、いささかの単純化は大目にみてほしい。

要するにここで確認しておきたいのは、戦後の四、五年ほどのあいだ、ある種の知的サークルに属する青年たちにとって、デュヴィヴィエだのクレールだのルノワールだのフェデだの等々の監督したフランス映画がこよない魂の糧だったという事実である。もちろん好尚はさまざまだ。人によっては米画が好き、邦画が好き、その違いはあっても、とにかく映画は魂の糧でありえた。

ぼくは一九五〇年に大学へ遊んだ。そのころから急速に映画への関心を失った。そして五三年に大学を出た。民間テレビ局が開局した年である。ぼくの友人のうちの幾人かも、テレビ局に就職した。そしてまもなく、大学出てから一五年、ということになる。どこでどう棹をさし違えたのか、ぼくも、放送とは無関係でなくなっている。今いる大学では（かなり名目的なことにちがいないとはいえ）〝放送〟部門に属し、放送批評懇談会にも属している。放送について、あれこれと書き散らしている。

ここで枕のデュヴィヴィエにつないで、本論を展開していけばいいのだが、折りよくか折り悪しくか、ある女友達の絵葉書がやってきた。これを手がかりに、もう少し枕をふくらましておこう。

発信地は旅先の倉敷、絵は、あそこの美術館にあるセガンチーニの『アルプスの真昼』。「……いま大原美術館にいます。この絵と十何年振りの対面です。昔好きだったことを、かすかなイタミを覚えながら憶い出しています。今でも、いい絵だとは思います。……」プーサンの画題を借りていうならば、げに「昔アルカディアにありき」だ。十何年前の昔、そのころぼくたちは、貧しさと豊かさとが奇妙に交錯した風土にいて、その年ごとの熟成を疑いきってはいなかったのだが。

　あれから十何年、ぼくの風土は、やはり貧しさと豊かさとが交錯している。それにちがいはないのだが、ここでまた単純化していうなら、昔の貧しさが今の豊かさに、昔の豊かさが貧しさに、ちょうど入れ替わったような交錯だ。豊かになるために、ずいぶん貧しくもなってしまった。物質的に豊かになっただけ、それだけ精神的には貧しくなった。

　古本屋歩きにしてもそうだ。十数年前のあのころのぼくには、二、三〇〇円フトコロにして古本屋を漁り歩くのが夢だった。洋書の輸入がまだ再開されていなくて、古本屋の側の知識や相場にもムラがあり、ジャムの詩集『暁の鐘から夕の鐘まで』を五〇円均一の箱で掘り出したりもした。やっと見つけたパスカルの『パンセ』のブランシェヴィック版は、当時のぼくの一ヵ月の生活費に近い一二〇〇円だった。それを買うまでの工面の苦心、いよいよ買いに店に入ったときの胸のときめき、そして所有の喜び……。

　今なら、『パンセ』なんか丸善の棚にゴロゴロしている。値段だって、ポケット版なら五〇〇円もしないだろう。それの購入も所有も、きわめて日常的な行為になってしまった。もちろん数万円する豪華本もできてきた。それを買うためにぼくは、かっての一二〇〇円のときと同じ苦心を払わねばならないかもしれない。が、その代償として味わえる充足感は、もう昔日の比ではあるまい。

　貧困ゆえの豪奢、これは青春の特権にちがいない。ぼくはそれを失った。しかし現代の青年たちは、かれらなり貧困ゆえの豪奢を享受しているだろう。とはいえ、戦後二二年、日本の社会の青春期は終わった、と思えてならない。現在テレビが繁栄している。それなり貧しさと豊かさとが交錯した風土とは、もう衰弱の坂を駈け下りはじめている。そう思えてならない。

　「死が一つの季節を開いた」。そんな書き出しではじまる堀辰雄の小説がある。この死とは、かれの師・芥川龍之介の自殺である。この自殺は、まさしく時代の転換を告げていた。時代の側にも、一人の芸術家の死のなかに自己の変化の象徴を読みとる能力があった。鋭敏で、謙虚で、誠実な視線があった。

　あれから四〇年、そのあいだに、さまざま死があった。その死のどれに、どんな季節の開始を読みとるか？　個人の認識能力、時代の認識能力は、そういうところで試めされている。たとえば今夜のテレビニュースは、北海道の開拓村で、三人の幼女が焼け死んだと伝えた。一〇〇メートル離れた畑で耕作していた両親が駈けつけたときには、家はもう焼け落ちていたということだ。

テロップとトーキングで、時間にすれば三〇秒たらずで、この死は伝えられた。この死がテレビで扱われることは、もう二度とあるまい。死は終わった。死の意味の解読作業は放棄されたままで、終わった。この死も、じつは「一つの季節」を開いているにちがいないのに。今のテレビの体制のなかでは、三〇秒の ストレート・ニュースとして 読まれただけでも、もって瞑すべしというところかもしれない。無視され、累々と消えていった死の集積が、テレビ報道の暗部を形成している。

一一月一一日、佐藤首相の渡米の前日、一老エスペランチストが焼身自殺を試み、翌日死亡した。この死も、一つの季節を開いたものにちがいない。が、マスコミ、とくにテレビは、簡単なニュースのほかにはなにも伝えなかった。伝えられなかった。

どの自殺の根底にも、抗議の意思表示の動機がある。抗議の対象は、特定の個人、あるいは運命の残忍さといった、具体的なものから抽象的なもの、自覚されたものから無意識のもの、さまざまだろう。が、とにかく抗議の意思表示である。だから由比さんの自殺が提出している根本的な問は、生命を捨ててまで表現しなければならない意思を人間はもち得るのか、もっていると主張するのは誠実なあまりの虚傲ではないか、という辺にあろう。

マスコミにのった解説的意見をみていて、ついにこういう問にいきあたらなかった。したがって、こういう問への答もなかった。せいぜいのところ、生命は大事にすべしという生物愛護協会的〝ヒューマニズム〟が、あんな過激で孤立した手段よりも説得的で組織的な抗議手段を講ずべきだったという良識論、自殺の効果を疑う効果論などが散見されたにとどまった。

床屋談議か、通勤途上の車内のオシャベリならそれもよかろう。が、いやしくも言論を業とするもの（職業とし宿業とするもの）なら、そこにとどまってはいられないはずだ。もしかれが、定義どおり死を賭して意思表示し、自己主張すべき意思を、自己を、体内にかかえた体験があるならば、また、かかえるべきであり、かかえたからにはその自己を放棄すまいとする決意をかかえているならば。老人の焼身自殺が佐藤栄作への抗議であると同時に、言論人、表現者、マスコミ、それら全体への抗議でもあることに目をつぶれはすまい。

ただし、いちばん注目すべきことに目をつぶり、語らでもがなのときに駄弁を弄する。それがマスコミの体質らしい。

一〇月三一日にあった老人の葬式は、マスコミの駄弁で彩られた。たとえば、ベートーヴェンの『英雄』が三つだか四つだかのテレビ局から放送されたということ、このくらいあの葬式（と葬式に協力した放送の努力と）の茶番性をしめすものはあるまい。シューベルトの『死と乙女』などまでが動員されたことも付けくわえていい。

そこではもう音楽は符帳でしかない。英雄とか死とか葬送行進曲とか悲愴とか、文字で簡単に印刷できる符帳でしかない。しかもこの符帳の効用は、英雄の死の悲愴な葬送にふさわしい印象を受け手大衆のなかにふるい起こすことにはない。英雄の死の悲愴な葬送に協力している放送局というステーション・イメージを生産するためだけに用いられている。日本の放送界は、これほどまでに音楽に無理解である。音楽を侮蔑している。音楽を文字サインに還元してしまえると思っている。

そこには、音楽提供者（放送局やレコード会社や音楽家など）が大衆とのあいだで、長年にわたって培った慣れ合いがある。音楽は〝標題〟という文字サインの鼻づらをつかめば手軽に処理も理解も売買もできる。と思い思わせている慣れ合いがある。

フザケタ番組とマジメな番組という分類も、これまた慣れ合いだ。葬式の日、講談はよくて落語は放送できず、落語家は登場したが本職の芸をもってではなくて故人の憶い出話をしたにとどまった。なぜ落語をマジメに演じないのか、じつにフザケタ話である。日ごろの放送の番組がフザケキッテイルことを自白したようなものだ。落語はフザケタもの、学校放送ならマジメというフザケタ常識が、放送局にあり大衆にある。そこを政治権力が利用していく。

自民党の役員会は一〇月一七日、小林郵政大臣に三点の要望をした。その第一が、一一月一日のテレビ局への電波免許（VHF再免許とUHF新免許と）に際して、教育、教養番組が全番組の五〇パーセント以上になるよう義務づけろ、という要望だった。そして結局は、一一月一日の免許とともに三〇パーセント以上という枠の義務がテレビ局（教育テレビ局は別）に課せられた。

番組比率への量的規制の義務づけは、放送番組の内容への質的規制が一段と容易になったことを意味する。外堀どころか内堀までも埋められた。こうして、施設免許と事業免許という二つの免許形態のあいだで放送局は、事業監督権のある施設免許、あるいは免許期間が三年に限定された（だから三年ごとに生殺与奪の権が政治権力ににぎられていることを確認させられる）事業免許、という両方のマイナス面をあわせもった免許を与えられた。それは、放送界の経営者たちだけの不幸ではない。国民大衆の不幸である。

こういう不幸な事態を招いた禍根が、一〇・三一の放送界の自粛、自己規制にもある（それが全部とはいえまいが）。とくに、フザケタ番組を中止して『英雄』を演奏しておけばいい、という安易な態度、安易な自己規制の方向にある。もし真に悲しいのなら、その哀悼の意をみずからのことば、みずからの表現で努力して表明すればまだしもなのに。紋切り型ですましてしまう。すましておこうとする。そこに精神の見るに耐えぬ弛緩がある。

死を賭して自己主張し、自己表現せねばならぬという決意をいだいたことのある表現者なら、こういう弛緩した自己を意識した途端に悶死しかねない。憤死しかねない。が、不幸にも、日本の新聞界は戦前戦中を通じて、たえず「長いものには巻かれろ」で過ごしてきた。めめしい抵抗ならあったかもしれないが、しんそこ決断しきった抵抗の体験はついになかった。そして戦後、新聞界から分かれて放送界が（NHKとあわせて）できたわけだが占領期はもちろん、それ以後も、この体質に転換はなかったようだ。日本のマスコミ界の全体が、長いものに巻かれつづけている。一〇月三一日の放送界の自粛ぶりが、そのことを如実に物語っている。

さて、放送界の弛緩、それも大衆との慣れ合いで深まっている弛緩について、最近の象徴的なエピソードを紹介しよう。といってもおそらく周知の話だろう。が、案外に、その意味は見逃されているかもしれない。そこにひとしお弛緩の深刻さがあるわけだ。

話は、NHK総合テレビの人気番組『旅路』をめぐっておこった。原作者・平岩弓枝氏のもともとの構想では、久我美子扮する春子を相思相愛の男と結婚できないままにするはずだった。悲恋もあるのが現実だ。という心づもりからだろう。ところが、二人は結婚させられてしまった。NHKの担当者のもとやら原作者のところへ、連日数百通もの大衆の投書がよせられ、そのことごとくが春子の結婚を望んでいたからだという。そういう大衆の要望のなかに、皇后のも混っていたと伝えられている。

まったく暗然とする話だ。エセ民主主義の標本として、明治村かどこかの博物館に永久保存しておきたい話だ。大衆の生活にとってはどうでもいい、フィクションのなかの女性が結婚するかしないか、そんなところで大衆は妙に力む。愚衆は、といってもいい。

『三姉妹』の中村半次郎が最終回まで登場することになったのも、同じエセ民主主義のメカニズムによるそうだ。が、

『旅路』のほうが一段と暗い。なぜなら、春子の幸福を自分らの不幸の補償にしようとする心理的メカニズムが、哀れな大衆の要望を噴出させているからだ。自分らが自分の不幸を宿命的なもののように意識すればするほど、自分が自己投射し自己同化できた対象（実在のスターや歌手などでもフィクション上の人物でもいい）の幸福のために力む。力んでみて、実を結べば現実の自分の不幸がまぎれる。

こういう心理的メカニズムは、インフェリオリティ・コンプレックス（劣等感）がシュペリオリティ・コンプレックス（優越感）へ軟化していくのと同じく、社会的な劣者もしくはスケープ・ゴーツ（いけにえのヒツジ、一〇・八や一一・一二のマスコミ報道でつくられつつあるスケープ・ゴーツが三派系全学連）に対しては、サディスティック（し虐的）な攻撃性を　みせがちである。その辺は、ファシズムの　成立基盤についての社会心理学的分析が、解明してみせたところである。

攻撃性はともかく、放送番組を見ている大衆の要望が（俳優のならまだしも）登場人物の結婚に集中したということに、ぼくは、放送をとりまくさまざまの弛緩の集約的な表現をみる思いがする。なんとつまらぬ、フザケタことを望むものか？

これはもう愚衆といっていい。といっても、誤解しないでほしいが、ぼくは、日本の大衆が愚衆だという大衆蔑視論をふりかざしているのではない。放送を見ているときの大衆は、いわばポカンと口をあけ、その愚劣なペルソナ（面）でテレビに向き合っている。かれのいい面はテレビを見ているかぎり背後に押しのけられてしまう。テレビにはそれだけの力量しかない。テレビにはそんな愚劣さがある。こういうことをいおうとしているのである。

他人ごとではない。ぼく自身が、テレビを見ているとき、そんな愚衆の一人である。すでに書いたように、ぼくが大学を出た年にテレビ放送がはじまった。それからまもなく、十五年、そのあいだにぼくはずいぶんテレビを見た。そしてずいぶん愚かになった。貧しくもなった。

この文章を書きはじめてから、どういうわけか北原白秋の『思い出』のなかの

なくしつる　なくしつるにはあらねども

という一行が意識に浮かんでくる。そしてそれを追うように、同じ白秋の『桐の花』の

君と来て一期の別れするときも
ダリヤは赤しダリヤは赤し

という短歌も浮かんでくる。何の脈絡もありはしない。原因の説明もできはしない。とにかく浮かんでくる。

そこをこじつけて論じてみるなら、まず、ぼくにも喪失感があるのだ。白秋とちがって宝石ではない。が、やはり貴重なもの、些細だけれども貴重なもの、それをなくした。いや、なくしたのではないかもしれない。現実の生活のなかで取り出してみる契機を封じられただけで、ぼくの奥底深いところに潜在はしているかもしれない。それは訣別の朝の厳しさのなかで、ダリヤの花の赤を赤と見定める潤んだ視線なのかもしれない。

放送はミズモノといわれる。流れ去り、消え去る。そうにちがいはないのだが、だからといって、放送を見聞きしている瞬間瞬間に、どれだけ一期一会の緊張があるだろうか。だれが放送を、一期の別れとして見定めているだろうか。放送には記録性がないといわれ、記録性のある新聞雑誌などのメディアとの差異が強調される。けれどもじつは、放送には記憶性もないのかもしれない。番組が空に消え去るだけでなく、受け手大衆の意識をかすめた痕跡さえも瞬時に消え去るのだろうか。

たとえばデュヴィヴィエ作品『ぺペ・ル・モコ（望郷）』のなかのジャン・ギャバンが、フランス女を追ってキャスバを下りていくシーン、その死への宿命的な足どり、『望郷』を最後に見てからだって、もう二〇年はたったわけだが、ぼくは、あの足どりをまだ記憶している。港の鉄門につかまりながら、手錠をはめられたぺぺがナイフで自殺し、裏切ったアラビア女が「ぺぺ！」と絶叫した、あの声音をも。

これまた、くだらないことかもしれない。急行料金を惜しんで鈍行で倉敷までいき、グレコやらルオーやらに対面して、いよいよ美術館を出るときの、一期の別れの気分もまた、はた目にはくだらないことかもしれない。青春がようやく去っていくからといって、青春の日々に対して感傷的になってみてもはじまらない。それはそうだ。

が、テレビを見ているとき、見つめているという実感がないのは、事実だ。テレビが意識に浸みこんでくる、という実感がないのも事実だ。テレビと観者との関係は、中有的である。体力も働かないかわり、引力も作用しない。要するに磁場が形成されない。関係のないような関係しかない。

だから、テレビが、一つの季節を開くことがあるのだろうか。テレビというメディアがでもいい。テレビのメッセージがでもいい。とにかく一つの季節を開けるだろうか。テレビ放送されたビッグ・イヴェントというと、皇太子の結婚パレードがある。東京オリンピックがある。ドラマでは『私は貝になりたい』が思い浮かぶ。しかし、そのどれでもいい。そこを出発点にして人びとが生活を築いていける。そういう原体験になれただろうか？　時代の転換を準備し、結実させただろうか？　ぼくは否定する。

テレビが季節を開いたとしたら、それは、テレビの電波第一号が発射されたその瞬間にだけだ。つまりテレビ技術の出現は、やはり一つの時代を到来させたかもしれない。が、それっきりだ。テレビ界そのものが、一〇月三一日の例でもわかるように、百年一日のごとき体質である。みずからが変化しないものに、どうして時代の変換が推進できよう。自己変革して前進しない者は、時代の推移のなかで落伍するだけだ。

テレビの威力（マスコミの威力）を讃嘆・恐怖する常識的見解にもかかわらず、また政治的配慮にもかかわらず、科学的、実証的研究を積みかさねるほど、テレビ（マスコミ）の効果の過大評価をたしなめる結論が出てくる。クラッパーが『マス・コミュニケーションの効果』で、諸研究・諸調査を総括して結論したように、マスコミが先有傾向を強化する効果は相当にあるけれども、先有傾向を変化させる力は意外に小さい。

最近に目撃した好例というと、昨年の〝黒い霧〟キャンペーンである。まさに、泰山鳴動ネズミ一匹の効果だった。そこでぼくは、マスコミの威力絶対視の神話をこわすために、この実例をあちこちで紹介した。そして、その作業に疲れたころ、二つの点で理論的な反省の必要を感じた。

その第一は、先有傾向の構造についてである。たとえば自動車の購入をめぐる先有傾向を考えてみると、もちたいという願望と、もつのはこわいという恐怖と、その両方が共存している。もちたいだけ、こわいだけ、という完全に一方的な先有傾向なんて、まず例外的である。政党支持の場合も同じこと、八〇パーセント自民党支持で二〇パーセント社会党支持といった混合形態が、むしろ（比率はともかく）一般的だろう。一〇〇パーセント自民党支持、一〇〇パーセント社会党支持というほうが、むしろ珍らしい。

だから、先有傾向の強化といっても、陰陽二元のどちらをより強化するかで、陰陽間の勢力関係が逆転し、陽に掩われて潜在していた陰の要素が顕在化し、強化でもあり変化でもあるようなマスコミの影響が生じないとはいえない。この辺はもっと実証的な検証を試みてみるよりほかないが、少なくとも抽象的な仮説命題のレベルでなら、こういえなくはない。

もう一つに考えてみている点は、この小論の趣旨ともっと深くかかわっている。すなわち、今のマスコミが先有傾向を変化させる力は弱い。一つの新しい季節を切り開いていく衝撃とはなりにくい。という実証的な研究の結論も、それはあくまでも〝今の〟マスコミについてだけ妥当するものではないか、という反省である。〝明日の〟マスコミ、あるいはマスコミの本質についてだと、別の結論が出てもいいのではないか、という反省である。

作中人物が結婚できるかどうかを大衆が最大の関心にするような放送でなく、また大衆のそんな要望しか触発できないような放送でなく、大衆の側も放送局の側も、真剣に斬りむすんでいる放送、そういう放送なら、一つの新しい時代の季節到来を告知できるのではあるまいか。季節の到来を準備し、推進できるのではあるまいか。

そこを別の角度から論じると、こういう風な話になる。人間というオーガニズムは、受容器（レセプター）、分析器（アナライゼーター）、運動器（エフェクター）という三種類の器官でなりたっている。外界からの刺激を受容器で感覚し、そういう感覚データを分析器で解読して意味づけ、運動器に指令を与える。そこで運動器が外界に働きかけ、効果を発揮する。こういう形で生活がつづけられる（内部感覚とか、各器官間でのフィードバック作用などは省略しておく）。

しかも人間は道具を作る動物であり、道具とは人間のオーガニズムの各器官（の機能）を拡大延長して代行するものだから、道具の発達（機械の出現）にともなって、人間が相互交渉する外界の範囲が拡大していく。人間が拡大していくといってもいい。当世流行のマクルーハン流にいうなら〝人間の拡張（エクステンション）〟である。そしてマス・コミュニケーションとは、人間の受容器の拡大延長である（もちろん受容する感覚データの洪水にともなって、分析機能の代行も要求され、解説その他の形でマスコミは分析器の役もつとめている）。

それはいいのだが、現在のマスコミの活動とそこへの人間の参加の姿勢をみていると、人間は分析器と運動器をどこかよそへ置いてきて、受容器だけになりきっているのかとさえ思える。ぼくが愚衆と呼んだのは、こういう姿勢を指してのことである。そのとき人間にとっては、受容器の振動や共鳴だけが快適になる。

こういうコミュニケーションの形態は、レオン・フェスティンガーが（道具的《インストリュメンタル》に対比して）完結的《コンサマトリ》コミュニケーションと名づけたものに近い。けれども、内的な情緒の高まりをその場で発散し解消して終わる完結的コミュニケーションにしても、笑ったり、わめいたり、ののしったり、運動器の動員がともなわないわけではない。ところが、〝今の〟マスコミの場合、かりに放送局へ投書をするという明瞭な行動（運動器の運動）が継起するとしても、その行動がマス・コミュニケーション過程のなかに閉じこめられている。かれの生活の場での行動に連続しない。そういう意味で閉鎖的・完結的である。

生活行動とマスコミ行動との分離、もっと正確にはマスコミ行動の生活行動からの遊離といっていい。だからマスコミの送り手の側も受け手大衆の側も、マスコミ行動について無責任になる。双方ともに、生活が賭けられていないからである。だから、マスコミにのる報道やドラマや歌などが、大衆が真剣勝負で生き抜いている生活の場の科学的認識、芸術的認識等にもとづいており、そういうマスコミの内容を受容した大衆が、その認識を生活の場で真剣に試してみる。そういうマスコミは望めないものだろうか（誤解を避けるために付言すると、真剣勝負のときに苦虫を噛みつぶしていなければいけないわけではない。歌っててもいい。笑っていてもいい）。

放送批評という活動をしている人たちは、ほとんどの例外なしに〝むなしさ〟を覚えているらしい（証拠のほしい人は『テレビズマン』第四号にのっている志賀信夫と岡田晋の論争のうち、とくに志賀の発言を読むといい）。ぼくにもある。が、それは批評の効果の〝むなしさ〟が根本的な原因ではない。放送番組を批評してみても、批評が公表されたときには放送番組は消え、大衆が批評を手がかりに番組を見る可能性は、再放送でもないかぎりない。だから批評してみても、〝むなしい〟という説がある。

たしかに、自分の批評が社会的効用をもったら、もてないよりいい。もたねばいけない。が、そのためには、放送番組は消えるから批評してみても、といった俗論は捨てねばならない。そんな俗論に立脚していたら、歴史事象の批評、つまり証言なんてできはしない。歴史も美も流れていく。ファウストならずとも、「立ちどまれ」と要求したい。が、すべては流れゆき、消え去る。あに放送のみならんや、だ。

この一回的な歴史事象としての放送に接した記憶を、自己の全資質をかけて記録する。それが放送批評だ。その自己の資質さえ充実しているなら、良き読者を得てその批評は読まれる。その読者の能動を通して、社会的効用をもつ。とはいってみるものの、やはり放送批評は〝むなしい〟。批評しようとして見る（つまり見る）放送は〝むなしい〟。それは不思議なほどだ。この瞬間に、この映像や音に、ぼくは一期の別れを告げねばならない。そのとき、自然に咲くダリヤの赤は目にしみるのに、高度の技術を駆使し、さまざまの人間の努力を媒介にして伝えられてきた赤いダリヤの映像はなぜこんなにも薄汚れ、乾からびているのか。ほんとに不思議なことだ。

日本で、放送関係の仕事をしている人は、俳優やら下請けの人やらふくめて、ざっと五万人くらいだろうか。その人たちが一日八時間労働として四〇万時間。いっぽう大衆の側の放送接取時間は一日平均三時間といわれる。それを一億倍したら多すぎるかもしれないから、半分としても一億五千万時間。一日にこれだけの時間を放送は消費している。もう少し、ましなものにしなくては、損失が大きすぎる。

一枚の絵、一篇の詩、一本の映画の一つのシーン、一冊の本のたった一つの文章、そんな些細な表現が、人間の一生を支える力をもっているのに、〝今の〟放送のこの〝むなしさ〟はなんとしたことだ。少なくともぼくは、放送を見ているときには、自分の心が少しずつでも乾いていくようなキシミを感じる。

汚れっちまった悲しみに　今日も小雪の降りかかる

（中原中也）

そんな悔恨を感じる。美術批評家や音楽批評家や文学批評家などになった友だちが、ねたましい。そんな情緒が、完結的コミュニケーションの叫びとして、こんな文章を書かせたともいえる。これがぼくの、〝今の〟放送批評だ。この批評に社会的効用をもたせるのは、それはだれの責務だろうか。

解題

敗戦直後、怒濤のように流入してきたのは、戦中に観られなかったヨーロッパの名画群だった。その芸術性に圧倒された青春の記憶が、強く稲葉をとらえている。当時、放送局でのVTR使用はようやく始まったばかり、家庭用の録画機器など望むべくもない時代のことだ。放送の「送りっ放し」という性格を分析し、この一回性のメディアを認識的かつ時事性に富むメディアにしなければ、批評作業さえも空しい、と述べた逆説的で文学性に富むエッセイである。（藤久ミネ）

特集：ラジオが当面する諸問題

Quo Vadis, Radio?
——番組と営業サイドからみた民放ラジオ——

島地 純

「番組と営業サイドからみた民放ラジオ」とは、編集者もずいぶん意地の悪い課題を与えたものだ。表にも裏にも鍵をかけてさあ出てみろといわれるみたいで、かなり苦渋にみちた一文になるであろうことは、あらかじめ予想される。

民放の二重構造

まず民放とは、からはじめよう。ラジオはニュース、音楽、教養、文芸、娯楽、情報、知識……ｅｔｃの番組を電波にのせて放送することによって、不特定マスの聴取者を獲得する。自社の商品を宣伝したい企業（スポンサー）はその放送局を広告の媒体として使い、消費者（聴取者）にＣＭを訴えかける。東京の場合、聴取率一％は人口に換算して二〇万人を優に越える。一〇％といえば二〇〇万人がきいているのだから、一人頭の宣伝費単価は他のＴＶ、出版等の媒体に比べてけっして高くはあるまい……これが、営業サイドのＡＤ（アドヴァータイジング）の考え方だ。

一方、これだけの聴取者になにを訴えようか、なにを与えようか、どうコミュニケーションをもとうか、いやそんなことより、オーディオの世界でどういう作品を創造しようか……と考えるのが番組制作者の立場ということになる。

つまり、基本的にラジオ（だけでなくＴＶ、新聞、雑誌も

『放送批評』1968年６月号

同じなのだが）は、二重構造になっている。図で示すと、こういうことになる。

《ルートＡ》が番組制作者の方向であり

《ルートＢ——Ｃ》がアドヴァータイジングであり

《ルートｂ》は《ルートＢ》の見かえりとしてスポンサーから広告料をもらう民放の営業だ。

《ルートＤ》については後述する。

民放ラジオ、ＴＶは新聞やＮＨＫとちがって購読料や聴視料がないから、スポンサーからの広告料だけがほとんど唯一の収入源ということになる。

わかりきったことだが、しかしこの二重構造と、収入源が一ルートだけということが、民放のあらゆる体質、機能を規制することになる。

民放ラジオとＴＶはその点でまったく同じシステムだ。したがってラジオとＴＶとは兄弟であり、敵同士ということになる。誰が言ったことか忘れたが、ラジオとＴＶは兄妹みたいなもので、同じ家に生まれ、幼い頃は同じ部屋で育ったが、成長すると

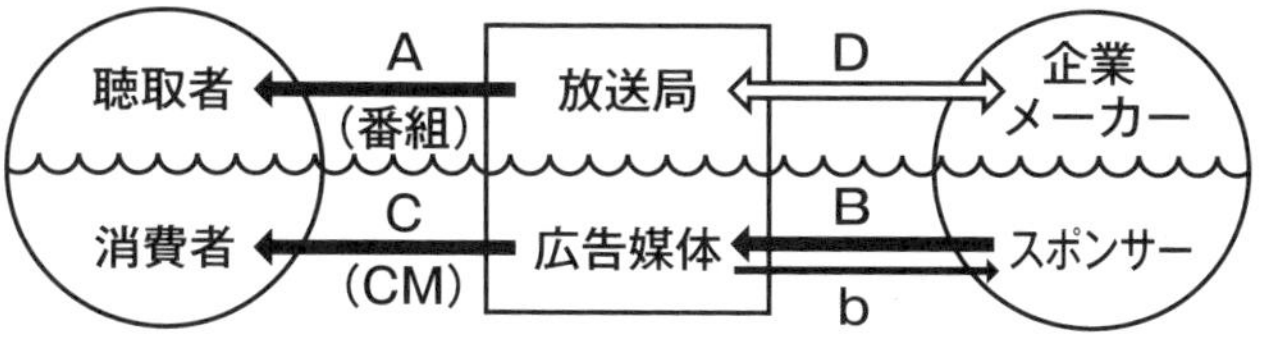

部屋も独立し、それぞれ別の生活がはじまる、のだそうだ。

ＴＶ以後のラジオ

ＴＶ出現以前と以後とでは、ラジオの位置、媒体としての意味、価値は否応なしに大きくかわった。

常識的にいって、視覚と聴覚の両方をおさえるＴＶの方が強い。そこでＴＶが急速にコマーシャル・ベースにのったときに、ラジオがうったキャンペーンは、お粗末にも「ながら聴取ができます」だった。仕事をしながら、勉強しながら、何かしながら自然にきける……一見ラジオの美徳であるかに吹聴したこの「ながら論」は、完全に裏目に出た。番組は生活のバックグラウンドであればよい、という思想によって、ラジオは人々の注意を自分に集中させることを自ら否定してしまった。必然的に営業面でも媒体価値を低下させる結果になった。

もう一つ、ラジオは速報性が売物だった。たとえば、ラジオのニュースは第一報、ＴＶは現場の実証、新聞は記録、という定義もなされた。しかしこの速報性もまたたくうちにラジオだけの特権ではなくなった。ニュースの第一報、そしてその後のフォローにしても、もとを正せば時々刻々に通信社

や新聞社の取材網からおくられてくるもので、ラジオにしろ、ＴＶにしろ報道のシステムと人員機構には限界があるから、たとえば内閣改造だとか、エンタープライズの入港だとか、何日何時におこるかわかっている事件については予め報道記者を現場に張らすこともできるが、それ以外の大半は、莫大なニュースネットワークを押えている通信社や新聞社に情報源をあおいでいる。だからどこからか間断なく流れてくる電送原稿をしゃべり用にリライトしたり、あるいはそのまま読んだりするラジオと、それをテロップで即座に番組にスーパーインポーズするＴＶとでは、速報性という点で事実上時間差はない。

　速報性を即時性に置きかえてみても同じことがいえる。つまり、現在時点で現場から送るナマの強みということになるわけだが、これはたしかに新聞、週刊誌などの活字媒体ではどうしようもないことだが、しかしＴＶとラジオを比較してラジオに軍配が上るという要素はまったくない。ラジオの方が機動力があり、簡便に現場中継できる、という考えは、技術面の急速な進歩でまたたくうちに打砕かれてしまった。それをまざまざと思い知らされたのは、おそらく全日空のＢ—７２７の羽田事故のときだろう。第一報からその後の事故現場の推移まで、ＴＶの機動力はラジオにいささかの遜色もみせなかったばかりか、海の底までみせたＴＶの実証力は、はっきりとＴＶの勝利を決定するものだった。

　ついでになるが、ジャーナリズムとして生きる道は当然民放ラジオにもある。これまでも電波という特性を生かした、新しい形の放送ジャーナリズムを目指すこころみはいくつかあったし、現に今もあるといえばある。しかし民放ラジオが自他ともに認める放送ジャーナリズムを確立するためには、放送企業内の絶大な努力が必要だし、その試みの芽をいまのように性急に摘みとってしまうのでは、育ちようがない。

　報道番組ばかりでなく、他の番組についても、ラジオがＴＶにまさるという論拠はきわめてあげにくい。ドラマ、ドキュメント、教養、娯楽、スポーツｅｔｃにしても、ＴＶ出現以後ラジオでなければならない、という番組はほとんどない。音楽番組ですら然りなのだから。

　つまり、ＴＶがダンプカーのようにわがもの顔にマスコミ界を暴走し、怪獣のように茶の間を蹂躙するようになって以来、ラジオが粒々辛苦積み重ねてきた財産はことごとくＴＶに食い散らされてしまった観がある。

　そこでラジオは、ダンプカーの疾走する街道をよけて、横丁に入りこみ、辛うじて自動車ドライバーと、教育ママの監視をのがれた中高校生たちを相手に見出した。つまり、ＴＶ

も新聞も不在の場所か、あるいは孤独な密室の伴侶というわけだ。

番組の方向

ＴＶ以後、たしかにラジオ番組は縮小、敗退を余儀なくされた。その典型がドラマにいえる。かつて民放ラジオは午前中から午後にかけて毎時間二本ずつの合計十数本の帯ドラマをひき、その他、夜のゴールデンアワーに何本かの三十分ドラマ枠を据えて、それだけのスタッフが丹念に時間をかけて番組を制作し、聴取率もかせいでいた。制作者は一つの作品の芸術性と思想性と大衆性とを胸を張って世に問い、オーディオの世界の技術的先端を目指して余念がなかった。しかしその積み重ねは無残にも今や壊滅しつつある。オーディオの世界の生命ともいうべき音響効果の部分一つをとりあげてみても、かつてはどこの局でも十人以上の専門の効果マンがライブラリーの拡充と音響イメージの創造開拓に専心していたが、いまや音響効果だけの専従スタッフを抱えている局はどこにもないといっていい。

録音構成番組についても同じことがいえる。三十分番組一つをつくるのに何日もかかって、十数時間分の取材テープをまわし、その中から極くわずかなエッセンスをとり出して構成するという作業は、もはや昔語りになってしまった。そういう制作者の執拗な努力と、出来上った作品の価値が、もはや色褪せたものとなり、一顧もされなくなったのだろうか？

たしかにそういう番組の聴取率は低下した。しかし、知的操作を放棄した太平ムードの大衆を責める前に、そういう番組の価値を自らあえて否定したラジオ局側の方に、実は一方的な問題があるのだ。時間をかけ、手をかけ、聴取者に充足感を与えうる作品性の高い番組は、はじめにのべた《Ａルート》でこそ価値を評価される。しかし《Ｂルート》ではなによりもまず聴取率と経済性の高いものがよい番組とされるのだ。二重構造の、しかも収入はスポンサーからの《ｂルート》だけ、という民間放送企業は、Ａも正しい、Ｂも正しい、という場合に、躊躇なく経済性をえらぶ。それが資本の論理というものなのだろう。

入念な手づくりの細工はいまや荒っぽいナマ番組にとってかわられた。ラジオの収益は昔にくらべて少しも下っていない。しかもなお制作費に割く総予算額だけは年々きりつめてこなければならないところに、ラジオの苦悩がある。当然その分を、ラジオは他の部門に、たとえば販売促進のための様々な事業経費に、まわさなければならなかった。

ラジオはもはやものを創る場ではなくなったのか。聴取率が少しでもかせげれば、儲かれば、それで事足れりとするか。つまりはレコード会社のお先棒をかついで歌謡曲が氾濫し、番組を制作するという主体的な意図も、演出技術も無用の長物と化したのか。おそらくこの道は、ちょうどＴＶ出現直後「ながら聴取」をうたって自らの媒体価値の低下を招いたように、今度は聴取者からラジオにたいして失望と倦怠を、――つまり「ラジオは結局つまらない」と――宣告される結果におわりはしないか。

勿論、ＴＶがかつてのラジオの蓄積した財産を貪り食い散らしたいま、ラジオが古典的な姿に王政復古をはかろうとしても、それはナンセンスだ。

いまラジオにとって必要なのは、ラジオが舗装し、ＴＶがダンプカーのように蹂躙したこの道を当てもなく先へ辿ることではなく、まったく別な道に質的変換をすることだろう。聴取率云々は、むしろアナクロニズムだ。二・八％が二・五％をわらうのは、目くそ鼻くそ、の類だ。いまやラジオはマジョリティでなくマイノリティの質的な存在意味に積極的に価値を見出すべき時が来ているのではなかろうか。

そのため、万人がみとめる特効薬などおそらくあるまい。しかし、そのためいくつかの方向は考えられる。

たとえばその一つは、ラジオがあくまでもオーディオの世界であることをはっきりと確認することだ。ＴＶで見えるものがラジオでは見えないという制約を、逆に、ラジオは見えないからこれが出来る。という利点で展開することだ。ラジオは決定的にＴＶと手を切り、袂をわかつべし。オーディオの世界のみを徹底的に追求すべし。これはラジオのあらゆるジャンルの番組にいえるし、そこでの新たな芽を育て上げる努力が必要だ。

もう一つは、ラジオのコミュニケーションの機能の開拓だ。ラジオがただ送り手として一方的に電波を放送するのではなく、あらゆる手段で聴取者と深く、相互に対話し、直接コミュニケーションをもつことだ。すでに電話はラジオの大きな武器となっている。電話だけではない、マイクがあらゆる場所に出て行って直接市民と対話することによって、ラジオそのものの市民権の回復を意図すべきだ。

その他にもまだ方向はいくつも考えられよう。たとえば、アメリカはパーソナリティに全面的におんぶする方向を辿っている。要はそのことのために、番組制作者の意図と演出技術はまだまだ発揮される余地が沢山のこされている、ということだ。そのためのリスクを冒す勇気と、先行投資がいまのラジオには必要だ。

かかわっている。

営業の方向

ラジオの営業の方向も、コミュニケーションの開発と深くかかわっている。

前にのべた二重構造図式でいうなら、放送局は番組を放送し、なにがしかの聴取者をとらえている。そこに広告主がCMを訴える、というアドヴァータイジングの考え方は、たしかにいちばんオーソドックスであり、永久にラジオ営業の基本であろうが、それはある意味ではもはや古典的な姿になっている。その論でいくかぎり、永久に聴取率だけが問題になり、視聴率三十%のTV人気番組をよだれをたらして羨むだけだ。それではラジオはただ広告料が安いというだけが、媒体のメリットになってしまう。情けない話だ。東京のラジオ一局当りの平均聴取率は二%～三%であって、しかもそれは正に当然な数字なのだ。東京にはTV七局、ラジオ九局、合計十六の電波が乱れ飛んでいる。全時間家庭のTVまたはラジオのセットにスイッチが入っていたとしても、一〇〇%を十六局で割れば、一局平均は六%なのだ。セッツ・イン・ユースが、一〇〇%などということはありえないし、TVがラジオの十倍以上の経費をかけていることを勘定に入れれば、ラジオの平均二～三という数字は出来過ぎぐらいのものだ。

さて、アドヴァータイジングの考え方でいくと、ラジオは安いから頻度でいこう、選挙のときの連呼よろしく何回も繰りかえして消費者の耳にCMをたたきこんで名前をおぼえてもらおう、ということになる。詳しい説明は新聞広告など印刷媒体にまかせればよい、動きのある視覚イメージはTVの独壇場だ、そこで商品広告の完璧を期するためには、それら媒体の特性を夫々に生かしたメディア・ミックスがよい、ラジオはメディア・ミックスの一翼でたしかにラジオとしてのメリットをもっている。ところが、これも壁にぶつかった。これだけ媒体が多く、広告接触度が大きくなると、商品名だけは知れわたっても、さっぱり商品の売行は伸びない、という事態が生じた。そこでラジオは、生きんがために、スポンサーの宣伝というよりは、メーカーの販売促進にまで手をかさなければならなくなった。図で示す《ルートD》がこれだ。つまり、ラジオの営業は、自分の電波や番組を売り歩く手伝いまでさせられる破目に立ちいたったわけだ。まずは商品に触れさせよう、一度食べさせてしまおう、ともかく使って試めさせよう、そこでブランド・チェンジが行われればもっけの幸い、というわけだ。

この販売促進（セールス・プロモーション）の手だてとしてラジオが打出したのが、アクション・プランとでも名づける一連の事業活用で、これが否応なしにこれからのラジオ営業の生命となっていくのだろう。

ラジオ電波の呼かけで映画試写会をひらきます、どうぞどうにでもこれをお使い下さい、からはじまって、若者たちを、あるいは主婦たちばかり、一万人組織して、そのデータも集めてあります。メーカーに必要なマーケット調査だろうと、催物だろうと、どうぞご利用下さい。スーパーマーケットを五〇店組織して売場も確保しました、スポンサーの商品をそこに大量陳列できますからラジオのスポットも買って下さい。幼稚園を二百園、園児四万人のリストがあります、商品のサンプル配布もして試食させます、その結果のデーターをごらん下さい。今までAブランドを食べていた人がそれ以後はお宅の商品Bブランドを買うようになりました……つまり、本家本もとのラジオ番組とは関係ないのだ。ここでも二重構造が露呈される。

いずれにしても、ラジオの営業はスポンサーの商品をかついで、あらゆるところで一つのアクションをおこし、イヴェントをつくり、つまり事業活動をして、その波及効果をねらう、というところまで手を伸ばしてきた。その方法論はたしかに無尽蔵にある、といえる。だが、ラジオ局がラジオ局であるための節度を、もうそろそろ気にしてもいい時機にきてはいまいか。

Quo Vadis, Radio?

主よいずこへ行き給う（Quo Vadis, Domine?）をもじって、こうタイトルをつけたこの一文は、ラジオにたいしてかなり回顧的、悲観的な面が強調されすぎたかもしれない。

本当は悲観などしていられないのが現実だ。なにはともあれ、一どきに数万、数十万人に電波をおくる放送局というものは、巨大な影響力をもっている。それを過小評価したらそれこそ大きな誤りをおかすことになる。

また、最近の技術革新はまったく予想をはるかに上廻わる急テンポで進行している。コンピューターがすべての価値を決定する世界がもう目の前なのかもしれない。現に放送におけるコンピューター化は完全に実用段階に入ろうとしているのだ。電波界は間もなくＵＨＦ、ＦＭと、現在の倍ちかい波がひしめきあうことになるだろう。広い意味でのあらゆる情報が、放送局の電波という媒体を介さないで、受手に直結されてしまうのも、そう遠い将来ではない。そんなとき、では又手づくりの芸術はどういう意味をもってくるのだろうか？

そこまで話を飛躍させないまでも、現在のラジオが、番組面でも、営業面でも、それぞれの局がそれぞれに、きわめて個性的に質的転換を迫られていることだけは事実のようだ。

自らの価値は、自らの手でしかつくり出せないものだ。

解題

一九五九年の皇太子ご成婚、六四年の東京オリンピックを境に、ラジオ（とりわけラジオドラマ）は凋落の一途を辿った。その後、再興の試みはさまざまに為されたものの、効果は上がっていない。が、島地が本論で力説している「見えないという制約」を「見えないからこれができる利点」へと変換する試みに徹すべしという正論は、現在も少しも古びていない。二〇一二年度文化庁芸術祭大賞、ギャラクシー賞大賞に輝いた毎日放送の『鉄になる日』はその証左である。（藤久ミネ）

座談会

特集：ドキュメンタリ論の展開

ドキュメンタリとルポルタージュ

牛山純一
吉沢比呂志
《司会》和田矩衛

『放送批評』1968年７月号

定義づけは必要か

司会　ドキュメンタリとルポルタージュと一口にいっているが、その定義とまでいわずとも、論議の対象の大ワクはこしらえてかかる必要があると思いますが――。

吉沢　歴史的にいえばルポルタージュというのはフランス的な発想だし、ドキュメンタリはイギリス的な概念から出発している。だから座談会形式のもの、例えば「スター千一夜」とか「この人と」のようなものは、座談会が主なのだからこれは入らない。しかし十勝沖地震についてある提言をしたいという目的で収録構成したもののなかに座談会が入るといった場合は、その番組はドキュメンタリといっていいでしょう。

牛山　ぼくの場合は、自分が訴えたい、あらわそうとしているものを作っているだけで、世界中に千人のドキュメンタリストがいれば千本の違った形式のドキュメンタリが生まれるという考えです。座談会という形式をとってもドキュメンタリはできると思います。

司会　映画の「ヒットラーなんて知らないよ」なんてのは正にお説の通りで、座談会の如く装いながら、バラバラにとっている。あれはやはりドキュメンタリですよね。

牛山　ＮＨＫの「特派員報告」でも一つ一つでかなり違う。

単なる観光映画まがいのものもあるし、一方相当心を打つようなものがありますよ。ぼくたち作る側では、あまり定義づけはしたくない。自分の方法だけをやって行けばよい。

吉沢　しかし、その方法の行方が究極的には問題なので、これをしっかりみすえてドキュメンタリ論をやらなくてはならないと思う。ドキュメントっていうのは資料ということです。資料と資料をつぎあわせてドキュメンタリになる。それがどういう方向になるか、そのオリエンテーション、その姿勢、大きくいえばステーション・オピニオンとのつながりといったところから、問題が出てくる。

牛山　人がどういおうが、自分が真剣にやっていれば、それで仕様がない。

吉沢　だけどさ。誰だって、一生懸命やっている。それはしかしドキュメンタリではない。

牛山　ぼくはフィクションの世界もふくめてドキュメンタリを考えている。自分が興味と関心をもつもののなかで、そのなかの本当のものを発見して行こうという、人生の軌跡みたいなものが、自分の肉体のなかにドキュメンタリを作って行くのであろうと思う。これは学者であろうと、小説家であろうと、画家であろうと、私のように事実資料を通してやって行くものであろうと変りはない。その姿勢から生まれたもの、そこで勝負をしているのですね。

吉沢　フィクションもドキュメンタリに含めているという説は、ぼく自身もそう考えている。これまでの、ドキュメンタリが素材に頼る、好い素材をみつけだすのも作家の目だけれども、素材が弱ければドキュメンタリも成立しないという見方は、ドキュメンタリを弱くしている。吾々がドキュメンタリを発見して行くためには、何にもないところに乱をみる目を養成しなくては、本当のドキュメンタリは作れない。フィクシャス・ドキュメントとか、シュール・ドキュメントとかいった複眼的な発想が現代の社会では必要だね。活字の世界ではとりいれられているが、映像の世界ではとりいれられていない様々の追究の方法、たとえば深層心理だとか、オートマティズムとかを動員して、現実を鋭く裁断するテクニックに応用する必要がある。そうすれば、ドラマよりもっとドラマティックな、フィクシャス・ドキュメント、シュール・ドキュメントといったテレビ映像世界が必ず出てくるな。でないと、こんな複雑な現実はとてもさばききれませんよね。

実写とドキュメンタリの接点

司会　フィクションがドキュメンタリのなかに入ること、あそこまでフィクションの入ったものをドキュメンタリといえるか、という批判がありますね。この考え方の基本にはドキュメンタリの根本には実写精神がある。その実写をある一つのイデエに統一するのなら好いが、あるイデエのもとに作ったものをいれることはドキュメンタリではない、という考え方がありますね。牛山さん如何です、これは？

牛山　反撥しませんね（笑）。自分のことをいえば、ぼくはプロデューサーだと思っています。だから演出論を基調にした何ものかに拘束されたくない。ぼくはプロデューサー論は確立したい。そこで、実写を通じるというが、要するに本当のものをつかむということでしょう。ここにカメラがいて、この三人をいくらただ撮ってみたところで、この三人の本当のものが描ける筈がない。たとえば今ぼくのいっていることがウソかもしれない。もしカメラに意志があるとすれば、そのウソを見別けられなければ、ドキュメンタリとはいえない。そういうユングじゃないが（笑）、深層心理をギリギリとえぐって行って、つかみだす。それがぼくにいわせるとドキュメンタリの精神であって、そのための方法は、現在又は過去の分析では絶対ない。いつも現在立っている時点から新しいことを求めて行く、新しい技法なり創造方法を開拓して行く。それは恐らくぎこちないものだろうと思う。映画だろうと、文学だろうと、テレビだろうと、新しいものは常にぎこちない。そのぎこちないものに向って挑戦して行く姿勢、その姿勢をぼくはプロデューサーとして守って行きたい。私のプロデュース下で作っている演出家は四十人ぐらいいる。それに伴う表現手段や技法上の問題は、その人々をそれぞれに生かして行くということ以外では、ぼくの自己成立はない。そのなかに実写という表現技法を通じて、撮った事実断片をくみ合わせて本当のものを出すのだという古典的な考え方、それはそれで好いと思う。ただ問題は、一番本当なものというのは非常に出難い。ドラマでは設定条件を重ねていって、そこで濃縮したものを絞り出す、これが実写では難しい。現象断片を提出したにすぎない。作った方では、みる人間にその裏をみる目がないからダメなんだというかも知れンが（笑）。

吉沢　本モノにアプローチするために、記録・資料によってやって行くのがドキュメンタリであるということはいうまでもない。しかし富士山に昇る登山道が幾つもあるように、行き方は幾つもある。ポール・ロータの時代には社会的発言ということで貫通行動を起して行けた。深層心理が出たついでにいえば、これを最初に文学に応用したのはジョイスの「ユリシーズ」です。そうした大胆さというものが、ドキュメンタリにも必要ですね。ドキュメンタリは大胆であってよい、決めてしまって己れを狭くしてはいけない。なぜなら、ドキュメンタリは、発見のコミュニケーションだからです。発見のコミュニケーションでないものは、ドキュメンタリにいれたくない。ルポルタージュは報告だ。ルポルタージュには発見のコミュニケーションがない。自分の世界観、作品の秩序というか、現実と別の次元、世界との接点をもたなくてはドキュメンタリと名付けてはいけないと思う。

牛山　このところベトナムに度々行ってますが、ある女性がベトナムに行きまして、来て一〇日間ばかりの頃のことでしたが、ベトナムなんて新聞の方なんて大変なことばかり書いておられるけれど、賑やかで何も変りはないみたい。少し大げさに書きすぎるンじゃない？　というのですね。その時友人の読売新聞記者で文学者である日野啓三が怒りましてね、そういう貴女の前に座って靴を磨いている男がベトコンの地区の責任者でないとどうやって保証できるのだ、といいました。又、ぼくが四、五年前「ベトナム海兵大隊戦記」を作ったとき共産主義者だと名指しでいわれましたね。その時の自民党の政策にイコールの形で、又その時の単なるサイゴンの一風景でベトナム戦争をみつめるということと、その時の一番深いところで動いている歴史みたいなものを自分で掴んで、記録者として記録するということと、それぞれ違うのですね。どれがドキュメンタリかといえば、それが間違っているか正しいかわからないが、自分の心に一番ふれた、自分の追究しえたぎりぎりの真実みたいなのを記録する姿勢以外にはないんじゃないか。簡単にいえば事実と真実の違いですね。人間なんてものは顔では笑って心で泣いていますからね。その差、これは大きなミゾだと思うんですよ、僕は。これをとびこえるために、あらゆる演出家は泣きの涙で苦労しているんだと思いますよ。これはドラマ作家もそうでしょうね。そういう姿勢をもっている人は——、その溝をとびこす時に、その人なりの、その時なりの技法とか方法とかいうものが豁然として生まれてくるものであると思う。ある時は思い付であるかもしれないが、そういう一種の創意的創造的な努力を失ったとき、芸術家でも、学者でも、新聞記者でも、終りだろうと思いますね。そこでそれをとびこす方法は何かということですね。

事実を正確に追究せよ

牛山　いま一番欠けているのは、事実を知るということですね。その知る、ということをおろそかにして勘や単なるテクニックではとびこせないのではないか。ベトナム戦争を知るためには、ベトナム民族のなりたちから歴史、そのなかで彼らがどういう風にもがいてきたかを知る、現在の政治経済のあり方、誰がどう考えているか、ベトコンと南ベトナム政府それぞれの力、民衆の動向、アメリカ、中共、ソヴェトなどのこれに対する方向、そういう事実を正確に知る努力なくしては本当のものにとびこめないだろう。だから下のディレクターたちには正確に対象を知る努力を要求しています。市川崑さんが東京オリンピックを映画にする場合、どう解釈しようが、何といってもスポーツマンの祭典なのですから、スポーツというもの、スポーツマンというものの深層心理まで立至ったものを知ることであるし、その技術、その苦労をね。これは又別な説になりますがある外交官が、湯川秀樹さんが外交問題に関して書かれていたことに大きな間違いを発見した。原因は、間違っていたデータをよく調査せずに採用されたからだ。湯川さんもご自身の専門の分野では、すべてのデータを正確に確かめ、その上に立っての真実に近付く飛躍をされているに違いない。ところが外交問題になると、基礎データについて無頓着なまま政治について発言される。発言や意見はそれでよいが、それではどうすればよいかという政策にまで立至らないのではないかと、いっていた。

吉沢　現在の時事的な通信とか、情報の蒐集ということを真剣に考えた場合、僕は大へん絶望的なんです。本当のドキュメンタリはそういうものすべてを踏まえた上に出発するというのはわかるンだけれど、今ぼく達がこうしてしゃべっている時でも、世界からの電波がとんでいるわけですよ。掌をかかげてそこに電波が写るような魔法みたい受像機があって、そこに写るものしかうけとめきれないという一つの特約関係がある。つまり情報のワンサイドしか、我々の目にも耳にも止らない。僕の大学時代に、敦賀湾から伝馬船をこいでソヴェトのウラジォストックに渡ろうとした奴がいた。日本の新聞をみていただけではじかに今世界中がどうなっているか判らない。ワンサイド・ニュースだというんですね。自分で向うにわたってじかに調べたい（笑）。しかしその気持は判りますよネ。ドキュメンタリが偏向している日本の状況がある。その原因は伝馬船渡航氏の時代とそう変っていない。

牛山　一人の作家が自分で扱える領域は限定される。大島渚氏が「忘れられた皇軍」を作り、「青春の日」という韓国の学生革命に活躍していま売春少女に転落している少女の記録をとった。その時にとってきた写真を基にして「ユンボギの日記」というのを作った。この前「絞死刑」を作り、金嬉老事件の時はフィルムをもち出してあそこで作ろうとした（これは作れなかったけれど）。そして「帰ってきたヨッパライ」

（笑）。わかりますよね。自分でわかるという彼自身のテーマ意識。彼は対馬の出身ですからね。そういう情感でつながる部分。自分の知る範囲、領域がある。自分で確実にみわけられるものはそう多くはない。これはパラドックスみたいな話だけど、ある中国学者ですがね、中国へは行かないンだ、というのですね。行ったって自分のみるところは限られている（笑）。そしてそのみた範囲の印象は極めて強烈で、そのため客観性を損われる恐れがある（笑）。

司会　それは一面の真理だものね。

吉沢　小田実と大江健三郎が文学論争をやりましたね。小田実は全体的な世界観というか社会観というかを掴んだ上でないと小説は書けないという。大江は、そうじゃない。人間の恥部でもよい、それを深く追究して行けば人間はわかるという。いまお話の中国学者の発想も小田実的なところから来ているわけですね。だが僕はそういう見方では現代はとても掴めないと思う。一部分から全体をどう掴むか、というよりそう掴むより方法がない。そういう眼しか手がかりとして有効でない。

牛山　そう。だから一部分を眺める前提としての大きな視野、深い知識ですね。ベトナムについていえば、東南アジアの現状報告は幾つかある。しかし東南アジア史という本はない。最近やっと翻訳が一つ出ただけですね。日本の現代を知るためには、かつての完備した封建制度を知らなくては本当のことはわからない。つまり事実から真実へと移行して行く橋をわたる。その用意の不足がベトナムについての日本人の判断に大きな問題がある。別な例でいえば内臓移植の問題ですね。それを担当しているテレビ局の人が、自ら知るという要求をどれだけ満足させた上でやっているか。それをやると決ってから一生懸命、本を読んでみた（笑）といったことでしょう。

ドキュメンタリは力学

司会　今まで話してきた作っているものの姿勢と、それをみる批評家も含めたみる側との間に距りができた、というか、開きができた、というか。作家の方は真剣にものをみつめている。それがこちらにそのままの形で響いてきていないように思う。文学の場合、読者が作家の世界に何とかして入りこんで行こう、そこから何かをもってこようとする。そこからつながりができる。テレビの場合はみて、その一度ですぎてしまう。考える暇もなくて次のものが始まってしまう。そこで遊離といってはいけないが、空間が生まれ、埋めきれないままにある。それは作家の悲劇でもあり、みるこちら側の悲劇でもあり、創作作業が健全な発展をするためのブレーキにもなっている。そのへんが作家にとっても真剣な苦しみなのではないですか。

牛山　テレビ局以外のドキュメンタリは日本ではない、といって好いのではないですか。テレビ局はそれを背負っている責任がある。それを後ろを向いてドキュメンタリはああだこうだは必要はない。新しく作って行くためにどうしたら好いか。それ以外に話すことはないですね。ぼくなんかも今まで作ってきたものは一応ご破算にしたい。それらはその時には一生懸命やってきたのだが、もう過去のものだ。草月でいつか前衛映画祭をやったとき全部通ったんだけど、結論は新しいものの方が好いネ（笑）ということだった。

吉沢　テレビを作っているものには二つのタイプがありますね。新しい発見、発言、試論という場からいいたいことをいうものと、単にローテーションで廻っているものとですね。ここでは後者は問題にしていないわけです。大島渚は京大の同期生ですが、その時々の自分の心にわだかまっているものをストレートに出している。そういう出し方のために作品の上映が打ち切られたりする。彼自身の内部にはそういう事件は関係ないことかもしれないが、コミュニケーションの仕事である映画やテレビでは、観客とのコレスポンデンスという か対流の中でエネルギーを獲得することで、自己とのコミュニケーションが生れてくる。上映を打ちきられたのではそれが育って行かないと思われる。これはやはりダメです。

牛山　ドキュメンタリは一般論的な知識で対象に当っていては一歩も前進しないところまで来てしまっている。もう少し突込んだアプローチ、蓄積が大切ですね。作家もライターもあまり乱作していると、類型になってしまう、ドキュメンタリー姿勢が失われるというときは、事実を個別化してみられない、類型化してしかみられない。そういう風になるのではないか。

吉沢　ドキュメンタリは美学じゃなくて、力学だと思いますね。自分に迫ってくる感動のうけとめ方の上でね。

牛山　ぼくは調査を完全にやろうとする。トコトンまで調査をやりつくして行くと、作品の構想は生まれてきますね。それを一応文字にしますね。さてそこで、これがこういう風に撮れたときには、もの凄くつまらなくなるだろう、という気がする。現実は予想以外のものであって、初めてドラマティックになるのであって、自分の頭で予想しえたものはそれなりの限界がある。予想しえるということでも、人によって深浅がある。深くまで予想しえる人が偉大な作家かもしれない。だがドキュメンタリの場合は、どんなに深く予想しえる人も予想しえないものをいかに掴むかが、すぐれた作品、作家となる分れ目みたいなものでしょうね。そこの違いは、いろんな人、作品につきあってみていると、予想し得るものを予想しえた範囲にしか撮れない人もいますし（笑）、それ以下しかとれない人もいるし（笑）。ただ全く予想しえないものがポンと飛び出してくる、そのへんがドキュメンタリの持味だし、一番面白いところでしょうね。

吉沢　イギリスの文化財保護委員会で、世界の状勢が険悪になってきたとき、アフリカの奥地に深い穴を掘ってシェークスピアの写真版を埋めようと提案した委員がいた。しかしそうやっても文化は守られたことになるのだろうか。いわゆる文明社会の人間が全滅して、まあ未開以前のホッテントットみたいなのがひとり生き残ったとして、シェークスピアを掘りだしたところで、芸術作品としてのシェークスピアは存続したことになるだろうか。芸術はそこでは死んでいる。というのは芸術は芸術作品と理解者との対流の中で初めてエネルギーとして真価が出る。そういう対流の場から逸脱するような姿勢というものは、考えなければいけない。大島渚にぼくはそう忠告したい。その意味で花田清輝のアクロバットの姿勢というものは大変関心をひかれますね。

牛山　みる方と製作者とのコミュニケーションが断絶した形であってはいけない、という考え方は基本的には大賛成です。テレビはコミュニケーションの機能が大きい。どちらかといえば啓蒙的な機能といってもよい、民衆とのつながりを無視して独りよがりなものを作っても、それは三文の値打もないという原則はもっています。しかし、その時に理解されないということはありますね。ものごとをつきつめる度合という点で、作家は一般大衆よりもつきつめてなくてはいけない。そこに説得性ということが出てきて、それに欠けていたり、暴走するということが出てくる。しかし、その時に納得行かないということがあっても、本モノは本モノだと思います。

「ハノイ――田　英夫の証言」はドキュメンタリか

司会　昨年の「ハノイ――田　英夫の証言」は、最初に出たものと、芸術祭に出たものと少し違うけど、視聴者に大きな感銘を与えましたね。ところが芸術祭の審議では古典的な、実写精神が技術的にやや高められたといったものがドキュメンタリであるというような精神が強い。それを補う意見として、買いものが多いとか、テーマのための作りものが目立つとかいうことがある。それは或る程度首肯できるのだが、作ったとしてそれが非常に安易な態度とか、ドラマを作るような精神で作られたとか、いうならば別だが、テーマを生かすためにそういう場合最少限のワクの中でのフィクションは許されるべきか。ハノイの場合最少限のワクを超えているのか。

牛山　ぼくはあれは立派なドキュメンタリだと思う。理由を簡単にいうと絵に意味を与えているということです。つまりあの絵は絵そのものとしてお粗末なところが多いし、ルポルタージュ風に作ることもできるだろう。どこまでが田さんのものか僕はよくわかりませんが。あとでヒューマン・ストーリーのないものはドキュメンタリでないという意見が新聞に出たが、僕はそういう風に限定はしてもらいたくない。僕たちはいつもそういうワクを破ろうという努力をしている。そう簡単に定義されてしまうと、ドキュメンタリはまだ未発達なジャンルで、その進歩をとめてしまうことになる。田さんのあの場合は、完成度という点で論ずるならば別だが、あれがドキュメンタリであるとかないとか、芸術祭ドキュメンタリ部門だからどうとか、ということの対象になるのが、僕としてはよくわからない。

吉沢　いまＮＴＶに大弁護してもらったわけだけど（笑）、ドキュメンタリというのは毎年新しい何かがなされたり、銘打たれたりして出てきていいと思います。それくらいの発見の努力がなくてはテレビ局が怠慢の証拠になると思います。芸術祭のドキュメンタリがヒューマン・ドキュメントがなくてはいけない、というのは初耳ですが、それは昔のドキュメンタリ論のワクに縛られすぎているんじゃないですか。ハノイの証言の場合今のマスコミの報道が、あのハノイまで行ったということは、とにかくギリギリの条件で、コメントもあれでギリギリ、そういう計算をスレスレのところでよくやったと思う。ハノイの証言の場合、それ自体はまことに記録的なことで、ドキュメントのドキュメントたる所以はチャンとある。あれは立派なドキュメンタリだと思いますね。

ドラマ的演出とドキュメンタリ的演出

司会　やはり去年の芸術祭で岡本愛彦さんの「旅券番号C-454007」は注目されたものだと思いますね。これで思ったことは、あの画面構成はドラマの画面構成だということです。みごとな構成でいて、たしかに事実を追っかけている。その意味では単純な意味でのドキュメンタリであるが、絵の構成がこれはどうもドラマの絵だ、それが終始ひっかかった。そしてドキュメンタリの絵の構成というものは違うんだナ、といまだにそう考えているのだけれど、この点はどうでしょう。

牛山　あの作品みていないのですが、それはこういうことだろうと思います。ドキュメンタリのカメラというものは不可能性のものでしょう。追っている対象がどう動くかわからんというところから出発しますよ。ところが岡本さんは全部わかってしまっているところからカメラが動きだす。そのへんが一緒に仕事をしてみた時に、やはり一寸違うナ、という感じがしたな。そういうことじゃないかナ。

吉沢　岡本さんの美学がドキュメンタリとあわないということでしょうね。あの作品はぼくもみていない。昔の彼の一連の作品は沢山みていますが、いわゆる計算違いですよ。「日本1954」のときですが、半分しかできていない時に放送時間になってしまった（笑）。もう時効だから話すけど（笑）。計算が狂ったら間違いだというけど、あの場合は間にあわなくなってしまったんだ。ぼくもドキュメンタリを沢山やってみて、一番感じることは現実は思った以上に凄いということだ。ぼくの計算は始終裏切られる。だから仕方なくそのなかで突発的に起ってくることの面白さに自分自身を賭けて行く。現実にまきこまれながら、自分の眼があちこちにぶつかりながら描いた軌跡、その軌跡がドキュメンタリなのだ。

司会　お二人がみていないでいて、私と同じことをいわれているわけです。去年の芸術祭のなかでは僕は二番目におくほど買ったんだけれど、買いながらね、絵が完成し、限られた条件のなかでよくまとめたなとその技術には惚れた、その惚れている一方で、どうもこれは初めから設定されたものを撮っている、そういうキャメラ・ポジションであり、構図であり、そういう表に現れたものだけでなく、写っているもののなかから嗅ぎとっている岡本さんの嗅覚、みつめているその眼が、ドキュメンタリを追っているものでなく、設定されたドラマを追っているものだから、対象がドキュメントでも結果はこうなってしまう。視聴者にこれ本モノかいナ、本モノかいナという感じを植えつけてしまったら、ドキュメンタリとして敗北ではないか、という気が非常にしましたね。

吉沢　みていなくても同じ答を出すのは、岡本さんに気の毒だな（笑）。

司会　やはりこれはコワイことですよね（笑）。岡本さんに欠席裁判で悪いけど（笑）。

岡本さん、これ読んだら一筆書かせろといわれるだろうけど（笑）。ドキュメンタリとドラマと両方できる方もあるだろうけど、根本的にやれない方もあるのじゃないか、という気がその時に一番強く残った。

吉沢　要するに好奇心のあり方が違うということじゃないのかな。

わがＰＲ

司会　さてそこで、お二人のＰＲをして頂こうかな。それぞれ自信作などというのは如何です。

牛山　ノン・フィクション劇場が今度なくなるわけですが、一番有名なのは「老人と鷹」ですけど、ぼくはあの作品はそんなに買わない。簡単にいうと岡本さん式美学ですから、予想しうるものを予想しうる範囲内であれだけとった、という力量は十分に認める。しかしこれは本質的に創造ではないと思う。ぼくは「忘れられた皇軍」ですね。あれはある種の迫力ですよ。そういう意味で、好きなのは他には「多知さん一家」「ベトナム海兵大隊戦記」ですね。この二つは計算が何もない。計算がつかないんですよ。ガムシャラにつき進んで行って、技法もヘッタクレもない。その意味で実に素直です。それでいて、ああいうものを掴まえるまで撮った、ということですね。「ベトナム」は不幸でしてね。あとの二本はあちこちで賞を頂いたが（笑）。

吉沢　ぼくのＰＲは（笑）「忘れられた皇軍」は民放祭で初めて教養部門が設定されたときの第三位です。ぼくがその時伴淳三郎を乞食にして街を歩かせた「乞食の王様」で会長賞をとった（笑）。

牛山　あの時はその前の年、前々年と二度続いていたので、今度は「忘れられた皇軍」これは頂けると思っていた。二年連続はそう珍らしくないけど、三年となると相当大きな顔ができる（笑）。そしたら第三位（笑）。

吉沢　そりゃ、悪かったね（笑）。

司会　そこでそれを補ったのが放懇のギャラクシー賞（笑）。ということで、本会もＰＲしておきましょう（笑）。

解題

NHKの「日本の素顔」に遅れること五年。一九六二年一月には日本テレビ「ノンフィクション劇場」、そして三月にTBS「カメラルポルタージュ」が誕生して、民放テレビのドキュメンタリー番組はようやく軌道に乗った。牛山、吉沢は両番組のチーフ・プロデューサーとしてライバル同士。丁々発止のドキュメンタリー論の応酬が楽しく、なかでも牛山の「全く予想しえなかったものが飛び出してくるのがドキュメンタリの持味」などの発言に精彩がある。（藤久ミネ）

七〇年安保にからむ放送
六九年の放送界を展望

志賀信夫

『放送批評』1968年12月号

安保前年の放送はどうなる

一九六九年という年は、七〇年安保の前年にあたるので、ふつうの年とは違った特殊な意味を持っている。ふだんの年よりも重要だというだけではない。日本の今後を左右する重大な時期であり、国民の意志表示がどのように展開されるかによって、その方向が ある程度まで 決められるといってもいい。

その国民の意志や考えかたを、速刻取り上げることができるのが、放送という媒体の特色である。しかも、放送はその国民の生々しい考えかたや思考の動きを、そのままに同時に伝えてくれる。そのため、その国民の思索や苦悩がただちに多くのひとの心を打ち、国民に新しい動きをおこさせることにもなる。

こうしたつながりからみても、安保前年に放送がはたす役割はかなり大きい。だが、こんな前向きの働きだけをするとは、とうてい考えられない。放送は安保再改定や安保自動延長を促進させるかも知れないし、安保を軽視させるような働きをするかも知れない。すなわち、テレビやラジオはその使われかたいかんによっては、どのような働きも影響力も持ってくるのである。

ことにテレビは大きな滲透力と影響力をもっているので、

恐るべき威力を発揮しそうな可能性がある。げんに一九六〇年の新安保条約自然承認（六月十九日）にいたるまでの安保阻止統一行動は一〇万人の国会請願などが再度にわたっておこなわれたが、一九五九年にもっともさかんに抗議がおこなわれ、第八次統一行動などはデモ隊が国会に進入したりした。そして、これらのかずかずのデモ行進は、テレビ中継をみて参加するひとがすくなくなく、つねに予想を上回る多数のひとがデモ隊のなかに加わった。

では、一九六〇年新安保条約調印のときとこんどの一九七〇年安保の放送界および社会の動きを比較してみよう。

一九五九年の放送界は、かなりあわただしかった。まず四月早々日本教育テレビ（ＮＥＴ）とフジテレビが開局し、いままでの民放二系列時代から一躍現在のような民放四系列時代に飛躍した年である。さらに、四月十日には皇太子の結婚式のテレビ中継がおこなわれ、テレビ普及が一段と拍車をかけられた。

社会の動きは激動そのものであり、同年五月には防衛庁設置法・自衛隊法改正案が参院で強行成立され、ついで北ベトナムを無視した南ベトナム賠償協定に調印した。そして六月に池田入閣の岸改造内閣が成立、八月には日本海において日米両軍の合同演習をし、十一月には次期戦闘機種をロッキードに決定した。これら一九五九年の動きをみてもわかる通り、日本は大きく右に旋回したといえる。

それから十年たった現在はどうかというと、放送界はまた大きな転換期を迎えようとしている。それは、テレビ界はＵＨＦ時代に突入し、ラジオはＦＭ時代を迎えようとしているからだ。すでに、民放親局としてのＵＨＦ局は三十四局も免許され、一九六九年内にはさらに三局以上はふやされ、四十局近いＵＨＦ局が営業を開始するだろうと予測されている。こうなると、十年前の民放二系列から民放四系列への飛躍拡大と同じような一大発展が期待できる。すなわち、こんどはＶＨＦテレビ時代からＵ・Ｖ混在のオールチャンネル時代に転換拡大したといえる。

一方、社会の動きをみると、十年前の右旋回が、またしても大きくおこなわれようとしている。Ｆ４―Ｅファントムが航空自衛隊の次期主力戦闘機（一機が約二十億円）に決定したのをはじめ、自民党では安保の自動延長を計画しており、佐藤内閣はより一層強気になって、アメリカ側との握手を固めている。

こうしてみると、一九五九年と一九六九年という年は、十年の歳月は経ているが、非常に類似している。それは、安保改定という一大国家問題が十年後にふたたびめぐりきたからでもあろう。だが、放送界に〈政治の季節〉がもっとも濃厚にはびこっている年が、安保前年だということは、よく銘記しておかねばならない。すなわち、安保前年の放送の最大の特徴は、政治ときわめて深く密着するということであり、いい意味でも悪い意味でも、政治に左右されやすい状況におかれることである。

すくなくとも、前の新安保のときのように、政府と安直な妥協をしてはいけない。われわれはいまテレビ報道の重大さを再認識しなければならないばかりか、あらゆる圧力に屈しない態度が必要だろう。政治的取引にテレビ報道が利用されるという愚挙をもうくりかえしてはならない。そうすれば、安保前年の放送界に明るみを見出すこともできるだろう。

新安保発効の前後

「何が樺さんを殺したか」(内藤国夫著)にはつぎのように書かれている。

「安保や五・一九の議決方法がアイク訪日問題の背後に、政府やマス・コミの欺瞞にみちた論理により、まったく隠されようとしている。われわれはもう一度、真の問題を考え、これを表面に出さなければならない。国会の周りを歩くだけでは駄目だ。われわれは再び国会の構内で集会を開き、国民の目を安保と国会に向けよう」と訴えた。「雨にぬれながらそれを聞いていた僕らは全く同感だった。変に歪んだ現状を何とかしなければならないと誰もが考えていた」

こうして学生たちは南門の両側の鉄条網をやぶり、約七〇〇名の学生が門内にはいった。このとき「学生の正面の警官隊がさっと後方に退き、学生との間に二〜三〇メートルの空間をつくり袋形の陣形をつくった。学生たちがおずおずと進もうとした、と次の瞬間、第四機動隊の背後で白い指揮棒がさっとあがった。どう猛をもって聞えた第四機動隊を先頭に、鉄カブトに身をかためた警官たちは警棒をふりかざして学生たちになぐりこんだ。若干の学生がプラカードで防戦する以外には、学生たちはなぐられ逃げまどう外はなかった。学生たちは頭をおさえながら倒れ、倒れた学生は、また警官になぐられながら後方に送られ、私服の手にわたされた。私服たちはもう抵抗する気力もない学生を、髪の毛をつかんでひきずりまわし、議員面会所の方へひき立てていった。一五分ぐらいのうちに、学生は門外に押し出された。救急車のサイレンがひっきりなしにつづき、学生たちは負傷者をつれて、通りがかりの乗用車に付近の病院までつれていってくれるようにたのみ込んでいた。こうしたなかで、誰かが死んだのではないか、とのささやきが伝わり、やがて女子学生一人が死亡したことが確認された。それが、東大文学部学生、樺美智子だった。人の死はいつも悲しい。しかしとくに樺美智子の死の場合は、われわれの生活感覚を根底からゆさぶるような悲しさであった。権力者の側に人を殺してまで守らねばならない何があったというのか」(「戦後日本史」歴史学研究会編)

これらの記録をいまふたたび読み直してみると、当時(一〇年前)の状況がまざまざと目に浮かんでくる。警官隊と学生の非人間的な衝突がなんどもなんどもくりかえされ、流血の惨事は目をおおうばかりだった。「テレビでこの情景を見、いたたまれなくなって、薬をあつめてこの場にタクシーでかけつけた多くの人々があった」と「戦後日本史」はつづっているし、詩人の深尾須磨子は「読売新聞」に「ニュースを聞いてから何も手につかず泣き続けています。かけつけて助けてあげたかった」と書いている。

また、午前一時一〇分、催涙弾を打ちこみながら、警官隊が国会構内から学生を追い出すために突撃してきた状況を、ラジオ関東の島アナウンサーは、つぎのように実況放送した。

「先ほどから雨は横なぐりに激しく降り続いています。青いヘルメットが報道陣のフライヤーに無気味に光っております……。いま目の前で警官が突進しました。コンボウをふりあげています。ふりあげています、アッ、今、首をつかまれました。いま放送中でありますが、警官隊が私の頭をなぐりました(涙声で)そして私の首ッ玉をつかまえました。(ウーッ、という救急車のサイレン、「検挙しろ」「検挙しろ」という警官の声)向こうの方で「検挙しろ」といっております。これが現状であります、すごい暴力です、この状態、法律も秩序も何もありません、ただ憎しみのみ」(東大新聞臨時増刊「たたかいの記録」より)

そして、学生たちは催涙ガスにやられ、警官にたたきふせられながら、チリヂリに逃げていった。そのなかにはテレビをみて、いたたまれなくなった人々の血にまみれた姿もあったそうだ。だから、テレビをみてデモに参加したひとたちにも、そうとうな被害者がでたのである。ともかく、「みな殺しだ!」と叫ぶ、暴徒と化した警官隊には、デモ隊は抗うべきすべがなかった。

これが、一九六〇年六月一五日の記録の一部である。この六・一五までは、だから、放送界はある程度まで事実を報道することに専心していたといっていい。だが、それ以降はテレビもラジオも、デモ隊の動きや抗議を正確に報道しようという姿勢が弱くなってきた。具体的に最初にあらわれたのが、新聞の七社共同宣言の暴力排除であり、国民の名において

「暴力」(全学連の行動のみ)をくりかえさないことを要求した。この新聞の動きと同様に、各テレビ局の報道局長が呼び出され、政府に協力するよう要請があったといわれている。

安保条約関係の全報道番組は、民放三〇社で五四九件、三〇〇時間にわたって放送され、デモ取材中に負傷者までだした。すなわち、安保以前のテレビには制作者たちの熱意や野心がみられたし、テレビ媒体はどのような開花をみせるものかわからない魅力にみちていた。事実、一九六〇年安保闘争以前のテレビ媒体には、いくつかのテレビ媒体の開発があった。中継媒体としてのテレビ(野球、プロレス、舞台などの中継)、娯楽媒体としてのテレビ(テレビドラマなどの芸能番組の制作)、教育媒体としてのテレビ(NHK・民放などの教育的利用)、報道媒体としてのテレビ(皇太子結婚、安保デモの報道)など、それぞれ媒体としての機能が追究されていた。たんなるマスコミの媒体としてだけではなく、テレビ媒体の独自性をもとめようという熱意が感じられた。

だが、安保以降のテレビは、大きく変質してしまい、ただひたすらに、マスコミの媒体としてのテレビのみが問題にされてきた。その証拠に、安保以降のテレビはいたずらに視聴率合戦にあけくれ、視聴率至上主義に陥ってしまっている。視聴させた量さえおおければそれでよしとする思想が、いまやテレビ界の倫理となっている。これがマスコミのお化けとなったテレビの実態でなくて、なんであろう。

一九六〇年六月、カラーテレビ本放送の標準方式をNTSC方式と決定し、九月一日から実施することにしたことも、注目できる歴史的な事実である。すなわち、カラーテレビ時代は安保闘争以降の産物であり、カラーテレビによって資本主義のバラ色の夢を売りこもうというコンタンが隠されていたのかも知れない。

この安保闘争以降のテレビ界の変化を、拙著「テレビ媒体論」では、つぎのようにまとめている。

「安保闘争後のテレビは、まったく面貌を一新した。ラジオ東京はTBS、日本教育テレビはNETと、それぞれ社名を変更、テレビ局も新しいイメージづくりに狂奔した。料理番組にかわって、〝よろめきドラマ〟が登場し、主婦はお料理をつくることよりも生活をエンジョイする方向に走った。フジには深夜に〈ピンク・ムード・ショー〉があらわれ、お色気番組があちこちにみられだした。これらの現象はすべて、新安保制定後半年もたたないうちに起っているのだ。それをみても、安保闘争後の変化が、いかに大きかったかがわかる」

一九六〇年の新安保発効前後のテレビ界は、だいたいこんな状況だった。この事実をぜひもう一度認識しておくべきだろう。というのは、一九七〇年の安保を考えるときの基本的な資料として重要だからであり、貴重な歴史的な体験だからである。そして、テレビ媒体がテレビとしての特質を見出そうとするよりはエコノミック・アニマルとして成長しだしたのも、安保以降のことだと思われる。

例えば、CMの世界においては、集中スポットが登場してきたのは、昭和三十五年九月からであり、アメリカではやっているこの方式を、ヴィック社が最初におこなった。こんなわずらわしいスポットCMが採り入れられたのは、その背景に、安保闘争以降、所得倍増政策をかかげた池田内閣が消費経済をあおりたてたからである。

その後、この集中スポットは、インスタント食品、医薬品、雑貨、スポーツ用品などのスポンサーが使用するようになり、昭和三十九年からの不況はその傾向に拍車をかけ、一年間に五〇％から六一％も伸びるという急速な増加をしめした。これら集中スポットの大部分はもちろん五秒のスポットであり、昭和四十年四月から十月までの六ヵ月間の総計では、四月が四二社、五月が三六社、六月が四一社、七月が四二社、八月が三六社、九月三九社、一〇月四八社というような数字になり、一ヵ月に平均約四〇社くらいが集中スポットを使用していた。またこれらのスポンサーの一社あたりの平均本数は、一週間一一〇本以上であり、毎日一社が一五本以上のスポットCMを集中的にうちこんだことになる。

この集中スポットの増加にともない、CMがぜんたいにふえていき、番組の中身を削って、スポットを入れるという悪い習慣まで生れてきた。番組の中身は遠慮会釈なく短かくするが、CMの放送時間はきちんと守るという民放テレビの現状は止むを得ないとしても、さらに番組の中身をすくなくするという規約を破ったCM過剰は許されるべきではあるまい。

こうしたエコノミック・アニマルの考えかたは、テレビ界ぜんぱんに流れている。その具体例は数限りなくあるが、その直接的な大きな原因は、テレビ番組の制作費や電波料が非常に高く、どうしても金銭本位にものを考えるようになってきたことである。

さらに、スタジオドラマが貧困になりだしたのも、安保闘争以降だといわれる。その直接の原因は、昭和三十五年九月ごろから、ドラマ番組のVTR収録がはじめられだしたからだといわれている。ナマドラマのときのミスはなくなったが、ドラマに生気がなくなった。抜き撮りができて便利になったが、ただつなぎあわせたようなドラマが多くなった、などといわれている。そして、スタジオドラマがしだいに退潮していき、フィルムドラマが進出してきた。

だが、この現象の裏には、テレビドラマがテレビ媒体から離れていったことをしめし、テレビらしい特質を見出そうという努力を忘れたことにもなる。すなわち、テレビ媒体として正常な発展をしていったのではなく、その反対に、マイナスの方向に向って進んでいったことになる。いわば、安保闘争以降のテレビは、テレビドラマまでその方向を誤まってしまい、逆に テレビの特質を 失わせるようになってしまったのだ。

七〇年安保と放送界の関連

社会党や総評は、一九七〇年に向かって、安保廃棄闘争を盛上げていくために、さまざまな計画をたてている。十一月三日の「朝日新聞」によると、社会党は安保廃棄闘争の指導的な役割を果す機関として「七〇年闘争委員」を近く党内に設けることになったという。同委員会は、「日米安保条約廃棄をめぐる理論・政策・大衆運動・国会闘争などのあらゆる面を指導する総合本部といった性格をもつもの」であり、成田委員長が旅行先で発表した談話によると、「副委員長か書記長が委員長になる予定」(NHKのニュース)だそうだ。

すでに、社会党は七〇年闘争を進めるために、党内では国会での論戦に備えた「安保特別委員会」を設置したり、また党外では総評や中立労連など三十七団体とともに安保廃棄を目ざす大衆運動の中核組織として「反安保実行委員会」の結成を急いでいる。しかし、このようなやりかただけでは、院内闘争と院外の運動がかならずしも密着せず、強力な盛上りに欠ける恐れもあるので、七〇年闘争全体を一貫してとりしきる最高指導機関が必要だという意見が高まり、今回の「七〇年闘争委員会」が設けられたのである。

現在の構想では、同委員会の構成は、理論・政策、大衆運動、国会闘争のベテラン二十人程度とするようだが、さしあたっては共産党や民主団体との共闘、統一戦線の組みかた、学生運動、とりわけ三派全学連にたいする態度などが検討されることになる。

一方、総評では、「一九七〇年問題研究会」(仮称)をつくる構想を、岩井事務局長が発表しており、総評系ばかりでなく、あらゆる労働組合に呼びかけるとともに、広く学者、文化人にも協力を求めると語っている。そして、デモや大衆行動を軽視するものではないといいながら、「職場でストライキをするのが労働組合の抗議の基本だ」とのべ、七〇年への戦術の重点は、六〇年安保の大衆運動方式から職場のストライキ闘争方式にきりかえていくとの考えかたをしめしている。

こうした考えになったのは、六〇年安保闘争が基本的には大衆動員方式だったことにたいする反省からでてきている。今年春のフランスの反ドゴール運動に影響をうけたとみているひともいるが、国労、動労など公労協組合を中心とするストライキが、ことしの春闘や反合理化闘争で相当盛上りを示し、ある程度、ストライキを中心に戦える可能性がでてきたことが背景となっているようだ。

さて、安保前年の一九六九年には、総評はどのような運動をくりひろげるかというと、「三千万春闘」の名称で未組織労働者をふくめた春闘にするという。そうすると、七〇年安保闘争がストライキ中心になるというのは戦術的に妥当かどうかという点がふたたび問題になってくるだろう。

それにしても、スチューデント・パワーの新しい大きな進出は、当然予想されるし、社会党も総評も学生運動にたいする取り組みかたが、大きな課題となってくるだろう。放送界においても、この学生運動の報道には、異常な神経を使っている。例えば「10・21国際反戦デー」の新宿デモの報道にしても、警視庁側が騒乱罪を適用しようと待ち構えているところに、学生がなだれこんでいったとみて報ずる場合と、学生のデモがあまりに非道だったので、騒乱罪が適用されたのだとみる場合とでは、見方がまったく異なってくる。そして、こうした報じかたによって、視聴者は大きく影響される。

十一月三日のNET午後六時からの「テレビ夕刊」では、ニュースキャスターが「今晩から新しく開局されたUHF局の北海道テレビ放送にもネットされることになりました」と話したように、NETやフジはUHFの新局がスタートをきると、ただちにニュースのネットワークを組んでいくようになるので、ニュース報道にこれから思いきって力を入れていかねばならなくなる。

げんに、フジテレビは、さいきん報道面にとみに力を入れている。例えば、十月二十九日の宮崎信夫君の死亡事件については、午後五時から四十五分間の特別番組「心臓移植の宮崎君死す」を放送、ついで十一月一日には午後四時から一時間の特別番組「北爆全面停止とベトナム和平」を組んでいる。

「心臓移植の宮崎君死す」は、フィルムによっていままでの経過をレポートし、大宅壮一、大渡順二、笹本浩が出席した座談会をやっていたが、こんなに早く特別番組を組んだのは民放としてはじつに珍らしい。また、「北爆全面停止とベトナム和平」は、宇宙中継とスタジオ座談会、フィルムなどを併用したものであり、座談会出席者は、三木前外相、若泉敬、小坂徳三郎、石川忠雄、三好修、神谷不二などであり、これもNHKについでワイドの特別番組を組んでいる。

このように、NET、フジが民放親局の誕生により、報道番組に力を入れだしたことは、当然、いままで全国ネットワークを組んでいたTBSテレビや日本テレビにもそうとう大きな影響を与えるだろう。こうした状況から予測されることは、まず第一に、報道番組がぜんたいとして量的には拡大されるということである。量的に拡大されることは、ただちに良い方向に進んだということではない。だが、さまざまな情報が国民に提供されるという意味では、ひとつの進歩とみられないこともない。

しかし、ニュースまで面白くおかしくみせようとする傾向もますます強くなっている。それは、売れるニュース〈げんにニュース番組で一応難なく売れているのは、TBSテレビの「ニュースコープ」だけと聞く〉楽しいニュースをつくり、他局との激しい競争に勝たねばならなくなってきたからだ。そのため、フジテレビでは「あんりゃま博士」(午後六時五十分)などという奇妙な子どもニュースを十月から放送開始している。

日本広報センターは、民放各局の報道番組に予算をつぎこんでおり、政府の間接的な番組への介入も今後十分に考えられる。そうした間接的な参加のほかに、郵政省はさいきんとみに、未来へのプランニングを発表し、日本の放送界にきわどい牽制球を投げている。例えば、九月六日小林郵政相が大臣談話のかたちで発表した「今後十年以内に現在テレビ放送が使っているVHF帯を開放し、テレビ放送はUHF帯へ移行させる」というUプラン、また十月三十一日に郵政省が電波監理審議会に了承をもとめた新しいFM放送のチャンネルプランなどがそうである。

浅野賢澄郵政次官の話によると、遅くも十二年くらいのあいだに、日本のテレビをぜんぶUHF帯に移し終れるそうだし、FMのチャンネルプランも八年後くらいに完全に再編成を終りたいという。そのためには、既設放送局は多くの出費をともなう。テレビではUHFの送信設備や機材をそなえなければならないし、ラジオの既設局の場合は大電力の中波局に残れなければ県域のFM放送局になりさがってしまう恐れもある。

それらの点において、今後の郵政省の電波行政の進めかたは、既設放送局に重大な影響をあたえる。現在、民放のテレビ・ラジオともに営業成績がすこぶるよく、NHKも受信料収入で経営が安定しているので、いまのうちに未来のための放送界の再編成をしておこうというのが、郵政省の腹づもりであるが、民放局は使えなくなった機材や設備の保証をもとめることは間違いない。そうした場合、民放局やNHKは郵政省との関係を密にするようになる。そして、これらのいくつかの条件を、取引きに使って、七〇年報道を規制することも可能なのである。

このように、七〇年安保を報道する放送局側にとっては、そのころ丁度、放送界の再編成の時期にぶつかり、多事多難になってくるわけであり、正しい報道もたいせつだが、営業成績もあげておかねばならないときにもなってくる。

すると、六〇年安保のときよりも、七〇年安保のときのほうが、放送界にとっては、客観情態がかなり悪くなりそうである。まず第一に、総評のいうように、デモを中心にした大衆動員方式をおこなわないとすれば、テレビやラジオはそれを報道するだけで、国民に大きな影響を与えるという、すこぶる便利で安直な方法がとられなくなる。国労や動労のストライキをただ報道すれば、労組のストライキを批判することになる。電車や汽車をとめられては、迷惑するのは国民ではないかという非難が高まるが、テレビは国労や動労のストを報道すればするほど、この非難はますます強くなるからである。

ただの事件として、ジャーナリスティックな意味で、ストライキを報道することは、その点で、きわめて問題が多く、マイナスの結果をもたらすこともあり得る。ストライキのほんとうの原因や意義を検討したうえで、テレビやラジオが、主体的な姿勢をもって報道しなければならない。そうすると七〇年安保にたいし、放送局はもっと積極的に勉強する必要もあるし、もっと真剣にとりくむ必要もある。というのは、警察庁では中継車の位置も規制しようと検討しているという話もきく。それでは報道の自由がどこまで守れるかわからないからである。

第二には、放送界内部の自己規制が六〇年安保よりもぐっと強くなる可能性が強い。さきにも述べた通り、放送界は次の躍進のために新しいステップをふみだしたばかりであり、電波行政と直接・間接に以前よりも深い関係をもってくる。そのため、企業の成長を願うあまり、報道の自由をさしひかえようとする自己規制がかならずでてくると思う。

こうした自己規制は、経営者や局のトップ・グループのあいだに起きてくるが、その最高マネージメント・スタッフのご機嫌をとるために、現場の職員はさらに自己規制を激しくすることも起ってくるだろう。こうして、上役の目の動きをみて、報道番組をつくるようになったのでは、到底自信をもって国民に問いかけるような番組ができるわけがない。

すでに、自主規制という段階はすぎており、自主規制という名目のもとで、自己規制がさかんにおこなわれようとしている。この現象はすでに現在でもかなり進行している。この現実をみていると、七〇年安保におけるテレビ放送の自己規制がいかに大きくなるか測り知れないものがあるような気がしてならない。

第三には、報道の質や内容の問題が変質軽視されるようになるだろうと想定される。たしかに、テレビ・ラジオともに七〇年安保を報ずる時間量はぐんとふえるだろう。おそらく六〇年安保の二割や三割増しにはなるだろう。ただし、東京では東京12チャンネルができているし、NETやフジも開局したばかりのときと違って、かなりの実力もつけてきているので、それくらいの量的増加をみて喜ぶのは、あまりにも軽卒すぎる。

要は、七〇年安保のニュースやドキュメンタリーなどの報道番組の質や内容であり、量はほとんど問題にならないといっていいだろう。例えば、先ほどあげたフジテレビの十一月一日の特別番組「北爆全面停止とベトナム和平」のように、自民党系のひとばかりがでてしゃべっている座談会を、いくらワイド化して、早刻取りあげても、国民の正しい判断の材料にはならない。また、相対立する意見も放送し、一方に偏っている意見だけを放送しないことは、放送法によっても定められているのである。

放送法第四十四条、公平、中立の原則には、「対立する意見については、各方面から論点を明らかにして、いろんな角度からこの問題をとりあげること」としており、この放送法をうけた国内放送番組基準（NHK）や民放連の放送番組基準にも同様なことがきちんとうたわれている。

ところが、この公平・中立の原則は、むしろ進歩的な意見を封ずるときにのみ使われている。例えば、一九六八年に起きたNHKの「京都問題」などは、その典型的な事例といえる。京都放送局制作のローカル番組「私の発言」というパーソナルな意見や発言を発表すべき番組において、対立する意見がのべられていないから、放送中止だという非道なやりかたをおこなっているからである。

おそらく、靖国神社国家護持法案が国会を通過するかどうかというときには、放送界でもとりあげるだろう。だが、放送が社会問題を引き起こしてはいけないというのが、NHKの幹部の主張だときく。これでは、NHKからも新しい社会問題はできなくなる。民放はスポンサーの関係もあって、NHKよりもこうした主張や意見を吐きにくい。そうなると、民放もNHKも駄目ということになり、放送界からは問題提起はまるで期待できなくなる。

話が少々脱線したが、靖国神社が国営になると、軍国主義が復活する恐れがあるという意見は、「私の発言」としては当然放送されていいだろう。ところが、これは一方的な意見であり、対立する意見がいっしょになければ、放送できるものではないというのだ。そうすれば、放送法第四十四条は、現在では逆用されているということになる。

こうした七〇年安保にいたる過程における圧力は、NHKだけでなく、民放各局にも起っている。TBSテレビの報道にたいしても、同様なことは現実にいくつも起っている。そのなかで、もっとも話題をよんだのは、去る三月の「成田事件」と「田氏解任問題」だった。その三月の動きを三つの人事上の発令からもう一度ふりかえってみよう。

第一は三月五日、報道局テレビ報道部の萩元晴彦チーフ・ディレクターが同局ニュース取材部へ、同部村木良彦ディレクターが編成局放送実施部へ配置転換された。理由はおそらく小林郵政大臣から〝偏向番組〟といわれたドキュメンタリー「日の丸」を制作したことといわれる。第二の辞令は、三月二十二日発令のテレビ報道部副参事宝官正章の無期限休職をはじめ、局長、次長の格下げ、部長の減俸一か月などであり、この処分の理由は「さる三月十日、成田空港建設反対集会に関連する取材活動中、会社のマイクロバスにより、反対集会者及びプラカードを不注意にも輸送した」ことにある。

さらに第三は、三月二十七日「ニュースコープ」を担当していた田英夫ニュース・キャスターが同日の放送を最後にして番組の担当を辞任させられた。

その後、田英夫は報道局ニュース制作部長に就任、宝官正章は制作局教養部ディレクターになり、「おんなのテレビ」を担当している。しかし、報道番組はだんだんすくなくなり、当りさわりのないものになってきている。そして、日本広報センター提供の報道番組も制作するようになっている。また報道番組を系列の地方局に制作させ、キー局の制作負担をできるだけ軽くし、逃げの手を打っている。

こうしたTBSの現状にたいして、今道社長はつぎのように答えている。

「政治家でも財界人でも、いろんなことを言いますよ。しかし、それは権力による規制、圧力ではない。権力の介入なんてできるはずはないし、そんな強引なことをする勇気などだれにもありませんよ」（朝日新聞十一月五日夕刊）

だが、そんな呑気なことを語っている今道社長は、真綿で首をしめられているのを知らないのである。政界・財界のひとと話しあっているうちに、ひとりでに彼らの意見が取入れられているのだ。危機感をまったく持たない今道社長らの放送人のトップクラスは、こうした状態で放送をしだいに政府の思うようなかたちに近づけているのである。これこそ憂慮すべき状況なのである。

UHFとFMの新時代

これまで後手後手にまわり、いつも省令などをだして尻ぬぐいばかりやっていたためか、郵政省には電波行政の政策や方針がないのではないかと批判されていた。その郵政省が珍らしく電波行政の長期計画を発表した。それは、昭和四十三年九月六日に小林郵政相が大臣談話というかたちで発表したテレビUHF構想と、同二十九日に公表したラジオのFM・中波編成方針である。

テレビUHF構想とは、「激増する公共無線の需要にこたえるため、今後十年以内に現在テレビ放送が使っているVHF（超短波）帯を開放し、テレビ放送はすべてUHF（極超短波）帯へ移行させる」というものであり、すくなくとも向こう十年間の進むべき方向を明示した点で、いままでにない放送行政のビジョン発表といえる。しかも、テレビ放送をUHF一本にしぼることを具体的にしめしたのは、世界ではじめてのことであり、異例の前向きの発表だともみられる。

つぎに、ラジオのほうは、「現在の中波中心を、中波、FMを併用して再編成する。具体的には中波放送は将来大電力局として外国混信に対処することとし、民放の県域放送は混信のないFMにする」というものである。このラジオの方針は、さらに十月三十一日の電波監理審議会の了解を得て公表されたFMチャンネルプラン案によって、より一層具体的になった。すなわち①NHKは全国一系統の放送がどこでも聴けるように置局し、②民放は差当っては東京・大阪・名古屋・福岡の四地区に「FM放送の特質を生かした放送が実施できるようにする」という骨子であり、いよいよFM時代に突入したことになる。また中波放送の再編成のための置局計画はあと八年、すなわちこれから三回目の「五十一年の再免許の時」を完了の目標にしている。これらの点からみて、この発表はラジオ放送開始以来の大変革の到来を意味している。

このように、テレビをUHF帯放送にするための十年計画、ラジオをFM・中波に再編成するための八年計画という長期の放送行政ビジョンが発表されたことは、電波行政に本格的に取組もうとする郵政省の姿勢をしめしていると思う。そして、一九六九年は、その実行段階にはいる最初の年として、とくにその動向が注目されるわけである。

最初に、テレビのUHF構想のほうから考えてみよう。UHFテレビは、難視地域のためには早くから採り入れられていたが、民放親局として認可され、営業を始めたのは、一九六八年八月十二日に開局した岐阜放送がはじめてである。ついで十一月三日に、北海道テレビ放送が本放送を開始した。これで、ネットなしの一匹狼の岐阜放送に、NETと全面ネットを組む北海道テレビ放送の二つのUHFテレビが動きだしたわけであり、これらの放送活動によって、今後の課題が当然生れてくるものと思われる。

一九六九年には、第一次・第二次予備免許をもらったUHF三十三社と、さらに十月三十一日に同じ免許をうけた三社、またこれから免許がだされるだろうと思われる三社など、だいたい四十社近くのUHF局が店開きをすることになるだろう。そうすると、現在の四十七社の約二倍近くの八十数社のテレビ会社が営業合戦をおこなうことになる。しかも、VHFとUHFが完全に混在のかたち、すなわちオールチャンネル時代にはいるわけである。

しかし、現実には、日本のオールチャンネルは、民放テレビ四系列の補強および再編成というかたちで展開されるだろう。先にのべた北海道テレビはNETと全面ネットし、TBSと結んでいるHBC、日本テレビおよびフジテレビと結んでいる札幌テレビに対抗するようになる。また、現在一匹狼の岐阜放送も、山田丈夫社長が「基本はスポンサーがつかない番組をネットしても意味がないということで、名古屋、京都、三重、神戸という仲間が誕生する来年（一九六九年）まであわてません」と語っているように、将来はネットワークを組むことが確実である。

こうなると、全国ネットワークをほぼ完成しようとしていたTBSテレビと日本テレビは、一九六九年には一応かたちを整えるだろうし、フジテレビとNETも主要都市を結ぶ全国ネットワークを形成するようになるだろう。もちろん、このV・U混在の新しい全国ネットワークの再編成は、日本の民放テレビの地図の塗りかえということにもなるので、キー局にとってはきわめて重大な作業になるだろうし、それらのキー局の系列にはいる新しいU局も、どのキー局に属するかで、或る程度将来を決定することにもなるので、かなり慎重な対策が講じられるだろう。

いずれにしても、民放四系列が全国ネットワークを形成することは、地方局の優位性をすくなくするし、一県一民放テレビ局時代のようなうまい商売はできなくなる。すなわち、既存地方局はこれまでのような莫大な利益をあげにくくなるだろう。これは、日本の民放テレビのために、たいへん良いことである。同じ地方都市に、三局ないし四局の民放テレビ局ができれば、それらの局は当然競争して視聴者サービスをおこなうようになるだろうし、番組やニュースを競作するため、放送の質の向上を期待することもできるだろう。

これで、テレビ文化の地方格差がだんだん解消され、キー局依存度もしだいにすくなくなってくると思う。しかし、テレビ番組のように、制作費がかなり高いものは、そうかんたんにはいかない。だが、地方の民放局がイメージ・アップのために、思いきって製作態勢を強化すれば、意外にテレビ文化のローカル発展がひらけてくるかも知れない。

ともかく、UHFの新しい局の経営が、そうかんたんではないことは、アメリカの前例をみてもよくわかる。U局の経営を安定させるためには、一にも二にも、オールチャンネル受像機が普及するか、コンバータがよく売れるかにかかっている。UHFがみられる受像機が普及しなければ、その媒体価値を認めてくれない。スポンサーが番組を提供するのは、UHFテレビが宣伝価値のある媒体となってからである。

しかし、オールチャンネル受像機はそうかんたんに売れそうもない。まず、UHF放送にそうとう大きな魅力がなければ、四千円から一万円も高くなるオールチャンネル受像機を買うひとはいない。また民放V一局の地方に新しいU局がはいったとしても、その地方のひとたちだけが買ったのでは、オールチャンネル受像機の売れゆきは知れたものである。やはり大都会の東京・大阪の家庭がオールチャンネル受像機を買わなければ、完全なV・U混在時代にはならない。

アメリカのように、「オールチャンネル法」をつくり、V・Uの両方をみられるオールチャンネル・セット以外は製造してはいけないというような法律をつくっても、なかなかUの番組をみてくれない。受像機が普及するだけでも困難なのに、さらに普及してもUをみてくれないというのはどういうわけだろう。

その理由は、すこぶるかんたんだ。それは、オールチャンネル受像機で、Uの局をみようとすると、まずVからUに切りかえ、そののちに目ざすUのチャンネルを回すという二段式になって不便だからだ。VHFテレビの選局ならば、リモコン装置でもできるというのに、これでは手数がかかって喜こばれない。さらに、コンバータを買えば、三千円から一万円はかかるし、U専用のアンテナ（三千円位）やそのアンテナと受像機を結ぶフィーダーも揃えなければならない。こんなにいろいろな出費がかかって、不便なのだから、歓迎されないのは当然である。

この点について、郵政省の浅野事務次官はつぎのように説明している。

「さしあたって三年後にNHKからUの放送をはじめてい

ただきます。Vで放送していると同じ番組をUで流すのです。ついで民放のV局にもはじめてもらい。約十二年後にはUだけに切りかえてしまうつもりです。受像機の改良は目下研究中であり、もっと便利なものが開発できるでしょう。オールチャンネル法はいまのところつくるつもりはありません。自然のうちにUHFテレビに全面移行できそうであり、そんなに大きな心配はしておりません」

このように、政府筋では、UHFテレビ移行をかんたんに考えており、いまVHFテレビを放送している既存局が景気のいいうちに放送設備や機材を変えてもらおうという意向である。だが、これら既存局は保証金を要求したりして、なかなか郵政省の思う通りに協力してくれないだろう。

こうしたこれから十年後(早くも郵政次官は十二年後と訂正している)のU時代を迎えるためにも、一九六九年はそのスタートを切る年になるので、新しいUHF局の経営のつまずきがおおきければおおきいほど、U時代への転換がむずかしくなる。イザナギ景気にあおられて、新U局が順調な船出をすることになると、日本のU時代への未来は明るくなる。その点でも、一九六九年のオープニングの動きは、かなり重視しなければならない。

つぎにラジオだが、さきほどのべたFMチャンネルプラン案は、十一月中旬にひらかれる学識経験者による打合会を経て、電波監理審議会に諮問し、正式に決定する予定であり、免許の時期については明らかにされていないが、一九六九年度には免許がでる可能性が強い。すなわち、ここまで問題が煮詰ってくると、意外に早く免許がでそうだからだ。

そうなると、NHK第一は一〇〇〜三〇〇KWに、NHK第二は三〇〇〜五〇〇KWにより、それぞれ全国にあまねく聴けるような大電力による広域放送用の置局再編成がおこなわれ、NHKのFMは全国どこでも一系統の放送が受信できるよう各都道府県四十六都市に割当てられる。だから、NHKはラジオ三波を全国に完全に放送できる体制になる。

民放にとっては、今回のFMチャンネルプランの発表は、本格的なFM放送の開始を意味しないが、四大都市にFMの音楽専門局(ステレオ放送)がおかれ、FM放送がその緒についたことにはなる。しかも、東京地区では、現在も政府と争っているFM東海が使っている八四・五MCの周波数をさけ、東京のFM局用の周波数は八〇・〇MCという割当プランが明示されている。ということは、FM東海の放送中止は時間の問題となるしかないことを意味する。郵政省電波監理局左藤部長は、「FM東海の問題は長期戦を覚悟のうえで、なんとか方針通りの方向にもっていきたい」と語っていたが、これは郵政省側が勝てる自信があることをほのめかしたものだろうと思われる。

こうなると、民放のFM局は、四大都市に一局ずつ認可され、すべて新しくスタートをきることになるだろうが、問題はそれだけで片付いたのではない。ラジオ会社にとっては大電力広域放送に残れるのか、それとも一都府県を対象とするFM局に移行させられるのかという大問題が残されている。

一方、ラジオ受信者のほうも、FM受信機を持たなければ、地域に密着したローカル放送は聞かれなくなるし、現在FM受信機の普及はわずか八百万台程度なので、たいていの家庭ではラジオを買いかえなければならなくなる。そして、現在の中波ラジオでは、全国をブロックにわけた大電力放送になるので、放送の内容もキメがあらっぽくなり、速報性や地域性を生かしたラジオ媒体の特質を利用しようとすれば、FMが聞けるラジオ受信機がぜひ必要となってくる。

このように、一九六九年から、テレビはUHF、ラジオはFMという新しい段階にはいるわけであり、七〇年安保前年に偶然かどうか日本の放送界は新体制を迎えなければならなくなる。そして、電波情報量は飛躍的に増大するようになる。この量的拡大は、かえって七〇年安保から国民の関心をそらすことになるかも知れないし、むしろ電波企業は経営の安全を図るために、放送の良心を守りにくい状態になるだろう。

さらに、日本では七〇年に万国博を迎えることになる。安保よりも万国博ムードにあおられ、お祭り気分で安保自動延長になってしまったら、それこそ日本の未来を真剣に考え合う最大のチャンスを逸してしまうことになる。

受信料と電波料＝経営の課題

NHK、民放ともに一九六九年には、かなり大幅な増収が見込まれる。それは、NHKはカラー付加料金が加算されるので受信料収入が多くなり、民放は電波料の値上げで収益を増大することができるからだ。そこで、既設局は一般に好況を迎えるのではないかと推察される。

まず、NHKは一か月にカラー受像機が二十万台ずつふえていくだろうという計算をしていたが、すでにその予想を上回る普及ぶりをみせており、カラー時代の出現は意外に早く来るだろうといわれている。おそらく、一九六九年度は、月に四十万台か五十万台かの伸びで、カラー受像機がどんどんふえていきそうな気配である。そうなると、一台につき一カ月百五十円ずつNHKのふところにとびこんでくる勘定になるわけであり、NHKの受信料収入はそうとう大きくふえる。

例によって、カラー受像機の伸び具合を、NHKはごく内輪にしか見積らないだろうから、またしてもうれしい誤算でしたというかたちで、かなりの黒字を計上するようになるかも知れない。仮に毎月四十万台のカラー受像機が普及すると、月六千万円ずつの増額になるのだから、カラー付加料金は結局受信料の値上げと同じであることを、ここでもあらためて実証しているわけである。

民放のほうは、TBSテレビと日本テレビが、電波料の値上げを日本広告主協会に通告したが、おそらくこの二局につづいてほかのテレビ局も値上げをすることになるだろうし、ラジオのほうも値上げを計画しているという。そうなると民放の電波料は一九六九年にはいっせいに値上げという状況になりそうだ。

一月一日に、まずTBSテレビのスポット料金があがる。Aタイムが三十秒で五十万円、十五秒で三十万円になる。そして、四月一日から、TBSテレビはタイム料金、日本テレビはタイム料金とスポット料金の双方を値上げする。

TBSテレビの電波料の値上げは五〇%であり、日本テレビは平均三三%の値上げとなっているが、Aタイム（ゴールデンアワー）では、TBSが一時間百万円だったのが百五十万円になり、日本テレビは百二十万円だったのが百六十万円になるわけであり、実際の両方の値段はそう大きな変わりがない。

ここで問題になるのは、つい一年も前にステブレ枠拡大をやり、またまた電波料をあげたことである。ステーション・ブレーク四十五秒の枠をゴールデンアワーにかぎり一分間にのばし、実質的には値上げに等しいような増収を図った。そのとき、「ナミ代（電波料）の値上げは当分しないでしょうね」と念を押され「そんなに早くはいたしません」といっておきながら、平気でナミ代の値上げをしているのである。スポンサー側が怒るのも、無理のない話である。

諏訪TBS常務は、「視聴率競争の激化で番組のテコ入れがふえ、製作費の赤字が半期（四月〜九月）で十七億円、それにカラー化の設備投資が上のせになって経営が苦しい」と語っているが、実際上は経営が苦しいほどにはたちいたっておらず、「その危険説があるので、いまから手を打っておかなくちゃ」（同じく諏訪常務）ならないからだという。

そして、日本テレビは、このTBSの値上げを日本広告主協会の電波小委員会が討議しようとした十月十一日の朝に、同協会に申請し、「ごいっしょに討議してください」とあいさつした。同協会は「こんな不当で無謀な値上げには応じられない。理論的に武装してテレビ局とたたかう」と申しあわせているが、またしてもテレビ局に押しきられてしまいそうな形勢にある。

この電波料値上げで直接被害をうけるのは、もちろんスポンサーである。五割値上げというのだから大変だ。例えば三十局ネットのナショナル・スポンサーなどでは、地方局が足なみそろえて五〇%値上げをしたら、莫大な出費になる。その値上げぶんだけで、一つの番組の制作費がぜんぶまかなえるくらい大きな金額になる。というのは、ゴールデンアワーの全国ネットでは番組制作費よりも電波料のほうが余計かかっているからである。

それだけ莫大な金額をだして、スポンサーもただ黙って指を食わえているわけにもいかなくなり、金もだすが口もだすというスポンサーが多くなりそうである。これだけ多額の金をだしているのだから、広告効率のいい番組、すなわち視聴率の高い番組にして欲しい、とスポンサーは局側に要求する。視聴率万能主義がますますはびこり、番組の質がレベルダウンする。

さらに、電波料の値上げのため、PT売りがふえることにもなる。ところが、多額の広告費を支払ういくつかのスポンサーの利害を有力広告代理店が代表するようになる。そしてその代理店が主要民放局の有利な時間帯をおさえてしまう。多くの視聴者の見やすい時間帯は少数の代理店に独占され、番組選択の自由はしだいに制限される。

また、高い電波料を払うために、大スポンサーは視聴者に人気のある有名タレントだけを追いもとめるようになり、〝系列タレント〟がふえるようになる。その〝系列タレント〟はライバル社の番組出演が認められなくなり、決まったスターの顔合せ番組が続出といった迷惑を、視聴者はかぶることになるだろう。

そればかりか、テレビ広告費はメーカーの宣伝費のなかでもっとも巨額なので、電波料の値上りが商品のコストにも直接影響してきて、商品の値上りの要因ともなりかねない。

テレビ局の経営をよくするための電波料の値上げは、このようにさまざまな影響をあたえる。そして、この影響は一九六九年にあらわれそうな気運にある。「諸物価値上りのときに、八年間も電波料は据えおきになっていたのだから、止むを得ないだろう」とテレビ局の幹部はいうが、この値上げのためにスポンサーからの圧力が強くなり、七〇年安保前にいくぶんでも自由な番組制作体制をくずすことは、あまりかんばしいこととはいえない。

UHF時代を迎えて、テレビ局の経営は以前よりもむずかしさを加えるだろうが、まだまだ利益率は高く、他産業にくらべると、売上げ高利益率が平均して三倍も高いときく。また ラジオも各局とも開局以来はじめての高い売上げを記録しており、ニッポン放送の羽佐間重彰編成局次長の話によると「こんどの半期の決算は、まだはじきだしていないのではっきりわからないが、ニッポン放送が十六億円、ＴＢＳラジオが十四億円、文化放送が十二億円くらいになるはずだ。この数字はおそらく水揚げとしては各局とも最高の金額になるだろう」というのである。

それ故、ラジオ・テレビともに、現在の経営はきわめてよく、おそらく一九六九年もかなり好成績を収めるだろうと思われる。だがその反面、番組の視聴率競走はより一層激しくなり、エロやグロを売りものにした番組やきわめて程度の低い野卑な番組などが飛び出して、視聴者からの攻撃をうけるようになる見通しが強い。

編成・番組＝その志向性

ラジオ・テレビともに、その編成や番組制作において、一九六九年にはひとつの志向性を明確に打ちだすべきときである。そして、七〇年安保に向って、国民の関心を強めるように働きかけるべきだろう。だが、現実にはどうやらそうした喜ぶべき傾向には進みそうもないようだ。

テレビの編成から考察してみると、テレビ局には編成という仕事があるのかどうか疑わしくなる。編成というのは理念をもって制作集団であるテレビ局の意図を明確にあらわす仕事であるはずなのに、まるで連絡係りのような仕事をやっている。スポンサーの強い意向によっては、番組もさしかえてしまうほどだ。

この編成即雑務係の状態は一九六九年にも続き、編成はますます主体性を喪失しそうな形勢にある。営業編成といわれているように、営業が編成を左右し、スポンサーの意向によってテレビ局の編成が決められているのだが、この傾向は新しい年にもそのまま受けつがれるだろう。

こんな大勢のなかでも、編成上の新しい変化は起りつつある。その第一は、編成が以前よりもかなり流動的になったことである。番組のライフ・サイクルが短かくなり、二十六回連続という常識はいままったくくつがえされそうになっている。十三回一クールでも長いほうにはいり、スタジオ・ドラマは六回連続とか八回連続とかといった連続ものが非常に数多くなってきている。すなわち、番組の寿命が短くなり、番組の回転率がきわめて高くなったといえる。また、相乗りスポンサーの場合は、片方だけが早く決まり、もう一方がなかなか決まらないため、それをスポットで埋めるという方法もとられている。

こうした傾向にあるため、十月改編とか四月改編とかといってはおられず、年がら年じゅう編成変えをやっていなければならない状況になる。いつも編成が流動しているということは、番組が固定化しないことであり、編成変えをしやすくなったことにもなる。

だが実際面においては、その時間帯のスポンサーは定着しており、番組の中身だけが変っているので、編成作業においては手数がかかるだけで、局の主体性や指導性を発揮できるまでにはいたっていない。しかし、この現象は、スポンサーが一つの番組を提供するという概念を変え、一つの時間帯を買っていると考えさせ、さらに一つの時間帯に宣伝費を投じているというふうに思わせている。これは、明らかに、スポンサー編成の現状からしだいに脱却しつつあることをしめしている。

ラジオのほうは、いわば編成の新鮮さで商売をしている感じがあり、番組開発と編成作業は結びついている。「ラジオ産業論」(ラジオ強化委員会)はこの現状の方向をつぎのようにまとめている。

「新しいラジオ編成は、そうした意味での番組開発が出発点となる。そこで、つぎにその萌芽と方向を、次の4点を基準に探ってみた。

A、情報志向

B、ローカル報道

C、参加志向

D、編成感覚」

たしかに、ラジオ編成はいま躍動している。聴取者志向を運動軸とし、地域性にもとづいた情報を提供し、ラジオのルネッサンスを実現した。そして、ニッポン放送は四時間半の超ワイドの縦編成を実行し、ひとつの立体報道を成功させようとしている。また同局は、聴取者の組織化をはかり、番組と聴取者の完全密着を狙っている。新番組の開発から、新編成の登場、さらに聴取者の組織化と、ラジオはいまや積極的な手を打ちつづけている。

それにくらべると、テレビのほうはじつに消極的だ。新番組の開発はほとんどおこなわず、柳の下にはドジョーが最低三匹はいると、模倣番組をぞくぞくと発表している。だから一九六八年の十月新番組は、模倣番組や類似番組がはんらんし、テレビ媒体の特質を生かしたような新番組がひとつも発表されていない。

アメリカでも、似たような傾向にあるが、じつにおもしろい、とっぴな番組として、いま非常に人気を呼んでいるのが、「ラーフ・イン」という新鮮なテレビ・バラエティーである。司会は、ディック・マーチンとダン・ローアンで、さまざまな有名人がひしめくようにでている。一回の出演料は二一〇ドル（七万五六〇〇円）だが、この番組のとっぴなふん囲気に有名人が誘いよせられるという。ひきもきらず飛び出してくる途方もない諷刺漫画的なアイデアのなかから、のびのびした自然な感じがでており、一種の制御された狂気があるのが特色だそうだ。

「タイム」によると、「この番組は近ごろの視聴者が欲し、また必要としていると思われる状態、すなわち感覚的に負担過重状態をつくりだすことを計画的にねらっている。暗転、どたばた喜劇、即興の寸劇が眼の前でくるくる急回転し、おしゃべりと音響効果が耳の中でぶつかり合う」という。

とにかく、アメリカでも非常に奇妙なショーが、大ヒットしているわけである。これは、おそらく、テレビのハプニング的な特性を最大に生かしたバラエティーであり、気まぐれさと痛烈な批判精神が不思議にコントロールされているところに面白さがあるのではないかと思う。

そのせいか、「当てこすりが向けられる対象がいろいろさまざまなため、本気になって憤慨しにくい」と書かれている。とにかく、テレビ検閲官や視聴者をおこらせないでやれるぎりぎりの限度まで、きわどいジョークを使っているそうだ。

アメリカのテレビ番組は、ぜんたいからみれば、日本の番組よりつまらないだろう。だが、こうした野心的な番組がある。また、ヨーロッパのテレビ番組は、日本にくらべると、いっぱんにお粗末きわまりないかも知れない。だが、ヨーロッパの番組には、ごく少数ながら芸術的に非常にすぐれたものがある。ところが、日本のテレビはぜんたいに技術的水準は高いが、内容がほとんどなく、番組としてみると、とくに世界に誇れるものがすくない。

いま、アメリカの「ラーフ・イン」の具体的な紹介をしたのは、なにもアメリカのヒット番組のまねをしろという意味ではない。アメリカでさえ、このくらいの勇気ある意欲的な番組があることを知ってもらいたかったからだ。いまの日本では、政治も経済も国民生活も、徹底的に諷刺しようという番組もない。もっぱら視聴率合戦に身をやつし、視聴率さえかせげれば、どんな芸当でもするというあさましさだ。

まず、日本のテレビはこの番組の質の向上から始めなければならない。質の向上というのは、品のいいものをつくれということではない。視聴者に向かって発言している番組、内容のある番組をつくれということである。七〇年安保前年になれば、おそらくテレビ番組にたいする規制も強くなってくるだろう。ただ、現状のテレビ番組をみていると、日本のテレビ番組はまっさきにエロの取締りにあい、そのエロを理由にして、さまざまな制約を加えられそうである。

もっと、テレビを健康な媒体にもどそうではないか。エロチックな番組を制作して、視聴率もかせげず、しかも政府がかけていたワナ（エロ取締り）にかかってしまうのは、なんとしても情けなさすぎる。テレビ媒体の特質を生かすためには、まずきちんとした報道をし、バイタリティーある若さと健康さをもちこむことだ。そうすれば、この汚れている社会を自然のうちに諷刺することになる。すくなくとも、七〇年安保に向かって、テレビの娯楽番組も批判精神や諷刺精神だけは失ってもらいたくない。

解題

六〇年代末は国内外ともに騒然の時代だった。ベトナムの戦火は収まらず、国内では学生紛争が激化。放送界でも本稿指摘の通りテレビのＵＨＦ化、ラジオのＦＭ化が進む一方、「現代の主役―日の丸」および「ハノイ・田英夫の証言」などの番組が、政府筋から偏向報道を問われて、いわゆるＴＢＳ闘争も起きた。七〇年の安保条約継続をめぐって、志賀信夫は各局の自主規制を憂慮しているが、当の条約は深夜まで続く反対デモにもかかわらず、六月二三日自動延長された。（藤久ミネ）

特集：七〇年代への展望

「テレビとは何か」という問いの重味
今野勉論に託して

青木貞伸

昨年見た映画のなかで、私の情念にグサリと突きささった作品の一つとして「ポリー・マグーお前は誰だ」（仏・デルピール・プロ、一九六六年作品）が挙げられる。アメリカのカメラマンで、「ニューヨーク」「ローマ」「東京」など、一連の写真集で有名になった前衛写真家ウィリアム・クラインが監督した作品である。

内容はモードのメッカであるパリのマヌカンを主人公に、彼女に恋する小国の王子、それに彼女のドキュメントを作ろうとするテレビ・ディレクターをからませ、フランスの今日的状況を鋭く切りさいた作品なのである。六六年の製作ながら、出てくるテレビ局の内部状況が、現在の日本のテレビ局とまったくそっくりなのである。

苦笑をしながら、無意識のうちに今野勉のことを思い出していた。帰りぎわにアート・シアターの機関誌を買ってみると、なんと今野が、この映画の作品評を書いているのである。

今野勉は、現在のテレビ界で、私がもっとも高く評価しているディレクターの一人である。だが、彼はいまテレビドラマをつくれる立場にはいない。ＴＢＳを休職し、万国博要員として電電公社に出向しているのである。そうした境遇にありながら、昨年、彼ほどテレビ界の注目を集めたディレクターはいないだろう。

現在のテレビ界を内部から鋭く「告発」した『お前はただ

『放送批評』1970年１月号

の現在にすぎない―テレビになにが可能か』（田畑書店）を同僚の萩元晴彦、村木良彦と共同で執筆したからである。この本は、一昨年のＴＢＳ闘争をドキュメンタルな筆致で描き、その過程のなかで「テレビとは何か」ということを根本的に問いかけ、その可能性を掘り下げているのである。

この本をめぐって、さまざまな評価はあるだろう。だが、そのつきつめた真摯な態度は、読む人の胸を刺し、日常性に埋没したテレビ界の人間たちに「テレビとは何か」という根源的な問いを提起したのである。

私は、この本を読んでから約二か月後、新宿の喫茶店で今野勉に会った。話題はやはり著書のことになった。今野は言った。

「この間、ある放送評論家の方から突然、電話がかかってきて〝本を読みました〟と言うんですよ。思わず〝えっ〟と言いましたね。その方は、ほとんど目が見えないんですよ。ところが、〝いや、女房がテープに吹きこんでくれましてね。六本になりました。とっても面白かった〟とおっしゃるんです。これには感激しましたね」

それから人間の「レッテル」の話になる。

「ボクが驚いたのは、いつの間にかトロッキストというレッテルをはられたことですよ」

と、今野は顔をしかめて言った。彼は本質的に、そういった人間への「レッテル」はりが嫌いなのである。かって「七人の刑事」の演出をやっていたころ、「社会派」という「お門違いの」レッテルをはられ、ムキになって否定していたものである。

今野は昭和十一年四月、秋田県で生まれた。生家は田舎の床屋だったそうである。やがて、一家は北海道に移住したが、家計が苦しく、夕張南高校時代もアルバイトに精を出した。二年の時、両親に修学旅行へ行くか、それとも大学に進学するか、と二者択一を迫られ、旅行に行くのをやめて進学を選んだというエピソードもある。

東北大文学部に進学し、社会学を専攻したが、単位は三年で全部とってしまい、四年の時は一度も大学に出席しなかったそうである。昭和三十四年に卒業してＴＢＳに入った。最初は放送記者の志望で、報道部を希望したが、入社直後の実習でその仕事がニュースフィルムにコメントをつけるだけに過ぎないことを知り、テレビの演出に志望替えをしたという。

最初、クイズ番組のアシスタントをつとめ、三十五年の夏から「わんわん大学」という子供向け教養クイズ番組の演出を担当した。そして三十七年には、ＮＨＫを飛び出した高橋圭三の民放での初仕事である「圭三ショー」の演出を手がけたが、この番組でナマ放送とドキュメンタリーとを「複合」した「スタジオ・ドキュメンタリー」を開発し、「テレビとは何か」という命題について考え始めたのである。

その後、当時の人気ドラマだった「月曜日の男」をへて、三十九年には佐田啓二主演の話題作「太陽をさがせ」を手がけている。

翌四十年から「七人の刑事」の演出グループに加わり、流行している歌謡曲をたくみにアレンジした「歌謡曲シリーズ」という手法を編み出す一方、「ふたりだけの銀座」「遠いはるかなオホーツク」など、次々とすぐれた作品を生み出しているのである。

また、この間には、三十九年度の芸術祭参加作品「土曜と月曜の間」を演出、日本での入賞は逸したが、一部の専門家筋には高く評価され、民放では初の「イタリア賞」を受賞した。こうした成果はすべて、片時も忘れない「テレビとは何か」という胸の内なる問いによるものであり、その「深化」の過程の「結晶」なのである。

ところで、私は今野勉というと、反射的にニューヨークの薄汚れたダウン・タウンを思い出す。日本で見そこなった、問題の「土曜と月曜の間」をニューヨークで見たからである。私の泊っていたのは七番街のスタットラー・ヒルトンだった。ちょうど新橋の第一ホテルに似たビジネス・ホテルである。ドアはギャングに備えて木と鉄の二重構造になっており、余計に寒々とした感じだった。

さだかな記憶はないが、たしか一三チャンネルだった。ガタピシのテレビを苦労して調整しながら、バーボン・ウィスキーを飲み飲み見たのを覚えている。

初めは「異国」のなかの「日本」をブラウン管で見ることにかなりの違和感を覚えた。だが、見ているうちに、映像にひきこまれ、日本では恐らく味わえないような「感動」すらこみあげてきたのである。そして、このドラマはニューヨークで見るべきだと――ドグマチックに思いこんでしまったのである。

「七人の刑事」のワクで放送された「ふたりだけの銀座」(脚本・佐々木守、四十二年一月十六日放送)は、ＴＢＳの試写室で見、放送当日も見た。十六ミリフィルムで撮影したオールロケの映像に、彼が考え、煮つめた「思想」と「技法」がギラギラと凝縮しているのを感じた。

疎外された少年の物語である。七人の刑事たちは、ただの傍観者にすぎない。若者の不可解な行動が理解できず、ボヤき、嘆くだけである。映像では完全に刑事たちが「疎外」されているのである。少年たちの行動を通じて、現代の状況を切りさき、えぐってみせる。バックに流れる「ふたりだけの銀座」。刑事たちは、むしろ「ピエロ」としか映らない。脚本もガッチリと構成され、テレビ的映像も見事である。思わず「ウーン」とうなったほどだった。

今野は「七人の刑事」の演出を引き受けて以来、一貫して、刑事たちを無視し、現代の状況と人間を描くという姿勢を通してきた。

こうした今野のやり方は、それまで自分たちが「主役」だと思いこんでいた「刑事」たちにカチンときた。彼が初めて演出を手がけた「菓子の証言」(脚本・内田栄一、四十年一月二十五日放送)では、脚本を読んだ「刑事」たちが怒り狂い、今野と猛烈な論争をやったほどである。だが、彼は国家権力の手先である「刑事」たちの圧力に一歩も引かなかった。彼の主張を押し通したのである。

また、今野の新しい風俗に対する「レーダー」は、きわめて鋭敏である。フーテン、シンナー遊び、ヒッピー、サイケデリックといった新しい風俗が現われると、彼はすぐにドラマにとり上げ、その状況を鋭く描き出すのである。新しい歌謡曲をたくみに使うのも、彼のテクニックの一つなのである。今野は説明する。

『七人の刑事』を演出する時のぼくの基本的な姿勢として

2013年の**視点**から

複製技術が生んだ「テレビの同時性」とは何か

藤久ミネ

古い話になるが、1960年10月12日を忘れることができない。あの日、つけっ放しのテレビはプロ野球日本シリーズ大洋・大毎第２戦を中継していた。午後３時13分、突如その画面を「特別ニュース」の字幕が切り裂く。川崎球場はたちまち日比谷公会堂に切り替わって、21分には壇上の社会党委員長浅沼稲次郎が17歳の右翼少年に刺殺される瞬間が録画の一部再生によって放送された。一瞬、周囲がほの暗くなったような強い衝撃を受け、テレビの同時性の威力を見せつけられたと思った。いま、ここに成立しているテレビ空間は（そこにカメラさえ介在すれば）世界のいかなる地域とも瞬時につながり得る可能性をもつ。が、複製技術が生んだこの同時性とは、ナマがナマであってナマでない。つまり眼前のナマの事件に出会いながら、そのいまに手を貸すことができないという複製文化の特性とコミュニケーション形態をも見せつけられたのだった。その後、70、80年代は複製文化論、受け手論、疑似環境論が論壇を賑わした。が、半世紀余を経たいま、10億を超えるツイッターやフェイスブック発信者をもつソーシャルメディア論の興隆のなかで、テレビ論は寡黙である。

警察的次元での発想と、普通の人間（犯罪者も含めた）の次元での発想とが、どこでクロスし、ぶつかり合うかを考えて撮ります。そしてぶつかり合う限り、刑事も犯罪者を含めた普通の人間も等価値に描くわけです。固定した価値基準を持った人間を、刑事という職業でとらえ、そうした人間にもっと不安定でつかみどころのない世界を提示する……」（「日本読書新聞」四十二年六月十二日）

こうした行き方に対して演出スタッフのなかで、反対がないでもなかった。チーフ・ディレクターの山田和也は、私が今野の演出を賞めると、苦渋に満ちた顔をしていたのを思い出す。そして「七人の刑事」が終わった時点で、次のように述べているのである。

「（前略）社会的な出来ごとや歪みを人間に投影してみせようと努力し、あざといくらいの観念の操作が、作家と演出者の間に行なわれ始めた。すでに中頃からチラホラとそういう傾向がみえており、後期になるにつれて、増加している。アングラ流の言葉でいえば、状況を描こうとしたわけだが、それも結果は、テーマ音楽を二乗したような感情の洪水におわったようだ」（TBS「調査情報」四十四年五月号「埋められてゆくTVドラマの外濠」山田和也）

いずれにしろ、今野は四十三年四月十三日放送の「残酷な午後」（脚本・佐々木守）を最後に「七人の刑事」の演出スタッフからはずされる。ちょうどTBS闘争が最高潮の時点である。

今野は萩元晴彦、村木良彦らと連帯のスクラムを組みながら、その闘争を通じて仲間たちに「テレビとは何か」と問いかけるのである。その問いかけを「集大成」したのが、三人の共著「お前はただの現在にすぎない」なのである。

やがて今野は、TBSを休職し、万国博の要員として電電公社へ出向する。いまTBSを離れ、外部からTBSを見つめている彼は、何を考えているのだろうか。

話を今野とのインタビューに戻そう。私は喫茶店で、コーヒーをすすりながら黙りこくっていた。ある質問を今野にぶつけることが残酷に思えたからである。彼も沈黙を続けている。前夜に読んだ彼の文章が浮かんでは消えた。

――サルージャのメモリアルはそこで終わり、ぼくは堤から腰をあげた。サルージャと違って、ぼくは炭鉱育ちの頑健な身体をもち、家庭をもち、そして、いまは「巨大な企業」が「巨大な祭り」に出品しようとする「巨大な館」の制作のコア（核）スタッフの一員である。古巣のテレビ局へ帰れば「中堅ディレクター」のひとりであり、発売して一カ月もたたぬうちにすでに三版を重ねた本の著者のひとりでもある。

だからといって——と、ぼくはまぶしい陽光のなかで思う——ひとりの「知的」労働者の心の奥底に混とんや錯乱が宿らないとは限らない。そして、外へと疎んじられた者の「回想」は許されても「内部」(自らを追いこんでいきつつある者)の錯乱の「告白」は許されるはずもない。(「中央公論」四十四年六月号「この東京——一九六九年四月・ぼくのメモリアル」今野勉)

彼は、この文章でもわかるように、多彩な才能の持ち主である。「一宿一飯」「エンツェンスベルガー〝政治と犯罪〟よりの幻想」「千日島のハムレット」といった戯曲を書き、瓜生良介らと「発見の会」という演劇集団も主宰している。また、原作権問題で陽の目を見なかったが、石堂淑朗と共同で、坂口安吾の作品をもとに「桜の森の満開の下」という映画脚本も手がけている。このほか、さまざまな雑誌に映画批評、演劇批評を書き、評論活動にまで手を染めているのである。

こうした一連の評論をつづり合わせると、いくら出向とは言っても、彼が万国博の仕事をやるということ自体が、彼の「論理」に矛盾しないだろうか——という気がするのである。先刻から、それを聞きたくて、重苦しい沈黙を守っていたのだ。思いきって聞いてみた。

「原則的には、万国博というのは無意味だと思いますし、反対です。しかし、それと、いま手がけている仕事は、別の次元で考えています」

論理的矛盾はあるが、割りきった答がハネ返ってきた。だが、彼の表情は苦渋に満ちている。彼がテレビ界に働く一人ひとりに突きつけた「テレビとは何か」という問いかけと同じように、自分自身で「万国博とは何か」と問いかけ、苦悩した末の結論なのだろう。

いま、彼が手がけている仕事は、日本各地の中継点からナマ中継し、万国博のなかの電気通信館に設けられた巨大なアイドホールに映し出すという計画の準備である。今野は言う。

「ボクは、メディアというものは、もっと複合された形になると思うんです。ところが、そうした試みが全然行なわれていない。これはおかしいですよね」

彼は、そうしたトライアルを万国博という機会をとらえて「実験」してみたいと言いたいのだろう。しかし、今野の置かれた状況は、全共闘の今日的状況に酷似してはいないだろうか。学園闘争から燃え拡がり、ラジカルな街頭闘争に進出した全共闘の学生たちは、まざまざと国家権力の壁の厚さを知り、いま、言いようの知れぬ挫折感を味わっている。

今野らの場合も東大闘争と同じように、TBS闘争を通じて「テレビとは何か」というラジカルな問いかけを行ない、それが「放送の自由」の獲得につながると主張し、それこそ文字通りラジカルな闘争を展開したのである。そして闘争は挫折した。

資本の壁は厚かったのである。いま、学生たちと同じように、TBSを追われ、冷たく長い冬の日々を送っているのである。

しかし、学生たちが発したラジカルな問いかけが、良心的な教授たちの内なるものを揺り動かしたと同様に、今野たちの「テレビとは何か」という問いは、われわれに対する痛烈な告発だったのである。

七〇年代こそは、マスコミにとって選択の年である。六〇年代以上に流動し、激動する時代である。それだけに、今野らの問いかけた「テレビとは何か」という重味を、しっかり受けとめて、それを深化し、止揚していくことが必要なのではなかろうか。

（この小文は昨年、「電波新聞」に連載した一部を、加筆し、書き改めたものです。）

解題

今野勉は、TBSの同志・萩元晴彦、村木良彦らと共に、テレビ論の名著『お前はただの現在にすぎない』（一九六九）を出版し、この年にテレビマンユニオンを設立した。これは一九六〇年代後半のベトナム反戦、大学闘争、TBS闘争などの渦中で、「テレビとは何か」を問い続けた演出家を通して、テレビへの警鐘を鳴らした論考である。そして、その「権力、時代、人間との緊張関係の喪失」への警鐘は今現在にも重く響いている。（上滝徹也）

座談会

特集：CMと人間性

ヒューマン・タッチをCMにもりこむには

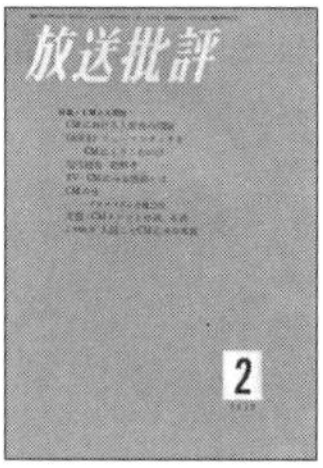

荻昌弘
志賀信夫
竹村健一
《司会》堀江史朗

『放送批評』1970年２月号

堀江　先日のＩＡＡ総会でローズさんが、日本のＣＭは、表現のメカニックは世界の水準であるが、ドラマがないといわれた。私はこれを文学性の欠除といったわけですが、今日の座談会では、人の心に訴えるＣＭと人間性といったことについて、皆さんのご意見を伺いたいと思います。

荻　人間性が足りないときめてしまうかどうかは別として、ドラマティックにものをつかまえることがたりない。企業のイメージなり、商品を人に印象づけようとするとき、ヒューマン・インタレストで行く他にない。そのとき、一番人間的なポイントから人に迫って行く、そこの根性が足らない。ただしドラマ性がないといわれると、じゃあストオリイをいればいいのか、となると元の木阿弥になりはしますまいか。

竹村　ドラマを短い間に入れなくてはいけないんだから、大変は大変ですがね。メリイ・ウェルズの作品の「ベンソン＆ヘッヂス」の煙草が長いというの、自動車の流れが次から次に続いて切れ目がない。又新聞を続んでいるとその煙草で新聞が焼けたとか、ありますが、こういうのは日本ではないようですね。私は、ドラマとか筋というものと、テレビのメディアとは相反するものだと思っていたんだけれど、今の例などではたしかにドラマの方向が出ていますね。しかし、年配者にとってドラマ、ストオリイが大切と思えるのと、いまのテレビ人口の中心をなす若い層にとってとは違うかもしれない。ハッパフミフミといった種類は、年配層には何の意味もないが、若い人たちには何か意味があったのかもしれない。そこのところは疑問点ですがね。

志賀　ドラマの他にもう一つ欠けているのはジャーナリスティックなアイデアというか、センスというもので、それがアクチュアリティに結びついている点が欧米のCMの特徴ですね。日本のはムード、ナンセンス、色彩で売るとかいうことがありすぎる。

荻　二年に一回小型映画コンクールの審査を引きうけているのですが、八ミリ一六ミリを内外の作品でみると、技術的なあがり、画面のつながり方、発色の美しさ、といったものでは日本の作品がどこの国のものよりも傑れている。四季の自然の移り変りなどは驚嘆すべきものがある。ところがこれがすべて心情的である。さてそれで作者は何をいいたいのかというと、これが至って乏しい。外国のものは、モンタージュは不満であったり、新しい技術はなくてデンと据えったきりのキャメラだったり、ですが、俺はコレをいいたいためにこの作品を作ったんだ、というコレがきちんとある。

堀江　CM作家たちもそれは感じている。だが出てこない。それは何故か、ということを私なりに考えてみたんですが、そもそもCMフィルムを作り始めたときに、カメラマンとか、編集のうまい人とか優秀な技術屋さんとからスタートした。で、絵コンテの用紙をまだもってくるという習慣がついた。つまりヴィジュアルな点からもって行こうとする。これからヴィジュアル・ショックをまず考える、という形式ができて、それが今日をあらしめた。

荻　そういう企業システムの問題と、短い時間に自分の表現を完成させなくてはいけないという制約がある。短いなら短いなりの中で、堂々と自分のいいたいことだけをいおうという考え方と、完成度の非常に高いものを作ろうという考え方とがある。日本の場合、企業システムの問題の他に、俳句の伝統が強いのではないか。短い間に何か一つ、となると離業で心情的なものを美しくいってやろうという。論理的なモンタージュで積み重ねて行くことが少くて、どこかで飛躍する。飛躍の基礎になるのが俳句の精神で、それが又ショットを強くということに繫がって行く。

志賀　日本には海外に例の少ない五秒スポットの全盛がある。これも俳句につながるものでしょうね。

竹村　俳句の上の句と下の句の間には断絶がある。それを現代的感覚でCMに生かしたら、俳句の伝統は立派にイケルのではないですか。

堀江　自然の感覚でなく、哲学的な心情を詠ったものもかなりある。

荻　俳句にも高級な俳句から（笑）、発句というような一七字並べて、きれいにスラリと、というわけで、日本のCMはどうもこっちの方です。

竹村　優秀な俳句は非連続の連続ですからね。

志賀　口篇に犬で吠えるという、表意文字的発想で止まっている。

荻　口と犬を結べば吠える、というのに注目したのはエイゼンシュタインですが、エイゼンシュタインのモンタージュは二つのものをくっつけるのではなく、相剋のモンタージュで、今でいえば断絶ですよ。断絶にこそそこに深いものがある、と気がついたモンタージュです。それは怖くて、従えないというCMが多いのではないですか。

堀江　それに従うと、とてもみていられない、ひとりよがりのものになってしまう。

映像に溺れて、論理に負けて

荻　日本のCMのヒューマニズムはいつも子供の段階で止っている。CMにおけるヒューマニティというと、たちまち出てくるのは子供であり、家庭なんですね。そこに托されている心情は、自然とつながってしまう。

堀江　外国の伝統のなかにはロシュフコオの箴言録とか、チェホフの言葉とか、寸鉄人を刺すといったものが沢山ありますね。日本にもないわけではないが、そういうものをもっと勉強して欲しいですね。

竹村　ヒューマニズムやストオリイを余り強調すると、こういう陥し穴があるのではないかという気がする。久保田鉄工のCMで、一人の男がソワソワしている。そこに友達がきて、案ずるより生むが易しだよ、という。途端にオギャアという声が聞えて、襖が開いてお婆さんが、よかったですよ、男の子ですよ。次のショットで最初の若い男が元気そうにトラクターを動かしている。こういう論理的に続きすぎた話は、初めてみた時は、案ずるより……で、何が出てくるか、鬼が出てくるか蛇が出てくるか、と思うと、オギャアときたので、一辺でわかってしまう。これではチットも面白くない。

荻　ドラマというのはイコオル・ストオリイではない。そのCMはそこを間違えている。アメリカのラジオ・ニュースをCMするフィルムで、ストップ・モーションで拳斗のシーンがパッと出て――。

堀江　新聞の広告……。

荻　そう、八時何分、ニュースの時間がそれに追いかけて……、あれなどはストオリイ性は全然ないが、大変ドラマティックです。我々は世界をドラマティックに掴まえているんだ、ということがはっきり出ている。

志賀　日本のCMは結論があって、そこから発想する。発想が積み重なって行かない。

竹村　閉ざされた世界ではテレビはだめ、開かれた世界でなければ、完結してはだめですね。あとに幾らでも想像力をのばして行けるようなものでなければ、テレビのCMとはいえない。トリスを呑んでハワイに行こう、というCMは古典的なCMになりましたが、トリスを呑むということと、ハワイとの間には断絶がある。これをトリスを飲んで楽しく酔おうというとあまりに論理的になりすぎて面白くない。

荻　世界のテレビのなかで、これほどカットの細かい国はない。それがCMではさらに細かい（笑）。

堀江　CMマンの考えを基本的に変えて行かなくてはいけない。それには若い人の台頭が望ましい。ところが若い人はどうしても感覚的になる。サイケが出てくると、すぐそれをマネる。センスの好い人がそこで好いものを作る。ところがこのライフ・サイクルが非常に短い。本流に残って行くためにはエイゼンシュタインなり、コントラプンクトなりを基本的に勉強して行く、ということがない。

荻　モンタージュ理論が映像の美学の第一のものとは、私全然思わないし、むしろ否定さるべきものが随分あると思うのですが、逆にモノをジーッとみつめて、みつめた映像の力を信ずるという根性を勉強できそうな時代がテレビにはあったと思うのです。ところが映画でネオ・ロマンティシズムやルーシュなどが出てきて、映像にダバダバダバ（笑）という音楽をつければ何かムードに人を引きずりこんでしまうみたいなものがはやり出した。これは日本人の情緒的なものに乗りやすい。それに、時を同じくして、テレビがモノクロからカラーの時代になった。色を重ねて、リズムで謳う（笑）。日本人にとっては格好の時代になって、今や歌うCMの時代、できばえが非常によくみえる。

編集部　何か作った！　という感じ（笑）。

荻　そうなんです。で、見終って何のCMかっていうと、誰も覚えていない（笑）。不思議なことにニュースを送っている人も、情報量の一五％がうけとめられれば好いんだ、という考えがあるのではないですか。

音と画の補完か、相剋か

堀江　静かなるＣＭの台頭ということがいわれて、コカ・コーラの一本の瓶が静かに流れて行く、バックでオーディオがドラマティックな構成をして行く。それをドラマティックにやるのはどうしたら好いか。

竹村　テレビは音と画の二つの機能をもっている。コカ・コーラも画と音が相互補完のような関係で作っている。ところがアメリカで次の番組の予告が字で出る。日本ではその番組の画が一緒に出る。そしてその字を口でもいってる。考えてみればムダな訳ですよ。向うでは次の番組が字で出れば、口では他の番組のことをいっている。画と音とが全然違っている、という考えで作ったらどうか。普通の人間、ラジオききながら勉強できない人間は困るだろうが、今のテレビっ子はラジオをききながら勉強する。画と音が違っているＣＭなら、かえって面白がるかもしれない。

荻　ハッパフミフミなんてのは、その芽みたいなものではないですか。絵は万年筆のＣＭで、口でいうことはまるで無意味。絵と音はつながらない。そういうショックだったのではないですか、画と音の対位法ですね。全然別のことをやっていて、相乗や衝突で第三の意味が出る。そういう考え方は、ドキュメンタリでもドラマでも、日本のテレビの一番弱いところですね、ドキュメンタリでも画が出るとナレーションがそれを絶滅するという（笑）。ＣＭだけを責められない。

竹村　野球放送などをみていて、打っていることが判っているのに打ちました（笑）。長嶋なら長嶋の別の話をやって貰いたい。この頃みたいに少しでも多く吸収したい、みたいな時代にはエエのじゃないか。

志賀　野球をラジオできさながら、球場でみている人もいますからネ（笑）。

竹村　居るね（笑）。

志賀　日本人は語り物中心主義な人間が多いわけです。

竹村　まだ映像人間ではないワケか。

荻　そうです。日本のテレビはラジオから発達して、音声中心である。ただプラスでなくて掛算の効果が出ればよいのですが、映像が立遅れですね。

志賀　画も音も、逆にもっとセーヴすることが大切なのではないですか。やたらに出しすぎる。

堀江　映画の人が入ってきて、短いカットで積み重ねて、ものすごく魅力的な時代があったですね。それがいまだに尾をひいている。

荻　日本のＣＭは技術的にはこれ以上錬磨しようがない。とぎすまされている。ことにモンタージュと一つ一つの画像の上がりに関しては、こんなにみごとにできすぎたCMは他にないのではないか。むしろできすぎていることが欠陥になっている。

志賀 パーフェクトでビューティフルということに、凝りすぎる。

堀江 対感覚、対感情にわけて考えると、対感覚のなかでは大変にうまい。対感情が欠けている。

荻 感情の方はセンチメントにだけ訴える。

堀江 現在的な感情は別のものがある。つまり一般の視聴者のもっている感情の読み方がたりない。

荻 日本のCMはもう一つリズムで勝負しようというところがある。これが韻文的、なおかつセンチメンタルにする。散文的なCMが非常に少い。

堀江 これは発想を紙にした場合に、絵コンテ用紙でまずやることにも問題がある。ぼくはこれをまず普通の原稿用紙でやれ、という。アイデアをね。原稿用紙を目の前におくのと、絵コンテ用紙では、発想が全然違ってくる。

荻 絵コンテ用紙をもってくるということは、すべて技術で処理しようということでしょう。原理で処理するのではなく。

CMに企業ポリシイを

志賀 日本の企業自身が企業としてのアピールの仕方に主張が一本通っていない。それがCM制作マンに非常に影響しているのではないか。

竹村 たとえばICIのような大きな化学会社でも、PRを担当してきていなければトップになれないということがある。

荻 志賀さんのおっしゃったことは、テレビCMの問題の基本になることでしょうね。企業のプリンシプルを宣伝に打ち出そうという信念がない。

志賀 だから手先のことだけになる。

荻 あがりの好いものをもって行くと喜ぶが、これがおたくの原理ですと、もって行けない。会社の方が示してくれないから。

竹村 もしも三〇秒間カメラを据えっ放しにして撮したものをもって行ったら、できばえの深い中身は見ずに、なまけてるンじゃないかと思うでしょうね（笑）。ベンソン＆エッヂスのCMにしたっていわゆるテクニックではない。しかもそれでいてもたすためには何かが要る。ベンソンに関しては、それはユウモアですね。このユウモアが日本にない。

堀江 ベンソン、あのCM。日本のスポンサーだったら怒りますね。ウチの製品てえのはこんなに不便です（笑）。新聞をこんなに焼いてしまいます（笑）。第一関門の社員が上にもって行くのをためらう。

志賀　日本でもそれに似たものが出てきましたが、わざと企業のマイナス面というアザとさが表面に出てくる。

堀江　企業に姿勢がないというの、前にはあったのですよ。たとえば東芝が初めて電気釜を作り始めた当時です。最近は製品の格差がなくなってきた。そこで製品の本来の性能以外のそこに付随する何か、情報みたいなものを売らなくてはいけなくて、そこに難かしさは出てきた。アメリカのタバコというのは、そこに一つの示唆がある。煙草そのものには格差がないわけですから。ヴァージニアが少し入っているからとかでなく。煙草は煙草ですから、その中でどれを買わせるか、非常に難かしいＣＭだったわけです。このアメリカの煙草ＣＭなみの状態に日本の商品ＣＭがなってきたわけです。そこで何か人の心に訴えるものが必要になってきたときに、今までの作り方が邪魔になってきている。

荻　スポンサーが番組を売るときも、なぜ自分のところの企業が、この番組を売らなくてはいけないのか、を、あまり深く考えていないでしょうね。昨年、いろんな会社が自分のところの欠陥を暴かれましたね。自動車会社とか、食品会社とか。ああいう時に、その会社のＣＭに現れる反応が非常に鈍感であり、まずいという気がしますね。あわてるのはほんの一時期で（笑）、すぐ前に戻ってやはりスピードが増したみたいなことをいいだす。例をあげて気の毒ですが、味の素のＣＭみていてハガユイですね。自分のところのイメージの建て直しにもっともっと全力を傾けなくてはいけない筈なのに、相変らずリズミカルなもので――。

堀江　時間的な問題もあるのですよ。新聞では随分やった。

荻　それはみました。地下鉄でビラ配りもやっていた。しかし、テレビは一番同時性です。テロップでもよいからやるべきだ。

志賀　商品ＣＭ思想が強いから、こういうときに企業ＣＭがパッと出てこない。

竹村　技術の東芝、というキャッチフレーズがありますね。アメリカで、ディスカヴァリ・カムパニーというのがあった。発見を次々にして行く会社という売り方ですね。それからシナジスティックという言葉を使う会社があった。この言葉、英和辞典には出てこない。一番新しいアメリカの英々辞典でわかった。一辺みただけでわからなくても、何度も出てくると、こちらの方では知ろうとする。これは一種の相乗効果といった意味なんですがね。一プラス一は五みたいなことです。

そういうわかり方をすると視聴者は新しいイメージを感ずるでしょう。

萩 商品は形であるからイメージにしやすい。しかし企業は形で現わせない。シナジスティックという言葉で示す、これはみごとですね。

竹村 その会社がその言葉を売りこんでしまうと、他の会社はもうその言葉を使えないですしね。

志賀 無形のコンセプトですね。

萩 最初にそれを形象化する、そのチエの問題ですね。その意味では資生堂や明治製菓というのは、形にならないものを一つのムードにしてしまった。資生堂は映像自体が企業イメージにまでもって行ってしまった。だが硬派になるともっと難かしい。

堀江 言葉の使い方の無神経さが、随分それを妨げているのではないですか。これはテレビが助長したものですが。ラジオで一度言葉を非常に大切にするところまで行った。それをテレビがこわしてしまった。

萩 誰にでもわかる言葉を大切にするということが一つ。それから例の、ヘソねえじゃねえか式の奇をテラうことによる抜けがけしようという、ああいうことでなく——。

竹村 軟派の企業は奇をてらう式でも、一応そういう言葉をみつけてくる。日本の硬派は全然言葉をみつけてこない。シナジスティックはスラングではない。新日鉄のような場合、そういう言葉をみつけ、作りあげてみせたら、新会社にピタリ当る。

萩 脅かしとしてはあるんですがね。ステレオやなんか（笑）。

盛んに難かしい言葉をね。しかしこれは訴えじゃない。

堀江 あれは技術屋さんが説明した言葉を使っているだけで、CM制作者が考えだした言葉ではない。

志賀 技術の何々も今やありすぎる（笑）

竹村 企業の永続性ということもあるが、一方で企業はたえず進歩し、変わって行っているという面もある。そこでCMタレントをいつまでも同じ人を使っているということをもう一度考え直したらよいと思う。活字にとりあげられてきたときには、既に一つの生命は終った、という考え方がテレビにはもっと強く欲しい。そういう先見性があれば、たえず新しいタレントを掘り起して行くということもあるんじゃないですか。

志賀 番組でいえば不二家などがそれをやってますね。

萩 オバQの引導の渡し方なんて、実に鮮やかでしたね。

堀江 局はおろしたくなかった。

萩 しかし特定の一人に頼るCMってのは、今どの位あるんでしょうね。スターを使う場合と、無名の人がそれによってスターになって行く場合と、その二つのやりかたの評価ってものはもう出ているんですか。

堀江 いや、まだ、ついてませんね。

荻 何れにせよ、特定の個人で行く場合はインフォメーションという性格が強くなるでしょうね。

堀江 プレステイジをもたせるためのイメージですね。最近の成功にハイクラウンの山村聡ですね。しかし、或時期がくると商品そのものを売らなくてはならなくなる。一方で商品そのもののライフ・サイクルが短かくなって爆発的に売らなくては、といったことがある。

荻 生かし方のパターンという点では?

堀江 まだ迷っているのではないですか。

秒で、人間の心に訴えられるか

竹村 三〇秒か一分のCMで、人間の心に訴えることができるのかどうか。涙を誘うというような激しい情感に誘うというようなことに、人間の心に訴えるということを限ったら不可能に近いのではないか。

荻 一分あれば、ある人が一分出て視聴者に語りかければ、かなり強い効果はだせるのではないかな。

竹村 どういう効果ですか、訴えるということを狭義に解釈した場合、感動が起りますか。

荻 一つのことは訴えられる……。

竹村 しかしそれは人間の頭脳に訴えるか、神経に訴えるのであって、情感に訴えるのかな。(間)だから訴えるという言葉を広く解釈して感覚的なものから情感まですべて含めれば別ですが、しかし、情感となると三〇分のドラマなら別ですが、ドラマでもテレビのように、間にバラバラに他のものが入ってくるメディアの場合には不向きのような気がする。ましてCMでそれを訴えようとするのは不可能のような気がする。しかし、芭蕉の「閑さや岩にしみいる蝉の声」のような俳句の場合、これ、われわれの情感に訴えていたわけですよ。だから短くても訴えられるではないか、という論理が出てくる。ところがこの場合は、当時はそれ一句とじっと考えられる余裕があったわけです。我々にしてもその俳句を読むときには考える。だが、テレビは考える余地を与えてくれないから、蝉の声、といった途端にバンと次のものが出る。

荻 ですけど、竹村さん、次には別のものが出てくる。そのCMの一つが、三〇秒なり、一分のなかに埋没してしまうか、逆に、次々に変わったものが出てくるからこそ、前後の関係でその三〇秒なり一分なりが浮び上れるか、という考え方もあるでしょう。今の日本のCMは調子よくリズムつけることで、かえって前後のなかに埋没している。今の作り方ではたしかにこの短い時間で自分を印象づけることはほとんど不可能である。しかしモンタージュの基礎になっているのは一つのショットですから、——私はテレビというものを一分とか一五分とか時間の単位でわけて考えるのはいけないし、テレビの本質ではないと思います。テレビの本質は流れに伴うコンティニュイティにある筈です。柳原さんが作ったトリスCM、あの伯父さんがチャカチャカチャカと横に動くの、あれはきわだった。

竹村　きわだつ、というのには賛成するが、訴えるというのと違うんじゃないですか。

志賀　センセーショナリズムも訴えているんではないですか。

堀江　購買動機に結びつけるものを、CMの世界では訴える、といってるわけで、文学的とかドラマティックとか、そういう訴え方となると難かしい。何か印象に残るっていうことですね。

竹村　こういうCMの場合、いい方になりますか、悪い方になりますか。アメリカのCMでプロレスラーのグレート東郷というのが風邪の宣伝に出てきて（ヴィックス・フォーミュラ44）、家に帰るみちみちハクションするたびに、立木でも、電柱でも、塀でも手当り次第こわして行く。家に帰っても物をこわす。奥さんがカゼ薬をわたすと、一ぺんにおとなしくなってしまう。強烈ですよ。

編集部　ラストで消防車がきて、家の前で止まる。すると東郷の力でこわれかかっていた街燈がパクリと二つに折れるというオチがある。これがユーモアになっています。

堀江　ストオリイがある。そのユーモアが効果的ですね。

荻　竹村さんが覚えていることが効果的だった。イヤな覚え方ではなかったでしょう。

竹村　そう、こわれるのは他人のもので、自分のモノじゃないですからね（笑）。身体中をふるわして咳をする。それくらい咳というものはつらい、ということを出している。

荻　そのこわし方に、非連続の連続がある。サイレント映画からの伝統のギャグですね。そういうアクション・ギャグの伝統が日本にはない。ゲバゲバ九〇分で、消防のギャグでさえ、火事で焼けている人間を笑いの種にするとは何事だ、みたいな投書がくる（笑）。

竹村　そういうものを日本でするると、当らない。

荻　ワザとらしくなる。

堀江　中学生にカゼ薬を買いにやったら、買ってきたのが、刀で風を斬る。あのＣＭの商品なんですね。

荻　私にいわせれば、あれはまずいＣＭなんですよ。考えている当人は論理的にやっている積り（笑）。そこがまずいと思うのですが、風にバッサリ、という語感で覚えられているんでしょう。とすれば、ネライとは違うところで覚えられている。

堀江　買ったのが、小中学生とすると、メーカーのねらいの購買層かどうかというものが残る。ＣＭを作るときにそのコンセプトを作り、そこから発想するわけですから。

志賀　ぼくがＣＭの批評をする。解説することができるのが大部分です。ところがウマいＣＭは説明できない。解説しにくい。

堀江　コンセプト、コンセプト、コンセプトとこだわりすぎるのも困りますね。

荻　ねらった層にうけるのは当り前のことで、ねらわなかった層にうけるのがＣＭだともいえましょう。

ＣＭに散文精神を

荻　たべるもののおいしさを映像で現わすのは至難のワザですよ（笑）。ルルーシュはなかなかうまいですがね。

堀江　ドラマの〝のれん〟で、塩せんべい屋に入ってきて、一つ召し上って下さい、とさし出す。パリッとやる。その何ともいえないワンカット――塩せんべいのうまさを感じますね。あれをＣＭでやれないかと、苦心してみたが、どうやってもできない。ドラマのなかのフンイキと、役者のうまさ、タイミング、それらすべてが一致しないとうまく行かない。

荻　ビールのＣＭにしても、瓶の肌に汗かいているところは涼しくておいしそうだが、飲み干すショットになると（笑）。

志賀　間《マ》ですね。

竹村　だから、言葉で補ってしまう。アメリカでスパゲッティのＣＭですがね。パーティで人目をうかがって、パッとポケットにいれてしまう。たべものだからたべさせなきゃいかんということはない、という見本です。これが三〇秒では出せない、ということに日本のＣＭ制作者はこだわりすぎるのではないですか。一〇秒が一〇〇回でれば一五分以上でしょう。三〇秒一回でわからなくてもよい。それくらいの方がついみるのではないですか。

堀江　コンクールなどでは一回みるとたしかに好い。しかし、二度三度みて果してよいか、そこのところが考慮外になっている傾向がある。

荻　一五秒のものを二度くり返す。あれは逆効果ですね。

編集部　これもヴィックス・フォーミュラ44のCMですが、公園のベンチに来て盛んに咳をする。廻りの人は皆逃げ出す。するとベンチを移して又やる。又別のベンチでやる。そして広い一画を彼一人が占領して、そこで薬を出して、のうのうと新聞を読み始める。これは回数を重ねてみる程面白くなる。というのは、あちこちのベンチから逃げ出す人々の表情や反応が皆違っていて、二度や三度では追いきれない。

堀江　くり返し効果とはそういうものなのだな。

荻　散文的なものほど面白いですね。リズムに頼ったものはあきやすい。毛布のCMでシャム猫がスーッと入ってきて豪華なベッドで寝ている二人のところに入って行く。リズムはない。全く静かなCMですが何回みてもあきない。それからフォルクスワーゲンのなどをみると商品の擬人化がうまいですね。それがヒューマンな効果を出す。

中性文化・子供文化

竹村　ユニ・セックスの時代が来つつあるといわれてますね。男と女が同じような行動をするようになる。これは中性になるわけです。ところが中性とは子供のことである。今は中性化への過渡期ですね。それで中性の代りを子供がしている。そこで子供文化といわれるけれど、これが実はそうでない。少年サンデーを大人が読んでいる。そういう意味での子供文化に訴える種類が最も幅広い。

荻　今のCMはそう意味での子供というものをよく考えていますね。しかし、そこでいう子供は、大人から考えた子供ですね。

堀江　ぼくなんかもテレビに対する感じ方が最も自信があったのは、息子が中学一年生ぐらいの時ですね。坂本九をみつけたのも中学生ですからね。

志賀　アッと驚ろくタメゴロー、もそうですよ。

荻　大阪では笑福亭仁鶴がはやっていた。だが東京では全然ダメだった。それを東京で発見したのは子供ですね。

竹村　三枝だってそう。

堀江　幼稚園の先生に、最近はやっているのは誰ですか、ときいたらピンキーなんですね。CMからしかみていない。それで先生がいうんですね。幼稚園の子供に受けるような人が大人にも受けているんですってね（笑）。

竹村　子供文化という言葉のそういう意味を、現代の象徴として使って好いでしょう。

荻　CMと番組との違いがなくなってきていますね。一寸たってあとで考えてみてどっちがCMでどっちが番組かと思うときがある。ということは、子供たちはあの三〇秒なり一分のところで一つのドラマを感じているのではないか。歌謡曲一曲で終ってしまう番組がありますね。あれはほとんどCMと変わりない。画がらからいっても。

志賀　この頃はCMの方が立派（笑）。

堀江　三〇分ドラマの費用を、或はそれ以上の費用を三〇秒のCMにかけている。手間だって六〇秒CMに七〜一〇日ぐらいかけている。

竹村　凝ったものを作らざるをえなくなる。そこでどうしてもピクトリアルな方向に行ってしまう。

堀江　どうやら振り出しに戻ったようですね。

解題

一九六〇年代後半から七〇年代にかけて、「イエイエ」（レナウン）、「はっぱふみふみ」（パイロット萬年筆）、「モーレツからビューティフルへ」（富士ゼロックス）など、映像美、感性、メッセージ性に秀でたCMが一時代を画した。この座談会は、そういったCMと海外のCMをテキストとしつつ、日本のCMにおけるヒューマンタッチの欠如を一様に指摘する。二〇〇〇年代以降の人間性、ドラマ性への志向につながる問題意識でもある。（上滝徹也）

特集：テレビ報道　一〇年間の問題事件はどうなったのか

牛山純一にきく「ベトナム海兵大隊戦記」

青木貞伸

——内外で数多くの受賞をしている日本テレビ系〝ノンフィクション劇場〟は、四〇年五月九日、「ベトナム海兵大隊戦記」第一部を放送した。ドキュメンタリーにはベトナム人の首をころがす場面があり、あまりに残酷すぎるとして、第二部以降が放送中止となった。この放送中止事件には、政府・与党からの圧力があったとか、この中の一部のフィルムは外部のカメラマンが撮ってきたものだとか、さまざまな話題を提供した。しかし、ベトナム戦争の影響が日本のテレビ界に直接現われた現象として、特に異例な事件といえるだろう（志賀信夫「テレビ社会史」第Ⅱ部）。

志賀氏は、このようにサラリと書いているが、この事件ほどテレビ報道の在り方、さらには、その一部門としてのドキュメンタリーの在り方について、広く世に問いかけた出来事はなかったといっても言い過ぎではないだろう。その間の経過を説明してみよう。

このドキュメンタリーは当時、報道局社会部長であり、「ノンフィクション劇場」のチーフ・プロデューサーでもあった牛山純一氏が自ら戦火を追ってベトナムへ取材に出かけ、南ベトナム政府軍の海兵大隊に従軍、一か月間、兵士たちと寝食をともにして、制作したものである。

内容は、「ベトコン」に対して情け容赦のない隊長グエン

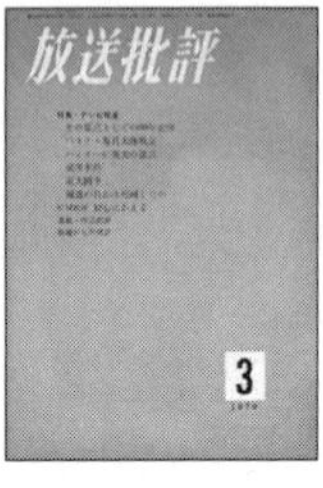

『放送批評』1970年３月号

大尉に焦点をあてて描き、正義なき戦い「ベトナム戦争」を痛烈に告発したものだった。だが、そのなかで、政府軍の兵士が少年を銃の台尻でなぐり殺し、その首を切るシーンが「残酷すぎる」と反響を呼んだのである。

政府・与党は敏感に反応した。放送の翌日、当時の橋本登美三郎官房長官は直接、日本テレビの清水与七郎社長（当時）に電話をかけ、圧力をかけてきたのである。その結果、三部作として制作したものが、二部作以下は二転、三転したあげく、とうとう放送中止となってしまった。

「日本の茶の間は泰平ムードにひたりきっているが、東南アジアの茶の間は毎日のように血が流れている。この現実を考えれば、ノンビリとした意見が出るはずがない」

当時、牛山氏は、さかんにベトナムの現実を訴え、二部作以下の放送を各方面にアプローチしていた。だが、高度経済成長の幻想に浮かされ、戦争の現実を直視しようとしない人々は、政府・与党の「残酷すぎる」という世論操作のトリックにひっかかり、戦争への告発は「茶の間の論理」に押し切られてしまったのである。

牛山氏は言う。

「放送前の試写の段階で、高木健夫（評論家）さんも言っていたように、戦前の日本では、本当の意味での戦争報道ができなかった。戦争の持つ残酷さ、悲惨さを国民に伝えることができなかった。戦争をなくし、一日も早く平和をもたらすためには、それを報道することが必要なのです。いささか思いあがった考え方かも知れないが、私たちの主張が通れば、ソンミの虐殺も起こらなかっただろうと思っています。ただ、いまから考えると、生首のシーンは出さなくても戦争の悲惨さは充分に訴えられた。その点、こちらにも隙があったと反省している」

当時、私は「放送文化」誌（四〇年八月号）で、戦争の残酷性に対する告発の姿勢には、一も二もなく賛成である。だが、作品の方法論に問題がある。つまり、グエン大尉という個人に焦点をあてて描くという方式をとっているため、戦争の残酷さが個人悪にすりかえられ、グエン大尉を戦争に駆りたてたベトナム戦争の状況、本質が描けていない——という欠点を指摘した。

この考え方は、いまも変わっていないが、権力と真正面から対決せざるを得なくなった牛山氏の構築したドキュメンタリーの思想、その延長線上にあるテレビ報道に対する考え方には、ほぼ全面的に賛意を表している。

牛山氏の構築したドキュメンタリーの思想とは何か。それを明らかにするためには、「ノンフィクション劇場」と牛山氏の関係を紹介する必要がある。牛山氏は語る。

「日本にドキュメンタリーというジャンルが定着したのは、テレビが誕生してからだ。戦前の映画時代は、文化映画であり、記録映画にしか過ぎない」

さる三十五年、新設予定のドキュメンタリー番組のプロデューサーを命じられた彼は、テレビでのドキュメンタリーの可能性について、あらゆる角度から検討を試みた。まず、彼が手がけたことは、当時、テレビ界で唯一のドキュメンタリーとして好評を博していたＮＨＫテレビ「日本の素顔」の全作品を借りて見ることだった。

その前年には「日本の素顔」をめぐって、羽仁進氏と吉田直哉氏、それに瀬川昌昭、高瀬広居両氏も参加し、「中央公論」誌上で華々しいテレビ・ドキュメンタリー論争をくりひろげている。こうした論争も踏まえたうえで、牛山氏は「ノンフィクション劇場」の構想を次第に醗酵させていった。

「〝日本の素顔〟に対置させるため、ぼくは記録映画を念頭におきました。記録映画にはやっぱり長い長い蓄積があり、フラハティ（注＝ドキュメンタリー映画の父といわれるフランシス・Ｈ・フラハティのこと）などいろいろな作家の苦労がある。そこでたくさんのフィルムを見て研究しました。記録映画の伝統を踏まえて出発したから、ラジオの録音構成の延長線上にある〝日本の素顔〟とは全然違ったものが出て来たと思うんです」（『放送文化』四〇年六月号）

こうして「ノンフィクション劇場」は、さる三十七年一月十八日からスタートしたが、映画の伝統の継承という点で、牛山氏の採った方法は大島渚、土本典昭、羽仁進、西尾善介の各氏ら映画界の異才をスタッフに参加させるというやり方だった。

それまでのテレビ・ドキュメンタリーとして定評のあった「日本の素顔」が映画的ではない映像に豊富なコメントを流して、映像と音との拮抗作用、相乗作用から生じる独特の迫力によって、テレビ的な社会批判を行なっている――という定評に対して「ノンフィクション劇場」は当然のことながら、より映画的な作品が多いという結果を生んだ。

「ベトナム海兵大隊戦記」では、タテの一面の欠陥を露呈する結果とはなったが、人間に焦点をあて、その人間と状況に切りこんでいくという手法は、視聴者に新しい感動を与えたのである。

その典型的なものが「老人と鷹」（三十七年一月二十五日放送、演出・西尾善介）である。いまでは数少ない鷹匠・沓沢朝治さんに焦点をあて、鷹の飼育に一生をかけた老人の執念を格調高く描いたものだった。

この作品は、のちにカンヌ国際映画祭グランプリをはじめ、第十回民放大会社会報道部門・最優秀賞、バッファロー国際映画コンクール・グランプリなど、数々の賞を受賞する。が、批評家たちの絶賛にもかかわらず低視聴率を理由にスポンサーが降り、その受賞以前に、「ノンフィクション劇場」は僅か四か月で放送中止となってしまったのである。

牛山氏は怒った。営業をくどき、編成に嘆願するなど、あらゆる抵抗を試みた。だが、民放で優先するのは「スポンサーの論理」である。それは非情なものである。中止と決まった時、さすがの彼も直接の上司だった磯田勇社会部長（現・常務、編成局長）とともに、泣いたという。

だが、牛山氏はくじけなかった。普通なら組織を呪い、スポンサーをののしり、ニヒルな心情で自棄酒でもあおるところである。彼は違った。自らスポンサー獲得に奔走したのである。次々と入ってくる「老人と鷹」の受賞の知らせが牛山氏を励ました。さらには三十七年度から新設されたテレビ記者会賞の第一回受賞が決定的となり、スポンサーもつき、一年後の三十八年四月から再開の運びとなった。

再開後は「軍鶏師」（演出・西尾善介、結城利三）「ビッグ・ホワイト・ピーク」（演出・鈴木良明）「忘れられた皇軍」（演出・大島渚）「水と風」（演出・牛山純一、後藤英比古）など、すぐれた作品を、つぎつぎ生み出し、そして「ベトナム海兵大隊戦記」で、放送中止以来、二度目の大きな壁にぶつかり、「ドキュメンタリーとは何か」という問いを投げかけたのである。

「よく公正中立とか、客観報道とか言うが、それは幻想にしか過ぎないと思う。普通のニュース報道なら中立に近い立場、厳密に言えば、そうしたものはないんだけど、それに近い立場をとることが可能かも知れないが、ドキュメンタリーの場合、それは不可能だと思う。なぜならば、ドキュメンタリストとして事実をとらえ、その事実をもとにして、事実に迫ろうというのがドキュメンタリーだからです。従って、ドキュメンタリーには、真実に迫ろうという主張がなければならない。主張がなければ、それは単なる記録映画であり、事実の羅列にしか過ぎないからです」

牛山氏は、ドキュメンタリーについて、このように語る。つまり、彼は「ベトナム戦争」での事実を、ドキュメンタリストとしての眼でとらえ、その裏にひそむ戦争の持つ真実を、人類の平和への願いという主張から描き、戦争の残酷性という真実を白日の下にさらして、告発したわけである。

「だから、千人のドキュメンタリストが同じ対象を追って、ドキュメンタリーを作っても千のドキュメンタリーができるはずです。自分が構築した思想をもとに、真実を追求していくわけですからね。当然のことだと思います。問題は、テレビ・ドキュメンタリーが企業の枠のなかで作られていることです。自分の思想と社の編集方針、つまり、社の視点と自分の視点を、どう調和させていくか、きわめて難しいことだと思います」

牛山氏自身、「ベトナム海兵大隊戦記」では、企業内プロデューサーとしての限界を痛いほど知ったからである。その後、彼は「すばらしい世界旅行」、さらには「われら地球家族」を手がけ、挫折感から「新しい世界…」への〝逃避〟をはかったという批判の声もあった。

だが、彼は再びベトナム問題に取組みはじめているのである。つまり現在、進行中のパリ会談を一つの契機として、ベトナム四部作を作ろうと準備を進めている。その内容は第一部が対仏戦争が中心、第二部は「ベトナム海兵大隊戦記」三部作を一時間にまとめたもの。第三部はアメリカが直接介入をした一九六五年以降の状況を描いたもの。さらに第四部は北ベトナムに焦点をあてたドキュメンタリーという構成で、すでに第二部の編集を終り、北ベトナムへの入国手続きも完了しているそうである。

結論を急ごう。この「ベトナム海兵大隊戦記」が投げかけた問題は、きわめて大きい。というのは、権力による番組規制の典型的な「力学図式」を「証明」してみせてくれたという点では、六〇年代のテレビ状況の象徴的な出来事だったからだ。

さらには冒頭にも述べたように、「テレビ報道とは何か」「ドキュメンタリーとは何か」というテレビの本質に迫る根源的な問題を、広く国民に問いかけた事件だったからである。

現在、新聞にしろ、テレビにしろ、公正中立をタテマエとし、客観報道を標榜している。では客観報道というものがあり得るのだろうか。新聞にしろ、テレビにしろ、記者なり、カメラマンという主観を通して現象を伝達しているのである。そこには当然のことながら主観が入る。客観報道というのは牛山氏の指摘するように、幻想にしか過ぎないのである。

また、公正中立ということも、現在の報道界の現状を見ていると、権力にとって都合のいいことは、〝偏向〟していても公正中立ということになり、客観的に公正であり、中立である報道でも権力にマイナスな事実は〝偏向〟という烙印を押される――という奇妙な論理がまかり通っているのが現実なのである。

その好例が、さる四十三年一月の「佐世保事件」以来、テレビ各局とも機動隊と学生・民衆の衝突現場からのナマ中継を出来る限りおさえているという事実である。現場からのナマ中継すら〝偏向〟しているという論理で、公正中立が保てるだろうか。

こうした公正中立という幻想が次第に「国民の知る権利」を奪いつつある。われわれは、もう一度、この「ベトナム海兵大隊戦記」の投げかけた問いの重さをかみしめて、幻想をふり払い、真の意味のテレビ報道の機能を復権させる必要があるのではなかろうか。

解題

一九六〇年代は政治的緊張が高まった時代で、「ベトナム海兵大隊戦記」を始めとする放送中止事件が相次いだ。特集はこの権力の介入、自主規制によるテレビジャーナリズムの退行を危惧し、青木は「ベトナム海兵大隊戦記」のチーフ・プロデューサー 牛山純一の証言に基づいて、権力の介入は茶の間の論理、スポンサーの論理と結びついて行使される事実を指摘し、牛山の信念、方法論を顧みることで、現在に至るテレビの課題「報道機能の復権」を説いている。（上滝徹也）

特集：番組審議会

十二歳の放送番組審議会

鳥山 拡

「番審」と言えば「低俗」をプッシュ・アウトし、「偏向」に平伏するイメージだが、私たちはその番審「ジジババサロン」に拘泥しなければならない放送制度の中にいるのである。

『放送批評』1971年２月号

廃棄処分寸前のジジババ・サロン

その友人は、目をむいていった。「バンシン？（お前は、なんという暇人。何を今更）」

放送法改正とともに誕生した、放送番組審議会の、これは十二年目を迎えた、一つの評価である。

又、別の声「廃棄処分寸前のジジババ・サロン。当然あっても、なくてもよいが、なければないで、又別の、もっと強力な言論統制機関が生まれよう」

番審サロン論、更に言論統制への番審歯止め論、これも一つの評価に違いない。映倫の例をひき、道徳倫理の自主規制を行ない、言論統制への道を封じる、歯止め手段になるという、一見中庸を得た、それだけに、よく聞かれる意見である。

更に別の友人「ハハア、ありゃ年のいった連中の晩餐会だよ。年のいったといっても、待てよ、確か小田実先生もやってたことあるな。ま、一寸した一夜の精神的娯楽だな。考えてもみたまえ。文学、経済学、人間工学、評論……専門分野の違った人々と、うまいメシがただで食えて、意見交歓、しかも何となく見たテレビ番組の感想でいいんだぜ。行きも帰りもお車つき。おまけに、なにがしかのお手当ももらえる。誰だって、頼まれれば引き受けるな。君もそうだろ」

これも、又、番審サロン論、その実体の側面に違いない。

「誰だって、頼まれれば引き受けるな。君もそうだろ」、この言葉を聞いた時、脈絡なく、江藤淳氏の顔が浮かんだ。以前に、文部省の中央教育審議会の委員を委嘱しようとした時、ことわられたという話を聞いたことがあったのだ。おことわりの理由は忘れてしまったが、これから探っていく問題点の一、二にはふれて来るのではないかと思う。

これも、又、別の声「あなた方、放送批評家と同じ穴のむじな。これだけ数が多い番組を、ならして見ていられるかね。人の尻馬に乗って話題になった番組を批評するのとまったく同じさ。何、サロン？　あなた方の仲間に、スキュデリー嬢でもいるのかね。ラファイエット夫人は？　フランスのサロンは〝クレーヴの奥方〟を生み出す母体になったさ。ジョフラン夫人は百科全書の保護者だったな。十七世紀のサロンの方がまだましさ。放懇も懇の字がついてるな。〝アテンション・プリーズ〟だ。何か生み出すサロンになって欲しいね。そうでもなけりゃ、サロンが泣く」続いて吐いて捨てるような声「何？　放送法？　馬鹿もん！」

ここで放送法にふれておくことにする。

放送法第四十四条の三　協会は、国内放送の放送番組の適正を図るため、中央放送番組審議会（以下「中央審議会」という）及び地方放送番組審議会（以下「地方審議会」という）を置くものとする。

二　地方審議会は、政令で定める地域ごとに置くものとする。

三　中央審議会又は地方審議会は、次条第一項又は第二項の規定による会長の諮問に応じて答申する。

四　中央審議会及び地方審議会は、国内放送の放送番組の適正を図るため必要があると認めるときは、会長に対して意見を述べることができる。

五　中央審議会は委員十五人以上、地方審議会は委員七人以上をもって組織する。

六　中央審議会の委員は、学識経験を有する者のうちから、経営委員会の同意を得て、会長が委嘱する。

七　地方審議会の委員は、学識経験を有する者であって、当該地方審議会に係る第二項に規定する地域に住所を有するもののうちから、会長が委嘱する。

放送法は、この後、第三章一般放送事業者の章で、協会以外の放送局を対象としたとりきめを行っている。

第五十一条の二　一般放送事業者は、放送番組の適正を図るため、放送番組審議機関（以下「審議機関」という）を置くものとする。……

いずれにしても、現行の放送法では、番審の委員は、学識経験者の中から、一般放送事業者が一方的に委嘱し、その目的は「放送番組の適正を図るため」と決められている。この「放送法」の問題は、昭和四十一年の「放送法及び電波法の一部改正案」に当然からんで来る基本的な問題点であるが、しばらく置くとして、「放送番組の適正を図るため」の実体をのぞいてみよう。

第一に指摘出来るのは、そのサロン的雰囲気である。審議とは、「つまびらかに事の可否を論議検討する」ことだが、先の発言に見られるように、肝心のテレビ番組が、それ程熱心に視聴されているわけではない。ある委員が見ていても、他の委員は見ていない場合がままあろう。そこから、すでに問題となっている、又、なりつつある番組に話題が集中することも容易に想像される。当りさわりない番組を選ぶとするなら、いわゆる低俗番組に目がそそがれるのである。しかし、これも、使いようによっては、パブリシティにもなりかねない。「放送番組審議会によってハレンチ俗悪と指摘された〝ハレンチ学園〟は、一部手なおしを考慮して」、ヒゲゴジラ先生は人類ではなくなったりするのである。

「正直いって、話が続かないのです。放送批評家も、新しい番組、影にかくれた番組をあまり見ていらっしゃらないように、番審の委員の方々も、見ていらっしゃらない……そこで局としては、見ていただく番組、テーマをさしあげるわけです。新番組で、これぞという作品を、ぜひとも視聴していただくわけでして……」

これは、ギブアンドテイクの精神である。番審委員は、こうした時、パブリシティの人的資源となってしまう。勿論、委員の方々にその気持はないにしても、結果として、そうなるのである。

「委員のおっしゃることに、放送局は決して反対しないのが、大原則です。考慮いたします。善処いたします——で和気藹藹」

フランスのサロン文学は、用語の洗練を行なうことにより、明晰性を獲得した。皮肉なことに、十七世紀の文芸理論は文学の目的を教化においている。小説を作る人々が目ざさねばならぬ目的は、読者の教化であって、美徳が栄冠をかちえ、悪徳が罰せられるのを、つねに示すのでなければならぬ——とする。ラファイエット夫人の「クレーヴの奥方」が、この文芸理論に当てはまるものか、どうか……道徳的であるかどうかは別問題としても、サロンは、文芸理論を生み、作品を生み出して来た。サロンに集う本人の自然な心情も又、積極的に評価すべきであろう。本来、サロンは、好きものどうしの、没社会的な存在として評価出来るのではないか？　一方、セミナーのように、ある目的をかかげ、短期間、集中的に行う……これは仲間意識など、はじめから問題外の存在であるが、これを番審に当てはめてみると、やはり、別のものにすり変ってしまう恐れが出て来る。番審サロン論、歯どめ論は、明らかに、社会的、歴史的条件のもとで左右されるのである。理論と実作は、別々に発展することが、ままあるが、番審サロンにおいて懇談される内容は（テレビ番組）そのものをはなれて、別物として発展する場合もある。

審議内容—親子の相剋を反映

昭和三十七年十一月「ひとりっ子」（RKB毎日放送）について、志賀信夫はこう書いた。「九州のRKB毎日が芸術祭参加ドラマとして制作を終了したが、防衛大学に入学すべきかどうかを悩む一高校生とその周辺を描いた内容について、スポンサーが疑問をもち、提供中止を申し入れ、放送中止」。

一方、同放送中止が日本民間放送労働組合連合会の「放送改革試案」では、こうなる。「〝ひとりっ子〟放送中止事件（RKB毎日放送）の発端がRKBの番組審議会による不当な介入から起ったことに明らかなように」。

こうした実例は、ほんの一例であり、「放送番組の適正を図るため」に問題となった番組は数多いに違いないのである。

では、数多い番審の話題、審議内容は、どんなものであろうか。

「そりゃ、キイ局と地方局とは違うだろうな……何しろテーマを局が選ぶ時もあるし、委員から出る場合もあるし、種々雑多、一つ一つとり上げても、何も出てこないだろうな。いかい、ここに便利なものがある。見てごらん。これを眺めれば想像つくというものさ」というわけで、さし出された出版物は、日本民間放送連盟の「放送倫理情報」である。「倫理」という比重のかけ方が、番審のあり方を表現しているようで、苦労の程がうかがわれた。さてこの「情報」の「番組審議会」の中から、ランダムに話題、いや審議内容を拾って参考にしてみよう。

○北海道テレビ　「五彩の女」「がっちり買いまショー」他批評
○岩手放送　放送番組全般について
○東京放送　ラジオ「日産ミュージック・ドライブイン」テレビ「奥さま広場」他
○日本テレビ　「朝のワイド・ショー」「青島・ノックのワイドショー」他
○日本教育テレビ　七〜九月の放送について意見交換
○東京12チャンネル　番組編成報告　ドキュメント「青春」

について
○新潟放送　キイ局に望む創作性
○関西テレビ　テレビ番組と視聴率について　その他
○朝日放送　テレビドラマ「おやじ火山」について　自由討議
○広島テレビ　自社番組放送枠について　その他
○高知放送　ＮＴＶネット番組についての意見交換
○ＲＫＢ毎日放送　低俗番組について　オールナイト放送について　その他
○サガテレビ　自社制作番組批評
○熊本放送　ラジオ「ハローヤングパーティー」　テレビニュースについて

以上、昨年の九月号に記録された主なる議題である。番組批評、視聴率、ニュース研究など、種々雑多、番組内容をそのまま反映した話し合いが見られる。しかし、もう少し細かに見ていくと、キイ局をのぞいた、いわゆる地方局の議題内容には、ある種の苦心の跡が認められるのである。「キイ局に望む創作性」「自社番組放送枠について」「低俗番組について」などは、ごく少ない自社制作番組と、キイ局から流れこむ大量の番組間にあるギャップを指し示している。

「キイ局に比較して、地方局の番審は一生懸命ですよ。しかしね、その意見は、キイ局にフィード・バックされないでしょうな」

しかし、ここでも、後に述べるように、番審の意見が強力になった時に起り得る危険性もなきにしもあらずなのである。

さて、もと番審委員長に、ずばり、うかがってみた。

――番審はサロンですか？

「うちの番審は、少なくとも、私が委員長だった二年間は、真面目に審議したものです。あなたが考えているようなサロンではない」

――真面目とは？

「他の局で委員の経験のあった人が、交代で……そう、うちの番審は任期が二年と決まっているんです……交代で新しく委員になって、誰でも驚くんです。他は、こんなじゃなかったってね。雑談程度に考えていた人は、認識をあらたにするんですね。議事録を読んでいただければ判りますよ。聞くところによると、郵政大臣も、うちの番審の議事録の、熱心な読者だったそうです。それに局側も力を入れてましたな」

――ずばり、効果はありますか？

「……あるでしょうね。少なくとも言論統制の歯止めとしては有効だと考えられます。ネットされて来る番組の中から、あまりひどいもの、いわゆる低俗な番組は、ネットをやめさせたように覚えています」

——現行の問題点は？

「第一に任期の点、うちの番審の委員になって驚いた方は、任期のない局の方です。つまり、いつまでもだらだら番審委員を引き受けていたところから、どうしてもマンネリになる……こうした経験から、任期は、ある程度の期限をかぎって、決めるべきでしょうね。

第二に、親の番審つまりキイ局との関係。パイプがうまく通じていません。子の番審がいくら頑張っても、つまるところは、キイ局の番組が多いですからね。私が委員長の頃は、せめて委員長だけでも、キイ局の番審に参加させろと、要望したんですがね、とうとう実現しませんでしたよ」

——任期の点は賛成です。キイ局の番審に参加したいという要望は、本当に出したのですか？

「出しました。本当です。但、ああいう形（註）で実現したのは残念ですな」

註　昨年十一月六日の初の全国番組審議会委員長懇談会を指す。

「あの全国大会に出席した人が、がっかりして帰って来ましたよ。低俗論争はくだらんってね」

——くどいようですが、今後とも番審は必要でしょうか？

「必要だと思います。キイ局のような番審は困りますがね」

委員の周章狼狽気味の「低俗」観

これらが、番審の実体の一部である。次に全国番組審議会委員長懇談会にふれる前に、ＲＫＢ毎日放送の「低俗番組について」の審議内容を抜き書きしておこう。いずれも委員の発言である。

「誰かが低俗だと言いはじめると、新聞、雑誌、あちこちで同じような論議が起こり、今や低俗という言葉は、好ましくない番組につけられた形容詞のようになっている。番組一つを取り上げて、これくらいはがまんできるとか、これ以上はいけないということにも、ひどく抵抗を感じる」

「一体低俗が生まれて来る原因は何かということの中には、スポンサーの意見と放送局の意向、両方合わせて五四％というのがアンケートに出ている。明らかにこれは基本的には局に責任があるということだ。こういうときに、仮に何年か先に情報公害を出している放送局に対しては、何らかの社会的制裁、法的な罰則というものが起こりうると思われる。……今日の段階では、少しでもその可能性のある内容についてのコントロール機能が局に要求される」

「低俗の定義というものは、ただレベルが低いとかいうことではなく、有害である、不快であるという要素を含んでいる。そういうマイナスの積極性というものが加わった場合、私は低俗だと云いたい」

「低俗も有害でなきゃ結構じゃないかということだが、低俗論議というものは、なぜ低俗をこのように問題にしなければいけないのかはっきりつかめない」

「低俗の問題は、われわれの年輩のものに対してというより、青少年ないし小さい子供に対して有害であるかどうかということだろう」

全国番審委員長懇談会は「低俗告発大会」だった

第二の指摘点は、番審の任期の問題、そして、キイ局との連絡不足の問題であった。後者は、昨年十一月、十数年ぶりに、はじめて開催された全国番組審議会委員長懇談会によって、新しい局面を迎えたのである。しかし、この懇談会は、先に述べたような連絡不足、更に実質的な討議を狙ったものではない。むしろ、十月八日、井出郵政相が記者会見で語ったようなテレビの官製モニター構想による放送番組への干渉を防ぐため、その対策を協議しようという、後手にまわった狙いなのである。

懇談会に先立つ一日前の五日、「よりよい放送のためのシンポジウム'70」が、番組審議会委員長、各局代表、評論家など約二五〇人の出席のもとに開かれた。「朝日ジャーナル」一九七〇年一一月二二日号でサモス氏は、こう報告する。

「……ところが、〝よりよい放送のためのシンポジウム'70〟というテーマにもかかわらず、問題提起者も内村、桶谷両氏を除いては、いわゆる低俗番組、ハレンチ番組の攻撃に終始し、これを受けた討論も地方局の番組審議会委員を中心に、低俗番組の〝告発〟大会となってしまったのである。……全体を通じて言えることは、すべて〝既成道徳〟〝既成概念〟〝公序良俗〟の枠で考え、もっとも古いモラル基準で放送番組を律し、自主規制をしようとしていることである」。このシンポジウムに出席した、さきの委員長は、憤然として地元へ帰ったのであった。審議会の話し合い、答申の実例としてあげた、「低俗番組について」を一読すれば、一つの委員会に限っても、この種の議論は、ある種の困難がついてまわるのが明白である。まして、全国大会ともなれば、堂々めぐりは、明らかではないか。又、第二の指摘点、日常におけるキイ局との関係が、この際、爆発するのも、いたし方あるまい。感情的には、ある程度解消するのも事実であるが、この爆発、告発から、何物かが誕生すると錯覚するのもおろかなことである。

ともかく、初の全国番組審議会委員長懇談会は次の三項目を申し合わせたのである。

㈠番組の適正化と質的向上の活動をいっそう強化すること

㈡こんご放送番組向上協議会と各局の番組審議会との交流、各審議会相互の連絡を密にし、番組向上につとめること

㈢郵政省のモニター制度は番組内容への介入、ひいては言論統制につながるおそれなど、多くの疑問があるので、なお慎重な検討を要望すること

㈠の番組の適正化は、すでに放送法で定められた事項である。これに質的向上の活動が加わった。どうやら質的向上は、シンポジウムの模様からみる限り、低俗番組の追放にあるらしいが、これは、又、今度の懇談会を主催した放送番組向上協議会（委員長高田元三郎）の活動目標でもある。放送番組向上協議会は放送番組向上委員会の活動に必要な組織機構で、NHK・民放連から選出された理事と向上委員会から選出された理事によって構成される理事会によって運営されている。昭和四〇年一月、日本放送連合会の一機構として発足、昭和四十四年三月に解散、再出発したものである。当時の副委員長、内村直也氏の御挨拶から――

「各放送局には番組審議会があるので、倫理問題などは主としてそちらで責任をもってもらい、番組向上委員会としては、日本全体の番組を文字通り向上させていくという方向に目を向けたいと思います。そうすれば、番組審議会と仕事がダブルこともなくて、お互いに協調しながらやっていけましょう」

「からくり」フィールドでの番審ラグビー

放送法によって定められた一項に、もう一項目が加えられた。実質的に……と推理するのはかんぐりだろうか。

「今度の全国大会は、よくお金があったねえ。あれだけ要望がありながら、番審の全国大会は開催できなかった。十月のテレビ官製モニター構想、十一月の全国大会、一寸タイミングがよすぎるね。㈡の申し合わせは、放送法によって定めたものへ、放送番組向上協議会がわりこんで来たようにも見えるな。パイプのとおりのよさは、なんといっても、プラス面、マイナス面の両面があるからね。我我には戦前の言論統制の想い出があるからね、神経質になるんだな。㈢は当然だよ。だがね、ぼくのいったことは、戦前のいやな事実が、身にしみ込んだ、たわ言かもしれないよ」

確かに、最初は極端な構想で、一発ののろしをあげ、次にそれとは反対で立派なお題目をとなえ、実のところは、点々

とパスする一個のラグビーのボールのように、ゴールを狙っている場合もある。「あってもなくてもよい」といわれ、「無害なサロン」と陰口を叩かれた番審に、一本の軸が入り、ころがっていく先は何処なのか？

朝日ジャーナルのサモス氏は、こう結論した。「さる三九年に吹荒れた〝低俗番組〟論争によって、実際に〝自主規制〟の名によって、葬り去られた番組は何であったかを、ここでもう一度考えてみる必要がある。それは政府批判色の強い番組であり、ドキュメンタリーであった」

ここで放送法、基本的な問題が浮かび上る。戦前の日本には、言論統制の法律がたくさんあった。治安維持法、国防保安法、言論・出版・集会・結社等臨時取締法、新聞紙法、出版法、映画法、無線電信法など、網の目のように張りめぐらされた言論統制法である。そして、戦後、憲法第二一条で言論の自由が基本的人権として確立し、唯一の例外、無線電信法を除いて、すべての法律が廃止されたのである。後に、この無線電信法は、電波法と放送法に生まれ変ったのである。

法は、いうまでもなく、私たちの何かを守る存在でなければならぬ。では、放送法は一体、私たちの何を守っているのだろうか？

言論の自由は、まず、私たち自身の手によって自主的に保たれるのが大原則ではないのか。それによって保たれれば、法的手段による規制や介入は、不必要なはずである。

法律学の初歩は、その点、このように教えている。「市民間の生活秩序を維持するために法が介入しなければならない理由として、しばしば人間に固有な利己的心情という点が強調され、国家や法は全体の立場から各人の個別的利害の対立と衝突を調節し調停する役割をもつものと説明されることが多い」、更に「ともあれ市民間の生活秩序自体、一定の歴史的な産物である以上、その秩序維持が国家の治安対策の射程外におかれることは本来ありえないところである」

ラグビーのボールがパスされていくフィールドは、実は、こうした周知の「からくり」が、きわめて公然と行なわれる領域なのである。

こうしたもとで、番審が言論の自由を守る存在たり得るであろうか？　そのためには、一種の抗毒素を持たねばならない。敵の毒素を消し去ると同時に、自身の毒素をも洗い落す行為が要求されよう。番審は穏やかでつつましく、抑制がきき、暇で風流、そんなものではあり得ない。今のところ、憲法は、両面にわたる枷《かせ》となっている。我々は、これを鎹《かすがい》にしなければならぬ。

又、この際、次のような発言にも、注意しておこう。

「二十世紀後半の現代にあっては、……国家権力はかつてのようにかならずしも個人の自由・人権の敵対物ではなく、むしろそのもっとも強力な保護者にすらなりうる位置におかれるようになった」（八木秀次・高田元三郎「憲法改正の方向」時事新書、一九六三年）

「廃止宣告」と「権限拡大」の行間が「現代」

こうしたフィールドのもとで、では一体、放送番組審議会は、どのようにあるべきなのか。

日本民間放送労働組合連合会の放送改革試案は、廃止と断定する。

「なお現在放送局ごとにおかれている〝番組審議会〟は廃止します。〝ひとりっ子〟放送中止事件（RKB毎日放送）の発端がRKBの番組審議会による不当な介入から起ったことに明らかなように、いまの番組審議会は〝放送番組の適正を図る〟（放送法四四条ノ三）役割りを果しているとは到底いえません。委員の選び方も非民主的で、放送に対する国民の声を代表していません」とする。変るべき大原則は、「中央と地方に放送委員会を設け、電波・放送行政を郵政省から切り離す。この委員会は公選制とする」である。

一方、昭和四十一年の「放送法及び電波法の一部改正案」の番審関係は、番審の勧告権とその勧告に対する事業者の受け入れ義務を新しく明記し、あわせて放送世論調査委員会の設置を計画していたものである。いずれにしても、番組審議会の権限拡大の方向にあったことはいうまでもない。

この二つの案の背後に拡がるフィールドが現代という時代なのである。中教審の委員をおことわりしたという江藤淳氏のことを思い出したのは、氏にとって迷惑なことに違いない。いうまでもないことだが、現代のテレビ番組が置かれている状況は、現代そのものに深く密着しており、その矛盾は、放送番組審議会のみでは、本来的に解決出来ない点を含んでいる。

放送法が変わらないならば……

さて、他人の意見や文章を、断片として構成した、書き手の考え方は、一体どうなんだ。放懇は、御高説が多くて、辟易だが答えてもらおう——となると、私は言葉につまる。

自主規制とか、言論統制歯止め説が、一度状況が変化すると、何の役割もしていなかったという結果になるのではないか……言論の自由が、歯止め程度で守れるものなら、とっくに、守れていようと考える。

　現行の放送法が変らないという前提で、極端にいえば、放送番組審議会は、今のままでよい。あまり余計なことをやって、へまをやってほしくないという気持が強い。番審の委員の方々も、学識経験者だから、それ程のこととは判っておれよう。番審がなければ、放送の適正化は出来ないなどと、誰も考えていまい。番審があってこそ、いわゆる低俗番組がなくなるのだとも、考えていまい。

　適正な放送も、質的な向上も、一握の委員会によって左右するわけではあるまい。よもや数多い視聴者を、教化しよう、倫理的にチェックしようなどという蔑視の思想、危険な思想をお持ちでは……低俗への指摘も、一筋道をあやまれば、その抑圧は、事態を悪化させる道に通じることも御存知のはず。

「今のままでよい」とは、誤解をまねくが、委員の人選、その方法、審議内容が今のままでよいとは、決して考えていない。

　現在の放送番組審議会が審議している内容は、文学や美術と同じように、本来、私たち国民が、自らの手で行うものなのである。いわゆる低俗番組も、学識経験者に低俗が判り、視聴者には判らないという程、むずかしいものでもなかろうと思う。

　したがって、「今のままでよい」とは、これ以上、利用されるなの意味もあるし、ラグビー・ボールのトス要員になるなの意味もある。しかし、官製モニター構成の歯止めにはなって欲しいと、勝手に注文をつけるのである。

だが、しかし、放懇所属の放送批評家は、一体、何をしているのだろうか——と、私も思うのである。

解題

　テレビが一般家庭にも普及すると同時に、評論家大宅壮一の〝一億総白痴化〟をはじめ、娯楽番組に対する低俗化批判が起こった。一九五八年、日本民間放送連盟は一足先に民放の放送番組審議会を発足させ、政府による規制の動きを牽制したといわれる。翌五九年、田中角栄郵政相は放送法を改正。全局に放送番組審議会設置を義務づけた。以来、番組審議会の内情は、鳥山が戯画化して描いたこの論考の形態とあまり変わらずに現在も存続中だ。（藤久ミネ）

陽焼けした生活人からの発言

日の丸から四年

萩元晴彦

このような「事件」の本質は、番組個々の内容の偏向ではなく、表現行為が権力の側に忌避されるということでしかない。その場合、権力とは政府・自民党だけではなく、あらゆる権力の持つ本質的なものである。

『放送批評』1971年6月号

「どうして、もうああいう番組は作れないのですか?」

つい、三、四日前のことだ。ぼくは思いがけない一人の女性からの電話を受けた。

「私のことおぼえていらっしゃいますか?」

聞きおぼえのある声であった。弾んだ、しかしアルトな声……

「失礼、どうも思い出せないな。もう少し喋ってみて下さい」

相手は、電話口でしばらくためらった後、こう言った。

「いま、一番ほしいものは何ですか?」

その途端、ぼくの意識は一挙に四年半という時間を遡り、一人の女性のイメージが脳裡に浮び上った。白粉気のまったくない小麦色の肌。無雑作に束ねた長い髪。そして挑戦的なよく光る瞳。

村木真寿美——一九六六年制作のテレビ・ドキュメンタリー「あなたは……」のインタビュアー。当時早大大学院芸術科二年。オーソン・ウェルズに直接手紙を書き、「市民ケーン」の日本上演権を獲得。寺山修司の英語の個人教師。猛烈な勉強家。そして猛烈にアルバイトしてスエーデン留学の資金を稼いでいた。目的は学問としての映画。恋もしていた。

撮影の帰路、ロケ・バスの中で、ぼくらはいつも恋人の話を聞かされた。

翌年、彼女はスエーデン留学に旅立った。英語とフランス語のほかに、スエーデン語もほぼマスターしていたという。その年――つまり一九六七年の暮、ぼくは今野勉、吉川正澄などとともに、日本、ドイツ、イタリーを結ぶ三元宇宙中継「いま語ろう、世界の若者」の制作に当った。そのころ彼女はベルリンにいた。一度便りがあり、ベルリンにいてドイツ人と結婚する決心だと書いて来たのを思い出し、ベルリンに派遣したディレクターのアシスタントをして貰った。日本を離れて半年余りで、既にドイツ語の日常会話には事欠かないというのだから、大変な努力家であることがよくわかろうというものである。

宇宙中継は、音声回線の故障という予期せぬ出来事もあって、大失敗だと云われた。数週間の後、再び彼女から手紙が来た。これだけの巨費を投じ、地球の裏表という空間を結んで、あなた方はいったい何をやろうとしたのですか、あまりにも志が低い。私がせっかく集めた東ベルリンからの難民を、ベルリン担当のディレクターは意識的に無視して、番組に出演させようとはしなかった。私があの人たちにしてやったことは、土産物の店を紹介することだけだった、と手きびしい内容であった。ぼくは、その便りを爽快に読んだ。

手紙は、そんな激越な調子の部分のほかにスエーデンで見た衝撃的な映画「私は好奇心の強い女」のことにもふれられていた。方法が、ぼくのテレビ・ドキュメンタリーと酷似しているので驚き、制作年度を確かめたなどということが快活な筆致で書かれており、最後に自分はやはりドイツの男性と結婚するだろうし、あと三ヶ月ほどで完全に四ヶ国語をマスター出来る、そうしたらもう一度大学で勉強するつもりだと記されていた。ぼくは、そこに、ひたむきに生きている一人の女性の魂の軌跡を垣間見た思いがしたのであった。

それから数年、ごくまれに、彼女の名前は日本の映画雑誌で、翻訳や小さなエッセイによってぼくの目についた。寺山修司は、自分の劇団がドイツ公演の際に、いかに彼女が献身的に働いてくれたかというエピソードを、ぼくに語ったりもした。しかし、ぼく自身にも、さまざまな事件や予想もせぬ人生の転機などがあり、彼女のことは忘れるともなく忘れた形になっていた。一度、一昨年だったが万博の仕事で海外ロケした帰路、ひとりでヨーロッパを旅しながら、彼女を訪ねてみようかとふと考えたのだが、それも果たさず、トランジットで立ち寄ったハンブルグ空港で、特長的なドイツ人のアクセントを耳にしながら、彼女はこういう国で生きているのだなと不思議な実感を味わっただけであった。

電話の翌日、ぼくは彼女と四年半ぶりで再会した。昼食を食べながら彼女は、現在ミュンヘンに住んでいること、夫は二九歳のドイツ国営放送のテレビカメラマンであることなどを話してくれた。妹の結婚式で帰って来たけれど東京という都会は、なんてまあひどいところなのかという口調が面白かった。日曜日には夫と二人ですぐ近くの森に出かけ、茸をとるのだ、私は毒茸をちゃんと見分けられるのです、と眼を輝かして語った。そして別れ際にこう言った。

「どうして、もうああいう番組は作れないのですか？」この言葉は、ぼくの胸に刺さった。彼女は、ぼくの目をじっと見据えて、「アウフビーダーゼーエン」と言い、身を翻えして地下鉄工事の騒音と人波の赤坂の街へと消えて行った。アウフビーダーゼーエン――また逢う日まで。

番組個々の政治的偏向ではなく権力と表現の本質的な衝突

ああいう番組とは、「あなたは……」とか、「日の丸」を意味しているのだろう。ぼくは赤坂の街に立ちつくして、彼女を見送りながら、四年前の「日の丸事件」を想起せざるを得なかった……

（東京新聞一九六七・二・一四）

「日の丸」は既報のように昨年度芸術祭奨励賞をとったTBSの「あなたは……」の制作スタッフが、同じ手法を用いて作った番組。電話の主は四十歳台の男性からのものが多く「日の丸は日本人ならだれでもが尊敬するもの。それが今さら愛しているかとか、戦争を連想するかなど質問する意図は何か」といった過激な内容。元傷い軍人の如きは「TBSに火をつけてやる」とすごんだそうだ。そのほか質問内容に偏見があるのではないか、誘導尋問だ、インタビュアーの態度は失礼、などというのまでさまざまだ。

（組合速報83）

現代の主役「日の丸」が、大きな反響を呼び、放送後、はげしい反論や意見が多数局に寄せられたことは、一部の新聞で報じられたとおりですが、単に一部視聴者からの反響に止まらず、一五日の昼、郵政大臣の命を受けて、電波監理局長以下数名のお役人が来局し、同番組を試写室で見るという事態に発展しました。（略）「日の丸」は同じ質問を国民のさまざまな層に発して日本人の国についての考え方を探ろうとした意欲作です。

（電波監理局左藤放送部長の話）

問題の番組を事後に視聴せてもらったが、批判するなんて気持はまったくなかった。ＴＢＳ側でもその際「これは失敗作だった。詩人の寺山修司氏らにまかせきりだったためだが、もっと内容的に会社がタッチしていればよかった」といっていたので、今道社長も陳謝に来省したのではなく「反省しています」程度の話だったと思う。

（スポーツニッポン　二・二四）

既報のように政府はＴＢＳテレビの「現代の主役・日の丸」が偏向番組であるとし注意をうながしたが、ＴＢＳは二十三日部外の識者による東京放送番組審議委員会（高橋誠一郎委員長以下二十二名）にこの番組を見せ意見を聞いた。同委員会では全員一致で「偏向番組ではない」という結論を得た模様だが、このあと同日午後、島津国臣報道局長などが「現代の主役」などの関係者を集めて「今後〝あなたは〟などの質問形式によるドキュメンター番組は原則として作らない。もし制作する場合は事前にチェックする」と語ったためこの発言を重視したＴＢＳ労組（安田孝夫委員長）はきょう緊急闘争委員会をひらき、午後から島津報道局長もまじえて団体交渉に入ることになった。なお「現代の主役」のスポンサーである銀行協会は今度の事件の影響もあってか番組を降りることになった。

これは、一九六七年二月九日に、ぼくが制作・放送した「日の丸」偏向事件についての新聞記事その他からの抜萃である。事件後の一連の動きを客観的に観察してみると、事態は極めて日本的な思考の形態によって支配されていったといえよう。まず権力の側は、明らかに放送法の規定を無視して局ならびに制作者に干渉している。局側は辛うじて「偏向ではない」という建て前論で対抗するだけで権力の側の干渉に対して闘うという姿勢はまったく見られない。そればかりか逆に、番組を「失敗作」であり、制作者にだけまかせきりにしたためにこのような問題が起ったので今後は自主的にチェックするという形で問題をすりかえるばかりか、制作者の持っている フリーハンドの枠を狭ばめる方向にしか 動いていない。

一方、労働組合の側は、「弾圧された番組はすべて意欲作であり傑作である」という何年来もの発想の域を一歩も出ない。もし万一であるが、ぼくがこの作品のテーマを「日の丸」でなく「労働組合」とか「スターリニズム」という形で制作していたとしたら、組合はどのように反応するのか。恐らくは制作者の自由な発想を擁護する側に立つなどということはあり得ず、制作に入る以前にこのような企画を潰すことに組織の全力を傾注したことは疑いを入れない。このことは決して推測ではない。「日の丸」問題の起きる前年——即ち一九六六年の夏、ぼくがテレビ・ドキュメンタリーとして、山下清氏をヴェトナムに派遣する作品を企画したとき、いちはやく神経をとがらせ、制作を中止させたのは、ほかならぬ民放労連であり、その理由は「ヴェトナム戦争を不謹慎に報道する」という、笑止千万なものであったことからも明らかであろう。

従って、「日の丸」問題に限らず、このような事件の本当の焦点は、番組の内容が偏向しているかどうかではまったくなく、制作者の「表現行為」が権力の側に忌避されるということでしかない。これまでに「しばしば起ったこの種の事件の本質は、番組個々の政治的な偏向ではなく、権力と表現の本質的な衝突という立ち場で把えられるべきものであり、その場合、権力とは政府・自民党だけを意味するのではなく、あらゆる権力の持つ本質的なものであると理解しなければならないのである。多少の感慨をこめて、四年前に作った「質問」を列記してみよう。

1 あなたの家には日の丸がありますか
2 日の丸はどこに掲げれば一番美しいと思いますか
3 日の丸はデパートの何売場に売っているか知っていますか
4 あなたは祖国と家庭とどちらを愛していますか
5 あなたの戦友の名前を一人挙げて下さい
6 その人は、いまどこで何をしていますか
7 あなたに外国人の友人はありますか
8 その人の国と戦争になったら、その人と戦うことが出来ますか
9 (出来ると答えたら) 殺すことも出来ますか
(出来ないと答えたら) では、祖国に背きますか
10 日の丸の赤は何を意味していると思いますか
11 最後に聞きますが、あなたがこれから先、日の丸を振ることがあるとすれば、いつ何のためだと思いますか

このような質問の、どこが偏向しているのか。そもそも、いったい偏向だとすれば、公平とか中正とかいう基準は何な

のか、そのことが問われもせず、質問が不礼だとか非常識だとかいう生理的な不快感によって作品が裁かれるのは奇妙としか言いようがない。まして表現とは、その根底に常識を越えたいという不逞な野望なしに成立する筈がないのである。

ぼくが、日本的な思考の形態というのは、このように問題の本質を問いつめることなく、あらゆる側の人間が、ただ建て前論で免罪符的な反論と闘いをくり返すだけということを指すのだ。インタビューという方法についても、不礼な質問や、非常識な質問に対して答を拒否する自由があるにもかかわらず、その自由を行使し得ない日本人の情念の保守性に遂にふれぬまま、質問そのものを問題にするという非論理性を何故摘発しようとしないのだろうか。制作者は、このような質問に徹底して答えを拒否する「自立した人間」としての像を求めているのに……。

番組個々の出来ばえ云々ではなく放送法の精神を生かす運動を

紙数がない。ぼくは弾圧された番組について書くべきであったのに、そのことから記憶をよびさまされた一人の女性について語ることに時間を費しすぎたかも知れない。だが、四年半という歳月は、彼女を変えたように、ぼくらもまた変った。かつて、局内制作者であったぼくらは、現在局の外部にいて小さなプロダクションの制作者でしかない。ぼくらは「気鋭のテレビ・ドキュメンタリスト」ではなく、「陽焼けした生活人」である。局内にいて雇傭という関係で労働を売っていた時代よりも、売買という関係に立って、作品を制作する現在の方が、はるかに不自由であり、ぼくらの足どりは軽やかではなく、口調もまた重い。けれども、四年半という歳月によって、ぼくらが実感として得た結論は、これまでのような闘い方では、いかなる成果も挙げ得ぬという単純な一事でしかない。権力や金力を持っている側が、番組に発言するのはごく当然のことであり、逆にそれを当然とさせているのは、表現の本質を問うことのない制作者の側に責任があるのだ。従っていまぼくらは殆んど番組個々のことについては（作品の出来ではなく）興味がない。むしろ放送法の真の精神を生かすためのシステムを変える運動により強い興味と関心を持っていることを書いておきたい。例えば花森安治氏の発言などを、すべての制作者はどのように受けとめているのか。最早、氏の提言を無視しては放送番組の動脈硬化は絶対に改善されないであろう。もとより、どのような制度を作り上げたところで、表現そのものの常にある制約のもとにおかれ、それを越えようとする強いエネルギーが逆に表現をヴィヴィッドにするという宿命はあるにしてもだ。

解題

文末の花森安治発言とは「民間放送にも聴視料を払おう」（『暮しの手帖』Ⅱ 十一号一九七一年）を指すと思われる。花森は「民間放送とはスポンサーによる企業放送ではないか。受信料を払っても国民放送＝民放が欲しい」との逆説的論旨を展開している。萩元もまた、「権力によっても芸術によっても再編成されず、現在そのものを創り出していくテレビドラマでありたい」と述べている（『お前はただの現在にすぎない』一九六九年）。（藤久ミネ）

〈ラジオ〉からの証言
ラジオ「作り手」と「送り手」の現場から

吉村育夫

『放送批評』1971年６月号

マスコミ黒書的な回路依存による告発史積み上げ方式でもなく、「良心的番組」信仰の近代主義的な電波エリートをも超えて、空中波マスコミの現場は自己否定の衝動を常に生理としてもっている。

われわれは、真実の世界の驚異と危機をアメリカ人に報道し、伝える権利があり、そのためには人間の真実のあがきをフィクション以上にドラマチックに興味と興奮をもって描写する責任があるのだ。

F・フレンドリー
「やむを得ぬ事情により」

黒書、被害史と微妙にくい違う空中波マスコミの現場

かつて、放送評論家の滝沢正樹氏は、放送の送り手と作り手の区別を力説したことがあった。その「作り手」と「送り手」の現場を経験した立場から、ラジオを見詰めてみたい。

その場合、本号の特集テーマにあるいはフィットしないかも知れないが、過去の中波の様々な軌跡よりも、今日の、そして明日の中波を射程距離に置いて考えてみることにした。

というのは、変貌のダイナミズムに存在感をむしろ見出そうとしている流動的媒体について論じる場合、「小和田次郎」

的な、あるいは最近の「デスクＭＥＭＯ70」の「新村正史」、そして「知られざる放送」の「波野拓郎」的な視座で〈書かれざる一章〉の系譜をたどるより、非連続の連続という運動の総体自体を的にしぼるほうがより現実的であるからだ。

　つまり、マスコミ黒書的な回路依存による告発史積み上げ方式では、「わけ知り」を作っても、市民参加の新しいブロードキャスティングの創造は生まれてこないからである。

　なぜならばいわゆる「良心的番組」被害史の文脈に、「送り手」ないし「作り手」の心情は微妙にくい違うことあってありうるのだ。

　例えば、「〝偏向的な番組ではないかと取沙汰されている〟文化放送「キャスター」の担当者六名のうち、毒舌をもって鳴る岡本太郎、手塚治虫、石丸寛の三人が、番組から〝おろさ〟れた。表向きは契約満了に伴う企画変更と局は説明する。が、同じ契約満了の三名は残るのだから話の辻つまが合わない。」（波野拓郎「知られざる放送」）という文章にかつて接した時、現場は苦笑した。おろされたのではなく、多忙と疲労の理由で三氏はおりたのである。残った三名とは寺山修司、大島渚、秦豊の三氏である。むしろ、残った三氏の方が、別の意味で「毒舌をもって鳴」っていたわけだから、このインサイド・レポートこそ「話の辻つまが合わない」といえる。

　それよりも、当時、現場では、先駆的なこの早朝生ワイド番組が、営業要請以上に、次のニューラジオ（セグメンテーション理論）構想に自らのテレビで道をあけた時点での混乱と苦悩が問題であった。

　本来、空中波マスコミの現場とはティピカルなものを創造しようとする反面、次の段階では自己否定もしたいという衝動を、常に生理としてもっているものなのである。その辺が、映画や演劇の完全主義とは異るところである。「良心的番組」信仰の近代主義的な電波エリートを超えたところで賭けたい、これが、かつて戒能通孝氏が「放送人には新聞人のような志がない」と批判したその「志」とはべつの「こころざし」だったと考えたい。

「現在であろうとする人びと」の飢えに食いこむ音声波コミュニティ

　問題は、「作品論」を放棄し、「ステーション・イメージ論」を提起している今日の多様な中波の展開である。

　すでに、ＴＢＳの「ラジオになにが可能か」という土曜ワイドのマニフェストや、ＱＲの「さわるラジオはスイングします」宣言をまつまでもなく音声波コミュニティの可能性を今日のラジオは一応模索しているようだ。

血縁地縁的共同体の空洞化現象は、なにも団地や社宅、マンション群の拡散・集中化やそれにつらなる核家族化現象によるだけではなく、空中波による多様な「情報」の介入によって増幅されている部分が多い。

それは、TV画面の「タレント」によって一方的に茶の間に送りこまれたコミュニケーションであった。映像による華麗な饒舌が、しかし、すべてではなかった。老人は「過去」を手がかりに、幼児は「未来」をまさぐる意味で映像と癒着するが、「現在」をまさに現在であろうとしている人々にとっては、茶の間の映像的「現在」だけでは充分条件ではなかった。

血縁地縁的な「ココロの意識」を、巨大なムラである大都市住民は潜在的なニーズとしてもっている。

電リクや身上（あるいは身下）相談番組、深夜の若者番組地帯——これらのラジオ番組のパターンはそれ程目新しくはない。しかしその背後に「現在であろうとしている人々」の飢えが感じられる。歌謡局と云われながらもモビリティ・ライフに食いこんだニュー・ラジオの定着化が進行している。

問題なのは、コミュニティ（広場）としてのラジオに何が可能であり、限界かである。

作り手と受け手の交歓フェティシズム＝体制ヤングの拡大再生産

もともと、アンテナ系媒体というものは、様々な「私状況」を「公状況」に収斂し、ホンネをタテマエに変換し加工するサービス産業である。公状況優先の思想である。

七〇年代にあって、ラジオがどのような役割を担当するか、という場合、逆に、公状況をいかに「私状況化した状況」（＝第二の公状況）で捉えうるかにかかっている、とぼくは思う。

最近の中波ラジオのある危険なパターン化の一つに、作り手と受け手の交歓が私状況のフェティシズムに求心されて「つくられ」ていることとある。一枚のレコードに託した「私」の想い出、たった一分間にこめた「私」のアナーキーな憤怒（例えば「猛烈テレフォン」）、生中継のボーリング場で何故か居あわせた新人歌手の「ヨロシクオネガイシマース」、そして「今晩わデスネ。栃木の〇〇さんに甲府の××子さん、元気デスネ。では一曲行きましょうデスネ」……私状況のたれ流しに堕しているのである。たしかに、深夜ヤング番組の徹底した私状況主義には、公状況拝跪型ラジオにはなかった新鮮な文体があった。しかし、私状況⇅私状況という、かつてのグループ・サウンズ的交歓トーク版に卑少化し、体制ヤングの拡大再生産に変質してきており、初期の、深夜の若者の密教的オリエンテッドは解消しつつある。

また、電話機が、もはや、ステイタス・シンボルではなく、第三の媒体となっている大半の過程では、血縁地縁的交歓手段としてよりも、コミュニケーション手段として多元的に利用されはじめた以上、電話クイズやリクエストに殺到する現象だけを取りあげて一喜一憂してみても、それは、空中波送出機能と電話機機能というハードウェアの短絡的な機能補完の自己満足にすぎないといえないだろうか。

一人の人間がいる。

この際、「彼」が男か女か、大学卒か、OLか、事務職か、労務職かは問題ではない。

「彼」は動民であり、ときに「彼」は遊民でありたい。また、流民的存在を悟っているに違いない。動き、遊び、流されて行くもの、その、いうならば、負のダイナミズムによって生きていくものが庶民あるいは常民であろう。動き、遊び、流れる人間とは、時間配分的とか、デモグラフィカルではない存在、K・マンハイム流に云えば「非同時的なものの同時的存在」であろう。ラジオのセグメンテーション編成では、そうした屈折した現代人の情念を クリアしすぎているように思う。

諸情報の集中、加工、搬送というライン化作業をパーソナリティのアクロバティックな「整理学」によって、演出するという現代中波方法論ないし編成論の主流に誤謬はないであろうか。

パーソナリティの、一見して非政治的な、あるいは反政治的な自己演出による「つくられた私状況」のたれ流しと、硬直化しつつあるいわゆる「神経系情報」(交通情報やストレートニュース、天気予報)との癒着に、生ワイドプロの限界を見ざるを得ない。

非日常的感覚をもりこむ方法論の模索を

「よど号」と「三島事件」の一連のラジオ報道は示唆的であった。どちらも、事件の核心において、深く必然性を秘めながら、突発時は、かなりショッキングであった。TVもラジオも第一報から争って報道した。しかしこの二つの事件を、終始捕捉し、初期段階の状況説明から、背後関係、関係者の声、そして中間コメントを挿入し、さらに事件の全体像をみとり、最後に事件の重みといった面を追求する速報とオリエンテーションの複眼的な方法論では、ラジオはTVより機能的には有利な筈である。事実、「よど号」では中継車到着以後のTV生中継時点でラジオに追いついたが、一社を除いてオリコン不在の三島事件では、強烈なフィルム映像の衝撃力は、かえって視聴者を戸迷わせ、現場の混乱と錯乱を茶の間に強制したにすぎなかった。平和な茶の間に、現代の修羅を再現させ、その重みを、説得力をもって訴えるには現代の生中継の文体はあまりにも貧しい。

あるTV局では「三島事件」は昼のワイド・ショウにとびこんできた。そこでは、犬の品評会が行われていた。タレントは一様に困惑した表情をうかべ、シラけ切った風景。中山千夏が「こういう時、わたしたちは辛いんだよ」と呟く。お犬様の元禄時代の討入り事件と、昭和元禄の三島事件が、これ程痛烈に画面にでたことはかつてなかった。TVの有効性は、皮肉な意味でなしに、こうしたシーンにおいて迫真力をもつ。スタジオ自体をイベント化してしまう。ラジオではどうか。衝撃的な第一報を聞き、速報を待つためにラジオをかけっぱなしにしたドライバーたち、この場合の聴取者は、日常のラジオ聴取慣習にない緊張感をもって、全番組中、不意に飛び出てくる速報や特番を、待っていたであろう。都知事選の美濃部圧勝のドラマチックな開票状況にもそれは云える。こうした聴取態度を日常的な「日常」に埋没し陳腐化しているメッセンジャー・ボーイ風なラジオに非日常的感覚をもりこむ方法論をラジオは模索する時代にきたのではないか。

動き、遊び、流れる——動民、遊民、流民この三つの顔を、人間は変幻にして自在に、巧みに操作する。広義にいえば、それこそがレジャー時代であろう。働くために遊びがあるのでも、遊ぶために労働するのでもない、労働が遊びであり、遊びが労働であり、「何かをしている」存在。その人々に耐えうる情報の内容と構造について、中波は取組まねばならない。現行ワイドの日常性をいかに非日常化するか、毎日毎日の日常の一過性的な〝時間〟についてのフヤケた解説（現行ラジオ番組のことである）だけではすまされなくなるであろう。ある日ではない、一九七×年のかけがえのない「今日」を描く情動的なドキュメント（ドキュメンタリイ番組ではない）がラジオ・ワイドでは要請されはじめている。そのことによってのみ、衰弱化し、風化しつつあるステーションの私状況主義的方法論は〈第二の公状況〉を獲得しうるのではないか——。

動民・遊民・流民の都市型庶民が「市民」として参加したとき

端的にいって、プロデューサー主役の作品時代は、ラジオ・TVとも終ろうとし、代って総合司会やパーソナリティが前面に出てきた。

「送り手」と「作り手」の現場を掌握し、ライン・ワークに創造性をうちこみ、活字に定着した〈静的〉な「志」より、非連続の連続という〝時間〟の展開に「こころざし」を〈動的〉に確認していく狙撃兵たちは、退場しようとしている。

現場担当者に代って主役となったパーソナリティとは何か。

「〈消費産業〉と〈言論機関〉という相争う二つの魂をもったテレビ企業が、両者を平和的に協調させながらしかもなお独自のレゾン・デートルの根拠として創り出したものが奉仕の対象としてのアベレージ・マン〈平均人〉の神話であろう。だがそれは歴史的激流のなかに生き、階級的諸関係の中で呼吸している人間類型では決してない。それはそうした一切の歴史的・階級的属性を捨象して、統計学的にのみ成立する〈最頻的パーソナリティ〉をさらに俗化させた抽象的な人間類型にすぎない」（高橋徹「テレビと大衆操作」）。従って、パーソナリティに「良心的番組」的役割を期待し、孤立化させる方向に終始するパターンは散発的にはあっても大半は、アベレージ・マンのサロン化の方向にはしるのではあるまいか。

ただ、いえることは、初期の深夜放送に参加した若者たちのユニークな発言、ナンセンスの美学を基調とした空中波による連帯感の硬質な参加意識――このあたりが次のラジオやTVに示唆的なものを秘めてはいないか。

動民であり、遊民であり、流民である日本の都市型庶民が、〈市民〉として参加したとき、コマーシャル・ブロードキャスティングは新しい課題に取り組まざるを得まい。マスコミの寛容と不寛容の両極のはげしい振幅のダイナミズムを忍耐づよく見詰めて行くこと――これにつきると、僕は考えはじめている。

解題

一九六〇年代、ラジオ離れへの対応策として次代に向けての番組開発、編成開発が進み、生ワイドがラジオ番組の主流となった。吉村は、ラジオ・コミュニティ形成への模索を是とした上で、その場としての生ワイドが私状況のたれ流しに堕していることと、それが体制ヤングの拡大再生産につながっていることを問題視する。現在のラジオはどうかということに止まらず、ソーシャルネットワークの問題として読んでも示唆に富む論考である。（上滝徹也）

特集：「放送」における現代的課題

国家と放送
今後の放送行政の問題点

清水英夫

『放送批評』1972年１月号

本誌の昨年第九号に「放送の自由について」という一文を発表したところ、かなりの反響があり、この問題をもっと突っこんで論じて欲しいという注文もあった。そこで、今回は、現在および近い将来における放送を国家との関係について、若干の検討を行なってみることにした。

一　高まる法改正の機運

沖縄国会のために、ほとんど論議らしいものもなかった放送関係法改正問題は、十月二十二日に放映された東京12チャンネルの「予告・爆弾時代」で一気に火を吹いた。政府・自民党からは、いっせいに電波法、放送法の改正意見が出されたが、その中心が番組規制にあったことも明らかである。たとえば、中村国家公安委員長は十一月五日の閣議のあとで、

一　東京12チャンネルの番組は私も見たがこれに手を入れられないというのはおかしい。

一　民放は営業中心だから一線を越える危険もあり、チェックの必要も出てくる。（規制によって）営業が成り立たねば、国で援助してもよい。

一　現行法のワク内で、十分治安は確保できるが、社会情勢の変化にあわせ、法的措置を検討することは、けっこうなことだ。

と語っている(46・11・5毎日夕刊)。

このような見方は治安当局だけにとどまらず、自民党幹部も「電波法、放送法はさる昭和二十五年にできたもので、電波が社会性と公共性を増した今日、人心の安定、社会秩序維持の観点から改正すべきかどうか研究する必要がある」との結論に達した、といわれている(46・11・5読売)。これまでも放送内容について政府・与党筋から批判がでたことは少なくないが、今回のように、正面切って治安対策の角度から放送関係法の改正が取りあげられたのは、初めてではないだろうか。

極左過激集団の武闘について、政府・与党は強い姿勢で臨んでいるが、次第にエスカレートしてゆく状況のなかで激しいいらだちのあることが看取される。そして、いささかでも過激行動を助長させると思われるものに対し、力で押えつけようとする意図も次第に明らかになってきている。テレビの規制についても、単に爆弾製造のようなショッキングな放映だけを押えようとしているわけではない。

現に広瀬郵政相は、最近社会不安をつくり出すような過激な言動を取上げる放送番組が続出しているとし、12チャンネルのほか日本テレビの全学連中核派委員長と評論家との対談(九月二十四日)、フジテレビの極左、極右学生の討論会(十月十五日)などの放送をとりあげ、「このようなことが今後とも繰り返されるようであれば、番組規制という問題も、放送法改正にあたって当然、考慮の中に入れざるをえなくなるだろう」と警告しているのである(46・11・5朝日夕刊)。

だが、このような発言があるからといって、電波法、放送法がにわかに改正されるとも考えられない。広瀬郵政相自ら、右の言明を行なったさい、「(電波、放送)両法の改正問題は、かねて自民党政調会、郵政省当局で研究を進めているが、これは長い年月を要する問題であって、次の通常国会に両法改正案を提出する考えはない」という見解を示している。したがって当面は、改正の警告を繰りかえすことによって、放送側の自主的措置をうながすにとどまるであろう。

けれども、政府・与党が放送関係法の改正を真剣に考えていることはもちろんで、その気運はむしろ急速に強まっているとみていい。事実、12チャンネル問題とは関係なく、かなり以前から全面改正の検討は進められているのである。そして今後は、より治安的な側面から、内容的時間的に、きびしさを増してゆくものと思われる。

一般的に言って、放送法制が全面的な再検討を必要としていることは、論議の余地がない。テレビはおろか民間放送自身存在しなかった昭和二十五年に作られた電波法・放送法を中核とする現在の放送法制が、もはや時代おくれになっていることを疑う者はいないだろう。この二十年間に、放送ほど激しい変化と発展のあったマス・メディアは存在しない。

だが、放送関係法の全面改正を考える場合、絶対に見のがしてはならないことが、二つある。その第一は、放送をめぐる状況はいぜん流動的であり、放送像や放送理念についての国民的コンセンサスを求めることは、現状では至難だ、ということである。したがって、法制論議に多く見られる演繹的思考でこの問題に取りくむことはできないし、取りくんではならないのである。第二の問題は、放送関係法の全面的な改正は、放送法制の再編成ということになるのであろうが、どのような目的と内容をもつかによって、それは、まさしく国民の運命にかかわる重要事だ、ということである。

したがって、結論を先に言うと、現在の放送法制が時代おくれになっているからといって、これからの放送の発展をハッキリと方向づけてしまうような改正は、当分のあいだ行なうべきではない、ということになる。なぜなら、放送の理念や社会的役割・機能について、国民のあいだに大きな認識の食いちがいがあるのに、特定の方向や狙いをもった法制を樹立することは、国民間の亀裂を一層決定的なものにしてしまう危険があるからである。

二　放送法制改正の問題点

それでは、政府は放送関係法の改正について、どのような具体案を持っているであろうか。電波法、放送法改正問題の全般的な動向と問題点については、すでに宮沢すぐる氏の優れた解説がある。[1] 宮沢氏によると、今後の法改正上の重要な問題点は、①放送基本計画の確立、②民放の事業免許制、③番組規制問題、および④受信料問題の四点だ、という。

ところで、前回の論稿でも紹介したが、郵政省の若手官僚で組織された通信行政問題研究会がまとめた「通信行政の展望」[2]にも、これからの放送行政の課題が論じられている。それによると、今後の重要な課題として挙げられているのは、①放送体制の充実、②放送法制等の整備（特に事業免許制）、③放送大学問題の検討、④放送番組の充実、および⑤ＣＡＴＶ等新しい媒体の開発推進の五つである。

通信行政問題研究会の作業は、郵政省としても画期的なことで、そこには今後十年間における通信行政の総合的な展望と方向づけがなされている。のみならず、右のレポートが動機または推進力となって、具体的な準備体制がとられることとなった。その一つは八月上旬に発足した郵政大臣の諮問機関「通信問題懇談会」[3]であり、他の一つは、ＣＡＴＶを中心とする総合情報システムの可能性の探求を目的とした「CCIS調査会」の設置である。

このようにレポート「通信行政の展望」(以下「レポート」という)は、実質上、現在の郵政省の公式見解とみてよいと思うので、宮沢すぐる氏の挙げている法改正上の問題点を、このレポートと照合しながら検討してゆくことにしよう。なお、通信行政問題研究会は、『通信行政の展望』と放送」と題するレポートの解説および批判への回答を行なっているので、あわせて参考とする。(4)

①放送基本計画の確立

すべての放送関係者が指摘することは、放送に関する猫の目行政である。レポートは放送のみならず、従来の通信行政そのものを強く自己批判し、その主な原因として、「第一には、この分野の主流をなす電信電話が伝統的な独占事業であるため、これに対する行政需要も勢い刺戟の乏しいものとなっていたこと、第二は、通信の計量難であって、通信需要を正確に量的に予測し、これに基づく通信体制の整備を図るには多大の困難が伴なったこと、第三には、この分野における技術の進歩が急速であるため、将来を見通した計画行政に困難な面があった(5)」と述べている。

放送に関して言えば、やはり技術の急激な進歩が最も大きな理由となろうが、その点、無計画行政の典型といわれるのが放送用周波数割当計画(チャンネル・プラン)である。たしかに、昭和二十七年にVHF帯四チャンネル制で出発したテレビ放送は、今日、UHF帯を加え六十二チャンネル制になっている。このような技術革新を事前に予測せよと言っても、それはムリというものであろう。

しかしながら問題は、そのような技術面よりも、むしろチャンネル・プランを決定するに当たっての過程(手続き)にあるのではなかろうか。昭和二十五年に放送三法の一つといわれた電波監理委員会法は二十七年に早くも廃止され、現在電波割当の決定権は郵政大臣にある。大臣の諮問機関として電波監理審議会はおかれているが、これは行政委員会とは全く性格の違うものである。

放送もまた明らかに表現活動であり、憲法上、他のマス・メディアと同様の自由が保障されるべきであるが、現実はけっしてそうではない。その最も大きな原因は電波の有限性と公共性にある、といわれている。公共性の点は暫らくおき、それが有限である以上は、公正な割当が保障されることが絶対の条件である。その割当にさいして、時の権力の御都合主義が働らくならば、放送はもはや憲法とは無縁のコミュニケーションになってしまうであろう。

なぜなら、言論の自由の重要な中味の一つは、言論機関設立の自由であって、その設立に国家の許可がいるとしたら、まったくナンセンスなことになる。放送局の場合も原理的には変わりがないのであって、行政委員会による電波割当や免許が合憲的なギリギリの限界だろうと思う。(6) もちろん、行政委員会であってもいろいろの難点はあるであろうが、だからといって権力が設立許可の実権をもつことが許されるわけではない。

周知のように、労働問題については労働委員会、教育問題については教育委員会という行政委員会が、それぞれ重要な役割を果たしている。いまここで詳しく論ずる余裕はないが、労働や教育のような権力規制になじまない分野について、とくに行政委員会が機能していることを注意するとともに、放送はそれに勝るとも劣らない領域であることを強調しておかねばならない。そして、レポートが全くそれに触れていないのは、立場上やむをえないのかもしれないが、それだけに国民不在の放送行政論議といった印象は免がれがたいのである。

②民放の事業免許制

いまの問題に関連して、すぐに出てくるのが放送事業の免許制である。レポートは「放送法制等の整備」の項で次のように述べている。

「放送事業に対する行政を積極的に展開するため、現行法制を改めて事業免許制を採用することが適当である。」

現行の法制というのは施設免許制(無線局施設を対象に免許を与える法制)であるが、これを放送事業そのものを免許対象に改めようというのがその狙いである。さらっと書いてあるが、これはきわめて重大な変革であり、ためにきびしい批判の声があがった。これに対して通信行政問題研究会は、どちらの制度を採用するかは行政上のテクニックであり、「また、現行法制は施設免許の形式はとっていても、実際はきわめて事業免許制に近い形で運用されているので、この面からもいま事業免許制を採用しなければ大きな不都合が生じるわけでもない」とも述べている。(7)

これは驚くべき発言といわなければならない。弁明というよりは、まさに居直りである。私たちは、現在の施設免許制がズルズルと事業免許になってしまっていることを問題にしているのであって、現状がそうだから建前もそれに合わせろ、というのは、最も悪しき官僚的なテクニック(戦術)なのではなかろうか。

さらにまた研究会は「放送が事業として存立していること

は、まぎれもない事実であり、疑う者はいない。そして省令以下の諸制度も行政の実態も、放送が事業として存立しているその総体を対象としているのにもかかわらず、ひとり法律のみがこの実状と背離して、放送局を携帯無線機と同様に扱っているというような奇妙な法制はほかにない」と言っている(8)。しかし、放送が事業として存立していることは私たちも疑わないが、怪しいと思うのは、果たして放送は言論機関とみなされているか、ということである。事業は事業でもそれは言論機関たる事業であり、それをア・プリオリに官庁の免許対象と考えて怪しまないとすれば、その感覚は度しがたいものと言えよう。

③番組規制問題

こういった感覚であれば、放送番組について、従来の規制実態に関する反省が全く欠如しているのはともかく、さらに官僚統制を加えようという発想が出てくるのである。たしかに行政レベルでは、事業免許制をとったとしても、ただちに言論規制につながるとは言えないかもしれない。しかしながら、こういう規制は政治レベルで発生し、加えられるのである。

すでに自民党では、その通信部会に設けられている、電波放送小委員会（小委員長・新谷寅三郎氏）が電波法・放送法の審議に乗りだしているが、その審議項目の一つが「放送番組の適正化のための措置について」である。これは、放送番組を充実向上させるための法的措置、つまり番組規制問題である、とされている(9)。そして、冒頭に述べた東京12チャンネル問題をきっかけとする最近の法改正論議の中心は、まさに番組の規制にあるのである。

しかしながら、現在の法制のもとでも、番組の法的、行政的規制は非常にきびしいのだ、ということを思いださねばならない。すなわち、放送法の番組編集基準（第四十四条等）を始めとして、放送局の開設の根本的基準（第三条）、電波法（第百七条、百八条等）のほか、放送番組審議会も法的に義務づけられている。また、昭和四十四年からＮＨＫと民放が共同して番組向上委員会を設けているが、これすらも生ぬるいという非難が浴びせられている。

すなわち、宮沢すぐる氏によれば、「昨年（昭四五）暮れから衆議院逓信委員会の中に設けられた『放送に関する小委員会』でも、現在の放送番組向上委員会が十分機能していないとの観点から、これに法的根拠を与え強化してはどうかとの意見が出され、論議されている。この点は番組審議会の強化とともに、次の法改正の重要なポイントになりそうである」

とされている。[9]

権力筋からする明示的、黙示的な放送干渉は、しばしば伝えられ、そのために中止その他の措置を蒙った番組は決して少なくない。しかし、それらの事例や批判は、これまで労働組合や辞職者および部外者によってなされてきた。そのため、ある意味で説得力に欠けるものがあったことは否めない。ところが、最近、民放経営の最高責任者によって、このことがはっきり指摘されたのである。すなわち、今道潤三・日本民間放送連盟会長は、十月に行なわれた民間放送二〇周年記念全国大会のあいさつで、次のように述べた。[10]

「いつの時代でも報道面において、政府や政治家や、社会的権力が、強い力を持って国益という名のもとに、干渉または弾圧するおそれが大いにあることは、歴史の証明するところであります。……

一般番組に関しても、国益に反するという名の干渉は、総理大臣や郵政大臣が、深いご理解を持っておられるにもかかわらず、日常的に出現の可能性があります。」

もちろん、営利事業としていとなまれている民放が、本当の意味で国民の利益と相反する放送を行なう可能性はいつもあるし、視聴率至上主義の弊害は、だれの目にも明らかとなっている。放送番組「ペンタゴンの売り込み作戦」に関し、今道会長によって称揚されたアメリカのCBS社長フランク・スタントンは、その信念として「公衆の大部分が関心をもつ番組は、まさにそのことによって公共利益に沿う番組である」と述べたことがある。[11]

この信念は、ある意味で正しく、ある意味で間違っている。視聴率至上主義は、スタントン主義の誤まれる一面である。エド・マローやプレッド・フレンドリーがスタントン社長と袂を別ったのも、そのような見解の相違をめぐってであった。

しかしながら、だからといって、番組の善悪・当否に関する審査を、官製の機関が行なってよい、という結論にはならない。通信行政問題研究会のレポートが指摘するように、「民放の教育教養番組について、一定の割合で放送しなければならないのにもかかわらず、現実には行なわれていないとの非難が多い」のは、事実であろう。しかし、だからと、いって、「行政機関に世論調査、視聴率調査、放送事業者への勧告などを行なう機構を設置すること」が適当である、ということにはならない。それは明らかに、論理の飛躍と言わざるをえない。もしそれを許せば、今道会長の憂える〝政府、政治家、社会的権力〟による国益の名による干渉と弾圧を招来することは、ほとんど確実である。

三　自由保障の視座と言論機関の自覚

以上の問題点のほかにも、受信料の問題はもちろん、ＣＡＴＶや同軸ケーブル利用を中心とする情報手段の開発についても、検討すべき点が多々存在している。しかし、もはやその余裕がないので、それらは別の機会にゆずるほかはない。

しかし、最後にどうしても指摘しておかなければならないことが二つある。その一つは、新しいメディアの開発が進むにつれ、従来の新聞、出版、放送、映画といったメディア領域がだんだんあいまいになってきた、ということである。そのようなマルティ・メディアないしメディア・ミックスの状況下にあっては、表現の自由保障も全く斬新な角度が必要となるのではあるまいか。そしてそのさい、自由保障の視座を、現在の印刷メディアと電波メディアのいずれに片よせるかが、決定的に重要な争点になるであろう。

次に第二の問題は、同じく表現手段でありながら、なぜ新聞と放送とではこうも権力側の姿勢が違うのか、ということである。

政府や自民党が、現在のマスコミのありかたに大きな不満をいだいていることは否定できない。それは単に放送ばかりではない。むしろ新聞や雑誌の方に、よりはげしい敵意を感じているであろう。活字ジャーナリズムでは、広瀬郵政相が指摘した程度の記事は、いくらでも拾うことができる。しかし、そのためにいちいち警告したという話は（ワイセツ関係を除いて）聞いたことがない。東京12チャンネルのようなケースも、これが新聞であったら、ほとんど問題にならなかったであろう。

では、なぜ放送だけが集中砲火を浴びるのか。結局それは、政府や政党はもちろんのこと、当の放送関係者自身、みずからを憲法に保障された言論機関とみなしてこなかったところに最大の原因があるのではなかろうか。そういっては大変酷であるかもしれないが、時おり噴出する批判的エネルギーも、放送局の主体的な活動から生まれるのではなく、視聴者からの無形の突き上げがもたらしているようにも考えられる。

もちろん、当局の強硬態度の背後には、いつでも法を改正して規制を強めてやるゾ、という伝家の宝刀がかくされている。局側としては、法規制を強化されるよりはまだましだ、ということで自主規制がどんどん強まってゆく。たしかに、印刷メディアとは異なる法的、行政的規制下におかれているところに、放送の自由の限りない沈下現象の主な理由を見いだすことができる。

しかし、そのような法的、行政的規制には、果たして全く合憲・正当な根拠があるかどうか、放送当事者から鋭い問いかけがなされたことがあるであろうか。最も肝心な点は、日本の電波ジャーナリズムがアメリカのように、新聞と同様の憲法的保障を受ける権利のための闘いを怠ってきたことに求められなければならない、と思うのである。

注

（1）宮沢すぐる「電波・放送法の改正―その問題点をさぐる」『CATVジャーナル』七十一年八号〜十一号。
（2）その全文は五百ページにものぼるが、公表されたのは本文三十四ページ目「要説」である。以下の引用はこの「要説」による。なお、このレポートの全般的な紹介と批評については、青木貞伸「大胆な提言と規制主義の混合―郵政省の『通信行政の展望』を読んで」TBS調査情報十月号二十五ページ以下参照。
（3）この懇談会には、新聞協会、NHK、民間放送連盟等の代表者を含む十七名の専門家が委員として委嘱されている。その第一回会合のテーマは「コミュニケーションの各メディアの将来はどう変化するか」であった。
（4）郵政省・通信行政問題研究会「『通信行政の展望』と放送―行政革新のためのマイル・ストーンとして」『月刊民放』七十一年十一月号十四頁以下。
（5）『通信行政の展望』二頁。
（6）本誌七〇年二十六号に掲載された「放送制度改革への提言」は、放送行政が行政委員会の手で行われるべき事を強調している。十九頁以下。
（7）前掲「『通信行政の展望』と放送」十六―七頁
（8）同上十七ページ
（9）宮沢すぐる、前掲論文五十八頁。
（10）今道潤三「放送は市民社会に直属する」『月刊民放』七十一年十一月号四―五頁。
（11）Summers & Summers, Broadcasting and the Public, Wadsworth Pub, Co., Inc., 1966, p.366

解題

一九五〇年代後半来の低俗番組批判、七〇年代に入っての過激派集団に対する治安対策等を事由に、放送の規制強化はこの時代に事業免許制の採用にまで踏み込んできた（一九六六年放送法改正案＝廃案）。清水はこうした現在へと続く規制強化に対して、言論の自由＝言論機関設立の自由の観点から、行政委員会による電波割当や免許がぎりぎりの限界であるとし、民放の事業免許制や番組規制などがいかに合憲的根拠に欠けるものであるかを指摘する。（上滝徹也）

特集：ルポルタージュ＝テレビ「下請」制作プロダクション
母胎分離の現状と意味するもの

「テレビ」は何を発注するか

佐怒賀　三夫

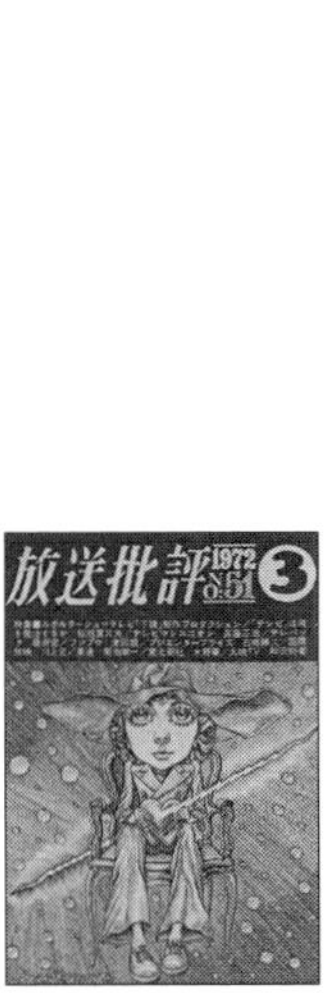

『放送批評』1972年3月号

「情報」の過剰生産

生産能力の限界を上回って商品の注文があったとしよう。たいていの企業はその注文を無制限に受け入れてしまい、受注のコントロールによって、生産能力とのバランスをはかるということをしない。そこで出てくるのが、無理な生産機構の拡大、商品の質を度外視した量産システム化である。

それも、機械装置を前提とした商品の量産化は、あるていど可能といえるだろう。しかし、人間の頭脳や肉体的作業を通じてつくり出される商品の量産化には、おのずから限界がある。

いくらテレビが、即断即決を武器として、芸術品にならない「消えもの」を生産する企業であったとしても、番組制作の大量生産化による企画の枯渇、番組内容の低下という事態はさけられず、社会問題視されている。限定産業としてのテレビに、もちろん、あり余る注文があるわけではないが、情報量の急激な拡大は、従来におけるテレビ局の情報収集能力や伝達の機能を遙かに上回り、受注と番組生産能力とのギャップを生じしめる結果になっている。

処理しきれないほどの情報なら、それを整理し、必要不可欠なものだけを「選び」出すのが、マスコミの使命であり、また情報伝達機関としてのテレビ局の主体性というものである。ところが、テレビに対する視聴者の過度の期待（そんなものは、もう、過去のことでしかない）を盲信するか、あるいは盲信せざるをえないような企業的環境がそこにあって、テレビ局は、自ら情報に振りまわされている。よい情報か、わるい情報か、それからまた、必要な情報か、ムダな情報か、テレビ局が主体的に、それを「選ぶ」というゆとりなどない。中味はどうでもいいのだ。一つでも多くの情報を送りとどけているといった不安定な安心感のうえに、いまのテレビ産業は、かろうじて身を支えているのである。

だから、どこか一つのテレビ局が、先頭切って、これこそ視聴者の渇望してやまない情報だとアドバルーンをあげたとする。情報に対する価値判断をもたないから、各局いっせいにそれにとびつき、同質の情報のはんらんとなる。この場合の情報の「量」は、情報の「質」に無関係であっても、流行という現象に結びつき、コマーシャル・ベースに結びつく。本来、流行などというものは、正体のわからないものである。あれもこれもと追いまわしているうちに、テレビは自らかき集めた情報のなかに埋没し、能力を越えた情報の過剰生産を余儀なくされている。一度まわり出した過剰生産の歯車は止まらない。止まれば、それは企業の危機である。かくてテレビは、商品としての番組の質を落すか、番組生産の主体をテレビ局から、よそに分離させて、量産化をはかるか、のどちらかになる。

こうした情報生産機構の拡大、分離ということは、何もテレビだけにみられる現象ではない。活字メディアでも、国際化し、多様化していく社会に対応していくため、当然とられている処置である。しかし、繰り返していうが、そこまでして必要な情報が一体どのくらいあるか。企業の生産能力の限界を越えてまで、サービスしなければならない情報といったものが、そんなにあるものだろうか。早い話が女性週刊誌だ。セックス記事やテレビタレントのゴシップなどはまだいいとしよう。他人のプライバシーを侵し、基本的な人権問題にまでつながりかねない、ああした内容の情報に、どのような社会的な意義があるというのだろう。

低級なものでも、示されれば人々は関心をみせる。それが一般の情報に対する要望であり、必要な情報である、という論理はなり立たない。必要でない情報でも、無理矢理必要な情報に転化させてしまうところに、情報の商品化がある。そうすると、企業は、次に、いかに商品を効率よくつくるか、ということを考える。このごろでこそ、反省が生まれているが、出版社系の週刊誌はその記事の大部分を、社外の編集者、ライターに委託してつくらせる。情報としての商品品目の拡大が、そこで生産機構の拡大と結びつき、その結果の機構の分離、制作の下請け化ということになるわけだが、最大のメリットは、やはり何といっても、外で商品をつくらせ、でき上ったものを安く買いたたけるからである。下請け業者としての、編集者、ライターは、そこで、ジャーナリストの責任、仕事の社会的使命ということよりも、自らすすんで企業の商業的意図を、ただ媒介するだけという役割に落ちこんでしまう。

テレビにもどって考えてみよう。テレビが、その機構のなかに、オン・エアと番組の制作の二つの機能を備えていなければならないという法的な根拠はない。いかに放送法の適用を受けようとも、施設免許であるテレビ事業の内容に関するかぎりは、たとえ監督官庁の郵政省であっても、口をさしはさむことはできないのである。とりわけ、現在問題になっている機構の分離、番組制作の下請け化という事態は、情報化していく時代において、必然の趨勢ともいえるだろう。気の早い人は、テレビ局が、でき合いの番組を機械にかけ、オン・エアのスイッチを押すだけの、たんなる施設産業に転落するだろうと予測する。

発注者の責任自覚と制作者の主体性の統一

しかし、情報化社会のチャンピオンとしてのテレビの社会的影響を考えると、テレビ局の営業的理由や感覚からだけの独断は、どうみても危険だ。必要な情報の分析と、情報の処理の抜本的な検討がなされなければならない。

テレビが信頼をとり戻すためには、まず番組制作の主体性を確保することこそ急務である。機構の分離、番組の下請け化をすすめる過程で、番組制作主体、創造主体としてのテレビの責任を明確にしておかなければならない。そのためには、分離のために外へ出した制作部門や、外部制作プロダクションの内部的な問題と同時に、企業本体であるテレビ局との関係を、もう一度洗ってみる必要がある。テレビ局の経済的合理化のための下請けであっても、アンテナから電波として発射され、数多くの家庭にはいりこむ放送番組をつくっているわけである。それなりの自覚をすべての下請けプロダクションや、そこに従事する人たちに抱いてもらうとともに、そのような環境を発注者であるテレビ局がつくりあげてやることも大事だろう。これらが徹底したら、それだけでもテレビ局に対する一般の態度は、ずいぶん変ってくるにちがいない。

もっとも、そうした問題は基本的に、テレビ放送、なかんずくテレビの情報に何を求めるかといった、視聴者自身の姿勢にも求められることである。つぎに、テレビ経営者を含めた全部の番組従事者が、「表現の自由」を守る表現者、情報の伝達者の責任の問題として、自分をみつめることも忘れてはなるまい。しかし、ここで、とくに私のいいたいのは、商業化と娯楽化をすすめていくテレビの内側では、そういう問題意識を持っていても、それを一つに集結することが非常に困難になってきていることである。

テレビ局で働く人間と、外部のプロダクションの人間とでは利害が一致しない。もちろん意識も違う。まして請負いで制作現場で働く臨時の制作スタッフの関心は別のところにある。どうしても、その日その日の生活というところに向かいがちである。そこで、いまいったテレビ局と番組の制作委託をするプロダクションとの「意識的統一」が必要なのだが、残念ながらそれに役立つような方法論はみつからない。

非常に不幸なことだが、情報の商品化と量産化のすすむなかでは、逆にその意識のズレは大きくなっていく傾向さえみられる。創造とか表現という作業には、それを通じた創造者、表現者の自己完結のよろこびがあり、集団創造としてのテレビ番組の制作過程にも、共同して自己表現に当るという、そうした視点からの意識の統一ができないか。その点も考えてみたのだが、それにしては対象となる創造物、つまりテレビの娯楽の内容が貧弱すぎる。「たかがテレビじゃないか」ということになる。

映画人はテレビを差別する

これは、テレビの番組が芸術品になるか、ならないかといった論議以前に、それにたずさわる人間の精神的な寄りどころを失わせる。いくらまわりで、番組の頽廃を嘆いてみたところで、大多数の制作者が、現状での厳然とした資本の論理に創作物をハメこむことのむなしさ、おろかさに気付いたとき、その精神の荒廃はとめどなくひろがる。個々の制作者は、すっかり手足をしばられ、いかに資本から責任を追求されずにすむかということで、自然発生的な「無力感」をそこに構造化することになり、そのシワ寄せがすべて外注のプロダクション、映画会社に集まる。極端ないい方をすれば、テレビの資本の論理によって構築されている諸々の「ひずみ」が、集約的な形で押し出され、一望、まさに草木も生えぬ荒野をそこに想像しさえするのである。

事実かどうかしらないが、先に崩壊した大映の撮影所で、テレビ映画の制作スタッフが、所内のゴミ捨て場所にゴミを捨てたという。そうしたら、撮影所の本篇のほうの管理者という人がとび出してきて、「テレビのゴミは捨てるな！」といったそうだ。新聞にのっていたことで、それを語った人のあるていどの誇張があるかもしれない。しかし、ほんとうかもしれない。テレビの出すゴミは、本篇をつくっている映画人にとって、自分たちのゴミといっしょにすることさえ、けがらわしい、唾棄すべきシロモノなのだろう。

これを時代錯誤、認識不足として、情報革命の波にのりきれず崩壊していった映画企業の性格と結びつけて考えることは簡単である。だが、そのゴミに象徴されるテレビと映画の関係は、きわめて示唆にとんでいる。少くとも、映画人にとっては、テレビのゴミが問題なのではなく、テレビのゴミによって象徴的にいい表わされるテレビの娯楽と同化することをいさぎよしとしなかったのかもしれない。そして一方、そのテレビ資本の投下によって、かろうじて自分たちの職場が守られているといった、矛盾した状況に対する映画人の屈折したこころがのぞかれるような気がする。

こんにち、どこの映画会社の撮影所へ行っても、テレビ映画の制作に当てられたスタジオや設備は、本篇のものと比べて貧弱である。儲かる仕事に設備投資をするのが、普通一般の企業の形態だが、映画産業はそこが違う。この問題を番組の発注者であるテレビ局がどう考え、彼らの創造意欲をテレビのなかにどうとりこむかも、今後のプロダクション政策の大きな課題の一つになりそうである。

彼らは、一種のエリートである。少々暮しにこと欠いても、自分の創造意欲を満足させるほうに、より魅力を感じて労力を傾ける。そういう精神構造が、映画といったある意味での手工業的な制作機構のなかで、連綿と生きて来た。いまもなお生きている。そして、その抱いてきた価値が、新しい価値観のまえに、もろくも崩れさっていくのを直視し、体験させられたときの精神的な衝撃、疲弊といったものを、一方で考えさせられる。

「時代の波にのれない奴は、脱落すればいいんだ」といってしまえば、それまでのことである。ただ、映画の巨匠監督の一人、今井正が粗末なスタジオでテレビ映画を撮っているのを目撃して、ある古手の女優は「先生、およしなさいよ。みじめすぎる」と泣いて訴えたという話をきいたことがある。また、特殊な例として、テレビの機構にのれない（というよりも、拒否の態度）という映画人もいる（黒沢明監督の自殺未遂事件なども、この問題と関連して、何か象徴的な事件のように思えてくる）。こうしたことを見聞きするにつけても、彼ら映画人のテレビ観を、基本から転換させることが必要である。それはもちろん、いくら外注番組ばやりの時代だからといって、テレビがすべて映画人の才能にその創造の面をゆだねなければならぬ理屈はない。外部のプロダクションには、テレビ出身のすぐれた才能もある。けれども、現状としてのプロダクションの多くは、映画の関連事業としてすすめられ、番組制作も映画人の技術によるところ大である。まして、その本数の多さ、影響のはかりしれぬ大きさ、などから考えてみても、番組外注といった問題が、単に一般商品の下請け化同様、「商品の発注と受注」という関係だけで、くくられてしまってよいものかどうかも明らかになってこよう。

テレビ資本の映画人飼いならし

なかでもいちばん問題なのは、テレビ企業が、彼ら映画人の才能を開発する姿勢でなく、彼らのもっている古い遺産にだけ頼ろうとしていることである。だから、映画人がテレビの型のなかにはまっていくのではなく、テレビのほうが、彼らの型にはまろうとしている。考えようによっては、自由な世界のようにも受けとれるが、その実、テレビが必要としているのは、映画人の映画をつくるという（もっと、はっきりいわせてもらえば、フィルムに映像を焼きつける）技術と、過去にヒットした作品の掘りかえしである。

この点からすると、いまのテレビが映画に主導権をにぎられているという見方があるけれども、まるで違った見方もできる。むしろ、テレビ資本の巨大な機構は、彼ら映画人をもっとも従順で、有能なオートメーション設備の歯車として、たくみに「飼いならす」方向に働いている。そこで飼いならされるかどうかは、作家としての姿勢の問題である。視聴者によろこんで見てもらっているから、いいじゃないかとか、生活の問題があったのでちょっと、とかいうのはまったく理由にならない。彼らが問題意識や現状認識の一かけらもないところで、せっせとテレビ映画をつくりつづけているその瞬間にも、佐藤内閣は日本の再軍備をすすめ、世界は絶えず戦争の脅威と緊張感のなかにさらされているのである。公害問題一つとりあげても、日本では何も解決されていないのだ。少なくとも、そういう事実に気づいたとき、チャンバラ時代劇や一家だんらんのお茶の間家庭劇に精を出していることのむなしさがわかるはずである。わからないとしたら、それはもう作家の良心の欠如としかいいようがない。

「下請け」が量産化に加担

ここまで書いてきて、配達されてきた読売新聞のテレビ欄をひろげてみたら、テレビ映画の大手のプロダクションとして知られる国際放映が、ドラマ自主制作にのり出したという記事が目にはいった。これまでの受注制作の姿勢から一歩出て、積極的なドラマづくりにのり出す。

まさに時期は、よしというべきである。だが、その中味は期待に反して、ここでも、かつての映画の焼き直し作品がずらり候補にあげられている。自主制作に踏みきらせた動機というのをみても、地方局用の昼メロが、再放送につぐ再放送で在庫払底してきたからだと説明されている。

これでは何のための自主制作なのか、わからない。従来の番組の受注方式を、ちょっとひねってみただけのことにすぎないではないか。いや、むしろ、こうした形でテレビ局の意図を先取りし、番組の量産化に加担していくところに、最近のプロダクション番組の質の問題と同時に、危険な性格がみられる。つまり人間の頭脳や肉体をもってする量産化のための、作家やタレントの酷使、考えることの手間暇さえはぶく大量生産システムである。

そしてもっと本質的な問題として、脚本や番組内容の標準化、画一化がそこに生まれてくる。危険性のともなわない、絶対的安全のうえにあぐらをかいた標準化、画一化。しかも、そこでは、なりふりかまわぬ利潤追求一本槍の企業姿勢が露骨に顔を出し、下請けのまた下請けが大手を振って、まかりとおる。セットや大道具、小道具の流用とか転用はあたりまえである。ロケーションは、もっぱら観光地や旅館とのタイアップだ。近ごろは別に頼んだわけでもないのに、強引に旅館や観光地におしかけていって、タイアップをせまるテレビ映画のロケ隊もあるらしく、あとから出かけていったロケ隊が、乞食呼ばわりされたという例も実際にあるらしい。ことは一業者であるプロダクションの問題ではない。テレビ全体の社会的威信の失墜につながってくる。

ここまで話が落ちこんでしまうと、もはや制作者の良心とか責任を要求してもむなしいだけだろう。「表現の自由」などは絵に描いたモチである。しかも視聴率という計数に現われない「良心」は、個人的な責任をともなうとなれば、作家、制作者として満足のいく仕事ができなくなる。ますますころを持った映画人は、テレビを軽蔑し、テレビから離れていってしまうことになる。

プロデューサー・システムの確立を

放送番組における放送局の主体性、イニシャティブの問題をここに持ちだすまでもない。テレビ局の制作機構の合理化が、情報化社会、情報産業時代の企業の宿命であることを認め、かつ機構の分離、番組の完全下請け化を許す立場からすれば、ここは何としてもプロデューサー・システムの確立をはかる以外に方法はないようだ。まず、プロデューサーの存在がどこにあるのかわからないような現行方式をあらため、特定の責任を持てるプロデューサーをたて、企画立案から制作の一切をまかせるべきである。

つぎに、選んだプロデューサーに対して、テレビ局は全幅の信頼をおくことだろう。できあがった番組について、評判がわるい、視聴率が低いからといって、すぐ首をすげかえるということはしてもらっては困る。価値の多元化した社会では、何がよくて、何がわるいという基準の存在するはずもない。はじめから、つくりもしないのに、こんな内容ではとテレビ局が難色を示したりするのも、プロデューサーへの信頼がないことと同時に、テレビ局自体の主体性のなさを示すものである。そして、最後に、これがいちばん大事なことだが、プロデューサーに、「完全なる創造的自由」を保有できる条件を与える。できうれば、テレビ局は資金を提供してやるべきだが、そこまでいかなくとも、番組構成から番組制作（プロダクションの制作機構の管理も含め）にいたるまでを、自由な立場で掌握させることによって、そのなかで創造上の冒険や賭けに大胆な腕をふるえるようにする。

こうしてつくりあげられた番組についての判定は、もちろん、さまざまであっていい。どのようにプロデューサー・システムが完全なものであったとしても、すべて「良い番組」がそこから生まれるとは限らない。期待に反した結果のでたときは、とことん批判し合い、討論を重ねることが大事であろう。とくにプロダクションの場合、そうした討論を通じたテレビへの参加が、いまもっとものぞまれる。そこからテレビに対する理解も生まれ、社会的責任感も芽生えてくることになる。

テレビは、営業的要請を強めれば強めるほど、マスコミとしての社会的機能から遠ざかってしまうという、むずかしい時期にさしかかっている。といって、その社会的責任だけを問うのも酷である。むしろ、そこでは正しい意味での商業性、企業努力に全力を傾けるべきだろう。つまり、テレビの媒体価値を再確認し、社会にとって必要な情報、価値ある情報とは何か、をつきつめていくような方向で、将来にわたるテレビの収益性を高めるという方針でのぞむことが必要である。

平凡な結論だが、そういう企業努力が、結果的には現在の量産主義を含め、テレビ不信の原因になっている番組外注、プロダクション問題の再検討につながるのだと思う。

解題

筆者の佐怒賀は、東京新聞文化部記者として映画・演劇・放送批評を手がけ、退社後フリーの評論家となる。佐怒賀は番組制作の外部発注が加速することで「創造主体としてのテレビの責任」が希薄になった、制作プロダクションとも表現者として協同する意識を持てずにいると批判。状況を打開するため、当時衰退産業の映画界であっても表現者としての衿持を保っている映画人を、テレビ制作に活かすプロデューサー・システムを提案する。（藤田真文）

特集：テレビと「報道」

ジャーナリズムとしてのテレビ

番組分類の考え方をこえて

山本 明

『放送批評』1972年4月号

I

テレビ・ニュースを論じている文章を読むと、ぼくはいつも混乱させられる。というのは、そこで論じられている「テレビ・ニュース」とは、いったいどのようなニュースを対象にしているのか分らないことが多いからだ。ある人は、テレビの速報性に焦点をむけ、別の人は、同時性に大きな価値をおく。他方、もっぱらテレビの定時ニュースを論じている人もある。

これらのどれもが「テレビ・ニュース」であるにちがいないのだが、どこに中心点をおくかで、全くちがった主張になってしまう。早い話、テレビ（と言わず放送一般）の速報性は、ベルリン・オリンピックの「前畑がんばれ」から、二・二六事件、一二月八日、八月一五日を経て、いま私の机の横のテレビがうつし出しているニクソンの訪中実況中継にいたるまで、これすべて放送によってその第一報を得たのであって、「ジャーナリズムの帝王」たる新聞によってではなかった。いまさら、速報性や同時性をあれこれ言うこと自体、テレビの媒体機能の再確認の意味しかもってはいないのである。ところが、他方、テレビの定時ニュースとなれば、話はちがう。これをほめる人はほとんどいないのであって、ぼくがここでくわしく紹介するまでもなく、たとえば、全世界的影響のある問題とスターの結婚と、スポーツと、どれもが同格で扱われているとか、くりかえしばかりだとか、絵になる光景を追うばかりで事件の本質が分らぬとか、悪評芬芬たるものがある。

ところで、こうした「テレビ・ニュース」論は、もっぱら二つの特徴をもっている。第一に、これまでのべてきたように、テレビ番組が、同時中継、臨時ニュース、定時ニュースなどにコマぎれにされ、その上で、それぞれの分野について論じられていること、第二に、テレビを論じるのに、必ずといっていいほど、新聞がひきあいに出されること、である。

こうした方法論がまちがっているとは、私も思わない。とくに、新聞との比較は、テレビの特性をメディア比較論的観点から明らかにするという意味において、有効なものである。けれども、この方法論には、いくつかのおとし穴もある。まず第一に、テレビを全体としてとらえることがむつかしくなる。つまり、テレビの定時ニュースは新聞の報道面に対応し、臨時ニュースは号外、ドラマは新聞小説ということになり、それらは個々バラバラにとらえられてしまう。そうしたテレビ観は、視聴者の茶の間につねに一定の場所を占めているテレビ受像器とは、いささかことなったイメージではないだろうか。ぼくたち視聴者は、テレビにたいして、もっとまとまったイメージをもっているのではないだろうか。

テレビ・ニュースをそれ自体としてとりあげても不毛のように思えてならない。それよりも、テレビはジャーナリズムかという問題意識の中で、テレビ・ニュースをとらえた方が、よさそうだ。

II

けれどもテレビ局の人たちは自分たちをジャーナリストとよぶことはほとんどない。もちろん、テレビをジャーナリズムと考える人たちも、報道部員の中にいるが、彼らとて自分たちの報道番組はジャーナリズムと考えていても、ドラマや歌謡曲は別物だと考えている。

では、テレビはジャーナリズムではないのか。それは、ジャーナリズムの定義によるのだろうが、ジャーナリズムの概念を、アクチュアリティ（時事性）にもとめるならば、テレビもまた、うたがうことなくジャーナリズムなのである。それは、ニュースや中継にかぎったことではない。すべての番組がジャーナリズムだといえる。

こうした言い方は、二つの観点の統合として成立するものであって、一つは送り内容の問題であり、もう一つは受け手の視聴のパターンの問題である。最初の問題については、三つの位相がある。第一は、そのものズバリ、だれもがうたがうことなくジャーナリズムと呼んでいるニュースだとかドキュメンタリーだとか。第二は、たとえばNHKの連続ドラマ「天下御免」のように、公害、ヒッピー、ゴミなどを、あつかったいわばジャーナリズム・ドラマとでも言えるもの。この手のものは、「ゲバゲバ90分」などにもうかがえることがある。ここまでは、テレビはジャーナリズムであると言っても、だれもさして異議をさしはさまないだろう。だが、第三番目のドラマ、ショー、歌謡曲となると、その中のどこにジャーナリズム性があるのか、疑わしくおもわれるにちがいない。けれども、たとえば、ニクソン・周恩来の会談がつづいているこの瞬間に、テレビが鶴田浩二の演歌を流しているという現実は、ぼくにとって、それなりのジャーナリズム性を感じさせるのである。それは言いかえれば、テレビという媒体が、自己の伝達機能を充分に発揮することなく、むしろ番組表の予定どおり、歌謡ショーを放送していることの中に、ぼくは、逆にテレビのもつジャーナリズム性を感じてしまうのである。この問題については、テレビの普及以前のラジオ黄金期に書かれた小松左京の短編小説「コップ一杯の戦争」(ハヤカワ・SF・シリーズ「地には平和を」所収)がおもしろい。

それは次のようなストーリーであった。

場所は小さな飲み屋。八時から始まったばかりの歌謡ヒットパレードが突然中断する。「故障かいな」と客がブツブツ言ってハイボールを注文していると臨時ニュースが入る。ソ連のミサイルがアラスカ、カナダを襲撃したというニュースだ。つづいて、アメリカ各ミサイル基地がソ連に報復のための核弾頭ミサイルを発射したことをつげる。「戦争やな」と客がおしゃべりしていると、ラジオがふたたび四波秋夫のしぶい声を流し出す。だが、すぐに歌はきれて、アナウンサーは米本土、ヨーロッパ、アジア大陸全土はミサイルの相互攻撃をうけていると伝え、さいごに「リオデジャネイロ発、政府当局筋の言によると、ソ連邦及びアメリカの外交筋より、日本時間八時すぎ、それぞれ戦争終結についての話し合いを仲介して欲しいとの申し入れがあった模様です」。「何や、もう終りや」と隣の男が言う。「スカみたいやな」。「戦争も終った模様ですので……」と女性アナの声。「この後、続けて歌謡ヒットパレードをお送りいたしますが、今後臨時ニュースで中断される事があるかもしれませんので、御了承下さい」。「さあ、いのか」、彼はコップをぐっとほして立ち上る。彼がハイボール一ぱい飲んで四波秋夫をきいている間に戦争がはじまり、そして終ったのであった——。

この短編小説ほど、マスコミのアホらしさを浮きぼりにしたものもなかろう。そして、ここでの「歌謡ヒットパレード」こそ、現実の動向を全く無視していることにおいて、逆説的には、みごとなジャーナリズムだと言いえるのである。

こうしてみると、テレビが何を放送していようと、たとえそれが、戦前のアメリカ映画の再映であろうと、そんなことにおかまいなく、それをも含めて、テレビはジャーナリズムなのである。このように言うと、「なんだ、それでは映画館でも同じじゃあないか」と反論されるかもしれない。だが、テレビと映画とでは、全くちがう。映画館では、予定されたフィルムを映写すること以外は不可能だ。それにたいして、放送というものは、ある所与の瞬間に、何を放送するかについて、かなりの選択肢をもっている。そして、その選択肢の中から、前述の小説では、「四波秋夫」のヒットパレードがえらばれているのであり、二月二十二日の夜では、鶴田浩二の演歌がながれているのである。

Ⅲ

次に受け手の問題にふれよう。はじめに例をだしたい。一九六九年の秋、大学「紛争」のさ中、「圭子の夢は夜開く」が流行していた。ぼくも、大学教師だから、団交だ、会議だと連日走りまわって、かなり疲労していた。いつも学校のことが頭にあって休まることがなかった。ある夜、おそく帰って、テレビをつけたら、パンタロン姿の藤圭子が、例によって能面のように顔に表情をつけずに、うたっていた。その歌詞は、ぼくには、次のようにきこえたのである。

赤いヘルなら　赤軍派
白いヘルなら　中核派
どう塗りゃいいのか　この私
夢は夜開く

昨日団交　今日はデモ
明日は封鎖か　ゲバ棒か
恋ははかなくすぎて行き
夢は夜開く

おことわりするが、これはぼくが後から作ったのではない。藤圭子の歌をききながら、ほんとにそうきこえたのである。

ぼくたち視聴者は、社会的現実に目をむけているかぎり、放送からアクチュアリティをうけとる。いや、アクチュアリティのあるものとして、放送内容を「読みこむ」。それは鶴見俊輔氏的に言えば、「誤解する権利」を行使することでもある。

　こうしたことは、よくあることで、たしか昨年の国際反戦デーの深夜映画は、「テキサス騎兵隊」だったそうで、ぼくの友人の多くが、この映画を、その夜の「騒乱」状態とかかわらせて見たそうだ。つまり、ぼくの言いたいことは、送り手のところでのべたように、いくつかの選択肢の中で、所与のものを放送する。そして受け手はそれを現実状況にかかわらせて見るのである。こうした「誤解」とか「読みこみ」は、かつて十年ほど前、映画批評の中で、さかんに行われたし、もてはやされもした。だが、ぼくは、そうした映画の問題とテレビの問題とでは、全くちがっているとおもう。荻元氏のせりふではないが、テレビとは、そこに何がうつっていようと、まさに現在として放送され、現在としてみられている。

　したがって、ビデオ・カセットは、媒体自体としてはジャーナリズムではないのだが、テレビは、選択して送られている以上、送り手にとっても、受け手にとっても、ジャーナリズムそのものなのである。

Ⅳ

テレビは全体として、送り手にとっても受け手にとってもジャーナリズムであるというとき、この考えは常識的な意味での番組分類の考え方をこえている。

　いや、変な言い方だが、いわゆる番組分類におけるニュースは、本当の世界をうつしとっていないのかもしれないのだ。そこでは、世界はきりきざまれ、偶然の出来事が全く恣意的によせあつめられているにすぎない。

　かつて今村太平は、「記録映画論」の中で、ニュース映画は仮構の世界を提示していると、次のようにのべた。

「たとえば、パラマウントの世界ニュースのごとき、それぞれの断片は事実の記録であっても、世界ニュースとしては必ずしも世界の客観的な記録ではない。世界というものは客観的に記録されればされるほど、ますます世界という体系を示さずにはいない。世界が一つの体系として動いているという事実が必ず反映されねばならぬ。ところが世界ニュースは体系としての世界を破棄するものでしかない。世界が一つの必然をもって進行しているという事実の記録は全く存在しない。パラマウントやパテーの世界ニュースは子供の世界観よりもはるかに無内容である。スペイン戦争のニュースにつづいてパリーの流行衣裳やダービーが写るということは歴史的な世界を無意味に寸断する。それは必然性において存在する世界の否定である。」

この文章を、今村太平は彼の確固たる世界観に立ってのべている。だからこそ、「世界は一つの体系として動いているという事実」を断言できる。いまぼくは、この文章を写しとりながら、「世界が一つの必然をもって進行しているという事実の記録」がじっさいに存在し得るのかどうか、疑問におもっている。どうも、ここにある今村太平の思考には、裏打ちとしてプロレタリア・ジャーナリズムとブルジョワ・ジャーナリズムというあの不毛な二分法があるように思えてならぬ。だが、たとえレーニンといえども、毎週のニュースで「世界の体系」をフィルム構成することができるのだろうか。よしんば、マルクス主義的なそうした「体系」の映像化が可能であっても、それを一般観客がどう受けとるかは、全く別問題なのである。シュラムが早くからのべているように、「送り手が受け手に期待する反応」を受け手が必ず行うという保証は全くないのである。

ここから、二つの問題がでてくる。つまり、今村太平はニュース映画についてのべたのだが、テレビという媒体は、ニュース番組に限定しなければ、全体としては、今村の期待する媒体であり得る潜在的可能性をもつということ。第二に、今村が指摘しなかった受け手による情報の統合性の可能性はニュース映画というジャンルよりも、ジャンル分けの不可能なテレビにおいて可能かもしれないということ。

ぼくの考えでは、テレビの視聴者の視聴パターンは、三つの意味で「系的」である。まず第一に、人びとは、自分の生活や関心事とテレビとを関連づけてみる。早い話、「紅白歌合戦」は歳時記となっていて、あの歌声をきくと、いよいよ今年も終りに近づいたという感慨をもよおす。次に、つぎつぎあらわれる歌手をみながら、「あら、彼女少し肥ったわね」とか、「ワア！　悪趣味」などと言いあう場合、視聴者の生活意識と価値観がこの番組をおもしろくしている。そこでは、視聴者の日常生活やイデオロギーの表現の場の一つの要素として「紅白」がえらばれ、見られている。

第二に、所与の一人がみるテレビ番組の流れの中で、人は、個々バラバラの番組を、自己の問題意識をクサリとしてむすびつけている。たとえば、ぼくは、「木枯し紋次郎」をみていて、紋次郎がなにか人に手助けをもとめられたとき、「あっしにはかかわりのあることではごぜえませんよ」とすげなくことわりながら、結局は事件にコミットせざるを得なくなる状況設定を、非常におもしろいものとおもった。それは、現代の市民社会の問題でもある。ハイウェイも、国際空港も、「あっしにはかかわりのねえことで」とおもっているうちに、権力が田畑をとりあげ、かかわらざるを得ない状況を作ってゆく。靖国神社はぼくにかかわりのないものだと思っていたら、靖国神社国営法案の動きが出てきて、靖国神社にかかわりたくないために法案にかかわらざるを得ないということになってゆく。こうしたコミットメントの問題として、「木枯し紋次郎」をみると、たいへんおもしろい。ここまでは、生活とテレビとの系の問題だが、次にテレビで別の番組をみているとき、ふと「木枯し紋次郎」のことをおもいだす。「荒野の素浪人」をみていると、三船敏郎のふんする一匹狼の正義派のいやらしさが頭にきて、つい紋次郎と対比してしまう。さらに、佐分利信主演の「化石」をみていて、また紋次郎のことをおもいだした。「化石」の主人公一鬼は、腕一本でたたきあげて、いまは大建築会社の社長。事業の用もかねて、パリへ来ている。一鬼は、秘書から「ここが、ショパンの家です」と説明されても、「はて、ショパン。存じ上げぬお方だな」と言うぐらい教養のない男だ。だから彼は、自分の知らぬものは全く素通りするが、豪華なショッピング街とか美人とかには、きわめて強い関心をもつ。ぼくはこのドラマをみながら紋次郎と一鬼のちがいにおどろき、「化石」が現代ドラマでありながら、古風であるのに、「木枯し紋次郎」の方は、時代劇でありながら、きわめて現代的だとも考えた。そして、いまの大学での諸条件が、ぼくにはコミットしたくないことでもコミットせざるを得ないことを考え、暗澹とした気分になったのである——。

終りを、はしょって書かねばならなくなった。これまでぼくが述べてきたことから言うと、もうそろそろ、「テレビ・ニュース論」という発想はやめた方がよさそうである。むしろ、テレビ媒体を全体としてジャーナリズムとして、考え、それを送り手側と受け手側の両方から規定してゆく努力が必要なのではないか。本稿は、そのための、一つの問題提起にすぎないのである。

解題

テレビの普及期に、加藤秀俊はテレビを教養・娯楽の融合文化(『見世物からテレビへ』一九六五年)と捉え、M・マクルーハンはメディア自体のメッセージ性(『人間拡張の原理』邦訳、一九六七年)を指摘した。山本のジャーナリズム論もテレビ自体のアクチュアリティ機能に着目するもので、今日のテレビ論はいずれもこうした視座に基づいている。ただ、そこで何が問われるかの実践的な批評はその後深められないままになっている。(上滝徹也)

特集：報道とパブリシティの間

報道とパブリシティの間

「広報部」と「取材者」の〝情報パック〟化されるニュースをめぐる対峙

松田　浩

『放送批評』1973年2月号

パック化された記事

　先ごろ、ある必要があってテレビ局のパブリシティ活動について調べる機会があった。といっても、番組に関する日常的なPR資料の発行とか、会見などは、こちらも長い放送担当の記者生活の中で先刻承知しているので、実はそれ以上のことが知りたかったのである。某民放テレビの広報担当部長と会って、雑談の合い間にそれとなくその件を切り出すと、かねて親しいつき合いの彼氏は、「しょうがない。すっかり、手のうちをみせちゃおうか」とニヤニヤしながら、やおら、そで机の引き出しの中から、一冊の分厚い名簿風のものをとり出して、目の前に置いた。手にとってみると、名前がずらずらっと印刷してある。

　彼氏によると、これは朝日、毎日、読売など一般紙から芸能スポーツ紙、通信社、地方紙、そして「赤旗」「聖教新聞」、さらには週刊誌から業界紙まで、番組広報に関係のあるすべてのマスコミの担当取材記者のリストだという。単なる名簿と違うところは、それぞれの記者の気質とか、ニュースに対する好みなどが、摘要として書き込まれていることだ。いわば、これは広報部員が個々の記者に「記事」を売り込む場合の〝記者攻略〟の虎の巻なのであった。〝記者攻略〟などというと、いかにも意地がわるいが、局の立場に立っていいかえるなら、さしずめ、メディアの性格や取材記者の好みに応じてニュースの素材を提供するための科学的なサービスの方法――とでもいうことになろうか。

ながい間のつき合いに免じて、舞台裏をのぞかせてくれた部長氏の好意に対しては申訳ないが、そのリストの中で、いろいろと注釈をつけられているであろう（そこまで見る勇気はなかったが）本人としては、正直、決していい気はしなかったことを私は告白しなければならない。と同時に、ここまで一人ひとりの記者を研究している同広報部の勉強ぶりには舌を巻いた。この局の番組広報の優秀さは、かねて定評がある。事実、われわれが見ても他局に比べてズバ抜けているが、その一つの秘密をここに見たと思った。

ところが驚くのはまだ早かったのである。虎の巻だけでなく、実戦的なケース・スタディまであったのだ。同部では毎週全部員が参加して定例部会を開く。その部会の席上、さまざまな情報交換が行なわれるというのである。たとえば「A記者に○○番組のこういう話を提供したら飛びついてきた。彼には社会性のあるネタを売り込んだ方がいい」「B記者は新人のM子がお気に入りらしい。今度彼女のインタビューをアレンジしてみたら…」といった具合いに――。部長氏は「広報部員各人の間でパブリシティのテクニックを交流させ、それを全員の共有財産にしてゆくのがねらいだ」と説明してくれた。

この局がわれわれに提供してくれるトピックスは実に豊富だ。毎日、日報のように活字になったトピックスが手元に名宛てで届けられる。もっと突込んだ話が聞きたければ、担当の広報部員に電話すればいい。もちろん、ロケの写真でもスチール写真でも注文次第、たちどころに届けてくれる。それは素材というより、パック化された記事そのものなのだ。

たとえば、こんな風に――。

〈スターが実はこんな商売をやりたかったという意外な事実と、はたして現在その職業についたとき、どのくらいの力が発揮できるのか？　視聴者の前で披露してもらうという番組「新春！　スター初夢大作戦」を、来春一月二日（火）午前一〇時―一〇時三〇分に放送する。

この録画は二日に日比谷スタジオで行なわれたが……〉

このあと、当日の録画風景が紹介され、広報担当者の氏名と「写真あり」の注釈がついている。少ない取材陣容で紙面を埋めていかねばならない新聞記者側にとっては、この種の通信は実に重宝なのである。つい、お仕着せのPR記事を承知しつつも使ってしまうことになる。「だいいち、こんな録画にいちいち立ち合っていたら、からだがいくつあっても足りやしない」「どうせ、天下の大勢に影響のない芸能記事なのだから」「ここで手を抜いても、もっと肝心なところにエネルギーを集中できれば……」などと自らの〝良心〟に弁解しながら――。

「広報雑記帳」が手引きする キャッチ・フレーズの効用

パブリシティとは「マスコミ利用のPR」（永田久光著『PR戦略』）をいうらしい。いま手元にある『現代用語の基礎知識』（自由国民社）によれば次のように定義されている。

パブリシティ（Publicity）広義には、消費者一般の注意を喚起し、その好意を獲得するための宣伝活動をさす場合もあるが、一般には普通の商品広告のような公定広告料を媒体に払わず、しかもその広告主がだれであるかわからないような形で行なう宣伝活動をいう。……

もちろん、J・ショームリー、D・ユイスマン『PRの技術』などの中では、パブリシティはもっぱら「広告」の意味で使われているので、多少、解釈の違いはあるようだが、そんなことはここではどうでもいい。

重要なことは、冒頭に紹介したような「マスコミ利用のPR」の技術とシステムが全社会的に精緻化され、高度に張りめぐらされた結果、マスコミ自体の本来の機能がゆがめられる危険性はないか、という疑問である。

テレビ局の番組宣伝に利用される程度ならまだいい、とは自分の怠慢をタナにあげておいて口が裂けてもいえた義理ではない。が、事柄がもっと国民の生活や運命を大きく左右するような政治、外交、経済、社会といった分野の問題にかかわる場合には、どういうことになるだろうか。いわゆる世論操作とも呼ぶべき動きが、最近、にわかに目立ってきているだけに、こうした〝パブリシティ時代〟にふさわしいマスコミ側の報道主体性の確立とそれを裏打ちする取材・報道体制の整備が急務となっていることを痛感するのである。

多少、まだ記憶に新しい事実からいうと昭和四十六年三月十一日の衆院物価問題特別委員会で野党側から「言論統制の恐れあり」として追及され、ついに廃刊手続きをとらされた通産省大臣官房広報課作成の『広報雑記帳』というのがある。これは週刊誌大四十七ページの小冊子で、いわば新聞記者対策虎の巻である。内容は、新聞の読み方、ニュースの定義からはじまって、記者クラブ対策や記事発表の要領、夜まわり記者の撃退法に至るまで多彩をきわめ、経済部記者と社会部記者の扱いをどう区別するかなど、心得を詳細に手引きしている。

たとえば、「キャッチ・フレーズ」の個所をみてみよう。

一、大蔵省がかつて持ち出した「財政硬直化」というキャッチ・ワードは、近来にない傑作といわれており、急速に世論の中に浸透し、効果をあげた。

二、(略)

三、わが省では、大平大臣が「民間主導型経済」を、宮沢大臣が「人間のための経済」「未知への挑戦」をキャッチ・フレーズとして打ち出され、ジャーナリズムがこれを大きくとり上げたことは周知のとおりである。

四、情報爆発などといわれる今日、人々に物事を正しく理解してもらうためには、キャッチ・フレーズの手法に訴えるのが最も効果的であり、早道でもある。……

この「広報雑記帳」は三百部つくられて各省首脳部にも配られ、さらに海賊版まででるなど霞が関の〝隠れたベストセラー〟になったといわれるが、内容自体はことさら新しいものではない。これまで行なわれてきたものを理論化し、集大成したに過ぎない。現にこれらはかなり前から実際に行なわれていることばかりなのである。従ってこの小冊子が回収廃棄されようとされまいと、これらのマスコミ操縦術が現に行なわれていることには何の影響もない。

たとえば、毎年のように新聞紙面を飾る「大幅減税」というやつ。これは総理大臣や大蔵大臣の談話にこういうことばで出てくるのだろうが、少なくともわれわれ庶民にとって「大幅減税」などあったためしがないのだ。それなのに、政府のキャッチ・フレーズがそのまま記事になり、大見出しになる不思議さをどう考えたらいいのだろうか。もともと、マスコミはキャッチ・フレーズが好きである。記者会見などでも、記者の側から「キャッチ・フレーズは何ですか」などと注文する。そして、それをそのまま記事の中でも使うことが多い。そんな没主体的な体質が権力側に逆手にとるスキを与えているのである。

角栄ブームをあおった「昭和太閤」のキャッチ・フレーズしかり、「日本列島改造」しかりであろう。

総理府参事官の説く「パブリシティの重要性」

政府のパブリシティのテクニックは、もちろん、キャッチ・フレーズづくりだけではない。ここに政府がいかに早くからパブリシティに力を注いでいたかを示す一文がある。総理府広報室のM参事官(当時)が昭和三十九年当時、『広報月報』

（内閣広報室監修）の一月号に寄せた「パブリシティの重要性」というのがそれだ。なぜ、政府がマスコミ利用のパブリシティを重視し、どのようなテクニックを使っているかを自らの口から語っているので紹介しておこう。

M氏はこの論文の冒頭でパブリシティを、「新聞、報道機関の紙面ないし番組を通じて行なう宣伝である」と規定したうえで、その効果を次のように指摘している。

(イ)伝播範囲がひろい　(ロ)内容への信頼感がある　(ハ)経費がかからなくてすむ　(ニ)高度のPRができる（ムードづくり、イメージづくり——抵抗の大きい政治的PRはこの方法しかない）

「政府や自治体の名がでていると、それだけ抵抗を感じる人が多い。新聞や放送なら、報道機関自体に対する信頼感から、ごく自然にPRが浸透する利益がある」とM氏はいう。だから「高度の政治的PRはパブリシティに限る」というのである。

だが、パブリシティに成功するためには、のせさせるテクニックとくふうがいる。かくして〝奥の手〟のいくつかが披露される。

「一種のイメージ、ムードをつくるために未来図、将来の夢を首長が語ったり、行政と直接関係ない親切運動、新生活運動を主催したり、表彰式に立ち合ったり、これらのニュースを大々に報道させるのである」

「重要なのは特定の記者を招いての耳うちである。特ダネ提供ということになる。グループに対しても解説したり一部をぼかして知らせるというやり方をとることもできる」

「記事にしてもらう観点からみれば別に有効な方法もある。それは文化人や評論家など有力な第三者の口なり筆を借りるということ、またニュース性のある催しをする、事件をおこすということである」

もちろん、発表の方法に芸のこまかさが要求されることはいうまでもない。

①発表は組織のトップがあたる（信用度を疑われぬため）
②対象（マスコミ）を研究し、性格や編集方針に応じた効果をあらかじめ計算する。
③形式は読みやすくそのまま使えるようにする。
④発表の時期を選ぶ——等々。

いまの時点で読み返してみても、この「パブリシティの重要性」は十分に興味深い。ここ数年の動きを振り返ってみればば思いあたることばかりである。

もちろん、こんなことをいまさらいうのはどうかしているので、政府がマスコミに対してこうした手練手管を使ってくるのは先刻わかっていることなのだ。それを逆手にとって独自の立場から真実を追求し報道するのが、ジャーナリストというものだろう。だが、マスコミはハメられたふりして、しぶとく権力の計算のウラをかいてきたといえるかどうか。どうも、うかうかと〝特ダネ〟提供のえさに釣られたり、選挙めあての空公約に乗っけられたり、ハメられつづけてきたような気がしてならないのである。

「いまや政府と新聞との闘争という形式は過去のものとなった。新聞は政府と大衆との仲介人となったばかりでなく政治活動の参画者となり、その〝第四部門〟となった」

こう指摘したのは、ダグラス・ケーターだが、だからといってマスコミが報道機関としての主体性を欠き、政府のパブリシティ活動に振り回されているようでは、政治活動の〝第四部門〟どころか「政府の第四部門」にもなりかねない。「君のところの土地の払い下げも俺が面倒みてやった」などといわれて、軽井沢談話すらあったのかなかったのか黒白をつけられないところをみせられたりすると、なぜか悲観的な見方がでてきてしまうのである。

ジャーナリズムの加工業化=情報の「吟味から伝達へ」

パブリシティの網の目は、今日、政府だけでなく政党、大企業、財界など、あらゆる社会組織に張りめぐらされている。報道機関というブランド（商標）を信用した国民は、馬肉入りのコンビーフをたべさせられるように、あるいは政府PR入りや財界PR入りのニュースや解説を読ませられているのかも知れないのだ。マスコミがひところ、さかんにもてはやした「新全総」がどうやら馬肉入りのコンビーフのたぐいだったことは、すでに明らかになっているが、「日本列島改造論」もそろそろ馬肉ならぬ、〝馬脚〟を現わしはじめたかにみえる。現実の進行のなかでメッキがはげてくるのが、マスコミ操作によって作られた疑似ニュース（そんなことばがあるかどうか知らないが……）の宿命というものであろう。

パブリシティの問題をつきつめていくと、そこには情報化社会の問題や「報道とは何か」という報道の本質論が横たわっている。

かつてニュースとは、もっぱら報道機関が作るものであった。報道機関以外は取材される対象であり、素材を一方的に引き出される側であった。だが、今日、ニュースは報道機関以外で作られ、報道機関に〝提供〟される。政府も企業も、それぞれが広報部門をもち、PR紙誌をもち、半製品化された〝情報パック〟を量産する有能な広報マン集団をかかえている。一部の覆面政府提供番組のように、局外のプロダクションで〝報道番組〟を作って、テレビ局に放送させることも可能なのだ。出演者に与党的なタレントを起用させて、そこでそれとなく政府の見解を展開することもできる。そして、そのような強力な〝情報〟提供機能が政府や大企業など体制側に偏っているところに問題があるのだ。

しかし、これに対応してマスコミ機関の側にも変化（変質?）が起きているようにみえる。その第一は、ジャーナリズム機関の情報産業化とでも名付けるべきものである。かつてジャーナリズムとは、批評性の契機を含む存在であった。つまり、現実との対比において、いかに個々のファクトから真実をとらえるか、逆にいえばファクトのなかの本質的な要素と非本質的な要素をどう選り分けるかという価値判断を自らにたえず課していたものだった。ところが、今日では、問題なのは情報の伝達であって、情報の吟味ではない、という考え方が少くとも私の周囲では支配的になりつつある。つまり、一つ一つの情報がそれ自体商品であって、それ以上、全体状況の中でのその事実の位置付けは問われないのである。

ジャーナリストは、情報素材を集め加工して送り出す情報加工者になった。しかも、その情報素材たるや、前述のように半製品化された〝情報パック〟として提供されるのだから、ほとんど加工の必要すらない。テ、ニ、ヲ、ハを直して、縮めたり、伸ばしたりするだけで、そのまま原稿として提出できるようになっている。

ジャーナリストの側における労働条件の悪化がこうしたお仕着せ記事の増大の一つの原因になっている事情も見落とせない。自らの足で記者会見や発表ものではアンテナにかからないニュースを発掘し、あるいは発表ものを掘り下げるという余裕がないのである。情報がはんらんすればするほど、それに振り回されないためには、取材者の側に勉強が必要だが、経済記者までが特ダネをとるために深夜まで夜回りさせられている現状は、そうした勉強のできる環境にはほど遠い。私の周囲には「ぼくらジャーナリストなんてものじゃない。リポーターどころか、ポーター（情報を運ぶ人間）なんだから」と自嘲する記者がますますふえている。そこをどう突き破っていくかが、いま疎外されたジャーナリストたちにとっても生きがいにかかわる切実な課題になってきているのである。これは、現象的な形こそ違え、放送ジャーナリストにとっても共通の問題であろう。

今日、ジャーナリズム機関は〝パブリシティ社会〟にどう立ち向かうか、その主体性を問われている。昨年十二月十三日付けの「ワシントン・ポスト」紙が伝えたハリス世論調査によると、この六年間（一九六六〜七二年）にアメリカ国民の報道やテレビに寄せる信頼度はそれぞれ二九％から一八％、二二％から一五％へと〝最低線〟に落ちたという。外信面の片隅にこの短いニュースを見出したとき、私はその理由に思いあたると同時に、これは日本のマスコミにとっても無縁ではないと、ふと不吉な予感にとらわれたのであった。

解題

当特集の前年、一九七二年には連合赤軍事件報道における治安当局とマスコミの世論操作が指摘され、佐藤首相退陣会見においては新聞記者を排斥したテレビ会見が問題視された。松田はこうした状況を背景に、政府のパブリシティ対策の事例を引きつつ、ジャーナリズムの（提供される）情報加工業化を指摘。小泉元首相の郵政解散時に顕著になったテレポリティクス、ワンフレーズポリティクスへの危惧をその先に照射している。（上滝徹也）

ドキュメンタリー「キャロル」
なぜ客観的でなければならないか

龍村 仁

『放送批評』1973年11月号

私が、今年三月に、NHK総合テレビ毎週金曜日夜七時三〇分放送の「ドキュメンタリー」として、企画提案し、四月に撮影を開始し七月中旬に完成させたドキュメンタリー「キャロル」が、完成後二ヶ月間も放送されないままに放置された後、九月に至って、次の二点の理由で、「ドキュメンタリー」で放送することを拒否された。

一、ロック・グループ、キャロルに関する様な事は、NHKの「ドキュメンタリー」のテーマとしてふさわしくない。

二、このドキュメンタリー「キャロル」は、つくり方が「客観的」でなく、ディレクターの「主観的」な創作品であり、NHKの「ドキュメンタリー」にふさわしくない。

七月中旬に完成させたにもかかわらず、一向に放送しようとしないNHKの態度に、「放送中止」という事態を予測していた私は八月中、ほとんど連日、NHK内部で試写を行い、仲間のディレクターやカメラマン達に、『なぜ、この「キャロル」が、「ドキュメンタリー」として放送できないのか』という問いかけを続けて来た。

最初、個人的な問いかけとして始めたこの運動が、先述の「放送拒否」がハッキリした時点で、私が所属する日放労家庭教養分会主催の討論集会を開くまでに拡がった。

その頃、この事態がいくつかの週刊誌や新聞にも取り上げられ始めた。

こうした内、外の動きを敏感に察知したＮＨＫは、私に『このフィルムドキュメンタリー「キャロル」は「ドキュメンタリー」の時間ワクには放送できないが、ある程度の作品的完成度があり、放送には耐え得るものだから、若干の手直しをして別の時間で放送しても良い。その事をディレクターである君が納得しなさい』と命じて来た。

私は、先述の「放送拒否」の理由が全く納得できないばかりか、その理由が、テレビジョンに於けるドキュメンタリーの思想を根底から否定するものだと考えたので、この命令をうける事をハッキリと拒否した。

その後、九月二十五日深夜、ＮＨＫは、私のデスクの上に置いてあった完成フィルムとシネコーダーを無断で持ち去り（持ってゆく旨、を書いたメモは残していたけれども）、翌日、試写をしたいので返却するよう求めたのに対し、「もう試写をする必要はない。」とことわった。

十月四日、ＮＨＫは公式の記者会見を行い、このドキュメンタリー「キャロル」を十月二〇日（土）午後二時一〇分～総合ＴＶで放送する事を一方的に発表し、この問題は、これでケリがついたもの、とした。

『「キャロル」は、放送中止にしたのではない。放送の時間ワクをよりふさわしいところに、もって来ただけである。これはＮＨＫの編集権にかかわる事で、ディレクターがとやかくいう筋合いのものではない。』という訳である。

事実、この発表がなされる事に依って、私が今まで問いかけて来た人々の多くが、「放送されるのだからまあ良いではないか。」という印象をもった様である。

しかし、ここで決して見逃してはならない問題がある。

それは、『なぜ「キャロル」は総合テレビ、金曜日夜七時三〇分の「ドキュメンタリー」のワクでは放送できなくて、土曜日の午後二時一〇分なら放送しても良いのか。』という問題である。このＮＨＫの姿勢の裏には、現にある支配関係を定着させるために、大衆の意識を着実に誘導してゆこうとするＮＨＫの「権力」としての強い意志が隠されている。

キャロル

私は去る二月二十八日、ＮＨＫ放送センターのお隣り、渋谷公会堂で開かれた第一回ロックンロールカーニバルで、はじめてキャロルを観た。キャロルにしても、この舞台が、はじめての大観衆の前での演奏であった。昨年十月フジテレビのリブヤングという番組に、川崎市から半ば、強引に乗り込んで演奏したのが、彼らのデビューのきっかけであった。

それからわずか四ヶ月、会場に集った人達のほとんどがはじめてキャロルを観る状態で、彼等は、三〇〇〇人の聴衆を一瞬の内に興奮のるつぼに巻き込んでしまった。

私自身、はじめて彼等の演奏を聞き、黒い革の上下に身をつつんで踊り狂うリーゼントスタイルの彼等をみながら、全身の皮フが鳥肌だってくる程の興奮を覚えた。

その内なぜか体中に激しい怒りの感情が、わき起って来て、その感情の奔流の中で、涙があふれて来るのを押えられなかった。

音楽を聴いて怒り出した私。これは私にとって、生れて初めての体験であった。

この怒りは多分、私の肉体を日常的に陵辱し続けて来た何か、私が気付かない内に私の肉体の内部に侵入し、確実に私自身を腐蝕させて来た何かに対する、激しい怒りだったのだ。キャロルは、肉体が最初に犯されていたのだという事を唐突に思い知らせてくれた。

私の肉体に対して直接、その事を教えた、初期のエルビス・プレスリーの様な髪型をし、初期のビートルズの様な革ジャンパーを着て、日本語と英語のチャンポンの歌を平然と歌いまくるキャロル。

彼等は、戦後の日本そのものではないか。進駐軍が来て以来の日本そのものではないか。しかも彼等は、その戦後日本を意識してではなく、肉体としてもっている事に依って、犯される側ではなく、まさに犯す側に立たんとしている存在なのだ。

キャロルはなぜ「ドキュメンタリー」のテーマとしてふさわしくないのか

不思議な事がある。

この放送拒否の理由を聞いた多くの人たちは、まずハハンやっぱりそうか、あの革ジャンにリーゼントのいかにも不良っぽいキャロルは、まじめなＮＨＫのお気に召さないんだな、と思うだろう。

ところがだ、三月に私がこの企画を提案した時には、十数人いる私の同僚のディレクターの中で誰一人としてキャロルの存在を知っているものはなかった。まして、この企画の採否を決定する上層部の連中が、キャロルの髪型やスタイルなど知っている訳がなかった。

にもかかわらず、この企画に対しては、企画の段階ですでに、上層部が難色を示していたのである。決定権をもつ教養班部長は『企画の段階で、これは「ドキュメンタリー」にふさわしくないと思った。』と言明している。キャロルの姿・形・サウンドはおろか、その名前すら知らない人が、「ドキュメンタリー」にはふさわしくない、という判断をしていたのである。

こんな不思議な事がどうしてあり得るのだろうか。それはこういう事だ。

NHKの「ドキュメンタリー」は一般の人々の生活に密着した社会現象をまじめに取り上げてゆく番組であり、生活の苦労も知らない若い一部の者達が狂っているロックにまつわる現象などは、いわばあそびの世界の事なのだから、例えキャロルであれ、何んであれ取り上げる必要はない、という事なのだ。

この考え方は一般の人々と若者、生活と遊びを明確に分離する価値観に依って支えられている。NHK内部の人々の多くは、この価値観をほとんど無意識の内にもってしまっている。だからこそ、キャロルを観た事もなく、聞いた事もない教養班部長が、これは「ドキュメンタリー」のテーマとしてふさわしくない、という判断ができるのであり、「ドキュメンタリー」の担当ディレクター達が、「キャロル」の様な企画を提案しないのである。

「キャロル」は、私が企画提案する以前に「ドキュメンタリー」からはじき出されていたのであり、その姿・形が明らかになってゆくにつれて、ますます、「ドキュメンタリー」から遠いところへ押しやられてしまった。

ところで、この一般の人と若者、生活と遊びを明確に分離する価値感とはいったい何んだろうか、これこそ、現体制の秩序を維持している根底的な価値感の一つではないのか。

私は、この価値感に支えられて日常破綻なく放送され続けているNHKの「ドキュメンタリー」の時間に、突如キャロルが登場してくる事、その事自体がすでにドキュメンタリーだと考えていた。

公共放送の使命にのっとり、全国津々浦々のおじいちゃん、おばあちゃんから にいちゃん、ねえちゃんまであらゆる世代の人々が、あまねくできるだけ早い時期に、歌謡番組ではなく、「ドキュメンタリー」で、唐突にキャロルに出会ってしまう事、それが正にテレビドキュメンタリーだと考えていた。

誤解を恐れずにいうなら、NHKの「ドキュメンタリー」は、明らかに、キャロルをはじき出そうとする秩序の中にある。だからこそ「ドキュメンタリー」にキャロルを登場させる事に意味があったのだ。

歌謡番組に歌謡タレントとして登場して来るキャロルは、その意味でのドキュメンタリー性を背負う事はできない。キャロルを、一部若者だけに人気のあるタレントとして、一般の人から区別しようとするNHKの姿勢は、戦後日本を肉化する事に依って犯す側に立ちはじめた彼等の世代への権力としての本能的恐怖のあらわれなのだ。

NHKのドキュメンタリーはなぜ客観的でなければならないか

私は、このドキュメンタリー「キャロル」の中で、彼等の生い立ちや経歴を一切説明していない。又、彼等を言葉に依って分析したり、解説したりする事も一切していない。全篇、ほとんどが、音楽であり、キャロルが歌う彼等のオリジナルロックを中心に、ワグナーの「ヴァルキューレ騎行」、ニール・セダカの「恋の片道切符」、ジョン・レノンの「イマジン」、ローリングストーンズの「むなしき愛」、ベートーベンの「田園」等が、次々に流れる中で、私自身が、私の戦後進駐軍との出会いをキャロル宛の手紙の形で読んでゆく。映像もキャロルが歌っている場面以外は、ほとんどイメージショット的な短かいカットの連続で、このつくり方はキャロルの持つ質感を描くにはほとんど必然的な方法であった。

キャロルに関して知識としての情報を伝える必要はほとんどない、と私は考えていた。

このつくり方が、「客観的」でないという事で、放送拒否の第二の理由となった。

しかし、NHKがいう「客観的」な方法、すなわち、キャロルをすでに一般的に認知されている価値感に依って分析し、整理してみせる様な方法では、決っして彼等のあの生々しさは描けないし、又その様な方法で描くのでは、ドキュメンタリーとして取り上げる意味が失われてしまう。

確かに私は、NHKがいう「主観的」な方法をとっている。しかし、私は、私自身の内面性を通過する形でしか、このドキュメンタリーはつくれなかったし、又、いかなる素材を描くにしても、そのドキュメンタリーをつくっているディレクターのプライベイトな内面性の展開を含まないものは、みていてちっとも面白くないのだ。

それではNHKの「ドキュメンタリー」の方法である、といわれる「客観的」な方法とは、一体どういうものなのか。純粋に客観的、という事は決っしてあり得ないのだから、「客観的」と思い込ませる方法があるだけなのだ。

それは、画面にうつっている映像の内容と、それをみている人達の間に介在する意図がないと思い込ませる方法である。

則ち、テレビをみている人達に、映っている事件や現象に、実際に立会っていると思い込ませる方法なのだ。

この方法は、実は、テレビジョンの機能が本質的にもっているのであるといえる。

そして、この方法こそが、観る人達に「参加の幻影」を与えながら、その人々の意識を権力の意図した方法に誘導してゆくのに最も有効なものなのだ。

テレビジョン この巨大なる幻覚の旅

かつて我々は旅立つ事に依って初めて未知の風景に出会う事ができた。旅を続ける事に依って刻一刻変化する風景をみる事ができた。しかし旅する者は同時に、いつ切り裂かれるかもしれぬ恐怖に緊張した鋭敏な皮フを抱えなければならなかった。旅をする事に依って出会う事のできる未知の風景や変化する風景は、実は絶え間なく移動してゆく肉体の結果だったのだ。

ところが、文明は、肉体を移動させる事なく、則ち、いつ切り裂かれるかもしれぬ恐怖に緊張した皮フを抱える事なく、未知の「風景」に出会える事を可能にした。

それがテレビジョンである。

テレビジョンは、旅を視覚と聴覚の専有物にしてしまった。テレビジョンは旅をしようとする者から鋭敏な皮フ感覚を奪い去った。テレビジョンは、人々に「旅をしている」という幻覚を与えながら、実は決っして旅立たない様し向けはじめた。人々に「旅をしている」という幻覚を抱き続けさせる為には、絶え間なく風景を変化させなければならない。風景の実像を、同一空間の中で人為的に変化させる事は不可能なのだから、変化させ得るのは常に風景の虚像である。

しかし、もし人々が、その風景が虚像である事を見抜いてしまえば、旅の幻覚は終ってしまう。

テレビジョンにとって、風景の虚像を、実像だと思い込ませる事は絶対不可欠な要件なのだ。

テレビジョンは、こうして人々に「自ら旅をしている」という幻覚を与えながら、その「旅」の目的地を確実に誘導しはじめた。かつて、旅をする者の心には、現にある場を捨て去り、いつ皮フを切り裂かれるかもしれぬ恐怖に身を投じようとする暴力性が潜んでいた。しかし、テレビジョンは、旅をしようとする者から鋭敏な皮フ感覚を奪い去り、飛翔せんとする暴力性を奪い去り、日常生活の中で陵辱され続けている肉体に反逆を決意させるどころか、ますます肉体の内側での無自覚な腐敗を増大させてしまった。テレビジョンが日夜、送り続けている風景、それが虚像である事を見抜かれない為の変化のリズム、これこそ、いわゆる「客観的」といわれる方法の意味である。私がドキュメンタリー「キャロル」でとった方法とは風景の虚像を実像だといいくるめるのではなく、虚像は正に虚像である、という事をはっきりと示した上で、人々に何が伝えられるか、という地平にあった。

これは、明らかに権力が操作している風景変化のリズムを狂わせるものであった。

だからこそ、「キャロル」は「ドキュメンタリー」のワクで放送する事を拒否されたのだ。

私は今、奇妙な状態に置かれている。ここ数ヶ月間キャロルを撮影し、編集し、私的な体験まで語ってしまった私自身が、実は存在していなかった事になってしまった。

NHKが、フィルムを持ち去ってから以後、「このフィルムは龍村個人がつくったのではなく、NHKがつくったのだ。」という事になり、時間帯を変更されたばかりか、手直しまで私の意志とは無関係になされようとしている。（十月十三日）

解題

前年、鮮烈にデビューしたロックグループ「キャロル」（矢沢永吉、他）。NHKのディレクター・龍村は彼らに自らの興奮を叩きつけてドキュメンタリー「キャロル」を完成させた。それが当初予定のドキュメンタリー枠（夜七時半〜）での放送を拒否される。これは彼の告発だが、「予定調和の時間帯に突如キャロルが登場すること自体ドキュメンタリー」という怒りには、テレビ、ドキュメンタリー、NHKへの本質的な問いが含まれている。（上滝徹也）

特集：何故、ジャーナリズムか？

不可視なメロ・ポリティックス

私状況《ジャーナリズム》と諸映像《ジャーナリズム》の同衾

松尾羊一

テレビ的感性二〇年

　この「放送批評」の表紙は、描いた御本人（藤本蒼）にいわせると〈放送評論家〉をイメージしたもんなんだそうだ。なるほど、耳が顔の門のように巨大だ。安手の家ほど門が大きいという皮肉か、あるいは「聞く」というジャーナリスティックな精神を誇張化したものなのか、ともあれ門がソク耳であるからには、放送局から放送局へわたり歩き、なにかを聞きまくらねばなるまい――その「地獄耳」さん、放送チョウ（蝶）論家さん（このイラストは蝶々ですね）A局からB局へ、はたまたC局へ飛んでけのってけ、とはげましているような、カラカッているような……。つまり、聞くから聴く、聴（蝶）ではないか。なんか土居まさる式ダジャレになってきたが、巨大な耳は安部公房式の超現実的なドラマのようになにもかも聞きこむ。放送界の内側から数々のスキャンダラスな事件、自主他主自己もろもろの規制、その暗斗の劇からテレビ二〇年、テレビよ、お前はジャーナリズムなのか――表紙の「評論家」氏はワメくがごとく警鐘を乱打する。一方、何故かそれに応えるように民放連会長氏はテレビの状況を憂え、報道の使命を中核とし原点にかえれと、諸国の譜代大名を前に切々と「正論」をはく（先頃の民放大会にて）。

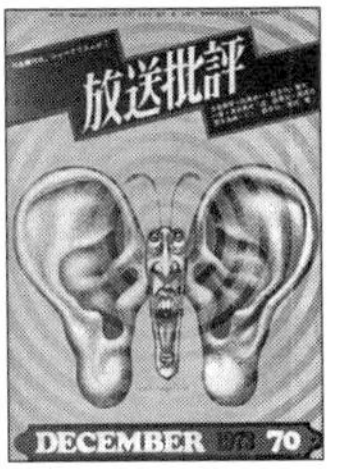

『放送批評』1973年12月号

　しかし、ぼくはどうもそうした表通りのチョウチョウ、ハッシ（マタ言ッチャッタ！）には興味ないなあ。それより、この巨大な耳が微かな物音をもきく、例の「スー・ハー」さえ聞く、その一見（？）して聞こえない行間において生きては死ぬテレビ的感性の二〇年に注目したい。

たとえば、京塚昌子や山岡久乃、乙羽信子、森光子、左幸子といった母性によるセンチメントがあろう。そして、山村聡、二谷英明、芦田伸介、小林桂樹、佐野浅夫という父性の情感的属性に八千草薫、南田洋子、若尾文子、池内淳子といった人々のもつあの懐しい〈長女のイメージ〉がからむ。その間に悠木千帆や黒柳徹子、沢田雅美らのソフィストケーションが挿入されてもいいだろう。そうした現代の家族あわせのくみ合わせの共通分母のなかに、石坂浩二くん、栗原小巻さん、近藤正臣くん、吉永小百合さん、あおい輝彦くん、山本陽子さん、田村正和くん、松原智恵子さん、仲雅美くんといった現代における愛のかたちが攪拌される。ホームのなかのさまざまな共通分母と分子たち――これらのキャスティング・プランの総体をXとし、「番組〇〇」をYとする。二種の変数XとY。YがXの変化に関連してアトリビュートに変化するときに、いわば「視聴率方程式」を変数Xと関数Yの函数関係によって表わすという意味において統一するならば、そこでは、ホームドラマの世界という座標軸によって、ある種の共通した、いわば「共感度」の抛物線が描けるであろう。

任意に抽出したいくつかの番組群――「ママちょっと来て」（六〇年）、「バス通り裏」（六一年）、「咲子さんちょっと」（六二年）、「ただいま11人」「七人の孫」（六四年）、「サザエさん」（六六年）、「肝っ玉かあさん」（六八年）、「時間ですよ」「ありがとう」（七〇年〜）などの作品はたくみに戦後世相に対応する共感度をもつ。当時、人々がなんの疑問も狭む余地もなかったのであろうあのモーレツ・高度成長期には核家族《マイ・ホーム》の無思想性にいらだち、幻想としての大家族制に、そのあり得べかりし話し合いの美学をみいだす。おじいちゃんやお婆ちゃんの地縁情報が見直され、生活の知恵程度の伝統的倫理で部分的に照射され再評価される。そして高度成長モラルが袋小路においつめられるとそば屋、八百屋、旅館業、魚屋、街の小病院、そして風呂屋に水道工事屋に不動産屋に……駅前通りの〝ディスカバー・コミュニティ〟、そこに目標管理による現代社会の壮大なフィクションからこぼれおちた心情の化石を発見したわけだ。

そして共感のもつ受動的性格に満足せず、能動的に映像とわたりあうところに時代劇がわれわれを迎い入れる。それは、「わかってたまるかこの恨み　地獄の業火と燃えさかる」（「地獄の辰捕物控」）であり、〽きまえがよくて二枚目で、ちょいとやくざな遠山桜の金さんであり、生まれ故郷に背なかを向けたうしろ姿が哭いている木枯し紋次郎でもよいし、「はらせぬうらみはらします　消してやろうかひとでなし　おくってやるぜハリ山地獄」の藤枝梅安の静かな一撃でもいいだろう。

私状況《ジャーナリズム》と諸映像《ジャーナリズム》

大衆とはあの「視聴率方程式」の所与のなかでみずからのジャーナリズムをつくりだすのではないか。虚構のなかで心情の接点をまさぐり出し、それを定点とする無数の同心円内で共生する。朝起きてガス炊飯器のスイッチを押す、歯をみがく、食事をする、会社にいく、幼稚園バスを見送る、ワイド・ショウをみる、満員電車にゆられる、今朝の会議ではあの稟議書は通るだろうか、御用ききが来たがビールは三本にしておきましょう、旧友からクラス会の電話がかかる……そうした昨日と明日の間でしかない「今日」がだらだらとすぎさる。

テレビのドラマにはそうした「今日」のジャーナリズムがある。それが重なったり重ならなかったり。われわれの日常の方がテレビのホームドラマ的であったり、主人公どうしの対話のふとした間あいに強烈な日常を感じたりもする。知りあいのA夫人は、若尾文子が「別れの午後」でつぎの場面にどんな和服をきて現れるか、それだけの興味で見据えている。あの江戸小紋はいくらぐらいで……そういう極端なジャーナリズムだってあるだろう。

よくいわれることだが、ジャーナリズムとは語源的には、商人の大福帳や、日記、官報、航海日誌、陣中日記などを意味しているという。主婦のジャーナリズム、パパのジャーナリズム、幼児と怪獣とのジャーナリズム、――それら家庭のなかの私状況としてのジャーナリズムにかかわるテレビの諸映像《ジャーナリズム》。その何とも形容のしがたいどろどろとした共感のスイッチ・バック。

もし、テレビとジャーナリズムというならば、そうした歯どめのきかぬ送り手と受け手のもたれあい、同衾しあっている状況について語るしかないだろう。そして、その熱い絡みあいを根気よくほぐし、公状況として再編成するサメた営為にしか「批評」などという頼りなげな、しかし饒舌なディスクールは存在しないのかも知れない。つまり、それほどまでにテレビと茶の間はほどよく馴化されているのだ。

例えば、よくある話だが、東京に出稼ぎ中の若者が工事現場で事故死する。彼にはやがて結婚するはずの少女があった……NHKの担当セクション(「北の家族」)には、このストーリイについて抗議の電話が殺到したという。昨日と明日の間に今日があるとかたく信じこませたテレビの、計算しつくした裏切り(いやおもて切りか)によって却って共感の度合いを深める構造。あさ八時十五分頃に東京ガスのメーターが急激にさがるという「神話」。そして、魚屋〝魚平〟の娘・愛と出版社につとめる元気(「ありがとう」)についても、同じような別の「伝説」があるであろう。「君の名は」と風呂屋の関係以来それは続いている。もし、茶の間におけるジャーナリズムが成立するとするならば、そうしたホーム・ドラマないしメロ・ドラマが二千万台のブラウン管によって、それが不可視なメロ・ポリティックスにかかわるという点においてであろう。(拙稿「赤旗ラ・テ欄考」調査情報七三年四月号でふれた)。

異界を忌むテレビ

しかし、コミュニケーションには本来、日常でないもの、非日常なるものの生起、あるいは異境でも異界でもいい、他者の世界への願望があった。毎年春になると必ずやってくる毒消しうりの娘が語る雪深い山峡の哀話から、お布施代として語る坊主の説教——そのおどろおどろしき彼方の世界を思って、少年は息をのみ、大人たちは人の生死に想いをはせたものである。しかし、テレビは、現代の異境や異界については触れたがらない。つまりある忌しさをもって未来を暗示し、逆に「今日」の意味を鋭く衝くような表現は虚構のなかにでも決して現われない。少くとも主調音として奏でられることはないようだ。つまり、日常生活の秩序を根源からゆさぶることはしないという黙契によってなり立つメロ・ポリティックスがそこに制動するからなのであろう。

ラジオに隠微なかたちでブームをよんでいる分野に「身上相談」番組群がある。ぼくはその可能性を高く評価しているのだが、現在では、ある意味で茶の間ジャーナリズムの「解毒剤」としての役割りを強いられているにすぎないようだ。そこでは——「子宮全摘出の手術後わたし(二七才)によりつかなくなった夫について」「次女(二〇才)は同棲中。あいては流しのダンプ運転手。結婚するともしないともといった態度である。娘は彼の子を生むといってきかぬ」「同棲中の男(五三才)の態度がはっきりせず、あちこちに女がいる。わたし(四八才)はいっそのこと彼の本妻にバラしちゃおうと思うが」「夫(三六才)は建設関係の仕事だが、意気地がなく転職の機会を失いそう、妻としてどこまで口出しが許されるか」「兄は四六才にもなるのに賭博好きで定職ももたず、お金に困ると七〇才の身で住込みで働いている母のところに金をせびりに行く、母も私も兄を殺してやりたいと思っている」「結婚して二〇年、十八の息子がいるが、ある日突然、妻（四〇才）が若い男（二三才）と駈落ちした。現在、息子と二人でスタンド経営で細々と、毎日がわびしい生活。妻をもどすには」「夫（三三才）がセックスに淡白なため、学校時代のボーイ・フレンドとの関係を絶ち切れずにいる。電話で連絡、月に二・三回モテルへ行く。わたし（二四才）はどうすべきか」（ＴＢＳ「テレフォン人生相談」ＱＲ「ダイアル相談」より）といったような証言が都会のもう一つの顔としてメタンガスのようにふき出てくるしくみだ。何十通りかの不幸の構造について、こういっては言いすぎだが汚いものを、それでも覆った手ごしに好奇の眼でみつめるわけだ。そこで「演じられるドラマ」を今度は、直接「家庭」が加工する。「わたしも不倖せだけど、世の中にはもっと不幸な人が……」「わたしでなくてよかった」「わたしがあの相談の奥さんだったら……どうする」といったいわば比較幸福学についての事例集を「家庭」はじっくりとたんのうするのだろう。

いずれにしても「家庭」における映像や音声の俗なるジャーナリズムと、それに加担してきたテレビ二〇年とは……。

われわれのなかのコントラ・ジャーナリズム

さまざまな〈テレビとは……〉がある。〈テレビとは、アップの芸術だ〉〈テレビとは、〝時間〟である〉、あるいは〈テレビとは、マンネリズムというイズムなのだ〉というドラマ・プロデューサーもいる。そして、やはり〈テレビもジャーナリズム〉なのか。しかし本来テレビとはみるものとみられるものの関りのなかにしかない。それは長谷川如是閑のいうジャーナリズムをいつか蝉蛻してしまったメディアなのだろう。ちょうど水道の栓をひねればいつでも水が流れてくるような、ひねるとジャーなリズムといった態の着ぶくれした装置の、すぐれて政治的な側面にのみ架橋し、狙撃してもどこか空しい。それは、小笠原克の言葉を誤用させてもらえば、テレビという「旅人の素朴な感受を拒絶反応で流さず、論理的に対象化し認識の一つの原理に変容すること。見られる側から、見る側を鋳なおし、それによって論理と感性の自立を鍛えあげてゆくことだ」（「〝北緯四十度圏文化〟をめぐって」）と留保できるのではないか。小笠原は北緯四十度圏の札幌や函館を「詩人の都」という歯のうくような美辞麗句で飾る本土人の無神経さについて、それを「鋳なおすことの可能性で《日本》へ架ける橋の幻想を語った。適当な引用ではないのかも知れないが、旅人＝テレビと置換すれば、この「憶病な巨人」がじつは見る側であって、われわれ茶の間が見られる側であるという逆立した配置図で考えれば、そこにいわばコントラ・ジャーナリズムがあっていいはずであろう。それを体制としてのテレビに果して「素朴な感受」の眼があるのか、いやない、という磁場で不可視な両極を論じても空しくはないか。「わたくし」自身がジャーナリズムであって、そして今度こそテレビを「見る」。みるものとみられるものとの関わりとはそういうことだとおもいたい。もし、テレビにおけるジャーナリズムの危機というならばそれは、「見られる側」のわれわれのなかのコントラ・ジャーナリズムがダイナミックに機能しない場合においてなのかもしれない。

信管を抜かれた「キャロル」

先日、あるジャーナリストと担当者の勇気ある好意によって例の「キャロル」をNHK試写室でみる機会を得た。（十月二十八日に放映された「キャロル」とほぼ同じものだがそれは「試写室」の「キャロル」だった）。そして、じつはまだだれも〈ドキュメンタリー〉「キャロル」をみてはいない！

試写室で「みた」ぼくもじつは「キャロル」はみていない。真の「キャロル」はもはや永久に存在しない。なぜならばと制作者の龍村仁はいう――「キャロルがNHK総合TV夜七時半の〈ドキュメンタリー〉のわくに、まだ余り知られていない時期に唐突に登場して来る事、それが正にドキュメンタリーであると考えるからだ。これは作品論の次元を越えたところで言える事だ」（「キャロル」・ドキュメンタリー放送拒否問題報告①より、傍点筆者）。しかし「作品論の次元」派は「これを放送すれば〈ドキュメンタリー〉の視聴者の多くが拒否反応を示すだろう。番組は拒否反応を起させないものがベストだ」（前掲パンフより）というが、龍村にいわせれば――「拒否反応、という事を考えてみても、人間が今までの自分の歴史の中でもってきた価値感を根底からゆさぶられる様な現象に出会ってしまう時、ある程度の拒否反応を示すのはごく当然のことであろう。しかし、その現象を、在来の価値感の中で整理するのではなく、正にその現象に生身の人間として対応してゆこうとする事に依って自分自身の価値感を変革してゆくこと。それが人間なのではないか。その意味でいえば『拒否反応』が予想されるからこそドキュメンタリーたりうる、ともいえる」（前掲パンフより）。

ある業界紙記者は「いや、NHKさんのビビっているのは、こうした異色作を放送することで比較的好意的な年輩層が受信料に対して拒否反応をおこしやしまいか、そういうことなんだな」といった。どうも手のこんだNHKサイドのパブリシティ臭い発想で、彼は問題をすりかえている。

問題は二つある。

一つは、龍村が対決した上司（=作品派エコールでもいいだろう）のいう「拒否反応」論は「追跡・汚れた天使」と同じように編成論からならば論外だが、にも拘らず、それは「見られる側」のわれわれ（視聴者）のコントラ・ジャーナリズムの現状の衰弱した貌においては管理された情念のありようとして見事に整合するのではないか、という点。

ことしの春、12チャンネルで永田洋子の獄中書簡を中心にとりあげたドキュメンタリーをみた。この放送の反響について制作者は——「報道部の電話は鳴りっぱなしで計二百五十本以上。すべてケシカランという怒りの電話であった。『即刻死刑にしてさらしものにすべき極悪人で、公共の電波でとりあげる必要は全くない。近来にない愚劣な番組』……『永田の一部分だけをクローズアップすることで、連合赤軍の思想と行動を矮小化しようと計っている』等々……。抗議の電話は、現在の体制を肯定すると思われる人々から、革新政党支持者、あるいは既成の革新政党に批判的な人々まで、まさに右から左までさまざまだったが、見事に一致しているのが、『断じて許しがたい愚劣な番組』とのきめつけの言葉であった」（四月九日付「朝日」・田原総一朗「テレビ二〇年目の危機」）と述懐する。そして田原は、「このまるで申合せたような拒絶反応」について——「あちら側もこちら側もおしなべて、都合のよい、いわば安全無害だと公認されたパブリシティ的情報しか受けつけない体質。だが、この体質こそはまさに、テレビが二十年間かかってつくりあげてしまった〈成果〉なのだろう。そして、自らがでっちあげた受け手に束縛され、迎合して、さらにパブリシティの運び屋になりさがっていく」（前掲紙）と送り手の加担の論理を撃つ。

もちろん「永田洋子」と「キャロル」は並列に語れないであろう。とくに「キャロル」は〈ドキュメンタリー〉という金曜日の夜半に仕掛けられた爆弾であって、茶の間の日常性を破砕するまでの過程、それ自体を包摂することによって、そして、「拒絶」であるかないか、ともかく反応を惹起するというイベント性にまで投網したドキュメンタリーなのだった。つまり、金曜日の夜半のブラウン管をみるわれわれも被取材者だった。それは、田原が、「その体質こそは、まさにテレビが二十年間かかってつくりあげてしまった〈成果〉」に挟撃されている状況そのものに「表面的にはごく平穏に生き続けなければならないこの私の管理され切った日常に対する怒り」(前掲パンフより)から埋めこんだ爆弾だったのだろう。

だから問題の第二点は、NHKにもし抗議するのであるならば、それは表現の自由がどうのこうのといったキイた風な云い方ではなく、制作過程に「唐突に」登場してしまうはずであった「われわれ」をどうしてくれる、という〝おとしまえの論理〟からであろう。幻想としての異界をみることなく不発におわってしまった「現場」を、二十八日放送とは、われわれはただ「眺めた」にすぎない。それは、自衛隊(あるいはNHKでもいい)の不発弾処理係が慎重に信管をぬく一瞬の緊張感でしかない。なぜならわれわれ視聴者は非常線の外側に強制され、遠まきにしてコワゴワと、それでもなかには「もしかしたら……」とありもしない期待が予期したようにしぼむ安堵感? で「なあんだ、つまらねえ、帰ろう、帰ろう」のヤジ馬におとしめられたのだから。信管をぬかれた「キャロル」は、すでに屍体であった。田原の場合は生体をリンチされた。現代においては、異界への願望と架橋は禁忌なのであろうか。

「いつの時代でも、民衆に支持されて登場する新しい表現ジャンルは、それが卑俗であるゆえに、隣接する他の伝統ジャンルの担当者の反感を買い、罵詈雑言をあびる」と「三崎省吾」はつづける——「江戸時代の士大夫は、浮世草紙を軽蔑し、宮廷伎楽官は地方の俗謡を馬鹿にした。しかし長い目でみれば、格調正しい漢詩漢文よりは謡や戯作小説に人間の真実の表現があったことはあきらかだ。テレビという新しいマスコミの媒体が、これまでの正統的なコミュニケーションの担い手、大学の教壇人や綜合雑誌の論説家に馬鹿にされたとしても、それはむしろ名誉とすべきなのだ。大学の教壇で、ほとんど神格化して語られるシェークスピアの演劇も、その当時は卑俗な大衆の支持に支えられていたはずなのだ、と」(高橋和巳『白く塗りたる墓』)。この「三崎省吾」はしかしそのテレビに失意しはじめる、小説では。しかし「テレビ」自体は失意も昂揚もなく流しつづける。そこで、ぼくはこの「三崎省吾」的テレビ観について若干の疑問をもつ。

「キャロル」にこだわるのはそこに「人間の真実の表現」があったか、ということよりも、送り手が受け手へ「唐突に」スキャンダラスなメッセージがとどけられ、届け先の可能性的には二千万台のブラウン管が微妙にゆれ動く——そこでの「テレビ」状況になにがあるか、アモルフな劇に好奇心をもったからだ。無責任に云ってしまえば、大衆からエリートへとか、エリートから大衆へといった構造のらち外に「キャロル」はあった。まさにただの存在でしかない。「芸術」とも

「遊び」とも「労働」ともつかぬ定かでない、しかし生の存在――それは戦後の民主主義的な黙契からすればある異界なのだろう。劇画の世界にも少し前の時代にそうしたものがあった。「見られる側」のしたたかな、しかし現状ではメロ・ポリティックスな状況にあるもう一つのジャーナリズムは彼らをどううけとめるか、そしてどう反応し、反撃するか、結果、しないか、そこにしか興味はなかったのだが……惜しいことをしたものだ、ＮＨＫさん。

解題

テレビジャーナリズムへの危機意識は多くが対権力の視点に立つ。が、松尾は、テレビと茶の間（視聴者）の関係において、見る側がテレビの側に情緒的に見られる存在と化し、見る側のコントラ・ジャーナリズムが機能していないことに危機意識を抱く。そして当年のＮＨＫ「キャロル」問題を例に、安穏な情緒を揺るがすスキャンダラスな時間こそが見る側を覚醒させる、という作品批評の次元を超えた「放送批評」の基軸を提示した。

（上滝徹也）

特集：「中継」の相貌　その思想・ライブ・技術

現代における中継
技術の進歩と「中継」の変貌

藤竹 暁

『放送批評』1975年５月号

放送技術の展開の歴史をたどってみると、たいへんに興味ぶかい事実にぶつかる。若干の危険を冒して表現するならば、放送技術の展開の歴史は、放送活動の展開を次の三つのステップに区分することを要求している。

第一ステップ。貪欲なまでに「現実」をとらえようと努力した時期。いうまでもなく、この時期においては、ナマ放送（ナマ中継放送）の可能性が日進月歩をとげ、飛躍的に拡大した時期であった。

第二ステップ。ナマ中継放送の限界を克服する放送技術の登場期。ラジオにおいては録音機、テレビにおいてはビデオの導入がその代表例である。ナマによってとらえられた「現実」よりも、「記録された現実」のほうが、一段と強烈な迫力をもつようになった。

第三のステップ。ナマ放送の魅力が復活する時期。だが、ナマの魅力が復活するといっても、ナマへの関心は、多くの場合、矮小化されている。

こうした三段階の発展過程は、テレビにおいても、またラジオにおいても見られる点が重要である。また、今日は、ラジオ・テレビともに第三のステップにあり、そこで足踏みし、新しい転機を見出してない状態にあるところに、現代の放送がかかえている苦悩があるともいえるのではないか。

第一ステップ「オリジナル」への接近の努力

初期の放送（ラジオ、テレビいずれの場合にも）は、いうまでもなく、記録装置に頼ることができなかった。スタジオの内外を問わず、ナマ放送が放送であった。〝リアル・タイム〟の放送は、すべて「中継」であるという使い方をすれば、中継ではない放送というのは、考えられなかったのである。だが、「中継」という言葉をこのように使ったのでは、問題は曖昧になってしまう。

そこで、中継を、放送局側の意図とは無関係に発生し、進行する出来事を、放送がとらえ、それを伝達する試みとして、一応、ここでは定義して、議論を進めよう。放送局側が仕組んだものではないという意味で、この出来事は「純粋なオリジナル」とよんでもよかろう。（もっとも、昨今では、オリジナルとは何かという点について、さまざまな難かしい議論がなされている。ここでは従来の常識に従って、オリジナルという言葉を用いておく。したがって特別な意味を、ここにはまったくこめていない。）そして初期の放送の努力は、このオリジナルをつかまえて、伝達することに集中していたのであった。

もちろん、こうした努力が放送活動の全面に出てくるのには、それなりの理由があった。第一に、技術それ自体が大変に未熟であったことがあげられる。例えばラジオ放送の初期のダブルボタン型カーボンマイクロホン。マイク自体が、オリジナルをうまくとらえる力をもっていなかったのである。一歩でもオリジナルに接近するという努力が、当時の放送活動の基本を支えていたのであった。

第二に、放送は人間の新しい試みとして、社会に登場した。ちょうど、子どもが生まれて初めて専用のカメラを買ってもらったとき、ところかまわず、何でも撮りたいという気持にかられるのと同じように、放送は手あたり次第オリジナルをとらえ、伝達するという魅力のとりこになっていた。だが、当時の技術水準では、ところ変わればしな変わるで、オリジナルをうまくとらえることができたり、逆にできなかったりする。この未知の事態への好奇心が、放送の発展を推進する原動力であった。

第三に、社会が放送に対して、「中継」を強く要求した。「きこえる」、「見える」という素朴な驚きへの期待である。放送の初期における評論には、きまって多用されてきた常套句の一つに「居ながらにして」というのがある。ラジオの場合もそうであったし、テレビでもそうであった。居ながらにして「きける」、「見ることができる」魅力への陶酔である。

中継を考える場合、いわゆるネットワークについて、ふれておく必要があろう。NHKを例にとれば、ラジオの場合、昭和三年十一月十五日に放送網基幹線が完成している。昭和三年に札幌、熊本、仙台、広島各局が相ついで開局し、十一月二日には既設三局に加えて仙台—熊本間の中継が開通し、さらに仙台—札幌間を無線で結ぶことによって、全国放送網の基幹線が完成した。この基幹線は十一月十六日からはじまる天皇即位式実況中継を全国中継するためのものであった。オリジナルをとらえる「中継」は、中継線の整備と延長によって、全国に伝えられる。「中継」は、中継線の助けをかりて、はじめてオリジナルを社会的事件（社会的存在）とすることができるのである。こうした事情は、テレビでも同様であった。

だが、放送の初期的段階（ラジオ、テレビともに）における中継は、オリジナルへ無限に近づこうとする努力において強く支えられてはいたものの、しかしながら、オリジナルからは、はるかに遠いものであった。中継によってとらえられたオリジナルは、あくまでオリジナルの影であり、オリジナルと中継のあいだには、埋めることのできない大きな開きがあった。逆説的な表現だが、オリジナルと中継の開きが大きかったからこそ、中継は人びとにとって、魅力ある存在であった。

第二ステップ
再構成された「事件化」

第二ステップは、こうした中継のもっている限界を克服する試みによってはじまる。この試みの基本は、次の二つに大別できる。第一は、現場での処理技術に関するものである。例えば、集音機やミキシングを考えてみよう。これらは、現実（オリジナル）をトータルにとらえるよりも、もっともほしいオリジナルの部分を強調し、鮮明に浮かびあがらせることによって、リアルな感じを作り出そうとする努力にほかならない。いわゆる部分的強調による現実「感」の再現ということができる。

もちろん、こうした技術が要請された背後には、ラジオ放送でいえば、マイクの性能が、今日のようにまだ十分に開発されきっておらず、マイクの性能をもってしては、オリジナルを部分的かつ平面的にしかとらえてなかったという制約があった。だが、このような加工の試み（あえて「加工」といっておけば）が登場するようになると、オリジナルは「物理的に自然に」再現されるのではなくて、制作者の「意図」（あるいは「主観」ないしは「主体」）によって、構成し直されて再現される存在としてとらえられることになる。放送が写し出すオリジナルの「像」は、制作者が「解釈」した像という性格を強く帯びはじめるのである。

第二は、記録技術の導入と、その急速な展開である。録音機が導入されることによって、ラジオの世界が抜本的に変わってしまった事情、ビデオによってテレビ的表現が飛躍的に拡大したという事情は、周知のことであろう。次の諸点に注目しよう。

（一）、記録装置の出現は、中継線による制約をこえることができる。中継は中継線によって、オリジナルを社会的事件にすることができたと述べたが、録音・録画装置は、中継線の制約を克服する力をもっている。例えば、日中戦争から太平洋戦争にかけて、数多くの派遣録音隊が編成され、中国戦線に、また南方の戦線へと出かけていった。オリジナルはこの録音隊の手を借りて、人びとの身近かなものとなった。現代であれば、衛星中継という手段を用いることができるであろうが、しかし現状においても、まだ衛星中継は完全に万能ではない。記録装置はオリジナルの社会化の範囲を拡大するのである。

（二）、このことは、また、同時的な再現を必らずしも必要としない、ということを示している。「中継録画」という奇妙な言葉は、こうした事情を端的にあらわしている。それは、ナマ中継で放送すべき事件を、一定時間凍結することである。

（三）、凍結の試みは、次に、編集の試みを生み出す。録音構成や、ビデオ編集による番組は、事件を単に凍結するばかりでなく、事件を再構成して提示することを可能にする。ここでは、オリジナルは制作者の眼を通して、作りかえられさえもするのである。

（四）、いわゆる番組の「編集」が可能になると、それは事件展開のテンポ感覚にたいして、影響を与えることになる。例えば、ラジオ「話の泉」を考えよう。先日、「話の泉」の第一回放送分の録音を聞く機会があった。徳川夢声の司会であったが、まことに悠長なものであった。今日では考えられないくらいの「空白の時間」が、そこにはあった。空白の時間といっても、それは数秒間なのだが、今日の感覚からすると、それは耐えられない時間であった。

ところで、録音技術が進歩すると、こうした番組にも編集が可能になる。テレビの場合も同様である。「私の秘密」にも編集の手が加えられるようになる。といっても、この編集は、回答者が当意即妙、丁々発止と答えが出てこない数秒の

「ま」のカットを意味している。いや編集ができるようになれば、回答者はなにもあわてて、無理な回答をしなくてもすむであろう。空白をカットしてしまえば、そこに、当意即妙の切れ味が生まれてくるからである。

オリジナルがもっている自然の「ま」が、退屈な感じを与えるとき、この「ま」を短縮する試み、あるいは退屈感をとり除く試みの典型例の一つに、相撲がある。仕切り時間の短縮もその一例だが、いくら短縮しても、仕切りそのものが、ときには退屈のタネにもなってくる。

ポラロイド写真による極り手の再現にはじまり、こまどり録画、ビデオ、スロービデオと展開してゆく極り手と勝負の再現は、一方ではオリジナルをもう一度見て確かめたいという欲求をみたすとともに、他方では空白を埋めるという試みをもっていた点を、見逃すことはできないであろう。

ただ驚きのみが人びとの心をしっかりととらえることができた時代においては、こうした空白にまで気をくばる必要はなかった。ただ、延々ときかせていればよかったのだし、見せていればよかった。今日においても、こうした場合がないわけではない。「浅間山荘の中継をみながら、あるドラマ担当者がしみじみとこう言ったのを、おかしくて今でも覚えています。『ああ、ほんものはうらやましいなあ。セット一パイで、誰ひとり登場しないで、もう五時間もモタしているんだもんなあ……』」(吉田直哉『テレビ、その空白の思想』)

ほんもの、といってしまうといささか的からはずれてしまう。ほんもののなかで、驚きを喚起しうるもの、といったほうが適切であろう。放送の初期(ラジオ、テレビともに)においては、中継されるものすべてが驚きであったから、オリジナルはなんでも中継のタネとなりえたにちがいない。しかし慣れが生じてくると、オリジナルであれば手あたり次第に中継すればそれで事足りるというわけにはいかなくなってくる。そこには、驚き、ないしは異常性、非常性の要素がどうしても必要になってくるのである。

東京オリンピックは、こうした点でも、放送における最大の事件の一つであったといってよいであろう。アベベの独走をアップを中心にして、終始追い続けることができたのは、中継の極致を示すものであった。しかし、体操や重量あげ、そして陸上競技の場合には、ただ追い続けるだけでは、驚きの要素は稀薄であった。ビデオによる決定的瞬間や勝利の秘密が再現され、分解され、分析されたからこそ、驚きの要素をそこに盛り込むことができたのであった。

また、ビデオの活躍によって、何度も何度も再現され続けたからこそ、日本中が東京オリンピックで沸きかえっているかのような雰囲気が作りあげられたのではなかったか。東京オリンピックの中継がナマ中継のみであったとしたら、ドラマ東京オリンピックは、考えようもなかったにちがいない。こうして、中継のなかに、構成化の要素が入ってくればくるほど、事件は人びとにとって興味をひき、魅力あるものとなってくる。放送の介在によって、人間の感覚器官をこえた事件の諸側面を、人びとはとらえることができるようになるからである。もちろん、放送は全能ではないのだから、放送によって再構成された事件は、あくまでも、放送という眼によってつかまえられたものであることはいうまでもない。しかしそれは、人間が直接に事件と接したのでは、つかまえようのない別種の「事件」なのである。

浅間山荘事件は例外である。そこではオリジナルの力は圧倒的であって、人びとはただオリジナルにのみ込まれてしまう。現代では、こうしたオリジナルはきわめて稀になってしまった。放送の初期においては、どのオリジナルもラジオやテレビの中継の対象となることによって事件となり、人びとをのみ込む力をもつことができた。だが現代では、当時、事件となりえたオリジナルの大部分は、もう事件となる資格を失なってしまっている。現代においては、そこに、驚きの要素をつけ加えることができたときにのみ、オリジナル中継の対象としての資格をうることができるのである。

そのもっともよい例が、プロレスであろう。とくに力道山時代のプロレスは、まさにショーであることをこえていた。ここから、不思議な事態が生じてくる。計算され尽くされたショーのなかにこそ、事件性が宿るという事態の成立である。中継で事件とするためには、オリジナルはドラマ化され、ショー化されなければならない。逆にショーが迫真力をもつためには、中継の事件がもっているあの生々しさ、意外性がなければならなくなる。オリジナルとショーは、現代のテレビにおいては、その区別がつけがたくなってくるのである。

例えば、ボクシングを考えよう。なぜ、結果的には、きわめて低調な、盛りあがりの欠けた世界選手権試合を一生懸命に見ているのであろう。逆に、いかに劇的な試合であっても、もしその結果が知らされてしまった後に、中継録画で放送されたら、よほどのボクシングファンでもないかぎり、見たいという気持を起こさないのは何故だろう。デーゲームのプロ野球を、ナイターの時間に放送されたときの、あの白々しさを思い返えしてみるとよい。ここから、今度は、スタジオものの、あるいは公開番組ものが、わざわざ中継と銘うつことの意味が、浮びあがってくるであろう。

第三ステップ・現代
不測と計算のパラドックス

「中継」という言葉には、リアル・タイムの神話がこめられている。予測されざる事態の出現もありうるという神話である。だが、実はここにも矛盾が存在する。実は、中継には予測されざる事態があってはならないのである。TBSの二十周年記念番組として、昭和三十三年制作の「私は貝になりたい」が先日放送された。あの緊迫感は、中継には予測されざる事態であってはならないとする放送界の鉄則を、ドラマにおいて体現したものである。当時は、ビデオにおいてもこの緊迫感があった。編集ができなかったからである。もちろん、見ている側とても、ある意味では、このことを十分に承知している。もしも中継線に故障が生じたり、画像がぶれたり、音声がと切れたりした場合には、人びとは放送局側の不手際をきつく責めるにちがいない。

画像と音声はきちんと出してもらいたいが、しかしテレビに慣れきってしまっている現代においては、カメラとマイクがとらえうる範囲内において、予測しがたい事態が生ずるのは、大歓迎である。それを楽しみたいとさえ思っている。人びとがいだいているリアル・タイムの神話は、自分は安全圏にいて、ブラウン管のなかで、不測の事態が出現することへの期待によって支えられている。また、この期待に応えるものとして、「中継」が看板としても用いられるのである。

例えば、フジテレビ『夜のヒットスタジオ』は、歌手の涙によってこの期待に応えていた。NTV『うわさのチャンネル』もハプニングをクライマックスにしていた。またそれだからこそ、和田アキ子の「ゴッドねえちゃん」は、直前にビデオ撮りされていたのである。ハプニングが仕掛けられているために、正確な秒読みが不可能だからである。

その対極に位置されるのが、TBS『8時だョ！全員集合』であろう。あの予想を裏切るドタバタを、緊迫感をもって作りあげるためには、緻密な計算とリハーサルが必要であった。

『8時だョ！全員集合』のように、緻密な計算とリハーサルがあってこそ、ナマ中継が可能になるという事情がある。しかしこのナマ中継は、一般には、オリジナルを中継することによって社会的事件とする、という意味での「中継」の概念からは、除外されている点については、すでに冒頭で指摘した。だが、浅間山荘事件のように、人びとをテレビの前に釘づけにするオリジナルは、なかなか求めて得られないものであるとすれば、中継の魅力をブラウン管に作りあげるためには、緻密な計算とリハーサルが求められることになるであろう。

中継の魅力を作りあげるもう一つの方法は、ハプニングを仕掛けることにある。『うわさのチャンネル』の「ゴッドねえちゃん」を考えよう。この場合、軽い打合わせがあるだけで本番を迎える。ところが実は仕掛けがしてあって、打合わせ通りには本番は進まない。つまり、和田アキ子やその他のタレントは、いっぱいくわされるのである。こうして作られる意外な事態が、番組の魅力となる。ここでは、和田アキ子やその他のタレントたちにとって「計算外」の事態が出現することでかもし出される驚きやとまどいをとらえることが、ねらいなのである。だが、このハプニングを正確に時間計算できないために、直前にビデオ撮りがなされ、時間の修正が行なわれる。

一方では緻密な計算、他方では計算の裏をかく仕掛けによって、スタジオないしはステージの公開ナマ中継は、「事件」を毎日のように作っているのである。この種のナマ中継番組が、今日、テレビ番組の主流の一つをなしているところに、現代における「中継」の特質をみることができよう。だが、一般の感覚としては、これらのナマ中継番組を、いわゆる「中継」として認めようとはしないのである。中継はオリジナルをとらえるものでなければならないという思想である。こうなってくると、今日のテレビ番組のなかに中継を見出すことは、きわめて困難になってくるであろう。

もうひとつ、次のような事情にもふれておかなければならない。中継に耐えうるだけの異常性をそれ自体のなかに内包しているオリジナルは、さまざまな点で、中継放送しにくい要素で満ちているという事情である。政治的な配慮、社会的な配慮など、事前に検討すべき事項が、そこにはたくさんありすぎるからである。だが中継は、本来的には、終りがどのような形をとるかを予測できないからこそ、人びとにとっては魅力的なのであった。また、展開のプロセスに未知の要素が多いからこそ、人びとを引きつけたのであった。ボクシングのように、たとえ展開のプロセスと結果が予知できないものであったとしても、ルールがきちんと定まっていれば、予測の事態にたいする「配慮」は不用であろう。だが、いわゆる「中継」に要求されている「未知の要素」は、これらの事前の配慮をこえている。

こうした事態のもとでは、いわゆる社会的な意味の深いオリジナルの「中継」にたいしては、放送局側は慎重な態度をもって臨むことになる。不測の事態が予想されるときには、中継を避けるのである。また中継したとしても、不測の事態には迅速に対応ができるような措置を、あらかじめ準備しておくことにもなる。ここでは、スタジオないしはステージの公開ナマ中継番組とは異なって、逆に、不測の事態を避ける計算こそが重要になってしまう。

狭義の中継、すなわち、一般にこれこそが「中継」としてとらえられる番組にたいしては、不測の事態を避ける計算が行なわれ、一般には「中継」として強く意識されることのない公開ナマ中継番組においては、逆に、不測の事態を作りあげようとする計算が、きわめて緻密に行なわれるというパラドックスが生じてくる。

すでに、軽便なポータブルカメラと移動性の高い中継設備によって、どこからでも、リアル・タイムの中継が可能な時代を迎えようとしている。テレビカメラもラジオマイクと同様に、人びとの日常生活の壁のなかに、わけ入ることができるようになった。放送技術は新しい可能性をひらいているのだが、しかし現実の放送は、この可能性にたいしてきわめて慎重である。M・マクルーハンの言葉を借りれば、まことに放送は「臆病な巨人」となってしまっている。

初期の放送における「悲願」が、悲願ではなくて、まさに現実のものとなってしまったときに、その現実は「彼岸」に置かれてしまうのである。そして今日、中継が人びとに提供しているものが、「のぞき見」の心理の充足であるとしたら、中継の思想は矮小化されてしまっているとしか、いいようがないであろう。いったい、現代におけるテレビの中継とは、何なのであろうか。

解題

放送機能の根幹としての中継性とは、事件現場もしくは制作現場と、視聴者ひとりひとりとを、時間ゼロで結ぶ同時性つまり経過報道の発見であったはずだ。しかし一九六〇年代後半以降、記録技術の急速な発展は、たとえば〝録画中継〟という自己矛盾に満ちた言葉そのままに、同時性をも偽造するようになった。現実と虚構との位置交換を含む中継機能の変貌とその陥穽とを、鮮やかに分析した論考である。（藤久ミネ）

特集：表現・匿名性と署名性　表現流通機構における精神のスタイル

放送はエスタブリッシュド・メディアである

「署名性と匿名性」から遠く離れて

後藤和彦

『放送批評』1975年6月号

放送においてAは常にAである事

キャスターにしてもパーソナリティにしても、所詮その時その時の流行語のようなものだから、その意味を深刻に考えてみても無駄なことである。だから、キャスターでもパーソナリティでもコメンテーターでも、なんでも肩書きはいいのであるが、いつもきまったチャンネルの、きまった時間に姿を現わして、ニュースのごとき、解説のごとき、オピニオンのごとき、いずれも何々もどき風にしゃべる人物については、「あれは……さん」とだれしもが知っていると思う状況が生じてくる。テレビなら名札も出ているだろうし、ラジオなら「担当は……でした」とIDのアナウンスメントがつくので、その傾向は強化される一方である。

一般の人々が――印刷物なら読者だから、放送なら視聴者というのであろうが――そこに登場して、なにがしかの発言をした人物をアイデンティファイできるのであるから、ここには一種の署名性がある、ということができるだろうか。まず、その辺りのことから考えてみよう。

この人物をAとしよう。Aはいかなる条件が存在することによって、そこに登場したのだろうか。いつも決まって登場するのであれば、一定期間の出演について、その放送局と一定の契約関係にあるのであろう。契約関係が成立したから、

Aはそこに現われる。では、いかなる条件が存在することによって、Aは契約関係を結んだのであるか。契約は一方的には成立しないものであるから、相互作用を前提にしなければならない。それがいずれからのイニシァティブによって行なわれたかは、それこそケース・バイ・ケースということであろう。しかし、一方は放送局という組織であり、他方は個人である。通常の場合、放送局がAを選定して、契約をプロポーズして、あるいは願って、そこに契約関係が成立するとみてよい。

しかし、これは放送に特殊な事情ではない。メディアの所有ないし運営が、組織（法人）によってになわれているのが通例であるから、例えば雑誌の場合、そこに原稿を提出する個人は、イニシァティブはどうであれ——いわゆる売り込みも多いのは事実であるが——最終的には、組織が個人をして、組織と契約関係に入らしめる、という形態になる。

契約関係が同じだから——もっとも長期シリーズでないかぎり、明確な契約関係をとらないのが日本のメディア界のルーズな慣習であることの問題があることは別に論じなくてはならないトピックなのだが——では、放送も印刷物の場合も、その署名性の生じてくる背景は同じである、といえるかといえば、どうもそうではなさそうである。

そうではなさそうである、ということの感じはどこから来ているのか。

Aはいつも自分がAであることを示し、また視聴者は、それがAであることをほとんどつねに知っている。それは放送が印刷物といちじるしく異なるメディア特性をもっているためである。印刷物においては、すべてのメッセージは、個性を排除した活字の配置に置きかえられる。メッセージの個性は、配置された一つ一つはニュートラルな符号の全体がもつパターンによって表現される。〝文は人なり〟というが、それはそういうことなのだろう。ここではメッセージは、いったん人間から切り離された客観的な符号に置き換えられるのである。一方、放送においては、メッセージは、それを発した人間から切り離された符号に置き換えられることなしに、その人の声で、その人の表情、しぐさそのもので伝えられる。もちろん、その人の声や表情は、電気信号に変換されるのであるが、最終的なディスプレイは、再び変換されることによって、声であり表情であるかたちで行なわれる。

放送メディアにおいて全くの匿名性は実現できるか

こうみてくると、Aが出てくる度にAであることを改めて強調しているあの一連の仕組みはなんなのであろうか。

この顔は、この声は、Aという人物のものである、ということの再確認、再保証ということだけではないか。

逆に、AがAであることを全く伏せるとしよう。その場合には、テレビであれば名前をいっさい表に出さないことになるし、ラジオであれば、いっさい発言者には言及しないということになる。しかし、視聴者は、そのメッセージを、そこに現われた顔、聞こえた声と全く分離してとらえることはできない。

テレビならば顔をみないでメッセージを受けることができるが、メッセージはその人の声で入ってくることを拒否できない。これまで拒否すればメッセージの受容は不可能になる。

ということは、放送メディアにおいて、全くの匿名性が実現できるだろうか、という疑問が提起される、ということではないか。

爆弾を仕掛けた人物が、印刷物の活字の文字を切りばりして手紙を作成して送る場合、かなりの匿名性が確保される。それは前述のように、メッセージの符号化が、人間から切り離された物質によって行なわれるからである。この人物が電話で通告する場合には、ハンカチで口をおおい、無理して発声を変えても、その人の声であることを最終的にはかくしえない。自からの声を発する、ということは、それだけ匿名性を捨て、署名性を付与したということなのだ。

爆弾男の話をする時ではないので、再びAに戻ることにしよう。

Aは名乗ろうと名乗るまいと、その自らの人物像についての感覚的キューは、いやが応でも与えないわけにはいかないのである。そのAが自から意図しようとしまいと、ともかくそうした感覚的キューをまきちらすことになったのは、Aをしてそこに登場せしめた放送局側の行為があったからである。Aのキューは、他のどこでもない、その放送局のチャンネルに現われるのであるから、AはAであることをひとことも発しなくても、最終的には、その放送局のAとしてアイデンティファイされる。

これも印刷物の場合と同じか？　イエスであり、ノーである。印刷メディアが自らをアイデンティファイしている場合、例えば、何々新聞、雑誌何々、と明示されている場合、そこにのせられたいかなるメッセージも、全くの匿名性を享受するわけにはいかない。しかし、メディアの所有・運営、いいかえれば最終責任者が明示されていない場合には、そのメディアにおけるメッセージは、匿名性を発揮することができる。〝謎の文書〟というわけである。

放送は原則的に〝謎の文書〟たりえない。もちろん原則だから例外がある。〝謎の電源〟がないわけではない。しかし一般的にいって、放送においてはメディア個々のＩＤをかくしとおすことはできない。放送はしたがって、エスタブリッシュメントである。

メッセージが人格から分離できない

さて以上では署名性ということを極めて消極的、受動的、ないし機能的にとらえてきた。いいかえれば、結果として最終責任者がアイデンティファイできるかどうか、というところで問題にしてきた。もっとも、この最終責任ということはもう少し考えておく必要がありそうである。

例えば、ビラの場合、最終責任者を明示しないメッセージのみのビラをばらまくとしたら、その匿名性は明白である。しかし、放送では、感覚的キューを与えないわけに行かないから、そこに署名性がある、ということは、ビラの場合とどこか違うことを論じているのではないだろうか。

然り。放送の場合について考えてきたことは実はメッセージと関わりのない部分についてのことだったのである。メッセージではなくて、その人物についての感覚的キューを問題にしていたのであり、つまりはアピアランスを問題にしてきたのである。

ここで極めて機械的ではあるが、情報源とメッセージを二分して考えてみよう。先程のビラの場合、そこには情報源についての情報は極めて乏しい。情報源についての情報が極めて僅少にしか与えられていない時、人々は無責任な発言といい、デマと非難するのである。しかし、そこにはメッセージがある。一方、放送におけるＡの問題では、Ａはメッセージのいかんを問わず、情報源についての感覚的情報をふんだんに提供しているうえに、メッセージではなくてチャンネルのＩＤも明示しているのである。

そこで放送におけるメッセージということをもう少し考えてみよう。印刷物における署名性が別に立派なものであると思う必要はないが、少くとも印刷物のメッセージに文字どおり署名をすることは、売名のためということだけではない、なにがしかの人格的責任を感じて行なうことであろう。売名というい方は少々品がないが、このようなメッセージを出しているのは他のだれでもない私だ、ということを周知し、そのことによってメッセージ発信者としての自己の存在を知ってもらい、こんごの市場性の確保に資したい、ということであろう。個人の情報生産商売としては当然といってもいいことだろう。（もっとも、これにいろいろと肩書きをつけたり、資格を表示したりするのは、いやったらしいことに近くなってくるのだが、それも身すぎ世すぎの涙ぐましき御努力ということか）人格的責任という方もオーバーかも知れない。しかし、そこに名前を書くか書かないか、というところで、ちょっとした思いに身をひきしめる、ということは普通の体験だろう。それはメッセージに関しての責任の自覚といってよい。自分の名前を出すことは、自分の姿を出して、どうぞアイデンティファイして下さい、と踏み出すことである。暗いところから明るいところにちゃんと出てくるのである。あるいは明るいところから暗いところへ一歩踏み込む、といってもいいだろう。

しかし、放送ではそうしたことがない。なにが違うといって放送においては、メッセージが人格から分離できない、という事実ほど印刷物の場合と違う事実はないのである。放送においては、メッセージはメッセージとしてストレートに出てこないのである。いつでも生身の人間によって表現され伝達される。

そこから放送における奇妙な逆転が生じてくる。放送においてはメッセージよりもアピアランスが重視される。あるいは、どうせ分離できないものであるならば、メッセージをメッセージとして練り上げるような無駄な努力は棄ててしまって、不可分の混沌をこそ目標にしよう。

メッセージがメッセージとして分離できるところにおいてはじめて、メッセージの発信者としての自己のアイデンティティを明示することに責任の重みを感じることができるのである。はじめから分離できないところでは、そのような自覚性のあるメッセージ意識は不在なのである。

だから、放送は印刷物の場合とは全く異なって、署名性、匿名性のいずれとも、関わりのないメディアだ、といってしまってもよい側面をもつのである。

〝タレント〟＝半組織人としての演ずる人

おそらく原理的には以上のような事情があって、放送においてはすべてのメッセージ発信者は、〝タレント〟という名称に一括されてしまうのであろう。キャスターでもホストでもコメンテーターでも、およそ放送の中で名を売っている人物は、上位分類概念としての〝タレント〟カテゴリーに含まれる存在である。そのかぎりでは個々の職業名は問題にはならない。

さてこのタレントであるが、これはなにものか。先程のつづきでコメンテーターもどきのAさんに出ていただこう。Aもタレントである。タレントにはさまざまの属性があるだろうが、なによりも彼もしくは彼女は、全人格的にタレントであるものではない。タレントとは〝演ずる人〟である。より厳密にいうならば、〝放送メディアで演ずる人〟である。もちろん、今日、〝タレント〟なることばは、放送にとどまらず広く用いられている。マスコミ・タレントというわけであるが、一つだけいえることは、放送のタレントたらずして、他の分野のタレントたることはありえない、ということである。放送でタレントといわれるようになったから——タレントとは、いつでも、そういわれる人であり、自分でいうものではない——他の分野でもタレントとよばれて差支えないのである。

〝演ずる人〟であるから、そこに全人格が表現されているわけではない。Aは前述のように、その放送局との間に契約関係を結ぶことによって、タレントとして演じうる場所を獲得した。Aは 自分が契約関係にあるその放送局という 組織と無関係に放送の中で行動することはできない。無関係に行動すれば、少くとも その組織から排除される可能性を 自ら拡大するだけである。Aはその放送においては、〝半組織人〟である。ただし、その放送の場においては、である。Aは全人格を 放送局にゆだねているわけではない。Aは 放送局の奴隷ではない。しかし、その放送の中では、Aは半組織人としてしか行動しない。彼は契約の枠の中で行動し、その特定の放送の条件——メッセージの選択、言及の範囲、その他の条件——の枠の中において、演ずる人になるのである。Aはどうころんでも、Aではないことを視聴者に示すことはできないので、はじめから署名性、匿名性とは関係がないだけではなく、メッセージがアピアランスと分離できないメディア条件の中で、〝タレント〟以外の何者にもなりえないのである。

〝タレント〟は、その名が明示され、再確認されればされるほど、メッセージとの関わりは薄くなるといった方が現実に近い。重要なのはメッセージではなく、そのタレントという情報源の登場なのであり、登場が重なれば重なるほど、〝定評〟はより確固なものとなる。（したがって必然的に、タレントは政界に迎えられ易い。今日、政治はメッセージにおいて行なわれているというよりは、アピアランスにおいて行なわれているというべきであるから）

放送に署名性・匿名性を実現することの意義

今日のマス・メディアにおいて、署名性・匿名性は、それらがもっていたかつての意義を失なっているといっていいだろう。少なくとも、エスタブリッシュド・メディアにおいて署名をするということは、署名の寄稿を求められるということであり、署名の寄稿を求められるということは、メッセージもさることながら、メッセージの情報源の特定の人物の名声が必要とされるということなのである。その意味では、放送における〝タレント〟思想は印刷メディアをすでに浸蝕しているといえる。そこにおいて匿名という行為は、自らがエスタブリッシュド・メディアであることに対する自虐性、あるいは批評性から出た行為であって、しかも、それは枠の中でのささやかな反乱であり、結局は色どりを添えるおたのしみというものなのである。したがって、放送以外の場において、少なくともエスタブリッシュド・メディアの世界においては、署名性・匿名性はすでに神話化しているのである。エスタブリッシュド・メディアの外の世界においてはじめて、署名性も匿名性も、その本来の毒を発揮することが出来るのである。

放送はエスタブリッシュド・メディアの最たるものである。放送は典型的なエスタブリッシュド・メディアである。メッセージというものが、本来は「異なった情報」ということを意味するものとすれば、あるいは、メッセージがそもそも情報たりうるものであるとするならば、それをエスタブリッシュド・メディアに要求することはできない。「異なった発言」のためのメディアは、そこにはないのである。

一方においてわれわれは、署名性、匿名性の今日的意義を問わなくてはなるまい。そうしたものを追求することがアナクロニスムでなく、まさしく今日を未来に向けてきり開く道に連なることであるのかどうかを確認する必要がある。そのような検討は別に行なわれているとして、ここでは仮りにその努力の今日的意義があるとしよう。では、放送にそれを求めることが、原理的、現実的にできることなのかどうか。

わが国の今日の放送メディアにおいて、署名性、匿名性が、ほとんど無関係であることはこれまで述べてきたところであるが、それは全く変わりえないことなのかどうか。このところは考えてみてよい問題点である。とにもかくにも、この放送がありうる放送のすべてという保証はないわけだし、われわれの見聞してきたタイム・スパンの中でも、放送はさまざまに変わってきた。世界中を眺めわたしても、放送はさまざまのかたちでありうることは分かる。ただわれわれは、この問題の検討において、単独に放送メディアをとり出して分析することは問題の全体的把握を誤ることになる。わが国の状況をみても、どのメディアの問題も、さまざまに錯綜し、相関連したメディア全体の中において注意深く扱われなければならないのである。放送にだけ署名性、あるいは匿名性が実現してもおかしなことになるだろうし、また、そのようなことが実現できると考えることはほとんど空想に近い。今日程度の印刷物における署名性・匿名性が、なんらかの方法で実現できたとしても、それは大したことではないだろう。今日のビッグ・メディアとしての印刷メディアにおける署名性は、なにも一人格の一貫した思想・行動の証しではないのである。その程度のものが放送に実現しても、なにほどのことがあるというのであろうか。

しかし、印刷メディアにおける今日程度の署名性、匿名性を越えた状況が万が一、放送の方に実現できたとしたら、その結果は印刷メディアに不可避的なインパクトをもたらすにちがいない。一体そのようなことができるのか。これは慎重に検討しなくてはなるまいが、今日のような、いいっ放し、みせっ放しの状況を変えうる部分が成り立つとすれば、それは例えば先程からのAのメッセージとアピアランスを記録し分析し、総合的に評価し、Aをしてつねにその評価に責任ある回答をさせるような仕組みをつくりあげるようなことであろう。放送全体がそのようになることは必ずしもおもしろいことではないだろう。放送は一面では、いいっ放し、流れっ放しだからこそ、というメリットをもっているのであって、それは無責任ということでは必ずしもない。放送は全体が同じようなものになることがもっともマイナスの大きい状態なのであり、メディアとしてのスペースの区分と、それぞれの区分の中の性格は、多様であることによってはじめておもしろいものになりうる契機をもちうるのである。今日の印刷メディアの署名性、匿名性を越える部分をそうした放送の一部につくり出すことは、おそらく放送全体の生気を高めることに有効に作用するものとなるだろう。

しかし、そのような検討も、まず、今日の社会における署名性、匿名性の意義の評価の作業が行なわれてからのことである。今日、果たしてわれわれ人間は、一貫した全人格性をもっているのか、もちうるのか、もつべきなのか。筆者としてはこの根本的問いに対して、肯定的に答えることが極めて困難である。

解題

放送におけるメッセージは、活字のような符号に置き換えられることなしに、生身の人間の声、表情、しぐさによって表現し、伝達される。その代表格であるタレントという呼称が日常化したのは、テレビ放送開始後、六〇年代からだ。後藤は、タレントのメッセージよりアピアランス＝外貌が重視される放送の体質と市民社会に影響を及ぼす機構（エスタブリッシュメント）とを勘案して、彼らが一貫した全人格性を表現できる匿名性をもてるか否かを、大いに危惧している。（藤久ミネ）

特集：表現・匿名性と署名性　表現流通機構における精神のスタイル

匿名性と記名性について

三菱重工業ビル爆破の意味するもの

別役 実

『放送批評』1975年6月号

「絶望」から発する匿名的表現

或日、三菱重工業ビルの前で時限爆弾が爆発して、以来数回にわたって各種の企業がねらわれている。事件の度に、「狼」「大地の牙」「さそり」等を名乗る者から予告がなされているのだが、言うまでもなくこの「事件」の本質は、その匿名性にある。つまり、この匿名性があばかれたとたんに、これは「事件」であることを終了するのであり、更に言ってみれば、この匿名性こそが、時限爆弾が破壊した以上のものを、現在も尚、刻々と破壊しつつあるのである。

犯罪行為といわれているものが全て匿名である、という考え方は間違っている。宝石店が襲われて宝石が盗まれ、銀行が襲われて現金が盗まれる事件の本質は、決してその匿名性にはない。その人間の氏名や年令がたとえば分らなくても、「それが誰か」ということを、我々はほとんど知っている。「それが誰か」ということがわからないことに由来する「不安」が、この場合の最大のものではないのである。従ってその場合の被害は、盗まれた宝石と現金の量に限定されるのであり、それ以上でも以下でもない。しかし、この一連の爆破事件の場合は違う。それが物理的に破壊した以上のものを、まさしくその匿名性によって、破壊しつつあるからである。

三菱、三井と事件が引続いた後、「次は三越ではないか」

という冗談が流行した。官権や企業が「その次」を読みとれないために、或種の不安を抱いたのは事実であろう。しかし、その匿名性の本質は、「その次」を読みとらせないためにあるのではない。もちろん官権や企業も、「その次」を読みとることそれ自体を目標としていたのではないだろう。「その次」を読むことによって、事件の本質がその匿名性にあるということ、その根拠をうながそうとしていたのに他ならない。つまり、匿名性の本質は、「我々は匿名である」とする宣言そのものの中にあるのであり、逆に官権と企業は、その宣言そのものをくつがえそうとしているのである。

人間は、特にそれが個々の人格として表現される場合、匿名であってはならない、とするのが、企業や官権にとっての、つまり体制にとっての原則である。その実、企業も官権も、匿名性によって、その実体をおおい隠しつつある。我々は「三菱重工業が誰か」ということをほとんど知らない。明らかにそれは一つのはっきりとした意志を持ち、それに従って具体的な作業をしていながら、「それが誰か」ということを我々には見せてくれないのである。社長も重役も株主も、その個々の人格の表現は、常にその企業のトータルな意志に対して従属する位置に配置されることが可能なシステムの中にある。言ってみれば三菱重工業というのは、誰のものかわからないこの巨大な意志のための不在証明に他ならないのである。

体制側の、この一方的な匿名性が、匿名であることを拒否された個々の人格の表現である我々を、時としてひどく苛立たせる。三菱重工業ビルの前で最初の時限爆弾が爆発した時、その企業とは何の関係もない多くの人々が殺傷された。これは無残なことである。「この人達は、何の関係もないのに……」という思いが先ず我々を襲った。しかし次に「では、関係のある人々とは……?」と自ら反問して、我々は暗然とした。もちろん、「関係者」なら、殺傷されて当然である、と我々が考えたせいではない。ただ我々は、「これこそが関係者だ」と、何者かによって指摘されたとたんに、それをおおい隠して限りなく逃亡し尽すであろう精緻なメカニズムの一端を、ちらと垣間見せられたに過ぎない。つまり、どこを探しても「関係者」など居なかったのだ。

もしかしたら彼等は、「関係者」が居なかったら、その意図を明らかにするための行為で、偶然「関係外の者」をまきこんでしまったとしても、やむを得ない、と考えたかもしれない。しかしもしかしたら彼等は、「関係者」を探る作業を徹底的に追いつめ、その過程に於ける「絶望」を、そのまま「絶望」として表現したのかもしれない。そして恐らく、企業と官権が恐れるのは、この後者の場合である。匿名性の本質は、多くこの「絶望」に由来している。匿名性とは、その表現の対象たるべき標的が一点に定めがたく、同時にその標的に対する人格と人格によるコミュニケイションの方法が失われている時に、それに対する「絶望」から発明された方法に他ならない。従ってこの匿名による表現は、何を表現したかという点よりも、何故匿名であるかという点に、多くの破壊力を秘めているのである。体制側はその「何故」を探ることにより、表現者の限りなく深い「絶望」の内にとりこまれかねないからである。

もちろん、匿名の表現者の側も、常に安全であるとは限らない。匿名の表現者の隠れ家は、その限りなく深い「絶望」の内でしかない。それが安易な浅いものであった場合、体制側の圧倒的な自己正当化のメカニズムにあって、たちまちその隠れ家からあぶり出され、逆にこちら側からの自己正当化を強要されることになりかねない。人は、あらゆる場合に於て、体制側の論理に拠らずには自己正当化出来ないのであり、従って自己正当化を開始したとたんに、彼は匿名である根拠を失うことになるのである。

彼等は三菱重工業ビルの門前に、時限爆弾を装置した。時限爆弾による事件の特徴は、言うまでもなく、その時、その場に、彼等はいない、という事である。三菱重工業そのものが、その名によって発せられる巨大な意志のための不在証明だとすれば、その時限爆弾もまた、それによって発せられる或る意志のための不在証明に他ならない。もしこの時、その相互の匿名性による表現の機能が正確に作動したのだとすれば、この爆破は、その三菱重工業を三菱重工業たらしめている或る巨大なものをトータルに見据えて、「お前は誰か」という問いを発したのである。もちろんこの問いは、この時この場に三菱重工業を三菱重工業たらしめている体制そのものの、もしくは文明そのものの論理によって、自動的に答えられている。もし彼等が、この時限爆弾を限りなく自己の不在証明に仕立てあげるつもりなら、この既に答えられている答えの射程外に自らを位置させ続けなければならないのであり、これを保証するものは、彼等が、この文明を文明たらしめている論理を超える「絶望」に自らを置いているという事実以外にない。この「絶望」の雄弁さのみが、時限爆弾を不在証明とすることを、かろうじて 彼等に 許可するものだからである。

体制の匿名性に対する表現者の匿名による挑戦は、このようにして、逆に自己の匿名性の根拠を問い直すことにならざるを得ない。このことを抜きにしては、匿名性による本質的な有効性は発揮出来ないからである。また同時に、我々はまだ、この相互の匿名性による対話の文体に、余り慣れていない。それは常に一見不可解である。従ってそれは、当事者にとっては余りにも本質的な、そして部外者にとっては極めて局部的な事情に閉鎖されてしまいかねない。つまり匿名性による問いは、それが私的な個別的な問いになることを防ぐために発明された方法であるにもかかわらず、結果的に、そうなる可能性を多く含むという矛盾したメカニズムを保有しているのである。

記名性による体制への挑戦

更に言えば、現在、体制の匿名性に対する、個々の人格の記名性による反乱が、わずかではあるが成功しつつあるという事実がある。各地に起りつつある各種の企業の公害事件に、私はそれを見る。公害事件の被害者こそが記名性の表現者だという事実は、いかにも悲劇的であるが、しかしその○町の○丁目○番地に住む○子さんの目が見えなくなったという記名性の事実が、匿名性の企業から、まがいものではあれ記名性の人格を、わずかながらあぶりだしつつあるのである。もちろんこの場合、公害問題そのものが、今日まで企業を企業たらしめてきた論理を、根底からゆるがすものであるという事実を、見逃すわけにはいかないかもしれない。従ってこそ企業は、その匿名性に拠って責任逃れをすることで企業を企業たらしめている論理そのものを損うよりは、むしろまがいものの記名性の人格を打出すことにより、その損害を最小限に喰いとめようと図るのである。ともかく、そのあぶり出されつつある記名性の人格が、たとえ今のところまがいもののそれであったとしても、企業の匿名性が破綻をきたしつつある事実は否定出来ない。

体制の匿名性に対する記名性の人格による挑戦は、先ずもって個別的な、私的な、従って局部的な事情に拠って開始されるのであるが、それが公害問題という、文明の根拠に関わるテーマに結びついた時、それは、普遍的な、公的な、従ってトータルな事情に変わるのである。たとえ体制が、その匿名性を保存すべく、仮りにまがいものの記名性の人格をいけにえとして打出してきたとしても、それが公害問題であり、文明の根拠に関わる問題であり続ける限りに於て、それは一時しのぎに過ぎない。

匿名性と記名性による表現の、窮極のメカニズムは、このようなものであろうと私は考えている。つまり匿名性も記名性も、表現の一つの手段なのではなく、それ自体が一つの表現そのものになりつつあるのではないだろうか。それ以前の、中間的な過程に於ける、つまり表現の一つの手段としての匿名性と記名性については、私は興味を持っていない。それは、どちらにしても、大して変りがないからである。

解題

不条理劇を得手とする劇作家にふさわしく、特集タイトルを逆手にとった社会批評である。折しも七四年に世間を震撼させた三菱重工本社ほか一一社を狙った連続企業爆破事件の容疑者が逮捕された。別役は、絶望と共に彼らが撃ったのは大企業と官権との正体不明の匿名性だと指摘。一方、公害病を訴え出た患者たちの記名性が、責任を隠蔽する企業の匿名性を発《あば》く、と述べる。この本質論は、現象の表皮しか報じないジャーナリズムへの叱責でもある。（藤久ミネ）

対談

放送批評の自立性について

“個”と“普遍性”の振幅において いかにテレビ批評を成立させるか

山本明
太田欣三

『放送批評』1976年１・２月号

批評としての自立性は在り得る筈だ

山本　僕は放送批評というジャンルに係っているし、太田さんは「ＴＢＳ調査情報」の編集に携っているという事で、放送批評とは何かを話し合いたいと思います。

映画、演劇、文学批評はクリティックの歴史もあるし、様々なパタンも明らかになっている。小林秀雄の「様々なる意匠」なんかはオリジナルよりも、批評だけ読んでも面白いという事がある。放送批評は、テレビができてから歴史が浅いという事もあるが、放送という媒体があまり批評をうけつけないというか、成立させないような気もするわけです。

太田　放送批評という場合、ジャンルというかレベルがいくつかあると思う。文学の場合、時評とか作品論とか色々ある、だから何を指して放送批評というのか。一つには番組批評があるだろうし、行政論があるだろうし、天下国家を含めてのものを放送批評といっても悪くはない。どの地点で放送批評を取り上げるかという問題と、それは絡まっているのではないか。

山本　あらゆる批評というのは原則としてはオリジナルに触れるだろうという事がある。小林秀雄のような人の批評は、オリジナルに触れた人にとっても非常に面白いし、読んでいない人には誘い水にもなる、あるいは一生涯オリジナルに触れない人にも、批評だけは自立している。ところが、テレビの場合は、視てない人にとっては実につまらない。多くの批評は、それなら視ている人にはつまるかというと、あまりにも受け手の置かれている状況が千差万別で、状況というのはまさに物理的な事では、傍で子供がワアワア言っているとか、女房がヨロメキ・ドラマを視たいというのをどうにかしてドキュメンタリーを視るとか、一人でポツンと視るとかいう事ですね。もう一つはその人の置かれている社会的文脈、その人のイデオロギーというのもある。それによって絵解きつまり映像の一つ一つの意味が違ってくる。

具体的に僕の場合で言うと、一〇時頃フッとテレビをつける。おじいさんがアップで映っている。そのじいさんが年寄り特有の声で、「雲か水か、はたまた、呉か越か」と、こう言うたわけです。三〇年前に中学で習ったような事を言うている人がいる、これは何だろうと思って、そこで、面白くなって視ていたら、日露戦争の「三笠」の乗組員で日本海々戦で出撃していく、日本の国土が遠くなってきた、そこで〝大日本帝国万歳!!〟と叫んで例の言葉を言うわけです。そこで体がワクワクする程面白いわけ、その言葉だけで後までみな見てしまう。旧制中学卒業、あるいはそれ以上の人の想いにひっかかるのか何にひっかかるのかわからないけれど。こういう事は文学でもあるが、しかし、それは批評の対象になり得る程の大きいものではない。ところが、テレビはそういう要素が大きくなって視てしまう。しかしそれを活字にしても一人よがりで面白くない。だから、よく読んでみると、オレにとってのある所与の番組は、という風になっている。

太田　ひどくジャンル分けにこだわるようだけど、批評それ自体で自立した作品になり得るか、は、それこそ自分にとっての所与の番組が、自分と過不足なく一致し世界を構築できた時にその批評がうまく自立できれば、そうなり得る可能性は前提としてはある。ただ現在《いま》の場合、物理的な事を言えば、放送というのは消えてしまう、残存がきかない、再放送がきかないという事があるので、批評を読んで読者がそれを再確認する手立てが残されてないから、その感じが強いんだろうと思うが、前提としては、批評の作品としての自立性はどっかで在り得ると思う。文学においてあり得るようにありうる筈だと。もう一つは現実に行われている殊に番組批評は、一体誰に対して書いているか、という事がある。新聞だとかの一般紙は不特定多数に向かって、専門誌はかつて「調査情報」でやっていた番組研究みたいに、制作者に向って質的向上（失笑）を迫るという、いささかオコガマシイ方法ですね。

自立性と有効性を秤にかけながら、この二〇年間、放送批評は曲りなりにも摸索してきた。で、歴史が浅いからまだうまくいかない。殊に初期の時代は制作者の方でも、作る方も、視る方も素人だったから、その函数が奇妙に一致していたり共感する事ができた。が、もうそういう方面の有効性を期待する事はできない。そうすると残る道は書き物として自立する道である。ところが、物理的に放送は消えてしまう事と、それからこれも物理的制約だが、放送批評が載る主たるメディアが新聞だとかわずかなスペースしか与えられていないので、作品として自立する程余裕を与えられていない。もう一つ問題があるのは、テレビに限らず大衆文化を批評する時に必ず伴う制約で、ショート・カットをしないとモノが通じない。文学の場合かえってショート・カットをすると自分の世界が通用しなくなる。大衆文化の場合不特定多数が相手だからショート・カットして大きく捉え、パタンで截ってしまうような事がある、まあ僕は弁護側に回る積りですが。

山本　ちょっと異論があって、大衆文学にしろ映画にしろ、送り手ないし送り手側の責任がはっきりしている。演出、監督の責任が内部でどれ程どうなっているか知らないが、カメラ・ワーク一つとってみてもここで黒沢明がアップで撮った事は、実はその前の作品の「七人の侍」のどことどうつながって、というような言い方もできる。ところがテレビの場合は、演出家はいるが批評家がその演出家の系譜を辿って、この前の番組と比べたら今度の番組はどうやらこうやらと言う方は時々いますが、これは批評家仲間にも通用しない話だし、僕個人で言うとそんな事考えた事もない。テレビ番組はポップ・アートと似ている。ゴッホの絵を観て、その後にあるゴッホの全知的生活が、この「跳ね橋」の一枚の絵に凝集しているんだと、美術家は言うらしいが、我々はテレビで大山勝美のイデオロギーがあの番組に表われているとは考えない。

太田　批評が確立している世界では、画家以前、作家以前という問題を創作者そのものと分けない。

山本　だから、人間としてみる。少年期からや恋人なんかをも問題にする。テレビの大きなジャンルの一つであるワイド・ショーになってくると、演出家が大層に言えば自分の哲学を貫いているのかというと、極めて曖昧である。すると我々はチラチラ映っている映像を僕にとっては面白いとか面白くないとか言って、その僕とは何なのかを若干シンボル的にチョイチョイと出して、こういう文脈で私は面白かったのです、と言う。その番組を見ない人を対象にした批評は、昔アサヒグラフに連載した事があるが、テレビなんかどこかへ飛んでいっちゃって、あっても、「呉か越か」一言だけで四百字六枚書いていたわけ。

〝自分史〟としての批評

太田　これが批評の正しい在り方だという事じゃなくて考えるに、テレビジョンというのは、テレビ自体が二次情報で一つの社会、世界である。送り手側の所在が何々作という事がはっきりしないという事を含めて、新聞と同じであり、新聞批評というのもあまりうまく成立していない。逆に言うとブラウン管で起っている事件、ドラマでも事件と考えれば、その事件に対する社会的反応という言い方での批評だろうと思う。そういう風に納得しないと一〇年間編集やってますが、書いてもらっても仲々納得できない。一つの番組がカッチリ区切られた完結した作品だと思うのは大変誤解があると思う。視る者にとって事件とまではいかなくても、そこで生起している何事かは社会のナマの動きに近いものだと考えた方が楽だ。そのナマの動きに対してどう発想するか、というのが批評の最初だろうと思う。ホーム・ドラマは作品としていいかわるいかよりも、何々子ちゃんのあの事に対する反応がいいかわるいかという事ですよ。時には倫理的になったりする。ドラマ全体の思想よりも、例えば「それぞれの秋」の小林桂樹のおやじさんのやった生き方に対する僕らのリアクションみたいなものを自分の関心の中で捉えた時初めて批評らしきものが成立する。

山本　そのらしきものが一般性をもっているかというと、なるべく一般性をもつように書くけれども、書けば書く程テレビから離れていって、色川大吉の言う〝自分史〟を述べてみたりする事になる。自立させようとすると、いよいよ番組から切れていくという問題が一つと、テレビというのはどうしても編成問題がある。一社の編成問題もあるが、この間不思議な経験をした。「夜明けの刑事」を見ていたら、番組はオモロナインだけれど、その主題歌が流れていて何故だか知らないが刑事がレイン・コートを必ず着ているんだが、東の空が明かるんでいるところを走っている。オモロナインでカチャカチャッと回したら時代劇で、露地で女が人を送っている、そこで歌がまた流れて、〽ああ夜明けのわかれ、と出てきた。こういう事になると僕は胸がワクワクする程楽しくなってきて夜明けがはやっているんだなあ、と、両方をカチャカチャカチャ回す。これは筋もわからず見ているんだから書く訳にもいかない。前にも、何かのハイジャックの後、深夜、「大空港」というハイジャック映画をやっている。六つなら六つのテレビジョンの偶然の組み合わせ、これもまた僕にとっての面白い組み合わせである。

太田　「調査情報」で〝マスコミネットワーク〟というのがあって、厳密にこういう風にネットワークさせなきゃいけないという意味ではなくて、これとこれが同時にある事自体のおかしさを取り上げる事によってネットワークが成立するんじゃないかという発想だったわけですが、結局、テレビジョンはそういうものでしかないという言い方と、なければならないという言い方も成立するんだろうけど、じゃあ、その中での批評とは何かと。

野球はスタジアムに行く人よりもテレビでビールを飲みながら観ている人の方が野球をよく知っている。解説者以上に解説がお上手と。彼らにとってはブラウン管の中のバック・ネット裏からのカメラが追いかけたのを観るのが野球なわけ。茶の間の連中は、〝あの時何故カーブを投げないで直球を投げたのか〟と、これをしも批評というなら批評なわけですよ。放送批評というのはこれに類似したところが多かったわけですよ。（爆笑）

山本　子供をスタジアムに連れて行ったら、〝パパ、どこを観たらいいの？〟と聞いたというんだ。ピッチャーが投げたら、直ちにカメラはキャッチャーの後から捉えるのを見ているもんだから、全然面白くない、野球はやっぱりテレビだ、と子供が言ったという。テレビは現実を映している部分が多いけれど、これはこれで自立してしまっている。昔のテレビ批評は、現実とテレビ映像の落差、ギャップをワアワア言っていた時期があった。これもまた虚しい事であって、ある場合には映像の虚の方が真実というか、よく分って、実はよくわからんという事はしょっちゅうある。その代り、虚の方には作り上げる虚の虚という二重性もある。しかしそれをいちいち言い立てたところで、それが批評か、と、まあテレビ論、媒体論で、放送批評にはならない。

太田　放送批評というのが今のところ大体番組論なんだけれど、チャンネルの選択権が視聴者にあるように、批評家の側も、言いたくない事は言わないでいい、という権利がある筈なんだ（笑）。ところで言いたい事は何かというと、本来なら自分の側にある問題がそこに出ているかいないか、共鳴するかしないか。

山本　あるいはこちらの潜在的に存在するものがある番組によって触発されたか、という事。

太田　そういう関係で批評というアクションが起れば、結果として出てくるものはわからないが、それは批評だろうという気がする。後は酷薄に言えば文章力の問題であると、その人の生き方の問題である、と。これが放送批評のコードだというものが無くて、むしろ逆にこちらの過去とか、将来を含めた状況の中におけるアクションの仕方とブラウン管の中のものと照り返しながら、絶えず自分の状況をも検索していく作業が批評行動なんだろうと思う。ただその場合、虚しいとか虚しくないという有効性の問題に抵触してくるんだと思うが、じゃ何が有効かという疑問がある。

山本　現実のテレビ批評やテレビ・コンクールの批評から言うと、我々の議論はちょっと上等すぎる話をしている。たとえば、民放祭に行く。あんまりテレビを視ていない人がズラリとお並びになる。それはそれでよろしい。僕みたいに毎日視ていなくとも。ところが具体的に言うと、「ある編集者の一日」というドキュメンタリーであなたが出てくるとする。僕がそのテレビを視たら太田君を知っているという事をおいといて、映像として出てくる太田君の人物を視て、これが一つの世界を映像の上で構成しているかどうかを評価の対象にする。ところが、多くの人はテレビは二次情報だから一次のオリジナルの方を知っていると必ず票を入れる。やあ、あれは知ってますよ、てなもんで。僕らが、やあ、そこのところはよくわからなかったとケチつけると、実はかくかくしかじかで、と、テレビとは違った部分で批評される。僕はそこでカッカと怒る。オリジナルを知っておればテレビではみられない色んな事をご存知で、それがテレビに投影して高位の点を取る。そういうアホらしい事、これがテレビ・コンクールかという事が、しょっちゅう起っている。

太田　それは普段と違った特殊な環境でご覧になるから。僕はこういう雑誌の編集をやっていながら、いつもテレビを何気なく見ちゃう。で何気なくハッと気づく。あるワンカットに触発されて、ワン・カットあるとその番組が印象に残る。成り立ちは違うが、詩でも二〇行でも一行心に残るフレーズがあればそのまま忘れない。何気なく見て何気なく触発されると本気で見だす。本気で見だすというのが結局共感した部分でしかない。それを文章化していくのがテレビと離れていくのは当然だし、くっつかなきゃいけないという理由も無いんじゃないか。

山本　僕はどんな番組でもよかったわるかったという一般的な批評は書けないし、書いた事がない。オレにとってどうであったかという事です。歌謡曲番組は視ないんだ。というのは、あれは茶の間で視るものだ。梓みちよが出てくると、整形手術はうまい事できるんだなあ、で三〇分もつ。ところが書斎で視るから、これはもう五秒です。話にならない。茶の間における歌謡曲番組は歌ではない。顔であり服装であり最近の「週刊明星」に出ているスキャンダルを目の前で視る事で、ああ、エエカッコしてキレイな顔しているがあの男とヤッタンダナアと思って視ていると面白いでしょ。一人で大真面目な顔して視ている限りでは何も面白い事はない。という風な要素がテレビにはやたらにある。

大衆文化を批評の対象化とするには

太田　今、大衆文化全般への批評の位置が少しずつ出てきていると思うが、宇能鴻一郎先生のファンがいますね。宇能鴻一郎先生の過去の経歴を洗ってどうにかしたいとは思わない。ただ、好きな人は次から次へと読む。同化の仕方がね、今と昔という事で言えば、資生堂の人がこんな事を言っていた。昔は、ナポレオンを尊敬すると彼の伝記を読み、病のこうじたヤツは彼のクセである懐に手を入れたりする、色んな同化の仕方をした。今の若い人は、ナポレオンの帽子をパッと被っちゃう、これで終りだと、こういう同化の仕方が今の大衆文化状況の同化の仕方であると、言うわけです。考えてみればテレビもそういう事がありますね。つまり流行歌を口ずさむなり、手っ取り早くシンボルを身につけるなりという事で同化してしまうという事なんであろうと思う。

山本　批評を書くという事は表現意欲を満足させるわけで、必ずしも他人に読んでもらってどうこうと思わない。吉本隆明が言語は表現意欲なんだという説を立てているが、確かにそういうもんやね。そうなってくるとかつての文学批評みたいに作家個人の生活を洗い出したり書いた時の状況だとか文体論だとか、テレビでは成立せん事もないが、そういう努力をしている人がいらっしゃるが、大体この世界では年寄りで映画からこられた方で、システマティックにやっておられるんだろうけども肌が合わんというかこれはテレビ批評ではないぞと思ってしまう。僕の場合は批評じゃないんだ。あるテレビに触発されて僕の顕在的なものが、言わば連想ゲームみたいに、あっオレの考えている角度はこういう問題についても在り得るなと思うとか、潜在的にあるものがテレビでファーッと出てきて小生の精神を大きく支配するとかですね。テレビの一番大きな特徴は日常性の中で視ているわけですから。映画でドキュメンタリー「裸の島」を観るでしょ、僕は大体感激しやすい男で、割合涙線が緩みやすい。義憤にかられてこういう事が日本にあっていい事かと思って、やたらに肩など張って、京都の四条河原町辺りを傲然と歩く。太いパンタロンなどはいて男と腕組んでナニやっとるか、この大問題をおいてナニが〝東洋亭〟のステーキか、と。カメラ屋の前に立つとこういう高級なものをガサガサ買いよる金をこの問題につぎ込んだら解決するのではないかとか、ホントニ思うんやね。ところが三〇分位すると僕もカメラ屋の前に立ってニコン買いたいなと思ってしもうんや。多分日常性と切れたところで怒っているんやね。そういう時にはものすごくネオンなんか腹立つね。ところがテレビはそういう腹立ちはない。その代りテレビはそういうシリアスなものは大体自己批判を要求しとるね。例えば「しいのみ学園」とか肢体不自由児のが出てくると、大体寝転がっているとか、ワインとかおつまみとか週刊雑誌を傍にちりばめながら視ておる。我が家はこうして呑気に夜の一〇時を娯しみながらテレビを視ておるが、こういう世界が日本にある、オレはこうして寝転がっていていいのだろうか。それから国会中継なんか視ていると、オレは京都で寝転がっていていいものだろうかと思うけど、当面のところ寝ころぶ以外にないじゃない（笑）。同じようなものをテレビと映画で見ても違うんやなあ。テレビのシリアスなものは自己批判を要求されてかなわんやなあ。映画は自己批判を要求しない、自分も同化して怒っとる。

太田　僕は未熟だから怒るんですがね。テレビでね。つまり見たいもの見せてくれないからね。紀行番組なんかで、兼高かおるの世界旅行で、折角あそこまで行きながらもうちょっとカメラこっちまでいってくれれば見えるんじゃないかと、思わずテレビをこう斜めに見すかしたくなる。単純に怒ってそう書いちゃうとつまらないんですよ。しかし一応カメラはこっちの眼の代りもしているんじゃない。眼の代りにならない時は目隠しされてる感じがしてイライラする。そういう事を含めた批評の契機は沢山作ってくれるけどモザイクでつながっていかないのね。トータルとして。三〇分視た後沈思黙考すればそういう事も可能だろうけど、まずはニュースの後歌謡番組やお笑い番組視ていれば、そこの断絶を断絶と思わない生活になっている。

山本　好きじゃないけどショー番組を視るとすると、つまらん事に興味もつんだ。団地のおばさん、いや、ご婦人がやね何故か壇に二〇人位のっていて、髪をカット・セットしてきたおばはんの数を数えるとか、以前は多かったが段々減ってきてこの頃は半分位だなあとか、パンティ・ストッキングが流行ってからはそうじゃないが、それまではちょっと膝上のストッキングあるじゃない、あれはしたない、貧乏くさい。あれは靴下つりで吊ってほしいなあとかね、ちょっと視えたりすると仲々色気があって面白いとかね。案外、画面の隅に映っているものに色々面白いものがあって、イヤな言い方だけど、それは文明批評、あるいは社会戯評の対象にはなり得る。だけどその番組自体の批評にはならない。

太田　テレビは写真で言えばパン・フォーカス。一点に絞られる焦点というものはない、片隅にも焦点はある。その焦点を作るのは誰かと言えば結局受け手になっちゃう。そういう余裕がある。

山本　昭和三二、三三年頃に家庭のカメラが流行り出した頃に加藤秀俊君が「広角レンズの思想」というエッセイを書いた。かつては写真はハレの日の記念写真であった。この頃はスナップだと。そうすると色んなものが写っている。それが後から案外面白く思えるし、という事を書いている。ところがテレビはスナップ写真でありたいけれども、このブラウン管の大きさの必要上かなりアップが利用される。そのイライラさがあって、むしろ広角で方々が映った時の面白さみたいなものを一ヶ所捉えて四〇〇字何枚書くという事になる。だから僕のサイコロジーを説明し僕の社会的諸問題、地位、不安みたいなものを書きながら、ワンショットが何故オモロカッタのかを書くのが大体僕のテレビ時評なんですわ。

太田　僕も編集者として要求したいのは大体そういう事なんです。〝にとって〟というのには二つあると思うが、僕にとってどうかという事を書くのが大袈裟に言えば世界的な状況の中である種の市民権を得ようという努力がある、それは方法論だと思う。それが合致した時は放送批評というジャンル分けをしたものではなく、一つの評論になるのではないか。

山本　戸坂潤が批評とはそれ自体が独立していてそれが世界の中である事物とその人と対決する事で世界が批評できるんだという言い方をしている。昭和三九年頃朝日新聞にテレビ時評を頼まれて、〝ボク〟しか出てこないのを書き続けた。それから十何年経って別の批評のパタンはあり得ないだろうか、〝ボク〟というのは主観なものやから、それをある程度普遍化しつつ、なおかつ個というものが出てくる、しかもテレビの番組が入ってくるうまいパタンがないかと考えているんだが。

太田　しかしそれはかつてやった方法がそれになるんじゃないですか。それは方法論としてまだ他の方法があるという事でしょ。

山本　そうそう、様々な方法を一杯作ってみて夫々の割合いい批評群を眺めてみて、その中で若干気障に言えば僕のヤツがアウフヘーベンされて、もっと普遍性があって、右において普遍性、左において個別性みたいなものが有望できる事はないだろうかと。

太田　個と言ってる場合の個が、個と言いながらホントの個じゃない。山本明において、四十何年かの過去と研鑽（爆笑）と対社会的な眼差しの中でできた個ですから、その個の主張の仕方というのを、積極果敢に押し拡げていけば理想論的に言うと普遍性という事になるのじゃないですか。

山本　しかし数百万の読者のある新聞に載るというと、いささか考える。例えば僕の年令、僕が終戦直後どんなに腹減ったか、という事を知ってくれてないとね、わからんだろうと、何故面白がるのか。若い人は、〝山本さんは終戦後に腹減ったと、いい体験ですね、すごいですね〟てな事を言うわけです。我々の方法というのは別の言い方をすると、ある種の共通体験が皆あって、というのが無意識的に前提になっている。〝戦争はイヤだ〟と書く場合にその戦争は説明しなくていいあの戦争や、という事なんですよ。ところが今の学生は〝戦争はイヤダとは何だ、誰でも言うてるやないか〟と、戦争を知らない子供たちはそれなりに居直っててね、戦争はイヤだという言葉にたいして、感性として受け取ってくれない。人口の半分がそういう人ですから、ここで個と普遍の結合の仕方みたいなものをテレビ批評を媒体としてどうやるか、昭和三九年段階に僕が作った記事と明かに違うだろうと思う。だからそこでお手上げだと言うわけです。

太田　昭和四〇年に放送批評の仕事をし始めて、その頃はまだ制作内部に対してアドバイスをするという型の有効性を狙った番組批評が、結果的には若干有効性をもち得た。ところが一〇年経つとそういうのは全く意味がないと、図式的に言うと六八年に技術誘導が始まって、日本全体がある方向にワアーッと一緒に行っているんだという感じが全く無かった。そうすると〝私〟に還ってこざるを得ないような状況が出てきて、僕の好みから言うと編集者というのはすぐ世界の流れにのっちゃうもんですから、最近期待するのは〝私〟みたいなものが全面に出てきたものを歓迎したいと。おそらくそれを読んだ方が、一見有効性は無くとも読むヤツを触発する原因ではあるんじゃないか。

山本　いや、表現とは一般的にそうなのよ。テレビはまた特にそうだと。ところがテレビ批評の媒体の対象が不特定多数だから、そこで不協和音、軋みが起ってくる。

太田　山本周五郎の全集は色々な人が解説を書いている。どれを読んでももう一つピッタリこない。山田宗睦さんが書いている、あるところまで行ってくれてる、しかしやっぱり違う。結局大衆文化の批評はそういうものが宿命だと思う。隙間の多いもので、外縁部分で大衆化たり得ているわけですから、逆に言えば外縁部というのは自由なわけです。自由が無いと大衆化しないだろうから、大衆化したものは外縁部が広いから、批評それ自体として世界を、相手を多分捉える事はできないだろう。宿命じゃないか。流行語である年のある気質みたいのを表現するのは楽なわけです。〝シェー〟が流行った時は色んな事が言われたし、〝チカレタビ〟も何故流行るのかを若干社会学的考察をすれば何となく今の風潮とピッタシくると、だけど、そうだろうかと考え直し始めると、全く何も掴まえてないという事がある。

山本　説明して何となく納得がいけばそれで済む、というのが説明の論理で、それは現実に合っているとか、実践に係りがあるとかとは無縁のものです。

太田　大衆文化の批評をみてて大体その截り方が多いわけです。だからショート・カットだと言うんですけどね。

山本　〝私〟というのが出てくると、これは大衆を必ずしも相手にした批評にならんという事が一つと、テレビ批評をやる人はある種のインテリやな。キッチュの代表的なのは、みやげ物屋にある、金閣寺の模型のキンキラキンのものだとか、木を焼いて「一日一善」と書いてあるものですよ。これをキッチュと考えているのは人口の一%もいない。ヒネクレタ連中だけがキッチュとしてオモロイと言うだけだ。普通の人は大真面目です、オモロイと思ってない。テレビで九九%の人が面白がってる部分に僕らは全然面白がらず、妙なところで面白がってヒネクレて書いている部分が若干あって、これが一部の人には面白い、一部の人には何を言っているのかと。そこら辺までくると純文学批評と似てくるところがある。最初に離れていると言ったけど。〝私〟を強調していく事である種の私の世界、その中にはテレビもある、というような事での批評は何となく成立する。

太田　カッコよく言えば、〝私〟から始まって〝私〟を超えるものを書ければ幸いなわけです。

山本　最初に文学批評とは違うと言ったけれど、いわゆる放送批評が違うのであって、最終的にどんづまりになってくると、何に限らず批評というもの、テレビ批評もクリティックとしては成立し得る。だけどそれがテレビ批評かと言われると、若干曖昧になってくる。放送批評という雑誌は常に自己否定の契機を含まない事には放送批評にはなり得ない。

解題

雑談に始まり、〝寄り道〟に次ぐ〝寄り道〟のなかで、縦横無尽の大放談へと展開する。文芸評論の自立性はすでに確立されていて、オリジナルの作品を読まずとも評論文学として成立する。が、テレビではどうか。番組を見ているそれぞれの〝私〟にとっての、その時点での感興や共鳴など自分史的批評が主であって、批評それ自体が自立し、かつ普遍性をもつ表現領域には達していないというのが結論か。放送戯評ならぬ放送戯談である。（藤久ミネ）

特集：放送批評の磁場をもとめて

テレビはジャーナリズムたりうるか

矢崎泰久・瓜生忠夫

『放送批評』1976年12月号

――矢崎さんはたびたび、テレビはジャーナリズムなんかではないんだということを言っておられる。しかし、どうも反語のようにもうけとれるフシがあります。どうなんでしょうか。

矢崎　それはカッコつきの発言なんでして、日本のテレビはということです。もちろん、テレビはすぐれてジャーナリスティックなメディアだと思うんです。ところが、日本のテレビは、ジャーナリズムの側面を一切、切り捨ててしまったところから出発して、しかもマンモス化し、成長発展するにしたがって、ますますジャーナリズムとかかわりがなくなってしまった。たとえばニュース番組までもなぜスポンサーつきでやるのか。せめてニュースぐらいはスポンサードされない、ＴＢＳならＴＢＳ、日本テレビなら日本テレビが自前で作ってみようとしないのかと思うんです。とくに近ごろの出方を見ていると、ＣＭを見せられているのか、番組を見せられているのかわからないくらいだし、ことに大きな資本家、つまりいいスポンサーがついた場合は、番組の内容まで迎合して非常にサービスするということをやっているんですね。テレビの強さはナマにあると思うんですが、ＶＴＲの発達ということもあるでしょうけれども、ジャーナリズムのほうからナマの強さを生かそうとせず、どんどんどん後退して、スポンサードされた、しかも安全なものになっている。安全というけれど、それは企業にとって安全、国家、体制にとって安全なものを作っているだけなんで、決して健全なものを作っているとは、僕は思わないわけですよ。ジャーナリズムの本質とは、健全な精神とか、健全な生活、そういうものを育成し、かつ追及していくところにあると思うんですね。その姿勢を忘れている。娯楽番組一つとってみても、安全ではあるけれども、健全でない。そういう意味で、日本のテレビはジャーナリズムじゃないと、私は申し上げているわけです。

瓜生　これは困ったな。だって僕も同じ意見だよ。だからこれは対論にならないし、反論にもならないかもしれないな。日本のテレビは、そうだと思いますね。しかし、そういう中でも、いくらかいいところを発見してやろうというふうには思うけれども、今の問題でいえば、民放の場合は、時間帯そのものを売っちゃっているでしょう。しかし、日本で使える周波数の電波は、みんな国民のものなんで、その国民のものを、交通整理のために、ある業者に渡してあるわけですよ。だから、国民の財産を自分たちが勝手に使っているわけだけれども、そのもらった電波をスポンサーに売ってしまうということは、これ自体が、いちばん不合理なことだと思うし、だからそこから、娯楽番組でもなんでも、十五分ごとにＣＭが出てくるようになる。だから、一般の人にとっていちばんわかりやすく、最悪なケースを考えてみると、この間あった巨人・阪神戦の何回戦かで、ここで高田が出てきて、ヒットをとばせば逆転、という場面があった。ところが、この阪神としては、剣ヶ峰というところで、ポッとニュースが入ったわけですね。しかも、ニュースの頭は延々とＣＭ。それからフラッシュ・ニュースがちょっと入って、そのあとまたＣＭ。再び球場に戻ったときには、野球は終わっちゃっているわけだ。そのＣＭを出しているのは野球とは別のスポンサーですから、その時間は絶対渡そうとしないわけだ。つまり、民放は、時間帯を全部売ってしまうんだから、自分で電波をもっているようで実はいないということだ。それなのに、一方で編成権を主張するのは、矛盾なんで、編成権なんか民放は実質上持っていないわけですよ。イギリスで言うナチュラル・ブレーク、つまり、回のかわり目にＣＭが入るのはまだかまわないと思うけれども。

矢崎　だけれども、なんというか、本当のファンというか、わりとしつっこいファンにとっては、チェンジのときの選手たちの表情とか、ダッグ・アウトの様子とか、そういうのが非常に知りたいということをよく言いますね。

瓜生　あれはナチュラル・ブレークで、試合そのものと関係ないから、時間帯を売らなくても、できるわけです。スポットだけで、あそこは使ってかまわない。イギリスだったら、あそこは許すだろうというふうに思う。だけれども、肝心の試合が進んでいる最中に、最終回のこれというところ、つまりこれというところまでもってきたというのはスポーツ放送であり、ジャーナリズムの役割で、そこまでは果たしてきている。それを最後の瞬間にいたってぶっこわすというのは、これではジャーナリズムたりえない。なぜジャーナリズムたりえないかというと、時間帯を売っているからなんで、向いているほうが、視聴者のほうではなくて、スポンサーと代理店のほうなんです。そして愚にもつかん視聴率にこだわっている。だいたい視聴率の調査サンプルは、全部あわせて一一〇〇いくらですか。ニールセンにいたっては五五〇くらいしかない。それでもってテレビ所有台数が二六〇〇万台にもなった今日の視聴者の実態がつかめるわけがない。視聴率調査のいちばん無意味だという例は、たとえばNHKの朝のテレビ小説がいちばん視聴率が高いというところにあらわれている。これは時計の代りだからというふうに、みんな注釈つけているけれども、じゃあ、ほかのものは、どういうふうに注釈つけるかということが問題になってくるわけで、日本の民放は、ジャーナリズムたりうるべき要素を自ら否定するようなことを平気でやっている。

矢崎　NHKの場合、内部の人に聞いたんですけれども、いまほとんどコンピュータにセットして番組を流しているそうですね。ナマのニュース以外は全部機械にセットされている。一秒の狂いもなくセットされたまんまに放送が流れてくるんで、部屋は完全に機械化されていて、そこへタッチしている人間は、放送の内容のなんたるやも知らない。ただ、ボタンを押すと、セットされたものが順々に番組として流される。ほとんどVTRで組まれているんですね。なにかがおきたときは、時間的にすぐは間に合わないにせよ、対処するでしょうけれども、チェック機関もきちっと通った上でのシステム化された、安全な放送として提供されているんだという意識がNHKのほうにあるわけですね。スポーツ中継やっているときにも、ニュースの時間になると、さっとぶち切ってニュースをはじめる。ジャーナリスティックに作ろうと思えば作れるところを、このシステム化、コンピュータ化によって最初から拒絶してしまっているんです。

ニュース報道の癌

矢崎　僕は以前「遠くへ行きたい」という番組のプロデューサーを半年だけやったことがあります。国鉄がスポンサーなんですが、この番組を赤字解消に役立てたいという考えがあった。ですから、赤字路線のところへ、みんなが旅をしたくなるような内容にしたいわけです。ここにはすばらしい景色があります、情緒もありますというようなことで番組を作りますね。そうすると見た人が、どっと行く。ところが泊まるところもない、歩く道もない。その線路を通っている汽車は、一日一本か二本しかない。行ったきり帰ってこられないわけです。その上、付近には肥溜めやブタ小屋があって臭くて耐えられない。これではサギですね。そこまでやるならば、いろいろな施設もきちんとして、民宿もちゃんと用意しなけりゃいけない。それなら納得できる。だから僕は調査してあやしげな場所は一切ダメだ、といったんです。僕の場合はテレビマンユニオンから委嘱されてプロデューサーをやっていたんですが、代理店が電通で、スポンサーが国鉄だったから、できたばかりの組織として、非常に不安だというところもあったんでしょうけれども、言っていることとやっていることがあれほどうらはらな会社もめずらしかった。僕は、最低ジャーナリズムの姿勢みたいなものを大事にするということを、テレビマンユニオンに期待したんですが、それが完全に裏切られた。ことに電通という悪しき代理店が、スポンサーのほうしか向いていないんですね。僕は相当闘ったり、喧嘩もしたり、普通のプロデューサーでは考えられないような、勿論フリーだからできたんでしょうけれども、強行な姿勢をもって、テレビをジャーナリズムとしようとやったわけです。そうすると、どんな抵抗にあうか。これはもうすごいわけです。スポンサーや代理店、プロダクションとか、テレビ局、あらゆるものを敵にまわさなくちゃならない。さっき瓜生さんがおっしゃったように、電波というものは、結局、国民全部のものだ。そういう姿勢にたったときに、電波を私物化しているのはけしからんと思うわけですよ。国民の大多数が納得できるテレビジョンを作るという姿勢がなくちゃいかんわけですね。

瓜生　その私物化という場合、この間のＮＨＫの小野吉郎の会長辞任問題で、ＮＨＫは決して看板通りの公共テレビではないことが明らかになった。小野吉郎を会長にしたのは田中角栄だし、それから前田義徳を会長にしたのは、佐藤栄作だし、阿部真之助を会長にしたのは池田勇人だ。あそこの経営委員会というのは、有名無実で、経営委員会が自分たちで選んで人事を決定するということではなく、また郵政大臣でさえもない、ＮＨＫの会長は総理大臣が決定していたわけでしょう。要するにＮＨＫが向いているのは、政界ですよ。しかも単なる政界じゃなくて権力に顔をむけているわけで、それが放送にもいろいろな形であらわれてきている。民放は民放で、スポンサーと代理店のほうを向いている。だから代理店は、局がなにを作ろうと思ったって、自分たちが首を横にふれば、それでおしまいだと思っている人間が今でも圧倒的に多い。そういうことでは、第一、ジャーナリズムか否かという問題ではなしに、いったいこれが放送かという、いちばん原則の問題に突き当たってこざるをえない。結局、ジャーナリズムか否かということは、なにをコミュニケートするかというところに問題が帰着してくるわけですよ。

さっきの矢崎さんの「遠くへ行きたい」の話で思い出したけれど、僕はずっと日本映画テレビ技術協会の会賞の審査委員を続けているけれども、はなはだ心外にたえないのは、年々ニュースの出品が減っていることですよ。ニュースは一日中放送されているから、非常に多くの量が放送されているわけでしょう。しかしこれが私どもの誇りうる今年の代表的ニュースだ、といって出品されてくるものはほとんどない。その審査会で、僕がずっと言っていることは、構図が問題じゃないんだ。ニュースは事件の真実をつかむことがいちばんの問題なんであって、その真実をつかもうとするためには、キャメラのピントがたとえボケても、追及してスパッとつかんでくれれば、それがニュースなんだ。しかし光線をひいちゃいけない、フィルムに。光線をひくかひかないかということは、キャメラの整備の問題だから、それはいかん。それから北極へ行くとか、南極へ行くというと、寒くて油が凍ってキャメラがまわらなくなる。そんなことは絶対理由にならんわけですね。私自身は、それで戦争中に大失敗したことがあります。ビルマの雨期は湿気がものすごいということを計算に入れないで、トーキー班をつれていって、音がとれずに失敗した。これは僕は、ニュース映画の取材責任者として、全然失格だといって、自己批判したことがあるんですが、取材に行く以上、とれなかったという言い訳は絶対にできないわけだ。

矢崎　ニュースの場合、いつもカメラが、たとえば機動隊と学生が衝突していれば、機動隊のうしろにいる。好戦的な学生のイメージばかり強調されるわけです。カメラ・アングルというものは、非常に限定されているということも一つあるだろうけれども、国会中継など、きょうはテレビの中継があるというと、委員会に関係のない代議士まで、傍聴席のほうに顔を揃えるというように、言ってみれば、ニュースそのものは、きわめて作られた構図の中でしか機能していない。しかしこれはテレビだけじゃないんですね、実は。日本のジャーナリズムは、勿論、僕も含めてかもしれないけれども、朝日新聞を代表として、新聞記者から雑誌記者、すべて警察の側の、警察のうしろから取材する。自分からのりこんでいって、対象にぶつかって取材するという姿勢が、希薄なんです。テレビはその最たるもので、たとえば、よく絵にならないというふうに言うんですけど、絵にならないということはありえないんで、どんなことだって絵になる。つまりテレビのカメラでもって、ナマのものを写そうという精神があれば、僕は絵にならないものはありえないと思うんです。たとえば、鉛筆を走らせている新聞記者をとったって、緊迫感が出るかもしれない。何しろ一時も早く現場にかけつけて、報道しようという姿勢が、怠惰になってきている、全体をみていると。また簡単にいうと、ニュース部門にお金をかけないんですね。だいたいニュースを提供しているスポンサーというものは、たいしたスポンサーじゃない場合が多い。たいがい長い番組を終わったあとについていて、四分間とか五分間くらいでしかも、前後にCMが入っちゃうから、正味二分何十秒というようなニュースを、ニュースと称して提供しているわけですね。こういうような状態で作られているニュースに、コクのあるものとか、味わいのあるものが出てくるわけがないと思う。それと、ニュース・キャスターというのにだいたい腹が立つんですね。核心にせまった取材を自分がしていない。キャスターを選ぶ精神も、健全じゃなくって安全のほうに焦点をあわせている。アメリカなんかに行きまして、テレビのニュース・ショーを見ると、そこに出てくる人間との対話、そういうものが核心に迫っている。常に、ジャーナリスティックな目で、核心をついた質問を行なっているわけですね。この間フォードとカーターとの対談がありまして、12チャンネルが放送していたんで見たんですけれども、あれは実におもしろいんです。一つに、勿論フォードとカーターという二人の相当な人物が激論をたたかわすということもあったかもしれないけれども、彼らに質問をあびせるジャーナリストたちの、質問の厳しさですね。それから非常に時宜を得たいい質問をする。こういう精神が日本のジャーナリストにない、つまり、すぐ遠慮する。ひどいのは、狎れあっている。本当のユーモアとか、ウイットの心得さえもないから、突っかかっていく場合はただエキセントリックになって、ばばこういちに象徴されるようなヒステリーに陥りやすいわけですね。ですが、いまのキャスターにくらべたら、ばばこういちのほうが何倍もいいわけです。だけれども、ああいう人は使われなくなっちゃう、安全じゃないから使われなくなっちゃう。テレビ局は、いいキャスター、いいインタビュアーを養成し、彼らに責任をもたせて、彼らなりのすばらしい、ニュース・ショーを演出するだけの能力に全く欠けているんですね。

テレビ恐るべし

瓜生　それは日本のジャーナリストを育てていく上で、基本的に欠けているものがあるからだと思いますね。ジャーナリストというものは、ルネッサンスのガンツメンシュを本当は目指すべきですが、僕なんかせめてアンシクロペディストぐらいにはということで雑学をうんとやるし、その雑学をやる中で、自分の専門を一つもってなきゃいけないという考え方で、ジャーナリストの道にはいっていったわけです。

今になってみるとお恥ずかしい次第ですけれども、しかし僕は今のテレビでも、ジャーナリズムではないといいきれないケースは、しばしば出てきていると思う。ラジオなんかと違って、テレビがいいのは、映像が出てくる。映像と声と一緒になって出てきて、いろいろしゃべる場合に真実を写すんですね、特に即時放送、実況放送の場合。それのいちばんいい例が、僕はあるところに「テレビは嘘を見破る」ということを書いたんだけれども、参議院のロッキードの証人喚問の場合、あそこに出てきた人たちが、誰は偽証している、偽証していないというふうなことは、見ているほうで全部判断しえたと……。

矢崎　大久保利春なんていう人は、偽証しているということがありありとしていましたね。

瓜生　それから小佐野だって偽証しているというんですよ、見ているほうは、はっきりつかんでいたと思うんですよ。ロッキード事件の真相がわからないというのは、刑事責任を問われうるものかどうかということがなかなか日本の法に照らしてわからないということであって、ロッキード事件の真相のみにくさというものは、テレビを見た人は正確につかんでいると思います。ところが、新聞記事ではそれがわからない、人間が出てこないから。おそらくマスコミとかジャーナリズムといわれる中で、いちばん完全に近い媒体というのはテレビだ。

矢崎　僕は、テレビというのは、すげえなあと思ったことがあるんですよ。それは僕の瞼に焼きついて忘れないのだけれども、日本シリーズをやっていたんですね。その時、その同じ時に浅沼稲次郎が日比谷で殺されたんですね。山口二矢に。当然臨時ニュースが出た。これは勿論、野球放送を中断していいものです。野球がたとえクライマックスであろうとも、日比谷で浅沼さんが刺されたというあの事件は報道される価値があった。その時、テレビに山口二矢が刃をかまえて、突進していって刺すシーンが繰り返し出てきた。とにかくあれを見た瞬間に、テレビは恐ろしいぞ、すげえなあと思ったわけです。まさにわれわれは目撃した。一つの日本の歴史がぬりかえられようとしているその瞬間を垣間見た戦慄みたいなものが体に走ったわけですね。これはテレビじゃなくちゃできないんです。このまさに速報性、そこにもっているリアリティ、恐ろしい迫真力ですね。他のメディアはかなわないわけですよ。僕はそれを見たときに、テレビは大事にしなくちゃいけない、テレビほどジャーナリズムとして大事に育てていかなければいけないメディアは他にないんじゃないかと思った。僕はちょうど新聞記者をやっていたんです。池袋警察の記者クラブで、そのころサツ回りしていたんですが、たまたまみんなで、日本シリーズがあるからというんで、通いつけたバーで昼間からテレビつけて、オダを上げていたわけですね。そうしたらそのニュースが流れて、われわれはみんな車で日比谷へふっとんでかけつけたわけですよ。その時の気持ちというのは、とても忘れられない。

瓜生　結局テレビの強みというのは、やはりなんといっても、即時性にある。即時性とそれを同時に全国的に見られる同時性。たとえば、日本に関していえば、オリンピック。僕が非常にびっくりしたのは、スキーの滑降レースですよね。スタートからゴールまでを、七台から八台のキャメラを据えつけて、全部待ちうけているわけです。そうするとスタートからゴールまでのその正確な時間が、つまりわれわれの前に出てくる。経過が全部出てくるわけだ。これは映画だと時間は絶対狂うわけで、なんとか同じようにやろうと思ったって、絶対不可能なことなんです。僕は、たいへんなものが出てきたということを、特に札幌の場合には感じたんですね。マラソンの中継なんかでは感じなかったものを滑降レースで僕は感じることができた。それからもう一つ恐るべきメディアだと思ったのは、宇宙飛行士の月着陸です。あれはもっぱらコンピュータ使って、音の通信を補っていたけれども、電波というものの威力を見せて、宇宙飛行士が月に着陸したその時、おそらく誤差というのは二秒とない。われわれのところにほとんど即時的に通信してきた。あれを見たことによって、われわれは自分では行かなかったけれども、月の表面への臨場感をもつことができた。これはどんな言葉の描写も及ばないですよね。そしてそのことはあれを見た人でないとわからない問題であって、これはテレビ・ジャーナリズムの一つの性格だと思うんです。今の若い人によくそういうことを話すんだけれども、若い人にはわからないわけです。実感がわかないわけですよね。それならば、そいつが、テレビからとった記録フィルムで見せたら実感が湧くかというと、そうもいかないんだ。あれはあの瞬間に、月におりたというその瞬間をとらえているから実感が湧くわけなんであって、札幌オリンピックの滑降の場合には、正確に時間と距離とその全過程を、未だかって誰も見たことのない選手の全過程をみながら、正確な時間の内部で見ている。月の場合も同じことで、宇宙の外にとびだしたものを、われわれに見せてそこに臨場感をもたせている。この場合には、あまりキャスターなんかは役に立っていないわけですよ。事実そのものがある。だからこそ僕は、ジャーナリストが事実に触れる場合に、その事実の中にどのように批判的に問題を見るかということが大切だと思う。新聞のニュース報道での扱いと違うものが、即時性ということを武器にして、テレビであらわれてきている。今までの日本の制約の多いテレビの中でさえもありえたということです。

矢崎　それはたしかにそうですね。ただ非常に残念なのは、たえずそういうものを写しだせるという可能性がありながら、そういうものを包容しきれないようなシステムにどんどんなりつつあることですね。だからどうしても、それをとり戻さなくてはならない。僕はテレビの生い立ちが新聞からきている、ということに決定的な不幸を見るんですよ。ほとんどどのテレビ局も、新聞の人間が入りこんで作ってきた。ところがその新聞の人間というのは、ジャーナリストとしては程度の低い連中が多く姥捨山的にテレビに流れてきたわけです。そういう連中がテレビを作ったら、一流になっちゃった（笑）。つまり活字畑から流れてきたジャーナリストがテレビの親分になったんだけれど、テレビは、それをもっとこえるだけのメディアだったわけですね。そこへどんどん若いエネルギーが入ってきた。彼らの中には非常に有能な連中がいた、エネルギーも相当あったと思うんですよ。そういう人たちを生かしていかなければいけないのに、逆に否定していったと思うんですね。ところがまたテレビ再編成で、テレビが新聞の系列で分けられてしまった。新聞がテレビにからんでいる間は、テレビはよくならんと思うんです。テレビのメディアというのは、もっとそれをのりこえた、もっとナマナマしいすばらしい媒体だ。それをのりこなすだけのジョッキーがいないんです。だから、もっといい才能が、テレビを支配するといっちゃおかしいけれども、ちゃんとした指導権をもてば、ジャーナリズムたりうる可能性というのは、まだまだいっぱいあると思うんです。

瓜生　それは当然あるんだけれども、今のところは、ジャーナリズムたりうるものを自ら否定していっているような行き方が大きいんじゃないですか。スポンサーに時間を売っているから、それだけに従ってやるのかというと、決してそうでないケースが、例の連合赤軍の浅間山荘事件だったと思うんです。あの時には、どのテレビ局もベッタリくっついていった。いちばんくっついたのがフジテレビで、最後のところでスクープしたといってフジテレビは自慢したわけだけれども、このフジテレビが、いちばんスポンサーのほうに向いちゃって動きがとれない局なんですよ。ところが、あの事件を全部ぶっつづけに中継して、八時間やるということであるならば、日々の番組を、臨機応変にどんどん変えられるはずなんだ。枠が決まっていますというのは嘘だ。

実証精神の衰退

矢崎　ちょっとテレビ論からはずれちゃいますけれど、日本のジャーナリズムは、見ている人間というか、新聞を読む人間とか一般の人の判断、そういうものをもっと信頼したらいい。結論の部分まで出さないと安心できないような感じがあるけれど、そういうのは、非常におかしいと思う。たとえば松川事件があった時に、証拠不十分で――勿論どういうCIAの陰謀があったかどうか知らないけれども、全員無罪になったという事実がありますね。それは警察の見込み捜査、つまり一つの推論から逮捕し起訴したということが、非常に大きな問題だったわけですね。ところがそれと同じことを、逆の立場から松本清張がやっている。たとえば彼の下山事件、あれは推理なんです。推理でもって、ああじゃないか、こうじゃないかというふうにして、こうに違いないというので、アメリカのCIAの謀略説というものを作るわけですね。しかし、これはあくまでも推理なんであって、結論として提供してしまうようなやりかたは、いけないんじゃないかという気がたえずする。スキーの滑降じゃないけれども、そこにあるまさに事実の重みをもっともっと大事にしなくちゃいけない。事実をすぐ評論したり、解説したりする、そっちのほうがずっと発達しちゃっている。一億総評論家というふうにいわれるような原因というのはそこにあるだろうと思うけれども、なにかおきたときに、すぐ、これはこうじゃないか、あじゃないかという意見がまず新聞にせよ、テレビにせよ賑わせる。そういうものを国民が知りたがっているという意識が、新聞側にもテレビ側にもあるんですが、しかしそうじゃないと思う。それは僕は国民を愚弄していると思うんで、できるだけ事実を出すべきだと思う。読者が自分の頭でものを考える、自分の目で見たことを信じて行動していくようになると、日本の政治も社会も相当変わるだろうと思うんです。

瓜生　僕は、S大学で兼任講師なのにゼミをもたされているんですが、思想の変遷なんか、ずっとやらしているんだけれども、歴史的な事実があるのに、その歴史的な事実を調べないで、こうなんだろうと思いますというふうに、学生が報告するわけです。こうなんだろうと思いますと推測で片付けていこうとするという傾向が若い学生の間に、年々強くなっている。だから私は、それは学問ではない、学問はあくまでデータをきちっと揃えていって、それで固めて実証的に進めていかなければダメなんだ、といつも言うんです。事実を積み重ねていくというと、そこからある真実が浮かび上がってくるし、新聞記者でもそのことからスタートしていれば、今度は逆にあることが起こった場合にピンと第六感が働いてくるわけですよ。松川のことが起こったときに、僕は絶対フレームアップだということを感じた。それは、この事件を調べていた国鉄の労働組合員が全部挙げられたんです。こんなに正確なフレームアップということはないですよ。ところが、新聞なんかみても、この人たちは事件を一生懸命調べていた人たちだという報道は、どこにも出てこない。これが出てこないということは、アメリカに遠慮するとか、日本の政府検察当局に遠慮するということ以前に、僕は新聞記者失格だと思う。ジャーナリズムであるかどうかということは、経営者の姿勢だけが問題なんじゃない。そこに働いている人たち、ドラマ作りをする人もみんなそうですよ。全体の姿勢そのものが問題になってくるんだ。

矢崎　だからそれは、一つにいえば日本のジャーナリスト全般にかかってくる問題で、テレビ・メディアだけの問題ではないという気がものすごくする。

瓜生　おととしのＪＣＪ賞は、朝日の名古屋の本社がやった「企画記事」が獲得したんです。トヨタを取り上げたわけですよ。これをやったのは社会部です。これは、経済企業都市なんだから、当然経済部、あるいは政治部がやって然るべきであるのに、そういう経済とか政治関係の記者ではできない。社会部がやって、非常にすぐれたものを作ったのに全国版にのらないわけです。愛知県版にしかのらないという、そういう結果が出てくる。僕はいちばん政治部を信用していない。その次に経済部、それから学芸。いちばん信頼できるのは社会部だと思う。社会部というのは、なぜかというと、くされ縁ができない。たえず事件に追いかけられているから。そうすると、そういう社会部というものが新聞社の中で、じゃいちばん優遇されているかというと逆だ。

矢崎　右翼は右翼の、左翼は左翼の論理があって、その論理の先にある結論というのは決まっていて、それに従わないようなやつは敵だというような感性しかもっていないから、話し合って、その上にきちんとした実像を構築していこうというようなやさしさにかけているんですね、現代は。だから、なんとかジャーナリストの精神みたいなものを大事にして、そういうジャーナリスト同士が、どんなことをやる時でもお互いに相手のことをチェックし、自分のこともチェックしてもらうというような姿勢をもつといい。ジャーナリスト・クラブ（ＪＪＣ）をおととし作ろうというんで、みんなで話し合ったんだけれども、メディアの中で働いている人たちに、わりとセクト主義がある。新聞の連中は、放送メディアのやつは、どうもジャーナリストじゃないというのけ方をする。活字メディアの中でも、国会の中の取材を、雑誌記者がしようとすると、国会の記者クラブに入っていないからだめだというんで、逆にジャーナリスト同士が規制するんですね。それから水俣の事件だって、もっと日本のジャーナリズムが取り上げたっておかしくない。たとえばテレビなんかで、もっともっと水俣に関するドキュメンタリーができたっておかしくなかった。ところが、そういうものができないでしょう。地味だということもある。スポンサーがつかないということもあるだろうけれども、一つには、現場で働く記者たちの意識が低いわけですね。そういうものは受けないという感性がどこかに働いている。だから誰かに受けたいという意識がことごとく状況を悪くしていると思うんですよ。受ける必要はないんですよ、なにも。ジャーナリストというのは、歴史の証人であるという一つの姿勢があるわけですから、それから未来も予見しなくちゃいけない。つまり未来を予見するというのは、自分がこういう未来になりますよということを提供するんじゃなくって、現在にある事実というものを提供して、それを未来への判断の材料に提供していくんだという姿勢があればいいわけです。ところが、そういう努力をはらわないんですよ。

たとえば人がつかまりますね。つかまると、犯人というのは、たいていうそぶくんですね。それから、目をむくんですね。それから、朝めしを全部食べちゃうと、ペロリと平らげ、ふてぶてしいと、こうくるでしょう。あれは警察官の言葉だと思うんですよ。警察官に、新聞記者なんかが取材しますと、いやあいつペロリと平らげたよとか、ふてぶてしい野郎だと、こういうふうに言うやつを、そのまま原稿に書く。そうすると、新聞のデスクもなんのためらいもなく、活字にしてしまうわけですね。一般の人が読んだときに、犯人に対する一般の人のイメージは、作られたものとならざるをえないわけですよね。だから食事は全部食べた、いろいろと取調べにあたって、黙秘権を行使している、これでいいわけでしょう。つまり黙っているということを、ふてぶてしいと表現し、全部食ぺちゃったことを、ペロリと平らげたとかいう必要はまったくない。

瓜生　その感覚は、しかし天皇制時代からの続きだな。つまり僕は子どもの時に、共産党が検挙されると、記事解禁になると、写真が出るわけですよ。その写真がみんな顔が歪んだ、ヒゲをはやした人相の悪い写真が出てくる。それを見て、おやじが無産党はこれだ、ゆめ無産党に近づいてはならんぞといって訓戒をたれてきたけれども、ああいう写真が出るのは当り前で、ヒゲをはやしたやつを、太陽に向けさしていて、警察は写真をとっているわけですよ。それを新聞にのせろというわけだから、まともな写真でないわけだ。

ただ僕は、新聞記者の中に、いまでも記事は足で書くものだということを、考えている記者はいると思うんです。だんだんそれが減ってきてはいますが、足で書くという精神を失いさえしなければ、実証的な報道の道は、開けていると思います。

実証精神は一般にいって衰退しつつはありますが、二人でいろいろしゃべってきたように、それはテレビ自身の問題ではない。むしろ、テレビの機能というものは今のテレビ局が示しているようなものをはるかにこえた実力をもっている。その可能性とか機能を殺しているのは日本のテレビ局のほうで、その責任は、経営者だけの問題ではない。やはり現場で働いている人間全部の責任である。テレビは本当の意味での最大のジャーナリズムだと思いますけれども、これをいちばんジャーナリズムたらしめていないのが当事者たちだということだと思うんですね。

（構成・編集部）

解題

日本の放送はラジオもテレビも、文化・教養・娯楽の提供と経済効果を掲げて始まったが、言論・報道への言及はなかった。矢崎はこの歴史的性格を暗に言いつつ、ジャーナリズムであるならニュース番組のスポンサードはあり得ないとし、瓜生は公共性の観点からＮＨＫ経営委員会の不透明な形骸化を指摘する。両者の結論「テレビのライブ機能がもつ固有のジャーナリズムを包容し切れないシステム」は極めて今日的な課題である。（上滝徹也）

活字と映像の間

「落日燃ゆ」「妻たちの二・二六事件」

澤地久枝

わたしは抽象的な文章をこのまない。

このまないのではなくて、苦手なのであろうといわれれば、あえて反論はしない。少壮学者の論文にかぎらず、××的、○○的云々と列記された文章は、読者のわたしには結局なにものこさなかった。

一ページに四十いくつも「的」のあるような文章で、政治学や社会学の業績がのこされてきたために、越山会は健在であり得た――。こう断定したいと思うくらい、わたしは抽象論文の不毛性をつよく感じている。

わたし自身は、思いのままに 文章を書く文才には 恵まれていず、「的々」文体はとても身にそぐわないから、なるべくヴィジュアルな文章を書くことを心がけてきた。それにしても、わたしが根っからの活字人間であることは、まぎれもない。

テレビやラジオの仕事をしている人々にきくと、わたしの話し言葉には、文章を書いて推敲したり添削したりして表現している人間特有の、抽象的な言葉がまぎれこんでいて、それがひとつの個性になっているという。わたし自身の意識にはないことだが、これはもう、皮膚のように身についてしまった発想法であり、表現なのであろう。

一九七六年のテレビ作品で、心にのこったものはいくつかあるが、活字と映像の関係について考えさせられた第一のも

『放送批評』1977年2月号

のは、「落日燃ゆ」であった。

　城山三郎氏の原作を読んだときに、わたしが不満として留保した部分が、テレビの場面ではみごとに鮮烈にうつしだされていた。

　それは、絞首刑になった七人のA級戦犯の一人である広田弘毅が、十三階段をのぼる直前、死出の旅路をともにする軍人たちとかわす最後の会話の部分にある。

　城山氏の原作では、軍人たちが万歳《バンザイ》をやろうとするのに対して、広田は万歳《マンザイ》ですかといい、結局応じなかった。

　九州の方言では「天皇陛下万歳」のバンザイをマンザイともいうといわれ、広田弘毅の真意がどこにあったのか、城山氏は両様にとれる描き方をしている。これを、わたしは「不満」としたのだが、しかし、現実に取材をして文章を書く立場としては、謎をのこして死んでいった男の心情を、勝手に忖度して断定することをはばかる気持があって当然である。

　したがって、城山氏は慎重にこのシーンを描き、筆は抑制されている。

　テレビの画面では、滝沢修の広田弘毅によって、あきらかに、天皇陛下バンザイを拒んで十三階段を登っていった男が描きだされた。

　俳優は二様の演技はしない。そして「落日燃ゆ」を映像化した人々は、ただ一人の文官として死んでゆく男の死を、バンザイを拒んだ人間として描ききることで、「落日燃ゆ」のテーマを、一本つよい筋の通ったものにしたとわたしは思う。

　活字の限界を、映像がやすやすとこえたひとつの例ではなかっただろうか。主題が明確になり、天皇の戦争責任が逆照射されるように感じられてきた点で、テレビの「落日燃ゆ」は原作を超えたとわたしは思っている。

＊

　おなじような感想は、わたしの「妻たちの二・二六事件」のテレビドラマをみた人々にもあるのではないだろうか。

　NHKの木曜夜の連続ドラマ「シリーズ人間模様」として、「妻たちの二・二六事件」は五回にわたって放映された。

　もっとも激しい青年将校であったというべき磯部浅一は、獄中にあって事件の経過と裁判とをつぶさに追跡し、最後に彼がもっとも愛し信じた天皇そのひとの全面的否認へ辿りつく。その怒號と憤怒の言葉が吐かれる「第三話」が、天皇在位五十年式典の翌日に放送されたのは、まったくの偶然である。政局の激動と毛沢東死去の特別番組がはいって、放送開始が二週間おくれた結果であった。

　わたしの本を情緒的に読む人には、わたしを、志破れる以前の 青年将校に共通する 思想の持主、と思う向きもあるらしい。

わたしは、未亡人たちの現在の平穏をこわさないようにという配慮に拘束され、書けないことが多く、書けないものを行間ににじませようとして、ことさらにかまえた文体をつかった。

行間の意味を読みとってもらうことは、なかなか困難なことなのである。

しかし、実在する人々をドラマ化するという困難な制約はありながら、映像はやはり、活字ではあらわにふれにくいものを、ズバリと描きだした。

二月一日からの再放送がきまっているし、わたしはわざわざ絵ときはしたくない。それにしても、二・二六事件で刑死した青年の遺子にあたる女性が、放映後にわたしに語った言葉は、きわめて寓意にみちていた。

「澤地さんの二・二六（このひとは、ニィテン・ニィロクという）を読んだときは、むずかしくってよくわからないところがあったのよね。でも、天皇ってひどいひとねえ……」

これが彼女のみたテレビドラマ「妻たちの二・二六事件」である。このひとに、「二・二六事件って、いったいなんだったのかしらねえ」といわれて、即答しかねたことから「暗い暦――二・二六事件以後と武藤章」を書かざるを得なかったわたしには、この感想は痛烈であった。

わたしの一冊の本を、活字媒体そのものに代表させる自信はないけれど、活字と映像のアピールの異質さ、強弱を知る上では、ひとつの寓意を感じさせる言葉であった。

映像は、強烈に触発するものをもっている。それはたとえば、さきごろ放送された「ジェーン・ピットマン　ある黒人の生活」を例にとっても明白である。

百十歳の人生を生きたジェーンが、ホワイト・オンリイとプレートのかけられた水のみ場の水をのみ、歩み去ってゆく情景の印象は、まことに鮮烈であった。

しかし、わたしはこのドラマをみながら別のことを考えていた。きわめて数奇な人生を限られた紙数に書く仕事で、わたしなら、どうジェーンを書くだろうかと――。

ジェーンは南北戦争渦中の南部の黒人奴隷の少女。解放後、北をさす旅の途中、同行者のリーダー格であった黒人女性が、奴隷解放に反対の白人たちによって殴殺される。この血の情景から、火うち石二つと、遺児となった男の子をともなってジェーンの旅路ははじまる。

つぎは愛する夫の横死。白馬にぼろくずのように曳きずられていた夫。

米西戦争に従軍して下士官になったあの「男の子」との再

会。一人前の男に成人し、妻子のある青年は、黒人の人間としての復権をおしえる教師になろうとして、白人によってなぶり殺される。

そして——。ひとはここまで老い得るのかと思うほど、老いの姿をみせているジェーンのもとに、公民権運動に従事していた曾孫のような若い青年が射殺されたというニュースが届いてくる。

ジェーンが、禁じられた水のみ場へ向かって歩いてゆくのは、この悲報のあとである。ドラマは百十歳のジェーンを取材する白人ジャーナリストのリアクションをひとつの軸として構成されていたが、活字表現は、この作品にかならずしも無条件降伏、脱帽する必要はないとわたしは感じる。

ジェーンをきたえてゆく象徴的な四つの死は、もっと鮮烈に描きこむこともできようし、水をのむ老婆の「ゴクン」となるのどもとは目にみえなくても、のまずにはいられないジェーンの歴史的生涯は描けると思う。

映像は強烈に触発するが、反すうの作用をもち得ない。強烈であり効果的でありながら、ひとつのシーンの枠のなかでとどまり、沈黙する。

触発されたものをみのらせ豊かにふくらませてゆく仕事は、活字の世界のものではないだろうか。活字と映像とは、相互に、それぞれに個性的な役割があるのであろう。

すぐれた映像に出あうことがきわめてすくないように、すぐれた活字の作品もまた決して多くはない。そのために、それぞれのメディアの固有のつよさが見落とされがちである。映像なれした人々が、考えることをすて、活字ばなれをしているとしきりにいわれてきて、それは日に日にすすんできている。しかし、カメラの非情さは、ときにはかくされた虚偽をみごとにあばいてみせる。テレビに登場する人々の一瞬の表情に、おそろしいほどそのひとの本音がみえることがあるのに反して、活字はニセモノもホンモノも定かには判別できないところがある。

「どうせ消えます」といっては、すにかまえた映像作家の方が、わたしにとっては活字メディアだけに生きている人々より親近感があるのは、映像はよくも悪くも万事おみとおしというところがあるからである。

ものかきとしての心をそそられるようなすぐれた映像に出会う喜び。それとよき書物に出会った充足感のどちらともわたしには比べられない。わたし自身にも活字ばなれと映像いかれはある。よりいい共存と競合とを大切にしたいと思う。

解題

澤地久枝は一九七二年の『妻たちの二・二六事件』以来、脇役や背景扱いされてきたおんなたちや男たちの、つまり個の視点から日本の近現代史を再検証するノンフィクションを世に問うてきた。その澤地が、七六年のテレビを通して活字と映像の関係を考えるエッセイ。澤地の仕事は当事者に寄り添い、徹底的に話を聞くことから始まるから、実は書けない話が多い。そこを映像はいとも簡単に乗り越えてしまう。その強さと弱さは、つねにテレビの課題なのだ。（坂本 衛）

座談会

特集：番組研究　〝三時間ドラマ〟

“獅子のごとく”を中心に

三時間ドラマはかく創られた

その誕生と栄光そして未来

出席者：

大山勝美（TBS・制作プロデューサー）
倉木正晴（日立製作所・宣伝部長）
今野勉（テレビマンユニオン・ディレクター）
豊田年郎（電通・第五連絡局長）
引田惣弥（TBS・編成部長）
《司会》**志賀信夫**（評論家・放懇理事長）

『放送批評』1978年９・10月号

宣伝立ち遅れからの出発、新戦略へ

志賀　お忙しい中ご出席いただきありがとうございます。私が司会役を務めながら進めさせていただきます。

昨年放送の〝海は甦える〟で登場した三時間ドラマも、今回の〝獅子のごとく〟で三本目になりました。一応、総括的にというか、登場の経緯あたりから振り返ってみて、今後どう発展してゆくであろうか、ということも考えてみたいと思うわけです。豊田さん、三時間ドラマの誕生のいきさつあたりからお話していただけますか。

豊田　私が日立製作所の担当になってから、日立の宣伝ということについて電通内部でディスカッションしたのですが、SD方式というマーケティングの方式によると、技術面ではいいとか、いろいろと良い面はたくさんあるわけですが、どちらかといえば小回りがきかない鈍重な感じで、派手さがなく、我々の仕事に関係がある宣伝面についていえば全くヘタで、しかも使っているお金は同業他社と同じぐらい使っているというようなことが出てきたわけなんですね。

それならば一体どうすればいいか。媒体別の宣伝費を詳細に検討してみたところ、どうもテレビにかける比重が少ないのではないかという結論になりまして、その分析からどうしてもテレビ番組にかける比重を多くしなければいけない、ということを当時の日立の宣伝部長である佐藤さんに伝えたわけなんです。テレビ重点といってもテレビ局はいろいろあるし、どの局にお願いしようかと考えたんですけど、結局は表幹線を全部とおっているTBSで、と考えたわけです。

ところがTBSってのはなかなか時間をとってくれないんですよ（笑）。それで困ってしまって、レギュラーでとれないならば「大型番組」でという話になりまして、その当時「大型番組」を一社で提供していたのは「富士ゼロックス・スペシャル」だけだったんですが、日立も大型番組を一社だけで提供しようではないかという話になった。だがレギュラーワクの十五分もとってくれないTBSで一挙三時間という話がどうにもなるわけがない。

そうこうしているうちに、電通のTBS局担当に野田という男がいるんですが、彼が、それじゃあ俺が取ってみせる、といいだしたのが発端なんです。時間ワクの問題は、アメリカでやっている手法なんですが一クールの二十五本のうち一回分は局がどこへ売ってもかまわないというのがありますね。それを利用して「月曜ロードショー」のワクでやろうじゃないかということになったわけです。

それから「日立スペシャル」の中で重要な意味をもっている「近代日本をつくった人々」というコンセプトを決定するまでには、それこそエンエンとディスカッションしたんですけども、そこへいくまでに歴史的にみれば創世紀から現代まで、ジャンルでいえばスポーツから何からあらゆる切り口を考えまして、そういう紆余曲折があった末に「近代日本を築いた人々」という骨太なイメージでいこうということになったわけです。結局のところ、オンエアーまでの局の理解やクライアントである「日立」さんが全面的に信頼してくれたことによって三時間ドラマが実現したということだろうと思いますね。

志賀　豊田さんから〝鈍重〟で、宣伝ベタでというきびしい意見が出ましたが、日立としてはそのへんどうですか？

倉木　宣伝というのは、外部の者が意識するのと内部の者の意識と若干のくい違いがあるんですけど、虚心坦懐に聞かなければいけないのはやはり外部なんですよね。自分で良いと思えるだけでは仕方ないわけで、我々の会社が宣伝ベタだといわれているのも戦後のことだろうと思うんです。戦前は創業社長の小平《おだいら》をはじめとして、たとえば今の日立マークというのは創業社長自らつくったもので、そのぐらいある意味では宣伝というものを意識していた。『日立評論』という技術系の雑誌は戦前から発行していて、企業の基本的な姿勢をP

Ｒするということはあったわけです。

ところが、我社は重電が中心だったものですから、家電が中心になった戦後になりますと結果的に今から考えると、松下、ソニーのようにいちはやく宣伝というものを経営の戦略の中に引き入れて位置づけをしていった会社に比べると、宣伝に関しては立ち遅れてしまっていたと思いますね。しかし、家電業界というもののマーケットが増えるにしたがって、宣伝の重要性と自分達の会社の先進企業に対する遅れは充分に意識していたわけです。

もう一つ今の話に直接かかわることでいえば、実は戦後になってからもテレビをはじめとして相当宣伝費を使ってかなりの実績はあげていたんですが、例のオイル・ショックを境に経営的な問題もありまして、どうしても経費節減の観点から宣伝というものを非常に切りつめてしまったんです。これは今になって経営的にも非常に反省しているんですけれども、それはやはり事実なんです。何とかしなければいかんという考えを強くもっていて、たまたまその時にテレビの重要性が高く評価されはじめた時でもあり、オイル・ショックから立ち直って、他社の状況をみてみたらおいてけぼりをくっていたという状態だったんです。

それはもう深刻な反省でありまして、五十年代ぐらいから急速にテレビの重要性を認識して、延び率からすれば相当な延び率を投入してきたわけですが、残念なことに撤退の時の戦略がはっきりしていなかったために、同業他社がやっているような一時間単独提供という柱を失なってしまっていた。その時の状況は、ＮＴＶの「すばらしい世界旅行」という三十分番組だけで、そういう意味では、テレビを使って企業イメージをＰＲする手段に欠けていたんです。

志賀　三時間ドラマで今はすごく高い視聴率をとっているわけですけども、製作費に一億円をかけてもこけるという場合もあるわけで始めるに当たって危惧はなかったですか。

倉木　とにかくテレビを重要視しようという気持と、自分の手数として全くカードを持っていないのだから、通常の番組提供ではカードを出すにも出しようがないわけです。その時点で電通さんからの「大型番組」をやろうではないかという企画には、危険があるにしても高く評価したわけです。それは一つには電通に対する信頼の現われだろうと思いますし、もう一つにはテレビ界はじめての試みを決意してくださったＴＢＳ局に対する信頼だろうと思いますね。

志賀　やはり、若干の不安はあったわけですか？

豊田　いや、不安はなかった。結果的な言い方をすると、一回目が二八・五％、二回目が三四％、三回目が二八・四％

（ビデオ・リサーチ）になったが、視聴率だけが勝負ではないと思っているわけです。視聴率だけがテレビではないし、看板イメージではないんで、本当に良いものを、そして企業イメージ・アップのために格調の高い番組をつくろう、だからボクシングの世界選手権試合のようなワーッとやって視聴率をたくさんとるということだけを目的にするのはやめようというのが合言葉としてあった。そうはいってもスポンサー・サイドにしてみれば、視聴率は高いにこしたことはないわけで……（笑）。

志賀　引田さん、三時間ワクをとるというときの裏話をちょっと。

引田　裏話ってのは非常にむずかしいんですけど……（笑）。実はこの話には伏線がありまして、私は五十一年に住みなれた営業から編成に移ったんですが、制作費の高いのにびっくりした中で、特に外国の劇場用の映画がとても高い。十月改編の時の「月曜ロードショー」の目玉が「ポセイドン・アドベンチャー」で、これは目玉中の目玉で、各局との争奪戦でウチがとったものなんですが、何億という数字なんです。これにはびっくりしまして、その前年に「ゴッド・ファーザー」をトヨタで一社提供して大変大きな話題になったんですが、こんな何億もするものをナラシで売ることはないじゃないかという話をしていたんです。

ちょうどその年の暮れあたりにこの話が入ってきまして、電通の野田君にすれば、これをやるのはＴＢＳしかないという熱心さですよ。当初は二時間で前後編でどうかという話だったんですが、ウチでは大変な問題があったわけです。ドラマのＴＢＳといわれているウチにもかかわらず、局始まって以来のドラマ・スペシャルが外部発注作品であることをどう考えるかということですね。

編成の中で大問題になりまして、三回にわたって延べ五時間の大激論になったんですが、とどのつまりは、二週続けて二時間やるのではなく、三時間一回であるならば引き受けてもよろしいということになったわけです。これが〝三時間スペシャル〟に対するＴＢＳのたった一つの貢献度だったのではないかと思いますね。

まあ、社内的にはいろいろありまして、そのかわり二本目は必ずウチの制作でやることをスポンサーの日立さんに約束してもらいたい、という注文を編成から出しまして三時間で一発、二本目はウチの制作者でという二つの条件をのんでいただければ、ということになったんです。

『文芸春秋』の読者をターゲットに

志賀　第一作が〝海は甦える〟に決まるまでの経緯には、どんなことがあったのでしょう。

豊田　いろいろ企画会議がありまして、まず視聴者対象をどのへんに置こうかという話になった。いわゆるテレビ離れしている人たちを引きつけるような番組はできないだろうか、そのへんに主眼を置こうじゃないか、ということでしたね。といっても、テレビ離れをしている人達というのは一体どういう人達なのか、具体的なデーターは何もないわけだ。ま、いろいろあったんですが、それでは日立の企業イメージを訴えるには『文藝春秋』の読者あたりが適当だろうということになりまして、その会議の席上で誰がいうともなく、そういえば『文春』の連載物に海軍の話があったじゃないか、という声が出てきたんです。

ですから、最初にドラマのテーマがあったわけではなくて、視聴対象の検討、テレビ離れ層の研究からこの企画が生まれたといっていいんじゃないでしょうか。

今野　「近代日本を築いた人々」というコンセプトがきまってからの話なんですが、たまたま江藤淳さんが『海は甦える』で文芸春秋読者賞を受賞されて、それがきっかけで山本権兵衛がリストアップされることにもなったんですが、その他にも十人ぐらい候補者はいたんです。でも他の人達はあまりにも有名人で第一回をやるにはパンチが弱いんじゃないか。そこへいくと山本権兵衛というのは一番知られてなかったし、知られてないのに読者賞もらったくらいだからおもしろいに違いない。調べてみますと山本権兵衛自身がそうとう波乱万丈の人だし、これはいけそうだという感じがしたわけです。その後は原作権がとれるかどうかということで、江藤さんのところへ話しに行ったんです。その頃江藤さんはＮＨＫで「明治の群像」をやっていたんですが、ユニオンでは「Ｂ円を阻止せよ」という番組をやったところで、たまたま江藤さんがそれを視ていて、あのユニオンならば、ということで原作権の問題は簡単に快諾してもらったんです。

志賀　ＮＨＫで「明治の群像」をやっている江藤淳の原作を使う……ＴＢＳではそのへん抵抗はありませんでしたか。

引田　それは企画会議でもずいぶん出たことですよ。いろいろな意見が出たんですけれども、とにかくこの企画が良いか悪いかという判断だけにしたらどうかということになったわけです。ウチでは割とスペシャルに対する順応性がありましてね。というのは、山西社長が本部長の頃、確か四十三年だったと思うんですが〝ザ・スペシャル〟というのを始めまして、それ以後何回かやっていますので、長尺物をやるという順応性はあったんです。それから、いま「明治の群像」云々というお話が出ましたが、そういった外的なものをいっさいはずしてみて、この企画は良い企画なのかどうか、という点に問題をしぼっていけたことで、最終的に実現できたんだろうと思うんです。

志賀 お話を伺っていると、わりあいスムーズに第一作の題材が〝海は甦える〟に決定したようですが——。

豊田 ぼくは〝海は甦える〟はダメだと一度言ったことがあるな（笑）。なぜかというと、「明治の群像」を見てれば判かるが、所要時間がそのつど違うんですよ。四十五分であったり一時間であったりする。

これは一体どういうわけだとNHKの親しい人に聞いたら、江藤淳の作品は民放の中では絶対かからないよ、というんですよ。それが証拠にウチの放送時間はやるたびに違うでしょう、制作陣は苦労するぞというんだな（笑）。三時間だ、四時間だといったはいいけれど、もし都合によって四十五分になりましたなんてことになっては困るし、弱ったなぁということで、江藤淳の作品だけは〝待った〟と一度ダメを出したことあるんですよ。

今野 それは僕もずいぶん聞かされました。ただ非常に運がよかったこともあった。たまたま江藤さんが自分の仕事と対比する意味で我々のドキュメンタリー・ドラマを視ていてくれたことと、僕らが長尾広生さんという人を作家に選んだことです。この人はテレビでは十年ぐらい仕事らしい仕事をしてない人なんですが、ただその間に『西安事変』という本を出した人で、歴史は多少ズレるかもしれないけれど、キチッと資料を集めて歴史の本を書いているんだから、放送作家よりも膨大な量の知識を蓄積しているだろうということもあってお願いしたんです。実は江藤さんといっしょにテレビを視ていたもう一人が『季刊芸術』の編集長の古麗山さんなんですが、この人と長尾さんというのは大の親友なんです。そういった人的関係もあって、江藤さんは内容については長尾さんが書いて、テレビマンユニオンがつくるのなら、すべてお任せしますということになったわけです。

志賀 では、第一作がなぜテレビマンユニオン制作に決まったかの経緯をちょっと……。

豊田 その頃ユニオンが「ヨーロッパより愛をこめて」という番組をNTVの木曜スペシャルでやりまして、そのビデオテープを借りてきまして日立の方達に見ていただいた。日立さんのほうでもそれをとても熱心にごらんになってましたので、そのへんでユニオンの力量みたいなものを認識されていたようですね。

志賀　それでは、引田さんのところへその企画を持っていった時は、すでにテレビマンユニオン制作でいこうという腹づもりだったわけですね。

豊田　結果的にはそうなったんですけど、「ヨーロッパより愛をこめて」というのは我々のオリジナルなんですよ。というのは、映画を縮少したようなものだけはやめよう、つまりテレビでなければできないようなテレビ文化の創造だといった気負ったところもあったんです。小谷正一氏大推選の「ヨーロッパより愛をこめて」こそはテレビの手法である、だったらアレを視よう、といって借りに行ったのがテレビマンユニオンだったもんだから……。

今野　何するんですか、なんて聞いたりしましたね（笑）。

豊田　それから企画会議が何度かあったんですが、なかなか良い企画がなくて、やはり「ヨーロッパより愛をこめて」を視てしまうとあれ以上のモノはむずかしいですよ、という話になった。そこで、そんなことはないだろう、だったら外部のいろんな知恵者に聞いてやれということをいったわけです。外部にはいろいろと有能な人がいるじゃないか、別にテレビマンユニオンに限らないと言ったんだが、あそこはいい企画も出すし、人間的にもいいと声があって――。

志賀　今野さん〝海は甦える〟をユニオンでやると決まったときの感想はいかがでしたか。

今野　今度これをやると、親しい作家に話したら、よした方がいいんじゃないか、という意見があった。それはその人の世界観なり、ものの考え方があってのことなんですね。ただ、ぼくはあまり外的なことで判断しない人間だから、その本がよければいいわけで、しかもそれは文芸作品としての評価というよりも、テレビにしておもしろいかどうかという判断をしますから、あの場合も第一部をいっさい無視して第二部か

3時間ドラマ・未確認情報

3作共に驚異的な高視聴率を誇る3時間ドラマ。放送するのはTBSの専売特許の感があるが、在京キー局の他局は挑戦しないのか。実は電通が最初に企画を持ちこんだのはTBSではなかったらしい。推測によると、日本テレビ、フジテレビに断わられてTBSへ。

TBSは拾いものをしたのか、先見の明があったのか。それはさておき、電通が断わった2局の名を明かさないのは、どうやらその局への思いやりのよう。さすがは“築地編成局”の異名を持つ電通サンというべきか。

ら始めたんですが、なんとなく勘でこの話は脹らむなとか、僕の琴線にふれてくる所だけをヌキ書きして荒筋をつくったんです。その荒筋は最後まで変わらなかったですけれども、それを元にして長尾さんと話し合ったんです。

そういったいろいろな人の反応から、江藤さんというのは名前だけである反応を呼びおこす人なんだなと思いましたし、そういう意味ではすごい大物なんだなと思いましたね。ですから、僕の中で三時間ドラマ云々ということよりも以前に、江藤さんの原作でやるということについてのみんなが先入観を持つという覚悟はできていたんです。それはあったんですけども、それよりも僕は山本権兵衛という人間そのものに非常にびっくりしたんですよね。お女郎さんを奥さんにして、明治の男にしては一生涯二号さんを持たなかったという人は、あの人ぐらいなんですよ。奥さんが生まれた村にいって調べたんですが、そこで原作にないこと、原作と多少違ったところがずいぶん解かって、それで決定的にこれはイケルという決心がついたんです。それは原作がどうかということと関係ない話なんですが、そういうところまで持っていく作業が大変だったですね。

志賀　そうすると、そこまで決まって長尾さんが本を書きはじめてからは、スムーズに運んだわけですね。たとえばキャスティングで苦労したとかいうことはなかったんですか。

今野　それ以後は本当に天佑神助でして、やることなすことこんなにスムーズにいっていいのかなと思うくらいキャスティングから何から上手くいきましたね。それにはほとんど不可能だと思われていたレニングラード・ロケも実現しましたし、マイナスのエピソードはなくて、そういう意味ではプラスのエピソードに支えられたという感じですね。

引田　天佑神助というのは本当ですね。オンエアーの当日つくづく思いましたけど、あの時王選手がちょうどアーロン選手の記録をやぶるかどうかという時で、あの時ほど編成マンとして洞察力のなさをなげいたことなかったんです（笑）。ちょうど本編に入る前にナイター中継が終わりまして、あれは天佑神助の最たるものだったですよ。

番組宣伝のワクを増やした視聴率

志賀　〝海は甦える〟を放送した結果、今野さん自身どのような感想をお持ちになりましたか？

今野　まず視聴率にはびっくりしましたね。世の中どうなっているんだろうと思いましたよ（笑）。ただそれは、作品だけではなくて三時間ということのニュース性みたいなものが単に放送界にとどまらず、一般にまで広がって、一種の社会的な事件として受け取められたという衝撃性があったと思うんです。もう一つは、いろいろな意味で失敗してはいけないということもあって、キャンペーンもかなり強力にやったということが、外的な条件ではあるけれども支えていたと思うんです。

九時から十時までの一五%や二五%というのは常識で判断できるわけですが、夜中の十二時に三〇%の人間がテレビをみているというのは、ちょっと信じがたいですよ。たぶん紅白歌合戦が終わった大晦日の夜でもセットインユースで三〇%はいってないいんじゃないですか。

引田 何とか二〇%を越したいというのが〝願望〟としてあったわけですからねえ。

志賀 それにしても、あれだけ宣伝した番組もちょっと最近ではないんじゃないですか。

引田 編成の企画担当が番組の問題を含めていろいろと検討するわけですが、単発物をここまで重要視していいのかとか、いろんな問題はありましたけど、物議をかもして言いあったほうがいいんで、これを機会に大幅に番宣のワクが増えましたしね。我々みたいに営業畑の長い人間にしてみますと、テレビの番組宣伝にとって新聞広告はさほど頼りにしたくなくて、やはり視たいという気持ちを起こさせるには動的部分であるテレビの宣伝、特に集中スポットが重要であろうということでやったわけですけれども、その反響が非常にありましたね。スポットというのは変動部分ですから、編成サイドでコントロールできるものはとろうということで、強引に三十秒ゾーンを、しかも夕方に二・三本とれるというように、TBS自身の自社媒体を使った番組宣伝の量的拡大ができましたね。

豊田 それにあれを契機にしてテレビにおける映画宣伝が回復したんですよね。「人間の証明」が九月から始まったんですが、それから各映画会社が映画宣伝にテレビ・スポットを使うようになったんだな。

志賀 内容としてはいろいろと批評があったわけなんですが、今野さんにとって、納得できないような批評はなかったですか?

今野 この番組だけではないですけど、番組内容だけの批評は少なくて、内容について誉められようが、貶められようがかまわないですけど、外的な条件をまず頭において虚ろな眼で書かれる批評というのは頭にきますね。江藤淳がチラチラしていたり、主人公が海軍軍人であるということがチラチラしていたり、明治をあつかうから復古主義だとか、描かれている人間に感動する以前に、あるいは理解しようとする以前に、既成観念だけでドラマを視ているということには怒るより以前にあきれましたね。逆にいうと、この程度なのかなと安心しましたよ。ああいった批評が多すぎると媒体価値としても、批評価値としても意味ない。

三時間ドラマは定着するか？

志賀　さて、そこで第二作〝風が燃えた〟の制作者である大山さん。〝海は甦える〟のあとです、負けられないわけですが――。

大山　そう。本家たるものが二番引きするわけだから、内容的にも視聴率的にも勝たなければいかん、というんで非常に身振いしたというのが正直なところなんですが、やはり〝ドラマのＴＢＳ〟らしいオーソドックスなドラマづくりに終始しよう、それから娯楽性と同時に歴史の見方をもうちょっと客観的に公平にみていく視点を出していきたいと考えて、いろんな素材にぶちあたりながら、結局のところ伊藤博文になったわけです。彼を描いていくことで日立さんのおっしゃる「近代日本を築いた人々」の全体をカバーできるという気がしたわけで、博文を三浦友和から平幹二朗へとリレー・キャストといったやや奇抜なアイデアも含めてやってみたというところなんです。リレー・キャストも最初はいろいろ反対はありましたけれども、結果としては上手くいったのではないかと思ってますけど。

志賀　フタをあけるまでは心配じゃなかったですか。勝てると思いましたか？

大山　正直のところ、試験シーズンであるとかいった外的条件もあったので、実は出た数字よりもだいぶ低くみていたんです。

引田　編成の中ではキャスティングの面や放送が冬であるということもあって、第一作と互角にはいくだろうと思いましたね。

志賀　でも三〇％を越すとは思わなかったんじゃないですか？

引田　ニールセンの三七％というのにはびっくりしましたね。あんな視聴率は長時間物でとったことないし、いままでで一番高かったのは「ザ・スペシャル」でやった「猿の惑星」で三三％ぐらいなんです。しかも夜中の十二時までいって三〇％を越えるというのは、一つの〝夢〟ですからね。

志賀　今野さんは〝風が燃えた〟を視てどう思いましたか？

今野　宮本研をひっぱり出して、三浦友和、山口百恵で、それでリレー・キャストということになれば、後はほっといても大丈夫という気がしましたね（笑）。

引田　リレー・キャストというのは番宣にしてみても大変やりやすかったですね。

志賀　あれは誰のアイデアなんですか。

大山　あれは僕ですね。伊藤博文をやるならばやはり全部やらなければ意味がないし、彼の活躍した時期が若い時と後半生に多いんで一人の主人公（役者）で通すということは考えたんだけれども、若造りの場面になると芝居がどうもオーバーになってリアリティがなくなってしまう。それよりも一人の著名な人をやるんだったら、役者が変わっても一人の人間を描いているのだと認識してもらえば、かえって一番自分の年齢に近いところをやってもらったほうがリアリティが出るんじゃないかと思ったんです。

志賀　後半になって視聴率が落ちるんじゃないかと心配しませんでしたか？

大山　それはなくはなかったですけどね。だが、二作目には六分間のインター・ミッションがありまして、これをどのように有効に使おうかというのが一つあったんです。それで六分間の間に人間もスーッと変わってしまえば、抵抗なく視られて気分も変わるんじゃないかと思って、一部と二部を思い切ってバサッと変えてみたんです。

志賀　倉木さんは新しく宣伝部長に就任なさって、二作目から担当されていますが、引き受ける時は大変だったんじゃないですか？

倉木　はじめに〝海は甦える〟で高視聴率をとって、これは大変なことになった、二作目は大変だぞ、といっているんで、当初は視聴率が高くて何故困るんだろうと思っていた（笑）。いざ自分が担当になって、テレビ業界のことがわかってくると、確かに化物みたいな視聴率で、これよりも以下だと何らかの批評があるだろうし、第二作目の視聴率が一五％以下だったらやはり問題だなぁというのが企画をやりはじめてからわかったわけですよ。これはある意味では大山さんと同じ気持で、良い企画はもちろんやりたいけれども、かといって前作の視聴率は気になるという気持は、率直なところ、ありましたね。

志賀　途中でいけそうだと思ったのは……。

倉木　企画会議の時に僕なりに伊藤博文のイメージは持っていたんですが〝明治の宰相〟というのを大山さんから見せられた時に伊藤博文に対する僕のイメージ・チェンジがありまして、これはいける！　という感じがしました。

志賀　大山さん、自分の作った作品への外の評価についてどう思われましたか？

大山　ある種の小馬鹿にされたみたいなところがありまして、要するに「また明治の元勲か」というのと「スターを並べて視聴率をねらっているのが見え見えだ」みたいな視点が多くて、内容をきちっと押さえて批評してくれたのは少なかったですね。そういう意味では自分のつついてもらいたい所でないところをいってもらっているという感じはしましたね。

志賀　第三作目はどうして再びテレビマン・ユニオンになったんですか？

今野　三作目は完全な企画公募という形なんです。ユニオンが応募したものです。

引田　一作目がユニオンで、二作目がＴＢＳの制作だったんですが、もう一本続けてＴＢＳがつくるということになるといろいろ問題があって、制作局としてはこれを続けるならば一年おいて来年またやりたいということになりまして、それならば編成としては第三弾は広く外部から企画を求めたいということで……。場合によっては三十五ミリの映画でもさしつかえないと思っていたんですが、本編つくっている映画会社でも、テレビ映画をつくっている会社でも、優秀なプロデューサーはレギュラーで張りついてまして、あまり良い企画が出てこないんですよ。何本か出てきた企画もどちらかといえば首をひねらざるを得ないもので、これだったら三作目は休みにしようか、といっている時に出てきたのがユニオンからの〝一匹の獅子〟という企画だったんです。

豊田　企画者だったら「俺はコレをやってみたい！」という夢があるはずだ、というのが私のひそかな期待だったんですよ。あの程度で三〇％近くとれるんだったら、俺だったら視聴率であろうが、格調であろうが勝てるぞという〝生涯の夢〟みたいな企画がぞくぞくと集まるだろうと思ったんだけど、視聴率二八％、三七％ということで恐しくなって出せなくなったのかなぁ、という感じなんですよね。テレビ・ドラマを

3時間ドラマ・未確認情報

本文に出てくるように、最新作のタイトルは当初“一匹の獅子”。いつ、それが“獅子のごとく”に変わったのか。番組宣伝担当の下田文子さんの発案だったようだ。この女性、仕事熱心で知られた人で、担当が決まると事前準備。制作者に、テーマは？　ストーリーは？　見せどころは？　としつこく問いただすとか。今回も、「一匹」などと限定してはイメージが広がらない、と今野勉さんに主張。「獅子のごとく」ではどうかと提案。一発で決まった由。たしかに功労賞もののよう。

つくる制作陣ならば〝生涯の夢〟みたいな企画を一つぐらい持つべきだと思いますね。

志賀　今野さん、今回は佐々木守さんとの共同脚本ということですけれども……。

今野　僕の作業はいつでも、このドラマに限らず、共同作業に近いんです。自分でも調べるし、むしろ企画をたてるとかいうことで作家より先に調べなければならない立場になってしまうので、結局作家と打ち合わせをする時には僕のほうがたくさん資料をもっているわけで、今回についていえば、単純にいうと佐々木さんは忙しい男で、仕事をみているとどうも間に合いそうもないというのが解かったので、どこかでドッキングしようというんで僕は最後から書きはじめたんですよ。彼も僕も必死に頑張って、ちょうど真中でドスンとあったんです。

志賀　ドラマの中でいろいろな〝死にざま〟があったと思うんですが。

今野　鴎外をやるということでテーマは決まっていたはずなのに、調べていくとテーマがあっちこっちいくんですよね。そのうちにこれはいろんな死に方ということでテーマになるなという気がしてきたんです。どっちみち臨終のシーンはあったわけで、その死と結びつけて乃木の死があって、石川啄木の死や大逆事件の幸徳秋水達の死が、それぞれいっしょに鴎外の中で、最後の臨終のシーンがあるんじゃないかと思うんです。

志賀　結果としては、後半ほとんど「死」のシーンだったと思うんですけれども、スポンサーとしてはその点どうだったんですか？

倉木　今回の場合は精神史ですから、人間の姿が完結するのは死の時が一番でますし、私はそれほど「死」のシーンを意識したことはなかったです。

志賀　全体が暗くなりすぎはしないかという心配はなかったですか？

倉木　鴎外を取り上げる以上は、前二作とは違った〝重たい〟イメージというのは出てくるだろうなと思いましたし、もう一つには、あのドラマに家父長的な「家」の問題をとりあげる意味に我々も意義を感じていましたので、ある程度重たくてもいいし、むしろそういった重たい問題をじっくり考えるという意味ではいい企画ではないかなァ、と思いました。

大山　非常に取り組みにくい題材によく挑戦したな、というのが印象でしたね。それにとても堅実な配役なんで、人間が華美にならなくてよかったと思いますし、そのことでかえって内容が上手く伝わったんじゃないかと思いましたね。

志賀　三時間ドラマを視る習慣というのは定着したとみていいんでしょうか。

引田　第三作目についてのいろんな感想の中で共通している部分は、三時間をそう長いと思わなかったということなんですよね。ですから、定着とか何とかいう前に、視聴者というのは三時間続けて視ることをそれほど苦にしなくなったのかなぁ、という感じはしますね。

今野　いろいろな外的な条件、たとえば社会的なニュースになったとか、キャンペーンがあったとか、いろいろあったわけだけど、三作やってみて感じたのは、もしかしたら視る方が視たいものを潜在的に持っていて、それと幸運にもぶつかったということじゃないかと思うんです。たとえば何でこんなに視るんだろうという疑問があると思うんだけど、新聞に出ている批評をみると明治に対するイメージが頭っからマイナスなんですよね。ところが視る人間は何も知らないわけですよ。初めてこんなことを知った、誰にも教えられていない。あらゆるところから明治というのは影になってるわけですよね。ところが我々は何故こんなところにいるのかを考える意味でも、近代日本をつくったあの激動期の話を知らされればそれだけでおもしろいですよ。

志賀　アメリカの例をみるとスペシャル番組が編成において日常化すると、逆にレギュラー番組を視なくてもいいんじゃないかみたいなことになってきて、テレビ界全体にマイナス面を起こすような現象が出てきているように思えるんですけど、先ほど出たように三時間ドラマがテレビ離れを引きつけたと思ったら、逆にテレビ離れをつくるみたいなことが起こってくるということは、考えられませんか？

引田　いや、そんなことはないと思いますね。普段テレビを視ない人に視せるという効果はあるとしても、やはり一番大事なのはレギュラーの番組ですし、レギュラーが強いからスペシャルが組めるんで、レギュラーが弱いからスペシャルをやったほうが視聴率とれるというのは間違うと思いますね。レギュラーを傷つける形でのスペシャルの組み方はないだろうと思いますね。

今後の三時間ドラマ

志賀　さア、いよいよ三時間ドラマの今後の問題ということになりますが、大山さん、第四作目を準備中とお見受けします。どんな腹案をお持ちでしょうか。

大山　ま、次に何をやるかを視てもらうのが一番いいわけで（笑）。明治の元勲や偉人と呼ばれない人々を描ければいいのだが、庶民の資料は非常に少ない。それで創りにくいということがある。それと、視聴者がこのドラマを視るとき歴史的なことなり人物なりのある部分を知っているということを寄りがかりにして視ているらしい点は考慮しておく必要があると思っています。純粋フィクションをなぜやらないか、とよく言われるが、ドラマの場合でも、倫理性や道徳性の強いもの、どこか敬服するところがなければいけないんじゃないか、日本人はストイックですから。こういう点は大事にしていかなきゃいけない。ぼくとしては、新しい知識や情報をドラマの形を通して伝えることに大きな手応えを感じている。視る側の中にも、いままでのテレビにはなかった辛口のものを視られているという底流があるし、これとドッキングできれば、まともな正攻法で、歴史劇というか、そうしたものに取り組んでゆきたい。おもしろくためになる路線はまだまだゆけると思います。その路線上に出てくるのが、たまたま著名人であったり元勲であったりしても、その生きざまが現在の人々に何かを差しはさむような成果があれば、それはそれで意味があると思います。

志賀　今野さんは？　今後について。

今野　それは非常に話しにくいことなんだが……。歴史、特に近代史に素材を取っているドラマは通常的にはほとんどないわけで、あの時代は一種の宝庫みたいなものですから、その意味ではまだまだ素材はあるという感じがしますね。アメリカのように、なぜ現在を描かないか、と新聞記者などがよく言うが、アメリカと日本とでは市民意識にもかなりの違いがあるし、一言に現在をやるのがいいと言えるものではない。それから〝スペシャル番組〟ということについて言えば、ちょっとテレビに飽きてきた人達をテレビに引きもどすための、その時々の起爆剤にはなっていくだろうと思います。

志賀　それでは、日立さん。四作目も提供なさる予定ですね？

倉木　幸か不幸か、ウチは一時間ドラマの枠を持ってないから（笑）。

志賀　ちょっと強気になってきた（笑）。

倉木　今野さんにしても大山さんにしても、製作に当たっては、実に細かく事実を調べ出される。たとえフィクションであっても、ドラマの真実性、骨格がしっかりしていなければ三時間は持つものではない、とおっしゃる。そのアプローチの仕方、学者のごとくの調査が骨格を作っている。このやり方は、ウチの企業イメージにピッタリなんですね。いまの調子で進められていれば、安心していられる。「近代日本を築いた人々」というコンセプトだが、今野さんに〝獅子のごとく〟の最後で「明治は終わった」と宣告されて（笑）――もう明治はないのか、と心配している人がある（爆笑）。創る方はもう明治のイメージはないのかも知れないが、視聴者にはまだ期待があることを考えなきゃいけないと思いますね。あまり急激な転進でなく、路線を踏襲しつつ、場面としての明治は終るかもしれないが――。

志賀　それでは、若干、現代に近づいてゆくもの、と予測していいですか。

豊田　その問題は、企画会議にいつも出ることなんだが――。

倉木　広げてもいいと思います。「近代日本――」のコンセプトの中で。

豊田　一気に現代にするような急激な転進は四作目ではちょっと早いと思うね。さっき、今野さんがうまいこと言ったが、あの時代はやはり宝庫なんだな。今までの三作で視聴者にユメを持たせたのではないか、と思われる点がうれしいね。みんなが自分のメジャーでドラマを語ってたんだよ。あいつは二十七歳で兵庫県知事になった、もし、おれがあの時代に生きていたら、なんてね。修身なんか意図してるんじゃないが、青少年に前向きなもの、エデュケイショナルなものであれば、三時間ドラマの言い出しっぺとしては、今後も意味があるし、そうありたい。

志賀　それでは、ますます、三時間ドラマは買い、ですね？

豊田　うれしいですよね、どういう言い方をされようと。明治ばっかりやってて復古調だなどと公に曲解されても、サブリミナルな現象面はどうでもいいって気持だなぁ。目的てきなことを言えば、三時間ものは年二回、その間に二時間ぐらいのものを何本か入れたりコンセプトさえしっかりしていれば、日立さん、やろうよ、と言える。

志賀　いまや、育ての親になった感のある日立（笑）。倉木さんとしては？

倉木　宣伝がヘタ、とお叱りを受けたウチが何と『放送批評』で座談会を聞いていただけるぐらいになりまして（大笑）。視聴率も高い。視聴率の数だけをやられなかったことがかえって良かったのだと思います。今後もまじめな提供姿勢だけは絶対にくずさないですね。

志賀　それでは、局側の編成部長として。

引田　四作目以降は、もっと広いジャンルに広げて骨太のものをやりたいですね。といっても明治にもどらないというわけではない。日本人にアピールする要素が明治に多いということですから。有能なるが故に忙しい外部の人にも思いきって創ってもらいたい。いつまでも大山さんだけを頼りにしているわけにもいかない。四時間ものをやるかもしれないし、これはと思う企画があれば、他局に先がけてやるつもりでいます。

志賀　今後の抱負も出そろいましたので、この辺で閉めくくらせていただきたいと思います。日本のTVドラマ界の画期的な登場であった三時間ドラマ、その制作に関わる第一線の方々の話だけに興趣深いものがありました。本日は、ご多忙の中、どうもありがとうございました。

解題

　この座談会の前年に日本で初めての三時間ドラマ『海は甦える』がTBSで放送され、二八・五％の高視聴率を獲得した。三時間という長尺で、また二一時放送開始で当時「深夜」と見なされていた二三時五五分に終了という、番組編成の常識を覆した画期的な試みとして評価された。この座談会も、松下電器などに遅れをとっていた日立製作所が一社提供に踏み切った経緯など、宣伝戦略という視点から話題が展開されていることが注目される。（藤田真文）

座談会

オレ! 音像人間タモリ

『放送批評』1978年11月号

《ゲスト》**タモリ** 《司会・構成》**亀渕昭信**

放送批評懇談会の会員で結成されている「ラジオを語る会」では、先ごろ東京・有楽町のニッポン放送内グリル「トーキョー」に人気タレントのタモリ氏を迎え、研究がてらの座談会を開催した。題して、『ラジオではじめて音像人間になったえらい奴』。当のタモリ氏はやや緊張の面持ちで、定刻前会場に姿を現わした。

出席者：
伊豫田 康弘・岩畔伸夫・内田一弘・亀渕昭信・川島康之・小山雄二・斎藤正治・清水邦行・田中秋夫・田中有三・西村 卓・服部孝章・松尾羊一・松村順子・望月和郎・山県昭彦

オレのリズムとお客のリズム

司会　「ラジオを語る会」前回は小沢昭一さんをお招きしました。その小沢氏が正統派とすれば、今日のタモリ氏は通常のコミュニケーション手段である「言語」ではなく、新しい「言語」を創造。それを使ってラジオの聴取者とコミュニケートした、想像を絶するというか、気違い沙汰というか、異常な才能の持ち主です。ボードビリアン、DJ、タレントそして文章も書きますが、ラジオが大好きな一人です。そこでラジオについていろいろと語って貰おうという訳です。

タモリ　僕は、昭和二〇年の八月二二日に生まれまして、一九年に仕込まれた訳で、日本が敗けそうな時に親父達は何をしてたかと皆いろいろ言うんだけど……。

小さい頃はラジオしかなくて、まして九州の福岡で育ちましたのでNHK専門で一日中つけっ放し、どの番組が大体何時頃あるっていうのが生活の中にしみ込んでおります。一番今でも印象に残っていますのが「尋ね人の時間」……「もと上海にいらしたナントカさん……」という奴で、それと今でもやってます「昼のいこい」。最初に私が出したレコード、発売と同時に発売禁止になりましたけど幻の名作といわれているものですが、その中にあの「昼のいこい」をそのままやった部分がありまして、これは何が可笑しいかと言うと、NHKという独特のものがここにあって、田舎の方の百姓のお婆ちゃんから来る手紙が実に名文になっているんですね。そこが何とも変で、それを採り入れて作ったんです。井上陽水なんかもおっかしくって転げ回って笑ったそうです。

小学四年位でTVが出来ましたが、それまで全部ラジオでして北京放送の物真似なんかやってました。ラジオが好きで鉱石ラジオを作ってそれを耳にあてて、九州ですから、中国は東京より近い。いろんな放送が入って来まして、それが自然に今、中国語をメチャクチャに喋れるようになった理由だと思うんです。そんなこんなでオールナイト・ニッポン、今もやってますが、本当にキャリアも短くてTVは勿論ラジオも判ってない部分が多いと思うんですけど。一番僕が初めに考えたのは、ラジオ・TVの面白さっていうのは、普通一〇ある日常の面白さがラジオ・TVに出す事によって五くらいに減ってしまう。で、そこの所をどういう風に埋めていったら良いのか。

所謂技術的な語りの熟練度とか計算で面白さを出すのか非常に迷いまして、未だにそれは判ってないんですけど、ただ面白さって言うのは五、六人で酒飲んでワアワア言ってる時が非常に面白い訳で、それを何とか日常の自然な笑いの形で放送に出して見たいと考えた訳です。で、どうしたらいいのか――。

舞台とラジオは違うんで直接その反応を受ける事は出来ませんが、同じ時間の経過を一緒に過せる事がラジオの最大の特徴。オレの時間とリズムとお客のリズムが一致して同じ時間を過すところにその答えがあるんじゃないかと思うんです。

コトバからハナモゲラ語へ

ラジオは運転しながら聞いている奴もいるし、寝そべっているのもいるし、鼻クソほじりながらとか、いろいろでして、便所の中というものもいる。と言う事になると、一体どうやって一緒の時間をタイミングよく過すかで。これが上手くいったら面白い世界がそこに出来るんじゃないかと考えた訳です。で、ラジオの場合は強引に自分の時間を過そうと関係なく引っぱって来ちゃう。幸いラジオは「オールナイト・ニッポン」を二時間やってますので、三〇分位したら何とか引っぱりはじめられる。

それと、言語以外のコミュニケーションという事なんですが、あれはハナモゲラ語の事だと思いますが、あれのそもそもの発祥は、日本人が外人の喋りを聞いて意味が判らないっていう印象で喋ってる訳です。外人が初めて日本語を聞いても同じ事なんで、それがハナモゲラ語の発祥でして、学生時代から部分的に流行ってたんですけど、そんなもの放送でやっても受けるとは思わなかった。たまたまコマーシャルの仕事が来まして、それでやって一般に広がったと思うんです。

ま、僕が特殊なのかも知れませんが、僕には言葉に対する不信感があるんです。小説が嫌で嫌でたまらない時期があって、例えば愛とか真理とか言っても、それが絶対あるものかどうか判らない。それで悩んで、華厳の滝に入った人もいますけど……。

僕はそういうものがあっても無くてもいいんじゃないかと思ってまして、内的な高まりがあればその時に言葉をつけりゃいいと思ってるんです。やたらと言葉が氾濫して、それに規制されて人間がおかしな具合になるんじゃないか。人間話し合えば判るって言うけど、話し合えば合う程言葉の迷路に入って行って、判り合ったというのは誤解じゃないかと思うんです。これは意味のある言葉が悪い訳で、単なる言葉を超えた音でも充分コミュニケーション出来るんじゃないかと、ハナモゲラ語でいろいろと対応してみる訳でして。大した流行じゃないんですけど、本当のその面白さは全く理解されないまま現在に至ってる訳です。

ハナモゲラによる相撲中継、歌舞伎中継というのがありますが、アナウンサーも解説も行司も呼び出しも何も意味をなさない言葉で喋る訳です。

これは形式のあるものが全て可笑しいんで、結婚式なんて僕は可笑しくてたまらない。そういうものにハナモゲラ語が適してまして、ハナモゲラ落語というのもありますけど、これは難解で受けません。今までのお笑いは意味があって可笑しかったんですが、意味がなくて可笑しいのはなかなか理解されない訳です。特にわが国の場合では。漫画なんか見てますとナンセンスが根づいてませんし低調です。もっとナンセンスを前面に出せと言われますが、深夜放送をやるに当って、若い奴は、僕、判らないんです。それで二〇代後半と三〇代前半位の狭い層を狙ってやった。それが恐る恐るフタを開けて見ると中学、高校生の層に受けまして、それがナンセンスを判ってるかどうか疑問ですけど……。

それから取材なんか来るようになりまして。ところが皆「ハナモゲラは面白い」「そう思いますか?」「ええ、面白いですから代表的なのを五つ位あげてその意味を書いて頂いて……」という取材なんです。意味がないから面白いって事が判らないんです。そういう記者よりもまだ高校生の方がましだと思うんです。

ニュースならニュース、ドラマならドラマ、ＤＪならＤＪの形式がある。そういう形式のあるものを全部パロディ化して、しかもそれがナンセンスであればと今考えてますが……。

もっともあんまり僕は考えてやる方じゃなくてパッパッとやってますが、とに角ラジオを使ってそういうものをドンドンやって行きたいのが今の心境です。

お笑いが低くて、涙が高いなんて

Q　ナンセンスに次元の高いも低いもないんですが、その点ＴＶではとってもやりにくいもんじゃないですか。それに現在は中・高生文化が盛んで――。

タモリ　そうですね。ゲバゲバの場合も視聴率があがらなくてやめてしまった。ナンセンスというのはどうも国民性の問題だと思うんです。

例えば『東京ヴォードヴィルショー』もそんなに若い層を狙った訳じゃないのに、実際フタ開けてみるとお客は非常に若い。でも、とても危険というか、そりゃ若い連中が来る事は嬉しいんですが、そん中で単純に風化されてしまうんじゃないかという気がする。本当の可笑しい所を把んでなくて、非常に、現象で笑ってるのが多いですよね。特に女があぁいう所に出入りする事が多い訳でしょ。僕は女は肉体的にはとも角、精神的には嫌いで、女がだんだん増えて来ると、なんかその中で風化されてダメになって行くんじゃないか。大人相手のヤツが絶対必要だと思うんです。ＴＶなんかでも、創作者側はオバちゃん連中を基準において考えている。すると、その辺が笑うとか、面白がる、泣くという事で作ってしまう。〈お笑い〉っていうのは伝統的に日本じゃ非常に人間の感覚の中でも低いものっていう考え方があるでしょ。で、それを何とかして高めようとすると最後に〈涙〉を持って来て高めようとするんですね。僕が映画に出演した時、映画会社の人が言うんです。笑いは〈涙〉でなくちゃダメだって……。僕はそれに対して腹が立つ訳で、だから藤山寛美さんの芝居を見てて嫌で嫌でしょうがない。あの人を僕は喜劇役者というより悲劇役者と思ってますから。

年とって来ると〈お笑い〉やってるとやっぱり世間様に対して卑下する所が出て来るんですかね。僕なんか〈お笑い〉を人間の感覚の中で最も優れたものだと思うんです。

僕は〈お笑い〉にあんまり技術を使ったり計算したものでなく極く自然にと考えるんです。僕は〈芸〉やってると思ってませんし、よくお前のは〈芸〉じゃないって言われますけど……。

Q　今の少年ジャンプとかチャンピオンとかの漫画で育った世代が、我々の年から見たら「ナンダイこれは」っていう絵ですが二〇年経って三〇代になって、子供がいてという時代には国民意識も変ってくるんではないですか。

タモリ　今の大学生とか、その位の年代になると日本には無かった感覚をどういうワケか先天的と思える程に持っている場合があるんですね。それは音楽やいろいろの面に現われてるんです。例えばジャズやってまして、僕がマイルス・デイヴィスが好きだったらそれになりたいと思う訳ですね。練習したりなんかして、少しでも近付きたいと思う。でも、今はデイヴィスを知らないで、そういう感覚を持った音楽をやってる奴がいるんです。だから期待は相当出来るんじゃないかと思ってます。

Q　あなたが使ってる言葉は記号ですか、言語ですか。もし、音と記号の中間位という事であれば、先程それが若者達にアピールして風化するのが怖いという話でしたが、体系のないものであったら風化していっても良いんじゃないかと思うんですが。

風化するフィーバーの現場

タモリ　風化というのは、やっている側にとってという意味なんです。やっている本人がだんだん判らなくなる。例えば、端的に言うと『東京ヴォードヴィルショー』がありますね。受けてるわけで、ワーワー言ってる連中に取り囲まれてしまう。そういう連中を相手にしてやっていると、ウケた部分を次第に拡大していく訳ですね。すると、一体自分は何が可笑しいと思っていたのかっていうのが判んなくなってしまう。それを僕は風化と言ったんです。

Q　僕も深夜放送の担当やってますけど、昔は、深夜に兄貴に相談するという形で若者に受けていたんですが、現在タモリさんがやっている深夜放送と随分違って来ている気がしますが、葉書の反応の中で具体的にはどういう葉書があって、それを通じて今の若者をどう把えているのか、その辺の話を。

タモリ　僕が聴いてた深夜放送は十二、三年前ニッポン放送で今仁の哲ちゃんがやっていた時期なんですけど……。今の若い奴っていうのはパーソナリティを兄貴というよりはオーバーに言ってしまえば仲間だと思ってますね。それは大きな違いじゃないかと思うんです。で、地方なんかへ行ってジャリ共が来るんですけど、完全に仲間だと思っていますね。ヤジ聞いてても仲間だという意識で、葉書もやっぱりそういうのが多いですね。「やい、タモリ」で始まりますね。昔の我々の感覚では、放送局に出す葉書の中に「やい、哲ちゃん」なんてのはあまり書かなかったですね。それに「バカ」とか言うのが多いですね。でも、完全にケナしてるんじゃなくて、親しみをこめて書いているとは思うんですが、勝手な捉え方かも知れませんが仲間だと思ってはいますね、だから僕の頭を叩いても良いものだと思ってます。事実叩かれた事がありますね。しかし、僕は仲間だとは思われたくない訳です。今、兄貴と思っての相談の葉書は少ないですね。たまたま来るのは女の子の相談で、男に関するもので、それもよく読んでみるとノロケになっているんで。だから兄貴と思ってハガキ書いてるんじゃなくてノロケたいんです。

状況をパロってみたら

Q タモリの放送にはナンセンス部分とは別に熱血漢というか、ある物事に対してとても怒る事がある。延々として二時間位目茶苦茶に怒る時がある。すると、とても熱い反応があるんじゃないかと思うんです。ラジオもTVもあまり怒らないですね。だから、逆に怒るというと、とても新鮮に感じる事があるんです。深夜のあいう時間帯でもね。

タモリ ラジオやテレビで、歌番組とかいろいろありますけど、僕が一番嫌なのは、みんな仲良しなんですね。あれもいい、これもいい、そういうの見たり聞いたりしていると本当にそうなのかと思うんです。僕は大体根性がひねくれてて、バーに行って他の奴が飲んで騒いでる。もうそれだけで腹が立って、帰れこのヤローと言いたくなるような、で、舞台でも何か嫌になると腹が立ってしまうんです。だから本当に僕はいろんな事に腹立てるんで。

個人攻撃はいけないというが、僕は寺山修司の物真似をよくやる。あれは複雑な心境で、自分の中に寺山と共感部分と嫌な部分があって、それでやるんです。ま、寺山を知らない世代に、それにそんなに有名な人じゃないのに受けるんですね。どうしてかって考えてみると、これまでは、有名な原典があってそれをパロディにした時にパロディが成立していたんですが、今はだんだん変わって来ているんですね。例えば寺山に代表される一つのパターン、一つの状況があると、それをパロディにすると判る。ですからピンク・レディの歌にしても、〝渚のシンドバッド〟〝ペッパー警部〟全部パロディですよね。〝ペッパー警部〟なんて居なくても、そういう状況のパロディが判るようになって来ているのです。ありそうだなというので、今の人は笑う事が出来るのですね。僕の中洲産業大学は特定のモデルがいる訳ではないんですが、あんな教授が居そうだという状況があって、それで笑うんですね。そういう意味でも今の若い世代には藤山寛美的な笑いじゃないパターンが根づいて来てるんで、そういう意味じゃ期待してるんです。

Q　よくTVでワースト番組があげられますが、あなたがワースト・ワンに選ばれたらどうするか。またTVが子供にかなりの影響を与えてますが、それについてお聞きしたい。

タモリ　ワーストに僕が選ばれても、どうも思わないですね。僕が出ている「うわさのチャンネル」も六位に入ってますけど、迷惑とも思いませんし、態度を改めようともしません。

影響しなけりゃツマラナイ

タモリ　TVの影響ってPTAが言うように絶対的に大きなものだとは思いません。影響というのは必ずしも悪いものじゃなくて、僕らだって小さい頃はいろいろなものから影響受けてますよ。例えば女性がファッション雑誌見て、「いいワ」って言ったり、映画である髪型が流行れば、皆髪型が同じになると同様でね。だから、ラジオ・TVの影響だけに限らないでしょ。いろいろな影響が与えられて、それを採り入れたり組み合わせたりして独創性が生まれてくる訳でしょ。僕は本当言うと、影響を及ぼしたいですね。

ところが、皆仲良し番組をやっている訳でしょ。ラジオでいくらオマンコって言っても見えないんだから知れてますよ。最近僕は、益々影響力を与えなきゃいかんと考えているんです。人間との出会いもそうですよ。お互に何が面白くって付合っているか、ケンカしながらも付合っているっていうのはお互に影響与えながら面白い訳でしょ。

やっぱり電波を使って不特定多数の人々に何かを与えていかなければ、一応タレントと呼ばれてやっている限り、自分が最良という道を、ま、最良というか、自分が考えられることうだと思う道を、より徹底して、自分の考える笑いをやらなきゃいかんと思うんですね。

僕は活字型人間じゃないので、例えば、映画に出るなら、金がありゃ、自作・自演のものをやってみたいですね。気に入った連中を集めて……。

というのは、他の作家が僕のために作ってくれたのをやる時もあるんですけど、自分が作ったのをやった場合と、結果的に比べてみると、自分が作ったのをやった時の方が面白いんですね。

司会　今日はタモリ氏のハナモゲラ語の秘密大公開というところで、彼のしゃべりと生き方の一端を語ってもらいました。たいへん真面目に、と言いますか、具体的な話で、日本の土壌になかなか根付かないナンセンス作りのために、タモリ氏が日夜奮闘しているさまがよく理解できたと思います。彼の芸というものは、現在では映像では十分に表現できない。むしろ音声の世界、ラジオにぴったりのものだと思います。ま、一つこれを機会に、日本の〈笑い〉に欠如しているナンセンスの在り方について、我々も考えて行きたいと思っております。長時間ありがとうございました。

解題

敗戦一週間後生まれのタモリこと森田一義は、日本の戦後と歩みを同じくし、まさに戦後メディアの変遷や消長を体現する人物だ。一九七五年に芸能界入り。七六年一〇月からニッポン放送『タモリのオールナイトニッポン』（水曜一部）に出演。八一年『今夜は最高！』、八二年『笑っていいとも！』『タモリ倶楽部』と活躍の場を広げていく。七八年秋の座談会は、彼がテレビで封印する言葉不信、形式嫌い、仲よし嫌いといった「毒」を伝えて貴重である。（坂本 衛）

特集：ビデオ・コミュニケーションズ

ビデオ・コミュニケーションの思想

〝開かれたテレビ〟を見透す試み

野崎　茂

『放送批評』1978年12月号

ＥＶＲの衝撃

発明家が自分の発明を事業化し、成功した例はあることはある。しかし発明家がいつも事業において成功するとは限らない。いかに自分の発明に自信をもっていたとしても……。

一九六七年の夏だったと思う。一つのニュースが世界中の放送界をあわてさせた。ＣＢＳがＥＶＲを発表したのである。ＥＶＲは商品名。エレクトロニック・ビデオ・レコーディングの頭文字である。

ＥＶＲは商品として発表されたが、じつはその商品コンセプトが衝撃的だった。テレビジョンを放送のかたち以外で家庭レベルに普及させようという商品企画だったのである。テレビのオーディオビジュアル信号を、音の場合のレコードのように記録しておいて、いつでも好きなときに好きなものをプレイヤーで再生させ、ブラウン管にうつし出す。そういう構想である。

むろん放送事業の内部ではＶＴＲが実用化されていた。テレビ信号の記録再生システムは一九五〇年代からあった。その限りではちっとも新しくはない。しかし業務用ＶＴＲは高価だったし、大きく重かった。それを家庭用に改良し、量産し、新しいマーケットをつくりだそうという企画はまったく考えられていなかった。

これに対してＥＶＲは最初から家庭向けの商品として企画された。だいたいレコードと同じくらいの手軽さで扱えるように考えられていたし、また――ここのところが一番だいじなポイントだが――システムとして、つまりプレイヤーだけでなく独自のプログラム供給までも含めての企画であった。ＥＶＲの開発リーダーであるピーター・ゴールドマーク博士が、ＬＰの発明者、という実績をもっていることからすれば、レコードのシステムを下敷にしたことは当然のことといってよい。のちにＥＶＲのカタログを見たとき、レコードとの類比・対比がおこなわれていたのをはっきり憶えている。

ＥＶＲは技術的理由だけでなく、ＣＢＳの社内事情もあって結局事業化には失敗した。虎は死んで皮を残すという。ＥＶＲは商品化に失敗してホームビデオのコンセプトを残した。

ＥＶＲ普及戦略の崩壊

ＥＶＲの商品企画は世界的な反響をよんだ。世界中の放送業者がＥＶＲに注目した。ことによったら放送テレビのような早い普及速度でＥＶＲが各家庭に入りこむかもしれない、と考えたのだ。

仮りにそうなったとした場合、既存の放送事業はどうなるか。判断は大きく二つに分かれる。一つは、放送がＥＶＲに喰われてしまうのではないかと心配する立場であり、もう一つは反対に、新しい企業機会としてとらえ、ふたたび放送のような高度成長をＥＶＲに期待する攻撃的な立場である。ＥＶＲにとっての不幸は、ＣＢＳの実力者会長ペイリーが防衛的な立場をとったということだ。

ゴールドマーク博士が悶々のうちに――年俸十万ドルの顧問という好条件を固辞して――ＣＢＳをやめたのち、何年かたってからだったと思うが、ＣＢＳ在職時代の回顧録を刊行するというニュースが流れた。ぼくはテレビジョン・ダイジェストという週刊専門誌で知ったのだが、本はついに出版されなかったらしい。圧力がかかったのか、取引があったのか、ぼくはつまびらかにしない。ただ内容紹介でみた限り、かなり辛辣なペイリー批判が含まれていたようだ。

ペイリーは十万ドルはおろか一万ドルの研究開発予算すらＥＶＲに与えようとしなかったという。当時の社長スタントンはゴールドマークの支持者であり、ＥＶＲの理解者だったが、いかんせんスタントンはペイリー子飼いの雇われ経営者。陰ながらゴールドマークを支えるのが精いっぱいだった。ペイリー会長の、ＥＶＲは放送テレビの発展を阻害することになりかねない、という判断を変えさせることはできなかった。

ペイリーは一面からいえばＥＶＲを過大評価したのである。ＥＶＲで放送事業の経営がぐらつく。それほどにＥＶＲをおそれたわけだから——。じっさい放送事業に大きな衝撃をあたえるかどうか、それはその場になってみなければ本当は分からない。しかし経営者、事業家としては決断しなければならない。ペイリーはとにもかくにも決断した。時期尚早ということであろう。

そのおかげでゴールドマークの最初の普及戦略は崩壊した。機器はフィリップスにつくらせ、出版社のダブルデイとＣＢＳがプログラムを供給するという案で話がすすめられていたが、ペイリーにつぶされてしまった。やむなく、パートナーとしてチバとＩＣＩをえらんだ。ＥＶＲ推進のトリオ体制はそのころの印象でも、なんとも珍妙で理解に苦しんだものだ。なぜチバやＩＣＩという純ケミカルの会社と組んだのか、理由はジアゾ系のフィルムを開発供給してもらうということらしい。ほかにメリットは考えられない。

滅茶苦茶な 推進体制で ＥＶＲはスタートし、そして失敗した。

プライベートＴＶの登場

どうも米国の話ばかりで恐縮だが、ＥＶＲという商品企画は、やはり当時の米国の時代状況の産物といってよい。ＥＶＲの発表に二年ほど先だってデビッド・サーノフは〝オールパーポス・テレビジョン・スクリーン〟というコンセプトを発表し話題となった。テレビは放送だけのものではない。あらゆるコミュニケーションの端末表示装置としていろんなふうに使われる——。予言者サーノフのこの発言は、ある重味をもって人びとに迫った。サーノフがいうのだから、そうなるかもしれない、と。

放送のかたち以外のテレビ、つまり非放送テレビという観念は、事実上このサーノフ演説で固まったといえそうである。しかもＣＡＴＶ（コミュニティ・アンテナＴＶ）はあちこちでつくられ、厖大な資金がＣＡＴＶに流れこみ、加入世帯もグングン伸びていた。ＣＡＴＶはケーブルＴＶと読みかえられるようになり、ケーブルＴＶによって新しいテレビの世界が開かれるのではないかという期待がつよまっていた。ＥＶＲはそういう雰囲気のなかで発表された。

受けいれる地盤がある程度できていたわけだ。ＥＶＲ以後、現在までのビデオの成長普及の経緯については省略させていただく。とにかく、家庭用ＶＴＲが普及段階にはいり、そしてビデオディスクがホームビデオ市場に参入しようとしているのが現状である。

さて、そのかんに幾つかの新しい注目すべきコンセプトが生まれた。「プライベートＴＶ」は、その一つである。これはホームビデオの段階でつくられたコンセプトではない。米国で企業内ビデオが普及し、ある規模のマーケットを確保した時期に、放送とはことなる独自の使いかた、マーケットを特徴づけるために思いつかれたものだ。もう六、七年も前になる。

プライベートＴＶはＥＶＲとは明らかに異なる側面をもっている。むろん非放送ＴＶという点では同じだが、ＥＶＲがレコード産業をモデルに、レディーメードのプログラムを大衆に売るという発想だったのに対して、プライベートＴＶのほうはプログラムの自作を標準としているのである。社内ビデオシステム《イン・ハウス・ビデオ・ネットワーク》を導入する企業は、もともとホームＶＴＲとして開発されたＵマチックのプレイヤーを買うだけでは不十分で、自分の必要に応じたプログラムを制作しなければならない。いちおう生産―流通（配給）―消費の各ステップを全部そろえる必要があった。場合によればプロダクションにそのプログラム制作を委託するが、多くの会社は、社内にＡＶ制作部門を設けた。エレキカメラを買い、スタジオをつくる企業があらわれた。

放送とは別系列の生産―流通―消費が、最初はほそぼそと形成され、やがて独自の産業として根を張るにいたった。プライベートＴＶの命名者であるブラッシュによれば、数年内にプライベートＴＶ産業は放送ＴＶ産業の半分くらいになるということだ。

去年の末か今年の初めに、ぼくの愛読する米国の雑誌「ＢＭ／Ｅ」（放送経営／技術の略語）がプライベートＴＶの特集をやった。なかを読んでぼくはびっくりした。社内ビデオシステム用プログラムを自作する社内ＡＶ部門の地位があがってき、同部門への投資がふえ、いまでは放送局級の設備・制作ノウハウを持つ会社があらわれているそうだ。なかには有名な建設機械会社ジョン・ディーア社のように、自社のものだけでなく、他社の注文を受けてつくるところもある。

新しいカメラやＶＴＲが登場してくると、一般企業が放送局に先んじて購入し、財政の乏しいローカル放送局をうらやましがらせている、などという記事を読むと、プライベートＴＶの底力恐るべしという感想をもたざるをえない。読みすすむと実際に底力を認めないわけにいかないのである。つまり、本来企業内ビデオシステムのための社内ＡＶ部門のプログラム制作能力がオーバーフローして、ＰＳＡプログラムを制作するようになった。ＰＳＡというのはパブリック・サービス・アナウンスメントのこと。

自社のＰＲや宣伝のプログラムではない。要するに昔でいえば文化映画である。産業映画ともいった。そのテレビ版なのだ。企業内システムに流すのではなく、ローカル局の公共番組、教育番組として放送にかけられることを予定しているのがＰＳＡである。ローカル局が儲からない公共番組、教育番組をつくるのは大変でしょうから、われわれ企業のほうで番組をつくってあげましょう、それを放送に使ってください――。

いいかえるとボランティア・プロダクションである。プライベートＴＶから放送ＴＶへのボランティア・サービスである。ぼくはプライベートＴＶがここまで成長しているのを知って、これは放送ＴＶの将来のあり方にも影響をおよぼすかもしれないという気がした。また、マスメディアの〝アクセス〟が、これまでとはちがった位相であらわれるという予感をもった。アクセスの求め方がちがってくる可能性がある。

やがては日本にも……

日本のプライベートＴＶはどうか。だいぶ前に企業内ビデオの実態を調べた結果をみせてもらったことがあるが、ぼくは現状を十分につかんでいない。日本のプライベートＴＶの全貌を紹介してくれたものがないのである。だから正確なことはいえないのだが、少なくとも米国の水準にまではすすんでいないと想像している。放送局がうらやむほどの設備をもった一般企業の例が日本にあるとはきいていない。例外は立正佼成会の普門会館や本堂をみせてもらったとき、教団の人が、「うちにないのは免許だけです」といって、放送局級の設備をついでに見せてくれたことだ。

まして、社内ＡＶ部門が放送用のプログラムを自前でつくったという話はきいていない。日本のプライベートＴＶがボランティア・プロダクションとして機能しはじめるのは、もう少し先のことになるのではなかろうか。米国を先行指標としてみればそうなる。

どうも、そんなふうに考えていいらしいと思われる根拠は、ＥＶＲ以後あらわれた（プライベートＴＶ以外の）新しいコンセプトＥＮＧ＝エレクトロニック・ニューズ・ギャザリングの場合、米国を先行指標として、日本はかなり跡追いといいってよい行動を示したからである。

またENGかという向きがあるかもしれないが、ぼくは、ENGのビデオへの影響は無視できないと思っている。ENG自体、ホームビデオ用に開発された機器を放送に流用することで成立したのだから、因縁はきわめて深い。ENGで小型ポータブル放送機器へのドライブがかかり、いまではENGはニュース取材の領域だけでなく、番組制作全般に及ぼうとしている。二年ほど前の業界内流行語でいうと〝ビヨンドENG〟である。ぼくは拡大ENGとよんでみた。ENG用の機器が、放送用の一般標準規格になりつつある、と考えておくべきだろう。

カメラやVTRなど機器の小型軽量化、低価格化は、放送番組制作の領域への新規参入を容易にする。現にぼくは二十代や三十そこそこの若い人たちがこうした機器で、独立したプロダクションをつくってやっているのを、この春みてきた。ニュース取材専門のプロダクションのことは別のところで紹介したので省くが、ENG機器をベースとするプロダクションは今後ともふえてくることは必定である。おそらく日本においても——。

それやこれや、ENGは放送TVの番組制作にイノベーションをひきおこしつつあるが、この勢いが続けば、企業内ビデオはむろんのこと、ホームビデオの領域にもイノベーションの波をもたらすだろう。現在のところホームビデオは、もっぱら放送TVの録画を主な使いみちにしている。まだまだ自作はすくない。しかしカメラをはじめとする機器の改良、低廉化は、グループや個人の自作にドライブをかけるだろう。

ただし、モノには順序がある。企業内ビデオに一種の自作ブームがおき、企業内ビデオを設置した一般企業の機器・設備が改良され、制作能力の向上がまず先に現実化しなければならないだろう。企業の場でプログラム自作の技能が（プライベートTVにふさわしい水準で）蓄積され、ユーザーの経験がメーカーに送り返され、機器はヨリ改良され、非放送プロダクションに馴染んでくる——という過程をたどる必要がある。そうこうしているうちに企業内AV部門の制作能力がオーバーフローしてきて、AV部門は一般向けのプログラムをつくりはじめる。

グループや家庭レベルのプログラム制作も、それなりの習熟がいる。ノウハウがいる。そうした習熟やノウハウは、企業内ビデオの内部で高められ蓄積されるだろう——というのがぼくの見かたである。個人の自由時間のなかで簡単に培われるようなものでは決してない。放送とはちがった意味で、しかし、職業的に、プライベートTVの制作能力は磨かれてゆく。

　企業内ＡＶ部門で積みあげられた技能やノウハウが核になって、グループ・家庭・個人におけるプログラム制作も軌道に乗りはじめる。マイコンにせよＣＢラジオにせよ、個人レベルの普及に先だってビジネス利用の段階があり、企業内専門職業人が中心になって個人レベルの普及へすすんでゆく。そういう前例にはこと欠かない。ホームビデオも例外ではないと思う。

多様化するメディア

　さて、ビデオのコンセプトはホームビデオを志向したＥＶＲで形づくられたが、ＥＶＲとその後続商品を含め初期ホームビデオの商品化事業化は失敗に終った。もっぱらソニーの企業努力で米国では企業内ビデオが普及し、非放送テレビの一方の雄としてマーケットを確立した。その間にプライベートＴＶなるコンセプトが生まれた。企業内ビデオが放送とは別系統のテレビ産業として発展したのち、やっと本格的なホームビデオの普及がはじまる。この十年あまりのビデオの歩みを、ぼくはこんなふうにつかんでいる。

　十年余の歩みのなかでビデオ・コミュニケーションの思想はおもむろに形成され、具体的な担い手を生んできた。彼らによってビデオの大きな方向づけはおこなわれたといってよいと思うのだが、ありうべきビデオの全体像はまだ十分にえられていない。どうもそんな感じがする。

　ぼく自身その点で多くの欲求不満を持っているが、といってサーノフ、ゴールドマーク、ブラッシュなど新しい基本コンセプトをつくった人たちのように画期的な提案をする能力もない。せいぜいビデオの世界における今後の見通しをつけてみることができるだけである。

　活字の世界との類比でいうと、放送テレビは新聞に相当する。常識的な線だろう。かねてからぼくはテレビといえば放送テレビというとらえ方がされるくらい、放送テレビがテレビの全体を覆っている状況は、新聞だけあって雑誌も単行本も百科事典もない活字メディアと等しい――と考えてきた。新聞以外の、活字による生産―流通―消費のシステムが存在しない、という状況を空想することは困難だが、現在のテレビはそれに近いのである。いや、近いというよりそのものズバリといったほうがいいかもしれない。

　そうだとすると、ビデオは、活字メディアにおける新聞以外の、出版と総称される領域全部に該当することになる。テレビにおける放送とビデオの関係は、活字の世界における新聞と出版のそれにあたる。大づかみにはそうとらえてよいと思う。ビデオ・パブリシングということばは、その意味で悪くはないのだが、ぼくは好きではない。

拡がる表現の領域

出版ということばだと、ビジネス・コミュニケーション活動やグループないし個人のコミュニケーション活動が脱落してしまう。ちょっともどかしい感じを残すけれども、非放送テレビのほぼ全体といういい方のほうがまだ正確なのである。

類比のモデルを音声コミュニケーションに求めると、事態はいっそう明らかになる。放送形態以外の音声コミュニケーションとしてはレコード、テープレコーダー、CBラジオ、電話その他もろもろをあげられると思うが、活字の領域の出版にあたるのはレコードくらいしかない。あとはユーザーがビジネス用あるいは個人用に勝手に使っている。ビデオ出版というとらえかたは、ゴールドマークがEVRを企画したころの、VTRやエレキカメラの小型軽量化、低価格化が期待できなかったころの、ビデオ規定なのである。今後のビデオの発展は、レコードや出版と同じものに限られる必要はまったくないし、限定されるべきでもない。

紙面がないので結論を急ぐと、たとえば米国における一九三四年通信法の改正経過でも、放送テレビはまだ他メディア並みの言論表現の自由度を獲得できないのかという、一種の嘆きの声が聞かれた。無制約の自由はない。形こそ変っても公平原則などは残る。

そこのところにビデオはかかわっている、とぼくは考える。ビデオは放送テレビの機器を使うという意味できわめて放送に近いが、電波を使わないという点で、決定的にちがっている。放送が公共性によって規律されるのは、もっぱら電波を使うからである。電波離れをすれば公共性による制約はなくなる。活字メディア並みの自由度を獲得することができる。

ビデオは本質的にプライベートTVなのだから、そんなことは当りまえだといわれるかもしれないが、ビデオの発展は放送テレビにその点での影響をあたえることになるだろう。もしビデオによるコミュニカビリティが全体的に高まり、それぞれの主張をもった週刊誌、月刊誌的なものや、専門紙誌のたぐいが登場し普及してくれば、放送テレビに対する公共性による規律の必要は、無くならないまでも、ゆるんでくるだろう。

放送テレビは、放送形態以外のさまざまな自由なビデオ・ジャーナリズムを反映し、紹介することで、自らのジャーナリズム機能をもう一歩拡大できるようになる。それが「影響」である。ビデオは、テレビをヨリ自由な、開かれたメディアに仕上げてゆくという社会的機能を必ずや果たすだろう。少なくともぼくはそう考えているし、願っている。

（民放連放送研究所主任研究員）

解題

一九七〇年代半ばにアメリカの放送局がニュース取材に利用し始めたことで、ハンディなビデオカメラとカセット式ＶＴＲ（Ｕマチック）が急速に普及した。野崎の論考では、企業や個人がビデオカメラという新しい表現手段を手にしやすくなることで、既存放送局ではない作り手が登場し、雑誌のように映像を流通させる＝「プライベートＴＶ」が生まれるとする。YouTubeなど今日の動画配信サービスの隆盛を予感させる論考である。（藤田真文）

特集：俗悪なるものへの視線

低俗とは
差別される娯楽番組

澤田隆治

「テレビワースト番組」というのが日本PTA全国協議会から発表されて、そのいずれもが視聴率の高い番組だったので、同種の番組を担当しているのに槍玉にあげられなかったプロデューサー連は、よかったという反面、ワースト番組に指定されない位の影響力しかない番組をプロデュースしているのだという悲哀もいささか味わったに違いない。

ともかく、選ばれた番組とその「ワーストの理由」は次のようなものである。

「8時だョ！ 全員集合」の場合、

言葉づかい野卑。行動下品。悪ふざけ。食物を粗末。

「スターどっきり㊙報告」の場合、

私生活暴露。悪ふざけ。騙す言動。他人の弱点を笑いものにする。いたずらが過ぎる。

「見ごろ 食べごろ 笑いごろ」の場合、

人間尊重の精神にかける。ふざけが多い（ドタバタ）。性の話題が多すぎる。言葉が野卑。親子関係、家庭生活の破壊に通ずる面がある。

「ウィークエンダー」の場合、

興味本位に犯罪を扱っている。エロ・グロ露骨描写。性犯罪の誘引。表現が卑猥。

「飛べ 孫悟空」の場合、

言葉づかいが悪い。夢なく低俗。悪ふざけが多い。名作

『放送批評』1979年２月号

のイメージに名を毒し卑俗。人形がグロテスク。子供向きを疑う。

「うわさのチャンネル」の場合、

エッチなしぐさオーバー。いやらしいセリフ。礼儀作法からおよそ遠い。お金の価値の無視。

＊

なるほどいちいちごもっともで、とても反論する気になれないと思うのだが、どの番組もいまでも相変わらず指摘された点を改善せずに放送されているところをみると、制作者にはそれぞれ、大衆の求めるものをピタリとさがしあてて、その要求にこたえるのがテレビ娯楽番組の使命であるという強固な信念があるものとみえる。

事実、低俗といい卑猥というのが本当に多くの人に嫌われる大きな要素であるならば、最もその特徴の多いこれらの番組は、低視聴率にあえいでしかるべきものだが、かえって多くの人に好まれる上品な高級なものが低視聴率であるのはどういうことか。

＊

きたないものをみたいのが人間のヘンなところだとしても、それならもっともっと表現をエゲつなくし恥ずかしくて正視出来ないものばかりならべると視聴率が上るかといえば、そうでもないのである。場末のポルノ映画館がいつも満員かといえばそうでもないのと同じである。日本じゃどの道大したことないからあきられたというむきもあるかもしれないが、アメリカのポルノ映画館でも、いまや日本人の客以外はあまり入らないということだし、この現象から日本人はスキなんだという結論を出すとしたら、テレビ低俗論議は「タテマエ」にすぎないということになってしまい、そんな「タテマエ」のために仕事を失うのはいやだと言っている方に正当性があるようになってくるので、あまり考慮に入れないでおきたい。

「テレビ場末の見世物小屋論」の攻撃のマトとなっているハレンチ企画は、番組のカンフル剤の役割を果すことはあるが、毎週効果をあげていこうと思えば、手をかえ品をかえやっていくうちにテクニックが洗練されてだんだんマトモになっていくか、エスカレートして中止のうきめをみるかということになる。生板本番から放尿ショーまでとどまることをしらないストリップの強烈な刺戟をいつでもみれるのに、さしたる刺戟もない日劇ミュージックホールのヌードショーがいまでも客をよんでいることを考えると、テレビコードに規制され、茶の間に入ることが前提で制作しているテレビのエスカレートなど大したことがないと思ってもよい。

何がワイセツかということについてならば、アメリカでポルノ解禁の是非が論議された時の、「女の裸の写真がワイセツならば、女性はワイセツな存在なのか、むしろベトナムで人間を大量に殺し、首を手にぶらさげて誇らしげに立っている写真の方がはるかにワイセツなのではないか」というのが一番よく判る。この筆法でいくと日常夫婦が行なっている行為より、自民党総裁選の裏取引や、ドラフト会議の江川選手をめぐる騒動の方がはるかにワイセツで、なるほどこの問題に関するニュースへの人々の関心が深いわけであるわいと納得出来るのである。「うわさのチャンネル」における礼儀作法やお金の価値の無視など、「総裁選」や「江川問題」の前には影がうすく、低俗さにおいても、日常生活における影響度においても「ワースト番組」などとくらべものにならないと私は思うがどんなものであろうか。しかし、多くの知識人はそう思わない。本質には関係なく常にニュースは高級で娯楽番組は低級なのである。一方、知識人が影響を恐れている大衆は、どちらの本質をも見事にみぬいて同レベルの話題としてたのしんでいるのだ。

＊

「飛べ　孫悟空」の人形がグロテスクで子供むきでないというのはよく判る理由ではあるが、子供は常に美しいものを好んでいるとはいえないし、世の中で美しいものだけが正しいという教育の仕方は明らかに間違っている。もし美しいものだけしかテレビに映ってはならないとしたら、十数年後にはブスは全て結婚出来なくなってしまうのではないか。どんなに醜いものでも本質に美しいものを内蔵していることがあるということを知らしめることの方が大事なのではないか。競馬の中継、あれは一体なんなのだろうか。色とりどりの騎手がのったサラブレッドの力一杯走る姿の美しさはテレビをみる人を魅了するが、テレビの画面にひきつけられている多くの人々がその美しさの故にみているのでないことは当り前で、その美しさに幻惑されてギャンブルの本質を見抜けないとしたら、むしろ「飛べ　孫悟空」の方が子供に与える影響の少ないテレビ番組であることはいうまでもあるまい。

「ウィークエンダー」が興味本位に犯罪を扱っているということは本当だと思う。だからどうなんだというプロデューサーの居直りに再び怒りを発しているむきもあるが、番組を制作するプロデューサーの狙いが常に興味本位であることは当然のことで、どんなに感動的な番組でも視聴者の興味をひかないようなつくり方ではみていてつまらないから最後までみてくれないし、終局的には感動してくれないのである。ドキュメンタリーでもドラマでも優れた作品は全て興味本位につくられている。犯罪を興味本位に扱うのがよくないという

2013年の視点から

政治状況をビビッドに受け止めた『放送批評』

上滝徹也

『放送批評』（1967年12月号）が創刊された1960年代後半から'70年代にかけては、戦後民主主義と高度経済成長の歪みが一気に露呈した時代でもある。私は創刊の前年に教員生活（日大芸術学部）をスタートさせたわけだが、副手、助手時代の研究・創作活動は、ベトナム反戦、大学闘争、成田闘争、浅間山荘事件、公害問題等々とは無縁ではあり得なかった。日大闘争の渦中で数々の放送中止事件に思いを巡らし、そういった政治状況をビビッドに受け止めた『放送批評』や常連筆者の論考に刺激を受けて、メディア論やジャーナリズム論への関心を急速に強めていった。野崎茂氏にはメディア秩序を、山本明氏や松尾羊一氏には日常視聴のアクチュアリティを、青木貞伸氏にはテレビジャーナリズムの危機とニューローカリズムをと、数え上げれば切りがないが私の若き日の論文や評論はそういった示唆あってのものだった。

創作教育の場に身を置いていたので後年は番組研究にシフトしたのだが、その視点には先達の論考が今も働いていることを折々に意識する。そして番組研究に関していえば、かつての権力による介入が自主規制による表現の劣化へと至っていることを痛感する。

のはよく判るが、刑事ドラマで犯罪を扱う方がよほど興味本位で、芸術性が高ければ高い程犯罪者に対する理解は深くやさしい。「ウィークエンダー」において犯罪者は常にバカで割のあわない役割を果していることを考えると、警察が「ウィークエンダー」の取材に協力的であることの理由がよく判るし、ニュース以外では犯罪者の側に立っていない唯一の番組ではなかろうか。むしろこの「ワースト番組」への指摘は、ニュースが犯罪者に対して常に国家権力の側からの発表に終始し、警察が逮捕すると、直ちに名前が呼びすてになり、西条凡児さんのように忘れたころに不起訴になり、明らかに警察の勇み足になった事件でも、その逮捕されてからの何ヶ月かにこうむった不名誉は回復されることはないといったことについての批判も含めて、警察の発表、新聞の発表にのみ立脚してスタートしていることが「ワースト番組」の理由なのだろうか、そうでないとしたらむしろ犯罪のバカさ加減をテレビであざけりつづけ、もしこんな犯罪を犯したら、この視聴率の高い番組で全国的に赤恥かいて孫子の代までタタルゾヨとおどかして、犯罪の意欲を喪失せしめている優良番組として推せんすべきではないのか。

半分位は冗談だとしても本質をよく考えていくと、むしろ犯罪誘引という意味では、芸術性の高いものほどあこがれを生み、リアルでナマナマしく影響力が大なのではないか。だったらそれも取締れとは誰も簡単には発言しないだろうから、ではなぜ「ウィークエンダー」だけが？　と疑問を抱いていただければそれで充分で、娯楽番組というものがそもそも低くみられているという差別論にまでいかないと、この問題はなかなか理解していただけないのではないか。

＊

なにが低俗なのかという議論の展開にはいろんな方法があると思うが、子供が長時間テレビをみていることとの影響についてどうだといわれると二児の父である私もいささかたじろいでしまう。「知識程度が同じでもテレビを長時間見ている子供は、そうでない子供に比べて、学校の成績が落ちる」という調査報告が発表された。これは大変困る。これは低俗論ではなく、低俗でない番組もみていることの影響についての問題なのだ。「8時だョ！　全員集合」で食物を粗末にするということの影響も、子供達がテレビの影響をうけやすい、いわゆる「テレビ漬け」の子供達であることを考えると困ったことだとやはり思う。私自身がかつて「てなもんや三度笠」でアメリカのスラプスティックの古典的ギャグであるパイ投げ合戦の日本版をと、信州のソバ屋を舞台にソバ投げ合戦をやってヤンヤとうけたけれども、放送直後から「もったいない」と抗議の電話がかかったり、「ろくに食べられない気の毒な人にあげなさい」といった投書が来たりで、これだけ食糧が町中にあふれて「もったいない」という言葉を知らない子供達がふえているのに、やはり戦後はまだ終っていないんだなアとつくづく思わせた。

それから十年以上たったいま、米が捨てる程あまってどうしようかと日本中の人がなやみ、食糧難という言葉が逆の意味に思われかねない位なのに、まだもったいないという思想があるのかと不思議で、先日機会があって東京都のＰＴＡの幹部のお母さん方の集まりでこの問題が出たので逆に質問してみた。

「いまお母さん方は食堂で丼物を子供に食べさせる時、全部食べなくてもいいよ、残しなさい、お腹こわすからなどと、昔のように子供に、もったいないから残さず食べなさいとは決していわない。それなのにテレビで食べ物を粗末にすると怒るのはおかしいではないか」。すると、「テレビでテーブルをひっくりかえしたり、おかずを投げたりすると真似するので困るんです」という返事がかえってきた。私はいささかカッとして「そんな子供はブンなぐりなさい、それはお母さんが子供をしつけるということを全く学校やテレビにまかせて一切しないという姿勢のあらわれではないか。自分が懸命につくった料理を認めない子供ならブンなぐってこそ人間ではないか、人の努力をバカにするような子供は許してはいけない。テレビの影響だとすぐ人のせいにするお母さんの方がおかしい。最近は学校へ行く子供に朝食をつくらない母親が多いという。子供が食べたがらないからという理由がちゃんとついているが、大人と違い子供の胃袋が朝から食べものをうけつけないというのは異常であると思うべきで、自分がねむたいのを子供のせいにする。弁当のいる日にカップヌードルを持っていかせる母親がいるというに至っては母でもなければ女でもない。子供が弁当をどんなに楽しみにしているか思い出してみて下さい。そんな母親のつくった料理がうまいわけはない、ひっくり返されようが投げつけようが止むをえないではないか、こんな母親がいる限り、テレビの娯楽番組ではどんどん食べ物を粗末にして世の風潮に警鐘を与えるべきだと思います」。

もうこうなればとどまるところを知らないから言いまくったら大拍手でびっくり、こんなにお母さん方の支持をうけたことがないので驚いたが、このへんが本音ではないか。

＊

一緒にみていて困るというのもほとんど親の方で子供が困ると思っているかどうか、ラブシーンだってなんだって平気でみているし、それ程ナイーブではそれこそ生きていけないのだ。子供の自殺の多いこと、ベッドシーンにしたところでお母さんお父さん反省してみてほしい。あなた達のベッドシーンを絶対子供にさとられたことがないという自信がありますか。それにいまの子供達は学校でちゃんと結構な性教育をうけてござるのだ。婚前交渉など恥ずかしくってという世代から、婚前交渉は常識という世代がもう親になっている時代になっているのだ。ラブホテルが建つからといって「けしからん」と反対運動に参加するにはお世話になったうしろめたさがチョッピリあってどうもという世代がＰＴＡを支配する時代になったのだ。「私はテレビをあんまりみたことはございません」という古い世代の日本ＰＴＡ全国協議会の幹部がテレビを云々する資格が果してあるのか。もっとテレビを積極的にとりこんで「ああでもない、こうでもない」といわれるのならこちらも恐れ入りましたと楽しい良いものをつくりたいと思っているのだ。

いまこわい人達にとって一番刺戟的で困った番組はヒルメロというやつなのだが、これをみている人のほとんどは主婦層、女性層なのである。子供は学校へ、主人は、男は職場へいってテレビなどみれるわけはないのだ。自分だけの楽しみはちゃんととっておいて子供や男にテレビの楽しみを与えないというのはヒドイと思うが、どうであろうか。

いま一緒にテレビをみていて困るというのはむしろ「家族」のようなドラマで、お姑さんがみていたから嫁はそっと立って台所へというケースの方が深刻な問題をかかえている。

夫婦でみている分には「うちもああだな」とかいろいろ会話を交すことが出来ていいということもあろうけど、主人の親と住んでいるという家庭もかなりあるわけで困ってしまうのだ。文部大臣賞に輝いた「岸辺のアルバム」なんかはとても平凡な家庭が全員そろって一緒にみているわけにはいかない内容で、あのドラマがだまってみている家族の一人一人にどんな影響を与えているか誰も判らないのだ。娯楽作品が低俗であろうと卑猥であろうと、一緒にみていて人生にかかわる深刻な影響を与えられることなどありそうにもないというのはいささか悲しいことではあるが、いま社会の中心を占める世代の青年達から「僕たちは、てなもんや三度笠をみて育ちました」といわれて番組をつくってきた喜びにひたることがある私は、やがて十数年たって「全員集合」をみて育った世代がどんどん社会の中心で活躍する時代がくると確信をもっている。その時に彼等がどんな悪い影響をうけていたかをもう一度たしかめてみたいと思うのである。


（㈱東阪企画・㈱パールスタジオ・社長）

解題

大宅壮一が一九五七年に「一億総白痴化」なる言葉を人口に膾炙させてから、テレビ低俗論は絶えることがない。これに関西の笑いの首領《ドン》である澤田隆治が反論。低俗論はタテマエにすぎず、娯楽番組への差別にほかならないと主張する。ＰＴＡの会合でカッときて「テレビの影響だとすぐ人のせいにするお母さんのほうがおかしい」と言ったら大拍手だったともいう。堂々とそう言い切ることのできるテレビ制作者が、いまどれほどいるか。（坂本 衛）

特集：われらドキュメンタリストは、今……

美しくて哀しい世界を描きたい

木村栄文

たしか石原慎太郎が環境庁長官を辞める前、その公私生活を追った三十分のテレビ・ドキュメンタリーを観た。この番組の中で、石原長官は熊本県水俣市を訪れ、水俣病患者と接触するのだが、彼がその時の感銘をシミジミと語るくだりは印象的だった。ところが次のシーンで、長官は自家用の豪勢なヨットに乗り、キャプテン帽も粋に取り巻き連中と歓談するのである。観ていて、制作者の皮肉な意図に吹き出したが、三十分番組の場合、このような表現は実に効果的である。つまり、あまり描写を欲張らず、端的にテーマを表現しないと、視聴者へ意図が伝わらない。ただし一時間、あるいはそれ以上の長尺物になると、話は違って来る。

石原という人と一面識ないが、噂では余り好感の持てる男ではないらしい。ただ、どんなに不遜な男であれ、胎児性水俣病の乙女らに会えば、平静であったはずはない。患者とジカに接して味わった衝撃と感動、それを語る彼の言葉を、ヨット遊びという「ブルジョアのお道楽」のシーンでひっくり返す手際は痛快だが、痛快な分だけ石原という人物の描写は否応なく薄くなる。すなわち長尺のドキュメンタリーの場合、三〇分番組の斬り口の鮮かさを観せる手法は絶対ではない。仮に私が、一時間で石原慎太郎を描けと命ぜられたら、下手は下手なりに努力して、環境庁記者クラブの視点から描くことだけは避けるだろう。

『放送批評』1979年９・10月号

私には放送記者の経験がない。そのためもあろう、公憤という感情が乏しい。国会に喚問されて署名する海部八郎の震える手をテレビで観て「人間とはなんと弱いものか」といった感慨はあっても、彼を憎む気にはなれなかった。取材班につきまとわれ、蝙蝠《こうもり》ガサを振りまわす彼の姿が犠牲者に見えた。もしドキュメンタリー制作の原点が公憤にあるなら、私は失格である。ただ、幸いにも上役たちは、私に「公憤を燃やせ」と強要しない。こんな有難いことはない。

かつて「祭りばやしが聞こえる」という一時間半の番組を作ったことがある。旅の露店商たち、いわゆるテキヤ衆の四季を追ったものだったが、制作には丸三年を要した。主人公の一人は九州一円に勢力を張る大親分で、横腹に深い傷痕があった。若い頃、縄張り争いから寺の境内で果し合いになり、竹槍で腹をえぐられて腸が露出し、これを手でねじ込んで奮戦、相手の右腕を日本刀で斬り落したという、国定忠治も顔色ない武勇伝の主であった。このような人物を描くことに、多少の気苦労はあっても楽しみは多い。ロケを終えた時、弊社の社長は親分を博多中洲の料亭に招き、その労を深謝して丁重にもてなした。親分は心から喜んでくれたが、私も嬉しかった。山口放送の磯野恭子さんの、三年有余の営為とはわけが違う。アウトローに近い世界に、三年間淫したのである。

その物好きを笑って見守り、クランクアップすればキチンと礼を尽してくれるテレビ局とは、有難いものである。

また「あいラブ優ちゃん」という一時間番組を作ったことがある。精神薄弱の、私の長女を描いたものだった。企画書ではたしか、障害児福祉を天下に訴えたい、と吠えた記憶があるが、本音は別にあった。それは、自分の長女を描きたい、という欲求、正直に言えば恣意であった。

長女を連れて街を歩く時、私は通行人の、ことに中年婦人のぶしつけな視線が苦痛だった。女房の場合は、そういうオバサンを持前の大眼玉で睨み返してたじろがせるが、私にはそれも出来ない。「みなさん、うちの娘は見た目にはちょっとヘンだけど、実は純真無垢な子なんですよ。そして、うちのカミサンは娘を育てるために必死なんですよ。それから、次女も長男坊主もこんなに可愛いんですよ」と世間に触れまわりたい衝動があった。(そういう想いは、障害児をかかえた親が共有するものであろう)。さらに私は、とかく露悪的になりがちな内容を、他人が真似出来ないほど美しく、可憐なものに作り上げたい、と念じた。自分で一六ミリを構えて娘を撮ることには苦労したが、楽しみはより深かった。描くことに、大仰に言えば悪魔的快感があった。

たまたま「……優ちゃん」の制作中、池松俊雄氏の「君は明日を掴めるか」の再放映を夫婦で観た。女房は観終えてカラカラと打ち笑い、「こりゃ勝負になりません。貴方の敗けです。あちらは、貴方みたいにレンズに紗をかけて撮っちゃいませんよ」。女房の予感通り、「……優ちゃん」は芸術祭で落選したが、放懇から第一回のギャラクシー大賞をいただいた。この時の嬉しさは忘れられない。

他人であれわが家族であれ、人間の吐息や哀歓を描くことは私には楽しい。公憤にしばられて、描写への欲求を封ぜられては、番組を作る甲斐がない。

私は個人的な興味、私的な想いから制作を始めて、その中途から普遍性を考慮する、という方法をとって来た。生来、論理的思考が出来ず、見通しが効かない。幸い気心知れたスタッフと、私の性癖、限界を知り抜いたプロデューサー、それに構成者が援けてくれる。小さな世界に拡がりを持たせる作業を、みんなの協力でコネあげるのだ。

笑わないで欲しい。私は美しくて哀しい世界を描きたい。いま、韓国歌謡の歴史めいたものを撮っているが、なにを訴えたいのかと問われたら、返答に窮する。「とにかく、韓国の名歌手に金貞九という人がいてね。その人が『涙にぬれた豆満江』って歌をＢＧぬきで独唱してくれたんよ。これがもう哀切でね、二節目の最後をウンと引っ張って歌ってくれたら、もう情感があってねえ……」などと帰朝報告したら、仲間や上役はニヤニヤ笑っている。「歌謡番組を作るの？」と聞かれると、「うんにゃ、泣哭のドキュメンタリーよ」とホラを吹いている。いいのだ。描写が先行して、主題があとから追っかけて来るのは毎度のこと。放映は来春、まだあわてることはない。（八月十三日記）

（ＲＫＢ毎日放送・制作部ディレクター）

解題

木村栄文はＲＫＢ毎日放送のドキュメンタリスト。代表作に『苦海浄土』『祭りばやしが聞こえる』『鳳仙花～近く遥かな歌声』など。木村の作品は、ドキュメンタリーで俳優に演技させるなど事実と虚構の境界を越えた創作性を特徴とする。身体障害者の娘を描いた『あいラブ優ちゃん』は、セルフドキュメンタリーの先駆けとも言われる。なお本論で言及されている磯野恭子の作品は、『聞こえるよ母さんの声が～原爆の子・百合子』と思われる。（藤田真文）

事実とフィクション　制作をめぐって

大山勝美（TBSプロデューサー）VS 藤久ミネ（評論家）

演出者たり得るために　演出をめぐって

和田 勉（NHK演出家）VS 佐藤忠男（評論家）

特集：現代、テレビドラマツルギー

近代劇のドラマツルギー　脚本をめぐって

山田太一（作家）VS 江藤文夫（評論家）

地方と自然と人間　地方制作をめぐって

伊藤松朗（CBCプロデューサー）VS 守分寿男（HBCプロデューサー）

インタビュー

山藤米子（山藤章二夫人）　ききて：松尾羊一（評論家）

『放送批評』1979年11月号

事実とフィクション　制作をめぐって

大山勝美（ＴＢＳプロデューサー）VS 藤久ミネ（評論家）

長嶋監督の心境

藤久　いまのテレビの現状のなかで〝制作〟とは何なのか、というきわめて初歩的なところから少しお伺いしたいと思っているんですが……。

大山　一番大きな仕事といいますと、企画内容を決めて、それから具体的に脚本家、俳優さんを決めまして、番組全体を運営していくプランを作り上げる、というのが第一段階。ディレクターは計画の時から参加して、実際面ではディレクターを中心に運営されていくわけですが、プロデューサーはいつも先へ先へ考えていく訳です。それに落穂拾いといいますか、実際面はディレクターにある部分任せて、あとは現場及びその背後の人間関係を円滑にしてトラブルを処理して行く。民放ですと提供者側の思わくや代理店の色々な配慮など入り乱れている。そこら辺の事情を全部背負いながらスタッフの編成をし、番組を背後から動かしている。ですから番組というのを氷山にたとえると海面の底の方の構造を造り上げ、それを静かに押して動かしている、ということでしょうかね。

藤久　やはり人間関係をつくる、というか、全体を客観的に見て処理してゆく立場というか、演出とはずい分違う点があると思うんですが、プロデューサーの場合には演出家ほど具体的には体質というのが番組に出ないものでしょうか。

大山　ええそうですね。しかしある種の匂いといいますか、体臭みたいなものは出ないと意味がないんじゃないかと思います。ただ演出家の個性というものをどう発揮してもらうか、どこら辺でぶつかり、どこら辺で競合せずにゆくか、ということを考えなければいけません。あるいは、ディレクターの人選に気を配ると言うべきですかね。ものによって、こういうのはこの人に向いてるんじゃないかとか、この演出家だからこういうのがいいだろうとか。

藤久　そうするとプロデューサーとして、自分はこういうものをずっと続けて制作してゆきたいという形で、ある一本の線を提示する立場よりも、むしろその時々の必要や要望に合わせて調整をはかるケースが多いわけですね。

大山　そうですね。例えが悪いかも知れませんが、野球の監督に似てるなって思う時ありますね。本当は自分で出て行って打ちたい、投げたいけどもそうすると、しらけるだろうから出て行かないで何とか自分の狙った方向に打ってもらったり、思ってる球を投げてもらいたい、と思いつつヤキモキしているんですがね。

藤久　長嶋監督の心境ですね（笑）。しかしいま、これだけたくさんのテレビドラマがつくられながら、いいドラマといいますか、少なくとも何らかの形で視聴者の心を衝き動かすドラマというのが非常に少なくなっていますね。大山さんは演出もやってらしたから、自分で出ていってこういうドラマがつくりたい、あるいはこういうドラマが企画されるべきだということを切実にお考えだろうと思いますけれども、私などはテレビドラマから〝テレビ〟がなくなったという感じがするんですが……。

テレビドラマから〝テレビ〟はなくなったか

大山　なかなか難しいところですね。確かに自分も関係しているんでちょっと言いにくいんですが、長時間ドラマみたいな大型のスペシャルというのは時間もかけ、金もかけ、それだけの知恵もかけてる訳ですから、内容的な問題は色々あろうかとも思いますけど、視聴率的には良く、確かにスペシャル時代があるということができると思うんですが、逆にレギュラー番組がどうしても見劣りして来てしまう。スペシャルは普段あまりテレビなど見ない成年男子を中心とするテレビ視聴予備軍をばっと吸い寄せ、視聴者の幅を広げたとは言えるんですけども、これが即、テレビ全体の質を変えていったかというと、そうは言いにくい。本来僕はテレビというのは一般庶民、大衆の何気ない行動なり、一つの出来事や心情をキメ細かく拾っていくのが大きな魅力だろうと思っているんです。それは昔から言われている日常のディテールの拡大であったりするかも知れませんけども。

藤久　ただ、スペシャルというのは、最近は局ばかりでなく、スポンサーぐるみ、あるいは代理店ぐるみ、一団となってPRの力で売りまくっているという感じがするんです。そうすると今のテレビドラマの制作というものが、ドラマの質そのものに関わるのか、あるいはPRを中心とする視聴率かせぎということの方に重点が注がれているのか、スペシャルを見ているとどうも後者の方に近いのではないかと思われるんですが。

大山　そうですね。まあ、それは当事者にしてみますとやはり〝億〟という金は聞くとブルッちゃうところがあるわけです。「失敗は許されないゾ」という何らかの目に見えないオブセッションがありまして、それがある意味では視聴率というものを気にさせているんだろうとは思います。

藤久　最近、制作されたドラマのなかで、大山さんが〝これがテレビドラマだ〟という自信作はおありになりますか。

大山　「岸辺のアルバム」とか「沿線地図」というのはね、そういった意味では日常の拡大と、劇性とが非常にうまいことミックスされていたんじゃないかと思いますけど「沿線――」では二本演出もしましたね。

藤久　最近のテレビドラマを見ていると、大体一つ当たるとそれに皆が追随していく。そしてその財産を全部食い潰した頃に、また新しいものがちょっと出てきてそれに一斉に群がって食い潰す、というかたちですね。橋田寿賀子さんが「となりの芝生」とか「夫婦」などをおやりになると、みんな一斉に〝辛口ドラマ〟を目指す。「岸辺のアルバム」以後は〝家庭の崩壊〟だとか一種のレッテルが貼られて、その方向にみんながどっと動き出す、というパターンがここ数年繰り返されていて、結局テレビドラマ独自の新しい方向は出てこない感じが強い。これからのプロデューサーは柳の下にもう一匹どじょうがいるのではないか、という捜し方ではない方法で模索をしなければならないと思うんですが、大山さんがいま手がけていらっしゃるのはどんな作品ですか。

大山　一〇月に、太宰治の生涯をドラマ化するんです。「火宅の人」の二匹目のどじょうという風に思われても仕様がないかな、というところもあります。

藤久　こちらは悪意ですぐそう思いたがる（笑）。

大山　実は三時間ドラマで、実在した人の資料をできるだけ集め、生涯にまつわるエピソードを再構成していくやり方を覚えて、これが非常に魅力があるということを発見したんです。これをレギュラーでやったらどうか、というのが実は今度の発想の順番なんです。実話に対する信頼、実際に在ったことに対する一般の人の安心感というのがありまして、それはひとつ大事なことなんじゃないか。テレビというメディアは非常に現実性が強いもんですから、そういうものを一方に押えながらですね、フィクションを作っていくというのは、ひとつのテレビ的な発想法なんじゃないかと思ってるんです。

藤久　数年前にはやったドキュメンタリー・ドラマでは、実在の人物の子孫が登場したり、史跡史料をドラマのあいだに挿入したりすることでドキュメンタリーらしさを狙うという擬似的な形態が使われたんですが、最近ではフィクションに重点があってその舞台に歴史的背景を借景するという形が増えていますね。歴史劇あるいは伝記ものなのか、まったくのフィクションなのか、その辺をあいまいに扱うのは、ある意味では非常に危険なことだと私は思います。

大山　おっしゃる様に歴史の改竄の危険性という部分に我々としてはいちばん気をつけなければいけない。歴史のよみとり方は、いく通りもあるわけですから。

藤久　フィクションのなかでリアリティを感じさせなければドラマではない筈なんだけれど、「これはかつて、どこかで生きていたことのある人間だよ」と注釈がついていると、なんとなくそれでリアリティがあるような感じがしてしまう。つまりドラマ自体から感じるのではなくて、情報というか、知識におんぶして、ようやくリアリティを保っているというか、そういう部分があるという気がしますね。それがいちばん顕著だったのは山崎朋子さんの原作で山田わかを扱った「あめゆきさん」です。あの中で何がリアリティがあったかというと、市川房枝さんがやったCMです。市川さんのリアリティというよりも、市川さんが喋ることによってようやく、山田わかのリアリティが、感じられた。これは今後のキャスティングなんかも含めて非常に大きな問題なんじゃないかという気がするんです。

大山　やはりその場合の山田わかさんにしてもです、制作者が考えた山田わかであって、見る人にとっては一種の一次情報でいい、という気がするんです。そこから疑問を抱いて「山田わかはこんな筈じゃなかった」ですとか、「山田わかについて、もっと調べよう」とかで彼女についてもっと知的な欲求が出て来れば、またそれで良いんじゃないか。フィクションの中に事実を持ち込んだ場合、おかしいじゃないか、そんなことはない、という疑問を抱かせても、それはある程度仕様がないじゃないか、と居直っているところもあるんです。ということは資料の読み方とか、構成の仕方とかっていうのは、こちらが考えた一つの方法であって、それで全部ではない筈なんで。

藤久　ドラマに再構成する時には常にある切り口で切る、ということは当然ですから、切り口のあるなしの問題じゃなくて、私はむしろもっときちんと切り口が提示された方がいいんじゃないか、と思いますね。

大山　事実性に寄りかかるという場合、例えばドラマで方言によりかかるのに似ているかも知れませんね。我々がよく失敗するのは方言にし終った瞬間に安心しちゃうんですよね。肝心の台詞をどう言うか、どう伝えるかが逆に抜けちゃうことがある。標準語の場合ですとメリハリですとか、その時の感情ですとか、ものすごく気が廻るんだけど、方言をきちっと言ってるか、という方にばかり気が行っちゃう。

制作と脚本

藤久 プロデューサーの仕事は、いちばん脚本との関係が深いんじゃないですか。

大山 そうですね。脚本作りに神経をいちばん使いますね。

藤久 プロデューサーの意図や体臭がどれだけ作品のなかに生かされていくのか、ということが勝負どころですね。山田太一さんなんかの場合には、そういう共同作業がうまくいったケースではないかと思います。

大山 山田さんの場合、一般的な雑談をよくするんですよ。「岸辺――」の場合も「沿線――」の場合も、つまりこういう話はどうでしょう、というのは山田さんの方から先ず大まかな案が出され、それに対して僕なりに意見を言う、という作業が二～三回繰り返されたぐらいですね。ただ、俳優さん、こういう人はどうでしょう、ということを具体的に出して相談はして行きます。岸恵子さんなんかの場合も最初は電気屋のおかみさんじゃない、サラリーマンの奥さんを考えていたんですよ。でもひっくり返そう、という相談はその話し合いの中で出て来ました。

藤久 キャスティングに関しては、俳優さんが先か、企画が先か、という論議がありますね。

大山 やっぱり企画が先の方が絶対良いですね。俳優さんが決ってる場合は、なかなか難しい。

藤久 演出に沿って制作を考える場合と、制作に沿って演出を考える場合とあると思うんですけれど、大山さんはどちらですか。

大山 読み切り単発、たとえば、長時間ドラマの様な場合は、演出家のタイプで、考えるところがあるんですけど、連続の場合、残念なことになかなか一人でシリーズをやり終える、ということが出来にくいものですから、メインになるディレクターとの話し合いとか、フィーリングの確認みたいな事になります。

制作と演出の分離について

藤久 初期のテレビはいまほど制作と演出が分離していませんでしたでしょう。その時期の方が、やり易かったということはありませんんか。

大山 それはもう、完全にそうでしたね。というのは、プロデューサーとディレクターと兼ねてたようなものでしたから、ひとつの番組を作るにしても、その人のカラー・個性は非常に出しやすかった、ということもありますね。今は分業が進みまして、しかも制作の段取りが複雑化しておりまして、けい古して本番、編集する。ロケーションがある、音楽録音がある、それから音づけ、音楽や効果音をつけていく作業と、何段階かありますから、いかに能率良くやってもベタ一週間くらいかかっちゃうんですね。局によっては一人でやってらっしゃるところもありますけど。だんだん制作というのが非常に分業化すると同時にスタッフ構成も複雑化してきています。例えばディレクターをどこか外から借りて来て、技術スタッフ、あるいは美術は別会社で、という組み合せが増えつつありますね。そうなれば余計にプロデュースサイドのしっかりしたかまえ方というのか、プランがないと単純に気心知ってる、というだけでは済まなくなりますから。

藤久　最近は、プロデューサーだけは局から出ていて、あとはプロダクションなどとドッキングしながらやる、という方式多いんですか。

大山　多いですね。うちの場合、連続ドラマでですね、例えばプロデューサー、ディレクターはＴＢＳから出て、技術・美術は別、という形のものも有りますし、それからスペシャルでも同じ様な形のものもあります。ですからある意味では増々個性的なものが出しにくくなる様な気がしますし、また逆にうまいこと人選して行けば却ってインチメイトなスタッフでやれるかも知れませんし、しばられないでチョイスして行くと、非常に個性的な番組が出来ることになるでしょうし。

藤久　最近のドラマは連続ものが多くて、単発ドラマの枠がずいぶん少なくなりましたね。単発ドラマの時間枠は、新しいドラマの方向を模索する実験ドラマを入れていくような場になり得ると思うのです。連続ものばかりですと、どうしても冒険がしにくいですね。

大山　理想を言うと単発ワクがあって、一方にレギュラーのワクがあって、若い人達を含めて、単発で思いを発散させて、レギュラーでじっくりやる、ということになりますね。

藤久　大きな予算がかかっているから失敗は許されないということもわかりますが、もっと試行錯誤のための時間枠も欲しいですね。

大山　本当はやるべきでしょうね。

藤久　そういう枠を提供してくれるスポンサーというのは当然テレビの新方向を開発するわけだし、スポンサーにとってのイメージアップになるところがあると思うんですがね。

大山　そういった意味で単発が増々ふえるような状況にある

ことは好ましい傾向ですね。例えば各局、地方とのネット局が系列化されて、それがかなり固定的だったんですよ。ところが、スペシャル番組を中心にしまして、ネットワークの編成が入り乱れて来た訳です。従来ですと各時間帯にはガッチリ永年のスポンサーがついていて自由がきかなかったのが、今回こういう特別編成でございますので、しばらくこの週はお休みいただいて、ということが言える様になって来ている。番組のかたちも、色々考える余裕が出て来た訳ですね。ですからこちら側の企画内容に応じて、こういうものなら二時間一挙にやった方が良いとか、あるいは毎日一時間ずつ一週間横に並べた方が良いとか、という柔軟性のある時間編成が可能になってきた。

藤久　さきほどプロデューサーの体臭みたいなものを企画、脚本にどういう風に反映させるかということがありましたけれど、やりたいことを現状のなかでどう貫いてゆくか、自分のテーマを自分のなかでどのように燃焼させていけるか、そういう点は制作にも演出にも共通の問題ですね。

大山　自分がプロデュースする時はその素材に惚れ直さなきゃいかんということで、それに一番手間がかかるでしょう。外からの持ち込みであっても、ここはいけそうだ、ここは自分の琴線に触れそうだ、というのがあった場合、もう一回対象を自分なりに組みかえてゆく。つまりお見合結婚でも恋愛結婚にして行くっていうんですか、その作業に僕の場合、一番時間かかるんです。

演出者たり得るために

演出をめぐって

和田 勉（NHK演出家） VS 佐藤忠男（評論家）

クローズアップ

佐藤 テレビドラマの演出について、私にははっきりとこういうものだ、というのがよくわからないんです。和田さんが昔「断固としてクローズアップだ」ということをおっしゃった。クローズアップというのは、国籍を消してしまうから、これこそテレビなんだということを書かれたのを読んだときに、非常にビックリしましてね。成程、そういうものなのかな、って思ったんです。

和田 ロングショットというのは何か、ナショナリズムみたいな感じでね。地球のフルショットが入りますと、例えばソ連も中国も入りますよね。すると見る方は何か、中ソ対立とかいって、すぐストーリィ的に考えてしまう。ところが、クローズアップだとそういうふうにはならない。

佐藤 皮膚の質感みたいなことなんですかね。その説は今も変わっていませんか？

和田 全く変わっていません。ただ、サイズ的に言いますと、ロングショットにもクローズアップというのはあるんですよ。

佐藤 それはどういうことですか？

和田 例えば、テレビというのは、ワイドレンズを多用するわけです。ワイドレンズというのは、歪みとか、強調という意味でサイズとしてはワイドであるけれども、こちらにたたきつけてくるものとしては、皮膚とかモノそのものということになる。

佐藤 ワイドレンズだと強調点がはっきりしているということですね。

和田 あの頃、どうしてそんなふうに考えたか振り返ってみますと、例えば、テレビについて言われていることが、常に役者や台本の良し悪しの問題に限られていて、演出についての言葉というものが殆んどなかった。いつまでたっても問題が演出のところへは返って来ない。

佐藤 もう一つ、これも驚いたんですが、普通、映画の概念で考えてみますと、テレビというのは非常に大急ぎで撮っちゃうから拙速で、質的に深まらないと言われるのに対して、ワァーッと撮るのがいいんだということをおっしゃった。これは多少、負け惜しみなのかなという気もしたんですが、それにしては、きちっとした論理を展開しておられる。

『役者中継』

和田　テレビというのは一挙に撮るのが良いということですね。これはフィルムとＶＴＲのちがいでもあるけれど、テレビには野球中継などというものもある。あれは要するに、サーッと撮っているんですよね。だから、テレビドラマがそういうものと拮抗するためには、変な言い方だけれど、いったん「役者中継」にしてみたらどうか。舞台中継とは違った意味で、そういうものがテレビではないかというふうに考えた。

佐藤　役者中継ということになりますと、映画では役者というのはどうにでも加工できるものであるということが言われている。舞台の場合、それがもっと強いんですけども、半年ぐらいかかって加工しちゃうわけです。そこに芸術が生まれるという不動の信念みたいなものがある。その役者の可塑性についてどう考えますか？

和田　ぼくは、一般的に言いますとテレビの場合、役者は変え得るというんじゃなくて、いつもアレンジされているものという気がするのです。だから、テレビ演出者というよりも、今の段階ではテレビ編集者――アレンジャーでしかない。

佐藤　そうすると、役者をただアレンジするだけではなく、別のものに変えたいと思うわけですか？

和田　勿論、そう思います。また、そうしなくちゃ、いつまでも問題が演出のところへ返ってこないという気がする。象徴的なのは、テレビ番組のＰＲから演出者が常に抜け落ちていることですよね。それは何故なのか。演出というものが、ほんとうの意味でつかまえられていないんではないかという気がするんです。

佐藤　確かに、演出が話題になるということが、実際にはあまりないですね。

和田　それは、佐藤さんなんかが話題にしないからです（笑）。それと、テレビの一回性というのが大きいと思うんですね。要するに、見ている側も問いようがないんですね。客が入らないから、三日で上映中止といった映画の場合でも、ぼくらからすればうらやましいですよ。一日四回で三日なら一二回やるわけです。テレビで一二回やったものがあるか。この間、四人で飲んでまして、ぼくともう一人が、ＮＨＫの海外ドラマで放送した「父」（イタリア放送協会制作）の話をしているわけです。素晴らしかったという話なんですけれども、あとの二人がシラケている。映画だとそんなことはないんですよね。そんなに良いものなら、明日観に行こうということになるし、また、どこかでやっているんですよね。ところが、そのテレビに関してこの二人は永久に、良かったということとは無縁なんですよ。

佐藤　役者をあるパニック状態に追い込むということをおっしゃったことがあるでしょう。それはまだ、アレンジの段階ですか?

和田　いや、アレンジではないですよ。要するに、テレビは常にアリモノを使っていこうということがあるんだけれども、それを変えていかなくちゃいけない。今のテレビドラマというのは、役者を少しも変えていない。そんな状態が続いている限り、やがて破滅がやってくると思います。じゃあ、どうすればいいかと言えば、例えば、「金色夜叉」という題材があるとしますね。テレビでは、これが実は役者の数だけできると思うんです。Aという女優がやった金色夜叉とBという女優がやったそれとは、テーマは変わらないけれども、表現の感じは全く違う。要するに役者の数だけ金色夜叉がつくれるというところへ行くのがまず、最低限のテレビのモラルというか、エチケットだと思うんです。演出がなすべきことなんですよ。でも、現状はそれが全然なされていない。それと、テレビというのは、要するに、ま、「お知らせ」だと思うんですが、情報と言ってもいいんだけれども、例えば浅丘ルリ子という女優は、メーキャップで成り立っている。そのメーキャップを落とした顔の浅丘ルリ子をみるということも、視聴者にとって一つの情報ではないかと思うんです。それもまた、テレビにおける表現ですよね。またそれをしなくちゃいけない。

佐藤　映画だと、情報ということなんて考えなくて、神秘的なものをつくるべきだとか、それに対してみんなが献身しなくちゃいかん、それを情報だと考えると、情報をいろんな角度から解体できるという面があって、それは確かにテレビの重要な役割りだと思うんだけども、一方で、同じ役者が一つの役柄しかやらないというのは、テレビの場合、役者本位ということが強くて、役者のもつイメージというのが絶対的なものになる傾向がありますよね。

役者に代わる「場所」……

和田　それを絶対にこわさなくちゃいけない。事実それはこわせるものだと思うんです。でも、現実にはそれが、殆んどなされていない。ぼくは今、役者には殆んど興味がなくなっちゃったですよ。むしろ、役者に代わるべき情報は何かということですね。それは、場所なんですよね。ぼくが今一番描きたいのは、例えば沖縄だったり、盛岡だったりという土地なんです。

佐藤　それは前向きの非常にいい姿勢だとも言えるけれども、一面、非常に危機的な状況ではないんですか？

和田　全くそうだと思いますね。テレビというのは、電波がどこまでも行くぞ、という特性があるにもかかわらず、どこまでも行ってないんですよ。要するに、東京に集中しているか、或いは甲子園の野球や月へテレビカメラが行くといったイベントに集中している。地方の時代という言葉があるけれども、ぼくの考えで言うと、地方の時代とは現場の時代であると、それはどういうことかというと、演出の時代だということでもあるんです。常に胸先三寸で勝負するという、ね。

佐藤　ある俳優が、ある役柄に固定されちゃったんなら、その固定された役柄そのものをとことんつきつめるとね、意外と現在あるレベルのものではなしに、驚くべきなにかがでてくるかもしれないという期待が私には一つあるんですよね。たとえば、昔、おしゃべりな母親というのは、映画に描かれたためしがなかった。子どものために苦労し抜いて、非常に惨めなのが崇高な母親のイメージで、おしゃべりな中年女性というのは、マイナスのイメージしかなかった。ところが、山岡久乃さんだとか京塚昌子さんだとかが現われると、いつの間にか、テレビの中からおしゃべりな母親があらわれていて、マイナスのイメージじゃないんですよね。だれがつくったのかわかんないんですけども、ヒョッコリあらわれてきて、このイメージを誰もこわすことはできない。こわせないけども、これは何か意味を持っていると思うんですよね。そういうものはテレビがつくりだしたんではないでしょうか。

和田　それは一人の母親像の中にあらわれた中央と地方だというふうにボクはとりたいですね。ところが、役者に関していうと、その一人の中に現われた部分というものがね、今逆に全部をうめつくしちゃっているんですよ。でてきたときは新しかったんだけれども、あとはもう、それで回転しているだけだ。要するに、表現の自転車操業になっちゃっている。つくづくボクが思うのは、今テレビドラマを書いている作家で、この人は書けるという人は同時に必ず、この役者でないと書かない、というクセを持ってるんですよ。つまり、その役者がつかまれば、わたしは書ける、ということです。作者がその表現媒体である役者込みで常に今は存在している。これはどういうことなのか。ちょっと今、テレビが行き着いているどうにもならない世界だと思うんですよね。そうした関係の中で演出者はどうなっているかというと、役者に三拝九拝して忙しいだろうけれども、出て下さい、つまりお願いをしているわけですよね。そういう関係で今のテレビドラマというのはね、殆んど成り立っているのです。独立していないんですよ。そこには、ただ単にテレビ界というものがあるだけであってね。

佐藤 それは非常にゆゆしきことですね。少くとも、映画の場合は、この演出者のためならばどんなにいじめられても書くとかいうことは普通のことだったわけですがね。

和田 さきほどの「父」という作品は、サルディニアの話ですけれども、あれなんかみてますとイタリアはローマばかりではないぞ、ローマとは違うんだという感じが役者を通してもよくわかる。

佐藤 「父」に限らず、外国のテレビドラマで、日本に来るのは特別選ばれたものしか来ないんで、一般的には言えませんけども、ものすごく悠長なつくり方をしていますね。セリフが非常に少くて、いつまでも同じ画がうつっていてね。その画の中の少しの動きが意味があるっていうふうなのをやっていますね。あれは、日本のテレビに全く見られないように思うんですけども。

和田 でも、テレビが生まれた頃は、例えばよく、非常にテンポがのろいとか、モタモタしているとか言われましたよね。あの時にじゃあ、何故「モタモタしているということがテレビなんだ」ということを言わなかったのか、し烈にね。そのことが、何か一つのパワーになりえなかったということは、いつも非常に残念なんです。明らかに本当はいまも、テレビはその特性で生きているわけですよ。二、三年前、沖縄に行ってきたんですけども、その時に、タクシーの運転手さんと話をしていたら、昭和何年という言い方を殆んどしないんですね。私は一九四五年生まれだとか、日常会話に西暦を使っているんですよ。政治的・図式的にとらえると、沖縄は変わらず日本だと言えるんだけれども、ドラマ的にみるとね、昭和ということを言わずに西暦何年としか言わない形での沖縄のドラマだってつくれると思った。役者や作家にはおどろかなくなったけれど、まだこうしておどろける場所はあるんですよ。

佐藤 テレビというのは大量の情報を絶え間なく流すわけだから、あらゆる面において驚きというものをなくしていく道具でもあるわけではないんですか?

和田 今言ったオキナワの情報というのは、東京で流れているのかというとね、全く流れていないんですね。ぼくも、全く知らなかった。行ってみなくちゃわからなかった。すると、そういうところからもう一度やり直さない限り、テレビというのは新しくなっていかないんじゃないか、という気がするんです。

佐藤　松本清張さんのものをずいぶんとやっておられますけども、それは何か理由はあるんですか？

松本清張のメロドラマ性

和田　例えば、ドラマも情報であるといったときにね、清張さんの情報というのはぼくは、メロドラマ情報だと思うんですよ。あの人のロマンチシズムというんですかね。ぼくはメロドラマというのをやるべきだと思うし、現代のメロドラマとは何か、というとやはり清張さんにゆきついてしまう。

佐藤　全く和田さんの志に共感するんだけども、一面また、かなり贅沢な悩みのような気もするんです。映画ではかつて、スター全盛時代があって、スターにみんなが奉仕した時代があった。今や映画にスターはいなくなってしまって、みんなテレビにとられてしまった。映画にスターを連れてくるのが難しくなっているわけですよね。ましてや、一人のスターを半年なり一年なり拘束するなんてことは殆んど不可能なわけです。しかしスターなんていなくてもいい。もともと野心作といわれる作品の多くは、スターシステムに対するレジスタンスとして生まれてきた。だからスターはいなくてもいい映画はつくれるんだという、理論的にはそうだった。しかし、事実上、だんだん映画はヤセてくるわけですよ。スターという非常に堅固なものがあって、その堅固なものの上に何か更に野心的なものを積み重ねたから、いい映画ができたという面も、確かにあったわけです。スターが身につけていたもの、それが実は一つのリアリティではなかったのか。

和田　それは全く同感なんです。だけどいま、そのスターというものがどうなっているのか、その現実の問題もあります。悲惨なことに役者も競争社会を生き抜いているんですね。役者予備軍は三万人ぐらいいると思うんだけれども、今テレビに出ているのは三〇〇人ぐらいのもんです。各局がその三〇〇人を取り合いしているわけです、スターをね。テレビ局は変われども役者の役どころは全部一緒になっている。しかも、その三〇〇人の人たちには選ばれたという意識があるもんだから、みていてとってもつまらんと思うのは、役者がみんな、何か自慢そうな顔してるんです。幸福そうな顔というのができない。幸福な顔してくれというと、自慢そうな顔になってしまう。それは言ってみれば、勝ち抜いてきた顔なんですね。三時間ドラマの明治ものなんかで、若い頃の主人公を演ずる役者の顔をみていると、確かに明治維新を推し進めて銅像も建っているわけだけれども、それは結果としてそうなったにすぎない。生きている当時は、そんなはずはないですよね。いくら明治維新の立て役者だといっても、二〇才そこそこの頃は、片すみで泣いたこともあるだろうし、酒をくらったり、女と寝たりするだろうと思います。そんなもの全部洗い流した顔してやっているもんだから、結局シラケてくるわけです。

佐藤　若き日の竜馬なんかでも、もっと安っぽかったはずなのに、安っぽくさせることは実に至難の業なわけですね。

和田　テレビというのは、どんなことやったって、あの小さな受像機から出ているんだということを、演出者も含めて再確認した上で、ここで勝負をしようということがなくなってきつつあると思うんです。もひとついまスターというのは、ほんとうのファンというものを持っていないから、何かに支えられて、いないんですね。すぐに結婚をしたり、プライバシーをアケスケに公表してしまう。これじゃ、憧れようがないですよね。スターということに関してこれはもうひとつの大きな問題だと思いますよ。生活の事実などというものは、ドラマから見ればある意味で、カラッポなんですから。

佐藤　そうすると、今はやりのドキュメンタリードラマはどう思いますか？

人間の顔……

和田　あれはドラマでも何でもないと思うんですね。一種のショー番組だと思うんです。要するに、ドラマもあれば当時のニュースフィルムもあると。じゃ、そんなものを並べてどうしようというんですかね。要するに、ちゃんとした本も書けない、役者に対しても、つけまつげをハギ取るなんてこともできないとなったら、ああしてワイドショーみたいに並べる以外にないと思うのです。ワイドショーの発想ってそうだったと思うんです。非常にテレビ的なんだけれども、そのかつてはテレビ的だと思われたものが、結局は、一番ダメなものになってしまった。

それだったら、事実というのは単に、報告するだけではダメなのであって、ドラマとしては面白おかしく語らなくてはいけないという「ウィークエンダー」の方が、スペシャル番組よりも、はるかにスペシャル的だと思いますね。

この間、高校野球みてましてね、朝から晩まで、二週間やってるわけです。何であれをみたり、中継されたりするんだろうと思ったら、やたらいろんな人の顔がでてくるわけです。あれをじっとみてたときにね、戦争中きいた言葉ですけれども、人的資源、という言葉、今、日本というのは変わらず、人的資源ということしかないんじゃないかと。何で高校野球にみんながあれだけ熱中できるかというのも、そう考えると合点がいくんです。その辺にヒントを得たい、と思っています。やはりテレビというのは、人間の顔ですよ。そういうものの在り方を目指すべきだと思うんですよ。

近代劇のドラマツルギー
脚本をめぐって

山田太一（作家）VS 江藤文夫（評論家）

日常性と描象性

江藤　『岸辺のアルバム』は、はじめは小説として書かれたんですね。ご自分で脚色なさって如何ですか。

山田　楽だと思っていたんですが、やってみますとこれがシンドかったですね。ああいう長い小説を書くのははじめてでしたから、小説というよりかなりシナリオがかったものになってはいたんですが、それでも随分ちがうものだなと脚色の難しさを痛感しました。

江藤　小説のせりふとドラマのせりふとは全く違うものですからね。小説のせりふというのは、変な言いかたですが、作者に属するものですね。ドラマの場合は作者を離れて生きる。だから、同じ作家のものであっても、小説からドラマへという過程がストレートではないと思うんですよ。

山田　小説のせりふは多分に作者の体臭に支配されておりますでしょう。また、それでいいわけです。しかし、ドラマの場合は、いかに多くの他者が生き生きしているかということが勝負になる。小説では、地の文体で会話もとりしきってしまうことができるけれども、ドラマはそうはいかない。むしろ、文体を壊してしまうようなせりふが出てきたほうが、ドラマとしてはよいというようなことがあって、その辺の厄介さというのは確かにありましたね。

江藤　時には、というよりこのほうがむしろ基本なんでしょうが、地の文からせりふをおこしていくことが要求されますね。せりふからせりふへというわけにはなかなかいかない。

山田　小説なら余分なものを切ってしまえるけれども、それをドラマのせりふにすると、何行にもわたってしまうことがありますね。

江藤　小説のせりふの、その観念性をどの程度か生かすというようなことはありませんでしょうか。

山田　ありますね。演劇なんか非常に観念的なせりふが多くて、それがスタイルになり得るし、魅力を発揮し得る。そういう部分もできるだけとりこみたいとは思うんですが、テレビドラマというのは、どうしてもまだ日常次元に足をくっつけていないと、見ている人がシラけてくるわけですね。フィクショナルなものを書いても、どこかで日常とつながっていないと、受け手の意識から遊離してしまうんで、観念的なせりふというのはなかなか使いにくいんです。

江藤　山田さんのお書きになったものを拝見すると、テレビドラマの日常性というものを大切にしておられることはよくわかります。全体として、せりふはひとつひとつ、短く、ていねいに書きこまれていますね。

山田　ポイントでは、かなり長ぜりふにもしています。おそらく演劇だったら、長ぜりふがパッと出てもいいと思うんですけれど、そこまでの土壌づくりと言いますか、これをていねいにやっていくことがテレビドラマの面白さでもあると思います。

江藤　たしかに私たち視聴者の日常空間とのつながりが切れたら、テレビドラマというのは成立しにくいですね。だからある意味ではホームドラマがテレビドラマの基本形だとも言えるんでしょうが、それはあくまで視聴者との対応の問題であって、ドラマ自体の場の設定の問題ではない。テレビドラマというのはたえず視聴者のほうに身を開いていることで、同時に相手側の空間を開かせていく働きをするものでしょうが、そういう意味では高度の劇性が要求される。単に劇的に構築された世界というんじゃなくてね。書かれるほうでは、視聴者との呼吸の合いかたということをどうしても強く意識されるんでしょうが、そのなかで呼吸のなかなか合わないものが積み重ねられていくというか、不意をつくようなものを含めて、テレビドラマを面白くしていく工夫がほしいと、とくにこのごろ強く感じますね。日常の中の劇的なものの追求がもっとおこなわれていいように思います。

山田　志としてはそう思うんですが、才が足りません。しかし一方でテレビドラマの場合、ある〝長さ〟と言うんですか、それが特色だっていう気がするんです。つまり、一時間なら一時間に凝縮するっていうようなものではない。非常に緊張度の高いものをはじめからパッと与えて、それを短時間に凝縮するっていうのは、映画にかなわないと思うんですよ。だけど、ゆるい提示のしかたで、見ていくうちにだんだんある土壌をつくってしまうというのは、テレビドラマの独壇場だという気がします。ある日狙った電車に間に合って、今日はいい日だなっていうような、日常のささいなことをとりこめるのが、テレビの特性だなって思うんです。そういうものを積み重ねていって、その人がいつのまにか非日常的なところにいるっていうことですね。それがテレビドラマのよさなのではないかと思います。一つのせりふにものすごくいろんなウエイトをこめてしまうっていうことが、実際問題として出来ない。長い連続ドラマのなかで、ある回に全部のウエイトを背負わせたとしても、その回見なかったよ、と言われればアウトだっていうんじゃ困るわけです。せりふの緊密度も、映画がそれに託しうるほどの重さで、一つのせりふに思いをこめたとしても、そのときにトイレに行かれたら、もうアウトだということなんです。そういうカミソリのような鋭さではダメなんではないかと思うんですよ。もう少し鈍い強さというんですか、映像的にも、一カットにいろんな思いをこめてしまうと、ジーッと見てくれてる人にはそれで好いんですけれども、連続ドラマになりますと、それだけのテンションの高さを持続するのはまず不可能と言っていいと思うんです。どこでテンションを高くするかということにも、テレビドラマ独自の方法があるっていう気がするんです。ですからいま、ぼくは、映画的な基準でテレビドラマが不当に批評されがちだという気がしているんです。

江藤　テレビドラマにある〝長さ〟が必要だということはわかる気がします。それから映像もいわゆる盛りこみ型ではダメだということもよくわかります。私は、テレビドラマにはキチッとした映像よりも少々ルーズな映像が必要じゃないかと思うんですが、それは撮りかたがルーズであっていいということではなくて、狙ったルーズさがほしいんですね。それと、ある〝長さ〟というのは、ドラマ全体の長さというよりも、一カットや一シーンの長さというか、カットとカットのつなぎなどにもう少し余裕や無駄がほしい。むしろいま、テレビドラマの多くは映画的なつなぎになっているのではないですか。日常の呼吸との間に、そういう点でギャップがある。そしてその分だけドラマとしての構築度が低くなると思うんですよ。それがちょうど逆になったらいい。映画との関係で言えば、テレビはより日常的であると同時に、より観念的であると思うんです。観念的と言っていけなければ視覚性に関して抽象度が高いということですね。より日常的と言いましたが、日常性の質の違いがあるように思います。シナリオの作法が基本的に違うと言うこともできるし、またシナリオの比重が相対的に高いという理由が、テレビというメディアの性格に即してあるんじゃないでしょうか。

山田　もっとも日常しか入口がないかといえばそんなことはなく、たとえば『水戸黄門』のように、非常にフィクショナルなものでも、視聴率も高く、ニーズも強いわけですね。あれは通念の世界ですから、ちょっと今の話とズレるかもしれませんが、映画とは違うフィクショナルなテレビドラマについても、もっと可能性をいろいろにやってみなければいけないと思います。

江藤　視聴の頽廃というのは、私は怠惰な寛容から生れると思うんですけれども、ある出来合いのパターンを押しつけられて、それにきわめて従順に馴致されていったら、どうしてもそうなりますね。テレビ視聴における日常性の喪失というのはこわいことだと思います。これは私は観ていないんで、ちょっと無責任な例の提示のしかたになってしまうんですけれど、以前NHKで放送したもので、ポーランドで作った『巨匠』というテレビドラマがあるんですね。私は木下順二さんの批評で読んで大変感動したんですけれど、非常にすぐれたテレビドラマだと思いました。きわめて日常的な会話のなかから、ある特異な状況が浮かび上がってくる。また、BBC制作の『プライベート・マン』というドラマの話も聞いたことがありますが、ここにも『巨匠』に一種似たものがある。日常性というものの意味を確実にとらえているというか、ただノッペラボーに日常的ではない。テレビドラマの日常性というのは、映像表現を含めて語りくちの問題であって、その語りくちがある程度までドラマの構造を規定するということでしょう。その点では昨今のドラマは、時代劇やアクション・ドラマがいわゆるホームドラマのパターンで作られていて、テレビドラマの語りくちというのは逆に無視されている。その点、山田さんの『岸辺のアルバム』でしたか、河原をリモコンの飛行機が飛んでいて、それがある家庭にとびこむという件りまでの描写は大変面白かったんです。何とない日常の状景のなかにドラマが始まっている。それを観るほうでも何となく観ている。そうした何となくの観かたが健康な観かただと思いますが、その〝何となく〟の中味ですね。もう一つの目がどう重なっていくか。

山田　その二重性というのはたしかに必要だと思いますね。分析して分かるというものではなくて、姿としてファーッとある複雑さが提示できれば、それに越したことはないんですけれどもね。

不安定の安定

江藤　山田さんのドラマの場合に、もう一つ感じるのは、人物の特定性ということでしょうか。これもテレビドラマの基本の一つだと思います。最近チャップリンの映画をヴィデオで見直していてとても面白いのは、チャーリーがしだいに特定像に変わっていくその変化なんですが、そうした時代の要請のようなことを別にしても、映画では医者なら医者がある程度医者代表というような顔をしていても許されるけれど、テレビではどうもそれが許されない。テレビドラマが日常空間につながって成立するからだと思うんですよ。医者でも何でも、彼以外の何者でもない像というものが要求される。そこでこちらとの応待が可能になると言ってもいいんですが、そこで当然タレントというものの比重があわせて浮かび上ってくる。山田さんはドラマを書かれるときに、タレントを意識して書かれるほうなんでしょうか。

山田　全部にわたってというのは、実際問題としてとても不可能なことですから、何人かの人ですね。主要な役柄については、キャスティングが決まってから書き出します。ただ、壊される楽しさということもありますね。俳優さんを考える場合に、最初の手続きとしては割合〝適役〟を考えてしまうんですが、実際にはそうでない人のほうが面白い場合が多いんです。適役を考えて、この人でお願いしたいってプロデューサーに話して、それがダメになったと言われた時にかえってうまくいくかなという気がしてワクワクすることがあるんですよ。適役といいましても、こっちが勝手に俳優さんについて思いこんでいるもんですから、その人の本当のよさとか特性とかを引き出しているわけではないのかもしれないんですね。それでだんだんに自分のほうでも、適役でない人を選ぼうっていう気持になってきまして、なるべく合わない人とか、この役ではちょっと危いんじゃないかという人を選ぶということをしたりしますね。

江藤　たしかにこの人でしかないという役の人物というのは、人物そのものがこわいということがあるかもしれませんね。一般にそのほうが成功しているように見えたりするのかも知れませんけれど、何か画面空間のなかにピッタリはまりこんでしまって、こちらに訴えかけてこなかったりするんですね。

山田　自己完結してしまっているわけですね。

江藤　テレビドラマというものは、ある全体像を志向はするけれども、その全体像を提示するものではないと言いますか、こちらの想像力をかき立てながらそういう全体像を志向していくというのが、テレビドラマではとても面白いと思うんです。だから、一人の人物にしても、この人はこういう人でとある枠のなかにきちっと入っている像は、見ていてあまり面白くないですね。

山田　はい。現実生活ではみんなキャラクターなんかもあいまいだし、はっきりしない所が多い。そのあいまいさを映画や戯曲は切ってしまう。テレビはそこをとりこまざるを得ないし、とりこもうというように思うんです。そうしないと、何となくテレビでは現実感が獲得出来ない。そうしていくうちに、何か映画とも演劇とも違うようなドラマが出来て行くのではないかと思う。もっともそうした方法が典型を見る快感というような、ドラマ本来の魅力とどのようにつながっていくかがまた問題ですけど。

江藤 そうですね。ふつう対人関係が生き生きしているというのは、おたがいのある部分とある部分とが切り結んでいるので、おたがいが相手に合う部分を出し合っている。時にはその逆をやる人がいたりしてそれがまたなかなか面白いと思いますけれど、ドラマではそれがご都合主義にならないように気をつければ、おたがいのそのとき見えない部分がある程度想像もできて、またドラマのなかではそれが人物と人物の〝間〟にもなってくる。そこでその一人一人とこちらが何となく会話をかわすこともできてくるんですね。しかし、そうした〝間〟が演出の段階で消えてしまうというようなことはありませんか。

山田 勿論あります。みんな気がせいていますから。とにかくすぐ主題をとか、初めにバーンと凄い事件をとか、何分か経ったら中ぐらいの見せ場があって、それから次は……という具合になってくると、テレビの特性をどんどん消していってしまっているという気がします。何とかそこを折り合おうと思いますけど。それと性格描写ですか、ある性格とある性格がぶつかることによってドラマが成立するというようなことでは、いまの人間ドラマが書けなくなってきたんですね。むしろ、ある個人とある個人とがぶつからなくなってきている。たとえばある人物は、マス・コミがふりまく観念と孤独に向き合っている。こっちのほうでは隣の人と全然関係ないある社会構造ひずみと向き合っている。だから人物同士がバーッとぶつかり合って火花を散らすということがない。ですから、いくつかのキャラクターを鮮明に描いて、それぞれをバーッとぶつけると、非常にウソっぽくなるんですね。むしろ性格は非常にあいまいであって、それぞれがちがう現実とぶつかり合っている。夫婦であっても全く違う現実にそれぞれが孤独にぶつかり合っている。そして二人は、そうした孤独をまぎらわすためにだけ付き合っている。そうなると人間同士に本質的なドラマがなくなってしまうんですね。もう一つ、職業のことで言いますと、いまは、その人が何を職業としているのか外見からはわからなくなってきているんですね。それと同じことが家庭のなかにもあって、サラリーマンの亭主も、スチュワーデスをしている女の子であっても、家へ帰ったときに仕事のことを話さない。その人間をかなり規定している部分を、ホームに持ちこまないというんですかね、家のなかに現実を持ちこむことをおそれる傾向が強い。ですからホームというところが、みんなが本来自分を規定しているものを持ちこまないで、ぶつかり合いもできるだけ避けるというような場になってきているように思うんです。かりにそういう世界を生き生きと描けたとすると、ドラマの中の人物は、観ている側としか、対立や葛藤がなくなってしまう。観ている側はいろいろな人物と衝突し合えるけれども、登場人物たちはドラマのなかで対立し合わない。つまりそれぞれが当り障りのないところでしか生きていない。そして、その一人一人が孤独であるというような事になる。

江藤　今日の世相というか、時流の一側面という点では、そのプラス・マイナスという点は別にしてよくわかりますね。いまのお話がおもしろいと思うのは、これがさきほどの、テレビドラマのせりふということにかかわって、重要な実験意図を含んでいるということですね。大体これまでのドラマでは、おたがいのせりふがからみ合いすぎてるんですね。応待がスムーズすぎると、かえってそこでの人間関係はあまりうまく行っていないということを示すようなもので、逆に滑稽になる。その場その場が状況の、またドラマの全体像と切断されているからそういうことにもなるんでしょうが、ともかく驚くべき円滑な擬似コミュニケーションがよくありますね。そういう点でいまおっしゃったことは、これまでの多くのドラマの、場面場面の閉鎖性を切り拓いていくような働きをもち得るように思いますね。

山田　そういうことがテレビドラマではかなりできるというように思うんです。ぼく自身も少しずつやってみてはいるんですが、力も足らず、大方の許容するところにもならないで、事件を起こさなければ人物は動いていかないとか、そういうふうになってしまうところが、いまの悩みの一つになっています。一人一人の問題が孤独になっているんだから、その問題をとりこむには、ホームで事件を起こしちゃダメだと思うんです。そういうホームドラマも結構面白がって観てくれるはずだと思うんですけれども、なかなかそこいらの接点がみつからないで、ウロウロしているから、滑走が長くもなってしまうんでしょうね。

江藤　衝突の〝間〟ですよね。二人の衝突が当然二人だけのものでない。だからそこには一見奇妙なというか、不可思議な空間構成も必要になってくるわけですが、そういうなかでの衝突が成功するとすれば、それぞれがどんなに異なる周辺状況を背負ってきているかがせりふや動きのはしばしからうかがえる場合でしょうね。話し合いもギクシャクしてストレートにかみ合わない。それも大問題に関しての意見のズレということではなしに、むしろ日常の呼吸の不一致というような形で現われる。そこに観ている私たちも、私たちの場から介入できる。求心的にしないで遠心的に描くと言いますか、そのほうがテレビドラマではドラマの場というものがむしろ安定すると思うんです。不安定の安定ということでしょうか、一人一人の立場を不確かなものとしてとらえたほうが、その一人一人の主体というものを状況のひろがりのなかで確かなものにしていくのだと思います。その点に関して、一つのせりふなり動きのなかにその人物を要約しようとすることに注意しなければならない。むしろ、人物のある断面をパッと出したほうがいいのでしょうね。もちろんただの断面ではないわけですが、変に人物像を一貫性のあるものとして描こうとしないほうが、逆にその人間性が浮かび上がってくる。

山田　ある時たまたまのぞいてみたら、ある家庭の、ある部分を見た。またある時ある部分を見た。それが不連続につながっていくということですね。近代劇のドラマツルギーというものは、どうも迷惑でしようがない。しかし全く無視出来るほど私は前衛的な人間ではない。テレビじゃなければ書けないものをつくらなければとは思うんですけれど、長く仕事をしていますと、妙な具合にテクニカルには上達してきますから……。どうしても近代劇風に自己完結的なものになっていく。その辺が現実のいら立ち、もやもや、焦り、情けなさといったところです。

地方と自然と人間
地方制作をめぐって

伊藤松朗（CBCプロデューサー）vs 守分寿男（HBCプロデューサー）

ローカルの個性と問題

守分　東京を離れた場所で作品をつくるにあたって、北海道の場合、場所が遠いことからくる制約、限られた予算の中で最大の効果を上げるにはどうしたらいいかという〝かたち〟の問題。もう一つ、風土とそこで生きている人間、ドラマの中にどう取り込んでいくかという本質的な問題と、大きく分けてこの二つですか。

伊藤　名古屋でそれを何に見つければいいかということを考えてみますと、一言で言うと名古屋というのは、風光明媚じゃないんです。決して、それに頼ることは許されないんですよ。特に、北海道などとは違うんです。もう、どこまで行っても、巾の広い道ばかりつづいて。そういう所に住みながら、東京・大阪・北海道・九州に対抗というか、競合していく意義みたいなものをたえず考えるんです。ただ特典として、名古屋は丁度東ドイツと西ドイツの中間にある様な都会として、そこに住んでいる人間の独特の強いカラーを、ドラマの中の人間設定として、必須条件に考えてみたいと思っています。

守分　ローカルの個性をどう出していくかということになるとうちの場合、ドラマにロケーションを使い始めて二〇年近くになります。ほぼスタート当初からそういう状態でした。何故かというと、スタジオのセットで全部撮るとすると、使い廻しのセットっていうのは殆んど考えられないわけですよ。そのためにセットを全部つくるとなると膨大な金がかかるから、その費用分をそっくりスタジオを飛び出すことに使えないかという試みだったわけです。うちは出演者の人達に、飛行機代を払い、宿泊費を払い更に拘束料を払って来てもらう。それだけで費用が食われる。そうなると、美術費を落とすことで、逆に外に飛び出してつくれないかということになったわけです。従って、うちの場合演劇的というよりは映画的な手法でドラマを考えてゆこうということで始まったんです。ですから、その映画的な手法をベースにしながら、どうテレビドラマを創るか、——それがこれまでの課題でしたし、メカニズムの進歩と共に、これからも、それが課題になっていくだろうと思います。

作家とのかかわり

伊藤 我々の場合、ドラマの本質ということで言うと、それがロケであろうとセットであろうと、本の練りがキー・ポイントになる。それは、何より大切なことだと信じています。我々の中に作家をひきずり込むことによって、忙しい東京では出来ないものを、こちらで多少じっくりと燃焼させるということが、視聴者への一番のプレゼンテーションだと、私は思いたいんです。

守分 それは、間違いなくそうだと思いますね。うちの場合も、それじゃあ、外へ出てロケをしたから北海道のドラマか、っていうとそうは言えない。一〇年ほど前からぼくはテーマとして、多分に意識的にですけども、自然と人間とかいうのを逆手に取るといったことを考え始めたんです。ぼくなんか、札幌に住んでいますんで、自然の季節感の転換みたいなものを、日常的に目にしながら生活をしている。ドラマを考えようとする場合に、その人間の生活のリズムの中でその人間に不可欠に結びついている部分ってのがあるわけです。ところが、東京で出てくるドラマっていうのが、ある時期から殆んどそれについて触れなくなってきた。それではいけないんじゃないか。そうであれば逆にこちらは、その辺を大事にしてやった方が良いのではないかと思ったわけです。

伊藤 今の守分さんのお話で思い出したんですが作家の山内久さんを名古屋に一週間呼んだことがあるんです。三日目になって山内さんが〝鳥羽へ行こうよ！ 名古屋に三日いて東京の一ヶ月分の貯えみたいものができたんで三日間の苦しみすんだら、鳥羽へゆこう〟と言い出してくれたんです。もともと、鳥羽の素材を舞台に依頼してあったんですけど。鳥羽のものを書くためにホテルで考えるってんでやっと鳥羽に行ったわけです。今思うと、その三日間いた怒りみたいなものが、何かやって帰らねばいけないといった、心理的なプラスを引き出して、いい仕事ができた。と、いうよりも一ヶ月の東京での練りと、三日間の名古屋でのけじめ。そして、シナリオハンティングに現地へゆく。という、理想的な形になったわけです。現在考えても、それは実にチミツな計算でしたね。名古屋は、いくら東京から近いと言ってもどうしても二時間かかる上に、現地から現地までは四時間かかります。そうなると家を空けて来ないといけないという宿命みたいなもんがあるから、やはり、作家でも俳優でも一つ決まってしまえば、その仕事に没頭できるという強さは、うちに限らず地方制作の場合絶対にあるような気がするんです。

守分　うちは更に、東京でつくるみたいに、出演者を一〇何人も揃えるみたいなことはまず不可能なんです。そうなると必然的に今度は、外へ飛び出すということと同時に、出演者を出来るだけギリギリのところまで絞り込むことが要求されてくる。そして、その絞り込むということで、劇の密度を何とか濃くしていけないかということになって、二～三人の登場人物で劇の展開を考えざるを得なかった。

伊藤　東京から呼んだ作家に一つの注文をつけて、それぞれの場所で…ドラマを書かせた方が、逆に良いものが出来るということもあるんでしょうか?

守分　その辺は難かしいところでしょうけど……。倉本聰さんとその問題でよく話をしました。いわゆる〝旅人感覚〟。いつも問題になりますのは、作家が東京の方で、北海道の一つの生活・人間・風土というものを、あんまりご存知ない場合、ドラマのかたちとしては、都会から帰って来た誰かを主人公にするわけです。そこで、いわゆる旅人を描くという……。

伊藤　視点をずらすわけですね。

守分　そういうことです。旅人を描くことで逆に、北海道というのがそのまわりで、どう埋められるかという描き方が一つある。でも、それじゃいけないんじゃないかということで、結局、倉本さんの場合、北海道に家を建てちゃって…、富良野に入られて仕事場にしていらっしゃる。そうすると今度は、意見が逆転して来ているわけですよ。逆にぼくの方が、倉本さんあたりから「お前は札幌に住んでいて、北海道をよく知らない」とか「富良野というのはやっぱり土がある」なんて言われるんです。話をする際の座標軸を今度はどこへ置くかという問題になってきているんです。

伊藤　地方にいても、今は、シナリオでも何でも、本なんか共通にどこの場所でも読めるわけでしょう。だから、ご当人たちの練磨がもっとされれば、地元にも、もう少しテレビの脚本家がでてくるはずですけども。

守分　必ずしも、作家がその場所に住んでるから、その場所のドラマができるかというと、それも難しい。それがドラマの面白いところでもあるんでしょうけども。

伊藤　それと、東京の作家に意図をお話しする。こっちが一〇分おしゃべりすると相手は一時間しゃべったりする。地方の人の場合、たいてい逆の反応が出てくるんです。その辺のところが、東京の作家はやっぱりたえず、風光、人物、何をみてもすぐそれをドラマの中の人物像において考えてくれる。時代の設定も考え易い。シャクにさわるけど東京にはたくさんのシナリオ作家がいらっしゃる。残念だけど地方には、まだまだこうした集団がない。これを我々がどうして作ってゆくか、いわゆるプロにならなければ、という……。

守分　でも、それは演出の問題でもあるし、プロデューサーの問題でもあるという気が、ぼくにはしますけど。つくり手が、身近なものをとらえて、掘り下げていれば、それは大丈夫じゃないかと思うんです。

伊藤　いえ私は、本当の作業即ち商業ドラマとしての地方の作り方の上で云いたいんです。特に地方に作家がいないと云うことですよ。一応のプロになってほしいって、いうこと――。

守分　こちらが、ある企画案を持っていて、こういう一つの人間像を話したりすれば、作家の方はやはり貪欲ですからね、乗ってくると思います。積極的に取り組んでいただける方であれば、それ程心配しなくてもつくれるんじゃないですか。

伊藤　名古屋や北海道でドラマをつくるという意味での、ローカリティということで言いますと、その座標軸っていうのは、いつも東京にあると思うんです。例えば、これが地元に土着の作家がいて、土着で制作者がつくった場合には、その地方という中での人間関係っていうのは、阿吽《あうん》の呼吸みたいなものの中で、何か第三者にはわからない以心伝心みたいなかたちでもね。成立しているわけですね。作家が入り込んでしまうと、今度は、東京にそれが放映された場合に、東京の人間ではわからなくなってくる部分がありますね。

ローカリティと普遍性

守分　ローカリティというのは、ひとつ間違えるとね、一種のナショナリズムになっちゃう。つまり「ローカルだからいいんだ」「ローカル万歳」と……。ドラマが北海道で放送されて全国に流れた場合に、ある種の感動を見る人に呼びさますためには、当然そこに一つの普遍性がなければいけないし、そのローカリティというのを逆手に取った上で、そこに人間というか、ある真実が描かれなければいけない。でも、一つ深みにはまり過ぎちゃうと、大変珍らしい話や人間を知らせてもらったというだけで終わっちゃう。だからその恐さってのは裏腹なんです。それと、言葉の問題ですけれども、例えば北海道でドラマをつくった場合に、ぼくは北海道弁を、むしろ消すんですよね。言葉で出て来るローカリティなんてのは、知れてるんでね。ただ、北海道のある僻村とか、漁村を舞台にした場合には、やっぱり、ある種のリアリティが必要だから使うことはあります。そうすると必ず、逆に北海道の人から怒られるんです。あれは北海道弁ではないと。

伊藤　ずっと前ですけど、水木洋子さんが、「日曜劇場」で『五月の肌着』っていうのを書きまして、これがオール名古屋弁だったんです。水木さんは、名古屋の郊外のお生れですから、その辺から名古屋弁は名古屋の人よりたくみにこなしてかかれます。名古屋弁というのは北海道や九州とかのような文学的な言葉でも、東北弁みたいなあどけなさもない。どっちかって言えば、スペイン語みたいなわけのわからない言葉なんです。それだけに、土の臭いは出るんですが、演ずる側もむつかしい。そんなわけか、放送後、名古屋市内の人からジャンジャン電話がかかりまして、怒られちゃったんです。

守分　やっぱりそうですか。

伊藤　「あんなことやられちゃ困る」と。でもおかしかったのは、東京勢、大阪勢の人はみんな興味をもってみてくれたんですよね。これは、本当の意味で名古屋の特色を生かせたと思ってます。それは、言葉のでてくる必然的なネライ。水木さんが且て、住んだ名古屋人と土地を、ものの見事に作り上げてしまったんです。

守分　言葉っていうのは、うまく生きると、ものすごくドラマに一つの存在感を与えてくれるので、いいんですけども、一つ間違えると目もあてられない。その辺が……。

伊藤　ただ、名古屋をしらない東京の作家が来て、名古屋弁を聞いたり、いろんなことを見たりして、名古屋の人はこうなのかということが或る日数かけて言葉よりも肌で感じて、それを人間像に書いてくれるのが何よりです。多少、名古屋弁がホンモノになっていなくても、そこに土地と人間が生きていればおっしゃるようにドラマは活きると思うんです。

ローカリティと制作者

守分　出演者の問題もありますよね。その場所に住んで大きくなった人がそのドラマに出てしゃべる北海道弁というのは、割と安心してきいていられるんです。東京の出演者の人の場合、それがモノ凄く難しいんですよね。そういう一つのチグハグな部分が劇の中に出るくらいであれば、むしろ言葉は標準語の方が良いということになる。

伊藤　でも、ドキュメントではない、ドラマの場合なら、やっぱりそれは、ある程度消化してやることが、ドラマ作りの原点じゃないかなと私は思うんですが——。

守分　つきつめていけば、ローカリティ、個性の問題っていうのは、制作者の個性なんですよね。

伊藤　制作者が自分の感性をいかに作家に上手く伝えられるか——。それが、ドラマ作りの最大の使命でしょうね。その中に、地方の好さも、東京の好さも、おのずと出てくる。やっぱり、勉強しなきゃあ——って、思います。

守分 演出する側、プロデュースする側が一人ずつ、その場所というものを、どれだけ掘り下げて考えているかで、それが出るか出ないか、すっ飛んじゃうかが決まってくると思いますね。

伊藤 自分の座っている所をどう見つめているか、ということですね。

守分 その人間の行動或いは感性、更に心象に映ってくる風景。そういうものが、周囲のある状況の中で、当然ニュアンスが違って来なければいけないし、そのニュアンスの違いを見逃すか、見逃さないかというのは、人間を描く上でやっぱりモノ凄く難しいですよね。

伊藤 私たちは、東京・大阪・京都といったところを、チラッチラッと見ながら、そこに何か非常にいい商売があったとしても、やっぱり名古屋で根強く生きて行く人間の根性みたいなものをドラマに打ち出したいというのが、根底にあると思うんです。土着の愛ですね。一つには、東西の中間の偉大なる田舎都市に住んで、営営とものを築く人達の人間性。それはコンプレックスとか何とかではなく、その都市の人達のホコリみたいな感覚です。これを、作家の手で、ドラマの中で脇から主役に至るまで全部上手く作って下されば、名古屋が一番つくり得るドラマになると思います。

守分 例えば、北海道を基盤にした文学の、ある流れってのがあるんです。一つの流れは、三浦綾子さんの『氷点』とか、原田康子さんの『挽歌』とか、船山馨さんの『北国物語』といった、チェーホフ、或いはツルゲーネフの世界に通ずる北方のロマンチシズムの系譜。もう一つは『蟹工船』とか『カインの末裔』とか、一種のドキュメンタルなリアリズムという、全く対照的な二つの流れがあって、物を考えるときに、割にそういうこと意識しながら考えてみるんですけども。

自然の風景とドラマ

伊藤 それは風景でもマッチする部分があるんですね。

守分 北海道の風景っていうのは、どっちかというと、地平線にポプラが立つという象徴的な、水平と垂直が交錯する風景っていうか、そういうものがありますけども。よくうちのスタッフと苦労するのが、冬の雪を舞台にしたドラマをつくる場合なんです。寒さの表現をどう出したら良いんだろう。これは、ずい分いろいろ考えているけど、まだ正解が出ないんですね。要するに綺麗になっちゃう。だから、実際に氷点下一五度でも二〇度でもね、もう青空が出てたらアウトなんです。美し過ぎてのどかになってしまう。

伊藤　カメラっていうのは非常にシャープでしょう。だから、一種のドラマっていうフィクショナルなものとね、風景のリアリズムとね、何かこう非常に合わない部分が出てきますね。そこでむしろ芝居をしている人が矮小化されてしまう。そこらあたりに、映画と違うテレビの風景の扱い方の難しさっていうのがありますね。

守分　これは、もう二〇年間そのことの模索だったんです。今だにそうですけども。最近は、ワン・フロアみたいな中で、一枠もの的なかたちのドラマをつくっていくということをしなくなりましたね。

伊藤　でも、名古屋ではまだ、その形をつづけていますよ。ただ、いろんなことが重なりまして、まだ、一つのドラマのスタイルを確立するというところまでいかないんですけども、且て倉本聰さんにお願いをして「おりょう」をつくってみたりしました。割に固定したセットの中で、ドラマの人物がそこに置かれた状況の中で、内部へ内部へと入って行くという方法をこれからも、もっと巾広く考えたいんです。しかも、至ってわかり易い方法で、ですね。執念のある人間っていうか――。ただ、そればかりをやっていると、それが果たしてテレビ・ドラマの進歩であるかどうかな、と思う時があるんですけど。でも、限られた時間枠の中でやるという意味では、それは捨ててはいけないことだと思うんです。スタジオの内と外を問わず、初めの方で話にでた人間づくり、デッサンのつくり方というのはどこまでも追求すべきだ、と思いますし、映画は別として、特にテレビの手法は、どんどん進んできてるんですけども、それに負けたくはないということは、やっぱり人間設定でしょう。その中で進んだ部分をどう取り入れていくかという基本線を忘れずにこれらのドラマづくりに臨んでいきたいと思うのが、私の、名古屋におけるドラマ作りの精神だと思っています。

守分　自然というテーマは、できるだけガッチリと見据えていきたいですね。もう一つ、手法的には、例えば自然というものをテーマにしながら人間のフィルターを通してそれをどう描けるか。逆説的な言い方をすれば、今、おっしゃったスタジオのセットいっぱいだけでね、もし、自然をテーマにしたものが描ければ最高だろうと思うんです。それとこれは制作者の夢なんですけども、制作のサイクルというのが短かいなかで、外の自然というものを見据えて、例えば一本の桜の木が真冬から、春に花が咲いて、葉桜になって秋に散ってしまうという移り変わりを、その桜の木の周辺のドラマをまじえてじっくりと描いていく。そういう二つのことを併わせてなんとか、模索して行きたいと思っています。まあ、これは夢といえば夢かもしれませんけども……。

インタビュー

山藤米子（山藤章二夫人）　**きき手　松尾羊一**（評論家）

松尾　テレビ、一日にどのくらい見てるの？

山藤　もう大変。ＢＧＭって感じでずっと。テレビがなくてはいられない人だから……そういうのを軽蔑する人がいるけど、老後はみんなそうなるんですから……一足おさきにっていうわけ。それにね、私、元来がドラマ人間なんです。

松尾　週に確実に見るのは？

山藤　放送時間を待つようにして、固執して見るのは余程そのドラマが良い場合ね。ちょっと前でいえば山田太一の「沿線地図」、倉本聰の「祭りが終ったとき」なんか。こういう番組は終ったあと、ちょっと立てない感じね。やっぱり週二本は欲しいですね。ドキドキして待ってる番組が。それと、向田さんのものも好き、橋田さんていうとチョッと違ってくるのね。ドラマ性でときめかせてくれるのはあの三人ですね。で、私、倉本さんがどこが良いかって言うと、今老人問題をみんな我がもの顔でとり上げ出したでしょ。倉本さんは五年前から訴えてますよ。「前略　おふくろ様」の中のメーンテーマは老人問題って気がするの。田中絹代のふるさとのお母さんや料亭のおかみに対するあのやさしさっていうのは男のやさしさですよ。文章にしたら、「・・・」《てんてんてん》っていう行間のドラマなのね。今はいかに全部言い切っちゃうかってドラマが多すぎる。無言で押し通す、そういうドラマってないですものね。

松尾　吉田直哉さんが、テレビってのは余白の芸術なはずなのに、いつも余白を消してしまっている、って言ってたけど、倉本さんの魅力っていうのはその余白の部分なんだろう。

山藤　その点率直にいわせてもらうと平岩弓枝さんに腹が立つのはそこなのね。一人の女性がご主人と別れるシーンがあるでしょ。そうするとどうして私はあなたとここで別れるのかという理由を延々と語っちゃうわけ。現実に男と女が別れるとき、何も言えませんよね。画面みててすごくしらじらしくなっちゃう……。

松尾　あなたは作者を選んで見てるわけ？

山藤　気になりますね。ところが番組表に載ってないのね。誰の脚本か解らない事って多いんですよね。観おわってもわからないことがある。〝作家の時代〟だというのに新聞のラ・テ欄は判ってないみたい。

松尾 それと、タレントで見るっていうのもあるわけでしょ。

山藤 好きずきなのね。タレントっていうのは。私は個性・キャラクターっていうんじゃなくて、女優だとすごくきれいな人が好き。今だったら、松坂慶子、山本陽子、大原麗子、三大美女ね。今一番脂のってて最高にきれい。だからあの人たちが出てくれれば、許しちゃう（笑）。あと桃井かおりが大好き。あの人は別格ね。出て来るだけでいい。顔（の表情）がよく変わるでしょ。あの人のデリケートっていうか極細の神経が、テレビから放射能みたいに発散してるのよ。自分じゃブスだって言ってるけどとても美しいわ。今度「日蔭の女」が始まったでしょ。――それで不思議なんだけど、「重役秘書」が終るから始めたんでしょうけど、観てると混乱してくるの。新番組に同じ人がそっくり移動することが多いのね。そうすると最初から、これは作りものっていう前提を与えられちゃうようで。この人のこういうお芝居をご覧なさいっていうんで、あれじゃドラマを見なさいっていうんじゃなくなっちゃう。それにタレントでえらぶ場合、拒絶反応タイプの女優さんもいますね。わたしなんか「主婦代表」だから（笑）うるさいんだけど。でも小川真由美は何故か拒絶反応ない。他の奥さんもそういってるのよ。あれは不思議ね。あの人が何かやるとテレビからハミ出しそうな迫力なんだけど、ちょっと可愛いとこあるのね。憎まれないっていうか……。要するに、すこしは不倫の感じがしても、どっかの部分で清潔さを残している女性がいい。それから男優ではね、いわゆる、顔が薄い感じの人っていうのが何故かテレビでは、やたらと出てくるけど、それがダメ（笑）。例えば山本学が典型ね。それから荻島真一。薄いのね、顔が。それから山口崇。もうあれがダメなの。非常にテレビ的っていうか。ああいうのを茶の間的と思ってるらしいけど。私は反対、厚い顔が好きなの。原田芳雄好きでしょ。加藤剛、松平健、そういうの好きなのね。中村敦夫、村井国夫とか。だから、そういう人が出て来てカラむと、筋なんか多少まずくっても、画面に重みが出るわけ。ところが薄い顔の人が出て来て、日常的なことをコチョコチョやられると、一所懸命作ってるんでしょうけど、チャチだなーと思っちゃう。存在感の問題なのよ。

松尾 それは演技以前の問題だなあ（笑）。名ざしで言われたタレントさん本人は気の毒だ（笑）。

山藤 気の毒ねー（笑）。でも普通の奥さんなんていうのはわりと好きみたい、そういう抵抗のない男っていうのは。でもわたしはダメ。

松尾　ドラマのタイトルなんて気になる方ですか？

山藤　非常に感覚的で申しわけないけど、題名が「ありがとう」とか、こうなるともう見ないわね。「沿線地図」とかだと何かありそうでしょ。題名ひとつでも意欲が違うっていうか、今度は何かやろうっていうのが感じられるでしょ。それで「家族サーカス」なんか期待してたんですよ。ところがタイトルバック見て、一回始まったら〝もうやーめた〟って感じするのね。何故ってことないのね。理屈では言えないんだけど、スーッと入ってこないのね、凝り過ぎてて。配役のアンサンブルがこなれてないってことね。個性ある人を集めましたっていうのがミエミエなのよ。それも拒絶反応（笑）。

松尾　そういう計算がすきま風みたいに解るといやになるわけ？

山藤　なんかそれはもう理屈じゃないの。見た時なの。〝あ、これダメ〟って感じなの。放送作家たちの書いたシナリオ作法みたいな本をよむと〝シナリオ書くときに、すぐ電話を使うのは安易だし、状況説明に電車道とかフミ切りなんて使うのはいけない〟〝もっと意外性を持った導入部を作るべきだ〟なんて書いてあるわけよ。ところが、その作家さんの書いたもので、電車がぴーっと走って、家があって、そこの玄関にカメラが入っていくと、もう電話が鳴って、っていうありきたりのシーンが導入部なのね。止めて欲しいのよ、こういうの。

松尾　歌舞伎の約束事みたいにあるんじゃないの、一種のパターンが。

山藤　今、ドラマは何が辛口か。ていったら、たとえば連続ドラマだったら週一回の中に一言でもいいし、一時間の中に数秒でもいいから作者の言いたい主張が入ってると打たれるわね。役者の言葉を通じて茶の間にいる人間はこれだけは聴いて欲しいといったものが。すると、〝ええわかるワ〟と、私たち視聴者はちゃんと受け取るわけですよ。書く方の主張が、制作者側の都合に流されているのを、敏感に感じとるほど、私たちも成長してきていることを、ぜひ知っていただきたいわ。

解題

この連続対談は、プロデューサー・大山勝美（ＴＢＳ）、演出家・和田勉（ＮＨＫ）、脚本家・山田太一とドラマ制作に異なる立場で関わる作り手に、藤久ミネ・佐藤忠男・江藤文夫といった放送・映画評論家との組み合わせで展開される。大山勝美と山田太一はともに、テレビドラマの一時代を画したとされる『岸辺のアルバム』（一九七七年）に関わる。和田勉は、この対談の年『阿修羅のごとく』（脚本・向田邦子）を演出している。（藤田真文）

第2章

1980年代

1980～1989　論争の時代

バラエティ番組の隆盛やトレンディドラマの登場など
放送番組が多様化する。
様々な論客が放送批評に参入し
百家争鳴の論争を展開した。

特集：プロ野球テレビナイター中継を問う

要約文化を象徴する「プロ野球ニュース」

混在する求道精神と世相探知の精神

この数年、私はテレビのプロ野球中継をみていない。考えてみると、どうもその理由はフジテレビの「プロ野球ニュース」にあるらしい。午後十一時からの「ニュース・レポート」そして「プロ野球ニュース」をみるのが私の夜の日課の一つになってしまっている。
「プロ野球ニュース」は、昭和五十一年四月に始まった。月曜日から金曜日までは午後十一時十五分から、佐々木信也がキャスターをつとめ、三十五分番組であった。ちなみに、今年の四月からは、この番組は十分延長され四十五分番組となった。

藤竹 暁　社会学者

『放送批評』1980年８月号

三分間文化とつなぎのうまさ

個人的な感想を云えば、私は山川千秋の「ニュース・レポート」から佐々木信也の「プロ野球ニュース」と続く流れが好きである。「ニュース・レポート」のキャスターが山川千秋から俵孝太郎へと代わったおかげで、「プロ野球ニュース」の魅力もいささか減少してしまった。だが、一度、習慣化してしまうと、私のチャンネル行動は、なかなか変わりにくいものらしい。最近では、俵孝太郎にたいする拒否反応も鈍くなってしまった。私のチャンネル行動は猫と同じように、人につくよりもチャンネルにつくのかもしれない。

それはさておき、山川千秋の魅力は彼のソフトさにあった。俵孝太郎はブラウン管から今にも飛び出さんばかりにしゃべっている。別の機会に詳しく述べたが（『テレビとの対話』

日本放送出版協会、昭和四十九年)、ブラウン管に登場する人物のあまりにも能動的姿勢(さらには攻撃的姿勢)は、茶の間で無防備の状態でテレビをみている人間に対して、不安定な感覚をつくりあげてしまう。ブラウン管上の人物、特に視聴者とスタジオ(ないしは現場)とをつなぐ役割を演ずるタレント(司会者)は、視聴者にたいして押しつけるような姿勢という意味で、〝能動的〟であってはならないというのが、ブラウン管上の鉄則であると私は思っている。

「プロ野球ニュース」の司会者である佐々木信也には、能動的なところがあまり見られない点が特徴的である。こんばんわ、今日はやっと巨人軍勝ちました。では、××球場の模様を××さんと××さんにお願いしましょう。××選手はこう云っています。さすがですねえ……。考えてみると、佐々木信也はこんな程度のことしかしゃべっていない。しかし私は、スポーツニュースは佐々木信也でなくては治まりがつかない。最近、土・日にみのもんたが担当しているけれども、私はどうしても気持が落ちつかないのである。

佐々木信也の魅力は、なんといっても、つなぎのうまさにあるのであろう。ついでに、つなぎの魅力を発揮している女性司会者を一人あげておこう。それはNTVの「ルックルックこんにちわ」の沢田亜矢子である。佐々木も沢田も、ともに、強いて特別のことを言おうとしていない。各コーナーをうまくつないでゆくだけである。このつなぎのうまさが、私には何とも心地よいのである。

「プロ野球ニュース」は〝要約文化〟の枠を示すものといってよいであろう。試合経過は、三分間に圧縮されて提供される。この一試合三分というアイディアは、実は、試合のニュースは三分以内にとどめなければならぬという制約の産物であった。だが、みる側からすると三分間という時間的空間は、注意を持続させる格好の長さである。

われわれの周囲には三分間文化とでも呼ぶことのできるものがある。例えば、公衆電話の一通話、ボクシングの一ラウンド、そして三分だけじっとがまんして待つボンカレー(三分間文化の意味については『昭和の終り』講談社、昭和五十五年で論じたことがある)。

たしかに、プロ野球ファンからは、プロ野球の魅力はもちろん勝敗にもあるが、それ以上に試合経過に求められなければならないという苦情がでるであろう。ところが、試合展開が三分間に圧縮されてしまうと、やま場だけが、それも放送局側の都合によってつまみ出され、並べられることになってしまう。つまり、試合のプロセスをたのしむよりも、結果だけを重視することになるのである。テレビ朝日の「大相撲ダイジェスト」も同様である。

「プロ野球ニュース」のアイディアは、この三分間に圧縮された試合経過につづいて、アナウンサーと解説者による分析がなされる点にある。「大相撲ダイジェスト」も解説が魅力である。三分間での試合の要約は、現在進行形のスタイルをとっているのだが、その後につづく解説は、試合を過去のものとし、分析の対象にしてしまう。この現在と過去とのミックスの仕方が「大相撲ダイジェスト」以上に、「プロ野球ニュース」を魅力あるものとしている。

この要領で、原則として、昨年までは三試合、十分延長された今年は四試合が紹介され、さらにその他の試合結果もわかるわけだから、この番組はまことに重宝である。私のような熱狂的ではない平凡な野球ファンにとっては、プロ野球の動向全体がわかるし、なおかつ、試合経過も一応つかめるのだから、まことに便利という外はない。

二重焦点現象と巨人現象を無視したつくり

「プロ野球ニュース」の持つもう一つの魅力は、セ・パ両リーグを平等に扱っていることである。テレビのプロ野球中継といえば、巨人カード中心に放送されているのが現状である。それは、巨人軍という圧倒的な人気集団を軸にしてセリーグが構成され、さらにその脇役としてパリーグがあるという日本プロ野球界の構図を反映している。そこでは社会的人気の的である巨人軍を中心にして（もちろん人気の対極として不人気がある。その代表例はアンチ巨人であろう。最近では、江川憎しの感情もつけ加えておかねばならない）、その他の球団が〝周辺〟を構成し、勝っても負けても巨人軍が注目をあびるというのが日本のプロ野球の一つの特質である。

さらに、プロ野球が面白くなるのは、〝周辺〟諸球団の中で魅力ある球団が何球団か登場するときである。そのとき、巨人軍という固定的な焦点とともに、いくつかの流動的な焦点が随時、生れるからである。

だが、このような二重焦点現象が成立したとしても、いぜんとして巨人軍がテレビ中継の中心を構成し続けていることはいうまでもない。たしかに巨人ファンにとっては、それで満足であろう。また、日本における〝巨人現象〟は、アンチ巨人という奇妙なファン集団を形成している点にある。巨人が負けるのをたのしむために、また江川憎しの一念で、テレビ中継のスイッチを入れたり、あるいは王がホームランを打って新記録を樹立し、そして巨人が負けると嬉しいと思ったりする社会心理は、日本独自のファン心理としかいいようがないであろう。こうした社会心理もまた、巨人中心のプロ野球中継を支えていることはいうまでもなかろう。

「プロ野球ニュース」の魅力の一つは、こうした日本プロ野球の二重焦点構造と〝巨人現象〟をあえて無視して、セ・パ両リーグを平等に扱った点に求められる。そこでは、あくまでも試合の面白さがアピールの基本を構成するという姿勢で、番組がつくられている。したがってこの番組は、ある意味では、巨人現象こそがプロ野球の魅力であると考える人たちにはなじまないかもしれない。

私のように巨人が〝中心〟を構成し、その他の球団が〝周辺〟を構成するということで魅力が生れてくるプロ野球に、なんとなく物足りなさを感じてきたファンにとっては、セ・パの各球団が平等に扱われるプロ野球ニュースは、すっきりとした雰囲気をたたえている。私にとっては、プロ野球中継をみていた頃よりも、「プロ野球ニュース」をみるようになってからのほうが、日本のプロ野球についての情報は多くなったといってもよかろう。

だが、私は野球ファンといえないのかもしれない。なぜなら私は、ダイジェストによって野球に関する情報を仕入れ、試合の全過程をこの数年間一度もじっくりとみていないのであるから。なにでも一応の目くばりをしておかないと気が

2013年の視点から

開かれたフォーラムとしてのスリリングな『放送批評』

藤田真文

80年代の『放送批評』は、とにかくスリリングだ。放送界の中心に向かって迷うことなく進撃し、叩いて帰るといったふうなのである。83年9月号から始まる連続特集「テレビが創る世界」は、毎号1つの番組を徹底的に論じる。その番組の制作者を呼び編集委員と座談会を行う。座談会には「東京こだまの会」などの視聴者団体や大学生も参加し、しかも一人ひとりの名前が記されている。『放送批評』誌上が、いわば開かれたフォーラムをなしていたと言える。

編集委員の顔ぶれがすごい。加東康一、ばばこういちと当時各分野の論客である。また編集委員ではないが、梨元勝、平岡正明などもゲストとして編集にかかわっていた。その一人、平岡正明は1年以上の誌上論争に発展する「憂国ＴＶ論」を残し『放送批評』を去っていく。このような強者たちを統括していた編集長の嶋田親一や加東康一の苦労がしのばれる。舌鋒鋭く放送界に迫るが反論も背負って立つ、そういった覚悟があるからこそ個性的でインパクトある特集が組めたのであろう。それに比べ最近の放送批評は、業界の周辺をおとなしく周回している気がする。後輩として猛省である。

落ちつかないという、現代人特有の情報病に、私はかかっているのかもしれない。

あえて弁解するならば、私にはプロ野球中継が持っているあの緊張感に、最近、たえられなくなっているのである。矛盾するようだが、ボクシングの世界選手権の実況中継であるとか、国際的なスポーツ競技大会の中継をみることは、私は好きである。私にとってこれらのテレビ中継は、いわば私の日常生活において、特別な出来事を意味している。私はこれらのテレビ中継が いかに長時間であろうとも みたいと思うし、それが提供する緊張感をここちよい刺戟として受けとっている。

しかしプロ野球中継となると、いささか事情は異なってくる。熱狂的な野球ファンがシーズン開幕となると、「また仕事が出来なくなる」とぼやきつつ、そしてプロ野球中継に夢中になることは、プロ野球中継の魅力を象徴的に示しているといえよう。ところが、私のような通りいっぺんの野次馬にとっては、このプロ野球中継の魅力が、時間を無駄づかいしてしまうという気持をかき立てる材料として作用してしまうのである。毎日、プロ野球中継のとりこになっては、かなわないという気持である。

プロ野球中継は、ボクシングの世界選手権試合や国際的なスポーツ競技大会とちがって、スペシャルイベントではなく、日常的な出来事である。それはドラマやバラエティあるいは歌謡曲番組と同じように、通常のテレビ番組である。さきほどタレント（司会者）は視聴者にたいして〝能動的〟（攻撃的）姿勢を強く示すと、視聴者の側に不安定な心理をつくりあげると書いた。同様にテレビをみている側で、その番組をいつもの番組としてとらえている場合には、やはり、視聴者にとって不用意な状態の下で緊張をかきたてる番組は、とかく避けられがちである。

どうも私は、勝った負けたという結果にだけ、こだわり過ぎ、勝敗だけをプロ野球の面白さとしてとらえているのかもしれない。どこといって、ひいきの球団があるわけではないのだが、プロ野球中継をみていると、どうしてもどちらかの球団を応援するはめになり、知らず知らずのうちに肩に力がはいってしまう。それよりも、ドラマや歌謡番組のスイッチを入れ、ただぼんやりとおなじみのシーンの操り返しをみていたほうが、私にはテレビをみてくつろいでいるという実感がわいてくる。こうして、プロ野球中継を敬遠し、他のチャンネルのドラマや歌謡番組をみて、そして最後にその日一日の締めくくりとして俵孝太郎の「ニュースレポート」から、佐々木信也の「プロ野球ニュース」でその日の出来事を要約するのである。

社会的鎮痛剤効果

映画「太陽を盗んだ男」で沢田研二の扮する主人公が原爆を製造し、日本政府に対していま放送している巨人・大洋戦のナイター中継を中断しないで最後まで放送しろと要求した気持に、私も同感である。今年から後楽園における巨人の試合は、二十分繰りあげて午後六時プレーボールとなった。開始時間の繰りあげは、省エネ対策によるものなのだが、そのおかげでテレビ中継がシリきれとんぼになる可能性は激減したといわれている。昨年の例をあげると、NTVが後楽園から中継したナイター三六試合中二五試合がシリきれとなり、UHF四局（テレビ神奈川、千葉テレビ、群馬テレビ、テレビ埼玉）のリレーナイターにひきつがれている。VHFチャンネルからUHFへの切りかえ、あるいはテレビからラジオへの移動は、心理的にめんどうである（私のような怠惰な人間は、UHFチャンネルのついたテレビを早々に購入しながら、今日にいたるまでUHFをみるためのアンテナをつける作業を怠ったままである）。

こうしてナイター中継の中断は、中途半端な気持を作りあげてしまう。いわば一種の欲求不満状態になるのである。それがいく度も続けば、沢田研二が演ずる主人公ではないが、爆弾の一つでも仕掛けたくなるではないか。

私はいままで、本来、ゲームがそなえている要素を無視してきた。プロ野球の結果が気になるのであれば、夜十一時過ぎまで待たずに、プロ野球中継をやっているチャンネルをさがして、一刻も早くゲームの推移をたしかめるのが当然の心理であろう。また勝敗という結果ばかりでなく、時にはプロセスを楽しむのがファンとしての人情ではないか。

私がプロ野球中継をみなくなった理由は、前述したように、それが小さな緊張をいくつも提供し、連日、私の茶の間にいる無防備な気持を、かき立ててしまうばかりではない。私は気持をかき立てられながら、にもかかわらず、いつも同じような世界にひたっていることに、なんとなくいらだちを覚えてしまうからである。たしかに、毎年新しいヒーローが登場し、記録も塗り変えられている。それぞれの試合は、それぞれの生命を持っており、独自のドラマで色どられている。にもかかわらず、私にはプロ野球のドラマは色彩にとぼしい。不運な一投、ラッキーな一打、そこに人生が圧縮されているのをみることができるのだから、ゲームほど劇的なものはないという言葉は正しい。しかし私には、それがドラマとは感じられなくなっているのである。

アメリカのある学者は、スポーツにおける社会的鎮痛剤効果について、次のように述べている。例えば、彼の好きなチームや選手の勝利は、努力が報われ業績は正しく評価されるという信念を、強めるのに役立つ。したがって、彼はゲームを楽しむことを通して、努力は必らず報われるという気持を強めて、明日の仕事に向うことができる。このことは、彼が好きなチームを応援することは、結局のところ、自分自身を応援していることになるのである。

この社会的鎮痛剤効果を適用するならば、私のような人間はスポーツを媒介にして人生を学ぶ、さらには自分自身を励ますことに乏しい怠惰な人間ということになろう。私もボクシングの世界選手権試合や国際的なスポーツ競技大会では、それらのゲームを通して社会的鎮痛剤効果を味わっている。しかし私には、そうした状態が、連日のように続くことにはどうしても耐えられない。それでは、あまりにも毎晩が緊張で充満しすぎてしまう。

むしろ私は、ドラマや歌謡番組のなかに、そのときどきの世相を漠然と感じとり、時代の空気に何となく接するほうが、気持が落ちつくのである。野球中継をみることは、一つのゲームのなかに自分自身を沈めてしまうことに似ている。これに対して「プロ野球ニュース」は、鳥瞰《ちょうかん》的にプロ野球の全体を眺め、それを世相としてつかまえることである。この場合、各カードは世相の動きの諸断片を構成することになる。

求心的姿勢と遠心的姿勢

このように考えてくると、プロ野球中継と「プロ野球ニュース」は、同じ野球を素材としながら、まったく異なる二つの態度を作りあげることになるであろう。プロ野球中継は、一つ一つのゲーム展開のなかに人生のドラマを見出し、そして教訓を引き出す態度を提供する。またゲーム展開に一喜一憂する気持は、自分自身の明日の生活を支える気持にもつながっているのであろう。

あえて単純化すれば、プロ野球中継ファンの心理には、一種の求道精神をみることもできよう。こういうとプロ野球中継ファンは、とんでもない、われわれはただ好きだからみているのだ、みずにはおれないからみているのだというであろう。だが、一つ一つの試合に緊張を経験し、そこにドラマを見出していく姿勢は、どちらかといえば求心的である。これにたいして、「プロ野球ニュース」でその日のプロ野球を要約しようとする姿勢は遠心的である。こうした遠心的な姿勢を、世相探知の精神と呼んでおこう。

　プロ野球になんらかの関心を寄せる二つの姿勢が、浮かびあがってくる。一つは求道の精神である。そこではゲームは人生にまで拡大され、選手の生きかたはみる人一人一人の生きかたと触れ合うことになる。もう一つは世相探知の精神である。もちろん選手の努力やゲームへの執念、そして選手がふともらしたひとことは、心を打ち教訓となるであろう。だが世相探知の精神においては、それらは世の中の動きを伝えるさまざまな情報の一つにしかすぎないのである。

　以上、二つの姿勢はいわば類型であって、現実には、人々はいずれかの要素をより多く持つだけであろう。さらにはそのときどきで、この二つの姿勢を使い分けてさえいるであろう。そして、この二つの姿勢の混在のなかにこそ、日本人のプロ野球現象をみなければならない。

解題

　NHK放送文化研究所出身の社会学者、藤竹暁がサラリーマン向けテレビ娯楽・情報の定番『プロ野球ニュース』を読み解く。まず要約文化の枠と指摘し、三分間文化が例示されるなかに、カップ麺が登場しないところが時代である。そんな時代に藤竹は「プロ野球中継のとりこになっては、かなわない」と吐露し、「ドラマとは感じられなくなっている」と書く。プロ野球における求道精神の退潮を、三〇年前に見通していたことになる。（坂本 衛）

特集：笑いのニュー・ウェーブを衝く

コミック文化としての「マンザイ」

松尾羊一

『放送批評』1980年11月号

年に一度ぐらい大阪に行く。昼めし時にうどんやなどに入るとテレビがある。なんとなくみる。そのテレビはローカルで殆んどが漫才かお笑いタレントのコントめいたものをやっていた。大阪の漫才といえば海原千里・万里を思い出すぐらいで。その後オール巨人・阪神が目にとまった程度だった。それがこの春、所用で土日の二日間大阪へ行ったとき、その様がわりに驚いたものだった。連絡の不手際で先方と会えずホテルの一室でどうしようか、映画でもみようかなどと考えながらテレビをつけた。「やす・きよの腕だめし運だめし」とある。好きなやすし、きよしだ、つき合うか、この際大阪のローカルをみておこう、ところがそのあとも「なにわ笑劇場」「漫才笑学校」「お笑いネットワーク」「吉本コメディ」と夕方近くまで万歳やコントをやっていて、その熱気で終日ホテルにいるハメとなってしまった。

仁鶴、三枝、可朝、鶴瓶《つるべ》、のテレビにおける上方落語がいつのまにか漫才ブームにとってかわっていたのである。その辺の事情は各論にくわしいので省く。

いま、なぜ「お笑い」なのか。そのお笑いにしてもいわゆるニュー・ウェーブと称するツービート、B&B、ザ・ぼんちたちから落語の小朝を含めての振幅をもつそれである。

今日の漫才の祖型はエンタツ・アチャコだといわれる。そ

のエンタツがある対談で
「鼓一ちょう、扇一本でやったものです。扇子一本でタバコを喫うたり帽子の仕草をやったもんで、鼓一ちょうの御愛敬といったもんですわ」（放送朝日　五八年六月号）
横山エンタツが明治末年にこの世界に入ったころはいわゆる太夫・才蔵（芸の送り手と受け手の役割分担をきわだたせたもので、のちのボケとツッコミの関係とはやや異なる）の流れを色濃くもっていた芸だった。その太夫・才蔵の「万歳」から捨丸などが「漫才」を創り、「扇一本」の象徴性のなかに笑いを架橋する。そしてエンタツ・アチャコはハオリハカマをすて背広姿で「早慶戦」をやる。吉本系の近代万才の誕生である。漫才から万才へ。そして今日ではテレビの演芸スタッフがみごとに命名したように「ザ・マンザイ」となるのである。

それは漫画についてもいえる。ポンチ画から四コマ家庭漫画を経て「のらくろ」「冒険ダン吉」などの連載「マンガ」へ。それが山川惣治あたりから「劇画」となる。そして今日では劇画からコミックである。それは歌謡曲からフォーク、そしてニューミュージックなどの系譜についてもいえることで、若者のなかの文化としてのリテラシイ（中野収）の存在をぬきにしては考えられぬことなのだろう。

たとえば横山エンタツ・花菱アチャコがいわゆる漫才と訣別する際の近代万才「宣言」はこうだ――
①伴奏楽器を使わない
②だから歌を唄わない
③歌舞伎や新派のパロディはやらない
④卑猥なギャグで笑わせない
⑤相手の頭を叩かない
（香川登枝緒「大阪漫才東京往来」）
①②はともかく（実際は歌なんか歌ってるヒマはないのだ）③④⑤については、芸能界の話題、ゴシップ、中傷なんでもござれであり、卑猥なギャグは大いに活用し、相手の頭を叩く、あるいはどつくどころか相手の毒舌に耐えられずボケが勝手に倒れるという風にマンザイはかわってきている。
「広島のディスコにはポルシェやベンツがとまってるんやど。岡山のディスコはなんじゃ、田吾作さーん、田吾作さーん、表にとめてある牛と大八車を至急移動させてくださーいと、アナウンスするやんけ」（B&B）
字でかくとなんということはないが、稲垣吉彦氏によればこれが一分間六百三十字（因みにこれはツービートの場合だから、B&Bは四百字をこえるだろう）のスピードで広島出身の洋七がせまると、岡山出身の洋八がうけるのである、そのスリリングな会話と彼ら以前のそれとでは、地面の野球と人工芝の野球の違いがある。普通の地面野球華やかな頃は吉田義男や広岡達朗は球を捕って一塁へ送りアウトになって万雷の拍手だった。人工芝野球ではヒット性の当りをダイビングキャッチした瞬間に拍手がわき、そのあと一塁でアウトだろうとセーフだろうとそれは次の局面だ、という風に分局化している。それとマンザイはよく似ている。ボケとツッコミの会話の完結性の果ての笑い、それがかつての漫才だった。あるギャグでドッとうける。その笑いの波がひくまでの「間」をおいてから次の話題に入ったものだった。三球・照代の芸はその点で漫才正統派である。

いわゆるニュー・ウェーブ派は「ドッと」という笑いをもたない。いや、そういう共鳴の笑いを拒否するところがある。高感度のマイクの発達もあろう。すてぜりふ的なことばも明りょうにひろってくれるマイクの存在は大きい。それよりも、若い人たち中心の客の笑いはドっと笑うということがない。その笑いがホール一杯に共鳴するということがない。笑いは増幅されない。一人一人が「ドハ、ドハ」あるいは「ガハッ」というような笑い方である。それは理髪店などでコミックを拡げる若者が笑いながらよんでいる、あの笑いとどうも同質のようにおもえる。一つのギャグの笑いで笑いころげてしまうとストーリィのその先を目の方はすでに読んでいるから次の笑い（ギャグ）をとっさに用意できない。「ガハッ」と断ちきられたような笑いとは、目のスピードを計量した上での笑いなのである。それは人工芝のファインプレイと同じだ。捕球した瞬間とは、つまりギャグの発生時なのだ。観客はそこで拍手したいとおもう。一塁アウトまで間がもてない。後楽園へ行けば分ることだが、だから人工芝野球でも拍手は分散している。同じようにニュー・ウェーブ派の笑いを考えることができるのではないか。

彼らを支える大半は若者である。どこのホールでもテレビの公録スタジオでも、ファンはGS親衛隊と同じである。万才がザ・マンザイとなったとき、彼らはそこにある笑いが自分たちのリテラシイの世界に属しているものだと直感的に察知する。古くは「嗚呼、花の応援団」であり長谷川法世であり、「タブチくん」のなかの笑いだ。

きよし「おかあさん、明日の朝、七時におこしてくれる?」
たけし「で、そのつぎは何時におこすんだい」

ツービートは、このギャグをよくつかい、客の方を見廻わすことがある。「分ってないのがいるぞ」。客を挑発するのである。欽ちゃんだともっと心やさしく、「ヤヤウケだッ」とまん中にハガキをおく。この差だろう。

そして、「分ってない」客というのもかなりいるはずだ。いや、「分ってない」と意識的に反撥する若者たちである。テレビではよく観客席をイン・サートする場合がある。昔だとゲラゲラと一斉に笑っている泰平な観客があった。しかし、このマンザイ状況下だとゲラゲラ笑う女学生の一団のうしろの男の高校生たちは笑っていないなんてシーンによくぶつかる。ではつまらないのか、そうでもないらしいのである。次の局面になるとメンバーチェンジして今度は女学生が下をむいている。ドッとくるというのはB&Bの汗かきマンザイの「消防署」ぐらいだろう。

つまり、笑いが多層化しているのだ。演る方も多分にそれを意識しているフシがある。一般にニュー・ウェーブにはこれといったストーリィ展開がない。ザ・ぼんちにしてもテレビの御対面番組のパロディといったものでもなぜ突如「橋幸夫」なのか、また、のりお・よしおにしても脈絡もなく「つくつくほーしホーホケキョ」とでて笑わす。紳助・竜介はそこでいう——「オレら死んでも〝やす・きよ〟には成られへん。漫才では追っつかん。今、見とくんなはれ、若いモンがゴロゴロいてまっせ、オレらの人気はファッションみたいなもんや。パワーいうても、ちょっとオモロイ学生の延長みたいなもんや、そやったら何か別のことやらなあかん」(「週刊TVガイド」)

分っているのである。なにがプロでなにがアマなのか。「お笑いスター誕生!」(NTV)がプロアマ混在でスタートし、「ちょっとオモロイ学生」も続々エントリーし、それをまた逆手にとってB&Bやおぼん・こぼんのようにアマ的プロ乃至プロ的アマのあいまいな地点で芸界ヒエラルキーに対抗するのである。すでにそれはマンガの世界ではあたり前のことであった。昨日まで熱心な少女ファンだったものが今日は女流劇画作家である。映画だってそうだ。映研の実績もないような無名高校で8ミリをシコシコつくっていたのが自主映から突如メジャーへ、そしてまたべつのメディアに転身なんて話題はつきない。

だから観客にしたところで、ニュー・ウェーブをタレントとして遇しているとかいないとかは無関係なのである。「ちょっとオモロイ芸人」という見方である。

だからこのブームは長く続かないという結論かというとそうでもない。

この世界のことばに「板」というのがある。板とはプロとアマのけじめである。欽ちゃんはたえず投書者のハガキに目を通す。VTR撮影では漁師町や観光地の土産物屋の店先に集まる人々に気軽に声をかける。その親しさにおいてそっと幻想の板をはるのである。欽ドコもそうである。板をさかいにして芸を成立させる。しかし、ニューウェーブの人々の場合は板を感じさせない。テレビの画面と茶の間がつながる。子どもたちはコミックをめくるようにながめる。ページをめくれば「ガバッ」であるように、万才タレントを何組かをまとめたブラウン管そのものをコミック化したテレビとしてみている。その冗舌感が続く限り、若者たちはおちつく。ラジオの深夜放送がそのエンドレスな冗舌性に支えられたように、である。

それが日常なのだとすれば、板のけじめはなくなる。いや、板そのものが無限に拡大され、みるものもみられるものも巨大な板の上に同居しているということになる。プロアマの境界のなさとは、逆にいえばすべてが板化してしまったということである。だからこそセント・ルイスなどはこのんでジーパンスタイルやTシャツ姿で現れるのである。

一見「ナウい」彼らは自ら板をはずし、いや大きな板に同化することで、逆に芸の持続を強いられる。ネタの古さ新しさ、そして数の多少によって万才ランナーは選別される。同じ素材は許されない。B&Bが「お笑いスター誕生!」でグランプリを獲得しえたのも毎回かわるネタの強烈さだったからである。この当り前のことについてテレビは苛酷である。

万才からマンザイへ、というのは持ちネタの使い古しを許さない点にある。もしマンザイにおいてそのメッセージ的性格が大きく問われるならば、それは、ネタの追及以外にはない。それに耐えられなくなったとき次の、後続するものにとってかわられる。その消長のダイナミズムの総体こそがブーム化現象なのであって、一組一組の人気度のそれではない。そういうブームなのだ。それは劇画からコミックの世界でも諒解ずみの事項なのである。次から次へ、生まれては消えるマンガ家たち。消えてはまた生まれてくるマンガ家たち、その多層性ゆえに存在するという構造である。

その多層性とは、若い視聴者も共有するものである。生れおちたときから存在していたテレビ。この映像において、ことばにおいて、音において冗舌だった存在。未分化なテレビから「テレビ」をワンノブテレビズとして選んだときから、彼らの芸は苛酷な請求書をつきつけられる。

リーガル千太・万吉の「サラリーマンもの」以来の型としての芸がリアリティとアクチュアリティを喪失し破産したあと、テレビ的なエンターテインメントへの模索の過程そのものが万才からマンザイへと変質していったとみたい。そこには落語界よりも意外に古くさい体質をもった万才界への反撥もあるだろう。結局大阪の圧勝である。それはまさにテレビ的である。漫才から万才まではステージの子であれば自己完結し得た芸だった。むしろ最も非テレビ的な動的な説話だった。しかしこのマンザイからテレビを除いたら殆んど成立しえまい。マンザイはテレビを獲得したときはじめてマンザイなのである。そして過度の類似番組編成によってそのテレビに扼殺《やくさつ》されかねない存在でもある。このジレンマのなかで約束された板をもたぬ芸であること、決してそれ以上でも以下でもない緊張によって早産したサムシング・オブ・エンターテインメントなのである。

大阪芸人の東京進出あるいはなぐりこみとか、東京の万才はどうしたとか、それはどうでもいいことで、問題なのは万才の形式と内容から出発して、きわめてテレビ芸的な可能性をもったエンターテインメントの様式が次の局面でどのように変容して行くかである。

紳助は居直る。——「三年後をみて欲しい。何で三年か。三年経ったらみんな忘れてるやんか」。期待と不安をもって三年後をみてみたいものである。

解題

『花王名人劇場』（一九七九年一〇月〜）や『THE MANZAI』（八〇年四月〜）が火をつけた漫才ブームは八二年まで続き、八〇年代フジの「おもしろテレビ」路線の土台を築く。松尾羊一は「万才からマンザイへ」を「劇画からコミックへ」のいつか来た道に重ねる。結局、松尾が言いたいのは、万才からマンザイへの変質はテレビ的エンターテインメントの模索そのものだ、という主張に尽きよう。今日のひな壇バラエティも、そんな模索の一様式である。（坂本 衛）

座談会

特集：ラジオ話芸の新時代

話者たちのいるラジオ・いないラジオ

**語り口。話しぶり。話芸。話術。ラジオの話者は、
時代のエキスをごくりと飲んでマイクに向かう。
その飲みざまが、芸の垢になる……。**

『放送批評』1981年９月号

三國一朗（放送タレント）
亀渕昭信（ニッポン放送制作部長）
《司会》**小山雄二**（ＴＢＳラジオ制作部副部長）

話芸は誰のものか

小山　民放のなかった時代にはＮＨＫのアナウンサーの独特の喋り口調があったり、あるいは代表的な話芸ということで言うと徳川夢声さんのような人がいたと思うんですけど、ＮＨＫ調というのも一つのパターンであって基本ではないと思いますし、徳川夢声もスタンダードではなくて一つの個性に裏付けられたあの人の喋りというか、そういう意味で言うと今もそんなに状況は変わってるわけじゃないと思うんです。

三國　初期のマイクロフォンというものは、メカニズムが今とあまりにもちがっていて、「満場の諸君」というようないわゆる演説口調で大きな声を出してやらないと、なかなか電波に乗らなかったものらしいですね。日進月歩でどんどんそれが改善されて今の状態に近づくわけですけど、ある人は講談調、ある人は演説調、徳川さんなんかは出が活動の弁士ですからね、それぞれ自分の育ちの話芸でやってた訳ですね。

　けれどあの人のは話自体が西洋ものが多いもんですから、ハイカラなものではあったと思う。ということは落語とか浪花節とかに影響されない新しい分野があったと思うんですよ。だけどラジオのための話芸、放送のための話芸なんてなかった、後になってできたもんじゃないでしょうか。

小山　夢声さんは対談の聞き手という面もお持ちですが、自分のことばで喋るというより、物語りを聴かせるというところからはじめていらっしゃるんですね。

三國　全く書いたものを読むってことでしかなかったわけですから。文章を読むってことですね、語るってことよりも。

小山　アナウンサーの読原《よみげん》っていうのがあって、それは客観的に自分の感情とか感想などを交えずに読む方がいいと考えられていて、夢声さんの場合も最初は書いたものを読むというところは同じだったんですね。以前のラジオは簡単に言ってしまいますとどちらかと言えば文章ではなかったかと。それにくらべて今はふつうの日常会話、ふつうの喋りことばってくらいのちがいがあるんじゃないかなという気がします。

文章に近いということの中には、大勢の人に聴かせるために多少改って口をきかなくちゃいけないということがはいってくると思うんですが、改ってものを言うというのは自分自身何か言ってはいけないこととか、ほんとうのことばを出してはいけない気持が働くだろうし、実際一種の抑圧ってものがあったんじゃないかと思います。

亀渕　三國さんのお話に続くようですが、夢声さんが昭和二十四年ですか、出された『話術』って本があったんです。その中でいちばんなるほどなと、当時と全然変わってないなと読み直してみたんですが、話芸という芸はないとおっしゃってるんです。

話芸というのは歩くとか空気を吸うのと同じで、例えば噺家さん、講釈師が芸をみがくというのとはちがって、話に芸をみがくも何もない。地方講演なんかしても村の人がやって来て、「何とか太郎べェは先生と同じくらい喋りうまいぞ」というのがよくあった。私の芸なんて素人芸能の域を出ない。プロとして言えるのは場数をふんでるとか修羅場をくぐってるというようなこと。師匠の前で練習するものでもないし、舞台を何べんも踏んで、初めて完成って訳じゃないけど素人よりうまくなるというようなもんですよ、というのが非常に印象に残ってまして。

三國　そうですね。

亀渕　実際今のラジオの喋り手っていうのは、たかがその程度だと。今の深夜放送の喋りも含めて、昼間の喋りもそうかも知れません、果して芸なのか、素人でもこれくらいうまい人はいくらでもいるというような芸だと思うんです。

喋ることはファッションである

亀渕　素人でちょっとうまいといっても、マイクの前でしゃべるという今の時代、非常に微妙なところでして。このちがう部分ってのは時代がつくるところかと思うんです。十年前じゃ受け入れられないことが、今になって花開くとか、今うけなくても五年、十年後にうける喋りをもうやっている人がいるかも知れない。その素人とくろうとのちがい、どこがプロかというのは、時代がつくっていくんですね。

ことばも時代によって変わっていくように、話術というものも時代によって変わっていく。特に若者たちに風俗とかファッションとか時代感覚があるように、喋りの型式が一つのファッションみたいな捉えられ方をしてるんですね。

三國　ＬＦの放送伺って感じることは、アナウンサーが非常にタレント性を身につけておもしろい放送をする。勿論ＱＲにもＴＢＳにも発生している状況なんですけど。

亀渕　たまたま、それが新鮮だったということがあると思います。

三國　あれはやっぱり、アナウンサーが独自にそういう芸域を開拓するってより、ディレクターがそういう意識があったんだと思います。これはこじつけかも知れないけど、公開番組が非常に多かった時期がありましたよね。あれが生の放送とは言えないまでも、生のお客が目の前にいる時の反応に対して、どんな話し方をしたらいちばんうけるかという目覚めが、ＬＦさんは早かったような気がします。

小山　確かに人の集ってる前で喋るっていうのは、直に交流しながらやる大事な訓練ですね。

三國　昔は「全国のみなさん」のことなど全然考えてない（笑）。実際のお客さんに「全国のみなさん」とは言いながら言えるってのは随分のちがいだと思いますね。

小山　こういう話になると、会場が現にそこにあるかないかのちがいだけであって、今のラジオの放送は一種の目に見えない公開って考え方ができますね。

三國　台本のないジョッキーなりナレーターなりがどんどん出てきましたものね。ＮＨＫのラジオなんてみんな台本があった、喋り風に書いた台本がね。

亀渕　逆にこの四、五年反省が出てきまして、こう、ひとつ台本をつくるようになってきてますね。一流の方っていうのはスタジオ入っていただいて、ディレクターが煙草吸っててできちゃうんですね、これやってくと、じゃディレクターは一体なんじゃいなということもあるでしょうし、そこで喧嘩っていうとちょっとオーバーですが、やはりひとつの戦いがないとお客さんがついてきませんね。そのために演出ってことで、例えばハガキのリライトであったりする。

小山　もっと演出したいという人がいたら、不満なんじゃないですか。

亀渕　基本的には喋り手というのは非常に幸せな商売でありまして、マイクを持ったら演出家がどう言おうと社長がどう言おうと勝ちなんですね（笑）。演出家は不満が残るわ何が残るわ、けど喋ってる奴は気分がよけりゃいいってのが極端に言えばあるんですね。

小山　そういう気持にさせるのが、生放送のディレクターとしての才能です（笑）。

亀渕　分らないようにケツひっぱたいて躁状況に持っていく。エイヤッてもっていく、それが大事なこと。そうして躁状況にもって行ってスタジオにブチこんじゃう。これうまい表現じゃないけどうまいディレクターですね。ある場合には奴隷のように、ある時は繊細に、やっぱり最初に喋り手さんをその雰囲気にもっていくということですね。

率直に、演出はしたたかに

小山　芸の上でうまい下手がないってのは夢声さんの話でも分るんですけど、その中で今の特に生放送を考えると、やっぱりどっちがよくて、どっちがよくないってことは言えると思うんです。

演出なしに何でも率直なこと言っちゃって、絶対隠しだてしないで、それを聴く人がみんな受け入れてくれるんだったら、これはパーフェクトな理想だと思うんですが、そううまくはいかないんで、演じることを意識して喋る人とか、本心を出さないで綺麗ごとで喋っちゃってる人っていうのは、その喋りは駄目だと思うんですがね。

亀渕　特に最近はラジオは本音、テレビはたてまえなんて言うけどあれは嘘で、ラジオの喋りは本音とたてまえの間を行ったり来たりしているようで、ほんとはまだたてまえだというところだと思うんですよね。

三國　そうそう。

小山　まだ、と言うのは。

亀渕　つまり本音言うからエンターテインメントじゃない、という意味では決してないんだし、例えばアンダーグラウンドでほんとに本音ばっかり言ってるのが一つの芸。娯楽。エンターテインメントになってる場合もあるかも知れません。やはり本音言ってるようで本音じゃない、境の分らないところで喋るっていうのが一種の今のファッションじゃないかと思うんですね。

三國　今あたかも演出不在の如く、しかも結果的には演出にそってやっている。だけど演出不在のように聞えるってのは、それがやっぱり芸じゃないでしょうかね。どんなにうまくやるかってことでね。

亀渕　「赤信号、みんなで渡れば怖くない」「ババア早くたばっちまえ」みたいなことは非常にそういう例だと思うんです。喋り手の方はそれに対して抗議が来ると、これで成功だというような、してやったりってのがある。決して本気で言ってるんじゃない。

小山　率直に喋るというだけを表にたてて、裸になることが一種の誠実さという風に考えてそれだけで何とかしたいという人もいると思うけど、それに演出を加えていくってことでちがう道が開けるでしょうね。

亀渕　確かに今の喋り手の中には本音とたてまえの間をウロウロして、全部がたてまえじゃなくてほんとのこと言ってる、そのほんとのこと言ってる率直さが聴取者の心をつかむんだと思います。特にキー局と言われている以外のラジオ局には、ほんとにおもしろいというか、素人に毛の生えたようなものなのかも知れませんが妙な人がたくさんいますよね。

ローカルって言えばローカルなのかも知れませんが、なるべく少人数相手に自分の喋りがより小さいっていえば、非常に自由な喋りができる気がしますね。

小山　率直に喋るっていうのは、人のことを率直に喋ることはできない訳ですね。自分のことだったらいくらでもできるわけです。話題として自分の生活自体を語るのはよく耳にするんですが、このへんがいやだといえばいやな人は大分いるんでしょうけども、率直に喋れる素材としてどうしても出てくると思うんです。

三國　当然そうなるだろうね、だってそういうもんじゃなくちゃ、みんなそらぞらしくて聴かなくなると思いますよ。

芸は愛されるだけでは伸びない

三國　今のような新しい話し方は新しい素材というか、自ら内容にも変化をひき起すだろうと思う。型式が内容を規定するってことになると思いますよ。変わった喋り方をする人は、変わったことを喋るようになるんじゃないですか。そうしないと変わった喋り方の意味がなくなるね。

亀渕　タモリなんてそのいい例ですね。

三國　時には危険なことを喋っちゃう時もある。タブーにふれるようなことを言ってスキャンダルを起しがちなこともあるだろうけど、それは当然そうなると思う。昔から芸能ってそういうものじゃなかったですかね。

昔は寄席では思い切ったことやってたと思います。それが芸人ってものを目覚めさせもしたし、育てていったと思います。大道芸や寄席芸をいきなり放送の芸能と短絡させちゃいけませんが。

亀渕 今の放送も大道芸に近くなってきたところありますね。お客さん寄ってらっしゃい、この線から外に出ちゃいけないよって。

三國 今ちょっと思い出したんですけど、おすぎとピーコってのがいますね。不思議なうまさがある。が、気持の悪いもんではあるね（笑）。

亀渕 そうかしら。

小山 でも、人の気持をつかむのがすごくうまいと思いますね。おすぎとピーコがメタメタに切るでしょう、決めつけますね。そこでこれはだめだとか、そんな映画見ない方がいいって言われた人がほんとに怒るかって。それを聞く快感でもって聴く人とつながっているんだって気がします。

亀渕 結局おすぎとピーコの芸というのは、確かに話芸としても見るべきものがあるかも知れませんが、それよりもやはりオカマ感性みたいなことだと思うんですね。考え方とかものに対するアプローチの方法が非常におもしろいように思うんです。そちらの方が僕には興味ありますね。それはさっき言ったファッションみたいなものじゃないですか。

あのことばというのはゲイバーに行くとみんなあれで喋っているんで、まあ確かに電波にのるというのが非常にびっくりすることかも知れませんが、やはりあの考え方というのがおもしろいですね。

三國 僕は『土曜ワイド』に彼らが登場した時、ちょっと顰蹙だったね、さすがにね。だけど聞いてみると僕ら老人が「いいなあ、いいぞ、いいぞ」と思うようなものをやったんじゃいかんていうことは分るな。

小山 本当にそう思いますよ。

三國 だってね、今までそういう例はいくつもあると思います。非常に顰蹙を買う芸人が伸びてきた例はずいぶんある。それがまた一つの時代をつくったこともあるしね。大衆に愛される芸だけだったら絶対に芸は伸びない。

小山 あれが出てくるまで僕らは分らなかったんで、ああいう感性が一つのタブーを破ったってことは言えるんだけども、じゃあね、ああいう感性っていうのが今までなかったとか不足していたとか、あれをやればタブーを一つ取り除けるんだっていう風には、あらかじめ発見できないということですね。

三國 だから今までなかったものを新しくさし示す力のある芸能は、まず嫌われる芸能だと思うな。おもしろいものが出てきた、いいものが出てきたっていうものはね、必ずしもそれまでブランクだったところを埋める芸にはならんと思うんですよ。
　だからおすぎとピーコは僕自身の好みから言えば嫌いだけど、あれは今おっしゃったように今までのブランクを明らかに指し示しているね。

亀渕　僕はいわゆる保守的な奥様方から嫌われる芸というのは、うける要素があると思うんです。

三國　うん、なるほど、確かにそうだ。

亀渕　俳優さんとか女優さんなんかを見てましてね、お母ちゃんたちが「嫌いよこの人」っていうのは、やはりどこか異常ですね。

三國　奥さんたちが嫌いよって言うことは、半分好きということなんだよ。

亀渕　そりゃそうですね、そう思います。

三國　本当に嫌いなのは嫌いって言わない。

千変万化をどう捉えるか

小山　今お二人がおっしゃったようなことをよく分らない人はね、これはもう一種のスキャンダリズムを今のラジオが追っかけているっていう風にしか言ってくれない。

三國　これは分るね、当然ですけど。そういうものからスターが生まれるので……（笑）。

亀渕　ただ実際耳の痛いことですが、美しい日本語はどこに行ったかと言われるとですね、それはそうだと。

三國　美しい日本語なんて必要ないね。

小山　だからその美しい日本語の捉え方ね。やっぱり整ってね、行儀のいいってことでしょう。それは姿勢が堅いから絶対本心じゃないですよ。本心じゃないことばに美しさはあり得ない。
　例えば「馬鹿野郎」とか「この野郎」っていうのは汚いことばだと言われていてね。だけど父親が子どもに向かって怒鳴りつけた場合、ことばつきは汚いかも知れないけれどそこにこもっている気持を考えれば、汚いとは絶対に言えないと思う。

三國　ことばは、極端に言えば、美しくある必要は全然ないです。

亀渕　正確である必要もない。

小山　ただ、話したことばのボキャブラリーがどんどん減っていますね。ラジオで生きたことばとして使っている間は拡大再生産が可能なんですから、耳では分りにくいとか若い人が使わなくなっているからという理由であんまり言い換えたりはしなくていいんじゃないですか。

三國　本当にそうだね。ラジオの場合何をしゃべってもいいけれども、ここんとこがむずかしいと思うんだけども、僕らの年代の出演者は、正しいとか美しい日本語っていうことはそう考えないですよ。ただ、聞いててあんまり気色のよくない日本語は、喋らないようにしようという気持はあるわけね。じゃあどういうことばが気色が悪くって、どういうことばが悪くないかって聞かれると困るけれど。それは自分のセンスでしょうね。

小山　先週僕はたまたま芥川賞直木賞の選考会の記者会見に行ってたんですが、安岡章太郎さんが代表で、三十枚で書ける小説を今の人たちは三百枚で書く。これは文学ではないってことをおっしゃってたんですが、文学のことは別にして、三百枚喋るのが今のラジオじゃないかって（笑）。

三國　そりゃそうかも知れない。昔は逆に三十枚で喋ることを誇りとしたかも知れない。

小山　文章では今でもそういうことが言えるかも知れませんが、三百枚喋らないとどうしても思想っていうか、喋り足りない、それで喋ってると思うんです。もう一つ大事な側面があって、理屈だけじゃなく喋り方の感じ、フィーリングが三百枚費やす方がよく伝わるんです。

三國　昔よく古い人は夢声の話術の魅力は間であるって。今、間なんてもんは言いませんよ、間なんてうっかりはさんでたらみんな聞かなくなる。聴いてると何も言わないところってずいぶんありましたよ。だけどそれはちょっと困るんだよ、今は。

小山　実際つかえたりして間ができた部分ってあるんでしょ、生放送ですし。

三國　そりゃあそうです。

亀渕　たまたま七月十五日開局記念日でして、十年前の人気番組、二十年前の人気番組を再放送したんです。当時としても人気のあった番組なんです。聴いてみますとテンポがないですね。四拍子と十六拍子のちがいがある。当時だって結構早い喋りでしゃべったつもりなんですが、僕の喋りなんてテンポがないです。ひどいんですよ。そのくらいテンポがちがってびっくりしました。

小山　今朗読風な番組をやってるんですけど、先輩でもっとゆっくりの方がいいよっていう人がいて、ある場合には僕も確かにそうだと思うけど、全体として少し早い方がむしろいいんじゃないかって気がしてるんです。少し早い方がはいりがいいんじゃないかっていう気はしていますね。

話芸は時代をつくるか

三國　僕は関西落語を、非常におもしろいと思って聴いているんですよね。あの桂枝雀とつき合うようになってから目が開けてきましたが、あれ聞いているとこれはとても江戸の落語はかなわんと思うことがあります。ずいぶんとえげつないこともあればオーバーな例もあるけれども、米朝さんがやれないことまでやってますね。

亀渕　米朝さんの芸というのは、大学の教科書みたいなものでしょう。枝雀さんは、予備校の教科書みたいなところありますね。直接会ったことはないですけど、生きること自体芸になっているってとこがありますね。

三國　噺家の番組をＮＨＫでやってるもんですから、楽屋を見てるんですよ。楽屋の賑やかな人に限って下手だね。枝雀なんて一言も口ききませんよ。ニコニコしてますけど一言も口きかない。あれが本当だと思いますね。

亀渕　決していい表現だとは思いませんが、パーソナリティも人気のあるというか僕が見てうまい方とかは、性格破綻者的なところがありますね。スタジオの中と外ではおよそキャラクターがちがうという人が多いですね。みゆきちゃんもそうだし今仁哲夫さんもそうだし。

三國　今仁哲夫さんて方お会いしたことないですけど、うまいと思うね。

亀渕　喋りに命かけてますね。

三國　それとＴＢＳでは大沢悠里だな。一抹の哀れっていうものが出てきたね。

小山　声を悪くしたのは気の毒ですけど。でもパーソナリティは悪声の方がいいっていう人もいるくらいで。

亀渕　声のよすぎるっていうのは、二枚目にイメージされて損ですよ。吉田照美君なんかはいい声ですよ。でもどこか抜けてる二枚目ですね。抜けてる二枚目っていうのは正しいんじゃないですか。

小山　まとまらなくてもいいんですが、最後に話芸ということにかえって……。

亀渕　喋りというのは非常にファッション化してきてサイクルを短くしてる。それが果して一つの話芸を、時代をつくるかっていうと決してそうではない。できては消えできては消え、シャボン玉みたいになってるって言い方もできるんじゃないですか。

三國　一時代をつくる話芸ってのは、もう出ないでしょう。

亀渕　そうでしょうね。一時代ってのがどのくらいかってこともありますが、一昔とちがって時代のテンポも早いですからね。

三國 だいたい話芸なんて頼りないものに命をかけたら、食いはぐれちゃうんじゃないかな（笑）。

解題

この対談は当時の新旧名物パーソナリティの組み合せである。三國一朗は、ラジオ東京（現TBSラジオ）の開局時から深夜番組「イングリッシュ・アワー」を担当。日本のディスクジョッキーの草分け的な存在である。亀渕昭信は、ニッポン放送で制作からのちに話し手に転じる。「亀渕昭信のオールナイトニッポン」は、一九七〇年代の深夜放送全盛期に若者から圧倒的な支持をうける。司会の小山雄二は、TBSでラジオドラマの演出を多く手がけた。（藤田真文）

特集：「ドキュメンタリーNOW」

エッセイ　私のドキュメンタリー作法

意味の世界としてのドキュメンタリー

最近、フランスの国立科学研究所の若い女性が、日本のドキュメンタリー研究のために数度来日され、様々な質問を受けた。その応答のメモを見ながら、「私のドキュメンタリー」について語ってみたい。

『放送批評』1982年５月号

牛山純一

問　何故あなたはドキュメンタリーを作り始めたのかお伺いします。ドキュメンタリーが好きだったからですか。

答　私は自分をテレビ放送人だと思っています。ドキュメンタリー制作者といわれても別に否定はしませんが、厳密にいえば、ドキュメンタリー制作者という職業があるかどうか疑問です。

一八九五年、フランスのリュミエールやアメリカのエジソンが「動く映像」の機械を発明して以来、多くのドキュメンタリーの先覚者がすばらしい仕事を残しています。初期に最も大きな役割を果たしたのは、ロバート・フラハティとジガ・ベルトフで、両者とも自分の周りの世界を観察するのに映像を使おうとしました。二十年代には、メリアン・C・クーパーやレオン・ポワリエたちが見事な探検映画を作りました。三十年代には、ヒットラーと組んだ、レニ・リーフェンシュタール、イギリス政府に支持されたジョン・グリアリン、ルーズベルト大統領の宣伝係を務めたペア・ロレンツが活躍する一方、人類学のマーガレット・ミード女史や海洋研究家のジャック・イブ・クストーたちがそれぞれの領域で映像の可能性に着目し、制作を始めました。既にリュミエールが予見しているように、映像は芸術や娯楽産業の分野だけでなく、政治、軍事、科学、教育など、あらゆる分野に機能し始めたのです。

大切なことは、彼らの誰もが自分がドキュメンタリー制作者だとは思っていなかったことです。フラハティは、忘れ去られているエスキモーという一民族の生活誌を記録することが目的だったし、一九一七年、「映画週報」の編集長だったジガ・ベルトフは、ソビエト革命の戦い、危機、災難、勝利の断片を民衆に訴え続ける報道ジャーナリストでした。クーパーたちは先ず何よりも探検家だったし、三十年代の偉大なドキュメンタリー制作者は、それぞれに政治宣伝、社会改革、科学研究、教育啓蒙などを目的とし、かつ職業としていたのです。

現在在命中のドキュメンタリー界の長老といわれるヨリス・イベンスは、自分でも革命家といっていますし、ジャン・ルーシュは映像利用を不可決の手段と宣言する民族学者です。皆、各自の職業や人生の目的のために映像を使っているのであって、殊にこれからは、あらゆる社会階層の人々が、老若男女を問わず「映像の生産者」になってゆく時代ですから、ドキュメンタリーということばもドキュメンタリー制作者というような職業も発展的に消滅していくのではないかと思っています。

私がテレビ放送人だというのもそういう意味からで、私はテレビの報道番組、教養番組、教育番組を作る職業人です。

ドキュメンタリーはフィールドワークだ

問 牛山さんたちのグループは、優れた民族誌フィルムを作っていらっしゃるので有名ですが、民族学との関係をどう考えていますか。

答 テレビ報道は、今の時代に生きている人々のために、もっと特定すれば、今日の日本人の関心や国民的課題のために番組を制作しているのです。私たちが「すばらしい世界旅行」シリーズで、主に非ヨーロッパ世界の諸民族の生活や文化の紹介に努めているのは、これが、これからの国民文化の形成に必要な要素だと考えているからです。

今日、ルーシュと並んで最も優れた民族誌フィルム制作者のデビッド・マクドゥーガルは、「民族誌フィルムは、ある社会を別の社会に明示することを目的とするフィルム」と言っています。日本人の基層心理の中に、「世界とはヨーロッパ」という信仰が潜んでいることは否定できないでしょう。その意味で、第三世界、第四世界の物質文明や精神文明を位置づけ、紹介することは、日本文化の一面性を打破するために重要な意義を持っています。

しかし、厳密にいえば、テレビの民族誌フィルムは、科学研究としての民旅誌フィルムと同質ではありません。

フィラデルフィアのJ・ルービィ教授が言うように、科学と報道とは別の分野です。民族学研究では、ジャーナリズムのような民族型の発想を嫌いますし、全ての民族学者は、特定の文化理論に基づいてフィールドワークを進めています。例えば、マルクス学者は生産手段に強調を置くし、構造学者は社会的関係に注目するのです。さらに、民族学的作業、学者の方法論を明らかにするような陳述を含んでいなければならないし、常にグループ内での暗号やコードの使用を不可欠としています。私たちの職業の目的と大きく重なる部分もありますが、もっと高度の観点から言えば明らかに異なるのです。何もテレビ番組と異なるだけではありません。一つの社会を別の社会に説明するという民族誌フィルムの基本は、例えば、ナチの心理と価値を明らかにした、レニ・リーフェンシュタールの「意志の勝利」のようなドキュメンタリーとは全く別の存在です。

目撃できる世界は一側面に過ぎない

問　あなたは、自分のドキュメンタリーが常に客観的であるが故に真実を伝えると思っていますか。

答　私は少しもそうだとは思っていません。私のフィルムは極めて主観的で、単なる私にとっての意味の世界にすぎません。しかし、私の番組では、常に制作者の名前を明示しています。「読み人知らず」の歌ではありません。この署名性が事実を真実に結びつけるのです。

ジャン・ルーシュは、民族誌学者として、「私は人間の科学を詩的な科学として見るので、そこには客観性はありません。私は、フィルムは客観的なものではないと考えるし、シネマ・ベリテの方法（注：ジャン・ルーシュが開拓し、多くの映画作家に影響を与えた）は、自分自身にウソをつく技術に基づく、ウソの映画だと考えます」と言っています。

私は、日本のテレビ放送開始の直前から今日まで三十年間、テレビ番組の制作に従事し、世界の様々な事件、社会を取材してきましたが、常に私が目撃し、追跡し、映像に定着したのは、ほんの一側面でした。ベトナム戦争のときは、ベトナム海兵第二大隊、第二中隊に従軍しただけでベトナムの九九%は私の視野からはずれていました。最近、中国の雲南地方の少数民族を撮影しましたが、私が目撃したのは雲南省二三の少数民族のうち、イ族の一部、アシ族の一つの人民公社の生活だけです。しかも、サンプルのとり方は個人的な観点に基づいたものです。同じ時期に、ベトナム戦争の取材にあたっていた、毎日新聞の亡き小西健吉さんは、メコンデルタの農村社会にメスを入れていましたし、もし、民族学者が雲南を調査したら、その人独特のフィールドを選んだでしょう。

映像はウソを語る

私たちは、本質的に選ばなくてはなりません。今、私が〝あなた〟をこちらから見ていてもそれは〝あなた〟の全てではないし、でも私の後ろから美しい女性が入ってきたら、私の注意はそちらに惹かれ、もっと重要に思うかもしれません。私がある方向を選んだ瞬間、私は選択したのであり、これが主観的なプロセスなのです。撮影題材の選択以上に、カメラマンの眼は絶えずファインダーの中で選択しています。東京に帰って、編集台の前でフィルムを編集したり、ビデオをコピーしたりする前に、カメラマンは、ファインダーを見て、ファインダーの中でモンタージュしているのです。同じフーテージを使って全く別の事をいうこともできます。だから、人間は文字によってウソをつくことができるのと同じように、フィルムによってウソをつくことができます。ウソをつく週刊誌があふれているように、テレビのウソもいっぱいあります。映像だけが真実を語るというような幻想は時代遅れであり、問題は制作者の誠実さにかかっています。だから署名が重要なのです。

問　とすると、自分にとって最も誠実なドキュメンタリーを作るには、カメラも編集も自分でした方がよいのでしょうか。

答　カメラについては、狭く考えれば、ディレクター＝オペレーターであった方がよいと思います。フラハティ、イベンス、ルーシュ、クストー、最近のテレビ界では、リーコックやワイズマンなども自分でカメラを回します。しかし、分業がいけないとは言いきれません。テレビジャーナリズムの仕事のように、様々な社会の領域や出来事を、短い時間でより正確に報道するためには、分業以外に採るべき方法がありません。まず、ＥＮＧカメラ、テープレコーダー、マイク、モニターなど一人で操作できるものでもありません。まだまだ映像という道具は文字五千年の歴史と比べて未開なのです。

しかし、編集には大勢の人といっしょに作業する時間的余裕があります。自分がフィルムやビデオから見えるものが、他の人と同じでない場合が多く、自分が見逃しているものを他の人によって気づかせてもらうという利点もあります。単に技術的な協力者としてではなく、編集者の存在は有意義だと思います。新発見は、番組の完成まで連続して起こるものです。

問　最近のヨーロッパのテレビ・ドキュメンタリーは、非常にインタビューが多いが、あなたはドキュメンタリーにおけるインタビューの多用についてどう思いますか。

答　一九五〇年代末、ジャン・ルーシュが、「クロニクル」（日本題「ある夏の記録」）を作ってから、この方法の影響が日本のテレビにも強く導入されました。もっとも、日本のテレビ界では、現地同時録音の器材が出揃ったのは一九六〇年代の後半ですから、遅れた流行ではありましたが。

現地同時録音は、ドキュメンタリーにとって大きな革命であったことは間違いありません。サイレントカメラでは、プロセスは扱えても、もっと深いコミュニケーションは扱えません。

しかし、批判的に言えば、撮影対象を汗を流しながら追跡したり、長い時間をかけて人間行動を見つめてゆく本来の作業をどこかでゴマカシてしまっているような気もします。同時録音ドキュメンタリーの開拓者であるジャン・ルーシュも、六年間かかって、マリのドゴン族の「シギ」の行列を追い続けています。殊に非ヨーロッパ世界の人間社会のコミュニケーションは〝ことば〟が重要な要素にならない場合が多い。彼らの精神生活は一つの目的に対する行動のプロセスに現れる場合が多いのです。制作費の安い番組ほどインタビューが多い傾向もあります。私がベトナム戦争に従軍した時ある国のテレビチームは、作戦から帰ってきた将兵にインタビューをするだけでスペシャル番組ができたと喜んでいましたが、時間と制作費の節約にインタビューが使われているとしたら、邪道です。

いつも現場に立っていたい

もう一つインタビューについて言いたいことは、それがウソの演出だということです。何も話したがらない人が多い。その人を脅迫して何かを語らせようとすれば、これは語る人が自然の状態では起こり得ないことを撮っている訳ですから、明らかに強要であり、変形です。そして、全てのドキュメンタリーはこうしたウソから生まれていることを、制作者は忘れてはならないと思います。必要なことは、自分と記録対象との間にある〝誠実さ〟です。お互いが誠実に相対する中で、記録する者にも、記録される側にもためらいがちな新しい発見があるのです。ある状況を作り出すことは、明らかに作り事ですが、誠実なウソの中に、お互いにとって真実に近づく作業があるのです。制作者にとっても最も大切なのは、技術ではなく人格だと思います。

問　牛山さんはこれからどんな仕事をしたいと思いますか。

答　〝たたかうことと教育すること〟の二つです。

〝たたかうこと〟とは、自分が現場でテレビ番組の制作をすることです。いわゆる報道ドキュメンタリーとか、教養ドキュメンタリーとかいわれる分野になるでしょう。私は、テレビ報道が好きなのです。現場が大好きです。軍事政権下の韓国、アメリカ占領下の沖縄、スカルノ失脚直後のインドネシア、ベトナム戦争、四つの現代化を目指す中国、ホメイニ革命後のイランなど、様々な国を取材しましたが、そういう一つの民族の大きな変わり目を体験し、報道することに生き生きとした喜びを感じます。ジャーナリストは「現代の記録者」であり、テレビの基本は報道だと思っています。しかし、今日のテレビを見ると、報道の中心をなす「定時ニュース」の時間はあまりにも短い。民放の看板である夕方のニュースといっても、正味は二十分足らずです。これでは、報道量や分析内容に限界があります。

私たちの住んでいる社会の表面的な出来事の裏には、政治が政治だけではない、社会事件が、事件のプロセスだけ追っても解からない複雑な背景があります。だから私は、日本のテレビ報道は、定時ニュース枠内での報道には限界があるのだから、強力なドキュメンタリー番組と連動して、真の力を発揮しようと主張しています。こうしたドキュメンタリー番組を手がけ、自分でも現場に立ちたいというのが希望です。

ドキュメンタリーが放送人を育てる

もう一つは、新しいテレビ制作者の養成です。フィレンツェ共和制時代の政治家、グィッチャルディーニは、政治家の心がけとして、「清廉で卓抜した能力の人材を見つけることは不可能なのだから、政治家はいつも未完の器を登用し、その人材に経験を積ませる以外に方法はない。」と言っています。

二十数年前、テレビ・ドキュメンタリーを開拓したＮＨＫの「日本の素顔」、日本テレビの「ノンフィクション劇場」に集まり、夢中で現場を駆け回った若者たちは、全く無経験の新人だったと言ってよいでしょう。

二十数年を経た今日、「日本の素顔」から出発した、ＮＨＫの尾西清重、工藤敏樹は、今日のテレビ・ドキュメンタリーをリードする「ＮＨＫ特集」を背負い、青木賢児は、「ニュースセンター9時」、玉井勇夫は、「シルクロードをゆく」の責任者として、吉田直哉、小倉一郎もＮＨＫを代表するテレビ人として大活躍しています。

「ノンフィクション劇場」に集まった局員も、私自身が三十歳、他は全員二十代の若者でした。四月にスタートした日本テレビの「ドキュメンタリー特集」の責任者、池松俊雄、二度にわたってエベレスト登頂のすばらしい記録を作った岩下莞爾、ユニークな番組を制作し続ける渡辺みどりや、日本映像記録センターで、世界的な民族誌フィルム制作者の評価を得た豊臣靖、市岡康子、野呂進、杉山忠夫など、皆この小さな三十分番組からスタートしたのです。社外から参加した大島渚も二十代だったし、土本典昭は、私の大学の同級生でした。

私は、テレビドキュメンタリー番組は、若いテレビ放送人を育成するのに適した分野だと思っています。放送記者活動は、確かに「第一次取材」の能力を磨きあげますが「表現」につながってこない。ドラマは余りに分業化され過ぎている。これに対し、ドキュメンタリーは、調査し、現地で体験し、そして表現まで一貫した作業を個人的に身につけられるという強味があります。こういう人々が様々なテレビ番組の分野に散ってゆくのがよい方法ではないかと思っています。

（日本映像記録センター　プロデューサー）

解題

一九六五年『ベトナム海兵大隊戦記』、六六年『すばらしい世界旅行』などで知られる牛山純一が、自らにとってのドキュメンタリーとは何かを語る。「私のフィルムは極めて主観的で、単なる私にとっての意味の世界」「映像だけが真実を語るというような幻想は時代遅れ」「時間と制作費の節約にインタビューが使われているとしたら、邪道」「全てのドキュメンタリーはウソから生まれている」――いずれも、テレビ制作者必見の本質論である。（坂本 衛）

対談

特集：きみは誰のために作るのか？

テレビにぬくもりを感じる瞬間

山田太一

「ぼくの心掛けは、生活者として突出しないことです」

vs

大林宣彦

「過去のデータから割り出したものは、駄目ね」

『放送批評』1982年8月号

データだけではまずコケる

大林　僕はたまたま、今、「火曜サスペンス」をやっているんですが、CMは別としてテレビをやるのは二回目なんです。以前に山口百恵の「人はそれをスキャンダルという」の第一回目をやって、これがもう四年くらい前ですか。四年振りに「火曜サスペンス」というのを今やってるわけですが、映画の方では「転校生」というのをやったばかりで、両方やってみまして、映画というのはいかに観客をわざわざ映画館に連れてくるかということ、一番最初の段階でどういう人達が足を運んでくれるのかを、かなりターゲットを絞らなくてはいけない。ところが、テレビの場合は非常に不特定多数、たまたまブラウン管の前に居る人が見てくれるというのと、わざわざこの番組を選んでそこに座って見てくれるということがあると思うんですが、その辺り、山田さんなんかいかがなんでしょう。

山田　わざわざ見てくれる、というふうにはなかなか思いにくいんだけど、僕ら連続ものを書いていますと、絶対毎回見ている筈がないっていう頭がどこかにあるんですね。すると、ぜひともこのテーマについては見てる人に印象づけたいんだって、毎回ちょっと塗りたくるようなところはあるんですね。

そうすると、繰り返しが多いって言われたりする。で、ああ、見ててくれてる人もいるんだなと、そういうところであまり甘い気分にはなれないジャンルだと思いますね。

視聴者というのを、データで、今、風俗的にこういうものが流行っているからとか、いかに不特定多数であろうと女性向きであるとか、その程度のターゲットの絞り方はテレビでもあるんですね。今まで当たったものの最近のデータを揃えて、こういうふうな傾向がいいんではないかっていうふうな形は、僕はまずコケるって気はするんですね。でも、それは現行としては随分行なわれている。ライターはそうすると、おもねる以外に方法がないわけです、データを揃えられてそれに合わせて作ろうってことになれば。自分個人とすればある種の共生感っていうんでしょうか、共に生きてる感じ、そういうものがあるかどうかの問題だと思うんですよ。

今、どういうことをイモだと思っている層がどのくらい居るかとか、あまり洗練されるとついてこないんじゃないかとか、普通のひとりの生活者としての感覚がありますね。それがかなりの人数と共通する感覚だっていう安心感がなければ書けないですね。ですから僕は自分の心掛けとしては、なるべく生活者として突出しない、あまりホテルにこもって書いたりしないとか、あまり高級なところに行かないとか、なるべくスーパーに行って買物するとか、そういう次元から逸脱しないようにして生きてると、何となく街を歩いている人たちの興味とそれほど差のないところで生きてるって気がするんです。僕は溝の口なんですけど、溝の口なんてたいへん大衆路線の街で（笑）、やっぱりそれがずれてくると、ずれてきたって感覚が自分の中にあると思いますね。ずれだすとこれを回復しようと思ってもなかなかできない。こういうものをやると、ある層は面白がるぞっていう安心感とかカンを信じないで、どうやって書けるだろうって気がしますね。

ただ、多数の視聴率を取るもの、三〇％以上だとか、そういうものは僕はとても書けないし、正直言って書く気もない。書く気もないっていうと営業にさわりますが（笑）、結果的にたまたまそういうことがあるかもしれないけど、視聴率ベスト二〇がよく新聞なんかに出ますが、ああいうものに載っている番組で面白いのって正直言ってないですよね。少くとも、僕が相手にしたい人たちは面白いと思わないんじゃないかな。

何かに新しい認識を与えるようなもの、作者も一緒に発見するような、そういう喜びのあるもの、例えば情報であってもいいし、人間についての面白さでもいいし、趣味でもいいし、何でもいいんですが新しい認識を与えるものを面白がる層、そういう層を僕は考えてますね。

ジャーナリスティックということ

大林　僕はコマーシャルをやって、かれこれ二十六、七年になるわけですが、コマーシャルをやって何が面白いかと言うと、要するにジャーナリズムだと思うわけです、基本的に。ジャーナリズムであるってことは、過去の価値観では整理しきれない、何か知らないけど今日の予感のようなものが、明日につながる予感のようなフレッシュなものが出てくる。今、おっしゃった新しい価値観の鍵が見えてくる。そこの接点にあると、非常にスリリングで、時代の言葉となるって感じですよね。

僕は映画をやってて非常に感じるのは、映画っていうのは作った瞬間に、すでに過去のものになるというか、ノスタルジックなものになっちゃう。一方、テレビっていうのは常に今、現在を語ってる。ドラマであっても非常にジャーナリスティックなものであろう。

僕はテレビは必ずしも作る立場じゃなくて、見る立場の方が多いんですが、ドラマの一回目を見ちゃうと、何となく習慣的に見ちゃう。毎週じゃなくても三週に二回とか、四週に二回ぐらいはつとめて見るようにしちゃうとかね。だから山田さんのドラマでも、見てるものはせっせと見てるんだけど、きっかけを失したドラマはどんなに評判がよくても途中から見る気にはあまりならない。そういう意味で習慣性があるんですよね。その習慣が続くかどうかってことは、見てるうちに見ている方も何か刺激を受けて、自分の中になかった新しい価値観をみつけるとか、そんなオーバーなことじゃなくても同時体験として動いていくということが、非常にスリリングですよね。そうなると、これがわざわざになってくるわけです。

映画っていうのは、まずわざわざ引っ張ってこないと見てくれない。この間やった「転校生」なんかでも、見てくれれば勝ちだけど、なかなか見てもらえないって状況がありますよね。テレビの場合はとりあえず見てくれる可能性は非常に強い、浮動票が多いわけです。テレビの視聴率は映画の動員数に比べたら大ヒットした映画に比べてもすごいわけで、と言うことは同時代の環境になりうるところがある。時代の生活者、時代の体験者が何かを発見していくという過程を視聴者と共有していこうというところは、成程テレビは時代に則して、現代を生きてる面白さっていうのが感じられるし、羨ましいと思うところですね。映画っていうのはどっかで趣味におもねてしまったり、映画で時代を描いても、映画で描く日常性リアリズムというのは言ってみれば時代劇みたいな、同時代性を持ってないことが多いんですね。どうもフィルムというものの表現形態がどうしても時代を語りきれない、時代のある感性を懐しがることはできるけど、今日すら、明日をすら昨日のようなものにしてしまうことはできるけど、ジャーナリスティックなものにはなり得ない。ところが、今の時代はジャーナリスティックでなければ誰もわざわざ来てくれないということで、映画がイベントになってしまう。時代がそういう時代ですから、イベント性を持つということも非常にいいと思うし、或いは少数の観客のための趣味的なものであることもいいと思うし、そういう意味でフィルムって非常に魅力があるけど、テレビというのは基本的にそうじゃないね。

ものの弾みの「ラッタッタ」

山田　コマーシャルのコピーとかコマーシャル自体にしても、過去のデータでどうこうってものじゃなくて、あるコピーを書いた時にこれは当たるぞって勘がありますよね。

大林　僕はラッタッタ、ロードパルのコマーシャルをやったんですが、あれは一、二、三、って声を掛けると簡単に発車するっていうんですね、それでソフィア・ローレンを使うんで、ワン、ツゥー、スリーがウーノヴーエトゥレという企画だったんです。だけどいくらなんでもウーノヴーエトゥレじゃあ弾まないよと、何かイタリア語風で弾む言葉はないかといろいろ考えまして、ラッタッタという掛け声を思いついたわけです。それで面白い話がありまして、ソフィア・ローレンが「監督、日本語では二と三は同じか」っていうんです。二も三も〝タ〟じゃないかっていうんです。「これはラッタッツゥアである」（笑）なんて言ったら彼女はそうか、そうかってやったんですが、今やこれが商品の代名詞になるようなものになっちゃった。最初から仕組んだわけじゃなくて、ものの弾みが何かうまく、あのモーターバイクの機能性と軽量性にうまくマッチする言葉として残っちゃった。

だいたいこうやりゃあものが売れるだろうで仕組んだものは、結局過去のデータですからね、やっぱり。ジャーナリズムに成り得ないですよね。

山田　それから、過去に当たったもの程、みんなあきっぽいから、むしろそこから離れようとしますよね。それをもう一度反復しよう、再生産しようって姿勢自体が、非常に間違ってると思うんですが、大勢で会議をやる場合は手掛かりがないからどうしてもデータ主義に成り勝ちなんです。

例えば三年なら三年、外国に行っていて日本の現実を生きてなくて、帰ってきてさぁテレビドラマを書けって言われても、いいもんだから何でもいいんだ、書けるんだってふうにはなかなか僕は思えない。何書いていいんだかわかんなくなっちゃう。日本でいじいじと生きてますと、何となく自分が思いついたことが、これはいいぞとか、これはちょっと駄目だとか、そういうカンがまだ信じられるんですね。

超平凡ドラマ?

大林 山田さんの連続ドラマで一番長く続いたのはどのくらいですか。

山田 大河ドラマとか、NHKの朝ドラなんかは一年が決まってますのでありますが。

大林 そういうドラマをお書きになってる時に、一年間っていうと今の時代では時代の好みや時代の感性も変わっちゃうんですが、作中人物が勝手に時代の流れに乗って動き出したりすることがあるわけですか。それとも一回お決めになったドラマツルギー、フォーマットにそって無視しておやりになるのかしら。

山田 それは変えますけれども、たまたま僕が一年続けたものはみんな時代ものなんです。

朝のテレビドラマを書いておりましてね、非常に平凡な人間、映画でとり上げるには平凡すぎるし、芝居にしては深みがないし、というような人間のある半生を書いてみた時に「連合赤軍」の事件があったんですね。NHKに打ち合わせに行ったらみんなでそれを見てるんです。あれ、ちっとも状況変わらないのにえんえんと見てる。打ち合わせも何もできないんですよ。それでやっとつかまって、さあ打ち合わせだって言ったら、「やっぱり平凡なのはつまんないな、ああいうのがいいな」って(笑)。

大林 あれは表現技術として考えれば超平凡なんですよね。やってる事件が非常に時代性を持ってるってことであって。内在してるドラマは非常に時代性があるけれど、表現としてはたれ流しの如く、むしろ日常の時間の如く平凡に流れる、超平凡ドラマというのが非常にテレビ的で画白いんじゃないかという部分がありましたね。

視聴率の価値観

山田 非常に突出しない人っていうんでしょうか、時代の先っちょに全然いかない人っていうのを掬い上げるのには、僕はテレビドラマは一番向いてると思うんですね。

大林　そうですね。

山田　週刊誌はあまり平凡な人ばかり出していたらこれは見られやしない。非常になんでもない人達の現実の中に、ぞっとするくらいいろんな要素がこめられている、そういう形を一番出しやすいジャンルだと思うんですが。

　今、テレビドラマ界はそういうものを極力排するようになってきましたね。殺人か、病気か、殺人なんかものすごく増えてしまいましたね。

大林　いずれにしろ、映画はわざわざだし、テレビはとりあえずそこに窓のように開いている、その魅力は僕なんか活かしてみたいって気がありますね。わざわざ作って、わざわざ見てくれて、わざわざ視聴率がどうのこうのって言っているのは、映画のスクリーンで充分だみたいなね。

山田　今、推理ドラマが当たったからみんな推理ドラマになっちゃうっていうのは、データ主義で、しかもある程度効果があるからそうなんでしょうが、全然ちがう試みなんかを非常に許さなくなってますね。それが僕はドラマ全体の活力を失くしてしまう気がすごくしますけどね。例えば吉野家の牛丼が売れるとなると、みんなが牛丼作って売ってるような感じ（笑）。高くてうまいようなところは、それがあるからバランスがとれているんだと思うんですが、そういうレストランはつぶしちゃうって感じの印象を受けますけどね、今のテレビって。

　現実に僕らを左右するのは、やっぱり視聴率なわけですね。視聴率があまりにひどければ打切りとかいうこともあるわけです。視聴率を一応信用できるものとして、その上で視聴率の価値観みたいなものを、もう少しきめ細かく検討すべきだって気がしますけどね。

大林　そうですね、テレビが役に立つって意味で言えば、広く浅くもあれば、狭く深くもあるわけで、視聴率は広く浅くのデータにはなるけど、狭く深くのデータにはならないでしょうね。

山田　僕は最近のテレビドラマで非常に面白いと思ったのは、市川森一さんの「淋しいのはお前だけじゃない」。よくできてると思いますけどね、これは後、段々視聴率上がってくると思いますけれども、現時点ではそれ程よくない。非常にがっかりしちゃうっていうか、仮によくないとしても、よくないからいかんなんてふうに、言わないでもらいたいって気がしますね。少なくともプロは、盛り立てて励まして、いいものにして終わって欲しいって気がすごくします。

視聴者は保守的

大林　鑑賞全体の方でいうと、映画は暗闇の中で見るわけですから、見る体験に誤差はないけれど、テレビはひとりで見てる時とお客さんが来て見てる時と、見てる人間が完全な鑑賞体勢にはいってないことが多いでしょ。たまたま電話がかかってくるとか。そういうことの中で見ると、そういうことで見るから面白いってこともあるわけですよね。

山田　展開がゆるいですよね、映画なんかに比べて。その程度の配慮以外には、それはきりがないですからね。あんまり微妙なことまで伝わらないんじゃないかって不安感はいつもありますけど。でも、熱心に見てくれてる方もいるもんですから、非常に難しいんですけど。

例えば家庭の主婦なんかは、結婚するとあまりつき合いがなくなってしまうし、男友達とはまず会わなくなっちゃう。非常に狭い世界しか生きられなくなってきて、その中で何か慰めが欲しい時にパッとテレビドラマをつける、そういうものに応えてみたいな、主婦に限らず……。男の場合は疲れて帰ってきてさぁドラマとはあまりならない。やっぱりプロ野球ニュースの方がいいってふうになるだろうと思いますけど。何か現実とちょっとちがうものが見たいって欲求が、主婦なんかには随分あると思いますね。

大林　日常感覚の中で、ふっと日常感覚を忘れる、そういうことは。

山田　日常的な事件になってるんでしょうか、ドラマを見ようってですから、ある程度日常から逸脱したものをやるのはいいと思いますけども、視聴者というのは真面目で、ドキンとするくらい保守的で、ちょっとふざけたりすると不真面目なものではないか、となってしまうことが割合いあるんですよね。そういう感じを逸脱しちゃいけないんじゃないかって気持ちと、たまらなくなる時もありますけどね。

大林　僕らはいつの間にか、映像の飛躍とか語り口を見る訓練を受けているわけですが、ある友人が言ってたんですが、うちのおばあちゃんが、ある男がアパートから出て、次のカットでバーにはいって行った。便利なアパートがあるもんだ、アパートの門を開けたらバーがある。感心してテレビを見てるっていう。そのおばあちゃんは、おそらく映画館に足を運んだこともなく、全く日常性リアリズムの中でしか生きてない。その人がブラウン管の前に座って見てる時はそういうふうに感心して見てる、映像テクニック、技法に訓練されないまま見てる人が、ドラマを見てるということの怖さってのが、テレビにはあるでしょうね。

おもねると駄目

山田　実際、作る時はある種のカンで書いてる。演出もそうだと思うし。いろいろな人のことを考えてやってるんじゃなくて、ある種の安心感、ある層は見てるというのにたよって書いてる。そこが不安になってくるとわかんなくなりますね。

大林　誰も自分の人生をかわりに生きてくれないように、作ってる時は自分だけが頼りで、ただ、俺は少しは愛されているだろうなと、どっかで思ってるでしょうね。誰にも愛されてないと思ったら、もの作れなくなっちゃう。

作るってことは基本的に見てもらいたい、何かを伝えたい、対話をしたい、見てもらうことによって自分も刺激を受けたい。決して孤独な作業じゃなくて、作ることによってコミュニケーションを持ち、自分が開かれていく。そこに喜びを感じて、安心感になっていく。開いてく以上、その根っ子にあるのは自分だけであって、自分が自分の本音で語らなければ、決して言葉は伝わらないし、伝えたい相手により伝わりやすい言葉を選び、表現を選び、間合いを選び自分のことを語ろうということ。そこが閉ざされてしまって孤り言になっては、ものを作る喜びはないですよね。

山田　その間合いがどのくらいだったら伝わるか、それが言わば視聴者を想定してることになると思うんです。ある程度、想定した視聴者に合わせるんじゃなくて、自分の感じに合わせてますよね。

大林　誰に対して礼儀を尽くすのかってことですね。おじいちゃんと話してるのか子供と話してるのか、想定してるんじゃなくて、むしろその人により伝わりやすい言葉を選んでる。迎合してるってことじゃない。迎合すると言葉は通じなくなっちゃう。

山田　おもねると駄目だって気がものすごくしますけどね。

大林　おもねると、相手の言葉を想定して自分で喋り出すから、自分の言うことに魅力がなくなっちゃうんですよね。初めからわかってるよみたいなことしか言えなくなっちゃう。

山田　年寄りが若い人を書くと、週刊誌の若い人にすごく似ちゃって、やたら流行語使ったり、結局しらじらとしちゃう。

大林　似てるけれどもちがっちゃう。

山田　それと似たようなことを、データ主義の企画会議なんかが要求しているような気がしますね。非常に愚かしいことなんだけど。

大林　安全圏を狙うわけであって、大きなお金をかけるわけですからね。安全圏っていうのは過去のデータでしかなくて、確かに昨日見たら面白かっただろうなってものは多いですよね。今日見るにはちょっとちがうなって感じ。じゃあ、今日何が面白いかと言うと、自分の確信、面白いからそれを伝えてみせよう、どこまで伝えられるかの自分の言葉選び、自分の誠実さ選び、どれだけ素直になれるのかってことの決意が、あるボルテージを生んで、ある居心地のよさを生んで、そして何かがそこから生まれる気がする。作品を通じて視聴者と一緒に生きてみようという、その辺しか頼るところはないって気はしますよね。

誰のために作るのかって、結局自分のために作るんだけど、自分が誰かと話をするために作るというのかな。誰かの中に自分の存在、言葉を受け入れてもらうために作る、更にそこから自分も刺激を受けたいから作り続けるというのか……。やっぱりそういう行為の持続でしょうね。

視聴率はヒステリーのリアクション?

山田　視聴率的に突出して高くなるってことはない。でも、そういう部分を大事にしないと実は視聴者を見捨てていくことになるんだって気がするんですが。

大林　視聴率っていうのは一種の身振りでしょ。伝えているという身振りであり、伝わったという身振りである。そういう身振りっていうのは本質的なこととあまり関係がないんですよ。

山田　時代を一緒に生きてる人に、今の時代はこうだね、こうだねって言ってるような、こんなこともあるよ、こういう哀感があるとか、そういう確認をするドラマがもっとあってもいいと思うんです。

大林　たったひとつの断定より、より多くの問いかけかしら。そういうことがボルテージになっていくみたいな。決して演説でも呟きでもなくて、問いかけて語り合って、そこにテレビという無機的なものがあるぬくもりを感じる瞬間ってあるべきだと思うんですがね。やっぱり視聴者が幸せを感じるときは、ある種のぬくもりを感じてる筈ですね。

テレビという非常に物理的な存在が、全く窓に見えたり、無限に広がる暖かい空間に見えたりする。日常の体験の中でありますね。そういう意味で不思議な箱ですね、あれは。

山田　テレビがないとホッとするなんて投書がよくあるけど、テレビがある日なくなって、例えば故障したら、わぁって孤独感や、飢えみたいなものがある人が多いと思うんですね。そういう人にやっぱり応えなくちゃいかんと思うし、必ずしも視聴率が高い番組が応えているとは思わない。その辺はもう少しどうにかならないのかしら。

大林　日本人はすぐ集団ヒステリーになるでしょ。トイレットペーパーを買いに走ったり地震が来るって大騒ぎしたり。僕はテレビってやっぱり、今、集団ヒステリーだと思うんです。テレビがそこにあるだけで、これは見なきゃならないってヒステリー状況に視聴者の方もあると思うんです。そのヒステリーってことで判断すれば、今の視聴率ってのはまさにヒステリーのリアクションなんですね。テレビっていうのは、自分がテレビを選ばない時は、単なる閉ざされたもの言わぬ箱であり、スイッチを入れた時にそれが語り出して別な生き物になってくる。ある瞬間には暖かくなったりする。視聴者が非常に静かにテレビという媒体を選ぶことができると、山田さんのおっしゃるほんとのいい番組が、いい視聴率を稼げると思うんです。

山田　あんまりありきたりなドラマが多すぎると苛立ちを生むって言うんですか、とても孤独な時にどこをまわしてもだいたい見当がつくドラマばかりだと、たまらんというか、窓口がないって感じがする。もう少し何か与えてくれるものがないだろうかという、たまらない気持ちになる、閉塞感がありますね。

大林　窓を開ければ、なんて歌があったけど、どこを開けても時代劇やサスペンス、死体がごろごろじゃあね。

山田　少くともドラマが時間的に競合しないで、どこが何曜何時はドラマ担当、その時こっちはバラエティみたいに、時間の競合がないようにしてもらいたい。

テレビドラマでいい作品だってものはそんなにないわけです。「北の国から」は僕はとても見たかったのに、自分の裏というか表というか（笑）。あれはかなわないですね。

テレビドラマはより彫刻に近い

大林　映画は監督のもの、舞台は俳優さんのもの、テレビは脚本家のものだと俗に言いますけど、実感としてはいかがですか。

山田　建前みたいなこと言うようだけど、少くとも三者のものだと思います。やっぱり役者がヘタクソだったりすると訳わかんなくなる（笑）。俳優さんによって随分ちがいますよ。演出家によっても勿論ちがいますし。

大林　お書きになるケースはいかがでしょう。

山田　だいたい僕は主役の三人ぐらいは最低決めてから書くようにしています。もっと決まるなら決まった方がいいんですが。台詞だって、あの人が言えばちょっとした台詞ですんじゃうけど、こっちの人が言うならもっと言わなきゃ通じないだろうとかありますんでね。

大林　今、うかがっててちょっと思ったんですが、映画の場合は何か書き始める時に具体的な俳優さんのイメージじゃなくて、純粋に自分の夢を小説のように空想して造形していくケースが多い。映画の持ってる本質的なロマンチシズムは肉体を持たない主人公たちのドラマとして書き始める。逆にテレビは具体的な俳優さんの肉体を借りて自分のドラマを造形していく形での脚本作り、映画とはちがった面白さを感じたんですが。

山田　実際問題として、その方が効果が上がるんですね。

大林　映画は本があって、この人がいいと思っていたのがちがう人に交渉を始めて、イメージキャスティングを作ったりする中で修正していく、夢想が現実に裏切られる、どうせ裏切られるならより魅力的に裏切られてやれということをボルテージにしちゃう。夢と現実の戦いみたいなことがロマンチシズムとしてありますが、テレビの場合はより物理的に具体的に、より彫刻に近いといいますか、道具と素材がそこにある、夢という曖昧模糊としたものじゃないという感じがするんですね。

山田　それは本質論にしていいのかは、ちょっと疑問だと思いますが、例えば僕がある俳優さんにあてて書いていて、俳優さんの方が何かの都合でだめになった。そうすると全然ちがう人が来る、と、思いもかけずよかったりする場合がある。自分が思ってるものから逸脱する面白さってのもありますね。

大林　本質ではないでしょうが、現実に生まれてくるドラマには間違いなく反映してるって意味においては、ある種の本質を形作っている。基本的にそうじゃなくちゃいけないという本質じゃないけれど、逆算していくとある種の本質を形作っている要素ではあるかなって感じはしますね。

そういう意味で、テレビドラマに出てる人物造形ってのは日常的なリアリティがあるって気がしますね。映画の中に造形されている人間はどこかある儚《はかな》さ、儚《はかな》いから魅力的ってのがあるし、ブラウン管に映ってる俳優さんはしたたかだから魅力的。そんな感性はあるような気がしますね。

山田　フィルムだと場所を決めて役者をおいてカッチリ、カメラを決めてとるって形になりますけど、テレビの場合は勝手にやっててくれ、こっちが撮るからってのがありますね。

ひとつひとつの場面には力がないって言えば力がない。それが逆に面白いんだけど、何とも言えぬ気楽さ、いいかげんさっていうのかな。

大林　フレームが追いかけていってる面白さみたいなのね。映画の場合はフレームの中にとじこめちゃう。

これからテレビとどうかかわる？

大林　僕自身は非常に旺盛な好奇心を失したくないと思うので、目の前に映画があり、テレビがある限り、それと積極的にかかわってみたい。ということは、自分が変化をしたいってことですね。自分が変化をするってことは、その時かかわった媒体も変化をしてるであろう、というふうなことで僕の出来ることってのは非常に小さなことだけど、何かそういうことで少しずつ、自分とテレビの関係を変えてみたいなと、変えてみたいということは、予定の行動じゃなくて、思いがけないものをみつけだしてみたい、思いがけないものがみつかる柔軟性だけは持ちながら接してみたいと思います。そういう楽しみは非常にある媒体だと思っています。

山田　なるべくテレビでしかやれないもの、そういうものを探り、探り、テレビでこそできるドラマをやっていきたいですね。なるべく大問題は扱わないと言うのかな、小さな問題を扱う。小さな問題を追っていくうちに、結果として大きな問題になったとしても、なるべく平凡で小さなところを糸口にしていきたい。映画も扱えない、週刊誌も扱えない、小説も商売にならんみたいな……。基本的にはこういったことを逸脱しないで行きたいと思います。殺人事件、犯罪で人間のかくれていた部分が露呈するという形ではなくて、もっとより視聴者の人と多くの形で似た部分で、実は露呈してきてしまう、という形のドラマを作りたいと思いますね。

解題

冒頭の大林発言にもあるように、この対談が行われた一九八二年にのちに尾道三部作と称される連作の第一作『転校生』が上映される。同時に単独演出としては最初のテレビドラマ『火曜サスペンス　可愛い悪魔』（日本テレビ系）が放送された。大林にとって画期的な年の対談となる。コマーシャルフィルムの演出から監督に転じた大林が体感したメディアによる作品観の差異と、テレビ的なものを掘り下げようとする山田とのやり取りが興味深い。（藤田真文）

特集：ドラマ――テレビ巨匠時代

〈ドラマ作家考〉
新鉱脈との出逢いは楽しい
早坂 暁という作家
深町幸男

〈ドラマ作家考〉
「――」の重さ
倉本 聰という作家
内館牧子

〈ドラマ作家考〉
個人様式・集合体の様式 そして時代様式
山田太一という作家
鴨下信一

『放送批評』1982年12月号

〈ドラマ作家考〉

新鉱脈との出逢いは楽しい

早坂　暁という作家

深町幸男

掘りつくせない程豊かな鉱脈

昨夜、外電がＮＨＫに入って来た。

第十回ブルガリア国際テレビ祭で、ＮＨＫが出品したドラマ人間模様「夢千代日記」（吉永小百合主演）が、〈最優秀演出賞〉と、〈最も現代的テーマにとりくんだ作品に与えられる特別賞〉を受賞したと——。

私は、早速、吉永小百合さんと、「夢千代日記」の作家、早坂暁氏に連絡したが、彼は、常時、宿泊しているホテルに居なかった。時間は二十二時を過ぎていた。

「大丈夫かいな。こんな遅く迄何をやっているのか!!」

早坂氏は、去年十二月と、今年二月に、大手術をし、奇跡的に命が助かり、カムバックしたのだ。カムバック第一作として私達のために、「新事件・ドクターストップ」（連続五回）を書いてくれたが、お互いに命がけだった。私達は、放送予定が決定している番組が完成しなかったら責任を問われる。少しオーバーに言えば、辞表を片手に、毎日を送ったものだが、それよりも、早坂ファンの私達スタッフは、早坂暁氏を死なしてはならない、それと同時に、彼が無事に書き終え、六カ月のブランクを克服し、〝早坂暁、健在なり!!〟を世間に大きな声で知らせたいと、懸命であった。彼も必死に努力してくれた。テーマの大きく重いドラマを書くためには、すごいエネルギーが必要だった。退院して、一カ月後の体をだましだまし書き続ける彼の姿は悲愴だった。でも、早坂暁氏は、不死鳥の如くよみがえって、再び、深い感動的な人間ドラマを発表した。

今、超大作映画「空海」にとり組んでいる彼は、まだまだ体に注意をしなくてはならないのに、深夜迄、ホテルに帰らないのが心配だった。

早坂氏の存在は極めて高く評価され、演出家・深町にとってだけでなく、テレビドラマ、映画の世界にとっても、決して失ってはならない人物だった。私達は、既に、去年、向田邦子さんを失っている。

放送作家・向田邦子とめぐり合い、「あ・うん」「続あ・うん」を演出した私にとって、彼女はダイアモンド鉱脈であり、早坂氏は、最も輝きのある金鉱脈である。二人とも掘りつくせない程、豊かな創造力と人間への洞察力で、普通の作家とは、一味《あじ》も二味《あじ》も違った魅力ある人間ドラマを私に書いてくれた人達だった。向田邦子という、かけがえのない作家は既にいない。

台本から得る刺激

早坂暁の存在は益々、重く、貴重になっている。私と早坂氏の出逢いは、ドラマ人間模様「冬の桃〈連続七回〉」〈小林桂樹、三田佳子〉を制作した六年前……いや、違う。

二〇年前、私の勤めていた新東宝撮影所が崩解倒産し、NHKに契約助監督として働き始めたのだが、最初の作品が、早坂暁作、テレビ指定席「遠い道」だった。その頃、早坂という名前の如く、執筆する時間は早く、〝遅坂〟を言われる現在とは全く違った人間に思える程だった。でも、私の記憶によれば、その台本は、きちっと書かれていたが、普通の出来上がりだったようだ。題材にもよるのだろうが、現在の様な作風と、人間を見つめる眼の確かさと深さ、面白さは感じられなかった。単に年月が流れ、慣れだけで、今の様な作品は書けない筈だ。彼の身辺に何かが起ったのだろうか。私は、仲間達に良く言うのだが、〝地獄を見てしまった人間は強く、その苦しみに堪え、それを見つめ、その痛みを忘れないでいるのは、作家と演出家、演技者達にとって、最も大切なのではないか〟。

彼が病気勝ちになった時ドラマの中から笑い、おかしみが消えていったが、先に書いたドラマ人間模様「冬の桃」の第一回目の台本を読んだ時は、思わず笑い出したものだ。涙が出る程、面白く、馬鹿馬鹿しい作品だった。我が家で、その原稿を読みながら、「馬鹿だな、本当に‼」とつぶやいたことを覚えている。私の女房に言わせると、「貴方が台本を読みながら笑うの、初めて見たわ」と言うのだ。馬鹿馬鹿しい程、面白かった。人間って、こんなに哀しく、滑稽で馬鹿馬鹿しいものなのだろうか。私は興奮した。その時、この台本を素直に演出して行こうと思った。その方が良い結果が出るに違いない。この気持は、向田邦子作「あ・うん」の時にも感じた。普通、演出家は、自分の方に引き寄せると言うか、自分の趣味、思考、経験でその台本に筆を入れることがある。ある場合は、正しい台本改訂であり、又、改悪ということもある。だが、早坂氏の書いた「冬の桃」は、私を強く刺激してくれた。彼の狙いが良く理解出来たし、彼の世界が好きだった。彼との出逢いは幸運だったと言える。

その後、森繁久弥主演「赤サギ」。若山富三郎主演「続 事件」「続々 事件」「新 事件（わが歌は花いちもんめ）」「新 事件（ドクターストップ）」。小林桂樹主演「血族」。岸恵子主演「修羅の旅して」。吉永小百合主演「夢千代日記」「続 夢千代日記」、そして、来年早々「続々 夢千代日記」「新 事件（第三作）」にとり組むことになっている。

早坂氏はこんなことを言う。

「若い頃は、一つのアイデアがあれば書きとばすことが出来た。でも、今は、もっと、何かあるのではないか、もっと何か……と思って、なかなか書けない」

又、余りに遅筆であるため、民放のシリーズを、二、三人で執筆した際、出来上りが全く違うので、私が発した質問に対して、

「あの人は（共同執筆者）、太宰治という作家を、有名で、悲劇の偉大な作家と思って書いてるのね。でも、僕は、太宰治は、確かに有名だがいい加減で、気が弱くて、女性の母性本能をくすぐる術に丈けた男と思って書いている。女性が、彼に愛を抱くと、いつの間にか、彼女の膝を枕に寝そべって、女性を破滅に追いこんで行く男だ。しかし、だから、面白い人間なんだよね。人間って、出鱈目なもんだ。哀しいもんだって思うんだ」

又、ある時こう言った。

「あの人の書く物に色気がないな。生真面目過ぎるのかな」

勿論、この〝色気〟という言葉は、セックスにつながるだけのものではない。何とも言えぬ味わいとか、人間そのもののおかしみが脈々と伝わって来ないと言うのだろう。

呼吸を合わせる難しさ、楽しさ

昔、こういう作家に逢ったことがある。ストーリーだけで、登場人物が書けていない。セリフは、その人物の性格、その状況で違ってくる筈なのに、何故か、パターンで、その作家が、しゃべらせたいセリフを、A君、B君、C子に適当に分配しているに過ぎない場合が多かった。打合せの時にいたっては、「皆さんが希望した通り書いてありますよ。大丈夫です」と言うのだ。私達スタッフは、作家と打合せる時、「例えばですよ、この女は、こんなことを、こんな風に話すので

はないでしょうか?」と言うことが多い。しかし、自分達の意見通り書いて欲しいと言ってるのでなく、その作家を刺激して、何かもっと考えて下さいと願っているのだ。その作家の肉体を通して、再思考して貰いたいのだが、「貴方が言った通り書いた」という台本は、正《まさ》しく、私達が、恥しさを殺して、「例えばですよ」と言った、練れていないセリフを、そのまま羅列してあるのだ。

私の出逢った作家達の多くは、私を超えている人達だった。でも、その中の何人かは、台本を改訂するのが嫌で、期限を過ぎる迄、完成しているのに渡してくれなかったり、自分が演出家であるかの如く振るまったり、パーフェクト、自分は正しいと信じて、呼吸法まで指定して来た場合もある。

私は、その作家の書いた精神と狙いを正しく理解し、俳優という肉体を通じて、その作品を表現して行こうとする。演出家も俳優も、それぞれ違った呼吸をしているものなのだ。それが台本の狙いを探りあて、一つの方向に呼吸を合わせて行くのが難しく、楽しい作業なのだが、突然、「右向け右ッ!」と大号令をかけられると拒否反応が起きるというものだ。作品は、作家と俳優、演出家の三人四脚で、いや、もっと多くの優れたスタッフとの共同作業で出来て行くのだ。ドラマは、決して、作家が七〇パーセント、俳優が二〇パーセント、演出と他のスタッフが一〇パーセントの比重で出来ているものではない。ある有名スターは自分の魅力が作品の成否を九〇パーセント決定すると豪語する。

今、ある映画の巨匠が私に話してくれた言葉を思い出している。「同じシナリオで、同じ俳優、スタッフ、セット、それに同じ条件、日程で撮っても、監督が違えば、全く異なった作品が完成する」。早坂暁、向田邦子という作家との出逢いは、拒否反応も、趣味、思考で改訂して行くことの馬鹿馬鹿しさを、私に教えてくれた。

人間は同じ様で同じでなく、ドラマは深く、窮まることがない。私は偉人でなく、最も普通の日本人を描き続けて行きたいと思っている。

今、来年一月十六日から放送される、山田太一作、ドラマ人間模様「夕暮れて(連続六回)」(岸恵子主演)を制作中だが、山田太一鉱脈の不思議な魅力を味わい、格闘中である。新鉱脈との出逢いは楽しく幸せである。更に新しい作家と出逢いたいし、早坂暁氏という敬愛する作家と、今後とも、一緒に作品を創って行きたいものだ。

(NHKドラマ部チーフ・ディレクター)

〈ドラマ作家考〉

個人様式・集合体の様式　そして時代様式

山田太一という作家

鴨下信一

脚本家と演出家というものは、言い合えばおたがいいくらでも悪口を言える関係にあって、それでいてお互いを必要とするところに面白さがあるのだろう。つきまとうトラブルは洋の東西を問わないものらしく、ボグダノビッチがジョン・フォードに試みた有名なインタビューのなかでも、このことをたずねている。フォードの答えは「脚本家は良いシチュエーションと良いセリフを書いてくれることとさ。それから後はこっちも商売だから――うまくやるよ」という乱暴なようでいて、これはこれでなかなかしたたかなものであって、演出家サイドのコメントはこれにつきるような気もするのだが、脚本家からいえば、常に自分の作品の現実化された姿については何ほどかの不満がつきまとうにちがいないことは想像がつく。〈自分の考えたように演出されてない〉不満は、未来永劫作家から演出家に向けられる不信の表明であるだろう。演出家がどこまで〈作家の思ったように〉演出する義務があり、どこまで〈思ってないように〉演出する権利があるのかは、もう一度考えられてよい命題であると考える。このことについて書く。

作曲家というものも又指揮者に対して同じような考えを抱くものらしい。ドラマとちがって音楽の世界はもっと口さがないから、血を血で洗う発言が繰り返され、これがまたちゃんと公刊されているから、これらを読みふけるのはなかなか有益な行為である。指揮者と演出家はほとんど同種の職能であって、その発生理由も、文化史上に現れた時期も同じである。ひょっとすると、もともと作家・作曲家にとって、自ら何一つ書けず、何一つ直接の行為をすることのない指揮者なり演出家なりは、自分と観客聴衆との間の夾雑物に見えるのかもしれない。作曲家は自作の指揮をしたがるのが通例だが、しかしこれがなかなか成功しないのも、また事実である。

演出家とちがって指揮者が必要とされる理由はほぼ判然としていて三つある。⑴音楽が文芸・演劇・美術など他の隣接する芸術分野と密接な関係を持たざるを得なくなったこと。この関連分野の知識を持つ解釈者を必要としたこと。⑵オーケストラ等演奏の機能・組織が肥大したこと。この統率者。⑶聴衆の数と層の拡大。これへの対応に特別な才能を必要としたこと。この三つである。

ドラマが演出家の存在を必要とする理由もこれにつきる。芸術の様式論に従えば、脚本とは脚本家の〈個人様式〉による芸術である。ドラマの〈個人様式〉には俳優に属するそれ、美術家あるいはカメラマン・照明家等々に属するそれといろいろあるけれども、最大の、そしてそのドラマを支配する〈個人様式〉は脚本家に属している。しかし、ドラマにはまた個人様式以外に〈集合体の様式〉とでも称すべきものがあって、この様式を機能させる責任を持つのが演出家であるといえよう。この〈集合体の様式〉が如何なるものであるかは、上記の音楽芸術の三つの点を参照していただきたい。ドラマとは個人様式と集合体様式、そしてこの二つを支配する時代様式から成り立っている。

何故このような概念規定を云々するかといえば、このことをはっきりさせることによって脚本家と演出家の職能が相互にオフェンスせずに機能することができ、結局このことがドラマを実り多いものにするからである。

例えばセリフは完全に脚本家の個人様式に属する。これを演出家が改変するのは彼の職能以外のことであってオフェンスである。しかし脚本家がキャスティングに決定的な容喙をするのは正常ではない。美術に対する指定要望は脚本家の義務であるけれども、最終的に支配的であるのは演出家でなければならない。演出家は脚本家の個人様式を尊重し、脚本家はその個人様式を押しつけないこと。これはドラマという芸術が、そのような職能間の〈線引き〉を、芸術そのものの自律性として要求しているのであり、われわれはそれに従わねばならない。

包括的に私の考える脚本家と演出家の関係はこうしたものである。そして脚本家と演出家は〈時代様式〉を共有することが是非望ましいのである。

紙数の関係でこれ以上述べられないが一言だけ附言すれば、集合様式について述べた三つの点での最後の部分、観衆の数と層の拡大への対応こそＴＶのプロデューサー・ディレクターの最も重要な責務である。少数の観客（例えば前衛的演劇）ホモジニアスな観客（例えば商業演劇）では個人様式が十分集合体様式に代替出来る。このことは上記の演劇形態では脚本家＝演出家ということが比較的多いことからも証明される。しかしヘテロジニアスで大量の視聴者を相手とするテレビドラマに於ては絶対にこの部分でのスペシャリストを要求するからである。

紙数の後半を使って、脚本が演出にどのような発想をもたらすかの実例を一つだけ書いておきたい。

山田太一氏は、最も畏敬する脚本家であるが「想い出づくり」（八一年ＴＢＳ系金曜ドラマ枠）の第一回の台本をいただいたとき、これは以前の「岸辺のアルバム」とはずいぶんとちがった様式をとられているなと思ったのである。家族という一つの結合体のかわりに三人の娘という、と互いに独立した複数の主人公を持つこのドラマは、堅固な構成感の代わりにわざと未整理のまま投げ出された情報、一つのプロットに収斂されずにからみ合って流れる複数のストーリィ等に様式的な特色がある。これは時代の様式、現代が要求する芸術の様式でもあって（このことには種々の傍証がある）まずこの様式を採られたことに演出家としては深く共感したのである。

さて、私としてはこの脚本の様式に対してこれに対応する演出の様式を定めなくてはならない。演出というのは脚本の様式そのものが要求するところにまず忠実でなければならないのであって、例えば脚本のト書き等に表面的に忠実であるよりも、これはもっと重要なことだと私には思われるのである。脚本にすべて忠実であるように見えながら、実は様式的には全く脚本に不忠実である例が多いのであって、このことが脚本家から指摘されないのが私には不可解に思われることがある。

この脚本の様式は〈即自的様式〉である。この様式に対応する集合体の様式は〈情報が即自的に提供される〉〈即自的な情報の整理は視聴者自身がする、すなわち情報の自由選択を可能にする〉〈その結果視聴者はドラマに対して共感を覚えるよりは、感情を共有する〉。こうしたコンセプトを持つ様式にちがいない。

例えば映像でいえば、従来のカットバック、ツナギを基本とするコンティニュイティ中心の論理ではこれに充当できない。そこで採用されたのはロングショット中心の長いワンカットによる処理である。ロングショットの方が大量の異種情報を即自的に容れ得るからである。

情報がそのまま投げ出された感覚を保持するために、人物の出入りによる構図の乱れをカメラが補正することを止めた。時間的に長く保持することによって、視聴者が自由に情報を選択する時間的余裕を確保した。

第一回の中に久美子（古手川祐子）が父（児玉清）に難詰されるシーンがある。長い父親のセリフだけで久美子はひと言も受け答えしない。このシーンを従来通りの手法、父と娘のカットバックでただ俳優の演技だけに依拠して撮ったのでは、その最も良い結果にしてからが視聴者の共感は得られても、その時の久美子の感情は共有できない。実はこのシーン、三通りの方法で撮了してみたのである。一つは従来の方法の延長で、久美子ナメ父親の長いワンカットで撮ってみた。これではやはり説明にしかならない。次にミラーを使って（画面に鏡としては出さないで）左右相称をひっくり返してみた。これは久美子のエンバラスメント（混乱）は表現出来たが、矢張り不十分であった。最終的に採用されたのは、実は雨の降っている窓外、濡れたガラスごしに中の人間の表情がよくは見えないグループショットである。

このショットは、ほとんど音声のみ聞こえてくるものであるが、そのときの久美子の半分聞いていて半分聞いてないというアンビバレンツな感情を視聴者がかえってよく共有できるだろうと思われた。見えるようで見えないということは観る側にアンビバレンツな、引き裂かれた感情を惹起する。これがその時の主人公（娘も父もふくめて）の愛の引き裂かれた感情に相似する。この擬似的エモーションが重要だったのである。これが演劇的に見ての感情の共有であるから、このシーンが最終的に成立し得たと考える。

脚本の持つ個人様式はこのようにして集合体の様式を規定してゆくということの例として今のことを挙げてみた。画面の一つ一つがこうして規定されてゆくのである。まさに土台の台たる台本である。

こうした演出家の集合体様式の選択を迫る脚本こそ真に優れた脚本なのであって、私の脚本に対する尊敬の念は正にここに発するのである。

（ＴＢＳ第一制作局・部長プロデューサー）

〈ドラマ作家考〉

「――」の重さ

倉本 聰という作家

内館牧子

倉本聰さま

見たことも聞いたこともない私からの手紙に、さぞ驚かれたことと存じます。私は駈け出しの、いえ、まだ駈け出してもいないライターです。「倉本さん」などとはとてもお呼びできず、やっぱり「倉本聰」と呼ぶのが一番ふさわしい距離にいるライターの卵です。もう、コチコチになってこの手紙を書いてます。この手紙を書くのに、私はハコを作りました。

駈け出しの仲間達が集まりますと、好きな作家の話が出ることがあります。でも、そんな中で「倉本聰が好き」という声は、まずほとんど出ません。「倉本聰が好き」と言うにはものすごく勇気がいるのです。

それは、ひとつには「倉本伝説」が私達の中にまで浸透しているからです。「必ず現場に立ち合って、あのコワイ目でニラミをきかせているんだって」とか、「ホン読みで容赦なくダメを出すんだって」とか、「ホンの中に、カメラのサイズから音楽から間まで指定してるから、演出家がやることなくなると思うナァ」とか……。私達はみんな卵ですから誰一人、倉本聰には会ったこともありませんし、ホン読みを見たこともないのです。話はすべて「……だって」に終始します。それでも写真で見た倉本聰の、あたりを払うような風貌とあいまって、伝説はが然、真実味をおびて語られます。「倉本聰が好き」と言うと、そう言った人までエラそうに見られるんじゃないかというおそれがあるのです。

もうひとつの理由は、倉本聰が作品を通じて投げる「直球」にひるむのです。「一生懸命」への照れと申し上げてもいいかもしれません。「北の国から」でも「駅」でも、「冬の華」でも「6羽のかもめ」でも、倉本聰は全力投球で、一生懸命、それも直球を投げているという感触が伝わってきます。私が一番好きだった「さよならお竜さん」にしてもそうです。私達、若い卵も、実は一生懸命書きます。でも、どこかに

「一生懸命なことはダサイこと」という思いもあって、一生懸命なこと、がんばることをちょっとかくしてしまいます。照れてしまうのです。それが、巨匠といわれる四十七歳の倉本聰は、真っこうから一生懸命、直球をほうってくる――それが感じられるのです。それにタジタジとなり、気押されて、「倉本聰が好き」と言えなくなってしまいます。

そんな仲間達の中で、私は別の理由で、やっぱり「倉本聰が好き」と言えなかった一人でした。なぜなら、倉本聰の脚本をまねして書いて大失敗したことがあるからです。

私も仲間達と同じように、倉本聰の脚本はTVでも映画でもラジオでも、手に入る限り読んでいました。そして、あの極端に少ない台詞からウワーッとイメージが広がるドラマにぞっこんかぶれてしまったのです。

淳「――」
令子「――」
螢「――」
淳。
令子。
螢。
音楽、断続的に入る。

これだけで、それぞれの人間の気持が伝わり胸がいっぱいになる倉本脚本。それで……それで、私、これ、やってしまったのです。刑事ドラマに。

課長刑事「シャブはどこにかくした」
犯人「――」
刑事「――」
犯人。
課長刑事。
刑事。
音楽、断続的に入る。

「――」だらけの原稿を受けとったプロデューサー、さぞかし面くらったことと思います。当然、ボツになりました。思えばわずか二本目のTV脚本でした。「駈け出しだからできたことだけど、アナタ、いい根性してるわねえ」と仲間の一人がしばらく口もきけずにおりました。

だいぶたってから、ルドンの画集を見ている時に、私は倉本聰の「――」の重さを思い知らされました。その画集には、ルドンのモノクロのエッチングが何十枚も、飽きるほど続いていました。ページをめくってもめくっても色のないモノクロの絵。それが、何十ページめかをめくった時、目のさめるような色彩の絵がとび込んできたのです。ありとあらゆる絵の具を使って、画集の外にまで黄や赤や紫がこぼれんばかりでした。その絵を見た時、私は突然、倉本聰の「――」を思い出したのです。ルドンの「モノクロ」は「色彩」であること、倉本聰の「――」は「台詞」であること。花の色はルドンの心の中でふくらんでふくらんで昇華されたものが、一挙に開いたものであること、倉本聰の脚本で言葉になっている台詞は、どうしても吐かなければならなかった満開の花であること。違っているでしょうか？　でも、私にはそう思えました。倉本聰は、それほどまでにした台詞を吐いている――私は今さらながら、わずか二本目でまねした自分のいい根性に赤面しました。以来、「倉本聰が好き」などと簡単に言えなくなりました。もちろん、「――」も簡単に使えなくなりました。脚本家が、たったひとつの「花」を書くために、どれだけ精魂を傾けているかを、はっきりと思い知らされた気がしたのです。

この手紙を書く少し前に、偶然、私は「君は海を見たか」のシナリオを読み終わったところでした。リメイクということで、相当話題になっていますが、前作と読み比べましても、改訂は全く新しい話という印象を受けました。でも、私にとりましては、先に申し上げた「懸命に投げた直球」の痛さが、今までのどの作品にも増して強かったのです。私達のように若い者でさえ、直球を投げることを少々ためらいます。「倉本聰が好き」ということをビビります。そんな中で、おそらくTVでは初めてであろうリメイクを敢然と行い、そして、そうであるだけに協力してくれた周囲の人々のためにも、全力を傾けられた痕跡が行間から感じられて、痛いのです。ためらいや摩擦を恐れず、そして、きっと人々からは恐れられているであろう倉本聰は「心は孤独な巨人」ではないかと、女のセンチメンタルが痛みます。

書いているうちに、どんどんハコと違ってきてしまいました。やっぱり、手紙にハコというのは役に立たないようです。

先日、「カメラのサイズから、音楽から間まで指定しちゃって、演出家がやることあるのかナァ」と言っていた仲間の一人が、「倉本聰のものって、脚本より画面の方がいいな」と言いました。私もそう思います。何倍もいいと思います。画面を見てから脚本を読むと、それはハッキリします。人の力が合わさることはすてきなことだナァと、駈け出し達は思ったりしています。

今、富良野は白銀の世界でしょうか。季節のない東京にもホワイト・クリスマスの曲が響き始めています。どうぞ、お体をお大切にとお祈りしております。

（放送作家）

解題

この連作は「ドラマ－テレビ巨匠時代」という特集の一部で、演出家らが早坂暁、山田太一、倉本聰について語る。深町幸男はＮＨＫ「ドラマ人間模様」で早坂脚本の『夢千代日記』、向田邦子脚本『あ・うん』などを演出。鴨下信一はＴＢＳで山田脚本の『岸辺のアルバム』『ふぞろいの林檎たち』を演出した。脚本家と向き合った演出論として読みたい。倉本論を書いた内館牧子は、当時まだ脚本家として本格デビューするはるか前のライターだった。（藤田真文）

特集：茶の間のジャーナリズム
番組解剖　久米宏のＴＶスクランブル

新しい時代の情報番組が生まれた

三木鮎郎

久米宏という個性

ＮＴＶの「久米宏のＴＶスクランブル」がなかなか面白い。新しい形のトーク番組として発展するのではないかという期待感があるが、この番組が成功した第一の要因は久米宏の個性をよく研究して、その真価を充分に発揮させた企画者の努力のたまものであろう。実は随分前から久米宏はわたしも注目していた存在だった。土居まさる、小川哲哉といった一連の若いアナウンサーたちが、新しいタイプの語りではなばなしく売り出したあと、さらに次の世代の若手のアナがどんな形のしゃべりをつくるか非常に興味があったからだ。長い間ひとつの定形になっていた丁寧、慇懃《いんぎん》、そつのなさといったアナウンサー話法を土居、小川の世代が「やあやあ」と若者に直接呼びかけるスタイルで見事に打ち破ったあと、また別な新しい形の語り方をつくり上げるのは大変に難しい。一体誰がどんな形でこれをやりとげるか非常に興味があったので、各ラジオ局の若手アナの仕事に注意を払っていた。そのころ久米宏はＴＢＳラジオの午後のワイドショーのスタッフとして、一種のリポーターをやっていた。スタジオから外へ出て、通行人の若い女性に声をかけたり、店を訪ねる役なのだが、従来とはまったく違う手法が新鮮だった。いつも彼はいろいろ夢を描いて街へ飛び出していくのだが、結果は常に思った

『放送批評』1983年５月号

ようにはいかず幻滅を味あわせられる。それにもめげずすぐまた次の夢を追うという形が多かったと記憶している。

つまり、非常に熱心で一生懸命やるのだが、あんまり頼りにはならないお兄さんといった役まわりを演じていた。

これは恐らく彼の性格そのものではないかと思う。その辺に目をつけたディレクターがこうした役まわりをふったのだろうし、久米自身も自分の役どころをよく心得てつとめていた。その中でわたしが注目したのは、彼のしゃべりだった。誰にきかせるという意識でなくつぶやくぼやきが抜群に上手？いかにも気の弱い青年の一人言という感じがあって思わずきかされてしまういい味があった。

現在も継続中の彼のラジオのヒット番組「素朴な疑問」の成功は、彼のこうした性格を上手く生かしたいい例証だ。

「素朴な疑問」を耳にした人は多いと思うが、あえて説明を加えると聴取者からの素朴な疑問、たとえば「我慢したオナラは一体どこへ消えてしまうのか？」を取り上げると、この医学的解答を求めて久米が電話できいて回る趣向なのだ。従来のラジオのやり方なら、ここで正解を与えてくれる解答者を、あらかじめ用意しておいて、すぐそこへ電話をかけさせるヤラセの形をとるのだが、この番組のミソはこれをまったく久米の判断でやらせるところにある。彼は電話帳から、自分の考えで選んだ番号をダイヤルする。土曜の午後の生放送だから、相手が留守だったり、次から次へと内線のタライまわしにされたりする。つまりことはなかなか簡単には運ばない。当然、久米のぼやきが登場することになる。普通なら大変苛だたしい状況なのだが、彼は見事にきく側の興味をつなぎ、むしろ一刻も早く解決させてやりたいとハラハラさせるのだから、これは大した芸だ。もうひとつこの番組の主役は電話に出てくる相手の人びとで、たとえば受付、看護婦といった到底、こんな素朴な疑問には答えられそうもない相手にも久米は、これが生放送中であることを断って、何度も質問を繰り返す。もちろん相手は困惑してヘドモドする。年輩の女性や男からは「何てバカなことをきくのだ」といわぬばかりのツッケンドンな応待をうけることも多い。これがラジオをきいている聴取者の興味をひくのだ。ことが簡単にいかなければいかないだけ、彼のぼやきも冴えるわけで、遂に正解にたどりつき「これにて一件、落着ぁく！」と叫ぶまでつい聞いてしまう。

ここにこの企画の頭の良さがある。今までの放送企画では、常にことが上手くいくことにのみ力が注がれて、結果は聴取者をシラケさせることに気がついていなかった。この番組はまったく逆の発想で、ことが上手くいかない方をねらい、こんな状況で一番いい味を出す久米宏という個性を配置した点が成功の原因なのだ。

久米宏をテレビで生かすために……

久米宏も他のアナウンサー出身タレントと同じ道を歩んで独立した。NTVが久米を起用してTV番組をつくる際、どうやってその個性をテレビで生かすか相当頭をひねったに違いない。彼の出演しているもうひとつのテレビ番組「ザ・ベストテン」ではしゃべり上手で早口の黒柳徹子というまったく似通った個性と組まされたのでかえって両者が食い合って、意外と効果をあげていない。久米の真価を発揮させるには、何かの形で彼を困った状況へおとし込まないと、得意のぼやきが出てこないのだ。そこで考えられたのが、アシスタントの横山やすしの起用なのだろう。

普通、アシスタントは司会者を助ける役目でおかれるのだが、この場合は、まったく反対の役目を負っている。横山はできるかぎり司会の久米を困らせなくてはならない。事がスムーズにいかないように、久米のいうことの論旨を常に他にそらし、突拍子もない発言をする必要がある。この役目に横山は実にうってつけの存在なのだ。もし彼の下品な大阪弁とやくざめいた発言、それでいて憎めない風貌がなかったら、このコンビは絶対成功しなかったろう。それにこの二人は実に対称の妙を得ている。久米は東京型のサラリーマンタイプ、どこか気が弱そうで少くとも語りを論理的にもっていこうとする。一方の横山は典型的の大阪やくざ型、やたら気が強くてアウトロータイプ。発言はまったく非論理でメチャメチャなことをいうが、妙に庶民感覚の一面をよくとらえた直言をする。TVスクランブルの成功は、この二人のコンビに負うところが多い。

横山やすしが酒に酔って登場して、やたらに「ドアホウ、アホンダラ」と罵詈雑言《ばりぞうごん》を連発、局側が謝罪文を出す騒ぎがあったが、これなどはいささかやりすぎにしても、ねらいはばっちり成功したわけで、陰では祝杯をあげているのではなかろうか。久米がときどき、「とても一緒にはやっていられないよ」といわんばかりに、横を向いて倒れてみせるのは、まったくこのコンビの成功を画にして見せているわけだ。コンビの味という点では、本来横山の相棒である西川きよより、久米とのかみ合わせの方が、最近では面白いくらいだ。

制作側も最初はこの二人だけにすべてを託すのは不安だったに違いない。良識派の代表として解説委員長の福富達を重しにおいたが、むしろ逆効果で今のところはかえって全体の流れのテンポをくずす弱点になっている。福富もネクタイをはずしたりして何とかとけこもうとしているが、二人の強烈な個性にはさまれると大変に居心地が悪そうだ。発言がまじめであればあるだけ、一種のシラケを生む要素になっている。

ヤラセはシラケるだけ

テレビ放送三〇年。テレビを見る側はテレビの虚構を見抜く目を、すでに充分もっている。

「TVスクランブル」で主婦からアンケートをとり、お歳暮でもらって一番うれしくないものの筆頭に石けんの詰め合せをあげたのが、多くの共感を得たのは視聴者がテレビ局のタブーを知っていて、あえてそれに挑戦した勇気に喝采したことに他ならない。これは単なる実験でなく、将来のテレビのあり方に大きな示唆を与えている気がする。今、大評判のニューメディアが一般化して、テレビのチャンネルが一〇〇以上にもなれば、まず視聴者がテレビに求めるものは正しい情報と共感だと思うからだ。

同時にテレビからの語りかけも、かつてのラジオと同じように、マスへ対する堅苦しい形から個人へ話しかけのごく日常的なものになるに違いない。

こうした目で見ると今までの日本のテレビはひどくもったいぶった独善的な面が多すぎるという気がする。

考えてみると、これは日本人の国民性なのかもしれない。国民の放送を自任するNHKに一番その傾向が強いからだ。

たとえば毎年の甲子園高校野球の開会式の中継だ。もちろん開会式そのものの儀式も大変に野暮ったいのだが、これを長々と中継して「若人のスポーツにかける青春の一齣」「汗と涙の甲子園」と古めかしい美辞麗句で謳いあげるアナウンスは、若い世代の共感を呼ぶとは到底考えられないし、わたし自身でさえだんだんと、シラケた気分になる。他のスポーツ中継のときは、それほどでもないのだから、これは伝統の甲子園、純粋な高校野球という定形にしばられて、新しい形に変える意欲を失っている証拠だ。

もちろん民放にだって例は沢山ある。よくワイド番組で司会者が無理に話題を特定の事項にもっていき、アシスタントが「実はその〇〇さんがスタジオへみえています」と告げると司会者までが、「おお、そうでしたか！」とびっくりしてみせる、あの形だ。もちろんこれがあらかじめ仕組まれ、用意されたヤ、ラ、セであることは、見る側は充分承知している、これこそ視聴者を子供あつかいする傲岸な態度で、見ているものをシラケさせ、テレビ離れを起こさせる原因のひとつなのに気がついていない。

「TVスクランブル」はこうしたもったいぶり、ヤラセをできるだけ避けている点が、視聴者の好感を呼んでいるのに違いない。たとえば久米は毎回この番組が生放送であることを強調しているが、録画のシーンはカセットを取り出してVTRであることを、カメラの前で示している。周到な配慮というべきであろう。

ひとつ興味があるのは、この番組が放送中に起こった事件にどう対処するかで、二月末の日曜日、東京地方に震度4の地震があった。発生時刻が九時一四分だったので、「TVスクランブル」の終了後だったが、もうちょっと早ければ、これにどう対応するか見ものだったと、地震は歓迎できないが残念な気さえしたものだ。

TVスクランブルは将来のTV番組の原形

夏目漱石の名作「坊っちゃん」の中で主人公の坊ちゃんが、「おれは人前で話をしようと思うと、団子のようなものが喉につかえて、どうもうまくしゃべれない」と述懐するところがある。これは日本人のしゃべり下手を見事にとらえている気がする。現代でも個人相手には話をすることを苦にしない人が、一度大勢の前に立つと、たちまちもったいぶり、芝居染みたことばを吐く人が多い。

今までのテレビの語りが、もったいぶった形、ヤラセの要素が多かったのは、テレビが大衆を相手にしている意識が強かったからに他ならない。現在のテレビとラジオの声を比較してみると、ラジオの方がずっとくだけて、日常会話を使っている。この変化はラジオがトランジスターにより小型化し、個人が対象になったときに起こったものだ。

さてテレビの方もごく近い将来、ニューメディアにより対象が個人に変化すると思われる。そして求められるのは、まず情報であろう。「TVスクランブル」の内容が各コーナーに分けられていても、すべてある種の情報であることもうなずける。ごく普通の主婦の中から選んでいる美人妻のコーナーも、個人への接近の一例なのだ。これが昔の大衆相手のテレビであったら、必ず美貌なスターを紹介しただろう。

アメリカは多国籍、多言語国家なのでまず話をして意思を通じることが相互理解の第一の手段になる。二十数年前、アメリカのラジオで人気を博したトークショウは、聴取者の誰もが参加できて、自由に発言できることが高い人気を呼んだのだ。この形式は現在でもCATVに、「アクセス」と呼ばれる番組として残っているときいている。このテレビ番組は、⑴人の悪口をいわない、⑵CMをやらない、⑶全裸にならないという三つの事項さえ守れば誰でも自由に参加できるトーク番組で、結構人気があるそうだ。

「TVスクランブル」の将来の方向として興味ある事実だと思う。

こうした観点から、「TVスクランブル」にあえて提言すれば、最初のコーナーで現れるコント仕立の部分は、形を変えるべきだ。どうしても虚構の感じが強くなるし、安っぽいイメージが強い。テレビだから画で見せなくてはとこだわる必要はないと思う。この点、娯楽的にしよう、色気を加味しようという工夫はときとしてマイナスの要素になる気がする。情報が面白く、二人の司会者が巧みに処理していけば、必ず大衆の興味をひけるはずだから、画の内容はもっとドキュメンタルなものに統一すべきだ。とはいえ「TVスクランブル」の成功は、将来求められるテレビの情報番組のひとつの原形を示すものとして、いろいろな示唆を含んでいる興味ある番組であることは間違いない。

これからも注目していきたいと思う。（文中敬称略）

（評論家）

解題

『久米宏のTVスクランブル』（一九八二年一〇月～八五年三月）は日曜夜八時から日本テレビ系が生放送した情報バラエティ番組だ。八四年には第一回ATP賞最優秀賞を受賞した。これを『スター千一夜』などの司会で知られ、後に評論家となった三木鮎郎が分析する。三木が「将来求められるテレビの情報番組のひとつの原形」としたとおり、TVスクランブルの試行のいくつかは、テレビ朝日『ニュースステーション』に引き継がれていく。（坂本 衛）

座談会

批評のないところに進歩はない

メディア相互の活性化のために

『放送批評』1983年７月号

出席者：
佐藤 精（放送評論家）
古谷糸子（評論家）
松田 浩（放送評論家）
《司会》**志賀信夫**（放送評論家）

番組紹介から番組批評へ

志賀　今日は放送批評を長年やってらっしゃる方がお揃いになっているわけですが、それぞれの方に〝私の放送批評体験〟をお聞かせいただき、どんな形で今まで放送批評と関わってきたのかということからお話しいただきたいと思います。

松田　私が放送を担当致したのが昭和三七年、それまで日経新聞はタイムテーブルは載せていたわけですが、批評欄というのは全くなかったわけです。私がラ・テ欄の担当になったところで新しいラ・テ欄の青写真を作ってくれということで、初めてラ・テ欄らしいものを作ったわけです。

　私が持ったのは行数にして九〇行くらいのコラム、そこで放送界の話題、放送の流れみたいなものを取り上げて視聴者に投げかけていこうと思った。それと前後して、放懇の会員となり「放送文化」その他で放送に関する評論活動をするようになったわけです。ここ一〇年程は番組批評の他に、戦後の放送の歴史について多少関心を持って調べたり書いたりしています。いずれにしても、制作者に対して問題提起をしていくと同時に視聴者に対しても問題を投げかけていく、そういう形で批評というのはあるべきではないかと考えています。

志賀　古谷さんの場合は放送の出演の仕事もおやりになって、

批評もおやりになって、という形だったんですね。

古谷　現場の仕事はやってないが、最初は、三八年頃から、五人くらいで毎日新聞の批評欄を担当してましたね。現場はその頃やめまして、教養番組的なものなどに時々出たりしておりました。

その頃はテレビでは今のようなものではなかったんですが、ひとつの問題として評論を取り上げてみようと思っておりました。

志賀　古谷さんは、女性で放送批評をお書きになったのは一番早かったですよね。

古谷　広く問題をとりあげて行きたかったんです。毎日新聞は一〇年くらい続けましたでしょうか。途中で一回休んで、その間に読売や中日やら、一週間に三つか四つくらい持ってました。殆ど毎日のように放送批評家じゃないけど放送批評をやっていたわけですね。ただ、夢中だったんですけど、私は私なりに、小林秀雄さんだったかがおっしゃった「批評は自分を語ることだ」、そういう意味で批評はやりたいひとつの仕事としてやっておりました。

佐藤　三〇年代の半ばくらいに放送に関わるようになりました。私は毎日新聞社にいたわけですが三〇分の番組であれ、一時間の番組であれ、それを新聞で紹介していく、批評していく、というのは物理的に考えても非常に難かしいんですね。それで、僕は窮余の一策で作ってる人に会うのが一番いいという、ひとつの方法論を考えたわけです。

制作者に会ったり、あるいは電話で、どういう狙いでお作りになったのか、このキャスティングをしたのは如何なるわけであるか、そういうようなことを伺っては紙面にしてましたね。

志賀　僕は昭和二六年に早稲田大学を出まして、大学院にはいってすぐに飯島正先生についた。そこでテレビが二八年に始まるということで内外の文献を集め始めたわけです。それを読み出したのが切っ掛けとなったのです。二七年に早大で日本テレビの新入社員の教育をしたわけです。その時は「日本芸能連盟」と言っていたが、そこの手伝いをしたのがテレビとのつき合いの始まりなんです。

三六年に始めて海外の視察に行ったわけです。これがBBCの開局二五周年にぶつかりまして、その後メキシコとアメリカ、ニューヨークとハリウッドを回って、僕はテレビ批評をやるんだと、決心してきたわけです。テレビというのはたいへんな仕事になる、偉大な仕事だと、当時はテレビ芸術というものにカッカと熱を上げまして、テレビドラマは偉大な芸術になると本気になって考えてました。その頃、テレビドラマの書き方なんて言うのを翻訳で出したり、ありとあらゆることをやりましたね。
あの頃は放送批評が成り立つなんて誰も思ってなかったわけで、今、懐しいですね。

昭和三八年、市民権獲得

志賀　いつ頃から、放送批評というのはある程度確立したんでしょうか、市民権を得たのはいつ頃なんでしょう。
昭和三〇年前後というのはモニターだったんですよ。モニターというのはテレビやラジオや新聞がひとりよがりにならぬよう、常に聴取者や記者の意見を思い出させる役目を指す、常にあるべき理想の姿を思い出させる大切な仕事だ、と渡部昇一さんが書いているんだけど、当時は批評というよりモニターでしたね。三〇年代の初期は批評って感じはなかったね。
古谷　私たちがはいったのは三八年頃でしたが、その一期の頃はそれ程重要視されてなかったけれど、二〜三年後の二期くらいからボツボツ注目されてきた。
佐藤　受像機の台数もある程度、普及しましたからね。テレビのない家が都会では少なくなってきた。そういう時期かもしれませんね。
三四年に皇太子のご成婚ですが、やっぱりオリンピックですよね、三九年。その前の三八年くらいからでしょう。
松田　うちみたいな新聞で、日替わりで放送批評を載せたというのが、ひとつ放送批評が確立する時期と重なっていたんじゃないかと思うんですね。三八年頃ですね。
それ以前は放送局で出している雑誌、例えばＣＢＣレポートとか、放送文化とか、月刊ＮＴＶとか、そういうところで放送批評らしきものが行われていた。
やっぱり新聞でそれが取り上げられるようになった時に、ある意味で市民権を獲得したと言えるんじゃないでしょうか。
勿論、それ以後もテレビ批評とは成り立ち得るのか、みたいな論議はあったりしましたが。
志賀　僕なんか、テレビ批評なんてやってると頭が馬鹿になる、テレビ見ていて馬鹿になる、変なことをやりだしたなんて、三六年にアメリカから帰ってきた後、ずい分こき下ろされましたね、今でもはっきり覚えてます。
松田　初期の放送批評というのは映画をやってた方が殆どでしたね。荻昌弘さんですとか、或いは劇作家の内村直也さんとか、音楽家であるとかいう形だったと思うんです。その後、第一号が志賀さんだと思いますけど、放送批評家という職業が成立する時期と重なっているとも言えますね。

志賀　「放送批評」という雑誌を出す時、もう一七年程前になりますが、この時、一番何をやろうかとＮＨＫの後藤和彦氏等と相談して決まったのが編成批評なんです。

編成批評に一番最初に基本的に取り組んだのが、「放送批評」誌の大きな仕事だったと思うんですね。放送とは何かと言うことから、編成である、編成批評とは大切なんだ、ずい分激論して編成批評だってことになったんでしたね。

松田　ある意味で、テレビ批評の本質につながる面白い話ですね。

メディア批評の必要性

志賀　放送批評は世の中から未だにあまり重要視されてないようなところもある。先日の週刊新潮でも世の中に放送批評家なんてロクなものがおらんなんて手きびしい書き方をされていたんですが（笑）。

松田　文芸批評とか、映画批評とか、同じ次元で論じるから放送批評をさげすむみたいなことが出てくるんですね。テレビとその他のものの有り様のちがいがあるわけです。ＮＨＫ教育テレビを入れれば七チャンネルが毎日一八時間放送しているわけです。再放送を除いても一五時間はあるでしょう。すると一日に約一〇〇時間、これは物理的に見られる筈がない。そういう不可能なところに成立しているのが放送批評だと思うんですよ。間口から言っても、報道はもちろんドラマがあればバラエティもある、歌もあるしスポーツもある、教養・教育まである。自ずから文芸批評や映画批評とはちがったものがあるのは当然のことですね。

志賀　新聞批評というのは成り立ったわけですか、そういう過去と放送批評と比較なさってどうでしょう。

古谷　今の番組表を見る時に、報道が非常に大きくなってきましたでしょ。それが昔でしたら報道は新聞社に依存していましたが海外特派員はＮＨＫはともかくとして民放ではほとんどいなかった。ＮＨＫは今でもずい分贅沢に人を使っていますが民放も要所要所にはほとんどおいているようです。

先日「テレビ大賞」にはいった「私は日本のスパイだった」なんて、新聞社にないものを作ったし、ＴＢＳの北代さんは金大中氏と単独会見しましたね。そういうことがいろいろとあるわけです。そういうところから存在価値を得てきたんじゃないですか。第一報は新聞よりテレビの方が先ってことになったけれど、第一報だけではなくそういうものまで作っていけるようになった。

何か大きな事件、スポーツなどの大きな話題があると、その後の新聞が非常に売れる、その密接な関係が増々密接になってきたところがある。

佐藤　新聞記者をやってまして、放送を担当してまして、それがお答えになるかどうかわからないけれど、マスコミがマスコミを取材するようになったんでしょ。そういうことは今まであまりなくて、官庁とか、文化面とか、警察なんていうところに向いてたわけです。

それがテレビ担当の記者というのはマスコミを取材しだした。そこが僕は自分でやってて面白かったんですね。

志賀　新聞批評が成立しないように、放送批評も成立しないというようなことを言いだした時、新聞通信調査会というのがありましてそこに毎月書いてたのが首になっちゃったってことがある（笑）。それはどうお思いになりますか。

松田　僕は新聞批評が成り立つと同時にテレビ批評も成り立つと、逆に思うんですね。

佐藤　同感だな、それは。

松田　つまり、これだけ大きな影響力を持つ、日常に密着しているメディアに対して批評が成り立たなかったら進歩がないと思うんです。大きな意味でのチェック機能がなければいけないし、それは又、相互になければいけない。

ですから新聞なり、テレビの批評は現実に必要であるし、テレビが新聞の批評をやっても僕はいいと思う。あらゆるメディアが相互に批評しあうことによって、段々質が高まっていく。

批評がないところには澱みが生まれる

佐藤　テレビジョン側の人は数字にひきずられているわけです。視聴率で言えば娯楽番組も報道番組も教養番組も、同じ土俵で比べることになると思うんですが、見方はちがうと思うんです。積極的にそこから何かを学ぼう、知ろう、という姿勢で向かってる人と、ただ受け入れる人とでは同じ数字で比べたって意味ないと思いますね。そこで例えば志賀さんがご自分の意見や感想をお書きになれば、ひとつ向き合うわけですね。そういう意味では報道、教養番組ほど批評が必要じゃないかと僕は思います。

志賀　古谷さんはずい分古くから堅い番組を取り上げていらっしゃいましたね。

古谷　そうでもないつもりですが、テレビの多様性を活かす意味で、娯楽番組も芸能番組も報道番組も取り上げられなきゃいけないとは思っているんです。やわらかいものを馬鹿にしちゃいけないといつも思うんですね。そういうものも必要なのであって、堅いものだけを取り上げるのも問題があると思いますね。

テレビの場合のニュース性というのは、実際目で見られるわけですから、これは大きなことですし、これからもそちらの方には力を入れてもらいたい気がしますね。

志賀　ＮＨＫでは最近「私の番組批評」というのがありましたし、新聞を取り上げてテレビ朝日が「野次馬新聞」というのをやり始めましたが、このふたつの動きからメディア批評ということをお話いただけませんか。

松田　これまで新聞はこれを批評、批判するものっていうのが無かったんですね。批判のないところには必ず澱みや腐敗が生まれるわけですね。テレビの場合、新聞や週刊誌が目の敵のようにして批判をするんで、そういう意味ではチェックアンドバランスがあるとも言えるんですが、これだけ大きな影響力を持っているメディアであれば、自分のメディアを使って、読者なり視聴者なりの批判を展開してもらう、第三者に開かれた形で批判してもらうということは増々重要になってくると思うんです。

今回、ＮＨＫがやった「私の番組批評」もそういう方向に行くのなら実に望ましい。しかし来年受信料値上げが必至で

2013年の**視点**から

80年代後半に直面した、成熟後の分かれ道

小田桐 誠

一定の規模を持つ産業あるいは企業は、誕生・創業から認知、成長、定着を経て成熟し、その後衰退かさらなる発展か、いずれかの道筋を辿ると言われる。1980年代後半の放送産業は、定着期を過ぎ成熟期の真っただ中にあった。この時期の記事・論考からは、成熟期の受像機・端末、伝送路、事業体、放送の中身を模索する関係者の姿が浮かび上がってくる。

受像機でいえば、それまでのリアルタイム視聴だけではなく、タイムラグ視聴へ、ゲームへと広がりつつあった。今日のHDTVやケータイに至る一歩手前、具体的にはMUSE方式アナログハイビジョンかクリアビジョンか、携帯電話の機能充実をめぐる議論があった。通信と放送の融合に活用する伝送路では、ADSL、CATV、FTTH三者の有用性に関する論議の前段階にあった。

事業体に目を転じると、NHKのBS有料放送やその業務範囲の拡大に関する民放・新聞との攻防戦が展開されていた。一方民放では、ピークを迎えつつあった広告収入、受信料でも広告でもない有料放送という「第3の道」の動向が焦点となっていた。放送内容では、皇室・災害・選挙などの報道の在り方やいわゆる“ヤラセ”を巡る記事・論考が賑わせていた。放送産業も放送局も成熟後に何が待っているのか手さぐりの中にあった。

あるからひとつのポーズとして「開かれたＮＨＫ」をＰＲしようというのでは、それだけで終わってしまう。
様々な見方、問題提起を自分たちのメディアを使ってやってもらう、メディアがほんとうに視聴者・読者に信頼されるためにも重要なことではないかと思います。

危惧される系列化の弊害

志賀　今までテレビが叩かれっぱなしだった新聞をテレビが叩き出した、取り上げだしたと言うことと、同じメディアで同じメディアを批評するという、このふたつについて古谷さんはご意見ございますか。

古谷　テレビが新聞を批評する、新聞がテレビを批評する、それがほんとうに出来れば面白いと思うんですが、その可能性はどうなんでしょうか。例えばテレビにしても統一されてきてますね、新聞があるひとつの傾向に統一されてますよね、それがテレビもそうなってますでしょ。もっと思い切って特徴を持っていけば、自らそういうことが出来ると思うんです。

松田　僕は望ましいと言ったんだけど、現実的可能性ということから言うと、かなり悲観的な要素も多いわけですからね。確かに「野次馬新聞」というのがあって、新聞を批評しているんだけど、新聞とテレビの系列化が進む中で、進めば進む程、そういうことがやりにくくなってくる、こういう現実の条件があるわけですね。
新聞に於けるテレビ批評もそういう系列化の弊害が出てきてる。たいへん望ましいことではあるけれども、このままではそういう可能性があまり花開かないんじゃないか、もっと世論の力でそういうものを可能な方向に動かしていくことが大事なんじゃないかと思います。

佐藤　今は松田さんのおっしゃる通り、新聞の系列を無視してはテレビもできないわけですね。報道がそうですし。すると、そこでの批評は必ずしも全面的に信頼はできない。
テレビがテレビを批評するっていうのは、これはもっとなされていいんじゃないかと思います。テレビがお互いをあまりにふれなさ過ぎるんですね。新聞同士も遠慮しているところもあります。
例えば外国のニュースを見ましても、ライバル紙の報道によればこういうことがあったというのをどんどんやるでしょ。日本の新聞はなぜかそれが行われないで来た。放送なんかも例えばＮＨＫによれば、と民放のニュースでも出して行けばいいと思うんです。

古谷　理想的にはそうであるべきだし、そうならなきゃ嘘だと思うんだけど、現状からして難しいと思いますね。

志賀　テレビ批評の自分のいき方みたいなことですが、最初に古谷さんが批評というのは自分自身を書くんだということ言ったけど、僕は今、三つの書き方をしてるんです。中国の「毛詩」に賦比興ってあるんですが、僕が不勉強の報道、科学番組を取り上げる場合、僕自身がどういうものを見てびっくりしたかを丁寧に叙述するわけです。まず第一に賦をおこなう。もうひとつは比較。あの時はどうだった、こうだったという比較の比。次に感動だけをとにかく強く述べる興ということ。この三つを番組に対応しながら書いているのが現在の批評の姿勢なんです。

批評をお書きになる姿勢みたいなものをお話いただけませんか。

松田　批評というのは書きながら難かしいと言うことをつくづく思いますよね。どういうふうに評価するかってところで率直に言って悩むことがありますね。

ただ、僕の持っている物差しというのは、その番組の切り口が社会に対して、或いは視聴者に対してテレビ局のどういう対応であったか、ひとつの事件、ひとつの問題に対してテレビ局がジャーナリズムとしてどう対応したか、という、そういう切り口がひとつあると思うんです。

もうひとつは番組の流れと言いますか、その流れの中でその問題をどう位置づけているかという批評の仕方もあります。

番組を批評する場合、その現実認識と表現の仕方について、自分はそうとしか思えないというギリギリのところで書く、そんなことの周りで悩みながら書いているというのが本音ですね。

佐藤　僕の場合でも僕が見て面白かったり、気になったり、その範囲を出ないですよ。これは他の人の言葉を借りてきて使ったのではお話にならないし、自分で思ったことをそのまま書く以外に、方法はないですね。

つけ加えるなら、それを作った方と、見てる人たちの仲立ちと言うか、僕は両方の仲立ちをしたいと実は思っているんです。その真ん中にどっちかに寄るかもしれないけどいつでもいられる、中間点を、そういうポジションにだけはいつもいたいと思っていますね。

志賀　それは実によくわかるんですが、この頃、逆にね、出来たら徹底的に誤解してやれ、どうせ制作者の立場には成り得ないんだし、ものすごく誤解してやれと、あえて意識する時がありますね。誤解するなら徹底的に誤解してやって、誤解したところから制作者に刺激を与えられないかと、そういう居直りが顕著に出てきましたね。

古谷　最初に言った通り、自分の考えを述べることが、究極の評論のあり方であって、私は作る側のこと、一般大衆のことを別に考えないで、そういうものを全部含めて自分の考えでこれがいいとかこれが悪いとかいう方法しかないと思うんです。私はその方法でずっとやってきたし、選ぶ場合にもそういう観点で選んでいきますね。

自分にものを多様に見るような習慣をつけて、鋭く見るようにしていくのが、放送批評の場合でも他の批評の場合でも同じですね。

放送批評の独自性とは？

志賀　テレビ批評の独自性というのはどういうところなんでしょうか。

松田　テレビ批評というのは不可能への挑戦だと思うんですよ。つまり物理的に不可能なことに対する挑戦という面もあるし、それに間口の広さですね。お釈迦様ではないのだから全ての面に精通しているということは有り得ないですね、にも拘わらずやっぱりそこで書かざるを得ない、書く必要性がある。そういう意味での不可能への挑戦だと思うんです。

その独自性で一番はっきりしているのは、個人の作業ではなくてマス・メディアといわれる大きな機構の中で作られているという点です。

番組そのものの良し悪しを論じるのと同時にそれを作り出している機構そのものについても、直接触れるか、背景に置いて論じるかはともかくとして、やっぱり論じなくてはいけない。

それから放送の持っている一過性、これはＶＴＲが普及することによってある程度は克服できるにしても、全ての番組をＶＴＲに取って見ることは出来ない。

ここに、他のメディアの批評とは大きなちがいがある。

佐藤　松田さんのおっしゃったことに尽きるんだけど、もう一言加えれば、両方が動いてるってことですよ。作る側も見る側も。そういう中で、どっちも動きながらものを言っていく、他の静止しているものに対する批評とはちがってくる。独自性とおっしゃいましたが、そこがちがうという部分はあると思うんですよ。

いつも思うのは、やはり物理的にすべてを見るのは出来ないわけですね。すると、何を見たかということが、既に批評になっているわけです。

それから、見ても批評にならないものもある、そういう意味では。

志賀　それが多いですね（笑）。

古谷　私はいつもテレビを見る時、何か新鮮なもの、そういうものに感動しますね。

制約があっても批評は成り立つ

志賀　テレビというのはとても全てを見られない、それに一過性だということがテレビ批評を成り立たせない要因だというふうにはもう捉えられないんじゃないか、と考えているんです。

ＶＴＲに取って見直すことも出来るし、僕も何度か見て批評を書くこともある。するとテレビは一過性だから一回しか見ないというような番組批評も成り立たなくなってくるんじゃないか、事実、そういうケースが少数だけど出て来てる。

例えば僕が夢中になって話しているとすると、それを聞きたい人と、あまり聞きたくない人、更には自分で喋りたい人、そういういろんなタイプがいるところでテレビの視聴コミュニケーションは成り立っているわけですね。

だが逆に、聞きたい、見せたいという成り立ち関係が稀に出来ると、そこには非常に厚いコミュニケーション、かなり高い芸術的な提示が成り立つんじゃないか、というふうにも考えているんです。

作り手順の変化と受け手側の変化というのは大きく動いている。そうすると、テレビ批評はそれにもある程度耐えていかなくちゃいけないんじゃないかということがあって、今までのコミュニケーションみたいなものから離れた、高い批評も成り立つんじゃないかという感じがしているわけです。

松田　それは全く事実ですね。ただ、ＶＴＲが出来ても、人間の生活時間というのは限られているわけですから、そこに自らテレビ批評が持っている制約、これは残るだろう。けれど制約はあってもそれは批評じゃないというふうに言えないわけです。

一過性だってそこには批評が成り立つわけです。

志賀　最後に私の夢の批評論を一言ずつお話しいただけますか。こういうことをやりたいと言うあたり。

佐藤　原点みたいなことですね。僕は、先の先の又先の夢って言うのじゃなくて、もう少し近いところで、自分の文体で自分がほんとうに興味のあることだけを書きたい。

古谷　そうですね、自分のやりたいことを批評に移したいですね。

でも今のように、視聴率に支配されているテレビでは夢なんか持てませんね。

松田　これは僕の能力の及ばないところなんですが、夢というこことで言えば、個々の番組批評と、それを作り出しているメディアの批評、そういうものを総合した批評というのが成り立つならば、ということを思いますね。

もうひとつ欲張っていうと、ちょっとこれは、批評とは次元のちがう問題だけれども、VTRの問題に関連して、これからは放送の番組というのが国民の財産としてキチッと保存されて、いつでも国民がそこに行って見られる、その時代のテレビがわかるような形の放送博物館が出来れば、放送批評というものも、もっとレベルの高いものになっていくんじゃないかと思いますね。

志賀　どうもありがとうございました。

若い人が映画批評には出て来るのに、テレビ批評には全然来ないんで、テレビ批評にも夢があるんだという希望を持って、若い人たちにどんどん書いて参加してもらいたい、ということを最後に言って終わりにしたいと思います。

解題

テレビ普及期の六〇年代前半から放送批評を続けてきた四氏による座談会。佐藤と松田は放送記者出身、古谷も新聞に番組評を書いており、新聞が放送批評の主要なメディアであったことがわかる。番組をすべて視聴できないことから「放送批評は成り立つのか」が問われ、映画批評に比べ社会的評価が低いとされるが、それは現在も変わらない。この時期普及し始めた家庭用VTRによる再視聴が放送批評の仕方を変える可能性にも言及される。（藤田真文）

特集：テレビの創る世界　『おしん』の場合

スーパーウーマン〃おしん〃

麻生千晶

〃おしんまんじゅう〃に〃おしんの子守歌〃、〃おしん音頭〃に〃大根メシを食べる会〃、〃おしんこけし〃は飛ぶように売れ、山形県ではおしんの生家さがしで大フィーバー。

文部大臣は子役を招いてご機嫌をとり、山形市長はササニシキ一俵をプレゼントしたとかしないとか。視聴率は今や五〇%を越え、日本全国津々浦々、おしんに泣きおしんに笑い、他局の真似をすれば、もう〃国民的な面白さ！〃

こういうバケモノ番組の批評をするのは、ホント、気が重いんであります。悪口を言ったら袋叩きに合いそうでね。わたくし、長年テレビの悪口言ってきたタタリで、スイ臓が悪いのだ。誰かがワラ人形に五寸釘打ちこんでるのに違いないと常々思っているくらい。だからこれ以上恐ろしい目に会いたかないンである。せいぜい褒めることにしよう。

「おしん」のしんは？

橋田寿賀子氏の曰く、おしんのしんは、真、信、深、新、進、伸、心、芯、辛、親、神の意味がこめられているというが、わたくしから見ると、さしずめただ今の心境は、おしんのしん、即ち、浸、震、蜃、呻、針、薪、振、侵、診などのしんに近いものであります。

ま、冗談はさておき。最初にわたくしの身辺のおしん体験

『放送批評』1983年９月号

から話したい。

十二歳になる息子が、学校の休みの日におしんを見ていた。彼も今時のクール坊やの例に洩れず、テレビドラマを見れば、「わざとらしい」の「背景のあの空は絵に描いてある」とイチャモンばかりつけてシラける方なのだが、おしんの子供時代のシーンにはじいっと目を向けていた。終ってポツリ。「あ、ボク、明治時代に生まれなくてよかったァ」ちなみにそのシーンは、おしんが奉公先で早朝から働かされているところで、彼は十時間以上寝てもまだ眠い性質《タチ》で、小さなおしんが 恐怖の睡魔に負けないでがんばる姿に 驚いたらしいのである。

次なる人物はわが家にもう十年も来てくれているお手伝いさん。彼女は大正八年生まれで、高峰三枝子と一つ違い（!）が自慢のタネだが、彼女は熱烈なおしんファンである。ファンというのを 通り越して、おしんに 彼女がなりきっちゃう。

おしんばあさんとは世代が二十年近くも違う彼女だが、「私もあの通りの体験をしてきた」というのである。彼女は茨城県の同じく小作の八人姉弟の二番目に生まれ、小学校四年の三学期から東京は浜町の製本屋に奉公に出された。小作は現金収入がないので、醤油、砂糖、油、医療費、日用雑貨、反物などをみんなツケで買う。これを盆と暮（旧正月の）に清算しなければならないのだが、たいていは金が足りないから、彼女みたいに旧正月前（つまり三学期）に子供を奉公に出して年季分の金を先払いしてもらったのだという。

製本屋に一年、続いて軍隊御用達の豆腐屋兼かりん糖工場に五年、さらに新店の氷問屋に三年奉公した後、彼女は奉公先の世話で一回りも年の違う子連れ男と結婚した。

おしんにそって、彼女が自分の過去を見る部分は、子供の頃、まだ村にいた時分に、やはり子守をしながら石板もって学校へ来ていたもっと貧しい子がいて、その子に同級生が字を教えてやったこと。小さい頃から親の言いなりに奉公に出されても親を怨むどころか、毎日毎日、いかに働いて親に金を送るか、早く親を楽にさせてやりたいとばかり考えていた。

ところが、最後の氷問屋（ここでは彼女は十代の終りの三年間）の旦那から、少しは自分の将来のためにも貯金しろ、あまり親の犠牲にばかりなるなと教えられて目が開いた。親からは「スケロ（助けろ）、スケロ」と手紙は金の無心ばかりでカーッとし、おしんと同様、親の反対への反動で結婚した、という。

話を聞くと彼女の心理が、おしんの軌跡にそっくりなのだ。お手伝いさん曰く。おしんドラマは、自分の生いたちをやってくれていると思っている。嘘っぽいところは全くないし、子供や孫（彼女は子供六人、孫八人）に口でいくらいってもわかってもらえなかった私の苦労を、ドラマで教えてくれているからうれしいのだという。子供たちは私を馬鹿にして言うことを聞かないが、NHKのドラマでなら彼らを説教してもらえる！と。

NHKだからヒットした？

さて、本論に入るとしよう。ようやく。

編集者の命令では、何故にこのドラマは受けるのか、を書けとある。

独断と偏見にみちみちていえば、まず、理由の第一は、おしんがNHKのドラマであったこと。民放じゃこうはブームにならなかった。エリアの問題ばかりでなく、今でも地方へ行けば、NHK＝お上《カミ》、思想がおおいにある。お上が民の贅沢をいましめている。これについては後述するが、ちょっと困る問題でもある。

古典的ママ子いじめに通じる悲劇の要素が大衆を惹きつける。奉公先で先輩女中にいびられ、家へ帰れば極貧の苦しさと男たち（父ちゃん、兄ちゃん）にしいたげられ、彼女の味方である人たち（バアちゃん、姉ちゃん）は次々に死んでゆき、マイナーな境遇がこれでもかこれでもかとおしんに襲いかかる。大衆は身につまされてもらい泣きし、自らの身にひきつけてドラマを見入る。洋の東西を問わず、悲劇は強いものだ。ましていたいけな子供が出てくれば……。

次に言いたいのは、前のことと少々矛盾するようだが、主人公《おしん》が哀れな庶民を代表しているようにみえて、その実、決して弱くはなく、むしろある種のスーパーウーマンであるところに爽快さを感じていることだ。つまり、たかが貧農の小娘に生まれていながら、おしんは天性のものすごい能力を示す。子守しながら字はおぼえちゃう、手習いすれば主家の娘より進歩が速く、男には好かれ、字は達筆、髪結い修業では先輩を蹴とばして三年で独立し、仕立物もあっという間に縫い上げ、十九や二十のジャリの身で、故郷の普請《フシン》の金を送れるくらいに生活力がある。その上美人で姿がよくて、いやぁ、わたくし、こんなバケモノみたいに何でも出来る女が、ホントにいるものでしょうかと皮肉の一つも言いたくなるねえ、全く。

天は二物を与えずをもじって言えば、〝橋田氏は万物をおしんに与えた〟とでもしようか。しかも、彼女は決して弱音を吐かず、周囲を明るくする性質の良さも身につけ、育ちの悪さからくる卑屈さの毛ほどもない。まるで良家の子女のごとき初々しさとくる。

信じられません。

現代でも女一人では生き難い、この男社会の日本で、あまりにスイスイ泳いでゆく姿にあっけにとられるし、常に誰かしら彼女を庇い助ける、力のある者の現われるさまは、ちィと都合がよすぎるのじゃなかろうかと思う。

が、もう少しばかり受ける要素を考えてみよう。

一種のサクセス・ストーリー

過去のテレビ小説と共通した女の一代記には違いないが、おしんの場合に特徴的な点は、これが一種のサクセス・ストーリーだということである。

のっけに現在のおしんばあさんが出てくる。チェーンスーパーの上皇(?)として、権力を持っているらしい女実業家然とした彼女は、過去のヒット作「おはなはん」や「なっちゃんの写真館」や「藍より青く」らの平凡な主人公とは違って、いわば現代の女お大尽である。人間関係、家族問題でいろいろな辛酸は嘗めて来たようだが、金銭的には成功者、庶民の夢の具現者である。

そこに大向うは唸る。

あんな東北の寒村から、たった一人ぽっちで東京へ出て来て、エライ実業家にまでなった、どんな苦労があっても、努力すればひょっとしたらおしんばあさんの十分の一ぐらいまでは行けるかもしれない、そうだ、うちの子供にも努力の大切さを教えてやらなくちゃならない、と修身の手本のように有難がって視る。

やっぱりＮＨＫのドラマはいいことを言う。と大衆は感激してくれる。

先述したように、わたくしは、この点にちょっとひっかかる。主人公の生き方から視聴者がどんな教訓を引き出そうが、それは個人の勝手であって、イチャモンつける筋合いではない。が、作者橋田寿賀子氏は、はっきりと、こういっている。

『「温故知新」という言葉がある。明治、大正、昭和を生き抜いたおしんの一生を描くことで、貧しさから高度成長を遂げた日本や日本人が、今見失ってしまったものを、もう一度思い出していただけたらと、生意気な願いもこめて、来年の三月迄、「おしん」と歩き続けるつもりである』――毎日新聞――と。

つまり、作者は意図的にわれわれ視聴者を教育しようとしているわけだ。

教育という言葉がキツければ、日本人に反省を求めようとしていると言い換えてもいい。「あんたら（言葉がゾンザイでごめんなさい）、物の豊かな現在にぬくぬくと生きて、あぐらをかこうだと勝手なこと言ってるが、大切なことを忘れちまったんじゃないの。ついこの間まで日本は食うや食わずだった、今の繁栄だって、豊かな食糧だって、一たび国際関係が悪化すれば輸入はストップ、何一つ自国内で自給自足も出来ない、そんな脆弱な経済基盤の上に組み上げられた、いわば砂上の楼閣に日本は立っている。心の問題でもそうだ。子は親や兄弟たちのために黙々と働いて文句も言わなかった。ところが今の子供たちはどうだ、親は子供に手をかけすぎ、子供は当然のような顔をして親に反抗ばかりし何の感謝の念もない。ここいらで、もう一度、日本および日本人について、じっくり考えてみなければ、この国はとんでもないところへ行っちまうよ。こういうことを言えるのも戦前派のわれわれが生きている間だけだ、そうだ！　声を大にして、国民に反省を求めよう!!」

こんな風にこのドラマの作り手たちが声はりあげている気がする。少くとも作者ははっきりと公言しているのである。

説教垂れてもらいたくない

わたくし、これ、嫌なんですねえ。

どうしてNHKさん、ドラマで説教垂れるのが好きなんだろう。

でも、これ、わたくしの考え過ぎかしら。

お上《カミ》なんですねえ。

日本全国津々浦々、毎日々々十五分（再放送合せて三十分）ずつ、洗脳されてるみたいでゾーッとすることがある。

特に、おしんが子供時代、奉公先から逃げ出して山の中で脱走兵にかくまわれたことがあった。あの数日間は、はっきり言って、わたくし、耳をふさぎたかった。

「生命《イノチ》を大切にしろ」だの「戦争は殺し合いだ」だの「君死にたまふことなかれという歌の意味は」だの、歯の浮くような反戦思想が脱走兵の口を通して語られたからである。明治末期にああいう戦後派的反戦思想が庶民の口をついて出た不自然さもさることながら、十歳に満たない子供がそれを理解するという設定も何としても納得いたしかねた。またもやスーパーウーマンおしんだわいな。

あのシーンでは、官憲に追われる国賊でも、人間としては優しく立派だったと描くだけで、十分脇の人物としては生きていたのではなかろうか。

背中がこそばゆくなるような反戦テーマを無理に喋らさない方がよかった。

説教アレルギーのわたくしごときヘソ曲がりがおりますのでね。

現在のおしんばあさんのセリフが、ことあるごとにシタリ顔の説教調なのも気になる。

作者がじかに喋ってるみたいでいやーぁだ。

重ねていいたい。

ドラマで露骨に説教垂れてもらいたくはない。

七月四日現在、おしんは竜三と結婚したところである。

作者の話では、これから、嫁、姑の問題も描かれるそうだが、これは見ものだぞ。

女同士、この永遠のテーマについては、身分の上下、貧富の如何に拘らず、息子を挾んで決して理解し合えぬ三角関係のしからしむるところで、綺麗ごとでは決して描けるものではないからだ。

願わくは、スーパーおしんが、姑の立場にまで超理解を示して、またもやスイスイと行かないように、せいぜい、現実味《リアリティ》をもって、大いに傷つき、悩んでほしい。

「おしん」人気を懸念する

さて、そろそろ紙幅が残り少なくなってきた。ここで、少々細《コマカ》いことにも触れておきたい。

半年サイクルだったテレビ小説が一年ものに逆戻りしたことについては、これもまた面白いと思うが、主人公のバトンタッチにより、あまりに演ずる女優のタイプの異なるのも問題である。子役の綾子ちゃんが、大根メシでもふっくらほっぺなのは、まあご愛嬌だけれど、子役――おばあさん（乙羽）が飛びきり大きいパッチリお目々であるのに、娘時代だけ格別細目の田中裕子をもってきたのはちょっと気になる。いい女優だが、時としてキッと相手を見据える激しさのおしん役としては、綾子――乙羽路線の方が似合っていると思う。

また、母親が山形へ出稼ぎに行っていた場面でよく米俵が出てきた。米俵一俵といえば相当な重さだ。これが、時としてふわふわ動いてた。こういうのシラケるのねえ。

米一俵といわないまでも、それに相当する重さのものをちゃんとつめて下さいよ。

（蛇足、徳川家康の中に出てくる俵も軽そうね）

おしんの結婚直前、父ちゃんが郷《クニ》から金の無心に上京して来る。これにもひっかかった。

現金収入の少い極貧の身では汽車賃にもこと欠く筈だ。しかもこの時代の山形の奥から、東京へ出て来るのは相当の距離感があったに違いない。

竜三や源じいに父親と出会わせる必要があって、上京させたのに違いないが、見ていて非常に不自然だと思った。

さて、いよいよわたくしなりの結論を述べる時が来た。いろいろ文句は言ったが、おしんはなかなか面白い。ストーリーテラー橋田氏の面目躍如である。

一見暗い話を描きながらどこかカラッと明るい。それと悪人が出て来ない。特に男共がみな優しい。橋田氏は殿方運がいい人なのでしょう。父ちゃん兄ちゃんをせいぜい身勝手人物に描こうとしながらそれがはたせていない。きっと作者の、暴君に書ききれない性格が反映しているのだろう。

甘いといえば甘く、ドラマの弱さにもなっている。

ただしつこいようだが、このおしん人気があらぬ方向に利用されるのを、わたくしは懸念する。息子のとっている雑誌にこう書いてあった。

『文部省おスミ付きドラマ』と。

皆が忘れかけている昨日までの貧しかった日本を思い出すのもいいけれど、それは個々人ご勝手に思い出せばいいことであって、橋田氏やＮＨＫさんや、ましてお国（？）に強要されるのは、まっぴらごめん、である。

（作家）

解題

『おしん』は一九八三年四月〜八四年三月に放送されたＮＨＫ朝の連続テレビ小説。一一月一二日の最高視聴率六二・九％（ビデオリサーチ、関東地区）は全テレビドラマ史上トップである。当代きっての毒舌テレビ評論家として知られる麻生千晶は、おしんがなぜ受けるのか分析し、ストーリーテラー橋田壽賀子を評価しつつ、その嫌ぁな部分を徹底的にこきおろして痛快だ。米俵をちゃんと重く見せなさいよ、と細かいツッコミを忘れないのもいい。（坂本 衛）

パネルディスカッション

特集：テレビの創る世界
レポーター・ジャーナリズム
「アフタヌーンショー」の場合

テレビ・メディアの弱点を衝く

「アフタヌーンショー」から見たテレビ

パネラー：

石原正礼（テレビ朝日「アフタヌーンショー」プロデューサー）
加東康一（芸能評論家）
梨元勝（テレビレポーター）
ばばこういち（放送ジャーナリスト）
平岡正明（ジャズ評論家）

《司会》**島田親一**（本誌編集長）

出席者：
安藤敏子・岸岡悦子・宮内君子・吉岡経子・渡辺光代（以上／東京のこだま会）・
石井暁・岡田俊幸・初沢清和・藤木達弘（以上／慶応義塾大学）・
新井直樹・井上晶子・菰田修（以上／東海大学）・**林浩昭**（駒沢大学）・
竹内希衣子・武内恵子（以上／テレビと子どもの会）・
谷崎幸子・林紀久子・久樹晴美・藤間彰夫・丸山健・吉田和子

『放送批評』1984年5月号

存在を商品化したタレントたち

司会　昭和三十九年の「木島則夫モーニングショー」（テレビ朝日）がワイドショー型式の始まりだと言われていますが、この「木島則夫モーニングショー」にフジが「小川宏ショー」ぶつけた頃から、ワイドショーにも視聴率競争が始まりました。視聴率競争につれて内容も変化し、数も増え、今ではレポーター取材による芸能週刊誌も真っ青という内容が並んでいますが、このレポーターという発想を持ち出した元凶が、ご出席の加東康一さんだと伺っておりますので（笑）、その経緯からお話いただきたいと思います。

加東　活字で育った私が映像に関わり出した当時というのは、テレビそのものが芸能界という認識があり、身内の醜聞を晒すことはないという考え方が一般的でした。しかし、ワイドショーが乱立気味になり、視聴率競争が激化した時期、各ワイドショー担当者は女性週刊誌の売れ行きに注目しだした。この人気に触れない手はない。しかし、身内から火を出すこともないしと二の足を踏んでいる時に「アフタヌーンショー」では活字で大騒ぎされている芸能人について、活字側の専門家を呼んで来て話を聞くということを始めたわけです。ところが適当な人間がいない。週刊誌は折角のトップネタを喋られては困ると出て来ない。たまたま、フリーだった私がひっぱり出されたのが、そもそもの始まりなんです。

その頃、NTVでは「テレビ三面記事」がスタートしました。真正面から見ると、警察的見方をすると、殺した方が加害者で、殺された方が被害者なんだけど、現場に行って話を聞いてみると、殺された人が凄い悪党で、殺した方が善人だったりする場合がある。そういう発想で事件を集めてみようというのがこの番組でした。しかし、当時はどう考えても、朝っぱらから殺しだ、強姦だ、かっぱらいだでは刺激的すぎる。その解消剤として、芸能を扱うことになった。それも活字メディアの専門家に話を聞くという恰好で、テレビが主体的に取材に行くなんてことはなかった。ところが、この「テレビ三面記事」が当たりに当たり、「小川宏ショー」も金曜日だけは歯が立たないくらい人気が出た。そういう実績が出来ますと、各局とも一斉に芸能だということになって、あれよあれよという間にエスカレートを続け、今日に至ったわけです。

何故、それ程まで視聴率に結びついたかと考えると、噂話が面白いというだけではなく、芸能人という共通の認識を通じて人間の有り様に興味を持つようになったことと、かつては芸を売っていた芸人たちが、存在そのものを商品として売り渡す形が、テレビによって出来上がったからだろうと思います。そうなれば、彼、ないしは彼女がどういう生活を持つかに興味が行くのは当然で、それが過当競争になってきた結果が、今日顰蹙《ひんしゅく》を買っているレポーターのやりすぎだと思います。

今や取材される側よりも取材している側の方が有名人なんですね。取材している梨元さんの方が、視聴者にとって馴染み深いキャラクターであることが多い。彼らは正にテレビに於けるタレントなんです。そのことが、ワイドショーを構成していく重要なファクターになっている。

人のエゴを映し出すテレビ

司会　ばばこういちさんも「アフタヌーンショー」に長くご出演ですが、テレビ取材の大先輩として、お話を伺いたいと思います。

ばば　今はたいへん堅いイメージになっておりますが、日本で最初の芸能レポーターは私ではなかったかという気がします。「TVジョッキー」（NTV）で芸能レポーターを担当し、芸能記者会見というところで、必ず無茶な質問をするというので、私はたいへん顰蹙を買っていました。鬼沢さんも梨元

「アフタヌーンショー」（テレビ朝日）

●月曜日〜金曜日　12・00〜12・50放送中
●昭和四十年四月五日スタート
●週平均視聴率　九・六％（五十九年二月現在）
●総合司会　川崎敬三、今村優理子

〈月〉芸能ニュース（金、土、日分）
　レポーター　佐々木正洋
稲川淳二のためになる話
　美容健康情報を突撃体験レポート
村上不二夫のどんとひきうけます
　現代便利屋、おたすけマン
〈火〉事件特集
　レポーター新藤厚、島田洋七、山本耕一
〈水〉事件
　レポーター　行宗蒼一
松島トモ子の消費者レポート
　食製品の危険性を探る
ばばこういちのなっとくいかないコーナー
　解説　山田宗睦
〈木〉人生相談
　アドバイザー　福富太郎、石垣綾子、海老名香葉子、大沢孝征、岡田久枝
〈金〉週間芸能ニュース特集
　レポーター　須藤甚一郎、佐々木正洋
　解説　加東康一

（五十九年三月現在）

さんもテレビにまだでていない頃だったと思います。

記者会見というのは、もともと形式的な発表をするところで、個的な取材は前後にするというのが通例でした。しかしテレビではカメラが廻っている目の前で、答えてもらわなければならない。『女性自身』誌上で、テレビ取材者としての記者会見における態度を問われたり、『サンデー毎日』で私の一問一答が再録され、是か非かという論議が起こったり、えげつない質問やレポートでは、僕は梨元さんや鬼沢さんの大先輩じゃなかったかと思います（笑）。

それまでの記者会見は上っ面の質問ばかりで、それが我慢ならず、単なるヨイショじゃないものを作りたいという気持ちが、逆にえげつなく見せてしまったんでしょうね。

私は現在『なっとくいかないコーナー』というのを六年間やっております。全国から訴えてこられたトラブルを解決しようと、一見、正義の味方ふうになっておりますが、よく考えてみれば、人の不幸やトラブルを視聴率に利用しているわけでありまして、忸怩《じくじ》たる思いがあります。社会には、善人（弱い一般庶民）対悪人（公共団体役人、大企業）という構図がありまして、その構図の中で弱い人の味方になってガンガンガーンとやると、視ている人たちの欲求不満が解消する。しかし訴える側のエゴもありまして、一〇対〇で相手が悪いことより、七対三とか六対四で、相手にも利がある場合が多い。九対一くらいの差があったとしても、テレビというものが一の側についた場合、一〇対二〇くらいに逆転してしまう。力の関係が逆転したにもかかわらず、弱い側が弱いという立場に立ち過ぎますと、テレビというメディアを通じて、相手の人生が狂ってしまう場合もあるんですね。正義という旗をふりかざすテレビは、恐いなと思うことがあります。

その点、芸能情報の方が、罪がない。芸能人とレポーターには馴れ合いのような部分がありますので、芸能人にもやられることを逆に利用するという力学がありますが、一般の人に同じやり方をした場合、与えるダメージは芸能人の比ではない。

今や視聴者にはふたつの立場がある。ひとつはもっとやれというサディストの立場。もうひとつは、自分は当事者になりたくないという立場。テレビはけしからん、やりすぎだとおっしゃいますが、テレビは鏡のようなもので、人がやられるのを面白がり、しかし自分は関わりたくないという視聴者の姿を映しているという風にも思います。

ワイドショーは軟体動物

司会　この一月から「アフタヌーンショー」をご担当になった石原さんに、現在の「アフタヌーンショー」が狙っているもの、問題点など、具体的にお話しいただきたいと思います。

石原　私が入社しましたのは丁度「木島則夫モーニングショー」が始まった頃でした。当時はこんな企画が当たるのかというのが社内の評判でした。しかし、出発してみるとたいへん視聴率も伸びた。それまでのテレビはドラマや映画が視聴率を稼いでいたんですが、ワイドショーという型式によって、テレビの原点、生というものが活きたんですね。その日に起きたこと、新しいものを脈絡もなく放り込んでいた。

　最近の事情を申し上げますと、先鞭をつけた「モーニングショー」が後発の「ナイスディ」（フジ）にかなりの差をつけられている。何故かと考えてみると、「ナイスディ」は「モーニングショー」スタート時のように、何でもかんでも新しいもの、話題のもの、興味の湧くものを放り込んでいる。一方「モーニングショー」は構成ものを中心に芸能も殆ど扱わずに来たところで、圧倒的な差をつけられてしまった。

　ワイドショーはテレビの中で、生き物みたいなものなんです。静止しているのではなく、軟体動物のようにグニャグニ

「テレビ芸能ニュース」を作る側の論理

アフタヌーンショー制作部

　劇場に花道があります。この花道は客席から舞台へ通じる〝歩《あゆ》み板〟だったそうで、観客の欲求によって自然発生的に生まれたものだそうです。役柄を演じた後の役者が、劇的状況を失って花道に出て来て、素顔の役者として観客と交流するためだったようです。

　芝居が発生したその昔から、素顔の役者と交流したいという欲求は、人間の根源的な欲求として存在することの証明でもあります。

　劇場で言えば、われわれのワイドショーは花道の担当です。プロセニアムアーチの中で演じられるものは、ゴールデンのドラマであり、歌であります。アフタヌーンショーで言えば、金曜日が花道です。視聴率も一週間の中では一番高く、この傾向は一時的なものではなく恒常的なものです。だから各局ともワイドショーでは芸能ニュースに力を入れています。

　芸能ニュースに対する批判の中に〝多すぎる〟というのがありますが、テレビ朝日で言えば、アフタヌーンショーだけであって、劇場構成が見苦しく、花道がタコの足のよ

ャと動いている。今後のワイドショーは新しいものにどう対応出来るかが勝負だと思います。

テレビというのは民衆のもの、庶民のものだと思うんです。権威の虚像をひっぺがしてみたり戯画化したり、パロディ化したりするのが、ひとつの役割ではないかと思います。ひとりの有名人、芸能人も、一種の権威だと考えて、その実像を出来るだけ提供していく、我々と同じ人間であることを見せることが必要ではないか。悪いものも良いものもひっくるめて、反発も含めて話題を作っていくもの、あのレポーターはひどいという批判まで含めて、話題を提供して行くのがテレビではないかと思います。

司会　梨元さんはレポーターの代表的選手として毎日話題を提供されている立場ですが、お仕事柄、感じられていることからお話いただきたいと思います。

梨元　テレビの仕事を始めて七年くらいになります。それまでは週刊誌の記者をやっておりましたが、テレビをやってみて、全然ちがっていると驚きました。テレビには立体感がある。例えば、誰かの家に取材に行って不在でも、インターホンを押すだけで絵になっちゃう。誰も出て来なければカメラをパンさせて、こんな屋根か、左にパンさせて、植木がありました、なんて雑誌ではとても記事にならないようなことでうに何本もあるとは思えません。他局にも同種の花道番組があるから、そう思われるのだと思います。

次に多い批判が〝やりすぎだ〟というものです。つまり無理矢理に取材しすぎるという批判です。

これは、テレビが持つ表現機能の特性によるものと思われます。テレビの表現機能の中で、他のメディアと圧倒的に違う点は〝ＨＯＷ〟を最も良く表現するということです。

――あなたは大麻を吸ったことがありますか？

――いいえ、ありません。

文章で表現すれば、これだけです。テレビはこれだけの答を、いかにして、どのような表情で、どもりながらか、確信に満ちてか、実によく表現します。

これがテレビが持つ最大の特長です。

この質問と答を収録するに至る過程も、そのまま放送に使われることがよくあります。カメラが対象者を発見します。対象者もカメラを発見します。逃げます。追っかけます。マネージャーが制止に入ります。遂に、対象者の前面にカメラが廻り込み、先程の質問が行なわれ、答が収録されます。

活字メディアだと、この部分はカットになります。同じこの場面に雑誌なり新聞なりの記者がいたとしても、テレビが表現するほど克明に記事にはしません。だから雑誌や新聞をお読みになる読者は、このインタビューは、実に整も出来ちゃう。

「アフタヌーンショー」の田川さんと組んで、僕が始めた頃は、少ない人数でやっている中で、自分たちの仕事ぶりを証明するため、説明するために失敗例まで流してみたんです。そうしたら、どうもそれらの方が臨場感があると喜ばれてしまった。

荻島真一と范文雀の噂があった時、取材に行った。近所の人の話では、マンションの二階の范文雀の部屋に荻島真一がよく来て、ベランダの植木に水をやったりしているらしい。インターホンを押したんだけど、留守だった。しょうがないから植木でも映してみたら、そうか、これが荻島真一が水をやった植木かなんて妙に納得する（笑）。隣の犬がほえだして、カメラマンも暇でその犬映したら、ああ、隣の犬はこいつだったか、なんてことになる（笑）。活字だったら、訪ねました、留守でした、植木がありました、これが隣の犬です、じゃあ絶対バカだって言われるでしょう（笑）。しかし、テレビはそれで出来ちゃうみたいなところがある。やりながら、しみじみちがうなと思いました。


然と、何の混乱もなく、礼儀正しく行なわれたと思うでしょう。

何故、テレビもそうしないのか？　それは、逃げるプロセスも〝何か〟を表現するからです。

このようなプロセスの放送が〝やりすぎ〟との批判になって、われわれの所にはね返って来ていることは十分承知しておりますが、真意は、混乱を面白がっている訳でも、取材のしつこさを売りものにしようとしている訳でもありません。そのくだりが〝ＨＯＷ〟を十分に表現し、それにともなう〝何か〟を表現していると思うから、放送するのです。

この種の取材には、局内の別番組を制作しているスタッフや取材対象となった芸能人の所属事務所からお叱りを受けることもあります。成田空港で取材させてもらった井上順さんから、弁護士を通じて、五〇万円の請求を受けていることも、週刊誌や新聞で報道された通りです。

日本音楽事業者協会の弁護士さんの他メディアでの発言によれば、今後もこのような請求のケースはありうるとのことですが、われわれには理解できません。

井上順さんの私生活の一部始終を知りたがっている視聴者の支持によって彼は芸能界に存在できているのだということを再考願いたいものです。

芝居を演じ終って、花道に出て来て、素顔を見せたから

テレビ・メディアの弱点

加東　以前は、記者会見の席上を牛耳っているのは新聞・雑誌の活字メディアだった。活字メディアの人間は、ほんとうに聞きたいことは記者会見では聞かなかった。自分のネタを公開席上で喋っては、各社にも書かれてしまう。通り一辺のことしか聞かないというのが、記者会見のセオリーだったんです。そのルールがテレビ時代になってはっきり変わった。カメラが廻っているその前で、何を言ったか、どんな顔をしたかだけが、決め手になってしまった。

テレビというメディアの一番の弱点は、絵になるかならないかで決まってしまうことです。ほんとうはどう思っているかより、そこで鼻をすすって泣いたり、唇をかみしめて涙をホロリと流した絵が撮れれば、それで終わりなんです。本質に迫るということと、ちがう形になってきてる。

僕が一番警戒しなくちゃいけないと思っていることは、芸能企業に限らず、警察権力、国家権力といったものが、そういうテレビの弱点を百パーセント利用することを、心得切ってしまっていることです。

例えば脱税問題がありました。国税庁は二月十六日の直前に、美人女優A、紅白に出場した実力派演歌歌手Bと発表し

五〇万円ください、と言ったら入場料を払った観客は怒ります。“芸”以外、素顔の部分に関する取材は一切拒否をする意志があれば、徹底的に拒否を続けることです。結婚しました――取材に来てください。子供が産まれました――取材に来てください。そして自分に都合の悪い取材に行くと、五〇万円ください、では理屈に合いません。

徹底的に拒否を続ける場合、本人自身がよほどの神秘性を持たない限り視聴者に見放されることは、現在のテレビ状況の中では、火を見るより明らかです。

ある程度、拒否を続けて成功した例は山口百恵さんくらいでしょう。

われわれが芸能人を見る見方と、芸能人自身が考える芸能人のあり方に大きなズレがあるのが現状です。だから時々、困った問題が起きます。プライバシーの問題にしても、われわれは、芸能人にはその権利は無いと思っていますが、彼等の中にそう思っている人はほとんどいないでしょう。

一般大衆の支持によって存在できているのだから、徹底的に大衆に奉仕すべきだと考えるのですが、彼等がそう思っているとはとても思えません。

テレビのスタジオに拘束されている時間だけが大衆に奉仕する時間であって、一歩外に出て街を歩いている時は自分の時間だ。何故、疲れているのに愛想をふりまかなければならないのか、あなた達からお金を貰っている訳ではな

た。しかし、考えてみれば、この税務上の問題は昨年の秋のうちに決着しているんです。それを今になって発表する。活字メディアは前年度の所得申告額から一も二もなくA、Bを特定し、発表する。これが彼らの狙いなんです。どっと、総てのマスコミがけしからんと殺到し、そんなことで一人前の人間かと責めたてる。しかし、税金を一銭でも多く払いたいと思っている人は日本人にはひとりもいないでしょう。誰だって安い方がいいと思っている。出来ることなら払いたくないと思っている。にもかかわらず、極めて単純明快な正義感を押しつけて、おまえらはけしからんという言い方に終始することは、僕は考えもんだと思う。正に、国税当局、国家権力の思うがままに、マス＝メディアが動いてしまっている。

例えばドリフターズがノミ行為をした。その時も挙げてけしからんという騒ぎになった。けしからんにはちがいはないけれど、重賞レースの時にはNHKの定時ニュースまでが報道する程、煽っておいて、実際、四国に場外馬券売り場は一軒もないんです。一軒もないのに東亜国内航空の金曜日の飛行機では山のように積まれた競馬新聞が、とぶように売れているんですね。誰が馬券を買わずに競馬新聞を買いますか。それを放置しておいてけしからんと言う。これを厳しく問い正すならば、中央競馬会の体質そのものに文句を言わなきゃ

いよ――そんな声がわれわれには聞こえて来るのです。街も花道です。

テレビが茶の間に入って、あなた方と視聴者との距離が縮まったことは肌でお感じになっているでしょう。

茶の間にあるテレビセットは、視聴者にとっては既に〝透明〟になっています。遠くにいるあなたを見ているという感覚ではなく、すぐ側にいるあなたを意識しています。だから、街で会うと声も掛けます。握手も気軽に求めます。そして、あなたのすべてを知りたいと思っています。

江本孟紀さんが書いた『プロ野球を10倍楽しく見る方法』が何故あんなに売れたと思いますか。テレビの野球中継やスポーツニュースでお馴染みになった選手の日常生活や、ベンチ内の様子を知りたいと思っていた欲求をあの本が満足させてくれるからです。

あの本も花道部分を書いた本です。

劇場の花道の存在理由とその意義を、テレビに置き変えていただけるならば、われわれとの〝ズレ〟が修正され、おのずと芸能ニュースに対する認識も変って来るのではないかと思うのですが……。

（「放送文化」八三年七月号掲載記事より抜粋）

いけない。国家権力のスケープゴートにされる条件を備えているのは、大きな組織に属さない、社会的名声を持った人間なんです。それも、出来るだけ、やった行為と活動イメージに距離のある人間が好ましい。勝新太郎がノミ行為をしても、あいつらしいで済んでしまうけど、子供たちに愛されているドリフターズなら、必ず大騒ぎになる。彼らは狙われてたんです。それを僕が放送で言ったところ、即刻、警察庁というところから偉い方がみえまして、「おっしゃることは誤解だ、狙ったりなんてとんでもない、放送で訂正してくれ」と言ってきた。僕は狙っていると思ってる。また、狙わなければ警察はなまけていると思う。国家の収益である公営競馬売り上げに匹敵するだけの裏馬券が売られているという、誰でも知っている事実がある。そこに社会的批判を集めるには、パブリシティの効き易い人間を狙うのは当り前だ。もし、狙ってないとおっしゃるなら、警察はバカだ。狙っているにちがいないと思うから訂正しないと言って、おひきとり願った。

みんながそういう発想を少しずつ持ってくれれば、私のところにどっと警察庁のお偉方がけしからんと押しかけることはなくなるだろう、また、なくなることが正しいだろうと思っています。

ただ、面白ければいいんだとは、どうしても思えない。底の浅い正義感で斬って捨てる、こと足りるという形で、これからテレビというメディアが機能していくことは、非常に恐いことだと僕は思います。

喜怒哀楽のパターン化

ばば　それは私も何回か経験したことがあります。ひとつの番組から、各局から、一元的な意見が出ていく傾向が、最近顕著だと思います。

イエスの方舟事件というのがありましたが、あの時、『週刊サンケイ』と「アフタヌーンショー」は家庭の立場に立って千石イエスを追及し、「サンデー毎日』は逆に千石イエスの立場に立った。たとえば「アフタヌーンショー」では、水曜日レポーターの僕と千石イエス追及をしていた司会者の今村優理子が論争する場があり、番組もそれを許容したわけです。メディアの中からちがった主張が出て来ること、大韓航空機事件でも、ロス事件でも、そういうことがもっと出て来ていいんじゃないか。それがどんどん一元化してしまうことの危険性を近頃感じます。一元化してしまうと、加東さんがおっしゃるように、メディア自体が利用されやすくなるんです。

左とん平が賭博で五〇万円すっちゃって、それがみつかって、とんでもないという話になった。確かに誉められたことではないけれど、それで左とん平という人が総てをなくしてしまうというのは、おかしい。そう放送で言ったところ、視聴者からケシカランという苦情が来た。どうも、見ているお客さんの方も、一元的な正義感を身につけてしまっているらしい。ひとつの事について、いろんな考え方があることを認めない。ちがう意見やちがう価値観に待ったをかけて、孤立させるような社会情況が生まれてしまっていることは、そうしてきたワイドショー自身の問題もあるけれど、それを支えている視聴者の一元的思考も問われていいんじゃないかという気がします。

平岡　今日は非常に気持ちがいい。お二人から、凄い問題提起が出て来たので、僕も割り込ませていただきます。

テレビレポーターがスター性を持ってきた、これは活字の世界でいうと、ニュージャーナリズムが成立したことに対応します。黒子に徹することをやめ、一定の文芸的表現に私的感想を織りまぜながら、ひとつの問題に直面していくふりをして直面していかないのがニュージャーナリズムであると、僕は考えています。それが出て来たことと、芸能レポーターがスター性を持ってきたことが、パラレルに七〇年代に進行したと、僕はみています。

ここで、テレビというものの悪さを提起しておきたいと思います。

真実の感情表現を失うということは、民衆にとっての危機です。喜怒哀楽がパターン化された時、活力はなくなっていきます。テレビレポーターの中で、あまりにもパターン化が進み過ぎているということは、非常に面白くない。パターン化によって誘動されるということが起こってきます。

ワイドショーの司会者にはいくつかのパターンがあり、そのパターンを抜けていかない。香具師の口上をする人、乞食節で迫る人、行政役人風に迫る人、この三つのパターンしかない。泣きの口上・乞食節は川崎敬三が典型的です。ああいう表情をした時、人間が何を考えているかというと、顔真似をすればわかります。縦じわと横じわが交点を結んで、心はからっぽになっていく。ふたつめは女性レポーターに多く見られる、やたらにキャーキャー喋る香具師のやり方。みっつめは総合司会者に多い行政官僚役人型。オーデコロンの臭いがプンプンする大蔵省官僚型意識で、世の中の喜怒哀楽をさばいていく。

泣きのテーマなら泣いちゃう、笑いのテーマだから軽薄に行っちゃうと誘導されていくと、自分が当事者になった時、真実の思いが表現出来ないという、たいへんな危機にぶつかる。その危機は何かというと、芸能の国家管理です。

僕は芸能が非常に好きです。芸能のことをこれだけ論じているのに、誰も僕を芸能レポーターにしてくれない（笑）。僕が芸能レポーターになるような時代だったら、日本は多少いいだろうと思います。そうしたら、加東さんのむこうをはるよ（笑）。

泣かなきゃ納得しないテレビの間違い

加東　泣きゃあ済んじゃうって例では、あべ静江の婚約がありました。同棲しているのがバレちゃったんで、何故か日本では婚約すれば無罪放免なので、無理矢理婚約発表なんてことになっちゃった。ところが、相手のギタリストが非常にモテモテ男で、前の愛人の持っていた写真を『フォーカス』が掲載しちゃった。マスコミはあべ静江を捉まえて「こんなひどい男とあなたは別れますね!!」と迫る。僕はそういう男だから惚れちゃう女がいてもいいと思うんですよ。いろんな過去があって、今もややっこしいあの人だから好きって生き方があってもいい。「こんな男と別れて当然、あなたは別れるべきだ」と迫るけど、あべ静江は泣かない。泣かないとテレビ的には面白くない。いつまでも取材陣はとりまいて責め続ける。遂にあべ静江がしょうがなく泣く。その途端、パシャパシャパシャとシャッターの音、テレビカメラの廻る音、それで終わりなんです。人それぞれが持っているもの、大事にしているものを画一的にしてしまう、こうでなければ世間は納得しない、だからこうなんだと決めこんでいくのは全くおかしい。

年末の歌謡賞だってそうです。ずっと前から結果は判っている楽屋があって、お父さんやお母さんが北海道の田舎から、とっくの昔に来てたりする（笑）。それでももらえば泣く。泣けば泣いたで空々しいと言うけれど、泣かなきゃ愛嬌がないと言われる。だから、とりあえず、泣いときゃ無事だとみんな泣く。

泣かなきゃ納得しないというメディアの有り様は、僕は非常に嫌なんです。それは間違っている一番大きな要素です。そして、その要素がワイドショーに端的に表れている。

石原　本音の質問をぶつけた時に、誤魔化す、戸惑う、泣く、わめく、という反応に対して、視聴者の皆さんは、もっと冷静な鋭い目を向けていると思うんです。テレビは高所から何かするものではなく、大衆と同じレベルでものを見ていくわけですから、我々が思っている以上に冷静に見て、批判する力を持っていると思います。その辺は、僕は信用しているんです。

平岡　そうですか？　僕には疑問があります。ワイドショーの好きな主婦を知っています。朝、昼、夕と見ている。この人にとって、テレビは社会に対する窓なんだと思います。ワイドショーの中には女性原理が働いているような気がしてしょうがない。テレビは主婦に当てこみすぎているんじゃないかという気がするんです。

テレビ的発想の中で、ひとつ欠けているものがあります。偉い人間の中に俺たちと同じ欲望があることがわかって面白いという有り方が確かにあります。けれど、人間の中には、物欲だけでは動かない奴がいるんだ。インスピレーションだけで動くやつ、純粋に美だけを追求しているやつ、犯罪だけを追求しているやつがいる。そういう人間を創り出していく原動力を遮断する方向が、ワイドショーにはあるような気がする。

芸人を細くしたテレビという職場

司会　非常に突っ込んだお話が出て来ましたが、会場の皆さんからも忌揮のないご意見を頂戴したいと思います。

林紀久子　スターといえば今までは、即、芸能人を思い浮かべたのですが、最近は話題があれば一般市民でもスターになってしまっている。だから、今の芸能人は芸がないんじゃないかと思うんです。ワイドショーは芸能人を取材しながら壊しているような気がします。

加東　確かに芸能人の芸の質は、かつての芸人の質とは大きく変わってきている。その一番大きな引き金になっているのは、テレビというメディアの存在そのものだと思います。NHKを含めてテレビというメディアには、ブラウン管に出してはいけないタレントの規定があるわけではないのですが、社会的指弾を受けたような人間は登場させないという約束事が、いつの間にか出来上ってしまった。それが画一的に芸能人を裁いているんです。芸能人というのは、本来、どこか半端だったり、常識の枠から逸脱した人間が多いんですが、そのはみ出し方がちょっとでもお上のご意向に沿わなかった場合、忽ち画一的に裁かれてしまう。今の芸能人にとって、テレビは大きな職場なんです。その職場から締め出されるという結果があるから、出来るだけ日常生活の枠から逸脱しないようにする。しないようにするが三〇年も続いてしまうと、段々芸が細くなるのはしょうがないんです。逆にテレビというメディアの上に初めて成立するエンターテイメント、タモリやたけしが登場してきた。テレビによってエンターテイメントの質が変化したことと、日本が育んできた芸の大事な部分が削がれてきたことは事実ですね。これはワイドショーだけの問題ではなく、テレビというメディア全体、日本文化そのものに大きく関わるものです。

渡辺　私が最近閉口したのは、あるワイドショーで有明炭鉱爆発事故の時に、レポーターが家族を亡くされたお婆さんにつめよって、凛となさっていたそのお婆さんをバスの中まで追いかけて、遂に涙を見せたところでチョン、をやった時です。私はほんとうに嫌でした。こうしたレポーターの責任というのは、個人の責任とされるのか、それとも局全体が負うのでしょうか。もうひとつ、タレントのプライバシーはあるのかないのかについて、お伺いしたいと思います。

司会　レポーターの責任については、ばばさんからお伺いしたいと思います。

ばば　「テレビ三面記事」で小野ヤスシというタレントがレポートした時に、こんなことがあったんです。

ご主人が留守の新婚家庭にコソ泥がはいって、何か盗んで捕った。その時、その事実だけでは面白くないので、小野ヤスシはその奥さんとコソ泥の間に何かがあったかの如くレポートした。ほんとうにそんなことがあったのかと訊いたら、ディレクターの指示でつけ加えた想像だという。それじゃあ、おまえは責任持てるのかと大論争になったことがあります。僕はレポートする人間というのは、その内容によって起こったことに責任を負うべきだと思っていますので、負う以上は、喋る内容についても、編集についても、最後まで一緒にやるべきだと思います。局とレポーターは共同の責任を持つべきです。共同の責任を取れない人間は、レポートすべきじゃないです。しかし、現実には責任のとれないレポーターがいるようです。

司会　局のお立場としてはいかがでしょう。

石原　レポーターとは、その個性で対象物に当たって、その上で考え感じたことを報告してもらうわけですから、当然、レポーターの責任もありますし、その人格を選んでまかせた局にも責任があります。例えば、ばばこういちという人が重大発言をしたとしたら、ばばさんには番組を降りてもらう、と同時に、担当の私もやめるというのが筋だと思います。

芸能人のプライバシーとは?

加東　プライバシーについてですが、日本の伝統芸能であった歌舞伎がひいき筋を持つことによって存立したのと同じように、芸能人というのは全部旦那持ちなんです。旦那とはスポンサーですね。直接、間接にスポンサーの恩恵を受けているわけですが、このスポンサーが要求するのは芸じゃないんです。キャラクターそのものをブラウン管に晒すという形で、コマーシャルベースにのせていくことなんです。

非常にうまく走るのが遅い芸をするのではなく、おしなべて満足に走れない人間が運動会をやれば、スポンサーがつく。芸でもなんでもない、存在そのものなんです。泳げないことで面白く見せるわけじゃなく、その人間が泳げないこと自体が商品になってしまう。

すると、じゃあ芸能人のプライバシーとは何かというと、非常に難しい問題になってくる。私生活を大衆に晒すことによって、タレントとしての存在を創り上げるということが日常的に行われている中で、都合の悪いプライバシーには触れるなという方が、無理です。

プライバシーの定義について、戦後間もなくイギリスで大論争があった。ここでイギリスの司法当局が下した判断がある。政治家、スター、及び重罪犯罪人にはプライバシーが成立しにくい。政治家、スターは不特定多数の人たちの支持によって成立している職業だから、プライバシーの権利は極めて稀薄である。重罪犯罪人は重罪犯罪人であるがために、そのプライバシーは保護されにくいという判断を下しているんです。

司会　梨元さんは、実際、現場にいらしてどういう感想をお持ちですか。

梨元　プライバシーについては取材しながらも、その境目が難しいと感じます。人それぞれ、芸能人側もちがうんです。

例えば渥美二郎はデビュー当時、演歌歌手のお父さんがバックアップして、キャンペーンなども一緒にまわっていた。それが段々売れてきて、お父さんから離れ、一人歩き始めた。それからしばらくして、そのお父さんが流しのシマ争いに巻き込まれて捕った。僕が渥美二郎さんを取材に行ったら、彼のマネージャーが「その事件は彼とは無関係だ、彼のプライバシーがあるじゃないか」と言われた。しかし、お父さんは最初は渥美二郎の父として公の席にも出ていた。都合のいい時と悪い時があって、都合が悪い時は父とは関係ないと言う。普段は父を表に出したくないと言っていた松坂慶子さんが、税金の問題は父に訊いてくれって言う。

火野正平も本人のガンバリもあってよく騒がれますが（笑）、初めの頃は「もっといろんなことやってる奴がいるのに、何でいつも俺なの。ＮＨＫに出られなくなったら、どう責任取ってくれるの」なんて言っていたのが、先日コンサートで会ったら「最近、ワイドショーが来ないんだよね、たまには出してよ」なんて言ってる。考えてみたら、彼はワイドショーによって彼らしい役柄というのが広がり、それにふさわしい役がいろいろ来るので、NHKに出なくても充分なくらい収入も増えちゃってる。従って、そのイメージを保つためには、ワイドショーで遊び人、プレイボーイぶりを出しておいた方が得になっているんです。

　もうひとつは、上岡龍太郎さんが言うには「テレビと関係ない頃は、花札賭博をしようが、女と何かあろうが、そこだけの話で済んじゃった。ところがテレビに出たがために全国に顔が売れちゃって、仕事が増えたのはいいけれど、もしここで花札なんかやっちゃったら、忽ち仕事がなくなってしまう。テレビに出ていなけりゃ、取材対象にならないんですよね」。それは確かにそうだという部分がある。

　タレントさんそれぞれに意見や見解はあるんだけど、取材する側としては、どういうふうに分けたらいいのか迷うんですね。

テレビレポーターの無神経さ

初沢　芸能人とレポーターはおんぶにだっこのような関係があるので、多少のやりすぎも仕方がないと思うのですが、それと同じやり方をごく平均的な市民にも当てはめるのはどう考えてもおかしいと思います。それがまた、視聴率を稼いでしまうこと自体に矛盾を感じます。

ばば　ここは、取材する側が、もし自分が相手の立場だったらと考えてやっていくよりしょうがない。何を取材するにしても、常に自分がその立場ならどうなるかということを、頭に置いておく責任があるだろう。それが最低の仁義だろうと思います。

　一億二千万の日本人の中で、テレビに何かの形で関わっている数は、せいぜい十数万です。十数万の人間は、日本人の約千分の一に当たる。つまり、普通の人の千倍は気も遣っていかなくちゃいけない。

梨元　一般庶民と芸能人を一緒には出来ませんが、今、三浦和義さんは大スターですよ。その日その日のセーターの色まで中継されている。彼もちゃんと考えてて、翌日はちがうセーターを選んでいる（笑）。彼はいみじくも「僕はタレントさんじゃない」と言ったけど、確かに歌を歌ってるわけでもないけれど、疑惑の人というところに圧倒的なスター性がある。三浦さんの名前がちょっと出ただけで、視聴率もドーンと上がっちゃう。

平岡 『異邦人』（カミュ）の主人公・ムルソーの台詞に「最後の僕の願いは、人々に石つぶてを投げられ、罵声を浴びながら、その中を公然と刑場に引かれていくことだ」というのがある。ここには倒錯したダンディズムがあります。価値観がちがうんだ。三浦さんが犯罪を犯したかどうかは別として、この人たちには市民社会のプライバシーで通じるかどうかということがある。

加東 取材側に画一化が起こってきていて、ニュージャパン火災、日航機事故と続いた時も、被害者の肉親、知人に対して、みんながみんな「今のお気持ちは!?」とやるんですね。そういう状態の人間につきつける言葉じゃない。もう少し、状況なり、相手の気持ちなりを咀嚼した上でのマイクの向け方があろうと思うんですね。柩が運びこまれたところで「今のお気持ちは!?」なんて訊くなって言うの、わかってるじゃないか。そういうところに見ている人は無神経さを感じるんですね。

ばば 視聴率競争というのは、僕は決して悪いとは思っていないんですが、視聴率競争も一元化しないで、もっと多元的になっていかなくちゃいけない。最近の傾向で一番危険だと思うのは、どれもこれも、同じような方向でしか報道されなくなっていることです。最初から、ちがう仮説で動いてみるってことが、なかなか出来ない。テレビ自体に芸がなくなってきてる。

フジテレビがこうやるなら、テレビ朝日はこっちから斬ってみようという工夫からスタートすべきです。「アフタヌーンショー」がこうなら「モーニングショー」はこうだという具合にやって行けば、ひとつの事件についての見方もずっと多元的になって論議も出てくると思うんです。面白さから言っても、遥かに面白くなる。人権が損なわれそうになったら救済していくという動きも自然に出てくるでしょう。

そうならなくなった元凶は、やっぱり共同記者会見だと思うんです。政治だろうと芸能だろうと、記者会見で総てこと足りるということは、ほんとうに危険です。それぞれが工夫を凝らして取材していく姿勢がなくなったら、ジャーナリストというのはおしまいだと思います。

梨元 アン・ルイスと桑名正博の離婚の時もプロダクションから記者会見するから待ってくれと言ってきた。記者会見が取材の総てでは勿論ありません。週刊誌をやっていた頃には、それぞれが取材して、記事が出て、それじゃあ皆さんにご説明しますとなる、ものの流れというものがあった。ところが今は先に記者会見で、あさってアン・ルイスのコンサートがあるけど、みんなでワーっと行くと混乱するし、三浦さんで忙しいし（笑）、待とうじゃないかってことになる。みんなで会見すれば恐くないって感じになってる（笑）。

僕はこれは過渡期だと思っているんです。初めは何もわからなかったワイドショーが、取材を始めて、情報に追われて、だったらみんな一緒に会見しようみたいなことになった。この形が総ての筈はないので、変わっていく過程であると僕は思っています。

犯罪と芸能は社会の華

石井　ロス疑惑で、もし司法当局が動いて犯罪の事実はないという結果になった場合、マスコミはどう責任を取るのでしょう。日航機事故の時も機長の家庭まで興味本位に追いかけていたようで、そういうやり方は一面、卑劣にも思えるのですが。

梨元　三浦さんに関しては、完璧じゃない部分は確かにあるんですが、僕自身は黒に近づいているという手応えを持って追いかけています。もし白だったらどうしようという意見もあって、迷いもあるんですが、疑惑があることは事実で、それが自分の支えにもなっている。この人、白なんだと思い切っちゃったら、明日から仕事がなくなっちゃうところもあるんです（笑）。

また、僕がひいてしまうと「最近、梨元は何にもやらないな。『アフタヌーンショー』の時の方が頑張ってた。やりすぎると、もう行くところがなくて恐いんだろ」と言われてしまう。確かに行くところない部分もあって（笑）、守りの姿勢になってきたところもあるんですね。こんなふうに考えてたら何も出来ない、やめちゃった方がいいのかなって迷っているところに〝千鶴子さん！　遺体発見!?〟と聞くとワーっとそっちに行っちゃうんです。何故こんな仕事やってるのかと訊かれても、説明出来ない部分で動いてて、とにかく毎日やっちゃって、気が付いたら結果的には毎晩帰りが遅くて子供がなつかなかったりすることだけが残る（笑）。正直なところ、僕らがやっていることの答えを聞きたいというか、どことなく方向を出していただければ、ありがたいと思います（笑）。

平岡　僕はいいと思うんですよ、司法当局にゲタを預ける必要は全然ないんですから。

僕は『あらゆる犯罪は革命的である』という本を出してい

る男ですから、芸能と犯罪は社会の華だと思っています。

千石イエスの罪は何処にあるかというと、家庭の解体に手をつけてしまったことです。集めた女たちと遊んでいたわけでもなく、ただ、毎日が面白くないと思っている女たちの話を聞いてあげた。その結果が家庭というものの解体につながった。こういう思考はパターン化された思考の中からは絶対出て来ない。

テレビのレポーターは、こと犯罪に関しては駄目です。いま、日本の犯罪論の水準は、コリン・ウィルソンの『殺人百科』の比じゃない。僕の友人、朝倉喬司の『犯罪風土記』なんて読むと、その水準の高さに驚きます。レポーターは朝倉喬司ぐらい読んで感受性を磨くべきです。

芸能と犯罪というふたつの華を扱うには、愛《め》でるという感受性、自分の中の犯罪者的資質、芸能に官能する心を磨いた人間でなくてはいけない。特に犯罪の場合はそれが出来ていなかったために、白を黒といいくるめてひどいことになった例があります。

ひとつの犯罪、もしくは芸能は、日本社会そのものを代表します。日本社会をレントゲンのように透視します。それだけ深く豊かなものを、泣きのレベルで止めてもらっちゃこまる。ヘタクソなレポーターのレベルでおさえて欲しくない。これから犯罪レポートをやる人は朝倉喬司の『犯罪風土記』を読んでください。

加東　真実をいうのはいくつかある。限りなく疑わしくても罰することはない、裁判所の真実。疑わしいからひっぱる警察の真実。報道の真実は、そのどちらでもないところにあるべきだと思います。もし、無罪だったらどうすんだ、というところで線をひくと、その事件が事件として成立し、裁判で判決が下るまでは触れられないことになってしまう。

報道の基本はスキャンダリズム

ばば　ロス疑惑について、視聴者は出来るだけ多くの情報を欲しがってる。その反面、もし白だったらマスコミはどうするつもりだろうという、二本立の楽しみ方をしている。三浦さんに関しては、もし白だとしたら、彼の人権は完全に守られるでしょう。そのときは、今よりもっと大スター扱いされる筈だからです。

むしろ、危険なのはもっと小さい事件です。一回報道されてそれっきりというものは、救済措置が全くない。そのことの方こそ気を使うべきだし、その方が恐いんです。

今、報道されている部分について、あれがいい、これがいけないというよりも、今、隠されている部分がもっと自由に報道されるような方向にいくべきだと僕は思うんです。これがいけない、あれがいけないとやっていると、段々健康的でなる。コントロールされにくくするためにも、何でもカンでも出ちゃって隠れた部分がない方がいいと思うんです。倫理的に画一化されていく。そしてコントロールされやすく

加東　報道の基本はスキャンダリズムなんです。

大きな政治的問題も総てスキャンダリズムから暴かれている。報道の有り様として一番危険なのは、記者クラブ発表だけが記事になっていくことです。日本の報道メディアが落ち込んでいるのは記者クラブ発表、警察発表そのまんまを報道するという姿勢です。ロッキード事件だってアメリカから石を投げられない限り暴かれなかったことです。スキャンダリズムの機能を喪失してしまっているのが、今の日本のジャーナリズムなんです。もっとスキャンダリズムを取りもどさなければいけないというのが、僕の考え方です。

平岡　僕もジャーナリストの端くれです。いろんなジャーナリスト会議で、いろいろな発言に触れる機会が多いけれど、案外建前論中心の中で、今日のパネラーは最高です。

ジャーナリズムはスキャンダル追及で一向にかまいません。それをなくしたら駄目です。たいがい権力などの裏に隠されたものがあるのですから、それを引きずり出すことはスキャンダルたらざるを得ない。何も人の便所をのぞこうってもんじゃない。ゴシップとスキャンダルはちがいます。

僕はテレビの三浦氏報道を見ていて、三島事件の時の活字畑の熱狂を思い出します。三島由紀夫に関して、床屋のおやじの話から仕立屋のコメントまであっという間に様々な情報が集まってきて、そういうものがひとつ来る度に、ジャーナリズムは社会の毛穴に手を差し込んで、日本社会の欲望を吸い上げる機械になった。価値判断以前に、こういう事実がある、また出て来たということに熱狂した。その熱狂の中にある種のジャーナリズムの真実があった。やはリジャーナリズムとは情熱です。その情熱は悪いとかいいとかいっても止まりっこない。止まりっこない情熱とは解放すべきです。

人間の愚痴、卑しさ、そして煽動に憑依《ひょうい》するのがジャーナリズムのひとつの本質で、どんなに世の中がいいと言われても斜に構え、悪いと言われれば増々斜に構える、飼い馴らせない牙みたいなものがある。もしここに、自己規制を考える要因が七つあり、にもかかわらず報道しちゃいたい情熱が三だとしても、やるのがジャーナリストだろうと思う。ジャーナリストの発想は犯罪者に近い、そして芸能人に近い、スキャンダル・ジャーナリズム大いに結構といっている人間が牙

を抜かれてしまったら、日本の未来は真暗闇でございます。以上。

管理されない自由なテレビを!

司会　今日は「アフタヌーンショー」に始まって、それが我々が共有するテレビというものを語る良い機会につながったようです。出来るだけ多くの情報が自由に出入り出来るテレビであることを願ったところで、最後のご発言を頂戴したいと思います。

梨元　僕は今のワイドショー合戦は秋葉原の電気街に似ていると思うんです。あんなに電気屋が集まったら、さぞ競争がたいへんだと思うのが、かえって盛り上がっちゃうんですね。あの中に一軒、家具屋があっても、通り抜けちゃうと思うんです。テレビもそれと同じで、全部がロスを扱ってる時「うわさのスタジオ」ひとつだけ別のことをやったら、ドーンと視聴率落ちて最低になっちゃった。しょうがないから、また電気屋さんにもどってやっているというのが、今のワイドショーなんですね。

ワイドショーは何故、火野正平ばかり追いかけて、石原裕次郎の愛人問題はやらないのか、沢田研二の子供は出ないのか、とその矛盾をいわれると、次の言葉がないところがあるんですね。けれど、そこは、視聴者の方に是非見抜いていただきたい。何故、扱えないのかを。僕は放送でも言い切ってない筈です。必ず最後に言葉を濁してる。言い損なってる、言えない何かがあると感じられちゃった方がいいと思います。

石原　テレビというのは常に大衆と共にあるもので、世の中にはこんなことがある、こんなことも起きたと、ナマナマしい素材をどんどん送り出して行くものなんですね。それをまとめて考えたり、批評したりするのは、受け取ったそれぞれの人であったり、活字媒体であったりするんだと思うんです。

テレビというのは一方通行で、反応は伝わりにくいと言われますが、反響の電話はかなりの数になりますし、「アフタヌーンショー」でも電話を受けたディレクターが一時間も二時間も話し合っていることがよくあります。テレビを通じてひとつの討論が出来て、それが広がっていけば、いいのではないかと僕は思います。

ばば　私のこれからのテーマは、視聴者との戦いだと思います。視聴者というのは、非常にサディスティックでありながら、非常に倫理的なものを要求したり、実に意地悪なんです。僕は視聴者の言うこと総て正しいとは絶対に思うまい、自分自身の感性をもっと大事にしたい。そういうものが、いつも自由に出入り出来るテレビであるよう、もっと広げていきたいと思っています。

加東　これからのワイドショーには、もっといろんな形が出て来た方がいい。「笑っていいとも!」なんて素晴しいワイドショーですよね（笑）。メインの司会者が入れ変わったら、どっちがどっちだか見分けがつかないようなものが並ぶのではなく、多様なワイドショーが出来るような方向を考えるべきです。

今年はニューメディア元年などと言われていますが、放送衛星をNHKだけにまかせてしまうのではなく、有効な利用に向かって、ワイドショーも多様な方向を探っていく時期じゃないかと思います。

司会　加東さんにうまくまとめられてしまいました（笑）。長い時間、ありがとうございました。

（於・昭和五九年二月二四日、文中敬称略）

解題

テレビ朝日『アフタヌーンショー』は一九八五年一〇月一八日、八月放映の「激写!中学女番長!!　セックスリンチ全告白」がやらせと発覚し、ディレクターが暴行教唆で逮捕されて、打ち切られた。放映の一年半前、同番組を中心にワイドショー問題を議論したのが本論考だ。一部論者がテレビの弱さやレポーターのやりすぎを語るが、基本的にはスキャンダリズム肯定論である。これが番組の夜郎自大につながらなかったとは、言えそうにない。（坂本 衛）

特集：テレビの創る世界　ブラウン管の市場価値

連続シンポジウムをおえて
憂国TV論

平岡正明

『放送批評』1985年8月号

ツキがもどってきたぞ。シンポジウム最終回「ブラウン管の市場価値」を行った五月三〇日に至る四八時間、三つの快事があった。

第一は、花岡反乱四〇年後に、秋田県大館市が慰霊祭を行うことを決定し、友人石飛仁の劇団「空飛ぶ襟巻トカゲ」が出演を要請されたことである。

第二は、ロンドンを騒がす日本姐さん二人組フランク・チキンズの日本公演が成功したことである。

第三は、長谷川伸のエッセイ「喜遊抹殺説の昔」が手に入ったことである。

この三つを視聴率で言うと、零コンマ〇〇一くらいのもので、数値的に言えば、長谷川伸「喜遊抹殺説」が出て来たなどということによろこぶのは当面俺だけ、つまり一。フランク・チキンズの日本公演が成功したことに祝盃をあげるのは一〇人か二〇人。読売ホールでそれを見たのは五百人くらい。花岡事件は日中両国の重大事であるから一〇億人の問題であるが、まず劉、李、宮、塚戡という四人の男の花岡行きに鍵がある。

「花岡事件」「チキンズ」「喜遊」、この三つが何を意味するか理解できる読者はおるまい。今のところはマイナーな問題なのだ。連続シンポジウムの総括論に似つかわしくないと感じられても、これはテレビ的思考の対極を物語ろうとする前階であるから、説明させていただきたい。

『喜遊抹殺説の昔』をめぐる可能性

まず喜遊（あるいは亀遊）であるが、異人に抱かれることを拒んで、露をだに厭ふ倭《やまと》の女郎花《おみなえし》、振るあめりかに袖は濡らさじ、と辞世の句を詠んで自害した遊女である。開港にわく横浜の港崎《みよざき》遊廓に、なかでも繁昌した岩亀楼（実在、二代豊国に岩亀楼の錦絵がある）の名妓とされているが、彼女が実在の人物だったかどうかは疑問だ。尊皇攘夷派の士、大橋訥庵《とつあん》という人物のプロパガンダだろうとも言われ、横浜に伝わる亀遊伝説の最大値では佃実夫のつたえるところによると――ヘボン博士が出てきて、亀遊の恋人たる尊皇派の浪人に「四海平等」という書きつけをピストルといっしょに渡したとあり、ここには自由民権運動のにおいもある。

作家長谷川伸は、「横浜白話」というエッセイ集で、当時の港崎遊廓の細見《さいけん》（遊女版ぴあ　みたいなもの）を検討して、亀遊の名がないところから、亀遊非在説をとっていた。ところが紅葉坂の県立図書館資料館、長谷川伸の項で、〈「喜遊抹殺説の昔」、昭和十三年一月一日、著者寄蔵〉というカードを見つけた。現物はなかった。短いエッセイだと思うが、比較的新しい索引カードの「寄蔵」という表記から、昭和十三年の正月に長谷川伸自身が図書館に寄贈して、図書館側では、建物を建てかえた後でも蔵書しているということだろう。資料館と図書館の二人の司書が電話しあって、調べてみますから、わかり次第電話しますと言ってくれた。

電話があったのが五月二八日だ。あったと言う。いかにも図書館の司書らしい折目正しい話しかただったが、琴線にふれるものがあった。

その司書の人と俺の触れあいは、それぞれの生涯のうちでほんの数分、図書館に行って、コピーをとってもらい、礼を言って……おそらく、これでおわりだ。しかし、それぞれの立場から、「ユウレカ！（発見したぞ）」と無声の言が交叉したときには相手に友情を感じている。

二〇回のシンポジウム、五〇人以上のテレビ第一線の腕利きとパネラーの席をともにして、俺はテレビ畑に友人ができなかった。二年以上一つジャンルに集中して友人ができなかったのはこれがはじめて。潜在的同志と感じられる者数名。テレビでは、芸術家や思想家が育たないのではなかろうか。

「喜遊抹殺説の昔」という奇妙なタイトルの文章に話をもどせば、二八日に図書館から電話をもらい、横浜で途中下車してコピーを入手してから会場に行こうかと迷いながら、二

家は現代の戦場です。男と女の戦場、親と子の戦場、二世代の戦場。思想の戦場なんです。

「家庭の崩壊」（平岡正明）より

九日に読売ホールのチキンズ公演に行き、三〇日、シンポジウムの前に入手した。コピー四枚、一二〇円である。一二〇円出して、よしこいつで一二〇万円かせいでやるぞ。タンカ一つで商品をきれいにさばいたときのテキヤの快感に近しい。

これは考証の物語ではなく、情熱の物語なのである。たとえば――

ＮＨＫ特集『池田満寿夫推理ドキュメント、謎の絵師・写楽』およびその単行本『これが写楽だ』（日本放送出版協会）の面白さがそれである。テレビならではの方法論を駆使して、東洲斎写楽は無名の歌舞伎俳優中村比蔵であり、自画像として太っちょ、獅子鼻、上目づかいの中村比蔵を画いていると、池田満寿夫とＮＨＫ取材班が推理する過程はスリリングであって、これまでの諸人諸説の中で一番面白かった谷峯蔵の『写楽新考―写楽は京伝だった』（文藝春秋）の面白さを上まわった。

喜遊探索は、こうした情熱の物語にくらべて、遊女の尻を追うものであるからいささか格調は低いが、こういう脳天気はあっていいだろう。ギンズバーグのビート詞『咆哮』から適切なやつをひっこぬくと――

また究極のおまんこの幻影に気をやりながら塀の上で意識の最後の一滴を吐きつくした人たち……。

喜遊に関する長谷川伸の文章の発見は今のところそのように一であるが、理不尽なまでに拡大深化する可能性を持っている。

「あなたにもやれます！」の方法論

お次の番だよフランク・チキンズ。英国留学した同級生の女に、〝ニューアカ〟きっての隅に置けない男、四方田犬彦が、吉祥寺のカラオケ酒場のゴミ捨て場で拾った艶歌のカラオケ・レコードを送った。これを使って、前衛的な人形劇をロンドンで行っていた法貴和子という女性が、もう一人の日本人女性田口和美とフランク・チキンズというパンク・バンドを結成して、ロンドンを騒がせた。ＬＰ『ウィ・アー・忍者』が日本でも出た。ただちに賛否両論がおこった。渦中に二人組が帰ってきた。英国でカラオケを使って艶歌を歌う。日本語と、直訳英語で歌う。英語の枠の中にまるで非英語的イメージを流し込む。忍者、浅草の情景、モスラ、ニッポンの主婦、盆ゴザシーンだ。衣裳は割烹着、茶漉しを二つ合わせた仮面ライダー風眼鏡。振りつけはパタリロと盆踊りである。ロンドンではなはだしい異化効果をうむ。日本人が世界に立つ立ちかたで、こんなやりかたがあったのか、と眼鏡をずりおとさせてくれるような方法であり、これが許冠文『Mr.BOO!』、カール・マック『悪漢探偵』、洪金寶『五福星』などの香港喜劇に比肩しうる痛烈なやりかたである。興味津々で観に行った。そしてチキンズ来日と同時に、奇妙な暗合が次々に起るのである。

開演直前、俺の前の席にすわったスゲー美人の二人連れの一人は、パンク・ヘアーだった。一緒のもう一人の美人というのは英国人のファッション・モデルだった。最近、俺の対英感情は悪い。シンガポールの戦争博物館で、野蛮な日本兵の蝋人形はたいてい俺みたいな顔しているのを見て気色を害しているから、英国をからかう香港喜劇やチキンズの音楽がますます痛快だと思っているところに、まあそれだけだったら、パンクロックの会場でパンクヘアーの美人に会ったというだけでどうということはないのだが、英国人じゃない方のスゲー美人は大野三郎の奥方だった。かつて亀遊の調査と河内音頭の台本化を依頼したことがあるのだ。「喜遊抹殺説の昔」のコピーをとろうかどうしようかと迷いながら会場に着いたばかりの俺には不条理な感じがした。

大野三郎よ、あれはほんとにあんたのカミさんだよな?

この日、チキンズは伝説を生んだ。とんでもない連中があらわれたという口コミがステージを見た五百人ほどの聴衆からはじまっているはずである。アンコールを終えて、こう結んだ。「ウィ・アー・フランク・チキンズ、あなたにもやれます!」

「あなたにもやれます!」という結語を発していたのが、まさに石飛仁である。彼は中国人強制連行事件という、戦後日本史の起点で氷づけされている難問題を伝達するために、日本最小の劇団をつくった。スライド装置とスクリーン、BGM用テレコ、アルミパイプに五箇の百ワット電球をくくりつけた照明。装置はこれだけ。カメラマン福田文昭の運転するバンに積み込んで劇の出前をする。装置の操作は福田文昭が行う。石飛仁は説明役。スクリーンに写しだされる証拠写真、地図、新居広治ら農民版画家が刻んだ『花岡ものがたり』の版画、強制労働作業現場編成表等を説明する。役者は、

効率論からは考えられないような大衆の熱狂。想像力とロマンで人は動くことがある。

「電波は地球を救う!?」（平岡正明）より

この劇を上演したいと名のり出たグループがやる。石飛著『中国人強制連行の記録』（太平出版）から、中国人と日本人の各証言を台本にして朗読するだけだから、だれにでもできる。舞台一坪、操作室半畳、入場料二百円、劇団費五百円。昨年六月、旗上げして各地で一五回公演し、とうとう六月三〇日、現地花岡に行く。その伝達効果は——すさまじい！

石飛仁の方法は六〇年代アングラの延長である。しかし人民のメディアとして、それは魯迅と内山嘉吉（内山完造の実弟）にはじまる中国木版画や連環図画（一種の劇画）に近しい偉大な創意だ。

石飛仁が、「これが史劇のやりかただ」と言い、「あなたにもやれます」と言うとおりなのである。花岡事件を伝えたいから花岡事件を舞台にのせているのであり、木曽谷事件や、朝鮮人被爆者の問題をつたえたいと思うグループも、このやりかたでやれる。三万円あれば劇団がつくれる。中国にこのやりかたを輸出して、満州万人抗や南京虐殺や魔窟大観園などをあちらの志あるグループがやるようになって、こんな劇団が百もできたら、中国座長大会でもやろうか、延安の玉三郎ぐらいの呼び名はもらえるかもしれないよ、と石飛は笑っている。

史劇は金がかかるというのが相場だ。ディーノ・デ・ラウレンティウスの史的スペクタクル（『ベン・ハー』など）からNHKの大河時代ドラマまでそうだが、こういうやりかたがあったのである。フランク・チキンズはカラオケでやれる。史劇は　証言者の　発言の朗読でやれる。フランク・チキンズと石飛仁は、同時に到達し、実践し、衝撃的な伝達を結実させた。

現場一〇〇、管理部門ゼロ——テレビマンはこのやりかたをうらやんでいいと思う。

暗合の連続、ツイてるぞ

暗合はまだつづくのだ。翌三〇日、『放送批評』の連続パネルディスカッションの最終回にして、島田洋州編集長の担当する最後の号、俺は「喜遊抹殺説の昔」発見の話を、非テレビ的思考の一例としてもちだしたところ、島田編集長が興味を示した。彼は新国劇演出の出身で（島田正吾の弟だというのは冗談）、長谷川伸を尊敬している人だからそれは当然として、話が秋田県花岡に及んだとき、司会の彼が「花岡鉱山！」とこちらに目を向け、そのときたがいの表情に「まさか！　嘘だろ！」というおどろきが流れている。このシーンは、中島好登孃の練達の構成力をもってしても再現不可能だろう。花岡事件とは何かを、最小限語ろう。

戦況おしつまったころ、日本政府は、中国人捕虜を日本国内に連行して、鉱山、坑道、トンネル掘り、ダム造り、築港等の重労働部分で強制連行させる計画を実行に移す。山東省で人狩りが行なわれて、連行者約四万人。

かれらは日本各地、一七五の事業所で強制労働させられる。その事業所は、鹿島組、間組、三井鉱業、三菱炭鉱等、日本の基幹企業である。中国人俘虜は、飢餓、疲労、寒さ、そして拷問や虐待によって、約七千人が死ぬ。なかでもすさまじいのが秋田県花岡で、九八九人中、四九〇人が死んでいる（石飛仁調査の最新数字）。

日本敗戦の年、各所で俘虜反乱がおこる。逃亡、未遂の蜂起計画、そして蜂起であり、木曽谷では三次の反乱があり、花岡で六月三〇日夜、俘虜の一斉蜂起があった。かれらは裏切者の中国人通訳と、四人の日本人労務管理者を殺し、獅子ケ森という丘にたてこもって抗戦した。一七五の事業所で行なわれた戦争犯罪のなかで、花岡事件だけが極東軍事裁判にのぼった。

ここまでにしよう。一言で説明しきれない事件だからこそ、石飛仁は劇団をつくったのであるから。

編集長は中学生のとき、この事件を体験していたのである。夜中、家の前の道を、ド、ド、ド、と無数の人の走る音がし、本能的に異様さをおぼえ、ふとんにもぐり込んだ、と彼は語った。それが逃亡する中国人俘虜の一隊だった。その後おこった山狩り、戦闘、共楽館という演芸施設での拷問は、東北の田舎町の恐怖の事件として封ぜられ、八ツ墓村のように、口をつぐまれるものになった。

それからちょうど四〇年たつのである。現下、石飛劇団の現地上演は、市が祭典のプログラムとして決定したにもかかわらず、市議会内の右派がクレームをつけている。あまりの生々しさはこまるというのだ。しかし、ほのぼのした強制連行劇などやりにいく気はない。上演後、証人が立つ。極東軍事裁判の証人として残った三人の中国人劉智渠、李振平の八路軍系（いま一人の林樹森は日中国交回復後ほどなく、背骨

物には、携わる人間の意識を超えた業と性がある。人間の本性を誘発する魔性がある。

「CMはおいしいテレビのスパイスです」（平岡正明）より

をスコップで打たれた拷問の後遺症で死去）、国民党系の宮耀光の三者が、戦後はじめて花岡を訪れ、山東省で人狩り作戦に従事した元日本軍兵士も花岡を訪れる。はじめてのことだ。ギリギリの四人とはこの人たちだ。これはメロドラマではない。

　大館市は平和都市宣言を発し、やがて山東省の済南か青島と姉妹都市になるのだろうと思うが、それは政治家に任せる。われわれは街頭京劇（中国人社会にはワヤンという街頭劇の伝統がある）か、汎アジア・アングラ座長大会だな。

　一の喜遊から発してこうなった。二（デュオ）のフランク・チキンズから発してこうなった。四（当事者）から発してこうなった。そのような快事がドカドカと連続して起り、大野三郎とその夫人と島田洋州を介して、シンポジウム終了間際にドカンと来たのだから、超現実主義の中か、あるいは中世的神秘主義の中に自分がいるような気持になっている。チキンズが四方田犬彦の送ったカラオケ・レコードにはじまったときから、ツイていると感じ、そのツキは犬神憑きであり、犬も歩けば棒にあたる式にことは発展し、うまく行く連動というものは駄洒落や姓名判断さえまきこんだ暗合によってダイナミックに発展してゆくから、あんた方融通のきかない連中はおいてけ堀だよということをチキンズ不支持派の面前に宣言しておいたのだが、しかし、こうなるとは思いもよらなかった。私的ドキュメントは以上である。

表現の根底は人間力だ

　今述べた私的ドキュメントは、思想の発生地点の現象論的記述である。喜遊と、チキンズと、花岡事件は、客観的には何の関係もないが、俺の中では緊密に結びあった一つのドラマである。このドラマをテレビ化できますか、というのが第一点だ。

　機械には、不可能を可能にすることはできない。不可能を可能にするのは人間だけだ。表現の根底は人間力《マンパワー》だということを意味する。人間力の衰弱――これが第一八回「疲れてるかなドラマ」、第一九回「多様化する時代のテレビ編成」、最終回「ブラウン管の市場価値」の副旋律である。

全二〇回通しての本シンポジウムは、タイミングは悪くない。テレビは慢性的に曲り角と言われつづけてきたそうであるが、このたびはホンモノ。テレビが飽和点に達しつつあり、スポンサーがテレビの宣伝媒体としての効果に疑問を持ちはじめた（平たく言えば金を出ししぶりはじめた）時の流れに、本企画が並行したことは、悪い情勢判断ではなかったと思う。

テレビはもうだめだ――この危機感がホンモノだとしよう。この時、問題となるのは、危機打開の方向において現場が勝つか、管理統制部門が勝つか、というヘゲモニー問題だろう。国家がテレビを放すはずがない。大企業が最大のマス・メディアのテレビを見捨てるはずがない。当面の効果を疑問視しているだけだろう。依然として、断呼としてテレビは支配者のものである。

危機の上からの乗り切りは歴史的にいつも一つである。すなわち、管理・統制・しめつけの強化。そしてますます悪くなる。予算、人事をにぎって、自分では何も創らない部門がふんぞり反る。良くするものは現場の抵抗である。当企画が現場を応援する立場に立ったのは正しい。

ただし、編集部の姿勢が常時パネラーだった自分をふくめて、次の二点で不徹底であった。第一に、放送開始前の批評が第一二回「金妻Ⅱ」一回だけだったこと。第二に、テレビが他の何よりもすぐれているという立場の論がなかったこと。

「金曜日の妻たちへⅡ」は大山勝美プロデューサーの好意だったと思うが、ＴＢＳへ放映前の作品を試写会に行くように見せてもらいに行って、それから論じあい、フロアーをふくめてメンバーの批評眼がだいぶ鍛えられてきたことをしめしている。面白い企画だった。個人的には、「ふつう」が現代の最高価値である事態がわかった。ふつうの結婚、ふつうの夫と妻、ふつうの家庭とふつうの浮気――。

第何回目だったか、フロアーの学生から「スチュワーデス物語をなぜとりあげなかったのか？」という意見が出ている。すぐにとりあげるべきだった。そこでの堀ちえみの演技、「少女に何が起ったか」の小泉今日子の演技は、絵における渡辺和博、安西水丸らに対応するヘタウマだったのである。あれはパロディをやっているのではない。あれは別民族のようになってしまった日本人の現在だろう。われわれはカーブの曲りっぱなをとらえそこねてだいぶ凡打している。

第二に、放送雑誌が放送こそ最高と信じて発行されていないことは奇妙だ。プロレス雑誌はプロレスが最高と思ってやっているのであり、『月刊よしもと』は吉本興業の漫才が最

芸術に必要なのは一にエネルギー、二にスピード、三にテクニック。今、日本はエネルギーが不足。

「疲れてるかなドラマ」（平岡正明）より

高と思って出されている。

映画、演劇、小説、ルポの最上のものよりテレビの最上のものの方が同じ主題を扱ってすぐれている――そのような作品を探しだし、そのような主体をつくりだそうとする観点からの放送評が必要であること。大野三郎がそのことに自覚的である。

かつて、その立場があった。佐々木守である。彼は流行小説のパターンを分析してみせた。男がいる。女がいる。過去があり、会った。焼けぼっくいに火がついた。上司がいる。横恋慕した。陰謀を企てた。事件になった。二人はなやんだ。なやんでひっついた。な、これならおれのテレビの方がいいだろ――。

彼は児童文学の出だ。新美南吉論を書いた。ある日、町ですれちがった見ず知らずの女の伝記を一本書いて、研究と評論の野を捨て、とつぜん創作に転じた。おれは嘘を書く、と宣言したのだ。大島渚創造社からテレビに転じて、「コメットさん」「ウルトラマン」「七人の刑事」等を書き、佐々木守脚本の脱ドラと世にうたわれた「月火水木金金金」「お荷物小荷物」「おくさまは十八歳」等の傑作をものして、実り多かったといわれる一九六〇年代の、もっとも六〇年代的な一角をブラウン管の中に築いたのである。門外漢の俺にも、あの時代の佐々木守ドラマにテレビの青春時代を感じる。その時代なのだ、小説や映画なんかよりおれのテレビの方がすぐれているよと公然と言っていたのは。彼の部屋の本棚最上段と天井の間の余地にはガリ版刷りのとほうもない量の台本がぎっちりとつめられていた。出版する気はないのか、ときいてみたことがある。彼は、ＯＫを出す出版社はないだろうよ、量的にも多すぎる、と言った。彼は一過性、書き捨てにそのとほうもないストーリーティングの才能を注ぎ込んだ。俺はバルザックが死蔵されているという気になった。

それがテレビという場だった。テレビという分野そのものに青春があったのだと思う。今はどうか。

テレビは老けこむのが早すぎる。わずか放送三〇年で飽和し、白髪になってしまったということが語られている。俺がいちばん好む映像は第一次大戦期のニュース・フィルムであるが、駒落しで、黒白で、サイレントもあり、動く連続写真ともいえるその映像は今でも新鮮であり、街頭をうずめる群衆、塹壕の兵士、演説する指導者、ヌッと出てくる当時の新兵器などに時代が呼吸している。機械の青春時代の輝きは、現在でも写真や映画の領域では輝きを失ったわけではない。

これに反して、第二次大戦後に実用化されたテレビは、一四インチか二〇インチのボックスの中で、はやくも映像のよろこびを失っている。超現実主義やポップアートの技法と金をふんだんに使ってつくられたテレビ用プロモーション・ビデオほど退屈な映像はない。

テレビには思想がない

なぜそんなことになったのか。思想がないからだ。列挙しよう。

①テレビの戦争責任はない。マスコミの戦争責任はあるが、テレビは戦後のものであって、それがないのだ。現代思想は、洋の東西で、戦争責任論を軸に展開されてきた。それがないことによってテレビ畑の内部に思想的テーマを発酵させる磁場がない。

②マイナー部門がない。新聞紙四分の一スペースのラ・テ欄に、その日の全プログラムが収ってしまうような貧弱な表現分野は、他にはない。全国のストリップ小屋のその日一日のダシモノ（アレではないですよ）一覧だけでもラ・テ欄くらいのスペースは必要だろう。

③二〇回やって、悪徳プロデューサー、ディレクターの登場がなかった。いないはずはあるまい。雑誌の性質上まじめな人たちだけがやってきて語ってくれただけにちがいあるまい。あるいは悪いやつがよそ行きの顔できているにちがいあるまい……と各パネラーの方には失礼な観察もしてみたのだが、今では、いないのじゃないかと思いはじめている。下請からワイロはとる、出演女優は抱く、局内政治としてホモはやる、といったわかりやすい悪徳テレビマンはいなくなったのかもしれない。テレビ局がとりわけ道徳的な職場だというわけではなく、そうした特権は組織が吸いあげたのか。

④視聴率一％が七〇万人のことだという世界は、ふつうではない。それにしてはテレビマンの収入はすくないのではなかろうか。月給《サラリー》（ローマ時代の傭兵が給金を塩《サラリウム》でもらっていたことがはじまりだそうだ）という金の稼ぎかたは悪いものではないし、へんにルンペン・プロレタリアート的な芸術家よりも隣人としてサラリーマンはよい階級だと思うが、サ

決められた時間には徹底的に怠惰であれ。自分の時間には集中力と瞬発力を涵養せよ。

「多様化する時代のテレビ編成」（平岡正明）より

ラリーだけでは思想や芸術は生れない。

現場の良質なテレビマンをとらえつつあるニヒリズムは情熱も努力も評判も、月給とひきかえというところからくるのではないか。これは自己疎外の問題である。

⑤テレビは憧れの職業なのか、それとも差別されているのか。舞台俳優や映画俳優が演技の場としてのテレビをバカにし、映画監督はテレビディレクターをバカにし、テレビに出る評論家は二流とバカにされ、文筆業者はシナリオ書きをバカにする……といった事実は、ある。画家はイラストレーターをバカにし、舞台俳優は映画俳優をバカにし、教授は評論家をバカにし、社会評論家は教育評論家をバカにし、といったさらに内部的な細かいレベルがあるのだが、それらはテレビを相手にするときには統一戦線を組むのである。なぜか。テレビが新参のメディアであり、かつ市場としては潤沢だからだろう。さらに、連続シンポジウムをやってみて、テレビをバカにする心理の共通項みたいなものがわかりかけてきた。〈親方日の丸で、女子供を相手に商売するからテレビはバカにされる〉――これである。これをテレビマンはいわれなき差別と切り返せるか。

⑥テレビマンは〝テレビ史的把握〟ということになれていないように見うけられる。たった三〇年の歴史なのにということと、たった三〇年しか歴史がないからという双方の言いかたが成立する。

硬派のテレビマンが支局に飛ばされたり閑職にしりぞけられたり、あるいは〝局内転向〟といえる現象がしきりに、しかも容易におこることに対して、感情的には十分に煮つまっているが、論理的におさえきっていないように見受けられるのは、テレビの史的把握が弱いからではないか。

門外漢は以上の六点を感じた。

基本的に、テレビのこれ以上の進出は――ちょうど西欧世界がアジア・アフリカを西欧化しきれなかったことに似て――ストップされたと見る。ユーロビジョン、アジアビジョン、アメリカビジョン、アフリカビジョンの四大ネットが出来て、やがて世界単一ネットワークが出来て、人類にテレビが一方的に情報を送りつづけ、また監視・管理するような悪夢は実現しなかった。やがてテレビは文化の後進性の象徴といわれるようになるだろう。

では、テレビにかじりつくとはなにか。答は香港の一角から出ているように思う。山口文憲のルポにいわく。「日本人の映画離れはテレビにとってかわられたというより、映画が君臨する町の空間から、テレビが支配するマイホーム的空間へ人びとが追いこまれたときから始まった。まちが落ち目になれば、映画も落ち目になる」(『香港世界』文藝春秋)。

そのとおりだろう。最大の問題は日本社会のエネルギーの絶対量の低下である。マイホーム的空間へのエネルギーの後退、それに対応するラ・テ欄半頁分でつくされるテレビ局のプログラム、さらにそこから個人への後退。前進かな? それがビデオとテレビゲームだ。テレビは神通力を失った。テレビから思想を生み出すのではないかと期待できる何人かの男たちを知ったことをプラスとしたいが、それらの男たちもふくめて、テレビってまだ、あまりたいしたものではない。

(ジャズ評論家)

解題

『放送批評』は嶋田親一(当時「島田洋州」と号す)の編集長時代、曙橋近くの小スタジオを無料で借りて都合二〇回の公開シンポジウムを開き、掲載した。平岡正明はレギュラー登壇者で、本論考はその総括である。放送前批評がほとんどなく、テレビが他のなにより優れているという論がないのは不徹底との主張は、現在もまさに正論だ。「テレビには思想がない」も正しい認識だが、その先は「だからいい」「いや困る」と議論が分かれよう。(坂本 衛)

平岡正明氏『憂国TV論』に反論する

女・子どもでなぜ悪い

女性型メディアの可能性について

大山勝美

『放送批評』1985年12月号

「テレビ、一体どうなるんだ?」

次々に現われる学生たちを相手に質問しながら、私の心は晴れなかった。恒例になった「入社試験」の面談委員をことしも受けもち、二日間で四〇名ちかい学生に会ったときのことである。

年々歳々、「どうしても放送ヤルゾ!」といったエネルギーの持ち主が減ってきている。数年まえまでは、放送に不満や不平をのべる気骨のある受験者も少なくなかった。われわれも、そんな奴を「こいつは頼もしい。鍛え甲斐がある」と三重丸にして推せんしたもんだ。

大体、テレビ三〇年経って「ニューメディアを迎えた新展開時代」といった緊急意識が少なすぎる。ハッピーというか、甘いというか、大人しいというか——そんな若ものが多すぎて、気持ちが晴れなかったのである。

「こんなヤワな、小型官僚志向の小りこうさんたちが集まってきて、テレビをどうしちゃうんだろう?」

憂国の志士ならぬ自称「憂テレビの壮士」は、しばしば考えこまざるをえなかった。

憂国といえば、「憂国テレビ論」という平岡正明氏の一文がこの「放送批評」八月号に掲載されている。

自称「門外漢」のジャズ評論家が、かなり言いたい放題のことを書いていて、私は当然誰かテレビ批評家が反論するだろうと、心待ちしていた。

ところが、一向にその気配がない。「何だ、言われっ放しじゃ仕様がないじゃないか」。ある晩酒席で、私は編集委員の島田洋州にからんだ。

正気になった数日後、「あんた書いてよ。言い出しっぺなんだから」と彼に言われて白けたが、モヤモヤしているのを吐き出してやろう、それにはいい機会だと思い、腰をあげることにした。

平岡氏は、『テレビの創る世界』の二〇回重ねたシンポジウムの総括として書いているので、いまそのシンポジウムの全記録に目を通さないまま云々するのも片手落ちだろうが、とりあえず平岡氏が「テレビは老けこむのが早すぎる。わずか放送三〇年で飽和し、白髪になってしまった（中略）テレビは、一四インチか二〇インチのボックスの中で、はやくも映像のよろこびを失っている」として、それは「テレビに思想がないからだ」と挙げられた六つの問題点、それにしぼって話を進めることにする。

まず、平岡氏は、ロマンチストで詩人で、高揚した情熱がお好きな闘士のようなので、疾風怒涛の高度成長期には波長が合うが、低成長の時代にはいささかイラついてか、「テレビに思想はない」「テレビってたいしたものではない」「親方日の丸で、女子供を相手に商売するからテレビはバカにされる」とテレビを一刀両断である。

「テレビには思想がない」？

だが、六つの問題点も、大半が見当ちがいと事実誤認と調査不足にしか過ぎない。それと「文化」や「芸術」の捉え方が、いかにも古典的すぎる。この尺度では誰がみても氏の言うごとく「やがてテレビは文化の後進性の象徴といわれるようになる」しかないであろう。

はたしてテレビは、そんなにたいしたことのないものなのであろうか？　映像のよろこびがないテレビ。それは思想がないからだ、として①テレビの戦争責任はない。テレビ畑に内部の思想的テーマを発酵させる磁場がないからだ、と氏は指摘する。

私は、どうも「テレビは古典的な思想といった論理性を超越している」ところにメディアとしての新しさを見ようとしているので、「テレビに思想がない」ことを諸悪の原因とみる氏の見解には組しがたい。

メディア論になるのだが、テレビは女性的なメディアで感覚的で感性にすぐれていると思う。思想といった場合、ものごとを論理的に組立てて、整理する働きを伴う。活字メディアは、現実を分析し論理的に解剖し推理し、抽象的な「思想」を表現し認識するのに適している。

映像を時間の流れと一緒に伝えるテレビは、論理的に分析される以前の対象を丸ごと綜合的に伝えてくれる。それを思想の「原材」「未分化」とみるか、思想の複合化とみるか、はたまた「思想なし」とみるかは、各人の自由である。

これに関連して「思想や観念を、映像でどこまで表現できるのか」という問題について、かつて稲葉三千男氏と津村喬氏との間で論争が行われたことを付記したい。それはマンガ「ベルサイユのばら」(池田理代子作)をめぐって、稲葉氏は劇画ただちにフランス革命の理論的認識には発展しないと主張したのに対して、津村氏はそれに反論したのであった。

ともあれ、「思想性」をもち出してテレビを裁断しようとする平岡氏の思考基準は、論理を軸に、ある思想に組するものは味方にとり入れ、他は排除するという、きわめて硬質の男性的な、どちらかというと「権力志向型」と言わねばなるまい。

テレビの本質は、私に言わせるとグチャグチャした女性型であるから、平岡流の診断だと、思想のない女、子供相手の下らぬものになる。私は先に触れたように、テレビは女性、子供むきで結構、それこそ新しい思想(この言葉が適当かどうかは別として)の可能性があると居なおりたいのであるが、この点に関しては、もうすこし後で詳述したいので先に進むことにする。

むしろ問題は制作下請け構造

②の「マイナー部門がない、新聞紙四分の一のスペースに全プログラムが収まる貧弱な表現分野」云々の「マイナー」のくだりはよく解らない。番組のためのスペースは新聞社の判断の問題であろうし、紹介したいような番組が少ない、というていどの意味であろうか。

ただこれは、動く映像のすべてをコトバで置きかえうるという認識から生まれていることだけは事実のようだ。あくまで映像は論理や言語でカバーできる筈だという前提に立っての発言だと言えよう。だが果してコトバの論理性は、映像の得体の知れなさより優位するものであろうか?

ここで一週間分のテレビ番組案内を活字と写真で構成した、約二〇〇頁の「TVガイド」が毎週四〇万部出版されていて、それでもまだ番組内容の充実をカバーしきれてないことを指摘しておこう。

「昭和」が死んだ1980年代は、テレビ放送の絶頂期か

坂本 衛

1980年代のテレビとは何か？

フジテレビは82年から視聴率三冠王を独占し、黄金時代を築く。マンザイ・ブームが話芸を解体させ、芸解体を芸とするタモリ・たけし・さんまの時代が始まる。アイドル新時代が幕を開け、演歌は廃れ、J-POP時代が到来する。

80年代を通じて、金属バット、校内暴力、パリ人肉食、ロス疑惑、グリコ・森永、投資ジャーナル、宮崎勤とエグい事件が頻発し、あまりにもテレビ的な報道が過熱する。

80年代後半にはバブル経済が膨張し、9割方の日本人が自分は中流だと思い込む。カネ余りはニューメディア、多メディア化、深夜番組開発、トレンディドラマの生みの親だ。

そして1989年1月7日、昭和天皇が没し、一つの時代が終わった。石原裕次郎、手塚治虫、松下幸之助、美空ひばり……と、「昭和」が次々と死んでいく。

日経平均が最高値3万8915円をつけた同年12月29日以降、経済は縮小にむかう。それが日本経済の頂点ならば、1980年代は、わがテレビ放送の絶頂期ではないか。

悲しいかな、筆者の考えはこの見方に傾いている。

③と④にからんで言うと、「悪徳プロデューサー、ディレクターはいないのじゃないかと思いはじめている」の指摘は、調査不足の発言としか思えない。局、広告代理店、プロダクション。決して清潔な人たちばかりの集団ではない。「テレビマンの収入はすくないのではなかろうか」については、放送局のテレビマンと、それ以外とに分けないと不正確である。放送局員の収入については、一人当り年間人件費の高い会社、全国ベストテン」に放送局が数社入っていることを記述するに止めておく。

むしろ問題なのは、テレビ産業を支える番組づくりのスタッフ構成が、局と下請け（いやな言葉だが）との二重構造になっている点なのだ。全国でＮＨＫ約一万七千人。民放で二万七千人の従業員数。その他に局員でない番組製作関係者が推定二万二千人。これらが混在して一日二百本といわれる厖大な番組をうみ出している。

番組単位のチーム編成は、ＮＨＫを除いて純血主義はほとんど存在しない。局のテレビマンの五〇％以下の賃金、厳しい労働条件という格差と闘いながら、製作プロダクションのメンバーが、実質的には番組を支えているのである。

例えてみると、あの日航のパイロットと地上整備員らのチーム構成に似ているのではないか。いくつかの組合にわかれ、

陰ではお互い「あのヤロー」と言いあっていて、金属疲労を見のがす体質が生まれたとされている日航のチーム編成にである。

そこでは、持続した一体感のチームワークは生まれにくい。ひと番組ごとに、流れ作業で出身母胎のちがうメンバーが組合わされ、一応ソツなく番組はでき上ってゆく。

たまに、エネルギッシュでカリスマ的なプロデューサーやディレクターが、混成チームを、情熱の集団と化してしまうことがあるが、きわめて例外的である。このようにして、ニヒリズムと晴れない疲労感は、次第に優秀な下請けスタッフの中に深く沈澱していく。

各局とも番組編成表のほぼ六〇%から七〇%は、外部発注である。一千二百もあるという製作プロダクションのどこかへ発注される。当然、激しい企画の盗り合い、奪い合いがおこる。局の編成担当は、当たる企画の選りどり見どりである。その日暮らしのプロダクション側には、後進の人材をじっくり育てる余裕はない。

どうも、日本人は一般に言って創造、創作者への経済的配慮が欠けている。とくにテレビ局は、番組は「組織でできる」と感ちがいしているムキもあるのではないか。

放送局の生命は、「番組内容（ソフト）にある」としながらも、番組製作の現場の実体が展望のない二重三重構造になっており、番組製作のための優秀な人材の開発・育成を怠っている現実に、いつまでも目をつぶろうとする放送業界。

この歪んだ体質に気づき、人材集めの構造的な対策を急がぬと、「好きものが多いから、何とかなるだろう」で、テレビ媒体そのものの衰弱の日を早めるだけであろう。日本のテレビ番組産業は、このような構造的問題をかかえていることを、御認識いただきたい。

さて、平岡氏の「舞台俳優や映画俳優が演技の場としてのテレビをバカにし」という⑤の指摘であるが、これを読むかぎり どうも類型化した ひと昔まえの認定力しかお持ちでないようにお見うけする。ちゃんと最近取材なされたのであろうか。

私はテレビこそ現代的な演技の場だと思っている。これは、ちょっと決定的なことかも知れぬが、いわゆる「はれ」的な劇場的なボルテージの高いオーバーな見え見えのメリハリのきいた古くさいパターン化された演技を、まだ平岡氏は「よい」とされているのではなかろうか。

さりげなくて奥ぶかくて人間的で日常的で複合的でシャープでせん細な演技がテレビのそれで、私の知る限り、いまや舞台俳優や映画俳優（こういう分け方もアナクロであるが）

がテレビをバカにしているとは決して思われない。むしろ野田秀樹、鴻上尚史、渡辺えり子それらのエネルギーのある演劇集団は、テレビ演技から刺激をうけ、メンバーがテレビドラマに出演することを喜びこそすれ、ひと頃のように堕落だなどと考えてはいない。

映画は画面が大きいし、舞台だと演出家の手を離れてノビノビ演れるし、俳優は単純に映画・舞台の出演は生理的に「気持ちがイイ」と思っているだけのことである。俳優の映画、舞台がいいという言葉は、「イイ気分になれる」「発散できる」という意味でしかないことを知るべきである。

「女、子ども」だから可能性がある

いよいよ問題は平岡氏の「《親方日の丸で、女子供を相手に商売するからテレビはバカにされる》――これをテレビマンはいわれなき差別と切り返せるか」という発言のくだりである。

私の結論から先に言うと「テレビは女、子供までを相手にしているからこそ、可能性と未来がある」のだ、と言いたいのである。

現在ですら、テレビは「オフセンター」の人びとに奉仕し支持されている。ここで言う「オフセンター」とは、日本社会の中核から外れた境遇にいる人びと、目立たぬ陽の当らぬ場所にいる人びとのことを指す。恵まれぬ不遇の人びとを含めてである。社会の弱者、外れ者と言ってもよかろう。それこそ「女性・子供・老人たち」である。

人生にくじけ、悩み悲しみを抱える人びとにとって、テレビはダイナミックな社会の活気を伝えると同時に一時的な「気ばらし」をやってくれる。それが、一部やや過剰に俗悪であったり、社会の実相がある視点で整理された形で伝えられるという限界があるにせよである。

たしかに現代の日本は、世界にも冠たる絶然とした「男性優位社会」である。その社会の中核をなす「成年男子」と「若もの」をテレビはとりこぼしているから駄目なのだバカにされるのだ、と平岡氏は言うのであろう。

だが、大江健三郎氏が言うように（『小説の方法』岩波書店）、中央から外れた周縁的な民衆の生活の側から、構造的に劣性の側からの視点でないと「現代における全体性」がとらえられないとするならば、テレビこそは現在日本で構造的劣性にあたる「女・子供・老人」を相手に、彼らの側からの視聴率という間接的な発言をとり入れながら機能している全体的メディアなのである。

もうひとつ。時代は確実に「女性の時代」へとむかって動いている。子供は確実に大人に育っていく。次にくる時代のイメージは、競いあい奪いあう男性型の時代ではなく、共に生きお互いを生かしあう女性型の時代なのである。

きちっと思想や主義や哲学を主張し、原理や原則をタテに論理的に世の中を整理し勢力をきそいあおうとするのは男性型のある種の権力志向型であることは前に述べた。

くり返すがテレビは、ごった煮の不分明、混沌としてグチャグチャした共存共栄の女性型である。そこは、かえって論理的に意識化されない「意識的なもの」までが伝達できる柔構造だからこそ、可能性をもっているのではないのか。

人間は惰性のなかで矛盾にみちながら生活している。ある程度以上は理論化＝思想化できないで日々無意識を同居させながら生きているのがフツーの生活である。

テレビは、そういった無意識の部分となれあい無意識部分をとりこんで、「どう生きるか」日々の暮らしのなかで人びとに判断の材料をさりげなく提供している。

「女性たち」が、小さな瑣末な思いでも、惰性のなかで根づかせ無意識のなかにも根をはって育てた場合、それは実際的で生活的な「思想」とよべる つよいものに なるのではないか。

これからは、フツーの人のフツーの生活の中に、それぞれの「思想」が求められる時代である。他から、効用期限のすぎた出来あいが支えられるのではなくて。そして女性型の柔構造のテレビこそ、それぞれの「思想」を発芽させ刺激させ、育てていく広場になりうるのではないか、と考えるのである。

もちろん、それには「女性たち」が相当に意識して頑張ってもらわねば、はじまらない。知力においても社会的行動力や組織においても。現在のように、一方的にダラダラと受けとるだけでなく、自覚的に選択し、異議を唱へ希望をのべ、積極的に番組内容に発言し、ときに制作に参加し、テレビが自分たちそれぞれの「思い」の代弁者であることを意識化していく地道な努力が必要であろう。

そこから先に果して大文化、大芸術が現われるのかどうか私には判らない。ただいえることは、昔ふうの純粋芸術をモデルにしたものとは異なるどちらかというと、鶴見俊輔氏のいう「限界芸術」を発展させたような生活に根ざしたニュータイプの芸術・文化になっていくのではないか、ということである。それこそ、オフセンターの人びとを中核にとり入れながらである。

平岡氏の言葉を逆手にとれば「テレビは文化の後進性」ゆえに、もっともすぐれた新種誕生の母体たりうる可能性を秘めているのである。そう考えるとき、私は決して平岡氏の言うように「テレビは女・子供相手に商売しているからバカにされる」ことを不快とは思わないのである。

しかし、いずれにせよテレビは、あまりにも入口多く説かれ論ぜられるべきことが多すぎる。ひと頃までは、テレビがやっていることは「下らん」と罵倒すれば、知識人の証明たりえたことがあった。いまは、「笑い」「軽薄」が理解でき論じえぬと識者と見なされぬ風潮がある。そんなとき、門外漢と断わりがあるとは言え、平岡氏のような硬骨漢の意見は貴重である。たとえ、その診断の物指しがやや古典的であってもである。

平岡氏の言うようにたしかに「放送雑誌が放送こそ最高と信じて発行されていないことは奇妙」だ。「スキャンダリズムと俗悪」「体制ベッタリの報道」「笑いと裸の押しつけ」「テレビ三〇年のメディアとしての曲り角」「テレビ漬けから抜け出せぬ日本人」「メディアの狂暴と横暴」。送り手も受け手も批評家も問題つづきでお手あげで口が重くなっている。

こんなときこそ、声高にあちこちで議論すべきだと考えて、編集委員のそそのかしに乗ったのだが、どうも上品《じょうぼん》なことではないな、と書きおえたいま、強弁に疲れて秋風が体の中を通りぬけている。

（ＴＢＳ制作局専門職局長）

解題

大山勝美は、長年TBSでテレビドラマの演出およびプロデュースに携わる。この論考は、同年八月号の平岡正明『憂国TV論』に対する最初の反論であり、ここから他の論者も交えて一年以上論争が続く。かなり挑発的かつレトリックを多用する平岡に対し、大山は放送人の立場を代表する形で真正面から論争に挑んでいる印象がある。テレビは「女こどものメディア」とする大山のテレビ観が、さらに平岡の反論を誘発する論点となる。（藤田真文）

座談会

第一線放送人をハダカにする出前座談会16

大衆の正しい力学が時代を創る

『放送批評』1988年11月号

ゲスト：

堀 威夫（株式会社ホリプロダクション代表取締役会長・社団法人日本音楽事業者協会理事長）

聞き手：

大野三郎（テレビ・プロデューサー）

加東康一（評論家）

ばばこういち（放送ジャーナリスト）

アゲインストの風が吹いてきた

加東　放送を取り巻く各界の実力者をお訪ねして、出前で座談会を行なおうという企画で参上しました。

堀さんには音楽業界の代表という立場だけではなく、芸能企業家として放送メディアの現在の状況をどのように感じていらっしゃるか、お考えをお聞かせいただきたいと思います。

堀　うちの業界とテレビの因果関係を考えてみますと、NHKしかなかったものが、民放のラジオが登場してテレビが誕生して、それと並行するようにスポーツ紙が生まれ、週刊誌が生まれ、そういうメディアブームのなかで我々プロダクションは上昇気流に乗っかった形で来たわけです。メディアの開発には我々は何ら汗はかいていない。自然のタイミングに乗っかっちゃった。

中でも、その上昇気流に乗っかり、よりうまく浮力を付けた名人が渡辺晋さん。ともかく大なり小なり、その時点でプロダクションをやっていたら、大儲けか中儲けか小儲けかは別として、一生懸命さえやればバカでも利益が出たようなもんだったんですね。

ここに来て、テレビを中核とするマス・メディアというものが頂点を極めたのか、曲がり角なのか分かりませんが、ちょっと次なるものが出てこない。大衆の志向も多少変わってきた。テレビに頻繁に出ていたらスターになるかっていうと、様相が変わってきたりして、今、ホリプロもそうだけど業界全体が、初めてアゲインストにむかってタマを打つってことになってね、いささか当惑気味。困惑してるというか、過去に体験がない。フォローの風でタマを打つことしかやって来なかったから。

加東　送り手側でもあるひとりとして、ここ数年のテレビの状況をどのように認識されていますか。

堀　一番大きな変化は、愕然としなくちゃならないことは、テレビのブラウン管がテレビ番組も映しますってことになったこと。ちょっと前までテレビ番組だけを見る機械だったものが、テレビ番組がワン・オブ・ゼムになっちゃった。これは大きいだろうね。

この先、放送衛星が上がったりしたら、キー局がもしかしたらローカル局になっちゃうことも、メカニズム上あり得るわけ。

僕たちがタレントを世の中にプロモーションする時、テレビ・メディアというのは非常に大きな力を持っていて、数年前まではそれだけが総てといっていいくらいの状況だった。今だって力を持ってないことはないんだけど、これが、おい、ちょっと違うぞってことになってきた。広告でも数多くテレビスポットが流されることに懐疑的な視聴者が生まれてきた。そこで無印良品なんてものが成立する。放送局側も一つ困惑した状況に入ってきてるんでしょうかね。

加東　日本におけるプロダクションの発生と放送メディアの開発は同歩調の関係で、メディアの成長とともにプロダクションも市民権を得て急成長した。エンターティナーたちの大量生産もテレビというメディアの発達とともに可能だったわけですね。

しかしこの四、五年、テレビというメディアに依存しているだけでは、本格的なエンターティナーを創出することは難しいといわれ始めた。また、ロイヤリティの問題などを含めて、放送局の立場とプロダクションの立場が微妙に利害相反する場面も出てきている。

堀　利害反するところは厳密に言って無いんです。無いと思うんです、僕は。ただ、テレビ局やラジオ局の末端が、我々の業界とバッティングするようなところまで出て来ざるを得なくなった。そこではもしかしたら、利害相反するというような捉え方をされるかもしれない。今まで我々プロダクションだけが商売していたところにドカドカって土足で入ってくる。そういう現象は起こっているかもしれません。

テレビではもう満足しない

ばば　メディアという器がどんどん大きくなり数が増えていくと、ソフトの側は需給関係から言えば、需要のほうが大きくなるわけですから、商品価値は上がってくると思うんです。利益追求とか経営の安定には放送局もそれに類するところも非常に熱心だったんですが、映像文化とか創造的側面ではどっちかというと遅れを取ってきたんじゃないかと思います。今後、ソフトとハードの需給関係が変わってきますと、ソフトを持っている側の社会的、文化的責任は増してくるんじゃないでしょうか。

今までプロダクションのトップは文化的、社会的責任に欠けるところがあったんじゃないでしょうか。

堀　それは我々のようにドップリ中につかっているとよく分からないけど、むしろ客観的に見てらっしゃる方のほうの価値基準のほうが正しいと思いますが、今日のほうが過去よりもある種の社会的見解を持たなくちゃいけない状況は増えつつあると思います。また、そういうものを持たないと生き残っていけない。そうじゃないと大衆の支持が得られない。メイク・マネーだけに走っているところは、自然に淘汰されていっちゃうように僕は思っているんですよ。

ばば　テレビの音楽番組だけとっても、もっと多様化していいと思う。ところが現実は一元的な方向にいっちゃってる。テレビの初期の頃はいろんなものにチャレンジしていこうという意志が現場にもあったんだけど、テレビという企業が儲かるようになるに従って、一元化していったような気がする。今、音楽番組といったって、ジャズ番組ひとつ無い。芸能企業も放送局も若者しか追いかけない。大衆、大衆というけれど、はたしてこれで大衆を捉えていると言えるのか。

堀さんや渡辺さんという力をもった音楽事業者が音楽文化に対する想いをもっと強く出して、テレビの音楽番組を豊かにしていくってことは考えられなかったんでしょうか。

堀　テレビというものが持っている生まれついての性格と経済条件から言って、おっしゃることは無理なんだと思ってます。僕はそう割り切っています。

テレビは最大公約数を取るものである。最大公約数とは全員に不満が残ることである。最大公約数を取るものであるから、趣味の多様化に対応しにくいわけです。じゃあ、おっしゃるようなことはどこに見出すか。他のメディア、ラジオもそうかもしれないし、ライブ、舞台、パッケージ、そういう局面でこれから解決していかなければならない。大衆という言い方ももしかしたらまずくて、テレビで投網みたいにダサッと満足させることはもう出来ないんじゃないでしょうか。

ばば　堀さんはいつ頃からそういう風に思いましたか。

堀　高度成長がやや終わって、車のギアで言えばローに入ったというとき、みんなそういうことを考えたんじゃないでしょうか。

大きいことはいいことだで、投網でもっていくことばかり考えて、テレビ局もプロダクションもレコード会社も一斉になって走ってた。それ、ちょっと待てよって気が付いたのは高度成長が終わったよっていわれてしばらくしたとき。世の中の産業はみんなシフト・ダウンして、低成長にマッチした運営に切り換えてたのに、我々だけ依然として、そうじゃないときのスピードのまま走り続けてた。これじゃあ大衆とズレちゃう。産業構造がちょっと変わってから考え始めたんですから、少し鈍かったね。

現象を拡大する装置

大野　テレビの放送番組は変わってきたと思われますか。また、テレビというものをどういうメディアだとお考えになっていますか。

堀　意識しては見ていませんので、番組の変化を具体的には言えないんですが、直感的に本能的に、作り物がダメになっていくことだけは間違いないだろう。これは随分前から考えています。しからば時代劇が消えちゃうかって、なくなりはしないけど、全体数は減っていく。無いものねだりで少なくとも一カ所は固定するだろうけど。

段々生の味に近づいている。料理で言えば一番難しいところにテレビの作り手たちは来たんじゃないか。煮たり焼いたり、醤油で味付けたり、塩入れたりってことで腕をふるえないで、生の味をそのまま出しながら、はたまた料理人としての腕を競うという状況になりつつある。そういう意味じゃあ随分変わってきたんじゃないでしょうか。

後段の質問についてはこう思います。テレビから一つの価値を生むってことはあり得ないんじゃないか。小さくても何でも、どこかテレビ以外のところに価値観が生まれたら、それをスピーディに拡大する能力には長けている。でも、ゼロから生み出す力は持ち合わせていないものじゃないか、と思っているんです。

小さな火があったら、それを大火事にするのは非常にスピーディにできる。そのかわり終わりも早い。短期間にバーッと拡大したものは引きも早いんですね。

大野　かつては音楽番組もテレビ局の人間たちは作っていた

と思うんです、劇場で作るのと同じ様に。それが段々中継するという意識に変わっていった。そのことがひょっとしたら多様性を欠くことになり、音楽文化みたいなものを変えていったのかもしれない。そしてそのことで音楽業界の方はテレビ局に不満をもってるんじゃないかと思っていたんですが、そうではないわけですね。

堀　全然そうは思っていません。視聴者は不満を持ってると思いますよ。同時に不満を持つから素晴らしいオーディオ設備を手に入れ、ＣＤに向かっていったわけです。テレビに文句言って、テレビだけを待っているわけじゃない、国民は。

テレビが始まった頃は、まだ誰もテレビになれていませんから、いいも悪いもわかんない。もしかしたら、テレビを通じて初めてジャズに接した人も居るかもしれないし、それはそれなりに面白かっただろう。それが慣れてきますね、段々リスナーの耳が肥えてきますね、次々にいいものを追究していく。

あるところに来て、もうテレビの音声で音楽番組はムリなんです。音楽の情報を伝えられても音楽を伝えることはできない。そういうことに送り手も気が付いたし、大衆も気が付いた。そこで分業が行なわれるわけですね。テレビで音楽情報に接して、それによって何か興味が生まれたらＣＤ買って聴こうや、ということに今なってる。国が豊かになったお陰だと思います。

加東　結局、「ザ・ベストテン」などは作ってる側が我々はドキュメンタリーやってるんだと言い始めた。テレビ放送で音楽は聴かない、こういう時代にはとっくになっていると思います。

マドンナのステージだってマドンナのショーを音楽として聴かすんじゃなくて、マドンナというキャラクターとそれに熱狂する観客という状況を情報として伝えてるんですね。

大衆の正しい嗅覚

ばば　若干、意見をことにしますのは、中継——つまり生ものを伝えることがテレビの本質的な面であることはよく分かりますが、例えばプロ野球中継というとジャイアンツ絡みのものばかり。そこには送り手側の恣意が働いているわけです。むしろテレビがジャイアンツを圧倒的な人気球団にしてしまった。ドラマでも音楽でもニュースでも、そういうことって無いでしょうか。

例えば出演者についても、すごく優秀であってもホリプロに所属していないタレントがいたとする。一方こちらも優秀でホリプロ所属の人がいる。そのとき、後者が出演する番組がどんどん増えていくってことも可能なわけですね。送り手側の恣意は絶対働いてしまうと思うんですが。

堀　そういうものが一切働かないという否定はできないと思います、何の場合でも。これは自由経済社会の法則みたいなもので、経済力のある人が勝ち残っていくとか、多数決とか、一つのルールとして存在する。

ジャイアンツがテレビによって人気を加速度的に増したことは認めますが、もともとのジャイアンツ人気を作り出したのはテレビじゃない。テレビのない時代からジャイアンツは一頭地を抜けた人気球団という価値観があった。それをテレビは増幅したんです。

しかしこれがちょっと変わってきていますよ。つい二、三日前は遂に一五％なんて数字。しかも昨日はＴＢＳがレギュラーの番組すっとばして中日戦を中継した。ジャイアンツじゃないところに価値観が生まれつつあると思います。これは誰がやらしてるんでもなく、水面下で最も偉大な嗅覚をもった大衆が動き始めたんですよ。

ばば　芸能プロダクションもかつて渡辺プロの全盛時代が長かったですね。ところが堀さんのところが成長し、他のプロダクションも頑張って、芸能プロの世界にも競争の原理が働き出した。競争の原理というものがより働くほうが、受けてのニーズに応えようという形になっていく筈です。

堀　それが自由主義社会の最高のメリットですよね。

ばば　ところが大きいところはより大きくなろうとして、小さいところを押し潰そうとするのも自由主義社会。しかし業界全体の繁栄を考えると、吉田茂さんが社会党を育てようとしたように、大きくなったプロダクションは、小さいところを助けて大きくするべきだ。それが全体を繁栄させることになり、また大衆のニーズに応えることにもなるんではないですか。

堀　大きいことがいいかどうかって問題がひとつあるんですよ。僕は必ずしもスケール・メリットだけを追求する時代は終わってると思う。リーダーの選択だと思うんです。大きくする方向で舵取りをするか、大きくしないほうがいいんだという舵取りをするか、両方僕は正解だと思う。

仮に小さいところに手を差し伸べて、もしかしてそこが大きくなったら、それは彼らにとっても僕らにとっても不幸せ。彼らが同じエネルギーを持ちながら出てきてこちらと拮抗した時、初めて業界そのものが栄えるだろう。

やや我田引水になりますが、僕は渡辺プロの全盛から絶えず闘志だけは捨てないできたんですが、当時僕は「順位を付けるなら渡辺プロの次は一〇一番から始まる」って言ってきた。しかしそれじゃあ業界のために良くない、渡辺プロのために良くないと思う――渡辺プロには余計なお世話でしょうが。僕はこういうことを言いながら、マラソンで言えば後ろ姿も見えないところを走っている奴を必ず捕まえてやるんだって走り続けた。

ではホリプロが今かつての渡辺プロと同じ様に後ろ姿も見えないほど先行してるってことは全然ないでしょう。意識的にそうしてるわけじゃないんですよ。成ろうことなら背中が見えないくらい先行したい（笑）。しかしそうはさせてくれない。これは自分の才能もあるだろうけど、日本の大衆が持っている正しい力学なんではないか。

独走した集団は弱くなる

ばば 堀さんは音楽事業者協会の理事長も務められているわけで、業界の長としての立場と、一つの企業のトップという立場が矛盾するようなことってありませんか。

堀 あんまり矛盾することってないと思います。業界全体のパイが大きくならない限り、自分たちも大きくなれないと思ってますから。今の日本の経済とやや似てると思うんですが、日本だけよくなって他の各国が悪くなって済むかって、済まないでしょう。その縮図みたいなものだと思います。

だから放送業界も一強四弱では、一強が何処であろうとその局のためにもロングレンジで見たら不幸せになるような気が僕はする。擦れあうときに初めて何か出てくるんですな。擦れあわない状況でずっと行ったら、瞬間風速一番で気持ちいいかもしれないけど、それになれたとき、その集団って弱くなります。苦労は買ってでもしろって状況で、お互いにやっていく。

小さいところを助けるべきかって、仮に僕が直接的に助けたとしますか、音事協理事長としての義務感、使命感から。しかしこれはそうは映らない。本当に助けたいと思って資本を出したとしても、それは即買収に動いたってことになるわけです。これはできないんですよ。松下電器が町工場の優れた親父に金を貸せば、これは系列化。だから親父のほうがどんなに苦しくても拒否しますよ。

すると他に何ができるか。その産業が社会的により認知されて、資本のない人には金融機関のどっかが資本提供をしてくれるって状況にすること。今のままでは確かに銀行は鼻も引っ掛けない。これをどう上げていくか、そういう努力をすべきじゃないでしょうか。

ばば　プロダクションのスタッフもタレントマネージメントだけじゃなく、マーケティングを含めた先行き予測とか、メディア分析のできる人が求められる時代になったんじゃないでしょうか。

堀　その通りだと思います。一〇年、あるいは五、六年前まではバカでもマヌケでも、あいつは金隠しの横までくっついてきてウルサイから一度出してやれって、それで出してもらえればスターになるって確率が非常に高かった。頭脳は働いていません、馬みたいなもので、一馬力か二馬力か三馬力かで、三馬力が勝ってた世界。これからはそれじゃあダメ。いくら金隠しの横で土下座して使ってもらっても売れないって確率が高くなった。

　マネージメントするスタッフの質的変化も物凄く求められています。今、どっかのプロダクションの専務とか常務になってる人で、しつこくて相手に「負けたよ」って言わせるだけが取柄で、のし上がっていったマネージャーってたくさんいるんですよ。

目標だった株式上場

ばば　ホリプロは上場の話がありますが、これはいつ？

堀　これは相手が決めることなんで、いつっていうか、こっちは待っているだけで。

ばば　上場するってことは、多くの一般投資家がホリプロに投資するってことになるわけですから、社会的にも利益を上げて行くだけのシステムなり、スタッフなり、資金調達能力なりを問われますね。今までプロダクションが上場するというのはちょっと考えられなかったんですが、どう言うところから上場をお決めになったんですか。

堀　きっかけは今から一三年前、うちが一五周年のときに社内でそれを目指すといったことです。その時は半分以上できると思っていなかった。ただ、達するしないは別として、理想を持って生きるのと持たないで生きるのでは全然違うんですね。理想がなければどこへ向かって進んでいいのか分からない。毎日享楽の、ただ単に金儲けすればいいってことになりかねない。しかしそういう集団は必ずどっかで瓦解してしまうんじゃないか。欲得だけで集まった集団って弱いと思うので、哲学が欲しかった。哲学をもったら、棒高跳びみたいなもので自らバーを上げていく。それが継続、安定への道だと思ったんです。

　お陰様で、出来るとは思っていなかったのに、確率としてはできそうになってきた。まだ一〇〇%じゃありませんよ。

ばば　長期安定、あるいは成長ということになると、タレントマネージメントや企画制作以外の分野にも進出しようというお考えで。

堀　当然それは、そういうビジネスチャンスがあれば出ていこうと考えています。タレントだけじゃ危ないって意味じゃなく、同じ仕事だけを長く続けてしまうと、新陳代謝しにくくなるんですね。要するに便秘症。間引くって作業をしないと植物だってスクスク伸びないでしょう。間引いたあと、植物と違って人間ですから、ハイさようならってわけにはいかない。その人間の次なる生きる道を考えなくちゃいけない。それが事業体だと思うんです。ホリプロだけじゃなく、どこの事業体だって大なり小なりそういうことを考えます。

ばば　民間の通信衛星が上がることによって、今までの放送法の規則からはなれた形での民間の放送産業への参入がある程度可能になりますね。

堀　分相応という言葉がありますからね、分相応って誰が見出さなくちゃいけないかって自分自身。我々そこまで行ってないと思ってます。いきなり背伸びしてひっくり返ったんじゃ、継続安定どころじゃありませんから。

昔、サントリーの佐治さんがビールに進出するとき、健全な赤字部門を持たないと企業は衰退するっていったんですね。僕、あの言葉が好きでね、健全な赤字部門持ってたほうがいい。どれもこれも黒字ですとそのときはハッピーですが、全体のスタッフのパッションが弱まっちゃいます。これ、自然の摂理だと思います。

ばば　ホリプロの健全な赤字部門は？

堀　たくさんありますよ（笑）。例えば今ミュージカルやっているところなんか、土地は持っていたとはいえ、スタジオだけで三億以上の設備投資ですから、当分赤字でしょう。

ばば　経済の世界では日本は世界の中心になりつつあるわけですが、文化の面ではどうも立ち遅れてる。文化や情報の面でも世界マーケットを考えるようなことはできないんでしょうか。

堀　我々の世界で言えば、一つ言葉の問題があります。日本は経済的エネルギーは持ってると思うんですが、それを発揮できる場所とできない場所がある。国力があるからといって、日本の流行歌が全世界に通用するってことはまずないという仮説の下で、僕は戦略を考えます。そりゃあ「上を向いて歩こう」が「スキヤキ」で当たったなんて特別な例は別です。ああいうフロックをいれては戦略は立てられない。

自動車だとかテレビ受像機というのはいいものは世界どこへいってもいい。しかも日本製だから日本語じゃないと使えないってもんじゃない。音楽でもクラシックは国際化が早く進んでる。演奏技術だけで言葉は不用ですから。ジャズもややそういう傾向がある。しかし流行歌のように歌詞のあるものは当分というか、永遠にダメかもしれない。

不思議なマドンナ人気

加東　音楽事業者とテレビ・メディアの蜜月はここ数年で大きく変わったと思うんです。かつては渡辺晋さんに「渡辺プロに逆らって放送局がやっていけるのか」と語らしめたほど、両者の関係は緊密だった。しかし今、何人かのアーチストがいれば、そのうちテレビに関わっているのは一握り。かなりの変貌でしょう。

堀　それは一言でいっちゃえば趣味の多様化ってことにつきちゃうんだけど、変わったことが不幸なことか幸いなことかって、僕の場合はなるべくポジティブなアングルでとって行く、行かないとこんなものやっていられませんからね。我々としたら、チャンネルが増えたんですよ。ひとつのパイプしかないと、例えばそれを、渡辺プロならずば人ならじで押さえられちゃうとお手上げでしょう。

テレビ全盛のときだって、そこは生活の知恵で、テレビに出ないで売れる方法を考えるわけです。僕が井上陽水をやったときなんか、その最たるもの。彼がテレビ向きのルックスじゃなかったってこともあって、しかしテレビに出してもらえないじゃあ格好悪いから、出たくないってことにしたらどうかってことになったわけ。

加東　過去ホリプロは一つの時代とも言える〝百恵現象〟を作り出した。あるいは作らされてしまった。今、振り返ってみて、何だったと思いますか。

堀　あれは僕らが作ったとは思ってないんです。ジャストミートを心掛けてたら、たまたま場外ホームランになったのかもしれない。

百恵が引退するとき、どっかの記者の人が「第二の百恵はどうするんだ」って聞く。四番バッター抜けるわけですからね、どう再編成するのかって。俺、第二の百恵なんか作ろうと思ってない、いつも第一の何かを作るんだと思ってる。百恵に限らず、第二の何かを作ろうと思ったことは一度もありません。そりゃあ前任者にも失礼だし、そんな意識じゃ商売できない。場外ホームランの次にまた場外ホームランで点取ろうとは思ってないんです。

加東　〝百恵現象〟が起こった時と今では受け手の状況が変わってきてるから、〝百恵現象〟みたいなことはもう起こりにくいでしょうね。

堀　ああいうプロセスでは起こりにくいでしょうね。

僕はマドンナの異常な現象を見ててね、本当に不思議だと思った。正直いって、僕はマドンナってあんまり好きじゃない。好きじゃないから言うわけでもないんですが、自分の今迄の経験則では絶対にスターにならない筈なの。あるいはなっても落っこちていく筈。例えば売れる前はヌードモデル、売春婦もしてた、今一緒にいる亭主は刑務所入ったこともあるとか、総てマイナス要素。でも、結果において、そのたんびに上がっていっちゃった。何なんだろう。俺達の経験則なら下向きにならないとおかしい。

たまたま彼女を呼んだ永島達司さんと話したら、やっぱりマドンナが売れる理由が全然わかんないっていう。わかんないままじゃあ俺たち飯食えないねって、しばらく彼と話して無理矢理にでも結論を出した。当たってるかどうかわかんないけど、結局、自立する女の人の代表選手だってことにつきるんだと思うんです。

スキャンダルには事欠かない。ステージでの動きは昔のストリップ劇場のグラインドですよ。それをみて、まだしも男の子が喜んでいるんなら分かるけど、女の子がキャーキャーいってる。まことに不思議でしょうがなかった。

女性の意識が豹変した

加東　それだけ受け手の女性が変わってしまった。

堀　マドンナの歌聴いて感動してるんじゃなくて、生き様に共感してる。

歌もそんなにうまくないと僕は思う。作詞作曲ができるほどの才能もない。セクシーかっていうと筋骨隆々で後ろから見れば男かなってくらい。経験則ではスターにならないはずなんです。だけど、それだけ世の中の価値観、変わっちゃった。日本の大和撫子たちのモラルは大いなる変化を遂げたことを思い知らされた。

いい例はね、昔は嫁入り前に男ができるとやったやられただった。必ず加害者が男で、被害者は女って設定に決まっていた。今、五分五分になりましたね。まごまごしてるとやったのが女でやられたのが男。

そういうこと、局面的には少しずつぶつかってたのね。「ぎんざＮＯＷ」って番組が流行ってるころ、たまたま後ろのほうで見てたら、男のアイドルが出てきて、集まっていた女学生が「あ、あの子おいしそう」っていったの。一五歳前後ですよ。俺たちが思っているほどシリアスな意味かどうかは分からない、しかしそういう発想を持っていたら、やられたって感覚にはなんない。

加東　ちょっと前に倍賞美津子に中高生の女の子がサインを求めてた、自分たちの大先輩って感じで。今は今井美樹、ややそういう傾向で、集まってるのは女の子ばっかり。

堀　昔の概念でいけば、そういう現象が起こったらレズビアンか、ややそういう素質をもった人だった。これが全然違うタイプ。

ばば　安部譲二さんのブームだって底流のところで繫ってるんじゃないですか。元ヤクザで、刑務所暮しが長くって。それが、安部さんの作品って、家庭の奥さんがよく読んでいるんですよ。

堀　人間はもともとそういうのあったと思うんです。しかし、問わず語らず、大和撫子はそんなこと、はしたないんだっていうブレーキの効きが非常に良かった。そのブレーキが必要でなくなってきちゃったんだね。

大野　経済でしょう、経済が自信を持たせたんでしょう。

ばば　女性キャスターのスキャンダルの方が男性キャスターのスキャンダルよりはるかに寛容に迎えられてる。小宮さんは許されて、森本さんは降板に追いこまれる。

堀　森本毅郎も許されないのかなって気がする。視聴者のなかには格好いいとは思わないまでも、あんなに騒いでもしょうがないって思ってる人も随分いると思うんです。ただしそれはサイレントマジョリティ。ケシカランって言い出す人は声がデカい。だけどサイレントマジョリティのほうが大きくなっていると思います。そうでなくっちゃ「フライデー」が落ちていく理由がない。

男は自分に投資しない

加東　いろんな面で時代は大きく女の時代に動いていってる。それに対し職場としての放送はどこまで女性を対等に迎えられているかって問題も出てくるでしょう。

ホリプロは女性の職場としてはどうなんでしょう。

堀　正直いって、遅れていると思います。別に決まっているわけじゃないんですが、結婚すればなるべくやめてもらいたいと思っているし。

なぜかっていうと、余剰人員を持ちながらプロ野球球団みたいに誰が故障しても穴が埋められるってふうにはなってない。手一杯のところでコスト計算していますから、十月十日も休まれちゃうとポコっと穴が空く。十月十日じゃなくてずっとやめるというんなら埋められるんですが、帰ってくるとそこがダブルになっちゃう。

ただ、六年ほど前から豹変しましてね。女性を戦力化できないソフト産業は、この先滅びるだろうってことに気が付きましてね。今やたら女性の戦力化ってことを考えてるんです。

確かにハンドのスタッフでは辛い、月に何日か機嫌が悪くなったり、妊娠したら休まなきゃいけなかったりするのは困る。しかし知恵を出すクリエーティブなところならいけるんじゃないか。場合によったら病室だっていけるわけですから。

そういう空気にしていくには社内でヒロインを誕生させるのが一番早いんで、この六月にひとり女性を役員にしました。これがうまく行けば、あのお姉さんを見習えってことが自然に生まれてくるだろう。だけど面白いことに女のリーダーは部下に女を配属されることをあんまり喜ばない。

大野　芸能とか音楽って領域は男も女もなく才能で勝負できた、一番進んでいる分野。しかし社員はまた別というのは面白いというか（笑）。

堀　うちの社はタテマエ平等、ホンネ不平等だったわけです。六年前までは正に女子大生亡国論者の集まりだった。事実、その当時ってそうだったんだ。ホントに腰掛けでしか居ないわけ。教えても教え甲斐がない。女性自身が変わりました。

世の中を見てて、このままで行くと遠からず男が女に負ける時代が来るんじゃないかって思うんです。男を刺激する意味でも女性登用をしたいと思う。

先ず、男は自分に投資しなさすぎる。女の人はそれに対して物凄く投資している。表現悪いかもしれないけど、開発途上国の真剣さというか、今の韓国みたいなものですよ、日本に追いつけ追い越せの。一丸となって猛勉強、それが女の集団です。例えば自らお金払ってコンサートも見に行く、エアロビックス、水泳、自分を磨くことを怠らない。

それにひきかえ男は会社が引けたあと赤ちょうちんで上司の悪口を言ってるくらいのもんでしょう。あれは全然投資になんないね、後向きの話ですから。

ばば　女性は結婚してても自己投資しますか。

堀　そうします。だから今、父ちゃんより母ちゃんのほうがずっと元気もいいし、若々しいじゃないですか。

太平にひたりすぎたテレビ界

ばば　一〇年後、今のテレビ局はどんなふうになっていると堀さんは予想なさいますか。

堀　東京キー局はローカル局になっているんじゃないかなって気がするんですが、違いますか。

ばば　それは経営規模も小さくなってしまうってことでしょ

うか。

堀　それなりに今の経営規模を他の分野で補ってはいくと思いますね。フジテレビが花屋始めるとか、どっかの局は不動産で儲けるとか。そういうことがいっぱい出てきて、わが業界とバッティングしたり、他業界とバッティングしたり、要するにテレビというのが一つの部分に過ぎなくなってしまわなくては生き残れないんじゃないか。特に上場している会社なんかは。

ばば　逆に地方のローカル局なんかは、やりようによっては大きくなる可能性もある。

堀　僕はないと思います。特例は別にして。アベレージで考えれば無いと思う。

免許をもらって、ネット料入ってくればそこそこ利益が出るってことにこれだけ長くならされた集団が、そんなに簡単に活性化するってことはムリなんじゃないでしょうか。

ばば　堀さんからご覧になって、今のテレビ局の経営陣は、今後一〇年間たくましく生き残っていくには相応しくない人材が多いと判断されますか。

堀　いえいえ、人材とか能力の問題じゃない、環境が長く続きすぎたってことだと思うんですよ。

まだしも東京の場合はいろんな刺激があります。それにキー局としてのオブリケーションが非常に高い。ネット局に対する保障や、いろんなことがあります。もちろん他の業種から見れば免許事業でのんびりしてても儲かっていいねって面はありますが、それでもキー局はまだ普通の産業に近い競争原理の環境にある。

しかし地方局は他動的競争原理ですから、しかもそれが二〇年以上続いてきたわけですからね。そこでどんな素晴らしいリーダーが誕生したとしても、その集団を急にイキイキと瑞々しくするってことができるだろうか。出来ないと思うんです。

ばば　テレビ局を中心とした企業体は衰退の一途をたどるしかない。

堀　放送衛星の誕生によって、放送のメカニズムが変化して、本当にフジテレビやＴＢＳが東京ローカルだって日が来るという僕の予想が当たるとすれば……。ただ、それはその会社の経営能力の問題じゃないんです。それとは全然関係のない技術開発の結果ですから。よく、そういうことってあるでしょう。

ばば　アメリカでは通信衛星が上がってＣＡＴＶが普及したことによって、地方の田舎の放送局がスーパーステーションとして大きくなったってケースがありますね。ああいうことは日本では起こり得ないでしょうか。

堀　あれはないでしょうね。先ずアメリカはあれだけ国土が広いってことがそれを実現させた。アメリカ人の自分の故郷に対する認識と、日本人のそれとでは大分差がある。アメリカ人はもしかするとジョージア州は母国なんですよ。日本では北海道はそうじゃない。この差がＷＴＢＳの最初のエネルギーに転化して、広がっていった。日本ではムリでしょう。

ばば　最後に、堀さんがこれから一番やってみたいこととは？

堀　この仕事をやっている最終的なところで自分がやりたいなと思っているのは、音楽産業大学を作るってこと。アーチストの養成部門があってもいいけど、メインはスタッフ側で、音楽業界に優れた人材を供給できるようにしたい。ユニバーシティ・オブ・ミュージック・インダストリーってやつです。アメリカにはこういったものがたくさんあるんですね。

加東　グレードの高い音楽産業界構築のために、ぜひ辣腕をふるってください。

（ほり・たけお）昭和七年生まれ。三〇年、明治大学商学部卒業。学生時代より音楽活動を開始し、三二年、堀威夫とスウィング・ウエスト結成。三八年、㈱ホリプロダクション設立。翌年、代表取締役社長に就任。五九年より代表取締役会長。㈱ホリエージェンシー代表取締役会長、㈱新音楽協会取締役、創二十一㈱取締役、東京音楽出版㈱代表取締役社長等を兼任。他に㈳音楽出版者協会理事、㈳日本音楽著作権協会評議員・理事、㈳日本音楽事業者協会理事長を務める。

解題

タレント・役者のマネージメントや派遣業務がメーンのプロダクションは、八〇年代初頭から自ら番組の企画・制作に乗り出していた。この記事でホリプロの堀威夫は、その狙いや背景だけではなく、テレビ放送の近未来を縦横かつ多角的に語っている。しかもその予測の多くは現実になっている。たとえば「テレビは（視聴率という）最大公約数をとるもの。最大公約数とは全員に不満が残る」と、視聴率の低下を的確に言い当てている。放送番組の変容を捉えた貴重な記事といえる。（小田桐　誠）

鼎談

天皇報道を振り返って

テレビは何を伝えたのか

出席者：
稲葉三千男（東京国際大学教授）
大藏雄之助（評論家）
志賀信夫（放送評論家）

『放送批評』1989年５月号

大喪の日のテレビ東京

大藏　二月二七日から三月一〇日の二週間、ＮＨＫは「昭和を記録したドキュメンタリー」という枠を組んで過去の作品を放送しているんですね。これは一月七日八日にやったものよりずっとインパクトがある。インパクトがあるからやれなかったのかもしれませんが、ああいうものを並べて昭和を反省することができるのなら、七日八日にこそやるべきで、そうすればもっと興味を持たれたと思いますね。

志賀　「昭和を記録したドキュメンタリー」で放送された作品は一本一本テーマがあってキチンと作られた、しかも芸術祭で受賞したようなレベルの高いものばかり。それぞれの作品にジャーナリズム精神が溢れてるんですよ。

　それに比較して七日八日の天皇報道の特番は、なんとなく当たり障りなくみたいなことがあって、全体につまらなかった、ＮＨＫも民放も。缶詰番組のレベルが低かったと思います。それはいつ亡くなられるかわからんみたいなところがあって、いつを基準に仕上げたらいいか分からなくて整理がつかなかったとも言えると思います。

　また、そう言っちゃなんだけど担当者も局のホープというわけじゃない。あの日あれだけの番組があって、見て胸を打たれるようなすごいものがなかったので、よけい不満が募ったということだと思います。

大蔵　ＴＫ番組といいましてね、随分前から局は準備してましてね、確かに体のあいてる人が当たってきたわけです。だけど九月一九日から随分時間があったんですよ。一一一日、三カ月以上です。

志賀　いや、しかしいつ死ねのかわからないわけですよ、結果としては一一一日だけど、その経過中は明日か来週かって、非常に暗中模索だったと思いますよ。ただ、天皇にたいしてどういうテーマを設定するかという意志そのものに欠けていたって気はしますが。

稲葉　二月二四日のテレビ東京の編成をどう考えるかというのが放懇の選奨委員会のなかでも論議になったんですよ。独自で面白かったという見方もあれば。

大蔵　旧作映画をズラッと並べて、非常に新鮮でしたね。

稲葉　窮余の一策というか、ただ並べただけで知恵がないって意見もあったし、一方には『大喪の礼』というのに引きずり込まれまいとする局の姿勢、それを反映した独自性だという評価。

　私はおそらく七日八日の経験がテレビ東京の場合、ああいう形で生かされたと思う。逆に言うと七日八日は局の独自性を出そうという勇気が見られなかった。テレ朝あたりにはいくらかあったとか、ＴＢＳも普段着でいこうという空気があったとか、全然なかったとは言い切れないけど、特に缶詰で作ってあった部分は当たり障りなく七日八日を埋めようというのが見えすぎて、ジャーナリズムとはお世辞にも言えないものだった。だからつまらなかったんだと思います。

志賀　テレビ東京は七日八日の経験をかなり考慮したと思います。というのは、ただ単に旧作映画を並べたわけじゃない。岸恵子を連れてきたり、佐藤忠男に喋らせたり、それぞれが自分の感懐をこめたパーソナルな昭和史を語ったわけです。なかなかあれは見事。局の取材力の弱さという欠点を逆手に取った。編成の才能がいかされたなって感じがしました。

大蔵　二四日は代表取材でしたからね、あれを放棄したというのは賢い。

稲葉　テレ朝もあんまり使ってなかった。

志賀　テレ朝は八時半からレギュラーの「モーニングショー」を組んだんですが、他局はそこで揃ってスタート。やるなって思わせたんだけど、残念なことにコマーシャルがない。これでレギュラーと言っていいのかって問題がある。それにキャスターが大喪の日の雰囲気になっちゃってて、局の意図したところとズレちゃった感じがどうしてもした。

大蔵　私はテレビ東京、評価しますが、しかしテレビ東京はキー局で一番制作能力がないから、その苦肉の策の部分を全く考えないわけにはいかない。また、こんなケースって稀ですから、これが反省のよすがになっていくかというと、過大な期待は私はしないですね。並びの意識は俄然強い。

志賀　そこは評価に困るところですが、だけどやりようがないからやったと言い捨てるより、僕らは頑張ったじゃないかという評価のほうを大事にしたほうがいいですよ、事実よかったんだから。そっちを見ないと前向きに進んでいかないでしょう。

NHKのショック

大蔵　七日八日、局に抗議電話が殺到したとか、レンタルビデオ店が大繁盛とか語り草になってますが、私はこれはそんなに大きく捉える問題ではないと思うんです。

視聴率を言えば、部分的には七日八日のほうがいつもの土日を上回ってるってこともあるんです。日曜夜のゴールデンタイムはさすがに下がってますが、あの時間はもう各局リピート続出でしたからね、やるものなくて。だから落ちて当たり前だったのかもしれない。

稲葉　僕はこういう解釈です。一九五三年にテレビの本放送が始まり、六〇年代にナショナルネットワークが形成され約四半世紀。国民は一つは企業ネットワークに包摂され、それから学校ネットワークに包摂され、家に帰ってはテレビネットワークに包摂されて一日が終わる四半世紀を生きてきた。

これがファミコンに象徴されるように、ここに来てネットワーク機能が落ちてきた。要するにもうテレビネットワークなしに生活している層が出てきてる。この層はもともとビデオなんかしょっちゅう借りている層で、七日八日に初めてビデオ店に駆け込んだなんていうのは三〇代四〇代でしょうね。NTVにかかってきた電話の年齢構成を見ると殆どが三〇代から五〇代。二〇代以下は電話もかけてない、テレビなんてもともと関係ない層なんですよ。

この先企業ネットワーク、学校ネットワークで国民をどう繋いでいくのか支配権力はたいへん難しいところでしょうね。ファミコンネットとかパソコンネットとか、孤立化していくメディアだったものを結びつける作業を急がなきゃいかんと、支配者たちは思い始めただろう。それとも伝言ダイヤルとかいろんな形で下からの自立的ネットワークが出てきてますからね、そっちの力が広がっていくのか。

七日八日はある意味でテレビネットワークの限界、せいぜい三〇代四〇代だってことを示しちゃったんじゃないでしょうか。

一番愕然としているのはＮＨＫでしょうね。ＮＨＫ的な読み、七日八日なんて日は国民は我慢してくれる、むしろＮＨＫの放送内容を喜んでくれる、受け入れてくれるって読みで編成したんだと思うんです。七二時間なんて数字がほんとに出てたのかどうか、今さかんに打ち消してますけど、僕は七二時間だってやる気だったと思うんです。

大藏　七日の朝、起きてラジオつけましたらＮＨＫ第一と第二、サイマルやってたんです。テレビのほうも最初は教育も天皇やってたんですよ。それが途中から、ラジオの教育とテレビの教育と正常の番組に戻ってしまった。教育については通常放送をするのがＮＨＫの初めからの方針だったのか、途中から何かの理由で変わったのか、不思議でしたね。

稲葉　七二時間どころか四八時間もできなかった、実際は三九時間くらい。七日の一〇時に池田会長が出てきて挨拶までして、これも問題があるといわれてますが、あそこから始まる。そして九日の零時三四分。三九時間弱ですか、それであれだけの反発が出てる。おそらくＮＨＫ始まって以来のことでしょう。

私が付き合ってる大学生なんか、テレビって日頃あんまり見ないんですよ。テレビなんて余程真面目な子（笑）。で、どうにか見てくれた層までがＮＨＫについてこなくなった。かなりショックじゃないでしょうか。

志賀　ショックというか、むしろびっくりしたんじゃないですか。視聴者ってこんなに変わっていたのかというのに。ＮＨＫは実はこういうときはＮＨＫを見てくれるもんだと信じてたんです。事件があればＮＨＫという一種の過信があった。

大藏　何かあったらＮＨＫというのは進行中の事件でしょう。あれは進行中じゃないですからね。進行中はやっぱりコマーシャルはないほうがいい、だからＮＨＫなんです。

しかもあの二日は民放もコマーシャル抜きでしょう。通例何があるかわかんない時にコマーシャルでブレイクされるからイライラしてＮＨＫに行っちゃってた。

志賀　ＮＨＫはそうは思っていなかった、やはり見てくれると思ったのではないですか。

協定はジャーナリズム放棄だ

大藏　私が非常に残念だったのは、四八時間か二日間か知りませんが、なんで協定なんて結んだのかということ。

メディアが協定せざるを得ないことは確かにある。一つは取材の制限があってカメラが一台しか立たない、回線が一つしかないって時。もう一つは人命にかかわるとき。ただこれも非常に拡大解釈があって、誘拐といえば何でもかんでもパッと協定してしまうというのには問題があると思うけど、誰かがこれを公開することは命にかかわるって場合は協定せざるを得ないと思うんです。

しかし天皇が亡くなったとき、二日間通常放送を止めようとか、コマーシャル付けないでおこうとか、何でこんなことを申し合わせてしまうのか。それはもうジャーナリズムの放棄じゃないですか。

志賀　結果二日くらいで助かったというのが心情でしょう。しかも放送局から言っていったんじゃなく政府がそう言ってきたんだし、それに乗っかっただけでこっちに責任ないだろうと。

稲葉　何でそんなこと話し合うのかな。

大蔵　これを報道することで天皇が亡くなるというのなら協定もあるでしょう。だけどもう亡くなった人について協定するなんて。それこそ各社の判断でするべきことですよ。

志賀　協定するなら、オリンピックみたいに、民放の日みたいに、一局取材でやればいいんです。協定しないんならバラバラでやるべきだし、協定の意味のない協定でしょう。

稲葉　コマーシャル抜きの時間の協定でしょう。どっかから文句が出たら、みんなで話し合って決めたんですってことにしたかったわけでしょう。

志賀　コマーシャルの取りやめについての実態は、局よりもクライアントの要請なんですね。テレビ側にたいして最初から、その対応についていろいろ言って来てるわけです。

稲葉　だから九日になっても松下は出さないとか、カネボウはこうするとか、それは個別の処理でいいわけです。そうしてくれたほうが、各企業の体質が分かって面白い。

志賀　その個別の処理をどうするかってことから協定が始まった。

稲葉　一つ一つやっていくのは面倒臭いからだね。

大蔵　テレビが一番目立ったけど、新聞だって申し合わせしてるわけですよ。この、すぐ申し合わせをしてやろうという精神が非常に不愉快である。

志賀　七日八日はうちはこうですってステーションポリシーが全く出なかったってことですね。それに対し今度の大喪の日には若干出た。その相違は小さなものと見られてるけど、実は割合大きなことであって、談合、談合できたけれど、談合しなくてもやっていけることに気が付いたんだと思うんです。大喪ではそういう申し合わせはしていない。この変化は評価していいんじゃないかと思います。

ただ、これで留まっちゃいけない。今後も引き続き、NHKが「昭和を記録したドキュメンタリー」を編成したみたいに、しつこく昭和の反省に取り組んでいくべきだと思います。

例の大喪の日の取材についてNHKにたいしTBSの浜口社長がだいぶ怒りましたね。記者会見であんな発言してどうかっていわれるかもしれないけど、僕は民放の誇りを示したってことで、一歩進んだことだと思いますよ。感情的に言ったのは損したけど。

大藏　高松宮のときが一種のリハーサルだったんですが、このときもNHKはNHKだけってことをしきりに主張したんです。宮内庁と一緒になって、たくさんカメラ回すのは良くないとか、高松宮邸は場所もないからって代表制にしちゃった。葬儀になると場所がないって言い方は通らないんだけど、それでも一つで通しちゃいましたね。こういうNHKの体質は非常に問題がある。

志賀　だけどTBSもCBSがワンサときて、国際的に頑張らねばならぬって雰囲気があって、異常に感情的ではありましたね。NHK側が随分な物言いをしているわけだから、そこは理詰めにお考えくださいとやれば、もっと格好よくいったんだけどね。

大藏　CBSがやってるのにTBSは何にもしないでNHKの絵を貰うのっていわれるのが恥ずかしい、こういう気持ちは当然あったと思うんですよ。いろいろ根は深い。また、民放も局によっては、どうせたいして絵柄は変わらないんだからNHKから貰ったっていいじゃないかってところもあったんですよ。

稲葉　我々は取材したいと思ったけれど、これこれこういう理由で映せない、閉め出されたっていってくれたほうがいいのにね。

志賀　大喪を報道するとき、我々はどういう姿勢で取り組むかという一番基本のところを論じないで、俺はあそこだ、俺はここだの陣取り合戦やっててもしょうがない。テレビジャーナリズムとしてどういう報道をするのか、どういう特番を組むのか考えるほうが先なんですがね。

もっと反骨の精神を

稲葉　そのNHKとTBSの二四日の内容はどうだったの。

志賀　僕はテレビ三台並べて右にNHK、左にTBS、真ん中で他局をカチャカチャやって見てたんですが、とにかくNHKはオーソドックス、TBSがそれに負けじとオーソドックス。何かＴＢＳは批判精神に欠けたなって感じを大喪については持ちましたね。

稲葉　政教分離の問題はテレ朝がよくやってましたね。

志賀　チャンネル数で言うと、10、12が割合よかった、それに比較して、中継主体で、8、6に問題が多かったという印象です。

稲葉　しかしＮＨＫのエスタブリッシュメントにはまいるね。ＮＨＫの限界というか。もうちょっと反骨があってもいいと思うけど、見事に牙を抜かれてる。

大蔵　国営放送ですね。七日八日、二四日と「昭和を記録したドキュメンタリー」との落差。ちゃんと作れるのに、やらない。

七日八日には民放のほうも面白くなりそうな芽はあったのに生かせなかった。ＴＢＳの八日四時「天皇の御製」。天皇の歌は割に素朴でいい歌があるんです。だけど紹介されるのは戦後の平和の部分に限られてるわけ。昭和天皇はずっと若いときから歌詠んでるわけだから、戦中だってたくさん作ってたはず。それがどっかに消えてしまっていた。ゲストを呼んで喋らせてるんですが、それが勝手な話になってしまう、番組として一貫しない。

稲葉　結局、昭和というものを記録しようという意志がないからでしょう。ただ、時間を埋めよう、あの人とあの人呼んでおけば一時間二時間喋ってくれるだろうということ。

志賀　七日、平成って決まった瞬間、フジはもう書家が待っててパーッと書いて、バンと富士山が映ってそれに墨文字がかぶる。「さあ、平成ってどうですか」と全国札幌から沖縄ダーッと街の声。ＮＨＫとＴＢＳは平成とは何かってえんえん解説やってる。なかなか庶民の反応を取らない。フジは問題はあるにせよ、反応はどうだみたいなことをパッパ、パッパとやる意欲がすごかった。

大蔵　小渕官房長官が「カブオンキョクはお慎みいただきたい」といいましたね。カブオンキョクなんて言う人に言われてなんで歌舞音曲を止めなきゃいけないんですか。ちゃんとした言葉も言えない人に要請されて止めなきゃならないなんて、ふがいない、という気がします。

稲葉　言われるとすぐ慎んじゃう弱さ、これはダメだね。

新聞も含めてマスメディアというものがテロへの恐怖を募らせているって気がします。そろそろ朝日と毎日に右翼が行くんじゃないかとか、いやな噂がある。大喪までは右翼も自粛してたんだとか。そういうターゲットとして上げられるテレビ局がないというのは幸いなことなのかもしれないけど、逆説的にいえば情けない。だからって狙われたほうがいいとは物騒すぎてとても言えないけど。ＮＨＫあたり、やられると思わせるくらいのことをやってくれないと。全くやられない人畜無害な放送してるなんていうのは残念なことです。

大藏　テレビ局であれ、新聞社であれ、社に来られるのはそんなに怖くない。しかし経営のトップにある人は非常に怖がってると思うんです、個人的に。何処に住んでいるのかだって分かるわけですから。どうしたって臆病になります。

稲葉　最近の傾向として家族を狙うなんてことがありますからね。これは非常に圧力になります。

昭和の総括、これからの課題

大藏　私は天皇の戦争責任はどうかってことなしには、七日八日の番組についていろんなことを言えないと思うんです。そこが大きく引っ掛かる部分ですね。日本には普通だって死んだ人のことを悪く言うまいって空気があって、特にそこを避けよう、逃げようとした。しかしここそやらなくてはいけない。

戦争責任については西ドイツが非常にキチンと追及してる。ドイツ国民全体の責任なんだという姿勢でしつこく追及してる。つまり日本の場合も天皇に全部責任かぶせて終わりではおかしいのであって、私たち一人一人の問題として考えるべきでしょう。

私は開戦のとき、小学校四年生で、終戦が中学校二年。当時、全然発言権はなかったけれど、しかし私はその責任を私自身も負うべきだと考えています。そのときに生まれていなかった人たちにまで永遠に負えとは言わないけれど、少なくとも私たちの世代にはあると思っています。

戦争責任は日本国民全体にある、全体にあるけれど、それじゃあ天皇の責任はなくていいかって、そうではない。振返ってみて、天皇陛下のためにってみんな戦ったわけで、それがネグられて、戦後、国民とともに平和のためにお尽くしになったなんて言われたんじゃ、かなわない。

稲葉　私は大藏さんよりさらに強く天皇に責任ありと思う側ですね。

私は私自身の原体験みたいなものがあって、天皇は許せない、天皇に負けていた自分が許せないと思っている。国民の一人として、当時の最高支配者である天皇にたいし責任追及をしたいと思う。

戦後生まれの人、これから生まれてくる人にまで責任は問えないとおっしゃったけど、それは誰から誰に問うのかってことですね。日本国を外からみている人たちには戦後生まれも関係ない。あの一九四五年以前の天皇をどう考えるのか、総ての国民が問われているわけです。それはこれから生まれてくる子供だって問われる。俺は戦争のとき生まれてなかったから知らないよとは、外は言わせてくれないだろう。

志賀　私は大学の講義を持っているんですが、天皇なんて意識したことない、どういう存在か考えたこともない、ここに来て初めて考えたって学生が随分いるんです。そういう意味では、これから我々は昭和史をキチンと総括して、次の世代に渡していかなくちゃいけないわけで、むしろ問題はこれからにあるんじゃないですか。

稲葉　松尾羊一さんが新聞に書いてましたが、彼は七日八日の放送にウンザリしてる、ところが高校生の子供が面白い、昭和ってこんなことをやったのかとテレビを見てたって書いてましたね。つまりこれまでの四〇年間、私たちが天皇についてとか戦争についてとか、次の世代に十分に伝えないできてしまったんじゃないか。歴史の継承をやってない。

ＮＨＫが五年刻みで世論調査をやってますが、天皇についてきくと今のティーンエイジの七九％が「何とも思わない」。それは教えてないから。戦後四〇数年、昭和という時代の決算とこれからの課題を、七日八日に私たちは確認したとも言えますね。

来年の一一月、今度は即位の礼というのがありますね。攪乱要因としてはＴＫのＫくらいで、それがなければ大正天皇、昭和天皇と同じ某日付で行なわれるわけですが、これも今から缶詰作ってるわけでしょう。どういうものが出てくるんでしょうか。

大藏　民族の伝統とか重々しくやるんでしょうが、葬儀に比べれば明るい話だから現場はまだやりやすいですよ。亡くなった天皇はいろんなもの引きずっていたから触れたくない部分もあって難しかったでしょうが。

ただ、また横並び、同じことやるって面はなくならないでしょう。

志賀　ＮＨＫは国民がこんなに変わってたってことにびっくりはしているんだけど、彼らは国民を指導するんだって気持ちを常に持っている。国民は無知なんだ、指導していかなきゃいけないんだという姿勢はやっぱり変わらないだろう。

ジャーナリズムというのは下から、庶民の側からのものがもっと出てこなきゃいけないわけだけど、それが上からここを取材しろっていわれるとハイとやっちゃうみたいなところがあるんで、即位にもその危険はやっぱり感じる。

大藏　私もそこは直らないと思う。

ジャーナリズムといえども日本は大部分は寡占であって、

エスタブリッシュメントなんですよ。エスタブリッシュメントは体制を守る方にいっちゃうんです。そこは直らないかもしれない。だけどジャーナリズムはそっちに行っても、じゃあ国民はついてくるかって、戦争なんて絶対ついてこない。国民はそれなりに健全である。非常にいい加減で健全であると思います。

解題

昭和天皇が一九八八年の初秋に倒れて以降新年早々の逝去、大喪の礼、皇太子の婚約・結婚と皇室の重要な儀式が続いた。ほとんどの冠婚葬祭儀式は代表取材となり、映像では宮内庁の信頼が厚いNHKがその任に当たった。民放を含めた抽選にはずれても、代表取材はNHK。その度にNHKと民放の激しい攻防が展開され、新聞はだんまりを決め込んだ。時には報道自粛の協定が結ばれ、その結果がどのチャンネルも似たり寄ったりの報道だった。座談会では、その皇室報道の実態と本質に迫っている。(小田桐 誠)

ビッグ・インタビュー

NHKの積極的未来論

既存メディアにしがみつくな

日本放送協会会長　**島　桂次**

聞き手：**嶋田親一**（本誌編集長）

『放送批評』1989年８月号

衛星は全国波、地上はローカル波

――ＮＨＫのこれからに対する関心は極めて高く、放送業界全体がその重大さを認識しているといっていいと思います。

　衛星放送、ハイビジョンなど放送の将来を左右するような数々のテーマを抱える今のＮＨＫ。まず、何といっても衛星放送がこれからのポイントになろうかと思うんですが、現時点で会長はどのような展望をお持ちでしょうか。予定通りのスケジュールで進んでいるんでしょうか。

島　難視聴解消に使っていた時はともかくとして、一年半ばかり前から情報波として新しいサービスを始めまして、その時に私は一年間に一〇〇万所帯、三年間で五〇〇万所帯というくらいのテンポで進めないといかんなと思っていたんですが、普及の度合いは、ややちょっと遅れ気味ですね。

　その原因は何かといいますと、何といってもこれだけ全国的な規模を持つ公共放送と、キーステーションが五つもある民間放送という、世界でも類を見ない地上波過密状態。そこへ新しいサービスをするわけですから、地上波では見られない魅力ある放送内容、そういうものをキチンとやらないと、なかなか難しい。これは初めからそのつもりでいたわけですが、その後の展開を見てまして、やはりもうちょっと番組内容をキチンと魅力あるものにしなきゃいかんと思ってます。

いよいよ八月から、衛星料金をいただくことになっています。今まではどちらかといえば試験放送でもあるし、従ってどうぞ皆さん見てくださいで済みましたけど、これからがいよいよ正念場。月額九三〇円に値するものを何とかやらなきゃならんということで放送総局を中心にして、夏頃から更に本格的な番組を出そうと、いろいろな案を練ってる最中なんです。

——これから普及も加速度を増していくんだと思うんですが、すると将来的には衛星放送が主になって現在の地上波は従になるということなんでしょうか。そのあたりの将来的な性格付けはどうお考えですか。

島　ご存知のように最近ニューメディア時代とか情報化社会とか言われていますが、これは一言でいえば多メディア時代の実現。今まで地上波だけだったものが衛星とかケーブルとか、いろいろチャンネルが増えてくるわけですね。その中のどれが主力になり、どれがそれに従属するような位置付けになるかというのは、いろいろ見方があると思うんですよ。

いずれにしても、今まで我々は総合テレビ、教育テレビをやって来ましたね。教育テレビというのは一つの特色をもった専門チャンネル。今度、ＮＨＫがやっている衛星放送は情報専門波というような位置付けで、世界の主な国の主な放送局の主なニュースをほとんど時差なしにお伝えする。これからの放送というのは限りなく専門波的な要素を持っていく、衛星だけでも日本に割り当てられたチャンネルが八つあるわけです。衛星も含めていろいろなチャンネルが増えていくと、情報専門波とか、あるいはスポーツ専門波とか、あるいはエンターテインメント専門波とかいったように、細分化されていきます。

で、この先どうなるかという予測はなかなか難しいんですが、当面ＮＨＫといたしましては、いろいろあるメディアのなかで衛星放送は何といっても威力がある、全国一斉に放送を出せる、画質も地上波に比べていい。ですので全国波としてまずこれを使っていく。衛星放送が五〇〇万から一千万くらいの普及段階になったら、全国放送には衛星のほうがいいかなと思っています。で、キメの細かいローカル波的な地域放送には地上波のほうが適しているかな、と。

難航するハイビジョン規格統一

——衛星といえば、いよいよハイビジョンの実験放送も始まりましたね。

島　少なくとも私が衛星放送を本格的に進めた理由の一つに、次の時代のテレビジョンといわれてるハイビジョンの存在がある。これはやはり衛星でやったほうが日本の場合、効果的だと思っているわけです。従ってこの衛星をハイビジョン放送に繋げたい。衛星放送とハイビジョンが、次の時代の新しいテレビとして、ＮＨＫの主力製品になるのかなという感じはあります。

――ハイビジョンの世界統一規格を巡っては、先に自主規格の方針を示したＥＣに続いてアメリカも日本支持を取り下げ、ＮＨＫのハイビジョンが統一規格となる道はほとんど閉ざされた感じじゃありませんか。

島　規格統一問題というのは伝送規格とスタジオ規格と二つあるわけです。私たちは初めから伝送方式は、衛星でやろうが地上波でやろうが光ファイバーでやろうが、それぞれの国で一番適した方式でやればいいと思ってるんです。

問題はスタジオ規格ですよ。これを何とか統一しようということで、この数年間いろいろやって来たわけですけど、ご存知のようにハイビジョンというのは放送以外にも物凄ぐ利用する範囲が広い。裾野の広いメディアでございまして、放送はワンノブゼムなんです。映画とか印刷とかあらゆる分野

NHK関連団体再編成の概念図

（広報室提供）

NHK

関連事業推進本部（本部長・青木理事）

【放送番組の企画・制作・販売】
- NHKエンタープライズ（改組）
  - 海外エンタープライズ（米・欧・アジア）
- NHKエデュケーショナル（エンプラから分社化）
- NHKクリエイティブ（エンプラから分社化）
- ソフト販売会社（エンプラ、サービスセンターの一部業務を移行）
- 情報ネットワーク会社（ネットワークサービス、放送情報サービスの合併）
- イベント会社（プロモートサービスを改組）
- 美術デザイン会社（美術センターを改組）
- NHKテクニカルサービス
- 日本放送出版協会

【業務支援分野】
- 総合ビジネス会社（ビルメンテナンスを改組）
- 全日本テレビサービス
- NHK文化センター
- NHKコンピューターサービス
- 営業関連新会社

【公益サービス分野】
- NHKサービスセンター
- NHKインターナショナル
- NHKエンジニアリングサービス
- NHK放送研修センター
- 日本放送協会学園
- NHK交響楽団
- NHK厚生文化事業団

【ニューメディア事業分野】
- 文字放送3社（日本文字・西日本文字・中部文字）

●この概念図に沿って90年3月をメドに再編成がすすめられる。
●社名、組織名は仮称のものあり。

に応用できる。いうなれば二一世紀にかけての情報産業の基幹的な部分を占めるんじゃないか。ということで、これは放送問題を超えて政治問題あり、経済問題ありなんですよ。従ってまずヨーロッパがEC統合を前にしましてNHK方式じゃダメだ、独自で開発するんだってことを言い出した。アメリカも、また日本にマーケットを支配されるという危機感が出てきたりで、いろいろ複雑な反応になってきてますね。今のブロードキャスターの話し合いでは難しい状況になっていることは事実です。

ただ、我々はブロードキャスターとして一〇年以上かけて作ったものを死守していきたい。少なくとも今、世界で評価されているのはNHK方式なんですから。我々は決して、これを使ってものを作って売って利益を上げるという立場ではないですよ。そうではなく、出来るだけ全世界にいい映像、優れた放送を送りたいわけです。そのために私は何遍も外国に行って、我々の開発した技術というのをアメリカにもヨーロッパにも日本にも公正に公開するから、ぜひ協力してくれということを言ってるわけです。

情勢はそう簡単ではありませんけどね。最後まで私どもは諦めないで、何らかの工夫をしながら合意を得たいなと思って、今、やっているところです。だいたいの感じとしてはヨーロッパは、まあムリとしても、日本とアメリカとカナダくらいは統一したいというのが現状ですね。

現場には口を出さない

――四月改編はNHKさんは思い切った改革をなさいましたね。番組内容的にも非常に目立つ試みが随所に見られる。今までタブーだといわれてきた原発の問題、天皇制の問題などを取り上げ、これまでのNHKとはちょっと違うぞって感じにさせる。それは意識的にNHKの体質を変えていこう、打って出ようという、会長のお考えの反映と見ていいんでしょうか。

島　これはですね、今年、急にやるんだとやったわけじゃなく、私はこの四、五年、NHKの番組、ややマンネリ化が見られる、放送現場に火花が散るような活気がなくなってきたんじゃないかと言ってきたわけです。

私も一〇数年前に「NHK特集」を作ったり、「NC9」を作ったり、「朝ワイド」を作ったり、いろいろなことをやったんですが、それがもはや一〇年以上たって、決して悪い番組になったっていうんじゃないんですが、ややマンネリ化、固定化してしまった。そこで二、三年前から、新しい角度から自由に失敗を恐れずいろんなことをやってみよう、我々のテレビメディアはまだ出来てから三〇年足らずだよ、まだまだ我々が開発する余地はあるはずだと言ってきた。

「ＮＣ９」なんかも、開始した当時は非常に抵抗がありましたよ。国内の取材陣はみんな非協力、あんなものはニュースじゃないと。また、女性にニュース読ませるとは何事かなんて声すらあったわけです。

今やってる「ニューストゥデー」などもまだまだ「ＮＣ９」を引きずり過ぎてる。「ＮＨＫ特集」にしても、僕は去年、もうやめてくれと言った。国内にも外国にも、もっと優れた作品がたくさんある。君らがまだ依然として「ＮＨＫ特集」に固執するなら、もっと安い金額で外国からいい番組集めてくるぞと、外国の作品を放映する枠を出したんですよ。あれは非常に反響を呼びましてね、かなりの刺激になりましたよ。

今までのやり方をもっと大胆に変えていこうということで、私は何も口出さん、自由にやってくれと放送総局長以下に任せた。ただ、結果責任で、結果が悪けりゃあ私という管理者の責任だ、現場には絶対シワを寄せるな。失敗してもいい、現場には決して責任を問わない。

それでひとつ大胆にやらせているんです。

――それがこの四月だったわけですね。

島　私に言わせるとまだまだ今までの考え方、番組作りの概念に振り回されてるところがありましてね。それに、ただ長けりゃいい、時間がたっぷりあればいいってもんじゃない。もうちょっとリズム感のあるスピーディで充実したものをやれないかということを、時々担当者などを呼んで言ってるんです。

――それは厳しい注文ですね。会長自ら？

島　まあ、雑談的にね。あまり僕が口出すのはよくありませんから、雑談的にね。

――会長は現場経験充分で、ご自分でおやりになってきたわけですから現場の気持ちも分かる。トップがそういうお考えということは現場は嬉しいですね。

島　もう一つは、これはＮＨＫだけじゃないんでしょうが、一般的にマンネリ化。質的な問題もさることながら、テーマがマンネリ。私はその時の国民が関心をもつ問題については、もっと積極的に取り組まなければダメだと言っています。これをやると政府から何か言われるんじゃないかとか、それを取り上げると社会的な反響が起きてマズイんじゃないかとか、そりゃあ何かやれば必ず反響は起きる、起きなければやる意味はない。ただ、あくまで公共放送という一つの立場をキチッと守って、国民の最大公約数の共感を得るような形で取り上げろ、と。特別なイデオロギーとか特別な考え方というのは絶対いかん。最終判断は国民に待つ、そのために我々はあらゆる問題を提起するという基本姿勢なら、もうちょっと大胆にやっていいぞと言っているんですよ。

いろいろ最近バリエーションのある、国民の興味と関心のある問題を積極的に取り上げる傾向が見えてきたので、非常にいいんじゃないかと思っているんです。

民放も積極的にやるべきだ

――ＮＨＫがそのように大胆な編成を敷き、積極的に番組を開発するということになると、民放はますますうかうかしちゃいられませんね。ここ数年、民放には民放らしいニュース番組が登場したり、トーク番組のバリエーションが広がったりと、特色を出してきてはいますが、傍からみていますと、民放の経営者の方々は全体として危機感が薄い。

島　私はＮＨＫがあり民放がありという今の放送体系が非常にいい制度だと思ってるんです。僕は民放の幹部の方にも申し上げているんですが、ＮＨＫと民放は決して相争う立場ではない、両方がそれぞれを補完しあって一つの放送界というものを完成させていくんだと。同時に我々が開発した放送のノウハウをどんどんあなたたち使ってくれればいい。だから衛星放送なんかも、もっと積極的に挑戦されたらどうですか、五つも波が余ってるんですから。民放的な衛星放送もあり得る、チャンネルが増えれば増えるほど、衛星全体も普及するんじゃないかと思うんですが、なかなかね。

この間、会長就任後、アメリカの放送局の幹部の方とも会ってきたんですが、彼らもそうなんですよ。既存の枠組みと言いますか、今までの既得権みたいなものを一日でも長く守ろうというような姿勢が非常に強いですね、アメリカの三大ネットワークも。ニューメディア時代になって、今までの形にだけしがみついていれば、シェアはどんどん少なくなってくる。放送界全体、アグレッシブになる必要があるんじゃないか。

極端に言えば、不特定多数を対象にする放送と、特定多数を対象にする通信事業の境目が、もうなくなってきてますよ、技術革新によって。時代はラジオからテレビへの変革の数十倍に値する変化を迎えてますね。

――多メディア時代に対応して、今度、関係会社を大幅に再編成なさったそうですね。そして民間企業から人材を迎えて、たいへんな強化を計ってらっしゃる。ここらへん、民放側から見ると、物凄い脅威。

ＮＨＫは子会社、孫会社を作ってどんどん民放の領域に乗り出してきてる、ＮＨＫかなわないという声もありますよ。

島　それもちょっと間違って受け取っているんじゃないでしょうか。つまり、これからどんどんメディアの数が増えていきますね、一つの放送機関がたくさんのチャンネルを持つ、巨大化するというのは、これは民主国家の中では許されませんよね。ＮＨＫはＮＨＫとしての適正規模を考えなくてはいけませんね。新しい時代の新しい公共放送というのは、根幹的なメディアだけを担当し、それに付属するようなところは関係団体とか外部の皆さんと一緒にやる、あるいは任せる。

ＮＨＫは公共放送ですから、受信料を基盤とすることには変わりはない。しかしこの受信料ももう五、六年値上げしておりません。これから先、仮に値上げできるにしてもそんな不当に上げるわけにも行かない。一方では設備投資とか時代に対応したソフトの開発とかいろんな金が掛かる。ですから、出来るだけ受信者の負担を軽くしながら、質のいい豊かな番組を提供するためには、やっぱり親方日の丸で受信料にぶら下がってるだけじゃダメ。我々が作り出す放送製品を多目的に利用する、いろいろなメディアに転用したいわけです。そういうことをＮＨＫはやるし、民放さんもやりませんかと言ってるんです。

ＮＨＫとしては、国内のマーケットを云々するんじゃなくて、もっとインターナショナルに考えてます。

ところが我々、長い間親方日の丸で来た、番組あるいは取材についてのノウハウは充分持っているけど、供給とか販売という分野にはノウハウがないわけです。それを民間の人たちに手伝ってもらって覚える。そのことは、外から来た人たちにとってもその企業にとっても、二一世紀の情報産業を展開するうえで、決して損にはならんのじゃないかということで、かなりの一流企業の責任者の方々の賛同を得て、差し当たって一〇数人、訓練を中心にやってもらおうと思ってます。

私はこの二、三年で二〇カ国の外国の放送局と協力協定を結び、どんどんＮＨＫの番組を放映してもらう、そのかわりあなたたちの作ったものを我々も積極的に取り上げるとやって来た。そういう事業に、なぜ民放はもっと目を向けないのか。私はむしろ民放さんと一緒になってそういう仕事をやりたいんですけど、なかなか応じてこない。

厳しい批判、大いに結構

――アジアの国々へのＮＨＫの技術協力というのはあまり報道されておりませんけど、非常に細かくやっておられるそうですね。

島　そうですよ。私は年間に一〇数カ国を回ってますが、技術だけじゃないですよ、ソフトについてもかなりノウハウを広めてきているわけですよ。

――これはＮＨＫというより国のレベルで進めてらっしゃるんでしょうか。

島　独力でやるには余りにもＮＨＫは資金面で難しい。私はこれを国家的な規模でやらなくちゃいかんということで、国にも呼びかけてますけどね。なかなか政府のほうも簡単ではない。民間企業や民放の方々の協力も得ながら、日本の国全体としてこの問題に取り組まなきゃいかんと思ってます。

民放の人たちも、もうちょっと積極的にヨーロッパであれアメリカであれ、あるいは共産圏であれ、出ていくべきだ。私は外国のブロードキャスターのほとんどの幹部と付き合ってますよ。ですけど他の方はほとんど出てってない。放送人ならもうちょっと出ていかなきゃね。

――副会長から会長になって、日常生活その他も、スケジュールに縛られて自由がないとか、だいぶお変わりになりましたか。

島　前の会長さんが外から来たかただったので、ほとんど仕事の内容に変わりはないんです。いろいろなセレモニーとか、こういうインタビューとかが、非常に増えたということですね。一つトップがいて、その下で自由にやっていく時と違って、やはり最終的な判断をということになると、心理的なプレッシャーみたいなものがないわけじゃありませんけど、基本的には今までと変わってないですよ。

――会長のお部屋に行くには今まではたくさん扉があって、なかなか入って行きづらかったのが、ドーンとオープンになったとか。

島　全部、もう開けちゃったんです。それで僕はソファーを持ち込んでね、寝たいとき寝てるから、いつでもいいからみんな来いと。放送とかジャーナリズムってそんなもんだと。

――歴代の会長でそういうかたは初めて。

島　それがわたしの取り柄なんですよ。私はもう四〇年近く放送の仕事で生きてきたわけですから。

――島さんといえば、恐れられているという巷間の噂、これは本当なんですか。

島　ただ、私は一生懸命やらない奴、仕事をしない奴には厳しいですからね。自分に対しても厳しくやってますから。そういう意味じゃあ仕事をしない奴から見ると、かなり煙ったいんでしょうな。

――会長は報道のご出身、いわゆるドラマとか音楽、スポーツといったエンターテインメント・ジャンルへのご関心は？

島　スポーツはもう私の専門、中継なんかやらせりゃあ、私のほうが腕がいい（笑）。エンターテインメントは私は手掛けていなかったんですが、これはニュースでもスポーツでも同じで、一般視聴者の立場に立って、いいか悪いかの物差しが、たいへん必要なんですよ。ですから、専門家必ずしもいい番組批評家ではない。そういう立場で、かなりドラマや歌番組に私は厳しいんですよ。

実は「昭和の歌」なんて私の企画なんですよ。何やってんだ、お前ら、と。つまり昭和から平成に移った時、やはり私も年取ったせいか昭和を振り返りたいと思った。歌は世につれ世は歌に連れというじゃないか、昭和史の意味だとか何とかやってるよりよっぽどいい、と。それから大河ドラマ、私は非常に不満なんですよ。マンネリ化が目立ってきてる。だいたい演出家が育ってないでしょう。なぜかって三人も四人もで演出してる。俳優さん呼んで聞いてみたら、ディレクターが毎週変わるんなら主演男優も変わりますかって冗談言われちゃった（笑）。

いろいろ私は厳しい注文出してるんですよ。あくまで視聴者の立場でね。視聴者の立場のほうが却ってよく見えるし、そういう意味ではエンターテインメントの連中のほうが私のこと煙ったいんじゃないですか。

そういう意味では皆さんがたも、大いに積極的にＮＨＫに対する注文とか、厳しくひとつやってください。私はもう、厳しくやられることになれてますから（笑）。

解題

毀誉褒貶が激しく、その手法に批判も多い〝シマゲジ〟こと島桂次だが、今日のＮＨＫの基礎と方向性を築いたのは間違いなく〝シマゲジ〟だろう。この先受信料の値上げは難しいと、ＢＳ放送の有料化と副次収入アップを目指して関連団体・関連会社の拡充を推進した。二四時間ニュース専門チャンネルや映像ソフトの国際流通構想を含め、放送業界はてんやわんやの騒ぎになった。まだら模様はあっても、その後の会長は「島路線」を歩んでいる。会長・社長はいるが経営者と呼べるトップが少ない中で、数少ない経営者のひとり島桂次がその路線を明解かつ具体的に語っている。（小田桐　誠）

第3章
1990年代

1990～1999　告発の時代

ドキュメンタリーや情報番組のやらせの発覚、
阪神大震災やオウム事件での報道姿勢への批判など、
放送界は混迷の時代に入る。
放送批評は、放送制度・放送業界の過ちの告発へと向かう。

二一世紀のパーソナル・メディアを実感しよう！

エレクトロニクス未来形

高田　佐紀子

ソニー株式会社マーチャンダイジング戦略本部トレンドリサーチセンター

『放送批評』1991年１月号

進化するメディアたち

私の職業はキュレーター（博物館プロデューサー）。正確には、勉強中でまだ半人前だけれど。勉強の傍ら、勤務先の博物館を企画する仕事を兼ねているので楽しくて大変である。博物館と言えば博覧強記と同じ博だから、本来、広く古今東西の自然や文化に関するあれやこれやを展示する施設のことだが、私たちの博物館は博^{2}物館と呼べる場所になるはずだ。文化×文明＝マルチメディア・ミュージアムである。

マルチメディアやハイパーメディアという言葉はずいぶん前から使われているが、実体を伴ってきたのは二一世紀を迎えてからだ。音声と文字と映像を一つの端末で自由に扱えることがようやく当たり前になってきた。テレビ、新聞、雑誌、本、AVディスク、ビデオ、映画などの情報がデジタル信号に翻訳され、往き来する。テレビ画面と電話とコンピュータがさまざまな機器に組み込まれていく過程と言ってもよい。

こうしてマルチメディアは相互作用を深め、情報の質とその流通構造の大きな変化を強力に加速してきた。質の変化とは、かつてレンタルビデオの攻勢を受けたテレビがドキュメンタリーへ回帰して始まった、エンタテインメントとインフォメーションの重なりである。

一方、構造の変化の方も二重性を持つ。収束と発散、グローバル・ネットワーク化とローカル・パーソナル化。ところで、パーソナル化は個人の主体性を、グローバル化は批評精神を強める作用を果たす。構造的変化は質的変化と連動している。

主体的・理性的に電子メディアを楽しめる場所として、私たちは二一世紀にふさわしい新しい博物館を企画している。その視点から、エレクトロニクスの進化を概観し分析したいと思う。

まず、前世紀末九〇年代に日常化したハード・ソフトを挙げてみよう。——衛星放送、FAX、DAT、PCM放送などが普及率を伸ばし、新たに、カード電話、テレビ電話、デジタルビデオ、カー・ナビゲーション・システム、家庭用ハイビジョン、壁面ディスプレイ、CDサイズLD、書換型光ディスク、ICカードプレーヤーなどが登場した。

進化の流れはどのように読み取れるだろうか。——そもそもエレクトロニクスは、「いつでもどこでも誰にでも何でも上手に簡単に」できる道具や、「もっと速くもっと遠くもっと安くもっとたくさん」運び伝える道具を生み育ててきた。二〇世紀から二一世紀へのミレニアムの節目に迎えた進化の段階は、次の三つの要素に分けられるのではないか。第一に身体装着型と環境融合型二通りのコンパクト化。第二に画面の標準装備。第三に知識処理による応答機能強化。

三つの側面、つまり、形態的・感覚的・頭脳的進化について、その意味を考え、象徴的な最新の具体例を探してみよう。

1．身体化と環境化

エレクトロニクスの使命は主に、「もう一人の自分」を作るオートメーションと「もう一つの世界」を作るシミュレーションによって人間の能力を拡張することにある、と考えると、身体に密着し環境に融合する形態進化は必然と言える。空間的自由度の向上という意味でコードレス化やリモコン化も同じ線上にある。いつでもどこからでもアクセスできることをめざすネットワーク化も含まれる。時間の次元を深く考えれば、リサイクルも。

最小のサイズに関しては、人間工学的モジュールがいくつか存在する。例えば、カード、はがき、ノート、文庫本、腕時計（の文字盤）、眼鏡……。ただし、目で見る動作には眼鏡型が最小で最適、という風に単純には行かない。ビデオカメラは見たまま撮れるゴーグル型が便利かといえば、フラフラしたり、動きが急過ぎたりで、後から編集に苦労しそうである。目と頭が先行して手が追随する分業が自然なのだ。

つまり、感覚器官の組み合わせや情報処理の仕方、さらに言えば情緒の問題や地球環境までダイナミックに捉える、人間の基礎的な研究なしには、形態を始めインタフェイスの議論は発展しない。この問題意識から、認知心理学や行動学、神経生理学などに対する業界の関心が高まり、地道な研究活動や学界との共同が始められた。

この分野はコンピュータ・サイエンスやバイオテクノロジーとの関連も深く、先進性の広告コピー的活用が先走る例が依然として多いけれども、近い将来、真に刺激的な知見が得られるだろうと期待されている。

身体化と環境化の具体例は——

●カード電話（システム手帳機能内蔵）
●カラオケICカード　ICカードブック
●新聞記事やタウン情報の自動販売機（ICカードにチャージ）
●壁面ディスプレイ
●〝携帯会社〟的通信機能付マルチメディアターミナル
●使いこむと味わいの出てくるプラスチック

2. 画面の標準装備

何より目立つ変化は、そこここに大小の画面をみかけることだ。机といわず壁といわず、車、電車、飛行機はもちろん、店、病院、スタジアム、駅、街角、人の手元や目元にも嵌め込まれた画面がある。ハイビジョンは当然ながら、ブラウン管や液晶も映り込みやぎらつきが減って、風景に溶けこんでいる。

文字や数表はともかく映像はソフト作りが大変だから、教育・セールス・医療以外の分野ではなかなか使いこなせないという説があった。二〇〇一年の現在でも、視覚表現で企業と学校は家庭に先行しているし、全体的なソフトウェア不足も相変わらずで、この説の正当性は検証されている。だが家庭でも情報検索や画像処理の必要性——というと大袈裟だけれど、要するに何かを調べたり、伝えたりする機会——が増えているのも事実である。

この現象にはデータベースやインタフェイスなどの実質的な向上はもちろん、コストという周辺的要素が深く関わっている。精細で質の高い画が以前に比べて低コストで利用できるようになったことの影響は大きい。電話の交換機のデジタル化が一昨年（一九九九年）完了し、一本の回線で音声もF

ＡＸもカラー動画も送れるようになったし、遠距離逓減など通信費も下がってきた。

画像の話題で最も華やかなのは立体通信である。ＳＦＸが懐かしい。ただ、３－Ｄ映像は三〇インチ程度の画面だとミニチュアの人形劇に見えてしまう嫌いがある。だから、ビジネスやゲーム以外では等身大に映る壁面ディスプレイと連動して発展するだろう。リアリティとはまた違った効果を試して見せているのはテレビＣＭである。さすがに面白い。

画面の標準装備（もちろん標準というのは殆どすべてに見えるほどたくさん、という比喩的な意味だが）の中で人気の高い例は――

●テレビ電話（顔を見るだけでなく、チケット予約の際の席確認など）
●マルチ画面テレビ（スイッチャーになれる）
●３Ｄシアター　３Ｄチャンネル
●テレビ会議スタイルの討論会
●ワークステーションの〝グラスボックス〟表示（ブラックボックスの逆で、今どういうプロセスが行なわれているか知らせる）

３．知識処理による応答機能強化

電子メディアによる外部化は、手足などの運動機能から始まり、聴覚、視覚、そして計算・記憶を導入部とする知覚、発話、さらに推論、学習、曖昧さの処理など高度な認知機能へと進み、また一方で、触覚など原始的な感覚に及ぼうとしている。

エレクトロニックな「もう一人の自分」に秘書的機能を求める場合は特に、自然な会話力が課題となるが、これは未だに難題である。けれど現実的な解決は次々に見出されている。文脈の限定の仕方やちょっとした相槌で、スムーズなやり取りが可能になる。〝愛敬〟を持たせることもできる。

また、音声と画面とハードコピーをパラレルに出力したり連携を取る手続きの工夫も、マルチメディア的会話力を高めてきた。会話力を背後で支えるのは、エキスパートシステムから始まった、推論を用いるコンサルティング機能である。

しかし、どんな機器も応答し相談できるとなると、人間の方が電子機械的な型にはまった考えしかできなくなるのではないかという危惧も生じる。機械が人間になれば、人間が機械になるのではという疑問である。が、逆の効用も確かにある。問い直し、問い返されという繰り返しの中で、自分の考え方が目の前にくっきりと形を取ってくる。機械的素直さの光に照らされて。すると、既成概念やマスコミ情報など、借りてきた考えで自分のものになっていない部分が鮮明になるのである。

応答機能はコミュニケーションの仲介と広く解釈したい。自分自身との対話だけでなく、異なる文化、違った感覚の間をつなぐという、シミュレーションを超えた電子メディアの重要な働きを含められるからである。個であることと、関係を生きること、この二つの豊かさを人間からどう引き出すかが、電子メディアの可能性として最も魅力的な部分であると言っていいのではないだろうか。

知識処理による応答機能強化の具体例は——

●テレビ電話の自動翻訳字幕機能
●音声入力、点字出力などハンディキャップのギャップをつなぐ入出力機能
●プロジェクトのサポート用グループウェア
●意志決定のカウンセリング機能
●位置、地形、天候などを分析、遭難を回避するための情報を得られる通信機器
●テレビ画面に連動するペット・ロボット

では最後に、これらの進化を最大限に活かして、私たちが博物館で何をお見せしようとしているのかを公開前にご紹介しておこう。

——当館は歴史博物館である。すべてのイベントは「日本の……」というタイトルになる。テーマは大小、硬軟、老若男女、縦横無尽。外国人も日本人も発見を楽しめる内容を考えている。高校生の説明員や民間の研究者など普通の人々の力をたくさん借りるつもりだ。

外観はアミューズメント・パークとよく似たものになるだろう。好きな建物やテントに入って、青天井の舞台で芝居を見て、議論に加わって……。ショップや乗物もある。自然の景観を生かした空間を作りたい。自然の光と人工の光と影を生かした空間を。

エリアは五つに分かれる。キイワードは、言葉、思考、感覚、世界、イメージ。テーマパークとの根本的な違いは目的である。私たちの目的は非日常体験ではなく、日常の意味を見出すこと、現実の記憶にある。

その方法は——一．みつける　二．教える　三．動かす　四．比べる　五．入れ代わる　六．入り込む　七．外から見る……ともあれ、最も大切にしたい価値は「笑い」だ。ゆっくりとした微笑みから、ひっくり返る大笑いまで。笑いは発

見を遠くへ連れてゆける。

さて、詳細は是非、現地でお確かめ下さい。電子メディアを地図と羅針盤に、文化の四次元旅行を企画して、二〇〇一年秋、皆さまをお待ちしています。

解題

ブームとして踊っていた感のあるニューメディアやマルチメディアが、私たちの暮らしに入り込んできたのは一九九〇年代以降である。農耕社会、工業社会に続いてどんな社会が到来するのか。八〇年代以降話題になった著書に、アルヴィン・トフラーの『第三の波』(八〇年)や『パワーシフト』(九〇年)、八五年の堺屋太一による『知価革命』がある。この論考はそれらの著書を受け、パーソナル・メディアの世界を予測するとともに、私たちの生活・暮らしがどう変化するのかちょっぴり実感できる内容になっている。(小田桐 誠)

特集：放送と憲法九条

国連平和協力法案と放送

テレビにたりない憲法論争

奥平康弘

憲法学者・国際基督教大学教授

『放送批評』1991年３月号

はじめに

九〇年八月はじめイラクのクウェート侵攻が起こってから、間もなくのうちに、日本政府はアメリカの要請を受けて四〇億ドルの資金提供をおこなった。しかし他方では「カネやモノだけではなくて、ヒト、ヒトのイノチも」と主張する国内外の声を横目でにらみながら、体制内には自衛隊の湾岸地域への派遣、アメリカ主導の多国籍軍への参加の可能性が半ば公然検討されていた。

自衛隊の海外派遣（その後、「派兵」ではなくて「派遣」だという、誤魔化しのことば遊びがもてはやされたが、むかしの「支那派遣軍」の呼称が示すように、また、英語で訳したらどちらも、〝send〟になってしまうのであるから、私は、この区別にこだわらない。念のため）への模索が、湾岸危機発生の時を経ずして、おこなわれたという事実は、当たり前の現象でありながら、しかし重要な意味を持つ、と思う。

当たり前というのは、こうである。七〇年代後半から、個別的自衛権論に基礎づけられている政府の憲法九条解釈を、どのように集団的自衛権論へと転換できるかを、すなわち、この点の憲法解釈の変更（解釈改憲）がいかにすれば可能であるのかを、体制側は一貫して考えつづけてきていた。この点の構想の不可欠媒体は「国際連合」であった。国連への協力というのが、トランプ（切り札）とされていたのである。こうした一〇年来の検討文脈からすれば、湾岸危機→国連決議→多国籍軍の投入という事態の展開線上に、自衛隊の出兵というシナリオが画かれるのは、ごく自然ということになる。

「むかし統帥権、いま国連」という言い方がある。核心をついたメッセージである、と思う。戦前の大日本帝国軍隊にとっては、天皇の統帥権がトランプであったが、いまの自衛隊の増強（あるいは存在価値）にとっては、国連へのフック・アップが肝心の要《かなめ》であるということを、それは衝いている。自衛隊の「国連平和協力隊」化構想は、まさにこれを地でゆこうとするものであった。

「経済大国」になりおおせ、多かれ少なかれ「大国意識」に馴らされた者にはともすれば見逃がされ勝ちになるが、自衛隊の海外派遣という政策決定は、日本の歴史にとって決定的に重要な転機にあるものである。戦後史のどんな事象よりも強く、政治外交・防衛路線にインパクトを与える態のものであった。

憲法争点の浮かび上がらせかた

まえ置きが長くなってしまった。本稿は本来、「国連平和協力法案」と放送メディアの関係を扱うべきものでなければならない。この辺で本題に入る必要がある。

協力法案に結実したような自衛隊派遣路線が、憲法九条のきわめてはげしい抵触をひき起こすのではないかということをめぐる争点、憲法争点が、放送メディアでまともに取り上げられるにいたったのは、政府が臨時国会に「国連平和協力法案」を提出した一〇月中旬以降のことに属する。法案作成が取沙汰されている途中の段階では、そこに含まれうるであろう憲法争点を的確に浮かび上がらせ、これを国民的な論議の素材として提示する動きは、放送メディアの側にはなかったように思う。

もとより私は一介の憲法研究者でしかなく、放送メディアの全体状況に通じているわけではない。私がなしうるメディア観察は、国民平均以下的なレベルのものでしかないことを、このさい強調しておかなければなるまい。ともあれ、私の印象では、法案提示以前には、憲法争点が後景に退いていたとはいわないまでも、それはいろんな論点の、単なる一つとして言及されていたにとどまる。湾岸危機それ自体が、さまざまな論点を含むのであるし、この状況と日本との関係いかんという問題に限定していっても、論ずべきさまざまな争点がある。この間にあって憲法争点は、その一つにすぎないと言われれば、確かにそうなのではある。なんでも憲法と結びつける「憲法バカ」であってはなるまい、と自戒する。それにしてもしかし、法案が形姿を整え国会に提出される以前の段階で、放送メディアも含めたジャーナリズムは、もう少し明快率直に憲法論争を醸成させてもよかったのではあるまいか。

法案は結局、特別国会の会期終了をまつまでもなくその以前の時点で審議未了・廃案を宣告されたのであった。なぜそういう結果になったかという点でいえば、つまりなぜ政府自民党は法案の継続審議という形で深追いしなかったのかという状況説明としては、即位儀式のパフォーマンスがひかえているといったことをはじめ、いろんな原因を挙げることができよう。しかし、それらの原因のうちのひとつに、自衛隊出兵に対抗する違憲論が存外に広く世論の支持を受けたという事実があることを軽視することは正当であるまい。このことから推して、放送メディアを含めジャーナリズムが、政府自民党の法案作成過程の段階で憲法論をもっと明瞭に俎上にのせていたならば、法案提出そのものを左右したか、あるいは法案の中身それ自体を違ったものにしたかもしれないのである。そうだとすれば、湾岸危機への日本の貢献をめぐる国会論議は、現にあったものと違ったものになっていた可能性がある。

私としては、法案提出前の段階において、メディアは、もう少し自衛隊・自衛権論争の歴史的な背景、とりわけ七〇年代終わりから八〇年代にかけて外務省が中心になって検討してきた国連経由の自衛隊海外派遣論あるいは集団的自衛権論に標的を合わせて、論争の場を作って欲しかったと思う。どうもわれわれは、歴史的な脈絡を辿ることを忘れて、出たとこ勝負、ケース・バイ・ケースで、大事な論議に直進してしまう嫌いがある。これでは結局、ケースの主導権を持つ者の側、つまり体制の側のペースに巻き込まれることになるのではなかろうか。

憲法論と超・脱憲法論

法案提出前における世論動向で一つ気になったのは、「折角、自衛隊が存在しており、しかもどうせ自衛隊は遊んでいるのだから、これを使わないという手はなかろう」という、「もったいない」論である。「経済だけ大国」に適合的な効率主義からすれば、この「もったいない」論は、絶妙の浸透力がある。しかしもとより、「もったいない」から海外派遣に使えというのは、憲法抜きの議論である。大衆のあいだに深く浸透し、それでいてかならずしも明示的な「世論」の水準には浮上してこない、この種の超・脱憲法論あるいは憲法外論が、じつはあるべき憲法論を――暗黙のうちに――蹴散らしてしまう可能性がある。ファシズム台頭の歴史のなかに、その例を見出すのは、さほど困難ではない。

私の印象では、放送メディアは「もったいない」論が大衆のあいだで存外に広く支持されているのを認識し横目で眺めながら、しかしけっしてこれを正面から取り上げ、それが有する問題性に肉薄することがなかったようである。こういった大衆感覚は潜ったままにとどめ、そっとしておくことが、結局においていいことなのだろうか。

さて、他の局のことはさて置き、NHKが法案を主題にしてこれとはじめて四つに組んだのは、法案の国会提出一週間後の一〇月一九日夜の〝NHKスペシャル〟においてであったといえるだろう。この、小沢自民党幹事長を含む各党代表者らからなる政治家の〝徹底討論〟では、野党側の提起もあってそれなりに憲法争点が俎上に乗せられた。けれども憲法論それ自体に焦点を合わせた企画ではないこともあって、突っ込んだ討論にならなかった。野党の追及の甘さもあって、政府はお座なりの憲法論で逃げおおせた感がある。

この番組には中山外務大臣も加わっていた。この大臣は、協力法案が自衛隊派遣法案となっているゆえんを、次のように説明して見せたのが、私の注目を惹いた。大臣がいうには、アメリカの要請に応えるべく、援助活動をしようとしたが、民間企業からは全然協力が得られなかった、そこで、やむを得ず自衛隊に頼るほかないということになったのだ、と。

この「やむを得ず」論が憲法上の論理と無縁なのは、先述の「もったいない」論と同様である。ほかに頼る手段・方法がないかどうかは、それ自体が検討に値する問題である。そしてもし、本当にそうであるのなら、なぜそうした手段・方法がないのかを現行法体系に即して究明し、新しい組織や体系を作る必要があるとみたら、それを創出するためにこそ、新立法があるべきなのである。立法ということをそういう方向で考えるのではなくて、勝手に「ほかには手段・方法なし」と認定することによって、自衛隊派遣立法を正当化しようというのが、中山外相の論理なのであった。外相は、違憲な国家行為といえども「やむを得ない」ものであれば合憲となるとする頭なのかもしれない。一国の外相ともあろう者から、こうした超・脱憲法論が聞かれるのは、たいへん遺憾なことであった。

聞くところによれば、NHK放送現場の人たちは、一〇月一九日という遅い段階においてではなくて、もう少し早い段階で、なかんずく国会提出以前の法案づくりの時点で、各政党代表から成る討論番組を作ろうとしたのであるらしい。ところがこの現場からの申し入れを、自民党は、時機尚早という理由を設けて拒否したもののようである。

自民党としては、自衛隊派遣立法という性格をはっきりと打ち出し、その線で政府部内の確たる合意をとりつけ、あり得る憲法上の疑惑のあれやこれやに応酬したり煙幕を張って回避したりする方策を整えたうえで、はじめてＮＨＫ討論番組に参加するのを承認したのであった。

先に指摘した中山外相の「やむを得ず」論は、そうした憲法回避の煙幕効果をねらった一例であるが、総じて、この番組での小沢幹事長・中山外相の立場は、リアリストに徹するというものであって、もしそうでないとすると、日本国の国際的威信の立場を強調する「大国」論か、あるいはすでに別の角度から指摘したところの、切り札としての「国連中心主義」論か、そのいずれかを援用するものなのであった。

政府自民党は、法案が自衛隊派遣立法であるにもかかわらず、合憲であり、かつ、そうであることによって解釈改憲をはかるものではないと言い続けてきた。しかし、個別的自衛権論に厳格に立脚したうえで、すなわち集団的自衛権論にいかなる傾きをすることなしに、この法案の合憲論を基礎づけることはむずかしい。さればこそ、政府自民党の面々は国会論議のなかで、無様な応対をせざるを得なかったのであり、なかんずく個別的自衛権論の発案機関である内閣法制局の責任者は、たいへん苦しい目に合わなければならなかったのである。

国会討議の中継番組を別とすれば、政府自民党の代表者らは、放送番組にあっては憲法論に深入りして、馬脚を現わすことがないように極力努めた。逆にいえば、放送メディアの側としては、政府自民党を憲法論で窮地に追い込むような番組作りをあえてするものがなかったということになるであろうか。

メディアに登場する体制側学者

放送メディアのなかで政府自民党の憲法論をバック・アップすべく登場した学者あるいは評論家について、特徴的なことが二ついえる。第一、だれひとり憲法学を専門にする人間ではなかったということである。政治学や国際関係論を専攻する研究者のみが登場したのであった。第二、そのことと関連するが、政府の公式憲法論たる個別的自衛権論を信奉し、そのわく組みのなかで法案合憲の論拠を学問的に提供しようとする構えの者がだれもいなかったということである。

これらの学者あるいは評論家は、本心では憲法論などどうでもいいと考えている面々であった。そうであるから、かれらの合憲論は、解釈論としては学界はもちろん政府によってさえも見放されている諸説（たとえば、憲法九条二項の「前項の目的を達するため」についての、いわゆる芦田陰謀説、憲法よりも国際法のほうが優先するという条約優位説、さらには集団的自衛権説）に依拠するものなのであった。そのゆえに、かれらの議論はいくら熱心に主張しても、本当のところは、政府自民党の合憲論をバック・アップしたことにはならない態のものであったのである。

体制側に立つ学者あるいは評論家、つまりいうならば政府の御用学者でありながら、法案の憲法論という一点においては、かれらの立論が政府の立場の弁証になり得ていなかったのは、たいへん興味のある事実である。

かれらは海千山千、口八丁手八丁のリアリストたちであり、そうであるがゆえに、さまざまな番組でメディアに選抜され珍重されてきている存在ではある。したがって、かれらの議論と政府の議論には、重大なところで喰い違いがあるなどとは、視聴者に気がつかせがたいところがあったかもしれない。しかし、少し冷静で、ある程度に賢い視聴者であったならば、そこのところの齟齬を感じ取り、いささか落ちつかない気持ちになったのではあるまいか。

狭義の憲法研究者のなかにも、個別的自衛権論者はいる。おおぜいではないが、いることはいる。メディアがそういう研究者を捜し出すことは、そんなにむずかしいことではなかったはずである。ただし、こういった連中のあいだにあって、平和協力法案の自衛隊出兵措置を個別的自衛権論の次元に乗せて矛盾なく上手に説明してくれる者がどれだけいたかとなると、少し話が違ってくる。協力法案は、ことほど左様に、憲法論としては玉が悪かったといえるように思う。

そんな事情もあって、メディア側は、体制側の代弁者としては、多かれ少なかれ灰汁《あく》の強い評論家タイプの人間を起用せざるを得なかったのだろうと推測する。これは、メディア側の意図としてそうなった人選ではなかったが、結果論としてみれば、こうした人たちの登板は法案をバック・アップする効果にならずに、かえってそれを廃案に陥れるのに一役買ったことになるといえるように思う。

体制側は、これらのイデオローグをつうじて――ここで、筒井康隆の朝日新聞「論壇」の文章（九一年一月一日）を利用させてもらうが――「『国際社会の一員としての自覚』だの『いつまでも今までのような態度をとり続けていることは許されない』だのという、見かけだけカッコいいが、あまり意味のないこと」を言わせたのであった。これらは単に「意味のない」メッセージであるだけではなくて、憲法を超え憲法を蹴散らす効果を持つメッセージでもある。こういうメッセージを国民のあいだにかなり浸透させることに成功させ、自衛隊の存置そのものについては完全な国民的認知をかち得た(風穴をあけた)と体制側は判断しているふしがある。法案そのものを継続審議という形で無理強いしなかったのには、体制側のこうした判断――それ相応に元をとったという判断――もはたらいているかもしれない。

放送メディアがそういう流れを作るのに積極的な役割を果たしたというのではない。しかし、客観的にいって、そういう流れに場を与えたのは、どうも否定できないように思う。媒体というものは、そういうものなのだろうな、と割り切って考える傾向が、私にはある。

解題

改めて強調するまでもないが、憲法は時の権力者・政府が勝手し放題しないよう、彼らが制定・施行する法律を縛る最高法規である。だが、その憲法の歴史を振り返ると、拡大解釈と既成事実によって換骨奪胎されてきた歴史だった。たとえば自衛隊は憲法九条に違反するか・しないかの論争は遠い過去のものになり、ついには自衛隊の海外派兵を認める通称PKO法案が国会を通り、今では集団的自衛権や国防軍創設が当たり前のように語られている。本論考は、憲法を語らないテレビジャーナリズムの構造を鋭く指摘している。(小田桐　誠)

特集：衛星放送と民放の立場

衛星放送時代へのパワーシフト

地上ローカル局のサバイバル試論

山陽放送社長
河内山　重高

『放送批評』1991年８月号

はじめに

最近アルビン・トフラーの「パワーシフト」が評判である。「未来の衝撃」（一九七〇年）「第三の波」（一九八〇年）と一〇年おきに刊行された三部作の終編にあたる。前二作は相当大胆な予測であったが、今、読み返してみて、かなりの部分でその洞察は的確であったと評価出来る。三部作最後の「パワーシフト」も必ずしも、全面的に同感と言えない部分があるにせよ、その予見は傾聴すべきである。「パワーシフト」は、社会構造の変革により従来の「支配力」の構造が必然的に変化すると指摘している。弱者と強者の立場の逆転の可能性を意味しているのかも知れない。

本書は、電気通信・放送関連部門に相当の頁数を割いている。放送について言えば、支配力の変動の例として、アメリカの三大ネットワークの目を覆う凋落と、ＣＮＮの急激な発展ぶりを端的な例としてあげている。

わが国における放送界の支配力の変化を、パワーシフトを前提にして考えると、いろいろのテーマが浮き彫りにされてくる。

まず、地上放送と衛星放送、現状では明らかに地上放送がメジャーであるが、パワーシフトして地上放送がマイナー媒体になる可能性があるのか否か、特にＢＳ－４の時代を予測しておく必要がある。

また無線放送と有線放送、との関係はどのように変化するのだろうか。特に二〇〇〇年前後の光ファイバーによるISDN、つまりファイバー・トゥ・ホームの出現を念頭におけば、現在のCATVは勿論、放送そのもののあり方が議論されることはないのか。パワーシフトが、トフラーの言うように確実に実現するならば、キー局と地方局の力関係はどのように変化するのか。

衛星放送八チャンネル時代・CSによる放送類似サービス時代における地上民放のサバイバルをかけた戦略はどのような型にならざるを得ないのか、実現の可能性はあるのか、当面する問題はあまりにも大きく、且つ多い。

有料放送の誕生

一言にして言えば、従来までの対応はBS－3のNHK二チャンネル民放一チャンネルに限定した対応に終始して来たと言える。

基本的考え方は次のとおりであった。

(1)単なるモアチャンネルではないこと、(2)運営原資を広告費以外に求め、(3)国民の利益に最も合致する放送であること、(4)このため地上民放三〇年のノウハウ蓄積をベースに協力をおしまない。

このため民放全体で、一九％（当時）の出資比率を確保している。

JSBが、本年四月営業開始の時点では、今までの民放の考え方が一応具現していると評価出来る。

しかし、この考え方は、BS－3に対し、つまり衛星放送一チャンネルに対してだけの対応策であり、当時長期的展望を持つことが、実際困難であったにせよ、BS－3以降の次世代に同様の考え方が適用できるとは全く考えられないものと見ておかねばならない。

見方を変えれば、衛星放送一チャンネルのみの出現による、現地上システムへの影響を最小限に抑えるための方法であったと言えなくもない。

しかし、一方、民放にとって一定の前進した収入構造の扉を開いたと評価出来る。それは有料方式の導入である。従来のNHKの受信料（番組視聴の対価ではなく、NHKの運営分担金という性格）、民放の広告費収入の外に番組視聴の対価としての、有料課金制度を創設したことである。第三の運営原資導入の端緒を開いたことは、画期的とさえ言える。

仄聞するに、JSBにおいても、その課金方式についてはいろいろ議論があったようであるが、「月額フラットフィー方式」を採用してスタートされた。当面の策としてはやむを得ないものであろうが、私は有料方式の基本は、やはり、ペイパービューだと確信している。つまり視聴者は、見た番組に対してのみ、番組毎に、あらかじめ設定された料金を払うというシステムの方が、見ても見なくても一定額を課金される方式よりは、はるかに支払いに対する抵抗感は少ないと考えられる。

何よりも、送り手側の編成の自由が確保されるというメリットが大きい。定額制が少なくとも一日何時間かの放送を義務づけられる性格に対し、ペイパービューは、極端に言えば、放送目的の特定化が可能であり、編成のフリーハンドが保証される。視聴者を特定化することが可能であるからである。何故なら見たくない人に負担を強いないからである。

現在いわれている総合編成というものは、フラットフィーに対する模範解答だと考えるべきである。BS－3の時代の衛星多チャンネル化を想定した場合、フラットフィーは、視聴者の負担の面からも、大きく変化せざるを得ないのではないか。

次に、衛星放送受信の普及率の展望が、低く見積もられすぎているのではないかと反省したい。低く見積もるということは、衛星の地上波への強い影響を先送りしているということにしかならない。

衛星放送のインパクト

このシミュレーションは、只今現在、衛星八チャンネル放送が出現しており、広告放送・有料放送は任意自由、編成方針も勝手たるべきこと、且つ衛星受信普及率はほぼ一〇〇％と想定する（この仮定は乱暴すぎると言われるかも知れないが、一〇～一五年後は必ずこうなると思う）。地上電波広告費の総枠は現状通りとしておく（この仮定は少し甘いかも知れない。後述の電波料概念の変化によって、むしろ減少しているかも知れない）。

この状態で地上民放の収入構造がどのように変化するであろうか。

①現在、地上テレビの収入構造で、番組・スポットの全国展開のためのいわゆる電波広告料は四〇％程度である、と推定される。まず、この四〇％の広告原資は衛星放送に移行すると考えるのが自然であろう。

②チャンネル数は現行に衛星系五チャンネルが加わる。NHK以外のチャンネルが倍増以上となる。このことは視聴率の

分散化を促進する。平たく言えば、現行のゴールデン平均視聴率一五（〜二〇）％が、半減の七〜九％となると想定しておかねばならない。このことは、衛星のチャンネルも同様である。

③電波料概念の比重の変化

今秋打ち上げられるＢＳ－３ｂのハイビジョン実験チャンネルへの参加コストが公表されている。一チャンネルの年間維持費的なものが約一五億円と発表されているが、これは、衛星一チャンネル分の年間コストと見ることが出来る。従来の概念で言う電波料——それも日本全国をカバーする——の裸の原価に近いものと言えよう。従来の地上波ネットワークの全国カバレージの料金と比較すると桁違いである。経済効率から言って特別の制限がない限り、先述の全国展開のための広告費は衛星放送にシフトすると考えざるを得ない。

現在の地上局にとって、この売上高は、ほぼ荒利益と見ることが出来るものであるから大問題である。従って、現状の電波料概念の大幅な見直しが迫られることになる。

これも、パワーシフトの一変形としてとらえられるのだろうか。

④高品位化の問題

当面の高品位化の目標はハイビジョン放送である。決して「ミューズ」ではないことをはっきり認識すべきである。衛星放送ミューズに対し、地上局は現行の六〇〇〇万台普及している受像機へのサービスを確保しながら、ＥＤＴＶⅡで充分対抗出来ると考えている。特徴的なことはブラウン管、或いはディスプレイの九対一六へのワイド化である。ミューズ受像機の普及に力点をおくよりは、ＥＤＴＶⅡの受像機の量産普及化を計って、ミューズ方式には対応可能のアダプター附加という形の方が、高品位化放送の番組の量の面から見ても、メーカー側の生産性の面から見ても、はるかに国民的メリットが強いと考える。

決して地上テレビが基幹メディアたるべくはかない努力をしていることではないと思う。但しカメラは、スタジオ規格としてＮＨＫのハイビジョン規格を是認して、局側のカメラはテレビ放送のワイド化に対応して、今後すべてハイビジョン規格に統一し、民放用まで含めて、量産化によるコスト低減を計るべきであると考える。そして必要とする型式（ＮＴＳＣやワイド五二五本等）の出力を任意にとり出して使用すればよい。

蛇足ながら、ハイビジョン放送は、既存受信機に対するコンパチビリティを保証するとの前提に立てば、デジタル・帯域圧縮技術等の開発を見越して、次々世代Ｋａバンドの世界ではないか。

サバイバルは可能か

可能かどうかという議論ではなく、可能となる方策を見出さなければならないということである。ここで強く指摘しておきたいことは、この問題について言えば、キー局とローカル局に基本的な差はないということである。地方局の問題は、そのままキー局の問題でもある。本誌も地方局の視点からのサバイバル戦略を期待されているようだが、規模の大小はあっても、キー局とローカル局の立場は同じという認識を必要とすることを重ねて申し上げておきたい。

現在地上ネットワークは、ニュースネットワークと、番組ネットワークの二本立てである。衛星時代如何にかかわらず、ニュースネットワークは、今後とも拡充強化されなければならない。番組ネットワークは、受局の存在を前提として、一つの制作番組を全国展開するための方策であり、全国展開可能の故に制作費として必要な、広告費が投入されているものであり、そして伝達コストとして電波料の概念がある。

衛星は、番組ネットのシステム概念を根本的に変革する。全国展開の番組が衛星利用を指向したとき、従来の地上民放における電波料概念の比重は大きく後退する。コストの差が要因である。先に述べた、地上民放の四〇%荒利益減益論である。

一方、地上民放の使命は、「地域密着である」とされる。まさにその通りである。地域活動（番組活動・事業活動）を活発化して、地域密着による地域貢献度を高めなければならない。現実に各局とも懸命に努力している。しかし、企業的に見れば、この地域活動に必要な運営原資は、直接社外流出費の回収が出来れば上出来の方で、本来コストとして計上すべき間接費は、ネット収入、スポット収入等の一部で賄っているのが現状である。広告費の、衛星シフトが売上げ収入の四〇%も超えれば「地域密着で生きのびよ」というのは空論に近くなる。

一方、スリム化を計れという考え方もある。合理化・効率化であるが、主として人件費にその対象がしぼられる。よく民放人件費は高すぎると言われるが、基準月収部分は他産業に比べて、必ずしも高すぎるとは言えない。仮に、賞与の二分の一額相当をスリム化したとしても、シフト分には鉄砲届きもしない。一方、スリム化は事業の縮小を加速して、地域密着を使命とする地上民放の存在意義をおびやかしかねない。

衛星放送は時代の必然であるとするならば、失われるものを、奪ったもので取り返すと考えるのが常識であろう。つまり、衛星放送への実質的参入がその手段である。この場合、衛星放送の機構への若干の出資等を意味しているのではない。額に汗して、分に応じた全国展開可能の番組制作を行なって、相応の対価を得て現在の放送会社の収入としてカウントするシステムの確立を目指すべきである。

厳密に管理された制作費収入がその主体の一つとなろう。今一つは、ペイパービューによる有料収入を計ることとである。

一つの試算であるが、現在の一系列あたりの総収入の中で、地方局それぞれの社の売上高シェアは、標準的なもので、二%程度と推定される。現状の売上高シェアで、衛星放送に制作参入するとすれば、時間にして、放送時間を二〇時間／日とすれば、一日あたり二四分、週換算で約三時間の参入率となる。理論的説明は出来ないが、例えば、この中二時間を有料放送とし、三〇〇〇万世帯で七%の個人視聴率がとれたとすると、有料単価五〇円／時間とすると、二億円の収入となる。この場合、仮に六〇%の番組制作費をかけたとしても、週一億円の収入計画は可能性として、充分検討対象となると考えられる。その外の一時間も、適正原価による制作費収入を目論むことは、当然のことである。週一億円程度の荒利収入を計画することにより、衛星へシフトした広告費の中の一定額は、有料原資の取り込みを含めて、リカバーの可能性はあると言えよう。

重ねて断わっておくが、有料視聴料の設定根拠は理論性はないが、リカバーの可能性を考えるためと、二時間一〇〇円というものは、そう常識はずれではないという前提である。

地方局の制作ということは、地域ネタを根拠にした番組を地域で制作するという意味では決してない。地方局が責任をもって制作、プロモートするということで、制作する場所が東京中心になっても何等差し支えない。地方の視点で、全国素材を料理するという新しい番組開発につながることを意識して、マンネリ化した番組・編成に新風を送り込む可能性も充分期待される。

さらに、地上波の空枠の活用努力をはかることにより、収入構造の名目は大きく変わっても、地域密着を大義とする地方局の、現在程度の存立基盤は期待出来るという前提で、考えていくことが可能である。

おわりに

以上、説明不足の点もあるが、言わんとするところは、地上民放は地域密着が基本であるという原点を再確認し、衛星へシフトする収入構造を、衛星放送に参入することにより経営原資を確保するということである。具体的には、標準的な地方局は、衛星一チャンネルにより、週三時間程度（時間率二％）の番組の全国展開に、汗を流し、知恵をしぼって、その業務対価として、シフト分の回収可能性があることを試算してみたわけである。

しかし、実現するには、大変努力と労力が必要であることを同時に指摘しなければならない。全国に通用する番組の制作能力の涵養であり、ソフトハンティングのノウハウの蓄積であり、イベント開発の実行力である。

この総合力の蓄積に失敗した地上局は恐らく失速する。

当社では、この四月から中四国ブロックネット番組の共同制作を地域の局に呼びかけてスタートした。地域開発キャンペーンの意義は大きいものがあるが、同時に、局側としては従来の県域テリトリーの枠を越えた、中四国一二〇〇万人への番組展開という新しい挑戦の意義を重大視したい。このことが、全国展開番組制作の一つの大きなステップとなれば幸いである。

〈追記〉無線と有線のパワーシフトは紙数の都合でふれなかったが、将来の地上局のあり方に相当のインパクトが予想されるので、稿を改めたい。

（こうちやま・しげたか）一九二七年山口県生まれ。五〇年大阪大学工学部卒業。NHKを経て五三年山陽放送入社。六八年取締役報道制作局長。七四年常務取締役。七九年専務取締役。八一年より代表取締役社長。中国地方経済連合会常任理事、岡山県・南オーストラリア州友好協会会長、郵政省電気通信技術審議会委員などを務める。

解題

ニューメディアやマルチメディアの登場、そして放送のデジタル・多チャンネル化、通信と放送の融合が進展する過程で何度となく繰り返されてきた「ローカル局炭焼き小屋論」。民放の中にあって、NHKが進めていたアナログ・ハイビジョンよりもクリアビジョンを、系列によるBS参入に当たってローカル局はカネとヒトを出すだけではなく番組も提供したい、など と明確なメッセージを発信してきたのが河内山重高だ。NHK技術者出身で独自の視点からローカル局の存在意義を説いてきた同氏は、本論考でも具体的かつ説得力のある試論を展開している。（小田桐　誠）

公取委ものりだした製作委託システムのアン・フェアな実態

イコールパートナーの光と影

放送局とプロダクション

「放送」と「製作」に関する公正取引委員会の調査と要望について

村木良彦　ATP副理事長

『放送批評』1992年1月号

1　独禁法にふれかねない委託の現状

九一年九月四日、公正取引委員会ではかねて調査を進めていた放送局と製作会社の間の番組製作にかかわる委託取引が、「優越的地位の濫用行為という不公正な取引方法」に該当する恐れがあるとして、日本民間放送連盟へ対しその適正化に努めるよう要望した。

公正取引委員会が調査結果に基づいて不公正取引の例として指摘したのは次の三点である。

1　番組製作の途中で、局の都合によって変更あるいは中止された場合でも、変更に要した費用や中止決定以前に生じていた費用について支払がなく、製作者側が負担していたこと

2　委託の金額が決定されていたにもかかわらず、局側の都合で減額されていたこと

3　局の番組発注担当者から、局が主催するイベントや映画の切符などの購入を強要されていたこと

この要望の内容は、同時に公取委から製作会社の連合体で

あるＡＴＰ（社団法人・全日本テレビ番組製作社連盟）へ口頭で伝えられ、また民放連はただちに民放ステーション各局へ通知した。

九月二四日、参議院逓信委員会はＮＨＫの運営方針、番組編成方針、経営委員会、関連団体、電波の有料化ほかの議題と共にこの件を取り上げ、吉岡吉典委員から質疑があり、参考人として出席していた松澤経人民放連専務理事の答弁が行なわれた。その概要は次の通りである。

〈質〉民間放送を支えるひとつの力となっているのはプロダクションだと思います。私も会ってお話を聞きましたが、プロダクションというのは決して放送事業者の下請機関ではなく、対等の立場でテレビ文化を発展させる使命を持っているんだという強い自負をお持ちになっている。民放とプロダクションの関係についてはどのようにお考えになりますか。

〈参〉必ずしもその数字を十分把握しているわけではありませんが、プロダクション製作が増えていることは事実でございます。従来の地上放送と放送衛星、通信衛星、都市型ＣＡＴＶなどとの間で熾烈な競争が展開されることは必至であり、視聴者の多様なニーズに応えるためにもプロダクションの協力は不可欠であります。プロダクションも目覚ましい成長を遂げられ、いまや放送局のよきパートナーであります。このパートナーといい意味での競争を展開していき、よりよい番組をつくっていきたいと考えております。

〈質〉いま非常に重視しているという答弁がありましたが、そうでないという事実が公正取引委員会から報告されています。私はいまの答弁のようにしていくためには、いくつか解決してもらわなければならない問題があると思いますが、今回の報告、要望の内容について説明して下さい。

〈説明員・公取委事務局〉公正取引委員会では、昭和六〇年度から非製造分野における委託取引の実態調査を行なっております。その一環として、平成二年一月から平成三年七月にかけてテレビ番組製作の委託取引の実態調査を行なったわけです。この調査の結果、場合によりましては独占禁止法の問題を生じさせる恐れのある行為が見られたわけでございます。

（各ケースについて説明）この結果を踏まえまして、そうした行為が今後行なわれることがないようテレビ放送事業者への周知方を要望いたしました。（要望事項を説明）

〈質〉ここで詳しく述べませんが、ほかにもいろいろ問題点があるように思います。民放の側としてはどのように受け止め、どういう処置をとられたか、今後どういう努力をされていくのかをお伺い致します。

〈参〉民放連としてはただちに全テレビ社の社長へ文書を出し、注意を喚起すると共に現場担当者へも注意の趣旨を徹底するよう要請を致しました。先程お答えしましたようにプロダクションは放送局のよきパートナーでありますから、当然のことながら両者の間に公正な取引の理念に相反するようなことがあってはならないと考えております。

民放の現場に公正な取引の理念をさらに徹底させることが必要かつ重要と考えておりまして、今後とも実態の把握に努め、その上で民放連として何ができるか、その方法について積極的に検討して参りたいと考えております。

九月二五日、ATPは理事会と総会で公正取引委員会の調査・要望問題について検討、その結果を踏まえて澤田隆治理事長らが九月三〇日民放連松澤専務理事を訪問、懇談した。

逓信委員会でも報告されたことだが、民放連はこの一一月の四〇周年大会にあたってATPへ長年の番組製作について感謝状を授与することが決定されており、この訪問はATPとしてそのお礼を述べると共に、正常な取引関係実現のための方策について民放連の協力を要望したものである。

その結果、一一月一二日に民放連、東京・大阪の民放各局編成担当幹部とATPとの間でこの問題を協議する会合が開かれることになった。

ATPでは、二年前の八九年秋に刊行した「ATP著作権ハンドブック89」において、放送局と製作会社の関係は共存共栄の関係であるにもかかわらず、その製作委託にかかわる契約については一方的な利益取得を強要する慣行が多く、このような不平等な契約は「優越的地位の濫用行為にあたる社会的に不公正な取引」を規定する独占禁止法上の問題を引き起こす可能性があると指摘している。

そしてそのような製作環境は製作会社の自立を危うくするのみではなく、テレビ番組の質の向上を阻むものであるとして放送局へその改善を要請してきた。しかし、民放連はこれまで「契約は各社のビジネスの問題であって民放連がやる仕事ではない」としてATPの要請を取り上げることはなかったのである。

それから二年、今回の公正取引委員会そして逓信委員会という〝お上のお声がかり〟でようやく協議の場ができたということだが、ATPとしては民放連の姿勢の変化を歓迎し、ようやくできた協議の場をひとつの足場として製作環境の改善のための話し合いを前進させたいと考えている。

2　公取委がまとめたプロダクションの声

ここで、今回の公正取引委員会の調査内容について詳しく見てみよう。

今回の調査はあくまでも取引の実態把握のための一般調査であって、違反摘発を目的としたものではない。

調査対象は、テレビ局一〇七社（有効回答九二社）、プロダクション五〇二社（有効回答二二六社、内訳は製作一二二、技術五八、美術四六）となっている。ちなみにＡＴＰに加盟している製作会社は四五社であり、しかも全社が調査対象となっているわけではないから、回答数の半数にも達していない。従って無用の誤解を避けておくが、この調査結果がただちにＡＴＰの現状や意向を全面的に反映したものではないことは勿論である。

放送局とプロダクションの製作委託についてのプロダクション側の回答結果から、目についたいくつかの事項を抜粋する。

1　発注書面（あるいは契約書）

＊「ある」「あることもある」　五四・四％

＊「ない」　四五・六％

公取委では委託が文書でなく口頭によるものが多く、トラブルの未然防止ができていないとして、内容、金額、納入時期、内容変更・中止の場合の費用負担、支払期日と方法（できるかぎり短期のこととしている）などの明記された文書をつくることを要請している。

2　代金の金額、決定時期、支払い

＊「金額に不満がある」　五一・八％

金額の決定については「プロダクションが提出した見積書に基づいて話し合い」と「局が提出した予算総額に基づいて話し合い」が多いが、「決定について放送局の一方的判断で決定されること」が不満の原因となっている。

＊「製作の途中で金額が決定される」　一八・〇％

決定時期が遅れる理由は「途中での内容変更が多い」からというものが多いが、「折り合いがつかないため」「局からの提示がないため」という回答が注目される。

「金額決定後の着手では製作に支障が出るため」「未決定のまま着手せざるを得ない」のが実情であろう。公取委では、着手時に決定できない場合でも、局は予算額を示すべきであるとしている。

＊「製作の途中で減額されたことがある」　一七・〇％

「内容の変更のため止むを得ない」というものもあるが、「局の都合で値引きを要求されたため」というものもある。

＊「納品後六〇日以上後の支払い」　二六・〇％

＊「取決め通りの支払いがなかったことがある」　一〇・九％

支払い時期については、ほとんどが「納品後三〇日後」あるいは「六〇日後」であるが、多くのプロダクションは中小事業者であり資金力を考慮すべきであるとしている。

3　番組内容の変更

＊「途中変更があった」　二五・〇％

＊「理由は局の都合」　六七・九％

「広告主の意向」　二一・四％

＊「変更の費用は局が全額負担した」　三二・一％

「プロダクションが負担した」　三五・七％

番組の途中打ち切りあるいは変更の最大の理由は視聴率の低下である。

4　映画・スポーツなどの切符の購入要請

＊「ある」　四八・二％

映画前売券の強制購入は、製作プロダクションに限らない。局自身でもそうであるし広告会社、映像技術会社、あるいは製作への出資会社でも普通のことである。いわば日本映画を支えるひとつの「制度」となっている。ここから「切符は売れ、映画館はガラガラ」の現状が生まれている（勿論だからといって許されることではない）。

なお公取委は同時に、プロダクションが技術会社や美術会社に対して行なう業務委託の場合にも、口頭発注、支払い遅延、中止の際の費用補填がないこと、などの事実があり、ＡＴＰに対しても口頭で改善を求めている。

技術会社や美術会社にとっては、委託の相手先が局だろうがプロダクションであろうが変わりはなく、公正な取引条件を求めるのは当然のことである。ただ、そのケースはほとんど局との条件が右へ倣えとなっている場合が多い。途中打ち切りの場合に、局から支払われない費用は多くの部分をこれらの技術・美術会社の負担に転嫁されてしまうのである。

ＡＴＰでは、これら技術・美術会社のためにも局との関係改善を一刻も早く図らなければならないと考えている。

3　〝下請け〟は事実誤認の差別表現

さて、ＡＴＰがいま放送局へ要請している事項は次の通りである。これらは前述の「ＡＴＰ著作権ハンドブック89」の中でも詳細に示されていて、決して新しい主張ではない。

1　放送局は、製作会社の立場を尊重し、共存共栄の精神を基本として契約を結ぶこと。契約に際して一方的な利益享受を要求しないこと

2　放送局は、番組の製作主体とタイトル表示の乖離を避けること

3　放送局は、番組の別利用について、製作会社が持つ諸権利を尊重し、一方的な権利取得をしないこと

4　放送局は、番組製作の着手以前に製作会社と契約書もしくは仮契約書の調印を終えるよう努力すること

5　放送局は、契約書の調印または製作着手決定と同時に契約金の一部を製作準備費として支払うこと

6　放送局は、局の都合で製作の中止あるいは変更の際に、既に発生している費用の補填を無条件で行なうこと

7　放送局は、局製作の映画や主催イベント入場券の購入を製作会社へ強要しないこと

この際ここで新聞記者や放送批評家の皆さんへＡＴＰからのお願いも記しておきたい。

それは製作会社を〝下請け〟と表現することをやめていただきたいということである。

〝下請け〟とは「下請負い」の略語で「請負いをした人から更にその仕事の一部分の請負いをすること」(金田一京助「新明解国語辞典」)であり、法的には「資本金の大きな会社が資本金の小さな事業者に物品の製造・修理委託を行うこと」(「下請代金支払遅延防止法」昭和三一年制定)とされている。

テレビ番組の製作は、物品の製造ではないし、請負人から更に請け負ってなされているものでもない。(一部にそのような形態の番組製作があることは否定できず、それはまさに下請け製作といえよう)。

たとえば、「文藝春秋」の記事はほとんどが外部の執筆者によって書かれているが、これらの執筆者を〝下請け〟呼ばわりするであろうか？

あるいは、「朝日新聞」の連載小説を〝下請けに出している〟とか、その作家を〝下請け作家〟と呼ぶであろうか？

〝下請け製作会社〟という呼び方は、「放送事業」と「製作事業」が分離されている現実を見ていないか、否定する立場を取るかのどちらかである。

しかし、媒体と製作の分離は、音楽、映画、舞台など、どのジャンルをみても歴史の必然である。美術館や劇場は画家や劇団を社員としてかかえなければならないのか？　と問え

ば済むことではないか。

一部の新聞記者や放送評論家が未だに〝下請けの製作会社〟と表現していることは、製作会社の自立への道を妨害することであり、差別的表現である。

ATPでは今後、そのような表現を使う記者や評論家へ個別にその意図をお聞きしたいと考えている。

4 映像ソフト製作者の今日的課題

さて、本格的な「衛星の時代」の到来は同時に本格的な「多メディア多チャンネルの時代」の到来でもある。放送事業者にとっては困難な道が始まることになるが、本来なら製作事業者にとっては製作機会の増加、販路の拡大などの絶好のチャンス到来の筈である。

だが、「多メディア多チャンネルの時代」イコール「ソフト製作者の時代」とはなってはいないし、なる気配が近づいてきたとも思えない。それは一体何故であろうか。

放送番組を含めて、日本の映像ソフト製作環境は全体として貧しい現状にあることは言を待たないであろう。私はその大きな原因が次の諸点にあると考えている。

第一に、ソフト製作者と媒体あるいは配給・興行側との関係がイコールパートナーの関係にないこと（共存共栄ではなく、いわば媒体側が〝使い捨て〟る関係にあり、一緒に育つという姿勢がないこと）。

第二に、ソフト製作者の自立が遅れていること（製作者の多くは媒体や流通組織との密着度が高く、競争やプロフェッショナル意識が育ちにくいこと、また製作費が少なく経済的余裕を持ちにくいこと）。

第三に、映像ソフトにおける知的財産権の確立が遅れていること（現在ようやく起こりつつある著作権への関心は、ほとんど媒体や流通の活性化のためであって、製作の活性化のためという視点が欠落している）。

第四に、映像ソフト製作への社会的支援システム（資金調達、人材育成、技術開発、流通システムへの制度的支援）の確立が遅れていること、特に行政の映像ソフト製作への産業政策が貧しいこと。

第五に、製作者の側に製作環境を改善したり、メディア環境を開発したり、あるいは流通構造を変革する努力が一般的に欠けていること。

衛星やハイビジョン、あるいはデジタル映像の発展は必ず「制度」の変革を必然とすることはいうまでもない。製作会社もテレビ番組製作だけを事業とする時代はまもなく終焉を迎えるであろう。

しかし、たとえば衛星の時代は必然的にペイテレビの進展を招くが、料金なしの広告放送で視聴率だけを目指してきたテレビ製作者にとって「ペイテレビにおける有料価値とは何か」という課題は決して容易に解決できるものではない。

いま、映像ソフト製作者が取り組まなければならない課題は極めて多くかつ大きいものがある。

解題

一九七〇年代初頭に番組制作会社が誕生して以降、局と制作会社双方とも今日まで表看板に掲げてきたのが、「イコール・パートナー」だ。だが、「対等の関係」が建前でしかない状況はずっと続いている。もちろん一部改善点は見られるが、企画の提案や制作費、著作権の実態をみれば、「優位に立つ局と不利を強いられる制作会社」の構図は変わらない。この間経産省や公正取引委員会が調査を基にさまざまな改善策を打ち出してきたが、その基本構造は変わらない。本論考では、制作会社サイドが局に要請している項目を解説しているが、今日までにどの程度実現したか、甚だ心許ない。(小田桐 誠)

国境を越える電波
放送の〝国際化〟試論

篠原俊行
日本民間放送連盟企画部副部長

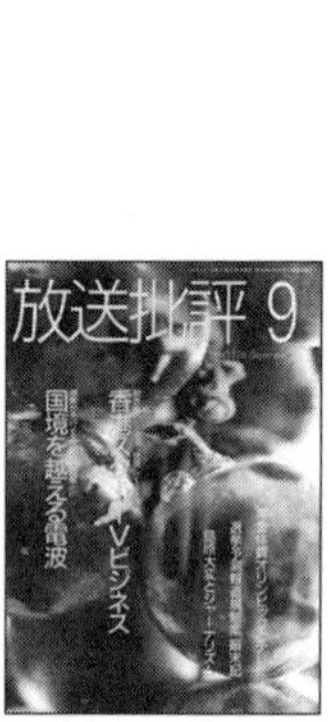

『放送批評』1992年９月号

〝文化侵略〟とは言うが……

意外だった。香港発のスターＴＶも、そして日本発のＮＨＫ衛星放送も映っているではないか。

今年三月下旬、韓国総選挙報道調査団なる有志研究グループの一員として、ソウル・慶州・釜山等を駆け足で旅行した。その際に宿泊したホテルに限って言うと、客室用テレビでは、例外なしに、国外からの番組サービスを受信できる。

周知のように九一年八月から、香港に本拠を置くハッチビジョン社が、通信衛星「アジアサット」を利用して、「スターＴＶ」と称するテレビ映像分配サービスを開始した。そのサービスは、アジアにおける、いわゆる「越境テレビ」（Trans-frontier Television）の出現である——として注目された。

昨年秋にマスコミュニケーション学会等の主催あるいは後援により開催されたシンポジウムやワークショップでは、この種の番組サービスの流通がもたらす問題点や今後のあり方が論議の対象とされた。そのうちでも、とくに印象的だったのは、韓国や中国から参加した学者・研究者の多くから、スターＴＶ、ＮＨＫ衛星放送等の外国内へ漏出（スピルオーバー）に対して、〝各国における文化的アイデンティティの維持という観点から看過しがたい問題を含んでいる〟、あるいは〝文化侵略に通じるものだ〟等々、糾弾的な論調の発言が目立ったことである。

冒頭で〝意外だった〟と書いたのは、そうした体験があったからである。〝個人がこっそり〟、というのならわかるが、市内最上級ホテルで堂々と、（韓国からすると外国の）上記番組サービスを視聴できるとは、思ってもいなかった。私にとって意外だったのはそればかりではない。客室内テレビ用リモコン装置で設定されていたチャンネルの順番である。チャンネル番号の早い方に外国局がセットされ、韓国内放送事業者による放送サービスは、その後にセットされていた。

ソウル市内の或るホテルでのチャンネル順番は、1＝在韓米軍放送、2＝NHK衛星第一放送、3＝NHK衛星第二放送、4＝スターTV（BBCワールドテレビニュース）、5＝スターTV（映画）、6＝スターTV（スポーツ）、7＝KBS（韓国放送公社）第一、8＝KBS第二、9＝MBS（文化放送）、10＝SBS（ソウル放送）、11＝EBS（教育放送）。慶州市で泊まったホテルの場合も、ほぼ同様の順番であった。

チャンネル番号にこだわることはない、と言えばそれまでだが、この点も意外な印象を受けた。自国の放送文化を重視するという建前からするならば、国内放送事業者による番組サービスのほうが、国内に現に流入している海外番組サービスのそれよりも、そのチャンネル順番は先に設定されていて然るべきだと思ったからである。

「越境テレビ」の出現は不可避

加盟一二か国からなるEC（欧州共同体）は、今年末までに市場統合という歴史的一歩を歩み出す。その一環としてECでは、加盟国の国境を越えて流通するテレビ（地上系、衛星系、ケーブル系を含む）の番組および広告の統一基準づくりをめざし、八九年一〇月には合意をみている。それが、〝国境のないテレビ〟（Television without Frontiers）のための「EC指令」である。

上記の「指令」が合意されたのとほぼ同時期に、東欧・ソ連諸国では社会主義体制の崩壊という大変革が始まったことは、すでに周知のとおりである。

他方、日本を含むアジア・太平洋近隣諸国間の場合はどうであろうか。放送衛星二号（BS－2）によるNHKの衛星放送（八九年六月から本放送開始）の韓国等へのスピルオーバーが若干の話題となったことはあるが、ごく最近まで、EC指令に類するような基準づくりの必要性いかんは、さして大きな問題ではなかったように思われる。

しかしながら、前記のように香港を本拠地とするハッチビジョン社が九一年八月から、通信衛星「アジアサット」を利用しテレビ番組分配サービスを開始したのがきっかけとなり、「越境テレビ」への対応をめぐる課題がにわかにクローズアップされてきた。近い将来、インドネシアにおけるパラパ衛星に類似した、アジア・太平洋諸国が共用する地域通信衛星や、さらには韓国や中国等の近隣諸国で独自に放送衛星が打ち上げられ、それら衛星を利用した映像・音声等による一般大衆向けの番組ソフトが国境を越えて流通する時代が到来する可能性がある。

しかも、米国主導のもとに長年続いてきた国際衛星通信分野におけるインテルサット（国際電気通信衛星機構）の独占体制が終焉しようとしている。それに伴い、既に導入されている大西洋間（米大陸―ヨーロッパ大陸間）用の地域衛星のみならず、太平洋間（米大陸―アジア大陸間）においても、米国事業者の手で地域衛星通信システムが構築されようという機運がある。

情報・番組ソフト分配用のトランスポンダ（衛星搭載用中継器）の数は、飛躍的に増大していくだろう。そうした動向いかんは、日本国内における放送秩序ないし放送体制のあり方に対しても大きなインパクトを与えるものと予想される。

そこで以下においては、このような状況変化を先取りしつつ、まず検討の第一ステップとして、「越境テレビ」にどう対応していくべきか、その基本的なスタンスを考えてみることとしたい。

文化政策的視点と産業政策的視点

中―長期的な視点に立った基本的スタンスに関して言うならば、すでに別稿で私見を述べたことではあるが、この種のテレビサービスの実現を前提とした体制整備を迫られているといえる。

その理由としては、①いわゆる物・人・金・情報を含むあらゆる分野の〝国際化〟が不可避の情勢にあり、そのためには国際協調・国際理解の促進がますます必要とされていること、②越境テレビをめぐるヨーロッパの動向からみても、アジア・太平洋地域での導入を真正面から否定することは難しいこと、③日本としては、前記「国際協調・国際理解の促進」といった、いわば文化政策の視点のみならず、新たに産業政策の視点からの取り組みが要請されていること――等を指摘できよう（やや詳しくは、拙稿「ボーダレス時代の〝越境テレビ〃を考える」＝『月刊民放』一九九二年五月号）。

まず第一の国際協調・国際理解の促進という視点について。情報通信の分野においてもこの問題への対応は、すでにさまざまなかたちでその重要性が指摘されてきた。

たとえば、郵政省が調査研究会ないし懇談会という名称で設置した私的諮問機関の諸提言。それらのうちから、この数年間に限っても、「放送番組等の映像交流懇談会」略称「映像交流懇談会」の提言（八八年四月）、「放送番組の海外提供促進に関する調査研究会」の提言（九〇年三月）、「国際スペース・ケーブルネット懇談会」の提言（九一年三月）等々を例示できる。

さらには、郵政省が毎年策定している「情報通信政策大綱」でも、〃国際化〃への対応は重要な政策の柱とされてきた（ごく最近の例では上記「大綱」の九二年版参照）。

さらにもう一つあげるならば、NHK予算・収支事業計画に係わる例年の国会審議の場でなされる衆・参両院逓信委員会の附帯決議。たとえば附帯決議一項目として、NHKによる国際放送の充実・強化という観点から以下のように言う。「国際化時代に即応した映像メディアによる国際交流を推進するとともに、国際放送の重要性にかんがみ、海外中継局の充実、交付金等実施経費について一層配慮すること。」（第一二三回国会における衆議院逓信委員会の附帯決議、九二年三月二六日）。

このようにみてくると、とくに映像メディアを活用した国際交流の推進という基本的な考え方は、日本の放送政策の既定路線になっていると言える。

先年設立された郵政省の指定公益法人である㈶放送番組国際交流センター」も、その既定政策目標に沿った具体的な対応策として位置づけられよう。同センターによる番組分配は目下物流システムに依存しているが、効率性・便益性をより重視し、日常的・恒常的な分配システムを構築するのであれば、衛星利用は、もっとも現実的な手段ではなかろうか。

先行するヨーロッパ事情

第二には、越境テレビをめぐるヨーロッパの動向との関連。EC加盟一二か国により、前出〃国境のないテレビ〃のための「EC指令」が合意されたのとほぼ同時期には、東欧・ソ連諸国では社会主義体制の崩壊がはじまり、わずか数年間のうちにこれら諸国の社会体制は大変革を遂げた。このような事態を予測できた人はどれだけいたであろうか。

そうした変動を促した要因については、さらに科学的・実証的分析が加えられていくであろうが、少なくとも通信衛星や放送衛星に代表されるエレクトロニクス系通信技術の発達とそれを利用する情報流通、コミュニケーションを無視できないことは、今や定説になっているように思われる。

さまざまな分野で、いわゆる〝ボーダーレスの時代〟へと進みつつある、という時代状況からするならば、放送衛星や通信衛星の利用による国境を越える一般大衆向けの情報流通もその例外ではありえまい。ヨーロッパの動向からみても、アジア・太平洋地域での越境テレビの導入を真正面から否定することはできまい。

「越境テレビ」は、目下その日本国内への流入がもっぱら中心的な論議になっている。外国から日本への〝入り〟の問題に関していうと、国際電気通信条約附属無線通信規則、DBS原則（国連決議）、インテルサット協定等のほか、日本の現行国内法制との調整を必要とする多くの検討課題がある。例えば、「通信」と「放送」の概念、〝放送の計画的な普及及び健全な発達を図る〟ことを目的とした「放送普及基本計画」との関連性、さらには放送番組編集や放送広告に関する規律、事業の運営財源、事業主体の要件、等々をめぐる国際調整問題である。

しかし、後に述べるが、そうした〝入〟の問題だけではなく、日本から海外諸国向けの分配サービス、つまり〝出〟の問題も同時に論議されるべき時期にきているではなかろうか。日本からの〝出〟を念頭に置くならばなおのこと、海外からの〝入〟を先ず容認しなければなるまい。

〝出〟をも考慮した政策を

最後に、第三の理由として挙げた産業政策的な視点に関して、やや具体的に述べておきたい。

前記の二つの理由は、どちらかというと文化政策的な視点にウェイトが置かれている。だが、そうした視点とは別途、ないし同時並行的に情報・番組ソフト市場における国際競争力の強化という議題に対応していかなければなるまい。

マルチ・メディア化、マルチ・チャンネル化の進行とともに、一般視聴者（消費者）を対象とした情報・番組ソフトの流通市場は、国内的にも国際的にも厳しい競争の時代を迎えつつある。その傾向は次第に強まっていくだろう。現に日本においても、地上系・衛星系を含む放送、都市型ＣＡＴＶ、スペース・ケーブルネット、さらにはパッケージ系のＶＣＲ等々、一般視聴者（消費者）向け情報・番組（ソフト）の搬送手段（ハード）における多チャンネル化は、枚挙に暇がないほどである。

すでにハードとソフトの跛行状態は、これらメディア／サービスの事業化にとって大きな問題となっているが、これらに加えてB・ISDN（広帯域のディジタル総合通信網）が出現する。そうした場合に、ソフトの制作・調達体制がこのまま推移するならば、ますます跛行状況は進行することとなろう。

この跛行状況を阻止するために、情報・番組の流通・分配手段における多チャンネル化のための技術的なイノベーションに比肩しうるような〝ソフト・イノベーション〟が不可避である。

ところで、そうしたソフト・イノベーションはどのようにして可能か——。

この問題を論じるのが本稿の目的ではない。それ自体として一つの大きなテーマであるが、このソフト・イノベーションを考えるポイントをいくつか例示すると、①ソフト制作のためのエレクトロニクス系手段（ENG機器、ビデオカメラ、CG等々）の低廉化による大衆化、②表現欲求を持つ潜在的情報発信主体（たとえば、準プロ級の一般ビデオ作品制作愛好家等）の組織化、③産業用・企業用映像ソフトないしそれらソフト制作集団の有効活用、④ソフト流通チャンネル（販路）のマルチ化・多メディア連動さらには広域化、⑤いわゆる〝すき間型〟のソフトの開発、等々を指摘できよう。

国内市場が〝多チャンネル―競争の時代〟を迎え、〝飽和市場化〟の様相をますます強くしている今日、ソフトの販路を海外に求め、それによる一定のスケールメリットが働きうるようなシステムを構築して行く必要があるのではないか。

いわゆる地域衛星を通じての国境を越える一般公衆向け番組分配サービスは、ビジネス（事業）として成立する可能性がある。ハッチビジョン社や、アジア諸国にニュース番組を提供しているBBCやCNNも、そうした事業機会に着目しているわけである。

日本国内の企業・資本がビジネスベースで、そうした番組分配事業への参入に意欲を示すことも十分念頭におきつつ、対応していく必要があろう。

このような産業政策的視点の重視は、結果として、情報流通を通しての〝国際理解の促進〟に通じる。文化政策的視点と必ずしも矛盾するものではない。とはいえ、とくにアジア近隣諸国の場合、太平洋戦争当時に日本から被った傷みはまだ根強いものがある。したがってこの点を十分に配慮しながら、制度的な枠組みをつくりあげていく必要があろう。

〝入〟と〝出〟の両面で、テレビ番組流通の原則的自由を実現していくにあたっては、あらかじめ留意すべき問題も多い。ＥＣ域内における場合とアジア太平洋地域における場合を比べると、この種の番組サービス導入の前提となる基礎条件が大きく異なる。

とくに注目しなくてはならないのは、政治・経済・社会・文化の各分野において、ＥＣ域内のほうがアジア・太平洋地域よりも、相対的にみて均質性・類似性がある――という点であろう。

したがって、越境テレビの出現は不可避であるとしても、そうしたサービスが、まったく無秩序のまま、各国および各放送事業者の自由に委ねられるというのは現実的でない。二国間さらには多国間協定等による最低限のガイドラインの策定は不可欠であるとともに急務であろう。

政府間のみならず、ＡＢＵ（アジア太平洋放送連合）等のような、現に各国放送事業者をメンバーとして組織され活動している国際放送機関の場で検討することも、一つのステップとして必要のように思われる。

解題

有線ならいざ知らず、電波には県境や国境はない。衛星の発達やＥＣの市場統合に見られるような大掛かりな地域共同体の出現が、その無境界性に拍車をかける。スピルオーバーのメリットを享受する人がいる一方で、結果的に番組を無料提供する形になる著作者の立場は微妙だ。国境を越える電波には、「文化侵略」と非難する声も挙がる。今では自国の番組を国際流通させて収益をあげるスキームが出来上がっているが、その狭間の時期に、本論考では産業と文化両面からその現状と課題を記述する。（小田桐　誠）

郵政省失政録　上・下

the Misgovernment about the Ministry of Posts and Telecommunications

坂本　衛
ジャーナリスト

『放送批評』1993年1月号・2月号

〈上〉

官僚制の弊害に振りまわされる放送

いよいよ今年、わが国多メディア化・多チャンネル化の〝メイン・イベンター〟ＢＳ－４に乗る事業者が決定される。そこでハイビジョンをどのようにあつかうかも決まる。国民の共有財産であるメディアやチャンネルのあり方を、少なくとも来世紀初頭——二〇一〇年前後まで大きく左右する決定が、今年下されるのだ。

だが、それにしてはこの国の放送システムをめぐる議論は、情けないほど不十分といわざるをえない。とりわけ免許を下ろす郵政省の顔色をうかがって、新聞テレビなど巨大マスコミ、あるいは新規参入を目指すグループは何もいわない。目先の免許や利権が気になって、長期的な視野からわが国の放送をどうすべきなのか、郵政省のやり方は現在のままでよいのか、という議論が全然出てこない。

しかし、多メディア・多チャンネル化の現状を見れば、郵政省の舵取りが、お世辞にも褒められたものではないことは明白である。ゴリ押しに失敗したＢＳ調達問題、存続の危機にあるミューズ方式のハイビジョン、ＪＳＢやSt. GIGAの危機的状況、お先真っ暗のＣＳ、露骨に行政介入した東京第六局……。これらは、放送行政局を「全とっかえ」（九二年六月の人事）したくらいではすまない国家的な大失策の結果ではないのか。

そして、現在の放送をめぐる不透明な状況を見るにつけ思うのは、これは「いつか来た道」ではないかという感慨である。Uターン騒動、東京12チャンネルをめぐる混乱、鳴り物入りで登場したキャプテン、伸び悩むCATV、忘れられた文字多重放送……。郵政省は、こうした過去の失策から何ひとつ学んでこなかったのでは、という疑念である。

いま、わが国では硬直化した官僚制の弊害を危惧する声が非常に強い。かつての「省益あって国益なし」が、いまは「局益あって省益なし」だ。この状況を打破しようという動きも急である。たとえば、PKOや憲法を取り上げた自民党の小沢（一郎）調査会は、官僚を一切排除して開かれた。通例この種の調査会は、官僚が資料を出したりヒアリング対象者のリストを作ったりいろいろお膳立てするのだが、小沢一郎は「役人に考えられる問題ではない」といって呼ばなかったのだ。日本に 官僚制の限界を打ち破る 新しい政策志向のシンクタンクをつくるべきだとの声も強く、実際その動きもある。

官僚制は国家的、長期的なポリシーを決して生みだしえないということは、この国では〝常識〟になりつつある。そして、郵政省もその例外ではない。いや、郵政は、外務、通産、大蔵などのように国際化していないから、いっそう硬直化が深刻な状況なのだ。

そこで、今号と次号では「郵政省失政録」を綴り、過去の事例に共通する郵政省の問題を抽出していきたい。それは同時にわが国の放送制度がかかえる問題である。もちろん、それは放送にかかわる企業や人間の問題でもあり、なによりも国民全体の問題なのだ。

郵政のあり方を議論しないことには、メディアやチャンネル――電波のあり方を 議論したことに ならないはずなのである。

【Uターン】降ってわく全面移行に関係者は右往左往
一九六八〜

テレビに使用されている電波は、周波数によってVHF、UHF、SHFに分かれる。この順で周波数が高く、波長が短くなり、電波は光の性質に近づいていく。NHKや民放キー局はじめVHF局は五〇、地方ローカルなどUHF局は六九ある。BSからの電波はSHFである。

ところが、郵政省はかつて、テレビ放送のVHFからUHFへの全面移行を打ち出した。これがいわゆる「Uターン」である。そして、この郵政省による「電波行政上かつてなかった大革命」（当時のNHK会長・前田義徳）によって、NHK、民放、メーカーは、期待に胸をふくらませるものあり、憤慨するものあり、動揺するものありという悲喜劇を演じることになった。だが、この〝大革命〟は、結局打ち上げ花火に終わってしまった。世にいう「Uターン騒動」だ。

なぜ、こんな馬鹿馬鹿しいことが起こったのか。郵政は騒動から何を学ぶべきだったのか。まず、花火打ち上げ師となった小林武治郵政大臣（当時）が昭和四三年（一九六八年）九月に発表した談話から見ていこう。

小林談話は、郵政官僚がつくった「テレビジョン放送のVHF帯からUHF帯への移行について」なる文書に残っている。趣旨は、①公共的な重要無線通信のために伝播特性の優れたVHF帯の電波が必要、②VHF帯には新たな割当の余地がなくテレビ放送用をすべてUHF帯に移行することが必要、③テレビ用としてはVとUに優劣はないからテレビはUHFで統一すべき、④今後一〇年をメドに全面的な移行を考える、というものだった。

公共的な重要無線とは主として警察無線や軍事無線（米軍、自衛隊）、あるいは電電公社のポケベルや船舶電話も意味するなどといわれたが、郵政省は具体的な使途を明らかにしたわけではない。それがテレビより本当に重要なのかという疑問から小林談話の狙いは別のところにあるという憶測もなされた。たとえば、UHF新局への援護射撃説、総選挙のための献金吸い上げ説。七〇年安保対策説とでもいうべきか、全学連がテレビ局を占拠した場合、到達距離の短いUのほうがVよりも影響が少ないという珍説まであった。

放送局は、既存VHF局が機器の更新で莫大なカネがかかるとして反対。できたてのUHF新局は賛成。メーカーはU対応の新しいテレビが売れるから賛成、小林談話が出た直後から家電メーカーの株価は急騰した。だが、民放は反対意見が大勢だったとはいえ、年が明けて二月末に民放連が郵政大臣（すでに小林から河本敏夫に代わっていた）宛に出した要望書は「放送行政に対するお願い」と題する情けないものだった。民放はVからUへ全面移行するという郵政の一方的な宣言に、半年近くもかけて〝お願い〟しか出せなかったのである。

さて、以上のような騒動にもかかわらず、現在のテレビ局はVHF局とUHF局が混在している。警察無線はテレビ電波を浸蝕することなく、伝送路の二ルート化や傍受不可能な

ＰＣＭ化を着々と進めた。郵政省の主導した〝Ｕターン〟は、前提となる議論も、核心部分も、スケジュールも、すべてが誤りだった。郵政省の失政の典型例である。

ここで指摘すべきことは、国際的な取り決めによってわが国に分配された電波を国内でどのように使うかが、郵政省の勝手な裁量で決まるという事実である。どう使うかは「周波数の業務別分配計画」で決まるが、これに関する行政当局の権限は法律で明確には規定されていない。そこで、計画の策定や修正は郵政大臣の恣意にゆだねられる。そして、業務別分配計画に基づいて「放送用周波数割当計画」（チャンネル・プラン）が決まるのだが、これも誰がどのように決めるか法律上の根拠がないままに郵政省が決めている。

しかし、法律に規定がなく郵政の行政裁量になっていることからただちに、郵政大臣あるいは郵政省が好き勝手にやりたい放題やっていい、ということにはならない。話は逆で、郵政の恣意的な裁量権に属するからこそ、広く国民や関係者の意見を聞きながら処理しなければならない。Ｕターン騒動を引き起こした小林談話の前に、郵政省が放送局や有識者に意見を聞いたという事実はないのである。

郵政のＵターン方針は、単なる思いつき、机上の空論にすぎなかったため、関係者がてんてこ舞いした以上に深刻な実害はなかったというべきかもしれない。しかし、郵政省が過去に恣意的な裁量権を振りかざして、ＵＨＦ局への全面移行という空理空論を打ち出した事実は、長く記憶されるべきであろう。同時に、それにまともな反論ひとつできなかった新聞やテレビの責任も忘れてはならない。

【東京12チャンネル】密室談合の出来レースは最高裁敗訴 一九六二〜

郵政省の恣意的な行政は、最高裁判所まで持ち込まれた挙句に否定されたことがある。現在のテレビ東京の前身、東京12チャンネルの免許に関する行政訴訟においてだ。

当時の河本敏夫郵政相は「判決は『これまでの電波行政は間違っていた』ことを指摘されたと解釈すべき。謙虚に反省する必要がある」（昭和四四年一月一八日付「電波新聞」）と述べた。最高裁の判断が出ない限り反省しないという役所にも困ったものだが、ことの次第はこうである。

東京12チャンネルの使う電波は、もともと米軍がレーダー用に使っていたもの。これが戦後一七年も経過した昭和三七年（一九六二年）、ようやく返還されることになった。そして東京で最後のＶＨＦの波だというので、財界がつくった日本科学技術振興財団はじめ、前田久吉の日本電波塔、鮎川義介の千代田テレビ、故河野一郎が社長だったラジオ関東、私大連と毎日放送連合の中央教育放送、以上五社が免許を競った。

しかし三七年一一月、郵政省は日本科学技術振興財団に予備免許を与えてしまう。この財団、日立が創立六〇周年の記念事業として昭和三五年につくったもので、テレビを持たなければならない必然性などなかった。「財界テレビ」を持とうとした財界がこれは使えると目をつけたのだ、といわれている。米側とのチャンネル返還交渉に望んだ津野田知重は、同財団の専務理事で後の12チャンネルテレビ事業本部長。津野田をバックアップしたのは、当時財界の青年将校で信越化学社長の小坂徳三郎だったともいう。

いずれにせよ、チャンネル返還交渉の当事者がいる財団に予備免許が下り、その人物がテレビ事業本部長におさまるという構図はおかしい。米軍基地の返還交渉をした民間人に、その土地を優先的に払い下げることがおかしいのと同じだ。返還交渉の当事者は政府、電波の場合は郵政省でなければならない。ところが郵政省には当事者能力がなかったことが、そもそもの不幸だった。

そして、当事者能力が欠如していたので民間人に政府間交渉の協力方依頼したが、それと免許は別だというなら、他の四団体をさておき日本科学技術振興財団に予備免許を与えた正当な理由を説明しなければならない。郵政省は納得できる説明をしていないし、公聴会や関係者からのヒアリングもしていない。すべては密室で処理されたのである。

この「出来レース」免許に対して、各社は異議を申し立てたが却下された。そこで中央教育放送が郵政大臣を相手取り「異議申し立て棄却決定取り消し請求」の行政訴訟を起こす。四〇年六月に出た東京高裁の判決は、中央教育放送の主張をほぼ全面的に認め、「電波監理審議会が各社の優劣を判断して結論を出す場合の基礎となる具体的な事実を示さなければならない」との判断を示した。郵政省はこれを不服として上告したが、四三年一二月最高裁は上告棄却の判断を下したのだった。こうして、郵政省は中央教育放送の異議申し立ての審議をやり直さなければならなかった。

一方、「財界ある限り、このテレビ局は存続する」といわれた東京12チャンネルは、三九年四月から本放送を開始した。しかしその直後、わが国は四〇年不況に突入する。テレビ広告費がマイナス成長になったのは、当時と現在（平成バブル不況）の二回だけなのだ。当然、財界からのカネは滞る。財界は協力会費として毎月一億円を集めるという話だったが、よくてその一〇分の一という月が続いた。12チャンネルが映らないというテレビ受像機がたくさんあったことも響いた。

東京12チャンネルをめぐっては、準国立移管構想やNHKから資金援助を受ける秘密工作など、怪しげな噂が立ってはまた消え、結局、日本経済新聞社に身売りされることになる。次号に詳しく書くが、以上からJSBやSt. GIGA、あるいは東京第六局を連想しない人は、よほど能天気な人である。

このように利権に走る政財界の尻馬に乗り、十分な審議を尽くさずに強引に免許を下ろした郵政省のやり方は、厳しく批判されなくてはならない。放送に関する法律の不備から郵政省の恣意的な裁量がまかり通るわが国放送システムの致命的な欠陥を、Uターンと同様ここでも指摘しなければならない。なにしろ中央教育放送が行政訴訟に訴えなければ、郵政省のやり方がその後もまかり通っていたかもしれないのだ。郵政省に対するチェック機能を郵政省自身に望むのはもちろん無理としても、それがマスコミにまったく期待できず、残る頼みは裁判所だけという事態は大変不幸なことである。

【キャプテン】普及予測がハズれた新システムの末路 一九八四〜

郵政省OBでフジテレビ常務の富田徹郎は「役所が新しいことに旗を振りたがるのは仕方ない。重要なのはニーズをきちんと予測することだ。その予測に基づいてあるべき政策を打ち出さなければ」と述べている。

郵政省の過去を振り返るとき、恣意的な裁量権を振りかざして何か仕出かしてしまう事例と並んで目につくのが、未来予測がきわめていい加減というケース。好例がキャプテンだろう。

「キャプテン・システム」は、郵政省、電電公社などが協力して開発した日本版ビデオテックス。ホストコンピュータと家庭用端末を電話回線で結び、商品やサービスを注文したり、情報を検索する公衆サービスだ。一九七九年から八三年まで二期の実験をへて八四年一一月、東京と京阪神で商用サービスが始まった。

スタート当時、郵政省や電電、あるいは広告会社、セミナー屋などが口にしていたのは、「当面の目標端末数は一〇〇万台で、おそらく数年以内に達成可能」という皮算用だった。

だが現実は厳しい。スタートから丸八年たった九二年九月現在、契約者数は約一三万二〇〇〇件に過ぎない。郵政省その他が見込んだ数値のほぼ一〇分の一規模なのだ。

八七年一〇月に出た「一九九〇年代テレコム戦略——電気通信高度化ビジョン——」（郵政省電気通信審議会編）は「今後着実な普及が予想され、昭和六六（一九九一）年度にはビデオテックス端末機ベースで四一万四〇〇〇台（年率七七％の伸び）になると推定される」と、とぼけたことを書いている。本の出た三年目には、端末の価格が高い、機器の使い勝手が悪い、流通業者が情報提供を敬遠し続けている、強敵の文字放送も放送中、ファミコンで類似のホームトレードサービスができる（八八年七月から開始）といった悪材料は出そろっていた。その時点で四年先を予測し、現実の四倍というハズレぶり……。

こんな目先の利かない人びとに政策を委ねなくてはならないこの国の大衆は、つくづく不運であると思う。郵政の予測数値づくりには専門家が手を貸している。予測をそのまま流したのは不見識なマスコミだ。これらの責任もまた重大である。

【文字多重】大袈裟な数字にメーカーも消費者もうんざり 一九八五〜

文字放送も、郵政省の普及予測がまったくいい加減だった例のひとつである。

郵政省が一九八七年（昭和六二年）三月三〇日に出した「文字放送の普及予測」によると、昭和六一年度末に約三・五万だった文字放送受信世帯数は六二年末の約八三万からほぼ一直線に右肩上がりの伸びを示し、昭和六六（一九九一）年度末には約六七一万になるというのだ。予測根拠は音声多重（内蔵型）テレビの普及実績で、条件は「六二年度前半に数社以上のメーカーが内蔵型を発売すること。その場合、買い替え需要に対応できる価格であること」などと、もっともらしい但し書きまでついている。

六二年度前半にはちょっと遅れたが、六二年一二月のボーナス商戦では七社が文字放送内蔵テレビを発売していたから、予測の前提条件はほぼ満たされていたといえる。しかし、九二年三月に文字放送受信世帯が六〇〇万などというのは、まったく大嘘だった。現在でも一〇〇万の大台に乗っていない。

予測数値をまとめた電通審の委員会では「いくらなんでも

過大に見込み過ぎだ」との意見も出された。結局「業界を元気づける意味で割り切ろう」となったのだが、こんないい加減な数字でカラ元気をつけられたメーカーこそいい迷惑である。そしてそれを買った消費者は、もっと迷惑かもしれないのだ。審議会の専門家たちは、こんな数値にお墨付きを与えた不明を恥じるべきである。

さて、普及予測がいい加減ということは、郵政省は文字放送のメディアとしての力を過大に評価していたわけだ。過大評価を前提として政策を立てるから、それはすべて的外れになる。そして役所は「大過ないままポストを少しずつ上げていく」ことを至上命題とする人間たちの共同体だから、的外れの政策をなかなか軌道修正しない。修正すると誤りを認めたことになり担当者が傷つくからだ。そこで、およそ二年に一度くらいの割で、少しずつ控え目に軌道修正していく。

文字放送にあってはマスコミ集中排除原則を厳格に適用し、走査線四本のうち三本は第三者機関にしか放送させないという方針がこれ。NHKや民放各社が反対したにもかかわらず、この方針によって本体の中に、本体からの出向者からなる文字放送会社ができた。テレモ日本、アクセス・フォア、東京データビジョン、朝日レタービジョン、日経テレプレスなどだ。開発のため先行投資をしたNHKも一部民放も、直接には果実を収穫する権利がないとされたのである。たとえばNHK系のテレモ日本は、八五年一一月二六日に設立され一二月一六日から放送を開始している。設立から放送までの二〇日間が、形式だけの〝第三者機関〟のイビツな姿を象徴している。

母屋が庇を使えないという異常な状態は、「角を矯めて牛を殺す」結果しかもたらさなかった。郵政省が方針を修正したのはようやく八七年のことである。

マスコミ集中排除にみられる参入規制だけではない。文字放送に既存のテレビ放送とほぼ同じ規制――番組審議会は毎月、放送コードも必要といった番組規制をかけたのも郵政の誤りだった。弱いメディアは規制を緩めなければ育たない。虚弱体質の子供に健康優良児とまったく同じ条件でマラソンしろといっても無理。虚弱体質の子は距離を短くしてリレーさせるとか、いっそのことマラソンはやめてお遊戯にするとか、工夫が必要だった。これも思うように普及が進まないのを見て、ようやく規制緩和したのである。

文字放送では省間戦争も垣間みえた。文字放送各社が作った「文字放送PR委員会」が普及促進イベントを計画したときである。協賛金を募って家電メーカーを回り、元締めの通産省にも行って後援として名を連ねてもらうことにしたら、郵政省が強硬に反対。結局「大人の通産省が黙って引き下がり」（関係者）、代わりに日本電子機械工業会が入った。厚生省も後援しているが、これは競合関係にないから構わないのだ。郵政にとって、文字放送の普及が大事なのか、縄張り争いに勝つことが大事なのか。話があまり低次元で、うんざりする。

この〝省間戦争〟、開発者のＮＨＫがこだわったパターン方式（文字放送の一伝送方式）からハイブリッド方式（パターンとコード方式の折衷。これでスタート）への乗換えとともに、現在のハイビジョンをめぐる動きを連想させずにはおかない。

【ＣＡＴＶ】ビジョン欠く「場あたり行政」の被害者　一九六八～

長いことニューメディアの旗手のようにいわれてきたＣＡＴＶ。最近では「伸び悩み」という形容詞がその〝定冠詞〟としてすっかり定着したようである。

双方向機能があり、自主放送が五チャンネル以上、一万端子以上を持ついわゆる「都市型ＣＡＴＶ」（難視聴解消ではなく多チャンネル・サービスを目的とするＣＡＴＶ）は、現在施設数が一二八。加入世帯は九三年三月に一〇〇万を超える見込みだ。

これも郵政の用いている予測数値を紹介しておくと、八九年の六四万世帯が、九〇年一一六万世帯、九一年一八六万世帯、九二年二九九万世帯と順調に増え、九七年には一〇〇〇万の大台に乗り、二〇〇一年には一三二三万世帯（普及率四一％）に達するはずだ。現時点では予測の三分の一にも満たない。

ＣＡＴＶに関わる郵政の姿勢で指摘すべき最大の問題は、規制緩和の遅れである。ＣＡＴＶは「有線テレビ」と呼ばれた時代から規制緩和が最大最重要のテーマ。しかも、一方で厳しい規制の網をかけておきながら、その場限りの「恣意」「裁量」あるいは「政治的判断」によって行政方針は必ずしも一貫していないのが、わが国のＣＡＴＶ行政なのだ。

東京に初めて本格的な都市型ＣＡＴＶ計画が登場したのは一九六八年のことである。新宿を拠点とした日本ケーブルビジョン放送網の計画がそれ。実はこの頃、ＣＡＴＶを規制する法律はいわゆる「有線」（飲み屋や農家の）を対象とするものしかなく、しかも届出制だった。そこで郵政省は「有線テレビ規制法案」の制定に動くとともに、行政指導によって日本ケーブルテレビジョンを公益法人化する。

ところが直後の七〇年、甲府で日本ネットワークサービスという会社が名乗りを上げると、「大都市では公益法人だが、地方では株式会社でもよい」という妙な理屈をでっち上げ、同社の届出申請を受理してしまう。郵政省は、甲府も東京と同じ公益法人化を進めようとしたが、利害が一致した地元マスコミや代議士からの強力な働きかけに筋を曲げたのである。そこで、われもわれもとばかり全国各地でCATV構想が次々に打ち出された。これを第一次CATVブームと呼ぶ人もある。

しかし、七二年に成立した「有線テレビジョン放送法」は、揺れ動く郵政の裁量とは打って変わって規制色の強いものとなった。CATV局は許可制となり、番組内容も放送法と同じ規制がかけられた。中には郵政省職員の立ち入り検査をみとめる(第二七条)という、放送法にも例のない項目すら紛れ込ませてあった。

こうして、わが国の都市型CATVの芽は郵政省によって摘み採られていたが、八〇年になって大きな転機が訪れる。郵政省が規制緩和へと政策を大転換しはじめたのである。八〇年から三か年計画で続いた「都市の大規模有線テレビジョン放送施設に関する開発調査研究」がその契機となった。ここに第二次CATVブームが起こったのである。

だがその後、難視聴解消モア・チャンネル型CATVは増えたものの、都市型CATVは苦戦を続けている。CATVといえば必ず引き合いに出されるアメリカでは、いわゆる〝オープン・スカイ・ポリシー〟によって衛星利用が飛躍的に拡大し、これがCATV——スペースケーブルネットの急成長をもたらした。対する日本は〝オーダリー・スカイ・ポリシー〟。衛星がCATVの発展に寄与する場面がないままに、BS、CSによる多チャンネルがCATVの競合相手となる状況に突入してしまった。

もちろん、現在CATVに加入するとBSやCSは割安なベーシック・サービスとしてついてくる。すべて個別受信するなら、CATVに加入したほうが得だともいわれる。また、BSやCSは都市にかつての地上波とは比べものにならないほど大量の〝BS・CS難視聴世帯〟を生み出しており、その解消にはCATVしかない、という説も根強い。

だが、それにもまして加入料が十数万円という価格の問題、電柱の使用や道路の地下埋設の手間、マンションや古い住宅密集地での工事の難しさなどが深刻で、加入率は遅々として伸びない。まだまだ残っている厳しい規制、たとえば道の向こう側の世帯は加入できるがこちら側ではダメといった杓子定規な地域制限も、伸びを鈍らせる原因になっている。

だから、都市型CATV業者の口癖は「一〇年、二〇年という長い目で見てほしい」となる。けれども、あまりレンジを広げると、次はNTTの広帯域ISDN（総合デジタル通信網）の時代。既存のCATVなどすべて吹っ飛ぶ可能性すらある。そこまで視野に入れたCATVのビジョンを立てることこそ、郵政省という役所の負った使命のはずなのである。

〈下〉
【JSB】テレビのわからぬ人が作った〝うちの会社〟

日本衛星放送株式会社（＝JSB、チャンネルコールネームはWOWOW）が大苦戦に陥っている。

郵政省はこの新しい民放テレビ局を「うちの会社」と呼ぶ。

郵政は自らの主導によって一三グループが乱立した申請を〝一本化〟し、初代社長には郵政省事務次官出身の溝呂木繁を、その次の現（九二年一一月末現在）社長には放送行政局長出身の徳田修造を送り込んだのである。

九一年四月にJSBが本放送――民放初の有料放送を開始した時点では、前年一二月からの四か月で二〇万件以上の加入契約があり、これは目標の倍という、好調なすべり出しだった。

しかし、わが国 衛星多チャンネル化のホープとして 周囲の期待を一身に集めたJSBも、バブル崩壊のいまとなっては、郵政省失政録という悲劇の、一幕の主人公といわざるをえない。

同局の今日までの経緯は、前号に記した東京12チャンネルの顛末と似ている。12チャンネルでは郵政の恣意的な決定により日本科学技術振興財団に免許が下ろされ、JSBでは郵政主導で一本化がまとまった。この点は違うという見方もあるかもしれない。だが、郵政が、最高裁によって否定されたほど手続き不備が露骨だった免許方針を改める程度には利口になり、あるいは自らの直接的な利権確保のため立ち回れるくらいには大人になったと思えば、この違いはむしろ当然。ただ、国民不在、経済原則無視の免許だったことは共通している。

郵政が多少ズル賢くなったことを除き、開業後に技術的なトラブルが続出したこと、みんなが少しずつ出資したため経営の核がなく無責任な放漫経営がまかり通ったこと、開業後に不況に突入し財界からの資金が滞ったことなどは、よく似ている。

そして、結局12チャンネルは日本経済新聞の手に渡ったが、JSBも似たような末路をたどる可能性が高い。今回も、郵政はまず五大新聞の電波担当を回って打診した。JSBは再建を引き受ける出資グループの傘下に入る以外に立ち直りは不可能ではないか、というところまで追い詰められている。

最近では契約者の獲得の落ち込みが一段と厳しくなり、月三万の大台を割り込んでいる。一〇月以前の時点で、新規加入の獲得一件につき、なんと八万円以上のコストがかかる。「新規契約者にレコーダーをタダでくれてやり、二年間タダで見せるのと同じ」(JSB首脳)ことを、郵政の「うちの会社」は続けているのである。まったく正気の沙汰ではない。こんな会社が長続きするはずがない。

「JSB会長である斎藤英四郎経団連名誉会長は、すでに半年くらい前から『現社長には経営感覚がない。テレビがわかっていない。郵政はなぜ推薦してきたのか』との怒りを口にしていた。現執行部の退陣は固まっています」(事情通)

もちろん経団連名誉会長にもテレビがわかっていなかった。だから、JSB会長を引き受けたのだろう。目先が効かなかったのは郵政だけではない。バブル時代に湧いた泡銭を投げ、とりあえずバスに乗ろう、うまくすれば衛星でひと儲けだ、とスケベ根性を出した財界、関係各社の責任も見過ごせない。

さて、JSBに見るべき郵政の失政パターンは、免許というオールマイティーのカードをちらつかせながら、新しいメディアに橋頭堡を築こうとする放送局や民間会社——メーカー、金融、商社、流通、情報関連など——から資金を引き出し、郵政翼賛会的な国策会社や団体を作るというものである。

出来あがった会社や団体は、みんなが少しずつ(時にはいやいや)カネを出し合うため、当たり前の経済原則にのった経営ができない。しかも郵政省は、その会社や団体を重要な天下り先として人を送り込み、ことあるごとに介入する。いままで付き合いのなかった民間会社も(憧れの通産省のように)コントロールできるようになる。郵政に新しい利権が生まれるのである。

しかも、一方で集中排除だの、総合編成が必要だの、有料放送時間は何%だのと、古くからの規制を振り回すから、生まれたものは輪をかけて育たない。

JSBはその典型だが、ハイビジョン推進協会なる団体も同じパターン。これが将来、たとえばBS－4段階で放送局に格上げされるとすれば、それは第二のJSBになるのだ。地域は東京に限られるが、東京第六局も同じである。

だが、こうしたものが生き延びることのできた時代はすでに終わっている。郵政がそのことに気づくまでに、行き行きて倒れる放送局の屍が、いくつ必要なのだろうか。

【St. GIGA】斬新編成もむなしく〝倒産一歩手前〟

ＪＳＢの音声独立チャンネルに乗っている衛星デジタル音楽放送株式会社（St. GIGA）に至っては、ＪＳＢよりも一層悲惨な状況である。残念ながらこの会社は、事実上「倒産しているのと同じ」（大手都市銀行関係者、商社関係者など）だ。

もちろん会社は存続しているが、毎月二〇〇〇～三〇〇〇万円の収入に二～三億円の支出という収支構造は相変わらず。累積赤字は四〇億円以上にのぼる。同社はＢＳ－３のトランスポンダ使用料が払えないと言い出している。

七月の増資は目標の一五億円の半分以下で、大部分はマザー・エンタープライズのオーナーでもある福田信社長が個人的に調達した。それ以外に応じたのはエフエムジャパン（Ｊ－ＷＡＶＥ）など四社で出資額は一億三〇〇〇万円。Ｊ－ＷＡＶＥは元郵政事務次官の曾山克己社長が独断で五〇〇〇万円を出し、取締役会は事後承認だった。これは郵政の意向を受けたもので、年明けにもＪ－ＷＡＶＥがSt. GIGAの〝身元引き受け人〟として名乗りを上げる公算が大きい。

ついでだから書いておくが、Ｊ－ＷＡＶＥの相談役・会長（いずれも取締役）は、斎藤英四郎と花村仁八郎。ふたりはＪＳＢの会長・相談役コンビである。経団連会長の平岩外四も両社の非常勤監査役に顔を出している。繰り返すが、こういう人が役員に入っている会社は普通の会社ではないのである。

五〇億円もポンと出す人か会社があれば、St. GIGAはとりあえずサービスを続けられる。この広い世の中、そのくらい出す人はなんとか見つかるだろう。だから、実態はともかく、倒産は避けられるかもしれない。

しかし、わが国放送の将来のためには、この会社は一度会社更生法を適用したほうがよい。というのは、St. GIGAこそ衛星ニューメディアの時代に、郵政省の恣意的な裁量によって無定見な免許が下され、会社が倒産一歩手前まできている最初のケースだからだ。

この音声放送局がＪＳＢの音声バンドに乗るという話が出たとき、ＪＳＢは猛反対した。これによってＪＳＢはＢモード音声放送ができない世界唯一の衛星放送局になってしまうからである。そこに「マスコミ集中排除原則」という時代遅れの証文を取り出し、強引に割り込ませたのは郵政省だった。

さらに、現在までに次のような問題が知られている。

郵政省内に郵政の方針を一人決めしていた某がいた。某と大学・学年が同じ某代議士がSt. GIGA設立に熱心に動いた。この件に熱心だった音楽関係者が三人いるが、一人はさっさと撤退し一人は脱落した。某と残る一人の付き合いは、役人としての範を越えたといわざるをえない。

以上についてそれぞれ複数の証言者があり、もちろん伏せた名前もすべて特定されている。もうひとつ、秋葉原の地名が出てくる重要な証言もある。12チャンネルは三〇年前の話だが、これは数年前から現在まで引き続いている話である。

筆者は、St. GIGAの斬新な編成を高く評価したい。衛星放送にJSBのような映画専門局がひとつくらいあってもいいと思うし、St. GIGAのようなユニークなラジオ局もあっていいと思う。

「既存の放送局などクソくらえ。彼らには決して真似できないオレたちの放送を流すのだ」

と、たとえば大手商社を途中で辞めてSt. GIGAに入った人間たちには、共感できる部分のほうが大きい。なんとか応援したいと思っているのだ。

しかし、そのことと同社の設立にまつわる不透明さ、あるいはそのことと現在の危機を招いた杜撰な経営とは、相殺にはできない。どんなにすばらしい放送であろうと、ダメなものはダメなのだ。

そして、そこに郵政省があってはならない形で関与したことを、複数の証言者が認めている。できた放送局は倒産の一歩手前なのだ。これが失政でなくて何だろうか。

ここでも、郵政省の免許をはじめとする行政方針が、恣意的に振り回され、誰もそれをまともにチェックできないわが国放送制度の悲しさを、指摘しなければならない。そして、右に書いた話が、関係者の間では半ば公然と語られているにもかかわらず、誰に遠慮してか何も語ろうとしないマスコミの悲しさもまた……。

【東京第六局】番組イメージまで指導される都民不在テレビ

東京に第六の民放UHFテレビ局ができる――といっても大方の都民には寝耳に水だろう。この都民不在の〝都民テレビ〟構想を、前代未聞の露骨なやり方で進めたのは郵政省だった。

東京に新たなテレビ局をと熱心だったのは、一九六四年に東京新聞を系列に収めた中日新聞。当時の社長は「電波を持たない新聞は翼のない鳥だ」といい、東京での「波取り」を盛んに画策した。一方、鈴木都知事をはじめ都庁サイドは、八〇年代半ばからU局設立運動を展開。こうした動きに地元企業や商工団体の思惑も重なり、第六局設立の気運が生まれた。マスコミも含めて企業はカネ儲けのネタを探す、都はPRの場を求める。これは自然なことである。

そして、これらの動きを交通整理し、限られた公共の電波を国民（この場合は都民）のためもっとも有効に活用させることが、テレビ局に免許を下ろす郵政省の役割のはずだった。だが、この一年、東京U局をめぐって郵政がしたことは、まったく逆だった。郵政省は新局開設に当たって、放送に対する強引な介入を重ねたのである。

郵政は九二年二月末「東京UHF民放テレビ局開設のための基本的考え方について」という文書を出した。これには、新局のイメージ（番組の中身）、資本構成及び人的構成（出資比率や社員数）、今後のスケジュールなどが、強引かつ詳細に書かれていた。

東京にできるテレビ局は「郵政テレビ」ではない。自治体は出資するが純粋な民間会社、それもれっきとした〝言論機関〟だ。その番組イメージや社員数を役所がうんぬんすることは、許し難い暴挙である。それは、言論機関としての放送局の自律や不偏不党を危うくするから、やってはいけないのだ。

過去、テレビ局の開設に当たって、この種の文書が出たことはない。陰で同じような調整をしたかもしれないが文書は公にはなっていない。だから二月に出た文書は、わが国放送史上に残る郵政の愚劣文書といってよかった。

文書が出されたのは、九二年六月まで放送行政局長だった人物の奇態なキャラクターに負うところ大という。この人物、同僚局長はバカ呼ばわり、部下を私用人同様コキ使う、放送関係の講演会で自分のおっ母さんの思い出話やカラオケ持ち歌リスト入り資料（厚さ三センチ）を配ったヘンな人。「論際」疑惑（注）にも登場している。露骨な介入は同局長の勇み足というのだ。

けれども「ヘンな局長のヘンな政策でした」では済まない。放送局の免許申請からいわゆる〝一本化〟をへて免許が降りるまでのプロセスが、ここでも不透明なことが問題なのだ。本来なら独立した第三者機関でもつくってオープンに議論すべき事柄が、密室で郵政省の恣意的な裁量で決まってしまう。郵政族はじめ政治家が利権あさりに暗躍しても、誰にもわからない。

一局長の暴走を、クビを切らない限りは止められなかった郵政省の組織も、非常に問題である。かつての「省益」に代わり「局益」という言葉が聞かれるようになったが、郵政でも通信部門と放送部門は必ずしもしっくりいっていないようだ。通信政策局あたりでは放送行政局の批判も聞かれる。しかし、批判の多くはその場限りの感想に過ぎない。メザシの頭を横に突き刺す串――郵政省全体としての戦略を立案し、各局をチェックする組織も機能もないから、実効性がともなわない。

大臣は「お客さん」ですぐ代わる。事務次官もどうせ二年後には組織の威を借りて天下るのだから、何もしない。伝統的に力ある者が就くとされる課長ポストや審議官クラス以上になると、将来の事務次官候補は非常に絞られてくるから、力のある人物ほど〝貝〟になっていく。その結果、国民のため、二一世紀の日本のためという官僚の存在意義は、二義的な目的に後退してしまう。

例によって、東京U局について新聞・テレビなどマスコミはまったく報道しない。新聞は当事者として出資しており、テレビは新聞と系列関係にあるからだ。

新聞のなかでも東京新聞は「熱意が認められて」一社だけ比率が高い。八九年に郵政相のリクルート疑惑に触れた社説を差し替えた甲斐はあったというわけだろう。第六局については、郵政省の発表をさながら大本営発表として、はしゃぎながら伝えるだけだ。

第六局問題は、新局長のもと仕切り直しが行われたが、それでもすでに放送局の中核となる新会社の社長は決まっている。こうして テレビは ますます不健全なメディアに堕していく。

【BS－4】衛星調達の破綻を認めず方針ゴリ押し

衛星多チャンネルの〝メイン・イベンター〟BS－4は、現在のところ九三年五月には電波監理審議会の答申が出て、利用主体の決定をはじめとする重要事項が定まるものと考えられている。打ち上げは早くても九七年である。

しかし、一見すると結論が出るのはまだ先の話と思われがちなBS－4、早くも郵政省失政録綴りに綴じ込まなくてはならない。そうしないと、いつまでたっても綴りのページは膨らみ続けるばかりのように思われる。

BS－4問題における郵政の失政で最大のものは、衛星調達の失敗である。郵政省は調達法人を先決めし、そのうえで衛星に乗る利用者を決定しようという方針。対して民放や経団連は衛星利用者を先に決め、乗ると決まった事業者の自主調達に委ねるべきだと主張した。これは入れられなかったが、なにしろ郵政省の方針は、衛星の搭乗券を振りかざしてのゴリ押しだから、引き下がらざるをえない。

しかし、九二年になると、郵政省の進める調達方式は資金的に困難があることが表面化した。郵政が唯一絶対の調達法人と考えた「通信・衛星放送機構」（この一〇月に「通信・放送機構」に組織変更）は担保能力のない公的法人だから、衛星のようにリスクの大きい事業では融資も債務保証も受けられない。

そこで八チャンネルをフルに使うとされているBS－4を二つに分け、最初の一機に乗るNHKとJSBにネジ込んだが、前者は放送法上、後者は余裕なしとの理由で、未知の利用者のための債務保障を拒否。そこで大蔵省と交渉したがダメ。思い余った当時の担当局長は、自民党の有力逓信議員に陳情したが「帰れ」と怒鳴られ、省に帰って担当課長を「お前のせいだ」と怒鳴りつけ、課長は入院してしまった。

郵政は、公式にはこの一〇月中旬にようやく公的法人による調達を断念。代わってNHKなどを中心とした「民間法人」設立を進めるという。

だが、これが郵政の色がつかない本当の民間なら、事業者の自主調達と変わりないから無意味。一方郵政色の強い法人なら機構と同じだからますますもって無意味。政府の一部門としての存在意義が薄れてきたため、行革の対象として将来の民間法人化が決まっている機構をスライドさせれば、NHKの関わり方によっては放送法上の疑念が生じる。そもそも、そんなものに進んでカネを出そうという企業や団体などあるはずがない。あれば機構に債務保証をつけているだろう。

結局、郵政は「衛星調達はどうしても郵政が主導しなければならない」と考えているわけだが、そのことに合理的な理由づけはない。かつては「利用者決定の前に、公正で中立的な法人が衛星を確保する必要がある」という理由づけを口にしていたが、来年にも利用者が決まり、設立される法人がNHKうんぬんでは、この理由は成り立たない。郵政主導の衛星調達は完全に破綻してしまった。

にもかかわらず郵政は「国策としてBSの継続性の確保が必要だから」と郵政主導の方針を崩さない。しかし、郵政のやり方の破綻とは、国策の破綻そのものである。

なぜ、破綻——自らの失政を認めて、誰もが納得できる新しい国策を打ち立てようとしないのか、理解に苦しむ。衛星国産化という国策は、米国にネジ込まれてあっさり捨てたことがあったではないか。

すでに、BS－4で利用できる八チャンネルすべてを利用する、BS－4は九七年に打ち上げるといった〝国策〟もいったん白紙に戻し、衛星放送のあり方を根本的に考え直すべきだという意見が続出している。二つの先行する民間衛星放送局の危機は、誰の目にも明らかなのだ。郵政は立ち止まり、場合によっては引き返す勇気を持つべきではないだろうか。もっとも、そうなれば過去のBS論議は、まるごと郵政省失政録に放り込まなければならないが。

【ハイビジョン】国内不況背景に見切り発車か？

BS－4をめぐる状況を、いっそう難しくしているのがハイビジョンである。実はこのハイビジョン、郵政省失政録に取り上げるべき典型事例と断言するには、その将来を決定づける不確定要素が大きすぎるようにも思う。ようするに、ハイビジョンそのものがよくわからない。

今年夏ころまでは、NHKが開発したMUSE方式のハイビジョンは世界の孤児になるような印象があった。メーカーの若い技術者などに聞いても「デジタルのほうがいいに決まっている」といった口振りだったからだ。

だが、最近家電メーカー各社が立て続けに出したフルスペックのハイビジョン受像機を見ると、このままそこそこ普及してしまうような気もする。メーカー一一社による「ハイビジョン実用化放送の早期実現」の要望も、どうやら本音らしい。いま、家電不況、AV不況がドン底の状態で、メーカーは売るものがなくて困っている。現行のハイビジョンが谷底から抜け出すための脱出ロープ――溺れる者のつかむ藁になりつつあるのだ。

すると、アメリカのFCC（連邦通信委員会）が二〇〇八年に地上波で全面移行すると決めたデジタルハイビジョン（方式の決定は九三年六月）を尻目に、日本ではMUSEハイビジョンがそこそこ普及してしまうかもしれない。その場合、MUSE方式の採用が正解か不正解かという答えが出るのは、かなり先――一〇年後とか二〇年後のことになる。不正解であれば郵政省失政録の分厚い補遺が必要で、それは「放送批評」がまだ存続していたら書くが、ここでいまMUSEかデジタルかと聞かれても筆者には判断がつかない。

それでも郵政のハイビジョン推進戦略には、いくつかはっきりした疑問がある。まず指摘すべきは、ハイビジョン規格の世界統一にきわめて甘い見通しを立てていたため、唯一実用段階に達していたHDTVを持つ国として当然発揮すべきリーダーシップが発揮できなかったことだ。日本側は国際会議に出かけては欧米の反撃に合い、帰国して「思ってもいなかった」を連発した。「政治的イシューに変質してしまった」など言い訳にもならない。それこそ政府の仕事である。

アメリカでデジタルという新しい方向が出てくれば、それがどんな可能性を持つか検討し、どう対応すべきか議論があって当然だが、それがないのもおかしい。これはＮＨＫのほうが罪が重いが、ＮＨＫにも郵政にも、自分たちのやっていることと違うものが出てきたら、目と耳をふさぎ顔をそむけて駆け抜けようとする体質が染みついている。官僚機構に特徴的な行動パターン、条件反射である。

杜撰な未来予測、通産省との縄張り争い、息のかかった推進協会をつくりこれに免許を下ろすといういつもの癖も出る。こうして、多くのことが不透明なまま、ＭＵＳＥハイビジョンはＢＳ－４段階で〝見切り発車〟するものと思われる。

さて、ここまで綴ってきた失政の数々で、郵政省の失敗のパターンはおおよそ浮き彫りになったと思う。

そして、恣意的な行政裁量、免許をちらつかせるゴリ押し、杜撰な未来予測、不毛な省際戦争、権益拡大のための新組織設立、その組織の無責任な経営体制、誤った政策をすぐには修正できない硬直的な体質、郵政内部でのチェック機能の欠如、郵政省としての長期的な統一メディア戦略の欠如といった問題が、飽きるほど繰り返され、この国の放送システムを歪めてきたことが、おわかりだろう。

筆者も含めて、それをまともに批判してこなかったマスコミ関係者 一人ひとりの 責任が、いま、問われなければならない。

（注）月刊誌『論際』は、郵政省、通産省、運輸省などの官僚の座談会を企画し、数万円の謝礼を払っていた。これらの官僚は、省庁の関連業界の企業に『論際』を百部、千部単位で買い取るように圧力をかけており、『論際』は関連業界の資金が官僚に流れるシステムとなっていた。

解題

「縦割りの横並び発想」「まず自らの利益確保ありきだ」「カネと権限を盾に口は出すが、責任はとらない」――。中央のキャリア官僚批判は、今も昔も陰に陽に展開されている。もちろんその中には郵政省（現在の総務省）も含まれる。旧ソ連のノーメンクラツァーラが日本の官僚制を「資本主義の貌を持つ社会主義体制」として参考にしようとしたとの逸話も残る。郵政官僚が立案した政策の中で成功したのは、「全国あまねく電波を届ける」法的義務を負うＮＨＫがモアチャンネルに転換したＢＳ放送くらいだ。その郵政省の数々の失政録をまとめた本論考は、無形財産として十分な価値がある。（小田桐　誠）

〝やらせ〟考

マスコミの扱いと責任のとり方

原 寿雄　文教大学講師

ドキュメンタリーの不幸

竹山昭子　昭和女子大学教授

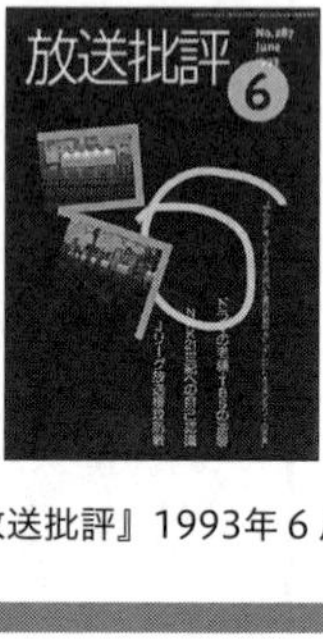

『放送批評』1993年6月号

〝やらせ〟考

マスコミの扱いと責任のとり方

原 寿雄　文教大学講師

ドキュメンタリーは報道ではない

美人局と書いて「つつもたせ」と読める若い人は少ないだろう。私自身も警察取材の経験がなければ、知らずに過ぎた言葉ではなかったかと思う。広辞苑をひけば「夫ある女が夫となれあって他の男と姦通し、姦夫から金銭などをゆすり取ること」とある。

〝やらせ〟が非常に嫌らしい響きをもって私に感じられるのは、この犯罪を思い浮べさせられるからかもしれない。

しかし、「何が非難されるべき〝やらせ〟か」は明らかではない。「事実の再構成なしにドキュメンタリーは成立しない」として〝やらせ〟の全面否定に反発する空気も放送現場には強い。

朝日放送の「素敵にドキュメント」、読売テレビの「ど—なるスコープ」の〝やらせ〟事件に続いて、NHKスペシャル「奥ヒマラヤ禁断の王国・ムスタン」が問題化した後、毎日新聞がテレビ局とプロダクションのプロデューサーやディレクターを対象にアンケート調査をした。その回答者二七人によると〝やらせ〟を「したことがある」「見方によってはある」が計四二%、「ない」は三〇%の結果が出た。(毎日一九九三・三・一七)

「無回答」五%を除く残り二三%が「あるともないともいえない」と答えているのは、〝やらせ〟経験者が大半という判断ができる。同時に〝やらせ〟の定義が極めてあいまいなので関係者たちは迷っている。

米三大ネットワークの一つCBS放送の「ニュース準則」(一九七六年版)をみると、〝やらせ〟の項には次のように書かれている。

「実際に見られ、聞かれ、あるいは機械で収録された事実とは違う時間、場所、事柄、または人物だという印象を視聴者あるいは聴取者に与えるようなことを言ったり、行なったりしてはならない」

「特殊な状況では(例えば、月面歩行シミュレーション)ある事象が起こったあとの放送で、その事象を再現することが必要かもしれない。しかし、こうした状況にあっても①視聴者、聴取者に対してその放送が再現であるという事実を明確にしなければならない②再現は本当に起こった事象の忠実な再生でなければならない。再現はできるだけひかえたい」

そして「原則は拡大解釈されやすいが、疑わしいことは止めよ」と書き、「この準則が破られていることを示す情報を持つ者は、遅滞なく首脳部に通報するように」とつけ加えている。これは少し厳しすぎるほどの規制だが、視聴者や読者にナマの事実とそうでないものを峻別して知らせるのは、ジャーナリズムの原点といえる。

厳密にいえばマイクやカメラを向けた瞬間から芝居が始まる。盗み撮りだけが事実ということになってしまう。記者会見はすべて仕掛けるもので、〝やらせ〟の一種になる。

事実を 劇的に再構成し、演出によって 真実に迫ろうとするのがドキュメンタリーなら、ドキュメンタリーは報道ではない。

事実の積み重ねだけでは真実に迫り得ない。だからこそ小説手法のフィクションをまじえたニュージャーナリズムが生まれた。ニュージャーナリズムが報道と呼ばれないように、ドキュメンタリーも報道と区別する社会の常識が確立すれば、〝やらせ〟論議もすっきりするに違いない。もちろん最近の一連の〝やらせ〟は視聴率稼ぎを狙った動機不純のもので、やり方も弁護に価しない。

新聞とテレビの相互批判機能

ＮＨＫの〝やらせ〟が朝日の第一面トップで特ダネとして大きく扱われたため、「それほど社会的意味の大きなニュースだったのか」と疑問の声が強い。〝やらせ〟が大新聞朝刊の一面トップとなったのは確かに前例がないだろう。しかし「一面トップ」にそれほど特別の権威を認めるのも買いかぶりではないか。新聞は毎日、一面トップなしには作れない。何かをそこに持ってくるものである。

「はしゃぎ過ぎ」の声を受けて、朝日も紙面審議会で議論したようだが、これという大ニュースがない日は、大ニュースらしく仕立てるのが新聞制作の常識である。

真実追求とはおよそ無縁な、単なる視聴率稼ぎの〝やらせ〟を新聞が問題化するのは、マスコミの相互チェックとして当然やるべきことである。コストや日数の制約上やむを得ない、という弁明は視聴者には通じない。

日本社会はテレビ全盛時代を迎えており、テレビ放送の在り方は、まぎれもなく大きな社会問題である。しかも、ＮＨＫは日本最大のマスコミである。新聞のテレビ批判は質量ともにまだ不十分だとさえ私は思っている。

もちろん、〝やらせ〟批判が郵政省の介入を誘発する面は、警戒を要する。またテレビ表現の可能性を狭いワクに閉じ込め、新しい試みを萎縮させることもあってはならない。

テレビの商業主義、面白主義のセンセーショナリズム制作を非難する新聞が、自らセンセーショナルな魔女狩り的批判に陥りやすいことも自戒する必要がある。

一方、テレビによる新聞批判も大いにすすめたい。テレビと新聞が肉を切らせて骨を切るぐらいの相互批判を展開すれば、日本のジャーナリズムは、それだけで今よりずっとジャーナリズムらしくなる。

本質をあいまいにする集団責任体制

こんどの〝やらせ〟事件はメディアの相互批判の在り方に一石を投じたが、責任のとり方のうえでも注目された。

一九八九年に起きた沖縄サンゴのねつ造写真事件では、朝日の一柳東一郎社長が辞任した。カメラマンの懲戒免職と編集幹部の処分だけでなく、社長自ら引責辞任したのは異例だった。一柳氏は「辞任にあたって」の中で「どう考えても、普通の誤報といったものではありません。また、取材の行き過ぎといったことでもありません。まさに読者を愚弄《ぐろう》するものであり、故意に世の中を欺いたものと言われても、返す言葉がありません」と述べている。

九一年には共同通信編集委員による朝日記事の連載盗用事件があり、酒井新二社長が辞めている。が、この時は労使関係をめぐる要因も重なっている。

米国では八〇年にピュリッツァー賞をとった後、ねつ造記事と判明したワシントン・ポスト紙の「ジミーの世界」事件が起きたとき、社主のキャサリン・グレアム会長もブラッドリー編集主幹も、引責辞任などしていない。

欧米のジャーナリズムでは個人契約の観念が強く、新聞は記者の名を明記した「バイライン記事」が普通である。これに比べて、日本の記者は匿名が原則で、個人の責任で記事を発表する仕組みになっていない。職業として独立した個人ジャーナリストと企業ジャーナリストという違いが、スキャンダルの責任のとり方にも反映している。

独立したジャーナリストの社会では、成果も責任もその個人のものになる。企業組織の一員としてのジャーナリズム活動では、成果も個人のものになりにくいかわりに、何か不祥事が起きたときの責任も組織としてとる、という集団主義が貫徹する。

ドイツ人がいまなおナチスの戦犯追及を続けているのに、日本人は第二次大戦後「一億総ざんげ」で戦争責任者の追及を自らの手ではついにしなかった。これも日本社会の集団主義的責任観の反映であろう。しかし、日本ジャーナリズムの集団主義は、チームワーク取材を容易にしている点で、一概に欧米の個人主義ジャーナリズムより劣っているとばかりは言い切れない。

ただ、何か事件が起きるといつも組織全体で責任をとるのは、問題の本質も責任の真の所在も、しばしばあいまいにしやすい。結果は、形式的、セレモニー的な集団処分と管理体制の強化で一件落着になりやすい。

NHKのムスタン事件ではチーフディレクターの停職六カ月と川口会長の減給をはじめとする上司六人の処分となった。読売テレビでは担当者の休職六カ月と青山社長以下上司の減給、朝日放送では藤井社長以下六人の減給処分とプロダクション「タキオン」の社長辞任となった。しかし、〝やらせ〟が起きる真の原因「視聴率至上主義」についての徹底した究明がどこまで行なわれたか。「できるだけ金も人手も日数もかけず、できるだけ面白く」というスローガンが続く限り、事態はあまり変わらないのではないか。世間の批判の嵐をやり過ごすための対外処分である限り、同種の〝やらせ〟は今後も起こるに違いない。

個人の中に神を持たない日本社会の責任のとり方は、一般的に「世間」への反応として考えられる。スキャンダル事件が起きると「世間」を騒がせて申し訳ないと言って責任者が謝罪、辞任する風景は、かなりに日本的である。

米紙の東京特派員の一人は、日本の大手企業の不正が報じられると、やがてトップの劇的な謝罪、辞任、減給措置で幕を閉じ、そのことで問題の本質解明の道をふさいでしまうやり方を不可解視している。（日本記者クラブ会報　一九九一・八・一〇）

こうして、マスコミが勝手に騒ぐだけで実態はそれほど責任を感じる必要がないと判断した場合でも、「世間を騒がせた」ことを理由に引責となるケースもしばしば起きる。

アメリカでもGM製トラックの欠陥問題を放送したNBCニュースが「トラックの下部に引火装置をつけていた」として「やらせ実験」を批判され、GM側の抗議を機にM・ガートナー社長の辞任に発展している。引責辞任というのに年金の関係上、社長歴五年の八月一日付で辞めるというのも日本社会ではあまり聞かれないことだが、このケースは直接、経営を脅かす性質の問題だから、親会社のGEとしても無視し得なかったといえる。

NHKの川口会長は経営委員会委員長に進退伺を出したが辞任に至らなかった。〝やらせ〟事件で誰がどこまで責任をとるべきかは、ケースによるとともにトップの責任哲学にかかる問題であろう。あくまで社会に対する道義主義的責任のとり方である以上、処分の軽重を単純に批判はできない。

マスコミが大騒ぎすれば、責任も大きくなる——ということが当然のように考えられるのは問題である。

〝やらせ〟考
ドキュメンタリーの不幸

竹山昭子　昭和女子大学教授

このたびの『禁断の王国・ムスタン』にまつわる〝やらせ〟問題は、ドキュメンタリーとは何かを考えるいいきっかけを作ってくれた。そこで、長年映像作品を手掛けてきた夫（竹山恭二）と、未熟ながらドキュメンタリー番組の批評にたずさわってきた筆者とがディスカッションしたものをここにまとめてみた。読者諸氏のご批判をあおぎたいと思う。

無署名主義という伝統のしばり

今回の〝やらせ〟論議は、これまでのところ、残念ながら建設的な方向に進んでいるように思えない。多くの論者がさまざまに発言しているが、〝やらせ〟の許容範囲といった技術論であったり、或は訂正やお詫びの仕方に議論が集中したりで、実りあるドキュメンタリー論に発展していないようだ。

議論が進まない最大の原因は、「ドキュメンタリー」という言葉が無限定に使われていることにあるように思う。テレビにおけるドキュメンタリー番組とは何なのか。それは報道番組と同じなのか違うのか。もし違うとすれば、「やらせの倫理」との関わり方もそれぞれ違うのか。こういった前提となるものの地固めが十分でないため先へ進められていない。

「やらせの倫理」からいえば、ニュースで〝やらせ〟が断固として許容できないのは自明の原則であり、その延長線上にある報道番組もやはりそうだ。しかしドキュメンタリーにもその原則が適用されるかどうかには議論の余地がある。今回の論議で多くの人びとは、ドキュメンタリー番組でも〝やらせ〟は絶対許されないと、あたかもアプリオリな命題のように唱えるが、ドキュメンタリーという言葉の無限定な使用と未検証の命題の適用は、魔女狩りを誘発する危険をはらんでいる。

さらに、今日のテレビには実にさまざまなドキュメンタリー番組がある。ジャーナリストが真実を追究するために事実を積み上げていく、限りなく報道番組に近いものと、一人の制作者が自分と対象との関わりを主体的に記録しようとする、限りなく文学に近いものとの両極がある。これは映像媒体に限ったことではなく、たとえばベトナム戦争における新聞記者のリポートと開高健氏の仕事の違いを考えれば容易に理解できよう。そして、そのそれぞれについて、〝やらせ〟との関わり方は当然同じではない。

ところで、こうした前提論議が不毛であった原因の一つは、テレビドキュメンタリーの歴史の中にあるように思う。日本では、テレビのドキュメンタリー番組は、ラジオの「録音構成」番組の延長線上に発生した「フィルム構成」番組に起源を持っている。NHKの『日本の素顔』やTBSの『カメラルポルタージュ』などモノクロ時代のそれらの番組は、一様に「フィルム構成」の名で呼ばれた。内容は主としてニュースの掘り下げであり、制作担当者はニュース部員であって、あくまでも客観性と不偏不党の原則の上に立つ無署名の報道番組だった。

たまに主体的に対象に関わって「演出」しようとする制作者が現れると、『私の火山』の村木良彦や『あなたは……』の萩元晴彦のように番組から排除された。

この素朴な時代から三〇年経って、いまテレビは百花繚乱である。報道番組も情報番組もドキュメンタリーも、さまざまな考え方、さまざまな手法が展開され、多種多様な内容がひしめいている。

最近の個性的なものを挙げれば、ラジオ『日曜名作座』を読む森繁久彌を温かい目で演出した『熟すべし、老ゆるべからず』や、市井の人びとを役者のように動かしながら東南アジアの今日の情況を描いた典型的なフィーチャー・ドキュメンタリー『ミニドラゴンズ』などが記憶に残るが、こうした、制作者の体温が感じられるような番組でも、制作者の名前はタイトルロールに「構成」、「取材」、「担当」といった肩書きで表れるに過ぎず、「演出」と呼ばれることはない。テレビ創世期の無署名報道番組の名残りを相変わらず引きずっているように思われる。

ドキュメンタリーは署名性の仕事

今回の〝やらせ〟論議では、「ドキュメンタリー＝報道番組＝真実追究＝客観報道＝無署名＝やらせ絶対悪」の図式でものを言う論者がかなり多い。国会での議員や郵政省関係者の発言もそうだ。だがドキュメンタリーの中には、その図式を「くそリアリズム」として排除したところに成り立つものもあり、現にそのような番組はいくつも放映されている。

無署名報道番組時代の名残りをとどめる素朴な「やらせ絶対悪」論では問題は片付かないといえよう。

〝やらせ〟論議を不毛にしているもう一つの落とし穴として、意外なことに、テレビがすぐれて情報媒体だという常識があることを挙げなければならない。もとよりテレビは情報機能以外にもさまざまな媒体機能を持っているが、情報化時代の声とともに、テレビはイコール情報媒体といわれだした。その結果ドラマと音楽以外はすべて情報番組だと、送り手も受け手も思うようになった。従って、情報番組では客観的事実の積み重ねによって全体の真理に到達するという図式に従っているはずであり、そこに紛れ込んだ〝やらせ〟は絶対に悪である、という思い込みがみられる。しかし実際は、そんなに単純素朴ではない。掛け値なしの事実の映像化はほとんど不可能に近いといってよいだろう。

カメラを向けられた人間が普段と変わってしまうことは、制作者たちを悩ませ続けてきた。鳥や獣はカメラを向けると怖がって逃げるが、レンズを向けられた人間は仮面をかぶって踊る。その仮面をはぎ取って素顔をむき出しにするにはどうすればよいかを模索して制作者たちは苦心惨憺してきた。

例えば、無機的で速射砲のようなインタビューを連発する方法を使った萩元晴彦の『あなたは……』の実験を思い出せばよい。そうした実験の積み重ねの中から、真実の姿を引き出すための数多くの方法を生み出してきた。従って、テレビにおける取材方法論の歴史は、大きなカメラ、明るいライト、金属的なマイクといった非日常の環境を設定せざるを得ない撮影メカニズムの制約との戦いの歴史だったといえよう。

そして、その苦闘の中で制作者たちがたどりついた結論は、一種の覚悟のようなものだったのだ。映像の世界では、「仕掛け」をしなければ一カットも撮れない。「仕掛け」によってつかみ取った事実は、事実ではあっても掛け値なしの事実ではあるまい。映像の世界には掛け値なしの事実などありはしないのだ。そこには無数の相対的な事実があるばかりで、制作者はその中から自分が考える事実を、自分の責任において選びとり、視聴者に呈示する。従って、それは当然署名入りの仕事である。テレビドキュメンタリーにおける署名性を、ここに主張しておきたい。

知的な作業を支えられない環境

次に、今回の〝やらせ〟論議に触発されて、筆者の考えるドキュメンタリー制作上の問題点をいくつか挙げてみたい。

①『ムスタン』の〝やらせ〟事件を生んだ原因の一つに、

ドキュメンタリー制作の本質を無視した制作者の怠慢と思いあがりがある。ドキュメンタリーというのは、あらかじめ立てた仮説と対象の現実との衝突から生まれる火花を定着する作業なのだが、この場合、その作業を怠り、現実を仮説に従属させてしまった。そのため説得力のある映像を撮ろうとすればするほど作られた映像を必要とする結果になったといえよう。

この危険を防ぐ方法として、アメリカのプリ・プロダクションは参考になる。アメリカでは、リサーチや企画書作成などを行なう専門のリサーチャー職が確立しており、局のプロデューサーはリサーチャーを雇用して、前もって、番組テーマの専門家への取材や背景・歴史を調査させ、リサーチ報告書を出させている。日本もこのプリ・プロダクションのシステムをうまく機能させれば、ディレクターとリサーチャーが分離でき、固定観念にしばられるという独走が防げるのではなかろうか。

②〝真実は一つではなく無数にある〟とすれば、映像化とは、無数の真実のなかからどれを選ぶかの作業となる。一カット、一シーン毎の選択がせまられる。従って、制作者の頭の中に明確な選択基準がなければならない。この選択基準となるものは、制作者の世界観、価値観であって、フレーム作りといった技術的表現能力ではない。誇張とか虚偽を生むのは、こうした価値観、世界観のあいまいさゆえである。

この制作者の世界観、価値観に責任を持つという意味から、ドキュメンタリー作品における署名性がクローズアップされてくる。ドキュメンタリーが「現実の創造的構成」であるならば「創造的構成」に対する責任である。ここが、ニュース報道の客観性と基本的に異なるところといえよう。

このように考えてくると、ドキュメンタリー制作者は、制作者である前に完成された教養人であることが求められる。本質を見抜く目、なにが問題かを判断できる知性こそドキュメンタリー制作者に求められる資質といえよう。ドキュメンタリーを作るとは、優れて知的な作業であることを、この際肝に銘ずべきだと思う。

③しかし、現実の制作環境は、〝知的な作業〟をじっくり行なえる環境にない。テレビ局は猛烈な利潤追求型の企業になっており、このなかから生まれた局と制作プロダクションの力関係は、制作費、制作期間といった最重要条件を貧困なものにしてしまった。この結果、優秀な制作者が使えない、必要なスタッフが求められないという状況を生んでいる。このため、ディレクターにとって最も大切な対象の切り取り方を決める〝思考〟に専念できず、雑事やフレーム作りに追わ

れることになる。

また、いまの日本ではロジスティックス（弁護士、契約担当者）のバックアップ体制が不十分なため、制作上の危険にさらされ勝ちである。

以上、〝やらせ〟論議に発して、ドキュメンタリーとは何か、制作上の問題点は何か等について拙論を述べたが、極めつきの大衆社会状況のなかから生まれ巨大化したテレビが、その大衆社会に巻き込まれ埋没していく悲劇をいまの日本のテレビに見るような気がする。大衆社会のなかで生き残りをはかるテレビ局は、視聴率獲得を最重要課題とし番組制作者に圧力をかける。制作者もそれに応えようとする。これは大衆社会の宿命と甘受しなければならないのだろうか。

日々量産されるテレビ番組が大衆社会に迎合し、大衆におもねるものを作り続けるならば、いつかは大衆に見捨てられてしまうだろう。面白さと刺激で大衆のごきげんを取ることは、テレビが自ら墓穴を掘ることになりかねない。今回の事件はこうした状況のなかから生まれている。

これをきっかけに、ドキュメンタリーとはなにか、テレビとはなにかを、放送関係者は真剣に考えるべきだと思う。

解題

いわゆる〝やらせ〟は今もあとを絶たないが、〝やらせ〟とは何か、演出との境目をどう判断するのかという本質的な議論は深まらない。新聞や雑誌などの活字メディアは、テレビ局の〝やらせ〟を報道することで鬼の首でも獲ったように騒ぎ、局は局で番組の改廃や責任者の辞任で幕引きを図る。現在も変わらない構図である。そもそも演出と虚偽や捏造を同じ器に入れてしまうことがおかしいのだ。本稿は、朝日新聞の沖縄サンゴの写真捏造事件やＮＨＫのムスタン事件を例にマスメディアの相互批判の有効性や当事者の責任のとり方を論じている。今も当てはまりそうな論考である。（小田桐　誠）

バブルになぶられた放送局

ＫＢＳ京都 根抵当の怪とダイエーの思惑

田比良 俊夫
民放労連副委員長

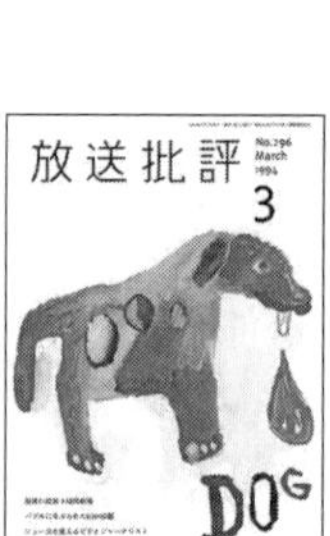

『放送批評』1994年３月号

ダイエーが放送局を競売に

放送局を競売にかけるという前代未聞のことが起きている。競売を申し立てたのはダイエーグループのノンバンクであるダイエーファイナンス（以下、ダイエーＦ）、競売されるのはＫＢＳ京都である（九三年十一月二十四日、京都地裁へ申し立て）。

ＫＢＳ京都は四十数年の歴史をもっている。日本では二番目に古い民放ラジオ局（ラジオ京都）として誕生し、その後テレビ放送もはじめ、京都の人たちにとっては馴染みの深い放送局である。

民放とはいっても、放送局は公共の電波を免許で負託された公共性の極めて高い企業である。その公共性から言って放送局は、もともと視聴者、市民のためのものであり、放送に関係のない事業のために、軽々しく担保に入れたり、競売したりしてはならないものである。それが今回の競売騒ぎである。ＫＢＳ京都はいったいどうなるのかと、その推移が危ぶまれている。

それではどうしてこんなことが起きたのか。ダイエーにはどんな狙いがあるのか。

またＫＢＳ京都の存立にかかわる危機の事態を監督官庁である郵政省はどうしようとしているのだろうか。

異例の一年間限定免許

競売に先立つ九三年十一月一日、郵政省は免許更新にあたって、放送免許は通常五年であるにもかかわらず、ＫＢＳ京都に対しては、異例の一年間の限定条件付免許更新を行なった。郵政省が付けた条件は、

①この期間中に、株式会社コスモセンチュリーの借入債務（百四十六億円）に対する根抵当権に関する問題を解決し、放送局の無線設備の継続的・安定的使用を可能とすること。

②根抵当権が執行され、将来にわたり、放送局の無線設備の使用が不可能となった場合には、本免許は失効する。

という二点であった。

要するに、この一年の間に根抵当権問題を解決せよ、競売などで根抵当権が執行されれば免許は失効する、というものである。

こうした情況のもとでの問答無用の競売申し立てであった。まさにダイエーのＫＢＳ京都潰しにほかならないと言えるだろう。

疑惑に包まれた根抵当設定

ＫＢＳ京都の「百四十六億円根抵当事件」はバブル経済が生み出した典型的な事件である。

ダイエーＦがＫＢＳ京都から回収しようとする融資金百四十六億円は、もともとＫＢＳ京都が借りたものではない。コスモセンチュリー（当時の会社名はＫＢＳ開発）というゴルフ場開発会社の借入金の担保としてＫＢＳ京都に根抵当権が付けられたのである。

それではＫＢＳ京都という放送局を舞台に、どのようにして根抵当事件が仕組まれたのか。

バブル景気が最高潮に達していた八九年六月二十三日、京都御所が一望できるＫＢＳ京都の五階の特別室に集まったのは、住友銀行、ダイエーＦ、コスモス（許永中代表）、協和開発研究所（伊藤寿永光代表）であった。このうちアングラ金脈などと呼ばれる許永中と伊藤寿永光はいずれもイトマン絵画疑惑事件の主役であり、許永中は詐欺容疑で、伊藤寿永光は特別背任で逮捕された（九一年七月）。

収益率トップの都市銀行と最大手の流通資本系列のノンバンクとアングラ金脈と呼ばれる人物たち。そしてこれに加わったＫＢＳ京都の一部の経営者。このバブル経済の演出者た

ちによって根抵当権が設定されたのである。

住銀のお膳立てに乗ったダイエー

この根抵当事件を仕組んだのは住友銀行だった。「向こう傷を恐れるな」の〝磯田〟商法で突っ走った住銀が引き起こした事件なのである。住銀の大上信之常務が伊藤寿永光らのゴルフ場開発話をもとにダイエーFへ融資をもちかけた。KBS京都を担保に取ることも条件だった。この迂回融資に加えて、住銀はKBS開発への融資から利息の三年分、約三十億円を先取りして通知預金（金利〇・六三％）にさせ、三カ月ごとに住銀からダイエーFへ支払う仕組みにし利鞘を稼いでいる。

一方、リクルートの買収など情報産業へも食指を動かしていたダイエーは、住友銀行の融資要請に乗って、KBS京都の放送局を丸ごと担保にすることに成功したのである。

しかしこの根抵当設定を大っぴらにやることはできない。このため根抵当権設定のKBS京都の取締役会は開かれず、取締役会議事録は偽造された。

議事録の捺印には当時の代表取締役であった内田社長、出口専務を除いて市販の三文印が使われた。しかも議事録の文言もKBS京都を「本店」と記載するなど金融関係者が作成した疑いが濃いものである。

こうして六月二十五日にKBS開発にダイエーFから百四十六億円が融資された。

ところがこのKBS開発なる会社は、融資の僅か六日前の六月十九日に設立登記した会社であった。代表取締役は協和開発研究所の伊藤寿永光代表とKBS京都の内田和孝社長、資本金の二千万円は、両会社の折半出資となってはいるが、その後の調べでKBS京都が資本金を出資した形跡はない。まさに融資の受け皿としてデッチ上げられた会社であり、「K

KBS 京都根抵当事件関係図

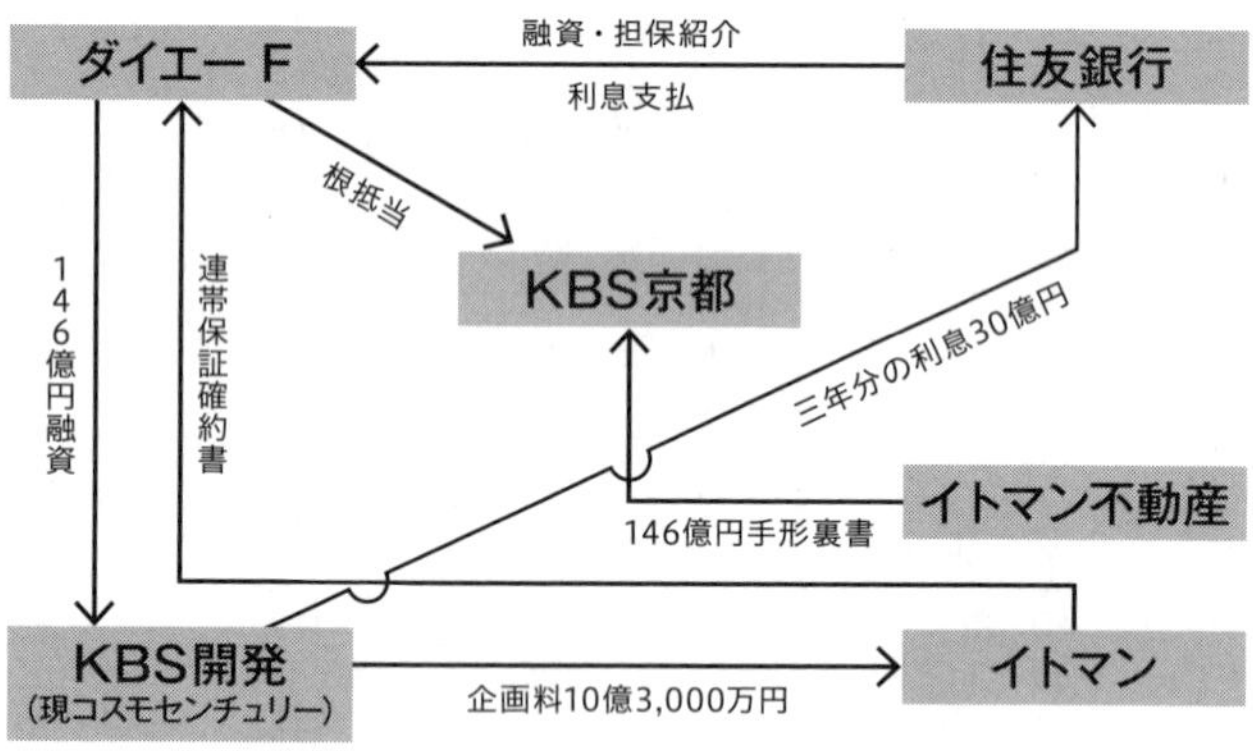

BS」の名は付いているもののKBS京都とは全く無関係な会社であった。

また、KBS開発が融資を受けた名目はゴルフ場開発であった。しかし融資当時ゴルフ場開発申請すら出されておらず、開発するという京都市と宇治市にまたがる予定地は、残された数少ないホタルの生息地で、とうてい開発許可が下りるはずのない所だった。

しかもこの融資には住友銀行のダーティ部門の別動隊といわれるイトマンが一役買っている。イトマンは「企画料」名目で十億三千万円を取り、ダイエーFに対してKBS開発の債務をダイエーFが了承する文言で連帯して保証するとの『確約書』を提出し、ダイエーFはKBS京都に対して、イトマンの『連帯保証書』が提出されれば、根抵当権を抹消する『確約書』を出している。

そしてKBS開発に融資された百四十六億円のうち金利の約三十億円、イトマンへの約十億円を除いた百五億円が果たして何に使われたのか、未だもって不明なのである。

このようにKBS根抵当権事件は疑惑に満ちている。

代物弁済をせまるダイエー

八九年末を最高値にして、九〇年に入って株価は下落がはじまる。バブル経済の崩壊の兆しであった。その後株価は下落の一途を辿る。

バブル崩壊とともに、さまざまな金融疑惑が表に出てきた。九〇年十月、住友銀行の磯田会長が突如辞任した。この辞任を契機にイトマン事件が噴き出した。許永中や伊藤寿永光が絡んだ『絵画事件』とKBS京都『根抵当事件』である。

ゴルフ場は開発されないままに終わり、KBS開発は融資金を返済できず、イトマンの河村社長、伊藤寿永光常務は逮捕された。そこで融資返済期限の九二年六月二十五日以降、ダイエーFはKBS京都に代物弁済（担保提供での融資金の返済）を求めてきたのである。

ダイエーFの代物弁済の条件は、

①金額は百八十四億円（先順位の根抵当権二十八億プラス百四十六億プラス貸付金十億）。

②放送機材の無償譲渡。

③土地、建物の賃貸料三％（約五億円）。

④五年後の明け渡し。

というものである。

この代物弁済ができなければ、競売というのがダイエーFの対応である。

KBS京都の年商は約百億円である。この程度の放送局が、五億円を超える賃貸料を支払い、しかも五年後に明け渡すということでは、とうてい経営できない。しかも問題の百四十六億円の借入金はKBS京都が融資を受けたものではない。代物弁済に応じることは百四十六億円をKBS京都の債務であると認め、根抵当事件の真相を闇に葬ってしまうことにほかならない。

ダイエーの思惑はどこに

ダイエーは、これまで一貫してKBS京都の乗っ取りを否定し、融資金の回収が目的であると言ってきている。しかし、その一方で、民放労連やKBS労組との交渉でのダイエーFの対応は、代物弁済を認めればKBS京都を潰すようなことはしない、それなりの援助ができると言うのだ。

ダイエーの狙いがどこにあるのかは、今のところ定かではない。だが十一月二十四日の競売についてのダイエーFの記者会見(京都センチュリーホテル)には、ファイナンスの代表とともに、ダイエーグループ経営政策会議の鈴木専務理事、田辺常務理事が同席した。今回の競売申し立てがダイエーF独自のものでなく、ダイエーグループとして行なったものであることを示している。

競売申し立てを行なっても実際に競売となるまでには、少なくとも一年以上は必要である。そうした事情があるにもかかわらず、一年間の限定免許という情況のもとで、競売という強硬手段を敢えて行なったのは、競売申し立てがKBS京都の経営に与える打撃を計算してのことであろう。つまり経営困難に陥れ、代物弁済案を呑ませようというところにあるのではないだろうか。

郵政省の動き

この三年間の郵政省の根抵当問題についての対応は、放送免許は施設免許だから経営問題については口を出せないというものであった。従って、根抵当問題の解決を希望するが、解決方法については関知しないという。しかし今回の限定免許に際して、郵政省はダイエーや京都府などと接触を持った上で行なったと言われる。

いま郵政省は、「一年間の限定免許にし、根抵当解決を条件にしたからには、今年の早い時期に解決するかどうかのメドを立てる必要がある。解決できないようであれば、免許を更新できない」と強調している。どんな方法であるかは別として、とにかく根抵当の解決をというわけである。そこには代物弁済でいいから一刻も早く解決をの意図が見え隠れすると言えるだろう。

真相を公開して責任を取れ

秘密裏に付けられていた百四十六億円の根抵当権を見つけ出したのはＫＢＳ労組による財務調査であった。

ＫＢＳ労組は根抵当問題について、視聴者、市民のための放送局の立場から、

①視聴者、市民の納得のいく解決。

②ＫＢＳ京都の放送局の将来に負担を負わせない解決。

を求め、根抵当問題を引き起こした住友銀行、ダイエー、ＫＢＳ京都の経営者たちに、

①根抵当問題の一切の真相をあきらかにすること。

②それぞれの関係者の責任の所在を明らかにして、それぞれの責任に応じて根抵当問題の解決をはかること。

を要求している。

ＫＢＳ京都は京都の視聴者、市民のための放送局である。放送局は視聴者、市民に開かれたものでなければならない。そのためには、『ＫＢＳ根抵当事件』の真相の究明が不可欠であり、放送局らしい問題の解決が求められている。ダイエーおよびダイエーＦは、ＫＢＳ京都の競売を取り下げ、根抵当事件の事実経過を明らかにして、地域に密着した京都のテレビ・ラジオとして成り立つよう協力すべきである。（文中敬称略）

解題

経営陣の内紛やイトマン事件に巻き込まれる形で経営が悪化したＫＢＳ京都は、一九九三年秋の免許更新で、郵政省から、借入債務に対する根抵当権問題の解決を条件とする異例の一年間の限定条件付き免許を交付される。ＫＢＳ京都の労働組合幹部として、この問題に向き合った筆者が、経営破綻に至る経緯と当時のＫＢＳ京都を取り巻く状況を分析したレポート。（音好宏）

座談会

特集：テレビ朝日報道局長発言問題から一年

窮地の“言論・表現の自由”

権田萬治（専修大学助教授）

田島泰彦（神奈川大学教授）

ばばこういち（放送ジャーナリスト）

青木貞伸（メディア評論家／司会兼ねる）

『放送批評』1994年12月号

企業論理を優先した新聞協会

青木　昨年から今年にかけての放送界最大の話題であり課題は『椿発言』でした。昨年九月に民放連の放送番組調査会で行われた椿テレビ朝日報道局長発言が、翌月の十月十三日付け産経新聞で、「非自民政権誕生を意図し報道」という見出しでも分かるように、テレビ朝日が非自民政権誕生のために世論操作を行ったかのようにセンセーショナルに伝えられ、波紋を投げかけたわけです。これを見た郵政省は放送法第三条二項の違反だと主張。時の政治状況は緊迫したものであったため、衆議院政治改革特別委員会が十月二十五日にいきなり椿氏の証人喚問を行うという乱暴な展開となっていった。

　マスコミ学会の有志、テレビキャスターたちが異議申し立てを行いましたが、それらは無視され、一部のジャーナリズム機関は企業の論理から同じジャーナリズム機関の足を引っ張るといったことも行われました。この問題は報道の自由、放送の公平・公正に大きな問いかけをしていたにもかかわらず、それらはほとんど論議されることはなかった。そのうえ郵政省は十一月一日に条件付免許という異例の措置をテレビ朝日に対して行いました。そして今年の八月二十九日になってテレビ朝日からこの問題についての報告書が出され、一応の終結を見たわけです。

さて問題は、報道の自由を侵害する大きな契機となった産経新聞の記事が、今年度の新聞協会賞を受けたことです。私個人は非常に恥ずかしい事態だと思っております。

権田　今回の産経の受賞を私は複雑な思いで受け止めました。というのも私が新聞協会に在籍し編集責任者をしておりました一九八九年、朝日のリクルート報道が協会賞候補になりながら受賞するにいたらず、様々な非難を受け波紋を巻き起こしたことがあったからです。私は朝日のリクルート報道は受賞すべき内容のものだと考えておりました。しかしそうはならなかったわけです。

今回の授賞には新聞協会加盟社のそれぞれの企業意識、競合関係といったものが、露骨に出ているように思います。テレビが政治家に対してもインパクトを持つようになり、一般の人たちにも新聞よりも高く位置付けされるようになってきた、そういうことに対する潜在的敵意のようなものが、新聞の編集局長たちの心の中にあったのではないかと思います。

また、偶然とはいえ、不幸な要因が重なったと思います。日本テレビとフジテレビが内定にいたる選考分科会に委員として参加していた。これは意図的に選んだわけではなく、毎年、輪番制で担当することになっているんですが、たまたまテレビ朝日の今回の事件に厳しい姿勢を取っていた社が当たった。そのことが微妙に選考に影響を与えたんですね。

今回の産経の記事は受賞に値するかというと、私は大いに疑問だと思っています。この問題には対立するいくつかの意見があるんですが、非公開の会議の内容が報道されたという点は、私は問題なしとします。非公開のものであっても、それが国民の知る権利に応えるだけの価値がある場合は、報道してもよい。国家機密が社と記者の責任において報道されていいように。

しかし今回問題なのは、中身が正確でなかったこと、そして産経の報道姿勢に、テレビに対する潜在的敵意があったこと。テレビは〝言論機関〟ではないという発言まで飛び出した。また、放送法の解釈がお粗末で、その結果が非常に性急な証人喚問に結びついて、ジャーナリズム全体にマイナスが生じたわけです。問題提起としては、せっかちであったし、拙劣ではなかったかと思います。

権力の介入を容認した報道姿勢

青木　テレビ現場の第一線にいらっしゃるばばさんはどうご覧になりましたか。

ばば　新聞協会賞をあの記事に与えたというのは恥ずべきことだと思います。賞とは、賞を受けるものの質の高さが問題になるのと同時に、賞を与える側の質の高さも問われるものです。

今回の産経記事はスクープに値するような報道過程をたどってていません。あの時の政治状況からいうと意図的なリークでさえありました。自民党経由だったという説があるくらいです。こういう内容を新聞協会の選考メンバーが知らないわけがない。

産経では自薦に当たってためらいがあったといわれていま す。ためらいがあったということは、多少は産経新聞にも良心があったんだと思います。そういうことを総て分かっていたはずの人たちがこの記事にトップの賞を与えた。これはもう、もらった方よりも与えた方のひどさが目立つ、画期的な出来事でした。何年も何年も語り継がれる歴史的な愚挙だったと思います。

田島　私も基本的に同感です。私が問題にしたいのは賞を与えた理由。選考分科会の講評には「テレビジャーナリズムの在り方に大きな波紋を投げかけ、社会、政治と報道の基本姿勢の関係を鋭く問い直す契機となった。その意味でこの報道の着眼には鋭いものがあり、評価に値する」とあります。さらに「公権力の介入を招いたとの意見もあるが、こういった問題にふたをすることがむしろ権力に介入の余地を与えることになる」とする。そして「これまで取り上げにくかったマスコミ内部の問題を指摘し、そのかばいあい体質に果敢に挑んでいる」、最後に「〝報道と公正〞という古くて新しい問題への回答を読者にも迫った」。

私自身はメディアがメディアの在り方について批判をしたり、問題を追及したりすることは重要であるし、それ自体を批判するものではありません。ただ、問題にされたのが、ただただ研究会的な場での〝発言〞であって、そこに最初から最後まで異様なウエイトが置かれていたと思うんです。

テレビ報道における公平・公正をジャーナリズムの視点から調査して検証して深めていくという論陣を、果たして産経は張っただろうか。アメリカの特派員報告など多少はありましたが、最初の衝撃的な〝発言〞報道の在り方に比べれば、その後の展開の中でも決して大きなものではなかった。テレビの政治報道の内容に分け入って問題点を指摘するという姿勢は、第一報から全体を通して見られなかった。

産経の報道を発端として、様々な形の権力的介入・干渉に発展していったわけですね。最大の問題であるはずの権力の介入に対して、ジャーナリズムの立場からどう対応するかは、

〝局長発言〟とは別次元の問題です。しかし自由な報道を脅かす権力の介入が起こった時、産経はそれに対し批判、追及する論調を張ったかというと、それは全く無く、むしろ容認するような姿勢をとった。いかなる意味でも講評でいわれるような実態ではなかったと私は思います。多くの人が今回の受賞には疑問を感じているのではないでしょうか。

不問にされた〝自民党の圧力〟

青木　日本のジャーナリズムは常に足を引っ張り合う。一九七一年、アメリカでペンタゴン・ペーパーズの報道に対し権力側が介入してきた時、各紙は一斉に立ち向かったし、テレビもナイトショーなどで盛んに取り上げた。ドクター・エルズバーグは男色であるといった中傷がＣＩＡから流された時も、新聞・テレビは一切耳を貸さず、言論・表現に対する侵害であると一貫して闘った。プレスの砲列です。

日本では毎日新聞の外務省機密文書事件の時も足の引っ張り合い。西山太吉記者は袋叩きにあった。なぜ、日本のジャーナリズムは言論・表現の自由に対して懸命になれないのか。つまりジャーナリズムの論理より企業の論理が優先しているんですね。

権田　そう思いますね。日本の場合、新聞協会は経営者団体であると同時に編集団体でもあるわけです。それはそれでいい面もあるのですが、最近はどうも企業論理が悪い意味で前面に出て来ていますね。

「新聞協会十年史」などを読むと、例えばかつては破防法に対して経営者レベルで反対声明を出したりしているんですね。それが最近の傾向として、どうも企業論理に押されて、保守化している。西山事件の時も編集委員会レベルで見解を出したのですが、理事会で一部の理事から激しい批判が出されました。国家秘密法案が出てきた時には、編集委員会で反対声明を出せたのですが、今後また出て来たらきちんと対応できるのかどうかわからないという空気になっています。それはある大きな新聞社が急激に右傾化したということが背景にあるように思います。

ばば　言論・表現の自由というのは憲法に謳われているから保障されるというものではありません。言論・表現の自由とはジャーナリズムに関わるものが自ら獲得してゆくものなんですね。ジャーナリズムの存在価値は言論・表現の自由をどこまでジャーナリストたちによって広げられるかにつきると思います。

言論・表現の自由を広げようとする時、中には様々な批判を呼ぶような方法も出て来る。それを相互批判することは必要です。しかし批判しあう時にも、その根底には言論・表現の自由を広げるという共通の方向性と合意があるべきだし、そうでないとデモクラシーの社会は成り立ちません。

あの時、椿さんは「ニュースステーション」に自民党の圧力がかかったことも喋っている。もし、その部分を産経が徹底的に調べて追及したら、これはまさしく正真正銘の〝スクープ〟だったでしょう。そこを無視したものが、なぜ言論・表現の自由に問題提起したといえるのか、私には理解できません。

青木　証人喚問でも、「ニュースステーション」への圧力問題を共産党は追及すべきでした。また、産経は無視しましたが、ほかの中立的な立場の新聞がそれを追うことはできなかったんでしょうか。

権田　毎日新聞は比較的問題点をクールにとらえていたと思います。特別調査委員会報告を提出した時の八月の伊藤テレビ朝日社長の会見の扱いは、一番よかった。後はご承知の通りの力関係。朝日は身内のことで本格的なバックアップはしにくい。他の新聞はむしろ否定的でしたね。

視聴者を無視した検証番組

ばば　自民党の単独政権だった時代はジャーナリズムに対し圧力をかけやすかった。しかし、連立政権になってからはその圧力がかけにくくなった状況が生まれたはずなんです。

私は今回の受賞劇が、連立政権になってから起こっていることに愕然とします。つまり、授賞は新聞協会が主体的、積極的にやったということ。マスコミそのものがたいへんコンサバティブになっているということを示していますね。これは一党独裁時代における及び腰よりも罪深い。怖いことだと思います。

田島　権力が言論なり報道に介入するというのは大いにありうるし、常にありうることです、どんな政権であろうと。国会喚問なり行政介入は、図式としては起こり得てもある意味で当然のことなんです。情けなかったのは、それに対するジャーナリズム側の対応。突きつけられていたのは自分たちの存在理由そのものなんです。

そもそも、権力の介入が露骨にあるところで、公平・公正についてどんな議論ができるというのか。そこのところでメディアは頑張らなかった、連帯もできなかった、闘うこともしなかった。民放連は自らテープ・議事録を出してしまう。

それを出せと押し進めるような周囲の報道。自分たちを支えている職業倫理の土台が崩されようとしている時、それを守る闘いをしないというのはどういうことか。

もうひとつ私が不幸だと思ったのは、メディアは権力の介入に徹底的に闘うべきだという市民からの支援を得ることができなかったこと。それはメディア自体が市民の参加を保障するなど、市民に対する責任を日頃まっとうしてこなかったからだろう。

ばば テレビ朝日の報告書が出たあと特別番組が放送されました。しかし、私はあの事件のあとすぐ、深夜でもいい、何日かかってもいい、テレビ朝日が自らの電波でもっとオープンに視聴者も参加できる場を作り、椿さんにも出てもらって一緒に問題を考えるべきだと主張しました。ところが一年近くをかけて、VTR取材でがっちり構成したものを放送した。視聴者は参加しようもない。テレビ局は、言論表現とはどうあるべきか、公正さとはどうあるべきかを、視聴者と一緒に考える場を提供する責任があったと思う。

青木 テレビ朝日は報告書にも十カ月かかりましたね。伊藤社長の表現によると「郵政省とテレビ朝日のキャッチボール」をしていた。そこまで郵政省というのは介入してもいいのか。

椿前局長が国会喚問を受けた二日後の昨年十月二十七日、江川晃正郵政省放送行政局長は衆議院逓信委員会で政治的公平の判断基準および誰がその判断を下すのかという質問に答え、「不偏不党の立場から特定の政治的見解に偏ることなく放送番組が全体としてバランスがとれたものであること」そして「最終的には郵政省においてそのこと自身の政治的に公平であったか否かについて判断するということでございます」といっている。郵政省が判断するといっているんです。今回、自主的にやるべき報告書にまでキャッチボールをやらされたことについて、ジャーナリズムから全然批判が出てないんですね。

田島 協会賞講評にある〝鋭い着眼〟という科白を借りれば、郵政省が放送の中身について決めていいのかという問題を追及することなどがまさにそうでしょう。あるいは国会のそれぞれの党派の代表者に、それぞれの党派の観点から公平だ、不公平だといわれた日に、放送の自由なんかあるのかと、そこを問うことこそを〝鋭い着眼〟というのではないか。

メディアは多様なほうがいい

権田 新聞社からテレビにいった方が、放送は言論報道機関ではないって発言までするんですから、目茶苦茶です。それも経営サイドからいったんならともかく、ジャーナリストだった人ですからね。

日本の言論の自由はすごく脆弱だということを今回の事件で実感させられました。一九五〇年代のマッカーシズムの時代、作家のダシール・ハメットが証言拒否して投獄されたり、ハリウッドの監督たちが非米活動委員会に喚問され弾圧されました。あの時の体験で、言論・文化人の喚問がいかに有害であるかは歴史的に検証されていると思っていたんです。それが日本において、いとも簡単に起きてしまったことに愕然とさせられます。

青木　一九三〇年まではどの新聞も軍縮を主張していて、一九三一年に満州事変が起こるとたんに手のひらを返したように一斉に賛美。その苦い体験が全然役に立っていないじゃないですか。歴史に学んでいないんです。現実追認、現実追認で迎合してゆく。また、あの道を歩もうとしている感じですよ。

田島　僕自身はメディアは多様であってほしいと思っています。右から左までいろんなメディアがあって、相互に批判しあってほしい。皇国史観的なメディアから左翼メディアまであっていい。しかし超右翼のメディアの言論に対して権力が不当な規制をしてきたら、主義主張は違っても言論の自由は守るんだということを左のメディアもやってほしい。

相手の言論の自由を守るということは自分の言論の自由を守ることになる。それを共通の了解としなくては重大な権力の介入があったとき抵抗のしようがない。戦前の経験から、マッカーシズムから、それを学ぶべきではないのか。

ばば　日本には右と左を代表するようなメディアはないにしても、保守の中のハト派とタカ派くらいの色はあるわけですね。産経・読売は保守の中の保守、タカ派寄り、朝日と毎日はハト派寄り。つまり多少の色合いはついている。ですから、絶対公正、絶対公平なんてことはあり得ないし、不可能だと思います。

問題になった選挙報道でも、びっくりするような番組がテレビ朝日以外の局でもありました。私はたまたま見ていたので記憶している。吊し上げられたテレビ朝日よりも、もっと意図的な番組、報道が他局にもあったということです。

しかし日本の場合、それもこれも保守の中のちょっと左かちょっと右かの程度に過ぎない。そしてその程度の色合いは、過去認められてこなかったかというと、暗黙の了解をしてきたわけです。この報道は読売的だとか、朝日らしいとか、産経色だとか。

昨年の政治報道の時点では、自民党も飽きたよな、違う方向でいけないのかなって思いがマスコミ現場には確かにうず巻いていました。そんな空気のなかで、みんなが報道に関わっていたことは事実です。そこを問われるのなら、総てのテレビ、新聞が問われなくてはなりません。

権力に組せず野党的なスタンスをとるのがジャーナリズムだという考え方も当然あります。ジャーナリズムとはどうあるべきか、そこを掘り下げると『椿発言』がとんでもないものであったのかどうかも、検証の余地があるでしょう。そういった議論をする前に、発言はおかしいと決めつけた報道こそ残念です。

右も左も切り捨てたマスコミ

青木　産経新聞は〞正論路線〟、非常に偏った論陣を張っている新聞が、公平公正を語れるんだろうか。その応援に回った新聞社は憲法改正の試案を準備している。そういう新聞が朝日・テレビ朝日の足を一生懸命になって引っ張っている。非常に不幸な構図。

ばば　私は〞正論路線〟の新聞が日本にあってもいいと思います。だから逆に、現政権を倒すんだというテレビ局があってもいいんじゃないかと思うわけです。

テレビも新聞も、もう少し自分の立場をはっきりさせ、自分のカラーを示したうえで選んでもらうのがいいと思う。多メディア時代にはそういう方向があるんじゃないか。椿さんの発言もそっちのほうに展開させたら、実に面白かったと思いますよ。こうした立場でスクープしていたら、産経新聞は堂々の協会賞だったと思いますよ。

私は戦後ジャーナリズムの一番の問題は、「公正中立」じゃないかと思うんです。右も左もそぎ落とすことが常に正しいという考え方が、活字ジャーナリズムにも放送ジャーナリズムにもありました。鈴木邦男は、右翼がテロリズムに走る大きな理由は、右翼に発言の場を与えないことだと言っていますが、新聞もテレビも、右や左をそぎ落とすことに汲々としています。発言の場が自由にあり、反論権までフルに認められていれば、権力は介入のしようがない。権力にだって反論の場を与えればいいのです。

コンサバティブな価値観の中におけるちょっとした違いだけで戦後のジャーナリズムは機能してきた。今後は、様々な意見が出される場を作ることによって、もっと色合いを強く出したほうがいいんじゃないか。

青木　言論のフォーラムですね。それはまさにジャーナリズムの機能であったはずです。

今度のＰＫＯ問題にせよ、国連常任理事国入りの問題にせよ、ジャーナリズムは徹底的に討論する場を提供すべきだと思います。そうでないと現実追認ばかりになる。賛成派も反対派もいれて討論してゆくことが、今一番必要ですね。それはジャーナリズムの使命でもある。

ばば　その使命を意図的に果たさなかったんじゃないかという気がします。そのツケが出てきているのに、相変わらず中身も問わないまま「公正中立」だけを後生大事にしている。「公正中立」というのは全体のバランスの中におけることで、一つ一つの発言、記事、番組にまで「公正中立」の枷をはめると、ジャーナリズムは狭い狭い価値観の中でしか機能しえなくなる。

田島　消極的な、なにも主張しないものに、なってしまいますね。

青木　中には突出した番組があってもいいわけだし、突出した番組が出たらそれに対し反論が出ればいい。

ばば　それこそが公正中立な編成方針ではないでしょうか。

田島　それは多かれ少なかれ新聞にもあてはまることで、テレビを批判するだけではなく、ジャーナリズムの問題として自分たちがどういうやり方をしなくてはいけないか、一緒に考えるべきですね。

青木　戦後五十年で新聞も特集企画を用意していますが、タブーが多過ぎて自己批判をきちんとできない状況じゃないですか。

権田　確かに日本はタブーが多過ぎますね。朝日の「メディア欄」はそのあたりに挑戦しようとしたんでしょうが、もっと大胆に問題を提起してもらいたいと思います。

ばば　私は通信衛星用のトランスポンダの料金がもっと下がったら、フォーラムステーションをやりたいんです。あらゆる人たちがあらゆる自由な主張ができる放送局。そういうことを自分でやるしか、言論の公正中立問題を実態的に変えてゆく方法はないんじゃないか。既存のジャーナリズム機関に求めても、かなり難しいという気がします。

ジャーナリストの自覚と奮起

田島　今回の一連の問題は、現場にいろんな議論をしていこうという雰囲気を作ったのではなく、まさに逆ですね。テレビ局の何人かの人に話を聞いてみると、非常にぴりぴりして、これまで以上に安全路線をとらなきゃいけない、少しでも突出すると叩かれるという空気が強まっているという。より自由闊達なメディアというのではなく、萎縮した悪い方向に進んでいます。その引き金になった産経報道にお墨付きを与えるというのですから、ますます希望がない。

ばば しかし、こんなことで意気消沈する現場もダラシがない。最初から最後までいいように叩かれっぱなし、どこからも反論が出なかった。私はこの世界に入ってきた責任はどうするんだと彼らにいいたい。おかしいじゃないかって声を次々あげるくらいの人じゃなきゃジャーナリストは務まらない。ちょっと何かあると萎縮してなにもやらないというのが今のテレビの世界。テレビ局の人間がサラリーマン集団になってしまっている不幸もあると思うんです。

今回のことでは、権力側、新聞側を批判するだけではなく、テレビ現場の人たちをも叱咤すべきでしょう。一億二千万人の国民の中の千分の一の人しかジャーナリズムに関われないんですよ。千倍の責任があるんだから、千倍の責任を取れないような人は新聞にもテレビにも入ってきてはいけない。

権田 日本のマスメディアでも終身雇用制みたいなものがあって、一つところから追い出されたりすると、他に就職口がないような構造になってますね。アメリカはいい悪いはともかく千六百も新聞がある。一ついやなら別に行くという選択もできるんですね。

青木 新聞、NHK、民放問わず経営者は企業の論理しか考えない。ジャーナリズムの論理なんかほったらかし。しかもそれが中間管理職までに徹底されてる。下にいくほど管理が増幅されるから締めつけが厳しくなる。ことなかれ主義が内部に蔓延して、空洞化につながってますね。

権田 社内の言論の自由をまずどうやって確立してゆくかが一番の問題でしょう。

青木 椿問題後、各社とも報道基準を作りましたね。それらは管理強化一辺倒、編集権は経営にあると謳われているんですから。

田島 結局、記者の一人一人がジャーナリストとしての職業意識の確立を急ぐしかないのではないか。日本の場合、それが養成されにくいシステムだとは思いますが。

一つには採用の段階で何とかできないかと思うんですね。学生は銀行、商社、保険会社などとかけもちで放送局を考えている。見ていても、優等生的な学力にはやや落ちるけれどジャーナリスト向きだと私たちが思うような学生は入りづらい。本当にいいジャーナリストを育てることを考えるならば、採り方に工夫はできないだろうか。

ばば ジャーナリズムが産業として高度成長し過ぎたんですね。かつては家にも帰れず、しんどい仕事ばかりでした。給与も低かったしね。だから本当に好きな人だけが入ってきていた。経営的にもう少し落ちこんだほうが、いいジャーナリストは生まれるかもしれない。

権田　アメリカって国は矛盾の多い国でいろんな問題があります。しかし日本とアメリカではあらゆる階層において言論・表現の自由ということへの意識が違う。アメリカでは国旗を焼くことさえ言論・表現の自由だという最高裁の判決が出される。ニューヨークタイムズがベトナム戦争中に、ペンタゴンの機密文書を出しても問題ないとする世論が存在するわけです。日本でそういうことができるだろうか。僕自身もう一度、言論・表現の自由とは何なのかを勉強し直して、これを守ることがいかに大切なのかを考えたい。

清水英夫さんが今度の事件で、言論・表現の自由がこの国は全然分かっていないと嘆いておられましたが、あの嘆きはわかります。

ばば　私は現場がしつこくやるしかないと思ってます。待っていたのではダメで、自分で番組を企画する、作る、自分で売る。内でも外でもこういうことをやろうという人が一人でも二人でも十人でも、百人でも出て来れば、この世界は実体的に変わって行くはずです。一人一人がまずジャーナリズムについての自覚を持ち、一人一人ができる分野の中で暴れ回るしかないでしょうね。待っていては変化はないんですから。

田島　メディアはもうダメだ、テレビなんてくだらないという意見も結構多いんです。しかしジャーナリストと呼べる人たちも少なからず現場にいることも確かなんです。

権田　いますし、番組でも光るものがありますよ。世の中が悪いと光るものが目立って来るわけですから大切にしたいし、少ないながら頑張っている人たちを応援していかないといけないでしょう。

青木　この事件を機に、心ある人たちが奮起してくれることを期待します。ありがとうございました。

（ごんだ・まんじ）一九三六年東京生まれ。東京外語大フランス語科卒業。日本新聞協会に入り、編集部長、マスコミ倫理懇談会代表幹事を歴任。九二年より現職。勤務のかたわら推理小説を中心に文芸評論を執筆。七六年『日本探偵作家論』により推理作家協会賞を受賞。著書に『現代推理小説論』など。

（ばば・こういち）一九三三年大阪生まれ。東北大学経済学部卒業。文化放送、フジテレビ、東京12チャンネルを経てフリーのジャーナリスト、番組のキャスター、インタビュアーを務める一方、プロデューサーとして番組の企画制作に積極的に取り組んでいる。著書に『テレビはこれでいいのか』など。

（たじま・やすひこ）一九五二年埼玉県生まれ。早稲田大学大学院修了。神奈川大学短期大学部専任講師、早稲田大学法学部非常勤講師を経て現職。著書に『マスコミと人権』『政治倫理と知る権利』『犯罪報道と人権』『政党国庫補助の比較憲法的研究』『日本社会と法』（すべて共著）がある。

（あおき・さだのぶ）一九二九年東京生まれ。東北大学理学部卒業。産経新聞記者、東京大学新聞研究所講師を経て評論活動に入る。著書に『ＮＨＫの革命』『ブラウン管の思想』『かくて映像はとらえられた』『メディアの生態学』『脱・茶の間の思想』『次世代メディアを考える』など。

解題

一九九三年九月に開催された放送番組調査会で、テレビ朝日の椿貞良報道局長が、直前の衆院選報道において非自民政権誕生に向けた報道を行ったととられる発言をしたとする、いわゆる「椿発言」事件からの一年を振り返る座談会。問題の発端となった産経新聞のスクープが、のちに新聞協会賞を受賞したことに触れ、ジャーナリズムより企業／業界の論理が優先されたとする一方で、メディアは市民の支援が得られなかったことなども指摘。（音 好宏）

座談会

“地震列島”メディアの課題

1・17阪神大震災

『放送批評』1995年4月号

青木貞伸（メディア総合研究所・代表）
上野修（ラジオプレス代表・プロデューサー）
松尾羊一（放送評論家）
伊豫田康弘（司会／本誌編集長）

災害報道の難しさ浮き彫り

司会　一月十七日午前五時四十六分、兵庫県南部に地震が起こり、テレビ・ラジオは臨戦態勢で報道に当たったわけですが、初動をご覧になっての印象、感想から伺います。

青木　あの日たまたま早くに起きて、六時過ぎから報道を見続けましたが、災害報道というのは一番ひどいところからの情報が入ってこない。最初は大阪が4で京都が5、神戸は入っていなかった。それはそういうもので、私は伊勢湾台風取材の経験がありますが、通信網が切れますから、ひどいところほど様子がわからないわけです。

　災害報道とは現場からの情報収集につきるんですが、その場合、土地勘がある人とそうでない人では大違い。ヘリに乗った人たちのほとんどはよその局からの応援部隊で、神戸の町が把握できない。いたるところで火の手が上がり、家がビルが潰れ、橋が落ちているわけですが、それを土地勘のない人たちが伝えるものだから、混乱した感じを増幅したんだろうと思います。

　マニュアルがない、マニュアルがないと言われましたが、こういう場合、現場のデスクがいかに的確に判断するかしかないわけです。そういった意味では、地震に対して不用意であったはずの関西の局としては、かなりよく立ち上がっていたと思います。

上野　私のところには六時丁度にＦＭ東京のスタッフから電話が入り、地震を知りました。ラジオの場合、第一報は、ＦＭ東京（ＪＦＮ系列）の五時四十九分。岡山、姫路、四国のリスナーからファクスが二十数通、いきなり入ってきて、それを紹介しながら伝えたそうです。

テレビについて言えば、やはり一番印象に残ったのは空撮で、場所がわからないというもの。地元局は被災しているわけで、災害報道の難しさを感じさせられる場面でした。

司会　初動段階を過ぎ、二日、三日、一週間と経っていく中での報道はどうでしたか。

松尾　第二段階として、キー局の看板キャスターたちが出掛けてゆくわけですが、なぜ彼らなのかと思った。地元キャスターをもっと生かすべきではなかったのか。実際、東京からの出張組でも、神戸生まれの人、神戸暮らしの経験がある人のリポートが良かった。大分出身の某キー局キャスターはヘリから焼け跡の煙を見て「温泉の湯煙のようです」などとやってしまう。自分の町が壊れた人たちには、納得できない表現もあっただろう。

青木　加えてワイドショーが入ってくると状況は一変します。センチメンタル、エモーショナルな中継、被災者の心理を無視したものが現れてくるわけです。

松尾　ワイドショーというのはエンタテインメント性を強く持っている。日頃、おチャラケ型で売っているレポーターが焼け跡に立つと、絵面としても辛い。出てきただけで、視聴者にある種の違和感を与えてしまう。

初期の段階では、局内部でワイドショーのレポーターは行くなという声が出たらしい。ところが人数的にも足りない、ワイドショー側も社会ネタを放っておけないとなって押し寄せたわけです。

ワイドショーというジャンルは批判する人がいようとなかろうと、テレビ的な一つの世界を構築しているわけだから、ワイドショーならではの視点の災害報道というものを確立する時期でしょうね。

日にちが経つほどアラがでた

司会　ゲストの選択はどうでしたか。

松尾　発生直後、地震学者が勢ぞろいして、予測は出来たとか出来ないとか、地震の起こるシステムとか、そんなことやってる場合かと思うようなものが並んでガッカリ。高速道路の模型かなんか作ってきて、なぜ壊れたかを検証したりというのは、行方不明者が何百も何千もいる段階に時間を取ってやるべきことだったのだろうか。

災害は進行中なのだから、防災の専門家とか、医者とか、今何をすべきかを語れるゲストを呼ぶべきだった。

青木　繰り返しの映像というのが随分見られましたが、初動こそ、どこだかわからないまま流しても、同じ映像を二回目に使う時は、それが何区の何町の何丁目なのかというテロップを入れるだけで、繰り返しの映像でも情報としての価値が違ってくる。二回流す意味も出てくる。

テレビの習性として、ショッキングなところにカメラが集まるというのはわかりますが、それは初動段階だけでいいわけで、今回、三日目、四日目になっても同じ視点というのが気になりました。初期の混乱が収まった段階で、今伝えるべきは何かを考え、早め早めにスタンスを変えて行くべきでしたね。

松尾　日にちの経過とともに映像に音楽をかぶせ出して、執拗にセンチメンタルに仕立てるというのもテレビの悪い癖。

青木　新聞が、生活情報が足りない、テレビは地区ごとに分担して報道すべきだというような主張をし出したときですが、二十一日のフジテレビ系「土曜大好き！」の司会者、板東英二は「えー放送は認可事業でございまして、郵政省がそういうふうに分割してやれとおっしゃるならすぐやります」。これは何だ。官の命令によってやるなんてことを公言する連中が報道を担当しているとは何事だと、僕は思った。

ワイドショーというのはジャーナリズムの主体性をいつでも平気で放棄してしまうのかと、憤りを覚えました。

下から上への情報の流れを

司会　今回のテレビの大報道には、現場の被災者の人たちに役立つ情報がなかった、現場以外の視聴者に見せる報道であったという面は、私も感じました。地域のメディアという視点で、被災民に役立つ情報形成という考え方がなかったことに、避難住民からも批判が後々出てくるわけですが、原因の一つはテレビ局に自治体や関係機関からの情報がシステマチックに入ってくる仕組みが出来ていなかったんじゃないか。在阪局の、県域局でない弱点がはかなくも出てしまった、という気もしますが。

上野　むしろ、情報の流れとして、上から下へは慣れているが、下から上へに慣れていなかったのが問題じゃないですか。レポーターの質問に「どうなっているのか情報がさっぱり入ってこない」と答える被災者が多く、テレビを見ている一般視聴者が知っていることが実は現場には伝わっていない。

司会　マスメディアに従事するものは、被災地から全国に向けての放送を行うだけではなく、日頃のノウハウをいかして、放送以外のところでも被災地のなかの情報伝達の役割を、もっと果たしてほしかった。情報ボランティアですね。そういうことは出来なかったのかという疑問が残るんです。

青木　新聞の場合は、大阪と神戸の間に阪神支局というものがあって、ここには地元との結びつきがある。放送ではNHKには神戸放送局がありますが、民放は何かことがあると大阪から取材におもむくという形で、神戸に支局があっても、これは営業支局。そういった意味できめ細かな取材網がなかったし、地元との密着度が低かった。

神戸の町は非常に横長で、四方八方どこからでもアクセス出来る構造ではなかったことも災いしました。さてどうしたらいいのか、神戸在住で取材要員になりそうな人は自宅が被災、とても出て行けない。ラジオでは携帯電話で自宅から中継しているものもありましたが、携帯電話の中継基地もやられましたから、これも簡単には行かない。被災地における情報ネットワークをどうするかが今回の教訓のひとつです。

松尾　「ラジオきらっと」というつくば万博用十キロ圏臨時免許のラジオ局に携わったことがある。つくばの会場内にスタジオを持ち、観客のための情報を提供していた。僕が車でつくばに向かうと、隅田川を越えた箱崎あたりから聞こえるようになる。ああいうものを全国各地の主要都市にはおいて、普段は寝かしておいて非常時に稼働させるようにしておくべきではないか。

上野　波は確保しても、そこへの情報提供は誰がするのかという問題は残りますね。

青木　おまけに多くの家が倒壊して、ラジオを持ち出すことも出来なかったわけです。関西には地震は来ないという神話があって、ラジオを枕元に置いておくような習慣がなかった。それが情報過疎を招く一つの要因にもなった。水、食料とともに、救援物資はまずラジオですね。

上野　全体的な情報はテレビがやるのが当然ですが、被災者側が知りたい情報はラジオの役目だと思うんです。しかしそれも被災者側がラジオを持たずに逃げ出しているのではどうにもならない。災害には必ずラジオという徹底したキャンペーンを組むべきですね。

松尾　緊急用防災ラジオというのがあって、生き埋めになった場合、ボタンを押すとピーっと音がして、ここにいると教える機能がついていたり。そういう機器をこの際思いっきりアピールしてほしい。

青木　ラジオが認識されたのが伊勢湾台風。丁度、小型のトランジスタラジオが出来たころだった。トランジスタラジオが置いてあった駐在所、派出所の近くの住民はみんな助かっているんです。

安否情報の開発を

司会　上野さんご出身のニッポン放送は災害報道体制の進んだ局として有名ですね。

上野　災害報道マニュアルが一番発達しているでしょう。十五年前から本格的に取り組んできた。社員名簿というのはどこの会社でもありますが、ニッポン放送には二つある。一つは当たり前の名簿、一つは災害用で、ニッポン放送から半径何キロをAブロック、次をBブロック、環七のうちをCブロック、その外をDブロックという具合に全部で十二のブロックに分けて、ある地点で災害が起こった時、誰が何分でかけつけられるかを全部書いてある。そしてその時どういう報道体制をとるか、誰が何を何時から何時まで担当するか、全部で決まってます。

もう一つは、有楽町を中心に銀座、新橋、丸の内周辺のビルディング二百と、私立学校を対象に、地震の際の契約を結んでいる。ビル、学校の管理人、泊まりの社員・職員が地震の際はニッポン放送まで自分のビル、学校の被災状況を知らせに来ることになっている。被災者からの情報を吸い上げるシステムを構築しているんです。

ＮＨＫが安否情報をやりましたが、あれも方法が違うと思う。東京などの外から神戸の被災者に呼びかけている。そうではなく、神戸の被災者の誰々は無事でどこにいるのかを伝えるべきだった。

青木　早い段階で取材班が避難所を回り、避難している人のリストを作って流すなどが出来なかっただろうか。被災者側からの、自分は無事、近所の○○さんはこう、自分の住んでいた○○区の○○町○丁目はこういう状況だという情報こそ有効なので、ＮＨＫの今回の試みは実際のところ、誰の役にも立たない、電話回線が混み合うだけのメッセージの羅列。仮に呼びかけられた方がその時見ていて、無事を伝えようにも電話はパンク状態で連絡も出来なかっただろう。

上野　ニッポン放送のシステムは一歩進んではいますが、家屋の倒壊、行方不明などの個人情報までは対応できない。これをどうしたらいいのかが今後の安否情報の課題ですね。

司会　民放連などでは緊急時の報道体制の研修というのがあ

るはずなんですが、今回の場合、生かされたんでしょうか。またニッポン放送のようなきちんとしたマニュアルを持った局はあったのでしょうか。

上野　ラジオの場合、とくにFMにマニュアルはなかったはずです。しかしKiss－FMはありとあらゆる方法で町の声を拾って、何丁目何番地はどうなっているという情報に徹してました。ラジオ関西もそうです。マニュアルもないし、大きな災害報道の経験もなかったのに、神戸のラジオ二局は良くやったと思います。

司会　流言蜚語の類が比較的少なかったとも言われました。それと今回のラジオ・テレビの報道との関連はあるんでしょうか。

松尾　それには時代の違いもあるでしょう。人権意識も生まれ、海外の情報も自由に行き来し、様々なメディアがある。

逆に情報過剰というのがあって、どの局も同じ被災地から同じ絵をバックにリポートする。また、どこどこでは水を配ってる、どこどこはおふろ屋がやってる、どこどこではステーキを食べさせてるというような断片情報が無秩序に錯綜して、これじゃあ被災者は混乱すると思いますよ。

ラジオとテレビの機能の違い

司会　アメリカの「FEMA」（緊急事態に対応するための政府機関）の例を参考に、日本の放送局も緊急災害時に秩序だった報道をするために、限定期間、政府の管轄に入って報道に当たるべきだというような主張をする識者もいた。この点はどうでしょう。先ほど、青木さんは官主導を容認するようなキャスターの発言を批判されましたが。

青木　絶対反対です。言論表現の自由が優先するわけで、言論表現の自由の中でいかに秩序だった報道を行ってゆくかを考えるべきです。統制下に入るなんてとんでもない。

今回のような激甚災害の場合は、テレビは被災地においては全く機能を果たせない。被災地で役立つメディアはやっぱりラジオ。細かい生活情報はラジオが主体になるべきで、その意味でテレビには役割分担など必要ない。ジャーナリズムとして自主判断でやるべきことをやることが必要だろうと思います。

松尾　日本の場合はNHKという緊急時の編成を逸早く取れるようなメディアが一つありますしね。

青木　巨大な全国ネットワークで、しかもきめ細かな取材網を持っている公共放送が、そういう使命を果たして行くべきだと思います。ジャーナリズムは行政側の怠慢をきちんと批判して行くことが重要なのであって、それがひいては被災者のかたがたの利益につながるわけです。

上野　神戸、西宮、芦屋地区には防災無線が全くなかった。考えられないことです。防災無線があれば、ラジオとの連動が出来たんです。

松尾　地方自治体は広報というと、今でもプリンテッドなんですよ。ＦＭカーくらい用意して音で伝えるという発想を持ってほしい。

上野　ＦＭがやったことの一つに英語放送がある。逸早くＫｉｓｓが始めて、ＦＭ大阪、８０２とみんなやってました。Ｋｉｓｓは韓国語放送も行なった。バイリンガルも捨てたもんじゃない。サンフランシスコ地震は六か国語。今日のように日本にも外国人が多く滞在するようになりますと、英語だけじゃなく、数ヶ国語でやるようなシステムをラジオは早めに導入しておくべきでしょうね。

松尾　去年あたりから地震が多かったこともあって、東京のＡＭ三局は自発的に、天変地異の際の報道役割の検討に入ったそうです。安否情報、交通情報、救援物資情報などを機能的に分けて担当する、もしくは地域ごとに分担するなどの考え方が出ているようです。

上野　今年も九月一日、防災の日が来ます。いままで非常に熱心に防災訓練をする局もあれば、無関心の局もあった。関心がこれだけ高まっているわけですから、今年は全局をあげて大掛かりな災害報道の訓練に当たるべきでしょう。（一月二十七日）

解題

阪神・淡路大震災の報道を検証した座談会。キー局キャスターをヘリに乗せ、空撮しても場所がわからなかったり、ワイドショーなどでは、エモーショナルな中継が現れたなど、その取材姿勢を厳しく批判。その上で、緊急災害時の報道のあり方を議論し、緊急災害時には、米国のようなメディア統制を行うべきとの論を退ける一方で、災害時の地方自治体の広報のあり方や、メディア事業者間による自主的な役割分担の可能性などについても言及する。（音　好宏）

特集：ラジオが当面する諸問題

在阪局からの反論

阪神大震災報道もうひとつの問題点

辻　一郎

在大阪ジャーナリスト（元毎日放送）

ＭＢＳ震災報道の中身

在阪局が大規模な災害報道にはじめて取りくんだ阪神大震災から、半年を迎えようとしている。この報道の特徴のひとつは、初動の段階では取材する側もすべて「被災者」であり、それだけに同じ目の高さで報道したところにあった。やがて被災地には系列の応援部隊やワイドショーのスタッフも入りこみ、この図式は崩れるが、在阪各社は大災害の全体状況を伝える「事実報道」だけでよしとはせず、被災者にとって必要な「生活情報」をどのようにして送り出すかに工夫を重ねた。当日の在阪テレビ局の放送展開を毎日放送（ＭＢＳ）に例をとって説明しよう。

あの日、五時四十六分、ＭＢＳ報道局は上下左右に大きく揺れた。五分後、泊まりデスクは「一斉出社」の指令を発し、六時半には報道局に泊まり明けも含め十二名の記者と六名のカメラマンが集まった。震災報道にはピーク時、応援も含め五百名規模であたることになるが、初動はこの十八名と若干名の報道ＯＢで取材に入った。

このころＭＢＳラジオでは『おはよう川村龍一です』のパーソナリティ川村氏が、自宅を出てＭＢＳに向かう車のなかから、車窓に広がる惨憺たる状況を携帯電話でスタジオに伝えていた。落下した高速道路。崩壊した家が累々とつづく芦

『放送批評』1995年8月号

屋の街。カーラジオでこの放送を聴き、どのような事態がおこったかをつかみながら出社したスタッフも少なくなかった。それにしても、報道、技術、アナウンサーをはじめとする戦力を、比較的早く、それぞれの持ち場に結集できたのは、日頃の備えのおかげだった。関西には地震は来ないという「神話」があった。にもかかわらずMBSでは地震対策会議を何度も開いて、万一に備える用意を検討してきた。なかには「何を無駄なことを」と考えた不届き者もいたようだが、この会議で培った心の準備が自転車やバイクでの出社に結びついた。

七時三十五分ヘリ一番機が飛び、八時五分、淡路島の被害を伝えた。これが震災報道での最初のヘリからの映像になった。ヘリはつづいて須磨区上空（八時十九分）、長田区上空（八時二十三分）、三宮上空（八時三十一分）を写し出し、大惨事を伝える範囲を広げていった。われわれ自身、「大変なことがおこった」のを肌身で実感したのは、MBSが初めてとらえたこの神戸の映像を見てからだったような気がする。ただヘリからの映像は、現場に充満する土の臭い、埃っぽさ、焼け跡に吹く風の冷たさを伝えなかった。被災者一人ひとりの姿もとらえなかった。しかしそうではあっても、あの日現地に早く着き、現場の鳥瞰的全体像を写しだせたのはヘリだけだった。朝六時に大阪を出発したMBSの中継車が十時すぎにようやく西宮の阪神高速道路崩壊現場に着いているようでは、ヘリからの映像に頼るほかなかった。

ヘリは後に「騒音をまきちらして助けをよぶ声をかき消し、生存者の救出を妨げた」と激しい非難を浴びた。まことに申し訳なく胸が痛むが、上空には自衛隊や消防のヘリも多数飛んでいた。報道機関のヘリだけが責められるのは合点がいかない。また「今後のヘリ取材には何らかのルールづくりが必要だ」とする意見も多いが、どんなルールづくりがあるのかわからない。聞けば、各社が役割を分担することで飛行制限を計ろうとする案もあるらしいが、初動時点でそんな相談が成り立つはずはなく、ジャーナリズムの使命を全うする意味からいっても賛成できない。

MBSは八時半には特番からCMをはずした。マニュアルに従っての措置であり、特番をネットしている各社も右にならった。しかしTBSは十時半、いったんはずしたCMを復活させた。このころ在阪他社はまだCMを流していた。そのことから考えてCMを復活させたのは当然だったのかもしれないが、おかげでMBSは厄介な作業にひきずりこまれた。各社がCMを入れる枠に、何か別の情報を入れなければならなくなったのである。ここに被災者向けの生活情報を入れた。「避難勧告が出ました」「比較的かかりやすいのはこういう電話です」「倒れた家屋から通帳や印鑑を持ち出せなくても、郵便貯金は引き出せます」など、電気、ガス、水道、交通や、警察、病院、流通などの情報をここで伝えた。

この試みは好評だった。時間がたつにつれ作るほうもコツをのみこみ、見る側もわかってきて「ローカル情報を見たくてMBSにチャンネルをあわせている」という視聴者も出た。ただそこまでローカルをふまえた報道に取りくみながら、これをネットで送りだすことには迂闊にも思いいたらなかった。TBSの金平茂紀氏が『総合ジャーナリズム研究』一五二号に書いた通り、少なくとも地震発生から一週間くらいの間は「ミクロ情報は十分にネット情報たり得て」いた。それどころか被災者向けの生活情報がもっともリアリティをもって震災の規模を伝えていた。そのことに直ぐには気づかなかったのが惜しまれる。特番は四十五時間後の十九日五時半に終了したが、その四十五時間にCM代わりに入れた「生活情報」は六時間十二分余に達した。

東京からの批判に応えて

震災報道が一段落するとテレビは手厳しい批判をあびることになった。批判は大別すればふたつの方向から聞こえてきた。ひとつは被災地からであり、もうひとつは東京のジャーナリズムからである。地元の批判はとりわけワイドショーのスタッフに集中した。「東京のテレビは神戸を動物園に、われわれを見せ物にした。これでは〝劇場災害だ〟」。抱えている不安や不満をどこにもぶっつけようがない苛立ちが、東京弁を使うスタッフに、過剰な反応を示したということだろうか。地元局の取材班にはあまり向けられなかった罵声が、東京から来た取材班に浴びせられることが重なった。

一方、東京からの批判の一例としては『放送批評』の四月号の座談会がある。この座談会で伊豫田康弘氏は「テレビの大報道には、現場の被災者の人たちに役立つ情報がなかった」と発言し、松尾羊一氏は「キー局の看板キャスターたち」が神戸に出掛けたことに首をかしげている。「地元キャスターをもっと生かすべきではなかったのか」というわけである。さらに松尾氏は行方不明者がまだ多数いる段階で高速道路の模型をもちだし「なぜ壊れたのか」を検証していたのを取り上げ、如何がなものかと指摘している。また青木貞伸氏は「ヘリに乗った人たちのほとんどはよその局からの応援部隊で、神戸の町が把握できない」「神戸に支局があっても、これは営業支局。そういった意味できめ細かな取材網がなかったし、地元との密着度が低かった」と述べている。

この指摘のなかには聞くべき点も多いが、勘違いや事実誤認にもとづく批判もある。まず伊豫田氏の意見に関してはすでにふれた。被災者から見れば不十分でしかなかったかもしれないが、できるだけの努力を払った。ただこの映像は東京には流れなかった。

次に松尾氏の言う「東京からの看板キャスター」云々は「土地勘がない人たちに応援させて」ということだろうが、「だから地元のキャスターで」といわれても困惑する。あの大災害は大阪局だけでこなすには手に余った。かりにコトが東京であっても同じだろう。あれだけ広い範囲の長期間にわたる取材となれば、一社だけでカバーするのは難しい。たとえば十七日に神戸や淡路島に集結してもらったSNG搭載の中継車はJ系列だけで、TBS、RSK各二台、CBC、RCC、BSS、ITV、KUTV各一台、これにMBS分も加えると八社十一台に達した。しかもKUTV（テレビ高知）は応援要請をする前に、一週間自給自足できる装備と食料を携行して、雪の四国山脈を越え淡路島に向かってくれた。それでもなお、限られた中継点からしか画を送り出せなかった。東京のキャスターの応援も、失礼をかえりみず言えば、いわばこれと同じレベルの話である。

わたしは問題はそんなところにあるのではなく、特番の仕切りを当初、東京側のスタジオで行おうとした、そのことにあると考えている。

スタジオを大阪と東京の双方に開いたまではそれでよかった。しかし仕切りは大阪のスタジオですべきだった。これは「誰が仕切るか」の話ではない。「どこで仕切るか」の話であり「仕切りは事件の現場からできるだけ近くで」が鉄則である。さもないと現地と温度差のある番組になる。松尾氏指摘の「高速道路の模型」はどこの局の話か知らないが、東京で仕切ったための産物だろう。MBSも十七日の夜、「誰に向かって伝えるのか」でTBSと大激論を交わしたと聞いている。挙げ句、大阪で仕切ることで合意し、あとはうまくいったようだ。

青木氏の指摘にも一言触れたい。応援部隊がヘリからリポートをしたのは、MBSの例で言えば、筑紫、池田両氏のいずれも三分弱で、くりかえし使ったのを合わせても十分ほどでしかない。長時間にわたるヘリ中継のなかの僅か十分で、しかも収録ものである。それ以外はすべてMBSの記者とアナが担当した。おそらく各社も同じだろう。土地勘のない人物にヘリからのリポートを委ねるほど、われわれは大胆ではない。

また在阪民放各社の神戸支局は、青木氏のいうような「営業だけの支局」ではない。組織上は各社さまざまな形態をとっているので、そのための誤解だろうが、どの社の場合も神戸には記者とカメラマンあわせて四人～六人が常駐して取材にあたっている。十分な陣容とは言いがたいが「地元との密着度が低い」は事実ではない。

最後に今回気づいたふたつの点にも触れておきたい。

ひとつは個々のドラマやドキュメンタリーに対する批評は別だが、ニュースやワイドショーについては、どの局のどの時間での放送が対象なのか、明確にされないままに批評が行われていることである。新聞評なら必ず「何月何日の何々新聞ではこうだったが」となるところ、放送評では「民放では」と括られている。これはいささか乱暴だろう。批評された側は特定されていないだけに反論できず、いわれっぱなしにならざるを得ない。

もう一点は、震災報道について批評するときには、地元関西の放送がどうだったかをまず調べ、それをふまえて論評願いたかったことである。情報の東京一極集中が進むなかで『放送批評』は、地方からの発信に期待する発言をこれまで熱心にされてきた。である以上、今回の大震災で地元関西では東京とどう異なる放送が展開されたのか、まずその点をおさえてほしかった。震災報道の内容は大阪と東京ではかなり違っていた。『放送批評』の四月号、五月号を読むかぎり、そのことには全く気づかず、東京の皆さんは東京の放送だけを見て阪神大震災の報道を論じているようにうかがえる。

この姿にわたしは、いまの日本の文化状況をそのまま見る思いがして苛立つのである。

解題

在阪放送人の視点から、阪神・淡路大震災報道を振り返るとともに、その課題を指摘する。在阪局が大災害の全体状況を伝える「事実報道」に留まらず、被災者に「生活情報」提供の努力・工夫を重ねたことを評価する一方、スタジオ仕切りが現場に近い大阪で出来なかった問題を指摘。その上で、『放送批評』座談会で出たキー局に頼ったヘリレポートや、神戸支局が地元に弱いなどの誤解に基づく批評を批判。批評における論拠の不明示を問題視する。(音 好宏)

戦後50年と放送

テレビと新聞の「競争」と「共生」

新井直之

東京女子大学教授

一九七二（昭和四十七）年、ＮＨＫのテレビ放送受信契約数は初めて二千四百万台を突破し、全世帯に対する普及率は八七・〇％に達した。（日本放送協会編『放送五十年史　資料編』日本放送出版協会、一九七七年）

「あさま山荘」取材をめぐる協定

この年二月十九日午後、妙義山のアジトからのがれた連合赤軍の五人が、南軽井沢で警官隊と撃ち合いののち、河合楽器の「あさま山荘」にたてこもり、管理人の妻牟田泰子さんを人質にして、包囲する警察隊と持久戦状態に入った。各新聞社・通信社・放送局は、長野支局や東京本社からとりあえず人数を繰り出したが、真冬の軽井沢は深夜は零下十数度になり、現場は苦労した。

長期戦になると、空き別荘でも借りて根拠地を確保しなければならない。その点で〝幸運〟だったのはＮＨＫで、「あさま山荘」のすぐ近くにＮＨＫの保養所があり、いながらにして「あさま山荘」を観察できる。それに日ごろから「あさま山荘」の牟田さん夫妻とＮＨＫ保養所の管理人とが仲がよかったものだから、事件が始まると牟田郁男さんがＮＨＫ保養所に飛び込み、ＮＨＫは労せずしてニュース・ソースを確保できた形になった。

『放送批評』1995年９月号

それから一週間、各社は「あさま山荘」が見える地点三カ所に、思い思いの黄色い防寒テントを張り、石油コンロやアンカでからだを暖めながら、双眼鏡をのぞき、超望遠レンズをつけたカメラの放列を向けて、四六時中見張りを続けた。寒くてからだがもたないので、各社とも二時間交代。そのほか駅の近くの軽井沢警察署の剣道場に机を入れて臨時の記者会見場とし、一日六回会見があるから、こっちにも記者を張り付けておかなければならない。だから全体として大勢の記者、カメラマンが必要になる。

二月二十六日、「あさま山荘」事件の取材にあたっている二十七社（新聞九、通信二、放送十二、雑誌四）の前線キャップが、警察の連合赤軍事件警備取締本部と午前十一時半から延々四時間かかって、取材協定を締結した。この協定は、警察庁から日本新聞協会に連絡され、新聞協会はこれを確認、了承し、加盟各社に連絡した。協定は言う。

〈1．作戦に関する事前発表とオフレコ＝作戦開始日の前日の午後十時に、開始時間、戦術等について正式発表。発表の取り扱いは①新聞は当日朝刊解禁②放送は作戦開始時間からとし、それ以前は見込み記事も報道しない③雑誌は新聞と同様。また各社の現場での社内連絡無線通信にも作戦内容を含ませないように配慮する。

2．航空取材（略）

3．取材拠点＝銃弾の飛交による危険を避けるため規制線を設ける。

4．経過発表（略）

5．終了時の措置＝人質・犯人に対する取材には、それぞれ規制線を設ける。被害者（人質）の会見、インタビューは医師が許可するまで行わない。また検証が終わるまでは現場に立ち入りしない。（以下略）

6．その他＝犯人を射殺する事態が起こった場合は、事件の性格を考慮して射殺した警察官に関する人定事項は公表しない。〉

翌二十七日午前十時から軽井沢署で、東京写真協会、テレビ・ニュース映画協会、雑誌協会、警察が、前日の協定に基づく細目の取材要領を打ち合わせた。その結果、協定5の細部を、第一に人質を担架で搬出、ついで犯人を山荘からポプラ通りと観音通りの三叉路まで百メートルぐらい歩かせ、この間に規制線内で撮影する。作戦終了後現場検証がすんでから、一社一人で山荘内部を順に撮影する――などと決めた。人命に関するので、協定違反をしないことが固く誓われた。二十六日の協定締結、二十七日のこの細部の詰めで、救出作戦の近いことがうかがわれ、現場の緊張が高まってきた。二十七日午後十時、「明朝十時から開始」と発表された。

五局合計視聴率は九八・二％

二十八日午前十時から、「あさま山荘」の強行人質救出作戦が始まった。このときの報道で特筆大書すべきなのは、放送の長時間にわたる現場中継である。それはラジオ・テレビを含めて、日本放送史上初めてのことであった。

【NHK】午前九時四十分—午後八時二十分、途中一回、五分四十秒だけ、ニュースのために中断したほかは、連続十時間二十分に及ぶ中継だった。

【NTV】「金原二郎ショー」途中の午前九時五十五分—午後六時五十五分。二十一本の番組を飛ばした。午後四時三十分まではCMを入れたが、後はCMをはずした。

【TBS】テレビは午前十時—午後七時。スポンサーには事後了解とし、編成局長判断で一切のCMをはずした。ラジオは午前十時—午後六時四十分、途中二回、計三時間、レギュラー番組を入れた。CMはレギュラー番組以外は五分の一ほどに減らした。

【フジ】「小川宏ショー」途中の午前九時五十六分—午後六時五十五分。初めCMを全部はずしていたが、午後三時からの「三時のあなた」から四時台まで手動でCMを入れた。

【NET】(現・テレビ朝日) 午前十時—午後六時四十分。途中午後四時十五分から一時間、ニクソン訪中の特別番組を入れたが、この間も五分おきに現場中継をして、経過を報告した。CMははずさなかった。

【ニッポン放送】午前九時五十六分—午後六時五十分。途中一回一時間のレギュラー番組を入れた。CMはほぼ半分に減らした。

【文化放送】午前九時五十五分—午後六時四十五分。途中一回二十五分間のレギュラー番組を入れた。CMを減らした。まったく現場中継をしなかったのは、ラジオ、テレビを含めて在京キー局の中では東京12チャンネル(現・テレビ東京)ただ一局だけだった。

連合赤軍五人が逮捕され、人質の牟田泰子さんが救出されたのは、予定をはるかに遅れて午後六時過ぎ。真冬の山あいの別荘地は、すでにとっぷりと暮れていた。協定にしたがって、機動隊員が連合赤軍五人を一人ずつ報道陣の前を百メートルほど歩かせる。ともすればうつ向きがちになる若者の髪を、機動隊員が後ろからつかんで正面を向かせる。しかしそれも光量不足でカラーでは撮影不能。カラーの機材が足りない長野放送が白黒カメラを持ってきていたのが役に立って、フジテレビ系列だけが軽井沢署前で顔を写すのに成功した。

　ビデオリサーチの関東地区調査によれば、ＮＨＫと民放五局の合計で、午後零時十五分に八三・七％、連合赤軍五人が逮捕された午後六時十五分には八八・七％、そして夜のニュースが始まった直後の午後七時過ぎには実に九八・二％（日本放送協会編『放送の五十年』日本放送出版協会、一九七七年）と、日本中のテレビ受像機のほとんどで、すべてが見られているという状況になった。この記録は、今日に至るまで破られていない。

長時間現場中継のスタート

　視聴時間が長時間にわたったのは、事件が、いつ、どのように展開するのか予想ができないため、視聴者がテレビの前を離れることができなかったからである。それは、実はテレビ局の側も同様であった。だから、実際にはほとんど変化のない「あさま山荘」の正面を延々と映し続け、人びとはそれを見続けたのである。

　途中、連合赤軍の銃撃が活発になり、警察官二人が死亡したため、各テレビ局は中継カメラを山荘に向けて固定したまま、カメラマンは退避して、無人のカメラが山荘を映し続ける事態になった。このやり方は、後に伊豆大島・三原山の噴火（一九八六年十一月）、雲仙・普賢岳の火砕流噴出（一九九一年六月）などに引き継がれることになる。

　しかしテレビカメラの後ろにだれも人がおらず、意思を持たない無人のカメラがただ機械的に映し出しているものを、私たちは果たして「ジャーナリズム」と呼ぶことができるのだろうか。カメラマンがある意図を持ってアングルを決め、シャッター・チャンスを選び、それによって出来事の意味を、見るものに伝えようとする。それでこそ、カメラマンはジャーナリストたり得るのではないか。カメラを放置した瞬間に、テレビはただの伝達機械に堕してしまったのである。

　そして日本中のテレビが「あさま山荘」に向けられていたそのとき、ニクソン米大統領は二月二十一日から二十八日にかけて訪中、二十七日には米中共同声明を発表して〝世紀の外交ショー〟を展開した。そのことは〝山荘の銃撃ショー〟の陰に隠されてしまった。防衛予算をめぐる与野党の対立で空転していた国会の審議が十八日ぶりに再開されたのは、まさに山荘への強制救出作戦が行われた二月二十八日だった。米中国交回復にともなう新しい世界情勢の中で、日本はどのような中国政策をとるのか、第四次防衛力整備計画についてなど、本格的な論戦が展開されたが、それらについては中継はおろか、ニュースでさえ簡単にしか伝えられなかった。

ジャーナリズムの報道について考えるとき、最も大切なのは、「どのように報じられたのか」よりも、「何が伝えられていないか」という視点である。

新聞ジャーナリズムの真骨頂

翌二十九日の『毎日新聞』朝刊は、「同情は禁物です　警部、泰子さんに夜の説得」という見出しの記事を載せた。

〈二十八日午後十時から、面会謝絶で入院中の泰子さんに対して長野県警家族対策班の警部（四一）の〝説得〟が行われた。多数の死傷者を出して泰子さんを無事救出した警察にとっては、泰子さんが一緒に十日間の生活をしたとはいえ、連合赤軍に対しては同情的なことばをはかれるのが一番つらい。警部は、泰子さんに淡々と語る。「警察がどれほど苦しめられたか、泰子さん、犯人に対する同情は一切禁物ですよ。あなたは一緒に暮らしたから、同情もあるだろうが、彼らは残虐なのですよ。お願いだから〝憎めない〟とか〝悪い人ではない〟とかいう言葉は、慎んでください。あなたが、そう思っていると、私らがなんのために血を流したかわからない。ミジンの同情もいらないのです。週刊誌なんかも来るでしょうが、基本的にはそう思うんですが……」

そばで郁男さんが「ぼくもそう思うよ。犠牲になった人のことを考えて。あなたの感情もあるかもしれないが……」と口を添えた。

警部はさらに「命については、AとBとどちらが重いか。同じだ。警官だって人間だから死んでよいということはないのだから。犯人に対する同情は禁物です。あなたを助けようとするときに、どんどん発砲してきたのだから」。ひかえ目だが、これだけは泰子さんに守ってほしいという強い意志が感じられる説得だったが、同意する泰子さんの声は、ほとんど聞こえず、ただうなずいているようすだった。〉

この記事は他紙には見当たらない。この記事は、いろいろなことを考えさせる内容を含んでいる。まず、泰子さんは、連合赤軍に対して、憎しみよりも、むしろ連帯感を持っているらしいという事実があり、それに対して警察が〝思想教育〟をしているという事実がある。あらかじめ「会見、インタビューは医師の許可後」との取材協定を結ばせ、開放後は「静養のため」と称して泰子さんを入院・隔離して面会謝絶にしたのは、実は報道陣との接触を絶ち、その間にこの〝思想教育〟を施すことこそが目的だったのだということがわかる。

さらに『毎日新聞』は三月五日付朝刊一面左肩に『泰子

さん生存』知っていた　四日前に隠しマイク　警察、煙突から三階暖炉へ」という記事を掲げた。それによると、警察は二月二十四日午前二時ごろ、投光機で照らしたり、騒音テープを流したりして、山荘内の連合赤軍の注意をそっちに集中させている間に、長野県警機動隊員が山荘の屋根に上がって、煙突からマイクを垂らして固定した。コードは隣の芳賀山荘に引いてあり、泰子さんの声が聞こえて、生存を確認した。そのことは報道陣には極秘にして、直ちに救出作戦に取りかかることに決定し、二十五日から土のう積み作業を始めた、という。

またこの記事には、ガス弾を大量に使うと人質が窒息したり、警察犬の鼻がきかなくなる恐れがあるので、ガス弾のかわりに小麦粉を詰めた〝小麦粉弾〟が使われた、という話もつけ加えられている。

この事件で人びとが最も関心を持ったのは、人質の泰子さんが無事かどうかという点だった。警察はその人質の無事を突入の四日前に確認していた。しかしそのことを秘し隠すことによって、警察の強行作戦に対する世論の批判をかわし、「果たして泰子さんは無事かどうか」の一点に世論を集中させることに成功した。だから人びとは長時間ブラウン管の前に釘付けになったのだ。こうして、「情報操作」→「世論操作」の典型的な成功例が一つ、確立したのである。

『毎日新聞』のこの二つの記事は、テレビでは伝えられない事実を提示したものであった。これらの事実はテレビの映像になりにくいし、またテレビはこれだけ深く取材することがない。新聞記者だからこそ、おそらく病室の外で聞き耳を立ててメモをとったのだろうし、警察幹部を夜討ち朝駈けして、隠しマイクの件を探ることができたのだ。

恐らくこのころまでは、テレビと新聞とは「競争関係」にあった。テレビが現場からの実況中継で、速報性と臨場感を誇れば、一方新聞は、深く掘り下げた取材で、テレビ画面の裏にある事実、事件の持つ真の意味を、掘り出して見せた。そのような「競争関係」にあったからこそ、テレビと新聞とはまた、「共生」することができたのである。「競争」があってこそ、初めて「共生」は成り立つ。競争がなくなってしまえば、残るのは、多分「寄生」だけなのだ。

テレビの後を追う新聞の姿

一九八五年八月十三日午前、中継機材を四人で分担して背負ったフジテレビ制作技術局のスタッフは、前日夜墜落した日航ジャンボ機の現場を求めて、群馬県御巣鷹山を登っていた。四時間四十分ほど道のない急斜面を登り続け、現場にたどりついたとき、「生存者がいる！」という叫びが上がった。上空には、フジテレビがチャーターしたヘリコプターが、まだホヴァリングしている。技術陣は、撮影したばかりの川上慶子さんの映像を、ヘリに向かって発射し、ヘリが通信衛星の役割を果たして本社に中継し、午前十一時三十分からの「ＦＮＮニュースレポート11・30」の冒頭でそのまま放送された。（フジテレビ制作技術センター副部長・柳下茂「威力発揮したヘリ利用の中継方式」『新聞研究』一九八五年十月号）

この年の日本新聞協会賞の編集部門選考分科会は、八月七日に開かれ、すでに毎日新聞大阪本社の『グリコ犯人、森永製菓を脅迫』のスクープ」に授賞と決定していた。これは前年五月から始まったグリコへの脅迫犯が、九月以降標的を森永製菓に移していたことを、長期にわたる取材の結果明らかにしたもので、「グリコ事件」と呼ばれていたものが、「グリコ・森永事件」「グリ森事件」と呼ばれるようになるきっかけを作った。「捜査当局の厚い壁を破った見事なスクープ」「当局が、一時、虚偽の発表を繰り返したほどの極秘情報を抜いた取材努力を高く評価する」「ニュース部門の応募作品中、取材の困難さという点で抜きんでている」などの賛辞が寄せられたスクープだった（「選考経過」『新聞研究』一九八五年十月号）。

ところがフジテレビが「日航ジャンボ機墜落事故『墜落現場に生存者がいた！』」を追加応募、九月三日に改めて選考分科会が開かれた。その結果、フジが「テレビの速報機能を最大限に発揮した」として、先に授賞と決まっていた毎日新聞大阪本社を押しやって、その年の新聞協会賞と正式に決定したのである。

毎日新聞の「グリコ犯人、森永製菓を脅迫」は、八月の選考分科会で評されたように、「捜査当局の厚い壁という取材の困難さを破って、極秘情報を抜いた」スクープであった。他方、フジテレビは、多分に偶然に恵まれた。技術陣が墜落現場を求めて登山中、電送するためＶＴＲテープを持って下山してくるフジテレビの放送記者に出会い、墜落地点へたどりつくことができた。上空には、技術陣を地上におろしたヘリが、幸いまだホヴァリングしていて、それを通信衛星代わりに使うことができた。

しかし新聞協会は、長い努力の結晶であるスクープのかわりに、各社一斉に取材しながら、ラッキーな偶然の積み重なりで速報できた方を、授賞の対象に選んだのである。そしてそのことが、ほかならぬ「新聞」協会によって行われたところに、テレビと新聞の位置が変化したことを、うかがうことができる。

編集現場はともかくとして、新聞社や編集局の幹部たちは、映像化できない事実を掘り下げ、新聞でなければできない取材をすることではなく、テレビの速報性・臨場感に軍配をあげたのである。

七〇年代後半の、テレビと新聞との「競争関係」は、八〇年代以後、影をひそめた。したがってテレビと新聞との間に「共生」は、もはや失われて、ない。今日、存在するのは、テレビの後を追う新聞の姿だけである。

解題

あさま山荘事件と日航機墜落事故の取材を例に、テレビと新聞の関係を論評。あさま山荘事件では、テレビが記録的な視聴率を獲得。他方、新聞は、救出された牟田泰子さんに警察が会見指導をしていたことを報道。テレビと新聞が競争関係になったからこそ、共生ができると論ずる。ところが、日航機事故では、フジが生存者の救出映像をスクープ。新聞協会賞を有力候補の記事を抑えて受賞。テレビ優位の状況が始まったと指摘する。(音　好宏)

沖縄報道の死角

少女暴行事件報道ウォッチング

沖縄県民の冷静な怒り

比嘉　要　琉球大学専任講師

『放送批評』1996年３月号

沖縄の方言で「ちむぐるさぬ」という表現がある。直訳すれば「心苦しい」となろうか。共通語のそれとは異なり、「かわいそうに」というような同情を表す言葉として日常的に用いられるが、「かわいそう」が対象から一歩離れた表現であるのに対して、「ちむぐるさぬ」は、他人の不幸な状況に自分の心が痛むという共感のニュアンスが強い。米兵による少女暴行事件を知った県民の多くは深い溜息と共にこう感じたに違いない。

「あいなー、ちむぐるさぬ。」

沖縄は米軍基地が存在するために、これまでも日常的に基本的人権が侵害され続けてきたが、事件をきっかけに、多くの人々が沖縄の抱える問題に関心を向け始めた。しかし、マスメディアを含め、本土と沖縄には「温度差」があると言われる。事件から大田知事の代理署名拒否に至るまでの一連の報道をみながら、このことについて考えてみたい。

人権に配慮した沖縄メディアの報道

事件を最初に報道した新聞は昨年九月八日の琉球新報夕刊であった。その後、日米地位協定や大田県知事の米軍用地代理署名拒否などへ国民の注目を集める発端となった事件だが、この時は二段見出しで、事実関係を簡潔に伝えるだけの次のような記事であった。

「暴行容疑で米兵三人の身柄拘束

県警などは八日までに、婦女暴行の疑いで米兵三人の逮捕状を取った。三人の身柄は米軍捜査機関（ＮＣＩＳ）が確保している。

事件は四日夜、本島北部地区で発生、米兵三人が買い物帰りの小学生を車に連れ込み、近くのビーチで小学生に暴行を加えた疑い。事件後、県警などは緊急配備を敷いて、現場から車で逃走していた三人組の行方を追っていた。県警などは犯行に使用されたレンタカーなどから三人組を割り出し、調べを進めていた。県警は米軍側に対して、身柄の引き渡しを求めている。」

事件後、被害者の家族は警察に対してマスコミに発表しないよう頼んでおり、警察も「書くのなら十分に配慮してほしい」との要望をマスコミに対して行っていた。婦女暴行事件であること、被害者が小学生であることなどを配慮して事件発生の報道は行わず、容疑者逮捕の記事も、敢えてこのように小さな扱いとなった。もう一つの地元紙である沖縄タイムスは翌日、社会面トップ扱いの五段見出しで報じている。タイムスは容疑者三人の氏名と所属キャンプを含め、新報よりも詳しく事実関係を伝えると共に、県教育長や被害者の通う小学校長、人権協会理事長などのコメントを掲載し、さらに、容疑者の身柄引き渡しには地位協定の壁があるとの解説記事も掲載した。人権への配慮に重きをおいた新報に対し、タイムスは事件の重大性を考慮し、大きな扱いにしたのだろう。

ところで、世論に火がついたのは新聞報道によるところが大きいが、実はこの事件を最初に報道したのは新聞ではなく、地元のテレビ局であった。沖縄テレビの宮城眞一報道部長によると、同局では事件発生の翌日にあたる九月五日に、夕方のローカルニュース枠で事件を報じた。その際、報道すべきか否かが問題になったが、事件の重大性を考え、県民に知らせるべきとの判断を下したという。しかし、当然のことながら、徹底的に被害者の人権を守るべく配慮がなされた。例えば、当初、「小学生」という表現はせず、「少女乱暴事件」と呼んで、できるだけ被害者が特定されないようにした。同じ理由から、新聞では曖昧に「本島北部」と表現された事件発生場所も、ニュース番組では「北部」とも限定しなかった。容疑者の所属する基地名も、捜査を担当する警察署名も報じず、もちろんこれらが推測される映像も使用しなかった。警察の捜査員の顔にさえもモザイクをかけて、所属する警察署がわからないようにした。また、容疑者三人の顔写真はキー局であるフジテレビから入手していたが「事件の状況を生々しく連想させる」との理由から、沖縄テレビでは使用しなかった。

本土マスメディアは想像力欠如

このような配慮を徹底した地元のマスメディアと対照的だったのが、一部の東京キー局や本土のマスメディアである。容疑者の所属する基地をバックにレポートしたり、被害者宅周辺を徘徊するなど、その行状が地元住民の顰蹙をかった。住民の要請により、県庁広報課は九月二十七日に県外のテレビ局三社と出版社四社、さらに日本雑誌協会に対して、電話で取材の自粛を要請した。また、沖縄県警も警察庁を通じて、日本新聞協会や日本民間放送連盟に同様の要請を行った。

フジテレビはワイドショーの中で、基地が特定できるような映像を流したらしいが、このとき、フジテレビの取材班は地元ネットワーク局である沖縄テレビに黙って取材をしていた。その後、沖縄テレビはフジテレビに対し、取材は同局を通して行うよう、要請している。また、TBSをキー局とする琉球放送の場合は、TBSの社会情報局に対して、被害者自宅周辺や犯行現場の取材をしないことや米軍キャンプ名を明らかにしないために、空撮、外観を含め、キャンプを特定できる映像を使わないことなど四項目にわたる取材上の配慮を求めた。これに対してTBS側は情報デスクが九月二十一日づけで「沖縄のアメリカ兵による少女暴行事件について」との文書を作成し、琉球放送から要請があった四項目を記載のうえ、「従って、TBS社会情報局の各番組におかれましても、琉球放送の以上の方針に歩調を合わせるよう、ご協力をお願いいたします」と、要請に沿うようにとの通達を行っている。

少女暴行事件の報道について長々と述べてきたのは、他人の痛みに思いを巡らし、自分の痛みとする想像力の不足（もしくは他人の痛みに平気な心）という問題がこの件にも表れているからである。暴行された少女、土地を銃剣により奪われた地主、米軍機の爆音に悩まされ、事故の危険にさらされる住民、また、その米軍機によって命を奪われるであろう「敵国」の住民などに対して、マスメディアはどれだけその痛みを理解し、それを癒し、解消するための具体的な行動をしただろうか。

視聴者の思いを反映した地元局

事件をきっかけに、日米地位協定の見直し議論が起こり、大田知事の代理署名拒否表明に至って、事態は国際問題化し、地方自治や安保について国民の再考を促す結果となった。地元紙も連日、紙面を割いて報道している。琉球新報は昨年十二月にこれらの問題に関する記事のスクラップ集「異議申し立て　基地沖縄」を出版したが、この本は紙面に掲載された記事で構成されているにもかかわらず、三百ページを越えるものとなっている。一ページには複数の記事も掲載されているので、わずか三カ月の間に、いかに多くの記事が書かれたかわかる。

地元の放送局も同様に、ローカル枠でこの問題を多く扱った。例えば、沖縄テレビは毎週金曜日の夕方に「ズームアップＯＴＶ」という三十分番組を放送しているが、九週にわたりこれらの問題を扱った。また、琉球放送は昨年十月の番組改編から、ローカル局としては異例の、火曜日の午後八時というゴールデンタイムに一時間の報道系番組「プライム２００」をスタートさせたが、二カ月は基地問題が中心となった。「日米地位協定、緊急電話アンケート」や「日米安保と沖縄」「裕福イコール平和か」「国際交流こそが安全保障だ」など、十一週連続して地位協定や基地、安保問題を扱った。また、番組に対する視聴者の関心も高かった。第一回の緊急電話アンケートでは三つの質問に対し、電話で回答を寄せたコール数の合計が一万六千コール以上あり（全国ベースに換算すると二百万コールに相当するという）、制作サイドを驚かせた。第一回の電話アンケートの質問内容と回答結果は以下の通りである。

日米地位協定を改定すべきか。「改定すべき」（九三・三％）、「改定すべきでない」（六・七％）

未契約軍用地の代理署名を大田知事が拒否したことを支持するか。

「支持する」（九〇・四％）、「支持しない」（九・六％）

日米安保条約は必要だと思うか。「必要である」（二六・三％）、「必要ない」（七三・七％）

第二回も電話アンケートを行っているが、その結果は次の通りであった。

沖縄の基地問題を法廷の場で争うべきか。「法廷で問うべき」（八七・六％）、「法廷まで必要ない」（一二・四％）

沖縄の米軍基地はどうあるべきか。「全面撤去」（七三・〇％）、「整理縮小」（一七・三％）、「現状維持」（九・七％）

ちなみに、十月末に行われた朝日新聞・沖縄タイムス・ハリスの共同世論調査では、大田知事の姿勢をどの程度評価するかとの問いに、沖縄県民は次のように答えている。（括弧内は全国調査の結果）

大いに評価する……六四％（三七％）
ある程度評価する……二五％（四一％）
あまり評価しない……六％（一四％）
全く評価しない……二％（二％）
その他・答えない……三％（六％）

琉球放送の電話アンケートは、サンプリングもなされず、なおかつ同一者が何度も答えることができるＮＴＴのテレゴングという方法などから、世論を正確に反映しているとは言えないが、少なくとも、視聴者の意見の一端はうかがえよう。

一年後「沖縄」は報じられているだろうか

ローカル局は独自の番組を制作する他に、キー局への中継も大幅に増えた。琉球放送の場合は九月に三十三件、十月に四十五件、十一月に四十三件となっている。普段は月に三件程度というから、キー局がいかにこの問題を頻繁に取り上げたかわかる。また、単なる現場中継にとどまらず、琉球放送の場合は「ニュース23」、琉球朝日放送の場合は「ニュースステーション」など、キャスターワイドニュースでも沖縄特集が組まれた。

このような状況をみて、ふと考えてしまうのは、少女暴行事件というショッキングな出来事がなくても、本土のマスメディアは沖縄の基地問題をこれほど熱心に伝えたかということである。痛ましい事件がなくても、地位協定や米軍基地の存在が沖縄と日本にとって重大な問題であることに変わりはない。知事の代理署名拒否の決断には事件が（当事者にとっては非常に酷な言い方だが）「追い風」となったとの見方もあるが、反基地世論とマスメディアの報道にも同じことがいえないだろうか。琉球新報編集局長の三木健氏は先述の「異議申し立て　基地沖縄」の中で次のように述べている。

「歴史は思いもよらぬことから、大きな展開を見せるものである。（中略）少女乱暴事件は、くすぶり続けていた沖縄の基地問題に火をつけた。痛ましい事件でしか国民の注目を引きつけることができないというのは情けない話だが、これもまた残念ながら現実である。」

ここでいう「情けない」とは、恐らく自戒の念も含まれてはいるのだろうが、おもに本土のマスメディアと、沖縄が抱える問題に関心を持たない国民を指すのであろう。

六月二十三日は沖縄戦での日本軍の組織的抵抗が終わった日で、「慰霊の日」だが、常に取り上げられる八月の広島や長崎と違って、全国ニュースになることは少なく、地元放送関係者などは不満を持っている。戦争を直接的契機として、沖縄の米軍基地は存在し、今現在も被害を与え続けているにもかかわらずだ。しかし今回は戦後五十年ということと「平和の礎」の完成があったため、大きく報じられた。来年はどうなるかわからない。

何かが起こってからしか報道しないマスメディアは、構造的あるいは日常に埋もれている社会問題を提示する力が欠けている。再三耳にした調査報道という言葉も結局は流行りのものでしかなかったのだろうか。

民放局の免許付与の条件には「地域密着性」が謳われているが、地方で放送される番組は東京キー局のものがほとんどを占める。地域密着性とは何も資本と人的なものだけを指すのではないはずだから、地方（ローカル局）の声を吸い上げる社会的責任がキー局にあると考えられないだろうか。地方の視聴者が得るのは、自分が住んでいる地域の情報とそれを圧倒する量の東京中心の情報である。政治、経済の中心地とはいえ、東京にいては見えない問題がたくさんある。ハブ空港のように、全国各地の情報を中継する拠点としてのハブ・ステーションというような発想がキー局にあってもいい。それは「各地の話題」や事件事故の中継をするというレベルではなく、地域がもつ切実な問題を、ナショナルな問題として日常的に取り上げていく積み重ねをするということだ。沖縄の代理署名拒否問題は地方自治のあり方を改めて問い直すこととなったが、放送における「地方と中央」の関係もこの際、考えてはどうか。

「沖縄県民は冷静に怒っている」

沖縄は軍事的要衝にあるのだから基地があるのはしかたないではないか、と軍事基地の存在をあたかも地理的必然のように言う人もいる。平和や繁栄は軍事力によって保障されているとみる、このような「現実派」と呼ばれる人に対して、津田塾大学教員のダグラス・ラミス氏はこう述べている。

国家は正当な暴力を独占する唯一の社会組織であり、人を傷つけ、殺しても犯罪とはみなされない。これが「国家の魔術」である。人々は暴力を行使する排他的権利を国家に与え、国家はその権力を使って国民の生命を守ることを約束する。しかし、実際は今世紀ほど多くの人間が他の人間（国家）によって殺されたことはなかった。

「驚くべきは、国家がさらにいっそう多くの軍事力を与えられるべきだと論じる人々が現実主義者を自称することだ。現実主義者だろうとするならまず現実を見なくてはならない。現実とは、この場合は歴史の記録である。この記録を見ながらも、依然として、国家により大きな軍事能力をもたせるのが安全な政策だと断言するような人間を何と呼べばいいだろう。明らかに国家の魔術はこれらの人々を呪縛している。」
(『マスコミ市民』一九九五年十二月号)

沖縄は、地上戦と二十七年にわたる米軍統治から、軍隊とはなにかということを体験を通して知ったため、国家にとってはその「魔術」が及びにくい地域となった。沖縄の抱える問題は単なる一地域の問題を越え、普遍性を持ったものである。軍事力による安全保障という国民にとって非日常的な問題を深く考えるためには、基地や戦争が日常となっている地域の実態を、過去も含めて知ることから始めた方が現実的であり、建設的である。

沖縄はいまや単に、「基地反対」を叫んでいるのみでなく、日本政府に懇願するだけでもない。知事はこれまでに四回、米国に直接赴き、基地返還の要請行動を行っており、県はアクションプログラムを作成し、基地返還後のビジョンを描いている。日本政府はなぜわかってくれないのか、どうして本土のメディアは沖縄を扱ってくれないのか、という他力本願的な疑問や要望はもはや強く見られない。それは過去に何度も失望させられた経験があるからだろう。琉球放送の大城光恵報道局長は「県民は冷静に怒っている」と評した。そしてこの問題は日米という軍事・経済大国との戦いであり、長期戦になるだろうとも。

自分たちができることをやるまでと、淡々と、しかし多くの国民の支援を受け、希望を持って基地問題の解決に取り組んでいるのが今の沖縄である。

解題

一九九五年の米兵による少女暴行事件の報道について、沖縄在住の若手研究者が検証。地元メディアが、被害者少女の人権に配慮する報道姿勢を示したのに対し、容疑者所属の基地の撮影や、被害者宅周辺を徘徊するなどの取材を強行した本土メディアの想像力欠如を問題視する。事件を契機に沖縄に本土の注目が集まるなか、政府や本土メディアには、過去に何度も失望させられた経験を踏まえ、沖縄の「県民は冷静に怒っている」と分析する。(音　好宏)

沖縄報道の死角
基地取材ノートから

沖縄も本土も元凶は日米安保

加藤久晴
日本テレビ報道局ディレクター

『放送批評』1996年3月号

基地周辺の住民の苦しみ

ある年の暮れ。沖縄の基地取材へ行くことになり、以前に泊まったことがある那覇市内のビジネスホテルへ宿を頼んだのだが、満室とかで断わられる。仕方なしに、ただでも忙しいのに手を煩わせては悪いと思ったのだが、那覇支局に宿の手配を頼む。一時間くらいして、

「もっとも沖縄らしいところを取っておきました」

と連絡があり、紹介されたのが嘉手納基地正面ゲート近くの町の中にあるビジネスホテル。小じんまりとしているが、新しくて清潔なホテルで屋上からは海も良く見える。確かに基地が近いが、沖縄では珍しいことではないので、どうしてここが、〝もっとも沖縄らしい〟ホテルなのか最初はわからなかった。

しかし到着した日の翌未明〝疑問〟(?)が氷解。午前四時前後、嘉手納基地から襲来する凄まじいエンジンテストのノイズで目が覚めたのである。そして、耳をつんざくような轟音を発して飛び立つF15イーグル戦闘機。嘉手納基地にはF15が七十二機(当時)も駐留しているというからたまったものではない。タッチ・アンド・ゴーの訓練でもしているのか、ひっきりなしに飛び立ち、旋回し、着陸する。これがほぼ昼過ぎまで続くのだ。その間、普通の神経では、眠ること

はむろんのこと、仕事も手につかない。テレビの映像は乱れ、電話の声も聞こえなくなるような凄まじい轟音。ただぼんやりしているだけでも頭の芯が痛くなるノイズ。

「この音だけは、何年たっても慣れることができませんよ」

ホテルの従業員は諦め顔で言う。

確かにひどい騒音被害だが、同じような経験を本土でもしたことがある。

東京の横田基地で取材していたときのことだ。横田基地公害訴訟団々長福本龍蔵氏のお宅で話を伺っていると、夜だというのに、ゴオーッという物凄い音がする。窓をあけて福本氏と一緒に見てみると、灯りを点滅させながら、大型輸送機（C141スターリフター）が屋根すれすれに飛んで行き、横田基地に着陸する。

「また、夜間のタッチ・アンド・ゴーを始めたんですよ」

温和な福本氏の表情が厳しくなった。

横田基地周辺の住民は、米軍機の夜間訓練の差しとめを要求している。だが、日本政府も米軍も誠意を持った対応をまったくしていない。

福本氏は、自宅で塾を開いているのだが、授業中、轟音が聞こえてきて授業が中断されると、生徒たちと一緒に、米軍機にむかって、

「バカヤロー！」

と、叫ぶという。

本土でも沖縄でも、基地周辺の住民は同じような苦しみを抱えているのだ。ただ、とくべつな事件が起こらない限り、メディアは、めったなことでは基地に関する報道をしないので、周辺住民以外の日本人は、基地公害の深刻さについて気付かないのが現状なのだ。

日本の警察は米軍のロボットか

沖縄の基地を取材していると、しばしば、本土と同じようなシーンにぶつかるし、その逆の場合もある。元凶の根っこは、同じく日米安保なのだからそれも当然なのだが――。

沖縄本島の西海岸に沿って南北に通じている国道五十八号線は、米軍統治時代には「軍用道路一号線」と呼ばれ、ベトナム戦争中は、本島中部の基地からさまざまな軍事物資がこの道路を通り、那覇軍港に運ばれ、そこからベトナムの戦場へ輸送された。

その様子を撮影していたときのことであるが、一号線沿いにある嘉手納基地の中の動きが突如、あわただしくなった。武装した迷彩服姿の米兵たちがトラックで運ばれてきては、

輸送用大型ヘリに乗せられ次々に飛び立って行く。我々は、カメラを基地に向け、フェンス越しに内部を撮った。その途端、

「ゲラウェイ!」

という叫び声をあげながら米兵の一人が、フェンスの中から我々に向けて小銃を構えたのである。我々は、撃たれるのではないかと思い、あわててカメラをかつぐと、その場から離れた。基地内に侵入したわけではなく、公道から撮っているので、本来は問題はない筈なのだが、米兵の剣幕があまりに凄いので我々も恐怖が先に立ってしまい、残念ながら撮影を中止せざるを得なかった。

当時、米軍のベトナム侵略に対して国際的に激しい批判が巻き起こっているうえに、戦場では解放戦線の攻勢によって米軍は敗退を続けていたので沖縄の米兵たちも相当に苛立っていた筈なのだ。米兵の脅しを無視して、そのまま撮り続けていたら、ほんとうに撃たれたかも知れない、と今でも思っている。

それから二十年以上たって、我々は、東京の横田基地取材の際に同様な体験をした。横田基地内における核貯蔵疑惑をテーマにしたドキュメンタリーを作っていたのだが、あるとき、青梅街道の歩道から横田基地のゲートを撮っていた。すると、警官が自転車ですっ飛んできて、撮影をやめろ、と言う。理由を聞くと、

「米軍基地を撮ってはいけないことになっている」

と、その若い警官は言う。我々は、〝いけない〟という法的根拠を示すように求め、公道から撮るのは問題ない筈だ、と言うと、警官は、

「上司と相談してきます」

と、言い残し、再び自転車にまたがり、近くの派出所に入ると、そのまま出て来なかった。むろん、我々は撮影を続けた。後で事情通に聞いたところでは、ゲート内から、撮影をやめさせるように連絡が行き、警察が動いたのではないのかと言う。日本の警官は米軍のロボットなのか? これが独立国ニッポンの警察なのだから誠にもって情けない話である。

このときの取材で興味深いエピソードを聞いた。

横田基地の核貯蔵疑惑が伝えられると、我々も含めて、どの報道機関も、核の隠し場所を突きとめるべく動きはじめた。しかし、当然ながら、米軍サイドは、そうした取材にはまったく応じない。仕方なく、関係者の談話から推測するしかない。その結果、ある場所に疑惑が集まった。しかし、報道陣はとても近付けないところだし、映像を撮るにしても空中から狙わなければ不可能な位置であった。だが基地上空は

飛行が禁止されている。

ところが某新聞社のカメラマンが、身内に不幸が起き、急いで駆けつけなければならないので基地上空の飛行を許可して欲しい、と願い出ると、司令官から簡単に許可が出た。こうして、某新聞社のカメラマンは、上空から疑惑地点の撮影に見事成功し、他社を悔しがらせた。

興味深いのはその後のことで、某新聞社が新聞紙上に写真を掲載しても基地サイドからは何も言って来なかったという。つまり、アメリカでは、取材前には、メディアと当局が丁々発止とやりあうが、結果が出てしまうと、敗けた側は、何も言わないのがルールだという。

日本ではそうは行かないのではないか。事後になって、当局側は陰湿なクレームをつけ、メディア側は圧力に簡単に屈し、担当者の配置変え、などということがしばしば起こるのである。

米軍の都合で破壊される日本の名峯

九五年十一月のことだが新潟県の陸上自衛隊関山演習場で日米合同演習が行われ、地元で反対運動が起こっているというので取材に出掛けた。今回の演習に対して、とくに地元が神経質になっているのは、関山演習場が沖縄米軍の移転地のひとつとして候補にあがっているからだという。合同演習場は上信越高原国立公園内であり、近くには赤倉温泉やスキー場などの観光地も多いので観光業者のあいだからとくに反対の声が強いという。演習が始まると、ジェット機が低空で飛びまわり、ドォーンという腹の底に響く砲撃音が轟く。それも一度や二度ではなく、何度も何度も繰り返されるのである。地元住民にとっては耐え難いことであろうし、観光客が寄りつかなくなるのではないか、という業者の不安も当然であろう。弾着音と同時に弾着の土煙が山の中からあがる。実弾をぶちこまれているのは、深田百名山にも入っている名峯、妙高山の山麗である。哀れなる妙高山。ここが実弾演習場に選ばれたのは北朝鮮の山岳地帯と地形が似ているからだという。

そう言えば、ベトナム戦争のときは、ベトナムと地形が似ているというので沖縄の山間部で盛んに演習が行われた。米軍の戦略によって破壊される日本の山々。合同演習に来た米軍はハワイの部隊だという。ハワイでは、環境保護法によって山へ実弾をぶちこむことが出来ないので日本の山で演習を行うのだという。アメリカの都合が優先する植民地ニッポン。

演習場を見おろせる高台にビデオカメラを据えていると二人の制服警官がやってきた。警官が局名と番組名を聞いてき

たが我々が答えないのでなかなか立ち去らない。すると、平和委員会の高年齢のメンバーが、

「あなたがたは若いから戦争体験はないだろうが私たちは戦争へ行ってひどい目にあわされたんですよ。平和の尊さを訴える取材をすることが悪いことですか？」

温和な口調でさとすように言うと、警官は何も答えられず、二人とも黙って立ち去ってしまった。すると今度は、私服警官らしいのがライトバンでやって来てカメラの周囲をうろうろしはじめた。これも平和委のメンバーから注意されると間の悪そうな顔をして退場。

「もう一組居ますよ。あれは公安ですよ」

平和委のメンバーに言われた方向を見ると、中古のラングレーが建物に隠れるように停車している。車内から、中年の男が望遠つきのカメラを構えてこっちを狙っている。中古のラングレーは、我々が移動すると後ろからぴったり尾けてくる。

「私たちを尾行してどうするつもりなのかね。税金のムダ使いだし、まったく御苦労さんなことだね」

平和委のメンバーが呆れ顔で言う。しかし、あまりにも執拗に尾いてくるので、我々は抗議の意味をこめて、彼等をからかうことにした。急に車をUターンさせ、テレビカメラで彼等を正面から狙いながらラングレーに接近して行ったのである。ラングレーの公安警官は驚いたらしく、あわてて手で顔を隠しながら何処かへ走り去って行った。一日に三組！　沖縄でも何度か基地や演習の取材をしているが、これほど執拗に警察にまとわりつかれた覚えはない。いや、実は、単に気付かなかっただけなのかも知れないが――。

ヤマトンチューへの不信感

実弾演習と言えば、沖縄・恩納岳《おんなだけ》でのそれは確かに凄まじい。名護《なご》、宜野座《ぎのざ》、金武《きん》、恩納《おんな》の四市町村にまたがる広大なキャンプハンセン演習場からの各種火器の実弾演習によって着弾地の恩納岳は姿を変えたとさえ言われている。核砲弾を発射できる一五五ミリ榴弾砲や迫撃砲、無反動砲、機関銃などから、連日、永い期間に渡って実弾が射ちこまれるのだから山へのダメージは大きい。実弾破裂による火災で恩納岳の樹木は大部分が消え、赤土がムキ出しになっている。

雨が降ると赤土が沢を流れ、海に注ぐ。皮肉なことに、恩納岳山麓の海岸沿いは一大観光地となっていて本土資本のホテルも多い。大手航空会社が経営するホテルの前に歯の浮くような名前の湾があるが（本土観光資本のネーミングであろ

う）そこに赤土が流れこむ。コバルトブルーの海ににじむ、恩納岳の血のような赤い筋。大部分の本土からの観光客はその原因を知ろうともしないし、ホテル側も説明を避けている。

海を見おろす景勝地に万座毛《まんざもう》があるが、そこの土産物屋のおばちゃんが嘆いていた。

「本土から来た若い人たちは、実弾演習の音を花火と間違えて、きょうはお祭ですかなんて聞くんだよ」

米軍基地の七五％を沖縄に押しつけ、ノーテンキに暮らすヤマトンチュー（本土人）に対するウチナンチュー（沖縄人）の不信感には根強いものがある。むろん、本土の報道機関に対しても例外ではない。本土から行った取材班のあいだには、「沖縄の人は本土の報道陣に対してなかなか本音を喋ってくれないので、取材しにくくて仕方がない」

という不満の声も確かにある。しかし、それは、取材内容や取材姿勢に原因があるからではないか。拙速な取材や興味本位のアプローチに対しては、本土だって取材協力は得られない。まっとうな取材に対しては、むしろ、沖縄の人たちは実に協力的である。

米海兵隊の航空基地・普天間飛行場を撮るために見通しの良さそうなビルにアポなしで入って行ったことがある。土曜午後のこととて責任者が居ないにも拘わらず、本土の局から基地取材に来た旨を話すと、警備員氏が快く屋上の鍵を開けて下さり、我々は、普天間基地に米軍機が離着陸する様子を存分に撮ることが出来たのである。

事件が起こらなければ伝えない

沖縄には民放は三系列しかないが、系列局を持たないNTVやテレビ東京の報道担当者が他系列からニュース素材を借りることもしばしばあり、これなど本土では考えられないことである。察するに、沖縄の問題を本土の電波にのせるためには、系列や企業の枠を越えて協力しあうという暗黙の了解が沖縄の放送人のなかにあるのではないか。系列などというのは企業が勝手に作った国境に過ぎない。テーマのためなら現場は国境を越えて団結する必要があるのだ。それが資本の論理に対抗する現場の知恵というものではないのか。

むろん、本土からの報道陣のなかには、沖縄の人たちの気持ちを逆なでするようなクルーも居る。もっとも嫌われるのが、もっぱら視聴率狙いのためにあざとく異常な取材を強行するクルーである。

米兵の少女暴行事件が発覚すると、沢山の取材班が沖縄に渡ったが、そのなかで、現地でもっとも問題になったのが某局のワイドショーのクルーである。少女の人権を守るために現地の報道陣が最大限の配慮をしているのに、あろうことか、そのクルーは少女の家まで取材に押しかけたというのである。まさに土足で他人の家へ踏みこむとはこのことであろう。

〝土足取材〟のことはたちまち知れ渡り、その後、本土からの取材班に対する現地の人たちの警戒心は一段と強くなったという。事実、某局の報道番組の取材班がある集会の収録に出向いたところ、少女暴行事件の本土クルーによる〝土足取材〟を理由に取材拒否にあったという。

「ワイドショー取材班が問題を起こした局とは違う局だし、こちらは報道番組だと言ったんですが、本土からの取材班ということで同一視されたんですね」

と、取材拒否にあったクルーの一人は、悔しそうに話していたが、本土への不信感がそれだけ強いということであろう。

沖縄の人たちに、本土の報道機関に対する不満や注文を聞くと、共通してかえってくる答えは、事件が起こったときだけしか報道しない、じっくり腰をすえて取材しない、の二点である。

確かに少女暴行事件がなければ、本土のメディアでは、今回のように沖縄の問題が大量に報道されなかったであろう。また、日米安保の根幹部分を検証するような報道も出てこなかった筈だ。

しかし、沖縄の悲劇や本土の基地公害は、それまでも、それからも続いている。にも拘わらず、何故、日本人にとって屈辱的な日米安保体制の問題は日常的にブラウン管に登場しないのか。少女暴行事件を契機として、日本の電波メディアのあり方そのものが問われている、とも言えるのではなかろうか。

解題

テレビ・ドキュメンタリストとしての沖縄基地取材の体験を踏まえ、本土と沖縄の基地周辺住民に共通する苦しみに着目。基地公害の背景には、日米安保という構造的な問題が横たわっているのに、何か事件が起こらなければ基地の問題を取り上げない報道の問題を指摘。その一方で、沖縄の放送人が、沖縄問題を本土の電波に乗せるために、系列や企業の枠を越えて連携する姿を捉え、資本の論理に対抗する現場の知恵と評価する。

（音　好宏）

TBS坂本弁護士テープ問題

〝新生TBS〟への残された宿題

伊豫田 康弘
本誌編集長

『放送批評』1996年８月号

六月三日に登場したＪＮＮ番組「おはようクジラ」が、好調な出足を見せている。早朝六時のスタート。八時半までの二時間三十分に及ぶ生ワイド情報番組である。東京のＴＢＳをキーステーションに、ＪＮＮ各局が各地の朝の様子やホットな話題を、アップテンポにリレー中継する。

メインの進行役は、タレントの渡辺正行とフリーアナウンサーの中井亜希のコンビ。番組の制作手法・構成は、見事なまでにライバル系列ＮＮＮの「ズームイン!!朝！」とそっくり。オリジナル性という点では、首をかしげざるを得ないが、番組の出来そのものは、さすがＪＮＮと思わせる。各局アナウンサーのリポートのうまさ、取材の手堅さ、局間リレーのテンポの良さは、「ズームイン」に少しもひけをとらない。むしろ、長い経験から万事手馴れすぎた観のある「ズームイン」より、始まったばかりという緊張感が見える「おはようクジラ」の方がフレッシュで、躍動感がみなぎっているとも言える。なるほど実力局の多いＪＮＮの番組、という印象である。進行役の二人も、頑張っている。

「六月」のスタートである。新番組の登場時期としては、いかにも変則である。ずっと以前（即ち、今回のＴＢＳ問題が露顕する以前）から企画を進め、夏服への衣更えシーズンの六月に予定通りの登場となったものか、ＪＮＮ危急存亡のときとて、七月あるいは十月の開始めざして準備を進めてきた企画を、急きょ前倒しして六月の登場としたものか、はたまた三月にTBSの失態が明らかになるに及んで、ことの成り行き次第ではJNNの壊滅につながるとの危機感から、必死の思いで六月登場を実現したものか。

重要なのは、この新番組登場の経緯ではない。「ズームイン」の二番煎じ（この種の番組の二番手としてFNNの「めざましテレビ」があるから、三番煎じと言うべきか）の弱みはあるが、ともかくこれだけ内容のある大型情報番組をJNNはやりおおせるんだ、という事実が重要なのではあるまいか。

なぜワイドショーの中止？

朝にふさわしい清々しい番組ではある。だが、この新番組の登場をもって、TBSが今回の不祥事の責から解き放たれ、清々しい再スタートを切った、と言うわけにはならないこと、無論である。TBSには、仕残していることが多い。世間を騒がし、テレビジャーナリズムへの信頼を大きく失墜させたTBSだからこそ、先頭きってやらなければならない、また、是非ともやってもらいたいことが、幾つかある。

TBSの課題については、既に新聞、雑誌、テレビなど各メディアで、多くのジャーナリストや有識者の方々がさまざまな意見・提言をされている。そこで、ここでは少し観点を変え、四月三十日の特別番組「証言」の放送以降にTBSが見せている動き、逆にとるべき対応でまだ具体的に見せていないものに焦点を当て、以下四点をTBSの課題として挙げておきたい。

一つは、ワイドショーの中止・廃止でなく継続・拡充をということであり、二つ目は、報道局至上主義の是正、三つ目は、外部番組制作会社との新しいパートナーシップの構築、最後の四つ目は、オウム真理教事件、とくに坂本弁護士事件に対する警察ミスの徹底検証である。一つ目のワイドショーについては、TBSは中止という形で具体的な動きとなって現れたものだが、二番目以降はすべて〝なされるべきなのになされていない〟ものであり、先の特番「証言」が言及して然るべきなのに言及しなかった事項でもある。

TBSは、午後のワイドショー「スーパーワイド」を五月いっぱいで打ち切ったのに続き、朝のワイドショー「モーニングEye」を九月末で打ち切ることを明らかにした。ワイドショー一掃の構えのようである。

「スーパーワイド」の中止に対しては、民放労連が「番組の打ち切りは、事件の再発防止や信頼回復にはならない。問題の責任をワイドショーに転嫁しようとしている」と批判したのをはじめ、他局からも「なぜ中止しなければならないのか」「続けながら、より良い番組に改善していくのが筋ではないか」といった疑問の声が挙がっていた。TBS局内にも、中止反対の声はあったはずである。なのにTBS経営幹部は、聞く耳を持たなかった。同番組の前身番組である「3時にあいましょう」がオウムビデオ問題の舞台になったことと、問題のあったプロデューサーが深くかかわっていたために、自粛・謹慎する必要がある、というのが、TBS経営サイドの挙げる中止理由だ。忌まわしい記憶につながる「スーパーワイド」は消してしまいたい。恐らく中止の真意はそんなところだろうが、少し幼稚に過ぎはしまいか。癇の強い子供が「イヤなものはイヤ」と我を張っている感じがしないでもない。

「スーパーワイド」を切った刀で、まるで事件と関係のない「モーニングEye」まで切ってしまう。こうなると、意固地と言われても仕方ない。この意固地は、「ビデオを見せたという事実はない」と、ぎりぎりまで言い張ってきた姿勢に通じるものである。変わっていないのだ。

日本のテレビのワイドショーは、一九六四年（昭和三十九年）の「木島則夫モーニングショー」以来、テレビ各局が営々と試行錯誤を重ね、ノウハウを積み上げてきた番組ジャンルである。政治ネタ、社会ネタ、芸能ネタなどいろいろな要素が混在し、一見ゴッタ煮風のこの番組も、テレビにとっては貴重な財産であること、ドラマやドキュメンタリー、ニュース報道番組と同じである。

TBS事件の最大汚点は、ビデオを見せた事実はないと言い張ってきたことにこそあり、事件の舞台となったワイドショー番組ではないことは、多くの人が指摘しているとおりだ。「モーニングEye」の後番組は、「従来のワイドショーとは違った方向で検討中。事件・芸能中心ではない新しい生番組を目指す」らしい。「事件・芸能中心ではない新しい生番組」が、具体的にどんな番組かはわからない。事件・芸能ネタ抜きのワイドショーを指向するのかも知れない。とすれば、TBSもワイドショーを全否定していないわけだが、だからと言って、何の罪もない「モーニングEye」にそばづえを食わすことはなかろう。

根強い報道（局）至上主義

四月三十日の「証言」を見た人から最も指摘の多かったのが、番組全体に流れるワイドショー軽視、報道重視の基調トーンである。番組に登場した報道サイド関係者が謝罪の言葉を述べ、神妙に頭を下げるシーンが幾度かあったが、その心の内に、ワイドショーの奴らがもっとしっかりしていたら、こんなみじめな思いをしなくてすんだのに、といった恨みがましい気持ちがそこはかとなく感じられた。報道の人間だったら、こんな馬鹿な真似はしない。そんな思いである。

この見方があながち偏見でないことは、次のことからも言える。本誌七月号に、TBS問題関連企画として、TBS局員・OB・外部制作者に対するアンケート調査「TBS再生への提案」の回答結果が掲載されているが、そのうちの二人のTBS現役局員の回答は、きわめて自社報道局・局員に辛辣だ。曰く、「社会問題化した後の報道局員の行動と幹部の対応は、恰も二・二六事件を思わせる様で、自分勝手な正義感を振りかざし、報道だけが被害者の如き主張」と述べ、もう一人の回答者もまた、「(TBSの反省すべきは)報道・言論の自由というかよわい防壁を楯に検察・警察等国家権力を相手に戦争が出来ると錯覚し策謀したこと」と指摘している。この二人の回答者の所属部局がどこかはさておき、TBS社内において報道局員が浮き上がった存在であり、他部局から怨嗟の対象となっていることが、これらの回答からうかがわれる。私の知人の局員からは個人的に、「TBSには、テレビの中では報道が最上等の仕事、続いてドラマ、下等の上はクイズ番組、下等の中はバラエティ、最下等はワイドショーという意識が社内中にある」といった意見も頂戴している。

こうしたTBSの社内意識が、長く視聴者に親しまれてきたワイドショーをいともあっさりと打ち切らせることになった。私に言わせれば、日本テレビのスクープ報道に対して、番組としてろくな裏づけ取材もせず、上の命令のままに、事実を明確に否定してみせた報道番組「ニュースの森」も同程度の罰を背負っても仕方ないように思えるのだが、こちらは特段のお咎めはない。不均衡の印象は、ぬぐい切れない。

前掲アンケートに対する外部制作ディレクターの回答の一つに、次のようなものがあった。「かつて同じ局の仕事でありながら、組織力や資金力に勝る報道局と比べ、劣悪な条件下で取材活動するワイドのスタッフの姿を見た。そしてこうしたゲリラ的なワイド精神が、クラブ制度に安住する報道局の間隙をぬって凶悪事件解明の決め手となるスクープをものにした例は数えきれない」。ワイドショー軽視には、まったく合理的根拠がない。

プロダクションは未だ下請け？

「証言」番組を見終わって、この番組に何となく不足感を覚えたのが、番組の中で「番組制作会社」という語が何度も登場し、この事件に番組制作会社のスタッフが大きく介在したことを示しながら、局と番組制作会社の関係のありようにまったく言及がなかった点である。制作会社のディレクターが検察に「ビデオを見せた」と話した後も、TBSの調査に対しては「見せた記憶はない」と言い続けた。

このディレクターの検察とTBSに対する弁明のくいちがいの背景に、テレビ局と番組制作会社の間に未だに残る前近代的な上下関係の存在を見るのが、当たり前の人間の感覚だ。テレビ業界に身を置く者なら、なおさらだ。ところが、番組ではそうした両者の関係については、いっさい触れなかった。生活のために、テレビ局幹部の前で哀しい嘘をつかなければならない中年男の心の内、番組制作会社スタッフが置かれた状況への心くばりはなかった。

TBSはかつて、七〇年に日本で初めての局系番組制作会社のテレパック、木下恵介プロ、テレビマンユニオンの発足をバックアップした。資本を投じ、人的支援、放送機材面での援助に、他局より積極的な対応を示した。また、テレビマンユニオン制作の三時間ドラマ「海は甦える」(七七年)の放送に、プライムタイムを提供し、番組制作会社の地位向上にも道をひらいた。TBSなくして、日本の番組制作会社の発展はなかったかも知れない。少なくとも発展のスピードはもっと遅れたに違いない。

それゆえに、「証言」が番組制作会社と局の関係の現実に触れなかったのは、親〝制作会社〟の顔に隠されたTBSの冷たさを却って見る者に強烈に印象づける結果となった。最近テレビ業界では、番組制作会社は下請けでなくパートナー、といった耳ざわりの良い言葉がよく言われる。しかし、それは一部の大手名門会社に限ったもので、大方の番組制作会社は未だ下請け的位置にとどまっているのが現実であることが、この番組で明白になった。発注する側と受注する側の立場の違い、とすましていい問題ではない。

遠慮した? 警察ミス批判

「証言」を見たジャーナリスト、有識者たちの多くが、この番組の欠落部分として指摘したのが、坂本弁護士一家の失踪事件に対する神奈川県警をはじめとする警察サイドの判断ミス、と言うよりも懈怠に対する批判が、まったくなされなかったということである。

番組の目的が違う、という反論もあろう。TBS局員、関係制作会社スタッフが一連のオウム事件にどうかかわったのか、また、どうして社内調査が嘘の報告書をまとめるに至ったのかの原因を究明検証することが目的であって、他者の行動を検証し批判することは目的ではない。恐らく今回この番組を制作したチームスタッフは、こう反論するだろう。

しかし、坂本弁護士事件をかくまで長期かつ深刻なものにした最大原因が警察の初動ミスにあったことは、既に明白である。この警察ミスとTBS事件は、密接不可分のものであることも、自明である。特番の放送時間枠を拡大してでも、やはり触れるべきだったのではないか。番組で、番組プロデューサーと曜日プロデューサーの二人が、つらい被告席に立たされた。罪状の重さからすれば、致し方ない。同情の余地はないように見える。

だが、この番組の中で何らかの形で、客観的に警察ミスとTBS事件の関係に言及していたら、被告席の二人の心情も、もう少し違ったものになったのではないか。あるいは潔くカメラの前に顔を見せ得たかも知れない。職場の同僚がつくる番組である。二人の気持ちを、番組の趣旨を逸脱しない範囲で、軽くしてあげられる配慮があってもよかった。

真相を究明することと、そうした配慮をすることは両立する。二人の行動（事件）のよってきたる元々の原因（警察ミス）を提示することによって、二人を必要以上に寡黙な貝に追い込む自責の念を軽くしてやっていたら、二人の閉塞した記憶回路も幾らか拡張したかも知れない。結果的に、その方が番組の目的によりかなったに違いない。身びいきの批判は当たらない。

不思議なことに、坂本弁護士事件における警察の致命的ミスについて、鋭い追及を見せるメディアがない。一部週刊誌や夕刊紙が当時の神奈川県警幹部の怠慢ぶりなどを伝えた以外、基幹マスメディアたるテレビ、全国紙は、私がウォッチングした限りでは、見当たらない。TBSも、そうだ。警察に遠慮しなければならない理由がなにかあるのだろうか。

他テレビ局、新聞はさておき、この警察ミスの検証作業をTBSはやるべきだ。ああした事件を引き起こしたTBSだからこそ、やるべきなのだ。「検証」番組では、それが出来なかった。その後もそうした報道を見ていない。これでは、TBSは「検証」番組の放送をもって、TBS事件を一件落着にしようとしている、といった批判に、TBSは抗弁できまい。

社長交代、社会情報局廃止、ワイドショー打ち切り、深夜放送の自粛、早朝生ワイド番組「おはようクジラ」の放送開始……TBSもそれなりに再生への道を探るアプローチをいろいろと見せている。だが、ワイドショー打ち切りや深夜放送自粛などピント外れの措置が目立つ。今回の事件を奇貨に「ＴＢＳは新しく生まれ変わる」という砂原新社長の方針も、どこまで切実さをこめたものか、疑わしくなる、〝その後のＴＢＳ〟だ。

そう見えるのも、仕残したこと、なすべきなのになされないことが、あまりに多いからなのではなかろうか。「おはようクジラ」の清々しいスタートが、新生ＴＢＳの清々しいスタートの象徴となるためにも、「ＴＢＳの課題」は是非とも解決されなければならない。

解題

一九九五年一〇月に発覚したＴＢＳ坂本弁護士ビデオテープ問題を受けて、ＴＢＳは九六年四月末に磯崎社長らの辞任などとともに、深夜放送の自粛などの番組改編を含む改革を示した。これに対し、新生ＴＢＳへの課題として、①ワイドショーは継続・拡充、②報道局至上主義の是正、③外部制作会社との新たなパートナーシップの構築、④オウム真理教事件、とくに坂本弁護士事件に対する警察捜査ミスの徹底検証を求めるべき、との問題提起をする。（音　好宏）

特集：個人視聴率がやってくる

膨大なデータが業界を惑わせる

テレビは文化事業である

田村穣生

創価大学教授

『放送批評』1996年12月号

論議に一つの区切り

長らく続いていた個人視聴率調査論議に一つの区切りがついた。日本広告主協会、日本広告業協会、日本民間放送連盟の三者による「個人視聴率調査懇談会」がこの六月に検証結果報告を提出し、また視聴率調査会社ビデオ・リサーチも九七年四月から機械式個人視聴率調査を実施することを発表した（もう一つの視聴率調査会社ニールセン・ジャパン社はすでに実施中）。

しかし現段階ではまださまざまな問題が残されていて、区切りといってもそれは〃一つの区切り〃ていどのものでしかない。しかも論議自体に重要な視点が欠落しており、私としては極めて不満な経緯をたどったといいたい。

この論議と私は直接の利害関係はない。ただ、私がかつてNHKの世論調査部門に十三年間在籍し、そのうち何年かを個人視聴率調査担当者として仕事をしたこと（NHKは長期にわたって独自の個人視聴率調査を実施している）、その間ビデオ・リサーチのデータの分析も行い、民放や広告代理店の人々と親しくおつきあいさせていただいたこと、そしてその後テレビやマスメディアの「産業としての側面」に関心を抱いて、大学に移った現在も、おぼつかないながらもマスメディア史・マスメディア論・メディア産業論を講じていることなどから、個人的に、この論議にきわめて強い関心を抱いてきたという私的経緯がある。

そういう昔の記憶と非利害関係者としての気楽な立場から、今回の個人視聴率調査論議について感じたことを述べてみたい。

世帯から個人でデータ量は一〇〇倍

この論議の主体は、懇談会を構成した三者と視聴率調査会社、すなわち広告主・広告代理店・テレビ局・調査会社であり、そのほか一部有識者からの発言もあった。

論議の焦点は、大きく分けると、まず「調査技術の問題」があり、視聴の有無をとらえる調査技術が適正かどうか、それにつながる視聴ということの定義、そして調査実施の対象となるサンプルの数・質・反応などがおもに論議された。これについては、十年前にピープル・メーターを導入したアメリカの事例を関係者が何度か見学・取材したようだが、その成果をきちんと論理的に整理・咀嚼して生かしたかどうかといえば、その点ではいささか不十分だったような気がする。この問題に関しては調査会社が専門家集団としてのニュートラルな立場からもっと積極的に発言してもよかったのではないかと思う。

もう一つの論議の焦点は「利用の問題」であった。広告主の側からは、多様化する商品とそれに対応するマーケティング戦略という観点から、個人単位の視聴率データが迅速に提供されるよう望む声が表明された。これは企業としては至極当然の要望である。しかしテレビ局側は消極的であった。それもまた当然のことである。

そして一部の有識者やジャーナリストからは、個人視聴率の導入によってテレビ番組のさらなる偏り・低俗化・視聴率競争の激化などが進むのではないかと憂う声が表明された。ことがテレビ番組にかかわる問題である限り、本来はこれの線上にある「文化」の問題が最も重要なテーマになるはずであったが、実際にはそのような論議以前のテレビ局批判、タレント批判、スポンサー批判のところで終わった印象であった。惜しかったともいえるが、その部分がいつまでも克服されないでいることの証明でもあろう。

それから少し専門的なことだが、「コスト論」が十分ではなかった。調査すべき対象が大幅に変わり、調査用の新しいハード導入による「調査コスト」と、データ量の増大にともなう「利用コスト」について、これらがどれだけかかるかというのは当事者にとって重大な問題だし、メディア産業論に関心をもつ私にとっても大変興味深い問題だった。しかしくわしい論議はなかったように思う。

さらにそのコストを誰が負担するかについては、当事者の利害がからんで面倒な問題になるだろうと予想していたが、これについても明快な論理で結論が出たようには見えない。

私の乏しい経験からみても、現行の「世帯」視聴率は一つの層に関する集計指標しか出ないが、それでも膨大なデータ量だった。「個人」視聴率になると、かりに個人を年層区分して十層に分けたとすると、単純にみて十倍、層間対比の集計を加えれば論理的にはその二乗つまり百倍のデータ量になり、それが一年三百六十五日出てくる。調査コストは機器開発・サンプル改良など金額投入という方法でなんとか済むかもしれないが（それも大変なことだが）、利用コストは人間、空間、時間すべてを膨脹させて金額にはねかえる結果となる。

一流企業をもって任じている広告主や大手広告代理店などにそのようなコストのモデル化ないし計数能力がないとは考えられないが、本当のところ、そのあたりはどのように論議されたのだろうか。

国民不在の個人視聴率論議

ここで個人視聴率調査問題の性格を整理するために自分用として作成した見取り図（次ページ）を見ていただきたい。これは五つの当事者の個人視聴率調査とのかかわり方をフローチャートふうに表現したものであるが、文字によって若干の説明を加えておく。

まずテレビ局は、編成・制作作業成果としての番組とCMを放送し、視聴率その他によってその実績を確認し、評価し、新企画を立案する立場での視聴率論議を行う。いうまでもないことだが、放送という行為によってテレビ局は日本の文化状況を形成する有力な要素となっている。

国民は三つの顔を持っているが、視聴者として番組とCMを視聴し、消費者として商品を購入し、企業イメージを抱く。そしてテレビ視聴・消費行動その他諸々の行為の集積結果として、「文化状況」が国民によって国民の間に形成される。したがって、国民はテレビに対しても、企業に対しても主役であるはずなのだが、ここでは受け身の存在として扱われた。

調査会社は国民の一部を対象として視聴率調査を実施し、さまざまなデータを算出し、テレビ局・広告主・広告代理店などに提供する。本質的にニュートラルな立場にある。

各主体と視聴率のかかわり

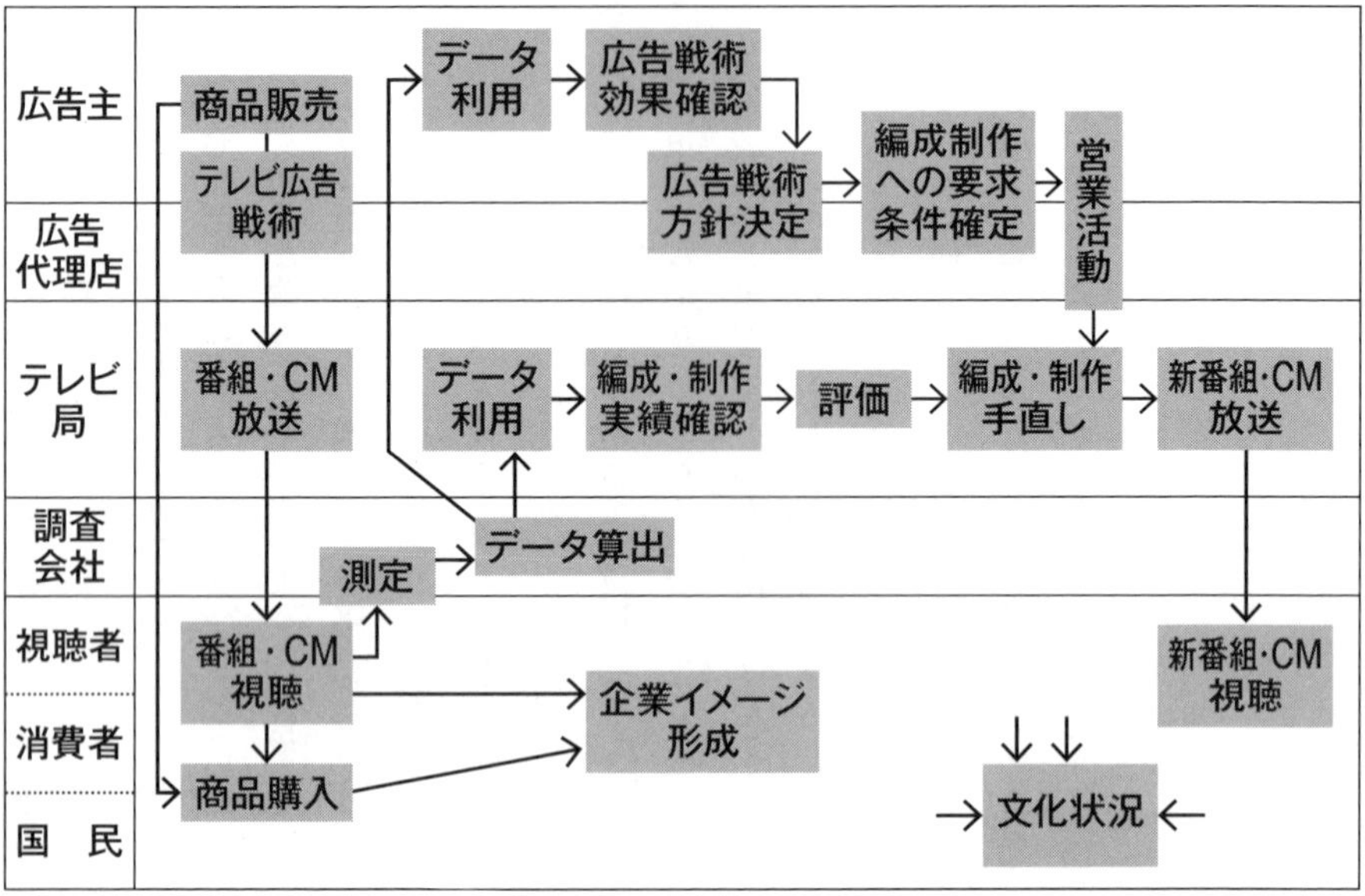

広告主は商品販売とともにマーケティング戦略を立て、マーケティング戦術を実行し、その一環としてテレビCMを放送し、視聴率データが出てくるとともにやがて商品販売実績が明らかとなる。そこでマーケティング戦略・戦術の効果が確認・評価され、場合によっては新しい商品開発が行われる。新しい戦略・戦術が策定され、それに基づいてテレビ局の編成・制作への要求がなされる。本業としての商品提供と、そのためのマーケティング戦術としてのテレビ番組提供・CM放送も、やはり日本の文化状況を形成する有力な主体である。

広告代理店は広告主のマーケティング戦略・戦術策定に協力するとともに、テレビ局の編成・制作への広告主の要求を仲介する。

このように、この図は個人視聴率調査の問題がテレビ局と広告主との経済上の利害関係でのみ論じられてきたことを示すために描かれた。個人視聴率調査論議は国民不在の論議であったと私は強調したい。

データに求められる妥当性と安定性

視聴率調査というものは、どれだけすぐれた方式で行われるにせよ、基本的に内包される問題点がいくつかある。

まず測定技術以前に「実態としてのテレビ視聴」をどのように定義するのかがむずかしい。さらに「調査でとらえる視聴」の定義は実態の定義とは別もので、調査技術によって正確にとらえることが可能でなければならない。

その意味でこれは約束事として決める操作的定義である。しかし操作的定義とはいっても、それには実態としての視聴に近いという妥当性がなければならないし、長期にわたる調査において同じ傾向の結果が出るという安定性がなければならない。それとともに調査サンプルの問題も大きい。母集団は何か、世帯単位か個人単位か、サンプル数は？ 抽出方法は？ 応諾度合はどうか？……などの諸条件は、データの質を左右する。

これまで行われてきたメーターによる世帯単位の視聴率調査は、関東地区調査の場合、関東地区プラス熱海・伊東を調査エリアとし、サンプル数は三百世帯（初期には四百三十世帯だったと記憶している）であるのでサンプル誤差が大きい。視聴の定義は世帯内受像機でセットされていたチャンネルを「視聴」していると定義して一分ごとに記録する。機械調査であるから完全なパッシブである。したがって視聴の定義はかなり操作的であり問題があるが、調査上の安定性は高く、また全日全番組の調査が行われ、しかも迅速な処理ができる。集計指標は「番組単位視聴率」にはじまって無数の集計指標がある。

このメーターによる世帯視聴率調査データは、他メディアのオーディエンス・データと比較してケタはずれに詳細である。世帯視聴率調査データを新聞・雑誌にたとえれば、センテンス一行ごとの接触世帯を調べ、それをもとに記事単位の閲読世帯を算出し、さらに題号ごとの閲読世帯が計算されていることになる。これだけ詳細なデータが提出されているメディアは他にはない。

個人視聴率調査はさらに個人単位の接触から測定しようというのであるから、世帯単位とはちがった問題が発生する。とくに大きな問題は「視聴の確認」である。サンプル各個人がメーターのボタンを押すことによって確認するというシステムでは、視聴の定義の妥当性に関しては約束事として済ませることができるとしても、データの安定性はまことに心もとない。またそれとともにサンプルの応諾度合も低いと報告されているから、母集団の代表性が低い。そのほかさまざまな問題が専門家から指摘されていて、私の予想では現実に解決不可能と思われることが少なくない。

しかし個人視聴率調査の利用のされかたはまだ予想の域を出ない。一般的にいえば、広告主が定義の妥当性とデータの安定性を承認して、そのデータをマーケティング戦略立案に利用したり、効果確認に利用して路線修正をするのは自由であり、それに基づいてテレビ局の編成・制作になんらかの要望を表明するのは自由である。

またテレビ局においても視聴率その他によって編成・制作実績を確認したり新企画を立てるのも自由である。

かつて六五年にＮＴＶで放送された『柔』というドラマで、監督の渡辺邦男（時代劇映画の監督だったと記憶している）が、一分ごとの視聴率データに注目して、「スイッチ・オン」となっている世帯すべてがこのドラマを見ているとは必ずしもいえないが、スイッチを切った世帯は間違いなく見ていない、だからどこでスイッチが切られたかを脚本と突き合わせてストーリー展開を検討して手直ししていった、という話を聞いたことがある。

六〇年代半ばといえばメーターによる世帯視聴率調査の初期で、四百三十の調査世帯の一分ごとの穿孔紙テープをオートバイで回収していた時代であるが、その段階でもデータを使う人はいろいろ工夫して使っていたのである。現在のテレビマンたちはよりデータ利用に習熟しているはずだから、有効な生かし方ができるかもしれないし、安易な若者・「Ｆ１」迎合に進むかもしれない。ただしそのためにはデータに妥当性と安定性がなければならない。

データ利用の問題は一定期間経過後に、きちんと検証してみなければなるまい。

番組への圧力は反社会的行為

最後に個人視聴率調査論議を通じて明らかになった重要な問題についていささか意見を述べておきたい。

【編成責任】

まず、テレビ編成がこの国の文化状況をつくるうえで大きな影響力をもっていることは国民共通の確認事項といってよいだろう。しかし、現実の番組編成の当事者がテレビ局と広告主であることを、テレビ局と広告主のみならず広告代理店も信じて疑っていないことが、個人視聴率調査論議の中で明らかになった。そして、そのこと自体に問題がある。そもそもこの日本国で放送という行為を行うようになったのは、放送が文化向上に貢献しうる行為だと国民が認めたためである。これが大原則である。したがってこの論理でいうならば、広告メッセージの挿入は「目こぼし」として許されているにすぎない。

【広告主の立場】

それにもかかわらず広告主は広告効果の最大化を求めてテレビ局に要求を出す。ある広告主の主力商品が若い女性向けであった場合、マーケティング戦略としていわゆる「F1」志向を強め、「F1」において高い視聴率を獲得できそうな番組を希望することはその企業としては当然である。六〇年代から少しずつ進行してきて、いまや目に余るといってもよいほどになった若者迎合（それは中高年差別とほとんど同義語。状況変化によっては差別として糾弾される可能性が十分にある）の風潮も、そのような業種の企業の要求としては当然である。

そしていうまでもなく企業の社会貢献は極めて大きい。生活用品の供給、雇用主体としての貢献、広告主としてマスメディアを存立させる財政基盤の役割、どれをとっても高く評価されてしかるべき行為であると私は思う。

ただ広告主がテレビ編成に「圧力」をかけることは許されない。希望表明はなんら問題はないが、圧力ないし圧力と受け取られるような態度に出るところまでゆくと、これは「放送法」第三条に規定されている番組不干渉原則の精神を踏みにじる行為である。誤解されないように強調しておくと、番組不干渉原則は「放送法」にあるから重要なのではない。重要だからこそ「放送法」にも入っているのであって、たとえ法律に入っていなくても社会の大原則であることにかわりはない。だからそのような行為は社会の大原則に反するのだ。それは法律破りよりももっと反社会的な行為である。法律家でもなく行政官でもない私は法律に明文化されているかどうかにとらわれる必要がないので、あえてこういう表現で強調しておきたい。

また広告主とテレビ局のかかわりが「営業活動」という国民不在のいわば密室で、しかも「商習慣」という得体のしれない流儀で行われていることは誰でも承知しているが、しかし現在あるいはこれからの日本では、「商習慣」だから何でも許されるという時代ではなくなっている。お上のやることはすべて国のためだからいい、有力企業のやることは大目に見てもらえて糾弾されないなどということはもはやないと銘記しておいていただきたい。なおマーケティングは数がモノをいう世界だが、文化の世界は必ずしもそうではないことも付言しておきたい。

メンテナンスの経済に生きるべき

【テレビ局の立場】

広告主がマーケティング戦略に従って広告効果の最大化を求めてテレビ局に編成上の要求を出した場合、テレビ局がどのような態度をとるか。

多くの国民は、テレビ局はみずからの文化事業としての価値判断よりも営利事業としての価値判断を優先させて広告主の要求に従っていると想像している。あるいはテレビ局が広告主の意向を必要以上に忖度して、〝自主的に〟高視聴率志向やF1志向や若者迎合に進んでいるのだろうと多くの国民は疑っている。番組編成・制作がすべてそのように行われているはずもないが、こういうことが絶無でないこともたしかであろう。その意味でテレビ局営業部門という存在はきわめてむずかしい立場にあることになる。

基本的にテレビ局は公共的な文化事業体である。もちろん文化事業といえども組織を維持し、本来の文化的役割を果たすために収入が必要である。私はあるすぐれた文化論をもつ経営学者にこういう話を聞いた。

「事業体が組織を維持し、本来の役割を果たすための経済活動を『メンテナンスの経済』と呼び、それ以上の利益獲得を目指す経済活動は『利潤追求経済』と呼べるが、公共的な文化事業体は『メンテナンスの経済』に生きるべきであり、組織へのインセンティブとしていささかの利潤追求は認められるとしても限度がある。それが文化事業だ」

というのである。私はこの意見に大いに共鳴した。学校法人、宗教法人、その他いろいろな公益法人に利潤追求活動の規制があることからも、その精神は一般に認められた原則なのだろう。株式会社であっても公益事業にはそれに近いような監視のまなざしが注がれている。それは『利潤追求』を原則とする一般企業のビヘイビアとは別の世界なのだ。問題は、文化事業体と利潤追求原則の一般企業とを同一視したり、文化事業体の中に自らを利潤追求原則の一般企業とカン違いしている人々が少なくないことである。

したがって、いまこそテレビ局経営者はテレビが文化事業であることを自覚して、編成優先の運営を行うべきである。たとえば決定過程、人事、局員のインセンティブをどこに求めるかなどさまざまな手が打てるはずではないか。テレビ事業の多元化、国際化に直面しているとはいっても、それらはしょせん利潤追求原則企業の新規参入にすぎない。そんなものと同じ次元に立ってバタバタしないで、文化事業路線をとることによって主人である国民の共感を得れば必ず生き延びることができると確信すべきではないか。

個人視聴率調査の問題を国民との関係で考えようとすれば、結局はテレビ編成の問題すなわち文化の問題に帰着する。文化の視点・国民の視点の欠如した経済利益至上主義、そして社会全体の視座を放棄した特定消費者迎合路線は「殖産興業、富国強兵」時代の遺物であって、テレビのとるべき道ではない。それが新しい日本の基本原則の一つなのである。

解題

NHK世論調査部門に在籍経験もある筆者が、個人視聴率の導入論議を、調査技術、利用、文化、コスト問題から整理した上で、個人視聴率が局と広告主との経済的利害の問題でのみ論じられ、国民不在と断ずる。個人視聴率をもとに、広告主がテレビ編成に圧力をかけることは、反社会的行為と警告するとともに、テレビ局という公共的な文化事業体は、本来の役割を果たすための経済活動（＝メンテナンスの経済）を行うべきであると論ずる。（音　好宏）

インタビュー

五味一男

広告主より視聴者が大事
個人視聴率なんて10年はやい

インタビュー・構成：坂本 衛

『放送批評』1997年２月号

視聴率至上主義のどこが悪い？

●機械式個人視聴率調査が、九七年四月から本格的に導入される。これによってテレビはどう変わるのか。テレビ局、広告会社、企業、さらにメディア研究者を交えた議論が沸騰している。

だが、視聴率といえば一人、どうしても話を聞いておかなければならない男がいる。

日本テレビのチーフディレクター・五味一男。東映ＣＭ部から日テレに転じて、まず「クイズＳＨＯＷ・ｂｙショーバイ!!」をヒットさせ、さらに「マジカル頭脳パワー!!」「投稿！特ホウ王国」などを立て続けに当てた〝視聴率男〟だ。

ヒット・メーカー五味は、世帯であれ個人であれ、そもそも視聴率という指標を、どのようにとらえているのか。

五味　僕は、視聴率至上主義のどこが悪いのか、と考えている。それが、僕の立場です。

「視聴率主義は悪だ、それこそがテレビをダメにした元凶だ」という言い方がある。あるいは、「テレビ局が視聴率を追い求めるあまり、制作者は自分の作りたい番組をつくることができない。だから、地味で視聴率の取れない良質の番組が消えていく」という言い方がある。こうした意見を僕は、まったく受け入れるつもりがない。それは、極めて短絡的な、浅はかな考え方だ。

もちろん、視聴率など気にせずに伝えるべきことを伝えなければならない報道、ニュース、ドキュメンタリーといった分野もある。しかし、エンターテインメントという分野では、視聴率はとても大切なバロメーター。それは、良質なエンターテインメントを追求するうえで、欠かすことのできない重要な指標なのだ。

僕は、「視聴率は親切率」だと考える。テレビは優れたエンターテインメントを提供して人びとを満足させるサービスであると考えている。視聴率とは関係なく自分のつくりたい番組をつくるというのは、公共の電波を利用しながら、視聴者のことを考えない主張。そこには「優しさ」がない。その優しさを忘れたテレビづくりはダメだと思っている。

視聴率を追い求めるといい番組がなくなるというのも、まったくナンセンスな主張だ。そう主張する人は、下品で過激な番組であれば視聴率を稼ぐことができると思っているのかもしれないが、そんなことはありえない。たとえば、「マジカル」の、あるいは「フレンドパーク」「SMAP×SMAP」のどこが下品で、過激なのか。「高視聴率」イコール「下品で過激」という頭ですべての番組を見るというのは、あまりにばかげた考え方だ。

本能に根ざす普遍的なおもしろさ

●日本テレビは、三年連続の年間視聴率三冠王（プライム、ゴールデン、全日で民放トップ）を決めた。ノンプライムも数えれば四冠王だ。かつて断トツの視聴率を誇ったフジテレビとの差は広がる一方で、今後フジの追撃が成功したとしても、視聴率で再び肩を並べるまでには数年はかかる。早晩、日テレは営業的な数字でもフジを追い越す可能性が高い。

この日テレの怒濤の進撃には、さまざまな理由づけがされている。氏家（齊一郎）体制下の経営改革（壁を取り払う組織改革、若手の積極的登用、現場への大幅な権限委譲）。読売ジャイアンツやヴェルディ川崎のスポーツ効果。フジ「おもしろ路線」の陳腐化……。そのなかでも社内に置かれた「クイズ・プロジェクト」を高く評価する声が強い。このプロジェクトを牽引したのが五味一男で、五味のヒットさせた情報バラエティが、日テレ

の勢いをつくったというのだ。

日テレがフジの背中を見ていた当時から、五味一男は〝視聴率フェチ〟とあだ名されるほど、視聴率にこだわり、視聴率を研究し尽くした形跡がある。そりゃ企業秘密といわれても、視聴率を取るにはどうしたらよいのかと、聞かないわけにはいかない。

五味　そりゃ企業秘密。だけど、さわりだけ話しましょう。

いま、東京で見ることのできる地上波は、ＮＨＫを除けば六つしかなく、視聴者の選択の余地は非常に少ない。この状況では、「年代を越えた普遍的なおもしろさ」をもつエンターテインメントを核に置くべきだと考えている。

たとえば「ちびまる子ちゃん」は、もとは『りぼん』に連載された少女漫画だったが、大人にも通じる普遍的なおもしろさをもっていた。逆に「クレヨンしんちゃん」は、『漫画アクション』に連載された大人のギャグ漫画だったが、子供にも楽しむことのできる普遍性をもっていた。

そんな人間の本能に根ざして普遍的におもしろい番組が、現在の地上波では支持され、高視聴率を取る。それが、僕の第一の持論。別に難しいことではない、単純で、当然のことです。

これでは漠然としすぎているというなら、もうひとつ企画のポイントを話しましょう。

「すき間理論」といっているが、たとえば甘いものが流行ると、酸っぱいものが姿を消し、やがて酸っぱいものが欲しいとなってくる。ソフトも同じで、お笑い、衝撃もの、感動もの、ラブストーリーと流行りすたりがある。その中で、いま地上波にかかっていないもの（すき間）を探し、肉づけしていく。もちろん、それは人間の基本的な本能に根ざしておもしろくなければならない。

最近始めた「速報！歌の大辞テン!!」がいい例。八時台にはＦ１狙いの歌番組しかなかった。そのないところに、Ｆ１と同時に、Ｆ２、Ｆ３層も楽しめるつくりの歌番組をもってくる。

僕は「レベル一〇〇の自分と二〇〇の自分を同時にもて」ともよくいう。「一〇〇の自分」とは、普遍的で一般的な、普通の人間としての自分。「二〇〇の自分」は、その普通の人間にむけて番組をつくるクリエーターとしての自分。「一〇〇の自分」がいれば、おもしろい番組を前にして、理屈抜きにおもしろいといえる。これは視聴者に受け入れられる、これはダメとわかるはずだ。

個人視聴率は十年早い

●そこで、「個人視聴率」である。「自分はクリエーターというより、サービス業者。ビジネス感覚に近い」と口癖のように語り、世帯視聴率や毎分視聴率データを、そのビジネスの最大の武器としてきた五味は、新しい指標をどのようにとらえているか。

五味 テレビの基本は、電波は広告主のものでも、テレビ局のものでもない、それは視聴者のものだ、ということ。そして、僕の大前提は「つくることより、見せること」です。それがテレビの「王道」だと思う。

そこで個人視聴率だが、これは基本的に広告主が欲しがっているデータ。広告主がそれを求めるのは当然だし、求めに応じるのは民放テレビの宿命でしょう。

もちろん、「王道」を行くものとしては、新しいデータが加わったからと、企業寄りになってはならない。そして、さまざまな層の視聴者のデータが取れるのだから、視聴者のこと――相手のことを考える優しい番組づくりには、有効なデータだと思う。だから、別に個人視聴率の導入に反対しているわけではない。

ただし、まだ十年早いかな、というのが正直な感想だ。それは、地上波がまだ数えるほどしかないからだ。BSやCSで何百チャンネルという本格的な多メディア多チャンネル時代が到来し、有料化の問題もクリアされれば、個人視聴率は重要な意味をもってくると思うが、それまでの道は長く遠い。十年かかるだろうというのが、現在の判断だ。

つまり、個人視聴率は性別、年代別の組み合わせで八通り以上あるのに対し、五つか、六つしかチャンネルの選択権がない今の段階では、家族揃って楽しめる番組を作るべきだと考える。

広告主に対してむしろ僕が思うのは、もっとモノが売れるCMをつくったほうがよいのではないかということだ。消費者は、テレビCMに、商品に対するもっと的確な説明を求めているはず。広告主は、個人視聴率について語るより前に、CMのつくり方を考えたほうがよいと思うのだが。

これは「一〇〇の自分」に通じる話だが、テレビ局も含めて、さまざまな企業がおこなうマーケティングに、僕は大きな疑問をもっている。

マーケティングというのは、過去のことはわかるが、現在から未来にかけてのことは、わからない。それは、過去のデータに基づいた調査だからだ。しかも、そのデータがにわかに信じがたい。

たとえば、新しい番組ができるとすれば「どんな番組が見たいか」と視聴者にたずねても、具体的な答えは返ってこない。すぐに返ってくるようだったら、どこの局も苦労はしないだろう。

バラエティ番組でパイロット版をつくりモニター調査をかけても、結果は視聴率とは関係がない。理屈抜きにおもしろいと感じた人は、その感想をわざわざ口にしないもので、あら探しが好きな、何につけ批判的な視聴者の回答が多くなる。マーケティング・データにはそんなインチキ臭さがつきまとう。軌道修正には使えるが、それ以上のものではない。

個人視聴率のデータも同じで、軌道修正をするための参考になるだろうと思っている。しかし、あくまでプラス・アルファのデータであって、これまでの視聴率に代わるものとは思わない。

「個人」に振り回されるな

●個人視聴率は、誤差の問題がクリアされていないという声がある。データ分析の手法が確立していない、あるいは理論武装が進む広告会社に対してテレビ局のデータ分析力が問われるという見方もある。個人視聴率データの研究に余念がない〝視聴率フェチ〟五味一男は、このあたり、どう見るか。

五味　まず、サンプリングに問題がある。国勢調査では二四%ある単身世帯が、個人視聴率調査では半分以下しか占めていない。これでは、平日の明るい時間にしか調査の機械を置いてもらう依頼をしていないのではという疑いもでてくる。その時点で、すでになんらかのかたよりが生じるはずだ。

また、これまでに独自に何度もおこなった別の調査会社による電話調査（一二〇〇サンプル）の結果とのズレが大きい。とくに、ＮＨＫの視聴率が異常に高くなっている。三〇〇サンプルの視聴率でも同じ傾向があったが、六〇〇に増えて、ますますその傾向が強くなった。これは、機械がＮＨＫの視聴料をキチンと払うような家庭に置かれがちだということだと思う。機械が複雑になればなるほど、その傾向は強くなる。

こうした問題は、次第に改善されるだろうし、だから個人視聴率データは使えないなどというつもりもない。

個人視聴率に振り回されることなく、これを客観的に見て、Ｆ１でいくら取っても全体ではダメだなとか、大人も子供も楽しめる番組でなければ世帯視聴率は上がらないなと、テレビのつくり手が気がつけば、それでよいのではないか。

解題

視聴率男・五味一男は、個人視聴率は、広告主が欲しがっているデータであり、求めに応じるのは民放の宿命なので、その導入に反対はしないが、十年早いと述べる。本格的な多チャンネル時代が到来すれば個人視聴率は重要な意味を持つが、五、六しかチャンネルの選択権がない今、家族揃って楽しめる番組を作るべきとの主張だ。個人視聴率に振り回されることなく、制作者が個人と世帯の視聴率の関係に気づくことが大切と説く。

(音 好宏)

特集：ぎゃらく新・放送批評宣言

放送にとって批評とは何か

自己を極限まで解体せよ!!

吉本隆明

《インタビュー・構成》坂本衛

多チャンネル化によって番組ソフトが、いまほど氾濫している時はない。テレビの大衆への影響力が、いまほど大きい時もない。技術革新によってテレビが、いまほど変革を迫られている時もない。だから放送批評が、いまほど重要視されている時はないのだ。しかし、わがテレビは、本当の批評を手にしているといえるのか。いま、求められる放送批評とはなんなのか。文芸評論家・吉本隆明が放送批評への熱き期待を語る。

『GALAC』1997年6月号

テレビの影響力の強さ、怖さ

●吉本隆明はテレビ好きである。朝起きるとテレビをつけ、昼も少し見て、夜もまた見る。「かなり見てますねえ」という吉本は、テレビというメディアを、どのようにとらえているのか。

吉本　テレビの影響力の強さ、テレビの怖さをまず感じますね。テレビがつくった世論、テレビが固定化したあるイメージをひっくり返すことは、単独では、とても不可能ではないかと感じる。違うんだという声をあげても、かき消されてしまう。

オウム事件で僕は、自分なりの意見を書いたり述べたりした。たとえば麻原彰晃という人物の意味について。それは、テレビがつくるイメージとは違うんだけれど、くつがえすのは難しい。自分のところに火の粉が降りかかった場合だけ、精一杯抵抗するくらいのことしかできない。

テレビの影響力、怖さについて、まず語らなければならないと思います。

●私たちは、敗戦後五十年という節目の年に、オウム──サリン事件と阪神・淡路大震災という未曾有の体験をした。前者は、発展する社会がよりどころとした家族の絆や教育体系の意味を問いかけた。後者は、私たちが築いてきた都市や住まいがいかに脆い存在であるかを教えた。それは、四十余年のテレビの歴史でも最大級の事件だった。テレビの影響力を思えば、二つの出来事は、まさにテレビによって戦後最大の事件となったといえるのかもしれない。

吉本　地下鉄サリン事件は、白昼の東京の真ん中で、なんの恨みも対立関係もない人びとを、大量に殺戮するというものだった。僕を含めて、まわりの誰もが、事件に巻き込まれる可能性があった。そうした事件が起こりうるということ。これは凄いことなんだと思います。

神戸のことは、オウム事件ほど実感がわかず、想像するだけですが、大都市の真ん中で一瞬にして何千人かが死んでしまった。これも大変なことです。

どちらも象徴的な事件だけれど、象徴というのは、決して通り過ぎてはいかない。この手のことは、もっと起こるだろうという気がする。これは凄いことです。

そして、二つの事件を通してテレビを考えると、改めてその影響力は甚大だと思う。

もの書きは、テレビ映像なんて瞬間に消えてしまうといい、これを軽んじる傾向があるでしょう。文学、とくに純文学の人は、文学こそが真実により近く、永遠のものであると思っている。

しかし、本当は違う。文学の影響力の命脈なんてとっくに尽きてしまった。いいものは古典として残るが、影響力はごく小さい。

一般的な大衆、九割一分までが自らを中流と規定するような普通の人びとは、テレビからもっとも大きな影響を受けている。だからこそ放送に対する批評が重要なんだ。

自分をめちゃくちゃに壊せ

●そこで、「放送にとって批評とはなにか」である。考えてみれば、テレビの歴史はたかだか四十年。文学の歴史は数千年。私たちは小学生のころから「ここで筆者がいいたいことはなにか」とたずねられ、批評（たとえば読書感想文）する訓練を受けてきた。ところが、テレビでは大人だって「制作者がいいたいことはなにか」と聞かれたことなどない。放送批評がいまだ自らの方法論を

確立できないのも、当然といえば当然だ。ならば、文芸批評の先輩に話を聞いておく価値はおおいにある。

吉本　時代の最先端をゆく企業のつくる雑誌があって、純文学の人が編集している。この雑誌が、どうにも大衆化しきれず中途半端なので、あなたの雑誌にはわかんないとこがあるよ、説明してよといっているんですね。

結局、民衆に食い込もうとしているけど、その方法を獲得できていない。本当は高級なんだけど、どこかつまんないことしているんだよな、という感じがある。

テレビ批評も中途半端ではダメ。どうやったらもっと大衆に食い込めるか、おもしろくできるのかを考えるべきだと思います。

僕も、ＴＢＳ「調査情報」でテレビ時評を書いた。純文学が古いというのと同じで、もっとおもしろくもっと勘所を正確につかんでやれるはずだと思うのに、書いてみると一種の限界がある。ここまでくだけさせたけど、これ以上は俺の力量じゃ無理だなという限界。

本当は、自分をめちゃくちゃに壊さなければ批評にならない。とっぱらおう、とっぱらおうとしながら、ここが限界だなと思う。ＴＢＳのときも、もっと自分を壊さなければと思ったが、辛抱しきれずに書いちゃった。文芸批評なら読み慣れた人が読むからいいが、放送批評はテレビを見る人が読むはずだから、それではダメなんですね。

ひとつには、時間という要素も大きい。たっぷり時間があり、テレビにとことん打ち込めるなら、まだなんとかなるという思いはある。でも、つい慣れた手つきでいっちゃえ、書いちゃえとなる。すると、どこかに線が引かれてしまう。

このことは重要だと思う。テレビ批評はそう簡単ではない。文芸批評の片手間ではできない。誰か本格的にやって見せてくれと思うけれど、そういう人はあまりいない。それをあなたのとこの雑誌が、やってください。

それをしないと、テレビと批評のギャップがどんどん広がってしまい、現実に流れるテレビに見合った放送批評が、出てこなくなってしまう。

なにが放送批評に必要か

●文芸批評の世界には、小林秀雄によって「近代」がもたらされた。その後を、江藤淳と吉本隆明が継いだ。いまは、そのまた後を継いだ批評家たちが、細く深くそれぞれの井戸を掘っている。この状況を俯瞰しながら、吉本はなお自らの研鑽の必要をいい、なにがテレビ批評に

2013年の**視点**から

ドラマ、バラエティが花開いた90年代の放送

藤田真文

振り返ると90年代は、ドラマとバラエティで人気番組が続々登場した輝かしい時代だった。ドラマでは、80年代後半に出現したトレンディドラマの制作手法をより洗練させた形で、若者をターゲットにした作品が制作されている。「東京ラブストーリー」「101回目のプロポーズ」「ロングバケーション」など、90年代日本ドラマの文法は、2000年代の韓流・華流などアジアのドラマ制作に非常に大きな影響を与えた。

バラエティ番組では、90年開始の「マジカル頭脳パワー!!」は、シンプルな言葉遊びでもタレントのリアクションで視聴者が楽しめることを示した。92年に開始の「TV チャンピオン」は大食いや職人技の競争、「進め！ 電波少年」のアポ無し取材は放送の持つハプニング性を活かした。その他にも「料理の鉄人」や「開運！ 何でも鑑定団」など、新しい娯楽番組のフォーマットが次々に生み出された。

92年にはバブル崩壊後の経済不況によって民放の決算が史上初の減益減収となり、放送産業の危機と言われた。それでもリーマンショック後の2000年代末の状況に比べれば、まだ制作費削減の程度は軽く、斬新な番組を生み出そうとする意欲が現場にあふれていた。

必要かを語る。

吉本　僕らの文芸批評は、小林秀雄が開拓した延長線上でやっている。そして、こんなのはダメだ、違うんだと思っている。自分の頭の中には、優れた批評とはどういうものかという詳細な基準もある。自分なりの十全な批評のイメージをもっている。しかし、じゃあ違うというのを見せてみろというのが、なかなかできない。これが新しい小林秀雄だというようには、うまくいかない。

文芸批評で賞をもらったりするのを読んでも、ただ細かく読み込んだとか、どこかの先生だからとか、こんなのなんの意味もないじゃないかと思う。

小林秀雄という人は、印象批評にとどまっていた批評を近代批評にした。それは批評文を作品にしたんです。三十枚、四十枚の批評を書くのに地べたを這いずり回って苦しみ、批評に小説と同じ作品性をもたせた。

「朝六時に起きた」というのと、「朝早く起きた」というのは、読者にとっては同じことかもしれない。しかし、本当は違う。たとえばその違いについて、たいへん苦心してものを書いた。そうして小林秀雄は、批評を近代批評のベースに乗せていった。

だから、俺の考えていることはいいよ、というだけではダ

メ。考えている理念や論理はもちろん、文体や表現それ自体でもって、小林秀雄を越えなければならない。それには、批評のイメージだけではダメで、時間も、見識も、忍耐も、苦労もいる。だから、簡単には越えることができない。そのことは、自分なりにわかっているつもりです。

読者より緻密に読み込んだだけなんてものは、批評ではない。一般視聴者より緻密に見ただけというのもテレビ批評ではない。

テレビや番組を論じる文章が、映像批評であり、同時に内容やストーリーの批評でもあって、しかもすっと入っていける読みやすさを備えている。三拍子そろって、ひとつの作品になっている。それが本当のテレビ批評ではないでしょうか。

そこまでいって、放送批評としての機能を十全に発揮し、映像より文学のほうが永遠なのだというような古い権威を打ち破る必要がある。テレビのほうが影響力も、底知れない怖さもあるんだ、という展開にしないとダメだと思います。

文芸批評は、小林秀雄が先鞭をつけて全体的なレベルがグッと上がった。しかし、いまではそれ以上に上がることができず、のたのたしている。読者も減って、純文学と一緒に追い詰められてきた。僕は、本当はこんな文芸批評はダメだと思っている。

文壇というのがあって外側は壊れていますが、中の作家や批評家というのは、悪くいえばこれほど保守的なものもない。持続性があるからではなくて、保守的だから続いているんです。それはひどいもので、ソ連邦が崩壊したら、これは僕は二十世紀最大の事件だと思いますが、誰も反応しない。オウムがあっても、大震災が来ても、けろりとしている。冗談じゃない、世紀末最大の事件だぜと思います。それすら作品に反映しないんだから、お話にならない。

テレビ批評も、そこいらへんから啓蒙して活発に議論してくれたらもって瞑すべし。僕は歳だから、だれかがやってくれたらいい。誰かが先鞭をつけないと、と思います。テレビは、一人ではとても見きれないから、それは共同でやったっていいのじゃないか。

制度面の批評も必要だ

●ところで放送批評は、番組や映像に対する批評のほかに、放送という制度や仕組みについても論じる必要がある。番組の内容は、権力の介入によっても自主規制によっても、変わってしまうからだ。たとえば「ニューステーション」を批評するには、放送行政に影響力をもつ

自民党通信部会の小委員会にＮＨＫ会長と民放連会長が呼ばれ、出席議員の大半が「久米宏をなんとかしろ」と発言していることを、ふまえなければならない。

吉本　なるほど。それは知らなかったな。報道もされていない。そこまでいわれると、ちょっと厳しいですね。文学では、干渉があるといっても、部落解放同盟から文句が出るというくらいのもの。用語の問題も、札付きというか確信犯と思われれば、直接にはなにもいってこない。

テレビ局の首脳部が黙っているとすれば、おかしいな。たしかに免許事業のテレビは、そうした圧力には弱い面があるのでしょう。テレビ批評と同時に、制度面の批評が必要だと思う。

僕は、これからテレビ局が社会的、政治的に、あるいは娯楽面でも、もっとそれぞれの特色を打ち出していくのかなという感じをもっている。影響力が大きいから、社説とまではいかなくても、キャスターの選び方とかゲストの選び方を多様にすれば、もっと個性を発揮できるのではないでしょうか。

そういう多様性はもっと必要で、多様化が権力によって抑えられるとしたら心外です。

●最後に、「テレビ大好き」吉本隆明がよく見る番組に寸評をそえて、インタビューを終わることにしよう。

吉本　僕は、朝起きると七時ころから日テレの「ズームイン!!朝!」をつけるのが日常。ただし、最近はＴＢＳをつけることも多い。ゴミ出ししたりした後は、たいていＴＢＳ「はなまるマーケット」。生活に役立つ情報があって、かつおもしろい。クイズ形式にするなど工夫もある。不満をいうと、おもしろくしすぎて、つまらないことがある。昼はタモリの「笑っていいとも!」かな。

夜は、ときどきトレンディ・ドラマを見るし、推理ドラマも見る。適宜ワイド報道番組も見る。ハッカーじゃなくて、ええとストーカーのドラマ、あれ女の気持ち悪いところがおもしろかった。小泉今日子の「メロディ」も見る。推理ドラマは「火曜サスペンス」と「土曜ワイド劇場」が、少し低調になってきたかな。代わりに月曜と金曜の「エンタテイメント」が、のしてきたんじゃないか。

「水戸黄門」「渡る世間は鬼ばかり」なんかの決まりものは、以前は見ていたが、このごろ僕の中ではすたれてきました。視聴者は「渡る世間」を、またかとか、そんなバカなとか文句いいながら見ているのではないか。ワンパターンで、もたれ気味の展開だけど、それがいいというか、続いているゆえんだと思う。「料理の鉄人」もすたれてきました。

あとは「筋肉番付」みたいなもの。そうそう、「世界ウルルン滞在記」はよく見ていた。「なんでも鑑定団」も。マラソンなどスポーツも見ます。野球は、どうしようもないチームだけど阪神。まあジャイアンツ以外ならいい。

ＮＨＫはなかなかつけない。紀行や「日曜美術館」くらい。もっとも入院中は、民放の朝昼の番組ではうるさすぎ、エコロジストじゃないがＮＨＫで見る風景、小川がさらさら流れるような映像がいいもんだと思った。体力や気力が弱っていると、ふつうの番組は刺激的すぎることが、初めてわかりました。

（よしもと・たかあき）一九二四年東京生まれ。東京工大卒業。インキ工場に勤めながら詩作や評論に打ち込み、五三年詩集「転位のための十篇」で荒地詩人賞受賞。既成左翼のワンパターンな詩人・文学者戦争責任論に異議を唱え独自の転向論を展開するなど、数々の問題を提起。六〇年安保では同伴者思想を排し全学連とともに行動、国会前で逮捕される。六一年雑誌「試行」創刊。以後、つねに大衆の原像をみつめながら、自立した思想を世に問い続ける。著書に「言語にとって美とはなにか」「共同幻想論」「心的現象論」「最後の親鸞」「マス・イメージ論」「情況としての画像」ほか多数。

解題

この年『放送批評』は『ＧＡＬＡＣ』へとリニューアル創刊した。記念すべき第一号の特集は「ぎゃらく　新・放送批評宣言」。その巻頭を飾ったのが、この吉本隆明へのインタビュー記事である。批評とは何か。放送批評の面白さや難しさはどこにあるのか。文芸評論家の大御所、吉本が放送批評への期待を語る。「どうやったらもっと大衆に食い込めるか」「自分をめちゃくちゃに壊さなければ批評にならない」という吉本の言葉が印象に残る。（丹羽美之）

特集：ぎゃらく新・放送批評宣言

なぜ君は〝放送批評〟するのか？

「新放送批評派」連帯のためのアピール

**方法論なきままに感想を羅列して終わる印象論、
テレビガイドと見まがうあらすじだけの作品論、
芸能記事を思わせる出演者論、
わけ知り顔でテレビ事情を語る業界論……。
こんな放送批評はもういらない。
いま求められる新放送批評とは？**

藤田真文
常磐大学助教授

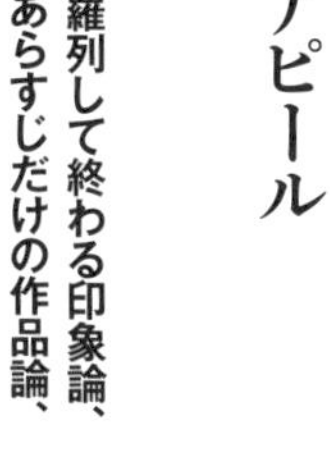

『GALAC』1997年6月号

最初に断っておくと、私は放送批評家ではない。いや、まだ一人前の放送批評家になりえていない放送批評研究者、あるいは放送批評「研修者」といったほうが正確かもしれない。だから本稿は、私も含めて新たに放送批評を行おうとする人たちへの連帯の呼びかけのつもりで書きたいと思う。

批評とは読むことを書くことだ

文芸批評でも映画批評でも放送批評でも、批評が成立するうえで最低限必要なものは、「批評をする人」（批評家）と「批評される作品」（書籍や映画や番組）である。

では、批評家といわれる人は何をしているのだろうか。批評家は、まず作品を読んだり観たりする。この段階では、批評家は読者・視聴者である。次に批評家は、自分が作品を読んだり観たりした結果を文章にする。シンポジウムや放送番組でコメントする場合もあるかもしれない。だから批評が成立するためには、「批評を読んで（聞いて）くれる人」（批評の読者）がいればなおいいことになる。以上から、批評とは自分が作品を読んだ結果を文章などにして発表することだ、と一応まとめることができる。

でも、このまとめには、すぐさま一つの疑問が浮かんでくる。批評は作品を読んだり観たりすることから始まるというが、ふつうの人の読書・視聴と何か違った特別のことをするのだろうかという疑問である。もっとも月並みな回答は、批評家は一般の読者よりも熟達した読み手なのだ、というものだ。

だが、その「熟達」の度合は、どのように計るのだろう。作品をどれくらい読んでいるかという経験量の問題なのだろうか。だとしたら、批評家は、多読家、テレビ・マニアとさほど違いがないことになる（それも批評家には必要な要素だが）。

批評家は、自分が作品を読んだ結果を文章にしたり話したりする。これが、一般読者・視聴者との差だとの見方もある。これに対しては、部分的に賛成である。でも、一般読者・視聴者だって、読書・視聴の感想を知り合いと話したり、新聞や雑誌に投稿するではないか。だから問題は、批評が「何をどう書くものなのか」という点にあるのだろう。

私は、ただその作品が好きだ／嫌いだとか、秀作だ／駄作だなどの「感想」を、根拠を示さずに述べるのは、批評じゃないと思う。批評とは、方法論を明確に意識して作品を読み、読んだ結果を記述することだと考えたい。批評家が作品について語っているときには、自分が「どう作品を読んだか」についても同時に語るのである。カラー[1]は、「作品の意味について語るとは、読解過程を一つの物語として語ることにほかならなくなる」と述べている（「ディコンストラクション」）。

批評が受け入れられるとすれば、批評を読んだ人が「こういう作品の読み方もあるのか」と驚きまたは共感するからにほかならない。批評家になるためには、作品の読み方と、作品を自分がどう読んだかの書き方を、意識して鍛えなければならない。私は、批評家の条件を熟達よりも「（読みの）方法」にもとめたいのだ。だから、放送批評の新人の君や私だって、方法さえあれば放送批評家になれるのだといいたい。

方法論なき放送批評

このような基準からすると、現在、放送批評と名のっているものに、「これは放送批評じゃない！」と叫びたくなるものが実に多い。以下にいくつか例をあげてみよう。

①あらすじだけの作品論……放送批評は新聞のラテ欄じゃない。

ほとんどが番組のあらすじの紹介で、「この番組は一見に値する」などと最後に付け加えるだけで終わっているもの。新聞のラテ欄の番組紹介は、番組を選択する情報として役にたつ。でも、番組の展開をなぞるだけのあらすじは、放送批評ではない。

②安易な出演者論……放送批評は芸能記事ではない。

番組出演者が放送批評の焦点の一つであることは確かだ。でも出演者は、番組が成り立つシステム（脚本や演出）と無関係に存在しているわけではない。

「女優Aは、最近大人の女性としての艶が出てきた」などという批評に出会うと、ツヤってどうやって計るのだといいたくなる。出演者個人を番組から切り離して語るのは、芸能記事にゆずりたい。

③中途半端な産業論……放送批評は業界記事ではない。

「このドラマは、視聴率トップ奪還を目指すXテレビの切り札だ」などの表現。放送業界の事情を語ることで、番組を批評したつもりになっている。放送業界の実情を知ることは大切である。だが放送局の意図と出来上がった番組とは、必ずしもイコールではない。

もちろん、新聞のラテ欄、芸能記事や業界記事がダメだといっているわけではない。それらの中には、優れた放送批評を発見することもある。でも、放送批評は、芸能記事などとは別のものと考えたい。

文芸批評の苦難の歴史に学ぶ

私は、方法論なき放送批評を脱するためには、文芸批評の苦難の歴史を学ぶべきだと思う。文芸批評は、作品をいかに読み、いかに書くかについて問い続けているからだ。映画批評は、文芸批評の成果をおおいに取り入れ、さらに文芸批評では説明しきれない映画独自の映像の文法を見出す形でそれを越えようとしている。放送批評もそうすべきだ。

文芸批評のもっとも大きな苦難は、「作家研究からいかに脱するか」という点にある。作家研究とは、ある作家の伝記から作品を解釈しようとする方法である。

「作家Aは当時恋愛で苦悩していたので、シリアスな恋愛小説Xを書いたのである」などの表現が典型的だ。

しかし、作家から作品を語る手法には、いくつか難点がある。ここでは多くを述べないが、ひとつには、作者の人格や人生自体がひとつの物語だともいえる。「シリアスな詩で知られる詩人Aの人生は苦悩に満ちたものであった。それは、彼のシリアスな作品からうかがい知ることができる」などという表現は、まったくの堂々めぐりなのである（川口喬一「小説の解釈戦略」）。

それに、批評家も含めた読者は、作者が意識・意図していなかった意味を、作品から読み取るかもしれない。作者は、作品を発表した後に、「こういう読み方はマチガイだ」などといって読者の読み方を完全にコントロールすることはできない。

ただ放送批評に話をもどすと、放送批評は作家研究の段階にまでも達していないことは確かだ。放送番組が、作家、演出家、出演者、制作スタッフ、さらには放送局・制作会社という組織の共同制作物であることが、原因の一つであろう。

ある放送作家の伝記的研究、放送史ではない番組史、放送局・制作会社などの番組制作集団の研究など、文芸批評が長い年月にわたって積み重ねてきた作家のデータベースを構築する作業（最近は「文献学」ともいう）は、放送批評のためにはやはり必要なのである。放送の分野では、作家研究と批評の作業を並行して行う必要がある。

放送番組史の本格的な研究が出てこないだろうか。最近パソコン通信やインターネットのサイトに作られつつある特定番組のマニアックなデータベースにも注目したい。

常に番組に帰れ、作品中心主義に立て

ただし、放送番組のデータベース作りそのものは批評ではない。最初にも述べたように、批評とは、あくまでも作品を読む（観る）ことからはじまるからだ。放送批評の最低条件とは、「番組の中に見出すことのできるもの」から何かを語ることにある。批評の記述は、すべて常に番組内容を根拠にしたものでなければならない。作品中心主義（私はテクスト中心主義と呼びたいのだが）、番組をスミズミまで観て徹底的に論じることが放送批評の根幹だといいたい。

そして、批評家になるためには、作品の読み方と、自分が作品をどう読んだかの書き方を、意識して鍛えなければならない。文芸批評では、精神分析、記号論、構造主義、ポスト構造主義などさまざまな思想を、作品を読むための方法論として取り入れ試してきた（その様子は、イーグルトン[2]の「文学とは何か」や川口喬一の前掲書を参照）。

現在の文芸批評は、試行錯誤ののちに方法論だけ立派ならいいというものでもない、というところまで到達したようである。だが放送批評はその入り口にさえ立っていない。さまざまな読みの理論から、番組がどう見えてくるのか。放送批評は、「こういう番組の見方もあるのか」というインパクト

を批評を読む人に与えることをまずめざすべきだろう（フィスク[3]の「テレビジョンカルチャー」は、放送批評の大胆な試みの宝庫である）。

「批評に値する」番組はどこに

さて、放送批評を始めようと思うときに悩むのは、「批評すべき番組とはいったい何か」ということである。いや全然悩んでないんだという人は、少し振り返ってほしい。あなたが批評しようと思っている番組は、高視聴率をあげているドラマ、あるいは何か賞をとりそうな感動的なドキュメンタリーなのではないか。名作、「良質の」番組だけが、放送批評の対象だと考えてはいないだろうか。

イーグルトンは、批評すべき文学を決めているのは、文芸批評そのものであると指摘している。だからこそ、彼は文学理論の入門書を「文学とは何か」という問いから書き出さなければならなかったのである。批評に値する文学の境界は非常にあいまいなのだ。大手出版資本と文学研究者・批評家が決めた「現代を代表する作家」、日本的にいえば「文壇」の作品こそが文芸批評の対象だと長いことされてきた。しかし、それだけが文芸批評の対象なのかというのがイーグルトンの問いなのである。

私は、本誌の前身「放送批評」の中で、自分がよい・悪いと思う番組を取り上げ寸評するBest & Worstという欄を一年あまり担当させてもらった。その際に私が心がけていたのは、他の評者が「低俗なもの」としておそらく排除してしまうであろう番組、たとえばバラエティもきちんと批評しようということであった。

批評家というものは、こんな作品を批評したら、そのことだけで自分の見識が疑われるという意識を持つことがある。放送批評が、文壇と同じような「放送壇」の確立に向かおうとするならば、私は断固反対である。バラエティもまた放送番組なのだ。放送が持つメディア特性が、「放送壇」の成立を難しくするであろう。そのことについて次に述べたい。

批評対象の多様さと膨大さ

放送番組といっても、そこにはさまざまなジャンルが混在している。ニュースあり、ドラマあり、バラエティあり、スポーツあり。それぞれが、新聞、映画・演劇、演芸場、競技場というメディア・空間と共通した要素を持っている。そして、たとえばドラマとバラエティは、同じ方法論で読めるとは限らない。

現在のところ放送批評の対象となっている番組ジャンルは、だいたい二つに集中している。ジャーナリズム論的な関心からのニュース・ドキュメンタリー批評と、文芸批評・映画批評の延長上にあるドラマ批評である。だが、ニュースとドラマだけで放送のすべてを語ることはできない。

さらに放送番組は、量的にも膨大である。地上波に限っても、NHKと民放五系列の全番組を視聴することなど不可能なのである。放送局の数だけモニターを用意して、二十四時間その前に座っていたとしても、それで番組を見たとはいえない。衛星放送や地上放送のデジタル化は、視聴できる放送番組の数をさらに加速度的に増やしていく。

以上からわかるのは、番組のすべてを見渡すことのできる人なんて絶対にいないということだ。現在、放送批評家を名のっている人だってそうなのだ。だから、今後しなければならないのは、各番組ジャンルごとに番組を見て語る方法論を鍛えていくことなのだろう。そして、繰り返すが、ニュースとドラマが放送のすべてではないことを認識すべきだ。

番組の共有・再読のむずかしさ

最初に、批評が成立するうえで最低限必要なものは、批評をする人と批評される作品だといった。実は批評が成立するためには、批評する人と批評を読む人が作品を共有していることと、作品を繰り返し読むことが必要なのだ。

批評家Aが作品Xは今世紀最大の傑作だと書いたとする。批評家Bはその批評を読んで、批評家Aの作品Xの読み方が間違っていると反論する。一般読者Cは、作品Xを読んで、批評家Aと批評家Bのどっちが正しいかを確かめる。この時、批評家A、批評家B、一般読者Cの三人は、全員作品Xを手元に持っており、各自が異なったタイミングで作品Xを読んでいるのである。

ところが、放送では、このような作品の共有・再読が非常にむずかしい。放送批評家Aが番組Xを今世紀最大の傑作だと書いたとしても、番組を見ていた人がほとんどいなくて、批評家Aの批評に賛同も批判もできないかもしれない。いうまでもなく、これは放送の物理的性格がもたらす、もっとも解決の難しい問題である。放送は、書籍と違って「常に」保存され再読可能な形で、私のところに送り届けられない。

一つの番組をていねいに見ようとすれば、「自前で」ビデオテープに録画して繰り返し見る必要がある。だが録画のためには、あらかじめその番組が「批評に値する」番組であることがわかっていて、ビデオをセットしなければならない。だれかがある番組を批評していたからといって放送後にその番組を見直すことはほとんど不可能である。再読できるのは、市販のビデオや映像ライブラリーに保存されている「名作」に限られるのである。それは放送番組全体からすれば、数パーセントにすぎないだろう。

放送番組が批評の対象になるためには、放送番組という資源の流通が革命的に変化することが必要である。デジタル技術やコンピュータ・ネットワークが変化のきっかけになるかもしれない。だが重要なのは、放送局が番組ソフトの公開について新しい考え方を持つことだと思う。

もっとも放送局や番組の作り手が、「別に批評なんかされなくていいや」と考えるならそこで話は終わりである。私は、一回放送しただけで永遠に冷凍保存される運命になるより公開されたほうが、番組も喜ぶと思う。

注

(1) ジョナサン・カラー(一九四四〜) アメリカの文学研究者。難解になりがちな構造主義、脱構築などの思想を、作品の読みへの応用という観点から簡明に論じる。著書として、「ディコンストラクション」「ロラン・バルト」など。

(2) テリー・イーグルトン(一九四三〜) イギリスの文学研究者。マルクス主義、ポスト構造主義の立場から、文学作品のなかに含まれるイデオロギーを分析する。著書として、「文学とは何か」「批評の政治学」など。

(3) ジョン・フィスク アメリカのマスコミ研究者。記号論、読者論などを駆使しながら、テレビをはじめ広告、ビデオクリップなどのテクストを分析する。著書として、「テレビを『読む』」「テレビジョンカルチャー」など。

(ふじた・まふみ)一九五九年生まれ。民放連研究所、八戸大学をへて、現在、常磐大学人間科学部コミュニケーション学科助教授。いま取り組んでいる研究テーマは、テレビドラマに潜む政治や新聞の客観報道主義の問題をテクスト分析から解明すること。

解題

これも『GALAC』創刊号の特集「ぎゃらく 新・放送批評宣言」に掲載された論考の一つ。藤田は、これまでのエセ放送批評(感想だけの印象論、あらすじだけの作品論、芸能記事を思わせる出演者論、わけ知り顔の業界論)から決別して、方法論に裏打ちされた新たな放送批評を目指すべきだと述べる。まさに新・放送批評のマニフェストと言える。放送批評のありかたについて考える上で、現在も繰り返し読まれるべき重要な論考である。(丹羽美之)

21世紀への現在～'90年代を生きる映像作家たち

文学としてのドキュメンタリー

テレビマンユニオン・ディレクター　是枝裕和

膨大に流れゆくソフトは21世紀へとつながっている。マルチメディア時代のソフトを支えるのは、90年代の「いま」を呼吸する個性的なクリエーターたちだ。テレビ40年。第一次世代が去ったあと、次の世紀を見つめる彼らの、方法論と人間像に迫る新シリーズ。

こうたき　てつや

『GALAC』1997年6月号

私が是枝裕和さん（三十四歳）に関心をもったのは、NONFIX「彼のいない八月が」（フジテレビ／'94・8・30）を見てからである。

　エイズ感染を公表した平田豊さんの亡くなるまでの二年間の生活記録。それはとても衝撃的なドキュメンタリーだった。取材する者とされる者とが、こうまで〝人間〟として向かい合えるものなのか。私はギャラクシー賞の選評の終わりに、その驚きをこう綴っている。

「取材する者とされる者とが、その過程であらかじめ準備された取材関係を破綻させ、そこに赤裸々な人間関係を露呈させている——ここにいるのは、もう一介のエイズ患者でもなければ、ジャーナリストでもない。その業のすべてをさらけだした裸の人間であり、その存在に立ちつくすこれも一個の人間である」（『放送批評』一九九四年十一月号）

　いま読み返すと少し恥ずかしい気がする。その時現場にいた取材者を、こんなに簡単に、「これも一個の人間」と片づけてしまっていいものだろうか。興奮で、取材主体への理解が安易に流れている。

たぶん、是枝さんは、もっと平静に自然体で、平田さんの前にいたのではないか。今回、初めてお会いして、そう思うようになった。静かで芯の強い人である。自己を的確に対象化し、それをていねいに律気に伝えてくれる。とても、「これも一個の人間」といった感じで、何かをさらけだしたり、取り乱したりしたとは思えない。

「彼のいない八月が」の中で、平田さんは、ボランティアやマスコミを利用して、残りの人生を生きようとしていることを隠さない。他の番組や講演会では、殉教者としてのエイズ患者を演じて見せるのに、ここでは、素の自分をさらけだす。寂しくなると取材スタッフを呼びだすし、いかがわしい話も平気でする。スタッフの取材をこえた長いつき合いが、彼をそんな風にくつろがせたのだろう。

しかし、そのことと取材・構成の関心は同じではない。平田さんの破天荒な人間像に興味を抱き、番組の焦点をそこに絞り込んでいった行為には、それとは別のなにかを感じる。トリヴィアルでもなければ、ヒューマンとも違う。ある種の透徹したまなざしとでもいったらいいだろうか。

是枝さんの一連のドキュメンタリーを見直し、その人柄にふれて思うのは、このまなざしについてである。

時代の表層には関心がない

（時代は）「意識しません！」

（団塊の世代については）「敵がいる人はいいな！」

（大学時代に友人は）「皆無ですね！」

どんな質問にもていねいに答えてくれていた是枝さんが、そこだけ、短く、きっぱりと言い切った三つの言葉である。それぞれに、その作品を語るうえでのキーワードのように思える。そこでここでは、その言葉に従って話を進めてみたい。まず、時代について。

是枝「僕がやってるものは、僕が子供の頃にあったものが、その時代の高度経済成長によって、こぼれていってしまったり、置き忘れられてきてしまっている、っていうことについてかもしれません。振り返ってみると、福祉とか、教育とか、公害とか、在日朝鮮人の問題とか、そういうものをずい分やっている気がします」

是枝さんのドキュメンタリーには、社会的な問題を扱ったものが多い。しかし、それはエイズ問題などを除けば、ほとんどが過去に起点をさかのぼり、あの問題のいまを問いかけている。

最初のドキュメンタリー、NONFIX「しかし…福祉切り捨ての時代に」('91・3・12)から、すでにその傾向が強くうかがわれる。六〇年代に始まる福祉政策。ここでは、それが生活保護の適正実施、公害補償の見直しといった形で、次々に切り捨てられていく現実を、その執行者と受益者の悲劇(自殺)の中に浮き彫りにしている。

ジャーナリズムの要件が時事性にあるとすれば、是枝さんの社会への関心はそうしたところにはない。では、時事性でないとすれば、そのまなざしは社会の中の何に注がれているのか。子供のころにあったものへのこだわり以上に、そこに強く感じられるのは、人間存在そのものへの関心である。

「しかし…」についていえば、それは福祉をめぐる二人の人間の生涯を交差させることで、そこにその現在を伝えようとする。しかし番組はその進行にともなって、人間そのものへの関心を明らかにする。生活保護受給者・原島信子さんの自殺から、福祉行政のエリート官僚・山内豊徳さんの自殺への、取材者の関心の転移である。

是枝「最初は、生活保護の受給を打ち切られた女性がいて、打ち切った側の行政がいて、その対立構造の中で描くという単純なものだったんですよ。だから、あの女性の部分だけで番組をつくるつもりでした。で、取材も進んで、構成も決めて、後は撮るだけというところで、山内さんが亡くなられたという記事が新聞に出て、興味をもって追っかけてみると、ああいう人物で……」

旧来のジャーナリズムの構図に従えば、弱者である原島さんを見つめるのが常識だろう。しかし、是枝さんはその取材過程で、福祉行政に生涯をささげたエリート官僚の自殺を知り、その苦悩と良心に心を動かされた。山内さんは、自らの携わった福祉政策が、次々に切り捨てられていくことに自己矛盾を覚え、死を選んだのである。

取材者の関心ということでいえば、彼が学生の頃から詩作を多くしていたことも影響しているだろう。

時代の表層には徹底して関心のない人なのである。八〇年代は、若者の多くが記号やポストモダンを遊んでいた。是枝さんは、「八〇年代カルチャーってね、それほど通過していない、横目で見てたって感じ」で、大学時代は、映画ばかり見ていたという。現在も、「マルチメディアって、正直いってよくわかんないですよ。僕、いまだに、パソコンも使っていないですし、インターネットだなんだっていわれても……」とあっさり片づける。

是枝裕和作品リスト

［1989年］
●「ワンダフルライフ」で第28回テレビシナリオコンクール奨励賞

［1990年］
●メイキング・オブ「スウィートホーム」（1/21テレビ朝日系）ＡＤ
●地球ＺＩＧＺＡＧ「スリランカ・カレー」（3/18ＴＢＳ系）ディレクターとしてデビュー
●「4月4日に生まれて」（6/25 ～ 29関西テレビ）初のドラマ演出

［1991年］
●ＮＯＮＦＩＸ「しかし…福祉切り捨ての時代に」（3/12フジテレビ）
取材・構成・プロデュース／ギャラクシー優秀賞
●ＮＯＮＦＩＸ「もうひとつの教育～伊那小学校春組の記録～」（5/28フジテレビ）
取材・構成・撮影／ＡＴＰ賞優秀賞

［1992年］
●ＮＯＮＦＩＸ「公害はどこへいった…」（1/28フジテレビ）
プロデュース・取材
●ＮＯＮＦＩＸシリーズ・在日コリアンを考える①「日本人になりたかった」（6/30フジテレビ）
取材・構成・プロデュース／ギャラクシー奨励賞
●ＮＯＮＦＩＸシリーズ・在日コリアンを考える⑤「楊成太の夏」（7/28フジテレビ）
プロデュース・取材／ギャラクシー奨励賞

［1993年］
●ドキュメンタリー人間劇場「心象スケッチ・それぞれの宮沢賢治」（2/23テレビ東京）演出
●ＥＴＶ特集「4つの死亡時刻」（8/2ＮＨＫ教育）取材・構成
●ＮＯＮＦＩＸ「私はこうして生きている」（9/26フジテレビ）取材・構成
●ＮＯＮＦＩＸ「映画が時代を写す時～侯孝賢とエドワード・ヤン」（12/21フジテレビ）
プロデュース・取材・構成

［1994年］
●ＮＯＮＦＩＸ　ＳＰＥＣＩＡＬ「彼のいない八月が」（8/30フジテレビ）
取材・構成／ギャラクシー選奨

［1995年］
●ＮＯＮＦＩＸ「ドキュメンタリーの定義」
（9/20フジテレビ。ドキュメンタリージャパン、テレコムスタッフ、オンザロード、テレビマンユニオンの共同制作）

取材・構成／ギャラクシー奨励賞
●映画「幻の光」（12月公開。テレビマンユニオン25周年企画）
監督／ヴェネチア国際映画祭コンペティション部門選出、金のオゼッラ賞ほか各賞

［1996年］
●「記憶が失われた時…ある家族の二年半の記録」（12/28ＮＨＫ総合）
取材・構成・プロデュース

市民＝弱者、行政＝悪への懐疑

是枝「僕より十五ぐらい上の世代って、壊すことにすごくエネルギーを注ぐじゃないですか。学生運動もそういうことですよね。既成の権威とか、形であるとかってのを、壊すことで自分のアイデンティティを見つけていますよね。僕なんかのいる状況は、全部壊れちゃった後ですから、壊すにたる大きな敵がいない状況で。おそらく、大きな敵が見えにくくなっちゃったのかもしれませんが、ああいう破壊のエネルギーを見ると……」

「敵がいる人はいいな！」という言葉は、この文脈の中に出てきたものである。これはこれで、相対化をまぬがれ得ない現在の主体の状況をよく説明している。しかし、その意味するところは、実は次の文脈の中にある。「しかし…」の取材過程で、エリート官僚の苦悩と良心を知り、市民＝弱者、行政＝悪といった図式に、安易さを覚えたことに関連してのそれである。

是枝「自分をある種の安全地帯に置いて、社会告発をするとか、行政批判をするとか、自然を大切にしようというとか、果たして自分に言えるのか、という疑問がでてくるわけですよね。……自分の何十年かの人生が必然的に含んでしまっている、ある種の加害者性みたいなものを置き去りにした形で、正義のポジションから番組をつくることはすまいと……」

反権力とか、ジャーナリズムという抽象に立つ時、それは弱者でもないのに弱者の立場をとり、市民でもないのに市民の立場をとる。そうして、弱者と強者、市民と行政といった、あらかじめ準備された関係（形式）だけを確認して、その行為を終える。この一見メッセージがありそうで、実は形式の確認以外何もないからっぽの報道や番組が、これまでテレビの中にどれくらいあったか。たぶん、是枝さんの言いたいのはそういうことだろう。

では、正義のポジションに立たないとすれば、是枝さんは何に拠って立つのか。

それに入る前に、是枝さんがこだわる方法論に少しふれておきたい。（大学時代に友人は）「皆無ですね！」ということとも、関係があるように思えるから……。

取材対象との関係性

是枝さんの方法論は、NONFIX「私はこうして生きている」（'93・9・26）から、「彼がいない八月が」（'94・8・30）への軌跡の中に、その覚醒を見ることができる。両者は、同じ平田豊さんを取材しながら、その構成を異にする。前者にはまだ、エイズ宣言の社会性といった構図が残っていて、〝エイズを考える会〟の活動などが紹介されている。それが後者になると、平田さんだけの凝視に変わる。

この方法論の覚醒は、その後、ＮＯＮＦＩＸ「ドキュメンタリーの定義」（'95・９・20）で、理念的に提示され、九六年の「記憶が失われた時…ある家族の二年半の記録」（ＮＨＫ総合・12・28）の自覚的実践へとつながっていく。記憶障害という関係性の築けない対象（男性）を、時間をかけて見つめることで、そこに、関係性の築けないことそれ自体（記憶喪失）の現実を、取材者の困惑とともに伝えたドキュメンタリーである。

是枝「『記憶が…』で何をやりたかったかっていうと、平田さんと関わりながら、ドキュメンタリーへの自分なりの考えが深まっていって、小川紳介さんのものを読み返したり、『ドキュメンタリーの定義』の過程で、田村正毅さんというカメラマンに取材させてもらったりして、取材する側とされる側の関係性の変化を記録していくのがドキュメンタリーである、と自分なりに定義して、それを実践する形で、番組をやってみたかった……」

是枝さんは、ドキュメンタリーを、「取材する側とされる

2013年の視点から

新しい時代にふさわしい放送批評をめざして

丹羽美之

1990年代は時代の大きな転換点だった。バブル経済の崩壊と自民党長期政権の終わり、そして95年に連続して起きた阪神淡路大震災とオウム真理教事件が、私たちにひとつの時代の終わりを実感させた。ケータイやパソコン、インターネットがしだいに人々の生活に浸透し、マスメディアを取り巻く環境も激変した。

そんな時代背景もあり、1997年5月号をもって『放送批評』は終了。新たに『GALAC』がリニューアル創刊した。サイズもA5判からB5判へと拡大。より開かれた雑誌に生まれ変わった。

創刊号の特集は「ぎゃらく新放送批評宣言」。新しい時代にふさわしい放送批評のあり方を目指そうとする意気込みが伝わってくる。

取り上げられたテーマも、多種多様だ。テレビ・バッシングから、北朝鮮報道、所沢ダイオキシン報道、サッチー騒動、リアリティショーの隆盛、バラエティー化するドラマ、ワイドショー政治、アニメ文化やケータイ文化の登場まで、時代の転換点をよく映し出している。

側の関係性の変化」と定義する。それはそのドキュメンタリーを見れば、十分に納得がいく。また、是枝さんが影響を受けたものということでいえば、先の三里塚闘争の記録者・小川紳介さんや、ＴＢＳ闘争に関わったテレビマンユニオンの創始者たち（萩元晴彦、村紀良彦、今野勉）の名があげられる。とくに、後者による「お前はただの現在にすぎない」（田畑書店・一九六九年）は、テレビマンユニオン入社の動機でもあるという。

しかし、なぜ関係性なのか。どうしてそれにこだわるのか。先覚者たちの理論はともかく、現実の是枝さんにとって、人と接するということは、どういうことなのだろう。

是枝「自分自身の八〇年代って、そんなに評価していないんですよ。自分自身のテリトリーの中にこもっちゃっていましたから。同世代の友人たちとも、関係がそれほど濃くなかったですし、ひたすら映画館で古典を見ていましたから……それがこの仕事を始めた時に、いかに自分が人と接することの訓練をしてこなかったかって痛感しましたから……このへんから、人と接する中で、何かが見えてくるっていう形のほうに、自分を置くように置くように、自分なりにはしているつもりですけど」

文学者のまなざし

文学の人なのだと思う。それも大衆文学ではなく、純文学である、取材関係の中で、是枝さんが触発される人間像を見れば、そのことがわかる。

ドキュメンタリー人間劇場「心象スケッチ・それぞれの宮沢賢治」（テレビ東京／'93・2・23）は、その構成が破綻をきたしている番組である。それ故にかえって、取材主体のまなざしが生々しく伝わってくる。ここでは、宮沢賢治が愛したものと関わりながら、現在を生きる人びとが順に紹介される。いずれも、おもしろくない。構成の形式を追っているだけだ。ところが、土の友だち・中居宏之くん（十九歳）のところへきて、ガ然、番組が熱を帯びてくる。カメラが生き生きと動き、取材者と彼の会話がはずむ。

是枝「僕が中居くんたちを取材しようと思ったのは、木偶坊《でくのぼう》の純粋性みたいなものを、彼の存在とか、粘土細工に重ねていこうと思って……行ってみたら、彼らの粘土細工にはおちんちんがついていたり、彼のお面は、自分のきったならしいものを出すんだ、といってつくっていたり……考えていたより、よっぽど彼らはどろどろしていたんですよ。そのことにとってもショックを受けて……」

中居くんは、いじめを受けて登校拒否になり、その障害児施設に転校してきた。彼は「戦争が好きだ」ともいって、スタッフを驚かせる。いじめの経験が、人にやられることを嫌いにさせているのだ。是枝さんは、そんな彼に出会って「おもしろくなって、あそこばかり長くなっちゃった」という。

「どろどろしている」、「おもしろい」。この対の言葉は、NONFIX「もう一つの教育〜伊那小学校春組の記録」（'91・5・28）の取材の裏話にも出てきた。牛を飼う美談の裏の子供たちのさまざまな葛藤についてである。エイズ患者・平田豊さんを、強烈な人、はちゃめちゃな人と呼び、そのつき合いを楽しかったというのも、同じ文脈で考えていいだろう。

そこに、人間存在の混沌と深遠を見る時、是枝さんは、触発され動き出すのだ。「しかし…」で、弱者の生活保護受給者ではなく、エリート官僚のほうに関心をもったのも、このことを考えればよくわかる。これはもう文学者のまなざしという以外にない。

是枝裕和、三十四歳。早稲田大学文学部文芸専修卒。子供の頃は、図書室の女の先生が好きだったという。

（これえだ・ひろかず）一九六二年東京生まれ。八七年早稲田大学第一文学部文芸専修卒業、テレビマンユニオンに参加。主にドキュメンタリー番組を演出。九一年深夜に放送されたNONFIX「しかし…福祉切り捨ての時代に」（フジテレビ）以来、その映像文体がファンを広げている。九五年、初監督映画「幻の光」がヴェネチア国際映画祭で金のオゼッラ賞を獲得した。

（こうたき・てつや＝上滝徹也）一九四二年生まれ。日本大学芸術学部教授。専攻はテレビ文化史。著書に「テレビ史ハンドブック」（共著）ほか。趣味は競馬。日曜は府中の東京競馬場で会える。しかし、彼の馬券はめったに当たらない。

解題

『しかし…福祉切り捨ての時代に』『彼のいない八月が』『記憶が失われた時…ある家族の二年半の記録』など、一九九〇年代に数多くのドキュメンタリーの名作を生み出し、現在は映画監督としても活躍する是枝裕和（テレビマンユニオン）の方法論や人間像に迫る人物ルポ。その後も、この連載シリーズでは、小山薫堂、君塚良一、樋山裕子、井上由美子、堤幸彦など、次世代のテレビを担う個性的なクリエイターが続々と取り上げられた。（丹羽美之）

特集：テレビ職人のすすめ！

消すな！ 時代劇職人の技

嶋田親一
演出家・プロデューサー

時代劇は職人技の宝庫。大道具、小道具から衣裳、かつらまでプロの知識に支えられている。映画が時代劇に決別したころから、職人芸伝承の危機は叫ばれてきた。そして今、テレビ時代劇も退潮の憂き目にある。本当の限界を迎えたといっていい。21世紀、ブラウン管から時代劇は消えてしまうのか!?

『GALAC』1998年3月号

守らなかった文化のツケ

またテレビから時代劇が激減した。この暮れから正月にかけて各局の編成を見てみると時代劇の増減は時代の流れに敏感に対応している。不景気は制作費をおさえこみ、時代劇の制作は敬遠される。高齢化社会とはいいながらスポンサーは購買層をしぼっていかざるを得ないだろう。

今のテレビ時代劇を大きくは二つに分けて考えたい。一つはＮＨＫ大河ドラマを中心にするスタジオＶＴＲ時代劇。もう一つは時代劇映画の伝統を守る京都の撮影所制作によるテレビ時代劇であり、16ミリによるフィルム制作が主流である。

この二つの流れは必ずしも協調しているようには私には思えない。

作品の数が減ってしまって、裏を支える時代劇の職人はどうやって生きていくのか。誰がその対策を考えているのか？

昔から同じことが論議され、再建が叫ばれても抜本的な改善はなされていない。よくぞ今日まで生きのびてきたものだ。しかしもう限界である。

その昔「活動写真」が輸入された。最初は日本芸能の主流であった歌舞伎劇がその取材の対象となって、一九〇二（明治三十五）年の団十郎・菊五郎による「紅葉狩」などから映画化が始まった。無声映画時代をへて、日本映画の核になっていった。とくに京都はほとんど時代劇一辺倒であった。この伝統が今まで京都に生きていた。

しかしテレビの普及を境に、映画界は時代劇映画に決別する。テレビという媒体がそれを受けついだ。テレビ時代劇を作ったのは、ほとんどが映画人である。かつて映画がそうであったように、テレビもまた時代劇と決別するのか。

今まさに、現象に追われ守るべきものを守らなかった文化のツケが一気に回ってきた。

映画各社と制作会社が提携して「時代劇チャンネル」をディレクTVで立ち上げる。玉石混交の旧作映画が、くり返し放映されるそうだが、起死回生の策になるのか。

時代劇を守ることで結束したのなら、旧作放映だけでなく、NHKをはじめ民放各局にも働きかけてほしい。放置してきた責任をとらねばなるまい。

時代劇の職人を守るためには歴史的に見てテレビだけを論じるわけにはいかない。時代劇の発祥の地は歌舞伎劇である。守らねばならない伝統もそこから出発しているからだ。

「徒弟制度」的意識の世界

かつてテレビ時代劇の危機が論じられた時は、きまって時代考証の欠如が問題になった。一部をのぞいてテレビ局は時代考証家を敬遠し、テレビでは識者の眉をひそませる時代劇が横行する。ドラマと史実、時代の再現とフィクション、この問題のかねあいは難しい。

㈳日本映画テレビプロデューサー協会は、かつて、文化庁から助成金の援助をうけて、「時代劇考証」のビデオを数本制作したことがある。活用されたかどうか、そんな時代もあった。

しかし、今論じなければならないのは職人の灯を消すな！の一点である。時代考証以前の大問題なのだ。

一九九七（平成九）年十二月十九日、東京芸術劇場大会議室で演劇シンポジウムが開催された。「歌舞伎・その裏方の伝承を追う」がテーマで㈳日本演劇協会の主催である※。

問題点がいろいろな角度からとり上げられた。テレビ時代劇もその延長線上にあると私は思う。基本的には「職人（マイスター）意識」と「サラリーマン意識」という隔絶があって、時代劇を支える各職種はここをさけて通れない。時代錯誤といわれそうな「徒弟制度」的意識でとらえなければならない世界である。

問題点が整理された。時代劇を支える近世日本の職人芸伝承について、三つに分けて考える。

㈠人材は育っているのか？　継承者をどう確保するのか。

㈡時代劇に不可欠な衣裳、小道具、かつら等々、素材は確保されているのか。現代日本の「生活文化」に時代劇と共通するものはほとんどないのだ。

㈢人間がいて、素材があって、その技術をどう継承するのか？

シンポジウムは各現場のパネリストによって現実の問題が真剣に語られた。つまり、この歌舞伎を中心にした原点の職人の世界がいまもっとも頼りなのである。

テレビ時代劇の世界にもどして考えてみよう。

〔衣裳スタッフ〕時代によってすべて衣裳は違ってくるのだが、その選択はできるのか。女性の衣裳に誤りが多い。着付けのできない役者が多くなっている昨今、頼りはプロの衣裳さんである。日本の和装文化との関係もある。色を見分ける眼を持ち、色見本の中から自分で役者にアプローチしなければならない。衣裳を縫製する人材は、どうやら和裁専門学校出身がアテにされているらしい。

〔小道具スタッフ〕持ち道具、装飾――つまり動産的なものはすべて小道具である。守備範囲はひろい。テレビ時代劇では役者との接点が一番大きい。今度の時代劇でどのくらいの小道具が必要なのか。綿密なプランを立てて会社の倉庫をチェックしなければならない。群集シーンなら絶対量が足りなくなるかもしれない。

歌舞伎の小道具の最大手、藤浪小道具㈱の土蔵は戦災でも唯一焼けのこった。蔵に対する思いが蔵を救った。中には文化財ともいえる大鎧（おおよろい）がある。テレビは巧妙に作られた「それらしい」小道具ですませている。

歌舞伎とは違って軽い。考え方も軽い。テレビだから――という風潮も時代劇の質を落としたのではないか。時代劇映画全盛の時代はみんなに誇りがあったという。

※この模様は一部一月三一日㈯20：00―21：15　NHK教育テレビ「未来潮流」で放映。

「生活文化」とのかかわり

ここで日本の「生活文化」とのかかわりがクローズアップされる。小道具の世界では素材の確保が焦眉の急である。たとえば蓑（みの）である。カヤ・スゲ・わら・シュロの毛などを編んで作った、マントのような雨具（新明解国語辞典）。現代とは無縁な物になったとはいえ時代劇には欠かせない。草鞋（わらじ）も編める人たちがいなくなった。見本を持って農家に行って頼みこむ。一般的に需要がないから単価は高くなる。家内工業的な業者はそれだけでは生活できない。農家の老人たちの代でそれも終わりになる。キザミ煙草も手に入らない。こうして人材だけでなく、素材そのものも日本から姿を消していく。

［かつら・床山スタッフ］特殊技術である。江戸時代の歌舞伎で、役者の髪を結い、舞台が終わるとまたそれを日常の頭にもどすのが床山の仕事だった。今はかつら屋が、役者の役に合うよう型をつけ、髪の毛をつけて床山にまわす。床山は役者の体型、好みをとり入れ、毎日手入れをする。「結髪」である。テレビ時代劇でも主役のスターには好みがある。自分のかつらの型をもっている。床山の技術は自分の師匠から半分教わり、あとの半分は役者から教わったという。つまり、職人の世界は常に役者との共同作業なのである。

時代劇には、昔は生き字引みたいな職人がいた。役者の脇役にも監督より頼りになるベテランがいたものだ。技術の伝承というのは、そういう環境のもとではじめて行われるのだ。「場」がなくなっていく今日、どこで伝承しろというのだろう。

歌舞伎の世界で灯が見えはじめた。先日、藤浪小道具が「歌舞伎小道具製作技術保存会」として文化庁より認定され、助成された。ようやくの感があるがそれだけ危機感が高まったからと評価したい。歌舞伎という伝統芸能だからこその助成なのである。

時代劇制作の環境を作ろう

歌舞伎とテレビ時代劇は違う。しかし、日本の生活文化を残していく媒体として、その影響力は大きい。時代考証の問題を含めてテレビは文化としてのとらえ方がまったくない。NHK大河ドラマに代表されるスタジオ中心のVTRドラマと、映画の伝承を継承している撮影所制作のフィルム時代劇。外注まかせで時代劇を本気で守る気があるのかどうか、率直に聞いてみたい民放テレビ局。大同団結して語られたことはあるのか。すべては視聴率至上主義から生まれたテレビ時代劇の浮沈の歴史ではなかったのか。

時代劇の制作費は、現代劇よりどうしても高くなる。衣裳、小道具、かつら……何をとっても金はかかる。物語がワンパターンだとさすがにあきられる。頼みの中高年の時代劇ファンもそうそうつきあってくれなくなる。若者離れよりもこれがこわい。すべてが悪循環である。そのような環境の中では、職人の世界が守られるはずがない。

一口に「時代劇」といっても昔は、明治以前の、髷（まげ）を結い刀をさした人物の登場する時代を扱った作品をいった。「髷物」といったのである。それが明治・大正をへて、昭和の時代、終戦後のドラマも、もはや「時代劇」と言いたいくらいだ。この時代風俗を再現することも至難の業になっていく。

映像の世界、とくに若い人たちに知らしめるためには日常の生活に根づいている媒体としてテレビの存在は大きい。

ＮＨＫを含め、民放テレビ局は「時代風俗保存会」みたいな機関を作り、国家の助成も視野に入れて超党派で作品に何らかの形で援助していく方法はとれないものか。

「時代劇職人」の灯はそういう大きな視点から守らないと、衣裳であれ、小道具であれ、かつらであれ、経営的にも成り立たない。かけ声だけではもはや守りきれないだろう。

歌舞伎の職人の継承者は、歌舞伎役者と似ていて、二代目、三代目と肉親縁者が多い。

テレビ時代劇にそれを求めても無理である。テレビにおける「時代劇」に誇りをもち、職人にスポットをあて、もっと声を大にしてみんなで語り合わないと間もなく灯は消えるだろう。

話は一九五〇（昭和二十五）年にタイムスリップする。私は十九歳で劇団新国劇の文芸部に入った。入った翌日から演出助手。今でいうサードＡＤである。当たり狂言、「大菩薩峠」の通し公演の舞台稽古だった。中里介山原作の大長篇小説を劇化し、演出したのが亡くなった谷屋充氏。ダメ出しの言葉を横にいてメモするのだが、時代劇独特の用語はチンプンカンプンで私はみなカタカナで書いた。凄まじいデビューである。劇団に小道具部が独立してあって無数の刀剣があった。主任のＴさんはいろいろ解説してくれた。やくざの刀、脇差、侍の大刀、小刀。細かい分類はとても覚えきれなかった。先生はすべて新国劇の誇った職人たちだった。馬子唄を歌うのは元役者のＹさんという頭取りで「国定忠治」で今も使われている馬子唄はＹさんの録音された声である。

あれが時代劇の世界だっただろう。その新国劇も七十周年で幕を閉じた。東映時代劇も今やない。時代劇を生き抜いたいろいろなスターたちも逝ってしまった。しかし今日、テレビでも必死に守っているテレビ時代劇があるではないか。頑張ってほしいと思う。

時代劇は不滅だと私は信じている。少なくとも歌舞伎の伝統が守られている間は他の時代劇も舞台で生きのびられる。が、映像となると楽観的にはなれない。生きのびても数がへると成立しない業界だからだ。

職人の灯を消さないということは、テレビ時代劇の灯を消さないということである。今こそ全関係者がお互いの力を合わせ、時代劇制作の環境作りで結束し、努力すべきではないか。

（しまだ・しんいち）演出家・プロデューサー。一九三一年生まれ。早大中退後、劇団新国劇・ニッポン放送・フジテレビで時代劇を手がける。生前の行友李風、長谷川伸先生らに会えたのが忘れられない。日本演劇協会常任理事などを務める。

解題

テレビ時代劇は大道具、小道具、衣装、かつらなど、多くの職人芸によって支えられてきた。しかしテレビ時代劇の数そのものが激減し、貴重な職人芸の伝承がいよいよ難しくなっているという。「テレビは文化としてのとらえ方がまったくない」という嶋田の批判は傾聴に値する。テレビ文化をいかに保存し、継承していくかという問題は今日ますます重要になっている。特集「テレビ職人のすすめ」に掲載された。（丹羽美之）

座談会

特集：テレビは殺人を教唆したか？

メディアに“ナイフ殺人”の責任はない

飯田譲治（脚本家・監督）

宮台真司（都立大助教授）

上滝徹也（日大教授）

《司会》**坂本 衛**（本誌編集長）

**日本中が少年犯罪を「テレビの影響」にすり替えたがっている。
大手週刊誌がテレビをバッシングする。
教育界はVチップに問題解決を託す。
テレビの暴力・性表現は子どもたちを狂わすほどに力を持っているのか。
ドラマの主題を理解できないオトナのほうが思考停止していないだろうか。
問題視された『ギフト』の作家、
気鋭の社会学者、テレビドラマ研究の第一人者が、
テレビバッシングに異議を呈す!**

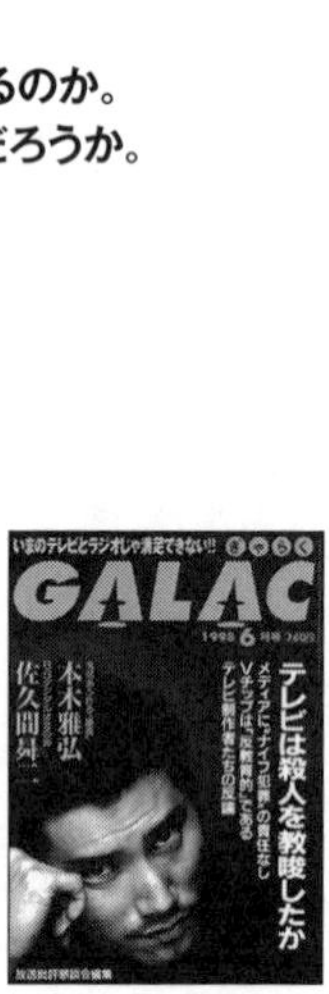

『GALAC』1998年6月号

メディアは、キレる少年少女の予兆をキャッチ

司会　いま、少年犯罪の凶悪化がいわれ、背景にテレビの強い影響があるとされて、かつてないテレビ・バッシングが起こっている。新聞や雑誌の論調は、テレビが殺人を教唆したのだといわんばかり。少年少女たちが「キレる」本当の理由から目を背け、すべてをテレビのせいにする短絡思考、というより思考停止が横行している。二十世紀も終ろうという映像の時代に、この「魔女狩り」的な状況をほうってはおけません。

東京で警官を襲った少年が、ドラマ「ギフト」を見てバタフライナイフをほしいと思ったと語ったことで、最初の魔女に擬せられてしまった飯田譲治さん。まず、口火を切ってください。

飯田　「ギフト」をつくった僕自身の立場としては、まったくいわれのない攻撃を受けることになったな、という感じです。ドラマをちゃんと見れば、見たせいで殺人を犯したなんて言い方は絶対にできないはず。だってそれと「真逆」のことをいうドラマなのだから。ところが、新聞、雑誌、テレビで、そのことを口にしてくれる人が一人もいなかった。実際にドラマを見て発言している人はいたんだろうかと疑問を持ちました。

作家の意図だけじゃない、ディレクター、スタッフ、出演者、すべてを踏みにじり、ただ「バタフライナイフを出した」と批判する、あまりに知性がない騒ぎ方。メディアがこんなことをすれば、表現者としての自分の身が危険になるに決まっている。しかし、誰も、何も考えていない。ナイフ問題を報じる同じ新聞の別ページに、キムタクが抜き身の刀を構えている「信長」の全面広告が載っていてア然としました。僕は、メディアの姿が、自分のシッポを食いちぎるトカゲに思えました。

司会　身の危険というのは？

飯田　話されていることを突き詰めても、何の結論も出ない。テレビのせいだと決めつけて、キレる子どもが減るわけではない。でもただ一つ残る結論は「ギフト」というドラマはひどかったと。それだけはずっとマスコミに記号として残る。「ギフト」はもう二度とオンエアされない。ビデオ店で取り扱いをやめようかという動きすらあった。ドラマを見ていない人は作者はひどい人間だと思い込む。身の危険というのは、そういう意味です。

宮台　酒鬼薔薇事件のときはメディア悪玉論を批判していた

識者の多くが、今回はテレビ批判に回っています。きわめて恣意的です。少年が教師を刺した→ドラマを見てナイフを持ったらしい→テレビ規制だ、あるいは銃刀法違反のナイフも問題だ→販売店規制だという話になって、本質的な「メディアの影響」とは何かが論じられない。にもかかわらず、この規制への流れ自体がメディアに影響されたものなんです。メディアの影響を受けてメディア悪玉論を語る、鈍感なメディア（笑）。

まんがの例をあげるとわかりやすいでしょう。まんがでは七〜八年前、九〇年代に入るころから「理由なき暴力」が登場しはじめる。キレるためにキレる人物が描かれるようになる。そして、現実に五〜六年前からストリートで突発性暴力が目立ちはじめる。それが学校に転移した。

ところが、ナイフを持つストリート系の連中は、まんがなんか読まないんですよ。街の連中や学校の連中の、共通の土壌から発する欲求が、まんがというメディアに表現されるだけ。そのまんがは、読者投票によってストーリーが左右される構造になっていて一〇〇万、二〇〇万の子どもたちが「理由なき暴力」に投票始めたのが今から七〜八年前のことなんですね。

メディアは、キレる少年の原因ではなく、予兆にすぎない。いわば第一次警戒警報。メディアの表現にナイフはダメだとなると、予兆を観察する可能性が失われてしまう。これは恐ろしいことです。

司会　メディアは殺人の原因ではない、と。

宮台　逆に「代理満足」をもたらしている可能性さえある。ガス抜きすることで、事態を緩和しているかもしれない。イギリス政府が、二年間暴力的な映像を見せ続けたらどうなるかと調査して、見た者は暴力的にはならないという結果を最近公表した。この種のデータはいくらでもある。カンフー映像を見て「アチョー」とやっちゃう一過性の影響はありうるが、継続的な影響は存在しないというのが、定説です。

問題を論じている連中が余りに無知だと思う。描かれた暴力の内容も、映像による影響も、何ひとつ正確に把握しないで単なるイメージだけで語っている。

現実と虚構の混同を語る人間こそが、両者を混同している。たとえば、都市化とともに都市の子どもが悪くなり、いじめが増えたなんていうのは虚構です。そうでなくて、いじめは娯楽であり、娯楽が少ない田舎で増えている。これこそが現実なんです。

『ギフト』のメッセージは批判と真逆

上滝　飯田さんが作品の意図にちょっと触れたが、バカバカしくて自分からはおっしゃれないと思うので一言。「ギフト」は主人公が贈り物を届ける仕事をしながら、自らの過去と向き合うというドラマ。批判された内容とは全然異なるドラマです。

もちろん「ギフト」を見てバタフライナイフを買った少年は、全国に何人もいるはず。昔、裕次郎の映画を見た少年たちが同じ格好をしたように。しかし、ナイフを買ったことと、そのナイフで人殺しをすることはまったく別。問題は、なぜ少年たちがキレるかで、それを問わないテレビの影響など語るのも愚かな話。キレるのは時代の問題、これまでのパラダイムがすっかり変わってしまったという問題です。もう一つ気になるのは、日本のマスコミの影響論は、すべて「他人の責任」論なんですね。テレビの責任をあげつらっても自分の心の痛みを感じない。

この問題で問われるべきは、第一になぜ少年たちはキレるかであり、第二に日本の言論構造だと思う。

飯田　「ギフト」は、いわれていることと〝真逆〟のドラマ。いまの世界は、まともなメッセージを排除しようとする、異常な世界ではないか、という気にさえなりました。

「ギフト」でやりたかったのは、ある男の更正というか蘇生の物語。取り返しのつかない罪を犯しても、やり直せるというイメージ。実は、主人公の過去にもっと取り返しのつかない設定をしようかと――もっと直接的に殺人に加担したとか――。記憶を失うことによって、主人公は自分のよい部分に気づき始める。そのことで、過去を退治していくそんな物語にしようと考えた。

それが、未成年の犯罪者が口走った、たった一言で「バタフライによる人殺しドラマ」として葬り去られる。冗談じゃないと思う。だいたい、テレビを攻撃する新聞も雑誌も、「少年がいじめで自殺した」と書くじゃないですか。それを読んで子どもが自殺したら、新聞や雑誌は責任を取るのか。風俗紹介もやっているが、記事を読んで出かけた少年が性病になったら責任を取るのか。もっとまともに考えてほしい、というほかはない。

上滝　先日あるPTAのシンポジウムに出たら、親が子どもに見せたい番組のトップは、「週刊子どもニュース」を含めたニュースだという。二番目が「生きもの地球紀行」、これに自然・歴史紀行やドキュメンタリーが続いて、ドラマなど作り物は見せたくないと。ところが、ニュースは連日は、腐敗した親たちの犯罪を流し続ける。人殺しあり、汚職あり、性犯罪あり。現象として問わなければいけないのは、そちらの現実です。

メディアの影響力は、一般論としてモデル化できない。子どもが真空状態で二十四時間テレビを見続けでもしない限り。人によって影響は異なるし、影響があるとすれば、そりゃドラマよりニュースのほうが影響力があるに決まっている。そして、メディアよりは親や友だちの影響力のほうが大きいに決まっている。

飯田　僕はうちの子どもにはニュースは見せたくない。「ニュースステーション」なんて毎日見せたら、絶対人間不信になると思うから。「ぴったしカンカン」のころと比べて、久米宏さんの顔がけわしくなっているのは、毎日暗いニュースと接しているからじゃないかと思う。

宮台　拳銃の引き金を引いても、火薬が入ってなきゃあ弾は出ない。テレビは引き金を引くことに影響しても、人殺しの動機や要因自体は与えない。影響ありと科学的に実証された例はないのです。

子どもがなぜキレるかについていえば、僕の言葉では「承認の供給不足」となる。自分が自分であるためには、社会や他人の存在とその中での「承認」が不可欠なのに、そこから離脱して生きる人間がふえてきた。これは共同体の空洞化による。ところがことの本質に触れると自分の足元が危うくなるという恐れが、メディアを悪玉に仕立てる側にあるんです。

理論的に言えば、メディアの影響力は社会的環境の関数であり、社会的環境の総体がメディアの影響を決める。たとえば家族と見るのか一人きりで見るのかとか。メディアのせいにしておけば、こうした自分たち自身のあり方を問わなくても済む。

上滝　全部「仮託の構造」なんですよ。火宅（娑婆）イコール仮託。全員で責任転嫁しまくってる。その構造の中で生け贄というか魔女を探し出し、一件落着と。ところが、そんなことでは一件落着にならない。

飯田　作り手がみんな思っているのは、テレビには影響力があるに決まっていると。そりゃそうでしょう。影響力ゼロだったら、こんなもの作るのやめますよ。けれども、「ギフト」を見て、人殺しまでやったら、それはドラマが悪いんじゃなくて、やったヤツがおかしいんですよ。個人の責任っていうのは、そういうことだと思う。

シャーペン殺人が起こったら規制するのか？

司会　「ギフト」は少年にナイフを買わせたかもしれないが、殺人教唆はまったくの濡れ衣だということに、議論の余地はない。しかし、自民党、郵政省、文部省、法務省など公権力は、凶悪犯罪はテレビのせいとして、Vチップによるテレビ規制を口にしはじめた。これをどう思いますか。

宮台　先進国アメリカはこうしてる、なんて情報を真にうけないほうがよいと思います。アメリカは原理主義的な国で、あの国ほど表現規制を行なっている国はない。

上滝　なにしろシラフで禁酒法導入をやっちゃう国だから。アカ狩り、デブ狩り、タバコ狩り、テレビ狩りとすべて極端に走る「魔女狩り」の国。

宮台　郵便ポストに有害チラシが入ってくるから、入らないようにすれば問題は解決するというのは、バカげた責任放棄の考え方ですね。テレビも同じで、暴力やセックスを締め出せば万事解決とはならない。必要なのは、それについてコミュニケーションすることだと思う。

アメリカでのVチップ導入は、分離主義といって、売春合法地域やクスリ合法地域をつくるのと同じで、見たくないものを見せられない権利を背景にしている。子どもの暴力やセックス問題の原因になっているからというのではない。まったく違った理路に基づく。

上滝　Vチップで暴力番組やセックス番組を切れば、親と子の関係が変わるのか。何一つ変わらない。臭いものに蓋をして、一時的に自己満足は得られるかもしれないが、それ以上何も解決しない。だいたい子どもは、大人の世界を覗きながら成長するものでしょう。エロ本やエッチ番組を取り上げたら、まともな大人が育たなくなります。

親にいいたいのは、こんな番組を見せたい見せたくないとメッセージするな、ということ。俺はこの番組が見たい、わたしはこの番組嫌いよと、断固宣言することとこそが大切なんですね。

宮台　専門店やアウトドアショップなどのナイフ規制、販売自粛というのも、愚劣きわまりない。ナイフがなければシャーペンでも、コンパスでも凶器になる。今後そういうもので人を刺すヤツが出てきますよ。善意の報道を見てマネするやつも出る。じゃあ、シャーペンやコンパスを規制するんですかね。報道をやめるんですかね。問題はなぜ刺そうと思うかで、ナイフじゃない。

環境浄化問題は、団地化の伸展につれて、一九五〇年代、七〇年代、九〇年代と起こっている。たとえば九〇年の有害図書規制論。きっかけは五十代のオバサンでね、何かの拍子にまんがをみて仰天し、警察へ駆け込む。警察で「息子さんいくつ?」と聞かれ「三十六歳です」「じゃ、どうしようもないですよ」。ところが市長が議会で取りあげたので全国化した。

なぜこういうことをするか。オバサンが透明な存在だからです。そんなオバサンが「諸悪の根源」に気づいて、濃密な生を生きはじめる。

司会　会長を三年間やったけど、PTAがまさにその構造。コンビニのエロ本がひどすぎる、PTAで問題にしてくれと、母親から苦情がくる。「おたくの息子さん、何か問題ありましたか」と聞くと、「別にない」と。じゃあほっとけ、そんなもん。

宮台　一方で、テレビに対するまともな考え方をしている人間も多い。

中学、高校、大学生、二十代の社会人などいろいろ聞いているんだけど、かれらは今度のことで、何とも思ってないんですよ、テレビの影響を。

どんなに暴力的な番組を見ても、それに影響されて人を刺したりしない、刺すのは別な理由による、と考えている。いまの時代、テレビのいうことなんて、若者は話半分にしか聞いていない。テレビの本音と建て前を、非常にはっきりと認識している。

メディア人がメディアを使ってメディア批判をやろうとすると、大半が外す。閉じたゲームとして、まとまってしまう。視野の狭いメディア同士のケンカと現実は関係ない。テレビゲーム「バイオハザード」なんて一八〇万も売れたんですよ。でも、その影響で人殺しなんて誰もしていない。最近、会う人会う人にいわれるのは、「私は子どものころ、ナイフを持っていたよ」と。そういう人も人殺しなんてしていない。

上滝　報道のミーハー性というか、トレンド志向が問題。アメリカがやっているからVチップと、これもトレンドなんですよ。物事を立ち止まって考えようとせず、一点集中でワッと取り上げ、後は忘れてしまう。日本の報道の悪いクセです。

テレビはちっとも病んでない

飯田　テレビも新聞も雑誌も、社会全体が欲していることの鏡だと思う。一〇〇万二〇〇万の子どもが支持してくれる、だからまんがは続く。視聴率二〇%で見てくれる、だからドラマは続く。

でも、ワイドショーで芸能人ネタやっているの見ると、作り手は犯罪者かって思うくらいひどいことをやっていますね。写真誌とか芸能レポーターってのはそうでしょう。スポーツ新聞も週刊誌もそう。あれ、自分たちに負い目があるから、生け贄を探そうとするのか。週刊文春にも「淑女の雑誌から」ってエッチなコラムがある。あれ連載しながら、どうして「テレビが病んでいる」なんていえるのかわからない。

上滝　週刊文春の連載は、後半が野島伸司の「聖者の行進」攻撃一辺倒になった。僕は、野島の時代性と病理をいうなら、あれは昔のメロドラマと同じ構造だと。不幸は不幸、努力し

解説Vチップ
“有害番組”カットの最終兵器？

Vチップは、バイオレンス（暴力）チップの略。チップはLSI（集積回路）の意味だから、無理に訳せば「暴力カット回路」か。

もともとはアメリカのテレビ番組が受信できるカナダで、その暴力的な表現や性的な表現が問題視され、番組を自動的にカットする手段として考案された。

その原理は、まずテレビ番組ごとに暴力的とか性的という判定をおこない、放送と同時にその判定を示す信号を送る。一方、受像機に特別な集積回路を組み込んでおき、信号を受信すると自動的にスイッチが切れる仕組みである。

アメリカでは、1996年通信法にＶチップの導入を盛り込み、最近FCC（連邦通信委員会）によって、1999年７月までに半数の受像機に、2000年１月までにすべての受像機にＶチップを内蔵するようメーカーに義務付けがなされた。

番組の判定は「格付け（レーティング）」と呼ぶが、すでに実施され、新聞のテレビ欄に載っている。対象年齢によって「すべての子ども」「７歳以上」「親は要注意」「17歳未満は不適」など６段階に分けられ、暴力や性描写によっても分類されている。

親は、自分の子どもにはどの分類が好ましいかを考え、事前にＶチップをセットする。「すべての子ども」むけ番組しか映らないようにもできるし、「17歳未満は不適」番組だけをカットするようにも設定できる。また、暗証番号を打ち込めばカット番組でも見ることができる。

AP通信が２月に実施した調査によると「子どもに見せる番組を格付けによって選んでいる」と答えた親は40％にとどまった。Ｖチップ導入に反対している放送局もあり、「検閲と同じ」「親の教育権への介入」といった意見もある。導入を決めたアメリカも、必ずしも一枚岩ではないのである。

ても絶対に報われないというメッセージを重ねに重ねてつくる手法で、セリフもシーンもそれに頼り過ぎ、おぼれてしまっている。僕はドラマ論としてそれを評価しないというか、好きじゃない。しかし、それはテレビが病んでいるのとは違う話でしょう。

少年犯罪とオトナ社会の対応

［1997年］

2月 10日	神戸市須磨区で、小6少女2人をハンマーで襲う傷害事件
3月 16日	神戸市須磨区で通り魔殺傷事件。小4少女死亡、他1人重傷
4月 16日	フジテレビ系列で「ギフト」第1回放映（～6月25日）
5月 24日	神戸市須磨区で「酒鬼薔薇聖斗」殺人事件
6月 28日	「酒鬼薔薇聖斗」殺人事件の容疑者として14歳の少年逮捕
7月 2日	写真週刊誌「FOCUS」、14歳少年の顔写真掲載
10月 31日	14歳少年の医療少年院送致の保護処分が確定
12月 16日	ポケモン事件発生、テレビの安全性をめぐって話題沸騰

［1998年］

1月 5日	フジテレビ系列、関東地区で「ギフト」再放送開始
8日	大阪府堺市で通り魔殺人事件。19歳少年が少女ら3人を殺傷
9日	埼玉県で18歳少年が暴れ、駆け付けた警官をナイフで刺す
28日	栃木県黒磯市で、中1少年がバタフライナイフで教師を刺殺
30日	茨城県三和町で、高1少年が同級生を包丁で刺し重傷に
2月 1日	東京都板橋区で、中学男女が万引き、ナイフちらつかせ逃走
2日	東京都江東区で、中3少年がバタフライナイフで警官を襲う
3日	橋本首相、閣僚懇談会でナイフ使用の凶悪事件対策を指示
5日	東海テレビ『ギフト』再放送中止。以後、各地で中止相次ぐ
10日	月刊誌「文芸春秋」、少年A供述調書を掲載
27日	郵政省「視聴者保護政策に関する調査研究会」設置を表明
3月 2日	栃木県大田原市で、中3少年が包丁によるコンビニ強盗未遂
4日	兵庫県西宮市で、中3少年らの公務員ナイフ恐喝事件が発覚 文部省「有害情報対策に関する検討会」設置
6日	政府「次代を担う青少年について考える有識者会議」設置
6日	インターネットのポルノを規制する風営法改正案が閣議決定
9日	埼玉県東松山市で、中1少年が別の中1男子をナイフで刺し殺す
10日	名古屋市南区で、中2少年が同級生を包丁で襲い、重傷に 中教審「心の教育」小委員会、Vチップ導入要請を決定
13日	米FCC、Vチップ2000年までに全テレビに内蔵を義務付け

飯田　そりゃ実際の障害者から見れば、描き方が事実と違う点もあるかもしれないが、「聖者の行進」見て精神薄弱者を認知したり、ボランティアにいこうと思う人だって出てくるかもしれない。

宮台　メディアによる紋切り型のメディア批判は、自分の首を締めるだけ。文春についていえば、本誌以外いつ打ち切りになってもおかしくないほど部数が落ちて左前なんで、テレビ憎しって感情があるんでしょう。

テレビは実に敵が多いというか、テレビをバカにしたい、何かあればいじめてやろうと思っている識者は多い。暇なんですね。

上滝　メディア・ジェラシーなんですね。日本の言論構造を成り立たせているものの一つが、ジェラシーです。

宮台　ただ、紋切り型批判にも、ポジティブにとらえれば、メディア一般のバカバカしさに気づく効用がないでもない。政治状況がそうだけど、いまの政党や政治家は大衆の支持を得ているわけじゃない、選択肢が少ないから、大半は投票にもいかず、仕方なく選ばれている。選択肢が広がり、投票で淘汰される健全なメカニズムが働いたほうがいい。テレビも同じで選択肢が狭すぎる。個人視聴率とか、CS、CATVなどマルチチャンネルとか、インターネットといった多様な世界の登場が、健全な投票メカニズムが働くようになるきっかけになればいいと思う。

飯田　多様化はいいけど、メディアって、どこまでいっても健全にはならないですよ。なるはずがない。そういうものです。

　ドラマを作るもっともよい環境はテレビだと僕は思っている。テレビには予算があり、才能が集まって、競争していますから。それ以外のものを作りたい人は、また違う媒体に行けばよい。そして不健全なものと健全なものが交じり合っている、あやふやな世界こそが健全で、まともなんだと思います。その中に、「失楽園」があっても「聖者の行進」があってもいい。

上滝　活字の人に学んでほしいのは、テレビは恥をさらすメディアだということ。バカさ加減まで伝えてしまうメディアだと。新聞に署名記事が増えているけど、そのレベルを超えて、お前たち、顔写真を出せと。恥の感覚、それを隠してものをいう卑怯さへの自覚が必要だと思う。

宮台　メディアが害毒ばかり流す悪玉で、われわれはその影響を受け四苦八苦しているなんて構図は、バカげている。メディアを利用する側が、主導権を握れないはずがない。つまらない番組は健全な投票メカニズムがあれば視聴者がつぶせるんです。それでも残る番組は良かれ悪しかれ「民度」の反映です。

上滝　映像の時代とは、映像が主役なのではなく、主人公のわれわれが映像メディアを使っていく時代だということ。テレビが人殺しを引き起こしているなんてバカな妄想に踊らされるな、というのが結論ですね。

（みやだい・しんじ）一九五九年東京生まれ。東京大学大学院博士課程修了。東京都立大学人文学部社会学科助教授。社会学者。援助交際、酒鬼薔薇事件などを通して、現代の少年少女の実態を鋭く分析、評論。近著に「透明な存在の不透明な悪意」「まぼろしの郊外」など。

（いいだ・じょうじ）一九五九年長野生まれ。明治大学文学部中退。脚本家・監督。八六年「キクプロス」で監督デビュー。九二年「NIGHT HEAD」（脚本・監督）、九五年「沙粧妙子・最後の事件」（脚本）、九七年「ギフト」（脚本）など話題作を手がける。九八年春は映画「らせん」（脚本・監督）が公開された。

（こうたき・てつや）一九四二年岐阜生まれ。日本大学芸術学部卒。日本大学芸術学部教授。専攻はテレビ文化史。著書に「テレビ史ハンドブック」（共著）ほか。本誌に『九〇年代を生きる映像作家たち』をシリーズ連載。ドラマ論、作家論には定評がある。

解題

この年、木村拓哉主演のテレビドラマ『ギフト』(フジテレビ)は、ドラマを見た少年が起こしたバタフライナイフ事件の責任を問われ、再放送中止に追い込まれた。少年犯罪の凶悪化の背景にテレビの悪影響があるとされ、かつてないテレビ・バッシングが巻き起こった。この座談会は、しばしば繰り返されるこうした短絡的なテレビ悪影響論は思考停止に陥っていると真っ向から反論する。特集「テレビは殺人を教唆したか!?」に掲載された。(丹羽美之)

座談会

特集：がんばれＴＶドキュメンタリー

ドキュメンタリーは地方から再生する

『GALAC』1998年６月号

中村登紀夫
永田俊和
鈴木典之
伊豫田康弘

民放のゴールデンタイムから
ドキュメンタリーが消えて久しい。
ドキュメンタリー番組の水準は
テレビのジャーナリズム機能のバロメーターともいえる。
再興の鍵はどこにあるのか。
ギャラクシー賞の選考を通して、
地方のドキュメンタリーにも精通する選奨委員が、
現状と課題に迫る。

テレビ報道こそ病んでいる

伊豫田　最近のテレビドキュメンタリーを、どう感じますか。

鈴木　ＮＨＫと民放の編成格差が大き過ぎますよね。ＮＨＫは政治・経済・社会にわたるオーソドックスなものを万遍なく扱い、とりわけ調査報道の充実が目立つ。一方民放は枠自体が少ないうえに、内容は、情緒的な社会風俗ルポが主体で、批判性が弱くなっている。

八〇年の「楽しくなければテレビじゃない」というフジテレビのキャッチをきっかけに、テレビは一挙にエンタテインメントに走った。競争がいささか行き過ぎて、内容の空虚化に、見る側がシラけてきている。

社会の閉塞状況のなかで、生きることへの真剣な関心も悩みも高まっている。そのことが、ドキュメンタリー枠にも反映して、視聴率が全体にアップしているんです。送り手と受け手の意識にギャップが生じていると感じます。

中村　週刊文春が『テレビが病んでいる』というキャンペーンをはり、ドラマ批判を展開しましたが、本当に病んでいるのは報道の扱いではないか。

民放のプライムタイムにあるレギュラーの報道番組（ニュースをのぞく）は、ＴＢＳの『報道特集』だけ。テレビ朝日の『ザ・スクープ』は深夜に追いやられてしまった。『ドキュメント'98』が〇時十五分、『テレメンタリー'98』が午前一時、『NONFIX』が深夜二時台。どんなにいい番組でも、こういう時間にしか放送されない。これで伝えているといえるのか。

ドキュメンタリーはニュースとともに車の両輪であって、ドキュメンタリーがダメではニュースはよくならない。民放がストレートニュースに重点を置いて拡大しているのは、それはそれで結構ですが、そのニュースがショー化して、ドキュメンタリーというもう一つの車輪が小さくなってしまった。病んでいるのはむしろこうした状況ではないでしょうか。

永田 NHKはハイビジョンを入れれば五波。それぞれの波の特性を生かして『Nスペ』あり、『ドキュメントにっぽん』あり、『ETV特集』あり、『素晴らしき地球の旅』あり、『新日本探訪』ありと多彩。枠があれば、何かを作ろうという気になります。

加えて、広くプロダクションに門戸を開放し、社外スタッフが参加しはじめたことで、『Nスペ』に幅がでた。

若者はなぜドキュメンタリーを見ないか

伊豫田 民放は民放で、新しい試みをしているのではないでしょうか。たとえばドキュメンタリーとは謳わない番組群の中に、ドキュメンタリーがテーマとしてきた「家族の絆」「命の尊さ」などを扱うものが増えています。TBS『どうぶつ奇想天外!』、日本テレビ『知ってるつもり?!』など、そういう番組を拾い上げれば結構多い。

若い人にものを伝えるということをもっと考えなくてはいけない。自分だけの殻に閉じこもって対人コミュニケーションができず、会話はポケベルという人たちを相手に、今までのクラシックな形式のドキュメンタリーだけで伝えたいことが伝わるのか。むしろ形を変えて、バラエティに近いような形のドキュメンタリーがあってもいい。

年四回の期首編成の時、民放が警察や救急病棟のルポをやる。そういうものを通じて、かつてドキュメンタリーが意図したものが形を変えて若い人に伝わっているのではないか。

中村 おもしろくする、見やすく作るということは大切なことです。ただし、基本がないところに応用があるということはあり得ない。基本になる調査報道の力があって、初めて見せる努力が生きてくる。見せるノウハウは、NHKより民放のほうが優れている。にもかかわらず、基本ができていないことが問題なのです。

伊豫田　若者たちは社会に対して「われ関せず」というか、シラケていて、社会の動きに真正面から正攻法で挑むような番組をあまり見ようとしない。

中村　若い人がシラケているというけれど、たとえば、低金利で僕らは銀行に三兆六〇〇〇億円も儲けさせてるんですよ。そこになおかつ公的資金を何兆円も注ぎ込むわけでしょう。それでも大人たちはなにも行動しない。デモひとつないじゃないですか。そういう姿を見たら子どもはシラケますよ。若い人をシラケさせているのは大人です。

鈴木　僕はむしろ、視聴者である一般市民のほうが、時代の風潮を身にしみて感じ、人間の弱い部分に迎合しすぎるような今のテレビ・エンタテインメントにシラケ始めていると思う。もっとまじめなものを見て考えたいという欲求は、世代を問わず出ていますよ。

ゴールデン枠の『スーパーテレビ情報最前線』（日テレ）とか、『金曜エンタテインメント』（フジ）で時々扱うドキュメンタリーが、びっくりするような視聴率をとる。民放は視聴者の変化に敏感になってほしい。

ドキュメンタリーは地方から再生する

伊豫田　さて、われわれはギャラクシー賞の選考を通して、ローカルドキュメンタリーをかなり見ている人間ですが、最近のローカルの制作力をどうとらえますか。

鈴木　私が制作システムとして評価しているのは、民教協加盟社の『親の目子の目』とNNNのドキュメントシリーズ。これはNスペに匹敵する、オーソドックスなドキュメンタリーを支える体制だと思う。これが、今、非常に熱気を帯びている。NNNの場合、研修会参加ディレクターが毎回五〇人を超え、しかもみんな若手だという。企画もどんどん出ている。

そういうベースとなるシステムを中心にして、地方から中央にものを言おうという意識が、はっきり出てきている。環境、老齢化、身障者、難病、ボランティア、教育、地域文化などのテーマにも、新しい視点がどんどん生まれています。

伊豫田　全国に通じる普遍性を持った地元問題を扱ったものが、非常に増えてきましたね。

鈴木　『ドキュメント'98』に採用してもらうべく凌ぎを削る。そのために、各局がデイリーのニュース枠で地域の問題をていねいに拾い上げる。それを核にしてドキュメンタリーを作るということが活発になってきている。この流れは注目していい。

中村　ニュース枠が広がって、地元の話題で埋めなきゃいけないというのも地方局の報道を強くしている。

永田　告発型の枠がなくなったのと裏返しに、レギュラーのニュース枠で、キャンペーン型の告発調査報道を行うという動きが日常化してきました。その成果を示せる場所がもっと広がればいいわけです。

中村　ドキュメンタリーは地方から再生してくるという思いを強くしています。NNN系列は『ズームイン!!朝!』で取材力をつけた。JNN系列も夕方ローカルニュースワイドで活性化させた。加えて地方局自身に、衛星時代をにらんで報道制作力を強くしておかなければダメだという自覚が出てきていると思います。

伊豫田　ギャラクシー賞の応募作品には、地域の政治、経済問題に取り組むものが増えてきてはいる。しかし、全体的、日常的取り組みには、いまだしの感を否めない。

中村　新潟・巻町は原発ということでネットに乗りました。しかし、たとえば福岡市議会の自民党の横暴はひどいもので、地方局は取りあげたが、ネットワークに乗ってこない。中央が、時の権力を意識しすぎているのではないかとすら思うんです。

鈴木　テレビ全体の雰囲気に政治・経済問題に対する自己規制が働きすぎていませんか。

伊豫田　何とも言い切れないところがある。何年か前、ゼネコン汚職の時は、静岡はNHKが、仙台は産経新聞がスクープした。なぜ、地元局や地元新聞からスクープがもたらされなかったのかという話がありました。スポンサーとしての県への遠慮があるのではないかという憶測すら飛び出しました。原発問題、情報公開条例問題、エコロジー問題などは、いずれも政治と絡んできます。これらが契機となって、政治を問う視点がこれからもっと出てくるのではないか。

継続は力なりということが、とくに民放地方局にはいえると思うんです。われわれの選考会でよく話題になる広島の原爆、九州の水俣、沖縄の米軍問題、いずれも一朝一夕にドキュメンタリーになるわけではなく、継続取材の賜物である。

中村　新潟放送が作った巻町のドキュメンタリーは、まさに日々の取材の結集だった。日々の取材をどういうチャンスにどういう形でまとめあげるかだと思う。それを実現させるために必要なのは、やっぱり勇気ある編成だと思います。何かあればゴールデンタイムはムリでも、午後のいい時間に編成するような勇断がなければ日々の努力は報われない。琉球放送は、それをやっています。

永田　もう一つ注目されるのは、地域でのネットワーク。九州ＪＮＮ『電撃黒潮隊』のようなブロックネット枠。営業的にも制作能力の点でも同じような問題を抱えた地域がひとつにまとまってチャレンジするというのは、評価できる試み、共同制作の形をとれば一つの番組にかけられる制作予算もスタッフも多くなる。スポンサーセールスもやりやすくなると思います。

ＮＨＫとキー局は国内問題に無関心？

伊豫田　総合力においてはＮＨＫはすばらしいものがありますが、よくよく見てゆくと、すごいのは海外に多い。『金髪のヨハネス』にしても『家族の肖像』にしても、当の国のメディアが見過ごしにしているような問題まであぶり出し、国際的に普遍性の高いものに仕上げている。その綿密な取材力、カネと労力をかけた作りを見るとき、では国内問題はどうなのだろうかと首をひねりたくなる。

鈴木　政や官の汚職にしてもストレートニュース以外で扱わないから一過性になる。ビッグバンを前にした日本の行政、金融システムの大混乱にも生活者の目を向けるべきです。大蔵省汚職をＮＨＫが扱いましたが、全然突っ込みが足りない。

伊豫田　国内問題は昨年の『企業舎弟』以来、目を引くものが少ない。ＥＴＶで『弁護士・中坊公平』を取り上げたけど、あれは中坊さんという人間におぶさっている感じで、報道機関ＮＨＫとしての顔は見えない。国内の政治経済を扱うときは、刀の刃にさびがついているような感じ。

中村　いや、ＮＨＫは刀すら抜いてないですよ。中坊さんのように、誰かの口を借りるのが常套手段になっている。老人問題、医療問題など、情に訴えやすいテーマを情で処理するのではなくて、その根源にある権力に論理的に迫る、ジャーナリズムというのは常に権力と対決することで市民のものになるのです。

ＮＨＫも民放も、それを局の姿勢としてキチンとすべきです。それをしない背景には、いろいろあると思いますが、免許に始まり衛星問題、デジタル化など、権力の人質に捕られているものが多すぎるんだと思いますね。

永田　ＮＨＫの場合は予算。国会を通してもらうことに汲汲としている。

伊豫田　ＮＨＫは自民党が政権離脱したときは勢いがあった

が、再び単独政権の芽が出てきたら、おとなしくなってしまった。偶然かもしれないけど。

永田　かつては田中角栄の見舞いに小野会長が出向いて辞職したり、国会でＮＨＫは偏向していると叫ぶ議員がいたり、ＮＨＫと政治の距離が見える部分があった。ところが最近そういうことが全然ない。つまりＮＨＫの自主規制が進行し過ぎたのか、それとも政治のほうが巧妙になったのか。

中村　両方じゃないですか。

鈴木　ＮＨＫの人に聞くと、企画にも作りあげたものにも、政治的なチェックはまったくないというのですがね。

こんなドキュメンタリーは見たくない！

伊豫田　ドキュメンタリーの場合、素材に恵まれたという場合がままありますね。制作者の力量とは別のところで。ドキュメンタリーにおける素材の比重をどう見ますか。

鈴木　素材は目立ちはしますが、問題はどう描くか。作り手の「私」の問題意識がどれだけキチッとしているかによって、素材が生きる。

永田　フジの岡田宏記プロデューサーがそうだと思うんです。

さして目立つ素材ではない。かつて自分の住んでいた町を訪ねて、隣人たちの足跡を追うだけで、時代の断面を見事にとらえてしまう。ドキュメンタリーはどういう意識をもって臨むかがすべてでしょう。

伊豫田　こんなドキュメンタリーは見たくない、もうたくさんだというのは。

鈴木　建て前だけの作品はもう不要。そんなものは受け手に何も感じさせない。作り手の「私」の感動や怒りがベースにならないと伝わらないと思う。

中村　キー局にもあるけれど、地方の制作で目立つのは、取材者が対象にのめり込み過ぎて、インタビューはベタベタ、音楽は仰々しい、ナレーションはメロメロ、こんなのは何の感動も呼ばない。ドキュメンタリーは、本来乾いたものなんですよ。綿密に冷静にノートに記すようなもの。

永田　対象と同じ地平に立って、情緒に流れてはいけない。

中村　それに、ローカル局のドキュメンタリーは総じて長すぎる。一時間半、二時間、滅多にない機会だからとあれもこれも詰め込んで構成が乱れてしまう。ＮＨＫはあれだけの取材でもＮスペ五〇分。これが構成力というものだろう。それを学んでほしい。

過去の資料映像も安易に使うべきではない。これは取材が足りない証拠です。現代を描くなら、あくまでも過去を映す現代の姿を探すべきです。

鈴木 環境、高齢化、身障者、教育問題など、とかくパターン発想になっている。老人は社会的弱者で、政府や行政に施策を求めるという発想でしか番組が作られていない。アメリカでは退職者連盟の老人パワーがクリントン政権に影響を与えるまでになっている。北欧では養老院の中から七人もの国会議員が出ている。日本だって、老人パワーを生みだせるはずだというような発想も持たないと、何べん老人問題を取りあげても進歩がない。

中村 固定観念ですね。

鈴木 枠に恵まれているＮＨＫですが、弊害もあって、枠が多いために企画の量産を強いられる。すると自分がどうしてもやりたいものというより、枠にあわせた企画を作りがちになっていく。企画は通った、しかし自分に切実なテーマでもない。そういうときに調査報道という建て前で逃げる。プロデューサーやディレクターが枠を埋めるのに忙し過ぎて、本当に自分の作りたいものというところからゆっくり発酵させるゆとりが取れないんですね。

伊豫田 そのＮＨＫは四月から地方局発信のドキュメンタリーを増やす。ＮＨＫは意外にも今まで地方局制作の比率が低かったんですね。

永田 非常にいいことですね。ただ、せっかくなら枠を限定しないで、すべての枠を地方局制作参加可能にすればいいと思うんです。番組ができてから、これはどこにふさわしいかと枠を考えたっていいくらいじゃないか。

ドキュメンタリーは地上波の財産だ

伊豫田 ドキュメンタリーを評価する時の評価軸をどういうところに置いていますか。

鈴木 僕がいいドキュメンタリーだと思うものは、作品の中に作り手の自己発見があるもの。取材の途中の発見に感動し、そこで新たな膨らみが出ているもの。たとえば、ＮＨＫの『サラエボの光』。主人公平山郁夫画伯の心と表情の変化を追いながら、取材者もカメラマンも高揚していく。日本に帰ってきて、ラッシュを見て、そこから構成を考えたんだろうと思います。

もうひとつは新しい手法の創造。最近、見る側に本音を訴える作品、見る側と一緒に考えるような作品ができてている。「ザ・ノンフィクション」（フジ）の手法がそうだろう。情緒に流れ過ぎた時はつまらなくなるけど、はまると視聴者と一体化する。ドキュメンタリーの幅を広げる手法でしょう。

中村　これが見たいと思うのは素材でありテーマ。評価を決めるのは取材の深さ。印象に残るのは何気ないようで、実はそのテーマを浮き彫りにする挿入カットなどの映像表現。

タイトルだけで見る気が失せることもある。「企業舎弟」なら見ただけで好奇心を刺激されるけど、「愛」「涙」「感動」なんて安っぽいタイトルはそれだけで見たくない。

伊豫田　僕はドキュメンタリーというジャンルを今までと違うとらえ方をすべき時期に来てるんじゃないかと思っています。ドキュメンタリー的なるものまで含める。極論すれば、テーマは何でもあり、形式もいろいろのものがあっていい。エンタテインメント的でもいい。そこに作り手の感動や怒り、作り手の視点があって、ノリがあれば。「メディアマッサージ」という言葉がありますが、何らかのマッサージ効果があって、地元に何かを伝えてゆく、若い人に何かを伝え渡してゆく。そこさえキチンとしていれば、それでいいわけです。

中村　視点さえしっかりしていれば、ですね。番組形式・手法は問わない。しかし魅力的な切り口がないとしょうがない。

伊豫田　対象は平凡でも、視点があれば『たぐちさんの一日』(テレ東)が撮れる。インタビューだけでも『弁護士・中坊公平』ができる。インタビューだけでもいい、資料映像使うもよし、アニメやCGを取り入れてもいい。古典的ドキュメンタリー形式にしばられず、いろんな形でチャレンジしてほしい。

鈴木　民放地方局の制作力が地道に伸びています。そこに大いに期待したい。地方局の包囲網で、キー局に迫るくらいの意識をもっていい。制作プロダクションにも同じことがいえる。

永田　ドキュメンタリーを作りたくても表現の場のないフリーランスのドキュメンタリストたちだっているわけです。その点、放送局は恵まれている。その立場を一二〇%いかして、自分の表現に挑んでほしい。

それから、見てもらうための努力をもっとしてほしい。もっとおもしろく。それにドキュメンタリー番組というのは情報が非常に少ない。見逃している人が多いと思う。局やディレクターはパブリシティや話題作りにも力を入れて、今まで見なかった人たちにもPRするくらいであってほしい。

中村　オーソドックスなドキュメンタリーの基本は『ショア』だと思う。九時間半ご苦労だけど、ドキュメンタリーを作る人ならせめて一度は見てほしい。音楽なし、ナレーションなし、過去の映像もなし。しかしナチの刻印は現在にもある。それを撮る。そこからユダヤ人のうめきが聞こえてくる。

伊豫田　地上波がこれからのデジタル多チャンネル時代を生きていくためには、形式はどうあれドキュメンタリー的な番組がなくてはだめだろう。ドキュメンタリーを作るノウハウ、人材が消えた時は、地上波の役目終焉の時でしょう。地域を見る目、世の中を見る目をもっとみがけるのがドキュメンタリー。地上局生き残りの要諦はドキュメンタリーにあるという気概で、これからに臨んでほしいですね。

（なかむら・ときお）一九三一年東京都生まれ。五四年ラジオ東京（現TBS）入社。ラジオドキュメンタリー『五〇年目の判決〜吉田石松の記録』で民放連賞銀賞。『テレポートTBS6』プロデューサーも務めた。WOWOWをへてフリーに。民放クラブ理事。

（ながた・としかず）一九五〇年岐阜県生まれ。青山学院大学卒業。七二年ニッポン放送入社。報道・編成・制作・営業などをへて、現在関連会社でイベントプランナー。CSデジタル放送とイベントの接点のビジネスを開拓中。小劇場&お笑いマニア。

（すずき・のりゆき）一九三四年愛知県生まれ。五九年文化放送入社、報道部政治・経済担当、営業部渉外・企画担当をへて、関連音楽会社でオーディオ出版（文芸、ドラマ）の制作プロデュース。現在、財団法人渡辺音楽文化フォーラム事務局長。

（いよだ・やすひろ）一九四五年愛知県生まれ。七〇年日本民間放送連盟入社、著作権室などをへて研究所主任研究員、機関紙『民間放送』編集長などを歴任。九七年四月から東京女子大学現代文化学部教授。マス・コミュニケーション論、放送論、大衆文化論。

解題

社会問題を告発する硬派の報道番組、ドキュメンタリー枠がほとんど深夜に追いやられる形になった。そのような制作環境でも地方局のドキュメンタリストたちは奮闘し、ギャラクシー賞など各賞で高い評価を得る番組を生み出す。「NNNドキュメント」（日本テレビ系）「テレメンタリー」（テレビ朝日系）「FNSドキュメンタリー大賞」（フジテレビ系）などが、地方局が番組を全国ネットで放送できる枠として、この時期から維持されている。（藤田真文）

特集：緊迫するアジア　弛緩するテレビ

北朝鮮はテレビのタブーか？

不可解な隣国「北朝鮮」。もれ伝えられる食糧危機、国際ルールを無視したミサイル発射、核開発疑惑。日本と北朝鮮の間には、拉致疑惑、日本人妻問題などが未解決のまま横たわる。拉致疑惑を追いかける反骨のテレビ・ジャーナリストが北朝鮮報道の欠陥をつく！

石高健次
朝日放送東京支社報道部プロデューサー

『GALAC』1999年２月号

九七年は、北朝鮮に関する報道が最近もっとも盛り上がった年だった。きっかけは女子中学生横田めぐみさん拉致疑惑である、これによって、日朝国交正常化交渉はストップし、食糧支援も凍結された。そうした日本側の厳しい姿勢をなだめようとしてか、北朝鮮はかつての帰国事業で在日朝鮮人の夫とともに北に渡った日本人妻の里帰りを認めるに至った。拉致疑惑報道は日朝の関係を根本から揺るがしたのである。

私は、北朝鮮内で起きている悲劇（国家による人権蹂躙）について、八年ほど前から取材報道を続けている。「横田めぐみさん拉致」の情報もその過程でつかんだものだが、そうした一連の取材と番組作りは、「北朝鮮に行かないで北朝鮮を知る」というものだった。その体験をお話しすることから、この論考をはじめたい。

北朝鮮取材の避けられない葛藤

九一年、世界の関心の的だった北の核兵器開発疑惑を取材するためソウルへ出向いた。そこで偶然、本来の取材とは別の、ある人物を知った。かつて日本から北朝鮮へ永住帰国した約一〇万人の在日朝鮮人の一人。韓国へ亡命していたその人物から帰国者の「生き地獄」の実態と多くの行方不明者が出ていることを聞かされ、大きな衝撃を受けた。

日本へ帰ってからの取材で、何人もの在日朝鮮人が自分の気持ちにひびが入るような痛みを伴いながらも具体的な事実を語ってくれた。当時、一部の書籍を除き、まだテレビ・新聞はこの問題を扱ってはいなかった。行方不明者の数はなんと二万人近いのだった。

証言する在日朝鮮人の多くが、葛藤に苦しんだ。北朝鮮で消えた身内のことを語ることによって、まだ健在でいる肉親にまで被害が及ばないか……。

葛藤はこちらにもあった。リアルな映像で表現したいから、胸の内では当然、実名顔出しでインタビューに応じてほしいと考えるのだが、それを放送したことが原因で、新たに肉親が収容所送りになったら、自分はどう責任をとるのか……。

こうした北朝鮮をめぐる「取材報道の葛藤」は、その後もあらゆる局面で立ちはだかることになる。それ自体、北朝鮮は「軍事テロ国家」「国全体が刑務所」ということの傍証でもある。

スパイと同居した女の衝撃証言

一連の取材で東京に住むある在日朝鮮人女性に出会った。彼女の兄は北朝鮮帰国者で、平壌で日本語放送のアナウンサーをしていたが、八五年、スパイ容疑で銃殺刑に処せられる。兄の非業の死を、その五年後に知った彼女は、理由も告げられずに逮捕され、裁判もなしに銃殺されたその理不尽さを証言した。この時、カメラは背中越しで匿名だった。

一連の取材は、九二年四月、ドキュメンタリー『楽園から消えた人々～北朝鮮帰国者の悲劇』と題して放送した。

その二年後だった。

細々ながら彼女とのやりとりが続いていたある日、彼女の口から出た次の一言が私を拉致取材へと走らせたのである。

「あのときは黙っていたけれども、兄が銃殺されたきっかけは、私が北朝鮮から来たスパイと同居したことだったのです。そして、その男は大阪の日本人コックを拉致した張本人なのです」

スパイはコックを拉致した後、彼になりすまして日本の旅券を取得、これを使って世界を駆けめぐり工作拠点を築いていた。後に韓国で逮捕される。

この拉致事件に共犯として動いた在日朝鮮人男性がやはり韓国で逮捕されており、九五年当時、刑務所を出て韓国に住んでいた。その住所を突き止め、直撃インタビューした。彼は路上で号泣しながら拉致の事実を認め、「私は利用された。被害者にはほんとうに気の毒なことをした」と述べた。これは、拉致実行者が取材者に対して犯行を認めた唯一のケースである。

それに加えて海岸から消えたカップルらを含む日本人計一三人が北朝鮮へ拉致されたのは間違いないとの内容で、九五年五月、ドキュメンタリー『闇の波濤から~北朝鮮発・対南工作』を放送した。

調査報道ゆえの限界

この取材の過程で、女子中学生が北朝鮮に拉致されているという情報をつかんだが、どこの誰かがわからないため、情報を募る目的で雑誌に記事を書いた。九七年二月、記事内容と横田めぐさんの行方不明状況が一致、拉致疑惑が浮上したのだった。一連の経緯とその後の家族の動きは同年五月、ドキュメンタリー『空白の家族たち~北朝鮮による日本人拉致疑惑』として放送した。

取材が事実を呼び、それがまた、新たな取材へと走らせ、ベールが次つぎにはがされていく。典型的な取材の数珠繋ぎ=調査報道だ。「ラッキーな偶然」との出会いも、調査報道の醍醐味といえば醍醐味だった。

しかし反面、ある不安にずっとつきまとわれていた。

自分のやっていることは、ほんとうは韓国国家安全企画部(情報機関)の陰謀の片棒担ぎではないかというものだった。それほどまでに目の前に開けていく事実は想像を超えて恐ろしいものだったのだ。その不安から脱却できたのは、韓国で日本人コックを拉致した人物から証言を取れたからだった。

私は北朝鮮で横田めぐみさんら拉致被害者と会ったこともなければ、北の当局者の一人でもそれを認めたこともない。

一つひとつは小さな意味しか持たない情報の断片を集め、「国家による巨大なテロ、謀略の事実」を提示していく……。北朝鮮がらみの報道、少なくとも帰国者の行方不明問題や日本人拉致に関しては、こうした手法しか事実に迫る道はなかったように思う。

帰国者の日本人妻が九八年秋、一時里帰りしたが、記者会見で彼女たちの口から出てきたのは、食料支援の要請と北朝鮮は金正日将軍様のもと素晴らしい幸福な国という以外のものはなかった。が、私は日本人妻が行方不明になったり、政治犯の夫とともに射殺されたという具体的な情報をいくつも得ている。当事者の語ることだからといって鵜呑みにできないのが、北朝鮮報道の怖いところである。

ところで拉致疑惑報道によって世論が大きく盛り上がったにもかかわらず、日本政府は、「疑惑がある」との段階にとどまっているだけで、解決の具体的進展はなにもないのが現状だ。

政府の弱腰への怒りとともに報道の無力さ、限界を強く感じる。そこへ、九八年八月、例の日本列島頭越しのミサイル発射だ。北朝鮮はおそらく、「日本という国は、自国民をさらわれようが、ミサイルを飛ばされようが、ただ黙っているだけ」と笑っているのではないか。

「日本人拉致」は、許すことのできない人権蹂躙であり重大な国家主権の侵害だ。ミサイル発射は、この問題が解決以前の段階にあることを見せつけてくれた。

「拉致被害者」の家族たちはリスクを承知のうえで、「実名での報道によって世論が盛り上がり、それをバネに日本政府が北朝鮮に迫っていくほうが、北朝鮮にヘタな手出しをさせないし解決の近道」と考え、表へ出てこられた。

家族たちは今、報われるどころか、以前にも増して不安と絶望にさらされている。

北朝鮮報道のタブー

国際テロ、核開発疑惑、食糧危機、ミサイル発射など、北朝鮮をめぐる報道は、いずれも隔靴掻痒《かっかそうよう》、歯がゆく、問題の本質や解決の糸口を見出せないまま推移している。これは、テレビであれ新聞であれ同じだと思う。相手はあくまでもシラを切り、こちらも、物的証拠を突きつけることができない、いわば霞《かすみ》のなかにある。

その原因の第一に、言うまでもなく相手が情報鎖国で自由な現地取材が許されず、当事者から裏がとれないということ。

第二には、われわれメディアの側に次のような「怖れ」からくるタブーがあるからだ。

▽とくに誤報を出さなくても「でっち上げだ」と総連が押しかけてきたり、代表電話がパンクするまでに電話攻勢されたりで、めんどくさい、怖い。（具体例がある）

▽取材者個人がテロに遭《あ》うかもしれない。

第三には、「北朝鮮を追いつめると何をするかわからない。〝暴発〟して第二の朝鮮戦争が起きる可能性もある。そのほうが国民全体の負担が大きい」という怖れだ。こうしたことから「朝鮮ものはややこしい」という雰囲気が充満し、調査報道をためらわせている。

これに対して、北朝鮮側のメディアに対する考えはどうか。

すでに述べた三つの番組制作以前に、別の企画で数件、北朝鮮に入国取材の申請をしたことがある。日朝合弁事業の現状など、内容は総連から持ちかけられたり、賛同を得たもので、「何とか実現するよう努力しましょう」と共同歩調をとって本国に申請したものだった。が、総連のマスコミ担当幹部も首をひねったことに、本国からはダメともOKとも何の返事も来なかった。ないまま時間切れでボツになった。

当時、ある元総連の幹部はこの話を聞いて言ったものだ。

「北朝鮮では、メディアは朝鮮労働党の宣伝の道具であると考えられている。外国メディアから企画がきてそれを検討するなどという発想自体がないのだ」

報道閉塞状況の突破に向けて

私自身についていえば、三つのドキュメンタリーを取材、放送するにあたって、正直いって上司個人や社内にビビリがあった。私も怖かったし、今も「テロに遭うのではないか」との不安はある。が、最終的には、「やるべきことはやる」という報道の原則に立ち返って、その場所でどこまで踏ん張れるかだと思っている。

そして、北朝鮮報道をめぐる困難な状況を作り出しているものは何かについて考えたとき、どうしても「日本という国の弱さ」に行き当たってしまう。つまり、自分の国土や国民を自分で守るという政治システム、国民的合意がないこの国では、いくら問題点を報じても空しいということである。日本政府が北朝鮮に対して国会や国連で抗議声明をするのはいいが、そのコトバの背景に軍事や決定的な経済的脅しがないから、ひたすらナメられるだけで、何の問題解決にもならないのだ。

「国防」ということを考えなければならなくなってしまうのだが、これもまたわが国では戦後の平和憲法、平和主義のもとで、やはりメディアはタブー視してきた。

なんともタブーだらけの金縛り状況が見えてきて、ため息が出そうだ。が、思えば日本のメディアには、得体の知れない権力の犯罪、つまり巨大悪を相手に「ここぞ！」と踏ん張って声をあげるべき場所で、なぜか周囲を窺って金縛りに陥るという「脆弱さ」が染みついているように思う。「保身主義の蔓延」とでもいおうか。

新聞は紙面全部が報道であるのに対して、放送は、バラエティ・ワイドショー・ドラマなどさまざまなものを抱え込み、報道はその中の一部分に過ぎないために、余計に「脆弱」だ。タブーに挑戦する調査報道をおこなって不当な言いがかりをつけられたとき、全社がジャーナリズム精神で一丸となってそれに立ち向かうことがきわめて難しいのである。代表電話をパンクさせられでもしたら、それこそ社内からブーイングが起きてくる。

そんな放送局全般の脆弱体質が、北朝鮮に関する独自の調査報道をためらわせている。

取材しながら並行して社内がビビリださないように、説得する作業もしなければならない。北朝鮮報道とは何ともエネルギーのいる仕事ではある。


（いしだか・けんじ）一九五一年大阪生まれ。中央大学卒。七四年朝日放送入社、報道局に配属され、数多くのドキュメンタリーを手がける。八一年、在日コリアン差別を告発した「ある手紙の問いかけ」でJCJ奨励賞。八六年「追跡ルポ・集団スリ逮捕」でギャラクシー大賞。九七年、横田めぐみさん拉致疑惑を描いた「空白の家族たち」で新聞協会賞。近著に『金正日の拉致指令』（朝日新聞社）『これでもシラを切るのか北朝鮮』（光文社）。

解題

国際テロ、核開発疑惑、食糧危機、ミサイル発射など、この時期、日本のテレビや新聞では北朝鮮をめぐる報道が活発化した。横田めぐみさん拉致疑惑を描いた『空白の家族たち～北朝鮮による日本人拉致疑惑』（一九九七年、朝日放送）など、長年にわたる調査報道で、北朝鮮における日本人妻問題や日本人拉致疑惑をスクープしてきた石高健次が、北朝鮮報道の難しさを論じる。特集「緊迫するアジア、弛緩するテレビ」に掲載された。（丹羽美之）

続・政治とテレビ

「参考人招致」なる不愉快

二月上旬、テレビ朝日「ニュースステーション」のダイオキシン報道が引き金となり、埼玉県所沢産の野菜が、スーパーなどの店頭から一時まったく姿を消した。この問題で、所沢の野菜農家が怒り、放送局に強く抗議したのは当然であるが、農家以上にいきり立ってテレビ朝日を攻撃したのが、自民党をはじめとする政治勢力。郵政省をつついて局に質問状を送らせ、党内の会合で局やキャスター批判を展開。三月十一日には、テレビ朝日の幹部を衆議院逓信委員会に参考人として呼び吊るし上げた。同時に呼ばれたBRC委員長が、その不愉快な体験を語り、国会を批判する。

放送と人権等権利に関する委員会委員長
清水英夫

『GALAC』1999年6月号

前例に違わず、吊るし上げの場に。報道局長まで呼ぶ必要があったのか？

衆議院逓信委員会は、一九九九年三月十一日午前九時十分～十一時四十分、衆議院第一二委員室において、「逓信行政に関する件（放送のあり方）」を案件とする質疑をおこなった。

放送と人権等権利に関する委員会（ＢＲＣ）委員長である私は、この委員会に「参考人」として出席を求められ、意見陳述の後、各会派の委員からの質疑に答えた。

同時に参考人として呼ばれたのは、社団法人日本民間放送連盟専務理事・酒井昭氏、全国朝日放送株式会社代表取締役社長・伊藤邦男氏、全国朝日放送株式会社報道局長・早河洋氏の三氏であった。

委員会のテーマは「逓信行政に関する件（放送のあり方）」

と銘打たれてはいた。しかし実質は、テレビ朝日のニュース番組「ニュースステーション」のいわゆる所沢ダイオキシン報道を問題視し、もっぱらこれについて質疑するものだった。

ここ十年あまりテレビ朝日の「ニュースステーション」という番組が、とりわけ久米宏キャスターの発言の内容について、一部の政党などから問題視され、度重なる圧力を受けてきたことは周知の事実である。

九三年十月十三日付「産経新聞」が報じた記事（「非自民政権誕生を意図し報道―テレビ朝日局長発言・民放連合会合」）を発端とするいわゆる椿発言問題をめぐっても、テレビ朝日は執拗な政治的圧力にさらされた。

私的な放送機関の非公開の会合、すなわち私が委員長を務めていた民放連の放送番組調査会での発言がきっかけで、椿局長が国会に証人喚問されてしまったことは、苦い記憶として残っている。

また、九八年五月二十七日に開かれた衆議院逓信委員会でも、案件はデジタル化問題だったにもかかわらず、参考人として呼ばれた民放五社長のうちテレビ朝日の伊藤社長だけが、「ニュースステーション」久米宏キャスターの発言の内容について、各委員から繰り返し質され、批判や注文を突きつけられた。

三月十一日の逓信委員会は、以上の前例と同様に、テレビ朝日を糾弾する場にしかならなかった。

この質疑の様子は、ＣＳの国会ＴＶでも中継されたので、ご覧になった方も少なくないだろう。中継を見ていたある人から、私は「あなたのあんな苦虫を噛みつぶしたような顔は見たことがない」といわれたが、実際、極めて不愉快な体験であった。

テレビ局の報道が招いた問題は、視聴者の批判やメディア間の批判によってテレビ局自らが反省し正すべきであって、言論報道機関の責任者を国会という公権力の場で吊るし上げるようなかたちで是正されるべきではない、と信じるからである。

私は椿発言の際も、テレビ局の報道局長というジャーナリストを編集や編成方針に関して証人喚問することに、終始一貫して反対だった。

ロッキード事件以来なじみのあるものになった「証人」については、日本国憲法第六二条に「両議院は、各々国政に関する調査を行い、これに関して、証人の出頭及び証人並びに記録の提出を要求することができる」とある（国政調査権の法的性格については、後で述べる）。

出頭拒否、証言拒否、虚偽の陳述などについては、議院証言法（議院における証人の宣誓及び証言等に関する法律）に罰則規定がある。たとえば、出頭や証言等の要求に応じないときは、議院証言法の定めによって、一年以下の禁固または一〇万円以下の罰金に処せられる。

そのような法律を適用してジャーナリストを喚問することは、憲法が保障する言論、報道の自由と衝突する可能性が高い。

今回は証人でなく参考人だから、椿発言のときよりはましであるが、それでも、テレビ局の現職の報道局長まで呼ぶ必要があったかどうかは、大いに疑問に思っている。

そこで、委員会に呼ばれるまでの経緯や、当日の質疑を振り返りながら、私の抱いた感想や考えを記しておきたい。

なお、私はＢＲＣ委員長という立場であるから、今後ＢＲＣに対して申し立てがありうるかもしれないテレビ朝日の今回の報道内容について意見を申し述べることは、ここでは差し控えたい。

居丈高な態度で質問
下品なヤジも無礼極まりない。

今回の参考人としての出席依頼は、衆議院の事務局からＢＲＯ（放送と人権等権利に関する委員会機構）に対して、先ず電話であった。

私は、ＢＲＣと民放連以外に呼ばれる参考人がテレビ朝日関係者だけであることから、委員会はテレビ朝日を糾弾する場になってしまうと考え、最初は出席を断った。

しかし、国会からはＢＲＣ委員長の都合が悪ければ委員長代行に出席を依頼するとの返事。私は、それでは代行をお願いしている方に迷惑がかかるし、ＢＲＣとしての見解は委員長が述べるのが筋であると思い、出席を決めた。

その後、衆議院逓信委員長から正式な公文書（委員会への出席依頼について）が届き、当日の次第として、①冒頭に参考人（早河氏を除く三人）が十分程度意見陳述する、②その後、各会派の委員から二時間の質疑があること（発言はすべて委員長の許可を得る、参考人から委員に対しては質疑できない、答えはなるべく簡潔にという注意事項も）を知らされた。さらに、委員会の開催直前には、各委員の質問趣旨を記した文書も受け取った。

私は、前日は赤坂プリンスホテルに泊まり、当日は朝八時五十分に国会に入った。

逓信委員会で私は、冒頭の意見陳述のために簡単なレジュメを用意していき、ＢＲＯ・ＢＲＣの成り立ちの経緯、苦情処理機関としての性格、これまでの仕事などを簡単に述べた。

その後は質疑の中で、ＢＲＣに関して「委員の拡充が必要ではないか」「申し立てを待たずに、自主的に問題番組を取りあげる必要もあるのではないか」といった質問の答えを求められたときだけ、ＢＲＣの委員長としての見解を述べた。民放連専務理事の酒井昭氏に対する質問ももっぱら一般的なものであった。

つまり、質問の大部分は、予想していた通りテレビ朝日の伊藤社長と早河報道局長にむけられたものだった。

個別の委員の発言に細かく立ち入ることは控えたいが、いくつか感想を述べておく。

まず、質問者の中にはテレビ出身という委員がいたので、私はそうした委員はテレビの立場やテレビ報道の特性を理解したうえで質問するのだろうと思っていた。ところがそうではなく、テレビ出身の逓信委員がテレビのあり方に非常に厳しい態度を示したことが、たいへん意外だった。

その意味では、「参考人から意見を聞き、よりよいシステムを考えていく機会としたい」と発言した野党委員には好感を持った。同時に、そのようにいった議員がほとんどいなかったことには驚かされた。

真摯な態度でテレビ報道の問題を取り上げようとする委員

2013年の視点から

放送事業を取り巻く環境の急速な変化

音　好宏

1990年代前半までは、郵政省が進めた「民放４局化政策」にしたがって、いわゆる平成新局が開局するものの、バブル経済の崩壊に加えて、都市型ケーブルテレビの開局や衛星デジタル放送の開始など、多チャンネル化が進められており、放送事業を取り巻く環境が、急速に変化を始めたのがこの時代だ。

これまで順調な成長を遂げてきた民放経営も厳しさを増し、バブル崩壊の煽りを受けて、KBS 京都の経営破綻といった問題も発生している。

そんな時代状況を反映してか、バブル期に盛んに制作されたトレンディドラマも、90年代の半ばを過ぎると減速傾向となる一方で、お笑いタレントに頼った制作効率のよいエンターテインメント系の番組が台頭していった。

他方で、NHK「禁断の王国・ムスタン」やらせ問題や「椿発言」問題、TBS オウムビデオ事件など、放送局の不祥事も相まって、テレビ局、そしてテレビ放送に対する視聴者の目が、厳しさを増していったのも、この時代の特徴と言えよう。

もいたが、全体としては、「事実でない報道をしたのだから訂正放送をすべき」「まだ反省が足りないのではないか」『ニュースステーション』報道はおもしろい方向に傾きがちで、事実の追求がおろそかでは」など、参考人として出席したテレビ朝日側を一方的に糾弾し断罪する質疑内容だった。そのような質問をする委員たちの居丈高な態度、無礼な物言いは、たいへん不愉快であった。

とりわけ不快だったのは、参考人である伊藤社長の発言中に（「ご質問は厳しい、痛いところだが」に対して）「ふざけんな」、（「報道局長に厳しく注意した」に対して）「オレなら辞めるぞ」、（「テレビは放送が出てそれっきりということがあるが」に対して）「関係ねえだろう」などと、下品なヤジを飛ばした議員がいたことである。

いうまでもなく参考人は被告人ではない。私は、議会が参考意見を聞くために呼んだゲストであると思う。

そのゲストに対してヤジを飛ばすという無礼な神経は、理解しがたい。

国会法は第一一九条で「各議院において、無礼の言を用い、又は他人の私生活にわたる言論をしてはならない」と、無礼な発言を禁じている。それを同僚議員にむかってならまだしも、あんな席に呼ばれた経験も少ない参考人に対してヤジを飛ばすとは、言語道断である。

実は私は、自分の発言のときに「先程から参考人に対して無礼なヤジが飛ばされており、極めて不愉快だ。いい加減にせよ」と思わず喉まで出かかったが、無用な刺激になっては逆効果と思い、何とかこらえたのだった。

テレビ朝日叩きに終始したメディアの責任は重大だ!!

さて、今回の衆議院逓信委員会は、テレビに何か問題があれば、言論報道機関の長なり報道責任者なりを国会が呼びつけて糾弾するという典型的な事例となった。しかし、一連の新聞報道やテレビ報道を見ると、テレビ朝日の関係者が参考人として国会に呼ばれるのは当然であるという見方が多数派を占めている。

ここで私が指摘しておきたい第一の問題は、テレビ朝日叩きに終始した日本のジャーナリズムのあり方である。

もちろん、メディア間に意見の相違があり、相互に論争を交えることは、むしろ健全なジャーナリズム状況といえる。しかし、いったん権力の干渉が見られたときは、一致してこれを批判し、抵抗するのが自由主義的ジャーナリズムというものではないだろうか。

六年前、テレビ朝日の椿報道局長が国会に証人喚問されたとき、ワシントン・ポスト紙のトム・リード極東総局長は、

「郵政省が調査を行うと表明した段階で、メディア全体で抗議すべきだった。もしもっと早くアクションを起こしていれば、そのメッセージは行政に伝わったと思う」

と述べた。（「民間放送」九三年十一月三日号）

ル・モンド紙のポンス特派員も当時、放送機関の内輪の会議に公権力が公然と干渉したことに対して、

「これがル・モンドだったら、意識的に偏向した記事を書いた記者は、会社から処分を受けるかもしれないが、権力からの干渉は断固として拒否する。日本のメディアは理解しがたい」と私に語った。

今回も日本のメディアの多くは、椿発言の当時と同様に、権力からの干渉を拒否する態度はまったくとらず、むしろ国会や政府の側にすり寄ってテレビ朝日を攻撃した。これは何とも情けない限りである。

国会という権力の場に、テレビであれ新聞であれ言論人を呼んで、編集内容をうんぬんするという感覚は、言論・報道の自由という観点から、非情におかしいことなのだ。そういう状況を招きそうなときは、メディアは一致して反対すべきである。

国政調査権があれば国会は何をしてもよいのか？

私が指摘しておきたいもう一つの問題は、質問に立った逓信委員のほとんどが、当然のようにテレビ朝日社長と報道局長を糾弾し番組内容にあれこれ細かい注文をつけたのは、議員たちが国政調査権を誤解しているのではないか、ということである。

先に引用したように、国会の国税調査権は憲法六二条に定められている。その法的性格については、議論の分かれるところであるが、そのもっとも大きな意義が、権力の抑制と均衡にあることはいうまでもない。

「両議員は、各々国政に関する調査を行い」というときの「国政」が、なによりもまず政府の行為を指していることは、英文日本国憲法の「investigations in relation to government」という表現からもすぐ理解できるだろう。

つまり、三権分立の建前から国会は政府に対するチェック機能を果たすというのが国政調査権の第一義である。憲法六二条は、国会はいつでも国民の出頭や証言や記録の提出を求

めることができるという趣旨の規定ではないのだ。

もちろん、国会は国民の代表による国権の最高機関であるから、それに必要な調査を行う権限が与えられていることは論を持たない。国会の国政調査が、放送法の運用実態にもおよぶこと自体にも、異論はない。

しかし、編集や編成方針に対して、ジャーナリストが証人喚問の対象になるかどうかは、極めて慎重な配慮が必要である。

可能な限り証人喚問は避け、より緩やかな参考人招致にとどめるというのが、国政調査権と言論報道の自由の衝突という憲法問題に関する賢明な方法である。

そして、今回のように参考人として呼ぶ場合でも、現職の報道局長を高圧的な態度で一方的に糾弾したり、報道・言論の自由に関わるような注文をつけたりすることは、決して許されることではない。


（しみず・ひでお）一九二二年東京生まれ。東京大学法学部卒業。中央公論社、日本評論社などをへて青山学院大学名誉教授、弁護士。専攻は憲法・言論法。映倫委員長、出版倫理協議会議長、BRC委員長、放送批評懇談会会長。著書に『情報と権力』『マスコミの倫理学』『野次馬劇場』など。

解題

テレビ朝日「ニュースステーション」の所沢ダイオキシン報道問題をめぐって国会に参考人招致された清水英夫が、公権力による言論人の証人喚問や参考人招致の問題点を、自身の体験談も交えながらわかりやすく指摘する。この時期、椿報道局長の発言問題や、「ニュースステーション」キャスター久米宏の発言内容をめぐって、テレビ朝日は度重なる政治的圧力にさらされていた。言論・報道の自由を考える上で重要な論考である。

（丹羽美之）

三月十一日の逓信委員会の質疑から

●三月十一日の衆院逓信委員会では、委員とテレビ朝日の間に、次のような質疑応答がなされた。要点を抜粋し要約のうえ紹介する。（文責＝編集部）

●質疑者　浅野勝人（自民）三十分

浅野　遅れがちの行政の対応をうながそうとした番組の方向性は間違っていない。しかし、それを伝える内容が杜撰極まりない。三・八〇ピコグラムの最高値はお茶と知りながら、図表や映像によって視聴者に所沢の野菜は危険だと連想させ、センセーショナルな話題作りを狙ったのではないか。

早河　放送時点で知っていたのはトータルな数値で、速報値としてニュース価値があると判断した。図表に野菜と書いたのは不適切なミスだったと思う。

浅野　久米宏氏は「JAは数字を発表しない。農水省はこれから調べると寝ぼけたことをいっている」と言い切った。ごめんなさいではすまない社会的な責任があるのではないか。

伊藤　厳しい、痛いところだが、数年前から継続報道をし、数値を入手した以上、出すことに意味があると考えた。

浅野　二月一日の放送は誤報では？

伊藤　信頼に値するデータがあり、全国平均より高い数字だったのは事実。全体として誤報ではないと考える。

浅野　画面に登場したある女性がホウレン草を振りかざし「うちでは所沢の野菜は食べない」と発言。これはヤラセと紙一重ではないか。

早河　捏造やヤラセはまったくない。

浅野　番組の編集権は実態としてオフィス・トゥ・ワンにあり、治外法権でチェックが及ばないのではないか。

早河　編集権も制作責任もすべてテレビ朝日にある。

●質疑者　生方幸夫（民主）一五分

生方　答弁から、われわれ政治家には極めて厳しいが身内には比較的優しいとの印象をもった。テレビ朝日は放送法四条に定める訂正放送をしたのか。

伊藤　していない。

生方　私も番組を見ており、所沢のホウレン草は食べてはいけないと思った。視聴者の多くがそう認識したのだから誤報ではないのか。

伊藤　そう取られた部分は申し訳ないと思う。しかし全体として誤報ではなく訂正放送するケースには当たらない。

生方　素直に誤りを認め、訂正放送すべきだ。番組はニュースを身近にしたが、面白ければいいという面に比重が移り、真実を伝える面が疎かになっていないか。政治家は皆株をやっているとコメンテーターが発言するが、私はやっていないし、そういう政治家はいっぱいいる。しかし反論権はない。政治不信を助長させている。

伊藤　株の問題はゲストの発言がキャスターの発言と印象づけられた。ご意見は今後の番組づくりに生かしたい。

●質疑者　伊藤忠治（民主）一五分

伊藤（忠）　自浄には期待できず、同じトラブルは今後も起こるのではないか。大きな問題は氷山の一角では？

伊藤　報道局長に厳しく注意した。起こしてはならないと改めて徹底する。

●質疑者　福留泰蔵（公明・改革ク）二五分

福留　ダイオキシン問題での大きな前進は評価されてよい。明らかな間違いはパネルに野菜と表示したこと。誰がどの段階で作成し、責任は誰にあるか。

早河　企画の最終確定は一週間前。その際、研究所所長とのやりとりで複数の野菜と認識し、確認が不十分のままパネルの作成に至ってしまった。

福留　具体的にどこが悪かったのか。どう今後の教訓にしていくのか。

伊藤　新聞と違う。放送は出てそれっきりということがあるが、影響力も大きいので注意しなければならない。三・八〇が何かという詰めが甘かった。これは二度と繰り返してはならない。

福留　今回の反省を生かし、公共の福祉という使命のもと、決して萎縮せずに調査報道をやってもらいたい。

●質疑者　矢島恒夫（共産）一五分

矢島　放送局が権力の介入に対抗する最大の力は視聴者からの信頼。苦情への対応は重要であり所沢農家とも誠実に話し合うべきだと思うが、どうか。

早河　農業者有志代表と話し文書で回答、再度抗議が来たので謝罪した。JA所沢は組合長から文書を受け取り、数値の説明不足を謝罪した。

矢島　データの説明が不十分だったというが、三品目五検体が何かを知らずに十分な説明などできないはずだ。データへの認識が不十分だったのでは？

早河　問題であったと思う。

矢島　結果的に行政を動かしたが、結果よければすべてよしではない。

伊藤　そう考え、ミスを改めたい。

●質疑者　横光克彦（社民）一五分

横光　テレビの影響力をまざまざと見せつけられた。報道していなかったらどうなっていたと思うか。

伊藤　騒ぎも起こらないと同時にダイオキシンへの関心もなかったと思う。企画意図は十分伝わったと思う。

横光　農家への影響は認識していたか。

早河　影響の議論はしたが、それをいまいっても説得力がない。詰めの段階で機能しなかった。

横光　一民間調査機関のデータだけを断定的に扱うのは危険ではないか。

伊藤　実績のある研究所で、信憑性のあるデータと考えた。

横光　政治や行政の介入はあってはならない。萎縮せず事実に基づく積極的な調査報道をおこなってほしい。

特集：国民番組!?　ワイドショー

ワイドショーの構造を徹底検証！

増殖する〝サッチー〟というイメージ

テレビのワイドショーを舞台に、多くの人びとの関心を引きつけ、他メディアを巻き込んで肥大化した〝サッチー騒動〟。「サッチー」は、なぜワイドショーでこれだけ大きく扱われることになったのか。視聴者心理、制作事情、メディア特性などが複雑に交差して醸成されるワイドショーの世界。その構造に迫り問題点を衝く！

今村庸一
作家・早稲田大学講師

『GALAC』1999年11月号

「……はい、野村です。いつも、主人がお世話になっています。テレビの取材の件でしょうか。今、あいにく外出しておりますので、お話だけは伝えておきます。……」

もう、十七年も前のことになるだろうか。当時、某スポーツ番組の企画を担当していた私は、現役を引退した野村克也氏にコンタクトを取るために電話した。電話口に出たのが、冒頭に紹介したような慇懃な言葉使いで対応してくれた中年の女性で、今、思えば、その人こそ野村沙知代さんであった。

その頃、ご主人の野村氏は、野球解説だけでなく、カルチャーセンターや経営者の講演会など引っ張りだこで、沙知代さんは、分刻みのスケジュール管理やギャラの交渉をしていて、とても忙しそうだった。

実際には私は電話で話をしただけで、直接、彼女と会う機会はなかったが、今、連日、ワイドショーで取り上げられている「報道」を見ると、普通のおばさんが、どうしてこのような存在になってしまったのか、いろいろ考えさせられることが多い。

最近では「サッチー問題を考える」というタイトルのつい

たシンポジウムまで行われる有様である。

討論の対象となるのが、まず、野村沙知代さんの人格。わがままで横柄な態度、学歴の詐称問題、呆れる金銭感覚など。次にこれを伝えるテレビ、とくにワイドショーの取り上げ方や番組の内容。そして、最後に、みんなで、この問題を批判して終わる。

現象面を追いかけると、このような討論が当然予想されるが、これでは何かが足りない。何か空しさだけが残る。その理由を考えてみると、なぜ、テレビはサッチーのような存在を必要とするのかという疑問に対して、視聴率主義の結果という短絡的な結論しか用意されていないからではないだろうか。

今回は、この半年余り、テレビを通じてサッチーという存在が、なぜ、生み出され、増殖していくのか。その構造や背景を考察していくことにしたい。

ワイドショーの条件とは？

最初に断っておきたい。十年ほど前、TBSとフジテレビでおよそ二年間、ワイドショーの構成を担当していたことがある。マネージャーの人から依頼された仕事で、芸能界やワイドショーなどにはまったく関心のなかった私にとっては、一種の冒険でもあった。

当時、私の番組で扱ったものには、今でも印象深いものが多々ある。大事件では東京や埼玉で起こった連続幼女殺人事件、芸能関係では美空ひばりさんの急逝など、ビッグニュースもたくさんあった。

こうした仕事をしてみて、まず気づいたことは、ワイドショーほど、外から見るイメージと、実際に制作する世界がかけ離れているものもないということだった。その頃も、ワイドショーについては辛辣な批判が多く寄せられていたし、ロス疑惑に代表されるような「報道」との境界が曖昧な事件も多くあった。

しかし、そのとき現場を経験したものとして私が得た最大の教訓は、ワイドショーこそ、複雑な現場の状況を肌で実感していないと、正確な理解や分析が不可能であるということだった。いかに舌鋒鋭い批判でも現場の状況を知らない議論は、毎日、視聴者から寄せられる電話やファクスと同じ次元の「外野の意見」になってしまう。今回のサッチー騒動も、そのことを常に頭に入れながら、議論を進めていかなければならない。

実際、ワイドショーを冷静に分析してみると、これほどテレビメディアの特質を最大限に発揮した番組もほかには見当たらない。テレビは新聞や書籍とは違って、不特定多数の大衆を対象とするマスメディアである。それには、テレビを見ている視聴者の最大公約数が関心をもつようなテーマ、登場人物、表現手法が追求される。テレビがもっとも威力を発揮する機能はすべてワイドショーに生かされているといってよい。刻々と変化する現場から伝えられる中継、衝撃映像や効果的な音楽とナレーション、有名人のスキャンダル、明晰で親しみやすい出演者。これらは、ワイドショーの典型的なスタイルだ。

取り上げられる話題も、ワイドショー独特の価値観に基づいて決められていく。その中身は大別すると三種類。ひとつは大事件や大事故などの「発生もの」。ひとつは結婚、離婚、不倫、など「芸能もの」。もうひとつが、健康、ダイエット、亭主の浮気、グルメ、動物などを扱う「企画もの」。この三つのうち、発生ものと芸能ものは、総じて各局、横並びで、ほとんど同一ものを流すという特徴がある。

番組の担当者は、その時々の空気を敏感に感じとって、どの話題をどういう順序で、どのように扱うのかを選択することになる。何か、よほどのスクープでもあれば別だが、どこの局でも、似たような番組構成になってしまうのが常である。ここには、クリエーターの独創的な世界が入る余地は、極めて少ないといえる。そのため、もし、各々の局にとって、苦労せず高視聴率が連日稼げる話題があるとなれば、担当者は危険を冒さず右へ倣《なら》う、というのもこの世界の常識となっているのである。

このシステムを批判するのは容易だが、ワイドショーの時間枠を使って、それ以上の視聴率を確実に獲得できる方法を生み出していくのは、はるかに困難な仕事になる。一％の数字に大勢のスタッフの生活がかかっているとすれば、安易な批判は、現場では無意味なものになる。

このような条件を踏まえたうえで、今回のサッチー問題も捉えていかなければならないだろう。現在のテレビは、報道とワイドショーの境界線が、ますます曖昧なものになってきているが、この問題を、報道倫理の問題やジャーナリズム論の視点だけから論じるのは、まったく焦点のぼけた議論になる。新聞などの活字メディアで、ワイドショーがしばしば叩かれるが、元々、議論の土俵が違うのである。しかし、だからといってテレビは無能なのではない。テレビにはテレビの社会的、文化的機能があるのだ。

公的な場と私的な場

さて、ここで問題を整理するために、実在する「野村沙知代さん」とテレビによって生み出されたイメージとしての「サッチー」を区別しておくことにする。この両者は一致している部分もあるだろうし、まったく別物の部分もあるだろう。また、テレビで「サッチー」がもてはやされていくうちに、「野村沙知代さん」自身が変化した部分もあるだろう。

私は、現実に存在する「野村沙知代さん」のことは知らない。したがって、これから述べる「サッチー」というのは、テレビが作り出したイメージとしての存在ということになる。

ワイドショーに登場してくるサッチーは、間違いなく典型的な「悪女」である。その風貌、言動、態度、どれをとってみても徹底したヒール役だ。しかし、彼女が最初から悪役だったのかといえば、決してそうではない。ワイドショーに出始めた頃は、ざっくばらんにものを言うおばさんだったが、日本一の監督の妻として、また神宮まで息子の試合を見にいく母として、番組上では、比較的、好意的に扱われていた。それが、人気を呼んでタレント「サッチー」が誕生する。さっそく新進党（当時）が、これに目をつけた。主婦の本音を代弁してくれる人ということで、政治家としての経験や実力も問われないまま衆院選に立候補。このときのコロンビア大学卒の学歴詐称疑惑問題が、現在まだ続いている。

その後、各局ともワイドショーでは、サッチーの「過去」が幾度となく特集された。野村監督との運命的な出会い、遺産を巡る弟との確執、少年野球チームの呆れた指導……。いずれも、うさん臭い過去をもつ悪女としてのイメージができあがっていく。だが、こういう人物を候補者として推薦した新進党の小沢一郎氏の見解をレポートしたり、また、その選挙でサッチーと同じように推薦を受け当選したタレント議員について取材するようなことはない。これを機にタレント政治家の学歴や経験についても、踏み込んだ特集を組んでほしいものだ。

また、サッチーが繰り上げ当選の可能性が出てきたとき、与野党ともサッチーが繰り上げにならないように調整したと思われる事例が何回かあった。これも、選挙制度を考えると、いかなる理由があるにせよ、決して許容されるべきことではない。

本来、ワイドショーは報道とは別物だが、サッチー騒動の中で見過ごされがちなこうした問題を、テレビはもっとしっかりと指摘し、追及していく責務があるはずだ。取り上げるべき問題の本質が違うのではないかとも思われる。

このように見てくると、ワイドショーでサッチーが叩かれているのは、極めて私的なことが多いことに気づく。約束の時間に遅れたとか、横柄な態度をとったとか、そういうことは個人的に不愉快に感じる人があっても、本来、事件として成立するものではない。仲の悪い人同士が喧嘩して告訴したとして、それはあくまでも民事事件であって、わざわざ公共の電波を使って連日、全国に伝える筋のものではない。

唯一、公的に問われるのは、学歴詐称が公職選挙法に抵触するかどうかということになろうが、ワイドショーがバッシングする本当の目的は、法的なことではない。正直な話、サッチーが裁かれる状況が視聴者にとって面白いだけである。それどころか、サッチー批判を展開する中で。テレビ出演に便乗した売名行為とも受け取れるものもある。ワイドショーに、もっと賢くなれとはいわないが、この騒動を利用するものがいることも忘れてはならないだろう。

ここで指摘した「公的な場」と「私的な場」というのは、ワイドショーを考える場合に、大変、重要なキーになる。

公的なものといえば、われわれの社会を律しているさまざまなもの。法律、警察、役所、学歴、政治……。これらは、いずれも厳格な上下の階層を持つ秩序立った世界を構成する。テレビ局でいえば、報道や編成などのイメージになる。この世界は、人間が人間を管理する窮屈な世界だ。

これに対して、私的なものといえば、規則に縛られず、自由で楽しく、個人的な 快楽を求めても 許されるもの。グルメ、ショッピング、ファッション、恋愛、不倫、子育て、そして芸能界……。これらは、一般の視聴者にとっては、ときには夢であったり、非現実の世界であったりすることもあるだろう。

ワイドショーは、このような私的なものと公的なものの間に揺れ動く人間の感情そのものに直接訴えるような話題を提供している。しかも、そのターゲットとなるのは、おおむね若い主婦やＯＬが多く、その時代の視聴者が抱く欲望と現実を把握していることが絶対条件になってくる。サッチーの問題が、ここまで大きく膨張してしまったのは、このようなワイドショーの条件に大いに関係がある。先に述べたワイドショーが扱う三つの話題、すなわち事件、芸能、企画のいずれの要件にも当てはまり、なおかつ一般の市民が縛られている公的な世界に対して、歯に衣着せぬ自由なことを言ってくれるサッチーという存在は、たとえそれが道徳的に許されるものでなくても、ワイドショーと視聴者にとってみれば、この上なく魅力的なものとなってきたのである。

よくサッチーとロス疑惑の三浦和義被告が比較されるが、

この両者は、この私的なところと公的なところの関係が決定的に異なっている。ともに「悪役」としては共通しているが、サッチーがたとえ学歴詐称したとしても、結局はその醜悪さも含めて視聴者と同じ私的な世界にいる人物である。しかし、三浦氏の場合は、最初から法を犯した殺人事件の容疑者であり、いつかは公的な現実世界のルールの下で厳正な裁きを受ける存在として捉えられてきた。ロス疑惑の場合には、刑事事件として警察や検察まで動いたが、サッチーの場合は、あくまでも芸能界の私的な民事事件の域を出ない問題であろう。

「悪女」という商品

ところで、サッチーのような存在は希有なものかというとそうでもない。世界に目を向けてみると、サッチーは世界的なメディア状況に共通して見られるひとつの類型に過ぎないことがわかる。それは、窮屈な公的な世界に敢然と反旗を翻す「悪女」の列伝に重なる。

たとえば、二年前にパリで不慮の事故死を遂げたダイアナ妃。彼女も、いわばメディアが作り出した典型的な存在と見ることができる。ここでいう公的な世界とは、もちろん伝統と格式に縛られたイギリス王室の世界だ。一般の国民にすれば夢のような世界にいながら、硬直した儀礼的世界に反抗し、ひとりの人間として自由に振る舞おうとしたダイアナは、まさに公的な世界と私的な世界を行き来する最高の存在だった。たとえどんな美貌の持ち主でも、この公的な世界との確執がない場合にはメディアにとってはただの美人にすぎない。王室の規範に従わない彼女はまさに「悪女」そのものだった。しかし、その非業の最期によって、悪女の物語は永遠の「聖女」の神話に代わられることになった。

もうひとつが、クリントン大統領の不倫相手となったモニカ・ルインスキーさん。ホワイトハウスに勤めていた平凡な研修生が、一躍、世界中のメディアの注目を集め、偉大な「商品」となったのは記憶に新しい。ここでは公的な場はアメリカ合衆国大統領の公的な職務と司法の独立、議会の弾劾決議などであった。ここで問われたのは、大統領の偽証問題だったが、世間の関心はそんなところにはなかった。

彼女もまた典型的な「悪女」であった。事件発覚後、アメリカのメディアは、洪水のようにモニカのスキャンダルを報じた。共和党の議員たちが、このときとばかり大統領を糾弾したが、国民は冷めた反応を示した。アメリカ人の多くが、これは私的な問題であることを理解していたからである。大騒ぎしていたメディアも、これ以上の展開はないと知ると、一斉に引き上げてしまった。「モニカ」もメディアによって過剰に増殖された存在だったのである。

サッチーの場合はどうであろうか。サッチーが商品となってきたのは、彼女のキャラクターだけが原因ではない。そもそも、彼女の公的な部分との関係というと、野村監督の妻であることだ。日本一の知将が家庭に帰ると、こんな奥さんの尻に敷かれているのかと、誰もが思う。田園調布の豪邸に住み、高級ブランドを身につけて闊歩するサッチーのイメージは、ちょうどダイアナと同様に、視聴者の羨望と嫉妬の対象になる。しかも、常識では考えられないような破天荒な人格は、窮屈な公的な世界への反発という意味合いがある。それに対して、主に同世代の女性には、こんな不義理な人は絶対許せないという感情もある。いずれの場合でもサッチーは、ワイドショーにとって、視聴率を稼いでくれる格好の商品になってくれるのである。

先日、東京の若者が集まるクラブで、ラップを歌いながら毒舌を吐いていたサッチーだが、そのミスマッチの状況設定といい、派手な衣装といい、私にはメディアに躍らされ有頂天になっている気の毒な老婦人にしか映らなかった。ちょうどその姿からは、バブルが弾けて公的な世界が不安定になっているこの社会が、公私の関係も見失い、いびつな形に病んでしまっている状況が見えたような気がした。

情報化社会とサッチー騒動

サッチー騒動を考えるとき、それを取り上げるメディアと、そのメディアを取り巻く社会状況を分析してみることが大切であろう。

公的な世界と私的な世界の関係が崩れ始めてきた中で、メディアが生み出した「サッチー」の存在とその双方の関係を考察してみることは、問題の本質を探る鍵になる。なぜ、メディアあるいは社会がサッチーを必要とするのかという問題を、改めて思い出してみよう。

かつてアメリカの社会学者のダニエル・ベルは、『資本主義の文化的矛盾』の中で、現代アメリカ社会の価値観の変化について興味深い分析を行っていた。それによれば、道徳のある規範をもった生産社会は変質し、生活様式としての快楽主義があるだけである。その結果、現代人は、規範と快楽の両方を追及する文化的矛盾に束縛されることになった。

ここでいう規範とは、これまで述べてきた公的な世界である。そこには善悪や美醜などの確固たる価値観が存在していた。快楽とは、そうしたものに捉われない私的な世界である。

ここでは、社会のルールよりも個人的な趣味や欲望が優先される。

現代の日本も生産社会から消費社会へ移行期にあり、従来までの社会規範が通用しないどころか、それを積極的に否定することが評価されるようになってきた。だが、現代人は、完全に自立できるわけではなく、あるときは伝統的な規範に、あるときは豊かさを追求する快楽に、二重に束縛されることになったのである。

このようなダブルスタンダードが存在する社会の中でメディアが求められることは、不安定な状態に置かれている人びとに、共通の話題を提供し、不安を癒すことにある。しかも、洗濯機や冷蔵庫などの物を得ることよりも、現代の日本人を繋ぐのは興味深い共通の情報を共有することが大きな目的となるだろう。現代のメディアは、そのような機能を持っているわけだ。過去のワイドショーを振り返ってみると、芸能関係のゴシップが延々と続くときには、これに代わる大事件がないことが多い。たとえば、阪神大震災が起こったときには、芸能ネタはすっかりテレビから消えてしまったし、オウムのときも、ほかの話題が入り込む余地はなかった。九八年後半は、例の和歌山の毒入りカレー事件一色だった。

サッチー騒動は、あの事件のあとに始まったことを思い出してほしい。サッチーのイメージは、「悪役」が不在になったメディアの状況と、共通の話題を必要とする情報化社会の状況が協力して増殖させていったものにほかならない。そして、こうした場合のワイドショーの話題というのは、同時に複数の話題が増殖することは、決してない。なぜなら、話題が拡散してしまうと、メディアにとっても視聴者にとっても、その商品価値が失われるからである。

この方程式が読み解けるようになれば、サッチーの正体も理解できるようになるだろう。つまり、もし、これに代わるもっと興味深いものが現れれば、サッチー騒動も、即座に消滅してしまうことになる。もっとも、この物語が終了しないために、サッチーにクラブでラップを歌わせるなど、いろいろと次の手を考えてくるわけである。そのストーリーを、本人も、メディアも、視聴者も楽しんでいるわけだから、これは全員が、情報化社会における共犯者といえなくもない。

連日、テレビがサッチー騒動に狂奔している間に、いつの間にか「日の丸・君が代」や「通信傍受法案」など重要な法案が国会を通過していった。この時期に、テレビがジャーナリズム機関として社会的責任を果たしていたかどうかは将来問われるところであろう。

個人が公的な世界に魅力を感じないのは自由だが、テレビがサッチーという浮遊するイメージだけを増殖し続けるのは、あまりにも大人気ない気もする。もうこれで十分だろう。ワイドショーの担当者には、勇気をもってゲームの終了を宣言してもらいたいものだ。

（いまむら・よういち）一九五六年東京生まれ。東大大学院卒。作家・ジャーナリスト。早稲田大学、昭和女子大学、駿河台大学講師。専攻は映像ジャーナリズム論。放送作家として報道・情報・スポーツ番組の企画や構成を数多く経験。現在は学問と現場の境界を越えた研究を実践。著書に『光と波のジャーナリズム』（サイマル出版会）『映像メディアと報道』（丸善）。

解題

この年、プロ野球監督野村克也の妻として知られる野村沙知代（サッチー）と、女優浅香光代（ミッチー）による批判合戦が、長期にわたって民放各局のワイドショーや写真週刊誌などで繰り広げられた。多くの芸能人や著名人が連日の舌戦に参加し、「ミッチー・サッチー騒動」（あるいはその後の野村に対するバッシング報道も含めて「サッチー騒動」）と呼ばれた。この論考は、その背後にあるワイドショーの構造や視聴者の欲望を探る。（丹羽美之）

第4章
2000〜2010年代

2000 〜 2012　再構築の時代

デジタル化による多チャンネル放送、インターネットの普及、
韓流に代表される東アジアの新しい番組流通など、
放送の多メディア化が加速する。
多様化するメディア環境に対応して、
放送批評の再構築が必要となった。

〝失われた90年代〟を広告はこう描いた

兼高聖雄
サイコロジスト

**バブル崩壊後の九〇年代は、
経済を基盤にした日本のアイデンティティが失われた時代だった。
価値観が大きく転換し、経済が悲鳴をあげていた十年間を、
広告はいかに表現してきたのか。
「高齢化」「リサイクル」「地球環境」「価格破壊」「ＩＴ革命」——
九〇年代ＣＭにちりばめられたキーワードたちは、
二十一世紀につながっているだろうか。**

『GALAC』2000年10月号

「バブル経済」が破綻し、そして崩壊して始まった一九九〇年代は、「平成大不況」「戦後最大最悪不況」などともいわれた、あまり明るさのない長い時代だったともいえよう。政府からは「いつも」のように「景気は底をうった」という発表がありつつ、しかし失業率は上昇し、個人消費も伸び悩み、好況に転じる気配は年代がかわった今も実感としてはない。

この間、設備投資や人件費の合理化はもちろんのこと、「交通費、交際費、広告費」は三つのＫといわれて「優先的」にカットされ、広告にも制作費の少ない厳しい状況が続いた。現在では「日本経済、空白の十年」との評価もあるこの九〇年代は、広告表現から見るといったいどんな時代だったのだろうか。

ＪＡＡＡ（社団法人日本広告業協会）創立五十周年のイベントで同協会と株式会社電通が共催した「広告でつづる半世紀」展（銀座電通ギャラリー、本年の五月に開催）には、戦後から現代に至る時代の空気を反映した広告表現が数多く軒を並べた。

広告は「社会の鏡」だといわれる。高度経済成長期には『大きいことはいいことだ』『Ｏｈモーレツ』と時代を叫び、成長が伸び切った時『モーレツから、ビューティフルへ。』とメッセージを送った。オイルショック期にも『ガンバラナクッチャ』で乗り切り、バブル上昇の時は『二十四時間戦え

ますか』と問いかけた。

その五十年の中でも、とくにラストにあたる九〇年代の十年間は、日本社会の旧来の価値観や尺度が大きな揺らぎを見せた年代でもある。広告制作状況が悪化し、大半の広告が時代の変化に対応しきれなくなったただ中にあって、それでも鋭利に時代と向きあう制作者や表現がいくつか見いだされる。それらは大きな流れとなっていないまでも、確かに二〇〇〇年代を予見させる何かがある。それら九〇年代の広告表現を同展から見ながら、あわせて広告と社会のこれからを考えてみる。

バブルがはじけてやってきた「価値観」の見直し

九一年、フジテレビのキャンペーン『ルール』が目を引いた。このキャンペーンは、バブル経済とともに価値観も崩壊したところに「あたりまえのモラル」を実にシンプルにつきつけた。『ホント』『ルール』そして『サービス』と続いたキャンペーンはバブルに躍った日本社会が失ってきたものへのシンプルでストレートな警告ともいえる表現だった。

九二年、あの「きんさん、ぎんさん」が画面に登場した(ダスキン)。この双子の元気なおばあちゃんはその後、国民的アイドルになってゆく。介護福祉など現代的問題となる「老齢化」を広告は先取りして見せてくれていたのだ。医療の高度化で元気なお年寄りが増える一方で、少子化や老齢福祉の切り捨てで老後への不安は高まる一方だ。きんさん、ぎんさんも、この広告の中でそんな風景をボソリとつぶやく。

『うれしいような、かなしいような……』。

九三年、「としまえん」が『祈、景気回復!』と不景気まで茶化すころ、記録的な冷夏でコメも大不作となった。勢い地球環境や資源問題にまで人びとの関心が向くこの時勢に、東芝の『遊んでくれてありがとう』と手を振りながら消えて行くキューピー人形にはドキリとさせられた。「使い捨て消費」への大きな反作用がようやく顕著化し、産・官・民が一体となってリサイクルに取り組む元年だったといってもいいだろう。

まさにバブル経済で躍った日本が、その崩壊によって人心まで傷ついて始まった九〇年代。その時代の初期に広告表現は、戦後の高度経済成長以降の「豊かさの文脈」を今一度見直すことからはじめたのだ、ともいえる。大量消費以外への価値の転換、環境問題や福祉、老齢化への視線、そしてモラル・ハザードという言葉に代表されるにいたる「倫理」や

「哲学」まで。日本って何なのだろうかという大きな見直しのスタートである。むろん、この見直し作業は現在にいたっても終わったわけではない。広告は、問題の提起をしただけにすぎない。そのあとはマスコミ全般、企業、そして市民全体に課せられたものなのだから。

「勉強しまっせ」で価格破壊が大暴れ

九三年とはうって変わり、記録的な猛暑の夏を迎えた九四年、一ドルが一〇〇円を割り、規制緩和など個人消費を刺激する材料がそろい始めた。だが消費者の指向は「安くて良いものを、必要なだけ、賢く」買う方向へ。流通システムでも新たな仕組みが大幅に伸びはじめる。通信販売業界も総売上高が二兆円を突破した。買い物は店舗だけではなくなったのだ。通販のニッセン『み〜て〜る〜だ〜け〜』はそんな時代の風景を見事に描いてみせる（ついでに大学の教員なんてこんなもんか、という権威の逆転まで描いてみせた）。

円高で景気回復か、と思われた一瞬も、あの阪神・淡路大震災、そして地下鉄サリン事件で社会不安にのみ込まれた九五年には、『勉強しまっせ、引っ越しの、サカイ』が全国区で暴れ回った。物売りの原点ともいえる表現は「価格破壊」とまでいわれるようになった流通業界の叫びかもしれない。実際にダイエーの『お願い！買ってください。直輸入ビール一〇〇円』は、ストレートで真正面な叫びそのものの広告だった。

価格破壊、流通革命といわれる一方では、森首相も大好きらしい「ＩＴ革命」が着実におこっていた。九六年に画面に登場した富士通の『タッチおじさん』は、急速に普及するパソコン、そしてネットワークの前にタジタジとなる市民の姿を、これまた正直に描いてくれた。

バブルとともに消えたのが、日本経済の中にあった非合理性や複雑な流通。そして盲目的な個人消費である。マス・プロダクツ、マス・コンシュームという構図はなくなった。その反動が流通革命やＩＴと呼ばれる「情報流通」の変化であろう。オタオタしてるとマス・コミュニケーションだってヤバイぞ、と広告はいっているようにもみえる。

もはや二十世紀は歴史になった

「もののけ姫」が大ヒット、時のキーワードには「オーガニック」。そんな九七年に目立ったのがトヨタの『ＥＣＯプロジェクト』のキャンペーン。その後『二十一世紀に間に合いました。』（プリウス）まで続いているこのシリーズ・キャンペーンは、シンプルではあるものの深い表現である。『明日のために、いまやろう』というメッセージは広くひびく。かたやナイキが『Just Do It』。何度もミスを重ね、それを克服した者だけが成功する。ただ、やるだけなんだぞ、とこれも強烈なメッセージを放った。

九八年、今度はペプシコーラが『宇宙へいこう！』と夢を売る。かつてのサントリー『トリスを飲んでハワイへ行こう』を思い起こす人もかなり多かった。長野のオリンピックで、またサッカーW杯で、日本はまた夢を見ようとしていたかにも見える。しかし、プレステに惨敗を認めたセガのCM、謎めいた『ジェイ・フォン』というキャラクターで都市を浮遊する携帯電話族などを見ると、大衆の気分はもはや「ニッポン、チャチャチャ」ではなくなってきてしまったのが、この時代。

九九年、全段や半面でなければ目立たない、といわれる中で、たった一段の新聞広告、リクルート『リストラしすぎたら』は、悪化する失業率と企業の不調の中、定期採用、終身雇用が崩れてゆく日本をたった一行のコピーだけで表現して見せた。日清食品のおなじみのカップヌードルは二十世紀のさまざまな歴史場面にCG合成で登場する永瀬正敏君が印象的。もはや二十世紀は歴史となった。こんな時代は、カップ麺と一緒にズルズルと飲み込んでしまおうか、とそんな気分にも見える表現だ。

背伸びのツケにあえいだ十年 カラ元気はもういらない

そして今、二〇〇〇年、広告から見える私たちの時代は、これからどこにいこうとしているのだろうか。

九〇年代に始まった「IT革命」は、政府や大臣閣下が何を考えていようとも、構わずに進んでいる。家庭にも普及したパソコンを家族でカンフーで取り合うCM（ジャストネット）を見ていると、思わずかつてのテレビのチャンネル争いを思いだす。しかし早晩、パソコンも一人一台に、そして通信回線も家族全員確保できる時代がくるだろうと思わせる。そしてそのスピードはテレビの普及より遥かに速そうだ。

民間商用プロバイダ、いわゆる接続業者の広告も盛んで、その表現は好況を反映してか、元気がよい。中でも「無料プロバイダ」の攻勢が目につく。「IT革命」は、はやくも「価格破壊」に突入しているのだ。

爆発的に普及した携帯電話もパソコンとの融合やネット利用の機能を訴求する表現が目立つ。あのジェイ・フォンさんも携帯でネット経由でゲームをダウンロード、注いでいるビールがあふれてしまうのも忘れて熱中している。「ＩＴ」はもはや日常の中に「デファクト」で存在し始めている。

そんなJ-PHONEの『ｍｅメディア』というコピーは、すでにパーソナルなものになりつつあるＩＴと、消費者の個人指向とをつく「名コピー」といっていいかもしれない。

一方でＮＴＴコミュニケーションズは『世界にはまだたくさんの壁がある』といい、資生堂は『共に』と共生の時代を訴えた「ズシン」としたメッセージを発信している。

「パーソナル」への指向は、家庭教師のトライが『ＭＯＴＨＥＲ、Ｍを取ったらＯＴＨＥＲ、他人です』と切ってとるように、家族や社会的つながりあいの崩壊すら感じさせる。だが、それだけでは幸福にはなれないんだよ、とちゃんとメッセージを送る広告もあるということだ。

確かに広告の中で元気なのは『おいちい』と甘える優香ちゃんやら、職場で弾けて浴衣で踊る桃天娘だったりはする。でも、蒸気機関車に手を振る人たちと、それをみつめる父親役の白竜をしんみり見せてくれるＪＲ東日本や、回転しているジューサーをじっと見つめ、天然ジュースを山崎まさよしが飲むだけ、というシンプルなカゴメ野菜ジュースなどを見ると「ナチュラルにいこうよ、もう余計な大騒ぎや無理はしないでさ」という、広告から時代への処方箋もみえてくるのである。

九〇年代は、経済も広告もそして社会や人びとも、背伸びをしすぎて無茶をした「ツケ」にあえいだ十年間だったのだといえるかもしれない。そんな時にも、カラ元気や、大それたイメージばかりが広告でないことを、鋭利なクリエーターたちは訴え続けてきた。地に足をつけて時代の処方箋を書く義務が、今の広告にはないだろうか。

そういえば『Ｏｈ、モーレツ』なんて時代があったっけなあ、とＷＯＷＯＷで桑田佳祐が茶化している。この夏、桑田がひきいるサザンオールスターズは、故郷の茅ヶ崎という原点にかえっての初ライブが話題だ。しかも地元市民の署名で実現したライブである。そういう時代へと私たちはむかっているのだ。

資料提供／「広告でつづる半世紀」展（社団法人日本広告業協会／株式会社電通　山川浩二監修）

解題

兼高も指摘するように、広告は「社会の鏡」だと言われる。高度経済成長期の「大きいことはいいことだ」や「Oh モーレツ」から、ポスト成長期の「モーレツからビューティフルへ」を経て、バブル全盛期の「二十四時間戦えますか」まで、広告は常に時代の気分を映し出してきた。では、バブル経済が破綻し、「空白の十年」と言われた一九九〇年代の日本社会を広告はどのように表現してきたのか。混迷の時代の広告表現を総括する論考。（丹羽美之）

特集：「参加」→「いじり」→「覗き」へ　バラエティ番組の新しい動向

バラエティ番組を席巻する〝素人〟パワー

原 由美子
NHK放送文化研究所主任研究員

プライムタイムで高視聴率をあげる番組といえば、素人参加型のバラエティがずらりと並ぶ。その形態も、視聴者から情報を募るもの、クイズやゲームに参加させるもの、一定のシチュエーションで難関に挑戦するものなど、実にさまざまだ。素人参加型の番組は、どこまで〝バラエティ化〟の道を突き進むのか？

『GALAC』2001年２月号

「伊東家の食卓」人気の秘密は

日本テレビ『伊東家の食卓』が、快進撃を続けている。常時、二六～二八%の世帯視聴率（ビデオリサーチ関東地区）をキープし、週間番組視聴率トップの座につくことも少なくない。

人気のもとは、なんといっても一般視聴者から提供される、奇想天外で、しかもちょっとした「役立ち感」のある、各種の「裏ワザ」だ。しかし、「裏ワザ」が、その道の専門家によって教えられるのだとしたら、ここまでの人気を得ただろうか。アイデアの持ち主が、どこにでもいそうなおばさんや女子高生だったりするところがミソなのだ。

最近、プライムタイムで人気の高いバラエティ番組を見ていると、番組に、「視聴者」というか「一般人」「素人」が出てくるものが目立つ。しかも、かつてのような、クイズやゲームの挑戦者、相談番組の相談者といった形を超えて、番組やコーナーの主役として焦点を当てられるケースが少なくない。最近のバラエティ番組では、「素人」が何らかの形で関わっていないものを探すほうが難しいくらいである。

六九一ページの表は、民放（東京地上波キー局）の一週間の夜間プライムタイムの主な番組を示したものである。

いわゆる「バラエティ番組」もの（□以外）のうち、視聴者（素人）がある程度関与している番組を三段階に分けて網かけしてある。░は、投書を求めたり、賞品への応募、スタジオでの観客を募集する程度の軽い関わりの番組。▓は、アイデア提供などの投稿をもとに番組が作られていたり、素人が登場するコーナーが一部分にあるもの。■は、視聴者が画面に登場し、かなりの時間、視聴者がその場面の主たる登場人物としての役割を占めるものである。

ほとんどのバラエティ番組で、スタジオ観客の募集や、取り上げてもらいたいテーマの募集など、なんらかの形で視聴者からのアクセスを求めているのが現状だ。

冒頭に書いたように、『伊東家の食卓』は、視聴者からの「裏ワザ」「裏ネタ」の情報提供で成り立っている。「伊東家」に引き続き放送される『踊る！さんま御殿!!』は、視聴者から寄せられた投稿をテーマに、レギュラー陣が自らのエピソードを展開していく番組で、これも平均二〇％の視聴率を確保している。同じく日本テレビの『週刊ストーリーランド』は、物語の粗筋やアイデアの投稿をもとに、アニメ化して伝えるものだ。ＴＢＳの『ＴＨＥ！おいしい番組』は、視聴者から募集したアイデア料理を調理して男女のチームが競う形をとっている。

このほか、テレビ朝日『年中夢中！コンビニ宴ス』や同じくテレビ朝日の『人気者でいこう！』のように、商品開発のアイデアを求め、番組内で試した上で実際に商品化を企画する類のコーナーを設けている番組もこのところ増えているようだ。

主役は「素人」。疑似体験とのぞき見

番組のテーマやネタもとが視聴者であるというにとどまらず、「素人」が番組の主役として重要な役割を担っている番組も多い。「素人」が出演する番組には、いくつかのタイプがある。

［体験や経験、持ち物やペットなど、自らを披露するもの］

◇日本テレビ『恋のから騒ぎ』（自身の恋愛体験、エピソードを披露）

◇テレビ朝日『いきなり！黄金伝説。』（一〇〇〇万円以上の宝飾品や自宅を披露）

◇テレビ東京『ペット大集合！ポチたま』（自慢のペットを披露）
◇テレビ東京『開運！なんでも鑑定団』（家に眠る骨董品や希少品を披露）　など
［主に人生、生活についての相談者として登場するもの］
◇日本テレビ『嗚呼！バラ色の珍生!!』
◇テレビ朝日『目撃！ドキュン』
◇テレビ東京『愛の貧乏脱出大作戦』　など
［生活や仕事、恋愛の疑惑やトラブルの依頼人として登場するもの］
◇フジテレビ『サタ★スマ』
◇テレビ朝日『稲妻！ロンドンハーツ』　など
［いわゆるクイズやゲームのほか、プロを目指す、恋愛相手を探す挑戦者として登場するもの］
クイズ、ゲーム
◇フジテレビ『クイズ$ミリオネア』
◇テレビ朝日『タイムショック21』
◇TBS『筋肉番付』　など
プロを目指す
◇TBS『ガチンコ！』（ガチンコファイトクラブ、女子プロレス学院）
◇TBS『ホントコ！』（CMトキワ荘）
◇テレビ東京『ASAYAN』　など
恋愛
◇TBS『ホントコ！』（未来日記）
◇TBS『ガキバラ帝国2000』
◇フジテレビ『あいのり』　など
夢の実現など
◇TBS『ホントコ！』（未来日記）
◇フジテレビ『力の限りゴーゴゴー』（ビューティースチューデント、ジュノンボーイ部）
◇フジテレビ『S-FIELDガムシャカ伝説』
◇テレビ朝日『人気者でいこう！』　など
これらの番組では、素人が何かに〝挑戦〟したり、〝体験〟したりする〝仕掛け〟をテレビ局側が用意し、素人がその中でどのように行動するかを見守る形のものが多い。それを見ることによって、視聴者は、自分に置き換えて疑似体験の感覚を得るとともに、他人事として「のぞき見」的な感覚も満たされる。体験者が素人であるからこそ、自分にも起こり得るかもしれない、自分だったらどうするだろうか、と自分を重ねあわせながら見ることが可能なのだ。

		日本テレビ	TBS	フジテレビ	テレビ朝日	テレビ東京
月曜日	7	犬夜叉 / 名探偵コナン	東京フレンドパークII	男と女 !! 雨のち晴	そんなに私が悪いのか	うた世紀ベストテン
	8	世界まる見え！テレビ特捜部	水戸黄門	HEY!HEY!HEY!	タイムショック21	徳光和夫の情報スピリッツ
	9	スーパーテレビ	月曜ドラマスペシャル	やまとなでしこ	たけしの TV タックル	愛の貧乏脱出大作戦
	10	明日を抱きしめて		SMAP×SMAP	ニュースステーション	ファッション通信 / THE フィッシング
	11	きょうの出来事 / ZZZ・スポーツ MAX	筑紫哲也 NEWS23	あいのり / ニュース JAPAN	おネプ！ / トゥナイト2	ワールドビジネスサテライト
火曜日	7	伊東家の食卓	おウチに帰ろう！	火曜ワイドスペシャル	いきなり！黄金伝説。	ポケモンアンコール / 遊戯王
	8	踊る！さんま御殿 !!	学校へ行こう！		たけしの万物創世紀	火曜イチバン！
	9	火曜サスペンス劇場	ガチンコ！	編集王	人気者でいこう！	開運！なんでも鑑定団
	10		ジャングル TV タモリの法則	神様のいたずら	ニュースステーション	スキヤキ !! ロンブー大作戦
	11	きょうの出来事 / ZZZ	筑紫哲也 NEWS23	ジャンク SPORTS / ニュース JAPAN	『ぷっ』すま / トゥナイト2	ワールドビジネスサテライト
水曜日	7	笑ってコラえて！	THE! おいしい番組	ワンピース / 100%キャイ～ン！	目撃！ドキュン	いい旅・夢気分
	8	速報！歌の大辞テン !!	オフレコ！	力の限りゴーゴゴー	music-enta	絶品！地球まるかじり
	9	生でダラダラいかせて !!	ウンナンのホントコ！	涙をふいて	はみだし刑事情熱系	クイズ赤恥青恥
	10	ストレートニュース	ここがヘンだよ日本人	明石家マンション物語	ニュースステーション	進化のプリズム / 20世紀・日本の経済人
	11	きょうの出来事 / ZZZ	筑紫哲也 NEWS23	Music Museum / ニュース JAPAN	パパパパ PUFFY / トゥナイト2	ワールドビジネスサテライト
木曜日	7	嗚呼！バラ色の珍生 !!	回復！スパスパ人間学	クイズ$ミリオネア	熱血！周作がゆく	ポケットモンスター / TV チャンピオン
	8	週刊ストーリーランド	うたばん	奇跡体験！アンビリバボー	科捜研の女	
	9	どっちの料理ショー	渡る世間は鬼ばかり	みなさんのおかげでした	スタイル！	木曜洋画劇場
	10	ダウンタウン DX	ZONE	ラブコンプレックス	ニュースステーション	
	11	きょうの出来事 / ZZZ	筑紫哲也 NEWS23	お笑いＶ6病棟！ / ニュース JAPAN	ぷらちなロンブー	ワールドビジネスサテライト
金曜日	7	ぐるぐるナインティナイン	スーパーフライデー	まかせて !! エキスパ	ドラえもん / クレヨンしんちゃん	ペット大集合！ポチたま
	8	ウリナリ !!		ワレワレハ地球人ダ !!	ミュージックステーション	クイズところ変われば !?
	9	金曜ロードショー	教習所物語	金曜エンタテイメント	運命のダダダダーン！	たけしの誰でもピカソ
	10		真夏のメリークリスマス		ニュースステーション	ダンシン！ / アスリート
	11	FUN / きょうの出来事	新ウンナンの気分は上々 / 筑紫哲也 NEWS23	メントレG / 桑田佳祐の音楽寅さん	愛人の掟	ワールドビジネスサテライト
土曜日	7	スーパースペシャル '00	筋肉番付	サタ★スマ	年中夢中！コンビニ宴ス	土曜スペシャル
	8		ガキバラ帝国2000!	めちゃ×２イケてるッ！	ほんパラ！関口堂書店	
	9	新宿暴走救急隊	世界・ふしぎ発見！	ゴールデン洋画劇場	土曜ワイド劇場	出没！アド街ック天国
	10	THE 夜もヒッパレ	ブロードキャスター			美の巨人たち / 大調査 !! なるほど日本人
	11	恋のから騒ぎ / ナイナイサイズ！	チューボーですよ！	S-FIELD ガムシャカ伝説 / LOVELOVE あいしてる	ただいま満室	ナビゲーター 21
日曜日	7	ザ！鉄腕！ DASH!!	スーパーからくり TV	葛飾区亀有公園前派出所 / 学校の怪談	スクープ21	日曜ビッグスペシャル
	8	特命リサーチ200X！	どうぶつ奇想天外！	笑う犬の冒険	稲妻！ロンドンハーツ	
	9	知ってるつもり !?	日曜劇場・オヤジぃ。	発掘！あるある大辞典	日曜洋画劇場	ASAYAN
	10	おしゃれカンケイ / 進ぬ！電波少年	世界ウルルン滞在記	スーパーナイト		ピカピカ天王州 LIVE
	11	ガキの使いやあらへんで !! / きょうの出来事／うるぐす	情熱大陸 / 世界遺産	ミュージックフェア / ニュース JAPAN ／プロ野球N	素敵な宇宙船地球号 / サンデージャングル	スポーツ TODAY ワイド / イカリングの面積

2000年11月　東京キー局の夜間の番組から作成

■：素人が主役の場面が番組の大部分を占める
■：素人が登場するコーナーあり or 素人からのネタ提供で番組作り
□：投書、商品応募、観客程度の関わり
□：原則として関わりがない

※スペースの都合で正式タイトルの一部を省略している場合があります

691　バラエティ番組を席巻する“素人”パワー

素人に奉仕する「タレント」

いずれの番組の場合も、登場する素人に関わるタレントの役割がたいへん大きい。

素人が依頼人である番組には、タレントがその依頼人になりかわって、あるいは依頼人のために必死で頑張る。素人が相談者や挑戦者である場合には、タレントは、人生やプロであることの先輩として、あるいは友人のような立場で、ある時は応援役や介添人、またある時は、指導者、助言者として素人たちに接する。気弱になった挑戦者を励ましたり、常識からはずれた行為を厳しく叱責したりもする。とくに若手のお笑い系タレントやアイドルタレントが、一般の視聴者とごく近い目線で、出演する素人に接していることが、これらの番組の人気を支える大きな要素といえるだろう。

このようにテレビ局が作った〝ある仕掛け〟の中に人間を送り込んで展開を見守る、という形の番組には『世界ウルルン滞在記』(TBS)のように体験者としてタレントが送り込まれるものもある。これらの番組は、何が起こるか、結果はどうなるのか、予測のできない展開で視聴者を惹き付ける。こうした番組の魅力は、一種スポーツを見る感覚につながっているのかもしれない。スポーツ感覚だからこそ、競技者がプロでもアマでもおもしろがれるのだ。

『SMAP×SMAP』のように人気アイドルを主役に、コントと歌、そして有名タレントとのかけ合いで見せる番組でさえも、いつの頃からか、エンディング・トークに視聴者からの葉書を取り入れるようになっている。

ファン層を中心に手堅い視聴者をキープしている番組でさえ、視聴者との関わりを具体的な形で見せる必要があるのだろう。

送り手側の事情

バラエティ番組に素人の要素が増えている背景には、送り手側の事情も無視できない。

そのひとつに、制作費が比較的安くあがることがあげられる。また、設定に多少の変化を加え、組み合わせるタレントを変えるだけで、新たな企画が提案できる。真似としか思えない企画が続々と登場しているのもこのためだろう。

素人の起用にかかわらず、最近のバラエティ番組では、構成や台本にのっとって作られるものより、ある設定の中での行動や感情の変化を記録し、観察する形のものが多い。これは作者や演者が、きちんと練り上げた完成作品を生みだす力量を失いつつあるせいなのか。それとも現在のテレビ視聴の意味や位置付けの帰結として、こうした番組が求められているからなのか。

いずれにしても、最近のバラエティ番組に登場するプロのタレントは、その芸を披露するというより、番組の企画に乗って何かに挑戦したり、リアクションを見せたりすることで、その存在理由が成り立っている場合が多い。すなわちタレントと素人の境界が曖昧になってきている。このことも、番組への登場を容易にする原因のひとつと考えられる。

視聴者が、テレビ番組を利用して、遊んだり、恋愛の相手を探したり、人生を変えたりする時代。一方で、テレビの側も、自らネタを探したり、取材協力依頼に走り回るより、視聴者に呼び掛けてネタや協力者を募ってしまう時代。どちらが利用し、利用されているのか。最近は、どこかで見た企画に追随する番組も増えてきた。同じような〃仕掛け〃は、いずれ飽きられてしまうのだろうが、さまざまな形で「素人」を取り込もうとするテレビ局側の攻勢は、まだ当分、続きそうだ。

解題

この時期、テレビでは、素人や一般人が出演するバラエティが数多く放送され、人気を博した。素人が何かに挑戦したり、体験したりする仕掛けをテレビ局側が用意し、素人がその中でどのように行動するかを覗き見する。この種のタイプの番組は、欧米では「リアリティショー」、日本では「ドキュメントバラエティ」などと呼ばれた。なぜこうした番組が世界的に流行したのか。この時期のテレビ文化を考える上で興味深いテーマである。（丹羽美之）

連ドラ『HERO』現象のナゾ

そしてドラマはバラエティ化した

二十一世紀明けて早々、連ドラの記録を次つぎに塗りかえたフジテレビの『HERO』。だが、視聴率の高さとは裏腹に、街でこの話題を耳にすることは少なかった。静かなる熱狂。これは一体どうしてだろう。テレビドラマが数十年の歴史をへて、『HERO』でたどり着いたものとは何だったのか。『HERO』現象のナゾを解く。

こうたき てつや
日本大学芸術学部教授

『GALAC』2001年9月号

巷の話題にならないのに記録的な大ヒット

二〇〇一年初頭の連続ドラマ、『HERO』（フジテレビ）の魅力は一体どこにあったのだろう。平均視聴率三四・三%、しかも初回から最終回まで、毎回三〇%を超える記録はそう簡単に実現されるものではない。なのに、通販グッズマニアの検事（木村拓哉）を描いたドラマ、『HERO』はそれをいともあっさり達成した。そこに熱いフィーバーを感じさせるでもなく、嘘のように静かにそのヒットを記録した。

本当に、それは静かな大ヒットだった。普通、『水戸黄門』（TBS）のような長寿時代劇はともかく、時々の世相を映す連続ドラマのヒットには、そのセリフやシーンをめぐる話題がつきものである。同じ木村拓哉主演の純愛ドラマ、『ビューティフルライフ』（TBS・二〇〇〇年）のヒット時にも、〝オレがあんたのバリアフリーになる〟といったセリフや、雨の中を車椅子で約束の場所へ急ぐシーン、あるいは牛丼の差し入れなど、多くのことが話題にのぼった。

ところが、『ＨＥＲＯ』にはそういった話題が欠けていた。スポーツ紙などに〝△週連続三〇％超え〟の見出しが躍るのみで、主人公の言動そのものが云々されることはなかった。身近な学生や若い女性からも、その内容についての話は伝わってこない。当時の連ドラでいえば、『女子アナ。』（フジテレビ）のヒロインの言動のほうが、『二〇〇一年のおとこ運』（同）の心情のほうが、はるかに見る者の口を滑らかにしていた。

この話題のなさと平均視聴率三四・三％の結果をどう理解すればいいのか。ひょっとすると、テレビドラマの見られ方に変化が起きているのではないか。『ＨＥＲＯ』現象が気になるのは、そこに「テレビドラマの感受性」に関わる何かが感じられるからである。結論から先にいえば、それはテレビドラマのバラエティ化と無縁ではない。以下、バラエティへと収斂《しゅうれん》されてきたテレビドラマの表現方法の変遷をたどりながら、現在の方法論に内在する人間（関係）観について考えてみたい。

技術の進歩もバラエティ化を促進した

ニュース番組、ドキュメンタリー、教養番組、ドラマと、そのジャンルを問わない現在の総バラエティ化は、それがテレビ技術の特性を根拠とする限り必然である。

テレビのライブ映像は無秩序な多義性を特質とする。そこに映し出される世界を、報道、教養、娯楽のどれかに束ねることはできない。シリアスなニュースの中に笑えるものを見てしまう。それがテレビである。だからこそ一九七〇年代後半、制作現場にＥＮＧが導入された時、つまりそのライブ特性をフルに生かせるようになった時、テレビの編成・制作は一斉にバラエティ化への道をたどり始めた。

『欽ちゃんのドンとやってみよう！』（フジテレビ・七五年）におけるお笑いのドキュメンタリー化、『料理天国』（ＴＢＳ・同）に始まる生活情報番組のショーアップ、『ウルトラアイ』（ＮＨＫ・七八年）に見る科学番組の娯楽化、『ザ・ベストテン』（ＴＢＳ・同）での音楽番組の情報化など、この間のジャンルの総合化、バラエティ化の例は枚挙にいとまがない。また八〇年代に入っては、『夕刊タモリこちらデス』（テレビ朝日・八一年）、『久米宏のＴＶスクランブル』（日本テレビ・八二年）と、ニュース番組の芸能化も進む。

バラエティとは、多種多様な芸能によって構成されるショーである。多様性と芸能性を要素とする。テレビはこのバラエティを初めから編成・制作の核としていた。とりわけ、日本テレビがその放送開始（五三年）に向けて開発した公開バラエティ、『何でもやりまショー』は、スポーツ中継とともにテレビの魅力を伝えるに十分なパワーをもっていた。七〇年代後半の総合化、バラエティ化は、この初発のメッセージがENGを得て、各ジャンルに広がっていった証に他ならない。

トレンディドラマはバラエティドラマだった

テレビ番組は、テレビ番組であろうとすればするほど、バラエティの性格を強めていく。ドラマも例外ではない。一九六一年、NHKの連続テレビ小説が、ながら視聴にかなう方法論を開発した時、それはすでに始まっていた。

ナレーションによる誘導、エピソードの連続。このテレビ小説における非ドラマタイズは、映像の世界と言葉の世界を同列に置き、一つのエピソードを伏線としてではなく、目的に享受させるドラマをつくり上げた。歌、踊り、マジックなどをデジタルに構成するのが、バラエティの基本であるとすれば、この方法論はそれに一歩近づくものといえる。

一九七〇年には、バラエティそのものといえるドラマが現れる。『時間ですよ』（TBS）である。下町の銭湯を舞台に、家族と従業員の絆を描く。ドラマの基調はそこにあったが、演出の久世光彦はそれを目一杯に遊んだ。毎回のお約束、女湯のヌード、時のアイドル・天地真理の歌、そしてトリオ・ザ・セントーズ（従業員役の樹木希林・堺正章・川口晶）のギャグとゴシップ話がそれである。多様な芸能のコーナー構成。バラエティの見本といってもいい。

そして一九七七年、『岸辺のアルバム』（TBS）を契機に、ロケーションドラマの時代が始まり、都市の情報をおしゃれに演出したトレンディドラマへの流れが生まれる。

『岸辺のアルバム』は、戦後民主主義への問いを、その核家族の中にシリアスに凝縮した。得たのは一戸建ての家だけではなかったのか。脚本・山田太一のこの問いはいまに続くものである。しかし、それはロケーションドラマであることで、同時に快適な都市生活への憧憬も誘った。ドラマの舞台となった多摩川沿いの住宅地。その情報性もまた、結果としてドラマの重要なファクターであった。

戦後の苦渋を、家族の葛藤を、現実の都市を舞台に描く。といっても、山田太一の問いへの答は見つからない。やがて八〇年代、バブル経済を背景に、時代は都市情報の消費に充足を求め始める。『金曜日の妻たちへ』シリーズ（同・八三年—八五年）から、『男女7人夏物語』（同・八六年）、『抱きしめたい！』（フジテレビ・八八年）へと、山田の問題意識は急速に薄れていき、かわって都市のトレンド情報がクローズアップされてくる。

こうして八〇年代後半、都市を舞台に、恋や遊びをライトに消費するドラマが誕生する。トレンディドラマの創始者・大多亮プロデューサー（フジテレビ）の言を借りれば、「言いたいことは何もなかった」ドラマである。そこでは、ロケ地、ファッション、音楽の三要素が、そのままドラマの目的であるとされ、それはそうであることでバブルの時代をストレートに映し出していた。

テーマもなければメッセージもない。ただ、都市の記号を次々に楽しめばいい。トレンディドラマはバラエティドラマであることで、これ以上なく新鮮に時代をとらえていたといえる。

九〇年代の視聴者はNHK的世界を否定した

ドラマのバラエティ化をたどるたびに思う。これまで、私たちはドラマの内容を見ていたのか、方法を見ていたのか。たとえば、『時間ですよ』である。家族の物語が動機であったのか、ヌード、アイドル、ギャグが動機であったのか。少なくとも、私は後者だった。トレンディドラマの場合は考えるまでもない。制作者自身が、ロケ地、ファッション、音楽を楽しませるものと言い切っている。

方法を楽しむ。これはテレビドラマに限ったことなのか。テレビ文化総体にいえることではないのか。いや、日本の文化そのものがそういった構造を持っているのではないか。時代、時代で、その表現方法を変えてきた日本のテレビドラマを見ていると、ふとそんな思いにとらわれる。いまの段階で、文化総体への言及はできないが、ドラマに限っては、その方法こそが時代のメッセージを内在させていたといえる。

では、現在のテレビドラマの表現方法に内在するメッセージとは何か。それを考えるには、九〇年代のドラマシリーズをリードしたあるドラマ群を見ておく必要がある。

『警部補・古畑任三郎』（フジテレビ・九四年）、『29歳のクリスマス』（同）、『王様のレストラン』（同・九五年）などで知られる共同テレビジョンの制作ドラマである。なかでも、鈴木雅之（現フジテレビジョン）に代表される記号的な演出がキーとなる。

たとえば、鈴木雅之演出の『王様のレストラン』である。従業員のリストラ面接が始まり、初めの一人が呼び出されると、それは厨房のシェフの「クソー！」、スー・シェフの「なっとくいかないです」、パティシエの「人の人生なんだと思っていやがんだ！」をアップで次々にたたみ込む。ある出来事や行動に対するリアクションを、きわめてわかりやすい感情表現で短く切り取り、それをつないでいく。そうやってドラマを紡ぐ。記号ドラマといわれる所以だ。

共同テレビの中山和記ドラマ部長は、ＮＨＫと共同テレビのドラマづくりを比較して、こう説明する。ＮＨＫの場合は、人生や心理の流れを重視する。対して、共同テレビは、そういった時間の流れよりも、その場その場の共感を大切にする、と。

大げさにいえば、歴史的現在としての人格と想念の絡み合うドラマを、深いと思うか、うっとうしいと思うかである。共同テレビのスタッフの多くは、得意とする現代の寓話を語る時、それはうっとうしいとしてきた。そして九〇年代の視聴者も、そういった想いの深さや複雑さを拒否した表現に心地よさを感じていた。

『ＨＥＲＯ』は古典をライト感覚で描いた

共同テレビのドラマに見られる記号的な演出は、人の想いや人と人との関係を深く掘り下げない。たとえ、その場の感情がいかに激しいものであったとしても、それはその場限りのものとして演出し、きわめてドライに、そしてライトに次の状況へと向かう。ちなみに、その寓話の多くはコメディ仕立てになっている。激情の表現も コミカルなタッチを 忘れない。

思えば、このライトな人間関係のタッチは、すでにトレンディドラマの頃から始まっていた。フジテレビのトレンディドラマは、ＴＢＳの『男女7人夏物語』（八六年）をモデルに開発されたもので、その内容は元祖のタイトルを受け継ぐものだった。六～七人の男女の恋模様、それもメイト感覚の恋を描くコメディである。そして、『世界で一番君が好き！』（フジテレビ・九〇年）にしても、『いつも誰かに恋してるッ』（同）にしても、その男女関係の描写は、それぞれの思いを浅くリレーしていくものだった。

人と深く関わることからの逃走。九〇年代のテレビドラマは、それをその方法の中に、鮮明に示してきた。いま、この関係感覚の社会心理学については触れないが、八〇年代後半以降、それがドラマ視聴の心理的なベースであったことだけは確かだ。

『HERO』の魅力は、主演・木村拓哉のカリスマ性、ヒーローものという古典性、カジュアルな検事像にみる相対的な価値観、通販マニアなる風俗的なくすぐり、脇のキャラクターのおもしろさといったところだろうか。しかし一番は、きわめて古典的なテーマを、すっかり身についてしまったライトな関係感覚で、心地よくドラマ化したことではないか。

もしそうだとすれば、この安心感は話題にしようがない。


（こうたき・てつや）一九四二年岐阜県生まれ。日本大学芸術学部卒業。講師、助教授を経て、八七年から同大放送学科教授。専門はテレビ文化史、思想史。共著に「テレビ史ハンドブック」（自由国民社）ほか。

解題

本論でドラマのバラエティ化の典型例とされる「HERO」は、木村拓哉演じる型破りな検察官を主人公にした二〇〇一年放送のドラマ。番組平均視聴率三四・三%はフジテレビでは歴代一位である（二〇一二年九月現在）。論者の上滝は、「HERO」の人気をトレンディドラマから続く記号的な演出にあるとする。記号的な演出では、登場人物の人生や心情を深く掘り下げるよりも、その場その場での共感をコミカルなタッチで描くことを優先する。（藤田真文）

特集：日本のアニメとは何か?

テレビアニメーション文化論

「アトム」たちが作った新しい世界

諸橋泰樹
フェリス女学院大学教授

テレビアニメーション第1号である「鉄腕アトム」が登場して40年。数多のTVアニメが生まれた。そしていま、日本のアニメは、世界に通じる数少ない優良ソフトとなった。TVアニメが子どもとメディア文化に与えた影響は、はかりしれない。これまでのアニメを解析するとともに、アニメの本質を読み解く!

『GALAC』2002年7月号

テレビ史五十年の中で、アニメーションが番組編成の重要な位置を占めるようになってほぼ四十年。日本のアニメは〝不惑〟を迎える。手塚治虫が、自身の絵に生命を吹き込み動かすことが昂じて、東映動画のような大制作会社とは比べるべくもないプロダクションを自ら立ち上げ、毎週放映のテレビアニメーション制作に乗り出した一九六三年を起源とするからである。

この年一月一日から放映が始まった手塚+虫プロダクションによる「国産テレビアニメ第一号」の「鉄腕アトム」は、アニメ表現やアニメ産業、また関連産業にさまざまな〝形〟を与えることになる。そして「アトム」以降、アニメーションは子ども文化やメディア文化、その表現様式や消費様式にはかりしれない影響を与え、それがまた欧米とは異なる独特の子ども文化やテレビ文化を生み出した。

夢見がちな子どもの意識・無意識に対して、また擬似体験としてのごっこ遊び、キャラクター商品の消費行動などを通じて、リアリティ感覚、知識や常識や社会意識、言語取得や役割取得、態度や行動スキル、コミュニケーション行動、イデオロギー形成などに大きな役割を果たしてきたのが、テレビアニメーションであったことは間違いがない。

この稿では、子ども文化とメディア文化の側面から、日本のテレビアニメの世界を素描してみたい。

アニメーションが子どもにもたらしたもの

生活時間と知識獲得法が変わった

まず第一に、テレビアニメーションは、「子どもの時間」を変容させた。

テレビは、時間と場所（なかんずく家）に、身体を拘束するメディアであるが、とりわけ連続番組の場合、週単位・時間単位でメディア行動が生活時間に組み込まれる点に特徴がある。

かつて子どもたちは、各家庭の夕食時間や季節によって様相を変える夕暮れなどを目安に、街路や野原での遊びから一人減り二人減りしていった。そこではそれぞれの家庭の事情や四季に応じた個別の時間がゆったりと流れていたが、やがて夕方―ゴールデンタイムにテレビアニメが番組編成に加えられるようになると、子どもたちは国家という大時計に依拠する「局の時間」に合わせて身体や生活時間をスケジュール管理されることになる。学校化された時間が、放課後のプライベートな領域まで覆うようになったわけである。

子どもたち（小学校三年から六年生）のよく見るテレビ番組種目のトップは「アニメ」で八五％を占め、また「学校から帰ったあとの夕食前の遊び」として最多のものは「テレビ」であり、その値は五九％に達する（ＮＨＫ放送文化研究所「小学生の生活とテレビ'97」）。

さらに、今や学習塾や習いごとが、一週間というものをプログラミングしている。その中では、むしろテレビゲームが、「局の時間」に左右されない、自分で管理できる「固有の遊びの時間」となり、テレビ離れすら促進している。

第二に、ＴＶアニメは言語や知識の獲得に大きな役割を果たすことになった。現代の絵本・物語として、親をはじめ周囲の人間が読み聞かせする必要のないこの自動視聴覚メディアは、乳幼児期から絶大な教育的効果・子守り効果を発揮している。周囲のおとなたちによる話しかけをはじめとする子どもへのさまざまな働きかけは、テレビが取って替わり、「月にかわっておしおきよ〜」とことばを覚え、宇宙には「ブラックホール」があることを知るようになる。ほどなく、メディアを通じて思わぬことばを口ずさみ、図鑑や雑誌を通じて無秩序にしかし派生的に知識を得てゆく子どもの力に、われわれおとなは驚かされることになる。

「人生に必要なこと」はアニメで学ぶ

それともかかわるが、第三に、態度や人間関係スキル、役割など、他者を「真似る」[1]ことから学ぶ行動パターンを子どもたちはアニメから得るようになった。主人公にアイデンティファイしてそのアクションやしぐさ、口調・決めぜりふを真似ること、「ごっこ遊び」を通じて複数の人間とコミュニケーションをとり役割を演じる（なりきる）こと、そのためにTVアニメが不可欠である。理想の自己像、生き方や存在様式のシミュレーションをアニメの中に見いだすわけだ。

また、男女の性役割をはじめとするジェンダー[2]取得にもアニメは大きく関与している。たくましく・強く・カッコイイ、ミリタント[3]な男性の主人公に対して、しなを作り・美しく・寄り添う女性たち。あるいはダメで・ドジな男性の主人公に対して、頭がよく・可愛らしく・助けてくれる女性たち。はたまた、セクシーな女性の主人公に対して、その色香に飛びつく男性たち。すべてのアニメがというわけではないが、ジェンダー、セックス、セクシュアリティに関する固定的観念やジェンダーアイデンティティは、多くアニメから学ばれている。

子どもたちのこういった主人公へのアイデンティファイは、第四に、カタルシス[4]作用ともかかわっている。欲望を満たすことについても、友だち関係においても、またおとなに対しても、経済的体力的に無力な状態に置かれて悔しく悲しい思いをしている子どもたちが、密かに復讐をとげ溜飲を下げる装置として、アニメは重要な機能を果たしている。

超能力や武力やケンカ、魔法やスポーツや恋愛での「勝利」を通じて登場人物たちが次つぎと欲望を満たし周囲から喝采を浴びる構図を観ることで、どれほど子どもはストレスを解消しガス抜きをしていることか。

第五に、カッコいい・弱虫な・可愛らしい、これら主人公の言動や能力、また滅ぶべくして滅ぶことが宿命づけられている敵《ライバル》の存在、そしてこれらの世界観＝パラダイムのディテールをなすメカ、都市、学園、暴力装置、背後にある設定など、いわば物語の世界観や価値観といったアニメのメタ・メッセージは、ことばの取得やアクションの真似など顕在的な影響よりも深く、長く、子どもたちの意識下に沈潜していると考えられる。

なかでも正邪についての価値観、科学観、闘争・平和・戦争観、死生観、恋愛観、性など、表象生産された意味をアニメからどのように受容したり主体的に読み替えているかについては、検討に値するだろう。

モノ・カネ・コトとアニメ

第六に、アニメとその作品をめぐる関連商品をして、子どもたちの消費行動に大きな変化をもたらしめたことが挙げられる。少子化も相まって子どもたちの可処分所得(小遣いや親の投資)が増え、週刊月刊のマンガ雑誌、連載ものがまとまった単行本、そしてテレビゲーム、攻略本、キャラクター商品や製菓などを購入し、アニメは消費されてゆく。アニメ関連商品の金額は数百円のものもあるが、数万円のものもあり、金銭感覚とともにモノへの感覚も随分と変容させた。

陸続と供給されるモノに対して、子どもと買い与えるその親ともども消費の強迫観念にとらわれてしまっている一方で、物神崇拝=フェティシズムを生じさせたのも、アニメとその関連商品・情報であろう。専門的(おたく的)なモノと知識の収集=コレクションは、子どもや若者たちの「欠けた自我を補完」する機能を果たしている。

もとより、第七番目に、TVアニメの放映がもたらすメディア環境の変容が、すでに述べたように「子どもの時間」を変質させメディア行動やライフサイクルに影響を与え、「ごっこ遊び」をはじめとする他者との関係における役割行動などの規範になったことに加えて、アニメそのものが子どもたち同士のコミュニケーションにとって不可欠なものとなっていることを指摘しないわけにはいかないだろう。

子どもたちにとっての「友だちとの話題」とは、「テレビのこと」(四三%)を筆頭に、「友だちのこと」「テレビゲームのこと」(四一%)に続いて、「マンガのこと」(二二%)である(NHK放送文化研究所「小学生の生活とテレビ'97」)。この場合、「テレビのこと」と「マンガのこと」の両者に、TVアニメの話題が入っていると考えていいだろう。アニメのキャラクターやストーリーについての情報の共有は、重要なコミュニケーション手段なのである。

また、ティーン以降の年齢あたりから、アニメのファンクラブへの加入やマンガ同人誌の制作、コミックマーケットに参加する若者が現れ出すのも、コミュニケーションの問題として興味深い。

アニメーションがメディア文化にもたらしたもの

アニメとメディア・ミックス

ここで、子ども文化をいったん離れて、メディア文化の側面からテレビアニメーションをとらえてみる。

まずもっとも特徴的なのは、そのメディア・ミックス性だろう。TVアニメは、大部分が週刊・月刊のマンガ雑誌・子ども雑誌に掲載されているマンガの人気作品が原作になっていることは周知のことだ。

一九六〇年代の「鉄腕アトム」「オバケのQ太郎」から七〇年代の「あしたのジョー」「キャンディ♡キャンディ」、八〇年代の「うる星やつら」「Dr. スランプ　アラレちゃん」、九〇年代の「幽★遊★白書」「美少女戦士セーラームーン」、そして現在も続く「ちびまる子ちゃん」「ドラえもん」にいたるまで、雑誌連載を先行指標としてアニメ化されたパターンである。

マンガのメディア・ミックスで典型的なのは雑誌連載後の単行本化であるが、TVアニメ化とともに、その主題歌やBGMが音楽CD化され、アニメ放映と時間的にずらす形でビデオ（LDから現在はDVD）化され、さらにプレイステーションなどのゲームソフトやアーケードゲームとなり、またオリジナル脚本で劇場用映画化される、というのがその〝王道〟であろう。

一つの作品が多様なメディアによってアウトレットされるだけではない。主人公をはじめとする登場人物は、玩具やぬいぐるみになり、プラモデルやフィギュアになり、お菓子になり、文房具になり、子ども服飾品の模様になり、CMやポスターになり、あらゆるところにキャラクター商品としてあふれることになる。

これもアトムを嚆矢《こうし》とするが、「ポケットモンスター」などはその典型である。この著作権管理は大変だが、ロイヤリティをめぐる利権＝収入も相当なものであることは言うまでもない。昨今ではこれらはコンテンツ・ビジネスと呼ばれている。

このようにして創り出されたブームは、もはや消費文化と同義であるといえる。

当然のことながら、週単位で容赦なく消費されてゆく制作物＝商品を供給するためには、制作コストを抑え短時日で納品することが必至である。原画・動画描き、彩色作業など半ば家内制手工業に近い労働集約型産業にもかかわらず、はなから二次収入頼みの実質赤字の制作費でアニメが制作されている。効率のためにセル画の枚数を減らすリミテッドアニメ[5]の開発やバンクシステム[6]の発想は、これもアトムから始まり日本アニメーションの特徴となった。

今も続く、作品のテレビ局側からの〝買い叩き〟による制作費抑制と納期がもたらすプロダクションの労働条件の悪さ、アジアに低賃金でアウトソーシングする下請け化は、アニメ作品そのものの〝質〟の問題、さらには〝寿命〟にもつながるだろう。

消費文化を牽引し多文化化するアニメ

さらに、商品は消費者に購入され・所有されて飽きられるという宿命ゆえに、アニメも視聴者にたちどころに消費される商品として位置づけられることとなる。

産業としての維持・発展のためには、企画者やプロダクションは、次からつぎへと〝新製品〟を仕掛けなければならない。TVアニメも2クールから一年程度で寿命を終える時限ものとして、また視聴率＝CM収入の多寡に応じてストーリーが短くなったり引き延ばされたりもする[7]。ほかのテレビ番組と同様の規範が適用される消費物として例外ではないのだった。

一方、新たな消費の草刈り場を求めてアニメも例外ではなく、市場は世界へと向かう。

これまでは、ディズニーをはじめとしてフォックスやワーナーブラザーズなど米国ハリウッド産のアニメーションが世界市場を席巻してきた。アニメといえば「アラジン」や「スパイダーマン」、「スヌーピー」や「ポパイ」「ウッドペッカー」などミュージカルかカートゥーンであり、これぞ「アメリカ文化」、これぞ「グローバリゼーション」だった。

しかし、小さな少年ロボットが巨大な敵を倒す「アストロボーイ」[8]を嚆矢に、ネコ型ロボット[9]がダメな男の子を陰に陽に助ける設定、猿のような男の子[10]が雲に乗って自在に武闘する設定が、小型・エレクトロニクス・カラテといった「これぞ日本的」なものとして、アメリカの「OTAKU」たちに、また東南アジアの子どもたちに、「ジャパニメーション」として受け容れられている。

劇場映画「AKIRA」や「攻殻機動隊」「もののけ姫」の海外でのヒットは、日本のTVアニメが基盤を作っておいてくれたからでもある。

ただし今後は、多文化主義の観点から、これまで日本国内では通用していたキャラクター造形や暴力シーンとか性的なシーンなどが問題化されることも予想され（事実、他国では変更されたりカットされたりしてそのまま放映されないケースも少なくない）、手塚がかつて米国において人種表現で指摘を受けたように、グローバル化の中で日本の「国際的な視点＝差異の多様性への視点」が必要とされるようになるだろう。

もう二点、デジタル化の趨勢はアニメ界でも例外ではなく、セル画アニメに代わるCGの可能性（省力化・表現技術・マルチメディア化）が注目されることと、「♪ララ科学の子」「♪ビルの街にガオー」の主題歌だった時代から、今やJ－POPの進化にともなって主題歌や挿入歌などが本格的な作詞・作曲家と歌い手によるポップス曲として抜群に洗練されてきたことについても、付け加えておきたい。

アニメーションがサブカルチャーにもたらしたもの

八〇年代以降の骨太の造形と「おたく」の誕生

ところでアニメは、音楽とともに、子ども・若者が中心として担い手となった、サブカルチャーの重要な位置を占めている。

当初、テレビ局をはじめとするメディアやキャラクター商品などおとなの制作者たちによるコマーシャリズムの世界で、従順な消費者であった子どもたちや若者たちは、おそらくは初代「機動戦士ガンダム」[11]がテレビ放映された八〇年前後から、能動的になり、変容する。

ガンダムのもたらした革新は、それに先立つ七〇年代前半の「マジンガーZ」とともに人型巨大ロボットに主人公たちが乗り込んで武器を使ったり格闘したりして戦闘をするパターンのオリジンとなっただけではない。SF的未来の、詳細な年表が書けるくらいの歴史（戦史）設定、その時代やメカ、社会システムなどを成り立たしめる背後の世界観すなわちしっかりしたパラダイムの設定、主人公（そのほとんどが男子だが）の、これまでの正義ものアニメにはみられなかった〝迷い〟をはじめとする人間的弱さ、魅力的な敵役《かたき》＝悪役の造形などなど、作品内容面でのイノベーションをまず第一に挙げることができる。視聴者たちは、こういった質の高い設定にその虚構世界のリアリティと体系を読み込んでゆき、それが知的かつゲーム的感性をもたらして、それこそニュータイプの視聴者が育っていった。

大塚英志は、単にモノや作品やタレントを消費する時代から、八〇年代以降は文化商品の背後に仕掛けられた秩序だった世界観や整合性ある設定（本稿では「パラダイム」と言い換えたが）に興味が喚起されることで次からつぎへと消費が行われる新たな社会の到来を見抜き、この事態を「物語消費」と名づけた（大塚英志『物語消費論』新曜社、一九八九年）。これらの文化商品は、バックに「大きな物語」が隠されている「ビックリマン」から「シルバニアファミリー」にまで及ぶという。アニメにおいてその典型をなす作品がまさに「機動戦士ガンダム」だった。

かくして、ガンダム体験を経た新しいアニメファンは、そのパラダイムの読み込みと体系化にマニアックにのめり込み、関連グッズをコレクションし、さらにそのパラダイムを換骨奪胎してあり得るストーリーを自ら別仕立ての作品にし、「おたく（オタク）」といった妙にスノッブな〝人種〟や「アニパロ」「コスプレ」といった新しい・表現ジャンル、それらの発表の場である「コミケット」といった〝アジール〟[12]を生むこととなったのである。

事実、連載マンガをもとに劇場用アニメとしてヒットした「風の谷のナウシカ」[13]や、雑誌連載とオリジナルビデオ[14]発売が同時進行した「機動警察パトレイバー」[15]（のちにテレビアニメ、劇場アニメにもなる）、TVアニメから大ブレイクした「新世紀エヴァンゲリオン」[16]などにおける、細部にわたって貫徹している物語世界の秩序（破綻のない設定）は、おとなでさえも「虚構の中の規範」の世界に遊ぶことを可能とするほどよくできている。

さらなる「物語」探求が昂じた先に

このようにして、マニアックゆえにある種能動的な、新しいタイプの視聴者であるアニメファンが、自らの知的好奇心のおもむくままアニメ世界を遊ぶようになり、さらには操作するようになり、制作者側の内輪ネタすら探求と遊びの対象となっていった。

それまではほとんどかえりみられることのなかった、たとえばガンダムの富野由悠季、ナウシカや「未来少年コナン」の宮崎駿、パトレイバーや「攻殻機動隊」の押井守、エヴァや「トップをねらえ！」の庵野秀明など監督たち、また小原乃梨子や神谷明など声優たち、辻真先や伊藤和典など脚本家たち、スタジオジブリや竜の子プロダクションなど制作会社といった、〝裏方〟にも注目が集まるようになったのは、あらゆるところに解釈と消費という遊びの触手を伸ばすおたく現象の一例であろう。

言うまでもなく、庵野監督たちを擁し、エヴァンゲリオンで知られるようになったプロダクションのガイナックスは、ガンダム世代以降のアニメファン当事者たちによって構成されている。エヴァなど、物語消費させるツボを心得ているゆえんである。ただし、東浩紀によるとエヴァはもはや背後の「物語」を読み込む時代の作品ではなく、単に即時的欲求にそって生きる動物化したファンが、キャラクターや設定といった「物語なき情報」のみをたんたんと消費する「データベース消費」のそれであると指摘している(東浩紀『動物化するポストモダン』講談社現代新書、二〇〇一年)。

そう言われてみると、エヴァの設定は何やら整合性がありそうでいてどこか放り出されており、作品パラダイムにそって辻褄を合わせようとすると、よくわからないところがある。それよりも、たとえば綾波レイが、その性格や容貌を持ったままさまざまな別世界で演じることができるように、単なる「キャラ」として提示されているととらえたほうがわかりやすい。

実際、ガイナックスが仕掛けた最新のメディア・ミックス(連載マンガ、TVアニメ、DVD、CD)作品「アベノ橋魔法　商店街」の一登場女性は、「実写で作られたエヴァがあったとして、綾波レイをやった役者が新境地にチャレンジした役、という設定」で登場している(笑)。自己言及性もここまでくると、もはやスノッブな虚構の世界を遊ぶというよりも、むしろ商売としてのスター・システムのしたたかさを見ることができる。

アニメーションがもたらす価値観

「敵=悪」を滅ぼす「正義」の根拠はあるか?

TVアニメから派生した消費文化・サブカルチャーが、子どもや若者たちの消費行動やコミュニケーションのあり方、そして価値観などと深く関連していることに触れてきた。本論の最後に、ストーリー、設定、主人公たちの生き方など、テクストのメッセージおよびメタ・メッセージが表象してきた価値観(イデオロギー)について考えておきたい。

その一つは、正義の暴力と科学が平和をもたらすという観念と、もう一つは性=ジェンダー、セックス、セクシュアリティについての観念である。後者については冒頭でも少しふれたのと、斎藤美奈子『紅一点論』(ビレッジセンター、一九九八年)という優れた分析があるのでここでは割愛し、このところの同時代精神の面でも気になる前者についてもう少し述べてみよう。

すべてのアニメに通用するわけではないが、物語の多くは正邪(善悪)の二項対立で進行する。主人公は「正統なる者」としてセッティングされ(たとえ主人公が「悪人」であっても)、それに対して「正」なる主人公や社会(家族や学園でもよい）の秩序をおびやかす「邪なる者」が登場し、正邪の闘争によってストーリーが前へ進む。ロボットや武闘もののみならず、スポーツ、グルメ、推理、学園ラブコメ、ギャグ、いずれのジャンルいずれの登場性別にもかかわらず我われは主人公の立場から、主人公の行動や立場、希望を阻止しようとする者に対して敵愾心《てきがいしん》を燃やす。

だが、「宇宙戦艦ヤマト」において、地球を滅ぼそうとするデスラー率いるガミラスを、究極の兵器を用いて殲滅《せんめつ》する正当性は、どこまであるのだろうか？「キャンディ♡キャンディ」におけるいじめっ子イライザやニール、「めぞん一刻」での恋敵三鷹さんを憎々しく思い失脚を望むことは、どこまで健全だろうか？ 次から次へと敵を爆裂させるケンシロウ[17]やデビルマンの行使する暴力は、どこまでが防衛的と言えるのだろうか？ チャチャ＝マジカル・プリンセス[18]が「正義」で大魔王が「悪」であるということに、どこまで根拠があるのだろうか？

もはやたかがアニメとは言えない文化的価値と影響力を評価するとすれば、対立する両者の存在を賭けての闘争の物語に対して、正邪（善悪）の基準の二分化と、悪をやっつける暴力行使の正当性に、われわれは子どもの時からかなり馴染み麻痺してきたのではないかという問いを、一度は発してみたほうがいいかもしれない。

平和のための暴力と科学という問題

これら勧善懲悪のために行使される暴力は、悪を屈服させ根絶やしにするためなら何でも許されるという権力観（ないしナショナリズム観）や戦争観（ないし軍事観）、それを支える科学観（ないし未来観）や道具観（ないし兵器観）、善のために投げ出す生命と悪には死をという死生観（ないし生命観）などを背景に正当化されている。なかんずくこういったシチュエーションの通奏底音をなしている「科学観」[19]は、人類や地球を救う大義名分のためにほとんどア・プリオリに支持されているとともに、「正しい科学」が人類や地球を滅ぼそうとする「悪の科学」をうち負かすというイデオロギー図式が多くを占めており、相対的視点に乏しいわれわれの想像力をつちかってきた感がある。

アニメは当初、シュッと開く「自動ドア」や遠方と無線で話せる「小型通信機」、またリモコンによる「遠隔操作」や超高速の「エアカー」、電子頭脳を持った「人型ロボット」や宇宙旅行のできる「ロケット」、といった他愛ない「利便性」を「科学」ととらえていた。

しかし、現在では宇宙を航行する大戦艦や二足歩行の搭乗型巨大ロボット、ミサイル兵器や人間とシンクロするコンピュータなどが、対戦車ヘリコプターや戦闘機などフェティッシュなミリタリー・メカの機能美やリアルな質感もたずさえて、人類や地球を救うツールとしての科学と疑われずに用いられている。科学と戦争兵器とが平和という名目のためにいともたやすく結びつき、武力をもって解決することが半ば美化されているのだ。

もちろん、アニメのすべてが極楽トンボな善悪二元論で作られているわけではなく、ポリフォニックな設定、相対的な視点を提供する作品は少なくない。また一方で、視聴者の中にも、シャア[20]や花形満[21]やジャイアン[22]といったライバル、ダークキングダム[23]、ブラックゴースト[24]、パンサークロー[25]といったステレオタイプな悪の組織に対して、単純な反発心を持つのではなく多様な読みや脱構築をする子ども・若者もいるに違いない。それゆえ、「人生に必要なことはアニメで学んだ」という人びとが不惑を迎え、日本の人口のかなりを占めるようになった現在、求められているのはこういった世界の多様性を提示し想像力を喚起するテレビアニメの制作と、構成された意味を解体するような視聴・解釈実践だろう。

世界をデザインすることの醍醐味、絶えず作り手と読み手とのせめぎ合いの中で互いに作り上げられてゆくTVアニメーションは、格好の文化装置なのである。

注

(1)「真似る」＝人間は発達初期、五〜七歳に模倣期と呼ばれる時期がある。他者の行動を模倣することで行動パターンやライフスタイルの初期形成をする時期である。模倣＝真似ぶ＝学ぶは人間の社会的本能ともいえる。

(2)ジェンダー＝社会的・文化的に規定される「性・性差・性概念」をいう。生物学的な性別に対し、社会が規定する性別という意味で用いられる概念。

(3)ミリタント＝闘争的な、野性的な

(4)カタルシス＝フロイトなどの精神分析などからくる用語。特定の領域に向かう欲求が解消、浄化されることをさす。

(5)リミテッドアニメ＝フルアニメ三コマ分を一コマで描くような技術。動きが荒くなるかわりに制作費を安くできる。

(6)バンクシステム＝登場人物の映った場面を使い回しで使用するシステムのこと。

(7)ストーリーが短くなったり＝たとえば「宇宙戦艦ヤマト」は、一年間の放映予定だったが、低視聴率により二クールで打ち切られることになり、ヤマトはイスカンダルからアッという間に地球に帰って来てめでたしとなった。

(8)アストロボーイ＝アトムのアメリカ放映題名。

(9)ネコ型ロボット＝ドラえもん

(10)猿のような男の子＝「ドラゴンボール」の悟空。

(11)機動戦士ガンダム＝一九七九年四月七日〜八〇年一月二六日、名古屋テレビ（テレビ朝日系）で放映。

(12)アジール＝世俗の世界から遮断された不可侵の聖なる場所。

(13)風の谷のナウシカ＝宮崎駿自身の「アニメージュ」連載マンガを映画化。一九八四年公開。

(14)オリジナルビデオ＝ＯＶＡ。ビデオでのみ作られる作品を主にさす。その意味ではＶシネマに近い。トップをねらえ！やメガゾーン23、サクラ大戦、カウボーイビバップなどが名作とされる。また鉄人28号やジャイアントロボ、青の6号などかつてのコミックのリメイクなども評判である。

(15) 機動警察パトレイバー＝一九八八年OVA、翌年映画化され劇場版公開。一九八九年一〇月一一日〜九〇年九月二六日、日本テレビで放映。

(16) 新世紀エヴァンゲリオン＝一九九五年一〇月四日〜九六年三月二七日、テレビ東京で放映。

(17) ケンシロウ＝「北斗の拳」の主人公。

(18) チャチャ＝マジカル・プリンセス＝「赤ずきんチャチャ」の主人公。マジカル・プリンセスに変身して大魔王と戦う。

(19) ア・プリオリ＝経験にもとづかない、それに論理的に先立つ認識や概念。先験的に、自明のこととして、の意。

(20) シャア＝「ガンダム」主人公アムロの好敵手。

(21) 花形満＝「巨人の星」の主人公星飛雄馬のライバル。

(22) ジャイアン＝「ドラえもん」のガキ大将。

(23) ダークキングダム＝「セーラームーン」の悪の集団。

(24) ブラックゴースト＝「サイボーグ009」たちサイボーグを作った世界征服を狙う悪の組織。

(25) パンサークロー＝「キューティーハニー」に登場する世界的犯罪組織。

(もろはし・たいき) 一九五六年生まれ。大学院在学中より㈳日本新聞協会研究所でメディア研究に従事し、九二年尚美学園短期大学教員。九九年よりフェリス女学院大学教員。専門は文化の社会学とメディアの社会学だがジェンダーとメディアをめぐる論考も多く、著書に『雑誌文化の中の女性学』(明石書店)、『季節の変わり目』(批評社)、『ジェンダーの罠』(批評社)、共編著に『ジェンダーからみた新聞のうら・おもて』(現代書館) ほか。ジェンダーとメディアをめぐる最近の文章に『AERA』一四九号、『アエラムック　ジェンダーがわかる。』など。

解題

一九六三年に放送が開始された「鉄腕アトム」は、最高視聴率が四〇%を超え爆発的にヒットする。連続アニメがテレビの定番コンテンツとなる素地を作った。その後日本のアニメーションは、「anime」として海外でも多くのファンを獲得した。本文中に登場する「マジンガーZ」は大型ロボットアニメの原型を作り、フランスなどで八〇%以上の視聴率となった。その伝統が「ガンダム」「エヴァンゲリオン」など物語性の高い作品へと発展していく。(藤田真文)

特別企画

「密室」政治より「ワイドショー」政治のほうがまし

2001年4月、小泉純一郎は田中真紀子の熱烈な応援を得て自民党総裁選に圧勝、首相に就任した。小泉内閣は当初80%を超える圧倒的な支持率を記録し、参院選でも勝利を収める。これに対してワイドショー政治、ポピュリズム（大衆迎合主義）とする批判も噴出した。その後も、真紀子更迭、辻元清美辞職、加藤紘一辞職、鈴木宗男逮捕と「テレビ政治劇場」は続く。これをどう評価すべきだろうか。藤竹暁・学習院大教授に聞く。

藤竹 暁 学習院大学法学部教授

《構成》坂本 衛

『GALAC』2002年8月号

小泉政治はワンフレーズ・ポリティクス　典型的なサウンドバイト政治でもある

●二〇〇一年四月、自民党総裁選に出馬した小泉純一郎は全国で「自民党を変える。変わらなければブッつぶす」と絶叫。ただ一人「変人」小泉を推した田中真紀子の応援効果も絶大で、予備選（地方選）は小泉の圧勝となった。本選（地方選の一四一票に国会議員の三四六票を加える）でも小泉は橋本龍太郎を破って総裁に就任、首相の座を射止めた。

小泉内閣は、一九七二年の田中角栄内閣以来ほぼ三十年ぶりに登場した「反・経世会内閣」、つまり田中派―竹下派―橋本派の系譜に属さず、これを破って誕生した画期的な内閣だった。（構成者注＝非自民の細川内閣・羽田内閣は経世会出身の小沢一郎がつくり、村山内閣は経世会と連立）

小泉政権発足直後の内閣支持率は軒並み八〇％以上で、戦後内閣トップ。普通これは新政権への期待から高めに出るものだが、小泉の場合は一か月後の世論調査でもさらに何ポイントか支持率を上げるという異例の人気を示した。この流れは七月の参院選でも続き、自民党は圧勝。これに対して「ワイドショー政治だ」という批判も寄せられた。この小泉旋風を、最近「ワイドショー政治は日本を救えるか」を上梓したばかりの藤竹暁・学習院大教授はどう見るのか。

藤竹●小泉政権が発足直後に極めて高い支持を集めた理由は、私は二つあると思う。一つは、小泉首相がこれからやろうとしている政治を、国民が日常生活で使っているのと同じレベルの、わかりやすい極めて短い言葉で語り、それが国民の期待を一身に集めたからである。

その言葉はさまざまだが、いちばん大きかったのは「改革なくして成長なし」「改革は痛みをともなう」など「改革」（「構造改革」）を訴えるキャッチフレーズ。これは「聖域なき」「骨太の」「徹底的な」などとバリエーションを変えて繰り返し語られた。

二〇〇一年の「日本新語・流行語大賞」年間特別大賞に、小泉語録から六つ―「米百俵」「聖域なき改革」「恐れず怯《ひる》まず捉われず」「骨太の改革」「ワイドショー内閣」「改革の痛み」が選ばれたのも、うなずけることである。

もちろん、森喜朗・前首相も橋本龍太郎・元首相も改革を口にしている。施政方針や所信表明演説には必ず出てくるのだ。しかし、それを国民に通じるワンフレーズで伝えたのは小泉首相が初めてといえる。

政治評論家の早坂茂三氏は、これを「ワンフレーズ・ポリティクス」と指摘しているが、そのような小泉首相の政治スタイルが、国民を引きつけた。そしてそれが、テレビというメディアに非常に合っていたのである。

「サウンドバイト」という言葉がある。もともとはラジオで使われた用語で現在はテレビでも使うが、ニュースに挿入されるフィルムやテープの部分を指す。今日では、政治報道は新聞からテレビへ、それもかつての「七時のニュース」ではなくニュースショーやワイドショーへと、場が移ってきている。そこに挿入されるサウンドバイト―効果的に印象づけられるのは二十秒までとされる―に、小泉首相のワンフレーズがピタリと合う。「痛みをこらえてよく頑張った！　感動したっ！」のフレーズもそうだ。小泉首相はサウンドバイト政治を巧まずして実践しているといえる。

もう一つは、小泉首相の「ぶら下がり」会見が象徴するテレビへの露出である。森政権時代は文字通り歩きながらの「ぶら下がり」だったが、森首相は、しまいにはこの会見を拒否した。

小泉政権では毎日一回、必ず立ち止まって会見することにした。つまり視聴者は一日一回、首相の顔を必ず見て、首相の言葉を必ず聞くことになった。これもサウンドバイトとして使われ、ワンフレーズの語り口がさらに徹底されたわけだ。もっとも効果的な場面は、ハンセン病の控訴断念シーン。これはサウンドバイト政治の典型例として後世に伝えられるだろう。

輝きを失ってきた小泉語録 ワンフレーズは飽きられるのも早い

●二〇〇一年秋まで七〇〜八〇%と相変わらず高かった小泉内閣の支持率は、9・11同時多発テロ後の対米従属姿勢、なかなか進展状況が見えない構造改革、一向に回復の兆しが見えない不況などによって徐々に低下。二〇〇二年一月末に、外務省をめぐるゴタゴタから田中真紀子外相が更迭されると、一段と低下した。鈴木宗男、加藤紘一、その秘書連中など「政治とカネ」の問題が噴出するにつれて、三月には五〇%割り込み、四月から五月にかけては四〇%に近づいてきた。

これとともに、切れ味鋭かった小泉純一郎のワンフレーズも輝きを失い、ぶら下がり会見でもしばらく沈黙して言葉を考えるシーンが目立つ。

藤竹●小泉首相はもともと官僚の作った原稿の棒読みではなく、自分自身の言葉で率直に語る政治家だと思うが、あまり具体的ではない。郵政三事業の民営化や、銀行の民業圧迫のように、自分がよく知っている部分は具体的だが、それ以外は抽象的な部分が多かった。それでも、率直にものをいいたいという気持ちは持っていると思う。

しかし、首相に選ばれ、権力の中枢に入ってみると、そう率直なものいいばかりはできないのだろう。レーニンは、一九一七年にロシア革命を成就した段階で、将来の国家権力の解体は可能だと考えていたが、やがてロシアを維持するためには強大な秘密警察が必要であり、国家という権力装置は必要だと考えを変えたという。同じように、つぶせる、改革できると思っていたことが、できないという壁にぶつかったのではないか。

首相になったら、「改革」という抽象的なワンフレーズのかけ声だけでなく、個別の分野で具体的な話をしなければならないが、小泉さんはそれほど政策通ではないようだ。派閥の領袖ではなく子分もいないから、腹心の政治家たちを手足のように動かすこともできない。これも最近、小泉首相の言葉が鈍ってきた理由の一つだろう。

重要な問題は、ワンフレーズ・ポリティクスは、飽きられるのも早いということである。CMは短い言葉を繰り返すが、飽きられてしまわないように、次々とバリエーションを変えていく。小泉政権は、一年前のキャッチフレーズに代わる新しい、しかも簡潔で力強い言葉を、まだ見いだせないでいるというのが、現在の状況ではないか。

小泉政治はワイドショー政治であっても大衆迎合政治ではない

●ところで、小泉政権が八〇％前後の高支持率を維持しているころ、「テレビが煽ったから」「ワイドショー政治だ」「ポピュリズム（大衆迎合政治）は危険」「テレビがファシズムを招く」といった批判が、主として活字の側から盛んに上がった。

森政権の末期、その支持率は一ケタだった。逆にいえば九〇％が内閣不支持で、それでもなおマスコミは、森喜朗のあら探しをし、批判を続けていた。このときの森政権に対する批判を「マスコミの煽り」「ポピュリズム」「ファシズム的」といった人は誰もいない。

この九〇％の不支持がそっくり支持に回ったら、なぜ今度は「マスコミの煽り」「ポピュリズム」になるのか、不思議な話である。これについて、藤竹暁はどう考えているか。

藤竹●私は、小泉政治を「大衆迎合主義」であるとは、まったく思っていない。そもそもポピュリズム・イコール・大衆迎合主義（大衆迎合政治）と考えるのがおかしい。ポピュリズムは、「国民・大衆の意向に従っておこなう政治」のことで、これがどうしてただちに「迎合」という意味になるのか。

自民党総裁選出馬から首相選出までの経緯を見れば、小泉政権が、大衆迎合政治をしようと考えてスタートしたわけでないことは明らかだ。大衆に受けそうな政策だけを選んで掲げたわけでもなく、逆に、「改革の痛み」とワンフレーズで口にしている。

それに対して、これまでの政治に飽き飽きし、鬱積《うっせき》した閉塞状況のなか出口が見いだせない国民は、自民党支持者だけでなく野党支持者も無党派層も含めて、大きな期待を表明した。小泉さんなら、少なくとも何か変えてくれるのではないかと、期待感を抱いた。だから記録的な支持率を集めたわけだ。小泉政権の政治は、大衆への迎合ではなく、その目指すところが大衆の期待と一致したのである。

では、そのように期待した国民大衆が間違いだったのか。キャッチフレーズだけは勇ましいが、実際には改革できないリーダーに、政治を託した国民大衆は愚かだったのか。

私は、決してそうではないと思う。国民は騙されたのではなく、期待しただけだ。その期待が最初のころと比べるとしぼんできた。だから支持率が落ちてきた。まったく当たり前のことであり、国民は健全で妥当な判断をしているとしか、いいようがない。

テレビが果たす役割は大きい AVメディアの「言論の自由」を考えよ

●最近の政治のあり方を、「ワイドショー政治」と切って捨てるのは簡単である。たとえば、新聞の政治部記者から見れば、外交面ではシロート同然の田中真紀子の外務大臣起用など、旧来の政治の常識からは考えられない手法に映ったことだろう。もちろん外務官僚が、口だけが達者なシロートのおばサンに何がわかるかと思うのも当然で、さっそくサボタージュしまくり追い出しにかかったわけだ。しかし、もし小泉「ワイドショー内閣」でシロート田中真紀子が外務大臣に起用されなかったとすれば、外務省はいまだに鈴木宗男に乗っ取られ続けていたはずである。

「ワイドショー政治」は政治のワイドショー化と同時にワイドショーの政治化をもたらした。そのことによって、政治に興味を示さなかった主婦や若者までもが、外務省問題や宗男問題を日常の話題として語りはじめた。これは、テレビの大きな功績ではないか。「ワイドショー政治」をもたらしたのがテレビならば、少なくともそれは「密室政治」よりはマシだと、歓迎してもよいのではないか。

藤竹●いままで、ともすれば密室のなかでおこなわれてきた政治を、テレビ画面上にさらけ出し国民大衆に見えるものにしたというテレビの役割は、極めて大きい。テレビが政治を見せ、テレビで自分を見せようとする政治家が出てきた。そのことによって、政治が動く。このテレポリティクスは、今後ますます顕著になるだろう。小泉内閣だけで終わる話ではない。

田中真紀子外相の問題も、彼女の更迭で幕引きがなされたものの、まだ決着はついていないのではないか。

私たちは、外務官僚というのは語学もできるエリートぞろいで、親子代々外交官というような立派な人ばかりかと思っていたら、そうではないことが、一連の騒動で明らかになった。また、田中外相が「アメリカ主導のミサイル防衛はいかがなものか」とどこその外相に耳打ちした、これは日本の国益を大きく損なうものだというような情報が外務官僚からさかんにリークされたが、彼女のいっていることとは別に間違いでもなんでもない。むしろ、外務官僚の底意地の悪さだけが伝わった。国民大衆は、今度の外相は失格だということがわかったのではなく、このような外務省をものすごい犠牲を払って支えているのだ、ということがわかったのである。

同じように鈴木宗男問題もテレビによってわかった。これを各省庁に類推してみれば、現在の日本の官僚機構が、いくら有能なエリートたちの集団でも、どんな問題をかかえ、どちらの方向を向いているのかが想像できる。

テレポリティクスは、現段階ではテレビポリティクスといってもよいが、ようするに政治と国民とテレビの三角関係。あるいはテレビを媒介とする政治コミュニケーションということである。コンピュータネットワークを使うeポリティクスは、実験段階から実行段階へと移りつつあるが、現実のものになるにはまだ十年やそこらかかるだろう。その間は、テレビが政治と国民大衆の間を媒介しなければならない。

テレビによる政治コミュニケーションは、たとえば新聞による政治コミュニケーションとは大きく異なっている。小泉首相が官邸記者クラブの会見で何かを語るときは、あらかじめ決めていることを語り、質問に応じて答える。そのやりとりの中から、新聞記者は必要だと思うことを記事にする。それが新聞政治面に載り、政治はどうなっているかと興味のある読者が読むわけだ。

しかし、サウンドバイトの例として挙げた、毎日一回放映される小泉首相の「ぶら下がり」会見は、これとは違う。小泉首相が顔を出し、記者の簡単な質問に短い言葉で答えるのだが、そのやりとりがメディア的な（この場合はテレビの）時空間の中に入り込み、視聴者はメディアを媒体として、茶の間にいながらにして小泉首相と「対面」するのだ。

これは印刷メディアによる政治コミュニケーションとは大きく異なる。新聞とテレビではメディアの構造が異なるから、コミュニケーションのあり方が異なるのである。

本題からは脱線するが、この点で、私は「言論の自由」というものも、オーディオ・ビジュアルなメディアと印刷メディアとでは、ありようが異なるはずだと考えている。最近、新聞に掲載される週刊誌の広告の脇に、「××社は、言論の自由を奪うメディア規制三法に反対です」という一行が載っている。だが、あのような言い方は、テレビにおける言論の自由を語るには有効ではないのではないか。

ワイドショーの「政治化」がいわれるが、いまやあらゆるものが「政治化」し、政治的なものになっていく。「政治が娯楽になり、娯楽が政治になる」――そんな時代が近づいているのであって、そこでの表現の自由は、活字メディアの表現の自由と同一視はできないだろう。これについては、また別の機会に論じたいと思っている。

テレビというフィルター越しの「現実」「複眼」的な視点を忘れるな

●あらゆるものが「政治化」していく時代。テレビを媒介とするテレポリティクスも今後ますます拡大し、それを有効に活用しようとする政治家も増えていく。テレビがここまで日常的なメディアとして普及してきた以上、現代の民主主義国家の政治はテレポリティクスを当然の大前提として語らざるをえない。

ところが、やはりテレビは小さく光輝く電気箱にすぎないのであって、この箱を通して見る小泉純一郎の映像は、現実の小泉純一郎ではない。それは、さまざまな段階をへて切り取られ加工された政治家のイメージにすぎない。だから視聴者である国民大衆には、もちろんテレビの作り手にもだが、テレポリティクスとはそういうものなのだという十分な自覚が必要だ。

テレビを通して政治や政治家を見るとき、私たちはテレビという「フィルター」がかかって、現実とは異なる映像を見ているのである。藤竹暁の見解を聞こう。

藤竹●まず第一に指摘したいのは、テレビというのは「映る」ものだということだ。つまり、誰がどんな意図でどんな効果を狙ってカメラをむけたとしても、そのフレームに収まるものは否応なしにすべて映し出してしまう。逆にいうと、カメラのフレームに入った人物は、その人物の考えとは無関係に映し出されてしまう。

たとえば、カメラマンが、ある政治家の立派な演説を映そうと思っても、悪代官のような人相が映ってしまうかもしれないし、視聴者は政治家のネクタイだけに目をやって趣味が悪いと思うかもしれない。

第二に、テレビが映したものは、繰り返し反復して再現することが可能である。現実の時間と空間を超えて、映像の反復ができるから、そこには「テレビ的な時空間」が成立するといえる。政治家が長い永田町生活の中で、たった一言しか発言しなかったことが、繰り返し再現され、その人物と切り離せないものになっていくこともありうるわけだ。

第三に、テレビが映したものは、編集し加工することができる。ある政治家が一時間えんえんと演説した中で、ある三十秒間だけが切り取られるということがありうる。

テレビカメラで撮影した映像というのは、以上の三つの条件が不可分に備わっている。テレビ映像をある意図を持って「操作する・しない」という以前に、テレビ映像というのは、そういうものなのだ。

しかも、技術の進歩がめざましいから、昔であればピントが合わないとか逆光で露出が合わないといった場合でも、カメラが自動制御してくれる。私たちにとってテレビカメラは、そのような便利な「眼」として存在している。そんなカメラで撮影した映像こそを私たちは「リアル」と感じている。そうでないものは「リアルでない」と感じているわけである。

すると、もともとの現実―本当に「リアル」なものは何なのかという話になるが、実はもとの「リアル」などはない。神様だけが知っている唯一の現実は想定できるし、それを「真実」と呼んでもよいが、それがどういうものかは誰にもわからない。私たちが現実と呼んでいるのは、メディアが介在することによって現実となる、「メディエイテッド」な現実なのである。

私たちは、政治の現場を映す映像によってある「出来事イメージ」を形成し、テレビを通じて現場を見ていると思っているが、その現場は、テレビによって選択され、与えられたイメージであるということは、忘れてはならない。

しかも、そのテレビによって選択されたイメージが、カメラマンが準備に準備を重ねて慎重に選んだ場所から撮られた

テレポリティクスの系譜［抜粋版］

33·1	ヒトラー独首相に就任。官邸前の示威運動ラジオ中継
33·3	フランクリン・ルーズヴェルト米大統領に就任。就任演説ラジオ中継
33·3	ルーズヴェルト第1回「炉辺《ろへん》談話」。以後45年までに28回ラジオ放送。最初の3月だけで手紙50万通がホワイトハウスに殺到
52·9	米大統領選中、収賄疑惑の副大統領候補ニクソンが妻とともにテレビ出演し失地回復（妻が語った子犬のエピソードから「チェッカーズ演説」と呼ぶ）
60·9	米大統領選でケネディとニクソンが初のテレビ討論。計4回実施され、ニクソンは副大統領8年の実績をフイに
72·6	佐藤栄作首相が辞任会見で「偏向した新聞は嫌いだ。テレビと話したい」
81~89	映画・テレビ俳優出身で、州知事時代からテレビ効果を最大限利用する政治手法で知られたロナルド・レーガンが米大統領に
93·5	「総理は語る」で宮沢喜一首相から田原総一朗が「政治改革はやる。嘘はつかない」発言を引き出す。これが「嘘つき解散」を招き、非自民の細川護熙政権誕生
93·8	細川首相初の官邸記者クラブ会見。米大統領スタイルを導入
93·10	テレビ朝日椿発言発覚、テレビと政治の関係を問う議論が沸騰
01·4	小泉政権誕生

のか、彼がたまたま朝寝坊して遅れてきたため、空いていた唯一の場所から撮られたにすぎないのかすら、判定しようがない。

テレビが映さないものについては私たちは現場を見ることができないが、逆に無人カメラがたまたま映していたために、大きな事件として報じられたケースもある。

いまの米大統領の父親であるブッシュ大統領が、一九九一年に来日したときのことだ。宮沢喜一首相主催の晩餐会が開かれたが、そのとき大統領が昏倒してしまった。これは、あらかじめ設置してあったカメラが自動的に収録したもので、三日後には米ＡＢＣテレビで放映され、代表取材にあたったＮＨＫの映像管理責任が問われることになった。大統領の政治生命にかかわる健康問題についてのスクープ映像となったのである。

この事件は、もしその自動カメラが動いていなければ、昏倒した事実すら存在しないことになっていたかもしれない。

このように見てくると、テレポリティクスの時代には、報道する側も視聴者の側も、つねにテレビという「フィルター」を意識し、それを通して流される映像の意味に注意を払う必要がある。テレビが流すことを単純に唯一の現実ととらえず、「複眼」的な視点をどれだけ用意できるかが大切なのだ。抽象的な言い方になるが、「メディア・リテラシー」を身につけよということである。

繰り返しになるが、テレビカメラの映像は三六〇度広がっている状況のほんの一部だけを切り取って映し出す。別の方向から撮れば、また別の映像が得られる。それを編集し加工し、構成して説得力のある、あるいは迫力ある映像に作り上げていく。それでも、やはり全然映っていないものがあり、カメラが伝えないものがたくさんあるから、そこは見ている側で補わなければならない。新聞を読む、週刊誌を読む、書籍を読むといったことは、いずれも「複眼」で映像を見ることにつながるだろう。

報道番組自体も変化している。かつてのニュースは、新聞の情報の読み上げに映像がついているという作りだった。しかし、これは磯村尚徳キャスターが出ていたＮＨＫ「ニュースセンター９時」の功績が大きいと思うが、この番組以降、キャスターの目を重視するニュースが登場する。民放のニュースショーはこの系列であり、最近では朝や昼のワイドショーでも報道コーナーを設けている。

報道局系列のニュースと情報局系列のニュースが混在しているわけで、ときには情報局のもたらすニュースが警察情報に依存する報道局のニュースを追い抜くような事態も起こる。

ワイドショーのコーナーを見たほうが、夜のニュースを見るよりよくわかるという場合もある。こうしたことも、「複眼」的な視点がテレビの側から提供されている例といえる。

あらゆるものが政治化する時代に、ニュースだけが報道という名に値する情報を流しているというような見方は、テレビの正しい見方とは到底いえないだろう。

（ふじたけ・あきら）一九三三年東京生まれ。東京大学大学院社会学専門課程博士課程修了。社会学博士。ＮＨＫ放送文化研究所主任研究員をへて、現在、学習院大学法学部政治学科教授。「マスメディアと現代」「テレビメディアの社会力」「図説　日本のマスメディア」「イメージを生きる若者たち」「若者はなぜ行列が好きか」「事件の社会学」など著書多数。二〇〇二年五月にはＫＫベストセラーズ（ベスト新書）から「ワイドショー政治は日本を救えるか」を刊行。

解題

小泉首相は、政治記者のぶら下がり会見で自分の主張を短いフレーズで表現し、世論を自分に有利な方向に導くという政治スタイル＝ワンフレーズ・ポリティクスを定着させた。この論考は小泉が政権を取ったばかりの時期のものだが、その後も郵政民営化を唯一の争点とした二〇〇五年の総選挙で、小泉は反対派を「抵抗勢力」と命名して敵役にするなどのイメージ戦略で圧勝した。メディアを利用した政治手法は「小泉劇場」とも称された。（藤田真文）

特集：GALAC式ケータイ学

コミュニケーションはどう変容したのか⁉

連続ドラマの視聴率低迷はケータイのせい？

そんな風説が囁かれるほど、老いにも若きにもケータイは浸透した。

メール、ネット、カメラは、生活の中のあたり前の風景になった。

ケータイはコミュニケーションの方法を変え、人と人との関係性を変えたとの声もある。

オールドメディア・テレビは、ケータイにその地位を脅かされつつあるのか？

《構成》兼高聖雄　《執筆協力》松田美佐・宇都宮貴子

『GALAC』2003年９月号

『ケータイ』その現状

総務省の発表（『情報通信白書 平成十五年版』インターネットでの公開）によると、携帯電話・ＰＨＳの契約者総数は、昨二〇〇二年末で七三五一万四一〇〇台。これは全人口比にすれば六二％の普及率という数になる。

普及過程の一般的な理論にならうならば、すでに『ケータイ』はイノベーション（新規なもの、発明品）でもなんでもなくなり、後期多数採用者たち[1]への普及がすすむ段階まで来たということになろう。あとは採用遅滞者たち[2]を残すのみで、その市場としても、もはや飽和してきたとの見方も多いようだ。

ページャー（ポケベルと呼ばれた）からＰＨＳ（ピッチといった）、そして携帯電話（ケータイ）へと使いながら移行してきた世代は、いまや二十代後半である。ファミコンなどからスタートして「デジタル玩具」を使いこなしはじめた世代はいまや三十代。またパソコン通信にのめりこみつつメールなどでのデジタル・コミュニケーション草創期のイノベーターだった世代はもう四十代だ。これら三世代でのケータイの所有率は、八〇％を超えているともいう。

いまでは『ケータイ』というカタカナの表記に対しても、私たちはなんの違和感も抱かなくなった。大学生を中心にインタビュー調査をしてみると、『携帯電話』と表記したときには「ビジネスのにおい、堅い感じ、公式用語っぽい、通話が主体」というイメージがあり、『ケータイ』と表記すると「身近なもの、メールが中心、カメラなどの機能がついている、若い・高校生」というイメージがある、となる。

そのイメージどおりに、さまざまな市場調査や社会調査の結果から読み取られる現在のケータイ利用状況は「メールが中心」である。「メール＝6、通話＝3、インターネット接続（iModeやEzWebなど）＝1」というのが全世代を平均した一般像であろう。

「通話派」が多数をしめるのは五十代以上だけだ。また十代では「メールがほとんど」という者が半数を超えるという調査もある。

パーソナルな利用が主体

ケータイでのメールの内容はというと「知人・友人・家族などとの連絡」が大半。ついで「情報の交換」だがその大方は、「いまどこにいるのか」「これからどこへ向かうか」「いま何をしているか」というものだ。通話で伝えるほどでもないことを自分の親しい人に気軽にかつ簡単に送るのがケータイ・メールなのだ。

昨今のケータイの機種で特徴的だともいえる「カメラ」機能については、すでに三割以上のユーザーが利用しているとみていい。

撮影する内容は「ふとみつけたおもしろいもの」「友人」「家族」「自分」などである。撮影した画像をメールで送るなどはあまりせず、家族の写真を待ち受け画面に設定したり、友人と撮った写真を見せあったりという利用がほとんどのようだ。メール同様に身近な相手とのコミュニケーション（しかも日常会話）のために活用するケースが多いといえるだろう。

ところで利用状況調査をみていると、ケータイ端末についているさまざまな付加機能のうち、「必要な機能だ」とされるのは「メール」「インターネット接続」「カメラ」の三つである。

逆に「使ってみたがあまりいらない、使わない」という機能としては「位置確認や位置情報サービス」「Javaアプリ（iアプリなど）」そして「動画機能」があげられている。

このうちの「インターネット接続」機能であるが、その利用のかなりの部分が「待ち受け画像」や「着信メロディ」のダウンロードなのである。

つまりケータイ利用のほとんどは、日常のパーソナルなコミュニケーション、あるいはケータイそのものを自分用にパーソナライズするためのものなのである。いつも身につけて『携帯』するものだけに、ストラップやシールなどでパーソナライズするばかりでなく、さまざまな形で「自分のもの」「自分の一部」にする。そのケータイが活躍するのも「パーソナルな人間関係の中」でというわけである。

松田美佐も「ケータイでのインターネット利用状況は、機器のカスタマイズ（着メロ・待ち受け画面）と時間つぶし（ゲーム）が中心で、マス・メディアとはまったくちがう使い方。ましてやバッティングするものではない」と指摘する。ケータイは「電話を携帯するという機能」に加え、「着メロ」「メール」「小型カメラ」などなどの多くのデジタル技術的要素があわさった「複合型イノベーション」ではあるが、あくまで日常生活の中のパーソナルな時間・空間の道具としてのみ受け入れられた存在なのだ。

希薄なコミュニケーションではない！

ケータイのメモリー（電話帳やアドレス帳など）には「入っているけれど一度もかけたことのない相手」がかなりいる。大学生の調査でも平均すると一五件ほどの相手が「ただ登録しただけ」の番号である。つまりしごく簡単に電話番号やアドレスが交換されているのだ。

マスコミでは、メールという文字だけの限定的なメッセージに頼ることから、ケータイ世代の人間関係は「広く浅く」「希薄」なものだとする論評が多い。かろうじてつながっているような関係を数多く持とうとするのが今の世代で、その「つながりたい」人びとのためにケータイは好都合なのだといった見方である。

しかし、関西大学の辻大介も指摘しているように、総理府や総務庁、NHKなどが行った社会調査（たとえば継続して行われた『青少年の連帯感などに関する調査』総務庁青少年対策本部など）の結果からは「希薄な・浅い」人間関係の若年層や「寂しい」若者などはまったく確認できない。それどころか「友だちの数」も「心を打ちあけられる友人」も、ここ二十年ほどでは増加する傾向にあるのだ。

まして「人生の重要なことがら」を相談する相手は七〇年代には「親・家族」だったものが、現在では「友人」である。ケータイ世代の人間関係・友人関係は、浅いどころか「深い」とする証拠のほうが多い。

こうした結果について松田は「自己の内面をさらけださずにいるような浅い人間関係なのではない。逆に深いのだが、場面場面でつきあう相手をかえるような選択的な自己」になってきたのではないかと指摘する。それは「都市化、産業化によって接触可能な他者の数が増加している。だから従来のような少数の他者との関係性とは異なるかたちになってきた」からだ。

たとえばケータイやメールのおかげで、かつては疎遠だった高校時代や大学時代の友人とでも、今では簡単に連絡をとることができ、お互いの状況を知ることができる。

そうした例からわかるように、現代の私たちの周囲にはいままで以上に多数の「つきあい」が存在するのだ。そこで、「いつも同じ特定少数だけと深く」つきあうのではなく、「場面や状況ごとに人間関係を交通整理、チャンネルを切り替えながら」つきあっていくようになったというわけだ。

こうした変化は日本社会の都市化や産業化、そして情報化の帰結だ。農村社会よりは都市社会のほうが、分業や生活のセグメンテーションが進行した産業社会のほうが、そして高度に情報化した社会のほうが、出会える・連絡できる他者の数は当然多くなる。

多数の他者に対してすべて今まで通りの深い人間関係を持つことはできない。自己のエネルギーには限界があるからだ。ならば人間関係を浅くするか、深いままで時分割するかのどちらかしかない。かくして生活のシーン、場面ごとに自己を切り替える「選択的自己」が登場したわけだ。

その状況にケータイという道具が見事にマッチしたとみるべきだろう。つまり近代以降の社会構造変化の流れの中で起きた人間関係の変化が、ケータイ的コミュニケーションを形作っているのだ。それはバーチャルな関係などでは決してない。デジタルなツールに依存するからといって「バーチャル」と断定する根拠にはならない。ケータイ的コミュニケーションは、現代の社会的コミュニケーションのありようそのままでもある。

また宇都宮貴子は「選択的な人間関係にとってはケータイの持つデータベース性が大きいのではないか」と指摘する。人間関係を希薄にせず、それでも関係を結ぶべき相手が多い現代社会では、さまざまな他者を場面や状況に応じて分類整理する必要もある。ケータイの電話帳機能や情報整理機能がそんな現代的コミュニケーション状況にフィットし、支援しつつ増幅もするという側面もあるかもしれない。

松田も「ケータイがさらに接触可能な他者を増やした」というが、現代の選択的な人間関係のさらなる進展について、ケータイも一役買っていることは確かだろう。

ケータイのストレス

宇都宮の調査研究によれば、ケータイを使いはじめることで「うっとうしい、面倒くさい、束縛された、返事が来なくて寂しい、などのストレスやネガティブな感情を持つ人も多い。ケータイによって『いつでも連絡可能』な状況に置かれ、時には自らコミュニケーション回路を遮断することもある」。つまりケータイは「ディスコミュニケーションのツールとしても機能しつつある」というのだ。「メールや着信を無視したり、メール返信や返事を遅延させるなどの回避行動」という形でコミュニケーション遮断が生じてくるという。

たしかにケータイによってコミュニケーションのパターンそのものが変わってきた部分も多い。たとえば待ち合わせだ。かつては時間と場所を事前にしっかり約束し、双方でスケジュールを調整しながら出会ったものだ。だが、現在では、およその時刻と地域を決めておけば、ケータイで時時刻刻とお互いの居場所を連絡することで確実に会うことが可能。万一遅れるとしてもすぐに連絡が取れるので、相手は無駄に待つ必要がない。

だがこうした利便性のためには、頻繁なメールの受発信が必要となってくるし、もちろん相手の番号やメールアドレスが自身のケータイに登録されている必要もある。また絵文字の利用や言葉遣いなど、メールの打ち方にも相手にあわせたスタイルが要求されてくる。返信のタイミングもはからなくてはならない。

いわば「ケータイの掟」というべき状況がユーザーを束縛することにもなるわけだ。

宇都宮の研究結果をみていると、ふと思い出すことがある。それは二十年ほど前、東京・多摩センターで行った、まだできたばかりの「多摩ニュータウン」での住民実態調査だ。そのときに団地の中庭や公共のスペースで発生する雑談・井戸端会議に参加する住民たちから聞いた声が、ケータイのストレスについての声と実によく似ている。

雑談・井戸端会議に参加しないのはどこか寂しいし、おいていかれる気もする。しかし参加するには「掟」もいろいろとあって面倒だし、うっとうしい。団地の主婦の中には掃除機のスイッチを入れて音をたて、忙しいふりをして自室で昼寝してしまう、という回避行動もあったと記憶している。

ケータイから感じるストレス、つまりケータイがもたらす人間関係の葛藤は、たしかに様式は新しいものではあるが、その葛藤の内容は従来から私たちのまわりにあるコミュニティ的な人間関係のそれと同質である。

たとえば、公園デビュー、職場の接待、自治会の会合などなどといったものとも同じなのだ。このことは逆に、ケータイが公共的・制度的な道具ではなく、個人的・日常的な関係・コミュニケーションの道具であることを別の角度から証明しているともいえよう。

ケータイは敵???

カラオケBOXに行く若者が減少してしまったという議論がちょっとばかり前にあった。その原因がPHSや携帯の利用料金にお小遣いをとられてしまって、という分析だった。あの東急ハンズや西武ロフトの売り上げが減少したのだそうだが、それも携帯の利用料金にお小遣いを奪われたのが原因のひとつだ、という記事もつい最近だが朝日新聞で読んだ。

ケータイがまったく新しい家計支出だというならこうした分析も話はわかる。だがほんとうにそうなのだろうか。

すでに人びとの記憶から消えてしまっているだろう「長電話」はどうだったか。八〇年代の古い資料を引きずり出してみると、実に驚くべき数字が書かれている。「一人暮らし学生で月四万円」「娘の長電話で月に一〇万円」「奥様長電話、平均三万円」などなど。かたやケータイの月額利用料金は、普通の人で現在はおしなべると七〇〇〇円ほどだ。一人暮らしの学生で二万円弱くらい。ヘビーな高校生でも月額で三万、四万ということだ。

家庭の固定電話の利用料金は大きく低下していると聞くし、公衆電話に支払っていた分を考えれば、携帯電話利用料金が新規の支出として私たちの可処分所得を減らした、という論点にはどうにも賛同できない。

そのカラオケBOXは、かつて爆発的な増加をみせ、全国津々浦々に広がった。社会心理学的にはこれを「ファッド」とか「クレイズ」と呼んでいる。かつての「フラフープ」や「ボウリング・ブーム」を思い起こしていただければいいだろう。これは広義の流行現象であって、したがって波がある。流行(はや)れば廃(すた)るものなのだ。

CD不況も、書籍の不振も同様にケータイのせいで、という分析があるようだ。だがそれらも社会心理学から見ると疑問符がつく。

あるイノベーションが従前のものとって代わるにはいくつかの条件がある。たとえば従前のものよりほぼ同じか、わずかのコスト増でより欲求を充たす機能が新たなものには加わる、などだ。

しかしCD・書籍とケータイとでは、互いに並立することこそあれ、ケータイがそれらを押しのけるというような要素はあまり見当たらない。たとえば『着信メロディ』はCDと同様に音楽ではあるが、利用目的はまるでちがう。また書籍のような大量の情報を必要とするものはケータイにはむいていないし、ケータイの大きな利用法である「わずかな時間の暇つぶし」と「本を読む」という行為は、モードがちがうものだ。

もっともよい例がテレビである。もしもドラマの視聴率が落ちたのは、視聴者がケータイにかまけてテレビを見る時間が減ったからだ、という分析があるのなら（もちろん、何をおいてもまず本誌の藤平芳紀の連載の熟読をお奨めするが）、反論はこうだ。

テレビというメディアはマスを相手にするものだ。それに対しケータイはあくまでパーソナル・コミュニケーションなのであって、日常のおしゃべりの延長だ。だから、おしゃべり（すなわちコミュニケーションすることそのものを目的とするような消費的コミュニケーション）の素材・題材としては、逆にテレビを必要とするのである。昨日見た番組の話題、タレントの話、などなどである。したがってケータイとテレビとが相補的に働くことはあっても、ケータイはテレビのかわりにはなり得ない（その意味ではケータイでテレビを見る、というのも時間の使い方という観点からみれば、かなり無理のある話なのである）。

松田もこう反論する。「若年層の『新聞離れ』は、ケータイが存在しない十年以上も前からすでに指摘されている。さらには、『テレビ離れ』も始まっているとみてもいいような状況。昨今のテレビはながら視聴が常態。もしも『テレビがおもしろい』のなら『ケータイを利用しながらテレビを見る』という『ながら行動』の増加につながってくるはず。日本で携帯電話の普及を促した要因として大きいのは『親しい相手とのコミュニケーション』であって、マス・メディアの提供するような『情報』や『娯楽』ではない」。

つまりケータイとマス・メディアがバッティングするという考え方は誤りなのだ。また同様に「ケータイがマス・メディアになる」とする見方もまだまだ難点が多すぎる。

ケータイは決してマスではない

ケータイのキーワードはパーソナル。しかもそれは、自我に非常に近いところにある存在である。それがちょうど現在の日本社会の構造に、そして現在の日本人のコミュニケーション観にフィットしたために普及したのであり、ケータイが今の日本社会をつくったわけではない。マス・メディアが高度情報化を果たしていったように、パーソナル・メディアも情報化しはじめた、というだけのことだ。

この両者には根本的な違いがある。よく「電車に乗るとすぐケータイでメールをカチカチ。そんなに急な用事が多いんだろうか?」という批判を聞くが、もとより用事などはないのである。日頃のおしゃべりや、ご挨拶、ちょっと飲みにいく、ということに特別な用事も目的もないのと同様で、ケータイ的コミュニケーションの大半にも、重要な目的や緊急の用事などありはしない。「通話するほどの大事な用はないからほとんどメールですます」というのは、そういうことなのである。

であるから、高度に「目的的」であるマス・メディアによるコミュニケーションとはケータイはまったく異質な存在だ。よく似たパソコンとも守備範囲のパーソナルさは圧倒的にケータイのほうが上だし「無目的性」も高い。

また、ケータイ・メールであるならば、相手が仕事中だろうが風呂にはいっていようが「迷惑をかけず」に送ることができる。受信する側は手のあいたときに見たり返信したりすればいいからだ。

むしろ、ちょっとでも空いた時間、たとえば電車に乗っている時間を個人的なつきあいに活用できるような、コミュニケーション活性化の道具というわけだ。自分の状況や気持ちをいままでになく頻繁に友人たちと共有することができるという道具なのである。

そうした意味では、また宇都宮が指摘するようなネガティブな意味においてでも、ケータイは高度に「気遣い」のメディアなのだといっていいのかもしれない。都市化・産業化にともなって「やさしさ」が変容してきた、と大平健は書いているが、ケータイ的コミュニケーションから見えてくるのは、私たちの「気遣い」の変容なのかもしれない。だが変容したとはいえ、私たちは「人」には気を遣うがマス・メディアには気を遣いはしない。そこにも大きな違いがあるといえるだろう。

これはまったくの蛇足なのであるが、鉄道関係数社に問い合わせてみたところ異口同音に「携帯電話の車内マナーで気になるお客さま」は「四十代、五十代の方が多い」のだそうで、「平気で通話なさる方がよくいらっしゃるようです」とのことだ。また「機械の操作音や着信音を消さないでいる方」が「三十代や四十代の方に多いように思われる」のだそうだ。満員電車でのメール作りのカチカチ音や、知らずに相手をアンテナでつついてしまうことも含めて、すべての世代で考えてみなければいけないことかもしれない。

ちなみに首都圏鉄道会社の多くでは「車内の『優先席』のそばでは電源をOFFに」という方向だとのことなので、各位ご協力をおねがいしたい。技術的に大丈夫とわかっていてもペースメーカー使用の方には不安が残っているだろうし、そもそもイヤな人もいるのだ。

こうした「気遣い」は忘れたくはない。ケータイの電源はOFFにしても、車内の人びとへのスイッチはONでいられる社会でありたいものだ。（文中敬称略）

注

（1）（2）普及過程論では、イノベーションはまず「先駆的採用者」がとりいれ、「初期少数採用者」が追随することで「普及の離陸期（普及率一五％）」に達する。さらに「前期多数採用者」が採用して五〇％に達し、「後期多数採用者」に普及してほぼ飽和する、とされている。残る「採用遅滞者」は十数％の人びとで、その普及には時間を要する。『ケータイ』は若い世代でその最終段階に、五〇代以上では後期多数採用者が取り入れはじめた段階、といえる。

【参考文献】

●岡田朋之・松田美佐編『ケータイ学入門』有斐閣、二〇〇二。

●松田美佐「若者の友人関係と携帯電話利用―関係希薄化論から選択的関係論へ―」『社会情報学研究』No.4、二〇〇〇。

●辻大介「若者の友人・親子関係とコミュニケーションに関する調査研究」『関西大学社会学部紀要』三四(3)、二〇〇三。

●東京大学社会情報研究所（編）『日本人の情報行動２０００』東京大学出版会、二〇〇一。

●総務省『情報通信白書　平成15年版』

●大平健『やさしさの精神病理』岩波書店、一九九五。

（まつだ・みさ）中央大学文学部。社会心理学、メディア研究者の間でも「ケータイのことは松田に聞け」といわれる実証研究の若手リーダー。

（うつのみや・たかこ）フェリス女学院大学大学院。来年四月にコミュニケーション学科を開設する同大学の若手研究者のホープ。

解題

携帯電話は一九八〇年代半ばから実用化されていたが、端末の小型化・軽量化、通話料金の定額制導入など様々な要因によって、一九九五年あたりから急速に普及し始めた。メールの利用や写真の転送など、一〇代・二〇代の若者が特に携帯電話の積極的利用層として注目される。一方、携帯電話の利用料金に小遣いのほとんどを費やすことで、コミック誌やCDの購買が低迷することにつながったと指摘される。本論考では、テレビ番組への影響を考える。（藤田真文）

総力特集：地上デジタル放送の落としどころ

地上デジタル現行計画「すでに破綻」の決定的理由10

2003年12月1日、関東・中京・近畿の三大広域圏で地上デジタル放送が始まる。その7年7か月余り後には、地上アナログ放送が打ち切られる予定だ。しかし、現行の計画はすでに破綻している。2011年にアナログ放送を止めることはできない。なぜなのか？ 10の論点を提示する。

坂本 衛 本誌編集長

『GALAC』2003年10月号

いよいよ二〇〇三年十二月一日、東京・名古屋・大阪を中心とする三つの地域（関東、中京、近畿の三大広域圏）で地上デジタル放送の最初の電波が発射される。

国（総務省）、全放送局、全メーカーが推進する計画によれば、二〇〇六年十二月までには三大広域圏以外の地域で地上デジタル放送を開始し、二〇一一年七月二十四日までに現在の地上アナログ放送を終了する。

言い換えれば、十二月一日から数えて七年七か月二十三日、日数にして二七九二日で現在の地上放送をすべてやめ、新しい放送に全面的に移行する。これが日本の「国策」である。このことは二〇〇一年七月二十五日に施行された「電波法の一部を改正する法律」で決まっている。

しかしながら筆者は、ＮＨＫや民放局、メーカーなどで地上デジタル放送に関わる専門家たちの協力を得て、改めて計画を徹底的に点検し直した。協力してくれた全員の名前を明かすことができないが、これ自体、計画が極めて異常な環境の中で立案され進行中であることを意味している。

この結果、誠に残念かつ遺憾ながら「現在の地上デジタル放送計画は、放送を始める前から破綻している」と結論せざるをえない。

そして、国会が圧倒的な多数をもって議決したにもかかわらず、「二〇一一年七月二十四日までに現在の地上アナログ放送を停止することは不可能である」と断定せざるをえない。

計画は、二〇一一年七月までに地上アナログ放送を停止し地上デジタル放送に完全移行するという一点に絞れば、「失敗に終わる」ことが絶対に確実な状況である。

したがって現在の計画は、早急に修正しなければならない。私は、いまとなっては地上デジタル計画に反対するつもりはない。反対しても今年の暮れに放送が始まることに変わりはないからだ。だが、反対はしないけれども、失敗することが確実なのに手をこまねいているわけにはいかない。

そこで本稿では、なぜ地上デジタル放送計画は「破綻」しているのか、なぜ始まる前から「失敗」と断言できるのかについて一〇の論点にまとめる。そのうえで現行計画に代わる修正計画を別稿で提案する。

アフリカの駝鳥は、人に追いかけられると猛烈なスピードで逃げ出す。だが、逃げる途中で地面に穴ボコを見つけると、それに頭を突っ込むそうだ。すると、追っかけてくる恐ろしい敵の姿は見えなくなる。駝鳥はホッと一息つくが、もちろん捕らえられ、バーベキューにされてしまう。

いま地上デジタル放送計画を真摯に検討し、必ず起こるだろう事実を見据えないのは、逃げる駝鳥が小さな頭を地面の穴に突っ込むのと同じことだ。検討しなければ、嫌な未来は見ないで済む。しかし、目を背けたところで、嫌な未来が消え失せるわけではない。国も放送局もメーカーも、冷静に現状を見つめ直すべきである。

このまま無理な計画を推進し地方局が潰れようと、放送行政が信頼を失おうと、新しいテレビがなかなか売れずメーカーが苦労しようと、いつかはデジタル化するのだから大したことではない——そのくらいの犠牲は覚悟のうえだという見方はあるかもしれない。

しかし、なによりも恐れるべきなのは、無理な計画をごり押しした結果、テレビが視聴者・国民大衆からそっぽを向かれ、計画を練り直し期間を延長すれば達成できるかもしれない放送デジタル化そのものが、完全に支持を失ってしまうことである。

破綻の理由　1

●日本には少なくとも一億台、おそらくは一億二〜三〇〇〇万台のテレビがあると推定される。一億台のテレビを八年弱で地上デジタル放送対応とするには、年平均一三〇〇万台のテレビが必要である。しかし、テレビの国内出荷台数は毎年一〇〇〇万台前後。しかも、当面は出荷されるテレビのほとんどがアナログ用だ。だから、日本にあるすべてのテレビを二〇一一年七月二十四日までに地上デジタル放送対応に置き換えることは、物理的にまったく不可能である。

いま、日本にあるテレビの台数はどれくらいだろうか。

この問いに答える一つのアプローチは、保有台数を見積もることだ。内閣府の二〇〇三年三月の消費動向調査によれば、全国の一般世帯のうち単身世帯と外国人世帯を除く約三四〇〇万世帯（調査サンプルは五〇四〇世帯）で、一〇〇世帯あたりの29型以上のテレビ保有台数は七一・一台。29型未満は一六六・七台。計二三七・八台である。これに三四〇〇万をかけ一〇〇で割れば約八〇八五万台。これを三四〇〇万世帯にあるテレビの数と考える。

同時期の単身世帯消費動向調査によれば、学生を除く全国の単身世帯約一〇七〇万世帯（調査サンプルは一三〇〇世帯）で、一〇〇世帯あたりの29型以上のテレビ保有台数は二六・一台。29型未満は九四・四台。計一二〇・五台である。これに一〇七〇万をかけ一〇〇で割れば約一二八九万台。これを一〇七〇万世帯にあるテレビの数と考える。

日本の総世帯数は四八〇〇万だから、三三〇〇万世帯が計算から漏れている。施設などの世帯、学生の世帯、外国人世帯などだが、単純に一世帯一台と仮定すれば三三〇〇万台。以上三つを加えて約九七〇〇万台となる。

「消費動向調査はモデル化のための調査。正確な実態を表すかどうか疑問」という専門家の声を聞いたが、とりあえず以上で、日本の家庭にあるテレビを一億台弱と見積もることができる。

次に会社、役所、店、学校、その他団体などにあるテレビを数える。

総務省統計局の事業所・企業統計調査によると、二〇〇一年十月一日現在の日本の総事業所数は六四九万二〇〇〇。事業内容が不祥なものを除くと六三五万で、従業者数は六〇一八万七〇〇〇人だった。なお、事業所とは、国や自治体の事業所、民営の事業所、学校、その他団体などすべてを含む。

六五〇万の事業所に何台くらいテレビがあるかは、残念ながら確かな調べはつかない。

従業者一〜四人が三八六万事業所、五〜九人が一二一万事業所だから、五〇〇万は零細中小。ここはテレビがないか、あっても一〜二台だろう。従業者が一〇〇人超といった事業所には、社長室、応接室、休息室、食堂、守衛室など数台以上のテレビがあろう。

さらに、日本にはホテル・旅館が約六万あり、客室数はホテル六一万、旅館九七万（一九九九年）。いまどきテレビのない部屋は珍しいから、ホテルや旅館の客室にあるテレビは一五〇万台近い。また、小学校・中学校・高校は合わせて四万以上ある。各教室、校長室、職員室、主事室にはテレビがあるから、一校一〇台と数えても四〇万台以上あることになる。これらも数える必要がある。

一事業所に平均三台とすれば二〇〇〇万台弱、五台とすれば三〇〇〇万台強を、一億台に加えなければならない。

もう一つのアプローチは、生産台数とテレビの耐用年数を見積もることだ。ＪＥＩＴＡ（電子情報技術産業協会）によれば最近十年間のテレビ（液晶・プラズマを含む）の国内出荷実績累計は約一億台。日系メーカーの日本向け出荷分は国内外からを問わずこれに入っており、韓国などの主要メーカーが統計に参加するようになって以降の数値は、日本に出回ったテレビの数としてかなり現実に近い。

この統計は一部に漏れがある。家電製品協会の報告書（二〇〇〇年調査）によればブラウン管式テレビの残存率は十年目で〇・三四四である（十年たってもまだ三分の一が捨てられずに残る）。中古市場が存在する（廃棄されたテレビが再利用される）。寿命が長い死蔵品が存在する。以上を勘案すれば、十年で出荷された一億台にさらに上乗せしなければならない。

以上二つのアプローチから、日本には少なくとも一億台、おそらくは一億二〜三〇〇〇万台のテレビがあると考えられる。ＪＥＩＴＡの専門家も「一億五〇〇〇万台では多く見積もりすぎだ。最大値でも一億二〜三〇〇〇万台ではないか」という。

さて、現在の地上デジタル放送計画では二〇一一年七月二十四日までに少なくとも一億台、おそらくは一億二〜三〇〇〇万台の地上アナログ専用テレビを、新しいテレビに置き換えなければならない。

ところが、成熟家電であるテレビの国内出荷は毎年約一〇〇〇万台と安定している。一昨年は一〇〇五万台弱、昨年は九六三万台強だった。ＪＥＩＴＡの需要予測でも、この数字はあまり増えない。二〇〇一年度の数字で二〇〇六年に一一五〇万台と、一五〇万台増しか見込んでいない。

ということは、仮に明日から日本で売られるテレビをすべて地上デジタル対応とし、新しいテレビがいまテレビが売れるのと同じペースで順調に普及したとしても、二〇一一年段階で二〇〇〇万～五〇〇〇万台のテレビが地上デジタル放送対応にならない計算だ。

現実には、地上デジタル放送を受信できるテレビは現時点ではほとんど存在しない。十二月には主要メーカーの製品が出そろうが、「どこも本格的な生産は二〇〇六年以降と見ている」（メーカー関係者）。

すると、二〇〇五年までは地上デジタルテレビはあまり売れない。ＢＳデジタルテレビと同じ程度とすれば年に四〇万台強だが、これは誤差の範囲というべき数。最初の二年間の置き換えペースが鈍ければ、二〇一一年段階では四〇〇〇万～七〇〇〇万台のテレビが地上デジタル放送対応にならない計算だ。

したがって、二〇一一年段階で地上デジタル放送に「取り残される」テレビの数は数千万台以上と見積もられる。

日本にあるテレビのおよそ半分がデジタル放送に対応していない状況でアナログ放送を停止することは、法律でそうすると決まっていても、絶対にできない。その場合は法律を改正するほかはない。だから、現行の計画は破綻しており、必ず失敗する。

破綻の理由　２

●現在の地上デジタル放送計画はハイビジョン放送が中心だ。しかし、視聴者・国民大衆の多くは、高画質で横長のテレビには興味がなく、地上デジタルテレビを積極的には買わない。買わなければ価格は下がらず、普及のきっかけがつかめない。

総務省が放送・電機業界とまとめた地上波デジタル化の第一次行動計画（「ブロードバンド時代における放送の将来像に関する懇談会」が二〇〇二年七月に公表）によると、テレビ局は、サービス開始当初は一週間の放送時間中五〇％以上の時間で高精細度放送を流し、その後その比率のとくにプライムタイムでの拡大を目標とするという。

ところが、多くの視聴者・国民大衆は高画質・横長（16対9）のテレビにあまり興味がない。視聴者は、高画質で横長だからテレビを見るのでなく、おもしろいから、役に立つから、好きな人が出ているから、ヒマだからというような理由でテレビを見る。

書くも馬鹿馬鹿しいことだが、一〇〇人に「高画質で横長のつまらない番組を見るのと、並の画質で標準サイズのおもしろい番組を見るのと、どちらがよいか?」と聞けば、一〇〇人が「おもしろい番組を見たい」と答えるだろう。

テレビは、画質や画角よりも内容が重要なのであって、高画質や横長は決定的な「売り」にはならない。それはテレビの中身に比べれば、取るに足らないどうでもよいことである。

そして、二〇一一年までは移行期間とされ、NHKも民放テレビ局も三分の二以上の時間で同じ内容のデジタル放送とアナログ放送を流す。(サイマル放送)。資金力と制作力があるNHK以外の民放は、三分の二どころかほとんどの時間で、地上アナログ放送と同じ内容をデジタル・ハイビジョン化して流すだけである。

デジタルとアナログの内容がほとんど同じなのだから、地上デジタル放送に対応する高画質・横長テレビを買う人は、内容と比べれば取るに足らないどうでもよいことに、ある程度のおカネを出す余裕がある人だ。問題はそのような人がどれくらいいて、どれくらいの差額なら負担するか、である。

「高画質」という一点に絞れば、九〇年代に民生用VTR出荷台数に占める高画質VTR(S-VHS、ベータ、ハイエイトなど)の割合が一割強で一定していたことは、注目に値する。

高画質VTRの比率は、九三年から二〇〇〇年まで一一%から一五%の間に収まる。台数は五三万～九九万と動いたが、割合は動かない。これは、高画質機器と標準画質機器に価格差があるとき、高画質を選ぶ人の割合がほぼ一定であることを強く示唆する。九〇年代のVTRでは、それが一〇〇人につき一一～一五人だった。

九〇年代の高画質VTRと標準の価格差は、ごく大雑把にいって一〇万円前後と二～三万円前後の差額。現在のハイビジョンと標準テレビの価格差は、二〇～三〇万円前後と二～一〇万円前後の差額。ハイビジョンのような高画質テレビを買う人は、やはり一〇〇人あたり一〇人から二〇人程度だろうと考えるのが自然だ。

BSデジタル放送受信機の出荷台数がまる三年(二〇〇〇年六月～二〇〇三年六月)で二一四万台(むろん一般家庭への普及台数はこれより少なく二〇〇万台以下)しかなかったことも、高画質・横長テレビのニーズが小さいことを示す。

二一四万台の内訳は、ハイビジョンテレビ約一〇六万台、チューナー単体約八二万台、プラズマテレビ(PDP)約二六万台。このうちチューナーは、スタート時の冬のボーナス月に九万台出荷していたのが、今年夏のボーナス月にはわずか九〇〇〇台の出荷。

「BSデジタルを二年やってメーカーがわかったことの一つは、チューナー単体では普及しないということ。機器同士の接続が面倒で、置き場所もないから、AVラックを持っているような少数の人以外には売れない」(メーカー関係者)

付言すれば、当初BSデジタルチューナーを買った人には、新しい放送の中身に興味があった人や、高価なハイビジョンテレビに手が出なかった人など、高画質にあまり興味がない人もかなり含まれていると見られる。

ハイビジョンとPDPを買った人は明らかに高画質に興味がある人だ。

しかし、その数は年に五〇万に満たない。BSデジタル放送は中身に魅力が欠けたとはいえ、これらのテレビは地上波を高画質で見ることができる。チューナーを後付けすれば地上デジタル放送も見ることができるから、二~三年後を考えれば放送の中身が貧弱とはいえず、もっと売れてもよさそうなもの。だが、売れない。

しかも、ハイビジョン受像機の価格は急速に下がった。かつてハイビジョンは五〇万円を切れば爆発的に普及するといわれたが、すでにその半額から三分の一――36型二五万円、32型一七万円、28型一五万円程度(BSデジタルとCS110度チューナー内蔵)まで安くなってきた。32型と28型は、筆者が一九八七年に29型アナログテレビを買った値段(定価二四万円の三菱CZを三割強値引き)とほとんど同じ。

それでもあまり売れないというのは、多くの人びとはハイビジョンクラスの高画質に興味がない(標準テレビの画質で十分だと思っている)と見るしかないだろう。

16対9の「横長」テレビについていえば、二〇〇二年に出荷されたカラーテレビ九六三万台のうち八三%以上が4対3だった。筆者は映画は横長で見たいから、標準テレビと価格差が小さいワイドテレビはもっと売れてもよさそうに思うが、売れない。「映画は監督が意図した縦横比で見たい」などと考えるのは、少数派なのだ。

地上デジタル放送は、BSデジタルのように視聴者の一部が映画や芝居やアートやスポーツを楽しめばよいというものではない。日本全国すべての人に受信機を買ってもらわなければならない。しかし、多くの人びとは高画質・横長に興味がないから、受信機の普及は遅れる。現行の計画は破綻しており、必ず失敗する。

破綻の理由　3

●日本に出荷されるテレビの六割は21型以下の小型テレビだ。しかし、小型テレビはそもそも原理的にハイビジョンに適さない。そして、小型テレビを、小型ハイビジョンまたはそれに準じる小型ワイドテレビに置き換える見通しが、現状ではまったく立っていない。

ハイビジョンを「きめ細かいテレビ」とだけ考えるむきが多いが、これは一面の事実でしかない。筆者は、日本人として初めてツボルキン賞を受賞した鈴木桂二（ＮＨＫ技術研究所）に何度か取材したことがある。鈴木は、

「ＮＨＫ技研は、東京オリンピックの衛星中継を成功させた後、ちょっとヒマになった。そこで次の研究テーマは何だろうかと探し、当時流行っていたワイド映画にヒントを得て、迫力ある大画面テレビこそ次世代テレビではないかと研究を始めた。これが後のハイビジョンです」

と語ってくれたものだ。

技研では、どんなテレビならば迫力があるかを実験した。当時のテレビはキメが粗かったから、粗さが気にならないようにするには画面高の六～七倍離れて見る必要があった。すると、テレビは視野にして一〇度前後しか占めないから、迫力が感じられない。

そこで実験その他から、迫力があるのは視野にして二五～三〇度以上を占めるテレビ、画面の縦横比はやや横長の三対五、視距離は画面の高さの三倍に設定する必要があるとされた。そのテレビに必要なキメ細かさは、視力一・〇の人の分解能（視角一分）などから、画面高の三倍離れて見る場合に走査線一一〇〇本以上、と結論されたのである。16対9や走査線一一二五本のルーツはここにある。

ついでに書いておくと、ヒトの視野は五～六歳で成人と同じになるが、年を取ると狭くなる。年とともに視力も落ちる。高齢者の視力はメガネをかけて平均〇・七程度、七十五歳以上では矯正後も〇・三程度だから、「ハイビジョン（視力一・〇を前提とする規格）の存在そのものが無意味（ワイドテレビで十分）」という高齢者は、間違いなく一〇〇〇万人規模で存在する。

本題に戻れば、ハイビジョンは初めから14型や21型テレビに適した規格ではなく、視野の三〇度を占めるような迫力ある大画面テレビ用の規格であるということが肝心なのだ。

だから、一家に二～三台あるうち居間の大きなテレビだけがハイビジョンでも問題はない。しかし、現実はテレビの大

半が21型以下なのだから、全部ハイビジョンにすれば、迫力ある大画面テレビ用の規格を小型テレビにも適用するという大矛盾を生じてしまう。

それは、大型高級車ベンツのスペックを軽自動車に適用するというのと同じく、原理的に無理がある馬鹿げた話。

画面の大きさ・縦横比・視聴距離・キメ細かさ（走査線数）などを互いに切り離せない「セット」として決めたのに、縦横比とキメ細かさだけは固定して、画面の大きさ（視聴者が懐具合や置く場所によって決める）や視聴距離（同じく視聴者が決める）を変えることになるからだ。

実験室ではその「セット」を固定できても、四八〇〇万世帯の居間や台所や寝室や子ども部屋では「セット」を固定できない。台所の棚の上に置くテレビがハイビジョンでなければならない合理的な理由は見つからず、食器棚や冷蔵庫の上に置くためにハイビジョンを買う人はいない。

現時点では22インチのハイビジョンが存在するが、もっと小型のハイビジョンはどうなるのか。

あるキー局の技術担当局長は「14～16型ハイビジョンテレビは発売されない。小型テレビは、ハイビジョン信号を受信し画質を落として見るテレビになる」と断言する。すると、そのテレビは標準画質なのに、チューナーだけは大型ハイビジョンと同じものを搭載するのだろうか。一方、「いや、14～16型ハイビジョンテレビは無理をしてもつくりますよ」というメーカー関係者もいる。

メーカーは、七年七か月後に現在の小型テレビを本気で製造中止にするつもりならば、ユーザーである国民大衆に、次の小型テレビがどういうものになるか説明する責任があると、筆者は思う。

メーカーによれば「現時点で、地上デジタル放送チューナーは、BSデジタルチューナーに七～八〇〇〇円上乗せすれば販売できる」そうだ。BSチューナーは当初の一〇万円前後が、最近では四万円前後。松下電器が予約販売中の地上デジタル放送チューナーは四万四八〇〇円だから、計算は合う。

BSハイビジョンテレビが二五万円なら、地上デジタルハイビジョンテレビは二六万円程度で売り出すことができるわけだ。

だが、以上は大型BSテレビの話であって、九八〇〇円の小型テレビはチューナーをつけるだけで五万円台になってしまう。いま一万円の小型テレビが、二〇〇六年段階で五万円というような価格ならば、誰も買わない。誰も買わなければ、二〇一一年段階で二～三万円というような価格に下げることは極めて難しい。下がったとしても、まだ九八〇〇円のテレビの二〜三倍なのだ。

大量生産すれば価格は下がるが、地上デジタルテレビは大型（28型以上）で普及が進み、小型テレビの投入は後回しになる。後回しになれば価格が下がる時期も遅れる。すると二〇一一年段階にアナログ専用として残るテレビの多くは、小型テレビだろう。

その台数は全テレビの三分の二、しかも所有者の多くは比較的所得が低い層だと考えなくてはならない。この人びと——たとえば一人暮らしのお年寄りは、デジタル放送に熱心とは思われないから、新しく高価なテレビを買ってもらうのは至難の業だ。だから、現行の計画は破綻しており、必ず失敗する。

破綻の理由　4

●現在の地上デジタル放送計画によれば、全国津々浦々まで民放の地上デジタルの電波を送り届けることができない。二〇一一年の計画達成段階で、民放の地上デジタル放送が届かない世帯は、四八〇〇万世帯の実に二割、九〇〇万世帯以上である。この世帯にどのようにデジタル電波を届ければよいか、現時点では見通しが立たない。

総務省はこの八月十一日、地上デジタル放送に関する「放送用周波数使用計画等の一部変更案」を公表した。

これは三大広域圏以外の地域（一部を除く）の地上デジタル放送局が使う周波数その他を定めたもの（いわゆるアナアナ変換の周波数変更も含む）。三大広域圏は公表済みで、後述する地域を除けば、全国の地上デジタル放送の周波数計画が一応出そろったわけだ。

この計画に基づき、民間放送局がカバーするエリアを日本の白地図上で赤く塗りつぶしてみる。すると、民放局でカバーできないエリアがあちこちに白く残る。これを地上デジタル放送の「空白域」と呼ぼう。この地域には二〇一一年になっても、地上デジタル放送の電波が届かない。なお、これはあくまで民放局の話。放送法上「あまねく普及」の責務があるＮＨＫの電波は空白域を生じないはずだ。

民放関係者によれば、この空白域に存在する世帯は、日本にある全世帯四八〇〇万のおよそ二割、実に九〇〇万世帯以上と見積もられている。この九〇〇万世帯に民放の地上デジタル電波を送り届ける手段が、現段階では見つかっていない。

なぜ空白域が生じるかといえば、民放局は利潤を追求する営利企業だから、デジタル化投資を経済原則にのっとって実

2013年の視点から

激変する社会のなかで問われる、テレビの真価

中町綾子

1953年のテレビ放送の開始から半世紀以上が過ぎた。その間にテレビも放送をとりまく環境も大きく様変わりした。とりわけ、90年代末から2000年代にかけての社会の変化は劇的で、それはいくつもの大きなひずみをもたらしもした。放送の在り方においても例外ではない。ひとつは、2008年のリーマンショックに端を発する金融危機の影響である。広告収入の減少が番組の質にも変化を与えた。情報系のバラエティ番組でやらせやねつ造が露見し、その背景にある視聴率至上主義や制作環境の劣悪な状況が問題視される。また、メディア環境にも大きな変化があった。2000年代以降のインターネットの普及で視聴者のテレビ離れが叫ばれ、とりわけ視聴者のテレビドラマ文化への親和度が薄らぐ。さらに、韓国ドラマブームがあり、番組の国際競争力が問われた。そんな時代状況のなか、放送の公共性と信頼性への期待は増した。金融危機、重なる震災、津波といった自然災害、あるいは原発事故、メディアの多様化、2011～12年のアナログ放送から地上デジタル放送への移行を通じて、テレビの真価は問われ続けている。身近で信頼のおけるテレビであることが今なお求められている。

施する。ここから先は人口が極めて少ないという地域には、地上デジタル用の鉄塔を建てない。一〇〇％の世帯をカバーするインフラ整備はコストがかかりすぎ、全地方局が倒産しかねないからだ。倒産覚悟であえて無謀な投資をすれば、背任行為で社長が捕まるかもしれないという話である。

あるキー局幹部から、

「シミュレーションしたが、うちの系列ではキー・準キー以外の全ローカル局が倒産するという結果が出た」

と証言を得たことを付言しておく。

鉄塔がダメなら光ファイバーで送ればよいと思うかもしれないが、ＮＴＴによれば日本で光ファイバー網がカバーできる世帯数は、四八〇〇万世帯の八二％までだ。残り一八％には費用対効果上ＦＴＴＨ（光ファイバーを家庭まで敷設）が不可能。地方民放局が鉄塔を建てられないのと同じ理由だ。

直接受信のＢＳデジタル放送を使う手は、ありえない話ではない。新たな帯域の割り当てがあり余裕は十分。だが、九〇〇万世帯がＢＳデジタルで地上デジタルと同じ放送を受ければよいなら、四八〇〇万世帯もそうすればいいではないか。では何のために地上デジタル放送をやるのだという話になってしまう。

現実には、デジタルＢＳは豪雪地帯での十分な運用が期待

できず、台風、豪雨、地震などに極めて弱いから、基幹放送とはなりえない。台風のとき全国の二割の世帯で民放テレビが映らないのであれば、アナログ放送のままのほうがよい。

では、どうするか。現段階で考えられるのは、受信料が潤沢なＮＨＫに民放用の鉄塔を建ててもらう（「共建」というそうだ）か、公的資金を投入するか、の二つくらいだろう。

しかし、受信料で成り立つＮＨＫが民放に資金援助できるかどうかは、極めて疑わしい。「俺は民放は一切見ない。役に立つＮＨＫは受信料は年一括払いする」という人を、どう説得できるか。

公的資金投入に至っては、なお疑わしい。国民の多くが「二〇一一年アナログ地上放送停止」を明確に知らず、正確な情報を知ればアッと驚くところに、そのためのカネを税金から出せといわれて納得するとは到底思えない。キー局の給与を半分に下げ本社屋も売り飛ばせという話になりかねない。

世帯数にして二割の民放「空白域」を埋める手立てがないから、現行の計画は破綻しており、必ず失敗する。

破綻の理由　5

●二〇〇六年末までに全国で地上デジタル放送を開始するには、それまでにアナアナ変換を終わる必要がある。しかし二〇〇六年にはアナアナ変換を終了できないことが確実な状況だ。だから、三大広域圏以外の地上デジタル放送の開始が遅れれば、必ず受信機の普及も遅れる。当然、二〇一一年までに地上アナログ放送を終了するというスケジュールも遅れてしまう。

前項の放送用周波数使用計画では、鳥取、島根、山口、福岡、佐賀、長崎、熊本の七県が除外された。山陰地方は、韓国のデジタル波が混信するためで、十二月までに調査するという。

残りの有明地方はじめ九州のいくつかの地方、さらに瀬戸内地方（岡山、広島、高松、讃岐など）は日本有数の電波銀座で、アナアナ変換が非常に難しい。

アナアナ変換はＡ局→Ｂ局→Ｃ局→Ｄ局と電波を送るときに、Ａ局の周波数を変え、Ｂを変え、Ｃを変え、Ｄを変えという具合に、玉突き的に調整していく。ところがＤ局を変えたら元のＡ局に影響が出たというようなことが起こりかねず、極めて複雑。途中にＣＡＴＶをかませるというようなあの手この手が必要なのが、これらの地方である。

総務省の資料にアナアナ変換の達成率を地区別に記した表

がある。これによると、アナアナ変換に最短でも四年以上かかる地域が西日本の各地にある。二〇〇六年十二月三十一日まであと三年四か月しかないから、もう間に合わない。しかも、同じ地域内の局ごとにデジタル電波を出せるようになる時期がまちまちで、遅い局にそろえないと視聴者が大混乱する。二〇〇六年末までに全国で地上デジタル放送を始める国策は、すでに崩壊しているのだ。

有明や瀬戸内は代表的な難所だが、その他の地域のアナアナ変換が予定通り終わる保証もない。四二六万世帯について電波利用料一八〇〇億円でまかなうとは決まっているが、やってみたら四二六万は五〇〇万だったということが十分あり得る。なにしろ一八〇〇億円の前は八五〇億円と見積もられていたのだから。

北海道や東北など広く人口が密集していない地域ではアナアナ変換の対象世帯は少ないが、エリア内回線や鉄塔の整備が間に合うかどうかという問題がある。三大広域圏以外の地域の地上デジタル放送が、二〇〇六年十二月までに始められないのであれば、その時点から、四年七か月後の地上アナログ放送停止・全面デジタル化も、当然後ろにズレ込んでしまう。つまり現行の計画は破綻しており、必ず失敗する。

破綻の理由 6

●大都市のテレビ受信には、ビル陰で電波が届かないなど「都市難視聴」という大問題がある。これを解消するため、共同受信アンテナを立て、地域一帯やマンション全戸をCATV化するといった対策が取られている。ところが現在の対策は地上アナログ放送用。これを地上デジタル放送用のシステムに変えるという大問題が、まだ一切、手つかずのままである。

東京を中心とする関東広域圏では、とりあえず東京タワーから地上デジタル放送の電波を出す。しかし、各局の技術者によれば、「東京タワーからでは、北関東などの遠い地区に電波が届かないうえ、都市難視聴を解消できない。東京には六〇〇メートル級の新タワーがどうしても必要」なのだ。

高いタワーならば電波は遠くまで飛び、現在難視聴のためケーブルでテレビを見ている家庭でも、何千円かの室内UHFアンテナで受信できる。

しかし、東京の新タワー建設は、最後まで有力な候補地とされた上野で自治体首長が慎重派に代わり、電磁波の影響を懸念する反対運動が始まるなど頓挫中。すると、現在の共同受信システムをデジタル放送用に変えなければならないが、この問題について、行政によるガイダンスの提示などは一切ない。総務省は「それは当然、住民が負担すべきもの」としかいわない。

マンションは住民負担といっても、「一刻も早く地上デジタル放送を見たい」「いや、うちはアナログで十分」という住民の声を管理組合がまとめなければ、話は進まない。これは大問題だ。新しいマンションでは屋上に機器を設置すればよいが、古いマンションではケーブル敷設が必要になるかもしれない。いくらかかるか不明では住民の話し合いすら始められない。

ビル陰による難視聴で地域一帯がケーブルになっている（原因のビルが資金を負担）という場合は管理組合がないから、どうするのか。これまた大問題である。

東京・新宿区の筆者が住む一帯は、赤坂のホテル・ニュージャパン跡地に高層ビルが建つ前、業者が来て一軒一軒をケーブル化した。同じビルが、何年か後に地上デジタル放送用のケーブルを引くのかどうか、わからない。

わかることは、映るかどうか不明だから、わが家の近所で地上デジタル放送用のテレビを買う人は、ここ数年皆無だろうということだけである。

しかも、東京・上野に新タワーが建った暁には、大部分の家庭は室内アンテナで受信できるからよいとしても、なお新たなビル陰による都市難視聴が発生する恐れがある。

そのとき原因となっているビルに対して、「お宅のビルのせいでテレビが映らない。なんとかしろ」とはいえない。ビルは上野に新タワーが建つ前からその場所に建っていたからだ。どうしてもCATV化が必要になったら、費用は誰がどう負担するのか。これが一切謎のままなのである。

現在の計画は都市難視聴という巨大な問題を一切無視しており、東京にどのくらいの都市難視聴世帯があるかすら、誰一人として把握していない。だから現行の計画は破綻しており、必ず失敗する。

破綻の理由　7

●地上デジタル放送の売りの一つは携帯電話（またはこれに類する携帯機器）による放送の受信である。しかし、ライセンス問題でいったんつまずき、映像を表示するには電波の容量が足りず、携帯受信のメドがまだ立たない。

地上デジタル放送は、一チャンネルを一三セグメントに分け、一二セグは三分の二以上のサイマル放送・五〇％以上の高精細度放送を流し、一セグは完全なサイマル放送（帯域が狭くアナログ方式の低画質放送）を流すことになっている。この一セグは携帯電話またはそれに類する携帯機器で受信するための放送である。

最初は「ＭＰＥＧ４」という技術を使うことが想定されたが、ライセンス保持者側がユーザー課金を主張したため暗礁に乗り上げた。視聴者からカネの取りようがない放送局は、携帯機器の価格に最初から使用料を含めることを主張して、物別れに終わったわけだ。

ところがその後、「Ｈ・２６４」という新技術が使える可能性が出てきて、風向きが変わってきた。ライセンス保持者側が、ＭＰＥＧ４がユーザー課金にこだわって時代遅れになった同じ轍は踏むまいと、柔軟姿勢を見せそうなのだ。携帯受信ができるのは日本の地上デジタル放送だけで、米英では規格上不可能だから、日本でカネが取れなければ、どこからも取れない。ライセンス問題は、早ければ年内にも決着しそうだ。

「Ｈ・２６４を携帯機器に搭載するチップ化には一年半程度かかる」（メーカー関係者）ので、二〇〇四年一月から取りかかれば二〇〇五年七月には携帯機器に組み込むメドが立つ。すると二〇〇五年暮れのボーナス商戦に、地上デジタル放送受信を売りにした携帯電話が登場する可能性はある。

問題は電池である。現段階の試作機では受信可能時間は一時間程度といわれ、到底使い物にならない。単三のアルカリ電池二本（一五〇円くらい）を日に何度も取り替えるようでは、物珍しい携帯以上のものにはなるまい。

局にとっての問題は、ＮＨＫは携帯から受信料が取れず（現在も車載テレビなどからは取っていない）、民放は視聴率が測定不能で広告収入にどれほど結び付くかわからないことだ。

視聴者は携帯でテレビを見ることができれば大歓迎だろうが、ビジネスモデルが描けない放送局にとっては、それほど旨みはなさそうだ。しかも、「地上デジタル用の携帯を買ったから、テレビはアナログのままでいい」と視聴者が思えば、肝心のテレビの普及が進まない。現行の計画は破綻しており、必ず失敗する。

破綻の理由　８

●地上デジタル放送の中身は、ＮＨＫが複数チャンネルになり魅力を増すと期待できるが、民放は基本的にサイ

マル放送になると思われ、高画質・横長という以外あまり魅力がない。

地上デジタル放送は、一チャンネルをフルに使ってハイビジョンを流しても、三チャンネルに分けて三つの標準画質放送を流してもよい。高精細度放送と標準画質放送の二チャンネルに分けた場合は、高精細度の一チャンネルはハイビジョンとほとんど区別が付かない高画質放送になる。

NHKは夕方から野球中継を始めて、七時から二チャンネルでニュースと野球、九時からまた二チャンネルでNスペと野球といった柔軟編成ができる。実際、二〇〇四年四月からは教育テレビの三チャンネル運用を始める予定だ。月二〇〇〇円ちょっとで総合・教育・BS1・BS2の四チャンネルを見ていたのが、受信料は変わらずに六〜七チャンネルになるのだから、視聴者のメリットは大きい。

しかし、民放はNHKのようなうまい話にならない。夜七時の野球中継が長引いたとき九時から野球とドラマの二チャンネルにすると、どちらのスポンサーも視聴率が減ったと文句をいうからだ。最初からスポンサーを同じにしておけばいいのではとも思えるが、「キー局だけの話ではなくネットがからむ話だから、非常に難しい」（キー局営業）。少なくとも「手間暇がかかるだけで、収入はプラスにはならない」というのが営業サイドの認識だ。

だから、デジタル化しても民放の地上放送は高画質・横長になるだけで、新味が出ない。

膨大なアーカイブを持つNHKには、自前のドキュメンタリーなど権利関係がクリアな番組が多いから、チャンネルを分割し生放送と再放送を流すことも容易。民放番組はドラマや歌番組など権利処理が複雑なものが多いうえ、やはり視聴率の分散が生じる。

A局が九時から新作ドラマを放映するとき、ライバルのB局は新作ドラマ一本を流すか、新作と再放送の二本を流すかといえば、新作でなければ勝負できないと考えるに違いない。民放で複数チャンネルの運用ができず、高画質・横長になる以外、番組に新味がないのであれば、若い視聴者を中心に、地上デジタルテレビの普及が思うように進まない。だから現行の計画は破綻しており、必ず失敗する。

破綻の理由 9

●地上デジタル放送計画は、国（総務省）、放送局、メーカーの三者が推進中だが、責任の所在が極めて不明確

だ。二〇一一年までに一億二～三〇〇〇万台はあろうかというテレビをすべて新しいものに替え、現在の放送を新しい放送に切り替える壮大な「国策」なのに、国では総務省の担当部局以外、何もしていないことも大問題である。

ある財務官僚は、現在の地上デジタル放送を、「うまくいくと思っている官僚なんていませんよ。四〇〇万以上の家を一件一件訪ねてテレビをいじるなんて馬鹿げた政策がありますか」とこきおろす。

実際、地上デジタル放送計画は、国を挙げての「国策」の体を、まったくなしていない。

税金を使う話だから財務省、テレビ製品の話だから経済産業省、大量のテレビがゴミと化す話だから環境庁や自治体、テレビ文化の話だから文部科学省や文化庁、ＣＡＴＶのデジタル化が必要だから国土交通省や農林水産省や自治体、都市難視聴の話を含むから国土交通省や法務省や自治体、高齢者とテレビの関係を考えるべきだから厚生労働省などが、最初から入って「国策」を練り上げるべきだが、総務省以外の省庁は他人事のように冷やかに見ている。

この壮大な政策が、放送行政局長の私的懇談会などの報告や決定によって次から次へと決まっていったことも、非常に問題である。官僚は、業界や学識経験者に聞いて政策をつくったのだと言い逃れがきく。つまり、責任者が不在なのだ。逓信族をはじめとする国会議員も不勉強すぎる。

このような一省庁の一部局だけが突出した「国策」が、所期の目的を達成できるはずがないことは、日本の近代史を振り返れば明らかだ。郵政省の歴史を振り返っても、なお一層明らかである。このような無責任体制下にある現行の計画は破綻しており、必ず失敗する。

破綻の理由　10

●テレビというシステムは視聴者・国民大衆のものであり、役所やテレビ局やメーカーのものではない。だが、そのテレビ放送を一新し、テレビ受像機をすべて取り替えるというのに、ほかならぬ視聴者・国民大衆の意見も都合も一切聞いていない。

テレビというシステムは誰のものか。放送を流すテレビ局のものか。テレビ受像機を生産するメーカーのものか。放送局に免許を出す役所のものなのだろうか。いずれも否だ。

テレビ電波はすべての国民の共有財産である。すべてのテレビ受像機はその代金を支払った国民のものである。役所は国民の公僕として放送局を監督しているにすぎない。テレビは国民大衆のものであるというほかはない。

しかし、現行の地上デジタル放送計画は、その視聴者・国民大衆の意向や懐具合を真剣に考えた形跡がない。

この際、国・役所も放送局もメーカーも、次のようなことを改めて考えたほうがよいのではないか。

視聴者・国民大衆は、NHKに対しては受信料を、民放に対しては商品価格に含まれる広告費を支払い、放送局を支えている。メーカーに対しては、製品を購入することでその企業を支えている。役所に対しては、税金を支払うことで支えている。テレビ局やメーカーのデジタル化投資も、役所のデジタル化予算も、もともとはすべて視聴者・国民大衆が負担したカネである。アナアナ変換の経費も、視聴者・国民大衆が毎月支払う携帯電話の通信料その他に含まれる電波利用料から支払われている。

しかもなお視聴者・国民大衆は、ここ何年かの間に購入したものなら七年七か月二十三日後でもほとんどが映っているであろうテレビを、粗大ゴミ処理代を自己負担のうえで捨て、地上デジタル放送に対応するテレビを自分のカネで購入しなければならない。

その視聴者・国民の多くが、未だ地上デジタル放送とは何か知らないか、ただ聞いたことがあるという程度の理解で、地上デジタル放送計画がうまく進むはずがない。

計画の成否を決めるのは、ただ視聴者・国民大衆だけだ。彼らは、おもしろく役に立つ番組なら見て、つまらないものは見ず、妥当な値段と思う製品は買い、高すぎると思うものは買わない。その視聴者・国民大衆が支持しないと思われるから、現行の計画は破綻しており、必ず失敗する。

【国内出荷台数】 JEITA統計への参加企業が国内向けに出荷した台数。普及台数とは大きく異なる。たとえばCSデジタルチューナーの国内出荷台数は、統計を公表しはじめた九九年一月から現在までに三〇〇万台以上。九八年末の加入件数は一〇〇万だから出荷台数累計は四〇〇万以上だ。しかし現在の加入件数は三〇〇万。つまりこの場合、普及台数は出荷台数の七五％以下である。

【第一次行動計画】 二〇〇二年七月。ポイントは上記のほか、局はスケジュールに沿い円滑に実施、データ放送や双方向番組も順次導入・番組数増大、移動体サービス開発・早期実施を目指す、字幕放送など高齢者・障害者にやさしい放送サービス充実など。デジタルBS局は、二〇〇三年末までにプライムで高精細度・双方向・番組連動型データ放送を七五％以上にするとした。

【第二次行動計画】二〇〇三年一月。局は、デジタル放送開始後のアナログ周波数変更対策の進捗に合わせて、順次カバーエリアを拡大することを追加。デジタルBS局は、アナログハイビジョン二〇〇七年終了・BSアナログ放送二〇一一年終了の周知徹底を図ることを追加。放送事業者、メーカー、小売業者、自治体の行動は盛りだくさんだが、政府の行動に関する記載は少ない。

【ワイドテレビ】画角（画面の横縦比、アスペクト比）は16対9だが標準画質のテレビ。二〇〇二年の出荷台数は、標準4対3の七〇三万台弱に対し九七万台弱。ハイビジョンの倍以上だが標準の一割五分に満たない。4対3映像を16対9に引き延ばし（周辺部にいくほど横に広げ）て見ている家庭が多く、「太って見える不自然なテレビ」と誤解されているフシも。

【新タワー建設】実現可能性が遠のいた今は誰もいわないが、首都圏のデジタル化に新タワーは必須とされ、これまでに港区（東京タワー隣）、新宿、八王子、秋葉原、さいたま新都心、上野の計画が発表されている。多くは周辺空港（羽田や横田）の航空路の障害となる、地域の再開発計画と合わない、などで断念。航空路の問題がない上野は最有力候補だった。

【室内アンテナ】六〇〇メートル級タワーのUHF最大出力は、小型室内アンテナで受信可能とされるが、絶対確実とはいえない。近畿地区地上デジタル放送実験協議会が二〇〇〇年一一月に実験し、生駒山からの三分の一パワーの電波を天満・吹田で受けたら、部屋の位置や階数により、標準画質は良好だが高画質は不可などの結果だった。タワーから遠ければ、そうなる。

【CATVのデジタル化】日本最大のCATV統括会社の首脳の話では、三分の一のCATVは「ケーブルを丸ごと取り替えなければデジタル化できない」そうだ。送受信設備をデジタル対応にしケーブルを全交換する手間は、ゼロからCATVを敷設するのとそう変わらないから、デジタル化は極めて困難。組合方式の共同受信設備でも、事情は変わらないと思われる。

【携帯受信】携帯むけ放送は、13のうち1セグメントだけという狭い帯域を使う。簡易動画に近い低画質放送で、画質が粗いだけでなくコマ数も少ない。二〇〇八年の免許更新まではアナログのサイマル放送とされ、デジタルならではのコンテンツも流せない。首都圏に新タワーが建たないうちは、都心で映っても自宅への帰途の車中で見るうちに映らなくなるかも。

【セグメント】1チャンネルの帯域を分けるブロックのこと。地上デジタルでは13に分割（正確にいえば14ブロックに分け、両端二分の一ずつは隣との干渉を防ぐガードバンドとし、13ブロックで情報を送る）。13のうち1セグメントは携帯用。残り12セグをフルに使えばハイビジョン、6セグずつ分割すれば標準2ch、4セグずつで標準3chという具合。

（さかもと・まもる）一九五八年東京生まれ。麻布高をへて早大政治経済学部政治学科中退。在学中から雑誌の取材執筆活動を開始。九〇年「放送批評」編集委員、九六年同編集長、九七年から小誌編集長。ホームページは http://www.aa.alpha-net.ne.jp/mamos/

解題

地上デジタルへの移行は、一九九七年に郵政省の主導で計画が始まった。放送業界が主体的に要望した変更ではなかったために、多くの軋轢が生じた。結果的に東日本大震災の被災地も含め二〇一一年度末までにはデジタルへの完全移行が実施されたが、この論考で指摘されているアナログテレビの大量廃棄（視聴者の負担）や、放送局、特にローカル局における設備投資の過重な負担などは事実として発生しており、忘れてはならない問題と言える。（藤田真文）

久米宏のいた時代
〝山の手民主主義〟が残したもの

小中 陽太郎

八月二十六日、久米宏が十八年間キャスターを務めてきた「ニュースステーション」を来年三月で降板することを、会見を開いて明らかにした。夜十時をニュースの時間に変えた立役者。テレビという媒体にふさわしいニュースの伝え方を身をもって開拓し、実践した意義は大きい。稀代のキャスター・久米宏はテレビニュースをどう変えたのか。そして、彼が直面することになる時代の波とは、なんだったのか？

『GALAC』2003年12月号

ニュースに欠けていた〝素朴な疑問〟

久米宏の「ニュースステーション」開始（一九八五年十月七日）の二年前、一九八三年八月三十一日、ひょんなことから〝ニュースキャスター〟久米の片鱗をかいま見た。

フルブライト交換教授としてアメリカにわたった直後のことである。その日、大韓航空機が撃墜された。五日後、中学生の娘のもとに、日本の友人から「ザ・ベストテン」の録音テープ（音だけである）が送られてきた。

それまでＫＡＬ機墜落についてのアメリカのメジャーのニュースの論調は、ＫＡＬ機がどうしてソ連領内奥深く紛れ込んだかについては疑問を出さず、ひたすら報復が語られ（いまの何とか事件に似ている）いまにも戦争が始まるのではないかと煽り立てていた。そこへ届いたテープである。その中身をわたしは『岩波ブックレット　ブラウン管のなかのアメリカ』（一九八七年）に書きとめている。

「久米宏が『ＫＡＬ機が撃墜されたらしい』『どうしてこん

なにソ連領の奥深くはいったのでしょうねえ』といっている。これが日本人の代表的反応だろう」とある。そして「自分の国の軍隊なり、人間なりが、他国に入っていくということについての感覚はアメリカ人には、ほとんどない」とわたしの感想を書き付けてある。

一緒に視聴した妻は、よほど、あのときの久米の率直な感想と、そのよくとおる声がさわやかだったのだろう、記憶が鮮明らしく、いまでも我が家の語り草である。

のちにわたしはこうまとめた。

「あの日、チェッカーズと小柳ルミ子の登場の間に吐かれた久米の一言は、ストレートニュースに何が欠けているかを実に鮮やかに示した。そして、実は、この一言に、のちの〈ニュースステーション〉における久米の役割が、見事に先取りされて示されていると思うのだ。

情報プラス素朴な疑問。それも華麗な素材と素材の間にチラッと見せて、あとは知らぬ顔の久米宏」（『TVニュース戦争』拙著）。

こうしてみると久米は、「ニュースステーション」で歯切れのいいコメントを生み出したことになっているが、その前の「土曜ワイド・ラジオＴｏｋｙｏ」や「ぴったしカンカン」（ＴＢＳ）でも同じことをやっていたのである。ニュース番組だから、こうなったのではなく、久米だからこうなったのである。

おなじことをつい最近、横澤彪が指摘している。「『ニュースステーション』はテレビ朝日の番組であることはまちがいないのだが、それ以上に久米宏の番組なのだ」（東京九月十日朝刊）。もっとも横澤は次のことが言いたいのかもしれない。「だから、この番組は久米宏の降板とともに消滅しなければならない」。

コンビを大切にしたニュースステーション

ところでわたしが、はじめて久米に会ったのも「ぴったしカンカン」のころで、ある試写会で会って、娘のためにサインをほしいと頼んだ。久米はからからと笑って、「やっだあ、コナカさん、僕あなたの高校の後輩です」といった。

つぎに「ニュースステーション」に潜入したのは、開始の日、石狩川の鮭で大騒ぎしていたときだ。番組が終わったあとの戦場のような様子をわたしはこう書きとめている。

「久米・あすもこうか、とどなる」（前掲書）。この記事はその後各所で引用されたようで、悪いことをした。

罪滅ぼししたのは、一九八九年ＪＣＪ賞特別賞で「ニュースステーション」を多少強引に奨励賞に選んだことだ。「ニュースステーション」は、一九八五年十月七日スタートだから、このとき三年半目、なかなか目があるでしょう。

『ジャーナリスト』（八九年八月二十五日号）には、「平和と民主主義を守る姿勢が評価された〈ニュースステーション〉」とキャプションがあり、そのうえに小宮悦子と小林一喜の温和な顔が紹介されている。この時代の「ニュースステーション」への評価のありようがしのばれるとともに、やわらかい受けの小林、突っ込みの小宮と、いいトリオだったことがわかる。

「ニュースステーション」のプロデューサー、早河洋やオフィス・トゥー・ワン高村裕がほかと違ったのは（その後の上松道夫や村尾尚子も）、コンビを大事にしたことだろう。テレビはスタッフとコンビである。ここがまた久米が自分を司会者と定義する所以であろう。

久米は日本の十八年間を、幸せにしたのか？

久米のニュースステーションの十八年とは、ソ連の崩壊から、バブルの崩壊とすべて崩壊し、最後にワールド・トレードセンターが崩壊した十八年であった。あいだにオウムと阪神大震災があった。中曽根内閣から竹下、森、小泉にいたる政治風土の中で久米が流し続けたさわやかな風は、日本のニュースにどれほど風穴を開けたか。ただしそれで政治が変わったかどうか。

八月二十六日の、久米宏の降板記者会見を見ながら、わたしは「違う、違う、聞くべきはそうじゃない」とテレビの前で叫んでいた。「十八年やって疲れたか、なんてあたりまえのことを聞くな」。

このところ真剣に見ていなかった「ニュースステーション」で、やっと出合った会見の模様なのに。

私の聞きたかったのは、「あなたは政権党を批判するつもりで、ああいうそぶりによる意見の表明方法を発明したのですか？　気に食わない話題はそのままやりすごしたり、とことん食い下がったり、冷笑したりしたのですか」。さらに「あなたは、椿報道局長のように、自民党をかえるつもりでニュースを司会しましたか。それは正しかったと思いますか？行き過ぎでしたか？」。「あなたはそれをあなたの感性でやったのですか？　それとも戦後民主主義を守ろうと思って意識的にしたのですか？」。そして最後に「それは成功したと思いますか？　反撥《はんぱつ》をかっただけだと思いますか？」」。

しかしこう書いてしまうと、われながら、いかにも紋切り型の質問で、わたしがプロデューサーでも放送からカットするだろう。

けれども紋切り型であろうと、なかろうと、今のわたしの関心は、久米の政治的スタンスはどのあたりにあって、それは日本の十八年を幸せにしたか、不愉快にしたか。そもそもテレビはそんな力があるか、あればあったで、なければないで、どうすれば日本のテレビは発展するか？　とまあ、心の中で自問自答したのである。

しかし久米はこういっただけだった。

「そういえば許認可権をもつ郵政省の大臣から誘われ、食事をともにする妙な出来事がありました」。（東京八月二十七日朝刊）。

この十八年の市民運動退潮期に、彼は一人で日本の反動化に抗したのである。

しかし今考えると、これも久米の十八年をよくあらわしていると思う。政党から言えば、圧力から容認にかわり、ついには逆利用の十八年といえなくもないからである。

テレビと政治家と視聴者の成熟

著書『もっともミステリアスな結婚』で、久米は、自民党の梶山静六が、番組のスポンサーのトヨタに圧力を掛けてきた話を書いている。その真偽を久米は、当の梶山を番組に呼んで聞いたところ、梶山はそんなことはしないと言ったが、下駄箱を蹴飛ばして帰ったそうだ。さらに『サンデー毎日』（九月十四日号）によると、これは八九年七月で、「梶山氏は、トヨタのスポンサーだった豊田章一郎社長（当時）に『あんた久米の親戚か』と言い放った」そうだ。自民党が一時かれをおろそうとしたことは確かだろう。いまそれがなくなったのは自民党に自信がついたからか、テレビがぐんと強くなったからか、政党がテレビを利用する術を手に入れたかのどちらかであろう。それに電通が企画に入っているから、いまではそんな力はないだろう。

十八年の間に、「政党の圧力はあったか」などという質問を紋切り型にしてしまうテレビの利用法が開発されていた。懐に相手をいれて、それなりの元をとる術が、テレビ側にも政治家側にも生まれていたのであろう。

そしてなにより視聴者が賢くなった。

名古屋で中京テレビの制作局長とスポーツ部長と飲んでいたとき。テレビニュース批判派の中小企業のオーナー（かつてのテレビ仲間）が世間でよく言われるように「日教組と久米が日本の政治をわるくした」といいだした。そのときの答えに感心した。テレビ局長はゆっくりと、「わたしの思想は、小中さんよりあなたに近い人間です。でも今のテレビは一人のキャスターが、右でも左でも、捻じ曲げられるほどヤワではないし、また視聴者もそんなに馬鹿ではありませんよ。もっと成熟しています」。準キー局の発言だけに自らの位置を的確に把握していることに唸ったものである。

おなじ趣旨のことを蟹瀬誠一も語っている。「キャスターの意見が世間をミスリードするほどの力があるというのは過大評価」（『サンデー毎日』九月十四日）。

谷藤悦史も、「政治マーケティングの開発、PR、宣伝技術の洗練化」（「〈テレビと政治〉の五十年」マスコミュニケーション研究二〇〇三、六三号）の中で「細川政権が『久米・田原連合政権』といわれることを誇りにおもっている」という椿報道局長の発言に対して、最近のマスコミ研究を踏まえて、「たとえテレビがそう報じたとしても、選挙民がそのように行動することにはならない。投票行動研究が明らかにしている現実である」と記している。

たしかにこの十八年、わたしたちは久米に代弁してもらった。しかし自分で発言しようとはしなかった。これからはどうなるのだろう。

鮮やかすぎたから、視聴者をガス抜きした

それにしても、一般に久米がテレビにもたらした最大の功績は、言葉だけでなく、その身振りやつなぎの微妙さで、圧力を避けつつ、自分の好き嫌いを伝えたことにあるとされる。久米が三か月間消えた九九年秋に、天野祐吉はこう要約している。

「とりわけ、『何を言うか』よりも『どう言うか』の面で、久米さんは雄弁だ」「目をぱちくりさせたり、エンピツを落としたり」（中日九九年十月十八日夕刊）。

おっしゃるとおり。自覚的に久米はこれを多用した。しかし天野さんに、お言葉を返すようだが、表現法が洗練されていようといまいと、そうやって伝えたメッセージがみなの共感を得るものだったから喝采をはくしたので、古山高麗雄さん（久米を、『人に媚びている』と批判した芥川賞作家）にはつうじなかった。目をぱちくりさせても自民党ばかりを応

援していたら、だれも喝采を送らなかったろう。言質《げんち》を取られないようなやり口で、何を言おうとしたかが、庶民の人気を博したので、そうなれば、「何を言うか」がやはり問題だったとはいえまいか。

ただし、しゃちほこばって異を唱えるのは、野暮ったく、さらりといくところが粋だったのが天野の好みだったのならわかる。もっと事実に即して言えば、あまりあからさまにいえないこと、立場上、好き嫌いはいえないキャスターが、たくみに自分の気持ちを伝えたことに拍手したわけで、となると、これは物言えば唇寒しの日本で生まれた表現技術といえなくもない。

もっとも今ではテレビはもっと自信をつけた。今ではテレビはもう少し強く（あるいは傲慢に）なっているだろう。

しかし物事は両面ある。久米のこの批判が、視聴者の代弁をしすぎて、反抗へのカタルシスとなったという点である。ガス抜き、毒消し、いろいろいえるが、人びとはうなずきそして忘れてしまう。

わたしの批判は、かれがあまりにも鮮やかにやるものだから、人びとはそれで自己充足してしまって、反抗の気力をそこで解消してしまうことにある。これを代行民主主義というのである。逆に久米もまた、自分の感性で語ったけれど、それはまた視聴者の意見、感性を巧みに先取りし、代弁していたともいえる。久米が先か視聴者が先か、だれも決めることはできない。

久米の戦後民主主義は、すなわちわたしたちの民主主義であり、それに限界があったなら、それはわたしたちの限界であった。

名づけて、山の手民主主義

そろそろ久米自身の思想にせまらねばならない。久米の容姿、当意即妙、品のよさ、カンのよさ、相手をさらさない人柄のあとに、結局彼の思想とは何だ？

わたしは、かつてそれを「山の手民主主義」と呼んだ。彼はそれを自著に引用しているから、あたらずと言えども遠からずだろう。

「小中陽太郎さんにね、『戦後山の手民主主義』ってやや揶揄した言い方をされるんですけどね」「だから、僕はそう気がついたのは、小中さんに言われてからですね。青臭い考え方だと思うんだけど」（前掲書）。

ちょっと洒落ていて、小粋で、手は汚さず、良識に富んでいて、となろうか。

大急ぎで言っておくと、読者はあまり目くじらを立てないでいただきたいのだが、この表現は、実は小さなプライベートな目配せだったのである。わたしたちは年齢は違うが、東横線の自由が丘の近くの高校にまなび、同じ女性先生を尊敬している。それを照れて言ったのである。


これまた大急ぎで言っておくと大して地理的意味はない。昔気質の人に言わせれば、「のてっこ」（山の手っ子）とくりゃあ、麹町、小石川、音羽あたりで、せいぜい白金、麻布。自由が丘、田園調布なんざ郊外だってことは、たけしに言われなくたってわかっています。

ま、そのころは、クチは達者で、弱い犬ほどよくほえる。

「ニュースステーション」主な出来事

1985年	10月	7日	放送開始。初回の視聴率は9.1%、その後も1ケタ台に低迷。
1986年	1月	28日	スペースシャトル「チャレンジャー」打ち上げ失敗をトップ項目に。視聴率14.6%と過去最高を記録。
	2月	25日	フィリピン政変。マルコス政権の崩壊を報道（レポーターとして安藤優子が活躍）。視聴率19.3%。
1989年	10月		「巨人が優勝したら頭を丸める」と宣言し、「公約」どおりに丸刈りに。
1992年	7月		国連平和維持活動協力法（PKO 協力法）をめぐる報道で、山下徳夫厚相が「偏向している」と、久米を名指しで批判。番組スポンサーの不買へも言及。
1993年	6月	29日	自民党の梶山静六幹事長のインタビューで、久米が「通産大臣のとき、自動車メーカーのトップを集めて、当番組のスポンサーを降りるよう求めたという報道は本当か」と質問。梶山幹事長が激怒。
	10月	13日	テレビ朝日・椿貞良前取締役報道局長の選挙報道をめぐる発言、いわゆる「椿発言」が新聞報道。
	10月		椿貞良前取締役報道局長の証人喚問を番組で取りあげ、「国会で問題にされるのは、明らかにマスコミへの圧力」とコメント。
1995年	9月		久米のニュースステーション10周年の感想は「番組が怪物のように大きくなった」。
1999年	2月	1日	「ダイオキシン汚染―農作物は安全か？」と題する所沢市のダイオキシン汚染についての特集を放送。
	2月	8日	所沢市の農民がテレビ朝日に、質問状を提出。
	2月	9日	中川昭一農相が「仮に事実と違うなら完全な風評被害」と批判。
	2月	18日	久米が「生産農家のみなさんにたいへんな迷惑をおかけした。おわびしたい」と陳謝。
	10月		久米が「私の出演は本日までです。どうも長い間ありがとうございました」とコメントし休養。
2000年	1月		久米復帰の一声が「戻ってきちゃって、どうもすいません」。
2003年	8月	25日	テレビ朝日が久米宏キャスターの降板を発表。後任は古舘伊知郎。
	8月	26日	久米宏が降板の記者会見。降板理由について、「55歳すぎたあたりからキレが悪くなった。ボロボロになるより余力を残してやめたい」と発言。
	10月	16日	ダイオキシン報道訴訟で最高裁がテレビ朝日勝訴を破棄、二審判決を差し戻す。差し戻しを受けて、番組のミスを認め、改めて農家へ陳謝。

それでいてあまり正面からやられると黙ってしまう。私自身「朝まで生テレビ！」であまり意見が合わないと黙ったりしてしまう。するとたくさん応援の電話がかかってきて、これはこれでひとつの表現と知った。

ま、山の手民主主義は、七分の侠気、三分の逃げ足と申しましょうか。いや、久米のことを語っているつもりでだれかさんの話になった。しかしそれを民主主義と信じたある時代もあったのである。そしていつまでもあると思うな、民主主義。

しかし、久米よ、あの都立大学への柿の木坂を登る途中にあった長い石塀の中には、すくなくとも丸山真男の有名な言葉を借りれば「大日本帝国の〝実在〟よりも戦後民主主義の〝虚妄〟に賭ける」といいたいような短い時期があったのである。壁は時間だけではない。久米の依拠する市民社会が多様化してきた。その一番いい例が、所沢の葉っぱのダイオキシンである。

そして時代は、「市民vs.市民」へ……

わたしたちの世代の少し後までは、五五年体制とはいわないが、対立を政党対政党の枠組みで考える。権力対庶民。しかしいまでは庶民が権力化したり、どちらも正しい住民運動が出てくる。どちらも正しくない時もある。その矛盾をわたしは文芸春秋で上杉隆の取材を受けて指摘しておいた。

「七〇年代なら『権力vs.市民』というシンプルな構図が成立した。しかし、九〇年代にはいると、所沢のダイオキシン騒動を見てもわかるように、消費者も報道に怒ったホウレンソウ農家も、両方とも市民であり、視聴者だから、単純な勧善懲悪の図式にはまらない」（『文藝春秋』八月号「久米宏、ニュースショーの孤独な道化師」上杉隆）。

この事件は本日九月十一日、最高裁で口頭弁論が開かれた。農家がテレビ朝日に損害賠償と謝罪を求めていて、一審、二審とも報道は真実として農家の訴えを退けた。データを提供した環境総合研究所の勝訴は最高裁で確定しているから、報道は真実だろう。

ただわたしが、この事件を難事件とみるのは、権力と庶民の対立ではなくて、住民と農家というおなじ市民同士の対立であることだ。市民社会が成熟し、たがいに権利を主張するようになると、報道は快刀乱麻、正義の味方と気取っていられない。そこがむずかしい。（十月十六日最高裁は「放送内容は真実だったと証明されていない」として二審判決を差し戻した。消費者にとっての公益性より生産者の損失を重視した。）

ましてて世界となると、西欧民主主義だけで価値を決められない。ビンラディン、アルジャジーラもあるじゃん。

ここからさきは、山の手プロレス主義にしばらく実況中継してもらおうか。

「ただいま見るも恐ろしい黒い馬に乗ったナショナリズムが乗り込んでまいりました。迎え撃つ白馬の旗手のなんと弱弱しいことでありましょうか。ジャンヌ・ダルクか巴御前か、ああ、杉作あやうし」——。あやういのはテレビか日本のジャーナリズムか、そもそも世界の平和なのか。

ニュースの色彩や音響を変えた久米宏

プライベートな見聞で恐縮だが、ニュースの未来はあかるい。三歳十か月になる孫（男子）は、テレビで「おかあさんといっしょ」も、モー娘。も見ない。見るのは、なんとニュースである。十月十一日、バグダッド・ホテル爆破のニュースを見て「バクダン？」といった。「いや、バグダッド」といったがわかったのか？


もちろんかれは、中身を理解しているのではない。おそらくニュースのもつリズム、テンポ、突然変わる映像、音楽が、バラエティより快いのではないか？ ついで彼の好きなのは天気予報で、「あしたは雨だって」と教えてくれる。

だがまじめにいって、映像シミュレーションとしてのニュースの多様性、色彩性、音響性はもっと注目されていいのではないか。そしてその先鞭をつけたのは、久米だったかもしれない。

以上の論述で引用したのは、古くはアメリカで見た「ベストテン」の記録、久米の書や拙著をふくめ、わたしが、目に触れた久米関連の記事、著述をざっと切り抜いて書棚の隅にためておいたものからとった。もうこの切り抜きを作ることがなくなるかと思うとさびしい。

わたしはNHK紅白の司会がいいと思うけれど、海老沢会長にその度胸があるかしら？ それがだめなら、ジェーン・フォンダに頼んでテッド・ターナーに言って、CNNのキャスターではどうだ。

山の手でも下町でもマンハッタンでもいい。君より早く銃を撃つものはまだいない。

（こなか・ようたろう）作家。中部大学人文学部コミュニケーション学科教授。一九三四年生まれ。一九五八年東京大学フランス文学科卒。NHKをへて作家活動に入る。NHKでは伊勢湾台風取材、「夢であいましょう」演出などを担当。べ平連運動に参加。世界を取材すると同時に、「11PM」「3時にあいましょう」などのコメンテーター。西日本放送「おはようホットライン」キャスターは一六年目。著書に「TVニュース戦争」「青春の夢―風葉と喬太郎」など、翻訳に「蟻」ほか。

解題

キャスターの久米宏は、単に原稿を読み上げるだけではなく、自分のコメントをニュースの最後に付け加えた。キャスターの個性を前面に押し出す形式を確立したという意味で、NHKの「ニュースセンター9時」と並んで、日本のニュース番組の歴史を画したと言える。論者の小中は、長年市民活動を担ってきた立場から、久米のコメントが権力批判の役割を果たしたのか、それとも視聴者・市民の怒りを中和してしまったのかを問う。

（藤田真文）

特集：さまよえる視聴率

視聴率の歴史と「これから」

いまや一般人にも馴染み深い「視聴率」。
だが、その実態はあまりに知られていない。
どうしてビデオリサーチの一社独占なのか？
ほかの調査方法はないのか？
かつて議論百出した「視聴質」は、どこに行ってしまったのか？
デジタル技術で抜本的解決の道は開けないのか？
いま、巷に溢れる視聴率への「？」に答える！

岩本太郎
フリーランスライター

『GALAC』2004年３月号

「視聴率以外の尺度はないのか？」

「調査会社がビデオリサーチ一社しかないことに問題があるのでは？」

——昨年十月に日本テレビの視聴率不正操作事件が発覚して以来、この種の指摘があちこちでさかんにいわれてきたことはご承知の通り。もっとも、一般メディアの報道を見る限りでは、具体的な掘り下げがほとんど見られないのが残念なところだ。

「一社独占」へと至った歴史的な経緯

まず「視聴率調査会社が一社だけ」という点について述べると、実は厳密にいうならこの指摘は間違っている。放送業界関係者ならば先刻承知のことではあろうが、この分野ではビデオリサーチが調査をはじめる以前、それも日本でテレビの本放送がスタートした直後の一九五四年からＮＨＫ放送文化研究所が視聴率調査をすでに実施しており、現在でも六月と十一月の年二回、全国で行っているのだ。

そちらについては後で述べるとして、いわゆる民間の調査会社による機械式の視聴率調査は、六〇年十一月にACニールセン（アメリカの調査会社）の日本支社が導入したものが嚆矢《こうし》だ。

このニールセンの日本進出には、日本テレビを擁する読売グループの総帥・正力松太郎が積極的に支援する姿勢を表明。だが一方、電通〝中興の祖〟として知られる吉田秀雄（第四代社長）は、外国資本に視聴率調査をゆだねることへの警戒感から、放送局や広告主にも呼びかけて独自の調査会社設立に動いた。その結果、六二年に発足したのがビデオリサーチだ。同社の社長を今日まで電通出身者が代々務めているのは、こうした事情による。

いわば黒船VS.護送船団ともいうべき図式になったわけだ。以後、約四十年にわたってこの両社が視聴率調査界の二大巨頭として君臨することになる。

なぜ第三勢力が出てこなかったのかという疑問も当然湧くところだが、視聴率調査のシステム構築には相当な先行投資がいることに加え、調査会社にとっての顧客がそもそも放送業界に限定されていたこと（何しろ一社単独となった今でもビデオリサーチの年間売上高は二〇〇億円にも満たない）、しかもビデオリサーチの背後には電通がいるということで、新規参入は現実的にも困難だったのだ。

そんなわけでニールセンも次第にビデオリサーチの補完的な存在へと甘んじる格好となり、ついには二〇〇〇年限りで視聴率調査事業から撤退することとなる。

「質」「個人」をめぐる泥沼のごとき争い

もっともニールセン撤退の背景には、もう一つの理由があった。しかもややこしいことに、それこそが冒頭で述べたもう一方の議論である「視聴率以外の尺度はないのか」というテーマに関わってくる話なのだ。

発端は八七年へとさかのぼる。この年の春、民放テレビ業界で「視聴質」論争なるものがにわかに持ち上がった。視聴率競争で当時トップの座にあったフジテレビに対して、TBSが各種のデータをもとに「視聴者の多様性ではウチが勝っている」との主張を展開。これにフジが「引かれ者の小唄だ」と応じたことでホットな話題に発展していったわけなのだが、この議論に日本広告主協会が敏感に反応したのだ。

この頃、広告主側にはすでに視聴率、および視聴率調査のあり方に対しての疑念や不信感が根強く存在していた。テレビ広告費が年々高騰する一方で、高度成長の終わった市場は成熟化し、以前のようにテレビにCMを大量出稿すれば自動的に商品も売れる時代ではなくなってきた。社内的にも宣伝予算の使い方についてのチェックが厳しくなっている。そんな中で、〝チャンネル稼働率〟でしかない機械式視聴率調査が算出するデータだけで、媒体効果を図る尺度は十分なのか……。

この「視聴質」論争はその後、紆余曲折をへて「機械式個人視聴率調査」の導入問題へとシフトしていく。欧米では調査対象者に押しボタン式の測定機を操作してもらう方式での個人視聴率調査がすでに普及している。日本でも世帯だけでなく、具体的に「誰が見たか」という個人視聴率をデイリーに確認できる調査を実施してほしいと広告主は訴えた。

これにテレビ局側は表向き賛成しつつも、従来の世帯視聴率をベースとしたビジネスの枠組みが崩れることへの懸念もあったのだろう。性急な導入には慎重な姿勢をとる。

業を煮やした広告主は独自の行動に出る。三井造船系列の企業が開発した「Vライン」という機械式の個人視聴率調査システムに目をつけ、これを推奨すると発表。さらに、ビデオリサーチに対する劣勢挽回を狙ったニールセンがこのVラインの導入を決め、九四年十一月に機械式個人視聴率調査を開始したことで事態は紛糾する。Vラインの調査精度に疑問を唱えていたテレビ局側は猛反発。当時この問題で民放側の先導役的な位置にあった日本テレビをはじめ、ニールセンとの契約解除に踏み切る局が続出したのだ。

結局、個人視聴率をめぐる問題は、九七年にビデオリサーチも機械式個人視聴率調査を導入することで一応落着を見る。ただ、これにより調査の費用がさらに高騰すると、テレビ局側にも二社のデータを購入するだけの余裕はなくなってしまった。広告主の支援を期待したであろうニールセンも、ハシゴを外された格好となり、結局これが命取りになったわけだ。

回数増加を検討中 NHK放文研の視聴率調査

そんな過去の経緯があるからか、今回の視聴率不正操作事件を期に、視聴率以外の指標やら一社独占の是非を論じようにも、過去に視聴率問題に深く関わった人ほどトラウマがブリ返すのか、なかなか突っ込んだ議論にならないようだ。

とはいえ、今回の事件をめぐっては以前にはなかったようなリアクションも見られた。たとえばNHKの海老沢勝二会長は昨年十一月六日の定例記者会見の席上、「視聴率調査会社が一社しかない。比べるものがなければ弊害が出てくるのは当然だ」という認識を示したうえで、ＮＨＫ放送文化研究所（放文研）が実施している視聴率調査を現行の年に二回から増やす方向で検討していることを明らかにした。

このＮＨＫ放文研の調査については、実態が報じられる機会も少ないので、ここで詳しく紹介しよう。調査時期は前述の通り六月と十一月で、期間は各一週間。調査方法は五分刻みの時刻目盛りがついた用紙（現在ではマークシート式）に同一の調査相手が七日間の視聴の有無を記入するという「日記式」の個人視聴率調査である。調査対象は全国の三〇〇地点をベースに、七歳以上の国民から無作為抽出で選んだ三六〇〇人（一地点あたり十二人）だ。なお、全国調査なので地上波民放の視聴率は「民放」として一括りの項目になるが、関東および近畿地区の調査では各キー局・準キー局の数字が個別にカウントされる。

このように民間調査とはシステムがまったく異なるため、回数を増やしてすぐに海老沢会長のいう「比べるもの」になり得るかは未知数だが、もともと民放テレビ局の営業用に供されることを前提にスタートしたビデオリサーチの調査などに比べると、むしろ統計調査データとしての視聴率本来のあり方に忠実だともいえる。

調査相手のサンプリングは国勢調査の結果などから把握した直近の人口構成に基づくため、世代別・地域別の調査相手の数は均一ではない（現状では高齢層・都市部が必然的に厚くなる）が、今の日本における一般人の視聴の状況を全国規模で調べるという意味では、このほうがむしろ実態にかなうわけだ。ちなみに民間調査ではサンプルに放送業界関係者が入りそうになった時は外す措置がとられるが、ＮＨＫの場合は「そのまま調査を実施します。あくまで調査のランダム性を維持したいという考えがあるからです」（放文研主任研究員・白石信子）とのことだ。また、日記式ゆえ視聴の有無は調査相手の認識を忠実に反映するという利点もある。

もっとも今後回数を増やしていくとするならば、はたして現行方式でよいのかという問題は当然出てくるところだ。放文研世論調査部長の山形良樹は「技術的な問題も含めて現在の方式でよいのかといった議論はありますし、多チャンネル化への対応や人口高齢化にともなうさらに上の年齢層区分新設など課題も多々あります」と語る。

視聴質調査「リサーチQ」が提起した可能性

さて「視聴率以外の尺度」についても近年は業界のあちこちでさまざまな試みがなされている。ここではその代表的な例として「リサーチQ」について見てみたい。

テレビ朝日マーケティング室（当時：現在は編成部マーケティング担当）と慶應義塾大学環境情報学部長の熊坂賢次の研究室が、共同プロジェクトとして「リサーチQ」を立ち上げたのは九七年四月。前記のビデオリサーチによる機械式個人視聴率調査がスタートするのに前後した時期だった。

「個人視聴率が毎日リアルタイムに近い形で出てくる中で、今まで以上に視聴率一辺倒の時代になるのかとの思いがありました」と、現在編成部のマーケティング担当部長を務める檀野竹美は振り返る。そんな時期に、あるインターネット関連の情報交換会の席で、当時のマーケティング部員と慶應義塾大学の講師だった新井範子（現在専修大学助教授）が出会い、インターネットとテレビの組み合わせで何かできないか、という話をしたのが、ことの発端だったという。

過去の「視聴質」論争では、視聴の「質」を計る尺度をどう作るかで議論が百出したといわれるが、消費者行動などを専門としてきた新井はデプス・インタビューなどの調査を通じ、番組を視聴する人間の感じ方を「期待度」「満足度」「集中度」「継続度」の四要素へと絞り込んだ（ただし後の調査で「継続度」は「満足度」と相関が深いことがわかったため削除）。

一方で、これもかつての視聴質研究において困難な課題とされた調査データの即時性や調査コストなどの問題は、インターネットを活用することによりかなり解消する道が拓けていた。

現在、「リサーチQ」のサイトには多くの一般視聴者が訪れる中、一日平均約四五〇〇～五〇〇〇名が（一人平均二～三番組に）回答。一万二～五〇〇〇件の番組評価情報が集まるという。この集計結果はテレビ朝日内部のイントラネット（企業内ネットワーク）上で即座に見ることができ、社内でも結構熱心に活用されているらしい。

興味深いのは、これらの調査結果をベースに「総満足量」なる指標が設定されていることだ。これは番組ごとの回答率（いうなれば視聴率に相当）に前記の「満足度」を掛け合わせることで得られる独自の視聴質の尺度である。編成部の佐々木孝は、この指標が持つ意味合いを次のように説明する。

「回答率が低い一方で満足度が高いというケースもありえ

ますが、これは地上波で放送される番組の質の尺度としてやや問題がある。ならばその二つを掛け合わせることで率と質の双方を兼ね備えた指標ができるのではないかと考えたんです。たとえば『トリック』という当社の番組は『トリビアの泉』（フジテレビ）に回答率では及ばないものの満足度では上回っている。さらにここから総満足量を算出すると、両者の差はかなり縮まるわけです」

もちろん、こうした指標の妥当性についての議論はもろもろ出てくるところであろう。ただ、一方で檀野や佐々木らは「これはあくまで一つの指標でしかない。視聴質というものが一つの尺度だけで表せるとは限りませんからね」と柔軟な見解も述べる。熊坂研究室との共同研究という点も、多くの視点を持つうえで役立っているという。

確かにテレビには報道やドラマ、スポーツなど多様なジャンルもあるし、有料放送か無料放送か、ひいては視聴者個人の視聴時点での精神状態等々、「満足度」を左右する要因は限りなくある。それらを一つの尺度で切ること自体に無理があるという気はする。

「双方向」時代における新たな視聴率調査とは？

それにしても以上のようなケースを見てみるに、今や視聴率をめぐる議論が、かつての「視聴質論争」や「個人視聴率」の時代からはさらに次の段階へ進んでいかざるを得ないことを実感させられる。

まず状況としては、調査会社が一社体制となったことで「もう一つの指標が必要ではないか」という共通認識が業界全体に生まれてきているのは事実だと思う。ただし問題は、現在の放送業界の経営環境からして視聴率調査を目的に新たな企業や公益法人を立ち上げるのは難しい、ということだ。だったらすでにあるもの、たとえばＮＨＫの調査を規模拡大のうえ充ててみてはどうかとの発想は確かにありうる話だ。

もう一つの状況として、座談会でも指摘されているデジタル化・多チャンネル化への対応がある。数十チャンネルの中で、もはや一局につき数％にまで細分化された視聴率を今のように毎分データでリアルタイム的にとりつづける調査が必要なのかとの根源的な疑問も、そこにはある。

加えてデジタル化・多チャンネル化にはもう一つの側面としての「双方向」というものがある。インターネットやＢＳ

デジタルはいうにおよばないが、それ以前に今日の視聴者は、それこそ爆発的に普及した携帯電話を使って、モニターの前から番組についての意見や感想をどしどし送りつけてくる存在に変化しつつある。そう、もはや彼らは物言わぬ〝サンプル〟などではないのだ（ちなみにケータイが若い世代のテレビ視聴空間と意外な親和性を見せ、一方でテレビ局が携帯関連ビジネスで大きな利益を得ているという現状については、本誌の二〇〇三年九月号の特集でも明らかにされた通りだ）。

もし電話会社あたりが本気になって、携帯電話とテレビのリモコン、視聴率測定機を連動させる技術を開発したり、電話回線を使った調査システムなどを構築しにかかったらどうなるか――。むろん、これは筆者の勝手な空想だが、素人の筆者ですら考えつくぐらいだし、すでにどこかでそんな動きが進んでいるのかも知れない。

何しろ放送業界では以前から「そのうちＮＴＴとＮＨＫが手を組むのではないか」といった噂が時おり流れたりするほどだ。放送業界や調査会社側に視聴率調査事業の自立的な変革を図る体力的余裕がなく、一方で「視聴率」そのものの存在価値が低下していくとするなら、ある時点であっけなく新規参入が実現しないとも限らない。

放送批評懇談会理事長の志賀信夫は「今こそ視聴率が本来持っていた公共の財産としての役割、放送文化を発展させていくための手段という〝原点〟の部分に立ち返る必要がある」と語る。

状況が混沌としていく中で放送関係者がやるべきは、確かにその部分だろう。また、それは同時に放送文化を下から支える多様な〝質〟の尺度をどうやって確保していくかという課題にも通じるような気がする。（文中敬称略）

解題

世帯視聴率中心の視聴率調査は、一九八〇年代中ごろに広告指標としての有効性が疑問視されるようになる。それはマーケティングの世界で、個々人で異なったライフスタイルを持つ分衆・少衆の時代が誕生したと指摘された時期と重なる。視聴者の多様な像をとらえるために個人視聴率の重視や視聴の「質」を問う調査が模索された。しかし本論にあるように、視聴者の多様化が、日本では視聴率調査の一社体制をもたらしたのは何とも皮肉である。（藤田真文）

特集：韓国ドラマの魂《ソウル》

韓国ドラマの魅力はここだ！

日本にも懐かしい恋愛シーンのときめき

中町綾子
恋する恋愛ドラマ評論家

日本の恋愛ドラマが苦戦を伝えられるなかで、静かなブームから大きなブームへと広がりを見せる韓国ドラマ。一見、他愛のないメロドラマなのに、なぜここまで女性たちの心をひきつけるのか。韓国ドラマフリークの筆者が、ストーリーと表現のテクニックを徹底解剖する！

『GALAC』2004年5月号

映像として結晶化された恋愛

韓国メロドラマの魅力は豊かな恋愛シーンにある。それらはいずれも映像的な情景として表現される。『冬のソナタ』のいくつかのシーンからその魅力を紹介しよう。

『冬ソナ』で描かれる初恋の情景は映像的なエピソードに満ちていた。転校生の男の子・チュンサン（ペ・ヨンジュン）が、高い塀を軽々と飛び越える。その姿のきらめき。ヒロイン・ユジン（チェ・ジウ）が驚きのまなざしで見つめる。その表情のときめき。わずか数カットの映像の中に、とてもシンプルな恋のはじまりと心の動きが伝えられる。

シンプルなものばかりではない。『冬ソナ』のユン・ソクホ監督は、複雑で、それでいて盲目的な恋のエッセンスを、究極まで単純化して映像化する。「自分は、この人のほかの人には見せない姿を知っている」。そんな恋の優越とでもいうべきものと、知られているということで生まれる相手への特別な気持ち、あるいは知っていてくれるという安心感。そこでは、そういった気持ちの数々がエッセンスとして抽出される。そして、それがごく日常的な情景の中に恋のセオリーとして還元される。

ユジンとチュンサンは、高校の放送部に所属している。二人が当番の日、チュンサンは放送室に現れない。ユジンは仕方なく、ひとりで放送を始める。嫌味半分に、「約束を守って大事」とフリートークをし、レコードをかけた。屋上で聞いたチュンサンが放送室にやってくると、ユジンがひとりノリノリで踊っている。チュンサンはあっけにとられ微笑ましく見守る。ユジンがその視線に気づいてあわてふためく。

説明すると、長くなってしまう。しかし、この一連のシーンは、実に丁寧にひとつのできごとに宿る心の動きを見せている。繰り返しになるが、ほかの人が知らない自分を、この人は知っている。これは恋の鉄則だろう。女の子のちょっとしたダンスシーンとその目撃、そして目撃されていたことの恥じらい。そこには、そういった心の機微が、余すところなく表現されているのだ。

情景に感情を表象させる手法も美しい。先のようなシーンは、いずれもわかりやすい感情の描写である。かっこいいな、かわいいなと思うときめき。恥じらいと戸惑い。感情をわかりやすく表現するのは、メロドラマの王道である。古典的なメロドラマでの、悲しみに打ちひしがれた表情のアップは想像に易いだろう。『冬ソナ』では、そういった濃密な感情の盛り上がりを、たくみに情景に代理表象させる。

たとえば、恋人にネックレスをわたすシーン。場所は林の中、一面の銀世界。ミニョン（初恋の人にそっくりの人物）

冬のソナタ

NHK 衛星第2放送　2003年／韓国 KBS　2002年

主演：チェ・ジウ、ペ・ヨンジュン、パク・ヨンハ

演出：ユン・ソクホ、イ・ヒョンミン

脚本：ユン・ウンギョン、キム・ウニ、オ・スヨン

[story] 高校生のユジン（チェ・ジウ）は、孤独な転校生・チュンサン（ペ・ヨンジュン）に惹かれる。初恋だった。しかし、チュンサンは出生の秘密を知り、彼女のもとを去ろうとする。大晦日の待ち合わせに、彼は現れなかった。10年後、ユジンの前に、事故で死んだはずのチュンサンそっくりの男性・ミニョン（ペ・ヨンジュン）が現れる。ユジンの心に、初恋の人への思いがよみがえることから始まる恋愛メロドラマ。

※これから見る人がドラマの展開を楽しめるよう、やむをえず一部の情報をふせています。

が、雪玉を「プレゼントだよ」といって、ヒロイン・ユジンに放り投げる。言われて、ユジンが雪玉を割ってみる。中からネックレスが出てくる。銀世界の中のキャッチボールと、そこに織り込まれる二人の輝く笑顔。心憎いというか、あざとい演出だ。しかし、情景と感情（顔のアップ）をシンクロさせ、映像にバリエーションを与えることで、プレゼントのやりとりがとてもさわやかなものになる。そこからは、濃密に見つめあってするのとは別の形の情感が伝わってくる。

日本の旅行代理店が企画する韓国での『冬のソナタ』ロケ地めぐりツアーには、チュンサンが飛び越えた塀やデートをした場所などが組み込まれている。その恋のシーンがいかに反響を呼んだかを物語る現象だ。情景と心情とが一体になったものとして心に刻まれ、視聴者に深い感動を与える。恋とは視覚でするものだったのだ。たぶん。と、韓国ドラマは教えてくれる。

恋する男を演じる俳優の魅力

韓国メロドラマの特質は、映像的な恋愛表現にとどまるものではない。その恋愛を担う俳優、なかでも男優の魅力が、それに涼やかな華を添えている。

韓国ドラマのヒーローは王子様的な存在として描かれる。基本的に、まずお金持ち。母は国際的に活躍するピアニストで、本人はディベロッパー会社の理事（『冬ソナ』）。あるいは、レコード会社の御曹司で、会社の経営戦略を差配する室長（『美しき日々』）といった具合だ。知性に溢れ、感受性も豊かだ。韓国の若手俳優は、この知性を余すところなく表現し切っている。

『冬ソナ』の語らい。ミニョン（ペ・ヨンジュン）が問い、ユジンが答える。「好きな人ができたらどんな家に住みたいとか考えるでしょう？」。「本当に好きだったら、形としての家はどうでもいいんです。好きな人の心がいちばん素敵な家だと思います」。この間、ミニョンはユジンの言葉をしっかり受け止め、かみしめる。演ずるペ・ヨンジュンは、そんな相手の感性に対する理解を、彼女へのあたたかいまなざしで表現してみせる。

相手への優しさや寛容さだけではなく、自分というものもしっかり表現する。ペ・ヨンジュンは、一人の女性の言葉を新鮮に感じる自分をきちんと演じているのだ。人と人との関係の中に、相手の気持ちを知り、自らの資とする。そういった知性を、彼はごく当たり前のこととして表現している。

日本の男性俳優も恋愛ドラマでは、当然、相手へのやさしさや強さ、そして弱さを演じる。しかし、恋愛の語らいの中で、自分を発見していく喜びを演じるなんてことはあまりない。対して、韓国の若手男優は、恋を表現する際にも、そこに自分の成長をしっかりと演じる。そういった演技術をもっている。

『美しき日々』の主演、イ・ビョンホンも、恋をすることで変わっていく男の姿を見せる。ミンチョル（イ・ビョンホン）は、父が信じられず、血の繋がった妹だけを大切にしてきた。義理の母、弟、誰とも距離をおく。信じられるのは自分だけと、厳しく己を律し、孤独に生きてきた。

しかし、ヨンス（チェ・ジウ）から、もっと他の人にも心を開いてと懇願される。ヨンスには身寄りがない。だからこそ、人に優しくありたいと願ってきた。しかし、彼はそう簡単には変われない。『美しき日々』のイ・ビョンホンのドラマは、この葛藤の表現にある。

いつも自分を律し、感情をあらわにしない彼が、ある日、自分の感情を抑えきれずに怒鳴る。ヨンスがなぜ弟・ソンジェ（リュ・シウォン）に優しくするかが理解できなかったからだ。彼女の携帯電話をとりあげ、床に投げつける。

行動だけを見れば、わがままなだけだ。自分だけを見ていて欲しい。他の誰かに優しくするのは許せない。自分がプレゼントした携帯電話の番号を他の人に教えるなんてイヤだ。しかし、イ・ビョンホンはそこに、単なる嫉妬ではなく、自分を抑えきれない戸惑いを表現する。これまで相手がどう思おうが、何をしようが冷静でいられた。それが好きになってみて、どうしようもない感情にもてあそばれる自分を知る。人はよく恋の痛みというが、それはこんな覚醒の痛みなので

美しき日々

NHK衛星第2放送　2003年／韓国MBC　2001年
主演：チェ・ジウ、イ・ビョンホン、リュ・シウォン、イ・ジョンヒョン
監督：イ・ジャンス　脚本：ユン・ソンヒ
[story] ヨンス（チェ・ジウ）とセナ（イ・ジョンヒョン）は施設で姉妹同然に育った。施設を出て音信不通となった二人。ヨンスは、歌手志望のセナを探すため、レコード会社のアルバイトを始める。彼女は、その御曹司・ミンチョル（イ・ビョンホン）を、幼い頃に孤児院の慰問に来たソンジェ（リュ・シウォン）と勘違いし、胸をときめかせる。ヨンスをめぐる兄弟、ミンチョルとソンジェの確執と、ヨンス・セナ姉妹のすれ違いが切ないメロドラマ。

はないだろうか。

自分を律するということなのだろう。相手との関係を演じるだけでなく、そこに生まれる気持ちを自分にもう一度問う。そんな誠実な演技が、男女を問わない共感を生んでいるのではないだろうか。

韓国ドラマにおける男優の魅力。それは彼らの自省的で、自立的な演技によって生み出されている。

家族との関係

韓国メロドラマの主要人物には、出生の秘密がつきまとう。『冬のソナタ』でも、『美しき日々』でも、出生の秘密に登場人物が苦悩する。

『冬ソナ』のチュンサンは、自分の父が恋人・ユジンの父と思って、彼女のもとを去る。二人が結ばれる寸前の一コマだ。『美しき日々』の家族設定も複雑きわまりない。父が再婚相手の息子・ソンジェを自分の実の子と偽ったために、ミンチョルは父を恨む。母がありながら浮気をして息子をもうけ、母亡き後、その親子を家族として迎えたことへの怒りだ。兄弟は一人の女性をめぐって、激しく対立する。

恋愛ドラマの視点で見れば、日本のテレビドラマとは決定的に違う。たとえば、トレンディドラマは、都会に暮らす若者のドラマだ。家族という枠組みから解き放たれて、都会での青春を謳歌するなかに恋の華やぎがある。しかし、韓国ドラマでは、あくまでも家族との関わりで恋愛が方向づけられる。どちらかというと、男の主人公がそうだが、彼らは親の世代の人間関係や思いを自分の問題として、背負い込む。そこにドラマが綴られる。

『美しき日々』のミンチョルは、父が私欲のためだけに殺人を犯したことを知って愕然とする。自分も父の血を受け継いだ冷酷な人間なのではないか。家族をもつ資格がないのではないか。彼は婚約者のもとを去ろうとする。

日本のメロドラマでも、家族の問題や出生の秘密がドラマの中心となる。しかし、それは家族を艱難辛苦の二項対立として記号化（状況化）する。家族は、主人公のいじめ役として存在するか、運命共同体として心の支えとなるか、いずれかだ。そして、その呪縛から逃れるか、ともに不幸に勝利するかの結末を準備する。つまり、主人公が家族との関係を受け入れて自分の生き方を決めるといったドラマは、あまり見られない。

韓国は儒教の影響が強く、家族を大切にする。それは自分のバックボーンを真正面からみつめる文化ともいえる。一見、障害に見える家族問題。しかし、韓国メロドラマの主人公には、それを演じる俳優の演技がそうであったように、そこから自分を確立しようとする主体性が強くうかがわれる。

この主体性こそが、日本の恋愛ドラマに欠けるものであり、韓国メロドラマに凛としたテイストを与えるものといえる。

日本の視聴者と韓国メロドラマをつなぐもの

異文化風土で紡がれたドラマが、なぜ日本の視聴者の心をとらえるのか。韓国メロドラマが、日本のメディアの紡いできた「物語」の変遷を、そこにつめこんでいるからではないだろうか。ここでいう「物語」とは、いわゆるアイデンティティに関するものだ。

まず、ドラマのベースにある家族の描き方。一九八〇年代後半以降、日本の恋愛ドラマは、東京を舞台に、田舎（出身地）のコミュニティや家族とは無縁の恋を楽しむドラマとなった。ご年配の人にとっては、現実味のない縁遠いドラマであった。

封建的な物語を生きてきた人や家族のしがらみの中でがまんしてきた世代が、勝手気ままに都会で恋を謳歌するトレンディドラマにのれるはずもない。ところが、韓国メロドラマは家族をはずさない。中年の視聴者もとりこにするゆえんだ。それに、現実に恋をしたり、結婚を考えたりすれば、家族の問題は今の若い世代にだって、十分すぎるほど深刻なドラマたり得る。

一方、その恋愛描写の映像美、韓国男優が見せる自己確認は、少女マンガやトレンディドラマで培われたメディアリテラシーを刺激する。とくに、三十代から四十代の女性は、その少女時代に思う存分、自分について悩むことを許されてきた。物質的な豊かさとメディア体験の豊かさに保証されて、内省的時間を生きる術を身につけてきた。そういった心情がクローズアップされる快感。また、彼女たちは、トレンディドラマの情感演出を体験してきた世代でもある。映像テクニックをオタク的に愉しむことに長けている。つまり、韓国メロドラマは、日本の八〇年代カルチャーを肉体的に懐かしく思い出させてくれるのだ。

そしていま、この感覚表現が、古い家族の物語と結びついて、これまでこういった表現に触れてこなかった世代も巻き込み、静かなカルチャーシーンを出現させている。古い価値観と新しい表現のダイナミックな化学反応。それが日本の視聴者との関係において、さらなる 化学反応 を起こしているのだ。
未見の方、見るならいまです。まず、今回紹介した二本の恋愛メロドラマを。さらに興味が深まった方には、男優の魅力にあふれるドラマをチョイスすることをお薦めします。

（なかまち・あやこ）日本大学芸術学部助教授。男子学生に「現実の恋をしてください！」と言われ、「してるよぉ、だけど足りないのォ」と答える三二歳。論文に「あの軽やかさを再び～バブル期のテレビ番組～」（二〇〇〇年）、「ドラマ超現代史・久利生公平に見るヒーロー進化論」（二〇〇一年）など。パーソナルサイトでお読みいただけます。ホームページ http://akasaka.coll.ne.jp/tolove/frame_txt.htm

解題

ペ・ヨンジュン主演の『冬のソナタ』が二〇〇三年にNHK－BS2で放送され、衛星放送では異例の高視聴率となった。翌年NHK総合で再放送されるとさらに視聴者層が広がり、「冬ソナ」や「ヨン様」がその年の流行語となった。以後韓流ドラマは、日本でも定番コンテンツとなった。『冬のソナタ』流行当時、韓流ドラマの視聴者層の中心は中高年の女性であった。本論考では、映像表現、俳優の演技、家族の物語などヒットの要因を考察している。（藤田真文）

特集：2005放送局クライシス

フジテレビ VS. ライブドア

異業種が狙う放送ビジネス!?「ネットと放送の融合」という幻想

ニッポン放送をめぐるライブドアとフジテレビの買収合戦。「ホリエモン」「M&A」「TOB」「クラウンジュエル」「ホワイトナイト」などのカナ文字や英語を乱発し、大事件と騒ぎ立てるメディア。しかしその結末は「大人」の「和解」……。この顛末を巨視的に、冷静に分析する。

坂本 衛
ジャーナリスト

『GALAC』2005年6月号

実は私は、ニッポン放送をめぐるライブドア対フジテレビの買収合戦にあまり興味がない。

ライブドアが立会外取引でニッポン放送株を大量に取得し、「フジサンケイグループとの提携によるインターネットと放送の融合」を掲げて保有率三五％超の筆頭株主に躍り出たのは、二〇〇五年二月八日。直後の十一日、自分のサイトで私が書いたのは、次の二つだ。

「二十年ほど前Ｍ＆Ａ（企業買収）が流行りはじめたころ、『ＢＩＧＭＡＮ』あたりで田原総一朗などとさんざん取材した。東洋経済の記者とはミネベアの高橋高見を追いかけ、田園調布の家の前で張り込んで帰宅したところ家に上げてもらったり、軽井沢の工場に行ったり、本社から出てくる社員を喫茶店に連れ込んで取材したりもした。企業買収で会社を大きくし毀誉褒貶の激しい人物ですが、『だいたい経営というのは時間を買うもんだ』『融資してうまくいかない企業に人を送り込みボロボロにして、結局乗っ取るのが日本の銀行。腐っているのはやつらだ。私の企業買収のどこが悪いんだ？』という言葉を鮮明に覚えている。正論です」

「そういうことを知っていたから、私が編集長だったGALACの編集会議で『放送局の買い方教えます』という企画を検討したことがある。しかし、放送局が無防備すぎ、今回のような手口があまりにも簡単にできるので、ボツにしたことがあります。ただし、この手の話は最終的にカネ（資金調達力）のあるヤツが勝つので、ライブドアはフジテレビの敵ではない。どこで手打ちをするか、というだけの問題（間違えるとヤバイのはライブドア）」（以上『すべてを疑え!! MAMO's Site』日録メモ風の更新情報）

次に書いたのは二月十四日。

「私は『どこで手打ちするかの問題』と書きましたが、（注：フジ側の）『手打ちしない宣言』が出てしまったので問題はこじれるでしょう。それにしても、この手の問題で、しかもこんな段階で会長を出すとは、驚きました。大きな会社でこういう問題が起こったとき、業界団体のトップまで務める会長がテレビで何かいうものですかねえ？」（同。注は新たに挿入）

以後、求められればテレビや新聞でコメントしたが、自分からは書いてない。大前提として私は「放送は、最終的に全コストを負担して番組を享受する視聴者のもの」と考えており、誰が放送局の経営者でもよいからである。

それに加えて「どこで手打ちするかの問題」——ようするに大騒ぎする話ではないと思っており、実際、この原稿を書いている段階（四月中旬）で、フジとライブドアはどこで手打ちするかという和解交渉を詰めている。ライブドア社長の堀江貴文は「将棋は詰んでいる」といったが、大局観からすればライブドアがフジを支配するのは最初から「無理筋」で、和解以外に落としどころはないと見るのが当たり前だ。

そんな私の見方は、すわ大事件だ乗っ取りだと騒いだマスコミ一般の見方とは違っている。まず、私の見方の根拠を記そう。

極めて「特殊なケース」でしかも「お粗末なケース」

第一に指摘すべきは、今回の出来事が極めて「特殊なケース」であり、放送メディアの根幹を揺るがす問題と言うのも憚られる「お粗末なケース」だということである。これは買収を仕掛けた側と仕掛けられた側の双方にいえる。

ライブドアについては、村上ファンドその他のファンド（投資家）と組み、立会によらない時間外取引という「抜け道」的な手法を使ってニッポン放送株を手に入れた。

多くの株主は、証券取引市場というのは午前九時〜十一時（前場）と午後〇時半〜三時（後場）に開かれ、そこで公明正大に売り買いするものだと思っている。しかし、株主資本主義という立場を標榜して「会社は株主のもの」「大株主の権利を認めよ」とフジテレビに迫ったライブドアが、多くの株主が従っている周知のルールによらず、株式市場の全参加者を軽んじたことは確かだろう。

多くの株主を尊重するならば、市場でＴＯＢ（株式公開買い付け）を宣言するのが筋。それはやらなかったのだから、株主資本主義などと偉そうにいえる立場とも思えない。違法行為はしていなくても、コソコソと策を弄した観が否めないのはお粗末である。

今回の抜け道は金融庁その他が問題視したため、同じ手法はもう使えない（大量取得が制限される）。すると今回の騒動は一回きりの「特殊なケース」に終わるわけで、放送局一般の問題としてとらえるにも無理がある。

フジテレビ側の特殊な事情は、上場すれば当然、株の買い占めその他の攻撃にさらされることが明らかなのに、規模の小さなラジオ局であるニッポン放送が最大規模の民放テレビ局フジテレビの大株主になっている「ねじれ」を放置したことだ。必要な対応をせず後手後手に回ったのは、誉められた話ではない。

金融機関のペイオフが全面解禁となった今、日本に最後に残る護送船団の放送業界では、過去に世間一般の意味の「経営」がなされたことは（この国に民放をもたらした「大正力」こと正力松太郎の場合を除き）ほとんどないと、私は思う。社員千数百人にも満たない東京キー局が、国内最高水準の給与を払ってなお都心に超高層の本社ビルを構えることができるのは、別に「経営者」が優れていたからではなく、ただ競争のない寡占状態で保護されてきたからにすぎないというのが、私の持論である。

だから放送局は、上場しても、さまざまな企業が過去に経験している仕手筋との争闘やそれを通じて学んだ対応策に思いをめぐらせることがなかったのだろう。

さらに、フジテレビが対抗策として打ち出した「ニッポン放送が新株予約権を発行しフジが引き受ける」という作戦は、明らかにニッポン放送の株主（ライブドアが筆頭）を無視したものだった。日本を代表する民間放送局の経営判断を、地裁と高裁が二度までも無効と判定したことは、残念ながら放送業界のイメージを大きく損なってしまった。

ライブドアの資金調達に限界 外資の過剰な心配も不要

第二に、今回の騒動では背後に外資が控えているという見方が一部に出され、日本の放送局が買われてしまう懸念も生じたが、これは過剰な心配というか、ライブドアへの過大な評価と思われる。

ライブドアの背後には信販会社や商工ローンその他の投資家の影もちらつくが、政界や財界が一斉に「他人の家に土足で上がり込む暴挙」と言い出したので、表に出ることができなくなった。政治家に献金したり財界活動をしたりする経営者が、今回の一件で儲けようとしていたとバレてはまずい。

「ハゲタカ・ファンド」と呼ぶらしいカネ目当ての投機筋はさておき、国内のまともな投資家は「土足で上がり込む者と同じ穴のムジナ」と見なされることを恐れ、近づかない。だから新たなファイナンス先を見つけるのが難しい。ライブドアは資金面から見て長期戦ができず、早期に手仕舞うしか道はない。

国内投資家は敬遠するかもしれないが、世界には三〇〇兆円以上ともいわれるファンドが、投資先を求めて蠢《うごめ》いている。これが脅威だという見方はあって当然だ。

しかし、平均すれば、すでに日本の上場企業株の三五%は外資が所有しているという（大前研一「荒野のガンマンvs.白馬の騎士」文藝春秋二〇〇五年五月号）。その状況下で、外資が日本企業の間接支配に乗り出したと騒ぐのも、何をいまさらと思わざるをえない。

しかも、日本国全体の公共財である電波を借りて寡占的に営業する放送局は、流す情報の社会に与える影響が大きいこともあって、外資規制も含めてさまざまな規制に縛られている。日本の放送局の株を買って儲けたい外国の投資家は大勢いても、日本独自の文化的・経済的な土壌にあって日本人むけに番組を流す放送局を買おうという外国人は、普通はいない。

旧郵政省は一九九三年、テレビ朝日の報道局長が「新政権を応援する方向で選挙報道をした」と産経新聞が書いただけで、事情を調べもせずに即日「停波（免許取り上げ）もありうる」という見解を発表した。つまり、放送免許はどんな理由でも取り上げると脅すことができる。放送局への外資支配の排除など、恣意的にどうにでもなるともいえる。外国勢力に乗っ取られて困るなら、免許を取り上げればよい。

なお、総務省情報通信政策局は、四月八日に「放送局の外資規制に関する法改正の基本的考え方」という文書を出した。電波法を改正し、ＮＴＴの外資規制にならって地上放送への間接出資規制を導入する。早ければ六月までに改正電波法が国会で成立する見込みだ。

「インターネットと放送の融合」に中身がない

第三に、ライブドア側のいう「インターネットと放送の融合」が、単なる思いつきか、内容のない空疎なキャッチフレーズにすぎないのではないかと強く疑われる。

たとえば、堀江貴文は「最終的にはすべてインターネットになるわけだから、いかに新聞、テレビを殺していくかが問題」（週刊ダイヤモンド）という。放っておいて死ぬものなら、殺し方などどうでもよく、わざわざ支配する必要など、なおなさそうに思える。

一方、ライブドアはインターネットビジネスにおいて、孫正義が率いるソフトバンク・ヤフーＢＢや三木谷浩史が率いる楽天に、明らかに遅れを取っている。どちらもプロ野球に

2013年の視点から

メディア発展のための「放送批評」運動へ

碓井広義

2000年代から2010年代にかけて、この国は実質的な「デジタルメディア社会」へと変貌を遂げた。放送もまた、メディアの中心に大きな位置を占めていた状態から、デジタルメディアの“ワン・オブ・ゼム”へと動いてきた。また2001年の同時多発テロから2011年の東日本大震災まで、社会の根幹を揺るがす出来事もあった。

この10年、『GALAC』はこうした時代背景を踏まえながら、多面体としての放送メディアを考察し、提言を続けてきた。大石、鈴木（嘉）の「メディアと倫理」。砂川の「放送と制度」。藤竹、小田桐の「テレビと政治」。山田（健）の「報道番組の境界」阿武野たちの「ドキュメンタリー論」。こうたき、中町の「ドラマの変容」。諸橋の「アニメ文化」。川喜田の「BS の課題」。高瀬の「ラジオの価値」。岩本の「制作会社の軌跡」。川本の「放送外事業」。坂本の「地デジの検証」。津田の「ネットと放送」。吉岡、石井、東大チームの「災害とメディア」等々である。

批評不在のメディアに発展はない。「放送批評」をジャンルではなく運動として捉えた時、これらの論文が大きな意味を持つはずだ。

参入できたのに、ライブドアはできなかった。

すると、このままではテレビや新聞が死んだ後すべてのメディアの王様として君臨するインターネットの、堀江貴文は三番手以下となるわけだろう。ならば、インターネットで競争して孫正義や三木谷浩史を追い越すほうが、テレビにちょっかいを出すより必要なことと思える。

「その競争上はテレビ局を手に入れたほうが有利」と思えば「テレビを殺していく」などと放送局が怒りそうなことはいわずにテレビに近づけばよいと思う。なぜそうしないのか、よくわからない。

「平成ホリエモン事件」を特集した文藝春秋五月号のインタビューでライブドア社長は、

「僕はずっと『既存メディアとインターネットの融合』と言ってきました」

「インターネットとは、その通信、放送のすべてを包括する概念ですから、将来、通信や放送をのみこんでいくのは宿命といっていい」

と、同じページで語っている。こういう言葉づかいも、よくわからない。

「果物はリンゴやミカンを包括する概念」というのはよい。「リンゴとミカンを掛け合わせたい（融合）」というのもよい。だが、同時に「リンゴと果物の融合」といっているようだから、「?《ン》」と思わざるをえない。

結局、現状では「インターネットと放送の融合」に深い中身はないのだろうと判断するしかなく、興味が湧かないのだ。何か別の考えがあって「インターネットと放送の融合」といっているなら、額面通り受け取って論じる意味は、ますます薄れる。

インターネットと放送はどこが違うか

右に書いたような理由で、私はあまり関心がないのだが、この際、書いておいたほうがよいと思うことがある。

それは「インターネットと放送の融合」というキャッチフレーズを、あまりにも無邪気に信じる人が多いということである。

たとえば、楽天の三木谷浩史も、「同じパソコンの画面で見ているのに、ネット（経由）で見るのと地上波（のテレビ経由）で見るのは、何が違うのか。（放送と通信を）分けている意味がない。いずれ融合するのでしょう。二十年先なのか五年先なのかはわからないが」（読売新聞二〇〇五年四月十三日）と語っている。

もちろんインターネットで商売をする人びとが、自らの企業に資金を集めたり、事業を展開しやすくするためにインターネットの成長性を強調し、やがてメディアの王様になると主張するのは当たり前。自分の業界は成長性がないなどという経営者はおらず、ビル・ゲイツも孫正義も三木谷浩史も堀江貴文も、インターネットがテレビを飲み込むと発言するのは当然だろうし、とくに文句もない。

だが、冷静に考えて彼らの主張通りになるかといえば、そう簡単にはいかない。少なくとも私が生きている間は、そんなことにはならないと私は考えている。

というのは、テレビとパソコンは、形態が同じモニタを使うため多くの人が同じようなメディアと考えているが、それはハードに引きずられた誤解だからである。新聞の社説が盛んに通信と放送の融合と書くが、わかって書いているとはまったく思えない。

テレビは居間に置き、家族がみんなで見る。家族がいなければ一人で見るしかないが、テレビは大勢で見たほうがおもしろい。対してパソコンは書斎や子ども部屋などの机上に置き、個人が一人で使う。だから「パーソナル・コンピュータ」「デスクトップ」などと呼ばれる。

テレビは小型で九八〇〇円とか大型で五万円とかいう価格のものを買ってアンテナにつなげば、スイッチを入れるだけで映る。しかも基本的にタダだ。パソコンは十数万円するものを買い、それとは別に通信回線を自前で用意してプロバイダと面倒な契約（月額一〇〇〇円～数千円）を交わす必要があり、しかもスイッチを入れただけでは望みの情報は得られない。

一〇〇個（それもＥｎｔｅｒだのＤｅｌｅｔｅだの、よその国の言葉が刻印されている！）からあるボタンをあれこれ間違いなく押さなければ、テレビの番組表（テレビ番組ではない）すらも、表示させることはできない。

テレビのニュースやドラマや野球は、居間に寝っ転がってビールを飲みながら見ることができる。しかし、現時点でパソコンで同じものを見るには、寝っ転がっては不可能だ。寝っ転がってボタンを二つ三つ押せば使えるパソコンが十年後に登場すると思っている技術者は、全世界に一人もいないだろう。

現在のテレビをパソコンで置き換えることができると思うのは、テレビが何であるかもパソコンやインターネットが何であるかも突き詰めて考えたことのない者の「幻想」である。

著作権の問題があるからインターネットにテレビ番組が流

れないという以前に「メディアが違う」のだ。同様に、パソコンは本や雑誌の紙面と同じものを表示することができるが、本や雑誌をパソコンで置き換えることは当面できない。これも「メディアが違う」。

地上デジタルの一セグ放送が携帯電話で見られることをもって、通信と放送が融合しはじめるという意見があるが、これもまったく的はずれ。地上デジタルの携帯受信は、これまで車載用や携帯用に使われていた小型液晶テレビが携帯電話と合体するだけの話。「ハードが合体する」のと「メディアが融合する」のは異なる。同じラジカセでFM放送とCDを聴くことができても、FMラジオ放送とCD音楽産業が融合したとはいわない。

FTTH加入二〇〇万世帯でネットがテレビを飲み込む?

そもそもテレビ放送は、高画質の映像情報を数千万という規模の受信者（家庭や企業）に送り届けるには、現時点でもっとも低コストのシステムである。これをわざわざ光ファイバーで送らなければならない積極的な理由などない。

大多数の人びとは「一方向システム」のテレビを喜んで見ているのだから、番組を送信するために双方向の回線を引くのはムダである。

視聴率四〇%のNHK紅白歌合戦は何千万人かが同時に見る。何千万人かが同時に高画質映像を見ることのできるインターネットのシステムが存在しているとは、私は聞いていない。ADSLという「つなぎ」のナローバンドでハイビジョンのような高画質映像を簡単に送信できるとも思わない。

総務省によると、FTTH（ファイバー・トゥー・ザ・ホーム）の加入世帯は二〇〇四年九月末でたったの二〇三万。情報通信白書に書かれた二〇〇二年十月時点のFTTHの加入「可能」世帯数は、一六〇〇万世帯にすぎない。

光ファイバーを引き込むことのできる（あくまで可能性がある）世帯がテレビを見る四八〇〇万世帯の三分の一、実際に光ファイバーを引き込む世帯が二〇〇万という現状で、インターネットがテレビを飲み込むうんぬんは、リアルなビジネスの話とはなりえない。

なお、NTTによれば最終的にFTTHを実現できるのは全世帯の八割強だから、通信と放送が融合しようとしまいと、日本の世帯の二割近く（一〇〇〇万世帯前後）は通信によらない放送を視聴し続ける見込みである。

ライブドア側が右のことを知らないか、知っていて黙っているのかは、私は関知しない。

いずれにせよ、インターネットと放送の融合の例として「テレビドラマに出てきたTシャツやバッグをインターネットで売る」などというようでは、話にならないと思うのが正解だろう。ドラマグッズをネット販売したければ、テレビ局やグッズの提供先に申し入れればよく、八〇〇億円も動かす必要はなかろう。

「会社は株主のもの」なら「テレビやラジオは誰のもの」だ?

さて、報道によればライブドアとフジテレビは和解し、ライブドアが持つニッポン放送株の全数がフジテレビに渡るようである。(注)

つまり、フジテレビは長年の懸案だったニッポン放送との資本の「ねじれ」を、ライブドアのお陰でほんの二〜三か月で一気に解消できることになる。ニッポン放送やフジテレビが上場したのは、かつてフジサンケイグループを乗っ取った鹿内(信隆)一族の支配を断ち切るためだったが、これも片付く。

この点でライブドアのフジに対する「貢献」は極めて大きい。そのための必要経費と思えば、フジサンケイグループにとっては三〇〇億円や五〇〇億円をライブドアに渡しても安いものなのかもしれない。結果的にライブドアが宣伝になり一定の利益も得たとなれば、ライブドアはフジテレビとニッポン放送のねじれ解消業務を請け負ったのと同然、ともいえる。

それだけでは身も蓋もないからライブドア登場の意味を探せば、会社は株主のものという当然の考えを広めM＆Aに警鐘を鳴らしたこと、堀江貴文が「巨大メディア相手でもこの程度の立ち回りはできる」と世間に示し、若い世代に希望を与えたことだろうか。

最後に一言。今回の騒ぎにあった「会社は誰のもの?」という議論を聞くにつけ思い出すのは「テレビは誰のもの?」という問いである。

日本の放送所管官庁(総務省)、全放送局(NHKと全民放)、全家電メーカーが合意している「国策」によれば、現在の地上テレビ放送はあと六年余で完全に停止されることになっている。その受信機は現在三〇〇〇万台程度が普及した段階で、現在の放送しか見ることのできないテレビが依然として一億二〇〇〇万〜一億三〇〇〇万台ほど残っている。これでは視聴者は、テレビ局が誰に買われようが知ったことかと思って当然だろうと、私は思う。

「一放送局が買われるか、買われないか」をテレビのクライシス（危機）と呼ぶなら、「全世帯四八〇〇万世帯で現在の放送が映らなくなる」という国策を、私たちは何と呼ぶべきだろうか。

(注) なお、二〇〇五年四月一八日、フジテレビとライブドアの和解が成立。条件は⑴ライブドアが五〇％超を買い占めたニッポン放送株をフジが全株取得しニッポン放送を完全子会社化。⑵フジが支払う金額は約一〇三〇億円（一株あたり六三〇〇円）。⑶以上と別にフジはライブドアに四四〇億円を出資しライブドア株の一二・七五％を保有。⑷ネットと放送の融合への業務提携は今後、共同委員会で検討。ライブドアは笑いが止まらない結末だ。

（さかもと・まもる）一九五八年東京生まれ。早稲田大学政治経済学部政治学科中退。在学中から週刊誌・月刊誌などで取材執筆活動を開始。九六年から『放送批評』編集長。九七年から二〇〇四年まで『GALAC』編集長。公式サイト http://www.aa.alpha-net.ne.jp/mamos/ 近刊に『徹底検証！NHKの真相』（共著・イーストプレス刊）。また、『別冊宝島』でライブドア問題も近々執筆予定。

解題

二〇〇五年二月、ライブドアがニッポン放送株の三五％を時間外取引で取得し最大株主となる。フジテレビは自社の経営権支配を回避すべくライブドアとの間でニッポン放送の買収合戦を繰り広げた。坂本の論考は、この顛末とマスコミの問題意識を複眼的に検証する。白熱した報道の中で伝えられた、企業価値としてのライブドアの脅威、メディア論としての堀江貴文ライブドア社長の掲げた「ネットと放送の融合」を鮮やかに斬って迫力ある。（中町綾子）

特集：戦後60年と放送

2005夏 テレビは何を伝えたか
「記憶」と「記録」の間に

法政大学社会学部教授
藤田真文

2005年夏、NHK、民放ともに戦争を語り継ぎ、戦争を検証する番組を相次いで放送している。戦争を知る世代への最後の取材のチャンスともいえるだけに、各局とも力の入った取り組みを見せた。テレビがどのように戦後60年に向き合い、どのような作品を作ったのか。徹底分析する。

『GALAC』2005年10月号

六〇年「記憶」の節目

戦後六十年と聞いて、正直言って最初それほどキリのいい数とは感じられなかった。だが、戦後六十年関連番組に登場する人たちの証言に接するにつれ、それはたとえば半世紀＝五十年といった区切りよりも、人間のライフサイズに合った節目ではないかと感じ始めた。

物心つくのがかりに五歳だとすれば、終戦を記憶している人は若くて六十五歳。兵隊としての戦場体験を持っているという意味では七十代後半になる。終戦の記憶を持った人の数は、あと十年すればかなり減るだろう。現代史とは何かと問われれば、書き手が死んでしまった人から書かれたものでもなく、土の中から発掘されたものでもなく、「記憶」にもとづいた生身の人間の証言によって成立する。それが現代史だということができるだろう。

私とは「記憶」ということばの使い方が若干違うが、歴史学者の成田龍一[1]は、戦後六十年、戦争の語り方が、「体験」→「証言」→「記憶」という変遷をたどったとしている（「戦

争史　定着目前の抗争」『朝日新聞』二〇〇五年八月二日夕刊）。最初人びとは、戦場、引き揚げ、抑留などの「体験」を個々に語り始める。その後旧幕僚たちが執筆した公刊戦史がまとめられると、人びとは戦争の全体像と自らの「体験」の位置づけを知る。成田は、戦争の全体像が共有され戦争の「マスター・ナラティブ」（正史的な語り方）が固まるまで三十年かかったとする。その後、「ここが抜け落ちている」という正史に対する「証言」という語り方が出てくる。

そこからさらに三十年。成田は、当事者が少数になるにしたがい、経験者でなくても戦争を語りうる方法として、「記憶」が必要になるとする。だが、「ある出来事を記憶することは、他の出来事の忘却につながる」。従軍慰安婦問題をはじめ、記憶が歴史に変わる前に、アジアと日本の間に「記憶」をめぐる抗争が生じている、と成田は言う。

「記憶」と「記録」の分離

テレビ・ドキュメンタリーは、いままで戦争の証言を記録し続けてきた。それはまさに現代史をつづる行為だった。何げなく「記録」ということばを使ったが、「記録」する人は、必ずしも「記憶」を持っている必要はない。テレビ・ドキュメンタリーの制作現場で今生じているのは、「記憶」と「記録」の分離ではないだろうか。

戦後六十年の今年作られたドキュメンタリーの制作者は、ほとんどが終戦の「記憶」を持ちえない世代であろう。かつては、制作者自身の体験と取材対象者の記憶をすりあわせる形で、番組を作り上げることができた。それでは、「記憶」を持ちえない世代は、終戦を どのように語ることが できるのか。

そういった問題意識の共有を感じることができたのは、私とほぼ同世代の是枝裕和が作ったNONFIX『シリーズ憲法～第9条・戦争放棄「忘却」』（フジテレビ）であった。戦後六十年関連番組の総括をこの番組から始めることは異論もあろう。NONFIXの『シリーズ憲法』は、憲法改正、生存権、表現の自由など、憲法のある条文をとり上げ、制作者がそれぞれ独自のスタイルで番組を作っていくものであった。是枝自身、戦後六十年関連番組とはひとことも言っていない。だが、終戦の「記憶」を持ちえない世代が、戦後六十年の意味を問いかけた番組と私には読めてしまったのだ。是枝が成田龍一と同じ、「記憶」と「忘却」を問題にしているのは単なる偶然と思えない。

是枝は『第9条・戦争放棄「忘却」』を、自らの戦争の記憶を掘り起こすことから始める。子どものころ近くに自衛隊の駐屯地があって、本物の戦車や戦闘機に乗ったこと。池袋の繁華街に行くと、戦争で手足を喪った体をさらしながら傷痍軍人が義捐《ぎえん》金を募っていて、父親が「彼らは国から補償をもらっているのに」と言ったこと。彼の戦争の記憶は、太平洋戦争の体験者と比べれば、断片的で希薄だ。それがドキュメンタリーの制作者の 現状であり、みつめるべき 出発点だろう。

「記憶」と「記録」の出会い

戦後六十年関連番組を見ていて、戦争の記憶を持たない世代も参加する「記録」の試みが、戦争当時者の「記憶」をより鮮明に掘り起こすきっかけになっていることに気づいた。**ＮＨＫスペシャル『東京大空襲　60年目の被災地図』**は、その典型である。東京大空襲の被災地図は、長らく所在のわからなかった戦災者名簿をもとに、東京都や区の資料館の学芸員が作り上げたものである。戦災者名簿には、その人が最期にどこで死んだかという遭難地が記録されている。被災者の自宅と遭難地を線で結ぶことで、被災者がどうやって避難し力つきたか、当日の行動が浮かび上がってくるのである。

たとえば、多くの線が国民学校に集まっている。それは、当時下町で数少ない鉄筋建築であった国民学校が火に強い建物として、避難場所とされていたからであろう。そのデータに、当事者の記憶が重なる。国民学校に避難し助かった男性は、プールに飛び込んだ。鉄筋の建物も焼夷弾の火の勢いには勝てず、人びとは学校のプールに殺到する。プールではたくさんの人が押し合い人の上に人が乗り、自分も誰かを押している。後日、男性は妹の遺体を自分が助かった同じプールの底に発見する。

男性は、「自分が妹を殺したのではないか」という呵責の念をずっともち続け、そのことを家族にさえ話すことができなかったという。この男性に見られるように、第一に戦災者が何らかの「加害意識」を持っていること。第二に、長年自らの体験を語れず、六十年たった今語り出していること。この二つの点は、見逃してはならない。『60年目の被災地図』に当時看護婦で患者を連れて逃げ偶然にも助かった女性が登場する。彼女は、重症患者と避難し帰ってこなかった同僚のことを語る時に、「この人たちと自分は生きる価値がどう違ったかしら」と言う。私は、同じことばをアウシュヴィッツから生還した作家プリーモ・レーヴィが言っていたのを思い出す（ＥＴＶ２００３『アウシュヴィッツ証言者はなぜ自殺したか』)。

NNNドキュメント'05『ヒロシマ・グラウンド・ゼロ』(広島テレビ)では、爆心地にかつて住んでいて家族や家を喪った遺族たちが、CGで被爆前の街を再現しようとする。プロジェクトの中心になる男性は、原爆ドーム(旧産業奨励館)の隣に自宅があり自分だけ学童疎開で生き残った。母と弟は自宅で、父は職場で被爆し亡くなっている。CGによる街の再現は、七十歳代の男性が当時を懐かしんで描いたスケッチ画や、家族写真に写り込んでいた建物を寄せ集めて行われる。壁の汚れなど建物の風合いは、人びとの記憶をもとに決められていく。街の全体図は、原爆投下前に米軍が撮影した航空写真を参照し描くというのは、皮肉としか言いようがない。調度品まで細密に再現された自分の家のCGを目の前にした時、生存者はここで私や家族がたしかに暮らしていたのだと涙ぐむ。CGが失われた街にもう一度命を吹き込んだかのようである。

この番組で興味深いのは、CGによる街の再現に参加している広島国際大学の学生の発言である。学生の一人は、「リアルに街を作っていくと、自分がそこにいるような錯覚を覚える。その街が原爆で一瞬でなくなる恐怖を感じる。悲しい。せつなくなる」と言う。そして、学生たちは、CGの作成を依頼した遺族たちが思いもよらない提案をする。原爆によって街や建物が破壊されるシーンを作りたいというのだ。遺族たちにとっては触れたくない事実である。だが、破壊される建物のCGを見て、「こうやって壊れたのか」と納得する遺族もいる。『ヒロシマ・グラウンド・ゼロ』は、戦争の記憶を持たない世代による「記録」への参加が、戦争当事者の「記憶」をより鮮明によみがえらせることを示した。

NHKスペシャル『被爆者命の記録~爆心1キロで被爆した人々の60年』も、広島大学の被爆医療の蓄積によって明らかになった被爆者の「記録」である。広島大学では、爆心から一キロ以内で被爆しながら命をとりとめた二三二六人の追跡調査を行っている。一キロ以内で被爆したある女性は、孫への影響を心配する。喘息の孫が多いのは「私が被爆したせいかな」と思うが、そのことを口にはできないと言う。被爆者も「加害意識」を持っている。これまでの追跡調査では、被爆による染色体変異が子どもに影響することは確認できていないというが、被爆者の思いは別である。

六十年たって語れる「証言」

『被爆者命の記録』には、爆心一キロ以内で被爆しながら生き残った兄が数週間後急性障害で亡くなるさまを、「六十年たってようやく語れるようになった」家族が登場する。私は、戦後六十年関連番組を見ていて、「六十年たってようやく語れるようになった」ということばを何度か耳にした。その理由は、語る人によってさまざまである。ある人は、私が今語らなければ真実を知る人がいなくなってしまうという使命感に突き動かされている。ある人は、遠くない将来自分は死ぬのだから、体験を語ることにためらいがなくなったと言う。社会情勢、歴史が語ることを許したという側面もあろう。ここでも六十年は、人間のライフサイズに合った節目である。

NEWS23の特集「被爆60年　語リ継グコト」（TBS）は、まさにその「語ること」「記憶」の継承がテーマであった。広島や長崎で今生存する被爆者は、自分たちが被爆を直接語れる最後の世代だと思い、また、自分たちが被爆体験を直接「聞く」ことのできる最後の世代だと自覚する高校生たちもいた。

NHKスペシャル『僕たちは玉砕しなかった～少年少女たちのサイパン戦』は、まさしく六十年後だからできる「証言」である。サイパン戦ではサイパンに在住する多くの民間人が、日本軍とともに自決した。あるものは武器らしい武器を持たずにバンザイ突撃を行い、多くの人が断崖から飛び降りた。当時大本営は、サイパン戦を「玉砕」と表現し、サイパンの民間人を「おおむね将兵ともに運命を共にせるもののごとし」と称揚した。

だが、実際には一万三〇〇〇人の民間人が生き残り、捕虜として収容されていた。その半数は、二十歳以下の少年少女だったという。だが、彼らは生き残ったことに負い目を感じながら戦後生きていく。「生きて虜囚の辱めを受けず」という『戦陣訓』を戦時中に叩き込まれていたからである。玉砕しなかった少年少女たちは、六十年をへてようやく「生き残った負い目」以外のことも語り始めている。当時十八歳だった少年は家族五人のために捕虜になる決断をする。そこには「生への執着があった」と言う。沖縄出身の少女は、最期にせめてきれいな空気を吸って死のうと洞穴から出て助かる。だが、沖縄に残った兄はサイパン玉砕の大本営発表を聞き、家族の敵をとろうと沖縄戦で戦死する。戦後沖縄に帰りそれを知った彼女は、「日本の国に激怒しました」「カッコつけているだけだ。なぜ真実を報道しなかったのか」と怒りのことばを口にした。

六十年の月日は長いが、もしかしたら戦争当事者にとっては一瞬だったのかもしれない。思いは六十年前と同じかもしれないと感じたのは、**NNNドキュメント'05『検体番号6号**

DNAが呼び起こした「戦後」』（青森放送）の冒頭シーンを見た時である。シベリア抑留中に死んだ兄は、シベリアの土に共同で埋葬された。その兄の遺骨が六十年ぶりに家に還ってきた。父母の仏前に遺骨箱を置いて、「これでようやく父母に親孝行ができた。兄貴よ。今度はお前があの世で親孝行してくれ」と弟は号泣する。私は六十年前に亡くなった肉親の遺骨を前にして、あんなに泣けるだろうか。喪失感の深さを思わされる。

『検体番号6号』は、DNA鑑定技術の進歩が遺骨の本人確認を可能にしたことを教えてくれる。同時に、厚労省に安置され鑑定を待っている遺骨は一〇〇〇柱以上あり、そのうち身元が判明したのは七〇人あまりだという。厚労省は予算の関係で、大学にDNA鑑定を依頼している。大学では研究の合間に鑑定を行う。だから、鑑定の申請から結果がでるまでは二年くらいかかる。ここでは「戦後処理」がまったく終わっていない。

岡崎栄が制作したNHKスペシャル**『ドキュメンタリードラマ　望郷』**は、ドキュメンタリーとドラマが不思議な形で接合された作品である。中国戦線で捕虜になりシベリアの収容所に送られた軍医・渡辺俊男が、同じく捕虜になっていたルーマニア兵・アールシップと心が通じ合い親友になる。アールシップが別の収容所に送られる間際に、婚約者に渡してくれと指輪を託される。渡辺は必死にその指輪を隠し持っていたがソ連兵に没収される。彼は日本に帰国したが、アールシップと音信不通になってしまう。

ところが、四十年以上たって、渡辺にアールシップから手紙が来る。彼も生きていたのだ。渡辺は、ルーマニアに飛び再会を果たす。だが、病床にあったアールシップは再会後まもなく亡くなってしまう。渡辺は再びルーマニアに行き、アールシップの墓の前で号泣する。渡辺の号泣は、『検体番号6号』で六十年ぶりに兄の遺骨を手にすることができた弟の号泣とイメージが重なる。というのも、シベリアの収容所のくだりはドラマで再現されるが、現代の再会では渡辺氏本人が登場するドキュメンタリーが使われている。『望郷』は、戦争当事者の「証言」を表現するための方法論を、岡崎なりに模索した結果と見ることができる。

「記録」という暴力

ここまで、戦争の記憶を持たない世代も参加する「記録」の試みを、「善きこと」としてきた。だが、「記録」という行為には暴力性をともなうことを自覚しなければならないとも思う。それは、成田龍一が言う「ある出来事を記憶することは、他の出来事の忘却につながる」という意味での暴力性である。それは「記録」という行為に、必然的なことかもしれない。

やや唐突なのだが、是枝裕和の『第9条・戦争放棄「忘却」』の一シーンを見ていて、私は記録の暴力性を思った。是枝は、父が少年時代を過ごした台湾でかつて台湾神社があった丘に登る。その丘を降りてくると、地元の台湾人女性が食堂のカラオケで北島三郎の『まつり』を歌っていた。正直うまいとは言えない。この番組には東京の神社の祭りも登場し、そこでは「祭りは死者を思い出すためにある」とされている。東京の死者のマツリと台湾神社跡で歌われる『まつり』は対になっている。

そして、台湾の人はそこが植民地時代日本によって建てられた神社跡だということを忘れてしまうかもしれない。それは「暴力とは無縁の忘却である」と是枝は言う。だが、彼の主張が説得力を持つのは、間の抜けた台湾人女性の歌声のあとに続くからなのだ。是枝が手持ちカメラで撮影していたからこそ、台湾人女性の歌声を拾うことができた。もし、カラオケを歌う食堂がスチール写真でとられていたとしたら、声も動く姿も消されてしまっていた。

NHKスペシャル『一瞬の戦後史　スチール写真が記録した世界の60年』は、キャパをはじめとする写真集団MAGNAMの写真によって、紛争の中の戦後六十年を振り返る番組であった。たしかに彼らの写真には、強いインパクトがある。戦火の中を逃げ惑う人びと。路上に放置された無数の遺体。これらの写真は、戦争の悲惨さを伝えてあまりある。だが、是枝作品をきっかけに記録の暴力性という枠組みで見ると、スチール写真が一瞬を切り取った際に失われたものはないのか、とつい思ってしまうのである。

『一瞬の戦後史』では、写真に撮られた人のその後を追っている。たとえば、一九六八年ワシントンで行われたベトナム反戦デモの際、デモ隊を阻止すべく銃剣と防毒マスクで武装した兵士の隊列に、一輪の花を持った少女が歩み寄る。写真家は、その瞬間を切り取る。平和と戦争を対置した有名な写真だ。テレビ・ドキュメンタリーは、少女の三十五年後を追う。少女はベトナム反戦デモのあと、酒とドラッグに溺れ十七歳でマリファナ中毒になる。そして、現在は娘の出産と成長を機に、再びイラク反戦デモに参加している。一輪の花を持った少女の三十五年後は、テレビ・ドキュメンタリーがとらえた彼女の声と動く姿によってしか描けなかったのではないだろうか。

テレビ・ドキュメンタリーは、いままで戦争の証言を記録し続けてきた。書かれたものやスチール写真では切り捨てていたものをすくいあげる、現代史をつづる営みであった。一方で、テレビ・ドキュメンタリーの「記録」は、何を忘却しようとしているのだろうか。

加害の「記憶」はどこへ

いくつかの戦後六十年関連番組を見ていて感じた根本的な疑問を最後に書きたい。まず、第一に終戦関連番組がなぜ八月に集中するのかという点である。戦後六十年関連番組は、番組数が多くて放送枠が確保できなかったこともあって、『東京大空襲』は空襲があった三月、『望郷』は五月に放送された。だが、やはり八月に関連番組の放送が集中したことに変わりはない。それは、太平洋戦争＝終戦＝八月という意識が、放送局にもあるからだろう。

メディア史研究者の佐藤卓己(2)は、著書（『八月十五日の神話・終戦記念日のメディア学』ちくま新書）の中で、八月十五日＝終戦というイメージを最初に作ったのは、玉音放送とそれを聞き泣き崩れる国民の姿を映した報道写真であるとしている。実際には、ポツダム宣言を受諾した八月十四日か、降伏文書に調印した九月二日が正式な終戦の日である。

その他にも、個々人によって太平洋戦争を想起する日は多様であっていいはずだ。東京で空襲に遭った人たちにとっては昭和二十年の三月、沖縄の人びとにとっては六月、サイパンで生き残った少年少女たちは昭和十九年の六月が終戦の日だったかもしれない。お盆休みで終戦関連番組への注目が高まるからという編成上の理由もあるかもしれないが、八月に集中して放送することは、無意識であっても太平洋戦争のとらえ方を限定する意味を持つ。

戦後六十年関連番組を見ていて感じた根本的な疑問の二つ目は、ほとんどの番組が戦死、空襲、抑留など、「被害の記憶」しか取り上げていないことである。日中戦争から太平洋戦争にいたる十五年の戦争は、日本が国境を侵され戦争を余儀なくされた一方的な被害の戦争だったはずはない。植民地の拡張を目指した加害の戦争であったはずだ。だが、その「加害の記憶」は戦後六十年の今、テレビ・ドキュメンタリーでほとんど語られることはなかった。

是枝裕和は、憲法第九条で戦争放棄の条文をもうけたのは、アジア諸国に対する加害の記憶を日本国民が原罪として引き受けることを意味していたとする。だが、現在九条にこめられた意味は、「忘却」にさらされている。是枝は、父の少年時代をたどる台湾の旅を通じて、父親の戦争体験に耳を傾けようとしなかった自分に気づく。それは「忘却という暴力」を父に向けたことに対する謝罪の旅となった。

テレビ・ドキュメンタリーが戦死や空襲の被害の記憶を強調すればするほど、加害の記憶を忘却するという暴力を行使していることに自覚的にならなければならないのではないか。

小さな声だが、「加害の記憶」を聞き取ることのできる番組もあった。**NHKスペシャル『そして日本は焦土になった～都市爆撃の真実～』**では、国際法規を破り最初に都市のじゅうたん爆撃を行ったのは、ドイツによるゲルニカ爆撃と日本による重慶爆撃であることを指摘していた。また、**NHKスペシャル『靖国神社　占領下の知られざる攻防』**は、靖国神社の存続に奔走したのは陸軍将校であり、そこには是が非でも「国体」を維持しなければという東条英機らの意向がはたらいていたことを明らかにする。情緒的ではない歴史的検証の重要さを感じた。だが、戦場や占領地における日本人の「加害の記憶」を伝える番組はなかったように思う。

注

（1）成田龍一（なりた・りゅういち）日本女子大学教授。一九五一年生まれ。近現代日本史を専門とする。早稲田大学大学院を修了し、さまざまな大学の教壇に立った後、日本女子大学の人間社会学部創設とともに招かれる。『「故郷」という物語――都市空間の歴史学』『〝歴史〟はいかに語られるか』『司馬遼太郎の幕末・明治』など著書多数。

（2）佐藤卓己（さとう・たくみ）一九六〇年広島県生まれ。八四年京都大学文学部史学科卒業。八七―八九年ミュンヘン大学近代史研究所留学。八九年京都大学大学院文学研究科博士課程単位取得退学。京都大学博士（文学）。東京大学新聞研究所・社会情報研究所助手、同志社大学文学部助教授、国際日本文化研究センター助教授をへて、京都大学大学院教育学研究科助教授。専攻はメディア史、大衆文化論。

（ふじた・まふみ）一九五九年生まれ。ギャラクシー賞テレビ部門委員長。研究テーマは、テレビ番組の物語構造と新聞記事の文章表現。主な著書として、『現代ニュース論』（有斐閣）二〇〇〇年、『テレビジョン・ポリフォニー』（世界思想社）一九九九年。

解題

終戦から六〇年が経過した。その間、戦争のとらえ方、伝え方も変化した。近年では戦争体験者の記憶を記録にとどめることに大きな意義が見出される。テレビ番組もまたその役割を担う。論考は、二〇〇五年に放送の番組をとりあげ、記録としての記憶の価値と反面で危惧される危険性について実際の番組の検証を行う。藤田は、時間を経て明らかになることがある一方で、加害の記憶が多く語られないことも指摘する。（中町綾子）

特集：どうする!?　NHK改革

政府・自民党が〝経営改革〟を叫ぶ四つの背景

政府・自民党内外で、放送業界をめぐる論議がかまびすしい。なかでもNHKについては、民営化や受信料支払い義務制、BS・地上波のスクランブル化、保有チャンネルの削減による分割化など、議論が沸騰している。その背景を探るとともに、主な論点を整理してみた。

本誌編集長
小田桐　誠

『GALAC』2006年４月号

「分割・民営化はあるのか、受信料制度はどうなるのかといったNHKの問題は、地上デジタル放送以上に、影響が大きい」

と、ある準キー局の中堅幹部が言えば、NHKの報道・制作現場のスタッフは、事態の急展開に驚きを隠せない表情でこう話した。「『民営化』というキーワードには虚を突かれた感じ。今（NHKは）変革と崩壊の間を綱渡りしているんです。現場の一部は相当な危機意識を持っているが、経営陣の認識は〝甘い〟の一言。何せ大艦巨砲の組織だから……」

「NHK民営化」問題は、昨年十月末の内閣改造で竹中平蔵が経済財政担当相から総務相に横滑りして以降、一気に浮上した。竹中は「なぜ放送業界にはタイムワーナーのような巨大企業がないのか」「なぜインターネットでテレビが見られないのか」などと発言。最後の護送船団といわれる放送業界にメスをいれるべきだとの考えを披瀝した。メスの具体例として挙げたのが、NHK民営化の可能性追求だった。

だが小泉純一郎首相は昨年十二月二十二日、記者団に「民営化じゃない他の議論がされるんじゃないか」と語るなど、公共放送の役割を重視してNHK改革を進めていくべきだとの考えを示した。ただ民営化の火ダネは竹中周辺や自民党内に燻り続けている。

竹中懇談会メンバーは経済・IT偏重

NHK改革については、自民党の通信・放送産業高度化小委員会（以下、小委と略す。委員長・片山虎之助党参院幹事長、元総務相）が昨年十月十九日に一回目の会合を開き議論を始めた。テーマは「放送の公共性に関する諸問題」だった。同月二十八日には党内に「NHKの民営化を考える会」（以下、民営化を考える会と略。会長・愛知和男衆院議員）が発足した。また、今年二月三日には、「放送産業を考える議員の会」（会長・河村建夫元文科相）がNHK会長の橋本元一らを招き第一回の会合を開いた。

一方、政府の規制改革・民間開放推進会議（以下、推進会議と略。議長・宮内義彦オリックス会長）は、昨年十二月二十日に最終答申をまとめた。受信料制度については、「見直しを迫られている」と提起。当初「二〇一一年のアナログ放送終了後に速やかに実施」と明記する方針だったBSデジタル放送のスクランブル化については、「早期に検討を行い、結論を得るべきである」と先送りした。

翌二十一日発表と記者会見に臨んだ宮内は、BSスクランブル化に関し、「竹中懇談会で検討するのを確認した。（三月下旬にも衆参両院で行われる）NHKの予算・事業計画の審議でも議論されるだろう。結論が甘くなったとは考えていない。合意した点を確認したものだ」と強調した。

竹中懇談会は同氏が総務相就任後まもなく打ち上げた私的懇談会で、推進会議が最終答申をまとめた一週間後の同月二十七日、「通信・放送のあり方に関する懇談会」（以下、懇談会と略。座長・松原聡東洋大学教授）との名称で記者発表された。竹中自らまとめたといわれる懇談会開催要綱の背景・目的にはこう書かれている。

〈国民生活にとって必要不可欠な通信と放送は本来シームレスなものであり、近年の急速な技術の進歩を反映して通信・放送サービスがより便利に、より使いやすくなることを期待している。しかし現実には、技術的にも、またビジネスとしても実現可能であるにもかかわらず、制度等の制約から提供されていないサービスもあると考えられる〉。

座長を務める松原の専門は経済政策で、とりわけ民営化、規制緩和を専門にする。〇〇年四月には『IT革命が見る見るわかる』を出版、ＩＴ事情にも通じている。この本が韓国と中国で翻訳出版されたのが自慢だ。

松原を除くメンバーは七人で、経済や企業論、情報通信を専門分野とする委員が目立つ。委員のひとり菅谷実・慶大教授は、かつて公正取引委員会が設置した「政府規制等と競争政策に関する研究会」の下に設けられた通信と放送融合問題検討ワーキンググループの会員を務めたこともある。評論家の宮崎哲弥は、ブログを開設したりチャットを楽しむ若者に人気がある。

今の制度やシステムは時代に合わない

竹中懇談会が重要テーマのひとつとするＮＨＫの経営形態の見直しは、民放との二元体制に大きな影響を与えるだけではなく、通信と放送の融合（というより相互乗り入れ、重複領域における事業展開と表現したほうがピンとくることもあるのだが）に新たなステージを用意する可能性を秘めている。

竹中懇談会や自民党内を中心に経営改革が叫ばれているのには、少なくとも次の四つの背景、理由があると思われる。

まずは「改革なくして成長なし」「官から民へ」「民間にできることは民間に」という小泉内閣発足以降の構造改革路線である。推進会議の前身・行政改革推進本部規制改革委員会の委員にも名を連ねていた宮内は、前出の記者会見でこう述べている。

「官あるいは官が決めた特定の者が提供してきたのは公共サービスの配給なんですね。それはある時代は必要だったし、今でも必要なところもあります。だけど民が自由な競争による効率のいいサービスをどんどん手がけることによって、消費者・利用者が選択できます。そうすることで小さな政府が実現します。『市場の機能を無視した配給から競争・選択へ』こそが重要です」

それを通信と放送に当てはめるとどうか。通信は電電公社の民営化によるＮＴＴの誕生、通信の自由化による新規事業者の参入でこの二十年ほど大きな変化を遂げたが、放送分野のそれは遅々として進まない。ＢＳやＣＳの登場、ＣＡＴＶの普及などはあるが基本的にＮＨＫと民放の併存体制は変わらない。ＮＨＫで主に報道畑を歩んだ後衆院議員に転じ、今小委メンバーでもある原田令嗣は二元体制は重要としながらもこう語る。

「日進月歩で放送技術が進歩し通信との垣根はなくなりつつあるのに、制度やシステムはほとんど変わってないわけでしょう。視聴者の選択が広がり、メディア接触行動が変わる中で、NHKは公共放送とは何かを問い直していかないと。NHK、民放・通信の三事業者が競争しながらそれぞれどんな方向に向かうのか、この辺で整理したほうがいいと思います。整理するための議論が出てくるのは当然だし、逆に遅かったくらいじゃないですか」

「民間によるサービスの提供・選択」といった場合の「民間」とは、放送に興味を示す大企業やIT企業なのか、市民メディアを展開するNPO法人などが入り込む余地があるのか、との見極めも大切だろう。「官には問題が多く、民ならすべてよし」といった、画一的な捉え方も避けなければならない。

四兆円が二倍、五倍、一〇倍に⁉

次に前述したように、通信と放送の垣根がなくなっていることだ。両者の融合をたとえばサービス、端末、伝送路、事業体四つの局面で見よう。

CATVでは地上波やBSの再送信のほか、各種専門チャンネルなどの放送はもちろん、固定電話・インターネットなどの通信サービスが同時に受けられる。携帯端末では音声・メールによるやりとりだけではなく、ラジオ放送や動画の配信も楽しめる。この四月からは、携帯電話や車載機器向けの地上デジタル放送、いわゆるワンセグ放送も始まる。

TBSやフジテレビなどがネットベンチャーのインデックスに出資して、「携帯と放送の融合」をめざしたり、日本テレコムを傘下に収めたソフトバンクが携帯電話にも参入。さらに動画配信の「TVバンク」を立ち上げるなど、事業体の融合も目立つ。NHKは番組制作子会社のNHKエンタープライズを通じて、「TVバンク」の実験用に「プロジェクトX」などの番組の試験提供を始めている。

しかも竹中総務相は、二〇〇〇年七月に発足したIT戦略会議（議長・出井伸之ソニー会長＝当時）のメンバーに名を連ね、自ら理事長を務める東京財団の主催で同月に開いた「インターネット国際会議」の実行委員長にソフトバンクの孫正義を据えるなど、IT革命への思い入れが強い。

三つめは、経済・雇用効果狙いである。竹中総務相は今年一月八日、テレビ朝日「サンデープロジェクト」で、同局がサッカーW杯を放送することに触れ、（系列ローカル局のないところでは）見られない地域も出てくるとした上で、こう述べた。

「インターネットではあればどの地域でも見られるのに。もう小さなパイの取り合いはやめるべきだ。放送は四兆円の市場規模しかないが、やりようによっては二倍、五倍、一〇倍にできるのだから」

四兆円とは地上民放の売上高二兆円強にNHKの受信収入など六千数百億円、CSの委託・受託放送事業者、プラットホーム事業を展開するスカイパーフェクTV!、有線放送事業者、BS民放、番組制作会社などの売上高を合計した数字と思われるが、それが二倍あるいは五倍、一〇倍にできる根拠ははっきりしない。これまでの放送産業政策ではほとんど〝とらぬ狸の皮算用〟で終わっている。

また、同発言は光ファイバーなどをテレビに接続して視聴する「IP（インターネット・プロトコル）マルチキャスト」方式の映像配信を想定するとともに、県域免許制度の見直しを示唆したものと思われる。難視聴地域と運用条件を限っているが、民放ローカル局にとっては死活問題である。

そして、NHKの根幹を成す受信料制度が揺れていることだ。一昨年の不祥事を契機とした受信料の不払い（支払い拒否・保留）、それ以前から未納・滞納に加え、じつは契約拒否・未契約世帯が九五八万世帯もあることが明らかになった。これらを合わせると契約対象世帯数の約三割に達する。〇五年度は前年度に比べ約四五〇億円もの減収が見込まれる。

推進会議はその最終答申で、「これは不祥事による一時的な現象ではなく、視聴の有無にかかわらず国民に負担を求めるという受信料制度が構造的に抱える問題が表面化したと考えるべきである」とし、国民の対価意識の高まりにも触れた。

「民営化を考える会」の愛知会長は、「受信料制度という一点から、公共放送とは何か、業務範囲はどうあるべきか、どんな放送を担うべきかなどNHKの多角的な側面が見えてくると思い、NHKの基本的な役割、受信料制度の存廃について率直に議論する会を立ち上げた」と話した。

罰則つき支払い義務制も

この間NHKに提起された課題は受信料制度にはじまり、保有チャンネル数のあり方、BSや地上波のスクランブル化の是非、子会社を含めた業務範囲など多岐にわたる。これらの問題は個々に独立して存在しているわけでなく、縦横にかつ密接に絡んでいる。その中で主に二点に絞り、関係者の発言や見解などを整理しておきたい。

①受信料制度のあり方

現行制度を当面維持するが、未契約者を含む不払い世帯が三割を超える現状では何らかの手を打たざるを得ない、という立場ではほぼ一致する。推進会議は、「本来は現行の制度を廃止し、視聴者の意思に基づく契約関係とすべき」「仮に当面維持する場合であっても、民間の有料放送や有料コンテンツ配信との公正な競争条件の確保という観点から、事業範囲は限定する必要がある」とした。

特殊法人では業務範囲あるいは番組内容を、たとえば通常のニュースやドキュメンタリー、災害放送、教育・教養番組などに限定し、ドラマやバラエティ番組は民営化するとの意見もある。竹中懇談会の松原座長は、今年一月六日付読売新聞朝刊でこう語っている。

「受信料を三割の世帯が払っていないというのは、制度が破綻している。本当に国民の求める番組をやっているのかどうかわからない。現状のまま、受信料を罰則を伴う形で支払わせるのは反対だ」「選択肢はいろいろある。特殊法人のまま、民営化かという議論もある。機能を判断し、優良な番組は特殊法人で作り、それ以外は民営化するとかもある」

「民営化を考える会」の愛知会長は、ＢＳでは朝から米大リーグ中継をしているが、未契約や不払いのあるＢＳ受信料の中でやる必要があるのか、と述べた上でＮＨＫの姿勢や制度のあり方についてこう話した。

「受信料収入を増やすためには視聴率をとらなければと民放化する悪循環に陥っていないか。ＮＨＫ会長を呼んで議論した時、（ＮＨＫ側は）未契約者や不払い者の分析が十分できてないと話していたが、まず分析した上で対応する必要がある。次に督促の強化や訴訟という手段があり、場合によっては罰則つきの支払い義務制を設けることを考えてもいいのでは。税金のような形で徴収したのでは国営放送になってしまう。会でまだ十分に議論していないが、分割民営化もあり得る。視聴者の動向に対応しながら段階を踏んだ対策をとる必要があると思います」

ＮＨＫ・ＯＢの原田衆院議員（前出）は、「民営化すればいいとは思わないが、三割の未払い者を放置しておくわけにもいかないでしょう。家電販売店と連携してテレビ受像機購入の段階で契約するよう義務づけてもいい。だけど携帯でテレビというパーソナル視聴が増えるのを想定。世帯単位の受信料契約をどうするか今から考えておかなければ」と五年後、十年後を見通した議論も欠かせないと話した。

また、小委員会の片山委員長は一月三十一日付毎日新聞朝刊のインタビューに、公共放送の役割をはっきり分けるのは難しい。スポンサーがつかないスポーツも公共放送が放送すべきだし、ドラマも同じものがあるとして、番組ジャンルによって公共放送で放送するもの、しないものを分けることに疑義を呈した。そして受信料制度についてこう語っている。

「三割も不払いが生じている今の状況は極めて不公平だと思う。放送法で支払いを義務づける規定を明記することは考えてもいい。強制徴収的な手段や刑罰も検討すべきだ」

受信料の支払い義務を定めることを内容とする放送法改正案は、これまで二度国会に提出されている。六六年の改正案では「受信料契約義務」を「受信料の支払い義務」に変更。八〇年には受信設備設置日時等の通知の義務化、受信料の延滞金および割増金の徴収規定を盛り込んだが、いずれも審議未了のまま廃案となった。

今年一月二十六日、自民党の総務部会、電気通信調査会と小委員会の合同会議に出席したNHKの橋本会長は、「効率よく徴収できるようになればスケールメリットも出てくる」として受信料値下げも示唆した。

NHKが一月二十四日に発表した〇六～〇八年度の経営計画では、受信料の公平負担に向けて「普通契約（白黒契約）のカラー契約への一本化の実施を検討」「〇六年十二月から親元を離れて暮らす学生、単身赴任者を対象とする『家族割引』を実施」「受信料未払いに対しては訪問や文書で支払いを求める。それでも払ってもらえない場合、民事手続きによる支払い督促を申し立てる」「未契約者には最後の方法として民事訴訟の実施に向けて準備を進める」などを掲げた。

不特定多数を対象とする放送の宿命として、全額あるいは半額免除などのケースを除き、未契約や支払い拒否、滞納は避けて通れない。罰則つきの義務あるいは税金のような徴収方法を採ったとしても受信料徴収一〇〇%はありえないだろう。それを前提とした制度設計をしていかなければならない。

公共放送のコアの部分とは

②BS・地上波のスクランブル化

NHKの経営計画では、「公共放送の財源は、税金でもなく、広告収入でもなく、視聴者が公平に負担する受信料がもっともふさわしい」と、スクランブル放送の導入は避けるべきだとした。片山小委員長も「公共放送はみなに見てもらう必要がある」としてスクランブル化に反対している（前出・毎日新聞より）。

技術的にはBS放送だけではなく、地上デジタル放送でもスクランブル化は可能。料金を払った視聴者しか見られないことから不公平感はなくせるが、視聴者が限られる有料放送と紙一重となる。八九年本放送がスタートしたNHKBSの契約者数は約一二三六万件で、およそ一二六〇億円の収入がある。受信料収入の六四一〇億円（〇四年度決算）の約二割に当たる。受信料を九〇年以来据え置いていられるのは、BS普及による増収が大きい。

BS付加料金の徴収方法は受信料と同じため、不払いが存在する。スクランブルを導入すれば「ただ見」の視聴者はいなくなるが、「契約者は現在の半分、いや三分の一くらいになってしまうのではないか」（複数のNHK関係者）といわれる。

現行のBSアナログ放送は一一年に終了し、デジタル放送に全面移行する予定だが、推進会議の答申案にはその時点での「スクランブル化」を求める文言が盛り込まれていた。結果的には結論を先送りしたが、竹中懇談会はそれを復活させるとともに、BS部門の分割民営化を視野においているともいわれる。

これに対しNHK内には、BSデジタルが一定の普及率に達したところで地上の受信料を含めた「総合受信料」（仮称）を設定してはどうかの声がある。そうすれば地デジのスクランブル化要求を自然消滅させることもできる。この選択は、NHKBSのスクランブル化は放送の二元体制を崩壊させる、と反対している民放にとっても悪くはない。

地上二波、BSアナログ二波、BSデジタル一波にAM・FMラジオ三波とあわせて八つのNHKの保有チャンネルについては、片山小委員長が「私も多いという印象はある。しかし、重要なのは、波が多いから悪いではなく、必要がないのに保有しているかどうかだ。NHK自身が必要性を検証し、それが国民から見て納得できる内容かどうかだと思う」（前出・毎日新聞インタビューで）との意見がある一方で、竹中総務相は前出「サンプロ」でこう発言している。

「あの不祥事の多さは何なのか。ガバナンスの問題だと思う。公共放送の範囲がどのくらい必要なのか、コアでない部分をどうすべきか考えなければならない」

保有チャンネルを含めた経営形態の見通しを示唆しているのだが、NHK経営計画では今後三年間は現在のチャンネル数を維持。地域放送サービスの推進、ゴールデンタイムを含む長時間討論番組「日本の、これから」などの視聴者参加番組の充実に努めるとしている。

関連子会社を含むNHKの事業範囲に関しては、推進会議や竹中総務相、民放などはいわゆる放送本来の業務に限定・縮小の立場。一方で自民党内からは、テレビや短波の国際放送の拡充を求める声が上がっている。「広告放送で自局のコンテンツ販売の一環でもあるBBCワールドワイドを参考に、日本の観光地紹介番組などを放送してほしい」(原田衆院議員)、「中国は世界の主要都市で英語を中心に自国の主張をどんどん宣伝している。このままでは尖閣諸島の領有権は中国にあるとなってしまう」(愛知会長)というわけだ。

国際放送の経費は、政府からの交付金二三億円を含め年間一一九億円。現在の体制のまま続けるのか、民放と共同で海外への情報発信力を強化するのか、国策推進放送局の充実は竹中懇談会でも議題の一つになる予定だ。

一方、ＮＨＫは「ＴＶバンク」以外のインターネット映像配信事業者に番組を配信したり、〇七年度にサーバー型放送を始める準備を進めている。有料の番組提供や番組ごとの課金によって収入源の多様化を図ろうというわけだ。こうした新しいサービスは、ＮＨＫの事業範囲や民営化論議と密接に関わる。

竹中懇談会では、総務省が担当する通信・放送の規制と振興、ＩＴ振興を担う経済産業省、コンテンツ著作権等を統轄する文化庁とバラバラの通信・放送行政の一元化も議論されることになっている。当然法体系の見直しも俎上にのぼってこよう。

懇談会は六月にも一定の方向性を打ち出す予定だが、ＮＨＫ改革や通信・放送の未来は産業論、法制度論だけではなく、文化・ジャーナリズムの視点からもしっかり議論されるべきなのは言うまでもない。

解題

二〇〇六年当時、「ＮＨＫ民営化」に関する意見が国会周辺で飛び交っていた。前年の選挙で「郵政民営化」を認められたとする人たちが、ＮＨＫ論を展開し始めたのだ。この時期、ＩＴ企業による放送局株買い占め問題や、放送事業をめぐる集中排除問題など、多くの検討すべき課題があったにもかかわらず、なぜこのタイミングでＮＨＫの「経営改革」を俎上に乗せるのか。小田桐論文はその背景を探り、ポイントを指摘している。(碓井広義)

特集：ちょっと待った！　ニュース

報道番組の今

揺れる！ バラエティと報道の境界

山田健太
専修大学文学部助教授

テレビは報道をわかりやすくすることで、「ニュース」を人気番組にして政治や経済を身近なものにした。その反面、面白さを求めて「伝えるべき」本質が抜け落ちる危惧がある。テレビ局のニュース報道の現場を探るとともに、報道の今を検証する。

『GALAC』2006年12月号

いま、テレビの報道（ニュース）番組はどうなっているのかを検証すること、これが本号特集の狙いであり、その導入が本稿に与えられた役割である。しかし報道番組と一口に言っても、その幅は相当広く、読み手によってイメージするものは随分と異なるのではないか。そこで以下では、在京民放キー局およびＮＨＫを念頭に、現在の報道番組なるものの概況と問題の所在を提示し、議論の素材にしていただきたい。

どのような報道番組があるのか

まず、民放各局にもっとも力を入れている報道番組を聞いてみた。具体的な番組名が挙がったのは、フジテレビ「スーパーニュース」と、テレビ朝日「報道ステーション」。いずれも夕方と夜の時間帯で安定的に視聴率トップという結果も残している、いわば局の顔である。

これに対し、日本テレビとＴＢＳは「全部」との回答。筆者の想像では、前者は筑紫とみのの両者に気を遣った結果であり、後者は夜時間帯の新番組「ＺＥＲＯ」への期待値だろう。また、テレビ東京は「経済ニュース全般」と局としての性格を表す回答であった。

この報道という概念を少し広げてみるとどうなるか。すなわち、古典的〈報道〉の周縁には一時「ニュースショー」など呼ばれた〈報道系〉が存在し、さらにそれと一部重なる形で多くの〈情報系〉番組が放映されている。さらにこの情報系は、エンターテインメント的要素を増し、いわゆるワイドショーをも包含するし、旅・グルメなどの情報提供番組にもウイングを伸ばしている。

さすがにここまでくると、イメージ的にも報道とは言い難いものになるが、少なくとも朝時間帯の情報系番組や、夜時間帯のスポーツニュースのなかには、いわゆる報道に属するものもあるという考え方も取り得るだろう。

各局の報道系番組を一覧にすると〔表1〕のとおりである。番組内容をもとに大きく分けるならばおおよそ、①定時ニュース、②ニュース帯番組、③情報・ワイド系番組、④スポーツニュース番組、⑤特集番組（ドキュメント系）、⑥討論・スタジオ系番組、⑦その他（皇室モノほか）に分類でき、各局とも濃淡はあるにせよ、ほぼ同じラインナップをそろえている。

一目でわかるとおり、NHKは①についてはまさに朝から晩まで、ほぼ毎時に項目ニュースを伝える体制を組んでいるし、一方でテレ東は経済・マーケット情報に重点がおかれている。他民放局は、朝、昼、夕の各時間帯に硬軟の差はあるにせよ、ストレートニュースを含むニュース帯番組を編成している。とりわけ、五時からの夕方時間帯に二時間枠のニュース番組を設定しているのが、大きな特徴といえる。

そして、もう一つのピークが夜時間帯で、放送開始時間が早い順に「1→10→4・6・12→8」と、多少の重なりを持ちながらも時間帯が多少はバラける形で折り合いを保っている状況といえるだろう。一時間枠を基本としメインキャスターを置く形は共通であるが、キャスター以外に常駐の解説者をつけたり、タレントを登用するなどの変化が見られる。

また、どの局でもほぼ週末には、テーマを絞った報道特集番組をおいており、さらに深夜時間帯が多いものの、月一回や不定期で、より硬派の調査報道を基本に据えた特集番組やドキュメンタリー枠がある（日テレ／特捜P、TBS／報道の魂、フジ／特報A、テレ朝／ザ・スクープ）。限定されてはいるが、ネット地方局の番組を放送する機会も確保されている。

ここまでみてきてわかるとおり、NHKに限らず民放局においても、番組数、放送時間数および時間帯といった量で見る限り、いわゆる報道（ニュース）番組は局の中心的役割を担っている状況にある。

［表1］ 各局の「報道」番組

日本テレビ

- **Oha!4〈おはよん〉News LIVE**
（月～金：04:00-05:20）
- **NNN News リアルタイム**
（月～木：16:53-19:00、金：17:00-19:00）
- **NEWS DASH**（月～金：11:30-11:50）
- **NEWS ZERO**
（月～木：22:54-23:55、金23:30-24:25）
- **NNN News リアルタイム・サタデー**
（土：18:00-18:30）
- **ニュース・サンデー**（日：06:45-07:00）
- **ニュース・天気**（毎日：20:54-21:00）
- **日テレ NEWS24**（毎日：放送終了時）
- **真相報道バンキシャ！**（日：18:00-18:55）
- **NNN ドキュメント'06**（日：24:25-）
- **皇室日記**（日：05:45-06:00）
- **報道特捜プロジェクト**（月1回・土：13:30-15:00）

TBS

- **イブニング・ファイブ**（月～金：16:54-18:55、土：18:30-18:55、日：17:00-17:25）
- **筑紫哲也 NEWS23**（月：22:54-24:25、火～木：22:54-23:50、金23:30-24:35）
- **みのもんたの朝ズバッ！**（月～金：05:30-08:30）
- **みのもんたのサタデーずばッと**（土：05:45-07:30）
- **2時ピタッ！**（月～金：14:00-15:00）
- **ブロードキャスター**（土：22:00-23:24）
- **サンデーモーニング**（日：08:00-09:54）
- **TBS ニュースバード**（月～金：04:30-05:30、28:00-）
- **きょう発プラス**（月～金：10:50-12:00）
- **TBS ニュース**（毎日：15:56-15:58）
- **イブニング・ニュース**（土・日：18:30-18:55）
- **フラッシュニュース**（毎日：20:54-21:00）
- **JNN ニュース**（土：24:45-24:55、日：06:45-07:00、11:30-11:40、24:00-24:10）
- **ウィークエンドウェザー**（土：18:55-19:00）
- **報道特集**（日：17:30-18:24）
- **報道の魂**（第3日：25:20-25:50）
- **ドキュメント・ナウ**（月：25:25-）
- **時事放談**（日：06:00-06:45）
- **J スポーツ**（日：24:10-24:50）

フジテレビ

- **FNN スーパーニュース**（月～金：16:55-19:00）
- **LIVE2006ニュース JAPAN**（月～木・日：23:30-24:35、金：23:58-24:23、土：24:00-25:30）
- **報道2001**（日：07:30-08:55）
- **FNN スーパーニュース WEEKEND**
（土・日：17:30-18:00）
- **FNN スピーク**
（月～金：11:30-12:00、土：11:45-12:00）
- **FNN レインボー発**
（月～木：14:05-14:07、毎日：20:54-21:00）
- **FNN ニュース**（日：23:45-23:50）
- **産経テレビニュース FNN**
（日：06:00-06:15、11:50-12:00）
- **特命取材班報道 A**（随時）

テレビ朝日

- **ANN ニュース**
（毎日月～金：05:50-06:00、11:45-12:00、14:55-15:00、土：05:50-06:00、11:45-12:00、15:55-16:00、20:54-20:58、24:00-24:30＝ANN ニュース&スポーツ、日：05:50-06:00、11:50-12:00、15:55-16:00、20:54-20:58、24:15-24:40）
- **やじうまプラス**（月～金：04:25-07:30）
- **スーパーモーニング**（月～金：07:30-09:55）
- **ワイド！スクランブル**（月～金：11:25-13:05）
- **スーパー J チャンネル**（毎日：16:53-19:00）
- **報道ステーション**（月～金：21:54-23:10）
- **朝まで生テレビ！**（月1回）
- **ザ・スクープ SPECIAL**（年5回）
- **サンデープロジェクト**（日：10:00-11:50）
- **サタデースクランブル**（土：09:30-10:55）
- **サンデースクランブル**（日：11:45-12:55）
- **テレメンタリー**（月：02:40-）

テレビ東京

- **ニュースモーニングサテライト**（月～金：05:45-06:40）
- **株式ワイド　オープニングベル**（月～金：08:45-09:30）
- **株式ワイド　クロージングベル**（月～金：15:30-15:55）
- **速ホゥ！**（月～金：16:55-17:25）
- **ワールドビジネスサテライト**（月～土：23:00-23:58）
- **日経スペシャル　ガイアの夜明け**（火：22:00-23:00）
- **ニュース&マーケットイレブン**（火～金：11:00-11:30）
- **TXN ニュース**（月：06:30-06:40、土～月：11:25-11:30、17:20-17:30、日：24:30-24:35）
- **ニュースブレイク**（木～日：20:54-21:00）
- **カンブリア宮殿**（月：22:00-22:54）
- **日高義樹のワシントン・リポート**（日：16:00-17:15）

日本放送協会

- **NHK スペシャル**
（日：21:00-21:49、隔週金：22:00-22:49）
- **NHK ニュース　おはよう日本**（月～金：04:30～08:15）
- **お元気ですか　日本列島**（月～金：14:05-14:55）
- **クローズアップ現代**（月～木：19:30-19:56）
- **ニュースウォッチ9**（月～金：21:00-22:00）
- **スポーツ&ニュース**（月～金：23:30-23:55）
- **NHK 週刊ニュース**（土：08:30-09:00）
- **週刊こどもニュース**（土：08:10-18:42）
- **つながるテレビ@ヒューマン**（土：21:58-22:58）
- **日曜討論**（日：08:00-10:00）
- **経済羅針盤**（日：08:25-08:55）
- **NHK 海外ネットワーク**（日：18:10-18:45）
- **日本の、これから**（随時）
- **定時ニュース**（08:30-08:35、10:00-10:05、11:00-11:05、12:00-12:10、13:00-13:05、14:00-14:05、15:00-15:12、16:02-16:05、17:00-17:03、18:00-18:10、01:00-01:35）
- **ニュース7**（19:00-19:30）
- **首都圏ネット**（18:10-19:00）
- **首都圏ニュース**（20:45-21:00）
- **いっと6けん**（11:00-12:00）

※地上波総合に限定

[表2] 在京キー局・NHKの報道関連組織

局	部局	組織
日本テレビ放送網	報道局	(政治部、経済部、社会部、外報部、映像取材部、報道番組部、ニュース編集部、ニュース制作部) 解説委員会 報道審査委員会
	スポーツ・情報局	情報センター スポーツセンター
	編成局	制作センター
TBSテレビ(東京放送)	報道局	解説・専門記者室 業務計画室 編集センター(編集部 JNN 部 ニュース23部 デジタル編集部) 取材センター(社会部 政治部 経済部 外信部) 報道番組センター(報道番組部 情報番組部) 映像センター(映像部 ニュースネット部 ニュースシステム開発部)
	スポーツ局	業務推進部 企画渉外部 スポーツニュース部 中継制作1部 中継制作2部 番組制作部
	編成制作本部	イブニングワイド部
	制作局	制作1部 制作2部 制作3部 制作4部 制作5部
	編成局	編成業務部 編成部 宣伝部 マーケティング部 コンテンツ&ライツセンター
フジテレビジョン	報道局	解説委員 危機管理総務 報道センター(FNN 連絡部、報道編集部、報道番組部) 取材センター(政治部、経済部、社会部、外信部、取材撮影部)
	情報制作局	情報番組センター 情報企画部
	スポーツ局	スポーツ業務部 スポーツ推進部 スポーツ部
	デジタルコンテンツ局	デジタル企画室 CS 事業部 モバイルコンテンツ部 デジタルコンテンツ部
テレビ朝日	報道局	報道企画部 ニュース情報センター 映像センター 報道業務部
	スポーツ局	スポーツセンター スポーツ業務推進部
テレビ東京	報道局	ニュース取材部 報道部 経済部 マーケット情報部 国際部 報道番組部 報道業務部
	制作局	CP 制作チーム 制作番組部 制作業務部
	スポーツ局	第1スポーツ部 第2スポーツ部 スポーツ業務部
日本放送協会(NHK) 放送総局	編成局	編成センター ソフト開発センター デジタルサービス部 計画管理部
	制作局	衛星放送制作センター 第一制作センター 第二制作センター
	報道局	取材センター 災害・気象センター ニュース制作センター 報道番組センター 映像センター スポーツ業務監理室 総務部
	放送技術局	運行技術部 コンテンツ技術センター 報道技術センター 総務部
	国際放送局	企画編成部 制作センター
	アナウンス室	
	解説委員室	
	ライツ・アーカイブスセンター	
	デザインセンター	
	スペシャル番組センター	
	ラジオセンター	
	海外総支局	
	首都圏放送センター	

報道系と情報系の違い

では、視聴者から見ればほぼ同じ内容の番組が、局によっては報道と紹介されたり情報・ワイドショー番組として区分されたりしている実態をどうみればよいか。そのもっとも簡便な区分け方法が、報道局管轄下（スタッフの所属先、予算、制作・編集責任の所在）にあるかどうかで、〔表1〕もおおよそこの基準に拠るものだ。その際にベースになるのが各社の組織〔表2〕であり、着目点は報道、情報（制作）、スポーツ各部門の関係である。

ただしこの点においては、テレ朝に象徴的であるが、旧・情報局と報道局を合併し、報道情報局、さらに直近の名称変更で報道局として、いわゆる情報・ワイド系制作部門と、いわゆる通常のニュース取材・報道を担当する部門を一体化する動きがある。これは、取材過程における被取材者への対応などを、局として一元化する必要性などが影響している。

また、報道局以外が手がける情報系番組のニュースコーナーを報道局が担当したり、報道番組に制作局スタッフが協力するなどの「相互乗り入れ」も一般的で、かつてのような厳密な棲み分け状況は大きく変化している。

一方で、より実質的に現在の報道番組を特徴づけるポイントを探るとき、そこから報道現場が抱える問題点も浮かび上がってくる。ここで取り上げる特徴は三つ。第一に報道系と情報系の垣根が低くなってきていること、第二に、とりわけ夕方時間帯に象徴的な番組のワイド化、そして第三に現場取材力の低下への懸念である。

この境界線の希薄化は、ある種テレビの宿命ともいえるのかもしれない。すなわち、テレビ報道黎明期に新聞同様の手法で番組を作っていた時代から、テレビ的な「わかりやすさ」を追い求めていった一つの帰結が、両者の同質化ではないのか。

番組前半の事実を報ずる部分は客観報道、それを受けての後半ではコメンテーターが視聴者に近い目線で物事を見、事象を単純化し視聴者の感性に訴える。こうした構図が、「視聴者自身が求めるすっきり感」（日本テレビ・報道局次長兼ニュース編集部長の大沼裕之）を満足させることになる。

さらに報道系と情報系の違いについて、テレビ朝日・報道局局次長兼報道企画部長の芋原一善は、「芸能ニュース的なものの有無」を指摘し、フジテレビジョン・報道局報道センター編集長の平井文夫は、「取材経験がなく専門家でもないコメンテーターもいて、フリートークで進行をする」のが情報系であると説明する。こうした出演者による主観的な結論付けや感情的発言は、まさにワイドショー的手法そのものであるが、報道番組にも着実に侵食しつつあるのが現実だ。

そしてこうした状況をさらに後押ししているのが、番組のワイド化と思われる。二時間枠を有効に使うことで、それだけ「ナマ」を流せる可能性も高まり、ニュース番組としての価値を高める可能性を生んでいることは間違いない。しかしそのメリットの一方では、大項目主義が時に冗長なコーナーを生んだり、必要以上の作り込みによって視聴者を惹きつける工夫が求められることになる。

前述のわかりやすさとの関係もあるが、報道番組においても最近では、テロップを多用し、音響上の演出に凝るものが増えてきた。ＴＢＳ・報道局編集主幹の斉藤道雄はこれを「ポストプロダクション重視の番組作り」と評するが、ストレートニュースでさえ、バックに音楽を入れることに違和感を覚えないスタッフが増えているという。

そして作り込み重視は、そのためのスタッフ増を強いられている現実がある。実際、今日では取材記者より、局内でナレーションを入れたりテロップを作ったりするいわば編集スタッフのほうが、数が多い現実がある。

わかりやすさの追求と信頼性確保

限られた時間で多くの情報量を伝える工夫として、今日のテレビ番組において一定の作り込みは不可避といえるだろう。「ニュースの本質を損なわない限り問題はない」（大沼）が大方の共通意見と見受けられる。もちろん、それらが「表現の工夫の範囲でなくてはならないのは基本中のキホン」（テレビ東京・報道局次長報道番組センター担当の村田一郎）であることはいうまでもない。

しかしそれがヤラセになれば話はまったく別である。情報系番組の「やらせ」事件は後を絶たず、しかもその裏事情が多くネット上で話題になり、一般視聴者が知るところになった（たとえば、有名な「きっこの日記」でもテレビ番組のやらせが話題になっている。さらに2ちゃんねるでは真偽不明の情報も含め、数多くのスレッドが立てられ書き込みがなされている）。

一方で、情報系番組に「記者」という名のタレントリポーターが登場し、「××報道特集」という企画モノのコーナーが設けられることで、テレビで伝えられるニュース的なるものを、丸ごと「報道」と認識する事態が生まれている。

そのうえ、もっとも信頼性が高いと思われている「天気報道」や「現場中継」にさえ、やらせではないかとの疑いの目が向けられている現実もある（キー局の台風中継時の男性の動きが不自然であったとの指摘がなされているなど）。各種調査によると、テレビは新聞を抜いて「事実を報じている」との高い評価を得ている。それは新聞の不信感の裏返しであったが、いまはその不審の目がテレビにも強く注がれていることを、現場は自覚すべきであろう。

そうであればこそ、斉藤が言う「報道とは作り込みがなく編集権を行使しているもの」との原点に帰ることが大切になる。実際、こうしたわかりやすさ追求は、民放に限らずNHKにも少なからぬ影響を与えているという。NHK報道局編集主幹の新山賢治は「よく煮込んだおでんもおいしいが、煮込むことで食材そのものの良さが失われることもある」として、〈八百屋〉主義を提唱する。「素材が物足りないから厚化粧が必要になる。十分な情報があれば、テロップも効果音も不要になる」と明快だ。

視聴率とエンタメ化

テレビが商業放送である限り、広告収入に依存しているわけであり、その番組価値の重要な尺度が視聴率であることは疑いようがない。そうであるならば、伝えるべき価値という本来の尺度とともに、視聴者の見たいという欲求を満たすことが必要となる。平井はニュースバリューの要素として「重大、緊急、話題」を挙げるが、それはまた視聴率のもとであることも事実だろう。さらにテレビ特性として、「画」が最優先で求められることもある。

その結果、一般に難解で縁遠い海外ニュースはどうしても軽視されがちになるし、わかりやすい殺人事件などの事件・事故モノが重宝される結果を生みがちである。最近の事例でも、平塚や秋田の殺人事件など視聴率が二ケタにのるニュース項目は、どろどろとした事件が圧倒的に多い、といわれる。

この点、改めて十年前の一九九五年十二月実施の民放連調査をみると、その時点ですでに八割が「ここ数年、視聴率競争でセンセーショナルな報道が増加した」と回答している実態がある。調査対象は、全国民放一二三局の報道関係部署で働く記者、キャスター、カメラマン、ディレクター、プロデューサーであるが、彼らのうち「視聴率より社会的意味を重視して報道する」者は半数にとどまっている。

もちろん、同様に八割の回答者は、「報道番組は視聴率より内容で評価してほしい」としているが、「自分自身、視聴率を意識している」者が半数を超え、しかもその傾向は現場記者よりディレクターなどにより強く見られる。こうした状況は、現場感覚ではより一層強まっているという。

最後にもう一つ、パブリシティもしくは公権力との関係がある。ここで海外の事例を改めて示すまでもなく、報道番組はスポンサーとの関係について極めて厳しい線引きが求められている。それは、自局のタイアップイベントの関係でも同じである。しかし各局の現状は、その反対といえるような状況が展開しており、自社主催のスポーツイベントに至っては、報道の域を完全に超えているものも数多い。

あるいは最近では、報道番組メインキャスターの広告出演や、タイアップ企画（ペイドパブ番組）も事実上「解禁」された。いかに主体的に独立性を保っているといっても、視聴者の信頼を確保するためには明確な基準が必要なのではなかろうか。

同じ問題は政治家などとの取材先にも当てはまる。斉藤は「報道は広報であってはならない」と力説するが、現実は政府・政治家のテレビ戦略に呼応しがちである。守るべき一線をどこに引くのか、テレビ自体が改めて考える時期に来ている。

「視聴者に媚《こび》ることなく、表現者の欲求を満たし、それが同時に社会的貢献につながる番組」（芋原）がどのくらい作れるか、現場の努力と忍耐が期待される。（文中敬称略）

＊本稿執筆にあたり、本文中にあげたほかにも、多くの放送現場の皆さんにお忙しいなかお話を伺うことができた。この場をお借りしてお礼申しあげます。

（やまだ・けんた）一九五九年、京都生まれ。専修大学助教授。専門はメディア法、ジャーナリズム論で、主著に『法とジャーナリズム』（学陽書房）。自由人権協会理事・事務局長、日本ペンクラブ理事など。サッカーを見ながらワインを飲むのが至福。

解題

二〇〇五年、政界での小泉劇場現象、ライブドアのフジテレビ買収事件が世を賑わせた。大衆にわかりやすくを旨とする政治手法と短絡的な経営手法はどこかで通じる。伝えるテレビの報道（ニュース）は、そういった政治や事件の登場人物のキャラクターや局面を分かりやすく演出する。本論考は、報道番組の位置づけ、視聴率の問題からあるべき姿を探り、娯楽化の中で保障されるべき視聴者の信頼性の所在について訴える。（中町綾子）

特集：がんばれ！ プロダクション

制作会社40年間の死闘

岩本太郎
ライター

いわゆる「プロダクション（番組制作会社）」が日本に産声を上げてから40年。局からスピンアウトしたパイオニアの「第一世代」、プロパーによる「第二世代」らが切り拓いてきた成果とははたして何だったのか。そして「第三世代」は？ ここ十年ほどの間にすっかり様変わりしたメディア環境を前に、プロダクションはこれから先、どんな方向へ進もうとしているのか？

『GALAC』2007年２月号

この十年、「映像コンテンツ」の世界でプロダクションの位置づけの変化

大げさかもしれないが、ちょっと唖然とした。

木枯らしの吹きはじめた十二月初旬の夕刻、都内・神宮前にあるテレビマンユニオンの本社を取材に訪れた。同社が以前の代々木八幡より移転してきてからは初めての取材だったのだが、正直、こんなに真新しく豪勢なビル（コスモス青山）に入っているとは思っていなかったのだ。

オートロックの利いた玄関ドアの横の案内板には地下三階～地上二階がテレビマンユニオンのフロアであることが示されており、雰囲気としては完全に「自社ビル」だ。ロビー奥の受付からエレベーターで二階に上がると、こちらもゆったりとして静謐感の漂うオフィスが眼前に現れ、踏み出したはずの足がすぐに止まった。

「この地下にはスタジオもあるんですよ」

ほどなくやってきた代表取締役社長の白井博がにこやかに

言う。それにしても、ひと昔前はプロダクションの取材といえば、どこかヤニで汚れた感じの狭いオフィスに、足元まで山積みされた機材やらビデオ、まっすぐ歩けない廊下といったあたりが〝相場〟だったのに、久しく足を向けないうちにずいぶん変わっちゃったな、と思う。もとより、テレビマンユニオンという会社自体、この世界では別格的な存在ではあるわけだが……。

——そう、今回は久しぶりのプロダクション(番組制作会社)取材なのであった。私自身はもとより、『GALAC』にとっても特集として取り上げるのは、なんと一九九八年四月号以来。つまり、実質的には約十年間の御無沙汰なのである。この間の放送業界の移り変わりを思えば十年一昔どころか、浦島太郎状態もいいところだと言えるかもしれない。まばゆいオフィスを眺めつつ、少々バツの悪さも覚えた次第だ。

もっとも、放送専門誌である本誌がしばらくこのテーマで特集を組んでこなかったのは——別に自分たちの不見識を言い逃れしようというわけではないが——実のところプロダクションをめぐる状況に、ここ十年間でそれほど大きな変化がなかったからではないかという気もする。

いや、もちろんその間に多メディア化の進展(これは一九九八年と現在とでは本当に隔世の感がある)やデジタル化といった、放送業界の一大変革ともいうべき動きがあったわけだが、ではそれらがプロダクションをとりまく状況に何か根本的な変化をもたらしたのかと言えば、どうもそういった話はこれまであまり聞こえてこなかったというのが正直なところだ。一方で「テレビ局から下請け扱いされている」「制作費を切り詰められている」など、プロダクション経営の厳しさを語る声は今も十年前とほとんど同じような調子で語られており、こうしたことを見るに、少なくとも放送業界の内部における(とくに放送局に対する)プロダクションの位置付けというものは、結局何も変わっていないようにも思えてしまう。

にもかかわらず、なぜ久びさにプロダクションについての特集をやってみようと考えたのか。それはすなわち、「放送業界」における位置付けはともかく、「映像コンテンツ」の世界におけるプロダクションの位置づけはこの十年で相当に変化し、おそらくは今後もますます急激な勢いで様変わりしていくのだろうと考えたからである(先のテレビマンユニオンの新オフィスなどは、さしずめその象徴なのかもしれない)。

「技術革新」「組合対策」「合理化」……プロダクションが生まれた背景にあるもの

まずは手始めに、日本のテレビ業界における「プロダクション」の歴史について、あらためて振り返っておくことにしよう。

今でこそ制作部門における外注の比率の高さを一般にも知られるようになった放送業界だが、昭和三十年代の初頭、日本のテレビ放送が産声を上げたばかりの頃のテレビ番組は、ごく一部を除いてテレビ局がすべて自前で作っていた。これは制作に必要な機材や設備が放送局にしかなく、しかも当時現場で使われていた二インチテープでは編集が性能的に不可能だったため、局以外のところで素材を制作して持ち込むことなどおよそ不可能だったからだ。

また、当時はまだ唯一かつ最大の映像産業として栄華を極めていた映画会社は、新興の映像メディアであるテレビを敵視した。具体的には「テレビ放送用の映画を作らない。映画俳優をテレビに出演させない」という〝五社協定〟を結ぶなどして、コンテンツ制作における協力を拒んだのである。

その結果、生まれたばかりのテレビは当初から自立を余儀なくされ、制作のノウハウ面でも映画とは別の進化形態を歩んでいくことになる（このあたりは、テレビ時代に入ってからもハリウッドがコンテンツ制作面で協力することで競争力を保ち続けたアメリカとは対照的だ）。

もっとも、承知の通り映画産業はその後急速に衰退し、代わってテレビが各家庭に爆発的な勢いで普及していく。そうした中、やがて映画系にルーツを持ったプロダクション（国際放映やユニオン映画など）が登場するようになる。

また、前述の通り当時はＶＴＲの技術が未発達だったため、ニュース取材についてはフィルムを使用せざるをえず、そこからテレビ局の出資による「ニュース映画会社」というものが昭和三十年代前半に相次いで設立されるようになる。東京テレビ映画（現在のＴＢＳビジョン）、共同テレビジョン、朝日テレビニュース社（現在のテレビ朝日映像）といった今日も残る放送局系各社がこれにあたり、日本のプロダクションの源流をたどるとすれば、あるいはこのあたりに行き着くのかもしれない。さらに、昭和四十年前後になると技術部門でのアウトソーシングが始まり、東通、八峯テレビなど放送局系の技術会社が誕生する。

このようにプロダクションの歴史においては、ひとつには放送技術の発達が大きなファクターとなっている。とりわけ、その後の昭和四十年代中盤（一九七〇年前後）におけるVTR技術の飛躍的な向上がもたらした影響を見逃すことはできない。

3／4インチVTRの登場により編集作業が簡単に行えるようになったのに加え、続くENG（小型VTR）カメラの普及により、それまではリールのかさばるフィルムを使うしかなかった映像取材が実に手軽なものに変わった。このフィルムからビデオへの移行が、番組制作を一気にアウトソーシング可能な業態へと変化させたことは確かで、そこにこれから述べるテレビ局側の事情が重なった結果、まさに雨後の筍の如くプロダクションが増えていくことになったのである。

独立系プロダクションの「第一世代」と「第二世代」

「テレビ局側の事情」とはすなわち「合理化」そして「組合問題」だった。というのも、この一九七〇年前後の時期というのは全国各地でUHF局の設立が相次いだりしたことなどからテレビ局間での競争が厳しくなっており、どの局でも経営の合理化が緊急課題とされていた。また、折りしも「七〇年安保」の頃でもあったために各局で労働争議が頻発しており、時には番組の制作や放送にも支障を来たしかねないという、局の経営者にとってはまことに頭の痛い状況も生まれていた。

で、この二つを 手っ取り早く一気に解決するための 手段としてテレビ局が目をつけたのが、番組制作部門の外注化だった。

つまり制作現場のスタッフを外注にまわしてしまえば、正社員よりも安いコストで雇うことができ、なおかつ直接の雇用関係がなくなることでテレビ局側が争議の槍玉に上げられることもなくなる（また、社員がストに突入した場合でも外部スタッフを使うことで放送が支障なく進められる）わけだ。

とはいえ、テレビ局からスピンアウトされる形でプロダクションが続々誕生していった理由は、そうしたネガティブなものばかりではない。上記の通り七〇年前後の政治的に熱かった時代に、自我を膨らませた若いテレビ制作者たちが局内では得られない、自由な制作環境を求めて巣立っていったという側面もあったのだ。

そんな独立系プロダクションの草分け的な存在として一九七〇年に発足したのが、今や冒頭で述べたような立派なオフィスに入居するまでになったテレビマンユニオンである（もっとも、同社の場合も独立の背景に、ベトナム戦争報道や成田プラカード事件などをめぐるＴＢＳの熾烈な労使紛争があったわけであるが）。

このテレビマンユニオンやオフィス・トゥー・ワン、イースト、ＩＶＳテレビ制作などの昭和四十年代生まれの独立系プロダクション群を、放送業界では「プロダクション第一世代」と呼ぶことがある。ちなみに、ＡＴＰ（全日本テレビ番組製作社連盟）は、この「第一世代」の会社が中心となって一九八二年に立ち上げた団体だ（社団法人化は一九八六年）。

「第一世代」があるからには当然「第二世代」もある。独立系プロダクションの世界におけるその系譜は、約十年を経た一九八〇年ごろより誕生した会社群だ。

「第一世代」がもっぱら局を辞めてプロダクションへと転じた人材が中心であるのに対して、そうした第一世代の会社などでキャリアを積んだ「プロダクション生え抜き」の世代が独立のうえ生まれたケースが多いのが「第二世代」の特徴だ。具体的には時空工房、タキオン（後の「ゼット」）、ドキュメンタリージャパンなどがこれにあたる。

そして、この「第二世代」を形成する会社群が九〇年に立ち上げたプロダクション連合組織が「チームＴＥＮ」である。これは大型企画の共同受注の可能性などを加盟社（当初は、一〇社）全体で模索することでプロダクションとしての経営体質の強化を図り、ひいては局に対しての立場の弱いプロダクションの地位向上を図ろうというものだった。

もっとも、その活動自体は次第に立ち消えになっていくのであるが、ここに集結したメンバーをベースに、多チャンネル化が端緒につきはじめた一九九〇年代半ばには、ついに自前の「テレビ局」を持とうとする動きが浮上する。それが「ＪＩＣ」だ。

「多メディア化」と「権利問題」九〇年代のプロダクションを揺るがした課題

こうして今日から振り返ってみると、日本のプロダクションの歴史は、一九七〇年代からほぼ十年単位の節目に新たなカテゴリーへと入っているような節もうかがえる。そうした意味からすれば、一九九〇年代は日本のプロダクションにとって「多チャンネル化」と、それにともなう「権利」の問題に明け暮れたような印象がある。

ＪＩＣ（ジャパンイメージコミュニケーションズ）は、チームＴＥＮのメンバーだった時空工房が音頭をとる形で一九九二年に発足した、映像ソフト流通を目的とする会社だった。その同社が一九九六年に日本初のＣＳデジタル放送「パーフェクＴＶ」が開局するのと同時に委託放送事業者免許を取得し、計四チャンネルでの放送を始めたのである。

それまで長年にわたり、テレビ局の〝下請け〟的な業態に甘んじてきたプロダクションが、とうとう自前のメディアを持つまでになったということで、関係者からも大いに注目を集めたものだ。

けれども、このＪＩＣが思い描いた壮大な夢は結果的に破綻した。ＣＳの加入世帯数がまだ限られていた段階で過剰投資に走りすぎたことや、他のプロダクションに低予算（中には一時間あたり約五〇万円という制作費を提示されたケースもあったと言われる）による〝下請け〟を強いらざるをえなかったことなどもあって、ＪＩＣは放送開始からわずか一年半後、株主のセコム主導による大幅な路線変更および再建策に移行。さらには先導役だった時空工房までが会社整理に追い込まれる最悪の事態となってしまった。

このプロダクション側の「自分のメディアを持ちたい」との願望は生い立ちからして無理のないところはあるが、その前の一九九二年にも、現在のテレコムスタッフの前身であるテレコムジャパンが衛星事業への参入を図って失敗した経緯があり、どうにも「鬼門」のようである。

ただ、ＣＳデジタルを含めた多チャンネル化や多メディア化が、それまで自らが制作した番組ソフトの「蛇口」をテレビ局側に握られていたプロダクションにとってのビジネスチャンスを新たに切り拓いたことは確かだ。

ＡＴＰが一九九七年より展開してきた、番組関連のさまざまな権利（主として二次使用権）をプロダクション側が保有・行使できることを世間に主張する「アクションプログラム」も、こうした文脈から生まれてきたものであることは言うまでもない。

それまでテレビ局は建前上「局とプロダクションはイコールパートナー」とは言いながらも、現実にはプロダクション側に番組の著作権が帰属することを認めるケースはごくわずか（せいぜい企画から制作まで全部をプロダクションが担当し、完パケで納品するドラマくらい）で、ビデオ化やＣＳ放送などで二次使用する際における権利の大半も手放さずにいたのが実態だった。

こうした不公正なあり方に対しては、ＡＴＰがアクションプログラムを打ち出した直後に、公正取引委員会も「役務の委託取引における優越的地位の濫用に関する独占禁止法上の指針」を発表したこともあり、その後は著作権処理のルールやプロダクションとの契約のあり方を見直す動きが局側でも進展しつつあるようだ。

別項の各プロダクション代表へのインタビューにおいても語られているように、最近では契約段階で番組の権利に関する一定の申し合わせが局―プロ間で行われる慣習がかなり定着しつつあるようだ（とはいえ局側もサルモノで、最近は情報番組のコーナー単位でプロダクションに発注し、大枠の権利は自らが確保するといったやり方が増えているようではあるが）。

溶解しつつある？「プロダクション」の定義

さて「十年単位で節目が来る」と前述したが、だとすれば残り少なくなってきた「○○年代」はプロダクションにとってどんな時代だったとして後世に記録されることになるのか。また、「第二世代」に続く「第三世代」にあたるプロダクション群は、はたして出てきているのか。

まず、九〇年代における大きなテーマだった多メディア化と権利の問題については、たぶん当のプロダクション側も予想しなかった状況になっているのではないか。

ビジネスチャンスと思われた多メディア化でも、それこそ「YouTube」などというものが台頭してくる極端なレベルまで行ってしまった結果、今では局とプロダクションがともに「コンテンツホルダー」として、いつの間にやら、ぐるりとひと回りして同じ立場に立たされてしまったかのようにも見える。

ただしその一方で、放送局にとってデジタル化への投資が深刻な経営課題となり始めた九〇年代末以降には、プロダクションに対する制作費の数％カットといった動きも業界内で顕在化しており、局の都合でプロダクションが経営的に苦境に立たされるという実態は、あまり改善されていないようである。

最近では「３Ｋ職場」といったイメージが定着してしまったからか、ＡＴＰが主催するプロダクション就職セミナーへの参加者も減少傾向にあるそうで、ひいては制作現場での慢性的なＡＤ不足を引き起こしているという、シビアな現実もある。

プロダクションの「第三世代」は従来型「プロダクション」への否定型⁉

　また、「プロダクション」の概念自体も次第に輪郭がぼやけてきたようだ。テレビ番組よりもVP（ビデオパッケージ）やWEBコンテンツの制作がメインの会社も多いという話は約十年前の前回特集でも紹介したが、一方で最近は局への企画提案や完パケ制作より、アシスタント・ディレクター（AD）やディレクターを局に送り込む〝派遣会社〟としてもっぱら食っているというプロダクションも目立つ。

　さらに、TBSのように局の制作部門がまるごと分社化、すなわち〝プロダクション化〟するというケースさえも出てきたのはご承知の通り。ようするにもはや「〝プロダクション〟の厳密な定義って何？」という状況になってしまっているのである。

　その約十年前の特集で、プロダクションルポの末尾に私は次のようなことを書いている。

《従来からある「プロダクション」という概念が、（中略）すでに古い枠組みになりつつあることは確かだろう。だからプロダクション「第三世代」が「第三世代」たりうるのであれば、〝対テレビ局〟を自らの主体性の根拠とせざるをえなかった先行世代にかわる、新たな理念を構築する必要があると思う。「プロダクションの未来のために『プロダクション』を解体せよ」――逆説的になるがこれが本稿の結論である。》

　当時、その「第三世代」についての具体的なイメージを頭に置きながら、このようなことを書いたわけではない。けれども十年経った今、当時よりもそのアウトラインが、かなり明確に見えてきたような手ごたえが筆者自身にはある。

　簡単に言えばこういう話だ。先に「放送技術の発達が番組制作のアウトソーシングを可能にし、プロダクション誕生を促した」と書いたが、その技術革新は、今やプロダクションどころか一般市民にまで番組制作のアウトソーシングを可能にするところまで到達したということだ。

　近頃の結婚式では小型のハイビジョンカメラで撮影している参列者の姿など珍しくはないし、そうやって撮影された映像が、わずか数万円の編集ソフトで「番組」化され、インターネットでその日のうちには全世界から視聴可能な形で発信されたりもしている。もはや大金をはたいてテレビ局を作ろうなどと考えなくてもすむ時代になっているのだ（それこそテレビマンユニオンの本社地下にあるスタジオなど、あっという間に「放送局」に化けるのではないか？）。

もうひとつおもしろい話を紹介しよう。別項のインタビューなどで「最近はプロダクションを志望したり、ドキュメンタリーを作りたいという若者が減った」という話が出てきているが、私にはまったく逆の現実が見えている。

つまり、ドキュメンタリーを作りたいという若者たちはむしろ増えており、その彼らが門を叩くのは、それこそ「Our-Planet・TV」のような独立系インターネット放送局だったりする。ようするに局やプロダクションにそういう人材が足を向けなくなったというだけの話で、有り体に言うなら「映像作りは好きだが、仕事としてやりたくない」という人間が増えているわけだ。

それでも局の場合は大企業のブランドイメージに引かれて

日本の主なプロダクション（順不動）

■放送局・新聞系
- 共同テレビジョン
- TBS ビジョン
- 日本テレビエンタープライズ
- テレビ朝日映像
- テレビ東京制作
- NHK エンタープライズ
- 日経映像

など

■映画会社系
- 国際放映
- ユニオン映画
- 大映テレビ
- 東映
- 東宝

など

■独立系（第一世代）
- テレビマンユニオン
- オフィス・トゥー・ワン
- イースト
- IVS テレビ制作
- インターボイス

など

■独立系（第二世代）
- ハウフルス
- オン・エアー
- ドキュメンタリージャパン
- えふぶんの壱
- テレコムスタッフ

など

■ドラマ・バラエティ系
- 木下プロダクション
- C・A・L
- カズモ
- カノックス
- 東阪企画
- アベクカンパニー
- オフィスクレッシェンド
- テレパック
- 渡辺企画
- PDS

など

■ニュース映像・ドキュメンタリー系
- 日本電波ニュース社
- 放送映画製作所
- グループ現代
- クリエイティブネクサス
- 現代センター
- 東京ビデオセンター
- テムジン
- 日本テレワーク

など

■芸能プロ系
- 吉本興業
- ホリプロ
- 渡辺プロダクション
- 石原プロモーション
- 古舘プロジェクト
- 松竹芸能

など

■ CM 制作会社系
- 電通テック
- 東北新社

など

志望してくる学生もいることだろうが、プロダクションにとっては由々しき事態だ。

制作力とブランド力のないプロダクションは淘汰される!?

ちなみに、こうした独立系メディアには一般の市民だけでなく、局やプロダクションのOBまたは現役のディレクターたちも多数参加し、独自の作品を手がけたりしている。というのも、今や地上波テレビあたりではドキュメンタリー枠がほとんど消えてしまったため、彼らも地上波に対してはもはや仕事として付き合う以上のことを期待しなくなっているのだ。むろん、そうした独立系メディアでは基本的にボランティアでの制作になるわけだが、なかには助成金を申請して制作費を工面したり、あるいは完成後にビデオパッケージとして販売されたり、さらには好評を受けてCSで放映されたという例もある。

有名な熊本の「住民ディレクター」が行政予算も得ながら制作した番組などは、著作権も含む全権利が住民側に認められ、今では地上波局を相手に番組販売されているほどだ。デジタル化の投資が経営を圧迫することが懸念されている地上波ローカル局の中には、こうした存在に「地域密着」の観点から（といいつつ実は「タダで使える制作者」という少々不純な動機から？）注目しているところもあるようだ。

これらが「プロダクション」ではないなどと、はたして誰に言い切ることができるだろう？

もちろん、これらがそのまま「第三世代」のプロダクションとして番組制作業界のメイン・ストリームをなす存在になるとは私も思わない。テレビ番組の制作において、豊富な資金力や、熟達したプロの手腕が求められる部分は今後も確実に残っていくだろうからだ。

その意味では、今回の特集に登場しているテレビマンユニオンやオフィスクレッシェンドのように映画制作の分野でも実績を残しているプロダクションは、今後もその制作力とブランド力を武器にやっていくことができるだろう。

けれども反面、あくまでテレビ局への依存に終始し、とくに制作力もなくコンテンツを抱えているわけでもない昔ながらのプロダクションは、おそらく今後次第に淘汰されていくのではないか。

下手をするとそのうちに「制作費の削減が痛い」などとブツクサ文句を言うだけのプロダクションより「ノーギャラのボランティアでも一生懸命番組を作ります！」というメディ

アのほうが、使うテレビ局側にとっても効率的——などという話にもなりかねないぜ？　などと、最後に少し挑発的なことを言っておこうか。いや、だからこそ今や真に力のあるプロダクションの存在が待望されている、ということだ。

解題

番組制作会社の歴史を、一九七〇年代に設立された第一世代、一九八〇年代の第二世代、そして一九九〇年代設立の第三世代に区分し、それぞれのアイデンティティの特徴に探る。一九九八年四月号掲載の「プロダクション新世代の実力」に続く論考で、放送機材の進化、メディアの多チャンネル化、局サイドからの人的コストといった三つの視点が明示されている。厳しい環境に置かれる番組制作会社の新たな課題と可能性に迫った。

（中町綾子）

特集：健康&霊感番組を科学する

“やらせ”“捏造”はなぜ起こるのか？

「あるある大事典Ⅱ」が突きつけたもの

碓井広義
千歳科学技術大学教授

人気番組「発掘！あるある大事典Ⅱ」は、なぜ捏造に走ったのか？視聴率のプレッシャーか、下請け孫請けなどの制作環境の弊害か、それとも制作者の人間性に起因するのか？捏造の責任を、局と制作会社と制作担当者だけに押し付けていてよいのか？“やらせ”“捏造”に走る現場の心理と、彼らをそこに追い込む業界構造を検証する。

『GALAC』2007年6月号

「あるあるⅡ」検証番組をめぐって

四月三日夜、関西テレビが放送した「発掘！あるある大事典Ⅱ」捏造問題に関する検証番組を見た。タイトルの「私たちは何を間違えたのか」は、まさに視聴者が、そしてすべての放送関係者が知りたかったことだ。

番組の軸は当然「納豆ダイエット編」。企画から放送までの作業プロセスを追いながら、この番組に関わった人たちへのインタビューが挿入されていく。制作途中で、警報の聞こえる“曲がり角”がいくつもあったことが分かる。

とはいえ、番組全体としてはすでに報道されている事柄が多く、驚くようなものではなかった。検証という意味では、外部調査委員会による詳細を極めた調査報告書の内容には敵わない。

この番組でもっとも注目すべきは、直接捏造を行った制作会社アジトのディレクターが出てきたことだ。初めて、真の“当事者”が登場したと言っていい。一体どんな人物なのかが知りたかったし、それこそ「何を間違えたのか」を聞きたかった。

ところが、画面に現れたディレクターには首から上がなかった。顔は見せないということだ。名前は実名を伏せてA。さらに音声も変えてあった。見る人に、いや社会に対して、彼が「誰」なのかを特定させないためだろうが、他の当事者や関係者はすべて「顔出し・実名」である。Aと、同じくアジトのBプロデューサーだけが「仮名・首なし・音声変更」だった。仮にプライバシーの保護というなら、局Pや日本テレワークの古賀Pはいいのか。これは本人の希望なのか、局の意思なのか、それとも本人は顔出しを望んだが局はこうした判断を下したということか、その説明はない。

もう四半世紀も前、ADである自分の名前が初めて番組に出たときのことだ。田舎の両親がエンドロールを見て喜んでくれた。高校教師から「番組を作る」という、両親にとっては雲をつかむような仕事へと転職した息子を心配していたからだ。当時のプロデューサーだった大先輩にそのことを告げると、「そりゃよかったな」と返事があり、同時に制作者として番組に名前を表示することの意味を諭された。あれは自分が作ったものに対する「誇り」と「責任」を表明するものなのだ。名前をさらして仕事をすることの 怖さを 自覚すべし、と。

アジトのAディレクターもBプロデューサーも、当然「あるある」では名前を表示して仕事をしていた。彼らはこの画面上の〝処理〟をどう思っているのか、気になったのだ。

検証番組もまた一つの番組である以上、すべての画面に映し出されるものの背後には、作り手・送り手の〝意思〟や〝意図〟がある。意思や意図を現実化するのが〝演出〟であるならば、この「仮名・首なし・音声変更」にどんな意図があるのか、制作した関西テレビの考えを聞きたかった。

誰が、何を間違えたのか

番組の中で、Aディレクターは何回か話をしている。しかし、ほとんど同じ内容の繰り返しに過ぎない。いわく「面白く、わかりやすく、インパクトのある、魅力的な番組にしようと思った」。テレビ番組の制作者、中でもバラエティや情報系番組であれば、ほとんどの作り手がそう思っている。当たり前のことだし、そう思うこと自体は間違っていない。でも、だからといって、ほとんどの作り手は捏造を行わない。

いや、捏造まではしない。番組を「面白く、わかりやすく、インパクトのある、魅力的なもの」にするために捏造へと一気に飛んでしまう心理、捏造が出来てしまう感覚が知りたいのだ。

しかし、Ａの答えはこうだ。「スタッフはみんな頑張っていた」、そして「自分も頑張った」。でも自分は「頑張り方を間違えた」。しかも、その原因を問われると「わからない。僕の人間性かもしれないし、モラルの低さかもしれないし、環境がそうだったのかもしれないし……難しいですね」で終わりだ。

画面のＡには顔がない。だから表情は不明だ。音声も変えてあるから声の表情もわからない。だが、どうやらこれが本心、これがすべてのようだ。というより、実際にこの程度の自覚しかないのではないか。そう思ったときの、何とも言えない情けなさ、拍子抜け、落胆……。

いわゆる孫請け（「下請け」同様、嫌な言葉だ）と呼ばれる再委託制作であろうと、ＶＴＲのみの担当であろうと、曲がりなりにも日曜夜・ゴールデンタイム・全国ネットという番組の作り手のはずだ。ところが、ここには捏造という行為が、テレビだけでなくメディアそのものにとってどれだけ大きな罪か、命取りになる〝禁じ手〟かという認識がない。その認識がないから、捏造に対する心理的な葛藤や苦しんだ様子も見えない。まるで日常業務の報告を聞いているかのようだ。Ａの口から「なぜいけないんですか?」「バレたからですか?」という言葉が出ても不思議ではないほど淡々としているのが異様だった。

捏造という名の「やらせ」

「やらせ」に関する議論の際、いつも思い出すのは、以前、同志社大学の渡辺武達教授が示した「マスコミ的やらせ」の分類だ。

〈世間を誤って導くための制作意図〉
〈内容の誇張表現〉
〈個別事項の間違い〉
〈編集上の意図的な事実の削除〉
〈ないことをつくりあげる捏造〉
〈事実の脚色と歪曲〉
〈全編の虚偽や偏向〉

ひと口に「やらせ」といってもこれだけのタイプと度合いがある。中でも「事実にないことをあるかのように作り上げる」捏造という行為は「やらせ」の〝最右翼〟だ。

また、演出家の今野勉は、かつて「捏造のやらせ」が許されない理由として、次の二点を挙げていた。

①視聴者に誤った情報を伝えることになる。また取材対象に

も迷惑がかかる。
②別の制作者に迷惑がかかる。
「あるあるⅡ」の「納豆ダイエット編」でも、納豆を求めてスーパーに走った視聴者や、取材に応じながら「言ってもいないこと」を画面上では言ったことにされた海外の研究者などに迷惑がかかっている。

さらに②に関しては、ある制作者が〝不当な方法〟で番組を作ってしまうと、同じテーマや内容をめぐって〝正当な方法〟で作ろうとしていた別の制作者は作ることができなくなるという指摘だ。たとえば、八五年のテレビ朝日「アフタヌーンショー」における「激写！ 中学女番長‼ セックスリンチ全告白」の〝やらせリンチ事件〟の後では、暴走族などの実態を まともに取材する番組を 企画することはできなかった。

また、九二年の朝日放送「素敵にドキュメント」の「追跡！ ＯＬ・女子大生の性24時」でのやらせが報じられた後、外国人男性との交際を望む日本人女性を描く番組を作ることは無理だった。だが、それ以上に、貴重なドキュメンタリー枠を失ったこと自体が、「別の制作者」たちにとっては一番の「迷惑」だったはずだ。

「やらせ」における当事者

ここで、ふと思い出したことがある。「素敵にドキュメント」のやらせが発覚した直後に、番組の案内役だった逸見政孝さんが番組降板の記者会見を行った。その際、逸見さんはやらせ行為への憤りを表明するだけでなく、知らなかったとはいえ番組の〝顔〟として誤った情報を伝えていた自らの不明を恥じていた。むしろ、その責任をとって番組を降りようとしていることが視聴者にも感じられた。

翻って、今回の「あるある」捏造問題では、出演者の声は聞こえてこない。ある出演者が「制作側から何の事前連絡もないままに、番組が打ち切りになった」というぼやきふうのコメントを発したことが報じられた程度だ。連絡がなかったこと自体は問題かもしれないが、それにしても単なる被害者意識しか読み取れない発言であり、逸見さんが抱いていた「伝える側」の一員としての責任感はないようだ。

ならば、タレントというより、普通の生活者として「納豆でダイエット」自体を信じられたのかどうか、聞いてみたい。いや、味噌汁やフルーツによるダイエットなどについても同様だ。自分は信じていなかった、もしくは信憑性を疑っていたが、視聴者に向かっては香具師の口上のごとき呼び込みを行ったのか、どうか。今回の問題では「スポンサー企業と出演者はともに被害者」が前提であるかのような雰囲気があり、それが当初から気になっていたのだ。

なぜ「捏造」が行われるのか

さて、元に戻ろう。制作者が「捏造によるやらせ」という、あまりにリスクの高いはずのルール違反に走るのは、なぜなのか。

今回のAディレクターや、彼から捏造を告げられて何の処置もしなかったBプロデューサーにその自覚があったかどうかはともかく、明らかなのは、制作者にとって二つの「得るもの」があるからだろう。一つは番組という「作品」を作ることで得られる〝評価〟であり、もう一つは番組という「商品」を生み出すことで得られる〝報酬〟である。

実際に、「発掘！あるある大事典」外部調査員会が提出した報告書によれば、Aは関西テレビと委託制作会社である日本テレワークの担当者から「有能なディレクター」という高い〝評価〟を得ていた。

ただし、その理由は「ダイエット番組で高視聴率が取れる」という一点だ。捏造さえ明らかにならなければ、もっと言えば『週刊朝日』という〝外部〟からの追及さえなければ、今もAは有能な作り手という〝評価〟の下に「あるある」を作り続けていただろうし、それなりの〝報酬〟を手にし続けていたはずだ。

だが、忘れてはならないのは、この番組から〝報酬〟を得たのはAだけではないということ。AやBを抱えるアジトも、アジトに再委託していた日本テレワークも、テレワークに業務委託していた関西テレビも、広告代理店である電通も、全国で放送していたフジ系列各社も、さらには広告効果が期待できる高視聴率番組を提供していたスポンサーの花王も、それぞれに利益という名の〝報酬〟を手にしていた。それは捏造に対する認識の有無とは関係のない事実だ。

同時に「面白くて、わかりやすくて、インパクトがあって、魅力的で、かつ高視聴率でもある情報バラエティ番組」に携わる者、関係する会社という〝評価〟も得ていた。この評価は「ビジネスとしての放送」という意味では極めて有効に作用する。

〝事件〟は現場で起きている

調査報告書によれば、関西テレビに入ってくる「あるある

Ⅱ」一本の制作費は三二〇五万円。そこから局P費を引いて、テレワークに渡されるのが三一六二万円。さらにテレワークからVTR制作費としてアジトに行くのが八八七万円で、これは全体の二八%に過ぎない。テレワークの手元には二二七五万円が残るわけだが、堺正章など〝大物タレント〟をはじめとする出演者のギャラやスタジオ収録の費用を考慮しても、決して少なくない利益が出る金額だ。

一方、アジトなど再委託制作会社のほうは、そうはいかない。ゴールデンタイムの一時間番組のためのVTRとなれば、それなりの質と量とが求められる。「あるある」で定番となっていた実験や海外の研究者への取材もある。リサーチ、撮影、編集、仕上げ。サブ出し用VTRもナレーションやテロップが入った完パケが原則だとすれば、スタジオ収録後の再編集にも手間と費用がかかる。さらに調査から仕上げまでの期間が数か月。専従スタッフが何人か必要であり、彼らは掛け持ちも難しい。人件費がかさむ。そう考えると、一本当たり八八七万円という数字は決して十分ではない。

しかも、制作費は前払いではなく、放送後しばらくたってからの支払いだ。多くの制作会社は銀行から借金をしながら制作作業を行う。完成して放送しなければ回収不能であり、制作途中で「やはり納豆にダイエット効果はない」とわかっても、簡単に引き返すことが出来ない。小規模の制作会社にとっては死活問題だからだ。

加えて、「いい結果(高い視聴率)」を出すことが求められる。「あるある」の再委託制作会社は九社。いわば互いにライバル関係であり、「面白くて、わかりやすくて、しかも高視聴率」な番組が作れなければチームから脱落する可能性もある。そんな環境の中で、今回のような常識を超えた「作り」が行われていた。

もちろん、これらが捏造の言い訳にならないのは当然のことだ。Aディレクターや Bプロデューサー個人の、作り手としての〝特異性〟は明らかだ。ただし、その特異性が、「あるある」の制作環境から生まれる強い「現場のプレッシャー」によって増幅されたこと、また、この構造が「あるある」だけのものではないことを認識しておくべきだ。「放送という名のビジネス」に重点を置く視聴率優先主義と、それを基盤とした番組制作の構造、さらに格差社会の縮図のごとき制作現場の実態が変わらない限り、捏造というテロ行為は今後もなくならない。

そして、何より残念なのは、こうした問題が発覚するたびに、表現の自由や放送の自由を縛りかねない管理体制の強化や公権力の介入が進むことだ。テレビが自らの首を絞め続ける事態は、もはや終わりにしなければならない。

（うすい・ひろよし）一九五五年長野県生まれ。慶應義塾大学卒業。千葉商科大学大学院博士課程修了。博士（政策研究）。八一年テレビマンユニオンに参加。代表作に「人間ドキュメント・夏目雅子物語」など。番組制作と並行して九四年より大学の教壇に立つ。慶大助教授を経て現職（メディア論）。著書に「テレビが夢を見る日」「テレビの教科書」他。

解題

ドキュメンタリーやバラエティ番組における「やらせ」や「捏造」は事実を歪曲して伝える。論考は、そういったやらせの根本には、顔の見えない番組づくりがあると指摘する。「発掘！あるある大事典II」（関西テレビ）で放送された納豆のダイエット効果をめぐる捏造問題の背景を検証し、番組制作の現場に、番組評価のゆがみ、産業構造の問題点、制作者への当事者意識の希薄化を見てとる。今回の問題が氷山の一角であることを突く。（中町綾子）

特集：丸ごとわかる！　マスメディア集中排除原則

崇高な理念と利害の狭間

立教大学社会学部助教授
砂川浩慶

国民に放送を最大限に普及させ、表現の自由が確保できるための「マス排」。ただ、この崇高な理念も「例外」により厳格に運用されることがなかった。さらに放送法改正案で盛り込まれたのが、「認定放送持株会社」の導入。経営の視点のみの改正で、放送はどうなる？

『GALAC』2007年7月号

現在、放送法改正案が国会に上程されている。五月中旬の執筆時点で審議スケジュールは定かでないが、民放関係が、本稿のテーマである「認定放送持株会社制度の導入」「再発防止計画の提出の求めに係る制度の導入」「スカパーなど有料放送管理業務の制度化」「ワンセグ放送の独立利用の実現」「委託放送事業の譲渡に伴う地位の承継規定の整備」「有料放送の料金に関する規制緩和」の六点、ＮＨＫ関係が「経営委員会の権限強化など、ガバナンスの強化」「番組アーカイブのブロードバンドによる提供」「新たな国際放送の制度化」「命令放送制度の見直し」の四点、というのが改正案の項目である。

多くの問題があるが、最大の問題は「再発防止計画の提出の求めに係る制度の導入」。関西テレビの「発掘！あるある大事典Ⅱ」の捏造問題を契機に、菅義偉・総務大臣がねじ込んだ規定である。もともと、今回の放送法改正は、竹中平蔵前総務大臣による「通信・放送改革」路線を受け、受信料義務化をはじめとするＮＨＫ改革が〝目玉〟となるはずだが、ＮＨＫが今年九月に経営計画の見直しを発表することで、義務化議論は先送りとなった。そこで起こった「あるある問題」を奇貨として、急きょ盛り込んだ案文である。

　この案文は憲法違反ともいえる、稀代の悪法だ。一番の問題は、総務大臣が「事実」を認定する恐ろしさだ。しかも、報道、ドラマ、バラエティ、スポーツというすべてのジャンルへの適用を菅総務大臣は明言している。憲法二一条の表現の自由、放送法の番組編集の自由との整合性もない。行政によって「事実」認定が行われ、再発防止計画の提出命令が乱発されれば、権力監視というマスメディアの最重要機能が削がれることは自明である。「あるある問題」に象徴される放送界の問題は自主・自律の目的に則し、自主的に解決されるべきであって、法改正で正される問題ではない。問題のすり替えなのだ。

マスメディアの機能を弱体化させることは、五月十四日に成立した国民投票法でのメディア規制も含め、安倍政権の狙いがどこにあるかを物語る。「この道はいつか来た道」にならないためにも、この条文の改正は認めてはいけない（問題点の詳細については『新聞研究』二〇〇七年五月号の拙稿「表現の自由脅かす権力の介入」をご覧いただきたい）。

〝崇高な理念〟をもとに創設

さて、「マスメディア集中排除」原則である。「言葉としては、知っている。しかし、中身は良くわからない」という放送関係者の声をよく聞く。

筆者も「放送法のどの条文かわからない」との質問をよく受ける。①マスメディア集中排除の制度構成　②運用経緯　③持ち株会社制度導入の影響の三点について、説明していきたい。

まず、「制度構成」だ。マスメディア集中排除を具体的に規定しているのは、総務省令である。従って、放送法をいくら読んでも明文規定はない。

しかし、放送法には根拠となる規定がある。第二条の二の放送普及基本計画の2項1号である。そこには「放送を国民に最大限に普及させるための指針、放送をすることができる機会をできるだけ多くの者に対し確保することにより、放送による表現の自由ができるだけ多くの者によつて享有されるようにするための指針その他放送の計画的な普及及び健全な発達を図るための基本的事項」（傍線、筆者）と定められている。

国民に放送を最大限に普及させ、表現の自由が確保できるための指針という〝崇高な理念〟が「マスメディア集中排除」なのである。

具体的には、「免許」による地上波とBSアナログ放送（ハード・ソフト一致型の放送）は、電波法に基づく「放送局の開設の根本的基準」（以下、根本基準）第九条（放送の普及）、「認定」によるCS・BSデジタル放送（ハード・ソフト分離型）については放送法施行規則第一七条の八で定めている。一般放送事業者が対象なのでＮＨＫは適用が除外される。ＮＨＫの保有チャンネルを考えるとき、マスメディア集中排除と公共放送のあり方は大きな問題だが、制度上、分けられているのだ。

具体的には、複数局支配の禁止とその例外を定めている。複数局支配とは「経営支配」を指し、中波ラジオ・テレビ・新聞の三事業の禁止、代表役員・常勤役員の兼務、二〇％以上の役員の兼務、議決権（株式）保有の一定割合となる。

もともと、一九五〇年の電波三法（放送法・電波法・電波監理委員会設置法）に基づき、いまはなき電波監理委員会規則として制定されたのだ。その後、三事業支配だけでなく、ＢＳとの関係、ＣＳとの関係、果ては電気通信役務放送事業者との関係など、膨大な順列組み合わせによる〝例外〟が存在することになり、「総務省内でも詳細を把握しているのは数人」（元郵政省職員）という状況になっている。

厳格な運用なき原則

崇高な理念に基づき、制定された「マスメディア集中排除」原則であるが、厳格に運用されることはなかった。それを可能にしたのが、例外の例外規定である。

根本基準九条三項にある「ただし、当該放送対象地域において、他に一般放送事業者、新聞社、通信社その他のニュース又は情報の頒布を業とする事業者がある場合であつて、その局が開設されることにより、その一の者（その一の者が支配する者を含む。）がニュース又は情報の独占的頒布を行うこととなるおそれがないときは、この限りでない」という規定だ。これは一九五九年に財界の肝いりでフジテレビが設立された際に入れられた規定といわれている。

わかりやすくいえば、「東京には新聞も放送局もたくさんあるのだから、三事業支配をしてもいいでしょう」というもの。しかも、その後の国会答弁では、少数チャンネル地区で政界や財界のボスが握っていた、山形、山梨、福島なども、この規定で適用除外としている。「おそれがない」という行政裁量で適用が見送られたのだ。

未だ二局地区の山梨が適用除外なのだから、逆の見方をすれば適用を受ける地区はどこ？　ということになる。

放送局は、全国紙、地元財界、中央・地元政界、キー局の利害を郵政省（当時）が調整したうえで、設立される。一本化調整といわれる作業の中で、株式比率を決め、役員を決めてきた。一九七五年に実施された、田中角栄元首相による、ローカル局から物申す！

地域・地元のための局であり続けたい。

北海道放送代表取締役社長 **長沼 修**

マスメディア集中排除原則緩和は、方向性としてはいいと思いますよ。ローカル民放を救う効果があるのは確かでしょうから。だけど、東京から流れてくる番組の中継局で良しとするなら、救ってもらう意味があるのかどうか。

誰のための放送局・ローカル局なのかといえば、地元の視聴者のためでしょう。私たちは地域文化の創造、地元情報の発信に貢献できる局でありたいと思っていますし、それをどうやって維持していくかに注力しています。

多くの番組の発局であり関東ローカル局でもあるキー局とは同じ目的を共有していますが、場合によっては意見や立場が異なるケースが出てくるかもしれません。同じ系列でも、それぞれの局が地元の報道・言論機関ですし、地方の文化・風土も違います。異なる言論が飛び交うのは、NHKにはない民放の良さではないでしょうか。地方分権が本当に大きな流れになっていくならば、放送局も同じ流れの中にあると考えます。

民放ローカル局は、スポット収入という効率のいいシステムで収益を上げ、それをローカルのニュースやドラマ、バラエティなどの番組、時にはイベントにつぎ込んできました。スポット収入があるからこそ、ローカル局のアイデンティティを確立できたのです。ある意味健康的な仕組みだったんですね。

それが地域経済の低迷と多メディア・多チャンネルで右肩下がりの状況になっています。デジタル投資に加えサイマル放送のための回線費用の増加などが続けば、ローカル民放の独自性の保持は難しくなります。中継局の多い北海道にとっては、電波利用料の値上げも痛手となります。地上デジタルで空いた帯域、跡地を利用する携帯電話会社等は、それによって大きな利益を得られるわけですから、ぜひそんな事情を考慮していただきたい。

携帯はテレビ受像機に匹敵する大きなメディアになる可能性があり、ワンセグ放送などを通じデジタル化のメリットを生み出すことが、ローカル編成の充実と並ぶローカル民放局のもう一つの課題だと考えています。

全国紙・東京キー局・大阪準キー局の〝腸捻転〟解消という荒業もその例だ。

このような一本化調整の経緯に目をつぶり、放送局が法令違反を行ったと騒いだのが、二〇〇四年から〇五年にかけての「マスメディア集中排除原則の適用違反」。多くの放送局が不適切との行政指導を受けたが、そもそも一本化調整を行ったのは行政であり、自らの責任にはまったく触れないことに唖然とした。

放送行政の歴史をたどれば、必ず重要事項として出てくる「マスメディア集中排除原則」であり、これを議題として数多くの行政の研究会が作られたが、このような運用では、崇高な理念が現実化するわけもなかったのだ。

しかも、結論的には株式比率という単なる数合わせの論理に終始してしまい、放送界の構造的な問題改善は常に先送りされてきた。経営危機に陥ったローカル民放同士の資本統合など、病人と病人が一緒になるとなぜか健康になるといった机上の空論で作られた制度では誰も使うことはできないものである。

そして、持ち株会社制の導入

私は二十年以上、放送行政をウォッチしてきたが、その実感で思うのは、民放において「東京キー局とそれ以外の放送局は制度上も別にすべき」との考え方である。

民放テレビの売り上げ（営業収入ベース）の約六割弱を五社で占め、残り四割強を残りの一二二社が分け合う図式であり、五社のシェアはさらに強まることが予想される。

しかも、いまや系列のBS民放のみならず、WOWOW、スカパーの主要株主、CSの各チャンネルなど、キー局の進出は目覚ましい（すべてマスメディア集中排除原則にのっとって行われているが）。

これを「関東広域圏を放送対象地域」とする民放局と捉え、他の放送局と同列の規制を行うのは無理がある。IT業界が狙うのが、キー局ばかりなのもそれを裏付ける。キー局とローカル局を分けて論ずるべきなのである。

そのような中で、放送法改正案に盛り込まれたのが、「認定放送持株会社」の導入である。総務大臣が①外国法人でないこと　②電波法・放送法等の違反歴がないこと　③収支見込みが良好であること　④放送事業者でないこと　⑤子会社である放送事業者の資産合計が総資産の五〇％超の株式会社であることなどを審査し、「認定」を与える。外資についてには従来同様の二〇%までの出資比率とし、これを超える場合には名義書き換えの拒否権を与える。

マスメディア集中排除については緩和し、複数の地上放送局の子会社化が可能としている。また、ＢＳへの出資は完全子会社化（一〇〇%出資）が可能だ。

要するに、東京キー局中心の「認定放送持株会社」を作り、ＢＳやローカル局に合法的に資金が流れる仕組みを作ろうとの考えだ。先述したように、放送局設立にはそれぞれ故事来歴があり、各系列ごとに事情も異なるが、「行政は仕組みを用意したので、後はどうぞ」という態度が透けて見える（完全子会社化の上限などは今後定めるとされている）。

総務省の資料によれば、導入趣旨は「経営の効率化、資金調達の容易化等のメリットを有する『持株会社によるグループ経営』を放送事業経営の選択肢とするため、放送持株会社制度を導入する」とされており、まさに経営の視点からのみ考えられた制度である。

これまた総務省の別の資料では、マスメディア集中排除原則の意義について、「多様性、多元性、地域性の確保」がうたわれている。この考え方と持ち株会社制導入とどのような整合性があるのか。

私が「キー局とローカル局を制度上、区別すべき」と主張するのは、まさに、この多様性、多元性、地域性が確保できる制度が必要だからである。持ち株会社制のメリットとデメリットについて、十分な議論が行われたのかは大いに疑問である。

経営効率を求めることで失うものがあることを十分に吟味する時間が必要だ。そのためにも、放送法改正が審議未了廃案となることを、強く求めたい。

（すなかわ・ひろよし）一九六三年生まれ。八六年早稲田大学卒業後、日本民間放送連盟に入り、放送制度、著作権、地上デジタル放送などを担当。二〇〇六年四月から現職。

（ながぬま・おさむ）一九四三年生まれ。札幌市出身。六七年北海道大学卒業後、北海道放送入社。ＴＢＳ系「東芝日曜劇場」枠を中心に数々のドラマを制作。九一年報道制作局テレビ制作部長、九四年報道制作局次長、九七年社長室長、九九年常務取締役。二〇〇〇年から現職。ローカル局では数少ない生え抜きの社長である。

解題

特集「丸ごとわかる！　マスメディア集中排除原則」の中の一本。放送の普及と表現の自由の確保を目指したはずの〝崇高な理念〟が、「例外規定」によって骨抜きにされ、厳格な運用とは程遠いものとなっていることを論じている。その上で、砂川は「東京キー局とそれ以外の放送局は制度上も別にすべき」という刺激的な考え方を示す。キー局とローカル局の関係を踏まえたこの提案もまた、本論文がもつ価値である。（碓井広義）

特別対談

特集：これでいいのか　テレビドラマ?

リメイクするより、いまを撃て!

『GALAC』2008年１月号

鶴橋康夫 vs 金子修介

**テレビドラマが精彩を欠いている。
連続ドラマが高い視聴率を誇った時代は過ぎ去り、2時間ドラマの放送枠も激減。
「見るドラマがない」の声も聞こえてくる。
若者と数字を追いかける風潮の中で、ドラマは大きな迷路に迷い込んでしまったのか。
テレビドラマの顔・鶴橋康夫と、映画監督でドラマを手がけたばかりの金子修介が、
ドラマの現在を巡ってバトルする!**

最後の砦はWOWOW

鶴橋　「結婚詐欺師」はどんなふうに話が進んだの?

金子　二〇〇七年の二月にWOWOWのプロデューサーから原作が送られてきましてね。脚本は福田卓郎君で行きたいというんです。福田君は「就職戦線異状なし」で僕と組んだ際に映画デビューさせた脚本家。それ以来一緒に仕事はしてなかったんですが、彼の劇団の芝居は見ていました。三月から脚本作りを始め、六月くらいに完成。八月の猛暑の中で撮影しました。

配役は結婚詐欺師に加藤雅也、詐欺師を追いかける主人公の刑事が内村光良。かつての恋人が詐欺師に引っかかり、刑事が逡巡するところがドラマの焦点です。元恋人役の鶴田真由をはじめ、東ちづる、星野真里、夏樹陽子、秋本奈緒美といった熟女が次つぎにだまされていく。

自分ではそういう気はないのですが、僕はロリコンとか少女好きとか言われることがあるので（笑）、今回は熟女路線でやってみました。

映像化で一番気をつけたのは、だまされる女性がバカに見えないことですね。加藤さんにも「その瞬間は恋愛」という感じでやってくれと。詐欺師は動きのあるカメラで、片や刑

事は地味に暗く、固定メインで撮影しました。

鶴橋　内村さんと加藤さんじゃ、両極みたいな芝居の質でしょ。そうでもない？

金子　そうですね。加藤さんがとても楽しんでやってくれて。内村さんも基本的には楽しんではいるんだろうけど、元恋人を寝取られたり、始終ジトジトじめじめ暗い気持ちにさせられて、毎回辛かったと言ってましたよ（笑）。

鶴橋　ＷＯＷＯＷ、いいよね。映画でもない、テレビでもない、摩訶不思議な実験ができる。

金子　でもひとつだけ不満が……。プレッシャーが全然ないというか、勝負勘がないというか。映画だったら、当たるか当たらないかですごくドキドキするし、テレビのオンエアなら視聴率が気になるし。ＷＯＷＯＷはそういうところから切り離された存在というのかな。

鶴橋　僕はＷＯＷＯＷでは「ぶるうかなりや」をやらせてもらった。脚本家・野沢尚への鎮魂歌だった。彼の遺作になった「砦なき者」は、報道被害を告発する青年が、キャスターの殺害を自分の信者に命じる話で、「テレビは視聴者の正体を掴めない。いくら引き金を引いても命中したような気がしない」と焦れる野沢のテレビ論でもあった。

彼の突然の死で、僕は放心状態になった。僕は何すればいいんだ？　と。そこで彼の兄貴分である池端俊策に泣きついたんだ。

池端は「不器用な父親とそのせいで失語症になった息子の話をやりましょう。題名は〝ぶるうかなりや〟。野沢は青い鳥だった……」と、宮沢りえ、柄本明を道案内に大人の寓話を書いてくれた。スタッフ、出演者みんなで野沢に花を手向けることができた。それをＷＯＷＯＷが買ってくれた。

嬉しかったね。僕たちが帰るところは、ここしかないのかもしれないと思った。民放育ちの僕にはＣＭのない時間も潤沢だった。

ＷＯＷＯＷのようなところで人や作品が育つ。それが地上波や映画につながるんだと思うね。実際、その直後に舞い込んできた映画の話が「愛の流刑地」。ＷＯＷＯＷで、ＣＭのない映画の勉強もしていたことになる。

苦労した「天国と地獄」

――乃南アサの「結婚詐欺師」は有名な小説なのに、なかなか映像化されませんでしたね。

鶴橋　「詐欺」って地上波ではヒットしないというジンクスがあるんだよ。行為自体がおどろおどろしいし、依存願望というか、誰もが持っている卑しい顔を、凹凸の激しい鏡で見せられたような気分になるのが嫌なんだろうね。

僕も井上光晴さんの「結婚詐欺」とかで何度もトライしたけど実現しなかった。地上波でも映画でもダメ。それができるのはWOWOWしかないと思うよ。


金子　確かに詐欺師は日本映画でも鬼門のひとつで、コケた映画の歴史が……。

主役の刑事・内村さんは、詐欺師は捕まえたけど、自分が負けたような気がするところで終わるんです。僕は今まで映画を作ってきた中で、主人公が負けた感じがする幕引きはやったことがなかった。お金を払って見るお客さんには、イヤな感じで小屋を出て行ってほしくないから、爽やかに終わらせたい。

ところがこの作品では、それが必要なかったということもあって、今までと別な面が出せたかなとは思います。そのあたりをWOWOWの目の肥えたお客さんはどう見るんでしょうか。


鶴橋　金子さんがそんなふうに送っていた頃、僕は「天国と地獄」の夏だった。話は「愛の流刑地」と同じ頃に来た。

「愛の流刑地」は楽しかったけど、黒澤組って一筋縄ではいきませんよ。着想の妙、日常を描きながら異界を垣間見る跳躍。なんてったって哲学、思想の映画なんですから……と頭では断りながら、「砦なき者」を成立させてくれたテレ朝の命令に逆らえるはずがない。

黒澤組の発見や発明、匠の技を凌駕するのはもう至難の業。佐藤浩市、鈴木京香、阿部寛、妻夫木聡といったキャストの存在感と演技力、スタッフの想像力に賭けるしかなかった。

横須賀の麻薬窟だってすでにない。麻薬の受け渡しはどうするのか。新宿の迷路を歩いてみる。外国人が近づいてきて、「お兄ちゃん、要る?」と口を開ける。覗くと親指の爪状の銀紙が両頬に挟まれていた。中味は麻薬だ。飲み込めば証拠は無くなる。こんな方法があったのか。銀紙に包まれた麻薬をキスを装った口移しで受け渡してみようと。教えてくれた売人に僕は感謝した（笑）。

金子　シナリオはあんまりいじってはならないということだったんですか?

鶴橋　いや、自由にどうぞ、と。しかし自由にどうぞが一番きつい。黒澤さんが見てくれたら、どういう感想を持ってくださったか……。僕にとっては精一杯のオマージュだね。

リメイクは不健全だ！

金子　黒澤作品は五歳くらいの時、「椿三十郎」を見たのが最初です。最後の血が吹き出るところをもう一回見たくて、映画館を出ずに親にねだってもう一回アタマから最後まで見ました。自分じゃ覚えてないんですが、「お見事！」ってセリフを加山雄三が言う前に叫んでしまって、周りには顰蹙だったらしいですが（笑）。

　最初に自分でお金を出して黒澤映画を見たのは中学生の時の「どですかでん」。その後、大学時代にほとんど全作見ましたね。助監督になって初めての給料で買ったビデオデッキで「天国と地獄」のオンエアを録って、セリフを書き写したりして、だから内容をはよく覚えてるんです。鶴橋さんの作品を見ながら、黒澤さんも鶴橋さんも、「どっちも負けるな」(注)みたいな気持ちで見てました。

鶴橋　最初っから負け戦だもん。でも、幼友達には初めて誉めてもらった。目を背けたくなるシーンもないし、観念的な因果関係の説明もない。だから見やすかったらしい。めずらしく尺もぴったりだった。詰めると時間が足りなくなるからのんびり繋いだ。絵がチカチカしない分、安心して筋を追えたんだろうね。その幼友達たちが言うには、「柳の下のどじょうで『羅生門』とか『野良犬』をやれ」と。やめたほうがいいよね。リメイクはあくまでリメイクだもん。まして黒澤映画を分解、解析していくのは、映画作りの神髄に触れることになるから、身が縮まる。なんだか、切ないよ。

　金子さんはリメイクをどう思う？

金子　まず話が来ないですからね（笑）。森田芳光監督が「椿三十郎」をリメイクするってのは、カラーで織田裕二でやるっていうのはお客目線ではいいのかなと思うんですが。果たしてそれが自分のところに来たとしたら、ヨシやってやろうという気持ちになるのかどうか。ちょっと疑問です。

　ゴジラのリメイクなら、昭和二十九年の「初めてやってくるゴジラ」なら面白いかな。アメリカで「キング・コング」がリメイクされて、時代設定を古くしてますね。ゴジラも昭和二十九年に戻ってやるというなら面白いリメイクになるかもしれない。でもマニアックすぎて、お客は集められないかも（笑）。

——リメイクや再現ドラマが流行るというのは、視聴者のニーズもあると思うんですが。

鶴橋　視聴率は取れるんだ。ただ、ある階層はあらかじめ「批判しよう」と思って待ち構えている（笑）。あの黒澤をリメイクするなどナンボのもんじゃお前はと。その批判にも堪えなくてはならない。リメイクって意外と煩雑。できればリメイクじゃない別のもので説得できればいいってことだよね。もっと面白いぞってものを出していければいいんだ。

前にも「新車の中の女」をリメイクしませんかって話があってね、それって不健全だと思う。

金子　僕にも「１９９９年の夏休み」をリメイクしないかって話があったけど、やっぱり積極的に進めたい気にはなりませんでした。おっしゃるとおり不健全というか。

鶴橋　ようするに「一回やってるから安全パイ」って発想。これって卑怯だろ？　ただ、たまに「白い巨塔」みたいな例もある。井上由美子が書いた第一話は素晴らしかった。原作とのあわいみたいなところでドキッとさせてくれた。だから全面的に否定はできないけど。

「死」との距離が変わった

鶴橋　金子伝説のひとつに、ミニチュアが好きで、家には石破茂防衛大臣なみのコレクションがあるとか？

金子　それほどかどうかはわかりませんけど、確かにミニチュアは好きで、かわいいミニチュアなんかあると、つい買ってしまったりすることはありますね（笑）。

鶴橋　僕は悪いけど、一途だからね、映像に。趣味ひとつないよ。

金子　フィギュア見て、グッと来ないですか？（笑）。

鶴橋　来ない来ない。「デスノート」に死神が出てくるでしょう。ああいうの僕は撮れない。金子さん、死神に会ったことある？（笑）。

テレビジョンの語源はギリシャ語で「遠くのものを見る」ということらしい。で、一番遠いものは何か……「心」じゃないか、人間の。僕はそう思いながらずっと作ってきた。だから僕のドラマはどこかドキュメンタリーなの。

学生時代に安保闘争があったんだけど、機動隊の後ろと学生の後ろにいるカメラとでは映るものがまるで違った。しかも、小型カメラが衝突の真ん中で両者を舐めるように撮っている。テレビって不思議な存在だと思ったね。あっちからもこっちからも撮りまくったら、その隙間から人間の心が読めるかもしれないな、と。だから僕のは一種の個人的ドキュメンタリーで、ミニチュアの世界にはなかなかいけない。

金子　首相をお辞めになる直前の安倍晋三さんに、官邸でお目にかかる機会があったんです。「ものづくり日本大賞」の審査員を頼まれて、その授賞式で。「映画監督の金子です」

と自己紹介したら、安倍さんにどんな映画を撮っているのか聞かれた。「デスノート」とお答えすると、それはどんな映画で？　死神のノートのことで、名前を書くとその人は死ぬんですといった瞬間、パッとイヤな顔をされてそっぽを向かれてしまった（笑）。あーあ、「ガメラ」の話にすればよかったなって。その瞬間をテレビが映してたら面白かったと思いますけどね。

テレビの作法と勝負する

鶴橋　金子さんが最初にテレビドラマを作ったのはいつ？

金子　一番最初にテレビを撮ったのは一九八五年、フジテレビの月曜ドラマランド「ザ・サムライ」でした。当時のプロデューサーとの関係はというと、僕が出入り業者のような感じ（笑）。覚えている中で一番嫌だったのは、ラストを差し替えられたこと。ラストはワンシーン・ワンカットで、主人公二人がタイムスリップで江戸時代に飛んでしまってズームバックしてゆく、そこにローリングタイトルを乗せて完成し納品したんですが、突然「エンディングはおニャン子クラブ」という方針に変わって、おニャン子の面々が水着姿ではしゃぐ上にローリングタイトルを乗せるよう変更させられた。

鶴橋　それは悪かったね（笑）。

金子　翌年は同じフジテレビの木曜ドラマストリートという枠で「マイフェアレディーズ」というのを撮りました。柴田恭平主演で、田中美佐子が元娼婦でお嬢様という物語。撮ったあと、木曜ドラマストリートは八時からだったんですが、「これは八時台のノリじゃない」といわれてお蔵に入ってしまった。

鶴橋　それも悪かった（笑）。

金子　十二月三十日の深夜に突然オンエアされて、それでも一〇％以上とったって喜んで電話かかってきた。そういうことが重なって、もう一回ＴＢＳでドラマを撮ろうかって時に、梶芽衣子のキャスティングが不足だと言われ、クランクインが延びてしまったんです。そのために、別に決まっていた映画の企画に重なって、そのドラマはやれないままで終わって、以後十七年間、テレビをやっていませんでした。十七年ぶりに撮ったのはテレビ朝日「スカイ・ハイ2」。それは楽しい思い出になりました。

鶴橋　いろいろ申し訳なかった。多少、力関係がよくなったのか（笑）。僕も四十年、そのテレビ局にいたわけだから。金子さんもたいへんだっただろうが、社内ディレクターでも大変なんだよ。

金子　今言ったようなことは、テレビ局の社員でも日常茶飯事なんですか？

鶴橋　おんなじ。

金子　ローリングタイトルを差し替えられたくらいで怒っていたらいけないんでしょうが、一番の狙いだったのに、なぜそこでおニャン子クラブなのかって。

鶴橋　甘受するしかないね。揉めたら切りがない。暴力、性的描写、差別問題……、規制の中に自由があると思うしかないんだ。

「永遠の仔」で少女に全裸で走ってもらおうとした。美しいと思ったからね。でも駄目なんだ。少女の全裸は、罰金三〇〇万円、懲役三年以下だと考査課の人がいう。「刑務所には入りたくないでしょう？」と。全面再編集。同じ量のカットを使っているんだけど、並べ方でころっとイメージが変わる。見切り千両だ。

ドラマの半分以上を映画の人が作っていた時期がある。テレビは映画人に助けてもらってここまで来た。彼らは二言目には「本編では」とおっしゃる。じゃテレビは予告編なのかとテレビ大好き人間としてはムッとしたこともある。映画は一流、新興のテレビは二流と思われていた。その確執や蔑視がいつの間にか溶けて、今は、放送人が映画に流出、テレビのような映画が上映されている。

テレビからドラマが消えてゆく

――二〇〇八年のドラマ。どうなっていくでしょうか。

鶴橋　今は漫画の原作が主流になっている。漫画の良さは裏文化独特の背徳や殺気にある。淫してページをめくり、突飛な発想に脱帽する。二階堂正さんの「極楽町一丁目」「ムーさん」なんて、テレビ化を断固拒否しているようにも見える。裏文化だったはずの漫画を表に引っ張り出すと、その特異な面白さに頼りきってしまう。自分のほうに引きつけて再構築する技がないと、本当に〝漫画のような〟ドラマばかりになる。「デスノート」はアニメも映画も面白かったけど。

金子　「デスノート」みたいに刺激が強いものじゃないとダメなのかもしれません。死が身近じゃない分、それをドラマや映画が引き受けることが、この時代で受ける要素になっている。

鶴橋　僕は、人間、どっから来て、何処へ消えていくかという生と死を長い間描いてきたという気がする。今の漫画やドラマの死は、やや唐突で暴力的過ぎる……。僕が考えてきた生と死とはちょっと違う。

金子　僕の子どもの頃、漫画は生と死を忌避していた。死のイメージを漂わせないようにしていた。ところが今は、まずそっちを出していく。身近なところに死が見えないから。

鶴橋　僕たち世代の前に岡崎栄、和田勉、村木良彦、今野勉たちサラブレッドが走っていた。駄馬の僕は「ダバダダバダバダ」と追いすがればよかった。だから思う、一人の天才の登場ですべてが変わると。監督でもプロデューサーでも、役者さんでもいい。その天才を寄って集《たか》って育てればいいんだ。言いにくいけど、現状は現状として、やはり個人が頑張るしかない。テレビの劣化は、個人の劣化でもあるんだから。

　僕にとって二時間ドラマの衰退、連続ドラマの陳腐化は情けないし辛い。売れてる人を並べて、たいした訓練もないままに気が付いたら一クール。僕には恐ろしい坂道に見える。

　インターネットやケータイにいつの間にか食われていって、放送って一体なんだったのかという日が、このままでは来ると思う。テレビの劣化は、個人の劣化でもある。

　たまにラジオを聴くと、ＮＨＫの「ラジオ深夜便」で、認知症の女性に口紅を渡したら生き生きと元気になったというような話をやっていたりする。こういうのがドラマだよって思うもの。そういうのがテレビから少なくなってる。物語性もなくなってきてる。今のテレビだったら、国会中継のほうがずっと面白いだろ？　これって不幸だよね。

金子　僕は大河ドラマファンなんです。子どもが中三の男の子と小六の女の子で、僕が大河を見ていると散っていくんです（笑）。いま、お父さんが大河を見ていると家族が散っていく。昔はお父さんが大河を見ていたらみんなが寄ってきたのに。これは何とかしないといけない。

　今年は「篤姫」なので歴史を勉強させるために何とか見せようと思ってるんです。それが金子家の二〇〇八年のミッションです（笑）。

　テレビにあえて夢を描けば、大河を統括してやってみたいなという気はします。英雄三部作。三か月ごとに信長、秀吉、家康ってのどうですか？　とりあえず大河には、役者を選んで歴史上の登場人物にあうキャスティングにしてほしいと、お願いしておきたいと思います。

（注）「どっちも負けるな」は、劇中で三船敏郎＝佐藤浩市が子どもたちに言うセリフ

（つるはし・やすお）一九四〇年一月一五日新潟県生まれ。中央大学法学部卒。六二年読売テレビ入社、以後一貫してドラマ演出を手がける。〇三年読売テレビ退社、東北新社ＥＤに。〇五年芸術選奨文部科学大臣賞大賞受賞。〇七年紫綬褒章。テレビ作品に、「新車の中の女」（七六年）「五辯の椿」「かげろうの死」（八一年）「性的犯罪」（八二年）「仮の宿なるを」（八三年）「魔性」（八四年）「愛の世界」（九〇年）「性的黙示録」（九二年）「刑事たちの夏」（九九年）「永遠の仔」（〇〇年）以上読売テレビ、「砦なき者」（テレ朝、〇四年）「ぶるうかなりや」（ＷＯＷＯＷ、〇五年）「天国と地獄」（テレ朝、〇七年）ほか。映画作品に「愛の流刑地」（〇七年）。第二五回ギャラクシー賞特別賞受賞（八七年度）、第三七回ギャラクシー賞では「刑事たちの夏」で大賞受賞（九九年度）。

（かねこ・しゅうすけ）一九五五年六月八日東京都渋谷区生まれ。七八年東京学芸大学卒業、助監督として日活入社。八四年「宇能鴻一郎の濡れて打つ」で監督デビュー。八五

年六月日活退社。九五年ブルーリボン賞監督賞、ヨコハマ映画祭監督賞を受賞。九七年第一七回日本SF大賞受賞。主な映画作品に「1999年の夏休み」（八八年）「どっちにするの。」（八九年）「咬みつきたい」「就職戦線異状なし」（九一年）「毎日が夏休み」（九四年）「ガメラ大怪獣空中決戦」（九五年）「ガメラ2レギオン襲来」（九六年）「学校の怪談3」（九七年）「ガメラ3・邪神覚醒」（九九年）「ゴジラ・モスラ・キングギドラ大怪獣総攻撃」（〇一年）「あずみ2」（〇五年）「デスノート前編」「デスノート the Last name」（〇六年）。テレビドラマに「スカイハイ2」（テレ朝、〇四年）「ホーリーランド」（テレ東、〇五年）「ウルトラマンマックス」（TBS、〇五年）「結婚詐欺師」（WOWOW、〇七年）。

解題

一九九〇年代後半以降、テレビドラマの企画が映画化されるなどテレビと映画のボーダレス化が進んだ。一方でテレビドラマらしい表現が姿を消す傾向もある。映画監督がテレビドラマを撮り、ドラマの演出家が映画を撮る、そこに問われるのは何か。一線でドラマを作る映画監督とテレビ演出家のドラマ談義は、二時間ドラマの衰退、連続ドラマの陳腐化、WOWOWや大河ドラマへの期待、リメイクの課題、近作への問題意識などを網羅する。（中町綾子）

テレビが自らを検証する時
ＮＨＫインサイダー事件の「検証番組」について

鈴木嘉一
読売新聞編集委員

元ＮＨＫ記者ら三人による株のインサイダー取引事件で、ＮＨＫは六月十六日、検証番組を放送したが、視聴者からは「これでは不十分」との意見が多く寄せられた。ＮＨＫ・民放の過去の検証番組との比較などを通して、「テレビの自己検証番組」を検証したい。

『GALAC』2008年９月号

危機意識が乏しい組織体質

「この時間は、株取引問題の背景と、再発をどう防ぐかを考えていきます」。いつも微笑みを絶やさず、落ち着いた物腰で今春まで「ニュースウオッチ９」のキャスターを務めていた伊東敏恵アナウンサーが、こう切り出した。こんなにこわばった伊東アナの顔には覚えがない。「ＮＨＫ職員株取引問題　第三者委員会調査報告を受けて」と題し、六月十六日午後十時から一時間にわたって放送された検証番組だ。この進行役を担うのだから、痛々しいほど緊張した表情は無理もなかった。

報道局テレビニュース部制作記者（三三）、水戸放送局ディレクター（四〇）、岐阜放送局記者（三〇）の三人（いずれも懲戒免職）は昨年三月八日、牛丼チェーンを展開する「ゼンショー」が回転ずしチェーン「カッパ・クリエイト」をグループ会社化するというＮＨＫの特ダネに接し、不正な取引で数十万円の利益を得ていた――今回のインサイダー事件が明るみに出たのは一月十七日だった。個人的資質に起因すると言えなくもない一連の不祥事とは次元が異なり、公共放送の中核たる報道部門の根幹を揺るがす深刻な事態だけに、橋本元一会長らは任期切れの一月二十四日、引責辞任に追い込まれた。

後任の福地茂雄会長（元アサヒビール会長）は二月、経営委員会の意向で第三者委員会（委員長・久保利英明弁護士）を設置した。第三者委員会は三か月半後の五月二十七日、一二八ページに及ぶ調査報告書をまとめた。

不祥事で第三者の調査委員会が設置されたのは、NHKで初めてだ。「内部調査では全容解明が望めない」と思われるほど、報道機関としての信頼性は低下していたと言える。実際、前執行部による職員への緊急調査では、勤務時間中に株取引をしていた職員は三人とされたが、調査手法を変え、過去三年間を対象にした今回は八一人に増えた。もっとも多かった職員は何と五〇〇〇回を超え、委員の一人は「勤務時間中そんなに株取引をしていて、まともに仕事ができるのか」とあきれた。

調査報告書は懲戒免職となった三人について、「カッパ・クリエイト株以外の疑わしい株取引」として二二件を洗い出したが、三人以外には「報道情報システムの情報を利用した株取引は確認できなかった」と結論づけた。ただし、関連会社も含め約一万三〇〇〇人を対象にした今回、株保有を認めた者の三分の一に当たる九四三人が「プライバシーの侵害」などと調査に協力しなかった。強制力を伴わない調査の限界であり、不十分さは残る。

調査報告書で評価できるのは、「危機意識が乏しい」と組織全体の問題を鋭く指摘した点だ。「プロ意識の欠如」という個人的な資質にとどまらず、「ジャーナリストとしての倫理観や職業意識を希薄化させる組織上の問題点」に踏み込んだ。不正取引をした三人のうちの一人は懲戒免職後、東京地裁に「報告書に自分の実名を出してはならない」とする仮処分を申請し、却下された事実には唖然とさせられた。報告書は「この期に及んでも、事態の重大性を理解できない三人を育ててしまった報道部門の責任は大きい」と断じた。

さらに、一連の不祥事に対するコンプライアンス（法令順守）施策の問題点にも触れた。カラ出張問題が発覚した後の「全部局業務調査」では、三〇〇〇万件もの経理データを四〇〇人の職員で五か月間調べた例を引き、「労力とコストは膨大で、常軌を逸した調査。何のための調査かという本来の目的を見失い、調査自体が自己目的化している」と批判した。こうした「モグラたたき的対応」は、職場の疲弊、役職員の士気や誇り、プロ意識の低下を招き、新たな不祥事の土壌となるばかりか、いい番組を作ろうとする制作現場の意欲もそぎかねない——という指摘には全面的に同感だ。

また局内の風通しの悪さも挙げている。報道局の特権意識、派閥抗争や足の引っ張り合いの横行は、「大多数のまじめな役職員のやりきれなさを生み、全体の閉塞感を生む危険性がある」と警鐘を鳴らした。「何があっても、つぶれることはないだろう」と受信料制度に安住する意識と、上層部の意向ばかり気にする内向きの姿勢も根強い。

十項目の提言では「報道に携わる者の株取引禁止」といった再発防止策だけではなく、「縦割り組織の改革」などによる意識改革を促した。また、検証番組を継続的に放送するよう求めた。

久保利委員長は報告書を公表した日の記者会見で、「ＮＨＫは今度こそ、前とは違うというところを見せてほしい」と注文した。これを受けて、福地会長は「報告書は大変厳しい内容で、重く受け止めている。できるだけ早く提言の中身を実行したい」と応じた。

疑問があった放送での対応

こうした指摘や提言はどう生かされているのかを考えるために、放送での対応を具体的に見ていきたい。

まず、報告書が公表された五月二十七日夜、ＮＨＫが番組でどう報じるかに注目した。「ニュースウオッチ９」では三分ほど、報告書の骨子を一般のニュースと同じように伝えるに止まり、どこか他人事のように受け取れた。

報告書をもっと詳しく取り上げたのは、五日後の六月一日放送の広報番組「三つのたまご」だった。久保利委員長が出演し、「三人以外に疑わしい株取引は認められず、前執行部による隠蔽工作もなかった」などと、調査結果の骨子や一〇項目の提言について説明した。ＮＨＫ側はすでに打ち出した再発防止策を列挙したうえで、福地会長が「私が先頭に立って、提言の内容をきっちり実行し、公共放送としての信頼を取り戻したい」と型通りに述べた。

この時点で疑問を抱いたのは、報告書が出された当日夜、この十七分の内容がなぜ放送されなかったかだ。検証番組ならいざ知らず、報告書の中身を紹介するだけの「広報番組」なら五日間も必要としない。経営陣や報道局幹部が「当日はニュース番組で触れ、詳細は定時の広報番組で伝えればいい」と構えたとしたら、相も変わらぬ「危機意識の乏しさ」は度しがたい。しかも、日曜午前十一時半からの放送は多くの視聴者が見やすいとは言えない。

二〇〇六年二月、広告局員によるインサイダー取引疑惑が明るみに出た日本経済新聞の場合はどうだったか。東京地検が広告局員を逮捕した翌日の同年七月二十六日の日本経済新聞朝刊を見ると、一面準トップ、二面の社説、社会面で大きく取り上げたほか、まるまる一ページを割いて、社内の調査委員会による調査結果の概要、社長の声明、再発防止策を手厚く報じた。事件の当事者だけに、他紙に比べて報道量がもっとも多かったのは当然だろう。

NHKでも、一九九三年二月に発覚したNHKスペシャル「奥ヒマラヤ　禁断の王国・ムスタン」の〝やらせ〟問題でこんな先例がある。局内に設置された緊急調査委員会は二週間後に調査報告書を公表し、その夜十時から十五分間の特別番組を放送した。川口幹夫会長が「テレビの放送が始まってから今年でちょうど四十年。テレビが発展を続ける一方で、制作者の一人一人に傲慢さや甘えがなかったのか、また視聴率や効率万能主義に陥っていなかったかなど謙虚に反省し、改めていきたい」と頭を下げた。広報担当理事が報告書に沿って、事実関係、原因と背景、再発防止策について説明した。

NHKを揺るがしたこの問題は「〝やらせ〟と演出の境界線はどこにあるのか」「ドキュメンタリーでは何が許され、何が許されないのか」といった論議に発展し、NHKは三月の放送記念日特集として「ドキュメンタリーとは何か」を放送した。評論家の加藤周一、立花隆らの識者と制作者が討論した七十五分の番組は、広い意味での検証番組として評価された。

この時の一連の対応は、第三者に促されたわけではなく、すべてNHKの自主的な判断によるものだ。組織の危機に際し、他人からとやかく言われるまでもなく、必要と考えれば自ら実行するというのが、ジャーナリズムの「自主・自律」の基本原則のはずだ。

釈明に追われたNHK首脳

それでは、インサイダー事件の調査報告書が出てから二十日後の六月十六日夜に放送された番組はどうなのか。

冒頭で、「不正な株取引をした三人は、ジャーナリストとしてのバリアを超えるという意識もなく、何となくやってしまった。何をすべきか、何をすべきでないかという葛藤もなかった。これ自体、ゆゆしい問題」という久保利委員長のインタビュー、「批判をかわすため、形だけの処分などではなく、NHKが自ら改革しなければいけない」といった視聴者の厳しい意見を紹介した後、報告書の内容を織り込みながら、福地会長と報道局出身の今井義典副会長が立花隆、ジャーナリスト嶌信彦と討論する形で進められた。

福地会長が「脇の甘い危機管理という指摘を深刻に受け止めている」と記者会見などで繰り返した言葉を口にすると、

立花に「深刻には聞こえない。もっとリアルに自分の気持ちを語れないのか」と突っ込まれた。嶌も「これで信頼してくれ、と言われても無理。第三者委員会は頑張ったと思うが、職員の対応があまりにもいい加減。調査に協力しない職員が九〇〇人以上いたという危機管理のゆるさに驚いた。ジャーナリストとしての誇りが感じられない」と手厳しい。全役職員に対する株取引調査のくだりでは、立花が「この放送のまとめ方には不満がある。報告書を読むと、三人の疑わしい取引が詳しく書かれているのに、放送にはない。『新たなインサイダー取引はなかった』という強引な結論を出している」と批判する一幕もあった。

嶌は「NHKの中でどんな議論が行われているか見えてこない。本当に危機意識を持っているなら、もっと外にビンビン響いてくるはずだ。不祥事のたびに委員会や内規を作るのもいいが、労働組合も含め内側から燃えるものがないと、危機意識を全体で共有できない」と指摘した。

これに対し、NHK側は釈明に追われた感が強い。福地会長は「一連の不祥事でマニュアルや委員会を作り、形はできたが、形だけに終わっていた。組織風土まで落とし込まないといけない」、今井副会長は「お二人や視聴者の指摘は一つ一つ胸に突き刺さる。NHKに内在している根本的な問題を改めなければならない。採用や研修、人事政策のあり方などを見直し、風通しのいい環境を作りたい」と答えた。

反響について、日向英実・放送総局長は二日後の定例会見で「視聴者から二八四件の声が寄せられ、大半は『納得できない』『まだ信頼を取り戻せない』という意見だった。あれですべてを説明できるとは思っていないので、こうした指摘は当然だ。今後も番組を通して説明していく」と述べた。

「検証番組」に値しない内容

今回の「検証番組」は、第三者委員会の報告書にほとんど依拠し、それに映像をつけた概要と、外部の有識者の見方や意見、NHK側の公式見解を述べる福地会長、今井副会長の〝答弁〟という三つの要素で構成されている。各現場の声としては報告書に盛られた自由意見を読み上げるだけに止まり、職員の生の声は一切なかった。制作現場が報告書を深く読み込んで、自分たちの切実な問題として受け止め、独自の取材や表現方法によって自己を検証するという姿勢からはほど遠い。

たとえば、社会保険庁のような不祥事続きの組織で新たに重大な不祥事や事件が起こったとしよう。第三者による調査委員会が調査報告書を出した時点で、ＮＨＫがこれを取り上げる場合、報告書の内容を紹介し、その組織のトップと有識者との討論だけというお手軽な企画が、局内で通るだろうか。

第一、「ＮＨＫ職員株取引問題　第三者委員会調査報告を受けて」という無味乾燥のタイトルからして形式的で、ＮＨＫのメッセージや制作チームの視点がまったくうかがえない。「検証番組」の名に値するとはとうてい思えない。

局内の精鋭を結集し、看板番組の「ＮＨＫスペシャル」で出すくらいの意気込みと不退転の覚悟で臨むべきだったと思う。さもなければ、新しい視聴者参加の討論番組のスタイルを確立した「日本の、これから」を応用し、「ＮＨＫの、これから」を作ってもいい。

制作者の視点と言えば、一九八〇年三月の放送記念日に「ＮＨＫ特集」として放送された「電話の向こうのＮＨＫ～放送センター24時間の記録」を例に挙げたい。

ＮＨＫへ寄せられるさまざまな電話を通して、視聴者との関係を浮き彫りにするとともに、世相も反映させ、「広報番組」の域を超えていた。これを作ったのは、名ディレクター吉田直哉だった。署名性を込め、吉田流の「ＮＨＫ論」にもなっていた。

制作現場からは「経営にかかわる番組で、作り手の署名性を打ち出すのは難しい」という反論が予想される。それならば、ＮＨＫ社会部出身のノンフィクション作家柳田邦男をキャスターとして起用するなり、ＮＨＫ出身の優れたドキュメンタリスト相田洋を加えるなりして、第三者的な視点を打ち出せばいいのではないか。

民放の真摯な検証番組

民放での検証番組では、鳥越俊太郎がキャスターを務め、テレビで調査報道の分野を切り開いたテレビ朝日の「ザ・スクープ」が印象深い。

中国での臓器売買の実態を報告した回の〝過剰演出〟問題が表面化し、九四年四月、過ちを自己検証する番組を放送した。企画・制作過程を映し出す映像を交えながら、中国取材を受け持った制作会社の社長とディレクター、局の担当プロデューサーらにインタビューするという構成だった。

制作会社側は「映像がないとインパクトが弱いから、武装警官の証言を〝再現〟してしまった」などと非を認め、鳥越は「番組は不完全と言わざるをえない。私自身も含め、品質管理に失敗した」と自己批判したのは、テレビでは画期的だった。

通り一遍の謝罪では済まさず、番組をまるまる自己検証に費やし、自らの病巣にメスを入れるように「どこで、どう間違えたのか」を解剖した。当事者が顔を出し、肉声で語るのも、かなりの勇気と決断を必要としたはずだ。局内やスタッフだけの閉じられた形ではなく、検証過程にＴＢＳ出身のドキュメンタリスト吉永春子を交えた点も評価された。「ザ・スクープ」はこれにめげず、桶川ストーカー事件の真相や警察の裏金問題などを粘り強い調査報道によって暴き、声価を高めた。

最近では、昨年一月に表面化した関西テレビの「発掘！あるある大事典Ⅱ」の捏造問題がまだ記憶に新しい。外部調査委員会が三月二十三日、「当事者意識が著しく欠如している」などと厳しく指摘した報告書を出したのを受けて、四月三日午後十時から「私たちは何を間違えたのか」と題した一時間十分の検証番組をＣＭ抜きで放送した。

冒頭で、千草宗一郎社長が「何を間違えたのか説明責任を果たすため、番組を制作した。この問題の責任を取って、私は社長を辞任する」と表明した。外部調査委員会の報告書からの引用は最低限にとどめ、「納豆ダイエット」編で捏造に至るプロセスを、映像と関係者の証言によって生々しく再現した。

目を引いたのは、「納豆ダイエット」編の制作を受け持った制作会社「アジト」のディレクターが名前と顔を伏せたうえで、調査委員を務めたノンフィクション作家・吉岡忍のインタビューに応じたことだ。「番組を面白く、わかりやすくするためにやってしまった。『みそ汁ダイエット』の回でうまくいったので、感覚が麻痺していたのかもしれない。頑張り方を間違えた。なぜかと聞かれても、自分の人間性か、モラルの問題か、環境のせいか、よくわからない」と答えた。アジトのプロデューサーも、名前と顔を隠して登場した。

このほかにも捏造や改ざん、不適切な表現が確認できた回を報告するとともに、情報バラエティ番組として内包していた問題点、捏造に至った背景、制作上の問題点などを多角的な取材で明らかにした。

アジトの二人以外には、制作を委託された東京の制作会社「日本テレワーク」の責任者らの関係者が、名前と顔を出して証言した。関西テレビでは、「あるある」の元プロデューサーと担当プロデューサーのほか、福井澄郎取締役（現社長）、編成局長、制作局長、編成部長、制作部長らが、反省点や教訓とすべき点を率直に語った。また、熊崎勝彦委員長（弁護士）ら五人の調査委員を含め、金沢一郎・日本学術会議会長ら有識者の厳しい指摘や注文も、映像で紹介した。

制作チームは外部調査委員会の指摘を真正面から受け止めたうえで、「私たちは何を間違えたのか」と自問自答しながら作ったと思われる。「なぜ問題を起こしたディレクターの顔を隠すのか」「再生への道筋が具体的に見えない」などとの批判はあったが、制作現場の真摯な姿勢は十分に伝わってきた。それに引き換え、NHKの番組はおざなりで、こちらの胸には響かない。

第三者委員会の報告書は、提言の中で検証番組に言及し、「NHKの『モグラたたき』的な施策を羅列してアピールするようなものではなく、視聴者の代表や鋭い批判の眼を持つ有識者も参加できるものでなければならない。検証番組は一回限りの懺悔放送では意味がない。NHK再生のためには、今後NHKが歩むプロセスを正直に国民に明かして、モニタリングを継続的に受ける必要がある。従って、検証番組は定期的（たとえば半年に一回）に放送される必要がある」と、くぎを刺した。

確かにその通りだが、「継続的な放送」という形より、番組の中身が重要なのは言うまでもない。検証番組の第二弾では、再生を期す公共放送の改革の内実が問われると肝に銘じるべきだ。

（七月十日脱稿、文中敬称略）

（すずき・よしかず）一九五二年千葉県生まれ。七五年早稲田大学政治経済学部を卒業、読売新聞社入社。文化部、解説部などを経て現職。八五年から放送界の取材を続け、日本民間放送連盟賞審査員、向田邦子賞運営委員なども務める。九八年から埼玉大学非常勤講師。

解題

NHKの記者、ディレクターの三人が企業合併の特ダネにふれて株のインサイダー取引を行った。論考は、NHKが制作した事件の検証番組の在り方について疑問を投げかけるもの。第三者委員会の報告書に沿った内容にとどまっており、自らの問題についてジャーナリスティックな姿勢を欠くことを指摘する。過去に民放局で制作された検証番組を参照し、テレビ局が番組内容において責任を果たすことの重要性を問う。（中町綾子）

「日韓中テレビ制作者フォーラム」などに見るアジアドラマの潮流

変貌する東アジアのTVドラマ

中町綾子
日本大学芸術学部准教授

アジアドラマの魅力が増している。日本の一般視聴者が見られる作品が急増し、制作者の国際会議やフェスティバルも盛んだ。それぞれの国のドラマの特徴は何か、その動向を紹介する。

『GALAC』2009年1月号

進む制作者の交流と多様になった日本での視聴

「冬のソナタ」（〇二年、ＫＢＳ）、「宮廷女官チャングムの誓い」（〇三〜〇四年、ＭＢＣ）など、韓国ドラマのヒットを契機に、アジア各国でアジア圏を見据えた番組づくりが意識されるようになった。

国際会議もますます盛んだ。「日韓中テレビ制作者フォーラム」[1]や「東アジア放送作家カンファレンス」[2]では、制作者が番組を持ちよって議論の場を設けている。「国際ドラマフェスティバルｉｎ　ＴＯＫＹＯ」[3]は、今年度より国際市場にとって魅力的な日本ドラマを顕彰するアワードを創設した。「ソウルドラマフェスティバル」と「上海テレビ祭」との連携を謳う。

制作者だけでなく、一部のドラマファンもまた、ＣＳチャンネルやネット配信でアジアの番組に触れ、楽しむ機会が増えている。

いま、それらの場で、どのようなドラマが視聴・共有されているのか。会議への出品作と、日本で見ることができる番組を中心に、アジアドラマの新しい動きを紹介してみたい。

【韓国ドラマ】
王朝ドラマとネオラブストーリー

現在、日本では、韓国で放送終了したドラマがその約四か月後に放送される。たとえば、現在日本で放送中の「イ・サン～正祖大王」（韓国＝ＭＢＣ／日本＝ＣＳ・衛星劇場）は〇八年六月に韓国で終了したばかり。「オンエア」（ＳＢＳ／テレビ東京）は韓国放送終了が五月、日本での放送開始が九月である。七月放送終了の「イルジメ」（ＳＢＳ／ＣＳ・アジアドラマチックＴＶ）が日本では十一月末からの放送だ。

そして〇七年のドラマで言えば、韓国国内視聴率トップ10ドラマと、いわゆる人気俳優出演作のほぼすべてが、日本で放送・配信されている。では、その内容はどのようなものか。

民族文化を堪能させる「王朝ドラマ」

〇七年から〇八年にかけて、韓国で制作された大型時代劇が注目を集めている。その多くは、王朝ドラマと言い換えることができる。「王と私」（〇七～〇八年、ＫＢＳ）、「イ・サン」（同、ＭＢＣ）、「大王世宗」（〇八年、ＫＢＳ）は、いずれも李氏朝鮮の宮廷を舞台とする。

なかでも、イ・ビョンフン監督の「イ・サン」が注目される。イ・ビョンフン監督は日本でも、「チャングムの誓い」、「商道（サンド）」（〇一～〇二年、ＭＢＣ）、「ホジュン」（九九～〇〇年、ＭＢＣ）のヒットで知られる。「イ・サン」には、過去の監督作品の魅力がふんだんに盛り込まれている。賢君として知られる正祖《チョンジョ》が王位に就くまでの物語だが、そこに幼い頃に友情を誓った少女・ソンヨンとのロマンスが描かれる。ソンヨンは、宮廷の記録画などを担当する図画署で絵師たちの補佐をする茶母（タモ）として働く。「チャングムの誓い」は宮廷文化としての料理の魅力をドラマに盛り込んだが、ここでは宮中の記録絵の世界を見せている。

韓国の王朝ドラマで注目されるのは、その民族文化の見せ方である。王を失脚させようとする謀略のサスペンスを軸に、ラブストーリーと文化的な情報で楽しませる。食、美術作品（絵）、ときには衣装や家具、舞台となるロケ地など、現代人の興味をひくファッションアイテムとして文化を見せる。ドラマの語り口、織り込まれる文化、どこを切っても韓国的というのが、韓国の王朝ドラマの強みである。

「ネオラブストーリー」のライトな人間関係

ラブストーリーには、かつてのメロドラマとは違う感覚が見てとれる。たとえば「コーヒープリンス一号店」（〇七年、

ＭＢＣ）だ。

舞台はオシャレなカフェである。とはいえ、設定には旧来的なメロドラマの要素が駆使されている。まず、男女間の経済的格差がある。大財閥の御曹司・ハンギョルと、稼ぎ頭として一家を支える少女・コンチャンの恋だ。また、御曹司には過去の恋への執着と、兄へのコンプレックスがある。ハンギョルは兄の恋人への報われない想いをひきずっている。しかしここでは二人の関係をコーヒーショップの他のスタッフも交えたコミュニケーションを中心に描き、ドラマをライトでポップな雰囲気の中に見せる。

これまでのメロドラマは、病気や出生の秘密といった絶対的な因縁や運命を用いていたが、ここでは違う。男勝りの女の子を弟としてかわいがってきたが、実は女の子だと知ったという現在的なすれ違いを恋の障害としてもいる。

韓国では昨今、数多くのラブコメディが制作されているが、それは「冬のソナタ」を始めとする旧来型メロドラマへのアンチでもある。

【中国ドラマ】今を映す庶民ドラマとシリアスドラマ

中国ドラマも韓国ドラマと同様に、日本で見ようとすれば、ＣＳチャンネルやネット配信で視聴するのが一般的である。本数は韓国ドラマに比べると少ないが、中国で人気のドラマが見られる。根強い人気を誇るのは、「大漢風～項羽と劉邦～」（〇四年、ＣＣＴＶ）、「三国志」（〇四年、ＣＣＴＶ）といった歴史ものだ。しかし、昨今では、激変する中国の人びとの暮らしや心のありようを反映したドラマが新鮮な魅力を放っている。

激動の時代に家族の絆を問う「庶民ドラマ」

とりわけ注目されるのが、庶民ドラマとでもいうべきジャンルである。労働者の暮らしを、家族の絆を中心に描くものだ。

「金婚」（北京ＴＶ芸術センター）は昨年中国で人気を博し、数々の賞を受賞している。「日韓中テレビ制作者フォーラム」「東アジア放送作家カンファレンス」の両大会にも出品された。日本のＣＳチャンネルでも〇八年一月から放送されている。ストーリーは、五十年間の夫婦生活を全五〇話で語る。重機メーカーに勤める佟志《チュンズ》と小学校教師の文麗は、一九五〇年代に夫婦となる。経済的困窮や子どもの成長や夫の不倫をめぐり夫婦に確執が生まれもするが、二人は添い遂げる。そこに中国の歴史が重ねられ、改革開放や香港返還の話題も盛り込まれる。特徴は、語り口が極めて記録的であることだ。各話が「この年にはこういうことがあった」という年代記になっていて、第一話〝結婚の経緯〟、第三十話〝夫の不倫〟といった具合に出来事が綴られる。そしてその間にも、家族が変わらずにあったことを描く。

「歌声天高く〜父と過ごした日々」（〇五年、東方正藝影視）もまた、庶民ドラマと言える。孫力は北京の胡同《フートン》（古い路地街）に暮らす、四十歳の廃品回収員。血のつながらない娘の阿美を引き取る。成長してスター歌手となる阿美のサクセスストーリーにも思えるが、そうとも言い切れない。第一話から第三話では、孫力と阿美の母の出会い・結婚・離婚を語る。まずは、阿美はこういう星の下に生まれたという状況から語る。つまりは、血はつながらなくても、家族の形があるということに大きな意義を見いだしている。このドラマは中国でヒットし、〇六年にBS日テレで放送。現在もネットコンテンツとして配信されている。

これら庶民ものは、激変する経済状況・社会環境を背景に、家族のかたちを今一度問うものと言える。

生き方の指針を探る「シリアスドラマ」

シリアスドラマと言えばいいだろうか。組織や社会的な人間関係の中に、個人の生き方を見つめるドラマも注目される。国際ドラマフェスティバルでは、「士兵突撃」（〇六年、八一映画撮影所）が海外優秀作品ドラマ賞を受賞した。軍隊に入隊した田舎出身の少年・サンドゥオが、青年へと成長する。軍隊の訓練や同僚・上司との人間関係が描かれる（未見。国際ドラマフェスティバルin TOKYO発表資料による）。

同じ八一映画撮影所制作の「プロットアゲインスト（原題＝暗算）」（〇五年）は中国でのヒットを受け、日本でも放映実績のあるドラマだ。時代は一九三〇年代、田舎でスカウトされた盲目の少年・アビンが、中国共産党の秘密組織で任務につく。部隊で国民党スパイの破壊工作阻止に挑む隊員たちを描く。

これらに共通するのは、軍隊や組織の中で、少年が自分の責務を知り、成長する物語である。激動の社会の中で、自分は自分の役割をどう果たすか、人はどう成長すべきかを問うドラマと言えるのではないか。

また、現代的な人間関係をモチーフとして、心理的に追いつめられる人物を描くものがある。「誰が私の気持をわかってくれるの」（上海TV）は、上海に暮らす二組の若い夫婦の心の傷を描く。心理カウンセラー・衛娜《ウェイナ》の夫である司徒夏《ストウシャ》は、事故で身体の自由が奪われヒステリックになっている。方小雨《パンシャオウィ》は夫の邵永康《サオユンカン》の浮気を疑いストーカー的に尾行する。邵永康は兄との過去に確執があり、仕事や妻との関係に疲れ、心理コンサルタントを訪ねる。その精神的衰弱の描写が痛々しい。

「奮闘」（〇七年、北京TV芸術センター）は、若者の苦悩を描く。学歴、階級社会の中に挫折する友の自殺や、刹那的恋愛や裏切りなど、現代を生き抜くことの厳しさや、人間関係の複雑さを映し出す。

これらもまた、その中に新しい生き方を問うドラマである。

【台湾ドラマ】日本のコミック原作からの脱却

台湾ドラマも新しい可能性を見せている。

台湾ドラマの全アジア的ヒット作といえば、「流星花園～花より男子」（〇一年・GTV／コミックリズ制作）である。主演の四人組を演じた俳優・F４はアジアのスターとなった。それ以来、台湾では日本の漫画を原作としたテレビドラマが数多く制作され、ヒットしている。「薔薇之恋～薔薇のために」（〇三年、TTV）、「惡作劇之吻～イタズラなKiss」（〇五～〇六年、GTV）、「花様少年少女～花ざかりの君たちへ」（〇六年、GTV）がそうだ。

近作で言えば、「公主小妹～ロマンス五段活用」（〇七年、GTV）など、夢見る少女のためのロマンティックストーリーといった趣のものが多い。しかしストーリー展開や演出は、「流星花園」に比べてライトでコミカルだ。日常生活中心の描写と言ってもいい。その中に、主人公のその時々の想いを繊細に綴っている。ちなみに、「薔薇之恋」「惡作劇之吻」「花様少年少女」「公主小妹」は、いずれもコミックリズ制作で、齊錫麟《チーシーリン》がプロデュース・脚本を手がける。これらの作品群は、日本でも新たな台湾ドラマファンを生んでいる。

〇八年の夏に、台湾での話題を独占したのは、漫画原作ではなくオリジナル脚本ドラマであった。「命中注定我愛你～Fated to love you」（TTV）だ。まだ日本では放送されていないが、台湾帰国子女のゼミ生の補足を聞きながら視聴した。奇想天外なラブストーリーである。冴えないOLがひょんなことから、アジア最大の化学会社社長と一夜を過ごし、子どもを身ごもる。御曹司の子息をみごもったことで二人の契約結婚生活が始まる。いわゆる普通の女の子と御曹司のシンデレラストーリーである。やがて二人の間に愛が育まれる。このヒロインがかわいらしく映るのは、相手のことを思いやる気持ちや、家族のことを思う気持ちがまっすぐに、繊細に、そしてその行動が活き活きと描かれていることだ。

かつて、大胆な展開と繊細な気持ちの描写は日本の少女マンガの特徴だった。それが、いまや台湾ドラマの魅力そのものとなっている。

ドラマを見れば、アジアのいまが見える

いま日本で紹介されるアジアドラマの数は、数年前とは比較にならないくらい多い。ここにとりあげられなかった話題作もあり、やきもきするドラマファンもいるだろうが、ここで紹介したのは、間違いなくアジアの話題作と言えるものばかりである。

アジアに共有されるドラマが模索されるとき、共通のフォーマットを探ろうとする向きもある。しかし、それぞれの国にはそれぞれのドラマがあるのだ。韓国ドラマには、「冬ソナ」ヒット以来、次なる戦略の模索がある。中国では、激変しつつある人びとの生活があり、そこへ向けての新たなドラマのメッセージがある。台湾では、日本のコミック原作からの脱却がある。

それぞれのドラマへの取り組みには、アジアのいまが映し出されている。まずはそれらを知り、楽しむことが大切なのではないだろうか。

注

(1) 日韓中テレビ制作者フォーラム　日本・韓国・中国のテレビ制作者の相互理解や国際交流を目的に毎年開催。二〇〇八年九月二五、二六日福岡市で開かれた第八回のテーマは「若者」。この一年間に制作された若者を取り上げたドラマを視聴し、テレビは今後若者とどう向き合っていくかについて話し合われた。日本側の運営団体は「放送人の会」など。

(2) 東アジア放送作家カンファレンス　作品の質の向上のために意見を交換し、共同制作や共同執筆の道を探り、アジアのマーケットや世界にドラマを発信することを目的に、東アジアの放送作家が集う。第三回が、二〇〇八年六月一〇、一一日にハウステンボス（佐世保市）で「恋するアジア」をテーマに開かれた。主催は日本放送作家協会など。

(3) 国際ドラマフェスティバルｉｎ ＴＯＫＹＯ　世界のコンテンツ流通関係者やバイヤーが交流・商談できる場を設け、日本のドラマを海外に広く知らせることを目標に、二〇〇七年に「JAPAN国際コンテンツフェスティバル（コ・フェスタ）」のオフィシャルイベントとして開催。二〇〇八年は一〇月二二〜二四日に明治記念館と六本木ヒルズで行われた。国際ドラマフェスティバルｉｎ ＴＯＫＹＯ実行委員会主催。

(なかまち・あやこ) 専門はテレビドラマ表現研究。ドメスティックな研究分野のつもりだったが、状況は劇的に変化。韓国ドラマ・ファーストインパクトから五年、2nd. 3rd.を経験し、台湾ドラマの魅力にもハマりつつある。

解題

韓国での「冬のソナタ」の大ヒットから七年。本論文では、アジア圏を見据えたソフト戦略を、韓国・中国・台湾のドラマの特色と傾向を分析することで明らかにしている。韓国ドラマの民族文化の見せ方。中国における「庶民ドラマ」の意味。台湾ドラマの可能性にも言及。アジアに共有されるドラマに、共通のフォーマットよりも、むしろ多様性を見出している。それがまさにアジア各国のドラマを合わせ鏡とした「アジアの現在」なのである。（碓井広義）

特集：デジタル時代の『放送批評』とは?

ポスト YouTube 時代の放送批評

ブログや動画共有サイトなど、インターネットは放送番組に新たな批評空間や視聴機会を生み出した。それはテレビにとって何を意味するのか? 放送批評の存在意義は変わるのだろうか?

ITジャーナリスト
津田大介

『GALAC』2009年4月号

YouTubeはテレビの敵か味方か?

「テレビ業界……少なくとも報道番組のディレクターにとってYouTubeというサービスはありがたい存在ですよ」——筆者と同世代の大手放送局・三十代報道番組ディレクターの発言だ。「YouTubeってテレビ局の人にはどう映ってます?」という筆者の質問に対し、彼は驚くほどきっぱり、明快に答えてくれた。

彼の言を借りれば、従来のテレビ報道は良くも悪くも制作者側に「一度電波に流してしまえば終わり」という感覚があったため、それが限られた時間という制約と相まって、作り込みの甘いニュース報道や過剰な「演出」が施されたニュース報道につながっていたという。

「YouTubeが登場したことで、さまざまな報道を後から誰でも検証できるようになりました。これまで一部の番組で見られたようないい加減な番組作りは今後やりにくくなると思います。コスト的には大変な部分も多いでしょうが、番組の『質』という面から捉えれば、良い方向にシフトさせてくれると信じています」

彼と同じような問題意識は、視聴者層を拡大する目的でYouTubeへの番組提供を積極的に行っている東京メトロポリタンテレビジョン（TOKYO MX）の報道制作部プロデューサーの草場大輔も持っている。以下は、二〇〇七年夏に発売された拙著『CONTENT'S FUTURE』（翔泳社刊、津田大介・小寺信良共著）からの引用だ。

津田　草場さんが考える報道番組の新しい形、例えば「報道番組2・0」があるとすると、理想的なスタイルとか、ビジョンみたいなものはありますか。

草場　理想の報道番組って言われてもわからないのですが、もっともっと視聴者の方にプレッシャーを与えて欲しいというか、こっちが言い訳できない状況になって、そこから番組作りがスタートするようになれば、放送の内容ももっと良くなっていくんじゃないかなぁ。

ネット経由だと、見ている人に検証してもらえますよね。それがいいなぁ。常にツッコミを受けて、言い訳ができない環境で作っていくことによって、テレビは救われる、と思っているんですよね。

小寺　今は捏造問題がテレビ局で非常に大きな問題になってるんですけれど、あれももっとインタラクティブだったら、もっと早い時期に発見されたんじゃないかと思うんですよね。

そういう意味では、作り手側の裏工作みたいなのが透けて見える時代になったような気がします。マスメディアが一生懸命持ち上げたり隠そうとしたものが、ネットでは全く逆だったりする。だからきっとネットの住人っていうのはネットをやめられないんじゃないかな。

津田　そう。だから草場さんが問題提起されたように、報道番組やテレビ番組のあり方がネットからツッコミを受け続けることで、いつか変わる可能性はありますよね。僕は、作る側が「常に見られているんだよ」という意識を持ったときにはじめて番組そのものの質が変わっていくんじゃないかと思ってます。

それは僕らみたいな書き手だって同じ。天下の大新聞の記者だって楽をしようとしてどこかからコピペしてきてコラム一丁上がりなんてことをやる。でも今はそういうことが簡単にバレる時代じゃないですか。バレる時代なのになぜ彼らは安易にパクるのかというと、たぶん「誰かにチェックされているんだよ」っていうことを本質的に理解できてないんでしょう。昔だったら、運が良ければバレなかったんだろうけど、今はそれこそ九割以上の確率でバレちゃうんじゃないですか。

小寺　テレビ番組を作るときに一番大事なのは、自分で本当に現場に行って調べることなんですよ。一次ソースを作る意味を問われるわけ。ネットとかで調べればわかることもあるし、同じ結論になるかもしれないけど、実際その人に会ってくるとか。そういうことをやっぱりやり続けないといけない。

草場　放送局やテレビの存在意義ってそこなんですよね。一次情報を得てくる力やノウハウがすごくある。市民ジャーナリズムとどっちが強いかって話になったときに、やっぱりそこが譲れない一線というか。

（中略）

草場　ネットがテレビを殺すとか、放送と通信の融合とか、競争関係になっているとよく言われますよね。でも、ネットがどんどん進化することによってテレビがどんどんやせ細っていくというよりは、ネットがテレビに正常化をもたらす。ネットがテレビを救ってくれるんだ、っていう発想です。

三十代半ばを境に変わるインターネット観

興味深いのは、規模や立場が異なる大手放送局と独立U局のディレクターが同じ問題意識を抱えていることだ。彼ら、そして筆者には報道に携わっているというポイントのほかにもう一つ共通点がある。いずれも三十代半ばであることだ。筆者と草場はいずれも一九七三年生まれ。この世代以降の「インターネット観」は明らかに六〇年代生まれ以前の世代とは異なる。それは就職以前の時間が売るほどある大学時代に、インターネットの登場という社会を変革する大きな波を間近で見ていることが大きい。実際に「ビットバレー」と呼ばれた第一次ネットベンチャーブームの若手起業家として名を馳せた元ライブドアの堀江貴文（七二年生まれ）や、サイバーエージェント社長の藤田晋（七三年生まれ）などがこの世代に集中しており、世界最大の検索サービスGoogleを創業したラリー・ペイジ、セルゲイ・ブリンの二人も七三年生まれだ。

Googleは二〇〇〇年秋に検索エンジンと連動する広告表示サービス「Google AdWords」を開始。AdWordsは、それまでほぼ収益機会がなかった検索エンジンに膨大な収益をもたらし、現在の同社はオンラインですべて完結するネット上の広告代理店として世界最大規模の利益を上げている。その後、順調に成長した同社はサービスを多角化。〇二年に「Google ニュース」という、新聞のオンライン記事を全文検索できるサービスを開始。上場を果たした〇四年には、書籍や雑誌の内容を全文検索できる「Google Print（現Google ブック検索）」をスタートさせた。AdWordsと上場により時価総額世界第二位のドットコム企業になった同社は、〇六年動画投稿サイトとしてもっとも勢いのあったYouTubeを買収。

十年前は単なるインターネットの新興検索エンジンに過ぎなかった一企業が今、広告代理店、新聞、出版、テレビといった既存メディアのビジネス領域を大きく浸食する存在になっているのだ。

既存メディアへの怨恨とネットの力への信頼

堀江貴文は〇四年の大阪近鉄バファローズ買収問題、〇五年のニッポン放送買収問題で名を上げ、その後も強引な買収戦略で既存メディアに向けて宣戦布告を行った。既存メディアや保守層からは白眼視されたものの、従来のメディアに不満を持つ若年層には、ある種のピカレスクスターとして支持を集めた。一連の騒動を今冷静に振り返ってみても、その手法には疑問符を付けざるを得ないが、堀江が既存メディアに感じていた「時代遅れ」という問題意識は決して的を外したものではなかった。なぜなら、当時のライブドアの企業戦略は、ほとんどがGoogleやAmazonなど、成功した米国ネット企業の「既存のビジネスモデルや慣習をネットで破壊することで、自分たちの居場所を確保する」というモデルを踏襲したものだったからだ。最新のインターネット動向を敏感に察知し、既存メディアに対して挑発的な提言を行う堀江の主張は、三十代半ば以下の「デジタルネイティブ」世代に共感とともに受け入れられた。また、この世代は社会的に就職難が問題となった、いわゆる「ロストジェネレーション」でもある。上の世代に対する不満や、時代の閉塞感の打破を堀江が仮託された部分もあった。つまり、三十代半ばから二十代半ばに至る世代には「情報をフラット化させることで社会の仕組みやルールが良い方に変わる」というネットの持つ力への信頼と、就職氷河期を招く原因を作った団塊・バブル世代、そしてそれらを支える既存メディアへの怨恨という二つの軸の感情が（多かれ少なかれ）存在するのだ。

「ポストYouTube時代の放送批評」を語るには、この世代のネット観を前提として押さえておく必要がある。冒頭のディレクターや草場がYouTubeを肯定的に見ているのは、現在のテレビ番組の作り方に対し、特定の世代以下から厳しい突き上げを食らっていることの意味を本質的に理解しているからだろう。

YouTubeによって放送の「固定リンク」ができた

あらゆるメディアの中でもっとも速く、大量の人々に情報を届けられるという特性を持つテレビ番組は、「フローとしての情報」という側面を強く持っていた。だが、家庭用VTRという録画機器が登場したことで、個人が番組を複製するようになり、その特性の変化が始まった。機器のデジタル化が進み、さらにはネットにYouTubeのようなサービスが登場することで、かつてフローだったテレビ報道は「ストックされる情報」に変化したのだ。

YouTubeがもたらした革新の中でもっとも大きかったのは、視聴者が自由にテレビ番組を編集して投稿することで、放送番組のおいしい部分だけをほかのユーザーに見せられるようにしたことだろう。これはネットのブログ風にいえば「放送番組を固定リンク化」したとも言える。番組の中で視聴者が面白いと感じた部分だけ抜き出してURLを示し、ユーザーはブラウザでそのURLを開くだけで「おいしい部分」を抽出して見ることができる。

かつて「CMカット機能」が付いた録画機器が登場したとき、テレビ局関係者は「CMが見られなくなる」という懸念を持ったが、YouTubeはCMカット機能が付いている家庭用VTR以上に「見たいところだけ見たい」という視聴者の欲望に直結している。YouTube的な価値観に慣れた視聴者は、ライブでテレビを観るということができない。合理的に観たい部分だけ取り出して観た方が時間を合理的に使えるからだ。かつてないほどに娯楽が多様化した現在は、視聴者にどう「可処分時間」を捻出させるか（娯楽に使える時間のうち、テレビにどれだけ時間を割かせるか）が問題になっている。

今後は、少ない時間で密度を濃くし、番組のどこを切り取っても、観た人間が「お得感」を感じるということが重要になってくる。その意味で出演者のネタを一分以内に制限し、大量にお笑い芸人のネタを消費させることに特化したフジテレビ系の「爆笑レッドカーペット」（二〇〇七年放送開始）は、YouTube以降の視聴者のマインド変化にうまく最適化した、テレビ局からの回答として捉えることもできるだろう。

あらゆる番組が放送批評の対象になる

デジタルネットワーク化でテレビ番組がストックされる情報に変化したことは、有り体に言えば「すべての番組が放送批評の対象になり得る」ということだ。これまで放送番組は、良くも悪くも批評の厳しい目に晒されてこなかった。従来のメディアは職能性の高いギルド的な存在であり、制作・取材ノウハウや専門的な情報が囲い込まれることで、特殊な地位を確保できていたという事情もある。

だが、メディアを取り巻く環境がネットによりオープン化されたことでそうしたノウハウや情報が開放され、視聴者が「コンテンツの裏側」を容易に予測できるようになった。突き詰めて言えば、「やり過ぎた演出」は視聴者に見透かされてしまう時代なのだ。

もちろん、一般視聴者が誰でも簡単に放送批評できるようになったからといって、放送批評そのものの質が上がったわけではない。なかには単なる粗探し、事実無根の中傷や罵倒など、およそ批評と言えないものも散見される。しかし、放送にとっては、個々の批評の質は必ずしも重要ではない。むしろ「ネット時代は必ず誰かの目が光っており、下手なことはできない」という事実のほうが重要だ。視聴者のすべてが時間や場所を超えて放送を批評することが可能になったという事実を放送側が強く意識することで、番組の質も変わる。

個人的には、番組作りの基準をこれまでのバーチャルな数字としての「視聴率」から、より直接的な民意を反映した視聴者による「放送批評」にシフトさせることで、「コンテンツ屋」としての放送局の新しい未来が切り開かれるのではないだろうかと考えている。

ネットはテレビの「敵」ではない。敵にも味方にもなるあいまいな存在だからこそ、多くの視聴者（これから育っていく大衆）を味方に付けるための方策を全力で探るべきだ。YouTubeに代表される放送批評に有用なプラットフォームを積極的に活用し、視聴者が真に求めている、一段上の番組作りを期待したい。

（つだ・だいすけ）一九七三年生まれ。東京都出身。早稲田大学卒。ＩＴ・コンテンツビジネスや著作権などに関する多数の原稿を執筆。出演する「文化系トークラジオＬｉｆｅ」で第四五回ギャラクシー賞ラジオ部門大賞を受賞。

解題

二〇〇九年春の時点における、ネットとテレビの関係について鋭い分析がなされている。ポイントは、ネットによるメディアのオープン化で、どんな影響が出てくるかということだ。視聴者に見透かされる「やり過ぎた演出」。視聴者のすべてが放送を批評する時代。それらを踏まえて、番組作りの基準を「視聴率」から「放送批評」にシフトさせるべきだという主張は、当時よりも今後の放送界にとって重要なものとなるはずだ。（碓井広義）

特集：テレビは経済が苦手!?

テレビ経済報道の問題点

報道現場を縛る「三つの制約」

山田厚史
朝日新聞シニアライター

**テレビの経済報道が抱える問題点は何か。
それが生まれる背景を、
放送局の構造にまで踏み込んで分析を試みる。**

『GALAC』2009年6月号

中川財務相のもうろう会見は「視点の特ダネ」だったが……

二〇〇九年二月十五日、早朝のテレビニュースが中川昭一財務大臣を辞任に追い込むことになった。前日、ローマで開かれたG7（先進七カ国財務相・中央銀行総裁会議）の終了後、財務相は白川日銀総裁と並んで記者会見した。

会見が終わったのは日本時間で深夜。新聞は締め切り間際、記者たちは大急ぎでパソコンに向かい、会見内容を送った。だがテレビ朝日から同行した外山薫記者は、会見が終わると東京・六本木の報道局で待機する名村晃一経済部長に電話で伝えた。

「中川さんの記者会見はひどかったですよ。明らかに酔っぱらっていました。共同取材の映像がそちらに届くので見てください」

午前四時前、映像がテレビ朝日に届く。名村は一目見て「これは事件だ」と感じた。

午前五時五十分のニュースで「もうろう会見」がオンエアされた。呂律《ろれつ》が回らない受け答え、焦点の定まらない半開きの目。映像と音声が大臣の醜態をそのまま伝え、「会見前にお酒を飲んでいた」というコメントが付けられた。

新聞にはローマG7の記事が大きく載ったが、もうろう会見の記事はなかった。テレビ朝日以外、NHKも含めて朝のニュースで会見映像は流れなかった。中川財務相の酒癖には定評があり、いまさらという思いもあったようだ。「酔っぱらって会見なんておかしい」と判断し、本社に伝えた外山記者の「視点の特ダネ」だった。

「もうろう会見」で日本は大騒ぎになる。共同取材の映像が繰り返し流され、そのたびに麻生内閣への失望が広がった。映像のインパクトを世間に見せつけた特ダネだった。

これがテレビの強さだが、その一方で映像になりにくいニュースは冷ややかな扱いを受けやすい。制度や仕組み、その背景といった、映像で描きにくい課題はテレビニュースの盲点になりがちだ。その典型が経済報道である。

中川財務相が出席したローマG7には、多くのテレビも同行した。各国の大臣や中央銀行総裁が集まる場面は絵になる。会議の冒頭を公開するアタマ撮りや、財務相同士がにこやかに語り合う場面はテレビ向きである。

だが米国発の金融危機で冷え込む世界経済に、先進各国はどう対応しようとしているのかという重いテーマは、テレビは取り上げにくい。途上国を含めた世界的な連携をどう作るのか、自国に有利な国際協調をいかに形にするか、各国はしのぎを削るが、その舞台裏を描くには金融の仕組みや財政の現状への洞察が欠かせない。だが「もうろう会見」の映像は、そうした世界への関心を吹っ飛ばし、日本社会の興味は財務相の資質や麻生内閣の迷走といった「右往左往する政局」へ引き寄せられた。

経済報道が追及すべき課題は国内にもたくさんある。落ち込むGDP（国内総生産）、製造業の危機、悪化する雇用、ワークシェアの在り方、景気刺激策、長期的な成長戦略、財源問題……。

「定時ニュース」は政府発表「ニュースショー」は床屋談義

テレビが「経済」を取り上げる舞台は二つある。一つは定時のニュース番組。もう一つは夜の報道番組や昼のワイドショーで「特集」や「コーナー」として取り上げるものだ。

定時ニュースに登場する経済情報は、株価と外国為替相場が圧倒的に多い。目立つのが統計もの。四半期ごとのGDP、有効求人倍率、失業率、消費者物価、貿易統計など、お役所が定期的に発表する数字だ。次は「会議」。政府関係の審議会や政策会議の報告や答申、たとえば税制調査会での増税論議や、日銀の政策決定会合での政策金利据え置き、あるいは経済財政諮問会議での討議内容といった「今日の出来事」が、簡単な説明を加えて紹介される。一つのニュースに一分程度。四〇〇字の原稿用紙一枚ほどだ。新聞で言えば三〇行から四〇行の情報しか入らない。いわばデータや発表内容の要点だけを紹介することになる。言い換えれば、記者クラブを仲立ちにして政府発表を視聴者に伝える伝達役である。

定時では描ききれない経済の実態に迫るのが、ビデオ映像と識者の解説で構成する制作報道だ。放送局が視聴率を競い合う「スタジオもの」である。キャスターや司会者が「独断と偏見」を交えたり、コメンテーターが当たり障りのない発言をしたり、それぞれの切り口で経済を語ってみせる。時間帯によって狙う視聴者層が異なり、番組の味つけも変わるが、ニュースをエンターテインメントとしてわかりやすく見せようと現場は努力している。早朝は朝刊に載った注目記事の紹介から始まり、夜のスタジオが舞台の報道番組は各社の腕の見せどころだ。

各局とも「経済ニュース重視」を掲げ、いまや朝昼晩スタジオでのニュースショーが目白押しだ。なんでこんな人のコメントを聞かなければいけないのか、と思うような門外漢や芸能タレントをキャスターやコメンテーターに起用することも増えた。ニュースに迫るというより、ニュースを出汁に床屋談義を楽しむという情報環境に、経済報道も呑み込まれている。

時間の制約が底の浅いニュースを作っている

娯楽化したスタジオ解説は世論の方向を決めるほど影響力を持つようになったが、報道現場から上がってくる声は悲鳴に近い。「三つの制約」に手足を縛られているというのだ。「時間の制約」「能力の制約」「カネの制約」である。

まず「時間の制約」である。定時ニュースは時間が短く、情報量に限りがある。

報道特集や娯楽をまぶしたニュースショーで取り上げる経済の「企画もの」は、準備や取材に十分な時間があるとは言い難い。この種の特集は、伝えたい内容に沿った映像が欠かせない。ディレクターの仕事は説得力を持たせる場面《カット》をいかに集め、どう並べるかが中心になる。筋書き＝伝えたいことがあっての場面《カット》だが、短期間に説得力を持たせる都合のいい場面《カット》を集めるのは至難の業だ。「やらせ」や「自作自演」がしばしば行われるのは、追い込まれた制作者が背に腹は代えられず、「ほしい映像」を作ってしまうからである。

「取材」は新聞もテレビも基本的には同じ。訴えたいことを思い描き、自分なりの筋書きを考える。「こういうことではないだろうか?」と仮説を立て、現場を訪ね、人に会う。そうして取材を重ねていると、自分が考えていたことと実態が微妙に違うことに気づく。「なるほどそういうことだったのか」とわかると、そこにニュースが生まれる。それが事実の掘り起こしだ。

仮説として当初設定したコンセプトは、世間である程度知られた「既知の事実」だ。その筋書き通りではニュースにはならない。自分の仮説が取材の中で壊れていくことが、ニュースなのである。新たな気づきが見つかったら仮説を修正し、また事実を集める、という繰り返しがジャーナリズムの仕事だ。誤解を恐れずに言えば、取材には「自分が認識する(わかる=事態を理解する)ための情報収集」と、考えついたコンセプトを「他人にわかりやすく伝えるための事実収集」の二つがある。認識のための取材は、資料を読んだり専門家から話を聞いたりしてもできる。ところが取材がかなり進んだ段階になって「本当はこういうことだったのか」と気づき、筋書きを大きく変えることがけっして少なくはない。そうなると、当初のストーリーに沿って集めてきた「伝えるための事実(材料)」が無駄になる。こうした無駄の積み重ねが、取材にはつきものだ。

だが映像が命であるテレビにとって、筋書きを途中から大きく変えることは難儀だ。撮り貯めた映像を捨て、撮り直すことはできない。時間を十分とれるドキュメンタリーなら「コンセプトを作っては壊し」という芸当が可能だが、実質四、五日で作る特集ものの場合、途中で筋書きを変えるのは時間的に厳しい。撮った映像を編集する作業は徹夜になりがちだ。筋書きを変えようにも、そのための映像があるとは限らない。せいぜい識者のコメントで軌道修正するのが精いっぱい、という声を現場で聞く。

筋書きそのものも、新聞や雑誌、書籍などを下敷きにしたものが多く、ある程度知られた話をインパクトのある映像で興味深く伝えることに力が注がれる。「組み立てては壊す」という作業を省いたニュースが、底の浅いものになるのは避けられない。

専門記者が育ちにくい態勢と「硬派ネタ」を避けるディレクター

次に「能力の制約」は、「人材不足」と言い換えることができる。

キー局には、名称は違っても「経済部」があり、二ケタの人数の記者が集められている。「経済部」ができたのは、NHKを除けば一九九〇年代後半だ。金融破綻が広がり経済ネタがニュースの中心になった社会情勢の産物である。中途採用で社外から人材を集め急仕立てしたが、新聞社などに比べると人数が少なく、記者教育の態勢が整っていない。

記者はそれぞれ担当を持ち、官庁や民間の記者クラブに所属して継続的に責任分野のニュースを追うが、頻繁に担当替えがあり、経済の専門記者が育ちにくい。マクロ経済や経済政策への取材も続けているが、定時ニュースでは「硬ネタ」の深い報道は難しい。制度の仕組みや沿革、背景の説明などがないと視聴者は理解しにくい。平易に伝えるには経験の蓄積が欠かせない。記事を書くこと、番組を作ることで経験を積むことが必要だが「硬いネタ」は敬遠されがちで腕を磨く機会が少ない。

番組は視聴率優先であり、出先の記者が「硬派ネタ」を送っても、番組のディレクターは視聴者受けする「話題もの」をほしがる。

私は大阪の毎日放送という準キー局で働いた経験がある。編成、営業、制作の現場をちょっと覗いた、という程度の社歴だが、番組を作る現場は「ジャーナリズム」というより「エンターテインメント＝芸能」に近い、と感じた。東京キー局の番組にも出演する機会があったが、基本的に放送局の空気は同じだと思った。

取材は下請け会社に丸投げでスポンサーへは配慮しすぎ

「報道重視」といっても放送局はジャーナリズムが主役になっていない。バラエティや情報系番組と呼ばれる「ニュースショー」では、特集で経済ネタが取り上げられることが多くなった。しかしその取材や編集作業のほとんどは、制作会社に丸投げされている。放送局の記者ではなく、下請けからの派遣社員がニュースコーナーを担当しているのである。テレビ用に番組を仕上げる技は手慣れているが、記者として経済の動きを追い続ける立場にはなく、経済取材の教育を受けているわけでもない。局のプロデューサーである番組の責任者と実際の作り手は、雇い主と使用人の関係だ。放送業界の「二重構造」が、闊達なコミュニケーションを妨げ、ジャーナリズムの視点を曇らせているように思う。

そして最後にもう一つ、「制作費の制約」が番組に影を落としている。スポンサーが支払った金額から広告代理店が手数料を抜き、テレビ局が社員の給与など経費と利益分を取ると、制作現場にまわる額は一割に満たない。ここから制作会社の人件費や経費を差し引くと、取材に使える費用はごくわずか。下請けの制作者は薄給に耐えながら番組を作っているのが実情だ。

局の番組責任者は日々の視聴率で業績が評価され、「面白い企画」を下請けに要求する。制作会社で経済を専門にするディレクターは、いても少数だ。不安定な職場の中で、継続的に経済を追いかけるのは至難の業である。

経済部に所属する局の正社員も、経済畑で記者をまっとうするケースは少ない。政治や国際報道などをまんべんなく経験して、番組担当者として管理職コースを歩むのが常道で、制作現場は下請けの社員が代わるがわる担っている。

「カネの制約」で付け加えれば、スポンサーへの配慮が報道の中身まで浸透している。

たとえば経団連の御手洗会長が経営するキヤノンが偽装請負と見られる不適切な雇用を行っていたことや、米国発の金融危機を受けてキヤノンの九州工場が真っ先に「派遣切り」を行ったことなどを、新聞は大きく報じたが、放送局で踏み込んで取り上げたのは、スポンサーとは無縁のＮＨＫだけだった。

技術者の国家試験の組織的な問題漏洩や、米国法人の社長が訴えられたセクハラ事件など、トヨタが絡んだ不祥事も同様である。銀行に対しては営業姿勢が問われるような事件でも、銀行名は出さない。

スポンサーに配慮する営業の事情が報道現場に少なからぬタブーを生み出しているように見える。

（やまだ・あつし）一九四八年生まれ。金融、財政、国際経済などを担当の編集委員、ロンドン特派員、バンコク特派員、ハーバード大学客員研究員、テレビ朝日のコメンテーターなどを務める。著書に「銀行はどうなる」「日本経済診断」（岩波ブックレット）など。

解題

二〇〇八年九月のリーマンショック以来、世界的な金融危機が顕在化する。国内経済に目を向ければ、雇用、年金問題があり、企業の不祥事が相次ぐ。が、テレビ番組はわかりやすさを旨としてその本質に迫り切れない。論考は、見えにくい経済問題をテレビで報道するために現場が乗り越えるべき課題の根本を追求する。指摘される、時間、能力、制作費やスポンサーとの関係などカネの制約は、番組制作と報道の間にある大きな壁である。（中町綾子）

特集：放送外ビジネスは打出の小槌か？

膨張する放送外事業

朝日新聞編集委員
川本裕司

テレビ局が本業の放送以外から利益をあげようと躍起だ。落ち込むCM収入の回復が見通せないなか、収入源の多角化によって経営の安定を狙っている。かつても放送収入頼みの「一本足経営」から脱するため、新規事業に乗り出す試みはあった。しかし、映画を中心とした「放送外収入」に対する最近の力の入れようは、メディアとして峠を越えたとも指摘されるテレビの厳しさを反映している。各局の取り組みを報告する。

『GALAC』2009年９月号

在京キー局はいずれも、頭打ちとなっている本業である放送の「CM収入」から、新たな収益源として「放送外収入」に投入する力を移しつつある。〇八年度決算では、各局とも不況の波をかぶり減収となり、放送事業で黒字だったのはフジテレビと日本テレビだけ。TBSは不動産を中心とした放送外収入で本業の赤字を穴埋めし黒字となったが、テレビ朝日とテレビ東京はカバーしきれずに赤字に転落した。放送外収入の多寡が決算の明暗を分けた。

グループ展開は得意技！　トップを走る〈フジテレビ〉

メディアミックス展開や映画製作でもっとも実績があるのはフジテレビだ。〇八年度の放送外収入は七九一億円。内訳は、話題を集めたサーカス公演・コルテオなどのイベント（一五二億六〇〇〇万円）、番組DVDなどのビデオ事業（一〇八億五九〇〇万円）、製作を手がけた映画事業収入（六八億九〇〇万円）など。フジテレビ単体の売上高（三四七八億七七〇〇万円）のうち、放送外収入は二三％を占める。ここ五年間でみると、〇四年度以降の放送外収入の売上高は七九四億円、八四九億円、八四一億円、九三八億円、七九一億円。安定しているともいえるし、掛け声ほどには伸びていないともいえる。

〇八年十月に認定持株会社になったフジ・メディア・ホールディングスでは、〇八年度連結決算の売上高（五六三三億二〇〇〇万円）からテレビ放送のCM収入、ラジオ放送、番組販売収入と制作事業を除いた「放送外収入」の概算は二〇五三億円。ポニーキャニオンのCDをはじめとする映像音楽事業、ディノスの通販といった生活情報事業、フジミックのソフトウェア開発、扶桑社の出版などを合わせると、売上全体の三六％の比率となっている。

とはいえ、放送外収入は放送事業に比べれば原価率が高く、利幅が薄い。当たり外れも大きい面がある。たとえば映画事業。「容疑者Xの献身」（興行収入四九億円）や「ザ・マジックアワー」（同三九億円）は多くの観客を動員したが、〇七年度の「HERO」や「西遊記」などの実績には及ばなかった。映画事業の収入は六八億円にとどまり、前年度の一〇九億円に比べ三七％も落ち込んだ。

放送番組から派生する権利ビジネスであるビデオ事業でも、バラエティ番組「すべらない話」シリーズや「ヘキサゴン」、ドラマの「SP」「ガリレオ」などのDVDが好調だったが、前年度にヒットしたアニメ「DRAGON BALL」シリーズの売上減少をカバーできなかった。

〈日本テレビ〉は映画から物販、企画フォーマットの海外販売まで

日本テレビもスタジオジブリ作品の映画製作などで放送外収入に力を入れてきた。

〇八年度では興行収入一五五億円の大ヒットとなった宮崎駿監督の「崖の上のポニョ」や堤幸彦監督の「20世紀少年―第1章―」が実績を重ねた。さらに子会社の日テレ7がセブン-イレブンと共同開発した「石ちゃん弁当」に代表される物品販売に力を入れている。「石ちゃん弁当」は金曜午後の通販番組「女神の市場《マルシェ》」に出演するタレント石塚英彦と連動した形の商品で六五〇万食を超えるヒットとなった。在庫を抱えないビジネスモデルを考え出したという。

子会社などを含めた〇八年度連結売上高（三二四五億六三〇〇万円）で、映画やDVD、ビデオのほかに物販を加えた「文化事業」は七一一億六八〇〇万円。これに、携帯端末向

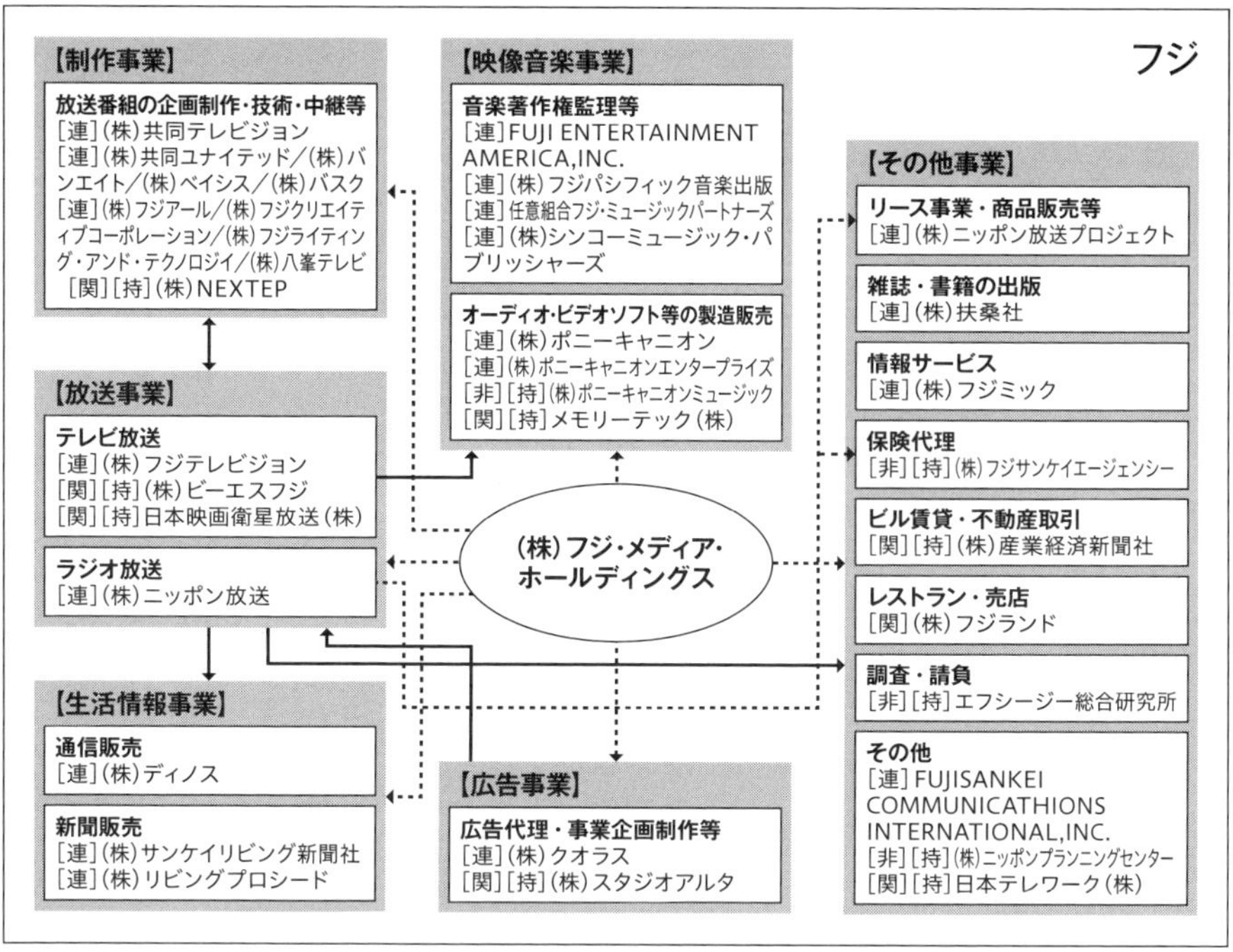
フジ
【制作事業】
放送番組の企画制作・技術・中継等
[連](株)共同テレビジョン
[連](株)共同ユナイテッド／(株)バンエイト／(株)ベイシス／(株)バスク
[連](株)フジアール／(株)フジクリエイティブコーポレーション／(株)フジライティング・アンド・テクノロジイ／(株)八峯テレビ
[関][持](株)NEXTEP
【映像音楽事業】
音楽著作権監理等
[連]FUJI ENTERTAINMENT AMERICA,INC.
[連](株)フジパシフィック音楽出版
[連]任意組合フジ・ミュージックパートナーズ
[連](株)シンコーミュージック・パブリッシャーズ
オーディオ・ビデオソフト等の製造販売
[連](株)ポニーキャニオン
[連](株)ポニーキャニオンエンタープライズ
[非][持](株)ポニーキャニオンミュージック
[関][持]メモリーテック(株)
【その他事業】
リース事業・商品販売等
[連](株)ニッポン放送プロジェクト
雑誌・書籍の出版
[連](株)扶桑社
情報サービス
[連](株)フジミック
保険代理
[非][持](株)フジサンケイエージェンシー
ビル賃貸・不動産取引
[関][持](株)産業経済新聞社
レストラン・売店
[関](株)フジランド
調査・請負
[非][持]エフシージー総合研究所
その他
[連]FUJISANKEI COMMUNICATHIONS INTERNATIONAL,INC.
[非][持](株)ニッポンプランニングセンター
[関][持]日本テレワーク(株)
【放送事業】
テレビ放送
[連](株)フジテレビジョン
[関][持](株)ビーエスフジ
[関][持]日本映画衛星放送(株)
ラジオ放送
[連](株)ニッポン放送
(株)フジ・メディア・ホールディングス
【生活情報事業】
通信販売
[連](株)ディノス
新聞販売
[連](株)サンケイリビング新聞社
[連](株)リビングプロシード
【広告事業】
広告代理・事業企画制作等
[連](株)クオラス
[関][持](株)スタジオアルタ

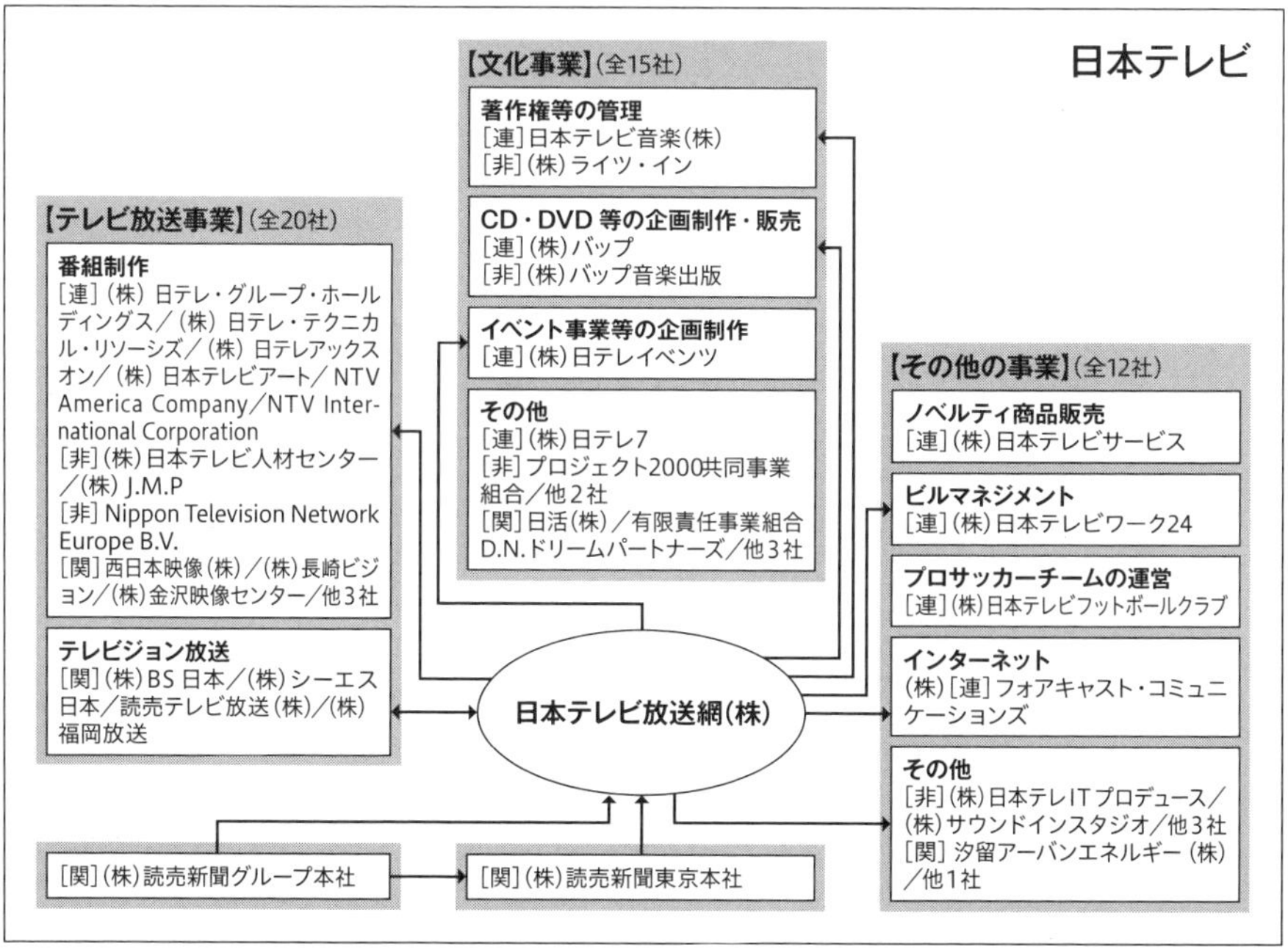
日本テレビ
【文化事業】(全15社)
著作権等の管理
[連]日本テレビ音楽(株)
[非](株)ライツ・イン
CD・DVD 等の企画制作・販売
[連](株)バップ
[非](株)バップ音楽出版
イベント事業等の企画制作
[連](株)日テレイベンツ
その他
[連](株)日テレ7
[非]プロジェクト2000共同事業組合／他2社
[関]日活(株)／有限責任事業組合D.N.ドリームパートナーズ／他3社
【テレビ放送事業】(全20社)
番組制作
[連](株)日テレ・グループ・ホールディングス／(株)日テレ・テクニカル・リソーシズ／(株)日テレアックスオン／(株)日本テレビアート／NTV America Company／NTV International Corporation
[非](株)日本テレビ人材センター／(株)J.M.P
[非]Nippon Television Network Europe B.V.
[関]西日本映像(株)／(株)長崎ビジョン／(株)金沢映像センター／他3社
テレビジョン放送
[関](株)BS日本／(株)シーエス日本／読売テレビ放送(株)／(株)福岡放送
日本テレビ放送網(株)
【その他の事業】(全12社)
ノベルティ商品販売
[連](株)日本テレビサービス
ビルマネジメント
[連](株)日本テレビワーク24
プロサッカーチームの運営
[連](株)日本テレビフットボールクラブ
インターネット
(株)[連]フォアキャスト・コミュニケーションズ
その他
[非](株)日本テレITプロデュース／(株)サウンドインスタジオ／他3社
[関]汐留アーバンエネルギー(株)／他1社
[関](株)読売新聞グループ本社
[関](株)読売新聞東京本社

けコンテンツの有料配信やテナント賃貸収入などの「その他の収入」一六五億四六〇〇万円を合計した「放送外収入」は八七七億一四〇〇万円となる。前年度より一・六%減り、営業利益も四五億九〇〇〇万円にとどまったが、連結売上高のうち二七%を占める。

日本テレビ単体でみると、好調だった映画（一三三億九一〇〇万円）、通販（八三億七六〇〇万円）、イベント（五四億五二〇〇万円）、BS・CS・CATVほか（五二億六七〇〇万円）、ライツ（一九億四六〇〇万円）、海外番組販売（九億八五〇〇万円）、出版（九億五〇〇万円）などの「事業収入」は、前年度より五・六%増の三六五億八五〇〇万円。汐留や麹町オフィスの賃貸収入などの「その他の収入」四一億六四〇〇万円を加えた「放送外収入」は四〇七億四九〇〇万円で、日本テレビ単体の売上高（二七七七億五九〇〇万円）に占める比率は一五%だ。

細川知正社長は六月二十九日の記者会見で、編成局にビジネス推進部を新設する組織改正を七月一日付で行う狙いについて、こう説明した。

「コンテンツ制作の中から生じてくるさまざまな形のビジネスを、具体的に収入にしていくことを目指すものだ。放送外収入の両輪は商品事業と映画事業だったが、それ以外のビジネスにも挑戦していく。たとえば企画段階のコンテンツを海外にフォーマット販売するといった別のビジネスに使えないかを模索する」。

本業の赤字を救った〈TBS〉の不動産賃貸収入

今年四月に認定持株会社として設立された東京放送ホールディングスは、関連事業に積極的だった東京放送時代からのDNAを受け継ぎ、不動産収入が経営の屋台骨を支えている。昨年七月には、雑貨のソニープラザをもつ「プラザスタイル」やフランス料理店「マキシム・ド・パリ」を抱える「スタイリングライフグループ」を連結子会社化した。

〇八年度の連結売上高（三七二三億六〇〇〇万円）のうち、映画やDVD、展覧会など前年度比で二倍強の増収となった「映像・文化事業」（一二一七億一七〇〇万円）と〇七年度末にオープンした赤坂サカスが貢献して四・五倍と激増した「不動産事業」一七二億四五〇〇万円、雑誌売上などの「その他事業」六五〇〇万円を合計した「放送外収入」は一三九〇億二七〇〇万円を数えた。売上比率も三七%に達した。

利益面では、放送の赤字を放送外収入の黒字が支える構造となった。視聴率が低迷したテレビ部門と営業収入が落ち込んだラジオ部門を合わせた「放送事業」は一五億七〇〇万円の営業損失に転落した。これに対し、「映像・文化事業」は一二一億三〇〇万円（〇七年度は七九億一二〇〇万円）の営業利益、「不動産事業」も七七億七〇〇〇万円（同四億二四〇〇万円）の営業利益をそれぞれもたらした。

七〇億円以上も増えた不動産の利益の大半は、高層ビル「赤坂Ｂｉｚタワー」の賃貸収入を中心として、〇八年度に八六八万人が来場した「赤坂サカス」にある「赤坂ＡＣＴシアター」「赤坂ＢＬＩＴＺ」「赤坂ギャラリー」などの文化施設での興行も寄与した。ＴＢＳのある役員が「年間八〇億円の経常利益をあげる」と期待していた通りの役割を果たしている。

ＴＢＳテレビ単体の〇八年度売上高（二七二七億六四〇〇万円）のうち、「テレビ事業」を除く「放送外収入」は「事業」三五九億一二〇〇万円と「不動産」一八七億一二〇〇万円を足した五四六億二四〇〇万円。比率では二〇％だ。

「事業」では、契約者が増えたペイテレビ事業、地元での演劇・音楽興行、入場者が九三万人を数えたフェルメール展などの催事が好調で、前年度より売上が二七％伸びた。なかでも、目を引くのは「花より男子ファイナル」（興行収入七

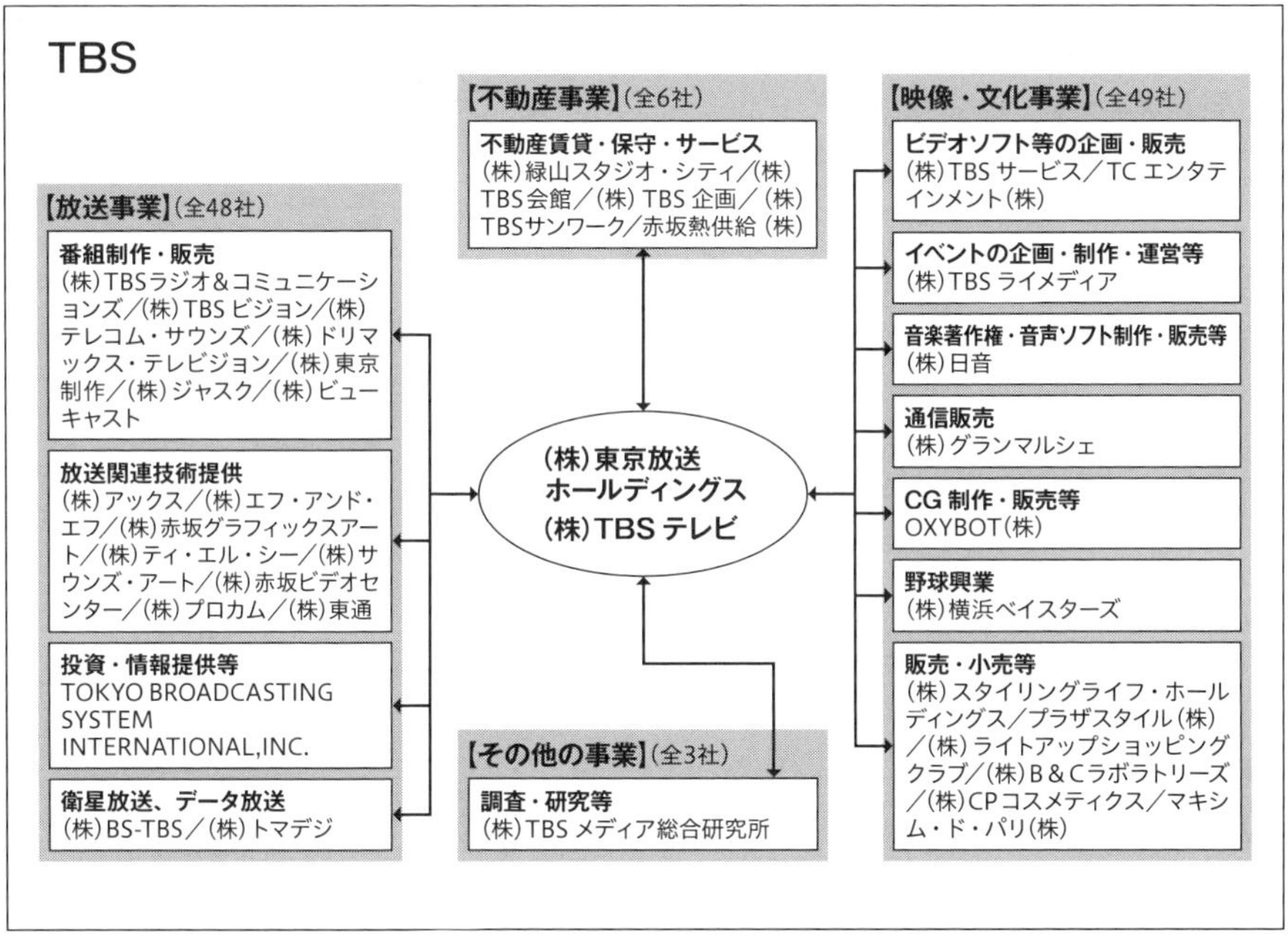

七億円）や米アカデミー賞外国語映画賞を受けた「おくりびと」（同約六〇億円）というヒット作品を放った映画事業だ。売上は前年度より三〇億円以上多い五三億一三〇〇万円。「ROOKIES」や「魔王」が当たったDVDも売上が二〇億円近くアップし五〇億一七〇〇万円に達した。「不動産」は間借りした形となっている東京放送ホールディングスからの賃貸収入が中心となっている。

〈テレビ朝日〉はコンテンツビジネス局新設の強化策

スポットCM収入の低迷が響き、テレビ朝日は〇八年度の連結決算で一七億一六〇〇万円の当期純損失を出したが、映画やインターネット関連といった「その他事業」では増収を記録し、放送外収入では上昇傾向にある。

連結の売上高（二四七一億九二〇〇万円）のうち、放送外収入は音楽著作権・著作隣接権の管理事業と自社レーベルやツアーの音楽コンテンツ事業による「音楽出版事業」（売上高九五億六五〇〇万円、営業利益一五億四一〇〇万円）と、テレビショッピングやイベントなども含む「その他事業」（同三三八億七三〇〇万円、同二四億七七〇〇万円）からなり、

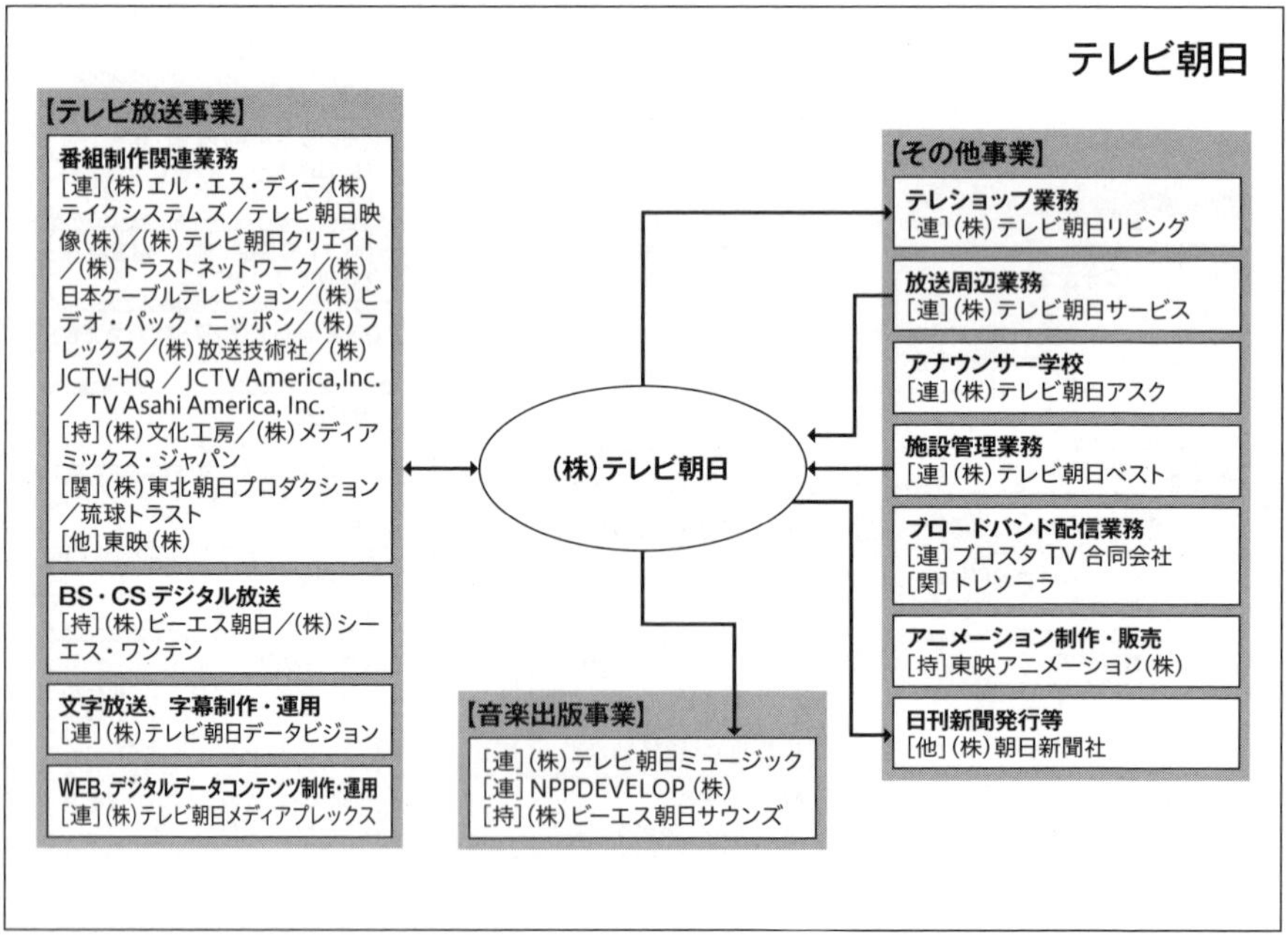

全体の一八%を占めている。

出資映画では、テレビ番組から発展した「相棒―劇場版―」や「レッドクリフ　PART1」がヒット、「ドラえもん」「クレヨンしんちゃん」といった恒例作品も加えて売上高は八〇%増の二〇億円と好調だった。ビデオ・DVDも「相棒」シリーズや「アメトーーク」「内村プロデュース」などを発売し三六億円に。ただ、「その他事業」でもっとも実績をあげているのは、朝の「ちい散歩」や「セレクションX」という通信販売コーナーを中心としたテレビショッピングで、売上は七五億円と堅調だ。六月二十五日には、コンテンツビジネス局を新設、ライツプロデュース部を中心に当初からコンテンツ展開を検討して放送外収入をさらに強化する組織改正に踏み切った。

アニメのライツ事業に活路を見いだす〈テレビ東京〉

やはり〇八年度の連結決算で二〇億三二〇〇万円の当期純損失を計上したテレビ東京は、得意のアニメを軸としたライツ事業に活路を見いだそうとしている。

タイム、スポットとも不振だったCM収入が減収に直結した「放送事業」（売上高一〇〇〇億七一〇〇万円）に対し、放送外収入の「ライツ事業」（同二一五億四八〇〇万円）は前年度比二二%も伸び、連結決算の一八%を占める。

中心となったのはアニメライツ事業。「ポケットモンスター」「NARUTO」「ケロロ軍曹」が好調だった。このほか、「モヤモヤさまぁ～ず2」「ゴッドタン　キス我慢選手権レジ

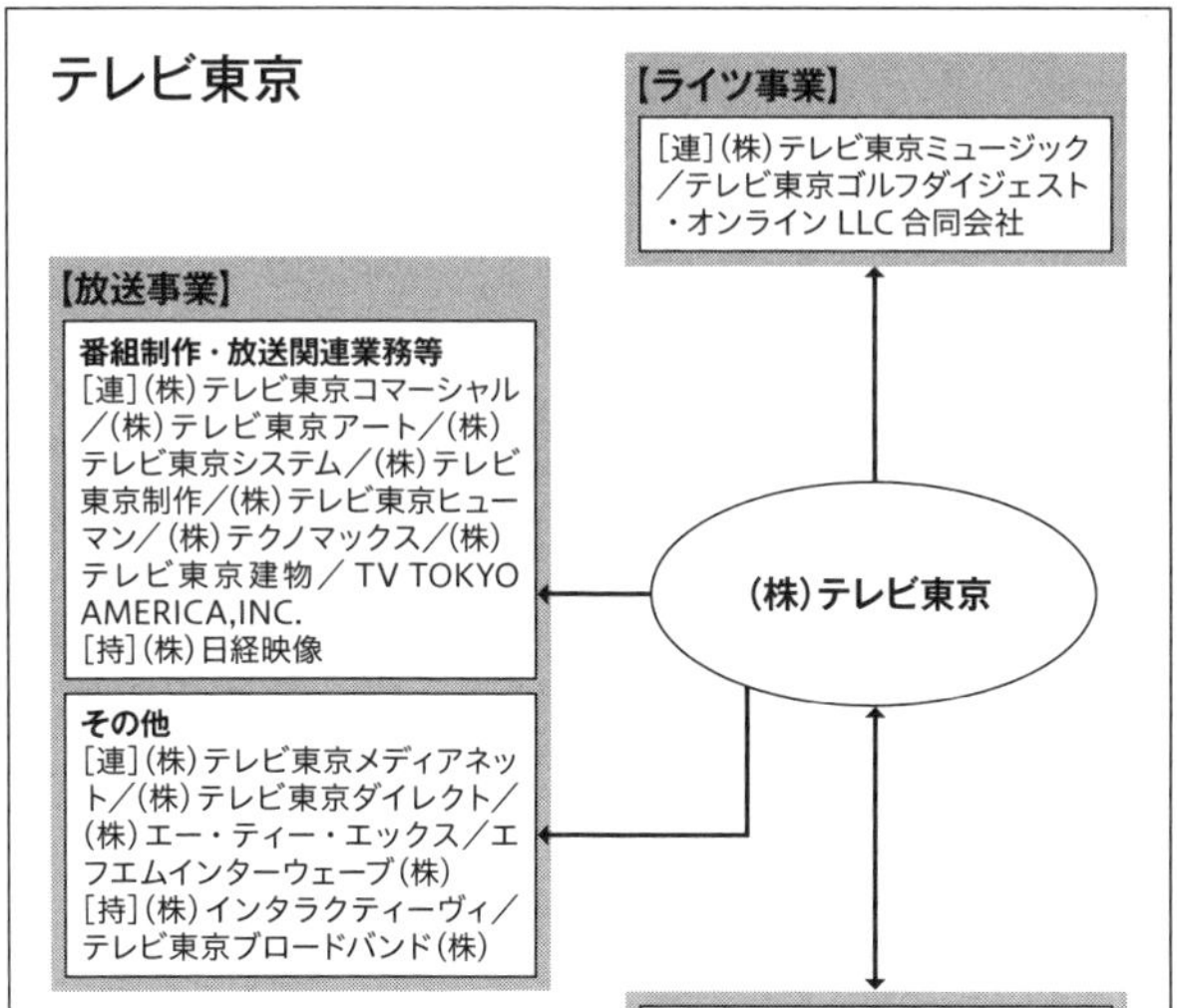

[連] 連結子会社、[関] 関連会社、[持] 持分法適用会社、[非] 非連結子会社、[他] 他の関連会社
民放の事業系統図は09年6月に提出された有価証券報告書を基に作成

エンド」などのＤＶＤ、海外番組販売、スケートイベント「JAPAN OPEN 2008」も順調だった。

「テレビ衰退論」が加速させる放送外収入への戦略

各キー局が放送外収入に力こぶを入れる事情は共通する。フジ・メディア・ホールディングスの財務担当者は「電通が発表しているテレビ広告費は〇五年以降、四年連続で下がっている。広告費のパイが大きくならないならば、他の分野を伸ばすしかない」。アナリストからも「放送外収入をもっと増やすべきだ」という注文がしばしばつく。株価を意識する経営者からすると、放送外収入シフトは強まりこそすれ、弱まることはなさそうに映る。

こうしたテレビ界の深層心理を示したのが、日本テレビの氏家齊一郎会長の「テレビ衰退論」だった。〇八年初め頃から社内外で発言し始めたといわれる「衰退論」は、「テレビの営業収入の落ち込みは構造的なもので、今後も続く」という内容だった。民放の大御所が言い切ったことから衝撃は広がった。他の民放局首脳からは「テレビはまた復活する」「減収は景気循環の影響が大きい」という声が聞こえるが、「衰退論」を退けるだけの論拠はまだ示されていない。

二十四時間という売り場面積が限られている民放の地上波局にとって、放送収入の頭打ちという懸念を解消するための「多角化経営」は、かねてから魅力的に映る言葉だった。積極的に実践したＴＢＳの足跡をたどってみよう。

「限界産業論」から生まれた多角化経営の推進と挫折

「ＴＢＳ50年史」をひもとくと、総広告費が戦後初めて減少した一九六五年、ＴＢＳは番組費用や人件費などの固定費がふくらんだことから、増収ながら減益となった。会社の業績が景気の動向に左右される要素が大きいことが実感され、「放送限界産業論」が語られ始めた。

六〇年代後半の今道潤三社長時代、放送外の事業への投資が盛んになった。貸しビル業の子会社として六四年に設立されたＴＢＳ会館は六六年にＴＢＳ不動産（七二年にＴＢＳ興産と改称）と社名を変え、東郷女子学生会館の建設や北海道苫小牧の土地買収、レジャー施設や宅地の開発を進めた。情報産業への進出と銘打ち六九年、米エンサイクロペディア・ブリタニカ社との合弁によるＴＢＳブリタニカを設立、百科事典の出版販売事業にも乗り出した。

民放連の「未来問題調査会」（主査・野田一夫立教大教授）が七一年に出した報告書では、「民放の高度成長は民放自身の企業努力よりも、恵まれた環境条件に負うところが大きい。今後十年間、輝かしい花形産業たらしめるには民放各社はかつて見られぬほどの企業努力が要求される。放送だけに事業の範囲を限定せず、新しい領域に進出し、先端的な文化産業のイメージを強めるべきである」と提言された。

六九年に就任した諏訪博社長も、関連事業への進出を強めた。不動産、レジャー、ビデオ制作・販売、教育などへの投資は、六八年の二一億円から七三年には一一五億円へと拡大された。七〇年に苫小牧の総合レジャー施設が開業、七三年にはハワイでのホテル事業や土地分譲にも乗り出した。番組をビデオパッケージとして発売するパック・インは七〇年に設立。マイホームブームを背景にした住宅展示場のハウジング事業が七一年、レコード会社の東京レコードは七二年、放送技術者や声優の養成などをめざす東放学園も七二年にスタートした。

また、経費の抑制をねらった番組外注化を進めるため、制作プロダクション設立にも力を入れた。広告会社などとの共同出資で七〇年、木下恵介プロダクションとテレパックを設立した。

しかし、七三年の石油ショックによる土地購買意欲の低下で不動産部門が大きな打撃を受け、ＴＢＳ興産は七五年に株式を三井不動産に譲渡した。経営多角化の方針転換は他分野にも及び、「放送本体に重点的に予算を配分する」という指針のもと、八一年、ＴＢＳブリタニカの一部株式を譲渡したサントリーに経営が委ねられた。ただ、二八万ヘクタールの土地買収が七〇年代初めに完了していた横浜市緑区（現青葉区）には緑山スタジオが八一年に完成。ドラマの収録などに使われ、八二年には関連会社の緑山スタジオ・シティＭＳＣが作られている。

副次収入追求と商業化批判のはざまで揺れてきた〈ＮＨＫ〉

他方、ＮＨＫが受信料収入の伸び悩みから関連会社新設による業務拡大を図ったのが八二年の放送法改正だ。当時の状況を点描してみる。(注)

七〇年代に入ってから受信契約者が伸び悩み、ＮＨＫは七六年、八〇年、八四年、九〇年と、赤字解消策として受信料を値上げした。会長の諮問機関として有識者を集めて八〇年七月に設けた「ＮＨＫ長期ビジョン審議会」（会長・加藤一郎東大教授）では財源やニューメディアなどの長期ビジョンを検討し、八二年一月に報告書をまとめた。答申の中で、「副次収入の開拓と効率的経営への努力」が盛り込まれた。

各局の番組制作費

	07年度実績	08年度実績	09年度見込み
日本テレビ	1152	1122	980
TBSテレビ（旧算定）	1218	1205	
TBSテレビ（新算定）		1150	1070
フジテレビ	1177	1102	1102並み
テレビ朝日	893	904	753
テレビ東京	429	409	335

（単位：億円）

八二年十二月施行の放送法改正で、ＮＨＫの出資制限が緩和された。出資が認められた分野は、①ＮＨＫの委託による、放送番組の制作、番組教材の出版、放送に必要な施設の建設・保守、②ＮＨＫの委託による、受信料の徴収、情報処理、③ＮＨＫ番組のビデオ化等複製物の作成、販売、④ＮＨＫの設備によるテレビジョン多重放送の実施、など。この結果、一〇余りだった関連団体は、ＮＨＫテクニカルサービス（設立八四年）、ＮＨＫエンタープライズ（同八五年）、ＮＨＫコンピューターサービス（同八五年）、ＮＨＫ放送研修センター（同八五年）、日本文字放送（同八五年）、近畿文字放送（同八五年）と、続々と増えていった。

さらに、八八年の放送法改正で、「外部からの委託による番組制作業務への進出」や「ＮＨＫ施設・設備の一般利用と賃貸」が認められる。ＮＨＫは「蓄積してきたノウハウ、技術などについて、積極的に社会に還元していく」として、関連団体の拡充を進めた。

こうした法改正や積極的な関連団体政策にもかかわらず、ＮＨＫの事業収入のうち受信料が占める割合は九〇年代に入っても、八〇年代と変わらず九八～九九％にとどまった。民放側の「ＮＨＫ商業化批判」という牽制もあり、関連団体からの副次収入は期待されたほど伸びなかった。もっぱらＮＨＫの財政を助けたのは、八九年から有料化されたＮＨＫ衛星放送という新たな受信料収入だった。

九〇年以降、受信料を値上げしていないＮＨＫが久しぶりに新たな財源としたのは、インターネットによる「ＮＨＫオンデマンド」だった。〇七年の放送法改正で認められた事業分野である。テレビとは異なるメディアによる収入源として、〇八年十二月から有料配信を始めた。ニュースや「大河ドラマ」「朝の連続テレビ小説」などの番組を二十四時間以内に配信し一週間程度見ることができる「見逃し番組」サービス

（見逃し見放題パックは月額一四七〇円）と、過去のドラマや「ＮＨＫスペシャル」などのドキュメンタリーを配信する「特選ライブラリー」サービス（単品で一〇五円～三一五円）がある。

計画では一一年度に会員四〇万人、売上五七億円、一三年度には四五万人、七一億円と見込んでいた。しかし、有料の壁が高いためか、予想を下回る普及に苦しんでいる。スタートから半年後の今年五月一九日までの延べ会員登録数（パソコン系）は七万二八一六人。五月二十日の定例記者会見で、日向英実ＮＨＫ放送総局長は「時間に制約されないし画質もいいのだが、利用者の伸び悩みが課題」と語った。ただ、五月に入って連続テレビ小説「ちゅらさん」などを一部無料配信するなどして会員は増加傾向にある。六月末現在でパソコン系の会員登録数は一〇万一二六二人とやっと大台に乗った。

地方局の成功モデルとなった北海道テレビ「水曜どうでしょう」

本業以外の放送外収入は、必ずしもテレビ局の思惑通りに推移してきてはいない。今後も成功の王道が確立されることはないのかもしれない。その中で、北海道テレビ（テレビ朝日系）のバラエティ番組「水曜どうでしょう」のＤＶＤセールスは大きな成果と評価できる。

番組は九六年から週一回の深夜枠でスタート。地元タレントの大泉洋と鈴井貴之が低予算で旅をする様子をディレクターが民生用ホームビデオで機動的に撮影するスタイルが受けた。北海道ローカルの放送だったのが、クチコミやネットを通して評判となり、九九年に秋田県で放送されたのを皮切りに全都道府県での放送が実現した。米ロサンゼルスの日系人向けのテレビ局にも番組販売されたという。

レギュラー放送は〇二年に終わり、その後は年一本程度のスペシャル番組を続けている。並行して再編集したＤＶＤを〇三年から発売し、これまでに一一タイトル、計二〇〇万本以上が売れた。新作は一〇万本を超え、旧作もコンスタントに売れるという根強い人気を誇る。一本四〇〇〇円で計算すると、八〇億円を上回る。

会社の決算にも大きな貢献をしている。〇八年度ではＤＶＤが三五万本売れ、一五億三〇〇〇万円を売り上げた。キャラクター商品や本、グッズなどを含めた放送外収入は二一億円で、大半は「どうでしょう」関連だ。全社の売上高一四〇億五〇〇〇万円の一五％を占める。地上デジタル投資や不況による営業の落ち込みで赤字に転落する地方局が続出するなかで、三億八〇〇〇万円の経常黒字を出した。北海道テレビが「不動産の賃貸収入が多い局があるかもしれないが、コンテンツから派生した放送外収入では地方局でもっとも多いだろう」と胸を張るのも、うなずける実績である。

新しいビジネスモデルを提示した「どうでしょう」だが、ある在京局の首脳は地方局の行く末の厳しさをこう指摘した。「今後、民放を含めたBSがより力を持ってくるようになり、地上波の影響力は相対的に低下する。増えつつある番組のネット有料配信をできるのも、事実上、キー局に限られる。全国一波のBSが登場すると地方民放局が大きな打撃を受けると語られたかつての地方局『炭焼き小屋』論が、いまこそリアリティを持ち始めている」。

とはいえ、キー局も安泰といえる状況ではない。CMの売上低迷の歯止めはかからず、軒並み、番組制作費の削減に走っている（八八〇ページ・表）。

肝心の番組がやせ細ってしまっては、DVDやネット配信といった放送外収入によるリターンも多くは期待できなくなる。ジリ貧のなか、安上がりの番組でしのぐ「縮小路線」を歩むのか、番組と放送外でのヒット展開を発掘する「新たな道」を模索するのか。売上が減る後退局面での戦略の決め手は、やはり「どうでしょう」のような突き抜けたオリジナリティのある番組を作り出せるかどうかにかかっている。

（注）資料：「20世紀放送史」（日本放送出版協会）、「民間放送50年史」（日本民間放送連盟）

（かわもと・ひろし）専門分野はメディア。学芸部、社会部記者などを経て二〇〇六年から現職。四月からオピニオン面で月一回の「メディア衆論」に参加。著書に『ニューメディア「誤算」の構造』（リベルタ出版）。

解題

「CM収入」から「放送外収入」へ。放送局サバイバル時代の到来を受けて、各局の取り組みとその特徴、さらに今後の展望にまで言及している。中でも文中で明らかにされたTBSによる「不動産事業」の内実は、放送局自体の存在意義を考える上でも興味深いものとなった。また北海道テレビなどに見る地方局の成功モデルや、民放と対比するためにNHKの「業務拡大」「商業化」にも目配りされた論考は、多くの示唆に富んでいる。（碓井広義）

特集：メディアの倫理って何？

第三者機関に頼らない倫理とは

放送局は、どのように放送倫理を確立するべきか。そのために、第三者機関はどう位置づけられるべきか。今のありように問題はないのか。BPOの近時の動向を観察し、その問題点を考える。

青山学院大学法学部教授
大石泰彦

『GALAC』2009年10月号

「BPOは用心棒か」と思わせた放送局経営者たちの弁

放送メディアの第三者機関であるBPOの役割は、放送番組の倫理性について検証し判定し、各放送局に適切な対応を求めることで放送界の自律・自浄能力を示し、もって放送に対する公権力の介入・干渉に対する防波堤たること、と一般に理解されているようだ。しかし放送局の経営者自身に、「放送の自由」の主体として自ら公権力に対峙し、それを守ろうとする強い意志は本当にあるのだろうか。

たとえば二〇〇四年六月、テレビ朝日の広瀬道貞社長は、すでにBRCが勧告ずみだった同局の「TVタックル」について総務省から厳重注意を受けた際、「BRCで問題が指摘されれば総務省も指導することになって〔おり、厳重注意に〕さほど違和感はない、言論への介入と受け取っていない」とコメントしている（毎日新聞二〇〇四年七月二十日朝刊「行政指導に波紋広がる」）。また二〇〇九年七月、TBSの石原俊爾社長は、放送倫理検証委員会が審議入りの是非について検討中だった「情報7daysニュースキャスター」が同じく厳重注意を受けた際の会見で「〔行政指導を受けたことについて、〕お叱りを受けた局としてはちょっと〔コメントできない〕」と述べている（東京新聞二〇〇九年七月六日朝刊「指導乱発の危うさ」）。放送局のトップがこのようなお上に従順な姿勢でよいのだろうか。これでは「防波堤」たるべくがんばっているBPOの立つ瀬がないではないか。

その一方、広瀬氏は、光市事件裁判の報道に関する放送倫理検証委員会の意見に対して「時宜を得た極めて見識の高い意見」「委員会の効用があらためて示されたケース」「委員は相当、自由に意見が言えたのではないか」などと論評している（東京新聞二〇〇八年五月二十三日朝刊「『見識高い』と評価」）。しかし、これにも何か違和感がある。たとえは悪いが、刑事裁判の被告が、有罪判決に「不服がある」と述べるのは別におかしくないが、それに対して「見識が高い」といったら、やっぱりおかしいのではないだろうか。おそらく広瀬氏は、自主規制が有効に機能していますよ、と総務省にアピールしたかったのであろう。しかし、このように露骨にパトロン気分の振る舞いをされると、「BPOは用心棒か」などと毒づいてみたくもなる。

外部者のみで組織されたBPOに何ができるのか

そうした中、放送倫理検証委員会が、いわゆるNHKの番組改編問題を審議し、二〇〇九年四月に「〔NHKの自主・自律という観点からみて〕日常的に政治家と接している部門の職員が、政治家が関心を抱いているテーマの番組制作に関与すべきでない」「NHKがこれまでに公開した文書やコメントには閉じた態度が見受けられる」と述べる意見を発したときには私も拍手した（朝日新聞二〇〇九年四月二十九日朝刊「NHK番組改編問題BPO委意見」）。それは常づね、現在のBPOのような外部者のみによって構成される機関が本来やるべきことは、経営者やそれとつながる政治・社会権力が、番組制作現場に対して圧力を加えることによって、倫理生育の土壌であるジャーナリズムの自由が損なわれるような状況を摘出し、その改善を促すこと、つまり放送企業や制作現場の構造的問題に迫ることだと考えていたからである。

これまでのわが国の第三者機関は、主として個々の番組や場面の是非について、自らの良識や学識を主な拠り所としつつ裁定を下しているが、それは本当に外部者のみで行うべき、あるいはできることなのだろうか。改めて言うまでもなく、倫理とはマス・メディア（ジャーナリスト）にとっての自律的規範である。だとすれば、現場のジャーナリスト・制作者がいない場所で、あるいは、彼らを審査あるいは取調べの対象（倫理の客体）と見る姿勢で、個別の倫理問題に関する結論に到達しうるはずがないのではないか。北欧などの第三者機関には、だいたいジャーナリストや制作者の側の代表が正式の委員として加わっているではないか。

そのあたり、ＢＰＯ関係者の認識をお聞きしたいところである。いま、手もとにある新聞スクラップをパラパラとめくってみると、放送倫理検証委員会の吉岡忍委員が、同委員会の役割について「個別番組の問題を取り上げるより、番組制作のシステムや構造を取り上げてきた」と述べているのが注目される（朝日新聞二〇〇九年七月十五日朝刊「ＢＰＯ、総務省に反発」）。私は、この意見は現在のＢＰＯが果たすべき役割を正しくとらえた、傾聴に値する議論だと思う。

しかし一方、二〇〇八年度のＢＰＯ年次報告会の席上、ＢＰＯの飽戸弘理事長が、放送現場に対して「ＢＰＯの決定が納得できるかどうかよりも、謙虚に耳を傾けて、まず改善の努力をしてもらいたい」と強調していることには、その当日の会場に集まった「全国のテレビ・ラジオ局からのコンプライアンス、番組考査、編成の担当者〔の中には〕……居眠りしている担当者も見受けられ、大きないびきも聞こえた」ような主体性喪失の状況であったとはいえ、やはり疑問を感じるところである（東京新聞二〇〇九年四月二十日朝刊「ＢＰＯの『声』届いているか」）。納得はいいから改善しろというのは、倫理トップの現場へのメッセージとしてあまりに乱暴ではないか。ジャーナリスト・制作者代表が委員として参加していない現在のＢＰＯ制度下では、ＮＨＫ番組改編問題のような例外的場合を除いて、その勧告や見解の意味は「〔各放送局に対し、ＢＰＯの決定に〕やみくもに従えという趣旨ではな〔く、〕……ＢＰＯの勧告や見解も踏まえ、反対意見を含めて局内で徹底的に議論する」〔清水英夫ＢＰＯ前理事長の発言（朝日新聞二〇〇三年六月二十六日朝刊「視聴者の声集め迅速審理」）〕というあたりが妥当な線であろう。

第三者機関は国家から自由でありうるか

「テレビがジャーナリズムを担いうるのか」という根本的な疑いを抱える私だが、それでも（あるいは、それゆえに）ＢＰＯが今後、放送倫理実現のために相応の役割を担ってもらいたいという思いがないわけではない。しかしそのためには、公募・公選制など外部委員の選任の手続きを公正なものにすると同時に、傘下の各委員会に、これも公正な手続きによって選任された現場（ジャーナリスト・制作者）代表を参加させることがまず必要であろう。また、ＢＰＯの組織・運営を放送業界からより独立したものとし、いま感じられる「内輪感」を払拭してもらいたいとも思う。そして何よりも、先に見たような放送局の経営者のＢＰＯに関する心得違いについては、ＢＰＯ自体がそれを厳しく批判してゆくことが必要であろう（後に述べる倫理の特質から言えば、第三者機関の果たすべき役割は、放送現場の監視というよりもむしろ経営者の監視である）。

ただ、憲法二一条によって純然たる「国家からの自由」を保障されている新聞メディアとは異なり、電波法・放送法を通じて一定の国家的コントロールを受けている放送メディアに関して言えば、第三者機関は、その権限が強くなればなるほど、またその活動が活発なものになればなるほど公権力（総務省）の後見の下におかれがちになるというのも、矛盾しているようであるが真実であろう。もはや説明の要はないと思うが、官僚国家における省庁は、自分のもつ規制・監督権限をそう簡単に手放そうとはしないものだからである。最近では、放送倫理検証委員会が活発な活動を開始した途端、佐藤勉総務大臣がＢＰＯについて「お手盛り的なところも否めない」とした上で、「ダイレクトに番組を検証し、即座に対応できる組織があってもおかしくない。国とみなさんと話し合ってしっかりした組織を作ることも一つの考え方だ」と述べたことがその例である（毎日新聞二〇〇九年七月二十七日朝刊「検証機関新設に意欲」）。おそらく総務省の内部では、自らの規制・監督権限をいかにして維持し確保するか、あれこれと議論がなされているのだろう。しかしこのままでは「ＢＰＯ防波堤」論はいずれ破綻するのではないか。

「非定型性」という倫理の特質と第三者機関の限界

それでは、放送倫理の前進・確立のために、われわれは今後、どのようなとりくみをすればよいのだろうか。このことを考える際にまず思いをいたすべきは、倫理の「非定型性」ということである。たとえば、ＴＢＳの第三者機関である「放送と人権」特別委員会は二〇〇八年三月、同局報道番組で放映された坂出殺人事件の加害者家族が被害者遺族に謝罪するシーンについて、「謝罪する場面の放送は一切すべきではないという結論には至らなかった」「明確な線引きのできる倫理基準を定めることは困難で、ケース・バイ・ケースで妥当な内容を模索していくほかない」と判断したという（東京新聞二〇〇八年三月二十日朝刊「慎重さ欠くが放送妥当」）。

あたりまえではないか。たとえば「無断録音取材は許されるか」「容疑者の顔写真を公開すべきか」「オフレコ破りは許されるか」「災害現場では人命救助が取材に優先されるべきか」「血液型と人間の性格に関係があるように述べることは許されるか」、こうした倫理に関するさまざまな問いに「答え」は存在するだろうか。それを裁判所のように第三者が審判することは可能だろうか。ジャーナリズム活動・番組制作の倫理とは、究極のところではプロとしての信念や問題意識に立脚する、本質的に非定型のものではないのだろうか。結論に至らないのが当然だし、多数決で結論に至るという手続きも倫理に関しては実は万能ではないのではないか。

もう一つ確認しておきたいのは、倫理は法とは異なり、単にジャーナリストや制作者に「不作為命令」を発するだけのものではないということである。それは本質的には、彼らに「作為命令」(いま、ジャーナリストならばこのように行動すべき)を発するものである。仮に、重大な社会問題を眼前にしてジャーナリストが「何もしなかった」としてみよう。それは当然、法的には何の問題もないだろう。しかし倫理的には、そのジャーナリストは当然、不作為の責任を問われなければならないだろう。では、第三者がジャーナリストに「こう行動しろ」と命じることははたして適切、あるいは可能なことだろうか。報道によれば、二〇〇九年七月現在、放送倫理検証委員会はテレビ・バラエティのありかたに関して集中討議に入っているようであるが(朝日新聞二〇〇九年七月九日朝刊「バラエティに『倫理』?」)、このテーマを考える際にはこの作為・不作為の問題の検討が不可避であると思われる。この点に関する委員会の姿勢がどのようなものか、私は注目して見ている。

先にも述べたが、私は、一般人や局内部・制作会社からの苦情・要請を受理して、それについて審議し放送局に勧告する第三者機関(外部委員と内部委員からなることが条件だが)はあってもいいと思っている。しかし、上記のような倫理の特質から考えた場合、それは放送倫理確立の方策としてはあくまでも副次的なものにとどまらざるをえないことも確認しておく必要があろう。これもすでに述べたように、放送メディアが倫理についての主体性を失い、第三者機関に依存する態度をとり続ければ、それは公権力介入の防波堤どころかその呼び水にすらなりかねないのが現実なのである。

ジャーナリスト・制作者の養成教育の重要性

放送倫理の実現のために、私はむしろ、放送局をはじめとするマス・メディアが、大学・研究者と連携して行う「ジャーナリスト・制作者養成教育」および「受け手教育」が有効であると考えている。いま、曲がり角の放送表現にとって本当に必要なのは、第三者機関の裁定の遵守という「上からの倫理」ではなく、迂遠なようだがジャーナリスト・制作者という「個」を鍛え、一方で視聴者という「個」を鍛える「下からの倫理」なのではないだろうか。

前記二つの教育プログラムのうち、現在、放送界ではあまり認識されていないように見えるジャーナリスト・制作者教育について、少し検討しておきたい。私がいま、もっとも有効・適切と考えているのは、大学におけるメディア志望の学生向けの教育プログラムである（現在の教職課程に類似した形式で、学部・学科横断的に行われるのが最適であろう）。

しかし、このアイデアに対しては、おそらく放送人の間から「現在でも、各放送企業の内部で、それなりの放送人養成教育が行われている」「現場を知らない大学の教員には、放送人の育成など不可能である」「いわゆるメディア学の知識は、現場の問題を解決するのには役に立たない」等の疑念の声が投げかけられることが予想される。

残念ながら、そうした疑念は理由のないことではない。とくに前記三点目の疑念については、わが国の大学や学界がこれまで、マス・メディアの現場が抱える実践的諸問題、とくに倫理問題の解決に資するような知識・理論を蓄積してこなかった事実を一人の研究者として認めざるをえない。

しかし一方で私は、ジャーナリストや制作者を志望する若者が、メディア企業の一員になった後で、コンプライアンス的な社員教育を初めて受けるのと、彼が社会人になる前に、企業や業界とは一線を画した自由な場所で、情報の送り手としての自覚と知識を涵養することの間には、やはり倫理の面で相当に大きな違いが生まれるであろうと思っている。また、それは先に述べた倫理の本質、すなわち「非定型性」「作為命令性」にもかなうやり方であろう。

もちろん私は、倫理の実現のための教育を大学教員が一手に引き受けるなどという大それたことを考えているのではない。必要なのは、ジャーナリスト・制作者と研究者が連携し協働して教育プログラムを開発し実践することであり、倫理教育に関していえば、教室ではむしろ現場の人間が主導的役割を担うべきである。研究者の役割は、過去の事例を収集・整理し、論点を抽出して教材化する、あるいは一外部者としてプロとは異なるモノの見方を提示するといった補助的なものにとどまるだろう。それなら大学ではなく企業（業界）の中でも実施可能だと思われるかもしれないが、肝心なのは業界から離れた大学という場所で、ジャーナリスト・制作者が社員としてではなく一職業人に立ち返って後輩にメッセージを送ることである。放送局などのメディア企業には、こうした教育プログラムに、人的・財政的な協力を行うとともに、教育現場における社員の行動や発言について一定の自由を保障することが求められる。

このような仕組みが存在し、さらにそれが現場の声や問題意識が十分に反映される経営の実現、採用人事のあり方の見直しなどに展開してゆくとき、わが国の放送倫理は少しずつ、しかし着実に改善してゆくように思われる。いま必要なのは〝ＢＰＯの更なる強化〟ではなく、実は〝ＢＰＯに頼らない〟新しい枠組みでの倫理の探求なのではないだろうか。

（おおいし・やすひこ）専門は、メディア倫理・法制。一九六一年生まれ。近論に「ジャーナリズムの倫理と責任」『新訂・新聞学』（日評、二〇〇九）所収、「メディア倫理の立場から探る養成教育のあるべき姿」Journalist 二二七号（二〇〇九）など。

解題

「テレビがジャーナリズムを担いうるのか」という疑問を表明した上で、いくつもの提言を行っている。放送業界からより独立したBPOの組織・運営。現場（ジャーナリスト・制作者）代表の参加。また、その現場とアカデミズムの連携による、教育プログラムの開発と実践。その上で、「いま必要なのはBPOの更なる強化ではなく、実はBPOに頼らない新しい枠組みでの倫理の探求」という結論部分は、現在もなお大きな課題である。（雉井広義）

特集：こんなドラマが見たい！

視聴者は何を期待しているか

時代の無意識が見えるドラマ

日本大学芸術学部放送学科教授
こうたき　てつや

視聴率が年々低下し、大ヒットが登場しない昨今のドラマ。「つまらなくなった」「見応えのある作品が少ない」「新鮮味がない」などと厳しい意見も聞かれる。いま視聴者はどんなドラマを求めているのか。制作者はその期待にどう応えようとしているのか。見る側と作る側の対話を通じて、ドラマの課題と未来を探る。

『GALAC』2010年2月号

一九六〇年代来のオールド・ドラマファン、それもどちらかといえば斜に構えるタイプである。そんな男がいくら編集部の依頼とはいえ、いまさら未来に向けて「見たいドラマ」を語って、果たしてどれだけの共感が得られるというのか。黄金期のドラマを顧みて、なんてことになったりしたら目も当てられない。といって、今の若い人やアラフォーたちの気持ちがわかるわけでもない。その代弁なんかできっこない。

まいった。生来の安請け合いがたたって、原稿に行き暮れているのが正直なところだ。

えいっ。こうなれば居直るしかない。昨今のドラマへの安堵や不安を語っていけば、そのうち何かキイワードが浮かんでこないとも限らない。とりあえず、最近の連続ドラマあたりから、徒然なるまま、手当たり次第に、思うところをぶちまけていってみよう。

視聴者が「見たい」ドラマはない。見た後で「これだった」と思わせ気づかせてくれなくちゃ

それにしても、いまの若い人たちはドラマを見なくなった。昨秋のことである。その日の授業の流れで、「小公女セイラ」（ＴＢＳ）のことを聞いてみた。なんと、一〇〇名程の受講生の誰一人として見ていなかった。

話は少し横道にそれるが、そんなドラマ離れに焦ってのことか、最近は初回を二時間スペシャルにする編成が流行っている。なんとか初回で視聴者をつかもうという魂胆だろうが、これが頂けない。連ドラファンにとっては、初回の負担が迷惑なばかりか、その内容も無理やり時間を延ばしただけの退屈なものになっている。

「小公女セイラ」も例外ではなく、セイラ（志田未来）がいかにいい子かの説明に、延々二時間もつき合わされる。これでは、次回への期待をもてと言われてもつらい。その後（悪態をつきつつも毎回見ていたのだが）は、薄幸のヒロイン・セイラと敵役の学院長（樋口可南子）、それぞれの葛藤がよく描けているだけに、余計に初回のつまずきがうっとうしい。

悪あがきなんかしなくてもいいんじゃないか。つくづくそう思う。それ以前に、若い人たちは本当にドラマを見なくなったのか。そんなことはない。同じ昨秋の連ドラ「ＪＩＮ—仁—」（ＴＢＳ）のことを考えてみればいい。当時、私の周りの大学生たちは、「この秋の一番は『ＪＩＮ』だね」と頷きあっていたものだ。

かつてほどではないにしても、ドラマにはまだ、それが日々のおしゃべりのネタになるだけの力がある。昨春の連ドラ「アイシテル—海容—」（日本テレビ）でも、同じような気配を感じたものだ。ちなみに、このドラマは海外でも高く評価され、世界最大のコンテンツ見本市「ＭＩＰＣＯＭ」（フランス）で、各国のバイヤーからグランプリを贈られている。

で、どんなドラマが見たいかだが、そんなものははっきり言ってない。ないのだ。第一、ドラマというのは、多くの人たちが無意識の内に感じていることを導き出してくれるものではなかったのか。ドラマをつくる人たちがそれに光を当て、気づかせてくれなきゃ、見たいも見たくないも始まらない。

こう言ってもいい。ドラマというのは、放送されて初めて、「これが見たかった」と思うものなのだ。うん、少し何かが見えてきた。「ＪＩＮ—仁—」のことを言い、「アイシテル」を重ねたのも、無意識のうちにそれが言いたかったのかもしれない。

つくりの深さ、巧みさで何かを気づかせ、ロマンを与えられるか

「ＪＩＮ―仁―」は、現代の脳外科医・南方仁（大沢たかお）が幕末にタイムスリップするお話だ。このところ、タイムスリップものが目立つが、ここには過去だけではなく、現在から未来へのロマンが体温をもって伝えられていた。

まず、お話自体がよくできている。医療機器にも設備にも欠ける中での治療のリアリティ。坂本竜馬（内野聖陽）や緒方洪庵（武田鉄矢）らとの出会いにしたって、人の運命に関わることへの問いを重ねて、絵空事には終わらせない。武家の娘・咲（綾瀬はるか）や花魁《おいらん》・野風（中谷美紀）をめぐるお約束の恋模様にしても、色恋を超えた人への思いが一途に重ねられている。

この幾重ものぬくもりのある人間模様に支えられて、仁が問い続ける人としての医師としての明日への道。私はその苦悩の先に見えてきたものに、何かを呼び覚まされた。

理屈っぽくなりそうなので、あるシーンを紹介してみよう。第七話。仁が緒方洪庵の最期を看取る件である。洪庵は彼の支援を惜しまなかったが、重い労咳《ろうがい》（結核）に罹り余命いくばくもない。その命尽きる中で言い残す。

仁「私はこのご恩にどう報いればいいのでしょうか」

洪庵「よりよき未来をおつくり下さい。皆が楽しう笑い合う平らな世をおつくり下さい」

洪庵は身分制度の下で、腹を割いてみれば人は皆同じと言い、医術が平らな世をつくる未来を願う。それを聞いて、仁は気づき、私も気づかされる。

失われた九〇年代とはよく言ったもので、以来、「未来」なんて、てっきり死語だと思ってた。でも、あったんだよね。よくよく考えてみれば、私たちはまだ平らな（平和で穏やかな）世の中はつくっていない。

「ＪＩＮ―仁―」はそのことを、つくりの深さと巧みさで、そしてそのロマンで、「そうなんだ」と気づかせてくれた。つまり、「見たいドラマ」だと思わせてくれた。

ずい分前のことだが、映画監督の鈴木清順さんがこんなことを言っていた。「ロマンティシズムっていうのは、夢を描くわけでしょ。それも、ならぬ夢なんだよね。すべて、行き先、挫折だよね」（現代ジャーナル「抒情画家・高畠華宵」ＮＨＫ教育・一九九一）。

一口に、平らな世をつくると言っても、そうそう簡単にかなえられるわけもない。しかし、かなわぬことであっても、それを夢見ることが大事なのだ。清順さんの言葉を借りれば、ならぬものだからこそ、人は苦しみ、数々の挫折を味わう。

夢がロマンであるのは、それがこういった苦悩や挫折のすべてを抱えての人間賛歌だからではないのか。

んっ。そういえば、最近、テレビドラマは、連続ドラマは、あんまり夢を見させてくれてないんじゃないか。ちゃらちゃらしたものが減ってきたのはいいけど、そこにロマンを感じることも少なくなった。そう思いませんか。

大御所だろうがマンガだろうが原作の形は関係ない。「遠すぎる」世界が駄目なんだ

最近はマンガ原作ばっかり。これではテレビドラマは駄目になる。よく、そんなことが言われる。でも要は、おもしろいか見応えがあるかじゃないだろうか。

それに、マンガ原作は困ったもので、小説原作なら大目に見られるというのもおかしい。松本清張ものや山崎豊子ものであれば、もうそれだけでまっとうなもののように見る風潮さえある。ついでだから、それは迷信でしかないことを言っておこう。

たとえば、昨秋来の連続ドラマ、山崎豊子原作の「不毛地帯」（フジテレビ）である。初回の二時間スペシャルからすでに、その力の入れよう、大作意識が手に取るように伝わってくる。元大本営のエリート参謀・壱岐正（唐沢寿明）の自責の念、自分たちの作戦で多くの兵を死なせてしまった罪が、極寒の地・シベリアの抑留生活を通して、これでもかとばかりに描かれる。

が、それがどんな国家像に基づく、どんな戦略や戦術の過ちだったのかは、実のところよく分からない。分からないままに、以後は商社マンとなった壱岐の手段を選ばぬ営業の数々、毀誉褒貶が延々と描かれる。この人間像と生き方のどこが、私たちの現在にどうつながっているというのか。

「遠すぎる」。私の周りの教授の一人が、そのあたりのことをそう言って片づけた。

うまいことを言うものだ。そうそう、それで思い出した。大河ドラマ「太閤記」（一九六五）をつくった吉田直哉さん（演出）が、こんなことを言っていた。「テレビの時代劇は、過去と現代との対話を一番の狙いにすべきだ」（「私のなかのテレビ」朝日新聞社）と。

あらためて言うのも何だが、テレビドラマというのは、歴史上の出来事であれ、社会問題であれ、身近に引き寄せてくれなくちゃ話にならない。マンガ原作であっても、それがその人間描写を通して、身近なこととして引き寄せられていれば、りっぱにテレビドラマの名に値する。小説原作であっても、描かれる世界が遠ければ駄目で、オリジナルだって同じことだ。

「海容」の人気は社会派ドラマに見えて実はホームドラマだったから

「JIN―仁―」もマンガ原作だったが、「アイシテル―海容―」もそうだった。では、「アイシテル」は、どこがどうテレビドラマとして心に届いたのか。すべては、少年犯罪という重い題材が、母性の物語へ、家族再生の物語へと引き寄せられていたことにある。

小学五年生の男の子が小学二年生の男の子を殺《あや》める。ドラマはそこに、加害者家族、被害者家族、双方の苦しみを見つめ、その先に加害者少年の心の傷を明かしていく。少年犯罪といい、加害者家族、被害者家族の苦しみといい、これはもう現代が抱える社会問題そのものである。だから、ドキュメンタリーでもよく扱われる。

しかし、このドラマは入り口のところでは社会的な衝撃を感じさせても、すぐにそれを「母親は子どものことをどれだけわかっているか」「家族は互いの気持ちをどれだけわかっているか」という問いで包んでいく。つまり、多くの親にとって、多くの子にとって、思い当たる節のあることとして引き寄せる。

またまた、堅苦しい物言いになったので、ここらでマンガ原作と比較してみよう。

加害者少年の母・さつき（稲森いずみ）は、マニュアル通りの子育てをするだけで、彼が熱中していることにも無関心で、どれだけ助けを求めていたのかにも気づかない。事件が起きて初めてそのことに気づき、自らの罪に苛まれる。

原作では、彼女はそれを夫と二人で背負っていく。が、ドラマでは、その罪と償いの苦しみはさつきの母や妹にも影を落としている。さらに、母の愛を求める少年の気持ちが折れるきっかけとなる事件も、中年男にレイプされた絶望から、我が子を亡くしたホームレスのおばさんに、狂ったように抱きしめられたことへの錯乱へと変わっている。

このドラマはそんなふうにして、母の愛の意味するものを、家族が背負うものを、意識して広げていっているのだ。ちなみに、被害者家族のほうは原作のままだが、こちらは初めから両親（佐野史郎・板谷由夏）と長女（川島海荷）、それぞれの憎しみと罪と海容（赦すこと）が、ていねいに描かれている。

私の大学の宣伝みたいになるが（というか、もろ宣伝だろう）、日大芸術学部で「アイシテル」についてのシンポジウムを昨年末に催した。そこで、プロデューサーの次屋尚《つぎやなお》さんはこう言い切ったものだ。

「これは社会派ドラマではなく、ホームドラマです。母親の目線で、テーマを追っていったものなんです」

七〇年代、八〇年代の山田太一さん（「岸辺のアルバム」他）や、早坂暁さん（「夢千代日記」他）、倉本聰さん（「北の国から」他）たちの名作にしても、そうだった。九〇年代の北川悦吏子さん（「ロングバケーション」他）や、浅野妙子さん（「ラブジェネレーション」）らの恋愛ドラマにしても同じだ。それぞれ、時代の大きなテーマを、恋愛へのときめきを、家族の中に、都市の中にしっかりと引き寄せることで、今の人たちにも届くドラマをつくっていた。

もう一度、繰り返そう。オリジナル脚本とか、小説原作とか、マンガ原作とか、そんなことは問題ではない。大事なことは、それがその題材をどれだけ身近なところへ近づけて感情移入させてくれるかだ。

言っちゃなんだけど、その目線がかすんできてはいませんか。引き寄せる力が衰えてきてはいませんか。というのが、「見たいドラマ」へのお答えです。あっ、いけねえ。やっぱり、昔話をしてしまった。

（こうたき・てつや）一九四二年生まれ。専門はテレビ文化史、思想史。監著に「テレビ史ハンドブック」（自由国民社）、「テレビ・ラジオ　目でみるマスコミとくらし百科3」（日本図書センター）などの他、ドラマ評論を連載（東京新聞、二〇〇一〜）。BPO・放送倫理検証委員会委員。

解題

インターネットの普及によるメディア環境の変化や海外ドラマの存在感の高まりから、日本のテレビドラマがかつてほど話題にのぼらなくなった。上滝は、視聴者が求めるものをドラマに反映するのではなく、ドラマが視聴者の求めるものを気づかせるべきと断言する。そして、直近に放送されたテレビドラマに「気づき」のかたちをひも解いて見せる。現状への嘆きではなく、テレビドラマへのまっすぐな評価を語って力強い。（中町綾子）

座談会

特集：ドキュメンタリーの楽しみ方

作り手が語る

ドキュメンタリーの魅力と可能性

右田千代（NHK　チーフ・ディレクター）
谷原和憲（日本テレビ　チーフ・プロデューサー）
阿武野勝彦（東海テレビ放送　プロデューサー）
《司会》**丹羽美之**（本誌編集長／東京大学准教授）

今、テレビのドキュメンタリー番組がおもしろい。
貧困や格差、医療や地域、事件や司法など、
新しいジャンルで傑作・話題作が次々に生まれている。
また、ドキュメンタリー番組の上映運動や支援運動も、
各地で広がりつつある。
制作者、批評家、視聴者、研究者など、さまざまな立場や角度から、
ドキュメンタリー番組の可能性を掘り起こし、
新しい楽しみ方を伝えたい。

『GALAC』2010年６月号

司会　今日は作り手の皆さんに、ドキュメンタリーの魅力や可能性について、お話をうかがいます。谷原さんがチーフプロデューサーの「NNNドキュメント」は今年で開始から四十年、テレビでもっとも長く続いているドキュメンタリー番組ですね。系列局も参加してバラエティに富んでますが、どんな編集方針なのですか？

谷原　年間に五〇本か五一本放送していますが、そのうち日テレが作っているのはだいたい四分の一で、四分の三は系列局、つまり全国の仲間が作っています。よく「順ぐりですか？」とか「(各局) 毎年一本はノルマですか？」と聞かれるのですが、全部フリーエントリー方式です。ですから一つの局が一年間に三、四本やる年もあれば、一本もない年も。

ドキュメンタリーは作り物ではなく本物だから、今を切り取ることが求められています。深夜の番組なので、なるべく旬のものを出して、ベッドに行くのを引き延ばさないといけないわけです(笑)。

あとは地元局発の番組が減っているので、地元にいるから気づいたものを引き出したい。

司会　傾向やテーマはありますか？

谷原　よく「Nドキュは社会派ですよね」と聞かれるんですが、あえて「ノンジャンルです」と答えます。社会派というのは、何かを切り出して告発するもの。もちろんそういうのもありますが、そればかり掲げると敷居が高くなってしまう。普通に生きる人を描くだけで見た人が元気になる作品もあり、ジャンルが偏らないことに意識を持っていっています。

司会　阿武野さんは司法[1]をテーマにしたドキュメンタリーを数多く作られていますが、そこに注目していこうと思った理由は？

阿武野　シリーズというのは後付けで、実は行き当たりばったりで来たんです。「名張毒ぶどう酒事件」の後、ディレクターに次にやってみたいテーマを聞いたら「裁判所は取材できないでしょうか」と言うのでトライした。で、三本目ぐらいからようやく「司法シリーズをやっていると旗印を高々と掲げよう」と。ディレクターが上手に次々にネタを見つけてくるので膨らませながらやってたら、いつのまにか六本目に。

東海テレビは報道の現場で年に四、五本、単発でやれる枠と予算があるので、好きな時にやりたいことを番組にしてきました。この不況の中でも、予算は削減されていません。

司会　連作したことで見えたものは？

阿武野　司法はこんなに市民から遠いところにあったということでしょうか。もう一つは、メディアが自己規制して、取材できないと思い込んでいる事が、たくさんあるということです。

あと、光市母子殺害事件を取材した時に入廷する本村洋さんをバックショットで撮ったんですが、それが各社のカメラと対峙する形になった。その後、「罪と罰」の時に名古屋地裁で各局がもう一カメ出して我われと同じ視点で撮ろうとしたので驚きました。一つの番組で変わることもあるのかな、と。

司会 右田さんは、戦争と人間の関わりというテーマに取り組んできて、去年話題になった「日本海軍 400時間の証言」(2)を作られました。三夜連続のすべてに関わったんですね。

右田 四年前「海軍反省会」を記録したテープの存在を聞いた自分が中心となって企画を出し、報道局の記者、プロデューサー、ディレクター、カメラマンなどでチームを組んで四百時間分の分析に取り組みました。一つの番組に収まりきれないとわかり、三回シリーズになりました。

司会 証言を聞くだけでも膨大な時間でしょうが、その裏をとって、海外取材もやって、そうとう大変だったのではありませんか?

右田 発言者の多くが所属していた海軍「軍令部」はもともと資料が少なく、発言者の多くが亡くなっていたので、遺族の方々の情報がたいへん重要でした。でも、家族にも語っていないことが多くて、資料と合わせてどこまでを事実と言えるか、その検証が最後まで課題でした。

それに、どなたに聞いても、家庭ではすごく尊敬されたお父さんだったんです。番組では、個人ではなく海軍という組織を検証したいと考えていましたが、ご家族がどう受け止められるか、一同それを一番心に留めて取材をしました。

司会 三本に共通していたのは、証言のスクープ性だけでなく、組織防衛のために隠蔽《いんぺい》に走ったり個人の命を軽んじたりと、今につながる課題として捉えていましたね。

右田 海軍という組織を批判的に検証するだけではなく、自分たちの問題として考えたいと思っていました。最初にテープを聞き終えた時は、戦争ってこんなふうに起きてしまうのかと、悔し涙が出る思いでした。日本人だけで三一〇万人も亡くなった戦争なのに、開戦の決定も個々の作戦も、組織内の事情が優先されていた。でもよく考えてみると、現在の私たちの組織でも似たような事は起きていると気づいたんです。

もう一つ全員で一致していたのは、これからの時代は戦争を知らない人、関心がない人に、いかに見てもらうかが重要だということでした。それで歴史番組ではなく「現代のドキュメンタリー」として見てもらおうと模索しました。

制作の魅力は〝現場〟にあり

司会　作り手にとってドキュメンタリーの醍醐味とは何でしょうか？

谷原　報道の立場で一本だけドラマを作った経験があるんですが、ドラマは放送に近くなるほど完成度が高くなる。でもドキュメンタリーは最初の取材の現場が一番大切なんです。最初の発見の鮮度を放送までいかに保つか。何かを発見すれば、それは二次三次の発見につながる。それをいかにマニアックにならずに伝えるかが醍醐味です。編集で尺詰めする段階では、ディレクターに「どこが一番面白かったか」聞いて、そこはなるべく切らない。ドラマは緻密に積み上げるけど、ドキュメンタリーは粗くても長くても、そのまま見せるほうが面白い。それは本物を取材する強みだと思います。

阿武野　現場では人に出会って鍛えられる。企画書通りにはいかない現実を包容できる理解力がスタッフにあるかどうかが試されますよね。鳥肌立つ瞬間もある。その鳥肌が何なのか、帰りのロケバスで討論して共有して。番組にしていく時、それで構成がガラッと変わることも。

右田　私も仕事を始めた頃は、事前に取材した事や構成に縛られていました。でも、自分の限られた知識、想像、価値観を「現場」がどんどん乗り越えていくことこそが、しんどいけれど、ドキュメンタリーという仕事の至福だと次第に思えるようになりましたね。

〝良い循環〟が〝良い番組〟を作る

司会　最近の制作態勢はどうなんでしょう。

谷原　皆忙しいです。Nドキュのディレクターは夕方のニュースやローカルワイドもやってたり省庁の担当記者だったり、いろいろ兼務している。だからNドキュの作業は夜間や休日になってしまう。ただ幸い四十年間やっているので、どの局にも局長や役員クラスに「俺も昔やった」という方がいるんです。だから「お前もやるのか」と理解を得やすい。ずっと前のCPが「日テレだけなら四十年も続いてない」と言ったんですが、実際やってみてそう思いますね。

阿武野　うちの局は、映像の質でも構成でも完成度をすごく求められるんです。だから取材時間は徹底的に取る、編集の時間もふんだんに使う、という伝統がありました。

司会　前からそういう風潮だったんですか？

阿武野　僕が入社した二十六年前も「ドキュメンタリーの東海テレビ」と言われてました。でも自分たちだけで言ってるような「自称」の時代が続いて、この十年ぐらいで「もう一度、旗を掲げ直そう」という気運が上がってきた。今ドキュメンタリーのスタッフを募れば、カメラマンは七、八人手が挙がるし、編集も「次は僕だよね」とウェイティング状態だし、効果マンはまだ呼んでないのに編集室に座ってたり（笑）……どんどん参加意識が高くなっています。それにつれて局の支援態勢も整ってきた感じです。放送枠も土日の昼とか、地方局としては最良の時間帯です。質の高い番組ができるとそういうムードが高まるので、うちは今、良い循環になってるんだと思います。

でも地方局の若い人の話を聞くと大変な環境になっていて、理解のない会社だとドキュメンタリーの現場を潰すのではと心配です。一度潰すと簡単には元に戻らないんですけどね。

地方発の強みは〝継続性〟と〝風土〟

司会　地方局発の優れた番組が増えましたね。

谷原　ニュースはその瞬間に全国で一番興味のある順に並べるので、細く長くロングセラーになるような話題は今日できなければ明日に延ばしてしまう傾向がありますが、ドキュメンタリーは細く長く続いたことに意味がある。瞬間の関心度にとらわれない尺度だから見えてくるものは、たぶん東京も地方も同じだと思うんです。ただ東京は抱えているものが多いから、日々のニュースで話題性の高いものに接触することが地方より多いかもしれません。

最近では四国放送の「老人ホームの恋」[3]でしょうか。どこにでもあるはずなんですが、たまたま介護の問題をライフワークと思っているディレクターが見つけて、地元で取材した。すると全国から共感がある。地元で取材できる環境を作り上げられた人が作って、視聴者へも訴求力のある作品になった例でしょう。

阿武野　一昨年、開局五十周年で「ドキュメンタリーの旅」[4]という企画をしたんです。昔の作品を再放送するだけじゃなくて、現場に行って会うということで一四本作った。二十八年前に徳山ダムの問題を扱った番組と、三年前に僕が作った「約束」という番組の両方を流した。やってみて、ローカルで継続して何かを見つめ続けることの大切さがわかりました。先輩制作者からのバトンを受け取って二十五年後に違うディレクターがやってみると、全然違う視点で描かれます。時間軸が東京とは違う。生活感がそこにあって、今生きている人との間が近い。

東京のキー局が作るドキュメンタリーには土がないという

か、原風景がなくて季節が感じられない。地方ではその風土が作り手に入り込んでいるので、地方局で継続して発信する番組には独特の力があるのかもしれません。

谷原 たしかに東京のロングはどこを撮っても東京タワーで、一番面白くないかも（笑）。

阿武野 日本民間放送連盟賞だと北陸と中部が一緒なんですが、北陸の局の番組にはよく雪が出てきて、苦労して作ったことが伝わってくる。「雪が出てくる番組は強いねぇ。うちも飛騨の雪を出すか」と上司に言われました（笑）。

地元で作っていると、山の花とか時々の海の様子とか、いろいろな季節感が入ってきます。そうすると次の現場で別の花の開き方にも目が行ったりして世界が広がっていく。地方の取材者はそんなふうなんじゃないでしょうか。

司会 東京にもローカルはあるはずなのに、生活者が見えなくなるのでしょうか。東京から地方に転勤なさった右田さんはどうですか？

右田 私は広島で四年間勤務した体験が今も原点です。それまでは「被爆者」は抽象的な存在でしたが、広島で被爆者の方たちと出会って、一緒にお酒を飲んだりカラオケに行ったりするうちに、人間同士としての関係が生まれました。

その後はコソボやサラエボで取材しても「コソボ難民」などと一括《くく》りに見るのでなく、一人の人間として取材し、つきあいました。東海村で臨界事故が起きた時、被曝治療を扱った番組を制作した時も、広島の人たちのことを思いながら取り組みました。人間は一人ひとり特別な存在だという大前提を、地方で教わりました。

ネットワークで番組も人も育つ

司会 地方局を支えるネットワークの役割についてうかがいます。Nドキュはまさにそういう役割を担ってますよね。

谷原 NドキュはMAや音効をほとんど東京でやってるんです。「毎回同じ所でやるんじゃなくて他流試合してみない？」と誘って、最後は一緒に仕事をする。日曜の放送だから木曜に担当者が来ることが多い。そこから二日間、一番熱くなってくれた人には「じゃ、次は新しい人を連れてきて」と言ってみる。そうすると、年間に三割ぐらいは初めてNドキュをやった人が出てくるわけです。その思いが継承されていく面がありますね。

あと「全国担当者会議」を年二回やっています。企画書を持って集まって、ローカルニュースの特集を見たり、年間の最優秀作品を見てディレクターの話を聞いたり。六、七人のグループが五つ、二泊三日で「今度こういうのをやってみたい」と意見を出し合う。同じようなテーマで「自分が地元で取材した時はこうやったよ」とか、ヒントの出し合いになるんですね。

阿武野　フジテレビ系列にはFNSドキュメンタリー大賞がありますす。Nドキュみたいにネットの放送枠がないのは寂しいですが、これがあるので、どの局も少なくとも一本は作っている。十八年の継続で各局の制作力は上がってきたので、ネットワークの果たす役割は大きいと思います。

あの手この手の人材育成

司会　若い人をどう育てていますか?

右田　NHKは新年度に地方局の若い制作者を中心としたドキュメンタリー枠を新たに作りました。苦しみながらも一人で最後まで全うできる枠を作るのが狙いと聞いています。

あと私たちは、二〇〇八年に「戦争証言プロジェクト(5)」を立ち上げました。戦争を体験した方から直接話を聞くことができる、それは番組制作者にとっても、とても大事だと思うんです。

阿武野　一本やるとスタッフはすごく成長します。強固なスタッフワークができれば、番組が終わってスタッフがバラバラになっても、別の番組での作業につながっていきますね。ただ、うちはカメラ・編集などの意識は高いけど、ディレクターはここ何年か〝絶滅危惧種〟になっている。しかたないので、「どぉ?」と人さらいのように囲い込みます(笑)。でも囲い込んだ人材を志の高いスタッフの中に一度入れると、次は必ず手を挙げてくれる。そういう形で回っていけばいいのかなと思います。

今、入社試験でドキュメンタリーをやりたいと言う人は増えてますね。

谷原　多いですね。でも、口にするのは試験から一か月以内の番組名が多い。「その前はいつ見た?」って聞くと沈黙ばかり(笑)。

阿武野　しんどいことを厭わない人が、増えてくれれば嬉しいな。

谷原　僕らはたとえて言えばウォータースライダーで凍りついちゃう子どもの背中を押すフリをする役。スライダーを滑るんだ、ドキュメンタリーを作るんだという思いを持ってないと作れないけど、「やりたい」と言って入ってきたのになぜできないのかと聞くと、敷居が高いと言う。で、僕は「何でもありだよ」と言うんです。

番組の二次利用には課題も展望も

司会　最近、放送後にも作品を生かす試みが出てきています。ＮＨＫの戦争証言プロジェクトや阿武野さんの自社のアーカイブを見直す動きもそうですよね。Ｎドキュはどうですか？

谷原　ええ。放送後に他の人の感想を聞いた人から「見たい」という問い合わせがものすごく多い。この四月からようやく、日曜日に放送したものを八日後の月曜にＢＳでも放送することになりました。でも一年、二年経ってから見たい、とくに学校で議論の題材にしたいというニーズもあるので、それに応えたいですね。

　この二年間、夏に「ドキュメント大鑑賞会」というイベントをやっています。三十、四十本集めてお母さんと子どもに見てもらうんですが、そのためには対象の人の了解がいる。ＤＶＤもどこまで了解を得るのかが一番の課題です。

阿武野　「とうちゃんはエジソン」[6]でＦＮＳから賞金が出たので、ＤＶＤ化して東海三県のすべての小学校に配ったんですが、作業が大変だったので一回きりで止めました（笑）。

　たしかに上映の希望は増えてますね。今、どこでも上映できる素材を作り始めています。

　あと、本にしてという希望も多いですよね。

谷原　ええ。マンガの原作やドラマの原作に、というのも多いですね。

右田　「戦争」や「命」など普遍的なテーマの番組は、時代を超えてさまざまな機会で多くの方に見てほしいというのが制作者の願いですね。

　とくに戦争に関する映像記録は歴史的にたいへん重要なので、番組で使わなかったものも含め、できる限り視聴者と共有したいというのが「ＮＨＫ戦争証言アーカイブス」の試みです。

司会　最後に、今後の課題を聞かせてください。

谷原　視聴者からは好意的な声が寄せられる番組でも、数字としては際立たない。見た人は最後まで見てくれるのに、見始めてくれない人も多い。それはもしかすると、僕らが見る人に「正座して真剣に見てほしい」と押しつけているからじゃないかと思うことがある。四十年経った今、見ている人がどういう思いで見ているのかを考え直していいのではと。ガチンコでぶつかる作品もありだけど、もっとバリエーションがあってもいい。ドキュメントは生きている人を伝えるという思いがあればいい。

阿武野　僕は、取材させてもらった人に、放送を通じて何かお返ししたいという気持ちがあります。もう一つは、あまり単純化してわかりやすくするというところにはまり込まない。作る時は、この一本に制作者人生を賭けるという強い思いで作っていきたい。

右田　視聴者の価値観が多様化して、たとえば「戦争はよくない」「命は大切」という価値観でもどれだけ共有できているか、十年前とは違ってきていると皮膚感覚で感じます。それでも体験者と直接会った取材者として、「これだけは大事」と思ったことは迷わず言う、反論は恐れない、それが今、一番大事なことかなと思います。

司会　貴重なお話をありがとうございました。

（文中敬称略）

注

（1）東海テレビの司法シリーズについては、本誌二一頁を参照。

（2）NHKスペシャルで放送（二〇〇九年八月九～一一日）。第一回〈開戦　海軍あって国家なし〉、第二回〈特攻　やましき沈黙〉、第三回〈戦犯裁判　第二の戦争〉。小誌二〇〇九年一一月号参照。

（3）「老人ホームの恋」（四国放送、二〇一〇年二月二八日）については小誌二〇一〇年五月号参照。

（4）「時代の肖像　ドキュメンタリーの旅」（二〇〇八年四月～二〇〇九年三月）。過去に放送したドキュメンタリーを紹介し、吉岡忍か永六輔がその現場を再び訪ねる旅に出る。

（5）「証言記録　兵士たちの戦争」を毎月最終土曜日午前八時～BShiで放送、「証言記録　市民たちの戦争」を随時放送、今夏も放送予定。これらの取材などで得た証言を「NHK戦争証言アーカイブス」として記録するプロジェクトで、一般の方からも戦争体験を募集している。
http://www.nhk.or.jp/shogen/index.html

（6）「とうちゃんはエジソン」（二〇〇三年六月一七日）はギャラクシー大賞、FNSドキュメンタリー大賞を受賞。詳細は小誌二〇〇四年七月号を参照。

（みぎた・ちよ）一九八八年入局、報道局、広島局等を経て現在は編成局衛星放送センターチーフ・ディレクター。コソボを描いた「隣人たちの戦争」や臨界事故を描いた「被曝治療83日間の記録」で文化庁芸術祭優秀賞、モンテカルロ国際テレビ祭シルバーニンフ賞など、受賞多数。二〇〇九年度放送ウーマン賞。

（たにはら・かずのり）一九八五年入社。報道局で主に社会部の記者等を務め、現在は報道局報道番組部長。NNNドキュメントのプロデューサーとして「火山難民～三宅島・遠い故郷」「震度7を待つ　東海地震予知30年の盲点」「銃乱射　放置された不安と恐怖」など。専門は災害報道で日本災害情報学会監事。

（あぶの・かつひこ）一九八一年入社。報道部、岐阜支局等を経て現在は報道スポーツ局専門局長。「はたらいてはたらいて」（九二年、文化庁芸術作品賞）、「約束」（二〇〇七年、地方の時代映像祭グランプリ）、「黒と白～自白・名張毒ぶどう酒事件の闇」（日本民間放送連盟賞優秀賞）など、受賞作多数。

解題

NHK、民放系列局、あるいは単独の地方局、ドキュメンタリー番組の制作環境はそれぞれに異なる。制作にあたるプロデューサー陣による本座談会は、それぞれの環境の違いに見出される役割と可能性に大いに言及するもの。時代状況の変化とともにドキュメンタリー番組の在り方も変化する。価値が多様化し、気持ちや関係性の複雑化する現代にこそ、社会を見つめる多様性が問われ、ドキュメンタリーの真価が問われると考えさせる。（中町綾子）

対談

東日本大震災の被災地を歩いて

吉岡 忍・石井 彰

『GALAC』2011年7月号

情緒的なメッセージは要らない

吉岡　僕は大震災から数日後に、カメラマンと二人で仙台に入ったのですが、まだ一般車は東北道を走れない時で、新潟・山形経由で仙台に入った。凄い吹雪で、土砂崩れはしてるし、ガソリンは給油できないし、苦労しました。その後も宮城・福島・岩手と回りましたが、すさまじい惨状で、何が取材できるのか皆目見当がつかなかった。全然ストーリーが立ち上がってこない。いろいろな被災地に行きましたが、こんなことは初めてですね。

石井　今回は後方支援に徹しようと、各ラジオ局が取り組んだ「被災地にラジオを送るキャンペーン」のPRを個人的にしていました。でも、現地を知らないと有効な後方支援はできないのでは、とだんだん思うようになってきた時に吉岡さんから誘われて、一緒に岩手県沿岸部の田野畑村、岩泉町、宮古市に行きましたね。

　また、吉岡さんとは別行動で、東北放送にも行きました。岩手から片道三時間かけてバスで仙台まで行って、四月十一日の震災一か月後の放送現場を見たり、他にも花巻市のFM Oneというコミュニティ FMの活動を見たりしました。

吉岡　僕は現地でカーラジオしか聴かなかったけれど、状況を知りたくてつけると、聴取者からの応援メッセージが流れてくる。「今日は綺麗な月を見ながら、被災者のことを思っています。一緒に同じ月を見ましょう」「被災地では食べ物もガソリンも無くて大変だから、私も買い物をしないで外出もやめて節約しています」とか。こういうのを、アナウンサーがウルウルしながら読み上げている。聴いていると、どうしてこんなにワンパターンに情緒的なんだ、と不愉快になってくる。

あちこちの避難所で見ていると、被災者もラジオを切っていましたね。被災地にはもっとすさまじい現実が広がっていて、そういうヤワなメッセージが心に届くような現場じゃないわけですよ。殺気立ってるし。

石井　東北放送でリスナーからのメールが山のように来ているのを見ましたが、ディレクターがメルヘンチックなものや情緒的なメッセージは外して紹介していたことに好感を持ちました。

吉岡　テレビや新聞で被災の現実を見ただけの人は、こういうメッセージを送ることによって、自分もその現実に参加しているような気分になるんだろうね。その善意は疑わないけど、一〇〇通、二〇〇通と聞いていると、自分探しのためのメッセージにしか聞こえなくなってくるんです。これは、リスナーの、というより、そういうメッセージを選んで紹介する番組制作者のセンスの問題でしょうけどね。

石井　言葉は悪いけど「疑似被災者」になってるんですね、自分たちも余震や停電は経験しているとか、被災者に同化しやすい点が、今回、非常に特徴的に見られます。その一方で、何かしたいけれども、できることが見つからない。多くの人は残念ながらボランティアに行くのは大変だし、どうも現地も受け入れてなさそうだから、お金を送る。ボランティアと寄付の間にある隙間を埋めるために、何か放送局にメッセージを送るという現象が起きたように思います。

広すぎて全体像がつかめない

石井　テレビで見て悲惨な事実を知っていることと、それをどう受け止めるかは全然別のものだということが、被災地に行ってわかりました。テレビジョンはあくまで遠くのものを見せるものであって、そこにリアリティは無いんですね。

防潮堤が崩れている場所に行くと、コンクリートは弱いなと思う。自分より高く大きなテトラポッドも打ち上げられている。津波のエネルギーはとんでもないことを体感しました。

吉岡　家の上に船が乗っている。

石井　だけど、それをテレビで見ると、おもちゃが動いているように見えてしまう。その大きさや破壊力を実感できない。

吉岡　すさまじい自然のエネルギーは、テレビのあまりに綺麗な映像ではわからない。いろんな映像が出回りましたが、自然のエネルギーの凄さを表現する映像は少なかった。むしろ被災者自身が逃げながら撮った映像の中に、大津波の激甚さをとらえたものがあった。

石井　宮古市で三八・九メートルまで津波が遡上してきた場所に吉岡さんと一緒に行きましたが、下を見ると断崖絶壁でしたね。誰もこんな所まで津波が上がってくるなんて思わない高さです。だけど映像にしてしまうと、画面に切り取られてしまってわからないんです。

吉岡　建物にして一三階ぐらいですが、そこまで写し取った映像はなかなかない。カメラマンも努力しているんだけれど、二次元の映像で高さを表現するのは凄く難しい。あまり努力しなくても瓦礫で惨状は広がっているから、それなりの映像は撮れてしまうわけですが。

それから、クローズアップが少ないですよね。人間も犬も猫も牛もみんな死んだんだけれども、そういう死の場面は映さないでしょ。瓦礫の中の網などに引っ掛けられて死んでいる鳥などに寄った映像もなかった。震災直後は、水産加工の工場でサンマや鮭とか加工したものがそのまま岸壁にあったりしたけど、その映像もない。

でも、僕も人のことは言えないんです。あのすさまじい惨状にいると、物書きとして恥ずかしいけど、言葉が出てこない。カメラマンも何を撮っていいかわからない。広い画《え》しかとれなくなってしまう。メディアに関わっている人間が、何に着目して何を撮り、何を文章にするのかが、ものすごく試された。

石井　災害現場取材のベテランである吉岡さんでさえ何を書いていいかわからない、何を撮っていいかわからないというのは、今回の震災が今までの大事故や災害とは位相が違うということを明確に示してますね。

吉岡　取材はそもそも全部受け身ですよ。目の当たりにすること、人の話を聞くこと、徹底した受け身でないと取材はできない。自分を空っぽにして、その中に事実を放り込みながら、何を文章にするのか、何を映像にするのかという能動性が発揮され、表現は成り立つ。

だけど今回は、地域的に広すぎる。例えば平成大合併で広域化した宮古市だけでも一〇〇ぐらいの浜がある。一つひとつの小さな浜に人がいて、みんな仕事をしていて、それが三県あるわけです。器を相当大きくしておかないと、能動性に転化する機会がつかめない。だから取材者はみんな戸惑ったんです。

だから阪神・淡路大震災の時に問題になった「メディアスクラム」もない。

石井 たしかに（笑）。よそのテレビクルーには一回会っただけでしたね。

吉岡 誰に話を聞いても、皆が家族や知り合いや家をなくしたり、津波から命からがら逃げたというストーリーを持っている。今回の大きな特色ですね。

石井 だから、メディアがまだ全体像を描けない。たまたま自分が取材した避難所では食事も出ていてお風呂にも入れていたとしても、別の避難所では食事がほとんど来なかったり、お風呂は一か月入れていなかったりする。

阪神や中越の時は、二泊三日回れば少しは全体像が見えてきたんです。でも今回は違う。

一人ひとりの声をていねいに拾え

石井 印象に残ったのは、被災者がみんな浜辺にじっとたたずんでいたことです。全部津波で流され、探しようがなくて、何もできないから、ただ傘をさして立っている。ワカメの養殖をしている人が「車を三台流された、船も三艘、網も流された。母親も流された」とつぶやく。話を聞いた人の誰もが「誰か家族を流された」と言う。その重さに僕も言葉を失いました。家を流され、仕事を流され、家族を流されている人たちが、絞り出すように出す言葉を、僕の容量では受け止めきれなくなって、現場で心が少しおかしくなっていたと思います。

吉岡 同情も共感もするけど、スイッチは切らないと。ああいう現場で取材者が反応していては、一歩も進めなくなってしまいます。冷酷なぐらいになって、相手の話を聞き出さないと。

取材のコツは「地震の直前まで何をしていましたか」から始めて、時間軸で聞き出すこと。悲惨な現実を見ないように考えないようにしている被災者の時間を戻して、起きたことを時系列でずっと聞いていくと、相手が自分の身の回りで起きたこと、家族や地域に起きたことをだんだん客観的に見始めるのが手に取るようにわかります。悲しみや怒りなどの強い感情は頭が混乱した時に起きるんですが、頭の中が整理されてくると、現実と自分を一定の距離を持って見られるようになる。取材者は同情するものでも共感するものでもなく、そういうふうに当事者を誘導していく。おこがましい言い方だけど、それが取材者にとって現実に関与することだと思います。現実を動かすのは取材者としてどうかという意見もありますが、僕はどんどん入っていって話を聞きながら、相手が自分を客観的に見られるようにしていきます。それは双方にメリットになりますから。

石井　今のテレビ・ラジオ報道には、被災者の体験談があまりにも少ない。被災者に「今ほしいものは何ですか」と聞く前に、一人ひとりがどんな体験をして、今どんなことを感じているのか、じっくり聞くことが山のようにあると思います。一〇人に一分ずつではなく、一人に十分、三十分聞く報道に切り替えないといけない。新聞はそれに気づいて、一人ひとりの体験や現状を顔写真と一緒に載せるようになりました。

それができにくいのは、一人ひとりの話を聞いていると、取材者のほうが辛くなってしまうからだと思うんですが、吉岡さんは微に入り細にわたって聞いていましたね。「そこまで聞くか」ってぐらい。彼らは図に書いて絵に書いて、身振り手振りで詳しく話してくれましたね。

吉岡　みんな話したがっていますよ。東北の人が無口だなんてウソです。

メディアがボランティアを止めた?

吉岡　阪神の時は早々にボランティアが全国から来たけれど、今回の出足は鈍かった。原発が邪魔したこともあるけど、「救援活動はプロに任せるべきだ」というメッセージがネットを中心に出回ったからかな。でも、僕はそれは違うと思うし、被災者もボランティアが来てくれるのを望んでいました。瓦礫を片付けたり遺体を捜索するのは重機が必要だし、それなりのプロの仕事ですが、それ無しでできることもたくさんある。

それともう一つ、マスコミと情緒的に反応するような視聴者しかいないという両極端な状況の中で、ボランティアが自分の体験や見聞きしたことを友人や家族にしゃべることで、メディア情報が身体化され、震災の意味が共有され、深まるということもある。ボランティアの意味をもっと広くとらえる必要があるんじゃないかと思う。それが今回は少なかった。

石井　メディアがマイナス情報を先に出したことが悔やまれます。阪神の時に自分探しのボランティアが来てこういう迷惑を受けたとか、役に立たなかったとか、関西の一部のメディアや、大学などがボランティアに行こうというのを抑えるほうに回ってしまった。マイナス情報は伝わりやすくて、その後にプラスの情報をどんなに出しても伝わらない。例えば岩手県の社会福祉協議会がボランティアを受け付けないという情報を出して、それが先に流れた。石巻ではボランティアどうぞ来てくださいとやっていたのに、それはなかなか伝わらない。一つのことを取り上げて、それがすべてのように伝えてしまうメディアの問題が大きく露呈したと思います。

ある放送局で「ラジオを集めて送ろう」とディレクターが提案したら、阪神の時に送ったラジオの中に壊れていたものがあって被災者に迷惑をかけたから今回はやりません、となった。いったい壊れたラジオがいくつあったというのか。ボランティア問題もしかり。ボランティアが明らかに大きな役割を果たしているにもかかわらず、一部の声にメディアが飛びついてマイナス情報を先に流してしまったのは残念です。

ラジオはもっと身軽に自由に

吉岡　メディアには電波の届く範囲の圏域があって、その圏内の話題に集中するのはわかりますが、これだけの被災なのだから圏域に留まっちゃいけない。一泊二日でもいいから、まず現地に行って、そのうえで番組を作る姿勢が必要なんです。そのぐらいの機敏さ、センスの良さ、感度の高さがほしい。メディア、特にラジオは身軽なんだから、一人でも行けますよね。メディアの在り方があまりにも固定観念に縛られ過ぎる気がします。テレビ局も各地から来てましたけど、たいてい現地局の「応援」なんです。自分たちで番組を作るわけではない。

石井　ニッポン放送の上柳昌彦アナウンサーが現地へ行って、一泊二日だけど見てきた。それで彼の放送は凄く変わるわけです。KBS京都の田中ディレクターが現地に行って、被災者の話を聞いてそれを放送する。と当時に京都にも避難してきている人がたくさんいるから、その人たちに向けて放送する。そしてラジオ福島の番組を買うとか。いろいろできます。北日本放送が富山でできることを考えようと、生ワイド番組の中に被災地の情報を伝えるコーナーを作りました。身軽に自由に圏域＝県域を越えていくことが今回、問われていると思います。

吉岡　番組制作者は何かを伝える主体じゃないですか。あまりにも圏域に籠り過ぎているし、地元視聴者の意見に頼り過ぎている。

石井　現実をきちんと伝え続けていくことが求められているんだから、自分で行って、被災者の声を聞いて自分が感じたことをレポートすればいいんです。でも、そこに思いつかず、聴取者の情緒的なメッセージやタレントの応援メッセージに頼っちゃうわけです。

吉岡　今、被災地ではないラジオ局で、ディレクターが「ちょっと見てくるわ」というのはできるんですか。

石井　難しいでしょうね。もともとラジオは人数が足りないから、日常的な番組を維持するので精一杯です。放送局には「これ以上、ラジオ現場の人を減らすな」と言いたい。東北放送もラジオ福島もＩＢＣ岩手放送も、日常放送をやるのに精一杯ですよ。現場の人数を減らしすぎたから、避難所にもなかなか取材に行けない。だから、簡単ではないけれどなんとか被災地域のラジオ局へ外から応援に行ってほしい。

放送は被災者に届いているか

吉岡　テレビを見ているのは被災していない人たちで、避難所にいる人は見ている暇がないんですよ。買い出しをしたり、役所に罹災証明書を取りに行ったり……。免許、保険、電気やガス、水道料金の免除、子どもの学校の手続きもある。一か所でできないから大変なんです。災害が起きるとＮＨＫが避難所にテレビを設置して回りますが、よほど大きな余震でもない限り、一〇〇〇人ぐらいの避難所で三〇人ぐらいかな、見ているのは。ラジオもね、何日か経つと、聴いていない。家や店の中を片付けながら、つけっぱなしにしている人はいますけどね。

石井　ラジオ福島はずっと放射線量情報を淡々と伝えています。「福島市役所前、〇〇マイクロシーベルト……」というふうに。

吉岡　南相馬市で僕も聴いたけど、天気予報の後に「今日の被曝線量」だからね（苦笑）。「ブレードランナー」的世界だった。もっとも、被災地では「ブレードランナー」が子どもの遊びみたいに見えたけどね。

場所によってはコミュニティＦＭ局が作られて、延々と情報を流している。「免許証の再発行は、どこでできます」「水の配給は何々小学校前の交差点でします」とか。でも耳で聞いていると、自分が関係する場所まで来るのに二十分はかかる。局は一生懸命やってるんだけど、生活情報をラジオで伝えることの難しさを感じました。鉛筆を持ってずっと待ってはいられないし。役に立つのかどうかよくわからない。

石井　一部は役に立っているけど、ラジオをずっと聴いている人はそんなに多くはいません。

吉岡　放送は被災した当事者に伝えるのにふさわしいメディアなのかなと考えましたね。

石井　避難所にはパソコンなどないから、自分がほしい情報にすぐアクセスできない。いくつかの避難所にはあったけど、高齢者は扱えない。現地のラジオは今、情報洪水です。コマーシャルにも全部、電話番号が入っている。ラジオで電話番号を伝えても、と思うんですけどね。

だから僕はラジオ局に「ゾーンを作ったら」と提案しました。地域で分けて「八時台はA地区」とかね。あるいは午前中は主婦や子ども向けの情報、午後は高齢者向け、夜は働いている人たちが帰ってくるから、中小企業の融資についてとか。だけど、彼らはそんなことも考えられないほど目の前の情報に追われているんです。

吉岡　逆に、紙媒体がすごく大事でしたね。

石井　各避難所に配られる新聞では被災者向け情報が大きくあり、しかも「暮らし」「命」「教育」などと分野が分けられています。だから自分に関係あるところだけ見ればいい。一覧できる新聞の有効性が改めて認識されました。

吉岡　新聞だけでなく、安否情報の手書きの張り紙とか、役所からのお知らせとか、本当に紙の必要性が感じられましたね。役場に非常電源で動く輪転機を作っておかないと。

石井　宮古市の旧田老町地区の役場では、何人もの被災者が、壁に貼られている亡くなった方の名簿を見ていました。各避難所に誰がいるかも貼られている。

それと、今回の震災では、個人情報保護法の過剰な適用がぶっ飛びましたね。ニュージーランドの地震の時は、富山市役所が、亡くなった外国語学校の生徒の情報を個人情報だからと出さなかったというバカげたことがあったけれど、今回は影を潜めました。

生のリアルな声が伝わらない

吉岡　さっきの南相馬では、震災から二週間目ぐらいで住民が戻り始めて、一部の商店も店を開けていました。原発から半径二〇キロ圏の外だけど、屋内退避の指示が出た三〇キロ圏の内側です。放射線量は言われているほど高くなかったけど、低くもない。放射能被害は、無色無臭で音もしない、痛くもかゆくもないから、判断が難しい。

二〇キロ圏の外側の浪江町の外れに、公的ではなく、住民が自主的に作った避難所があった。ここに行った時は僕が持っていた線量計が振り切れてしまった。後で調べると、一日二十四時間外にいれば、一般人の一年分以上の被曝量になるという危険地帯でした。でも、マスコミが入ってこないから、その存在すら知られていなかった。さすがに僕は黙っていられなくて「避難したほうがいいですよ」と言いましたが。

原発の近くから避難した人の多くは、過去か現在か、東電がらみの仕事をしたことのある人たちです。でも一〇〇人中一〇〇人が「原発はいらない」と言っているんです。なのに、その声は伝わらないですよね。世論調査よりもはるかに生の声なのに。

石井　大阪にたくさんの妊婦が福島から逃げていることも伝わらない。「怖がりすぎなんだ」という冷やかな目が放送局の中にもある。

被災していない放送局に伝えたい

吉岡　石井さんは被災した放送局を回って、被災していない放送局に言いたいことが、他に何かありますか。

石井　放送局にお願いしたいことは三つです。

一つは、非常電源用の燃料を最低一週間分備蓄してほしい。放送局と中継局用で結構な量と保管施設が必要になるでしょう。危険物取り扱い主任とか資格のある人も必要になると思います。

二番目は、ぜひラジオを各局で五〇〇～一〇〇〇台備蓄しておいてほしい。今回はラジオを集めてから送りましたが、時間も手間も大変でした。一〇〇〇台でも一〇〇万円ぐらいで買える。そうすれば災害時に近隣の局から複数のルートで被災地へ、ただちにラジオを届けられます。

三つ目。阪神・淡路大震災の時に毎日放送ラジオが「被災地に向けた放送に徹する」「行政に対しては批判より提言をする」「可能な限り震災報道を続ける」という「三大方針」を作りました。そして「ネットワーク1・17」というラジオ放送を続けました。ぜひ、すべてのテレビ、ラジオ局にこの三原則を守ってほしいし、そういうことを提案していってほしい。自分たちの地域が被災することを考えて、準備、放送をしていかないと。

また、放送局は食糧だけでなく、放射能を測る線量計や防護服も用意しておいてほしい。

そして、「東北の地震は三十年以内に必ず来る」と各局で特別番組を作っていたのに、これだけの大きな被害を出してしまったことを、私自身も含め真摯に受け止めて、何が足りなかったかを反省する必要があります。

最後に局ＯＢとのネットワークを作ってほしい。退職したアナウンサーやディレクターと日常的な関係を作っておいて、助けてもらわないと災害報道はできません。また地方自治体のように遠方の放送局と相互支援協定も作っておいてほしい。

吉岡　阪神の時に比べると、今回はメディアが謙虚になったと思う。自分たちも被災したというのもあるけど、押し付けがましい取材がまったくない。寝静まった所にどかどか押しかけるとか、黙ってライトをつけるとかがなくなって、一生懸命、相手の話を聞こうとしている。それを見ていて「メディアって本来こういうものだ」と思いましたね。（四月十八日）

（よしおか・しのぶ）ノンフィクション作家。日本ペンクラブ常務理事、BPO放送倫理検証委員会委員。国内のみならず、パレスチナ、プーケット（インド洋津波）、ニューオーリンズ（ハリケーン・カトリーナ）など、海外の戦地・被災地の取材も多数。

（いしい・あきら）放送作家。「永六輔の誰かとどこかで」演出。武蔵大学社会学部非常勤講師。二〇〇八年「魂の46サンチ砲」（文化放送）で日本民間放送連盟賞ラジオ教養最優秀賞受賞。阪神・淡路大震災、新潟中越地震、中越沖地震で被災したラジオ局を取材。

解題

二人は、三月一一日に発生した東日本大震災の直後から現地に入り、取材を重ねてきた。阪神・淡路や中越などでの経験も踏まえながらの会話が、放送と災害、取材者と被取材者など、いくつもの課題を具体的に示している点に価値がある。吉岡の「放送は被災した当事者に伝えるのにふさわしいメディアなのか」という疑問や、石井の「一つを取り上げて、すべてのように伝えるメディア」の問題は、現在も進行中のものだ。（碓井広義）

特集：原発とメディア

原発事故初期報道の検証

実態とかけ離れていたテレビ報道

東京大学大学院学際情報学府
震災報道調査班

原発事故では、政府や東京電力の言い分を検証せずに伝えたテレビ報道が、深刻な実態を覆い隠し、状況をより悪化させたとの見方がされている。果たして本当なのか。実際にテレビで放送された番組を視聴・分析した。

『GALAC』2011年11月号

調査の概要

福島第一原発事故では、政府や東京電力（以下、東電）の記者会見を一方的に伝える楽観的なテレビ報道が、深刻な事故の実態を覆い隠してしまったと言われている。ここでは、原発事故の初期報道（発生から一週間）に焦点を当て、その問題点を明らかにしたい。

私たちはまず、東日本大震災の発生から一週間の原発事故に関する情報の収集・整理を行い、福島第一原発事故に関連する基礎資料を作成した。基礎資料には、現時点までに新たに明らかになった事実も含めて、東電、経済産業省原子力安全・保安院（以下、保安院）の発表内容と事実経過を時系列順にまとめた。

次に、この基礎資料をもとに震災発生一週間後までのテレビ報道（ＮＨＫ、日本テレビ、テレビ朝日、ＴＢＳ、テレビ東京、フジテレビ）を分析し、テレビ報道の内容・伝え方と、実際に起こっていた事故の実態との落差を比較検討した（次ページの表を参照）。なお、今回の調査・分析を進めるうえで、

福島第一原発事故における実態と「テレビ初期報道」の比較

時刻	事実経過	テレビ報道
3.11 14:46	▼東北地方太平洋沖地震発生。福島第一原発周辺ではM6強を観測。	
	▼運転中の1~3号機が緊急停止。非常用ディーゼル発電機が津波で使用不能に。全交流電源を喪失。 東電、1~3号機について原子力災害対策特別措置法十条に基づく特定事象発生の通報。 1・2号機で緊急炉心冷却装置の注水不能に。東電、1・2号機について原災法十五条に基づく特定事象発生を通報。	
18:00頃	▼1号機で、午後6時頃に炉心露出が始まる。7時頃に炉心の損傷が始まり、炉心温度が急激に上昇し、約2800度に達する。	
19:03	▼菅首相、原子力緊急事態宣言を発令。	19:47／NHK 枝野官房長官記者会見中継 「まさに万が一の場合の影響が激しいものですから、万全を期すということで緊急事態宣言をいたしまして、その上で、対策本部も設置をし、原子力災害特別措置法に基づく、最大限の万全の対応をとろうということでございます。**繰り返しますが、放射能が現に漏れているとか、現に漏れる状況になっているということではございません**」
21:23	▼政府、半径3キロ内住民に避難、半径10キロ内住民に屋内退避を指示。	21:52／NHK スタジオ 「政府は（中略）半径3キロメートル内にいる住民に対し、念のため避難するよう、また3キロから10キロの範囲では、屋内に待機するよう、午後9時23分に指示しました。**これまでのところ、福島第一原発では、外部に放射性物質が漏れるなどの影響はないとのことです**」 21:57／日本テレビ スタジオで専門家に話を聞く **【渡辺実 まちづくり計画研究所所長】「IAEAがモニタリングを始めるという情報からして、これは好ましい状況ではないというふうに感じております。**

放送批評懇談会が震災発生後から録画し続けたニュース番組のアーカイブが非常に役に立ったことを付記しておく。

今回の調査から明らかになったポイントは次の二点である。

①初期報道は公式発表や保守的な専門家に依存する傾向にあった（独立した立場の人々の見解が伝えられなかった）。

②その結果、事故の実態とは、かけ離れた報道がなされてしまった。

以下に詳しく見ていく。

公式発表への依存

五月十二日と十五日に東電が記者会見で認めた内容によれば、三月十二日に一号機、三月十四日に三号機、三月十五日に二号機でメルトダウン（炉心溶融）という深刻な事態が起きていた。この事実と初期報道がいかにかけ離れていたか。

三月十二日午前、保安院は記者会見で「一号機で核燃料棒が高温で溶ける炉心溶融が起きている可能性が高い」という発表を行った。この時、テレビでは「一号機では、午前十一時二十分現在で、原子炉を冷やす水の高さが下がり（中略）、そのままの状態が続くと燃料棒が壊れて、放射性物質が漏れ出す危険な状態になったということです」（ＮＨＫ、十二時

3.12

※危険予測を語る専門家のコメント。以降、トーンダウンしていく。

（中略）地震発生確率がこんなにも高い所に原発があるということについて、このままでいいのかということは我々も常に問うてきた問題でもあるんですね」

【九州大学 吉岡斉 副学長】「（中略）メルトダウンという危険があります」
【キャスター】「放射能漏れについてはどうお考えですか」
【九州大学 吉岡斉 副学長】「よくわかりません」

22:21／テレビ朝日
スタジオ 電話インタビュー

06:00頃

▼1号機で圧力容器が破損し、燃料が全て溶け、全量が下に落ちる。メルトダウン。

07:40

▼福島第二原発周辺も半径3キロ内住民に避難、10キロ内に屋内退避を指示。

※安全を主張し続ける政府発表

「（ベント決定を説明した後、大きく息を吸う）…原子炉格納容器内の放射能物質が大気に放出される可能性がありますが、**事前の評価では、その量は微量と見られており**、海側に吹いている風向きも考慮すると…発電所から3キロ以内の避難、10キロ以内での屋内待機の措置により、**住民のみなさまの安全は十分に確保されており**、落ち着いて対処いただきたいと思います」

03:18／NHK
枝野官房長官記者会見中継

【男性アナウンサー】「外部放出した際に周辺への放射性物質への影響はあるのではないかという…懸念が考えられるんじゃないかと思うんですが?」

05:26／NHK
スタジオ

十四分）と伝えた。

しかし、この発言をした中村幸一郎審議官はこの後会見担当者から外され、新たな広報担当者からは「炉心溶融」の件については語られなくなってしまう。そして十二日以降、保安院は原子炉内の情報が確認できないとして炉心溶融を認めなくなった。代わりに「損傷」という表現を使用して「復旧に全力」「安全は確保されている」ことを基調とした発表を行うようになっていった。

この保安院の論調の変化に付随するように、テレビもその後、政府の「損傷しているが安全」という矛盾した発表をそのまま繰り返し報じるようになっていく。

十二日に一号機が、十四日に三号機が水素爆発を起こした直後でさえ、テレビは「枝野官房長官は記者会見で、『原子炉を覆う格納容器は健全だという報告を受けた。放射性物質が大量に飛び散っている可能性は低いと考えている』と話しました」（NHK、十二時○○分）と伝えた。初期の段階では、テレビは事実を報道することよりも、国の機関からの公式発表をそのまま伝えることに重きを置いていたと言える。

もちろん、事故発生直後の混乱した状況で実態を正しく把握し、伝えることは極めて困難だったに違いない。圧倒的に情報が不足する中で、当初は東電や政府、保安院の発表情報

	3.12	10:17	11:00頃	15:36	18:30	20:30	3.13 07:00頃
事実経過		▼1号機でベント開始。 **※楽観的な意見を述べる専門家**	▼原子力安全・保安院は、1号機で核燃料が高温で溶けている炉心溶融が起きている可能性が高いと発表。 **※保安院、会見担当者を交替。以降、炉心溶融に触れなくなる。**	▼1号機、水素爆発。白煙とともに原子炉建屋が吹き飛ぶ。	▼半径20キロ内が新たに避難指示の対象に。	▼政府、東電に対し、格納容器を海水で満たす打開策を了承。海水にホウ酸を混ぜて注入。 **※テレビも「安全・安心」を基調とする発表報道に依存していく。**	▼3号機、午前7時頃に炉心の露出が始まる。午前9時頃に炉心の損傷が始まり完全に露出。

テレビ報道

05:26／NHK スタジオで専門家に話を聞く

【東京大学大学院 関村直人教授】「ええ、原子炉の中にある燃料につきましては、これは今、十分に水の中に入っているということですので、燃料自体が破損しているということは考えていないと思います。したがって大量の放射能が外に出てくるということは現在の段階では考えられないと…」

12:14／NHK スタジオ

「原子力安全・保安院などによりますと、福島原子力発電所1号機では、原子炉を冷やす水の高さが下がり、午前11時20分現在で、核燃料棒を束ねた燃料集合体が、水面の上、最大で90センチ露出する**危険な状態になった**ということです。このため…仮設のポンプを使うなどして原子炉の中に流し込み、水の高さを上げる作業を行っているということです。この情報繰り返します」

「原子力安全・保安院などは、燃料棒が壊れた時に発生する放射性物質を監視していて、**正午現在、燃料棒は壊れていないと見ている**。今後も監視を続けたいとしています」

13:27／NHK スタジオ

【男性アナウンサー】「(格納容器のイラストフリップを提示しながら) この格納容器に海水を入れたことによって炉心の安全性というのは確保されると考えていいので

にある程度は頼らざるを得なかったことも十分に理解できる。しかし、それらの発表情報をどのように評価し、解釈するかをめぐっては、もっと意見の多様性があってもよかったのではないだろうか。実際、インターネットなどでは、いち早く深刻な事態を予測する専門家が数多くいた。

では、テレビは、どのような専門家の意見を伝えたのだろうか。

保守的な専門家への依存

十二日以降では、政府の記者会見の内容を伝え、専門家を交えて対話形式で解説するという形が、ＮＨＫと民放各局で一般的になる。全体的に共通していたのは、テレビ報道が現状を伝え、専門用語の解説をしながら、視聴者に対してわかりやすい報道に努めていたことである。テレビは視聴者に情報をわかりやすく伝えるという役割を果たすことができているように思われるが、その一方で、画一的で、自立した報道というよりはむしろ公的な情報中心で、批判的な見方が不足した報道しかなされていないと捉えることもできる。

ＮＨＫで最初に専門家として登場したのは、三月十二日五時二十六分、東京大学大学院教授の関村直人であった。初期しょうか？」

【東京大学大学院　関村直人教授】「はい、格納容器、これには大きな損傷はない、放射性物質を閉じこめるという機能は確保されているということですので、安全面としては大量の放射能がさらに外に出て行くという、ま、こういうことはないだろうと考えていいと思います」

07:08／NHK
スタジオで専門家に話を聞く

3.14 03:00　11:00　18:00頃　20:00頃

▼3号機、メルトダウン。

▼3号機、水素爆発。

▼2号機で炉心の露出が始まる。

▼2号機で炉心の損傷が始まる。

「枝野官房長官は記者会見で、**『原子炉を覆う格納容器は健全だという報告を受けた。放射性物質が大量に飛び散っている可能性は低いと考えている』**と話しました」

12:00／NHK
スタジオ

3.15 06:00頃

▼2号機で爆発音。
圧力抑制室が損傷。

※次々に各地の放射線量の上昇が明らかとなる中、保安院は「わからない」と。

「2号機では爆発音があり、**原子力安全・保安院は、詳しいことはわからない**ものの、この設備に損傷があったものと見ています。放射線の値についてはその後も上がり続け、原発の正門付近で1時間あたり8200マイクロシーベルトと、一般人が一年間に浴びてもよいとされる8倍の量を一時間で浴びる計算になります。原子力安全・保安院は、急激に変化している理由はわからないとしています」

12:00／NHK
スタジオ

報道において関村は楽観的な見解を示し続けた。関村の発言は、「安全を考慮して設計しているから安全だ」という経験則で語られ、現場の状況や具体的な数値など実情に即した見解や根拠が述べられることはなかった。

一方で、三月十一日二十二時二十一分、テレビ朝日に電話インタビューで登場した九州大学副学長の吉岡斉は、いち早くこの時点でメルトダウンの危険性を指摘している。放射能については楽観的であったものの、「よくわからない」と添えていることに良識を感じる。

また、同日二十一時五十七分、日本テレビでは、まちづくり計画研究所所長の渡辺実がスタジオ出演し、「ＩＡＥＡがモニタリングを始めるという情報からして、これは好ましい状況ではないというふうに感じております」と、かなり危険な可能性について語っている。民放の中には早くから危険を予測している専門家がいたことを認めることができた。

ただ、問題はここからで、吉岡への電話インタビュー以降、初期報道（入手できた映像の範囲であるが）では「メルトダウン」という言葉が使われなくなり、安心・安全を強調する専門家のコメントが頻繁に紹介されるようになっていった。例えば、次のようなやり取りはその典型的なものと言えるだろう。

	3.15 20:00頃	3.16 04:00頃
事実経過	▼2号機、メルトダウン。 ※危機を感じさせる「異常事態」という表現。	▼2号機、原子炉圧力容器が破損。 ▼米国防総省当局者は、米軍は第一原発から半径90キロ以内への米兵の立ち入りを原則禁止としていることを明らかにした。 ※かなり深刻な事態であることを解説者が語った。（NHKはこの時点まではあくまでも慎重だった）
テレビ報道	「福島第一原発の衛星写真、撮影されたのは昨日午前11時過ぎです。**アメリカのシンクタンクが公開しました。**左下から1号機、2号機、3号機、4号機です。12日に水素爆発を起こした1号機、天井がなくなっています。その2つ隣が3号機です。撮影は爆発のおよそ3分後、白い煙が上がっています。**今日、異常事態が相次いだのは2号機と4号機でした**」 19:00／NHK スタジオ	〔日本テレビ解説委員 倉澤治雄〕 **「被爆をすることはありますが、危険度に関してはそこは医者や専門家の判断が必要ですよね。そのために、どうやったら被爆しないのか、どんな被爆が一番良くないのかきちんと説明すべきだと思います。チェルノブイリはレベル7です。スリーマイルがレベル5、福島原発はレベル4です。炉心が損傷、作業員が被爆ということです。これからに関しては人によって意見が違うのでわかりませんが、福島には4基あって全部から放射性物質が飛散することになると、7まで行くかどうかはどうかとして、4にとどまるのは難しいと思います。**（注：レベルはIAEA安全基準）」 12:27／日本テレビ

〔NHK、十三日七時八分〕

男性アナウンサー　（格納容器のイラストフリップを提示しながら）この格納容器に海水を入れたことによって、炉心の安全性というのは確保されると考えていいのでしょうか？

専門家　はい、格納容器、これには大きな損傷はない、放射性物質を閉じこめるという機能は確保されているということですので、安全面としては大量の放射能がさらに外に出て行くと、ま、こういうことはないだろうと、考えていいと思います。

〔日本テレビ、十三日十九時十八分〕

専門家　放射線量は変わる、一時的なものと思います。ずっとこのままの量を浴び続けるとは考えにくい。あまり心配する必要はないというふうに思います。

男性アナウンサー　深刻な事態ではないということですか。

専門家　そうですね。

実態とかけ離れた報道

テレビが「早急な復旧をめざしている」や「安全である」という政府からの情報をそのまま流す一方で、インターネット上ではさまざまな議論が起こりつつあった。しかしそうした批判的な立場の人々の声は、テレビではほとんど伝えられることがなかった。結果的に、テレビの初期報道においては、実際に起こっている事故の実態とかけ離れた報道がなされてしまったと言える。なぜこのような落差が生じたのか。今後は、その構造的な背景や原因を明らかにしていく必要があるだろう。

〈執筆者〉東京大学大学院学際情報学府・震災報道調査班。メンバーは早川克美（代表執筆）、叶知秋、木村知宏、塩田陽介、中山真里。いずれも修士課程に在学中。今回、大学院での授業の一環として原発報道の検証に取り組んだ。

解題

原発事故のテレビ報道に関しては相当数の論考が発表されている。本論文はその「手法」「アプローチ」において、画期的ともいえる一本である。震災発生直後から一週間後まで、各局で放送された「すべてのテレビ報道」を、時系列でその内容を視聴・分析しているからだ。これを可能にしたのは新たなデジタルツールであり、それを活用した放送批評懇談会のアーカイブである。今後のメディア研究のある方向を示す先駆け的検証だ。（碓井広義）

特集：どうなるラジオ、どうするラジオ

ラジオの役割は見直されたのか

ジャーナリスト
高瀬 毅

広告の売上低下や番組制作費のカット、リスナーのラジオ離れ、合併や分社化の動きはどうなったか。ラジコやデジタルラジオの行方も含め、最新動向や問題点を厳しく検証する。

『GALAC』2012年５月号

止まらないスポンサーのラジオ離れ

「四月以降のスポンサーが落ちたという連絡が、朝からもう四本目。電話がかかると、またスポンサーのことかとドキッとする」

今年二月。在京ラジオ局のあるプロデューサーはそう言って、青ざめた。

以前から指摘されていた広告主のラジオ離れが止まらない。

二月二十三日に電通が発表した「二〇一一年・日本の広告費」によると、ラジオ広告費は一二四七億円で、前年比九六・〇％。ピーク時の二四〇六億円（一九九一年）の約半分にまで落ち込んだ。九一年当時よりＦＭ局の数が増えた中でのこの落ち込みはかなり深刻だ。経営体力がない所も少なくなく、一〇年九月に名古屋の愛知国際放送（レディオ・アイ）が、開局以来十年間一度も黒字を出せないまま閉局・停波したのは記憶に新しい。

とちぎテレビ、栃木放送を子会社化

加えて今年は、再編の動きも出てきそうだ。

その一つが「とちぎテレビ」によるＡＭ単営局のＣＲＴ＝栃木放送の子会社化だ。一一年十二月に、両社の間で完全子会社化する方向で協議を進めていることが明らかになり、衝撃が走った。栃木放送関係者によると、以後、週に一度のペースで、両局の報道、編成、技術などの各部ごとに話し合いが持たれてきた。

「両社で、共有できるものは何かを探っています」と栃木放送の関係者は話す。四月から子会社化されるが、「ラジオとテレビで業務を共有するのはそう簡単ではない」

音声メディアであるラジオと、映像がないと成立しないテレビとでは、放送システムも違い、番組の作り方も異なるからだ。比較的やりやすいのは報道や営業だろうと言う。

子会社化の原因は、栃木放送の経営悪化である。一〇年の営業収入は六億二五〇〇万円。十年前に比べて、約二億五〇〇〇万円の減収だ。ことに企業の財務の安定性の最も重要な指標となる自己資本比率の低下が著しい。『日本民間放送年鑑』によると、二〇〇四年に二八・八五％だった数字が、〇九年に三・六三％、一〇年は四・六三％と、一ケタに落ちている。

自己資本比率とは、株主から調達した資金と利益の蓄積を示す指標である。一〇年に、ラジオ（ＡＭ・ＦＭ）とテレビ全民放局の財務状況をつぶさに分析した明治大学ビジネススクールの山口不二夫教授は、「これが高いと過去からの利益の蓄積が多い。もしくは資金の集め方が巧みだということを示している」（民放労連産業対策委員会中間報告）と説明する。山口の分析では、上場している非製造業（サービス業）の平均で二七〜二八％、全産業の平均で三五％程度だという。栃木放送は、〇四年まで非製造業の平均的な水準は維持していたものの、この数年で財務状況は急激に悪化していた。

802がCOCOLO吸収で二波に

もう一つの動きは関西だ。大阪のＦＭ８０２が、この四月、同じ大阪の関西インターメディア（ＦＭ　ＣＯＣＯＬＯ）から事業譲渡を受け、運営を開始する。両社間では、一〇年四月から、「８０２」が「ＣＯＣＯＬＯ」の編成、番組制作を受託して放送を行ってきており、事業譲渡によって、「８０２」による「一局二波」体制が本格化することになる。

放送業界では、一事業者による複数の放送局の所有と支配を禁じる「マスメディア集中排除」の原則が長年遵守されてきたが、一一年三月に、総務省が規制を緩める省令改正案を発表、ラジオに関してこれまではできなかったラジオ局同士の合併・統合を最大四局まで認めた。改正は、経営が厳しいラジオ局、業界を意識した見直しと言われていて、「８０２」

に対する「ＣＯＣＯＬＯ」の事業譲渡は、まさにその路線に沿ったものだ。

ただし、「事業譲渡が成功するかどうか、先行きは見えない」と、不安を口にするのは「８０２」の関係者だ。

「簡単に一局二波と言いますが、営業は、まったく別の番組を同時に売らないといけない。ラジオがだんだん聴かれなくなっている時代に、何をどう売っていくのか。均等に売れるというものでもなく、やってみないとわからない」

譲渡される「ＣＯＣＯＬＯ」の社員は全員解雇され、移籍することはできなかった。一方「８０２」の局員は、仕事量が増え、慢性的マンパワー不足の中で、連日かけずり回っているのが現状だ。「８０２」のケースはラジオの今後を占う一つのモデルケースとして注目されていて、それなりに見通しがつけば後に続く局が出てくる可能性があると、「８０２」の関係者は話す。

「今年のラジオ業界の流行り言葉は〝事業譲渡〟じゃないか、とみんなで冗談めかして言っています。複雑な心境です」

震災で見直されたという数値はない

昨年三月十一日に起きた東日本大震災で、ラジオの役割が見直されたと言われた。電気が途絶え、通信も途絶した中で、被災地でのラジオは被災者の唯一の情報源となり、心を慰めるメディアとしても他のメディアの追随を許さなかった。「ラジオが再評価された」という声は、メディアでも大きく報じられた。たしかに、そういう面はあった。だが、広告費や聴取率の低落傾向に歯止めがかかり、反転していくほどの力強さは、正直なところ感じられない。

ビデオリサーチ社による首都圏の全局個人聴取率調査で男女合わせた週平均（十二〜六十九歳　月〜日曜）のセッツ・イン・ユースは、３・11前の二月に六・四％と過去最低にまで落ちていたが、３・11以後は七％台に回復した。ラジオへの関心が反映したのではとの見方が広がったものの、その後は七％ラインをなんとか維持している程度だ。関西圏では、一〇年十二月に七・七％だったのが一一年四月に八・一％に上昇した。だが、同年十二月には七・二％に低下。中京圏では、十年十二月に七・六％だったのが、大震災以降も増加に転じることがないまま一一年十二月には七・三％にまで下落した。

これを見る限り、ラジオが見直されたという評価について簡単には首肯できない。広告費の落ち込みと合わせ、低迷の底が一向に見えてこないことが不気味ですらある。

もちろん、こうした傾向はラジオだけの問題ではないことも確かだ。いわゆる「マスコミ四媒体」と言われる伝統的メディアの中で、テレビが前年比九九・五％と、ほぼ前年並みの微減に留まったものの、新聞が九三・七％、雑誌、九三・〇％とラジオより落ち込みの幅は大きかった。一方、インターネットの一一年度の広告費は、前年比一〇四・一％と続伸した。不況でも前年比増のネットに対し、すべて前年比マイナスとなった「マスコミ四媒体」。明暗はくっきりと分かれた形となった。個人がネットを使って自由に情報を発信、利用し、そのための情報機器が進化して行く中で、伝統的メディアのビジネスモデルでは、視聴者（聴取者）や読者、広告を出稿する企業の関心をいよいよつなぎとめられなくなってきたことを示しているとも言えるだろう。その中でも規模が小さいラジオは、ことに厳しい状況に追い詰められていると認識しておく必要がある。

媒体別広告費の動き（億円）

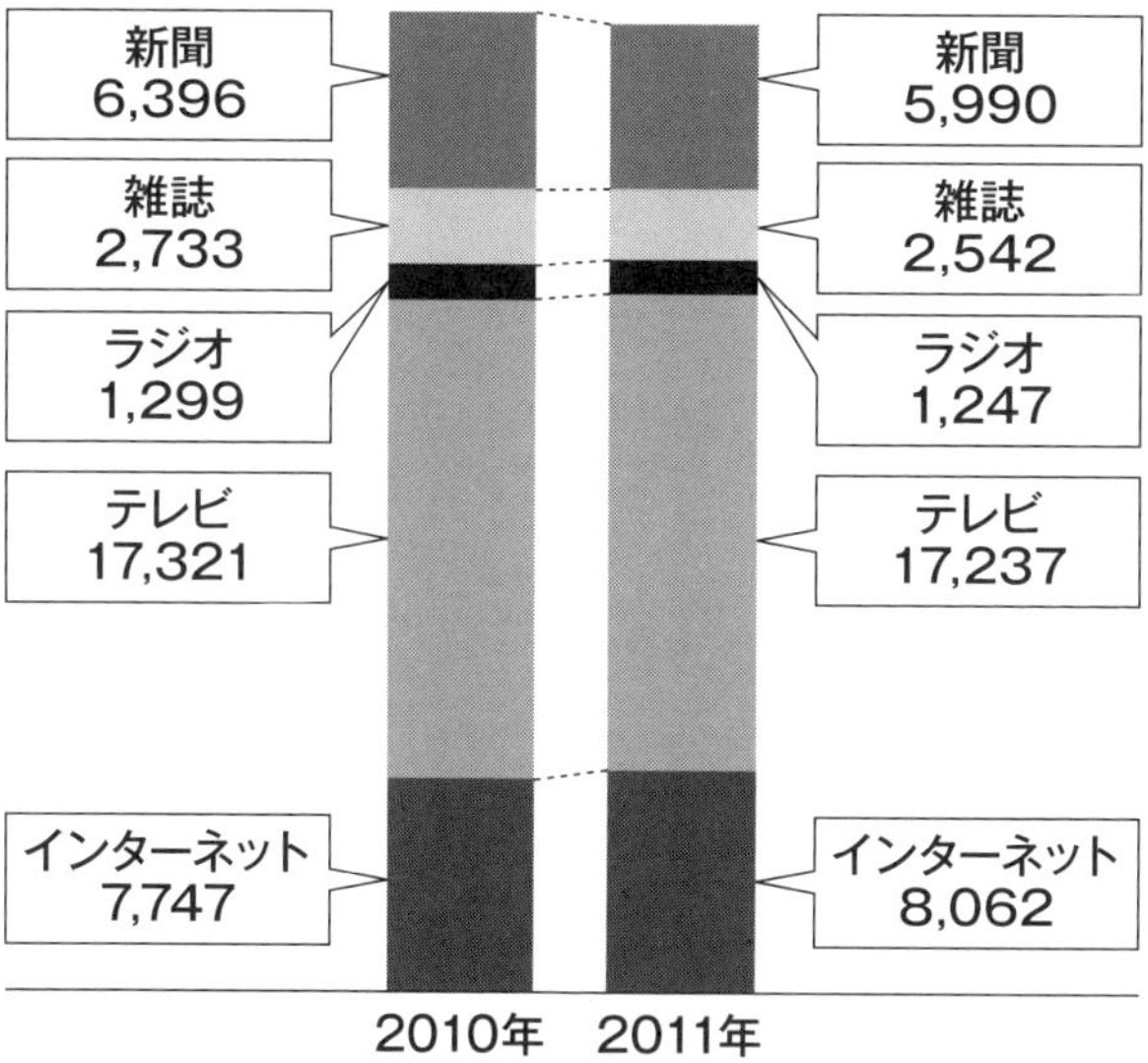

出典：電通（衛星メディアやプロモーションメディアは除く）

ラジオへの理解に乏しい広告主

「その原因のひとつに広告会社のラジオに対する姿勢があげられる。代理店の力の注ぎ方。同じ手間ならカロリーの高いテレビの方に力を注ぐ。テレビが満稿の場合はラジオに出稿が流れるが、最近の景況から見ると、テレビで止まってしまう。単価もさほど変わらないぐらいにダンピングしている」

これは、「民放労連ラジオ活性化プロジェクト」がアンケート調査を行い、その結果を分析した「ラジオ営業の問題点（上）」（小寺健一『放送レポート』二一八号）の一節だ。発表されたのは〇九年四月。〇八年度のラジオ全体の広告費が一五九四億円にまで落ち込むと予測された中で書かれたもので、それから三年でついに最盛期の約半分にまで落ち込んでしまったことは、すでに記したとおりだ。レポートはこうも指摘している。

「代理店にラジオの認識がない。ラジオを聴いている代理店営業がほとんどいない。テレビを売ったほうが効率がよい」

「ラジオ自体が聴かれていない。企業の宣伝部がラジオを聴かない。聴く環境にない」

「これだけカネを出したら、どれぐらいウチの売り上げが上がりますか？という、極めて即物的な効果しか求められていない。『ラジオCMは漢方薬のようにじわじわ効く』と言われたのも今は昔。もはや『宣伝』ではなくスポンサーの『営業』をさせられている」

「ラジオに販促費を使う広告主は、レーティングよりもレスポンス実数。多媒体時代にあって『ラジオがいい』という理由付けは困難なので、明確な効果を求められている。ラジオに広告宣伝費を使う広告主は、電波は単なるプラットフォームの一つと考えているはずなので、Webや紙媒体との連動性や一体感を求めている」

ラジオが置かれている厳しい現状を言い当てている声ばかりだ。しかし、今もこの苦境が改善されたようには思えない。こうした状況は、ラジオの外にいる人たちにはどう見えているのだろうか。

「音のみ」の特性が持つ功罪

IT、ネットを使い、さまざまな社会活動をするコミュニティ「Hack For Japan」のスタッフで、二月までヤフー株式会社事業戦略統括本部のマネジャーを務めた冨樫俊和は、十二年前にヤフーに転職するまでラジオファンだった。

「それまでクルマで営業していまして、しょっちゅうラジオを聴いていました。しかし、いったんそういう仕事から離れると、ラジオを聴く時間がなくなりました」

だが、東日本大震災でラジオが注目された後、久しぶりにラジオを聴いてみたという。

「昔とあまり変わってなかったですね。電話でのリスナーとの掛け合いがあり、時々突っこんだりして。それが昔は楽しかったんですが、今聴くと、少し物足らない。それ以上の方法はないのかなと思いました」

その変わらなさがいい、というリスナーもいるはずだ。だが、さまざまな場面で情報化が進む中にあって、ラジオの「変わらなさ」は低迷するラジオの魅力をアピールする〝売り〟になるのだろうか。ラジオを聴いたことのない代理店やクライアントの気持ちを掴めるのだろうか。

「十七年前の阪神・淡路大震災の時もラジオは見直されました。今回もその時と同じです。でも、この波が引いたら元に戻るのではないか。しかも当時と違うのは、インターネットが登場したこと。コンテンツが受け手に伝わっていく流通が変わってしまい、メディアの本質に迫る変化が起きているのに、ラジオ界には危機感が足らない気がします」

こう分析するのは、ラジオキュレーターの紺野望だ。紺野は、エフエム東京で放送営業、番組制作など経験後、九一年、音楽専門・衛星デジタルラジオ「ミュージックバード」放送開始とともに移籍、取締役営業部長としてコミュニティFM放送再送信事業部を設立した。五〇局を超えるコミュニティFMの開局をコーディネートし、ラジオの可能性を探った『コミュニティーFM進化論』という著書もある。その紺野が指摘する点について、ラジオ界も理解はしているはずだ。だが、「未来に向けての明確な指針が見えてこない」と紺野は指摘する。

近年のラジオ界の最大のニュースはラジコの立ち上げである。ネットでラジオが聴けるようになったのは大きな前進だった。だが紺野は、それだけではサバイバルにはつながらないのではないかと言う。

「これからのラジオを考えるうえで最大のポイントは、ラジオの特性である音声のみという点が、負の遺産になってしまっているということです。これだけビジュアルの時代になり、情報がいつでもどこでも手に入る時に、音だけかい？というのが一般的な受け止め方ではないでしょうか。音声以外に、どう補完的機能を作り出していくのかということ。それは、ラジオのビジュアル化だと思います」

ラジオの「見える化」「可視化」ということだろう。冨樫もこう話す。冨樫はヤフー・ジャパン時代の昨年、ある製品のプロモーションに関連して、テレビやラジオCMを街頭イベントなどと組み合わせて展開した。しかし、ラジオを聴いてイベントに来たという人は極めて少数だったという。いわゆる情報がリスナーにどこまで届いたかという「リーチ」が弱かったのだ。

「ラジオの場合、ふだん聴き流しているために、うん？　今、何か言った？という感じで、印象に残りづらいところがあるようです」

ラジオ関係者は、「ながら聴取」のできるメディアとしての利便性や、音声のみで勝負するラジオのおもしろさ、役割をよく強調する。だが、ネット時代の広告媒体として現在のラジオを考えた場合、それらは必ずしも利点として捉えられるとは限らないということだ。

ネットを使うラジオの「見える化」

そんな中、スタジオに小型のカメラなどを持ち込んで、生放送の様子をユーストリームで配信する番組もすこしずつ登場してきた。例を挙げれば、東京のFM局、J・WAVEの「ジャム・ザ・ワールド」火曜日のナビゲーター津田大介や、「ハロー・ワールド」などの番組では積極的に活用している。好きなナビゲーターや、ラジオ番組の放送の様子が「見られる」ことは、ファンにとっては新鮮だ。

「今まではテレビのように服装にあまり気を使わなくてもよかったのに、たまたま前の週と同じ格好をしていたら、リスナーから指摘されました。これからはラジオも外見を意識しないといけないのでしょうか」

そう言うのは、番組の中でニュースを読む、ある女性アナウンサーだ。「見えないはず」のラジオなのに「見られている」ことへの困惑が、さまざまな局面で〝可視化〟が進むネット時代のラジオを象徴している。こうしたことは、これからしばしば起きてくるのかもしれない。

すでに番組のホームページで、パーソナリティやナビゲーターの顔が「見られる」のは、当たり前になった。以前は顔が知られていないことも多く、声のイメージと顔が一致しないこともラジオのおもしろさであったが、今はパソコンやスマートフォンでラジコを聴きながら、番組のホームページでパーソナリティの顔を確認する。ラジオの売り文句である「ながら聴取」も、いつのまにかビジュアライズされてしまったのだ。ただ、そうしたホームページやウェブサイトの活用においても、テレビはラジオより先をいっている。

例えば、ヤフー・ジャパンのサイトの左側、「ヤフー・サービス」にある「テレビ」の部分を開いてみる。テレビ・ラジオの番組欄があり、テレビ各局の番組タイトルをクリックすると番組内で紹介した町や店の情報を詳しく知ることができる。そこで紹介されている商品が気に入ればネットで買うこともできるように、ショップともリンクしている。ネットで視聴者が商品を買えば、手数料がヤフー・ジャパンに入る仕組みだ。しかし、ラジオ番組欄は、局名はクリックできても、各番組のタイトルはクリックできない。簡単なインフォメーションしか掲載されていないのである。テレビのように視聴者が番組を通して商品やサービスを購入する仕掛けになっているプログラムはまず見当たらない。

ただし、興味深いのは、テレビCMで最近よく使われるようになった「検索」への誘導で、音声があるのとないのとでは、反応がまったく違うのだという。冨樫によれば、「ヤフーで検索」という音声が付くと、検索の件数が断然多くなる。音声がビジュアルな情報と結びついたときに、音声の本来持っている力が発揮されるのだ。「声の信用性みたいなものは、ネットはラジオに敵わない。ラジオはあまり嘘がつけないメディアなのではないでしょうか」。ラジオの情報や番組、あるいはラジオという存在が、より「見える」状況を作り出せれば、おもしろい展開を図れる可能性を秘めたエピソードだ。

利用価値を見直したのは他業界だが

こうした時代の動きに敏感なのは、むしろラジオ以外の業界だ。東日本大震災でラジオが個人に訴求する力に注目した飲食業界企業ノスプロダクター株式会社が、再開発の進む東京・原宿の一角にミニFM「sora × niwa FM」を一二年二月に開局した。これは原宿全体を町内会と捉え、町を訪れた人たちに向けて、ショップやイベント、サービスなどの「いま」のリアルな情報を、ラジオを使って発信しようというものだ。登録した会員には、買い物などの特典がある。ラジオはスマートフォンのアプリを介して聴いてもらい、ラジオと連動したイベントも展開していくという。開局から間もないが、ラジオを聴いた若い人たちが、スタジオの前に集まっていたりする。同社では今後、こうしたシステムを銀座や大阪の梅田などの数か所で展開していく予定だ。同社の試みをコマーシャリズムと批判的に見ることはたやすい。だが、ラジオの媒体価値の下落に歯止めがかからない一方で、ビジネスの面からラジオの利用価値を見直す動きがあることは、注目しておきたい。

ただ、こうした目的のはっきりした運営は、コミュニティFMやミニFMなどがやりやすい。県域局は規模が大きく、社会的な役割も違うので簡単ではない。だからといって、マスメディアと呼ぶには、若者文化を生み出したかつてほどの影響力もない。ラジオ広告費が総広告費に占める割合も二・二%。テレビの三〇・二%、インターネットの一四・一%とは比ぶべくもなく、交通広告の三・三%を下回り、ラジオより少ないのは衛星メディア（一・六%）と電話帳広告（一・〇%）だけという状況だ。そのうち衛星メディアは、一〇年が前年比一一〇・六%、一一年は一一三・六%と、このところインターネットを上回る伸びを見せており、遠からずラジオを抜く勢いだ。「振り向けば電話帳」は、時間の問題と言っていいだろう。

変わらないためには、変わること

県域FM、衛星デジタルラジオ、そしてコミュニティFMと、さまざまなラジオを経験してきた紺野は、将来のマルチメディア放送も視野に入れながら、「いずれ、AMもFMも東京キー局レベルで大きく再編されていくだろう」と見る。自治体再編の動きとも連動してくる可能性があるとも言う。

民放ラジオは、戦後の経済成長とともに発展してきた。だが、それは過去のものとなった。ネットによって、個人もメディア化する現代は、情報の〝大航海時代〟を迎えている。「ラジオはハートフル・メディア」「ラジオは想像力」「ラジオは災害に強い」という謳い文句だけでは、県域民放ラジオの市場の縮小を食い止めることは難しいだろう。ラジオ本来の良さを本当に大切に思うならば、ネットとどう関わっていくのか、真剣に知恵を絞って、果敢に自らを変えていかなければならない。「変わらないためには、変わること」という言葉があるが、ラジオにこそ、あてはまる言葉に思える。

四月一日には携帯端末向け放送局「NOTTV」が開局した。ここにニッポン放送が「オールナイトニッポン0」を映像付きで流すことになった。今後の反響に注目したい。

ネットを利用する人のことを（ネット）ユーザーと言う。自分の仕事や暮らしのために、ネットは「利用し、使いこなす」ものだからだ。そんな情報社会で、ラジオがこれからも一定の影響力を持ったメディアであり続けるためには、リスナーという言葉すら捨てる必要があるのかもしれない。ユーザーにとっては、テレビも、新聞も、ラジオも、自分のためにどれだけ「使えるか」がメディアを選択する際の大きな基準になってしまったからである。

「ラジオリスナー」から「ラジオユーザー」へ。

ラジオ変革、ラジオ生き残りへの方策を、そうした観点から探ってみる必要があるのではないかと思う。

（たかせ・つよし）一九五五年長崎市生まれ。ニッポン放送記者を経てフリー。『ナガサキ　消えたもう一つの「原爆ドーム」』（平凡社）で平和・協同ジャーナリスト基金賞奨励賞。その他『東京コンフィデンシャル』『この国で老いる覚悟』など。

解題

特集「どうなるラジオ、どうするラジオ」の中の一本。大震災でその役割や価値が再認識されたと言われながら、その後も危ういとされる状況が大きく変わるまでには至っていない。新たな動きとしてのラジコやデジタルラジオが持つ可能性も含め、ラジオが抱える問題点を探っている。他業種によるラジオの利用価値の見直し、ネットとの関係、リスナーからユーザーへといった指摘は、今後のラジオにとって多くの示唆に富んでいる。

（碓井広義）

特集：BS多チャンネル時代がやってきた

多チャンネル時代に突入したBSの課題と展望

BSパラドックスを乗り越えろ

川喜田 尚
ジェイ・スポーツ経営戦略部、
大正大学表現学部客員教授

急激に増えたBS放送局。その理由を歴史的な背景から紐解き、今後の課題を検証する。

『GALAC』2012年９月号

計二九チャンネルのBSテレビ 地上波、CS入れるとお腹一杯？

昨年七月からの一年間には、放送史に残る日が四日ある。二〇一一年七月二十四日と翌一二年三月三十一日は言うまでもない。前者は東日本大震災の被災三県を除く日本全国で、テレビのアナログ放送が終了した日であり、後者は岩手・宮城・福島の被災三県においても、アナログ波のテレビ放送がその歴史に幕を下ろした日である。

この二つの間に位置する一一年十月一日と一二年三月一日。どちらも新規BS局が放送を開始した日である。十月には新規BSテレビが一一局、三月にはさらに七局が開局し、既存BS局と合わせて、BSテレビは二九チャンネルとなった（Dlifeは三月十七日放送開始）。

地上波でさえも今や生き残りに必死になっている時代に、新たなBSが必要なのかという声が聞こえても不思議ではない。例えば「東京で何チャンネルのテレビが見られるか」という問いに即答できる人は少ない。地上波は、NHK総合、Eテレ、日テレ、テレ朝、TBS、テレ東、フジテレビ、MXの八チャンネル。CSはスカパー、J：COMなどのケーブル、IPTVなど伝送路によって差があるが、チャンネルとしては二〇〇余り存在する。さらに既存のBSとしてNH

K―BSの二チャンネル（アナログ停波とともに一チャンネル減となった）、WOWOW、スターチャンネル、BS日テレ、BS朝日、BS―TBS、BSジャパン、BSフジ、BS11、TwellVと一一チャンネルがあったから、そのうえさらなるBS局と言われると、一般的にはお腹一杯でもういらないという声になりそうである。

では、なぜこれほど多くのBS局が開局したのか。これから生き残っていけるのか。歴史的な背景にも触れながら考えてみたい。

難視聴対策だったNHKのBS、ほぼ同時に民放WOWOWも開局

NHKの記録によると、そもそも我が国のBS放送は、一九八四年五月十二日午前六時、放送衛星BS―2aを利用したNHKの衛星試験放送をその起点としている。後の「多メディア・多チャンネル時代」や「地方局炭焼き小屋論」などの言葉は、このスタートがなければ使われなかった可能性がある。『放送の20世紀』（NHK出版、NHK放送文化研究所監修）に「世界で最初の本格的な直接衛星放送の開始である。開局記念番組は、本土と同じテレビが見られるようになった沖縄大東島の人々の喜びを伝えた」とあるように、難視聴地区にまであまねくNHKの地上波の放送と同じものを届けるために、当時のBSは企画された。衛星第一テレビと呼ばれた。

一九八六年二月にBS―2bが打ち上げられると、同年十二月には衛星第二テレビも開局。八八年のカルガリーとソウルのオリンピックを長時間編成して普及に弾みをつけ、八八年十月に受信世帯が一〇〇万を超えた。八九年六月からは二チャンネル体制の本放送となり、衛星第一はワールドニュースとスポーツ、衛星第二はエンターテインメントとカルチャーを謳い、いつの間にか、コストセンター（難視聴対策）よりもプロフィットセンター（モアチャンネル）としてNHKの経営を支える存在になっていった。

一方、八四年十二月に民放の衛星放送として、日本衛星放送（JSB）が設立された。当時の郵政省が大きく関わる形で資本の調整が行われ、新聞、放送のほかに流通、メーカー、商社など一九三社の資本によってスタートした。地上波との競合を避け、月額二〇〇〇円の有料放送として、九一年四月に通称〝WOWOW〟の名称で本放送を開始。一年後に加入世帯が一〇〇万となった。

アスペクト（画面の横：縦）比が一六：九、走査線が従来

のＮＴＳＣの約二倍の一一二五本となったＨＤＴＶ（ハイビジョン）番組が定時放送されたのは八九年六月。衛星第二テレビで毎日一時間の実験放送であった。九一年の試験放送開始時のハイビジョンテレビ受像機は三六インチで三五〇万～四五〇万円だったから、現在とは桁違い、それも二桁違うことになる。

CS放送の始まりからつながった今日のBS多チャンネル化

多メディア・多チャンネル時代を支えるインフラには、通信衛星（Communication Satellite：CS）とケーブルテレビ（ＣＡＴＶ）がある。

民間の通信衛星は八九年三月のＪＣＳＡＴ―１（日本通信衛星）と六月のスーパーバードＡ（宇宙通信）、翌年一月のＪＣＳＡＴ―２から始まった。もともと八四年から電電公社がＣＳ―２ａとＣＳ―２ｂでニュースの伝送やテレビ電話会議などのサービスをしていたが、ケーブルテレビへの番組配信に利用したことで通信衛星の用途が一気に広がった。アメリカでは日本に先行して自主放送を行う都市型ケーブルが発展、映画のＨＢＯやニュースのＣＮＮ、スポーツのＥＳＰＮが初期の人気専門チャンネルとなり、日本の専門局開局の手本とされた。

その後、日本ではさらにＣＳの利用範囲が広がり、ケーブルテレビへの配信だけでなく、家庭での直接受信を八九年の放送法改正で可能にした。これがＣＳ放送の始まりであり、詳細は後述するが、今日のＢＳ多チャンネル化につながることになる。

九二年、スターチャンネル、ＣＮＮ、ＭＴＶ、スペースシャワーＴＶ、衛星劇場、スポーツアイ（現J SPORTS 3）などが放送を開始した。これらが日本のＣＳ放送の先駆けであり、今日でもお馴染みのチャンネルだ。この時代のＣＳ放送はまだアナログ波である。

別の伝送路としては、九五年に伊藤忠、東芝、米タイムワーナー、米ＵＳウエストがＣＡＴＶの「タイタス・コミュニケーションズ」を、九六年には住友商事と米ＴＣＩが同じく「ジュピターテレコム」（Ｊ：ＣＯＭ）を設立。二〇〇〇年にタイタスを統合した現Ｊ：ＣＯＭが日本最大の統括運営会社（ＭＳＯ）となっている。

スタートから十年、デジタル多チャンネル時代へ

九六年は日本におけるデジタル放送の幕開けとなった。九月にデジタルCS放送のパーフェクTV！がサービスを開始、五三チャンネルのテレビと四チャンネルのラジオ放送を行った。その後、開局前のJスカイBと合併してスカパーとなり、ディレクTVを統合してCSプラットフォームは一社となったまま今日に至る。

地上波キー局系のCS局も有料放送としてスタートしたが、これには主に二つの理由があったとされる。一つは地上波、特に系列局の経営を圧迫しないためで、もう一つは次のスケジュールに想定されていたBS局の事業モデルを有料にするか否か計る試金石と考えたからである。

二〇〇〇年には放送衛星（BS）を使ったデジタル放送が、二年後には同じく東経一一〇度軌道上の通信衛星（CS）を使った新しいCS放送サービス（スカパー！e2）が始まった。テレビはNHKと民放キー局系のBS日テレ、BS朝日、BS—i（後にBS—TBS）、BSジャパン、BSフジの五社とスターチャンネル、WOWOW。同時にラジオ二三チャンネル、データ放送も始まった。BS11とTwellV は二〇〇七年十二月に放送を開始した。

この時期のBSテレビ放送は、NHKの他はスターチャンネルとWOWOWが有料放送で、その他のチャンネルは開局前に有料モデルも検討されたものの、結局、広告モデルの無料放送として開局した。当初、無料BSデジタル各チャンネルは〝一〇〇〇日一〇〇〇万件〟の普及目標を掲げたが、思うように伸びず、売上も苦戦を強いられた。また、民放キー局の資本が入ってはいたものの、各局とも別会社であったため、地上波制作番組の同時放送などにおいて権利問題が発生した。

NHKの発表によると、目標より二年遅れた〇五年に一〇〇〇万件を達成。売上も少しずつ伸びて、〇七年にはBSフジとBSジャパンが単年度黒字となり、その後は、冒頭に書いたアナログ放送停波に伴うデジタルテレビの急速な普及とともにBS放送の存在感も増し、売上も比較的順調に推移してきた。

デジタルBS開始から約十年の歳月を経て、前述のとおり昨年と今年で新BS局が相次いで放送を開始、テレビだけで二九チャンネル、データ放送と音声放送を入れて三一チャンネルとなった。新規局は圧倒的に有料放送が多く、専門チャンネルが多いことも特徴といえよう。

今、なぜBSなのか？ 重要なのはHDの帯域

いわゆる新規BS局には、①既存BS局の追加チャンネル、②まったくの新規チャンネル、③CSで既に放送しているチャンネルがBSへ引っ越してきたケースがある。

③のCSからの参入組には、③aデジタルテレビにチューナーが内蔵されているスカパー！e2（東経一一〇度衛星）で放送していたチャンネルと、③b専用のチューナーが必要なスカパー！（東経一二四／一二八度衛星）のチャンネルがある。③aを過去形で書いたのは、CS一一〇度衛星で放送していたチャンネルがBSの申請にあたって、自ら使用帯域の返上を前提とした、つまり一一〇度CS帯域からBSへ引っ越すと申請したケースが多かったからだ。

一方、一二四／一二八度のSD（標準画質）放送も、HD（高精細画質）への転換が望まれている。開局当時、最先端メディアとされたデジタルCS放送の初期の仕様は、もはや時代に取り残されそうになっている。CSからの引っ越しにせよ、新規の申請にせよ、HDの帯域が重要な要素であったといえる。

では、主なチャンネルのBS開局の経緯と戦略を整理してみよう（表）。

まずWOWOWは、前述したケース①である。既存一チャンネルからHD三チャンネルへの拡張によって、生き残りとさらなる加入者増を目指した。固定ファンから熱い支持を得てはいたが、さらなる編成の充実を料金据え置きのまま実現するという大胆な戦略が話題となった。映画のような固定枠番組と、終了時間が読めないスポーツのライブ番組を別チャ

BS進出経緯

参入経緯		チャンネル
①	既存BSの追加	WOWOW（2ch）
②	新規参入	FOX bs238
		Dlife（ディズニー）
		BSスカパー！
③a	110度CS（e2）からの進出	J SPORTS（4ch）
		スター・チャンネル（2ch）
		BSアニマックス
		BS日本映画専門チャンネル
		ディズニー・チャンネル
③b	124/128度CSからの進出	放送大学（テレビ・ラジオ各1ch）
		グリーンチャンネル（競馬）
		IMAGICA BS
		BS釣りビジョン

ンネルで編成できるようになったため、今回の拡張策は加入者満足度を大きく増したといえよう。未加入者にその魅力をどう訴求できるかに成否がかかる。

②の新規参入組はＦＯＸやディズニーなどの外資系である。米ＦＯＸのドラマやディズニーの関連局であるＡＢＣの番組が見られるため、人気を集めている。もちろんＢＳ放送で採算をとることが前提だろうが、日本はコンテンツ市場としてアメリカに次ぐポジションにあることなどから、テレビ事業単体というより映画やマーチャンダイズ、ネット配信なども含めた総合力の強化とプロモーションも目標の一つだろう。

③ａの一一〇度ＣＳ放送からの引っ越し組は、やはりユニバース（普及世帯数）の大きさが最大の理由だろう。現在のＢＳ視聴可能世帯は約三八七二万（ＢＳデジタル民放調査、二〇一一年十二月公表）、ＣＳ放送・ＣＡＴＶの多チャンネル市場は約一一〇〇万世帯となっている。

設備の古いマンションでは一部が見られない可能性も

詳細はここでは省略するが、今般認可されたＢＳ帯域には、意味合いの大きく異なる帯域が二つ存在する。一つは〝既存帯域〟と呼ばれる、ＮＨＫやＷＯＷＯＷが使用していた旧アナログＢＳ相当の帯域で、もう一つは今回のＢＳ局認可によって使用された新規の帯域である。前者に比べて後者は、主に集合住宅における視聴環境（古いアンテナなど、設備が旧世代）によって、チャンネルの一部が見られない可能性を孕んでいる。推計では、新規帯域は二割〜三割ほど既存帯域に比べて視聴可能世帯の市場（ユニバース）が少ないと言われている（受信設備の更新によって、いずれ解消される見込み）。とはいえ、新規帯域でも現状ＣＳ放送・ＣＡＴＶに比べて二倍以上の市場規模である。もちろん放送の送信コストや放送権料もＢＳ放送になると大幅にアップするため、いわばハイリスク・ハイリターン型の戦略を選択したといえる。

③ｂの一二四／一二八度ＣＳからの参入組は、画質が見劣りするＳＤ放送が先細っていくなかで生き残るための究極の選択だったといえるだろう。無料の地上波やＢＳがハイビジョン番組を当たり前のこととして放送するに至って、有料放送が非ハイビジョンのままというのは確かに分が悪い。コストはかかるが、思い切って人通りの多い場所に引っ越したという感じだろう。

BSコモディティ時代の生き残り策は三つ

こんなにたくさんのチャンネル、しかも有料放送が増えて、果たして生き残っていけるのか。もともと地上波の番組に飽き足らない層の需要を満たす期待を担っていたBSだが、地上波というレギュラー選手が活躍しない（つまらない）ときの控えの選手的存在の時代も確かにあった。しかしBS多チャンネルになって様子は随分変わった。地上波を一通りザッピングした後にお鉢が回ってくるのではなく、かなり早い段階で、いやむしろBSから入る楽しみ方がされても今や不思議ではない。BSが特別な存在から、いい意味でコモディティ（日用品）化したといえる。

とはいえ楽観はできない。視聴者が通常よく見るいわゆる〝お気に入りチャンネル〟は一〇チャンネル程度と言われるなか勝算はあるのか。

将来を展望すると、キーとなるフレーズが浮かび上がってくる。「自らのポジションをどう位置づけるか」だ。一つは「地上波との距離の取り方」。もともとキー局などのウィンドウ戦略の一端を担うことが前提で敵対関係にはない地上波系と違い、自ら戦略的にポジションを取りに行った新規BS局

BSチャート

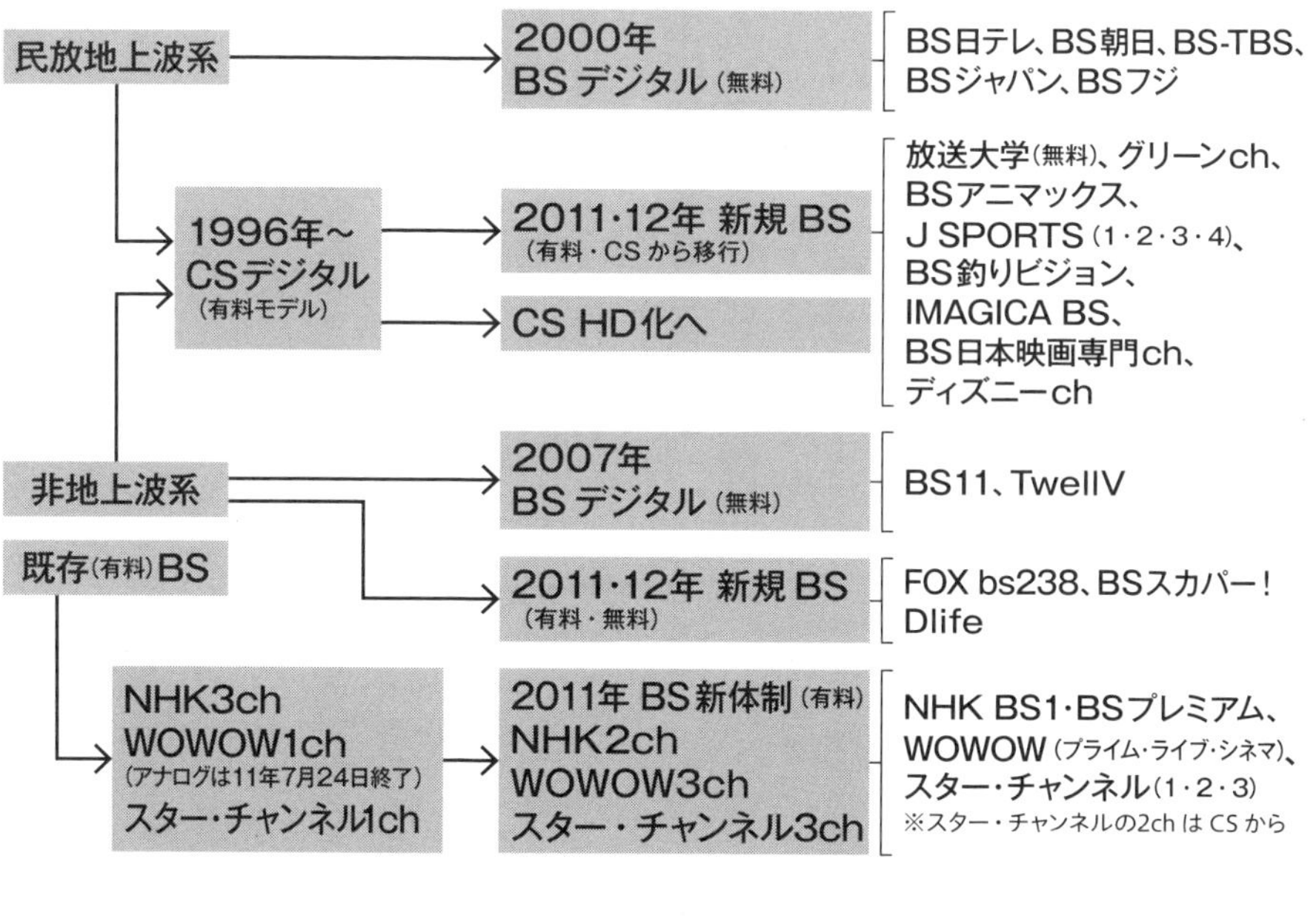

がある。ＢＳ日本映画専門チャンネルを運営する日本映画衛星放送常務取締役の酒井彰は、「地上波が放送の中心にいることは今後も変わらないから、なるべく近いポジションを取るという考えからＢＳに進出した。例えば映画なら、地上波で話題にならない映画はヒットしない。話題になった作品を、ノーカットで途中のＣＭなしで見られるという地上波にない価値を有料放送としてどう売るか、地上波と補完的に相互に盛り上げていきたい」と話す。ＢＳ開局を機に民放連に入会した無料放送のDlife、野球やラグビーで地上波局と協業実績があるJ SPORTSも、同様に地上波を意識した戦略と考えられる。

次に「ブランド強化」。J SPORTSはＢＳ開局を機に一般紙のテレビ欄掲載に重点を置き、同社の番組表は朝日、読売、中日などの主要一般紙とスポーツ紙合わせて毎日およそ三七〇〇万部の全国の新聞に掲載されている。年間六〇〇〇時間の生中継を予定しているため、デイリーで番組情報を一覧できることが重要なのだ。ＢＳになったといっても、これだけの多チャンネルとなると、自動的に新聞のテレビ欄に掲載される時代ではない。ブランド効果とスポーツのハイシーズンと相まって、同社は順調にＢＳのスタートを切った。同じく視聴者ターゲットと新聞購読層が近い日本映画の酒井も、テレビ欄に重きを置き、その効用を語っている。

もう一つは「多メディア展開のどこに位置づけるか」。コンテンツビジネスのドライバーとしてＢＳ放送を位置づけ、総合力を高める戦略が見られる。例えばＦＯＸグループは日本で九チャンネルにも及ぶ大チャンネル群を形成、ＦＯＸｂｓ２３８はその筆頭格に挙げられる。他にも一週間無料の見逃しサービス（Dlife）やテスト配信ながらスマホへの放送コンテンツのライブ展開（スカパー）が人気であり、今後の動向が注目される。

視聴率競争に巻き込まれず、優れたソフトを作ることが課題

一方、ＢＳが抱える課題は、「ＢＳパラドックスをどう乗り越え、どう差別化するか」であろう。ギャラクシー賞でも、ＢＳの受賞はもう普通になった。受賞常連組のＮＨＫ、ＷＯＷＯＷは言うまでもないが、地上波系ＢＳも制作費の少なさを創意工夫でカバーしながら質を向上させ、報道番組も目を見張る充実ぶりである。

一時期、存在価値を問われるほどの苦境にあったＢＳをここまで盛り上げてきた関係者に敬意を表したいが、今後につ

いては心配事もある。本誌一二年二月号の「今月のポイント」(七一頁)でも触れたが、地上波とほぼ同列の選択肢になったBSは、いずれクライアントから地上波と同様の視聴率調査を求められるだろう。分ごとの視聴率に振り回されることなく独自のスタイルの番組を開発し、特に高い年齢層に支持され人気となったBSが、地上波と同じような数字をとりに行く編成や番組に巻き込まれることで独自色を無くしてしまうのではないか。

また注目を集めることで、例えば今までのようなやんちゃな振舞いやとんがった編成が許されなくなる可能性もある。新規BS組が厳しい放送基準や倫理基準に適応するためには、相当の体力と努力が必要だ。これらのジレンマをどう克服して成長を続けるか、成長痛で済むのか致命傷になるのか、意外に大きな課題になる可能性がある。

一九九七年三月号の『放送批評』は「BS・CSスターバトル」を特集している。十五年も昔の論考だが、今でも当てはまる指摘がずいぶんある。ジャーナリストの川島正は、資本の論理優先で展開するCS放送に警鐘を鳴らした。

最後に、同誌から今村庸一(現・駿河台大教授)の言葉を借りたい。「チャンネルが増えて、様々なジャンルの情報が得られることは喜ばしいことだが、(中略)優れたソフトを作ることをもっと真剣に考えるべきではないだろうか。豊富な資金があればハードはいくらでも進歩するが、人の血が通ったソフトは一朝一夕に作ることはできない。」

(かわきた・ひさし)一九五六年三重県生まれ。早稲田大学政経学部卒業。豪BOND大学大学院MBA取得。中部日本放送にてニューヨーク支社長などを経て現職。訳書『デキる広告52のヒント』(リベルタ出版)。

解題

二〇一二年三月の時点で、31チャンネルとなったBSデジタル放送。多数のチャンネルと有料放送の増加から、今後を懸念する声もある。しかし川喜田はBSの「コモディティ(日用品)化」と捉え、3つの生き残り策を示す。加えてBSの課題を「パラドックス」という言葉で説明。地上波と同列の選択肢となったことで生じてくるハードルを、どう越えていくかについても言及している。本格的BS多チャンネル時代の論考である。(碓井広義)

年表・放送史50年

放送界でのできごと

1960年代

1960

4月～6月　60年安保闘争でデモ隊が国会に乱入する様子などがテレビで報道される

9月　ケネディ、ニクソンが米大統領選挙で初のテレビ討論を行う。NHK、民放各局がカラーテレビの本放送を開始する

1961

4月　NHK、朝の連続テレビ小説の放送が始まる（『娘と私』）。ミュージカル・バラエティの先駆けとなったNHK『夢であいましょう』、日本テレビ『シャボン玉ホリデー』が始まる

1962

3月　テレビ受像機の出荷台数が1000万台を突破する

9月　ビデオ・リサーチが設立され、日本で本格的な視聴率調査がスタートする

10月　初のキャスターニュースとしてTBS『ニュースコープ』の放送が開始される

1963

1月　日本初の連続テレビアニメ『鉄腕アトム』の放送開始

4月　NHK大河ドラマの放送が始まる（『花の生涯』）

11月　ケネディ大統領暗殺の映像が、通信衛星により宇宙中継される

1964

4月　ワイドショーの草分け的な番組NET（現テレビ朝日）『木島則夫モーニングショー』の放送開始

10月　東京オリンピックで初の宇宙中継、カラー生中継が行われる

社会でのできごと

1960年代

1960

5月　チリ地震による大津波襲来で死者130人超。自由民主党による日米安保条約強行採決で大衆運動が激化

6月～7月　全学連主流派が国会構内に突入。機動隊との抗争で東大生・樺美智子が死亡。岸信介内閣総辞職

12月　日本社会党・浅沼稲次郎委員長が立会演説中、右翼少年に刺殺される

1961

4月　ソ連が初の有人宇宙船「ボストーク1号」打ち上げに成功。韓国で軍事クーデター。国家再建最高会議議長に朴正熙

9月　第二室戸台風で死者190人超

1962

5月　国鉄常磐線・三河島駅で列車衝突事故。死者約160人

8月　初の国産旅客機YS-11が飛行に成功

10月　キューバ危機勃発

1963

3月　村越吉展ちゃん誘拐事件発生（遺体で発見）

11月　国鉄東海道線・鶴見駅で列車衝突事故。死者約160人。三井三池炭鉱三川坑で粉塵爆発事故。死者458人。米ダラスでジョン・F・ケネディ大統領が暗殺される

12月　プロレスラー・力道山が刺され、1週間後に死亡

1964

4月　日本人の海外渡航自由化（年1回、所持金500米ドルの制限付き）

6月　新潟地震（マグニチュード7・5）。死者20人超

9月　10日から15日の間に、自衛隊ヘリコプター2機、戦闘機1機が墜落事故

10月　東海道新幹線（東京―新大阪）が開通。東京オリンピック開催

1965

4月・5月　NHK『スタジオ102』、NET（現テレビ朝日）『アフタヌーンショー』、フジテレビ『小川宏ショー』が放送開始。ワイドショーブーム

5月　日本テレビ『ベトナム海兵大隊戦記』などベトナム戦争関連番組の放送中止が相つぐ。

民放のラジオ・ネットワークJRNとNRNが発足する

11月　日本テレビ・読売テレビ系で深夜番組の草分けである『11PM』の放送が開始される

1966

4月・8月　日本テレビ系のNNN、フジテレビ系のFNNが発足。59年発足のTBS系JNNとともにニュース・ネットワークが整備される

7月　特撮ヒーローものとしてシリーズ化される、『ウルトラマン』の放送が開始される

1967

4月・10月　TBSラジオ『パックインミュージック』、ニッポン放送『オールナイトニッポン』の放送が開始される。深夜放送ブームが始まる

10月　TBS『ハノイ・田英夫の証言』を放送。政府与党から批判を受け、田は翌年退社

11月　UHF局に大量免許が与えられ新局の誕生ラッシュとなる

1968

4月　NHKがカラー受信料を新設する

10月　日本初のケーブルテレビ局・日本ケーブルビジョン放送網が発足する

1969

4月・10月　日本テレビ『コント55号の裏番組をぶっ飛ばせ!』『巨泉×前武ゲバゲバ90分!』TBS『8時だヨ!全員集合』など画期的なお笑い番組が制作される

8月・10月　長寿番組となるTBS『水戸黄門』、フジテレビ『サザエさん』の放送が開始される

1965

2月　北海道炭礦汽船夕張炭鉱でガス爆発。61人死亡

6月　福岡県・三井山野炭鉱でガス爆発。237人死亡。

日本と大韓民国が国交正常化。韓国に経済援助。竹島問題は紛争処理事項として棚上げ

8月　長野県松代町で群発地震。1970年までの5年間にわたり有感地震6万回

1966

2月　全日空機が羽田沖に墜落。133人全員死亡

3月　カナダ航空機が羽田沖防潮堤に激突。64人死亡。

BOAC機が富士山付近で空中分解。124人全員死亡

8月　日本航空訓練機が羽田を離陸後に墜落。社員と運輸省職員の5人死亡

11月　全日空機が松山空港で墜落。50人全員死亡

1967

4月　ソ連の宇宙船ソユーズが着陸に失敗。初の死亡事故

9月　三重・四日市のぜんそく患者が初の大気汚染訴訟

10月　吉田茂・元首相が死去。戦後初の国葬

1968

1月　三菱鉱業美唄炭鉱でガス爆発。16人死亡

5月　十勝沖地震（マグニチュード7・9）。死者50人超

6月　小笠原諸島が日本に復帰。東京都に帰属

12月　東京都府中市で現金輸送車から警官姿の男が3億円を強奪（3億円事件）

1969

1月　東京大学安田講堂で学生と機動隊が攻防戦。入学試験が中止に

6月　日本初の原子力船「むつ」が進水式

10月　人工甘味料「チクロ」の使用が禁止に

11月　アポロ11号が初の有人着陸に成功

放送界でのできごと

1970年代

1970

1月・2月　「木下恵介プロ」「テレパック」「テレビマンユニオン」など局系プロダクションが誕生する

3月・9月・11月　「よど号事件」「大阪万博開会式」「三島由紀夫割腹事件」など、事件・イベントの長時間中継が連続する

4月　民放ローカルワイド番組の先駆け、青森放送『RABニュースレーダー』が開始される

1971

4月　NET（現テレビ朝日）で『仮面ライダー』の放送開始（制作・毎日放送）。変身ブームが起こる

10月　フジテレビで『リビング4』がスタート。テレショップの草分け的な番組

1972

2月　浅間山荘事件に際して各局が10時間に及ぶ長時間中継を行う。民放はCMをカットする

4月・7月・9月　長寿番組となるNHK『中学生日記』、日本テレビ『太陽にほえろ！』、TBSのちにNET（現テレビ朝日）『必殺仕掛人』（制作・朝日放送）の放送が開始される

6月　佐藤栄作首相の退陣会見で新聞記者を排除。テレビのみの中継となった

1973

4月　日本テレビで『木曜スペシャル』の放送が開始される。この番組枠は、「矢追純一UFOシリーズ」「どっきりカメラ」「アメリカ横断ウルトラクイズ」などといった人気企画の発信源となる

7月　NHKが渋谷の放送センターへの移転を完了する。NHKホールも併設され、以後紅白歌合戦の会場となる

11月　石油ショックのため政府の要請で民放が深夜放送を自粛する

1974

4月　NHK『ニュースセンター9時』の放送を開始。報道と番組制作が共同した視

社会でのできごと

1970年代

1970

3月　大阪で万国博覧会開幕。
日本赤軍が日本航空「よど号」をハイジャック

7月　東京都杉並区で光化学スモッグ発生

8月　東京都内（銀座・浅草・新宿・池袋）で「歩行者天国」初の実施

1971

4月　ソ連が初の宇宙ステーション「サリュート1号」打ち上げ

7月　東亜国内航空「ばんだい号」が墜落。68人全員死亡。
岩手県上空で自衛隊機と全日空機が接触。全日空機の162人全員死亡

1972

2月　札幌オリンピック開催。
連合赤軍による「浅間山荘事件」

5月　大阪・千日デパートビル火災。死者118人。
沖縄諸島が27年ぶりに日本に復帰。沖縄県が再発足

9月　日本と中華人民共和国が国交回復。10月に東京・上野動物園にパンダ2頭が寄贈される

1973

1月　パリ協定調印でベトナム戦争終結

2月　日本円が変動相場制に移行。1ドル＝277円のスタート

4月　祝日法改正により振替休日制度導入

8月　金大中・元韓国大統領候補が、東京のホテルから誘拐される

12月　熊本・大洋デパート火災。死者103人

1974

5月　伊豆半島沖地震（マグニチュード6・8）。死者30人

聴者にわかりやすいニュース番組の先駆けとなる
10月　ＴＢＳで「赤いシリーズ」の第一弾ドラマ『赤い迷路』が放送される

1975

3月　ＴＢＳ–毎日放送、ＮＥＴ（現テレビ朝日）–朝日放送という現在の民放ネットワーク体制が確立される（いわゆる「腸捻転解消」）
4月　ＮＥＴ（現テレビ朝日）戦隊ヒーローもの第一弾『秘密戦隊ゴレンジャー』の放送開始
9月　昭和天皇訪米取材でＥＮＧが初めて使われ、ＥＮＧ普及のきっかけとなる
12月　ニッポン放送ほかで『ラジオ・チャリティー・ミュージックソン』を開始。長時間チャリティー番組の先駆け

1976

2月　ロッキード事件の国会証人喚問がテレビ中継される
2月・4月　長寿番組となったＮＥＴ（現テレビ朝日）『徹子の部屋』、ＮＨＫ『名曲アルバム』の放送が開始される
10月　日本ビクターがＶＨＳビデオ1号機ＳＬ–６３００を発売する

1977

6月　ＴＢＳ『岸辺のアルバム』を放送。社会派ドラマとして話題になった
7月　テレビ朝日が二時間ドラマ枠「土曜ワイド」の放送を開始（当初1年は90分枠）
8月　ＴＢＳで初の三時間ドラマ『海は甦える』が放送される。ドラマの一社提供、番組制作会社の自主企画・制作という点でも画期的だった

1978

1月　ＴＢＳ『ザ・ベストテン』の放送開始。歌番組に現場中継というリアルタイム性をもたらした
8月　日本テレビ系列『24時間テレビ　愛は地球を救う』が開始される

1979

3月　日本テレビ系列『ズームイン!!　朝!』の放送をスタートさせる。系列のローカル局を中継で結ぶ手法が斬新だった
4月　長寿番組となったテレビ朝日『ドラえもん』の放送が開始される
10月　長期のシリーズとなったＴＢＳ『三年Ｂ組金八先生』の放送開始

8月　三菱重工業本社ビルで時限爆弾が爆発
11月　東京湾でタンカーと貨物船衝突。死者33人
12月　金脈問題で田中角栄首相が辞任

1975

3月　国鉄の集団就職専用列車が運行終了
4月　サイゴン陥落でベトナム戦争終結
7月　沖縄海洋博覧会が開幕

1976

6月　自由民主党の若手議員が「保守政治の刷新」を掲げ新自由クラブ結成
7月　ロッキード事件に絡み、東京地検が田中角栄・前首相を逮捕
10月　山形県酒田市中心部で大火。被災者３３００人

1977

7月　日本初の静止気象衛星「ひまわり」打ち上げ
8月　北海道・有珠山が32年ぶりに噴火
9月　プロ野球・王貞治選手が本塁打世界新記録。初の国民栄誉賞
11月　東京・開成高校生が家庭内暴力の末、父親に絞殺される

1978

1月　伊豆大島近海地震（マグニチュード7・0）。死者25人
5月　新東京（成田）国際空港が、管制塔占拠事件により2か月遅れで開港
6月　宮城沖地震（マグニチュード7・5）。死者27人

1979

3月　米スリーマイル島原子力発電所で放射能漏れ（レベル5＝事業所外へリスクを伴う事故）。
第2次オイルショック
12月　ソ連がアフガニスタンに侵攻

放送界でのできごと

1980年代

1980

4月・10月 漫才ブームが起こる。日本テレビ『お笑いスター誕生!!』、フジテレビ『THE MANZAI』『笑ってる場合ですよ!』などでお笑いタレントが活躍する
10月 調査報道を軸にしたTBS『報道特集』の放送が始まる
11月 「地方の時代映像祭」第1回が川崎市で開催される

1981

5月 フジテレビ『オレたちひょうきん族』の放送が始まる
10月 長期シリーズとなるフジテレビ『北の国から』の放送が始まる
12月 テレビ東京が正月12時間時代劇『それからの武蔵』を放送。以後シリーズ化する

1982

2月 エフエム愛媛を皮切りに、この年から県域FM局の開局ラッシュが始まる
3月 テレビ番組制作会社の業界団体「全日本テレビ番組製作社連盟（ATP）」が設立される
10月 長寿番組となるフジテレビ『笑っていいとも!』の放送が開始される

1983

2月 TBSドラマ『金曜日の妻たちへ』が話題となり、「金妻」が流行語となる
4月 NHK朝の連続テレビ小説『おしん』が平均視聴率52・6%を獲得。ブームを起こす
5月 シリーズ化されるTBSドラマ『ふぞろいの林檎たち』パートIが放送される

1984

1月 「ロス疑惑」でワイドショーの三浦フィーバーが起こる
10月 フジテレビ『FNNスーパータイム』が放送開始。ソフトニュースを盛り込んだ内容が話題となった。TBSもこれに対抗して『JNNニュースコープ』の放送枠を拡大。夕方ニュース戦争と言われた

社会でのできごと

1980年代

1980

6月 衆議院解散で初の衆参同日選挙。選挙戦の最中に大平正芳首相が死亡
7月 モスクワ・オリンピック開幕。日本はじめ西側諸国は不参加
8月 静岡駅前の地下街で爆発。死傷者230人超
11月 栃木・川治プリンスホテル火災。死者45人。
神奈川県の予備校生が両親を金属バットで殺害

1981

2月 ローマ法王・ヨハネ・パウロ2世が来日
3月 中国残留日本人孤児の来日始まる
4月 日本原電敦賀発電所で放射能漏れ事故の事実が発覚、累計101人が被曝
10月 北炭夕張新炭鉱の坑内でガス突出と火災。死者93人

1982

2月 東京のホテル・ニュージャパン火災。死者33人。
日本航空機が機長による「逆噴射」操作で羽田沖に墜落。死者24人
6月 東北新幹線（大宮―盛岡）開通。12月には上越新幹線（大宮―新潟）も
7月 国際捕鯨委員会が1986年からの捕鯨全面禁止を採択

1983

5月 秋田沖で日本海中部地震（マグニチュード7・7）。死者104人。
三宅島・雄山が噴火
9月 北海道・根室沖で大韓航空機が撃墜される。269人全員死亡
12月 衆院選で自由民主党が敗北。新自由クラブと連立政権

1984

1月 日経平均株価が初めて1万円の大台突破
3月 江崎グリコ社長が誘拐される（グリコ・森永事件の発端）
6月 第二電電設立

1985

4月 フジテレビ『夕焼けニャンニャン』、日本テレビ『天才・たけしの元気が出るテレビ!!』が放送開始。バラエティ番組の新しい領域を開拓する
6月 豊田商事永野会長刺殺事件が夕方ニュース取材中のカメラの前で発生。取材の倫理が問われた
8月 日航ジャンボ機墜落事故で、生存者救出場面をフジテレビのENGカメラが生中継する
10月 テレビ朝日『ニュースステーション』が放送開始。ニュースにコメントをつける久米宏のスタイルは、ニュース番組のあり方を変えた。
「やらせリンチ事件」でテレビ朝日『アフタヌーンショー』が打ち切りになる

1986

2月・11月 フィリピン・マルコス政権の崩壊、三原山噴火で各局が特別報道番組で生中継する
7月 TBSドラマ『男女7人夏物語』が放送される。トレンディドラマの先駆けとなった

1987

1月 日本テレビが箱根駅伝の完全中継を始める
4月 テレビ朝日『朝まで生テレビ!』の第1回を放送。新しい討論番組として注目を集める
7月・10月 NHK衛星第一が24時間放送を開始。本格的な衛星放送時代がスタートする。これに対応して、地上波民放も24時間編成を始める

1988

1月・7月 『君の瞳をタイホする!』『抱きしめたい!』などフジテレビのトレンディドラマがヒットする
5月 日本テレビがチョモランマ山頂から世界初のテレビ生中継を行う
10月 長寿番組となった日本テレビ『それいけ!アンパンマン』の放送が始まる

1989

1月 昭和天皇死去で2日間特別編成を組む。民放はCM抜きで放送する
4月 民放各系列がSNGシステム導入を開始する
6月 NHK衛星放送が本放送に移行し、衛星放送受信料が設定される

1985

3月 茨城県筑波郡で国際科学技術博覧会(つくば万博)
4月 日本電信電話公社と日本専売公社が民営化
5月 北海道・三菱石炭鉱業南大夕張鉱業所坑内でガス爆発。62人死亡
8月 日本航空のジャンボ機が群馬県・御巣鷹山に墜落。520人死亡

1986

1月 米スペースシャトル「チャレンジャー」が爆発。乗組員7人全員死亡
2月 東京の中学生がいじめを苦に自殺(富士見中学事件)
4月 ソ連・チェルノブイリ原子力発電所で原子炉1基が爆発(レベル7=深刻な事故)
11月 伊豆大島・三原山が噴火。全島民が1か月間避難

1987

4月 日本国有鉄道がJR各社に分割・民営化
10月 米ニューヨーク株式市場で株価が大暴落(ブラックマンデー)。世界同時株安
11月 日本航空株式会社法廃止で、日本航空が完全民営化

1988

1月 ソ連・ゴルバチョフ書記長が改革路線「ペレストロイカ」に着手
3月 青函トンネル開業。青函連絡船が廃止される。
中国・上海の列車事故で高知県からの修学旅行生・引率教諭ら27人死亡
7月 神奈川県沖で遊漁船と自衛隊潜水艦「なだしお」が衝突。30人死亡
10月 リクルートコスモス未公開株譲渡問題が発覚。政界疑獄事件に発展

1989

1月 天皇崩御。明仁親王が即位。元号は「平成」
4月 消費税実施(税率3%)
6月 中国・北京で天安門事件(学生などが民主化求めデモ)
10月 三菱地所が米ロックフェラーセンター買収
11月 日本労働組合総連合会(連合)発足

放送界でのできごと

1990年代

1990

5月　警視庁、TBSの未編集取材テープを犯罪捜査のため押収する
11月　天皇即位の礼が初めてテレビ中継される
12月　TBS秋山豊寛記者による日本人初の宇宙飛行が中継される

1991

4月　日本初の民間衛星放送局WOWOWが開局する
6月　雲仙・普賢岳で火砕流発生。多くの報道陣が犠牲となる
8月　湾岸戦争。バグダッド空襲などが衛星生中継される一方、米軍による情報管理が徹底される

1992

5月　通信衛星（CS）による放送が開始される
9月　朝日放送『素敵にドキュメント』でやらせが発覚。司会の逸見政孝が降板する
12月　初のコミュニティFM局「FMいるか」が函館で開局する

1993

2月　朝日新聞がNHKスペシャル『禁断の王国・ムスタン』にやらせがあると指摘する
6月　皇太子の結婚祝賀パレードを中継。過剰な「雅子さん報道」が批判される
10月　テレビ朝日・椿貞良報道局長が産経新聞報道に端を発し、政治的公平性を疑われ国会で証人喚問される

1994

6月　松本サリン事件発生。第一通報者を犯人視する報道が長期間続く
11月　ニールセン・ジャパンが機械式個人視聴率調査を開始。民放と対立する。ハイビジョン実用化試験放送が開始される

社会でのできごと

1990年代

1990

1月　長崎県長崎市長が右翼活動家に銃撃され重傷
4月　大阪で国際花と緑の万博開幕。学習指導要領の改訂で小中学校での日章旗掲揚・君が代斉唱が義務化される
10月　東西ドイツ統一（西ドイツが東ドイツを編入）

1991

1月　多国籍軍によるイラク空爆で湾岸戦争勃発
5月　滋賀県の信楽高原鉄道で列車衝突。42人死亡
6月　長崎県の雲仙普賢岳で大規模火砕流
12月　ソビエト連邦崩壊、ゴルバチョフ大統領辞任

1992

3月　東海道新幹線「のぞみ」運行開始
6月　PKO（平和維持作戦）協力法案が成立
10月　有効求人倍率が1・0を下回る（2005年12月まで、就職氷河期）。天皇陛下が初の中国訪問

1993

5月　日本プロサッカーリーグ「Jリーグ」開幕。初代年間王者はヴェルディ川崎
7月　北海道南西沖地震（マグニチュード7・8）。奥尻島の津波などで200人超死亡
8月　非自民・非共産の連立政権・細川護熙内閣成立（55年体制終わる）
11月　EU（欧州連合）発足

1994

4月　中華航空機が名古屋空港で着陸失敗。264人死亡
6月　自民・社会・さきがけ連立。村山富市社会党委員長が首相に
10月　北海道東方沖地震（マグニチュード8・2）。択捉島で大きな津波被害

1995

1月　阪神淡路大震災が発生。緊急の報道体制を組んだが、被災者取材などの課題も残る

3月　地下鉄サリン事件が発生。連日オウム真理教関連番組が放送される

10月　多言語FM放送局の関西インターメディアが開局する

1996

3月・4月　TBS坂本堤弁護士ビデオテープ事件が発覚、同局ワイドショー番組の打ち切りに発展する

10月　初のCSデジタル衛星放送「パーフェクTV!」が放送開始

12月　ペルー日本大使館占拠事件が発生。長期の取材体制が組まれる

1997

1月　シリーズ化されるフジテレビ『踊る大捜査線』の放送が開始される

5月・7月　福岡放送・北陸放送でCM間引き問題が発覚する

12月　テレビ東京『ポケットモンスター』により多数の視聴者が光過敏性発作を起こす

1998

2月　長野冬季オリンピックがハイビジョン中継される

5月　2社が合併しCSデジタル衛星放送「スカイパーフェクTV!」が設立される

1999

2月　静岡第一テレビでCM間引き問題が発覚する。
テレビ朝日「ニュースステーション」所沢ダイオキシン報道問題が発生する

4月　とちぎテレビが開局。2013年現在まで地上波テレビ局では最後の開局となる

1995

1月　兵庫県南部地震（マグニチュード7・3＝阪神・淡路大震災）。死者6434人

3月　地下鉄サリン事件（霞ヶ関駅でオウム真理教信者が毒ガスサリンを撒く）

4月　東京都知事に青島幸男、大阪府知事に横山ノック（山田勇）が当選

1996

7月　スコットランドで初のクローン羊誕生。
大阪府堺市で腸管出血性大腸菌O-157による集団食中毒

9月　民主党結成（代表＝菅直人、鳩山由紀夫）

10月　小選挙区比例代表並立制導入後初の衆議院議員選挙

1997

4月　消費税引き上げ（3%→5%）。
ペルー日本大使公邸に特殊部隊投入。発生以来4か月ぶりに人質全員解放。
債務超過による業務停止命令で、戦後初の保険会社破綻（日産生命）

7月　鹿児島県出水市で土石流発生。21人死亡

11月　戦後初の証券会社倒産（三洋証券）。北海道拓殖銀行、山一証券など破綻

1998

2月　長野オリンピック開幕

4月　大規模な金融制度改革始まる（金融ビッグバン）

9月　スカイマークエアラインが運航開始（国内線35年ぶり新規参入）

1999

2月　初の脳死臓器移植手術

7月　全日空機ハイジャック（国内初の人質死亡事件）

9月　茨城県東海村の核燃料施設JCOで国内初の臨界事故。2人死亡

放送界でのできごと

2000年代

2000

2月　テレビ朝日「平成仮面ライダーシリーズ」一作目の「仮面ライダークーガ」の放送が開始される
3月　TBSがラジオ制作部門を分社化する
12月　BSデジタル放送が開始される

2001

1月　NHK教育ETV特集で「問われる戦時性暴力」が放送される
9月　ニューヨークで同時多発テロ事件が発生。報道特別番組が編成される

2002

2月　TBSと韓国MBSで日韓共同制作のドラマ『フレンズ』が放送される
3月　110度CSデジタル放送が開始される
5月・6月　日韓共催ワールドカップ開催。日本代表戦をはじめ中継が高視聴率となる

2003

4月　NHKBSで『冬のソナタ』が放送される。韓流ブームの先駆けとなる
10月　日本テレビのプロデューサーが視聴率調査世帯を買収する事件が起こる
12月　地上デジタル放送が首都圏、関西圏、中京圏で開始される

2004

4月　BSデジタル放送、地上デジタル放送の番組にコピーワンスによる録画規制がかけられる

社会でのできごと

2000年代

2000

3月　北海道・有珠山噴火
4月　小渕恵三首相が脳梗塞で緊急入院。内閣総辞職。翌5月に死亡
6月　雪印乳業の乳製品で食中毒。1万4000人規模で戦後最大。
三宅島・雄山噴火。
鳥取県西部地震（マグニチュード7・3）。空白域とされる地域での発生

2001

1月　中央省庁再編（1府22省庁が1府12省庁に）
9月　東京・歌舞伎町の雑居ビル火災。44人死亡。
米で同時多発テロ。
千葉県で国内初のBSE（狂牛病）感染牛を確認
10月　米軍がアフガニスタン侵攻開始（タリバンに対する報復）

2002

1月　雪印食品が牛肉偽装で補助金詐取（取引先の内部告発で発覚）
4月　DV（配偶者からの暴力）防止法が全面施行
8月　住民基本台帳ネットワーク始動
9月　小泉純一郎首相が朝鮮民主主義人民共和国を訪問。
日朝首脳会談で金正日総書記が日本人拉致を認める

2003

2月　北朝鮮が地対艦ミサイルを日本海に向け発射（3月も）
4月　郵政事業庁から日本郵政公社へ事業承継
6月　有事関連法案が成立
7月　宮城県北部地震。震度6弱の揺れが1日に3回
10月　最後の日本産トキ「キン」が死ぬ

2004

1月　自衛隊イラク派遣開始（陸上自衛隊の先遣隊）
3月　製造業への労働者派遣が解禁に

9月　紅白歌合戦担当プロデューサーによる経費不正支出が発覚。ＮＨＫ海老沢勝二会長が国会に参考人招致される

2005

1月　ＮＨＫ番組改変問題（『問われる戦時性暴力』）が朝日新聞で報道される
2月　ライブドアがニッポン放送の筆頭株主となりフジテレビと対立する
7月　ＩＢＣ岩手放送が全国で初めて携帯端末向け動画データサービスを開始する

2006

4月　携帯端末向け地上デジタル放送「ワンセグ」の本放送が開始される
4月・12月　「GyaO」「Yahoo! 動画」など動画配信サービスが本格化する
5月　ＴＢＳ「ぴーかんバディ！」が紹介した白インゲンダイエットで健康被害の苦情が寄せられる

2007

1月　関西テレビ『発掘！あるある大事典Ⅱ』で納豆ダイエットのデータ捏造などがあり、番組が打ち切りになる
3月　独立Ｕ局6局が番組の共同制作のため「東名阪ネット６」を設立
12月　新ＢＳデジタル局「ＢＳ11デジタル」「TwellV」開局

2008

1月　ＮＨＫで複数の職員によるインサイダー取引が発覚する
7月　デジタル放送録画の新ルール「ダビング10」が開始される
10月　フジテレビが「フジ・メディア・ホールディングス」に商号を変更し、初の認定持株会社となる

2009

2月　ＮＨＫの海外向け国際放送「ＮＨＫワールドＴＶ」が放送を開始する
6月　ＴＢＳ『情報7days ニュースキャスター』で事実と異なる内容があったとして、総務省が厳重注意
7月・8月　日本テレビ『真相報道バンキシャ！』ＴＢＳ『サンデージャポン』があいついで放送倫理違反を指摘される

8月　沖縄国際大学構内に米軍ヘリコプターが墜落
9月　日本プロ野球初のストライキ（球界再編問題）
10月　新潟県中越地震（マグニチュード6・8）。68人死亡

2005

3月　愛知県で日本国際博覧会「愛・地球博」開幕
4月　個人情報保護法が全面施行。
　ＪＲ福知山線（宝塚線）で通勤電車が脱線。107人死亡
10月　米軍普天間飛行場（宜野湾市）を名護市辺野古へ移転することで日米が合意
11月　一級建築士によるマンションなどの耐震偽装問題が明るみに

2006

1月　年末年始の大雪で死者150人超
2月　石綿（アスベスト）被害救済法が成立
11月　教育基本法改正案が可決

2007

2月　社会保険庁のオンライン入力データの不備が明るみに（消えた年金問題の発端）
3月　能登半島地震（マグニチュード6・9）空白域での発生
10月　日本郵政公社廃止。日本郵政および事業会社に移管（郵政民営化の実現）。
　新潟県中越沖地震（マグニチュード6・8）。15人死亡。東京電力柏崎刈羽原発が運転停止

2008

1月　人材派遣業大手グッドウィルが違法業務で2か月の業務停止命令を受ける（7月に廃業）。
　中国製の冷凍餃子で食中毒。有機リン系農薬成分を検出
2月　米海兵隊員が女子中学生を強姦
9月　米証券大手リーマン・ブラザーズが破綻（リーマン・ショック）。
　米穀業者が非食用事故米を不正転売

2009

4月　新型インフルエンザの発生宣言。騒動続く。
　北朝鮮がミサイル発射実験。秋田県沖の日本海と太平洋上に落下
8月　東京地裁で初の裁判員裁判。
　衆議院選挙で民主党が308議席獲得。政権交代
11月　政府の行政刷新会議による「事業仕分け」開始

放送界でのできごと

2010年代

2010

7月 力士らの野球賭博問題を受けNHKが大相撲中継を中止する
11月 放送法改正案が国会で成立する。有線テレビジョン放送法などが統合される
12月 インターネットによるラジオのサイマル配信サービス「radiko」が始まる

2011

3月 東日本大震災が発生。津波被害、原発事故などの報道で特番体制が組まれる
7月 岩手・宮城・福島以外で地上アナログ放送が廃止され、完全デジタル化に移行する
10月 WOWOWシネマ、JSPORTSなど新BS局12チャンネルが放送を開始する（12年3月にも7チャンネル開局）

2012

3月 岩手・宮城・福島でも地上波アナログ放送が終了し、全国の完全デジタル化が完了する
4月 携帯端末向けテレビ「NOTTV」が開局する
5月 首都圏地上デジタル放送用の電波塔「東京スカイツリー」が開業する

社会でのできごと

2010年代

2010

1月 日本航空が会社更生法適用を申請
4月 改正刑事訴訟法が成立・施行（最高刑が死刑の12の罪の公訴時効廃止）
5月 家畜伝染病・口蹄疫問題で宮崎県が非常事態宣言
9月 沖縄・尖閣諸島で違法操業の漁船が海上保安庁の巡視船に追突し、破損させる

2011

3月 東北地方太平洋沖地震（マグニチュード9・0＝東日本大震災）。死者15000人超。
長野県北部地震（マグニチュード6・7）。死者3人。前日の遠方誘発地震。
東京電力福島第一原発事故（レベル7＝深刻な事故）
10月 タイの大規模水害で日本企業の工場が長期操業停止

2012

2月 震災から11か月遅れで復興庁創設
5月 北海道電力泊原発が運転停止（国内全原子炉が停止。7月に関西電力大飯原発が再稼働）
9月 政府が尖閣諸島（魚釣島・北小島・南小島）を国有化。
日本航空が東京証券取引所に再上場
12月 衆議院選挙で民主党惨敗。自民党が与党に返り咲く

放送界でのできごと――作成：藤田真文
社会でのできごと――作成：小林英美

編集を終えて

本書『放送批評の50年』を出版するきっかけは、放送批評懇談会（以下「放懇」と略す）の五〇周年にあたってどのような事業を展開しようかと、理事のみんなで検討していた時だった。「『放送批評』『GALAC』に掲載された記事を集めて、五〇年にわたる放懇の批評活動の足跡をたどってはどうか」という提案が出された。上滝徹也さんの発案だったと記憶している。言われてみれば、『放送批評』『GALAC』に掲載された数々の記事は、放懇だけではなく放送界の歴史的財産だ。この提案は、理事会で満場一致で支持された。

ただ本書の編集作業をいざ実行に移す段になって、その難しさを痛感するようになった。なによりもどの記事を再録するかの選定プロセスが、公正なものでなくてはならない。『放送批評』『GALAC』をほぼ十年ごとに時期区分して、各時期二名計十名に選定委員を依頼した。選定委員は『GALAC』の歴代編集長や理事経験者にお願いしたが、なるべく選定委員が編集長や書き手として直接関わっていない時代に担当を割り当てた。二名の合議で、十年で二〇本を目安に記事を選定していただいた。再録を決めた記事は、ちょうど一〇〇本となった。

とは言っても、『放送批評』の創刊は、放懇発足後五年目の一九六七年一二月である。それ以来四六年、一九九七年に『放送批評』から『GALAC』への移行があっても（初期には合併号もあったが）、放懇は毎月たゆむことなく批評誌を刊行し続けている。単純に見積もっても、年間一〇〇本以上の記事から二本を選ぶことになる。私も八〇年代の選定を担当したが、名だたる放送批評の先達たちの論考や座談会をこれもあれもと落としていかなくてはならない。実に胃が痛くなる選定作業であった。他の選定委員も同じ思いであっただろう。

雑誌の第一の使命は、ときどきの番組制作者や放送界が抱える課題に、現場感覚を共有し同時代意識をもって応えることにある。そのため当時の歴史的文脈では重要な提起であっても、状況の変化によって現在の私たちには理解できない、または関心が向かない記事もある。私は編集責任者として、「現在の読者が読んでも色褪せることのない、放送の未来を示唆する記事」を選ぶように選定委員にお願いした。その選定方針が正しかったかどうかは、本書の読者の評価にゆだねるしかない。

編集作業を終えた私は一読者として、放送批評の先達に接することのできる喜びに浸っている。多くの先達は、当時の番組や放送界の現状を嘆き怒っている。その気迫たるや、彼らがいかに放送に期待し愛していたかの裏返しでもある。また、『放送批評』創刊号から現在の『ＧＡＬＡＣ』にいたる四十数年の間に、雑誌の雰囲気が変化してきたことにも気づく。

創刊号の巻頭に掲げられた志賀信夫さんの「テレビ媒体の理論と実態」を読んで驚いた。マクルーハンやラザースフェルドらの理論を駆使した、メディア研究者としての志賀の顔を垣間みることができる学術的な論文である。そして同時に、「現代の潮流の中で日々生きている」テレビの世界に自ら飛び込もうとする（志賀は「アンガージュマン」と言う）批評家宣言でもあるのだ。読者は、それぞれ時代の放送にコミットしていった先達の論考に、多様な放送批評の可能性を再発見することができるだろう。私は本書に掲載された論考から、多様な人々が集い、放送について侃侃諤諤の議論をたたかわせること、ここに放懇の力の源があるのだとあらためて気づかされた。

最後になったが、本書刊行にあたって記事の再掲を快諾してくださった放懇会員や放送関係者のみなさま、たいへんな選定作業を引き受けていただいた選定委員のみなさま、そして膨大な原稿の整理・校正に尽力された編集委員のみなさまに感謝の意を表したい。そして何よりも、半世紀あまりにわたってたゆむことなく『放送批評』『ＧＡＬＡＣ』を世に送り出してきた歴代の編集長、編集委員会の苦労を讃えたい。

50周年委員長　**藤田真文**

監修・編集　NPO法人 放送批評懇談会50周年記念出版委員会

［委 員 長］藤田真文

［選定委員］市村 元・碓井広義・小田桐 誠・音 好宏・上滝徹也・坂本 衛・中町綾子・丹羽美之・藤久ミネ

［編集委員］小林 毅・小林英美・深川 章

編 集 協 力　NPO法人 放送批評懇談会（中島好登）、稲田雅子

デ ザ イ ン　HIGH DESIGN（高橋弘将）

放送批評の50年

発　行　日　　2013年6月3日　第1版第1刷

著　　　者　　NPO法人 放送批評懇談会
発　行　人　　田中千津子
発　行　所　　株式会社 学文社
〒153-0064　東京都目黒区下目黒3-6-1
TEL 03-3715-1501（代）
印　　　刷　　新灯印刷株式会社
製　　　本　　東京美術紙工協業組合

ISBN978-4-7620-2380-4